PLASTICITY AND SOIL MECHANICS

소성과 토질역학

윤창진 편저 | 김홍택 감수

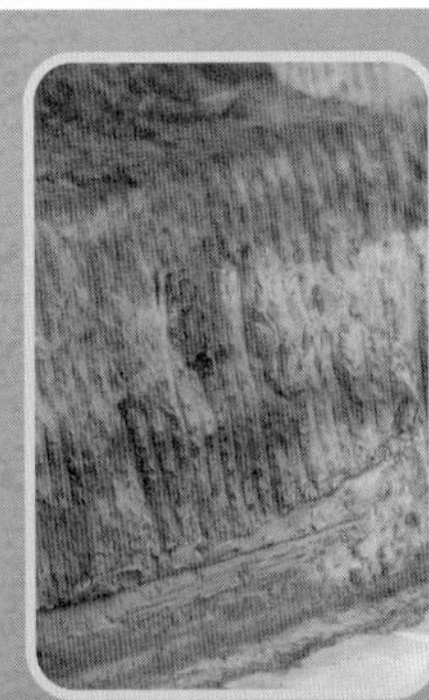

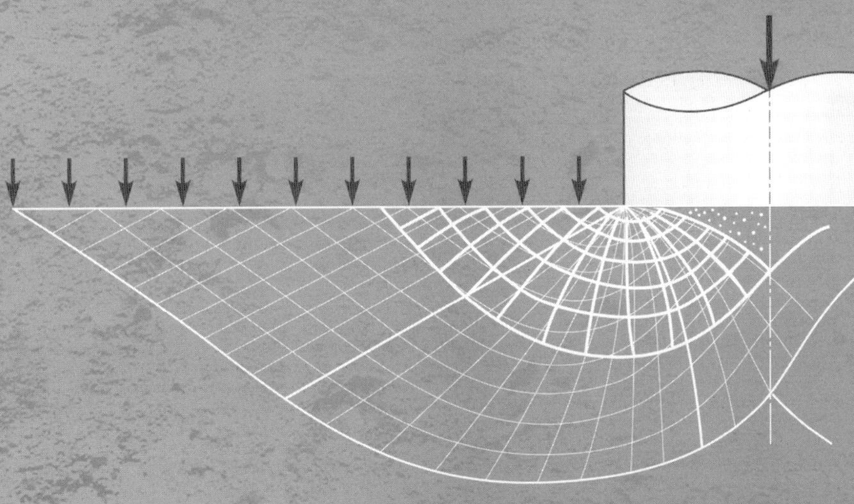

도서출판
구미서관

발간사

발간에 즈음하여...

저자가 「소성과 토질역학」의 탈고를 앞두고 스승인 나에게 감수를 요청하였다. 지반공학을 삼십년 이상 가르치면서 제자들이나 학문적 동반자들이 자신의 저서에 대하여 감수를 제의할 때마다 한사코 거절해 왔지만 이번만큼은 차마 거절할 수가 없었다. 1998년 한국농어촌공사에 재직중에 지반공학에 대한 순수한 열정으로 열심히 공부해 보겠다고 하던 만학도인 저자의 첫인상이 생생하게 기억난다. 2005년 가을 본인의 학위논문을 준비하면서 토질역학의 소성분야에 대하여 나름대로 자료를 수집하고 있다던 저자가 지나가는 말처럼 소성과 관련하여 책을 집필하겠다는 이야기를 하였을 때 한귀로 듣고 흘려버렸던 것은 저자에 대한 잘못된 나의 선입견 때문이었을지도 모른다. 그 이후 저자는 십 수년 동안 소성과 관련된 수많은 자료와 씨름하면서 방대한 자료를 우리말로 옮기고 엮으며 오랜 시간을 오직 자신의 목표를 위해 홀로 외길을 꿋꿋하게 걸어왔을 것이라 생각되어 감수를 흔쾌히 수락하였다.

「소성과 토질역학」은 흙의 소성거동 해석을 위한 「입문서」이다. 토질역학의 소성이론은 파괴기준, 경화칙, 유동칙 등, 거의 모두가 1950년대부터 1970년대까지 연속체인 금속재료의 관련 이론으로부터 도입되어 발전된 이론이다. 본 책자는 이와 같은 이론의 도입배경과 입상체인 흙의 특성을 고려한 전개방법 및 발전과정을 논리적이고 체계적으로 기술함으로서 대부분의 내용이 물리적인 해석과 수학적인 풀이로 구성되어 있다. 내용 자체가 일반적인 토질역학 책자와는 사뭇 달라서 새롭게 느껴질 수도 있겠지만, 토질역학에서 많은 이론이 소성이론에 뿌리를 두고 있으며 관련 연구가 지금도 활발하게 진행되고 있기 때문에 전혀 새로울 것이 없다. 본 책자는 소성이론을 이해하는데 필요한 기초적인 수학과 역학을 포함하여 다양한 형태의 경화칙 및 유동칙을 비롯한 많은 이론에 대해서 특정 주제에 치우치지 않고 폭넓게 다룸으로써 독자들이 소성이론의 전반적인 흐름을 쉽게 이해할 수 있도록 기술되어 있다. 특히 과거 소련에서 출간된 책자 등, 독자들이 쉽게 접할 수 없는 자료와 실제 계산 예제까지 소개함으로서 독자가 짧은 시간에 소성이론을 습득할 수 있도록 잘 정리되어 있다, 따라서 본 책자는 관련분야의 기본교재로는 물론 실무적으로도 유용하게 활용될 수 있을 것으로 기대된다.

또한 통상적인 방법으로는 해결할 수 없는 지반의 함몰 등과 같은 현장에서 발생하는 복잡한 형태의 흙의 거동에 대하여 이론적인 솔루션을 제공할 수 있는 더없이 좋은 교재로서 본 책자의 쓰임새는 모자람이 없을 것으로 확신한다.

제2의 창작이라고 하는 번역은 창작 이상의 고통이 요구되는 작업이기도 하다. 다시 말하면 번역이 그만큼 어려운 작업이라는 의미이다. 번역과 함께 난해한 소성이론을 알기 쉽게 기술하기 위해 긴 시간을 오직 「소성과 토질역학」의 저술에 매진한 저자의 노고에 다시 한 번 박수를 보낸다. 아울러 본 책자가 전공자뿐만 아니라 관련 실무자들에게도 유용하게 널리 읽혀져서 토질역학분야의 소성이론을 이해하는데 조금이나마 도움이 되기를 간절히 기원한다. 끝으로 어려운 여건 속에서도 본 책자가 출간되기까지 가능한 모든 지원과 협조를 아끼지 않은 구미서관 관계자 여러분께도 머리 숙여 감사의 말씀을 드린다.

2018년 6월
김 홍 택

머리말

토질역학의 창시자인 K. Terzaghi가 1943년 「Theoretical soil mechanics」를 통하여 토질역학의 토대가 되는 기본적인 이론을 소개하고 1950년 Hill이 「Mathematical theory of plasticity」를 저술하여 소성이론을 정립한 후에, 1952년 Drucker-Prager는 「Soil Mechanics and Plastic Analysis or Limit Design」이라는 논문을 발표하여 금속재료의 소성이론을 토질역학에 도입하였다. 이어서 변형경화, 이면전단유동칙, 한계상태이론, 극한해석 등 지난 수십 년 동안 토질역학의 소성이론 분야에서 수많은 새로운 이론이 제안되었지만 국내에서는 Cam clay, 등방경화 등 일부 특정 주제를 제외하면 관련 자료를 구하기가 어려웠으며 우리말로 접할 수 있는 자료도 많지 않아서 소성이론을 쉽게 접할 수가 없었다. 토질역학 자체가 응용분야라고 해서 이론과 실무를 분리하여 별개의 분야로 생각할 수는 없으며 이론적으로 기반이 빈약한 응용은 발전이 제한적일 수밖에 없을 뿐 아니라 높은 수준의 실무적인 적용을 위해서도 바람직하지 않다. 본 책자는 Drucker-Prager의 논문 이후부터 수립된 토질역학의 소성이론에 대한 기초적인 내용을 기술한 것이다. 1960년대에 비록 응력장해석에 국한되기는 하였지만 다양한 토공구조물에 대하여 활동선장해석을 적용한 바 있는 러시아의 Sokolovskii, 이면전단 메커니즘을 제안한 화란의 de Jong과 de Jong이 제시한 이면전단 메커니즘을 이용하여 처음으로 흙에 대하여 속도방정식을 유도한 영국의 Spencer, 현재 연속체역학분야의 소성이론에 관하여 활발한 연구활동을 하고 있는 Manchester대학의 Harris, Bristol대학의 Wood 등 관련분야의 많은 학자들이 흙의 소성이론적인 해석의 선도적인 역할을 하고 있는 것에 반하여 우리나라에서는 이론적인 접근이 다소 미흡하여 이에 대한 많은 노력이 필요한 실정이다.

토질역학의 소성이론은 어느 하나의 이론체계를 축으로 하여 일관성 있게 발전된 것이 아니라, 1945~1970년 사이에 거의 동시다발적이며 다양한 이론이 제안되어 지금도 정립과정에 머물고 있는 이론이 많기 때문에 체계적인 이론전개가 어려우므로 전체적으로 폭넓게 이론에 접근하지 않으면 이해하기가 쉽지 않다. 따라서 소성이론에서 어느 특정 주제에 접근하기 위해서는 본 책자의 「제3장 Drucker의 가설」부터 끝부분인 「제10장 비관련유동칙을 적용한 소성해석」까지 전반적인 내용을 파악하고 관련 이론을 중심으로 연구하는 것이 바람직하다. 본 책자의 내용 중에서 변형경화이론은 주로 Yu(2006), 극한해석에 대해서는 Drucker와 Chen(1985; 1975), 응력장해석 부분은 Sokolovskii(1965; 1960)와 Harr(1966), 전체적인 이론전개는 Davis-Selvadurai(2002) 등의 문헌을 참고하였다. 또한 비관련유동칙인 이면전단유동칙은 de Jong의 이면전단 메커니즘을 비롯하여 Spencer가 제안한 최초의 속도방정식인 비압축성 이면전단유동칙, Mehrabadi-Cowin의 체적팽창 이면전단유동칙 등을 소개하였으며 그 외에도 많은 관련 논문과 문헌을 그대로 옮기거나 참고하여 기술하였다.

본 책자는 토질역학분야의 소성이론을 중심으로 물리적이고 수학적이며 직관적인 순수 이론적인 내용만을 간추려서 정리한 것이기 때문에 실무적으로나 실제 현장에서 발생하는 문제와는 다소 거리가 있는 것처럼 보일 수도 있겠지만 관련 이론에 정통하다면 현장이나 실무적으로 얼마든지 응용할 수 있다. 그러나 대부분의 내용이 유효응력, 삼축압축시험, 압밀 등 기본적인 토질역학이론과 기초적인 토질시험을 이해하고 있는 토질역학 전공자를 대상으로 기술되었기 때문에 관련 지식이 부족한 비전공자는 이해하기가 어려울 수도 있으므로 기본적인 이론을 먼저 습득한 후에 읽는 것이 좋다. 또한 설계분야와 시공현장에 종사하는 실무자에게는 필요한 부분이 많으므로 읽기를 권유하는 바이다. 이론전개과정에서 전공용어는 가능하면 금속분야 등에서 사용하는 우리말 용어를 그대로 옮겨왔으며 둘 이상의 용어가 혼용되거나 적절한 우리말 용어가 없는 경우에는 이해를 돕기 위하여 일본이나 중국의 전공용어를 참조하여 외래어가 아닌 우리말이나 한자어로 바꾸어서 기술하고 영문용어를 병기하였다.

토질역학의 공식에만 익숙한 독자들에게는 내용이 생소할 수도 있기 때문에 토질역학 전공자라면 부담 없이 읽을 수 있도록 될 수 있는 대로 예제와 연습문제에 대하여 풀이과정을 함께 수록하였지만 시간이 부족하고 자료수집이 어려워 연습문제를 풍부하게 다루지 못한 점이 아쉽다. 내용이 미흡하고 늦은 감은 있지만 토질역학의 소성이론을 이해하는데 조금이나마 도움이 되기를 바라는 바이다.

2018년 5월 24일

저자 씀

목 차

제9장 ▌ 흙의 이면전단유동칙

제10장 ▌ 흙의 비관련유동칙과 소성해석

제11장 ▌ 소성과 토질역학

주요 기호표시

[그리스 문자]	
α, β	응력특성곡선($\alpha-$특성곡선, $\beta-$특성곡선)
α, α_{ij}	후방응력, 후방응력텐서($i=0,1,2,3$)
α^*, β^*	속도특성곡선(α^*-특성곡선, β^*-특성곡선)
α^ϵ, β^ϵ	제로팽창곡선($\alpha^\epsilon-$팽창곡선, $\beta^\epsilon-$팽창곡선)
β_w, β_s, $\overline{\beta}$	옹벽경사각, 벽면경사각, 흙쐐기의 활동각
Γ	한계상태선의 세로좌표
$\gamma/\dot{\gamma}$, γ_s, γ_w	전단변형률/전단변형률속도, 흙의 단위중량, 물의 단위중량
Δ, Δ_i	Sokolovskii의 응력장해석의 특정각, 계수행렬($i=0,1,2,3,4$)
δ	경계면모델의 항복곡면부터 경계곡면까지 거리/지지다리 사잇각
δ, δ', δ_{ij}	벽면마찰각, 트러스부재의 경사각, 크로네커 델타($i,j=1,2,3$)
ϵ_{ij}, ϵ^E, ϵ^P	변형률텐서($i,j=1,2,3$), 탄성변형률, 소성변형률
ϵ_i, ϵ_v	주변형률($i=1,2,3$), 체적변형률
$\dot{\epsilon}_{ij}$, $\dot{\omega}_{ij}$	변형률속도텐서, 회전속도텐서($i,j=1,2,3$)
η	응력비
θ	최대주응력방향($x-$축 또는 $y-$축과 최대주응력 $\sigma_{\max}$의 사잇각)
Λ	비공동축계수
$\lambda(\lambda^*)$, $d\lambda(\dot{\lambda})$	정규압밀곡선의 기울기, 증분형 소성승수(속도형 소성승수)
μ	응력특성곡선과 최대주응력축의 사잇각($\mu=\pi/4\pm\phi/2$)
ϕ, ν	흙의 마찰각(=흙의 내부마찰각), 흙의 팽창각
Σ	주응력의 합($\Sigma=\sigma_1+\sigma_2+\sigma_3$)/재하곡면
σ_i, σ_{ij}, σ_{oct}	주응력, 수직응력텐서/전단응력텐서($i,j=1,2,3$), 팔면체수직응력
$\sigma_{\max}$, σ_1	최대주응력
$\sigma_{\min}$, σ_3	최소주응력
σ_Y, σ_{eq}	항복응력, 상당응력
τ_i, τ_{ij}, τ_{oct}	주전단응력($i=1,2,3$), 전단응력텐서($i,j=1,2,3$), 팔면체전단응력
ξ, η	특성곡선 도형이나 유동칙 등에서 수평 및 수직좌표($\gamma_s=0$)
ξ_γ, η_γ	특성곡선 도형이나 유동칙 등에서 수평 및 수직좌표($\gamma_s\neq 0$)
ρ	밀도
$\dot{\rho}$	경사속도(de Jong의 회전항), 밀도의 변화속도, 물질시간도함수
$\kappa(\kappa^*)$	Sokolovskii의 주응력방향을 결정하는 계수/팽창곡선의 기울기
Ω	회전속도/각속도
$\omega(\omega')$	하중경사각
φ, φ_s, φ_0	지표경사각, 사면경사각, 초기사면경사각

[알파벳 문자]	
a, b	de Jong이 제시한 이면전단파괴 메커니즘의 전단변형률속도
$\bar{a}, \bar{b}$	Sokolovskii의 기본방정식의 계수
B_i, b_i	물체력$(i=1,2,3)$
C, C_i, C_{ijkl}	재료상수, 적분상수$(i=0,1,2,3,\cdots)$, 탄성 컴플라이언스행렬
c	흙의 점착력
D, D_{ijkl}	Sokolovskii의 응력장해석에서 야코비 행렬식, 탄성 접선강성행렬
d, h, h_{cr}	근입심도, 굴착고/사면고, 한계고
e, e_{ij}	흙의 간극비, Euler의 미소변형률텐서$(i,j=1,2,3)$
E, E^P	탄성계수, 소성계수(일축조건)
F, P, Q	힘 또는 하중
f, g	항복함수, 소성퍼텐셜함수
G	전단탄성계수
H, H_P	Sokolovskii의 특성환산응력$(=c\cot\phi)$, 경화매개변수
I_i, J_i	응력불변량, 축차응력불변량$(i=1,2,3)$
i	응력과 변형률속도의 편차각/동수경사
K, K_a, K_p	체적탄성계수/투수계수, 주동토압계수, 수동토압계수
K_P, K_P', K_P^V	소성계수, 제2소성계수, 정점계수
M/M_i, N/N_i	Sokolovskii 점화식의 계수$(i=1,2)$
k	전단항복응력/항복매개변수
l_{ch}	Sokolovskii 응력장해석의 특성길이
m	Sokolovskii의 주응력방향을 결정하는 계수
O	좌표 원점
p, $\bar{p}$, p'	평균응력/하중, 등가응력/등가압력, 특성등가응력/평균유효응력
q	전단응력/축차응력$(=\sigma_1'-\sigma_3')$
R, r	Mohr 응력원의 반경/항복곡면의 반경 또는 크기, 원의 반경
S_1, S_2	극한해석의 전단곡선(제1전단곡선, 제2전단곡선)
s_{ij}	축차응력텐서$(i,j=1,2,3)$
$T_{ij}(=\sigma_{ij})$	수직응력텐서/전단응력텐서$(i,j=1,2,3)$
$\mathbb{U}^E$, $\mathbb{U}_C^E$, $\mathbb{U}_v$, $\mathbb{U}_v$	탄성변형에너지, 상보변형에너지, 팽창변형에너지, 축차변형에너지
u_i	직교좌표계 또는 원통좌표계의 변위성분$(i=x,y,z/r,\Psi,z)$
$\bar{v}$, v_i	비체적, 직교좌표계 또는 원통좌표계의 속도성분$(i=x,y,z/r,\Psi,z)$
x, y	직교좌표계의 수평 및 수직좌표
$\mathbb{D}$, $\mathbb{W}$	에너지소산, 일

제1장

응력과 변형률

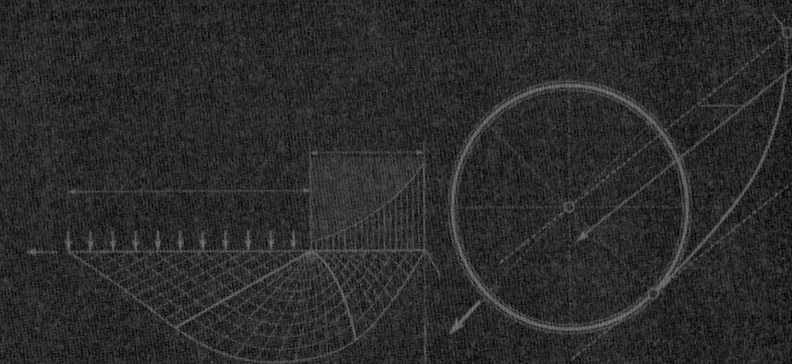

제1장 응력과 변형률

1.1 재료의 구성모델

1.1.1 연속체와 입상체

입상체(粒狀體, granular materials)는 작은 입자로 구성된 집합체이다. 입상체의 유동(流動, flow)에 대한 수학적 유동모델로는 입상체모델(discrete model), 운동학적 모델(kinetic theory model) 및 연속체모델(continuum model)이 대표적이다. 입상체모델은 인접한 입자 사이의 접촉으로 발생하는 입자의 변형에 대해서는 연속체역학(continuum mechanics)을 도입하고 질점(particle)의 운동에 대해서는 뉴턴 역학에 바탕을 둔 모델이다. 운동학적 모델은 기체운동학을 입상체에 확대하여 적용한 것이며, 연속체모델에서는 입상체가 유체 또는 고체와 같이 거동(behavior)하는 것으로 가정한다(Harris, 2001). 본 책자에서는 입상체인 흙에 대하여 연속체역학을 기반으로 하여 수립된 소성이론에 대하여 기술하였다.

연속체의 최소단위는 질점이다. 그러나 질점은 이론의 전개를 위한 가상의 물체로서 하나의 질점에 대하여 위치는 정의되지만 면적과 체적은 정의되지 않는다. 연속체 역학에서 연속체는 질점의 집합체로서 구멍이나 빈공간이 없으며 축척과도 관계없는 연속된 재료로 간주되고 재료에 외력을 가하면 재료 내부에서는 내력이 발생하게 된다. 여기서 외력은 재료의 표면에 작용하는 표면력(surface force; 하중, 반력 등)과 재료 내부에서 작용하는 물체력(body force; 중력, 원심력, 전향력, 관성력 등)으로 구분되며, 내력은 질점 사이의 상호작용에 의한 것이므로 뉴턴의 제3법칙(작용과 반작용의 법칙)을 따르는데 질점 사이에 작용하는 2개의 내력(작용과 반작용)은 크기가 같고 방향이 반대이며 작용선은 일치한다. 따라서 연속체에서 응력이란 재료에 외력이 작용하는 경우에 그 외력에 저항하여 재료의 형태를 그대로 유지하기 위하여 재료 내부에서 생성되는 내력이라 할 수 있으며 재료 내부의 내력은 바로 뉴턴의 제3법칙에 의해 발생하는 것이라고 할 수 있다. 연속체역학에서는 비록 재료가 미세입자로 구성되어 있다 하더라도 재료의 크기에 비하여 물리적으로 미세입자 사이의 거리가 매우 가깝다면 그 재료는 연속체로 간주하며, 유체역학, 탄성이론, 소성이론 등이 연속체 이론을 근거로 정립된 이론이다. 또한 연속체역학을 기반으로 수립된 흙에 대한 소성이론에서 흙은 토립자로 구성된 입상체이지만 전체적으로 하나의 연속체로 고려하여 역학적 거동의 거시적 특성을 해석한다(최덕기, 2011; 김영석, 1997).

입상체는 분리된 고체입자의 집합체로서 입자 사이에 마찰 등의 상호작용으로 에너지 손실이 발생하고 입자는 충분히 커서 열운동(thermal fluctuations)의 영향을 받지 않는 재료이다. 대표적인 입상체로는 흙(모래, 점토 등), 견과류, 곡물, 석탄, 콘플레이크, 볼베어링 등이 있으며, 분말형태의 입상체는 크기가 작아서 점착력을 띠거나 기체 내에서 쉽게 부유하는 성질이 있어 특수한 입상체로 볼 수 있다. 입상체는 에너지가 가해지면 유체 같이 거동하지만 에너지가 신속하게 소산되어 뉴턴 유체(Newtonian fluid; 전단속도의 크기에 관계없이 일정한 점도를 나타내는 유체)와는 다르며 다일레이턴시(dilatancy; 비가역적 전단변형으로 발생하는 비가역적 체적변화)와 같은 벌크형 유동특성(bulk flow characteristics, 總體流 特性)을 나타낸다. 입상체역학은 비교적 최근에 시작된 역학분야로서 **경계값문제**(boundary value problem)에 대한 해석 등이 미흡하여 지금까지는 완전하게 역학체계를 확립하지는 못하고 있지만 다양한 접근법을 통하여 활발하게 연구가 진행되고 있으며 앞으로는 입상체인 흙의 거동해석에서 가장 실제에 가까운 해를 제공할 수 있을 것으로 기대된다. 토질역학적인 관점에서 본다면 Mohr-Coulomb파괴기준을 적용한 소성이론은 연속체역학에 근거를 두고 있는데, 이것은 하나의 역학체계를 수립한다는 측면에서는 유리할 수 있지만 토립자의 단절성(discreteness)을 고려할 수 없다는 것이 문제점으로 지적되고 있다(Ken Kamrin, 2007).

일반적으로 연속체역학을 기반으로 하여 정립된 탄성해석이나 소성해석에서 구하고자 하는 것은 변위(displacement), 변형률 및 응력으로서, 이 3개의 인자에 의하여 각각 변위장(displacement field), 속도장(velocity field), 응력장(stress field)이 생성되며 상호 유기적으로 연결되어 있다. 연속체의 응력-변형률 거동을 지배하는 인자는 6개의 응력, 6개의 변형률, 3개의 변위 등 모두 15개이며, 응력-변형률 거동을 해석하기 위한 방정식은 3개의 **평형방정식**(equilibrium equation) 또는 **운동방정식**(kinematic equation), 6개의 구성식(constitutive equation, 재료의 응력-변형률에 대한 수학적 관계식), 6개의 변형률-변위 관계식 등 모두 15개로 구성된다(〈표 1-1〉 참조).

〈표 1-1〉 연속체의 거동해석을 위한 조건과 관계식

구 분	탄성영역	소성영역	비 고
지배방정식	평형방정식 운동방정식	평형방정식 운동방정식	정적 : 평형방정식 동적 : 운동방정식
적합성 조건	변위-변형률 관계식	속도-변형률증분 관계식	
구성식/유동칙	응력-변형률 관계식	응력-변형률증분 관계식 (응력-변형률속도 관계식)	
기타 조건	-	비압축성조건 체적팽창조건 등	비압축성 : 금속, 포화 점토 체적팽창 : 입상체

탄성 또는 소성변형을 하는 재료의 응력장은 평형방정식 또는 운동방정식과 항복조건 및 응력경계조건(stress boundary condition)을 충족시켜야 하며, 속도장은 **변형률 적합성 조건**(strain compatibility condition)과 **비압축성조건**(incompressibility condition) 및 속도경계조건(또는 변위경계조건)을 충족시켜야 한다. 또한 재료의 응력-변형률 관계를 수식으로 나타낸 것이 구성식 또는 유동칙이며, 탄성재료라면 응력-변형률, 소성재료라면 응력-변형률증분(incremental strain) 또는 응력-**변형률속도**(strain rate)에 대한 구성식이나 **유동칙**(flow rule)이 성립하지 않으면 안 된다. 따라서 탄성 또는 소성변형을 하는 재료는 이들 조건을 충족시키면서 변형이 진행되고 그에 따라 응력이 결정된다.

1.1.2 연속체로서의 흙의 구성모델

연속체인 금속재료와 입상체인 흙의 항복 및 응력-변형률 거동에는 큰 차이가 있다. 토질시험에서 볼 수 있는 항복점은 금속재료의 시험에서 흔히 볼 수 있는 항복점보다 일반적으로 덜 뚜렷하기 때문에 흙에 대하여 **항복곡면**(yield surface)을 구하는 것은 용이하지 않다. 여기서 「항복곡면」이란 응력공간에서 제하(unloading) 및 재재하(reloading)에 대하여 오직 탄성거동을 하는 영역의 경계가 되는 곡면을 의미한다. 주로 금속재료의 항복기준(yield criterion)으로 채택되는 Tresca항복기준과 von Mises항복기준은 정수압의 영향을 거의 받지 않지만 흙의 항복기준에서는 정수압이 매우 중요한 역할을 한다. 금속재료와 흙에 대한 항복곡면의 차이가 바로 두 재료의 소성거동의 차이라고 할 수 있다(Wood, 1990; Lubliner, 1989). 재료를 연속체로 가정하면 연속체 내에서 발생하는 물리적인 재료의 거동해석을 위해서는 실제 거동을 적절하게 단순화 또는 이상화시킨 모델이 필요하다. 영국 Bristol대학의 Wood(2000)는 「토목공학에서의 모델의 역할」이라는 주제를 통하여 흙의 거동해석을 위해서 많이 이용되는 구성모델(constitutive model)을 4단계로 분류하여 단계별 구성모델의 역할에 대하여 다음과 같이 정의하였다.

- 1단계, 어린이 모델(children's model) : 탄성모델, 강소성모델 등
- 2단계, 학 생 모델(student's model) : 확장Mohr-Coulomb모델, Cam-clay모델 등
- 3단계, 기술자 모델(engineer's model) : 현장의 토질특성에 맞는 특정 모델
- 4단계, 과학자 모델(scientist's model) : 모든 구성관계를 고려한 모델

위에서 학생 모델에 해당되는 확장Mohr-Coulomb모델(extended Mohr Coulomb model)이란 어린이 모델인 탄성모델과 강소성모델(rigid-perfectly plastic model)을 조합한 탄소성모델(elastic perfectly plastic model)에 **변형경화**(strain hardening)와 유동칙을 도입한 모델을 의미한다(Wood, 2000; Vermeer & de Borst, 1984). 고전적인 토질역학 문제는 대부분 어린이 모델인 탄성모델이나 또는 강소성모델을 기반으로 전개되기 때문에 해를 얻기 위해서는 탄성재료의 특성인 흙의 강성과 강도를 구하기 위하여 많은 노력을 기울여야 했다. 그러나 Wood(2000)는 어린이 모델은 극단적인 단순화 또는 이상화로 인하여 흙의 실제 거동을 제대로 나타내기에는 미흡한 수준의 모델이므로 흙의 거동을 보다 잘 나타내기 위해서는 확장Mohr-Coulomb모델이나 Cam-clay모델 등 학생 모델을 이용하는 것이 더 좋다고 제안하였다. 학생 모델에는 흙의 강도, 압축, 다일레이턴시 및 **한계상태**(critical state; 응력 또는 체적변화 없이 변형이 무한대로 발생하는 상태) 등이 모두 포함되어 있기 때문에 흙의 실제 거동을 분석할 수 있는 정보를 얻을 수 있다. 따라서 학생 모델은 어린이 모델보다 복잡하지만 흙의 실제 거동에 더 근접한 모델이라고 할 수 있다. 기술자 모델이란 대상이 되는 흙의 피크강도 이전 및 이후의 거동에 대한 상세한 정보를 제공함으로서 관련기술자가 구성관계를 올바르게 이해하여 적절한 거동해석 기법을 채택할 수 있도록 유도할 수 있을 정도로 업그레이드 된 모델을 말한다. 그렇지만 기술자 모델을 적용하는 경우에는 한 가지 구성인자(constitutive factor)에 지나치게 집중하기보다는 대상이 되는 흙의 전반적인 거동특성을 인지하는 것이 중요하며, 나무는 보고 숲을 보지 못하는 우를 범해서는 안 된다. 과학자 모델은 철학자 모델(philosophers' model)이라고도 하며 흙의 모든 구성관계를 빠짐없이 반영할 수 있는 모델로서, 기술자 모델을 축척 1:50,000인 지형도라고 한다면 과학자 모델은 축척이 1:1인 지형도에 해당되는 모델이라고 할 수 있다. 간단한 모델은 이용하기에 편리하지만 전체적인 구성관계를 보여주기에는 미흡하고 복잡한 모델은 상세한 구성관계까지 나타낼 수는 있지만 실

용성은 떨어질 수밖에 없다. 구성모델은 단계별로 점차 정교해지면서 다양한 역할을 수행할 수 있도록 개발된다. 예를 들면 Cam-clay모델은 학생 모델로서 주요 목적은 흙의 거동특성을 나타내기 위한 것이며 어린이 모델보다 흙의 구성관계를 보다 잘 나타낼 수 있는 수준의 모델이다. 학생 모델보다 더욱 발전된 모델은 기술자 모델로서 현장 토질특성에 맞추어 수립되는 가장 바람직한 모델이다. 과학자 모델은 흙의 모든 거동과 일치하는 최상위에 위치한 모델이지만 실행이 불가능한 모델일 뿐이다(Wood, 2000; Vermeer & de Borst, 1984).

위에서 예시한 모델 외에도 1~2단계에 속하는 구성모델은 많이 있다. 설계나 시공현장에서 발생하는 대부분의 문제는 1~2단계의 구성모델만 이용해도 미흡하나마 어느 정도 해결이 가능하다. 그러나 흙에 대한 소성이론을 올바로 이해하지 못하면 현장의 토질특성에 맞는 바람직한 3단계의 「기술자 모델」은 도출할 수 없을 뿐만 아니라 적절한 거동해석도 수행하기 어려우므로 경제적이고 안정적인 설계와 시공은 기대할 수 없다. 토질역학에는 위에서 기술한 가장 기본적인 구성모델 외에도 경화모델(hardening model), 유동모델(flow model), 이면전단모델 등 많은 모델이 있다. 본 책자는 흙의 거동해석을 위하여 연속체역학을 기반으로 하여 수립된 **항복함수**(yield function), 변형경화, **극한해석**(limit analysis), **이면전단유동칙**(double shearing flow rule), **활동선장해석**(slip line field analysis) 등 다양한 모델과 거동해석 기법에 대하여 이론적인 배경과 발전과정 및 문제점을 기술한 것이다. 비록 본 책자에서는 실험적인 내용은 배제하였지만 흙은 거동이 매우 복잡한 재료이므로 모든 모델링과 거동해석을 위해서는 실험과 계측이 병행되어야 한다는 것을 명심해야 한다.

1.2 응력

1.2.1 재료의 응력

1822년 Cauchy의 탄성이론에서 처음으로 소개된 응력이란 용어는 단위면적당 작용하는 하중으로서, 〈그림 1-1(a)〉와 같이 재료 연속체 내에 미소면적을 dA, 미소면적에 작용하는 하중을 dF라고 하면 $dA \rightarrow 0$으로 수렴시킬 때 dF/dA의 극한값으로서 정의되며 σ, t 또는 T로 표시하고 수식으로 나타내면 다음과 같다.

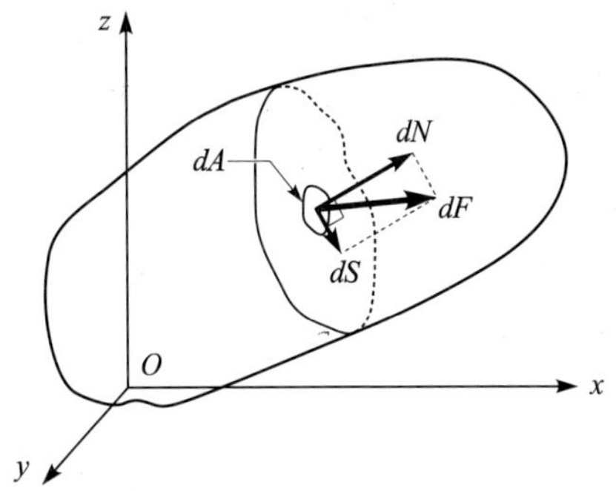

(a) 수직 및 전단응력

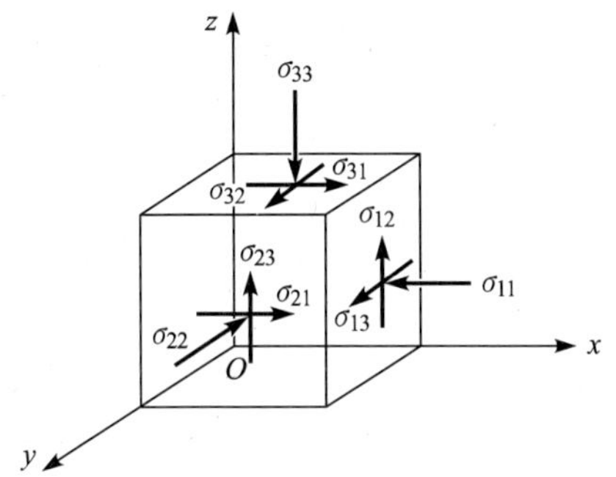

(b) 응력텐서

〈그림 1-1〉 응력의 표시 (Chakrabarty, 1987)

$$\sigma = \lim_{dA \to 0} \frac{dF}{dA}$$

그림(a)에서 응력은 작용하는 하중을 단면적으로 나누어서 표시하지만, 재료에 하중을 가하면 단면적은 변형이 발생하면서 하중을 받게 되는데, 하중이 가해지는 동안 실제 변형된 단면적을 고려하여 계산된 응력을 진응력(true stress, σ_{ij})이라 하고, 이에 반하여 초기단면적을 그대로 유지하여 계산된 응력을 공칭응력(nominal stress, t_{ij})이라 한다. 〈그림 1-1(a)〉와 같이 하중 dF를 dA에 대하여 수직방향의 성분 dN과 접선방향의 성분 dS로 분해하면 수직응력(normal stress)은 위의 식에서 dF를 dN, 전단응력(shear stress)은 dF를 dS로 대체하여 구한 값으로 정의된다. 또한 dA가 $x-$축에 수직이라고 하면 $x-$, $y-$ 및 $z-$축방향으로 작용하는 응력도 dF를 각각의 축방향 성분 dF_x, dF_y, dF_z로 분해하여 위의 식에 대입하여 구할 수 있다. 따라서 하나의 축에 수직인 면에 대하여 3개의 응력성분이 있으므로 연속체 내에 위치한 임의의 질점에서 응력상태를 완전히 표시하기 위해서는 〈그림 1-1(b)〉와 같이 3개의 축에 각각 3개씩 모두 9개의 응력성분이 필요하며 2계 텐서인 Cauchy 응력으로 표시하면 다음과 같다(Chakrabarty, 1987).

$$\sigma_{ij} = \begin{bmatrix} \sigma_{xx} & \sigma_{xy} & \sigma_{xz} \\ \sigma_{yx} & \sigma_{yy} & \sigma_{yz} \\ \sigma_{zx} & \sigma_{zy} & \sigma_{zz} \end{bmatrix} = \begin{bmatrix} \sigma_{11} & \sigma_{12} & \sigma_{13} \\ \sigma_{21} & \sigma_{22} & \sigma_{23} \\ \sigma_{31} & \sigma_{32} & \sigma_{33} \end{bmatrix} \tag{1-1}$$

본 책자에서는 응력텐서 σ_{ij}를 필요에 따라서는 T_{ij}로도 표기하였으며, 아래첨자가 $i=j$이면 수직응력텐서, $i \neq j$이면 전단응력텐서이고 전단응력텐서 $\sigma_{ij}(i \neq j)$는 $\tau_{ij}(i \neq j)$로도 표기하여 혼용하였다. 아래첨자의 제1첨자는 작용하는 면을 나타내고 제2첨자는 작용하는 방향을 가리키는 것이다. 일반적으로 토질역학에서는 압축응력 및 시계방향의 모멘트를 유발하는 전단응력을 양(+), 연속체역학이나 재료역학분야에서는 인장응력 및 반시계방향의 모멘트를 유발하는 전단응력을 양의 값으로 취하는 것이 보통이지만 특별히 정해진 부호규약은 없으므로 부호에 주의해야 한다. 또한 원점 O를 축으로 모멘트 평형을 고려해 보면 9개의 응력성분 중에서 전단응력성분은 $\sigma_{ij}=\sigma_{ji}$(또는 $\tau_{ij}=\tau_{ji}$; $i\neq j$)이다. 따라서 (1-1)식에서 응력행렬은 대칭행렬이 되어야 하며 연속체 내에서 임의의 질점에 작용하는 응력은 6개의 독립응력성분으로 표시할 수 있다. 본 책자에서는 σ_1, σ_2 및 σ_3로 표시되는 응력성분은 수직응력이 아닌 **주응력**(principal stress)으로 취하였으며 **주전단응력**(principal shear stress)은 τ_1, τ_2 및 τ_3로 표기하였다.

1.2.2 주응력, 주전단응력 및 응력불변량

〈그림 1-2〉는 3차원 응력상태에서 주응력을 결정하기 위하여 임의의 질점인 P에 작용하는 응력성분을 표시한 것이며 $x-$, $y-$ 및 $z-$축에 대한 방향코사인은 각각 l, m 및 n이다. 따라서 경사면 ABC에 작용하는 축방향 응력성분 t_x, t_y 및 t_z는 방향코사인 l, m 및 n을 이용하여 다음과 같이 나타낼 수 있다(Chakrabarty, 1987).

$$
\begin{aligned}
t_x &= l\sigma_{xx}+m\sigma_{yx}+n\sigma_{zx}\\
t_y &= l\sigma_{xy}+m\sigma_{yy}+n\sigma_{zy}\\
t_z &= l\sigma_{xz}+m\sigma_{yz}+n\sigma_{zz}
\end{aligned}
\tag{1-2}
$$

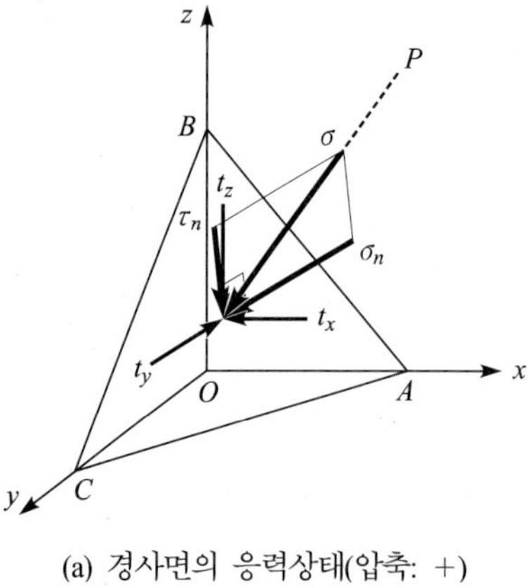

(a) 경사면의 응력상태(압축: +)

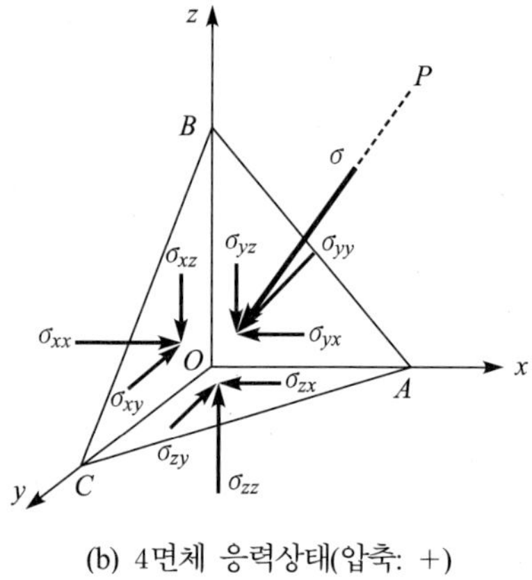

(b) 4면체 응력상태(압축: +)

〈그림 1-2〉 3차원 응력상태

따라서 경사면 ABC에 작용하는 수직응력 σ_n과 전단응력 τ_n은 각각 다음과 같다.

$$\begin{aligned}\sigma_n &= lt_x + mt_y + nt_z \\ &= l^2\sigma_{xx} + m^2\sigma_{yy} + n^2\sigma_{zz} + 2(lm\sigma_{xy} + mn\sigma_{yz} + nl\sigma_{zx})\end{aligned} \tag{1-3}$$

$$\tau_n = \sigma^2 - \sigma_n^2 = t_x^2 + t_y^2 + t_z^2 - \sigma_n^2 \tag{1-4}$$

또한 경사면 ABC의 경사 즉 l, m 및 n을 적절히 조절하면 경사면 ABC에는 수직응력만 작용하고 전단응력이 0인 경사면이 나타나는데, 수직응력만 작용하고 전단응력이 0인 평면을 **주평면**(principal plane)이라 하고 주평면에 법선인 축을 **주축**(principal axis), 주평면에 작용하는 수직응력을 주응력이라고 한다.

〈그림 1-1(b)〉로부터 〈그림 1-2(b)〉와 같이 경사면 ABC가 주평면이 되도록 4면체 $OABC$를 절취하고 경사면 ABC의 면적을 ΔA라 하면 4면체에서 나머지 3면의 면적은 각각 $l\Delta A$, $m\Delta A$ 및 $n\Delta A$이다. 4면체의 힘의 평형을 고려하면 다음 식이 성립한다.

$$\Sigma F_x = 0 \ : \ (\sigma\Delta A)l - \sigma_{xx}(l\Delta A) - \sigma_{xy}(m\Delta A) - \sigma_{xz}(n\Delta A) = 0$$
$$\Sigma F_y = 0 \ : \ (\sigma\Delta A)m - \sigma_{yy}(m\Delta A) - \sigma_{yz}(n\Delta A) - \sigma_{yx}(l\Delta A) = 0$$
$$\Sigma F_z = 0 \ : \ (\sigma\Delta A)n - \sigma_{zz}(n\Delta A) - \sigma_{zx}(l\Delta A) - \sigma_{zy}(m\Delta A) = 0$$

양변을 ΔA로 나누어서 정리하면 다음의 식을 얻을 수 있다.

$$(\sigma_{xx} - \sigma)l + \sigma_{xy}m + \sigma_{xz}n = 0$$
$$\sigma_{yx}l + (\sigma_{yy} - \sigma)m + \sigma_{yz}n = 0$$
$$\sigma_{zx}l + \sigma_{zy}m + (\sigma_{zz} - \sigma)n = 0$$

여기서 $l^2 + m^2 + n^2 = 1$이므로 $l = m = n = 0$이 될 수 없으며 선형방정식인 위의 식이 해를 갖기 위해서는 다음의 행렬이 0이 되어야 한다.

$$|\sigma_{ij} - \sigma\delta_{ij}| = \begin{bmatrix}\sigma_{xx} - \sigma & \sigma_{xy} & \sigma_{xz} \\ \sigma_{yx} & \sigma_{yy} - \sigma & \sigma_{yz} \\ \sigma_{zx} & \sigma_{zy} & \sigma_{zz} - \sigma\end{bmatrix} = 0 \tag{1-5}$$

식에서 δ_{ij}는 크로네커 델타이다. 위의 식을 전개하면 다음의 **특성방정식**(characteristic equation)을 얻을 수 있다(Chakrabarty, 1987).

$$\sigma^3 - I_1\sigma^2 + I_2\sigma - I_3 = 0 \tag{1-6}$$

식에서, $I_1 = \sigma_{kk} = \sigma_{xx} + \sigma_{yy} + \sigma_{zz} = \sigma_x + \sigma_y + \sigma_z$ (1-7)

$$I_2 = \begin{bmatrix} \sigma_{xx} & \sigma_{xy} \\ \sigma_{yx} & \sigma_{yy} \end{bmatrix} + \begin{bmatrix} \sigma_{yy} & \sigma_{yz} \\ \sigma_{zy} & \sigma_{zz} \end{bmatrix} + \begin{bmatrix} \sigma_{xx} & \sigma_{xz} \\ \sigma_{zx} & \sigma_{zz} \end{bmatrix} = \sigma_{xx}\sigma_{yy} + \sigma_{yy}\sigma_{zz} + \sigma_{xx}\sigma_{zz} \tag{1-8}$$

$$\begin{aligned} I_3 &= \begin{bmatrix} \sigma_{xx} & \sigma_{xy} & \sigma_{xz} \\ \sigma_{yx} & \sigma_{yy} & \sigma_{yz} \\ \sigma_{zx} & \sigma_{zy} & \sigma_{zz} \end{bmatrix} \\ &= \sigma_{xx}\sigma_{yy}\sigma_{zz} + 2\sigma_{xy}\sigma_{yz}\sigma_{zx} - \sigma_{xy}^2\sigma_{zz} - \sigma_{yz}^2\sigma_{xx} - \sigma_{xz}^2\sigma_{yy} \\ &= \frac{1}{3}\left(3I_1I_2 - I_1^3 + \sigma_{ij}\sigma_{jk}\sigma_{kl}\right) \end{aligned} \tag{1-9}$$

(1-6)식에 대한 3개의 실근 σ_1, σ_2 및 σ_3가 주응력이다. 임의의 질점에 작용하는 응력은 좌표축의 회전과 관계없이 그 값은 동일해야 하므로 위의 식에서 I_1, I_2 및 I_3는 좌표축의 회전과 관계없이 일정한 값이 되어야 하며 I_1, I_2 및 I_3를 각각 제1, 제2 및 제3 응력불변량이라고 한다. 좌표축을 주응력방향과 일치시키면 전단응력이 0이 되므로 (1-7~9)식의 응력불변량 I_1, I_2 및 I_3는 아래와 같이 주응력으로 표시할 수도 있다.

$$I_1 = \sigma_1 + \sigma_2 + \sigma_3 \tag{1-10}$$

$$I_2 = \sigma_1\sigma_2 + \sigma_2\sigma_3 + \sigma_3\sigma_1 \tag{1-11}$$

$$I_3 = \sigma_1\sigma_2\sigma_3 \tag{1-12}$$

여기서 불변량(invariant)이란 좌표축을 취하는 방법에 의해서 그 값이 변하지 않는 물리량을 의미한다. 즉 좌표축을 취하는 방법은 임의로 선택할 수 있으며 응력 등 재료의 역학적 특성은 고유치이기 때문에 좌표축의 선택에 따라 변할 수가 없다는 것이다. 따라서 재료의 역학적 특성을 나타내기 위해서는 불변량을 사용해야 하며 이것을 **좌표무차별원리**(principle of material frame indifference) 또는 객관성원리(principle of objectivity)라고 한다(윤지선, 1992).

제1 및 제2응력불변량은 재료의 응력-변형률 특성을 나타내는 중요한 지표로서 주로 재료의 구성식 또는 유동칙을 수립하는데 많이 이용된다. 제1응력불변량은 **평균응력**(mean stress)이나 평균압력(mean pressure) 또는 정수압응력(hydrostatic stress)을 나타내기 위하여 이용되는 불변량으로서 p로 표시하고 금속과 같은 비압축성재료에 대해서 매우 중요한 응력이다. 여기서 비압축성이란 정수압응력이 작용해도 체적변화가 없다는 것을 의미하며, 흙을 비압축성재료로 고려한다는 것은 대부분 급속 재하로 흙덩이 내에서 간극수가 빠져나갈 시간적인 여유가 없는 상태를 말한다. 제2응력불변량은 재료의 전단특성을 나타내는 불변량으로서 von Mises응력과 밀접한 관계가 있다. 제3응력불변량은 응력텐서로서 제1 및 제2응력불변량에 비하여 물리적으로는 큰 의미는 없다.

〈그림 1-3(a)〉와 같이 주응력이 작용하는 경우에 〈그림 1-3(b)~(d)〉에 도시한 것과 같이 응력이 작용하는 면을 각각 2조의 주평면과 45°가 되도록 취하면 전단응력이 작용하는 면이 발생하게 되며, 이 면에 작용하는 전단응력을 주전단응력이라고 한다. 주전단응력은 주응력의 최대차에 의하여 발생하는 전단응력으로서 〈그림 1-3(b)~(d)〉와 같이 세 쌍의 주전단응력면에 작용하는 3개의 주전단응력 τ_1, τ_2 및 τ_3가 있으며 $\sigma_1 > \sigma_2 > \sigma_3$인 경우에 각각 다음과 같이 나타낼 수 있다(Negi, 2008).

$$\tau_1 = \frac{\sigma_2 - \sigma_3}{2}, \quad \tau_2 = \frac{\sigma_3 - \sigma_1}{2}, \quad \tau_3 = \frac{\sigma_1 - \sigma_2}{2} \tag{1-13}$$

주전단응력면은 주평면을 이등분하는 평면이며, 임의의 질점에서 **최대전단응력**(maximum shear stress)의 크기는 위의 식으로 주어지는 3개의 주전단응력 중에서 가장 큰 값이 된다(Collins, 1993).

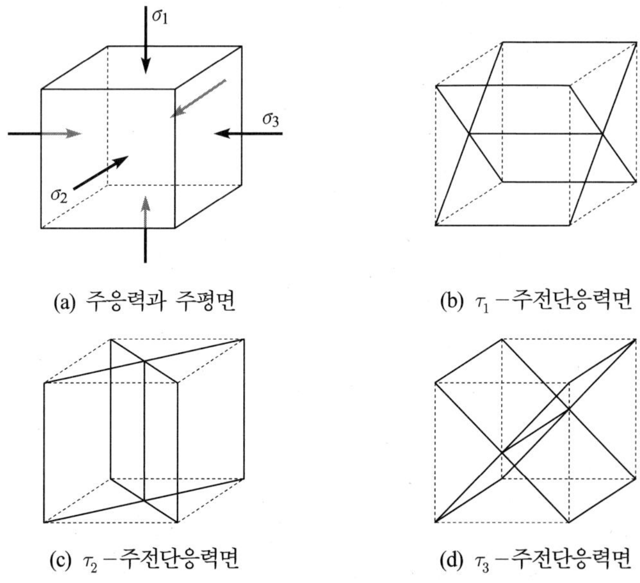

(a) 주응력과 주평면 (b) τ_1 −주전단응력면

(c) τ_2 −주전단응력면 (d) τ_3 −주전단응력면

〈그림 1-3〉 **주평면과 주전단응력면** (Shanley, 1957)

1.2.3 평균응력과 축차응력

(1-5)식의 응력 σ_{ij}는 2개의 서로 다른 응력의 합으로 나타낼 수 있다. 하나는 체적변화를 야기하는 평균응력 p이고 다른 하나는 재료의 모양을 변하게 하는 축차응력(deviator stress) s_{ij}이다. 일반적으로 금속재료와 같이 체적변화를 무시하는 소성변형에서는 축차응력이 중요한 역할을 하므로 재료의 구성모델이나 항복기준을 설정하는 경우에 다음과 같이 응력을 평균응력과 축차응력으로 분리한다.

$$\sigma_{ij} = \frac{1}{3}\sigma_{kk}\delta_{ij} + s_{ij} = p\delta_{ij} + s_{ij} = \begin{bmatrix} p & 0 & 0 \\ 0 & p & 0 \\ 0 & 0 & p \end{bmatrix} + \begin{bmatrix} \sigma_{xx}-p & \sigma_{xy} & \sigma_{xz} \\ \sigma_{yx} & \sigma_{yy}-p & \sigma_{yz} \\ \sigma_{zx} & \sigma_{zy} & \sigma_{zz}-p \end{bmatrix} \quad (1\text{-}14)$$

식에서, $p = \dfrac{\sigma_{kk}}{3} = \dfrac{I_1}{3} = \dfrac{1}{3}(\sigma_{xx} + \sigma_{yy} + \sigma_{zz})$

따라서 축차응력 $s_{ij} = \sigma_{ij} - (I_1/3)\delta_{ij} = \sigma_{ij} - p\delta_{ij} = \sigma_{ij} - (1/3)\sigma_{kk}\delta_{ij}$이다. 일정한 값을 모든 방향에서 같이 감해도 주응력의 방향은 변하지 않으므로 축차응력도 주응력 값의 크기만 다를 뿐이며 원래의 응력과 동일한 주응력방향을 갖는다. (1-14)식의 축차응력 s_{ij}는 다음과 같이 나타낼 수도 있다.

$$s_{ij} \equiv \begin{bmatrix} s_{xx} & s_{xy} & s_{xz} \\ s_{yx} & s_{yy} & s_{yz} \\ s_{zx} & s_{zy} & s_{zz} \end{bmatrix} = \begin{bmatrix} s_{11} & s_{12} & s_{13} \\ s_{21} & s_{22} & s_{23} \\ s_{31} & s_{32} & s_{33} \end{bmatrix} = \begin{bmatrix} \sigma_{xx}-p & \sigma_{xy} & \sigma_{xz} \\ \sigma_{yx} & \sigma_{yy}-p & \sigma_{yz} \\ \sigma_{zx} & \sigma_{zy} & \sigma_{zz}-p \end{bmatrix} \quad (1\text{-}15)$$

축차응력불변량도 아래와 같이 응력불변량과 동일한 방법을 이용하여 구한다.

$$|s_{ij} - s\delta_{ij}| = \begin{bmatrix} s_{xx}-s & s_{xy} & s_{xz} \\ s_{yx} & s_{yy}-s & s_{yz} \\ s_{zx} & s_{zy} & s_{zz}-s \end{bmatrix} = 0 \quad (1\text{-}16)$$

위의 식을 전개하면 다음의 특성방정식을 얻을 수 있다.

$$s^3 - J_1 s^2 + J_2 s - J_3 = 0 \quad (1\text{-}17)$$

식에서, $J_1 = s_{kk} = s_{xx} + s_{yy} + s_{zz} = 0$ (1-18)

$$
\begin{aligned}
J_2 &= \frac{1}{2}s_{ij}s_{ij} \\
&= -(s_{xx}s_{yy} + s_{yy}s_{zz} + s_{zz}s_{xx}) + s_{xy}^2 + s_{yz}^2 + s_{zx}^2 \\
&= \frac{1}{2}\left(s_{xx}^2 + s_{yy}^2 + s_{zz}^2 + 2s_{xy}^2 + 2s_{yz}^2 + 2s_{zx}^2\right) \qquad (1\text{-}19) \\
&= \frac{1}{6}\left[(\sigma_{xx}-\sigma_{yy})^2 + (\sigma_{yy}-\sigma_{zz})^2 + (\sigma_{zz}-\sigma_{xx})^2\right] + \tau_{xy}^2 + \tau_{yz}^2 + \tau_{zx}^2 \\
&= \frac{3}{2}\tau_{oct}^2
\end{aligned}
$$

$$J_3 = \det(s_{ij}) = \frac{1}{3}s_{ij}s_{jk}s_{ki} \tag{1-20}$$

식에서 J_1, J_2 및 J_3는 각각 제1, 제2 및 제3축차응력불변량이다. 또한 $\sigma = s + I_1/3$의 관계식을 (1-6)식에 대입하면 다음과 같이 계수가 응력불변량으로만 구성된 식을 얻을 수 있다.

$$s^3 - \left(\frac{I_1^2 + 3I_2}{3}\right)s - \left(\frac{2I_1^3 + 9I_1I_2 + 27I_3}{27}\right) = 0$$

위의 식과 (1-17)식으로부터 $J_1 = 0$, $J_2 = \left(I_1^2 + 3I_2\right)/3$, $J_3 = \left(2I_1^3 + 9I_1I_2 + 27I_3\right)/27$의 관계가 성립한다. 축차주응력 $s_k = \sigma_k - p$이므로 축차응력불변량을 축차주응력으로 나타내면 다음과 같다.

$$J_1 = s_1 + s_2 + s_3 = 0 \tag{1-21}$$

$$
\begin{aligned}
J_2 &= -(s_1s_2 + s_2s_3 + s_3s_1) = \frac{1}{2}\left(s_1^2 + s_2^2 + s_3^2\right) \\
&= \frac{1}{6}\left[(\sigma_1-\sigma_2)^2 + (\sigma_2-\sigma_3)^2 + (\sigma_3-\sigma_1)^2\right]
\end{aligned} \tag{1-22}
$$

$$J_3 = s_1s_2s_3 = \frac{1}{3}\left(s_1^3 + s_2^3 + s_3^3\right) \tag{1-23}$$

식에서 s_1, s_2 및 s_3는 각각 제1, 제2 및 제3축차주응력이다.

1.2.4 팔면체응력

응력은 $x-y-z$ 직교좌표계의 육면체에 나타내는 것이 보통이지만 직교좌표계의 육면체에 나타낸 응력상태는 이해하기 어려우므로 주응력공간이나 다른 좌표체계를 이용하여 표시할 수도 있다. 특히 직교좌표계의 육면체보다는 〈그림 1-4〉와 같이 주응력공간의 팔면체를 이용하면 응력상태를 이해하기가 쉽다. 주응력공간에서 팔면체면에 작용하는 8개의 법선벡터는 각각의 주응력방향과 이루는 각이 동일하고 하나의 면에 대해서는 주응력의 합이 일정하다. 팔면체면에 작용하는 응력은 팔면체수직응력(octahedral normal stress) σ_{oct}와 팔면체전단응력(octahedral shear stress) τ_{oct}로 구성된다. 팔면체면은 방향코사인이 같고 $l^2+m^2+n^2=1$이므로 $l=m=n=\pm 1/\sqrt{3}$이다. 팔면체수직응력은 8개의 팔면체면에 동일한 크기로 작용하며 팔면체 형태는 변형시키지 않고 팔면체가 압축되거나 신장되어 체적변화만 야기하는 평균응력이다. (1-3)식으로부터 전단응력이 0인 주응력공간이라는 것을 고려하여 팔면체수직응력은 다음과 같이 구한다.

$$\sigma_{oct}=l^2\sigma_1+m^2\sigma_2+n^2\sigma_3=\frac{1}{3}(\sigma_1+\sigma_2+\sigma_3)=\frac{1}{3}I_1=p \tag{1-24}$$

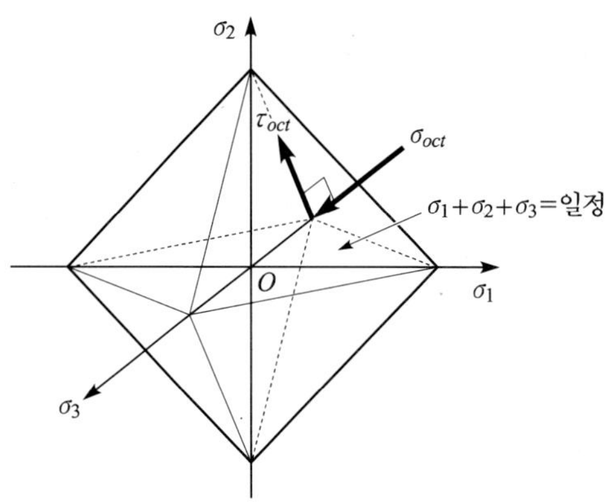

〈그림 1-4〉 팔면체응력

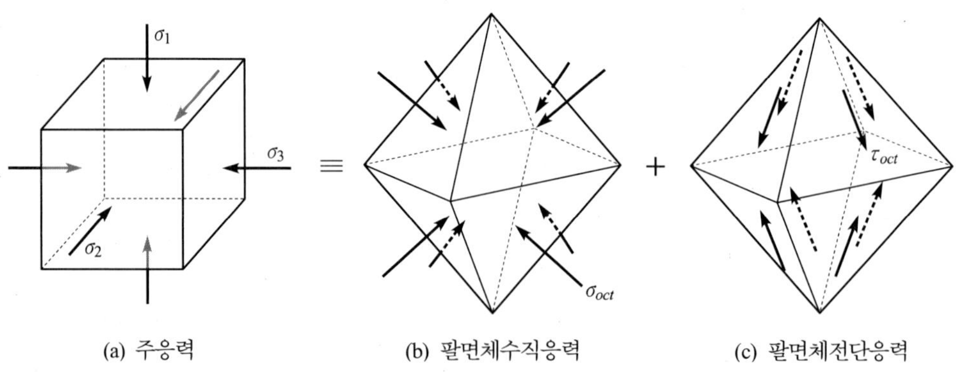

〈그림 1-5〉 주응력과 팔면체응력

또한 팔면체전단응력은 수직응력과 같이 8개의 팔면체면에 작용하지만 팔면체의 체적변화와는 관계없이 형태변화만 야기하는 응력이다. 팔면체전단응력은 주응력공간에서 전단응력은 0이므로 (1-2)식으로부터 $t_x^2 = \sigma_1^2 l^2$, $t_y^2 = \sigma_2^2 m^2$ 및 $t_z^2 = \sigma_3^2 n^2$이며 다음과 같이 구할 수 있다.

$$
\begin{aligned}
\tau_{oct} &= \left[\sigma^2 - \sigma_{oct}^2\right]^{1/2} = \left[t_x^2 + t_y^2 + t_z^2 - \sigma_n^2\right]^{1/2} \\
&= \left[\sigma_1^2 l^2 + \sigma_2^2 m^2 + \sigma_3^2 n^2 - \frac{1}{9}(\sigma_1 + \sigma_2 + \sigma_3)\right]^{1/2} \\
&= \left[\frac{1}{3}(\sigma_1^2 + \sigma_2^2 + \sigma_3^2) - \frac{1}{9}(\sigma_1 + \sigma_2 + \sigma_3)\right]^{1/2} \\
&= \frac{1}{3}\left[(\sigma_1 - \sigma_2)^2 + (\sigma_2 - \sigma_3)^2 + (\sigma_3 - \sigma_1)^2\right]^{1/2}
\end{aligned}
\tag{1-25}
$$

위의 식이 의미하는 것은 팔면체전단응력이 주응력의 차, 즉 축차응력에 의하여 발생한다는 것이다. 주응력공간에서 주응력과 팔면체응력의 관계는 〈그림 1-5〉와 같다.

1.2.5 평형방정식

외력을 받아도 연속체가 정지해 있거나 직선을 따라서 등속도로 움직인다면 연속체는 평형상태를 유지하게 된다. 일반적으로 연속체에 작용하는 외력에는 정수압이나 하중과 같은 표면력과 중력이나 원심력 등의 물체력이 있으며 표면력은 단위면적당 힘, 물체력은 단위체적당 힘으로 표시된다. 〈그림 1-6〉은 **평면변형률조건**(plane strain condition; 세 방향의 변위 중에서 한 방향의 변위성분이 0인 조건)에서 응력(σ_{ij})과 물체력(B_i)을 받는 요소를 도시한 것이다. 그림에서 $x-$축방향으로 작용하는 힘을 모두 합하면 다음과 같다.

$$\Sigma F_x = \left(\sigma_{xx} + \frac{\partial \sigma_{xx}}{\partial x}dx\right)dy - \sigma_{xx}dy + \left(\sigma_{yx} + \frac{\partial \sigma_{yx}}{\partial y}dy\right)dx - \sigma_{yx}dx$$

위의 식에서 $dxdy \neq 0$인 경우에 $\sigma_{yx} = \sigma_{xy}$인 것을 고려하여 $\Sigma F_x = 0$을 구하고, 같은 방법으로 $\Sigma F_y = 0$에 의해서 다음과 같은 2개의 식을 얻을 수 있다.

$$
\begin{aligned}
&\frac{\partial \sigma_{xx}}{\partial x} + \frac{\partial \sigma_{xy}}{\partial y} = 0 \\
&\frac{\partial \sigma_{yy}}{\partial y} + \frac{\partial \sigma_{xy}}{\partial x} = B_y
\end{aligned}
\tag{1-26}
$$

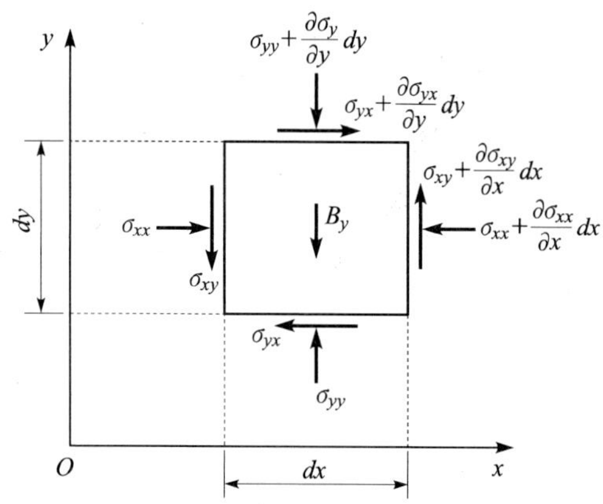

〈그림 1-6〉 $x-y$평면에서 미소요소에 작용하는 힘

위의 식이 $x-y$평면에서 평면변형률조건의 평형방정식이다. 3차원 직교좌표계에서도 같은 방법으로 평형방정식을 구할 수 있다. 〈그림 1-7〉의 3차원 직교좌표계에서 x-축방향으로 $\Sigma F_x = 0$을 구하고 같은 방법으로 $\Sigma F_y = 0$ 및 $\Sigma F_z = 0$에 의하여 다음 식을 얻을 수 있다.

$$\frac{\partial \sigma_{xx}}{\partial x} + \frac{\partial \sigma_{yx}}{\partial y} + \frac{\partial \sigma_{zx}}{\partial z} + B_x = 0$$
$$\frac{\partial \sigma_{xy}}{\partial x} + \frac{\partial \sigma_{yy}}{\partial y} + \frac{\partial \sigma_{zy}}{\partial z} + B_y = 0 \qquad (1\text{-}27)$$
$$\frac{\partial \sigma_{xz}}{\partial x} + \frac{\partial \sigma_{yz}}{\partial y} + \frac{\partial \sigma_{zz}}{\partial z} + B_z = 0$$

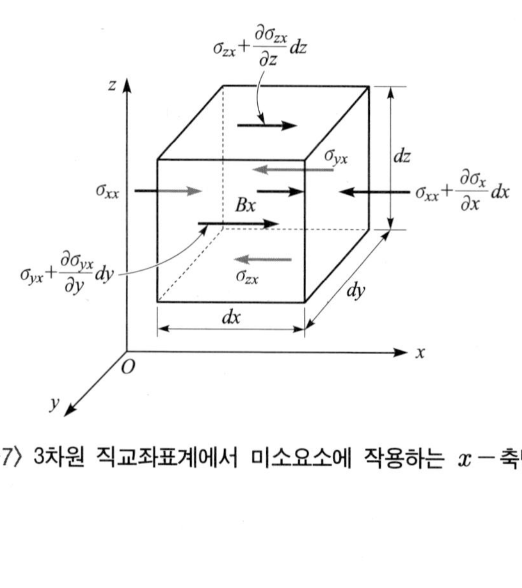

〈그림 1-7〉 3차원 직교좌표계에서 미소요소에 작용하는 x-축방향의 힘

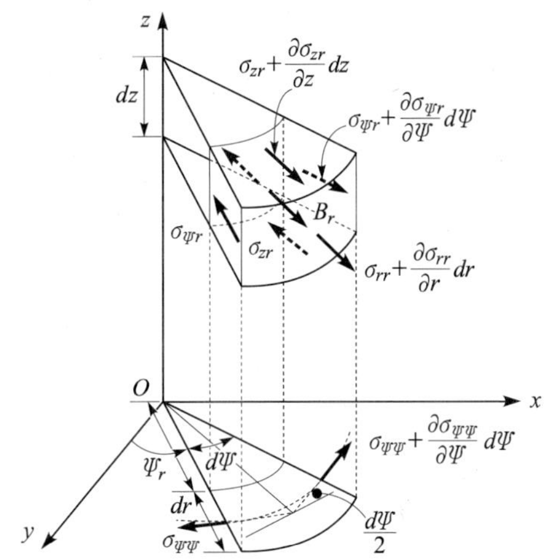

〈그림 1-8〉 원통좌표계에서 미소요소에 작용하는 반경방향의 힘
(Davis, & Selvadurai, 2002)

식에서 물체력 $B_i = \rho b_i$이며 질량(ρ)과 질량에 관계되는 힘(b_i)의 곱으로 표시할 수 있다. (1-27)식이 $x-y-z$좌표계의 3차원 평형방정식이다. (1-26~27)식을 첨자표기를 이용하여 하나의 식으로 나타내면 다음과 같다.

$$\frac{\partial\sigma_{ij}}{\partial x_i} + B_j = 0 \tag{1-28}$$

또한 **축대칭조건**(axisymmetry condition)의 경계값문제를 해석하기 위해서는 직교좌표계가 아닌 원통좌표계(cylindrical coordinate system)인 $r-\Psi-z$좌표계를 이용한 평형방정식을 적용해야 한다. 〈그림 1-8〉의 원통좌표계에서 요소에 작용하는 반경방향의 힘을 합하면 다음과 같다(Davis, & Selvadurai, 2002).

$$\Sigma F_r = \left[\left(\sigma_{rr} + \frac{\partial\sigma_{rr}}{\partial r}dr\right)(r+dr) - \sigma_{rr}r\right]d\Psi dz - \left[\sigma_{\Psi\Psi} + \frac{\partial\sigma_{\Psi\Psi}}{\partial\Psi} + \sigma_{\Psi\Psi}\right]drdz\sin\left(\frac{d\Psi}{2}\right)$$
$$+\left[\sigma_{r\Psi} + \frac{\partial\sigma_{r\Psi}}{\partial\Psi}d\Psi - \sigma_{r\Psi}\right]drdz\cos\left(\frac{d\Psi}{2}\right) + \left[\sigma_{rz} + \frac{\partial\sigma_{rz}}{\partial z}dz - \sigma_{rz}\right]rdrd\Psi + B_r rdrdzd\Psi$$

식에서 $\sigma_{\Psi\Psi}$는 원주응력(circumferential stress)이다. $drdzd\Psi \neq 0$인 경우에 위의 식에 $\sin(d\Psi/2) \approx d\Psi/2$, $\cos(d\Psi/2) \approx 1$을 대입하여 $\Sigma F_r = 0$을 구하고, 같은 방법으로 $\Sigma F_\Psi = 0$ 및 $\Sigma F_z = 0$에 의하여 다음 식을 얻을 수 있다.

$$\frac{\partial\sigma_{rr}}{\partial r}+\frac{1}{r}\frac{\partial\sigma_{\Psi r}}{\partial\Psi}+\frac{\partial\sigma_{zr}}{\partial z}+\frac{\sigma_{rr}-\sigma_{\Psi\Psi}}{r}+B_r=0$$
$$\frac{\partial\sigma_{r\Psi}}{\partial r}+\frac{1}{r}\frac{\partial\sigma_{\Psi\Psi}}{\partial\Psi}+\frac{\partial\sigma_{z\Psi}}{\partial z}+\frac{2\sigma_{r\Psi}}{r}+B_\Psi=0 \quad (1-29)$$
$$\frac{\partial\sigma_{rz}}{\partial r}+\frac{1}{r}\frac{\partial\sigma_{\Psi z}}{\partial\Psi}+\frac{\partial\sigma_{zz}}{\partial z}+\frac{\sigma_{rz}}{r}+B_z=0$$

위의 식이 원통좌표계로 표시한 3차원 평형방정식이다. 또한 축대칭조건이라면 반경이 일정하고 하중과 응력이 대칭이기 때문에 중간주응력인 원주응력 $\sigma_{\Psi\Psi}$가 일정하고 $\sigma_{\Psi z}=\sigma_{r\Psi}=0$이며 전단응력 $\sigma_{rz}=\sigma_{zr}$이므로 3차원 평형방정식은 다음과 같이 나타낼 수 있다.

$$\frac{\partial\sigma_{rr}}{\partial r}+\frac{\partial\sigma_{rz}}{\partial z}+\frac{\sigma_{rr}-\sigma_{\Psi\Psi}}{r}+B_r=0$$
$$\frac{\partial\sigma_{rz}}{\partial r}+\frac{\partial\sigma_{zz}}{\partial z}+\frac{\sigma_{rz}}{r}+B_z=0 \quad (1-30)$$

1.2.6 Mohr 응력원

(1) Mohr 응력원을 이용한 응력해석

Mohr 응력원(Mohr's stress circle)은 재료의 응력상태를 시각화하여 해석하는 응력해석의 도해적 수단이다. 〈그림 1-9(a)〉에서 $x-y-z$좌표계의 2차원 평면응력은 다음과 같다(Davis & Selvadurai, 2002).

$$[\sigma]=\begin{bmatrix}\sigma_{xx} & \tau_{xy} & 0\\ \tau_{yx} & \sigma_{yy} & 0\\ 0 & 0 & 0\end{bmatrix} \quad (1-31)$$

위의 2차원 평면응력을 $z-$축을 회전축으로 양의 $x-$축으로부터 반시계방향으로 ψ만큼 회전시킨 $X-Y-Z$좌표계에 나타내기 위해서는 회전행렬(rotation matrix) $[M_R]$을 이용하면 된다(「부록」 참조).

$$[M_R]=\begin{bmatrix}\cos\psi & -\sin\psi & 0\\ \sin\psi & \cos\psi & 0\\ 0 & 0 & 1\end{bmatrix} \quad (1-32)$$

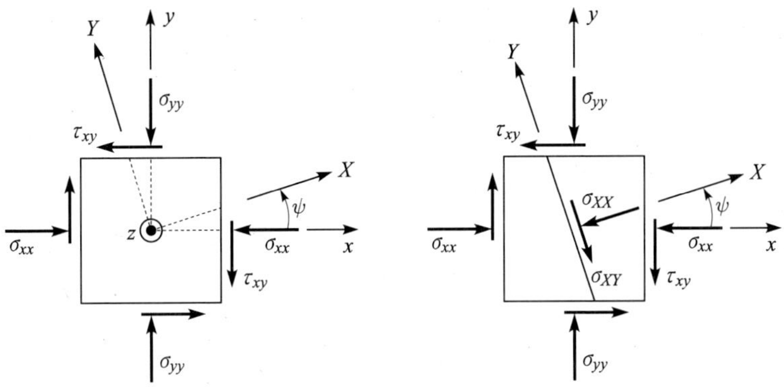

(a) 좌표계의 회전 (b) 경사면에 작용하는 응력

〈그림 1-9〉 좌표계의 회전과 경사면에 작용하는 응력 (Davis & Selvadurai, 2002)

회전행렬 $[M_R]$을 이용하여 $X-Y-Z$좌표계의 응력행렬 $[\Sigma]$는 다음과 같이 구할 수 있다.

$$[\Sigma]=\begin{bmatrix} \sigma_{XX} & \tau_{XY} & 0 \\ \tau_{XY} & \sigma_{YY} & 0 \\ 0 & 0 & 0 \end{bmatrix}=[M_R][\sigma]\left[M_R^T\right] \tag{1-33}$$

(1-31)식 및 (1-32)식을 (1-33)식에 대입하여 전개하면 $[\Sigma]$의 응력성분 σ_{XX}, σ_{YY} 및 τ_{XY}는 다음과 같다.

$$\sigma_{XX}=\sigma_{xx}\cos^2\psi+\sigma_{yy}\sin^2\psi+2\tau_{xy}\sin\psi\cos\psi \tag{1-34}$$

$$\sigma_{YY}=\sigma_{xx}\sin^2\psi+\sigma_{yy}\cos^2\psi-2\tau_{xy}\sin\psi\cos\psi \tag{1-35}$$

$$\tau_{XY}=-(\sigma_{yy}-\sigma_{xx})\sin\psi\cos\psi+\tau_{xy}(\cos^2\psi-\sin^2\psi) \tag{1-36}$$

또는 σ_{XX}, σ_{YY} 및 τ_{XY}는 다음과 같이 나타낼 수도 있다.

$$\sigma_{XX}=\frac{1}{2}(\sigma_{xx}+\sigma_{yy})+\frac{1}{2}(\sigma_{xx}-\sigma_{yy})\cos 2\psi+\tau_{xy}\sin 2\psi \tag{1-37}$$

$$\sigma_{YY}=\frac{1}{2}(\sigma_{xx}+\sigma_{yy})-\frac{1}{2}(\sigma_{xx}-\sigma_{yy})\cos 2\psi-\tau_{xy}\sin 2\psi \tag{1-38}$$

$$\tau_{XY}=-\frac{1}{2}(\sigma_{xx}-\sigma_{yy})\sin 2\psi+\tau_{xy}\cos 2\psi \tag{1-39}$$

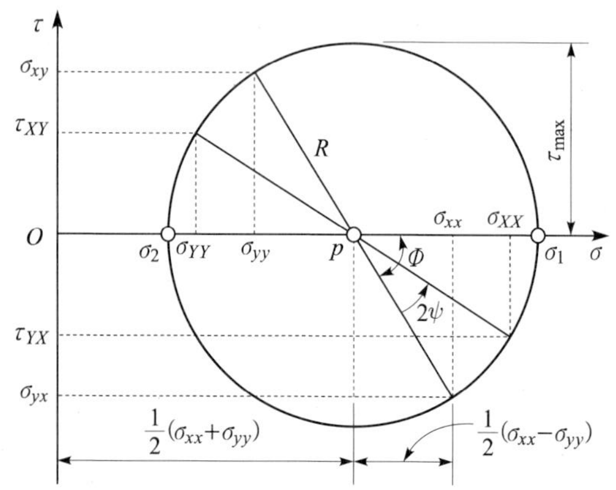

〈그림 1-10〉 Mohr 응력원

평균응력 p와 반경 R을 각각 다음과 같이 정의한다.

$$p=\frac{1}{2}(\sigma_{xx}+\sigma_{yy}),\quad R=\frac{1}{2}\left[(\sigma_{xx}-\sigma_{yy})^2+4\tau_{xy}^2\right]^{1/2} \tag{1-40}$$

각 Φ를 〈그림 1-10〉과 같이 정의하고 위의 식과 함께 (1-37)식과 (1-39)식을 정리하면 각각 다음과 같다.

$$\sigma_{XX}=p+R\cos(\Phi-2\psi) \tag{1-41}$$

$$\tau_{XY}=R\sin(\Phi-2\psi) \tag{1-42}$$

(1-41~42)식의 양변을 각각 제곱하여 합하면 다음 식을 얻을 수 있다.

$$(\sigma_{XX}-p)^2+\tau_{XY}^2=R^2 \tag{1-43}$$

위의 식이 의미하는 것은 〈그림 1-10〉과 같이 모든 ψ에 대하여 응력 (σ_{XX}, τ_{XY})의 궤적이 나타내는 것은 중심이 $(p, 0)$이고 반경이 R인 하나의 원이 된다는 것이며, 이 원이 바로 Mohr 응력원이다. Mohr 응력원을 이용하면 응력이 작용하는 미소요소에 대한 응력분포를 포함하여 미소요소의 회전에 의한 응력의 변화와 주응력이 작용하는 주축의 방향을 용이하게 결정할 수 있다. Mohr 응력원의 중심인 평균응력 p는 항상 $\sigma-$축에 위치해야 하며 응력원의 원주에 위치한 점은 **응력점**(stress point; 좌표가 응력상태를 나타내는 점)이다. 응력점은 〈그림 1-9(b)〉와 같이 경사면에 작용하는 수직응력과 전단응력을 나타내고 〈그림 1-10〉에서 응력점 σ_1과 σ_2는 주응력을 나타낸다. 또한 (1-37)식을 ψ에 대하여 미분하면 아래와 같이 $x-$축과 최대주응력축의 사잇각인 θ를 구할 수 있다.

$$\tan 2\theta = \frac{2\tau_{xy}}{\sigma_{xx} - \sigma_{yy}} \tag{1-44}$$

식에서 θ의 범위는 $0° \sim 180°$ 이고, 그 범위 내에 2개의 값이 있으며 그 차는 $90°$ 이다. 따라서 주응력이 작용하는 주평면은 직교하고 주평면에 작용하는 주응력 σ_1과 σ_2는 각각 다음과 같다.

$$\begin{aligned} \sigma_1 &= \frac{1}{2}(\sigma_{xx} + \sigma_{yy}) + \left[\left(\frac{\sigma_{xx} - \sigma_{yy}}{2}\right)^2 + \tau_{xy}^2\right]^{1/2} \\ \sigma_2 &= \frac{1}{2}(\sigma_{xx} + \sigma_{yy}) - \left[\left(\frac{\sigma_{xx} - \sigma_{yy}}{2}\right)^2 + \tau_{xy}^2\right]^{1/2} \end{aligned} \tag{1-45}$$

또한 (1-39)식을 ψ에 대하여 미분하면 아래와 같이 최대전단응력 $\tau_{\max}$가 발생하는 방향인 θ_{ss}를 구할 수 있다.

$$\tan 2\theta_{ss} = -\frac{\sigma_{xx} - \sigma_{yy}}{2\tau_{xy}} \tag{1-46}$$

식에서 최대전단응력 $\tau_{\max}$가 발생하는 방향 θ_{ss}의 범위는 $0° \sim 180°$ 이고, 그 범위 내에 2개의 값이 있으며 차는 $90°$ 이다. $\tau_{\max}$의 크기는 Mohr 응력원의 반경 R과 같다.

$$\tau_{\max} = \left[\left(\frac{\sigma_{xx} - \sigma_{yy}}{2}\right)^2 + \tau_{xy}^2\right]^{1/2} = \frac{1}{2}(\sigma_1 - \sigma_2) = R \tag{1-47}$$

최대전단응력 $\tau_{\max}$는 (1-13)식으로 구할 수 있는 3개의 주전단응력 중에서 가장 큰 주전단응력과 같으며, 최대주응력이 발생하는 방향 θ와 $\tau_{\max}$가 발생하는 방향 θ_{ss}의 관계는 (1-44)식과 (1-46)식으로부터 다음과 같다.

$$\theta_{ss} = \theta \pm \frac{\pi}{4} \tag{1-48}$$

따라서 최대전단응력이 발생하는 방향 θ_{ss}는 최대주응력이 발생하는 방향 θ와 $\pm 45°$ 의 편차가 있다는 것을 알 수 있다.

(2) Mohr 응력원의 이용과 평면기점

수직응력 σ와 전단응력 τ를 좌표축으로 하는 응력평면에서 임의의 질점에 작용하는 응력(σ, τ)이 Mohr-Coulomb파괴기준 등의 재료의 파괴기준을 충족시킨다는 것은 〈그림

1-11〉에서 응력이 2개의 파괴곡선 M_0M_1 및 M_0M_2를 경계로 하는 쐐기형 영역의 내측에 위치한다는 것을 의미한다. 일반적으로 응력공간에서 주응력성분 σ_1, σ_2 및 σ_3로 구성되는 응력상태($\sigma_1 \geq \sigma_2 \geq \sigma_3$)가 파괴기준을 충족시키기 위해서는 그림과 같이 주어진 응력상태에 대응하는 3개의 Mohr 응력원이 쐐기형 영역의 내측에 위치해야 한다. 흙은 쐐기형 영역 내에서 탄성거동을 하게 되며 소성유동은 그림에서 가장 큰 Mohr 응력원이 2개의 파괴곡선 M_0M_1 및 M_0M_2과 접하면서 시작된다. 소성해석에서 평면변형률조건으로 전제하면 단지 2차원 평면의 응력변화만 고려하므로 3개의 Mohr 응력원이 아니라 σ_1과 σ_3를 통과하는 2개의 Mohr 응력원만 이용되고, 면적요소(surface element)가 아닌 선재요소(line element)에 대한 응력만 관계된다(Chen, 1975).

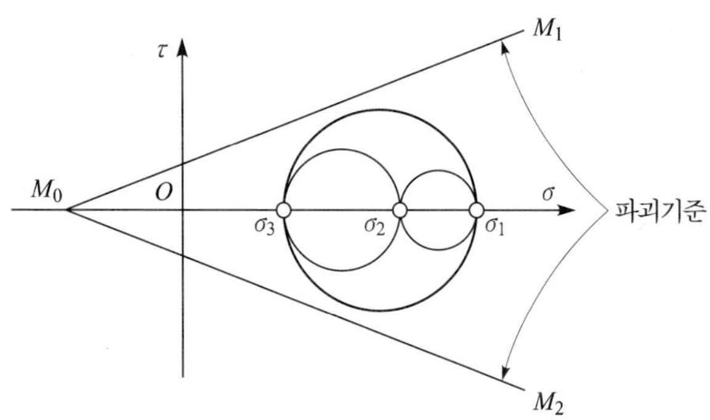

〈그림 1-11〉 Mohr 응력원과 파괴기준 (Chen, 1975)

만약 2차원 응력상태에서 최대 및 최소주응력인 σ_1과 σ_2가 주어진다면($\sigma_1 \geq \sigma_2$) 평균응력 p와 최대전단응력 $\tau_{\max}$를 각각 다음과 같이 구하여 Mohr 응력원을 도시할 수 있다.

$$p = \frac{1}{2}(\sigma_1 + \sigma_2), \quad \tau_{\max} = \frac{1}{2}(\sigma_1 - \sigma_2) \tag{1-49}$$

위의 식에 의해서 〈그림 1-12(a)〉는 Mohr 응력원의 중심이 원점 O에서 우측으로 p만큼 떨어진 $\sigma-$축에 위치하고 응력원의 반경은 $\tau_{\max}(=R)$이다. 또한 그림(a)에서 A는 그림(b)에서 양의 $\sigma-$축으로 법선벡터가 n인 면적요소이며, 요소에는 법선벡터와 경사각 δ로 응력벡터 T가 작용하고 T의 수직 및 접선성분은 각각 σ_{xx} 및 τ_{xy}이다. T는 그림(b)와 같이 요소에 법선방향으로 평균응력 p와 법선벡터와 사잇각이 2ψ인 최대전단응력 $R(=\tau_{\max})$로서 나타낼 수도 있다. 따라서 요소에 작용하는 T의 강도는 그림(a)에서 벡터 OA의 길이로 주어진다.

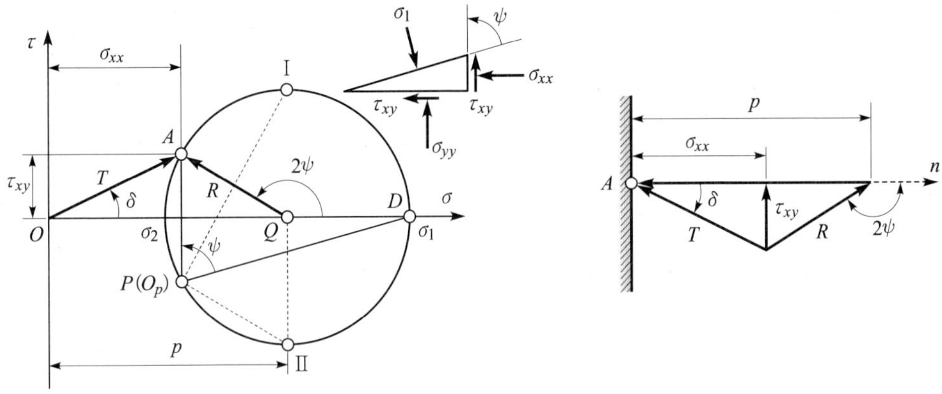

(a) 응력평면 (b) 물리평면

〈그림 1-12〉 Mohr 응력원에 의한 응력 결정 (Chen, 1975)

응력벡터 T의 방향을 알기 위해서는 법선벡터 n을 δ만큼 회전시켜야 하는데 그림(a)와 그림(b)의 방향이 반대라는 것에 주의해야 한다. 따라서 그림(b)의 **물리평면**(physical plane)의 A는 그림(a)의 응력평면에서는 응력점 $A(\sigma_{xx}, \tau_{xy})$로 표시된다. 특히 그림(a)와 같이 σ_{xx}와 τ_{xy}가 작용하는 수직면과 최대주응력 σ_1이 작용하는 주평면의 사잇각 ψ는 반시계방향을 양의 값으로 취한다.

일반적으로 전단응력의 부호는 압축응력이나 인장응력과는 달리 물리적으로 특별한 의미가 있는 것은 아니며, 재료가 전단응력으로 인하여 파괴되었다면 전단응력의 부호보다는 재료의 파괴 자체가 더 중요한 문제로 다루어지는 것이 보통이다. 그러나 Mohr 응력원을 도시할 때 전단응력에 대하여 일정한 부호규약을 설정하면 Mohr 응력원의 장점을 극대화할 수 있다. 이것은 어떤 Mohr 응력원이라도 원주에 **평면기점**(origin of plane) 또는 **극**(pole)이라고 하는 유일한 점이 존재한다는 것을 이용하는 것이며, 평면기점은 응력상태의 도해적 해석에 유용한 정보를 제공한다(Davis & Selvadurai, 2002). 평면기점을 구하기 위해서는 먼저 (1-34~36)식의 응력을 주응력으로 변환해야 한다. 하나의 좌표계로 표시된 응력상태는 좌표계의 방향에 의존하기 때문에 $x-y-z$좌표계의 방향을 주응력(σ_1, σ_2)의 방향과 일치하도록 취하면 (1-34~36)식은 다음과 같이 주응력으로 나타낼 수 있다($\sigma_1 > \sigma_2$).

$$\sigma_{XX} = \frac{1}{2}(\sigma_1 + \sigma_2) + \frac{1}{2}(\sigma_1 - \sigma_2)\cos 2\psi \tag{1-50}$$

$$\sigma_{YY} = \frac{1}{2}(\sigma_1 + \sigma_2) - \frac{1}{2}(\sigma_1 - \sigma_2)\cos 2\psi \tag{1-51}$$

$$\tau_{XY} = -\frac{1}{2}(\sigma_1 - \sigma_2)\sin 2\psi \tag{1-52}$$

다음으로 〈그림 1-13(a)〉와 같이 (1-50)식과 (1-52)식에 의한 응력점인 (σ_{XX}, τ_{XY})가 반시계방향으로 수평축과 이루는 각이 2ψ이며, ψ가 바뀌면 응력점은 응력원의 원주를 따라서 이동한다. 〈그림 1-13(b)〉에서 응력점 (σ_{XX}, τ_{XY})와 $(\bar{\sigma}_{XX}, \bar{\tau}_{XY})$를 각각 2개의 면적요소에 작용하는 2개의 응력상태라고 하고 교각인 원주각을 $\bar{\psi}$라고 하면 Mohr 응력원에서 두 응력점 사이의 중심각은 $2\bar{\psi}$가 되며, 이와 같은 배각방법은 어떤 평면에 대해서도 적용이 가능하다. 〈그림 1-13(b)〉와 같이 Mohr 응력원에 응력 (σ_{XX}, τ_{XY})가 작용하는 면적요소의 방향과 평행한 직선을 응력점 (σ_{XX}, τ_{XY})를 통과하도록 도시하고, 다른 하나의 직선도 응력 $(\bar{\sigma}_{XX}, \bar{\tau}_{XY})$가 작용하는 요소의 방향과 평행한 직선을 응력점 $(\bar{\sigma}_{XX}, \bar{\tau}_{XY})$를 통과하도록 그리면 2개의 직선은 응력원의 원주상에서 교점이 발생한다. 이것은 원의 중심각이 원주각의 2배가 되는 기하학적 특성 때문이다. 따라서 2개의 직선의 교각은 2개의 면적요소의 방향과 평행하게 도시되기 때문에 $\bar{\psi}$가 되어야 하므로 2개의 직선은 Mohr 응력원의 원주상에 위치한 하나의 점에서 교차해야 하며, 그 교점을 평면기점이라고 하고 O_p로 표기한다. 예를 들면 〈그림 1-12(a)〉에서 평면기점은 P점이고 응력원의 최고점인 I과 최소점인 II는 각각 평균응력 p와 최대전단응력 τ_{max}가 전달되는 면적요소에 해당하며 요소의 방향은 그림에서 각각 $P-I$과 $P-II$이다.

평면기점을 통과하는 직선은 원주와 교차하게 되고, 그 교차점은 직선과 평행한 방향으로 위치한 면적요소의 응력상태를 나타낸다. 이것은 임의의 면적요소에 작용하는 응력상태를 시각화하는데 유용한 수단이다. 일단 평면기점의 위치가 결정되면 재료내 임의의 요소에 작용하는 응력은 그 면적요소의 방향과 평행한 직선을 그려서 간단하게 얻을 수 있다. 이때 평면기점을 구하는 모든 과정에서 전단응력의 부호는 일정하게 유지되어야 한다(Davis & Selvadurai, 2002). 평면기점의 위치는 물리적인 의미는 없지만 응력이 작용하는 방향을 결정할 수 있는 정보를 제공한다.

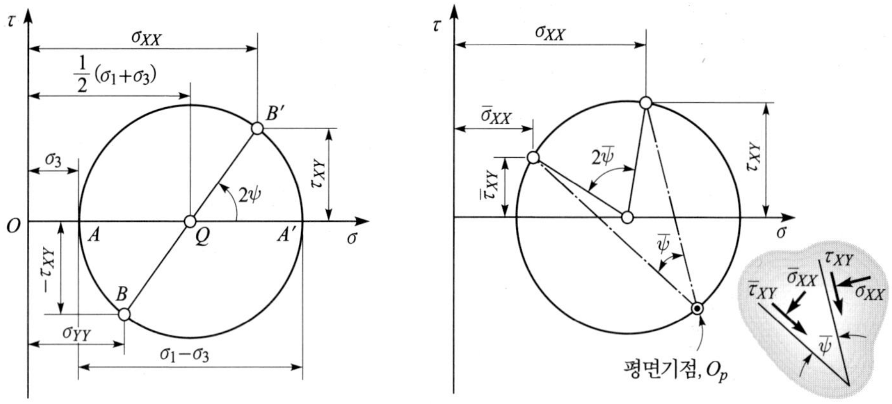

(a) Mohr 응력원　　　(b) 평면기점

〈그림 1-13〉 평면기점의 위치 (Davis & Selvadurai, 2002)

1.3 변형률

1.3.1 공학변형률과 대수변형률

물체에 외력을 가하면 내부에서는 응력이 발생하고 물체는 운동과 함께 변형이 발생한다. 이때 물체 내부에 있는 임의의 2개의 질점이 일정한 거리를 유지하면서 운동을 한다면 물체는 강체운동을 하는 것이며 강체운동의 변위는 병진운동과 회전운동으로 구성된다. 그러나 물체 내부에서 임의의 두 질점에 상대적인 변위가 발생했다면 그 물체는 변형되었다고 하고 변형상태를 정량적으로 나타낸 것을 변형률(strain)이라 하며 변형률은 응력과 같이 2계 텐서의 물리량으로 표시된다. 일반적으로 변형에 대해서는 변형전후의 형상 즉 처음과 마지막 형상에만 초점이 맞추어지지만 소성변형에서는 단계별로 변형과정을 추적해야 한다. 변형은 미소변형(infinitesimal strain)과 유한변형(finite strain)으로 분류할 수 있는데, 미소변형은 콘크리트나 철근과 같이 탄성거동을 하는 재료의 변형해석이나 대변형(large strain)인 유한변형의 해석을 위한 변형률증분으로 이용되고, 유한변형은 변형과 회전이 매우 커서 변형전후의 형상이 확실히 구분되는 소성거동을 하는 재료에 적용된다. 변형률을 표시하는 방법으로는 공학변형률(engineering strain)과 대수변형률(logarithmic strain)이 있다.

시험편에 연속적으로 일정한 속도의 인장하중을 가하여 연신율을 측정하는 인장시험에서, 시험편에 표시한 표점거리(gauge length, 표점 사이의 거리)가 l_0인 재료에 하중을 가하여 dl만큼 인장되어 길이가 $l(=l_0+dl)$이 되었다면 공학변형률 $\bar{e}$는 l_0의 단위길이에 대한 변형으로서 다음과 같이 정의된다.

$$\bar{e}=\int_{l_0}^{l}\frac{dl}{l_0}=\frac{l-l_0}{l_0} \tag{1-53}$$

그러나 공학변형률은 시험편의 연속적인 변형과정을 설명할 수 없기 때문에 실제 변형률을 나타내는 것으로는 미흡하다. 따라서 하나의 인장시험을 여러 단계로 나누어서 단계별 인장시험의 연속이라고 하면 시험편의 실제 변형률은 단계별 변형률증분을 합산한 것으로 고려할 수 있다. 임의의 단계에서 시험편의 변형률증분을 $d\epsilon$라고 하면 $d\epsilon$은 바로 그 단계에서 변화된 길이 dl을 변화되기 직전의 길이 l로 나누어 준 값으로 나타낼 수 있으므로 총변형률 ϵ은 다음과 같이 나타낼 수 있다.

$$\epsilon=\int_{l_0}^{l}\frac{dl}{l}=\ln\frac{l}{l_0} \tag{1-54}$$

위의 식에 의한 변형률을 공학변형률과 구분하여 대수변형률 또는 **진변형률**(true strain)이라고 한다. 공학변형률과 대수변형률 사이에는 위의 (1-53~54)식으로부터 $\epsilon=\ln(1+\bar{e})$의 관계가 있으며 대수변형률이 공학변형률보다 작은 값을 보인다. 만약 $x \ll 1$이라면 $\ln(1+x)\approx x$이기 때문에 $\epsilon=\ln(1+\bar{e})\approx\bar{e}$가 되므로, 두 변형률은 탄성변형과 같이 작은 변형에서는 차이가 크지 않지만 변형이 커질수록 차이가 급격하게 증가한다. 본 책자에서는 작은 변형률에서는 $\epsilon\approx\bar{e}$이므로 별도의 지칭이 없다면 ϵ을 변형률로 표기한다.

1.3.2 변위와 유한변형

평면이나 공간에서 물체의 이동과 변형을 나타내기 위해서는 기준이 되는 표기법을 정해야 한다. 유한변형률을 표기하는 방법은 다양하지만 물질표기법(material description, 또는 Lagrange법)과 공간표기법(spatial description, 또는 Euler법)이 대표적인 방법이다. 물질표기법은 특정한 질점을 따라 관찰자가 함께 이동하면서 연속적으로 변하는 물리량을 나타내는 방법으로서 〈그림 1-14〉의 사각형의 변 AB와 같이 물체의 변형전 형상을 기준으로 하며 물체의 전체적인 변형을 나타내는데 편리하다. 공간표기법은 특정한 부위를 정하고 그 부위에서의 물리량의 변화를 나타내는 방법으로서 〈그림 1-14〉의 ab와 같이 물체의 변형후 형상을 기준으로 하며 물체 내에서 임의 부위에 대한 변형추적에 적합하다.

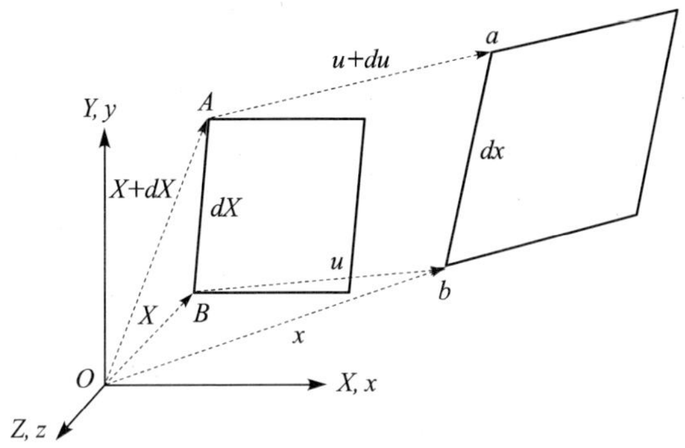

〈그림 1-14〉 변위와 유한변형

물질표기법으로 표기한 물체의 변형과 이동은 다음과 같다.

$$x_i = x_i(X, Y, Z, t) \tag{1-55}$$

위의 식은 임의 시점인 $t=0$에서 질점 (X, Y, Z)를 점유하고 있는 x_i의 위치를 나타내는 동시에 초기형상을 임의 시점의 형상으로 변환하는 식으로도 이용할 수 있다. 동일한 변형과 이동을 공간표기법으로 표시하면 아래와 같다.

$$X_i = X_i(x, y, z, t) \tag{1-56}$$

(1-55)식에 대한 편도함수 $\partial x_i/\partial X_j$와 (1-56)식에 대한 편도함수 $\partial X_i/\partial x_j$는 각각 변형과 이동의 변화정도를 나타내는 물질변형경사 및 공간변형경사라고 하는데 두 변형경사 사이에는 다음의 관계식이 성립한다(Spencer, 1980).

$$\frac{\partial x_i}{\partial X_j}\frac{\partial X_j}{\partial x_k} = \frac{\partial X_i}{\partial x_j}\frac{\partial x_j}{\partial X_k} = \delta_{ik} \tag{1-57}$$

식에서 δ_{ik}는 크로네커 델타이다. 〈그림 1-14〉에서 u는 $x-$ 또는 $X-$축방향의 변위로서 $\partial u_X/\partial X$는 $X-$축방향의 물질변위경사(material displacement gradient), $\partial u_x/\partial x$는 $x-$축방향의 공간변위경사(spatial displacement gradient)이다. 물리적으로 변위경사는 물체의 변위가 얼마나 빨리 진행되는가를 보여주는 값이며 단위길이에서 발생하는 변형을 의미한다. 〈그림 1-14〉에서 $u = x - X$이므로 (1-55~56)식에 대입하면 다음 식을 얻을 수 있다.

$$\frac{\partial u_i}{\partial X_j} = \frac{\partial x_i}{\partial X_j} - \delta_{ij} \tag{1-58}$$

$$\frac{\partial u_i}{\partial x_j} = \delta_{ij} - \frac{\partial X_i}{\partial x_j} \tag{1-59}$$

또한 〈그림 1-14〉에서 사각형의 변 AB의 길이 $\overline{AB} = dX$와 ab의 길이 $\overline{ab} = dx$를 각각 제곱하면 다음과 같다.

$$(dX)^2 = dX_i dX_i = \delta_{ij} dX_i dX_j \tag{1-60}$$

$$(dx)^2 = dx_i dx_i = \delta_{ij} dx_i dx_j \tag{1-61}$$

(1-55~56)식으로부터 $dX_i = (\partial X_i / \partial x_j) dx_j$ 및 $dx_i = (\partial x_i / \partial X_j) dX_j$이므로 (1-60~61)식과 함께 각각 다음 식을 얻을 수 있다.

$$(dX)^2 = \frac{\partial X_k}{\partial x_i} \frac{\partial X_k}{\partial x_j} dx_i dx_j = C_{ij}\, dX_i dX_j \tag{1-62}$$

$$(dx)^2 = \frac{\partial x_k}{\partial X_i} \frac{\partial x_k}{\partial X_j} dX_i dX_j = G_{ij}\, dX_i dX_j \tag{1-63}$$

식에서 (1-62)식의 C_{ij}를 Cauchy 변형텐서(Cauchy's deformation tensor)라고 하며 (1-63)식의 G_{ij}를 Green 변형텐서(Green's deformation tensor)라고 한다. 변형의 크기를 측정하기 위해서는 (1-62)식과 (1-63)식의 차를 구해야 하는데 물체내의 모든 질점에서 차가 0이라면 강체운동이 된다. (1-60)식과 (1-63)식, (1-61)식과 (1-62)식을 이용하여 차를 구하면 각각 다음과 같다.

$$(dx)^2 - (dX)^2 = \left(\frac{\partial x_k}{\partial X_i} \frac{\partial x_k}{\partial X_j} - \delta_{ij} \right) dX_i dX_j = 2L_{ij} dX_i dX_j \tag{1-64}$$

$$(dx)^2 - (dX)^2 = \left(\delta_{ij} - \frac{\partial X_k}{\partial x_i} \frac{\partial X_k}{\partial x_j} \right) dx_i dx_j = 2E_{ij} dx_i dx_j \tag{1-65}$$

식에서 L_{ij}를 Lagrange 유한변형률텐서 또는 Green 유한변형률텐서, E_{ij}를 Euler 유한변형률텐서 또는 Almansi 유한변형률텐서(Almansi's finite strain tensor)라고 한다. L_{ij}와 E_{ij}를 변위경사를 이용하여 나타내면 각각 다음과 같다.

$$L_{ij} = \frac{1}{2} \left(\frac{\partial u_i}{\partial X_j} + \frac{\partial u_j}{\partial X_i} + \frac{\partial u_k}{\partial X_i} \frac{\partial u_k}{\partial X_j} \right) \tag{1-66}$$

$$E_{ij} = \frac{1}{2}\left(\frac{\partial u_i}{\partial x_j} + \frac{\partial u_j}{\partial x_i} - \frac{\partial u_k}{\partial x_i}\frac{\partial u_k}{\partial x_j}\right) \tag{1-67}$$

따라서 물체내의 임의의 질점에 대한 변형에서 $x-$, $y-$ 및 $z-$축방향 변위를 각각 u_x, u_y 및 u_z라고 하면 Lagrange 유한변형률은 다음과 같이 나타낼 수 있다.

$$L_{ij} = \begin{bmatrix} L_{xx} & L_{xy} & L_{xz} \\ L_{xy} & L_{yy} & L_{yz} \\ L_{xz} & L_{yz} & L_{zz} \end{bmatrix} \tag{1-68}$$

식에서, $L_{xx} = \dfrac{\partial u_x}{\partial x} + \dfrac{1}{2}\left[\left(\dfrac{\partial u_x}{\partial x}\right)^2 + \left(\dfrac{\partial u_y}{\partial x}\right)^2 + \left(\dfrac{\partial u_z}{\partial x}\right)^2\right]$, ……

$$L_{xy} = L_{yx} = \frac{\partial u_x}{\partial y} + \frac{\partial u_y}{\partial x} + \left[\frac{\partial u_x}{\partial x}\frac{\partial u_x}{\partial y} + \frac{\partial u_y}{\partial x}\frac{\partial u_y}{\partial y} + \frac{\partial u_z}{\partial x}\frac{\partial u_z}{\partial y}\right], \;\cdots\cdots$$

또한 L_{xx}, L_{yy} 및 L_{zz}는 수직변형률(normal strain), L_{xy}, L_{yz} 및 L_{xz}는 전단변형률(shear strain)이며 변형률도 응력과 같이 대칭텐서이다. 수직변형률은 주어진 방향에 대하여 수축 또는 팽창과 같은 길이나 체적변화를 나타내고 전단변형률은 주어진 점에서 뒤틀림 즉 형태나 각의 변화를 나타내는 변형률이다. 변형률과 변위경사의 관계식에서 $\partial u_x/\partial x$는 $x-$축방향의 수직변위경사, $\partial u_x/\partial y$는 변위 u로 인하여 발생하는 $x-$축방향의 전단변위경사, $\partial u_x/\partial z$는 회전에 의한 $x-$축방향의 각변위경사(angular strain)이며 나머지 변위경사도 각각의 축에 대하여 동일한 의미를 나타내며 Euler 유한변형률도 같은 방법으로 나타낼 수 있다.

(1) 미소변형

미소변형이 되기 위한 기본적인 조건은 변위경사가 1보다 작아야 된다는 것이다. 변위경사가 작으면 유한변형은 미소변형이 된다. 즉 (1-66~67)식에서 변위경사가 1보다 작으면 2차항은 무시할 수 있으므로 각각 다음과 같이 나타낼 수 있다.

$$l_{ij} = \frac{1}{2}\left(\frac{\partial u_i}{\partial X_j} + \frac{\partial u_j}{\partial X_i}\right) \tag{1-69}$$

$$e_{ij} = \frac{1}{2}\left(\frac{\partial u_i}{\partial x_j} + \frac{\partial u_j}{\partial x_i}\right) \tag{1-70}$$

식에서 l_{ij}는 Lagrange 미소변형률텐서, e_{ij}는 Euler 미소변형률텐서이다. 여기서 변위장과 변위경사가 작다면 물질 및 공간표기법으로 표시한 좌표의 차가 매우 작아서 변위장과 변위경사는 거의 같은 것으로 고려할 수 있으므로 $l_{ij}=e_{ij}$가 된다. 미소변형성분에는 비선형항인 2차항이 없으므로 선형화가 가능하기 때문에 이용하기에 편리하다. $x-$, $y-$ 및 $z-$축방향의 변위를 각각 u_x, u_y 및 u_z라고 하면 Euler 미소변형률텐서는 아래와 같다.

$$l_{ij}=e_{ij}=\begin{bmatrix} e_{xx} & e_{xy} & e_{xz} \\ e_{yx} & e_{yy} & e_{yz} \\ e_{zx} & e_{zy} & e_{zz} \end{bmatrix}=\begin{bmatrix} e_{11} & e_{12} & e_{13} \\ e_{21} & e_{22} & e_{23} \\ e_{31} & e_{32} & e_{33} \end{bmatrix} \tag{1-71}$$

식에서, $e_{xx}=e_{11}=\dfrac{\partial u_x}{\partial x}$, $e_{yy}=e_{22}=\dfrac{\partial u_y}{\partial y}$, $e_{zz}=e_{33}=\dfrac{\partial u_z}{\partial z}$

$$e_{xy}=e_{12}=\frac{\partial u_y}{\partial x}+\frac{\partial u_x}{\partial y},\quad e_{yz}=e_{23}=\frac{\partial u_z}{\partial y}+\frac{\partial u_y}{\partial z},\quad e_{zx}=e_{31}=\frac{\partial u_x}{\partial z}+\frac{\partial u_z}{\partial x}$$

위의 식의 변형률성분 중에서 e_{xx}, e_{yy} 및 e_{zz}는 길이나 체적변화를 나타내는 수직변형률이고 e_{xy}, e_{yz}, e_{xz} 등은 형태나 각의 변화를 나타내는 전단변형률이다. 미소변형에서 변위경사는 변위의 공간적 변화를 나타내므로 연속체에서 두 질점 사이의 변위를 계산하는데 이용되며 변형에 대한 정보인 변형률과 강체운동에 대한 정보를 얻을 수 있다. 미소변형은 선형변형으로서 중첩이 가능하므로 변위경사텐서는 다음과 같이 대칭텐서와 비대칭텐서의 합으로 나타낼 수 있다.

$$\begin{aligned}\frac{\partial u_i}{\partial x_j}&=\frac{1}{2}\left(\frac{\partial u_i}{\partial x_j}+\frac{\partial u_j}{\partial x_i}\right)+\frac{1}{2}\left(\frac{\partial u_i}{\partial x_j}-\frac{\partial u_j}{\partial x_i}\right)\\
&=\begin{bmatrix} \dfrac{\partial u_x}{\partial x} & \dfrac{1}{2}\left(\dfrac{\partial u_x}{\partial y}+\dfrac{\partial u_y}{\partial x}\right) & \dfrac{1}{2}\left(\dfrac{\partial u_x}{\partial z}+\dfrac{\partial u_z}{\partial x}\right) \\ \dfrac{1}{2}\left(\dfrac{\partial u_y}{\partial x}+\dfrac{\partial u_x}{\partial y}\right) & \dfrac{\partial u_y}{\partial y} & \dfrac{1}{2}\left(\dfrac{\partial u_y}{\partial z}+\dfrac{\partial u_z}{\partial y}\right) \\ \dfrac{1}{2}\left(\dfrac{\partial u_z}{\partial x}+\dfrac{\partial u_x}{\partial z}\right) & \dfrac{1}{2}\left(\dfrac{\partial u_z}{\partial y}+\dfrac{\partial u_y}{\partial z}\right) & \dfrac{\partial u_z}{\partial z} \end{bmatrix}\\
&+\begin{bmatrix} 0 & \dfrac{1}{2}\left(\dfrac{\partial u_x}{\partial y}-\dfrac{\partial u_y}{\partial x}\right) & \dfrac{1}{2}\left(\dfrac{\partial u_x}{\partial z}-\dfrac{\partial u_z}{\partial x}\right) \\ -\dfrac{1}{2}\left(\dfrac{\partial u_x}{\partial y}-\dfrac{\partial u_y}{\partial x}\right) & 0 & \dfrac{1}{2}\left(\dfrac{\partial u_y}{\partial z}-\dfrac{\partial u_z}{\partial y}\right) \\ -\dfrac{1}{2}\left(\dfrac{\partial u_x}{\partial z}-\dfrac{\partial u_z}{\partial x}\right) & -\dfrac{1}{2}\left(\dfrac{\partial u_y}{\partial z}-\dfrac{\partial u_z}{\partial y}\right) & 0 \end{bmatrix}\end{aligned} \tag{1-72}$$

식에서 우변 첫째 항은 미소변형률이며 둘째 항은 미소회전을 나타낸다. 따라서 변위경사는 변형률과 회전이 동시에 미소한 경우에 한하여 작다고 할 수 있다. 입상체의 변형 및 유동과정에서 발생하는 변형률과 회전은 미소변형률과 미소회전으로 나타낼 수 있다. 그러나 주의해야 할 것은 위의 둘째 항에 의한 회전은 거시적인 것이므로 입상체의 회전을 해석하는 경우에 입자 자체의 회전은 별도로 고려해야 한다는 것이다(한국지반공학회, 2010; Naghdabadi 외, 2005).

(2) 미소변형의 기하학적 해석

〈그림 1-15〉에서 변의 길이가 각각 dx 및 dy인 직사각형 $ABCD$가 변형 후에 마름모꼴 $abcd$로 되었다면 마름모꼴 $abcd$의 변 ab의 길이 $\overline{ab}$는 다음과 같이 구할 수 있다.

$$\overline{ab} = \left[\left(dx + \frac{\partial u_x}{\partial x}dx\right)^2 + \left(\frac{\partial u_y}{\partial x}dx\right)^2\right]^{1/2} \tag{1-73}$$

변형이 미소하므로 위의 식에서 우변 둘째 항은 매우 작기 때문에 다음의 근삿값으로 대체할 수 있다.

$$\overline{ab} \approx dx + \frac{\partial u_x}{\partial x}dx \tag{1-74}$$

따라서 위의 식과 함께 $\overline{AB} = dx$이므로 (1-53)식에 의하여 $x-$축방향의 수직변형률 ϵ_{xx}은 다음과 같다.

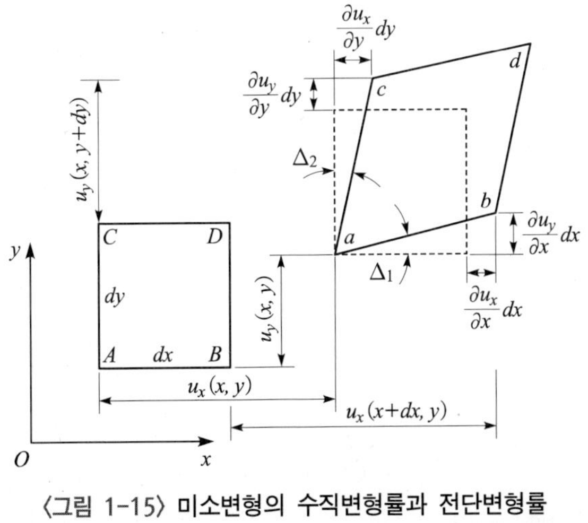

〈그림 1-15〉 미소변형의 수직변형률과 전단변형률

$$\epsilon_{xx} = \frac{\overline{ab} - \overline{AB}}{\overline{AB}} = \frac{\partial u_x}{\partial x} \tag{1-75}$$

같은 방법으로 $y-$축방향의 수직변형률 ϵ_{yy}는 다음과 같다.

$$\epsilon_{yy} = \frac{\partial u_y}{\partial y} \tag{1-76}$$

또한 〈그림 1-15〉에서 변 AB와 AC 사이의 각변위인 전단변형률 ϵ_{xy}는 다음과 같이 정의된다.

$$\epsilon_{xy} = \Delta_1 + \Delta_2$$

식에서 Δ_1와 Δ_2는 〈그림 1-15〉로부터 각각 다음과 같이 나타낼 수 있다.

$$\tan\Delta_1 = \frac{\frac{\partial u_y}{\partial x}dx}{dx + \frac{\partial u_x}{\partial x}dx} = \frac{\frac{\partial u_y}{\partial x}}{1 + \frac{\partial u_x}{\partial x}}, \quad \tan\Delta_2 = \frac{\frac{\partial u_x}{\partial y}dy}{dy + \frac{\partial u_y}{\partial y}dy} = \frac{\frac{\partial u_x}{\partial y}}{1 + \frac{\partial u_y}{\partial y}}$$

각의 변화가 매우 작다면 즉 $\Delta_1 \ll 1$, $\Delta_2 \ll 1$라면 $\tan\Delta_1 \approx \Delta_1$, $\tan\Delta_2 \approx \Delta_2$이고 $(1+\partial u_x/\partial x) \approx 1$ 및 $(1+\partial u_y/\partial y) \approx 1$이므로 전단변형률도 다음과 같이 변위경사를 이용하여 나타낼 수 있다.

$$\epsilon_{xy} = \Delta_1 + \Delta_2 \approx \frac{\frac{\partial u_y}{\partial x}}{1 + \frac{\partial u_x}{\partial x}} + \frac{\frac{\partial u_x}{\partial y}}{1 + \frac{\partial u_y}{\partial y}} \approx \frac{\partial u_y}{\partial x} + \frac{\partial u_x}{\partial y} \tag{1-77}$$

2차원 미소변형에 대한 수직변형률 ϵ_{xx}와 ϵ_{yy} 및 전단변형률 ϵ_{xy}는 (1-69)식 또는 (1-70)식의 변위경사를 이용해서 나타낼 수 있으며 변위성분은 (1-71)식과 같다. 3차원으로 확장한 미소변형률텐서 ϵ_{ij}는 다음과 같다.

$$\epsilon_{ij} = \begin{bmatrix} \epsilon_{xx} & \epsilon_{xy} & \epsilon_{xz} \\ \epsilon_{yx} & \epsilon_{yy} & \epsilon_{yz} \\ \epsilon_{zx} & \epsilon_{zy} & \epsilon_{zz} \end{bmatrix} = \begin{bmatrix} \epsilon_{11} & \epsilon_{12} & \epsilon_{13} \\ \epsilon_{21} & \epsilon_{22} & \epsilon_{23} \\ \epsilon_{31} & \epsilon_{32} & \epsilon_{33} \end{bmatrix} = \begin{bmatrix} \epsilon_{xx} & \frac{\gamma_{xy}}{2} & \frac{\gamma_{xz}}{2} \\ \frac{\gamma_{yx}}{2} & \epsilon_{yy} & \frac{\gamma_{yz}}{2} \\ \frac{\gamma_{zx}}{2} & \frac{\gamma_{zy}}{2} & \epsilon_{zz} \end{bmatrix} \tag{1-78}$$

위의 식과 같이 첨자 $i \neq j$인 전단변형률에 대하여 미소변형률 ϵ을 γ로 표시하기도 하는데 γ는 **공학전단변형률**(engineering shear strain)이라고 하며 $\gamma = 2\epsilon$이다. 전단변형률 ϵ은 〈그림 1-15〉와 〈그림 1-16(a)〉에서 **순수전단**(pure shear)에 의한 변형 후에 마름모꼴의 각변위인 $\Delta_1(=\epsilon_{xy})$이나 $\Delta_2(=\epsilon_{xy})$중에서 어느 하나의 값만 나타내는데 반하여, 공학전단변형률 γ는 〈그림 1-16(b)〉에서 **단순전단**(simple shear)에 의한 변형 후에 전단변형률의 값을 합한 $\Delta_1+\Delta_2$를 의미하므로 〈그림 1-16〉으로부터 $\gamma_{xy}=2\epsilon_{xy}$이다 (Atkinson & Bransby, 1978).

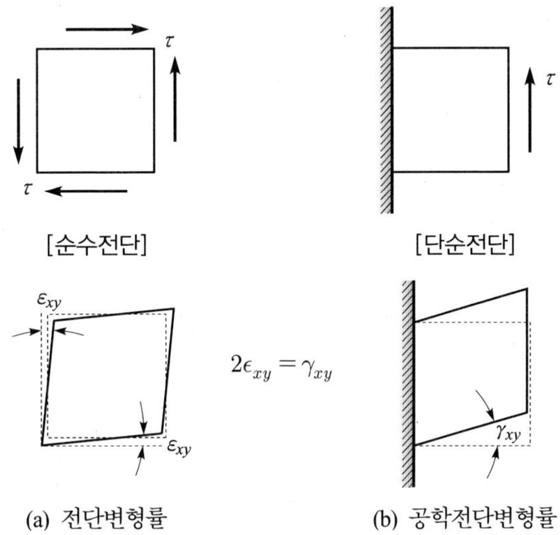

〈그림 1-16〉 **전단변형률과 공학전단변형률** (Jones, 2009)

수직변형률 ϵ_{xx}, ϵ_{yy} 및 ϵ_{zz}의 부호는 각각 수직응력 σ_{xx}, σ_{yy} 및 σ_{zz}에 의한 압축응력을 양으로 취하므로 이에 대응하여 압축에 의한 변형률을 양으로 취한다. 전단변형률 ϵ_{xy}, ϵ_{yz} 및 ϵ_{zx}도 각각 전단응력 τ_{xy}, τ_{yz} 및 τ_{zx}의 방향과 관련하여 부호를 따르는 것으로 한다. 예를 들면, 〈그림 1-6〉과 같이 전단응력 τ_{xy}와 τ_{yx}가 작용하여 〈그림 1-15〉의 모서리 a와 같이 변형되면 전단변형률 ϵ_{xy}와 ϵ_{yz}는 양의 값이 된다. 공학전단변형률 γ는 Mohr 변형률원이나 모서리각의 변화 등 수직변형률성분과 함께 이용하면 물리적으로 전단변형률을 이용하는 것보다 더 편리하다. 그러나 공학전단변형률 γ의 부호에 대해서는 전단변형률의 값을 합산하여 결정되기 때문에 일률적으로 결정되는 것이 아니라 진행과정에서 부호가 결정되므로 복부호(±)로 처리하기도 한다(Atkinson & Bransby, 1978; Yu, 2006). (1-69)식이나 (1-75~78)식 등으로 표시되는 변형률은 미소변형에 적합한 것으로서 변위경사가 1보다 작은 경우이고 그렇지 않으면 (1-66~67)식을 적용해야 한다. 미소변형이라 하더라도 휨변형이 큰 막대형이나 또는 판상 재료는 변위와 회전이 커서 선형변형으로는 적합하지 않기 때문에 (1-71~78)식을 이용하는 것이 좋다.

또한 2차원 선형변형에서 $x-$ 및 $y-$축방향의 변위는 축방향으로 각각 1개씩이므로 모두 2개의 변위성분으로 구성되지만, 2개의 변위성분에 대하여 수직변형률 ϵ_{xx}와 ϵ_{yy} 및 전단변형률 ϵ_{xy} 등 3개의 변형률-변위 관계식이 있으므로 물리적으로는 독립적인 관계식임에도 불구하고 수학적으로는 독립적일 수가 없다. 3개의 관계식이 변위에 대하여 유일해를 갖기 위해서는 3개의 관계식을 유기적으로 통합할 수 있는 구속조건을 부여해야 되며, 이것을 변형률 적합성조건이라고 한다. 따라서 아래와 같이 (1-75~76)식의 수직변형률 ϵ_{xx}와 ϵ_{yy}를 각각 x와 y에 대하여 두 번 미분하고 (1-77)식의 전단변형률 ϵ_{xy}를 x와 y에 대하여 각각 미분하여 합하면 모든 변형률을 통합시킬 수 있다.

$$\frac{\partial^2 \epsilon_{xx}}{\partial y^2}+\frac{\partial^2 \epsilon_{yy}}{\partial x^2}=2\frac{\partial^2 \epsilon_{xy}}{\partial x \partial y} \tag{1-79}$$

위의 식이 평면변형률조건에 대한 변형률 적합성조건이다. 3차원 선형변형에서도 (1-68)식과 같이 미지수인 3개의 변위성분이 6개의 변형률성분을 나타내는 관계식을 구성하고 있어 필요 이상의 관계식이 주어짐으로서 변형률 적합성조건이 요구된다. 3차원인 경우에는 전체적으로 81개의 조건 중에서 중복되지 않는 것은 (1-79)식을 포함하여 6개뿐이며 (1-79)식을 제외한 5개의 변형률 적합성조건은 아래와 같다.

$$\begin{aligned}
&\frac{\partial^2 \epsilon_{yy}}{\partial z^2}+\frac{\partial^2 \epsilon_{zz}}{\partial y^2}=2\frac{\partial^2 \epsilon_{yz}}{\partial y \partial z}, \quad \frac{\partial^2 \epsilon_{zz}}{\partial x^2}+\frac{\partial^2 \epsilon_{xx}}{\partial z^2}=2\frac{\partial^2 \epsilon_{zx}}{\partial z \partial x} \\
&\frac{\partial^2 \epsilon_{xx}}{\partial y \partial z}=\frac{\partial}{\partial x}\left(-\frac{\partial \epsilon_{yz}}{\partial x}+\frac{\partial \epsilon_{zx}}{\partial y}+\frac{\partial \epsilon_{xy}}{\partial z}\right) \\
&\frac{\partial^2 \epsilon_{yy}}{\partial z \partial x}=\frac{\partial}{\partial y}\left(\frac{\partial \epsilon_{yz}}{\partial x}-\frac{\partial \epsilon_{zx}}{\partial y}+\frac{\partial \epsilon_{xy}}{\partial z}\right), \quad \frac{\partial^2 \epsilon_{zz}}{\partial x \partial y}=\frac{\partial}{\partial z}\left(\frac{\partial \epsilon_{yz}}{\partial x}+\frac{\partial \epsilon_{zx}}{\partial y}-\frac{\partial \epsilon_{xy}}{\partial z}\right)
\end{aligned} \tag{1-80}$$

변형률 적합성조건은 탄성변형과 관련된 조건으로서 탄성설계에서는 평형조건, 변형률 적합성조건 및 응력-변형률 법칙을 충족시켜야 하지만 소성설계에서는 평형조건, 파괴메커니즘 및 항복조건을 충족시켜야 한다(Heyman, 1960).

1.3.3 주변형률과 변형률불변량

전단변형률이 0인 평면에서 법선방향으로 변형이 발생하게 되면 방향은 변하지 않고 신장이나 수축만 있을 뿐이며, 이때 평면의 법선방향은 주방향이 되고 대응하는 변형률은 주변형률(principal strain)이 된다. (1-5)식의 주응력을 구하는 방법과 동일한 방법으로 다음과 같이 주변형률을 구할 수 있다.

$$|\epsilon_{ij} - \epsilon\delta_{ij}| = \begin{bmatrix} \epsilon_{xx} - \epsilon & \epsilon_{xy} & \epsilon_{xz} \\ \epsilon_{yx} & \epsilon_{yy} - \epsilon & \epsilon_{yz} \\ \epsilon_{zx} & \epsilon_{zy} & \epsilon_{zz} - \epsilon \end{bmatrix} = 0 \tag{1-81}$$

위의 식을 전개하면 다음의 특성방정식을 얻을 수 있다.

$$\epsilon^3 - I_1'\epsilon^2 + I_2'\epsilon - I_3' = 0 \tag{1-82}$$

식에서, $I_1' = tr(\epsilon) = \epsilon_{xx} + \epsilon_{yy} + \epsilon_{zz}$ (1-83)

$$I_2' = \epsilon_{xx}\epsilon_{yy} + \epsilon_{yy}\epsilon_{zz} + \epsilon_{xx}\epsilon_{zz} - \epsilon_{xy}^2 - \epsilon_{yz}^2 - \epsilon_{zx}^2 \tag{1-84}$$

$$I_3' = \det(\epsilon) = \begin{vmatrix} \epsilon_{xx} & \epsilon_{xy} & \epsilon_{xz} \\ \epsilon_{yx} & \epsilon_{yy} & \epsilon_{yz} \\ \epsilon_{zx} & \epsilon_{zy} & \epsilon_{zz} \end{vmatrix} \tag{1-85}$$

식에서 I_1', I_2' 및 I_3'를 각각 제1, 제2 및 제3변형률불변량(strain invariant)이라고 하며 (1-82)식의 3개의 실근은 주변형률이다. 제1변형률불변량은 **체적변형률**(volumetric strain), 제2변형률불변량은 전단변형률을 나타낸다. 좌표축을 주변형률방향과 일치시키면 전단변형률은 $\epsilon_{xy} = \epsilon_{yz} = \epsilon_{zx} = 0$이 되므로 I_1', I_2' 및 I_3'는 각각 아래와 같이 주변형률로 표시할 수 있다.

$$I_1' = \epsilon_1 + \epsilon_2 + \epsilon_3 \tag{1-86}$$

$$I_2' = \epsilon_1\epsilon_2 + \epsilon_2\epsilon_3 + \epsilon_3\epsilon_1 \tag{1-87}$$

$$I_3' = \epsilon_1\epsilon_2\epsilon_3 \tag{1-88}$$

식에서 제1변형률불변량 I_1'은 물리적으로 중요한 의미가 있다. 미소 직육면체의 변형전의 체적을 $V_0(=abc)$이라고 하면 주변형률방향으로 변형률이 각각 ϵ_1, ϵ_2 및 ϵ_3인 변형 후의 체적 V_1은 다음과 같다.

$$\begin{aligned} V_1 &= (a + a\epsilon_1)(b + b\epsilon_2)(c + c\epsilon_3) \\ &= V_0(1 + \epsilon_1 + \epsilon_2 + \epsilon_3 + \epsilon_1\epsilon_2 + \epsilon_2\epsilon_3 + \epsilon_1\epsilon_3 + \epsilon_1\epsilon_2\epsilon_3) \end{aligned} \tag{1-89}$$

위의 식에서 2차 및 3차항을 무시하면 체적변형률 ϵ_v는 다음과 같이 나타낼 수 있다.

$$\epsilon_v = \frac{\Delta V}{V_0} = \epsilon_1 + \epsilon_2 + \epsilon_3 \tag{1-90}$$

식에서 $\Delta V(= V_1 - V_0)$는 체적변화이다. 따라서 체적변형률 ϵ_v는 3개의 주변형률인 ϵ_1, ϵ_2 및 ϵ_3를 합한 것과 같다. 또한 위의 식은 (1-86)식의 I_1'과 동일하고 (1-53)식의 공학변형률과 같은 형태로서 체적변화 또는 다일레이턴시라고 한다(Jones, 2009). 일반적으로 체적변화에 대하여 압축응력을 양(+)으로 설정하면 압축에 의한 체적수축을 양(+)의 값으로 취한다. 보통 금속재료는 체적변화를 0으로 고려하지만 흙과 같은 입상체는 전단과정에서 체적이 변하므로 다일레이턴시는 양(체적수축) 또는 음(체적팽창)의 값을 보이고, 비배수조건의 포화 점토라면 체적변화는 0이지만 배수조건이면 체적은 변하게 된다. 보통 정규압밀점토는 양, 과압밀점토는 음의 다일레이턴시 값을 보이고 사질토는 느슨한 상태에서는 양, 조밀한 상태에서는 음의 다일레이턴시 값을 보인다.

임의의 점에서 전단변형률이 불변량이면 변형률을 주전단변형률$(\hat{\epsilon}_i)$이라고 하고 각각 다음 식으로 나타낼 수 있다.

$$\hat{\epsilon}_1 = \frac{1}{2}|\epsilon_2 - \epsilon_3| \ , \quad \hat{\epsilon}_2 = \frac{1}{2}|\epsilon_1 - \epsilon_3| \ , \quad \hat{\epsilon}_3 = \frac{1}{2}|\epsilon_1 - \epsilon_2| \tag{1-91}$$

또한 공학주전단변형률(γ_i)은 각각 다음과 같다.

$$\gamma_1 = |\epsilon_2 - \epsilon_3| \ , \quad \gamma_2 = |\epsilon_1 - \epsilon_3| \ , \quad \gamma_3 = |\epsilon_1 - \epsilon_2| \tag{1-92}$$

최대주전단변형률(maximum principal shear strain)은 주전단변형률의 최댓값으로서 $\epsilon_1 > \epsilon_2 > \epsilon_3$라면 다음과 같다.

$$\gamma_{max} = 2\hat{\epsilon}_{max} = |\epsilon_{max} - \epsilon_{min}| = |\epsilon_1 - \epsilon_3| \tag{1-93}$$

1.3.4 Mohr 변형률원과 팽창각

Mohr 변형률원(Mohr's strain circle)은 Mohr 응력원과 같은 방법으로 도시할 수 있다. 2차원 변형률 ϵ_{ij}를 ψ만큼 회전한 경사면에 대한 변형률 $\tilde{\epsilon}_{ij}$로 나타내기 위해서는 회전행렬 $[M_R]$을 이용하여 다음과 같이 구한다.

$$[\tilde{\epsilon}_{ij}] = \begin{bmatrix} \tilde{\epsilon}_{xx} & \tilde{\epsilon}_{xy} & 0 \\ \tilde{\epsilon}_{yx} & \tilde{\epsilon}_{yy} & 0 \\ 0 & 0 & 0 \end{bmatrix} = \begin{bmatrix} \tilde{\epsilon}_{xx} & \dfrac{\tilde{\gamma}_{xy}}{2} & 0 \\ \dfrac{\tilde{\gamma}_{yx}}{2} & \tilde{\epsilon}_{yy} & 0 \\ 0 & 0 & 0 \end{bmatrix} = [M_R][\epsilon_{ij}][M_R^T] \tag{1-94}$$

위의 식을 정리하면 변형률 변환식을 얻을 수 있다.

$$\tilde{\epsilon}_{xx} = \frac{\epsilon_{xx} + \epsilon_{yy}}{2} + \frac{\epsilon_{xx} - \epsilon_{yy}}{2}\cos 2\psi + \frac{\gamma_{xy}}{2}\sin 2\psi \tag{1-95}$$

$$\tilde{\epsilon}_{yy} = \frac{\epsilon_{xx} + \epsilon_{yy}}{2} - \frac{\epsilon_{xx} - \epsilon_{yy}}{2}\cos 2\psi - \frac{\gamma_{xy}}{2}\sin 2\psi \tag{1-96}$$

$$\tilde{\epsilon}_{xy} = \frac{\tilde{\gamma}_{xy}}{2} = -\frac{\epsilon_{xx} - \epsilon_{yy}}{2}\sin 2\psi + \frac{\gamma_{xy}}{2}\cos 2\psi \tag{1-97}$$

(1-95~97)식으로부터 $\epsilon - \gamma/2$ 평면에 중심이 $(\epsilon_m, 0)$이고 반경이 R인 Mohr 변형률원에 대한 식은 다음과 같이 나타낼 수 있다(〈그림 1-17〉 참조).

$$(\tilde{\epsilon}_{xx} - \epsilon_m)^2 + \left(\frac{\tilde{\gamma}_{xy}}{2}\right)^2 = R^2 \tag{1-98}$$

식에서, $\epsilon_m = \dfrac{\epsilon_{xx} + \epsilon_{yy}}{2}$, $R = \left[\left(\dfrac{\epsilon_{xx} - \epsilon_{yy}}{2}\right)^2 + \left(\dfrac{\gamma_{xy}}{2}\right)^2\right]^{1/2}$

(1-97)식의 전단변형률 $\tilde{\epsilon}_{xy}(= \tilde{\gamma}_{yx}/2)$가 0인 주변형률의 방향 θ_{ps}와 주변형률 ϵ_1 및 ϵ_2는 각각 다음과 같다.

$$\tan 2\theta_{ps} = \frac{2\epsilon_{xy}}{\epsilon_{xx} - \epsilon_{yy}} = \frac{\gamma_{xy}}{\epsilon_{xx} - \epsilon_{yy}} \tag{1-99}$$

$$\begin{aligned} \epsilon_1 &= \frac{1}{2}\left\{(\epsilon_{xx} + \epsilon_{yy}) + \left[(\epsilon_{xx} - \epsilon_{yy})^2 + (\gamma_{xy})^2\right]^{1/2}\right\} \\ \epsilon_2 &= \frac{1}{2}\left\{(\epsilon_{xx} + \epsilon_{yy}) - \left[(\epsilon_{xx} - \epsilon_{yy})^2 + (\gamma_{xy})^2\right]^{1/2}\right\} \end{aligned} \tag{1-100}$$

〈그림 1-17〉에서 **최대전단변형률**(maximum shear strain) $\gamma_{\max}/2$는 Mohr 변형률원의 반경인 $(\epsilon_1 - \epsilon_2)/2$와 같고 최대전단변형률의 방향 θ_{ms}는 (1-99)식의 θ_{ps}에 대하여 $\theta_{ps} \pm 45^\circ$의 편차가 있으므로 θ_{ms}와 $\gamma_{\max}/2$는 각각 다음과 같이 나타낼 수 있다.

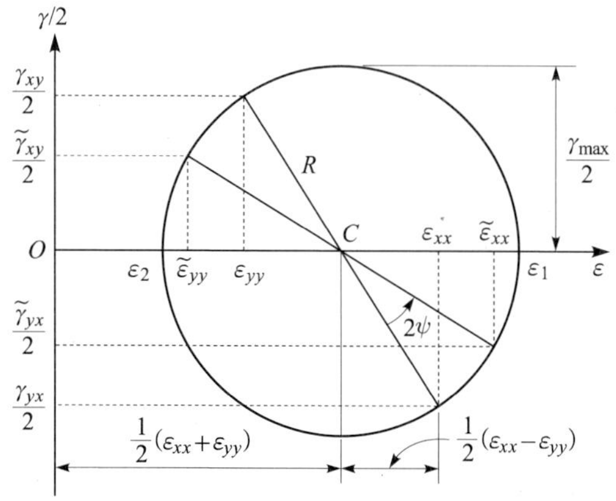

〈그림 1-17〉 Mohr 변형률원

$$\tan 2\theta_{ms} = \frac{\epsilon_{xx} - \epsilon_{yy}}{2\epsilon_{xy}} = \frac{\epsilon_{xx} - \epsilon_{yy}}{\gamma_{xy}} \tag{1-101}$$

$$\frac{\gamma_{\max}}{2} = \left[\left(\frac{\epsilon_{xx} - \epsilon_{yy}}{2}\right)^2 + \left(\frac{\gamma_{xy}}{2}\right)^2\right]^{1/2} = \frac{(\epsilon_1 - \epsilon_2)}{2} \tag{1-102}$$

응력과 변형률이 비례하여 항상 일대일로 대응하는 탄성영역에서는 응력-변형률 및 응력증분(incremental stress)-변형률증분 관계식이 변하지 않지만, 소성영역에서는 응력과 변형률이 일대일로 대응하지 않기 때문에 소성변형률증분을 이용하여 응력증분과 연계시키거나 **응력경로**(stress path, 2개의 응력매개변수의 관계를 도시한 경로)를 추적해야 한다. 따라서 탄소성거동을 보이는 재료는 탄성 및 소성영역에 두루 적용할 수 있는 변형률증분을 이용하여 구성식을 수립하거나 거동을 수식화하는 것이 편리하다. 변형률원을 도시하는 경우에는 전변형률인 $\epsilon - \gamma/2$축이나 속도형(rate type)인 $\dot{\epsilon} - \dot{\gamma}/2$축, 또는 〈그림 1-18〉과 같이 증분형(incremental type)인 $d\epsilon - d\gamma/2$축을 이용할 수 있다. 〈그림 1-18〉에서 변형률원은 다음과 같은 특성이 있다(Salgado, 2007).

- $A(d\epsilon_3, 0)$와 $B(d\epsilon_1, 0)$는 각각 최소 및 최대주변형률증분의 방향을 나타낸다.
- 변형률원의 중심 O의 가로좌표는 체적변형률이 없다면 좌표의 원점과 일치하지만(점선으로 표시된 변형률원) 체적변형률이 있다면 $d\epsilon_v/2 = (d\epsilon_1 + d\epsilon_2)/2$이고, 중심에서 전단변형률증분이 최대 및 최소전단변형률증분($\pm d\gamma_{\max}/2$)이 되며 변형률원의 반경은 $d\gamma_{\max}/2 = (d\epsilon_1 - d\epsilon_3)/2$이다.

– 세로축인 전단변형률증분 $d\gamma/2-$축과 변형률원이 만나는 $C(0,\ d\gamma^0/2)$와 $D(0,\ -d\gamma^0/2)$는 수직변형률증분 $d\epsilon_n=0$이다.

〈그림 1-18〉의 ν는 흙과 같은 입상체의 다일레이턴시에 의하여 발생하는 **팽창각**(angle of dilation)으로서 입상체의 응력–변형률 거동(stress–strain behavior)을 규명하는데 매우 중요한 인자이다. Mohr 변형률원에서 팽창각 ν는 체적변형률증분 $d\epsilon_v(=d\epsilon_1+d\epsilon_3)$과 전단변형률증분 $d\epsilon_s(=d\epsilon_1-d\epsilon_3=d\gamma/2)$의 비로서 표시된다. 탄성변형을 무시하면 평면변형률조건($\epsilon_2=0$)의 팽창각은 그림으로부터 다음의 두 가지 방법으로 구할 수 있다(Salgado, 2007).

$$\sin\nu=\frac{OE}{|OC|}=-\frac{\frac{1}{2}(d\epsilon_1+d\epsilon_3)}{\frac{1}{2}(d\epsilon_1-d\epsilon_3)}=-\frac{(d\epsilon_1+d\epsilon_3)}{(d\epsilon_1-d\epsilon_3)}=-\frac{d\epsilon_v}{|d\gamma_{\max}|} \tag{1-103}$$

$$\tan\nu=\frac{OE}{|EC|}=-\frac{\frac{d\epsilon_v}{2}}{\frac{d\gamma^0}{2}}=-\frac{d\epsilon_v}{|d\gamma^0|} \tag{1-104}$$

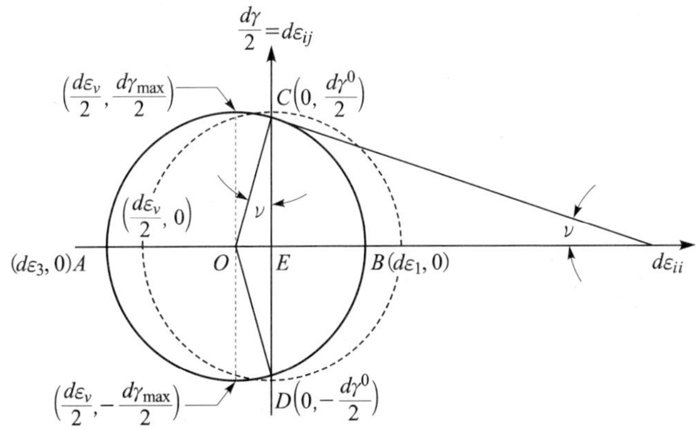

〈그림 1-18〉 Mohr 변형률원과 입상체의 팽창각 (Salgado, 2007)

(1-103~104)식에서 우변의 음의 부호는 압축응력과 압축에 의한 변형률을 양의 값으로 취하기 위한 것이고 팽창각은 체적팽창이 양의 값이며, 재료가 등방성이라면 전단방향은 양의 방향이든 음의 방향이든 강도특성에는 변함이 없으므로 절댓값을 취하였다. 또한 변형률증분 대신에 변형률속도나 전변형률을 적용해도 동일한 값을 얻을 수 있다. 흙에

서 평면변형률, 삼축인장, 삼축압축 등 응력상태가 다르더라도 **마찰각**(=내부마찰각, angle of internal friction)에 대한 정의에는 변함이 없지만, 팽창각은 평면변형률조건에만 적용이 가능하고 삼축응력 상태에서는 다른 형태의 식을 적용해야 한다. 즉 삼축응력 상태에서는 $\epsilon_2 = \epsilon_3$이므로 (1-103)식의 최대공학전단변형률증분 $d\gamma_{max}$는 $d\epsilon_1 - d\epsilon_3$이 아닌 $d\epsilon_1 - 2d\epsilon_3$, 체적변형률증분 $d\epsilon_v$는 $d\epsilon_1 + d\epsilon_3$이 아닌 $d\epsilon_1 + 2d\epsilon_3$를 적용하여 다음과 같이 팽창각을 구해야 한다(Salgado, 2007).

$$\sin\nu = -\frac{(d\epsilon_1 + 2d\epsilon_3)}{(d\epsilon_1 - 2d\epsilon_3)} \tag{1-105}$$

재료의 변형률은 탄성변형률과 소성변형률의 합으로 표시되는데, 팽창각은 변형률 중에서 탄성성분을 제외한 소성성분으로만 정의되며 (1-103~104)식의 변형률은 소성변형률을 의미한다. 따라서 소성변형률을 결정하기 위해서는 탄성변형률은 재료의 응력-변형률 곡선에서 적절한 추정값에 의존해야 하기 때문에 복잡하고 불확실한 과정을 거쳐야 하지만 대부분의 흙은 강성이 충분히 커서 탄성변형률은 소성변형률보다 훨씬 적으므로 (1-103~104)식을 그대로 사용해도 큰 차이가 없다. 또한 체적변형률과 전단변형률의 비로 표시되는 팽창각 ν는 체적변형률 $\epsilon_v = 0$인 금속에서는 $\nu = 0$이지만 흙에서는 포화점토와 같은 특별한 상태를 제외하면 $\nu \neq 0(\epsilon_v \neq 0)$이므로 금속재료와는 다른 형태의 거동이 발생하는 원인이 된다. $\nu > 0$이면 전단과정에서 재료의 전단강도를 증가시킴으로서 마찰력을 가진 입상체의 안정에 기여하지만, 반대로 팽창각 ν를 고려하지 않으면 구조물의 안정, 거동, 지지력 등의 예측에 오차를 유발할 수 있다.

〈그림 1-19〉는 마찰각과 팽창각의 관계를 설명하기 위한 톱니형 모델로서 그림의 모든 응력은 간극수압을 배제한 유효응력(effective stress)으로 표시한 것이다. 〈그림 1-19(a)〉에서 A블록과 B블록 사이의 **Coulomb의 마찰계수**(coefficient of Coulomb friction)를 μ_s라고 하면 전단면에 작용하는 전단응력과 수직응력의 비는 다음과 같이 나타낼 수 있다.

$$\frac{\tau}{\sigma_n'} = \mu_s = \tan\phi_{cv} \tag{1-106}$$

식에서 ϕ_{cv}는 체적이 일정하게 유지되는(constant volume) 경우에 대한 마찰각, 즉 다일레이턴시가 0인 마찰각이다. 흙의 주요한 변형 메커니즘은 마찰각에 의하여 지배되는 토립자 사이의 활동이기 때문에 (1-106)식과 같이 마찰각을 나타내는 전단응력과 수직응력의 비(τ/σ'_n)가 역학적인 거동에서 중요한 역할을 하게 된다. 또한 마찰각 때문에 흙에 대한 유동칙을 수립하면 **항복곡선**(yield locus, 또는 yield curve)이나 소성퍼텐셜곡선(plastic potential curve) 및 적절한 경화 메커니즘에 대하여 확인절차가 요구되는 것이 일반적이다(Krenk, 2000). 〈그림 1-19(b)〉에서 톱니의 경사각이 ν인 A블록과 B블록 사이에 〈그림 1-19(a)〉와 같이 마찰계수 $\mu_s = \tan\phi_{cv}$인 상태로 활동이 발생한다면 **겉보기 마찰각**(apparent angle of internal friction) ϕ는 아래와 같이 다일레이턴시가 0인 마찰각 ϕ_{cv}와 팽창각 ν의 합으로 나타낼 수 있다(Houlsby, 1991).

$$\frac{\tau}{\sigma'_n} = \tan\phi = \tan(\phi_{cv} + \nu) \tag{1-107}$$

위의 식으로부터 겉보기마찰각 $\phi = \phi_{cv} + \nu$이다. 톱니형 모델이 가장 간단한 마찰각과 팽창각에 대한 관계식이며 이외에도 Taylor(1948)의 **에너지보정가설**(energy correction hypothesis)을 이용한 관계식 등 다양한 형태의 관계식이 제안되었지만 대부분 (1-107)식과 유사한 형태이다.

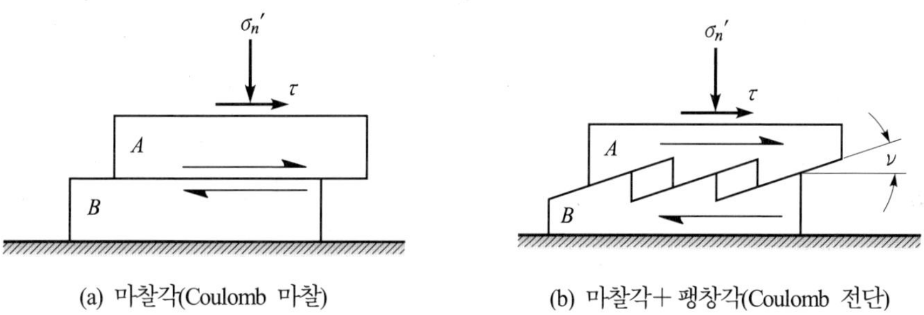

〈그림 1-19〉 톱니형 모델과 팽창각 (Houlsby, 1991)

1.3.5 팔면체변형률과 축차변형률

팔면체수직변형률(octahedral normal strain) ϵ_{oct}과 팔면체전단변형률(octahedral shear strain) γ_{oct}은 팔면체응력과 동일한 방법으로 구할 수 있으며 각각 다음과 같다.

$$\epsilon_{oct} = \frac{1}{3}(\epsilon_1 + \epsilon_2 + \epsilon_3) = \frac{I_1'}{3} \tag{1-108}$$

$$\begin{aligned}\gamma_{oct} &= \left[\frac{1}{3}(\epsilon_1^2 + \epsilon_2^2 + \epsilon_3^2) - \frac{1}{9}(\epsilon_1 + \epsilon_2 + \epsilon_3)\right]^{1/2} \\ &= \frac{1}{3}\left[(\epsilon_1 - \epsilon_2)^2 + (\epsilon_2 - \epsilon_3)^2 + (\epsilon_3 - \epsilon_1)^2\right]^{1/2}\end{aligned} \tag{1-109}$$

평균수직변형률을 $\epsilon_m = (\epsilon_1 + \epsilon_2 + \epsilon_3)/3$이라고 하면, 응력과 같이 변형률 ϵ_{ij}도 아래와 같이 체적변화와 관련되는 등방변형률성분 q_{ij}와 형상변화를 야기하는 축차변형률성분 ϵ'_{ij}로 분리할 수 있다.

$$\epsilon_{ij} = q_{ij} + \epsilon'_{ij} = \frac{1}{3}\epsilon_{kk}\delta_{ij} + \epsilon'_{ij}$$
$$= \begin{bmatrix} \epsilon_m & 0 & 0 \\ 0 & \epsilon_m & 0 \\ 0 & 0 & \epsilon_m \end{bmatrix} + \begin{bmatrix} \epsilon_{xx} - \epsilon_m & \epsilon_{xy} & \epsilon_{xz} \\ \epsilon_{yx} & \epsilon_{yy} - \epsilon_m & \epsilon_{yz} \\ \epsilon_{zx} & \epsilon_{zy} & \epsilon_{zz} - \epsilon_m \end{bmatrix} \tag{1-110}$$

축차변형률 ϵ'_{ij}에 대해서는 다음의 특성방정식을 얻을 수 있다.

$$\epsilon'^3 - J_1'\epsilon'^2 + J_2'\epsilon' - J_3' = 0 \tag{1-111}$$

식에서, $J_1' = tr(\epsilon'_{ii}) = \epsilon'_{xx} + \epsilon'_{yy} + \epsilon'_{zz} = 0$ (1-112)

$$J_2' = \frac{1}{2}\epsilon'_{ij}\epsilon'_{ij}$$
$$= \frac{1}{2}\left(\epsilon'^2_{xx} + \epsilon'^2_{yy} + \epsilon'^2_{zz} + 2\epsilon'^2_{xy} + 2\epsilon'^2_{yz} + 2\epsilon'^2_{zx}\right)$$
$$= \frac{1}{6}\left[(\epsilon_{xx} - \epsilon_{yy})^2 + (\epsilon_{yy} - \epsilon_{zz})^2 + (\epsilon_{zz} - \epsilon_{xx})^2\right] + \epsilon^2_{xy} + \epsilon^2_{yz} + \epsilon^2_{zx} \tag{1-113}$$
$$= \frac{1}{6}\left[(\epsilon_1 - \epsilon_2)^2 + (\epsilon_2 - \epsilon_3)^2 + (\epsilon_3 - \epsilon_1)^2\right]$$

$$J_3' = \frac{1}{3}\epsilon'_{ij}\epsilon'_{jk}\epsilon'_{ki} = \begin{vmatrix} \epsilon'_{xx} & \epsilon'_{xy} & \epsilon'_{xz} \\ \epsilon'_{yx} & \epsilon'_{yy} & \epsilon'_{yz} \\ \epsilon'_{zx} & \epsilon'_{zy} & \epsilon'_{zz} \end{vmatrix} \tag{1-114}$$

식에서 J_1', J_2' 및 J_3'는 각각 제1, 제2 및 제3 축차변형률불변량(strain deviator invariant)이며 아래와 같이 주변형률로 표시할 수 있다.

$$J_1' = \epsilon'_1 + \epsilon'_2 + \epsilon'_3 = 0 \tag{1-115}$$

$$J_2' = \epsilon'_1\epsilon'_2 + \epsilon'_2\epsilon'_3 + \epsilon'_3\epsilon'_1 \tag{1-116}$$

$$J_3' = \frac{1}{3}\left(\epsilon'^3_1 + \epsilon'^3_2 + \epsilon'^3_3\right) = \epsilon'_1\epsilon'_2\epsilon'_3 \tag{1-117}$$

1.3.6 원통좌표계의 변위와 변형률

원통좌표계(r, Ψ, z)에서 반경방향변위인 $r-$축방향의 변위를 u_r, 원주방향변위인 $\Psi-$축방향의 변위를 u_Ψ, 수직방향변위인 $z-$축방향의 변위를 u_z라 하면, 변위와 변형률의 관계를 구하기 위해서 좌표계를 $r-\Psi$평면, $r-z$평면 및 $\Psi-z$평면으로 각각 분리하여 고려하는 것이 편리하다. 〈그림 1-20〉은 $r-\Psi$평면의 변위를 나타낸 것이다(인장: +). 〈그림 1-20(b)〉에서 미소변형이라면 $ab \approx ag$이므로 $r-$축방향의 수직변형률 ϵ_{rr}은 다음과 같다.

$$\epsilon_{rr} = \frac{ab-AB}{AB} \approx \frac{ag-AB}{AB} = \frac{dr+\dfrac{\partial u_r}{\partial r}dr-dr}{dr} = \frac{\partial u_r}{\partial r} \tag{1-118}$$

원주방향변형률 $\epsilon_{\theta\theta}$는 $AC=r\,d\Psi$, $de=(r+u_r)d\Psi$, $ac \approx af = de+ef-da$이므로 다음과 같이 나타낼 수 있다.

$$\begin{aligned}\epsilon_{\Psi\Psi} &= \frac{ac-AC}{AC} \approx \frac{af-AC}{AC} = \frac{(de+ef-da)-AC}{AC} \\ &= \frac{\left[(r+u_r)d\Psi+u_\Psi+\dfrac{\partial u_\Psi}{\partial \Psi}d\Psi-u_\Psi\right]-rd\Psi}{rd\Psi} = \frac{u_r}{r}+\frac{1}{r}\frac{\partial u_\Psi}{\partial \Psi}\end{aligned} \tag{1-119}$$

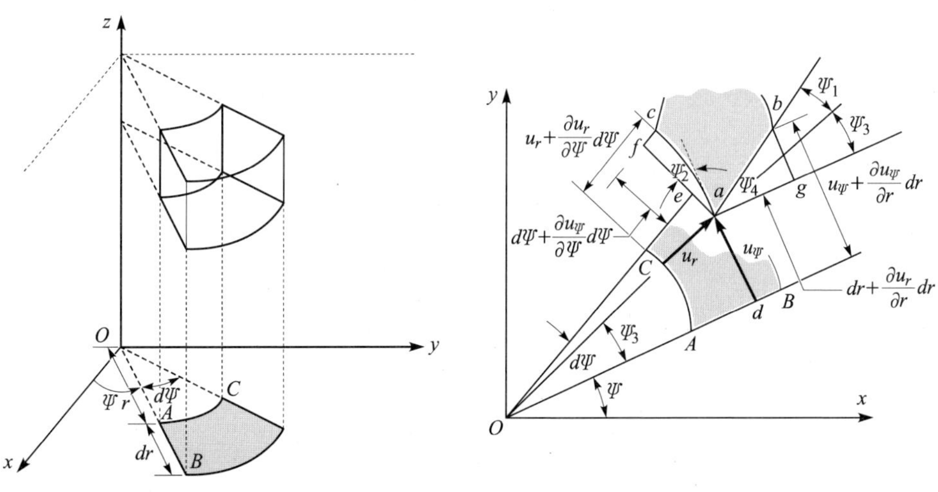

(a) 원통좌표계의 미소요소　　　(b) $r-\Psi$평면의 변형

〈그림 1-20〉 원통좌표계의 변위와 변형률 (Davis, & Selvadurai, 2002)

또한 〈그림 1-20〉에서 $\Psi_1 = \Psi_4 - \Psi_3$이므로 변AB와 AC 사이의 각의 변화를 나타내는 전단변형률 $\epsilon_{r\Psi}$는 다음과 같다.

$$\epsilon_{r\Psi} = \frac{1}{2}(\Psi_1 + \Psi_2) = \frac{1}{2}[(\Psi_4 - \Psi_3) + \Psi_2]$$

식에서, $\tan\Psi_2 = \dfrac{cf}{af} = \dfrac{cf}{de + ef - da}$

$$= \frac{u_r + \dfrac{\partial u_r}{\partial \Psi}d\Psi - u_r}{(r + u_r)d\Psi + u_\Psi + \dfrac{\partial u_\Psi}{\partial \Psi}d\Psi - u_\Psi} = \frac{\dfrac{1}{r}\dfrac{\partial u_r}{\partial \Psi}}{1 + \dfrac{u_r}{r} + \dfrac{1}{r}\dfrac{\partial u_\Psi}{\partial \Psi}}$$

$$\tan\Psi_3 \approx \frac{u_\Psi}{r}$$

$$\tan\Psi_4 = \frac{bg}{ag} = \frac{u_\Psi + \dfrac{\partial u_\Psi}{\partial r}dr - u_\Psi}{dr + \dfrac{\partial u_r}{\partial r}dr} = \frac{\dfrac{\partial u_\Psi}{\partial r}}{1 + \dfrac{\partial u_r}{\partial r}}$$

각의 변화가 매우 작다면, 즉 $\Psi_2 \ll 1$, $\Psi_3 \ll 1$, $\Psi_4 \ll 1$이라면 $\tan\Psi_2 \approx \Psi_2$, $\tan\Psi_3 \approx \Psi_3$, $\tan\Psi_4 \approx \Psi_4$이고 $(1 + \partial u_r/\partial r) \approx 1$, $[1 + u_r/r + \partial u_r/(r\,\partial\Psi)] \approx 1$이므로 전단변형률 $\epsilon_{r\Psi}$는 다음과 같이 나타낼 수 있다.

$$\epsilon_{r\Psi} = \frac{1}{2}(\Psi_1 + \Psi_2) = \frac{1}{2}[(\Psi_4 - \Psi_3) + \Psi_2] = \frac{1}{2}\left(\frac{\partial u_\Psi}{\partial r} - \frac{u_\Psi}{r} + \frac{1}{r}\frac{\partial u_r}{\partial \Psi}\right) \tag{1-120}$$

나머지 변형률성분도 $r - z$평면이나 $\Psi - z$평면을 적절하게 선택하여 동일한 방법으로 구할 수 있으며 각각 다음과 같다.

$$\epsilon_{zz} = \frac{\partial u_z}{\partial z} \tag{1-121}$$

$$\epsilon_{\Psi z} = \frac{1}{2}\left(\frac{\partial u_\Psi}{\partial z} + \frac{1}{r}\frac{\partial u_z}{\partial \Psi}\right) \tag{1-122}$$

$$\epsilon_{rz} = \frac{1}{2}\left(\frac{\partial u_r}{\partial z} + \frac{\partial u_z}{\partial r}\right) \tag{1-123}$$

위의 (1-118~123)식이 원통좌표계의 변형률이다.

1.4 변형률속도

1.4.1 변형률속도의 개념

변형률속도는 변형률의 진행 속도를 나타내는 물리량으로서 다음과 같이 9개의 성분으로 구성되는 2계 텐서이다.

$$\dot{\epsilon}_{ij} = \begin{bmatrix} \dot{\epsilon}_{xx} & \dot{\epsilon}_{xy} & \dot{\epsilon}_{xz} \\ \dot{\epsilon}_{yx} & \dot{\epsilon}_{yy} & \dot{\epsilon}_{yz} \\ \dot{\epsilon}_{zx} & \dot{\epsilon}_{zy} & \dot{\epsilon}_{zz} \end{bmatrix} = \begin{bmatrix} \dot{\epsilon}_{11} & \dot{\epsilon}_{12} & \dot{\epsilon}_{13} \\ \dot{\epsilon}_{21} & \dot{\epsilon}_{22} & \dot{\epsilon}_{23} \\ \dot{\epsilon}_{31} & \dot{\epsilon}_{32} & \dot{\epsilon}_{33} \end{bmatrix} \tag{1-124}$$

일반적으로 소성해석을 위한 관련식에서 응력증분이나 변형률증분의 $d\sigma$ 및 $d\epsilon$의 d는 미분이나 적분을 위한 것이 아니라 물리적으로 작은 양을 나타내기 위한 것이며, 또한 흙의 압밀거동과 같은 시간의존성 거동이 아니라면 변형률속도의 속도도 동적인 상태를 표시하는 것이 아니라 이론적으로 사용되는 차원으로서, 속도를 나타내기 위한 시간이나 시간증분은 단지 인위적으로 부여된 차원일 뿐이다. 따라서 변형률속도를 포함한 식에서 변형률속도는 변형률증분으로 대체해도 동일한 식이 된다. 다만 변형률증분과 변형률속도 사이에는 $d\epsilon = \dot{\epsilon}_{ij}dt$의 관계가 있기 때문에 서로 차원이 다르다는 것을 주의해야 한다 (Houlsby, 1991).

소성거동은 응력점이 항복곡면에 도달하면서 시작되는데, 이때 운동학적으로 소성거동은 크기가 무제한적이고 정량적으로 나타내기 어렵기 때문에 소성변형률 ϵ_{ij}^P에 대해서는 변형률증분보다는 변형률속도를 선호하는 것이 보통이다. 전변형률속도 $\dot{\epsilon}_{ij}$는 탄성변형률속도 $\dot{\epsilon}_{ij}^E$와 소성변형률속도 $\dot{\epsilon}_{ij}^P$의 합으로 이루어진다. 탄성변형률속도 $\dot{\epsilon}_{ij}^E$는 **Hooke의 법칙**(Hooke's law)에 의해서 응력속도 $\dot{\sigma}_{ij}$와 관련이 되지만 소성변형률속도 $\dot{\epsilon}_{ij}^P$는 변형시 적절한 **운동학적 가정**(kinematic assumption)이나 유동칙을 통하여 응력상태에 따라 결정된다. 물체내 임의의 질점에서 변형의 순간속도(instantaneous velocity)는 질점 주변의 속도장으로 나타낼 수 있다. 〈그림 1-21〉에서 질점 P의 순간좌표 $x_i(x,y,z)$에 대한 속도성분을 $v_i(v_x,v_y,v_z)$라고 하면 무한소만큼 떨어져 있는 질점 Q의 좌표는 x_i+dx_i이며 P에 대한 Q의 **상대속도**(relative velocity)는 아래와 같이 나타낼 수 있다(Chakrabarty, 1987; Houlsby & Wroth, 1982).

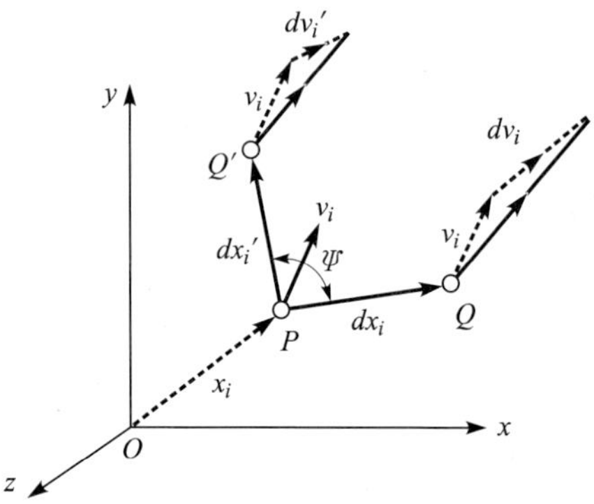

〈그림 1-21〉 변형이 발생한 영역에서 3개의 인접한 질점의 순간속도 (Chakrabarty, 1987)

$$dv_i = \frac{\partial v_i}{\partial x_j} dx_j \tag{1-125}$$

위의 식에서 $\partial v_i / \partial x_j$는 속도경사텐서(velocity gradient tensor)로서 아래와 같이 대칭텐서 $\dot{\epsilon}_{ij}$와 비대칭텐서 $\dot{\omega}_{ij}$로 분해하여 나타낼 수 있다.

$$\dot{\epsilon}_{ij} = \frac{1}{2}\left(\frac{\partial v_i}{\partial x_j} + \frac{\partial v_j}{\partial x_i}\right) \tag{1-126}$$

$$\dot{\omega}_{ij} = \frac{1}{2}\left(\frac{\partial v_i}{\partial x_j} - \frac{\partial v_j}{\partial x_i}\right) \tag{1-127}$$

(1-126)식의 $\dot{\epsilon}_{ij}$는 질점 P에 대한 변형률속도 또는 진변형률속도(true strain rate)라고 하며 $\dot{\epsilon}_{ij} = \dot{\epsilon}_{ji}$인 대칭텐서이고, (1-127)식의 $\dot{\omega}_{ij}$는 회전속도텐서(rate of rotation tensor) 또는 스핀텐서(spin tensor)라고 하며 $\dot{\omega}_{ij} = -\dot{\omega}_{ji}$인 반대칭텐서이다(Chakrabarty, 1987). 따라서 (1-125)식의 상대속도는 다음과 같이 분해하여 나타낼 수 있다.

$$dv_i = \dot{\epsilon}_{ij} dx_j + \dot{\omega}_{ij} dx_j \tag{1-128}$$

위와 같이 분해된 상대속도의 2개의 항에 대하여 $\dot{\omega}_{yx} = -\dot{\omega}_{xy} = \dot{\omega}_z$, $\dot{\omega}_{zy} = -\dot{\omega}_{yz} = \dot{\omega}_x$ 및 $\dot{\omega}_{xz} = -\dot{\omega}_{zx} = \dot{\omega}_y$이라고 하고 나머지 $\dot{\omega}_{ij}$는 0이라고 하면 (1-127)식에 의해서 다음과 같이 나타낼 수 있다(Chakrabarty,1987).

$$\dot{\omega}_x = \frac{1}{2}\left(\frac{\partial v_z}{\partial y} - \frac{\partial v_y}{\partial z}\right), \quad \dot{\omega}_y = \frac{1}{2}\left(\frac{\partial v_x}{\partial z} - \frac{\partial v_z}{\partial x}\right), \quad \dot{\omega}_z = \frac{1}{2}\left(\frac{\partial v_y}{\partial x} - \frac{\partial v_x}{\partial y}\right) \tag{1-129}$$

위의 식으로부터 $\dot{\omega}_x$, $\dot{\omega}_y$ 및 $\dot{\omega}_z$는 다음과 같이 벡터성분으로 표시할 수 있다는 것을 알 수 있다.

$$\omega = \frac{1}{2}\, curl\, \boldsymbol{v}$$

식에서 $\boldsymbol{v}$는 질점 P의 속도벡터이다. (1–128)식으로 표시되는 상대속도에서 우변 둘째 항은 $\dot{\omega}_y dz - \dot{\omega}_z dy$, $\dot{\omega}_z dx - \dot{\omega}_x dz$ 및 $\dot{\omega}_x dy - \dot{\omega}_y dx$이므로 ds를 무한소벡터 PQ라고 하면 벡터적 $\dot{\omega} \times ds$으로 나타낼 수 있다. 따라서 비대칭텐서인 (1–128)식의 우변 둘째 항은 변형과는 관계가 없으며 질점 P의 근방에서 각속도 ω로 회전하는 순간강체회전(instantaneous rigid body rotation)만 관련된다. 〈그림 1–21〉에서 질점 P의 주변에서 순간적인 변형이 발생한다면 (1–128)식에서 우변의 첫째 항은 0이 아니며 변형률속도텐서 $\dot{\epsilon}_{ij}$는 질점 P의 변형률속도를 나타내게 된다. 이와 같이 변형과 회전은 속도경사가 미소하기 때문에 순간적인 변형률속도나 회전속도를 나타내게 된다. 변형률속도 $\dot{\epsilon}_{ij}$의 직교성분은 다음과 같다(압축: +).

$$\dot{\epsilon}_{xx} = \dot{\epsilon}_{11} = -\frac{1}{2}\left(\frac{\partial v_x}{\partial x} + \frac{\partial v_x}{\partial x}\right) = -\frac{\partial v_x}{\partial x} \tag{1-130}$$

$$\dot{\epsilon}_{yy} = \dot{\epsilon}_{22} = -\frac{1}{2}\left(\frac{\partial v_y}{\partial y} + \frac{\partial v_y}{\partial x}\right) = -\frac{\partial v_y}{\partial y} \tag{1-131}$$

$$\dot{\epsilon}_{zz} = \dot{\epsilon}_{33} = -\frac{1}{2}\left(\frac{\partial v_z}{\partial z} + \frac{\partial v_z}{\partial z}\right) = -\frac{\partial v_z}{\partial z} \tag{1-132}$$

$$\dot{\epsilon}_{yx} = \dot{\epsilon}_{21} = \frac{\dot{\gamma}_{xy}}{2} = \frac{\dot{\gamma}_{12}}{2} = -\frac{1}{2}\left(\frac{\partial v_x}{\partial y} + \frac{\partial v_y}{\partial x}\right) = \frac{\dot{\gamma}_{21}}{2} = \frac{\dot{\gamma}_{yx}}{2} \tag{1-133}$$

$$\dot{\epsilon}_{yz} = \dot{\epsilon}_{23} = \frac{\dot{\gamma}_{yz}}{2} = \frac{\dot{\gamma}_{23}}{2} = -\frac{1}{2}\left(\frac{\partial v_y}{\partial z} + \frac{\partial v_z}{\partial y}\right) = \frac{\dot{\gamma}_{32}}{2} = \frac{\dot{\gamma}_{zy}}{2} \tag{1-134}$$

$$\dot{\epsilon}_{zx} = \dot{\epsilon}_{31} = \frac{\dot{\gamma}_{zx}}{2} = \frac{\dot{\gamma}_{31}}{2} = -\frac{1}{2}\left(\frac{\partial v_z}{\partial x} + \frac{\partial v_x}{\partial z}\right) = \frac{\dot{\gamma}_{13}}{2} = \frac{\dot{\gamma}_{xz}}{2} \tag{1-135}$$

식에서 $\dot{\epsilon}_{xy} = \dot{\epsilon}_{yx}$, $\dot{\epsilon}_{yz} = \dot{\epsilon}_{zy}$ 및 $\dot{\epsilon}_{xz} = \dot{\epsilon}_{zx}$이므로 변형률속도 $\dot{\epsilon}_{ij}$는 6개의 독립성분으로 구성되며, $\dot{\epsilon}_{xx}$, $\dot{\epsilon}_{yy}$ 및 $\dot{\epsilon}_{zz}$는 변형률속도의 수직성분이고 나머지는 변형률속도의 전단

성분이다. **수직변형률속도**(normal strain rate) $\dot{\epsilon}_{xx}$, $\dot{\epsilon}_{yy}$ 및 $\dot{\epsilon}_{zz}$는 각각의 좌표축방향으로 체적의 상대적인 팽창 또는 수축 속도를 결정하기 때문에 대각선 성분만 관련이 되고 속도경사가 $\partial v_i/\partial x_j > 0$이면 팽창, $\partial v_i/\partial x_j < 0$이면 수축을 나타낸다. **전단변형률속도**(shear strain rate) $\dot{\epsilon}_{xy}$, $\dot{\epsilon}_{yz}$ 및 $\dot{\epsilon}_{zx}$와 $\dot{\gamma}_{xy}$, $\dot{\gamma}_{yz}$ 및 $\dot{\gamma}_{zx}$는 전단변형률과 같이 $\dot{\gamma}_{ij} = 2\dot{\epsilon}_{ij}$의 관계가 있다(Chakrabarty, 1987; Kachanov, 1971). 여기서 $\dot{\gamma}_{xy}$, $\dot{\gamma}_{yz}$ 및 $\dot{\gamma}_{zx}$의 부호는 각각 $\dot{\epsilon}_{xy}$, $\dot{\epsilon}_{yz}$ 및 $\dot{\epsilon}_{zx}$에 대응하여 부호를 일치시켰을 뿐이므로 공학전단변형률 γ의 부호와 같이 해석과정에서 부호가 결정되며 복부호(±) 또는 절댓값으로 처리될 수도 있다. 또한 변형률속도성분 $\dot{\epsilon}_{xz}$, $\dot{\epsilon}_{yz}$ 및 $\dot{\epsilon}_{zz}$가 0이면 변형은 $x-y$평면에서만 발생하는 평면변형률조건이 된다(Prakash & Uday, 2008). 변형이 미소하다면 위의 식은 변위성분으로 간주하여 (1-71)식의 변형률성분과 동일한 것으로 처리할 수 있다. 변형률속도 $\dot{\epsilon}_{ij}$의 역학적 해석을 위해서는 먼저 PQ의 순간 길이를 나타내는 ds의 변화속도를 고려해야 한다. 그림에서 $ds^2 = dx_i dx_i$이므로 다음 식이 성립한다(Chakrabarty, 1987).

$$ds(ds)' = dv_i dx_i = \frac{\partial v_i}{\partial x_j} dx_i dx_j = \frac{\partial v_j}{\partial x_i} dx_i d_j$$

식에서 $(ds)'$는 질점 P를 따라서 측정된 변화속도를 나타내는 물질도함수(material derivative)이다. (1-126)식을 위의 식에 대입하면 다음 식을 얻을 수 있다.

$$ds(ds)' = \frac{1}{2}\left(\frac{\partial v_i}{\partial x_j} + \frac{\partial v_j}{\partial x_i}\right) dx_i dx_j = \dot{\epsilon}_{ij} dx_i dx_j$$

〈그림 1-21〉에서 PQ방향의 단위벡터를 l_i라고 하면 $dx_i = l_i ds$이고 PQ방향의 **팽창속도**(rate of extension) $\dot{\epsilon}$는 $(ds)'/ds$의 비로 결정할 수 있다.

$$\dot{\epsilon} = l_i l_j \dot{\epsilon}_{ij} = l^2 \dot{\epsilon}_{xx} + m^2 \dot{\epsilon}_{yy} + n^2 \dot{\epsilon}_{zz} + 2lm \dot{\epsilon}_{xy} + 2mn \dot{\epsilon}_{yz} + 2nl \dot{\epsilon}_{zx} \tag{1-136}$$

식에서 l, m 및 n은 PQ의 방향코사인이며, $\dot{\epsilon}_{xx}$, $\dot{\epsilon}_{yy}$ 및 $\dot{\epsilon}_{zz}$는 P에서 좌표축방향의 팽창속도를 나타낸다. P로부터 뻗어 나온 선재요소 PQ'에서 Q'의 순간 좌표는 $x_i + dx_i'$이며 P에 대한 Q'의 상대속도는 아래와 같다.

$$dv_i' = \frac{\partial v_i}{\partial x_j} dx_j' \tag{1-137}$$

무한소벡터 PQ와 PQ'의 스칼라곱은 $dx_i dx_i'$이고 변화속도는 아래와 같다.

$$\left(dx_i dx'_i\right)' = dx_i dv_i' + dx'_i dv_i = \left(\frac{\partial v_i}{\partial x_j} + \frac{\partial v_j}{\partial x_i}\right) dx_i dx'_j = 2\dot{\epsilon}_{ij} dx_i dx_j'$$

〈그림 1-21〉과 같이 PQ'의 순간 길이를 ds', 동일한 방향으로 팽창속도를 $\dot{\epsilon}'$, PQ와 PQ'의 사잇각을 Ψ라고 하면 스칼라곱 $dx_i dx_i'$는 $ds\,ds'\cos\Psi$이고 위의 식은 다음과 같이 나타낼 수 있다(Chakrabarty,1987).

$$\left[(\dot{\epsilon} + \dot{\epsilon}')\cos\Psi - \dot{\Psi}\sin\Psi\right] ds\,ds' = 2\dot{\epsilon}_{ij} dx_i dx_j'$$

만약 P의 주변에서 순간 강체이동을 한다면 PQQ'은 형태가 그대로 유지되고 $\dot{\epsilon} = \dot{\epsilon}' = \dot{\Psi} = 0$이 되므로 위의 식에서 $\dot{\epsilon}_{ij} = 0$이다. 또한 $dx_i = l_i ds$, $dx_j' = l_j' ds'$, $\Psi = \pi/2$라고 하면 l_i와 l_i' 방향에 대한 전단변형률속도 $\dot{\gamma}$는 다음과 같다(Chakrabarty,1987).

$$\begin{aligned}\dot{\gamma} &= l_i l_j' \dot{\epsilon}_{ij} \\ &= ll'\dot{\epsilon}_{xx} + mm'\dot{\epsilon}_{yy} + nn'\dot{\epsilon}_{zz} + (lm' + ml')\dot{\gamma}_{xy} \\ &\quad + (mn' + nm')\dot{\gamma}_{yz} + (nl' + \ln')\dot{\gamma}_{zx}\end{aligned}$$

식에서 l', m' 및 n'은 PQ'의 방향코사인이며, $\dot{\gamma}_{xy}$, $\dot{\gamma}_{yz}$ 및 $\dot{\gamma}_{zx}$는 각각 좌표축방향과 관련된 전단변형률속도이다. 만약 상대속도가 PQ의 방향이라면 PQ의 방향은 변형률속도의 주방향을 나타내며 전단변형률속도 $\dot{\gamma} = 0$ 이고 $\dot{\epsilon}_{ij} dx_j = \dot{\epsilon}\, dx_i$, $dx_i = l_i ds$ 이므로 다음 식을 얻을 수 있다.

$$\left(\dot{\epsilon}_{ij} - \dot{\epsilon} d_{ij}\right) l_j = 0$$

위의 식을 전개하면 다음의 특성방정식을 얻을 수 있다.

$$\dot{\epsilon}^3 - N_1 \dot{\epsilon}^2 - N_2 \dot{\epsilon} - N_3 = 0 \tag{1-138}$$

식에서 계수 N_1, N_2 및 N_3는 각각 제1, 제2 및 제3 변형률속도불변량(strain rate invariant)이며 3개의 실근은 주변형률속도 $\dot{\epsilon}_1$, $\dot{\epsilon}_2$ 및 $\dot{\epsilon}_3$이다. N_1, N_2 및 N_3를 $\dot{\epsilon}_{ij}$를 이용해서 나타내면 각각 다음과 같다(Chakrabarty,1987).

$$N_1 = \dot{\epsilon}_{ii}, \quad N_2 = \frac{1}{2}\left(\dot{\epsilon}_{ij}\dot{\epsilon}_{ij} - \dot{\epsilon}_{ii}\dot{\epsilon}_{jj}\right), \quad N_3 = \left|\dot{\epsilon}_{ij}\right| \tag{1-139}$$

만약 3개의 주변형률속도가 서로 다르면 주변형률속도는 각각 유일한 주방향을 가지며 3개의 주방향은 서로 직교하게 되는데, 이것이 바로 변형률속도의 주축이 된다. 축차변형률속도의 주성분은 각각의 주변형률속도로부터 평균팽창속도를 감하여 구한다. 또한 주전단변형률속도(principal shear strain rate) $\dot{\gamma}_i$는 다음과 같다(Chakrabarty, 1987).

$$\dot{\gamma}_1 = \frac{1}{2}\left|\dot{\epsilon}_2 - \dot{\epsilon}_3\right| \ , \quad \dot{\gamma}_2 = \frac{1}{2}\left|\dot{\epsilon}_1 - \dot{\epsilon}_3\right| \ , \quad \dot{\gamma}_3 = \frac{1}{2}\left|\dot{\epsilon}_1 - \dot{\epsilon}_2\right| \tag{1-140}$$

위의 식에서 주전단변형률속도 $\dot{\gamma}_i$는 임의의 질점에서 전단변형률속도 $\dot{\gamma}$의 최댓값이며, 각각의 주전단변형률속도의 방향은 대응하는 주변형률속도$(\dot{\epsilon}_i)$의 주축의 사잇각을 이등분하는 방향이다. 제1변형률속도불변량 N_1은 질점 P 근방의 단위체적당 질량의 변화속도와 동일하며 이것은 P에서 주축과 평행한 모서리를 가진 미소직육면체에 대하여 체적변화를 고려할 수 있다. 직육면체의 순간적인 변의 길이를 각각 da, db, dc라고 하면 재료의 거동에 따른 순간적인 길이의 변화속도는 각각 $\dot{\epsilon}_1 da$, $\dot{\epsilon}_2 db$, $\dot{\epsilon}_3 dc$이므로, 직육면체의 체적은 $da \times db \times dc \Rightarrow (\dot{\epsilon}_1 + \dot{\epsilon}_2 + \dot{\epsilon}_3) da \times db \times dc$로 바뀌게 된다. 재료의 국소밀도(local density)를 ρ라고 하면 직육면체의 질량은 $\rho \times da \times db \times dc$이며 재료가 거동하더라도 질량은 일정하게 유지되므로 질량의 변화속도를 0으로 하면 다음 식을 얻을 수 있다.

$$\frac{\dot{\rho}}{\rho} = -\left(\dot{\epsilon}_1 + \dot{\epsilon}_2 + \dot{\epsilon}_3\right) = -\dot{\epsilon}_{ii} \tag{1-141}$$

식에서 $\dot{\rho}$는 밀도에 대한 물질시간도함수(meterial time derivative, (1-165)식 참조)로서 ρ의 변화속도를 나타낸다. 위의 식에서 팽창속도를 속도경사로 나타내면 다음과 같다.

$$\dot{\rho} + \rho\frac{\partial v_i}{\partial x_i} = \dot{\rho} + \rho\left(\frac{\partial v_x}{\partial x} + \frac{\partial v_y}{\partial y} + \frac{\partial v_z}{\partial z}\right) = 0 \tag{1-142}$$

식에서 v_x, v_y 및 v_z는 각각 $x-$, $y-$ 및 $z-$축방향의 속도성분이다. 비압축성재료는 밀도가 일정하기 때문에 $\dot{\epsilon}_{ii} = 0$이 되어야 하므로 위의 식으로부터 평면변형률상태에 대하여 비압축성조건을 나타내면 다음과 같다(Chakrabarty, 1987).

$$\dot{\epsilon}_{xx} + \dot{\epsilon}_{yy} = \frac{\partial v_x}{\partial x} + \frac{\partial v_y}{\partial y} = 0 \tag{1-143}$$

비압축성조건의 물리적 의미는 체적변화가 없이 변형이 발생한다는 것이며, 이것은 위의 식과 같이 소성변형률속도성분의 합이 0이 된다는 것이다. 원통좌표계(r, Ψ, z)를 이용한 축대칭조건의 속도장인 경우에는 원주방향속도성분은 0이므로, $r-$ 및 $z-$축방향의 속도성분을 각각 v_r과 v_z라고 하면 변형률속도성분은 각각 다음과 같이 나타낼 수 있다(Yu, 2006).

$$\dot{\epsilon}_{rr} = \frac{\partial v_r}{\partial r}, \quad \dot{\epsilon}_{\Psi\Psi} = \frac{v_r}{r}, \quad \dot{\epsilon}_{zz} = \frac{\partial v_z}{\partial z}, \quad \dot{\epsilon}_{rz} = \frac{1}{2}\left(\frac{\partial v_r}{\partial z} + \frac{\partial v_z}{\partial r}\right) \tag{1-144}$$

따라서 축대칭조건에 대한 비압축성조건은 다음과 같이 나타낼 수 있다.

$$\dot{\epsilon}_{ii} = \dot{\epsilon}_{rr} + \dot{\epsilon}_{\Psi\Psi} + \dot{\epsilon}_{zz} = \frac{\partial v_r}{\partial r} + \frac{v_r}{r} + \frac{\partial v_z}{\partial z} = 0 \tag{1-145}$$

1.4.2 순간 평면변형률과 변형률속도도

변형과정에서 주변형률속도 중의 어느 하나가 0이 되면 순간적으로 변형률은 평면변형률 상태가 되는데, $z-$축을 주축에 일치시키면 순간 평면변형률조건(instantaneous plane strain condition)은 $\dot{\epsilon}_{zz} = \dot{\epsilon}_{yz} = \dot{\epsilon}_{zx} = 0$ 이 되고 속도장은 다음의 형태가 된다.

$$v_x = v_x(x,y), \quad v_y = v_y(x,y), \quad v_z = 0 \tag{1-146}$$

또한 0이 아닌 변형률속도 $\dot{\epsilon}_{xx}$, $\dot{\epsilon}_{yy}$ 및 $\dot{\epsilon}_{xy}$는 모두 $z-$축에 대하여 독립적이며 〈그림 1-21〉의 [$z=$일정]인 평면에 있는 PQ는 그 평면 내에서 팽창하거나 회전하게 된다. Φ를 $x-$축으로부터 선재요소 PQ까지 반시계방향으로 측정한 각이라고 하면, 길이가 ds인 요소 PQ의 질점 P와 Q의 좌표값의 차는 각각 $dx = ds\cos\Phi$ 및 $dy = ds\sin\Phi$이다. 따라서 P에 대한 Q의 상대속도를 (dv_x', dv_y')라고 하면 (1-128)식의 우변의 첫째 항에 의해서 다음 식을 얻을 수 있다(Chakrabarty,1987).

$$dv_x' = \left(\dot{\epsilon}_{xx}\cos\Phi + \dot{\gamma}_{xy}\sin\Phi\right)ds \tag{1-147}$$

$$dv_y' = \left(\dot{\gamma}_{xy}\cos\Phi + \dot{\epsilon}_{yy}\sin\Phi\right)ds \tag{1-148}$$

$\dot{\epsilon}$가 PQ 방향의 팽창속도이므로 PQ 방향으로 상대속도의 분력은 $\dot{\epsilon}ds$가 되고 다음 식을 얻을 수 있다.

$$\dot{\epsilon} = \frac{dv_x'\cos\Phi + dv_y'\sin\Phi}{ds} = \dot{\epsilon}_{xx}\cos^2\Phi + \dot{\epsilon}_{yy}\sin^2\Phi + 4\dot{\epsilon}_{xy}\sin\Phi\cos\Phi \tag{1-149}$$

Φ 및 $\pi/2+\Phi$ 방향의 전단변형률속도 $\dot{\gamma}$는 PQ에 수직인 상대속도 (dv_x', dv_y')의 분력에 의하여 주어진다.

$$\begin{aligned}\dot{\gamma} &= \frac{-dv_x'\sin\Phi + dv_y'\cos\Phi}{ds} \\ &= -\left(\dot{\epsilon}_{xx} - \dot{\epsilon}_{yy}\right)\sin\Phi\cos\Phi + 2\dot{\epsilon}_{xy}\left(\cos^2\Phi - \sin^2\Phi\right)\end{aligned} \tag{1-150}$$

식에서 전단변형률속도 $\dot{\gamma}$은 두 직선의 사잇각 변화의 각속도(Ω)를 나타내는 성분으로서 여기서는 질점 P 근방의 순수변형에 대응하는 PQ의 반시계방향 각속도를 의미한다. (1-150)식의 전단변형률속도 $\dot{\gamma}=0$ 으로 하여 구한 주변형률속도의 방향 θ와 주변형률속도 $\dot{\epsilon}_1$ 및 $\dot{\epsilon}_2$는 각각 다음과 같다.

$$\tan 2\theta = \frac{2\dot{\epsilon}_{xy}}{\dot{\epsilon}_{xx} - \dot{\epsilon}_{yy}} = \frac{\dot{\gamma}_{xy}}{\dot{\epsilon}_{xx} - \dot{\epsilon}_{yy}} \tag{1-151}$$

$$\begin{aligned}\dot{\epsilon}_1 &= \frac{1}{2}\left\{\left(\dot{\epsilon}_{xx} + \dot{\epsilon}_{yy}\right) + \left[\left(\dot{\epsilon}_{xx} - \dot{\epsilon}_{yy}\right)^2 + \left(\dot{\gamma}_{xy}\right)^2\right]^{1/2}\right\} \\ \dot{\epsilon}_2 &= \frac{1}{2}\left\{\left(\dot{\epsilon}_{xx} + \dot{\epsilon}_{yy}\right) - \left[\left(\dot{\epsilon}_{xx} - \dot{\epsilon}_{yy}\right)^2 + \left(\dot{\gamma}_{xy}\right)^2\right]^{1/2}\right\}\end{aligned} \tag{1-152}$$

(1-151)식은 $x-y$평면에서 서로 직교하는 2개의 주축을 정의하고, (1-151)식과 (1-44)식의 우변의 비가 같으면 변형률속도와 응력의 주축이 일치한다. (1-152)식의 우변 둘째항은 순간적인 거동평면에서 **최대전단변형률속도**(maximum shear strain rate)를 나타낸다. 만약 순간적인 거동평면에서 주축을 새로운 기준축으로 취하면 선재요소 PQ 방향의 팽창속도 $\dot{\epsilon}$와 PQ에 직각방향인 각속도 Ω는 (1-149~150)식에 의하여 각각 다음과 같이 나타낼 수 있다(Chakrabarty, 1987).

$$\begin{aligned}\dot{\epsilon} &= \frac{1}{2}\left(\dot{\epsilon}_1 + \dot{\epsilon}_2\right) + \frac{1}{2}\left(\dot{\epsilon}_1 - \dot{\epsilon}_2\right)\cos 2\theta \\ \Omega &= \dot{\omega} - \frac{1}{2}\left(\dot{\epsilon}_1 - \dot{\epsilon}_2\right)\sin 2\theta\end{aligned} \tag{1-153}$$

식에서 $\dot{\omega}$는 질점 P에서 회전속도성분이다. (1-153)식의 양변을 제곱하여 합하면 〈그림 1-22〉와 같이 $\dot{\epsilon}-\Omega$평면에서 중심이 $\left[\left(\dot{\epsilon}_1 + \dot{\epsilon}_2\right)/2,\ \dot{\omega}\right]$이고 반경이 $\left(\dot{\epsilon}_1 - \dot{\epsilon}_2\right)/2$인 원이 되며 이것을 **변형률속도도**(strain rate diagram)이라고 한다. 변형률속도도는 재료의 순간적인 변형상태를 시각화하여 해석할 수 있는 유용한 수단이다. 보통 그림과 같이 재료의 팽창속도 $\dot{\epsilon}$와 각속도 Ω를 각각 축으로 취하여 $\dot{\epsilon}-\Omega$평면에 표시하지만 회전속도성분을 달리하여 $\dot{\epsilon}-\dot{\omega}$평면 또는 $\dot{\epsilon}-\dot{\gamma}/2$평면을 이용할 수도 있다.

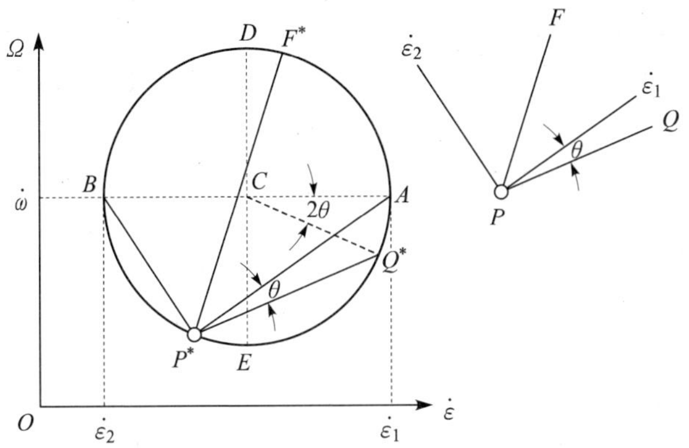

〈그림 1-22〉 **변형률속도도 예** (Chakrabarty,1987)

〈그림 1-22〉에서 위첨자 (*)는 변형률속도도에 표기되는 것을 의미한다. 그림에서 최대 및 최소팽창속도는 원주상에서 각각 A와 B로 표시되어 있으며 값은 $\dot{\epsilon}_1$과 $\dot{\epsilon}_2$이고, 회전속도는 $\dot{\omega}$이다$(\dot{\epsilon}_1 > \dot{\epsilon}_2)$. 또한 원주상에 위치한 Q^*를 주축에 대하여 θ만큼 각을 이루게 하면 원주각인 $\angle AP^*Q^* = \theta$이고 중심각인 $\angle ACQ^* = 2\theta$가 되므로, PQ에 평행한 선분 P^*Q^*가 원주와 만나는 점인 P^*는 평면기점으로 고려할 수 있다. 즉 Mohr 응력원의 기법을 변형률속도도에 그대로 적용할 수 있다는 것이다. 따라서 주어진 방향에 대응하는 원주상에 위치한 점을 찾기 위해서는 평면기점인 P^*를 통과하는 동일한 방향의 선을 그려서 원주와의 교점을 구하면 된다. PF와 평행하게 선분 P^*F^*를 변형률속도도에 도시하면 재료의 $\angle QPF$의 변화속도는 원주상에 위치한 F^*와 Q^*의 세로좌표값의 차와 같게 된다. P에서 최대전단방향에 해당하는 D와 E의 세로좌표값의 차는 원주상에 위치한 어떤 2개의 세로좌표값의 차보다도 크며, 따라서 재료 내에서 최대전단방향에 위치한 선재요소에 의해서 만들어지는 직각인 부위는 거동평면 내에 있는 다른 어떤 각이 진 부위보다도 빠른 속도로 거동하게 된다(Chakrabarty,1987).

〈그림 1-23〉은 가장 간단한 변형률속도도를 예시한 것이다. 그림(a)는 흙의 등방성 체적팽창속도를 보여주는 것으로서 고정점인 O를 중심으로 반경이 OP인 원이 팽창하여 더 큰 반경의 원으로 변형되는 것을 나타내고 있다. P와 같이 원주상에 위치한 모든 점에서 속도벡터인 PP_1은 동일하고 $\dot{\epsilon}-$축방향을 향하고 있으므로 변형률속도도의 $\dot{\epsilon}-$축에서는 하나의 점인 $P_1{}^*$으로 나타낼 수 있다. 그림(b)는 흙이 강체로서 반시계방향으로 회전하는 것을 나타내는 것이며, 모든 속도벡터 PP_1은 크기가 같고 OP에 직각방향으로 작용한다. 변형률속도도에서 $P_1{}^*$의 궤적은 $\Omega-$축에 위치한 하나의 점으로 표시된다(de Jong, 1959).

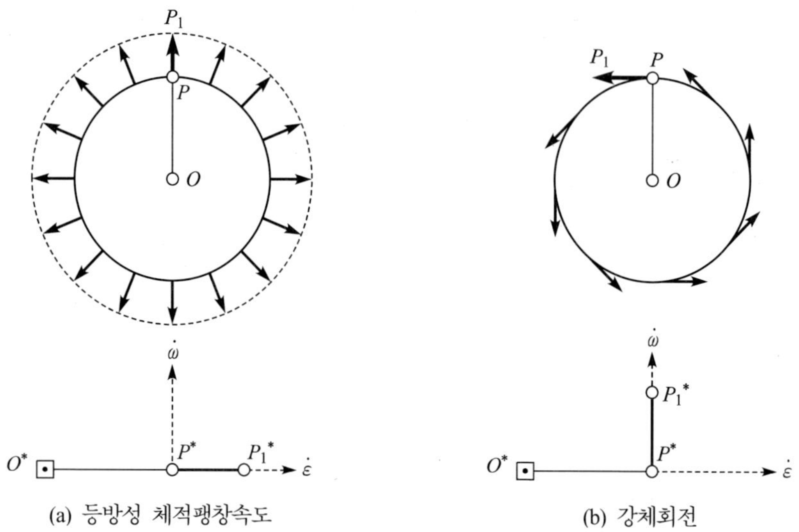

〈그림 1-23〉 변형률속도도의 속도벡터 예 (de Jong, 1959)

1.4.3 가상일의 원리

재료의 평형과 운동학적인 개념을 함께 묶어서 수립된 **가상일의 원리**(principle of virtual work)는 고체역학과 응용역학분야의 발전을 주도한 중요한 관계식 중의 하나이다. 이것은 가상일의 원리가 재료의 구성성 거동(constitutive behaviour)과 관계없이 적용할 수 있어서 소성재료는 물론 탄성재료에 대한 동적 및 안정성 문제를 처리하는데 효과적이기 때문이다(Davis & Selvadurai, 2002; Chen, 1975). 체적과 표면적이 각각 V 및 S인 재료가 표면력과 물체력을 받아서 평형을 유지하고 있다면, 미소요소 dV에 작용하는 물체력은 $\rho b_j dV$(b_j: 물체력, ρ: 임의 시점의 밀도)이고, 미소 표면적 dS에 작용하는 표면력 T_j는 $\sigma_{ij} n_i dS$ (n_i: 단위법선벡터)가 된다. 힘의 평형조건에 의하여 두 힘의 합력은 평형을 이뤄야 하므로 다음 식이 성립한다(Chakrabarty, 1987).

$$\int_S \sigma_{ij} n_i dS + \int_V \rho b_j dV = 0$$

위의 식은 Gauss 발산정리(또는 Green의 정리)를 이용하여 면적분을 체적분으로 변환하여 다음과 같이 나타낼 수 있다.

$$\int_S \sigma_{ij} n_i dS + \int_V \rho b_j dV = \int_V \left(\frac{\partial \sigma_{ij}}{\partial x_i} + \rho b_j \right) dV = 0 \tag{1-154}$$

위의 식에서 괄호 안에 있는 식은 (1-28)식의 평형방정식과 동일하다. 연속체 경계에서 면적요소에 작용하는 단위면적당 표면력 T_j는 면적요소에 작용하는 응력벡터와 평형을 유지해야 하므로 경계조건은 다음과 같이 나타낼 수 있다.

$$T_j = \sigma_{ij} n_i \tag{1-155}$$

응력 σ_{ij}와는 관계없이 선택된 연속적인 속도장을 v_j라고 하면, 표면력 T_j에 의하여 수행되는 일은 다음과 같이 나타낼 수 있다(물체력은 고려하지 않음).

$$\int_S T_j v_j dS = \int_S n_i \sigma_{ij} v_j dS = \int_V \frac{\partial}{\partial x_i}(\sigma_{ij} v_j) dV = \int_V \sigma_{ij} \frac{\partial v_j}{\partial x_i} dV \tag{1-156}$$

위의 식에서 벡터 $\sigma_{ij} v_j$는 Green의 정리를 이용하여 면적분을 체적분으로 변환한 것이며, 식의 우측 마지막 항은 응력텐서의 대칭성과 더미첨자의 호환성을 이용하여 다음과 같이 나타낼 수도 있다(Chakrabarty, 1987).

$$\sigma_{ij} \frac{\partial v_j}{\partial x_i} = \sigma_{ji} \frac{\partial v_j}{\partial x_i} = \sigma_{ij} \frac{\partial v_i}{\partial x_j} = \frac{1}{2} \sigma_{ij} \left(\frac{\partial v_i}{\partial x_j} + \frac{\partial v_j}{\partial x_i} \right) = \sigma_{ij} \dot{\epsilon}_{ij} \tag{1-157}$$

(1-156~157)식에 의해서 다음의 가상일의 원리 또는 가상일방정식(virtual work equation)을 얻을 수 있다.

$$\int_S T_j v_j dS = \int_V \sigma_{ij} \dot{\epsilon}_{ij} dV \tag{1-158}$$

식에서 변형률속도 $\dot{\epsilon}_{ij}$는 물체력 b_j에 대응하는 변위점이나 표면력 T_j가 작용하는 점의 실제 또는 가상속도 v_j에 대하여 운동학적으로 허용 가능한 변형률속도이다. 만약 물체력을 고려한다면 아래와 같이 좌변에 물체력이 포함된 항이 추가되어야 한다.

$$\int_S T_j v_j dS + \int_V b_j v_j dV = \int_V \sigma_{ij} \dot{\epsilon}_{ij} dV \tag{1-159}$$

(1-158~159)식이 의미하는 것은 임의의 가상 속도장에 대하여 외력에 의한 일은 내부에서 소산되는 에너지와 같아야 된다는 것이다. 만약 속도장이 불연속적이라면 불연속선을 따라서 전단에 의해서 발생되는 에너지소산이 (1-158)식의 우변에 포함되어야 한다. 또한 (1-158~159)식 및 아래의 (1-160)식은 평형과 관련된 성분$[T_j, b_j, \sigma_{ij}]$과 운동학적 성분$[v_j, \dot{\epsilon}_{ij}]$이 나란히 묶여져 있는데, 평형과 관련된 성분으로는 어떤 형태라도 가능하다. 특히 아래와 같이 속도형 또는 증분형 성분$(\dot{T}_j, \dot{b}_j, \dot{\sigma}_{ij})$도 평형과 관련된 성분으로 대체할 수 있다(Chen, 1975).

$$\int_S \dot{T}_j v_j dS + \int_V \dot{b}_j v_j dV = \int_V \dot{\sigma}_{ij} \dot{\epsilon}_{ij} dV \tag{1-160}$$

위의 식이 속도형으로 표시된 가상일의 원리이다. (1-158~160)식의 가상일의 원리는 토질역학에서 **하계정리**(lower bound theorem)와 **상계정리**(upper bound theorem)를 이용한 극한해석에 적용되고 있다. 가상일방정식을 적용할 때 주의해야 할 것은 모든 기하학적 변형이 충분히 작아서 변형전 형상을 해석과정에서 그대로 사용할 수 있다는 것이다(Chen, 1975).

1.5 응력속도

1.5.1 객관응력속도

응력속도(stress rate, $\dot{\sigma}$)는 응력의 변화속도를 나타내는 물리량으로서 응력과 같이 2계 텐서이다. 고체인 연속체가 외력에 의하여 변형과 함께 회전하게 되면 회전하면서 응력성분이 바뀌게 된다. 물리적으로 응력의 변화속도는 재료의 유변적 영향(流變的 影響, rheological effect)뿐만 아니라 재료의 회전속도와도 연관이 되는데(Dienes, 1979), 일반적으로 흙에 대한 소성이론에서는 유변적 거동과 같은 시간 의존적인 거동은 해석대상이 아니므로 재료의 회전과 관련된 응력속도만 고려한다.

일반적으로 소성이론은 수식화하는 과정에서 응력과 변형률이 속도형 또는 증분형으로 표시되어야 하며, 물리적으로 응력-변형률 관계식에 포함된 응력속도 또는 응력증분은 **객관응력속도**(objective stress rate)를 이용하여 강체회전에 관계없도록 정의되어야 한다. 응력속도는 변형률속도와 더불어 재료의 강체회전을 모델링하거나 속도형 구성식(rate type equation) 및 **속도방정식**(velocity equation)을 수립하기 위해서 필요한 속도성분이다. 또한 재료의 변형은 좌표축에 대하여 상대적인 위치나 이동에 관계없이 기술되어야 한다는 좌표무차별원리를 충족시켜야 하며, 재료의 역학적 특성은 좌표계와 무관하므로 역학적 특성을 나타내는 구성식은 회전하는 좌표축의 변환에 대하여 형상불변적(form-invariant)이어야 한다. 연속체역학에서 유동칙을 포함한 모든 구성식은 좌표무차별원리를 충족시킨다는 것을 입증해야 하는데(Kamrin & Martin, 2007; Chakrabarty, 1987), 좌표무차별원리를 그림으로 도시하면 〈그림 1-24(b)〉와 같이 재료가 일정한 응력을 받으면서 강체회전이 수반되더라도 회전에 의한 변형은 유발되지 않아야 한다는 것이다. 그림(a)의 단순인장과는 달리 그림(b)에서 재료가 회전하면서 인장력(F)을 받으면 고정좌표계의 인장응력이 시간이 경과하면서 회전과 함께 x−축방향의 σ_{xx}−성분으로부터 y−축방향의 σ_{yy}−성분으로 응력의 변화가 수반되므로 응력속도 $\dot{\sigma} \neq 0$이라는 것을 알 수 있다.

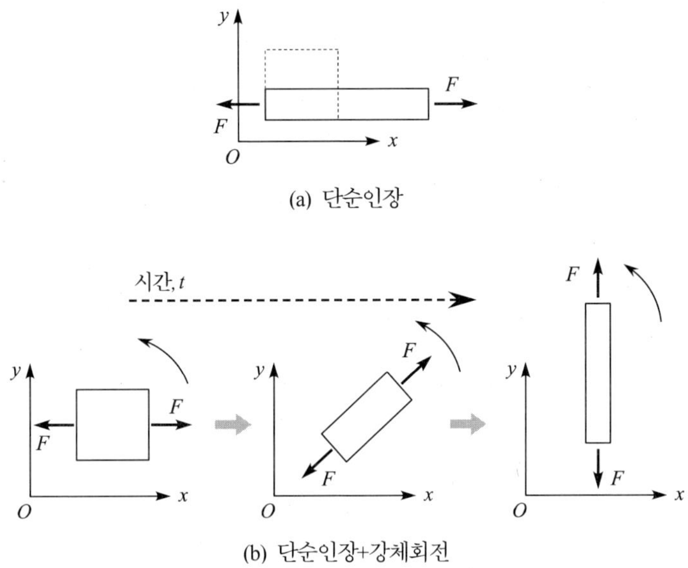

〈그림 1-24〉 **비압축성재료의 단순인장과 강체회전** (McGinty, 2013)
(a) 단순인장
(b) 단순인장+강체회전 : 물체에 인장력을 가하여 정해진 인장력에 도달하면 그 인장력을 그대로 유지하면서 정해진 위치까지 회전이 진행됨

이에 반하여 시간이 경과해도 회전에 의한 변형은 발생하지 않으므로 회전에 의한 변형률속도 $\dot{\epsilon} = 0$이다. 이와 같이 질점의 응력이력(stress history)이 바로 그 부위의 변형을 결정하기 때문에 구성식에서 응력속도는 질점에서 발생하는 응력의 도함수가 되어야 하며, 변형률속도는 순간적인 응력속도의 함수가 되도록 수립되어야 한다. 여기서 응력속도는 강체회전에 대해서는 0이 되도록 정의되어야 하는데 이 응력속도가 바로 객관응력속도이다. 이와 관련하여 지금까지 제안된 객관응력속도로는 **Jaumann응력속도**(Jaumann stress rate)를 비롯하여 Oldroyd응력속도, Truesdell응력속도, Cotter−Rivlin응력속도 등 많은 객관응력속도가 제안되었지만 그 중에서 Jaumann응력속도가 토질역학에서 가장 많이 이용되는 객관응력속도이다(Naghdabadi 외, 2005).

객관응력속도를 구하기 위하여 먼저 원점이 O인 x_i－좌표계와 x_i'－좌표계에 대하여 시각 t에서 $t+dt$까지 dt만큼 시간이 경과하는 경우에, x_i－좌표계는 고정되어 있고 x_i'－좌표계는 질점의 강체회전과 일치하여 움직이는 것으로 가정한다. 시각 $t+dt$에서 중심이 P인 무한소벡터 PQ를 두 좌표계에 대하여 각각 dx_j 및 dx_j'이라고 하면, 두 벡터의 차 $dx_j - dx_j'$는 $dv_j dt$가 되는데, 여기서 dv_j는 시각 t에서 P에 대한 Q의 회전의 상대속도를 나타낸다. 회전속도 $\dot{\omega}$가 P점 근방의 회전속도를 나타낸다고 하면, $dv_j = \dot{\omega}_{ji} dx_i'$이며 다음 식을 얻을 수 있다(Chakrabarty, 1987).

$$dx_j = dx_j' + \left(\dot{\omega}_{ji}\, dt\right) dx_i' = \left(\delta_{ij} - \dot{\omega}_{ij} dt\right) dx_i' \tag{1-161}$$

식에서 회전속도텐서 $\dot{\omega}_{ij}$는 반대칭텐서이므로 $\dot{\omega}_{ij} = -\dot{\omega}_{ji}$이다. x_j－축과 x_i'－축 사이의 각은 $i \neq j$일 때 $\dot{\omega}_{ij}$에 의하여 순간적으로 변한다. $dt=0$에서 질점 P의 응력을 σ_{ij}라 하고 고정 및 회전좌표축에 대한 응력속도를 각각 $\breve{\sigma}_{ij}$와 $\hat{\sigma}_{ij}$라고 하면, 시각 $t+dt$에서 각각의 좌표축에 대한 응력성분은 $\sigma_{ij} + \hat{\sigma}_{ij} dt$ 및 $\sigma_{ij} + \breve{\sigma}_{ij} dt$로 나타낼 수 있다. (1-161)식은 괄호 안에 있는 식을 a_{ij}로 대체하면 변환된 응력은 다음과 같이 나타낼 수 있다.

$$\sigma_{ij} + \hat{\sigma}_{ij} dt = \left(\delta_{ik} - \dot{\omega}_{ik} dt\right)\left(\delta_{jl} - \dot{\omega}_{jl} dt\right)\left(\sigma_{kl} + \breve{\sigma}_{kl} dt\right) \tag{1-162}$$

위의 식을 전개하여 dt에 대한 2차항과 3차항을 무시하고 응력텐서가 대칭인 것을 고려하면 $\breve{\sigma}_{ij}$와 $\hat{\sigma}_{ij}$의 관계식을 얻을 수 있다(Chakrabarty, 1987).

$$\hat{\sigma}_{ij} = \breve{\sigma}_{ij} - \sigma_{ik}\dot{\omega}_{jk} - \sigma_{jk}\dot{\omega}_{ik} = \breve{\sigma}_{ij} + \sigma_{ik}\dot{\omega}_{kj} - \sigma_{jk}\dot{\omega}_{ik} \tag{1-163}$$

위의 식이 바로 객관응력속도를 구하는 식으로서 $\hat{\sigma}_{ij}$를 Jaumann응력속도 또는 Jaumann 도함수(Jaumann derivative)라고 하며, $\breve{\sigma}_{ij}$는 물질시간도함수(material time derivative)이고 $\dot{\omega}_{ij}$는 회전속도텐서이다. Jaumann응력속도는 요소의 순간적인 회전을 나타내는 좌표계에서 진응력 σ_{ij}의 변화속도를 나타내는 도함수이다(Chakrabarty, 2000). Jaumann 응력속도를 적용하는 경우에 주의해야 할 것은 전단에 대하여 안정적이지 못하고 진동현상(shear oscillation phenomena)을 보인다는 것인데, 전단응력이 큰 경우에는 객관응력속도별로 장단점을 고려하여 선택하는 것이 좋다(Zhou & Tamma, 2003; Naghdabadi 외, 2005). 이와 같은 문제점에도 불구하고 Jaumann응력속도가 많이 이용되는 이유는 물질시간도함수 $\breve{\sigma}_{ij}$와 Jaumann응력속도 $\hat{\sigma}_{ij}$는 진응력 σ_{ij}의 주축과 일치하는 주축을 가진 텐서라면 어떤 텐서에 대해서도 모두 스칼라곱이 동일하기 때문이다. 응력과 변형률증분의 주축이 일치하는 공동축의 등방성재료라면 항복함수 $f(\sigma_{ij})$의 변화속도는 다음과 같이 나타낼 수 있다.

$$\dot{f} = \frac{\partial f}{\partial \sigma_{ij}} \breve{\sigma}_{ij} = \frac{\partial f}{\partial \sigma_{ij}} \hat{\sigma}_{ij} \tag{1-164}$$

식에서 $\partial f / \partial \sigma_{ij}$는 단위법선백터 n_{ij}의 방향을 나타내기 때문에 $\partial f / \partial \sigma_{ij}$와 진응력 σ_{ij}는 공동축이 된다. 따라서 Jaumann응력속도는 소성거동을 하는 요소가 동일한 항복곡면상에 위치하는 중립상태(neutral loading)에 대하여 항복함수는 일정한 값(stationary value)을 가져야 한다는 요구조건을 충족시킬 수 있다. 요소의 강체회전에 대해서 0이 되는 객관응력속도 중에서 Jaumann응력속도를 제외하면 어떤 객관응력속도도 이와 같은 필수적인 요구조건을 충족시키는 객관응력속도는 없으며(Chakrabarty, 2000), 이것이 바로 토질역학에서 Jaumann응력속도를 선호하는 이유이다. (1-163~164)식의 물질시간도함수 $\breve{()}$는 공간 및 시간편도함수를 모두 포함하며 다음과 같이 정의된다.

$$\breve{()} = \frac{D(\ )}{Dt} = \frac{\partial(\ )}{\partial t} + \frac{\partial(\ )}{\partial x}\frac{\partial x}{\partial t} + \frac{\partial(\ )}{\partial y}\frac{\partial y}{\partial t} + \frac{\partial(\ )}{\partial z}\frac{\partial z}{\partial t} \tag{1-165}$$

물질시간도함수는 연속체의 변형을 물질표기법에서 공간표기법으로 나타낼 수 있도록 연결시켜주는 도함수이다. 위의 식에서 좌변은 물질표기법, 우변은 공간표기법이며, 우변의 첫째 항$[\partial(\ )/\partial t]$은 도함수의 국소변화속도(local rate of change)를 나타내고 우변의 나머지 항은 질점의 거동과 관련된 대류변화속도(convective rate of change)를 나타낸다(Chakrabarty, 2000).

1.5.2 공칭응력속도

변형중인 재료의 질점 P와 함께 임의의 시간 t에서 벡터 dS_i로 표시되는 면적요소를 고려한다. 벡터의 크기는 임의 시점에 면적 dS이고 방향은 재료표면에서 법선방향이며, P의 좌표는 고정된 직교좌표계에서 초기상태에 a_i, 순간적인 시간이 경과된 상태에서 x_i로 표시한다. 또한 초기면적요소를 dS_0, 그에 대응하는 벡터를 dS_i^0라고 하고 P로부터 뻗어 나온 선재요소를 PQ라고 한다. 만약 벡터 PQ의 순간적인 성분을 dx_i라고 하면, 초기상태에 대응하는 성분은 다음 식으로 나타낼 수 있다(Chakrabarty, 1987).

$$da_i = \frac{\partial a_i}{\partial x_j} dx_j \tag{1-166}$$

축벡터(axial vector) PQ와 초기면적요소 벡터 dS_i^0를 밑면으로 하는 재료의 실린더형 체적은 초기상태의 $dS_i^0 da_i$로부터 임의 시점의 $dS_i dx_i$가 되고 질량보존의 법칙에 의해서 다음 식이 성립한다.

$$\rho dS_j dx_j = \rho_0 dS_i^0 da_i \tag{1-167}$$

식에서 ρ_0와 ρ는 각각 P의 초기 및 임의 시점의 밀도이다. 위의 식에 (1-166)식의 da_i를 대입하면 다음과 같다.

$$\left(\frac{\rho}{\rho_0} dS_j - \frac{\partial a_i}{\partial x_j} dS_i^0 \right) dx_j = 0$$

위의 식은 임의의 벡터 dx_j에 대하여 성립해야 하므로 다음 식을 얻을 수 있다.

$$\frac{\rho}{\rho_0} dS_j = \frac{\partial a_i}{\partial x_j} dS_i^0 \tag{1-168}$$

임의 시점에 작용하는 미소하중 dP_j는 공칭응력텐서 t_{ij} 및 초기면적요소 dS_i^0를 이용하거나 진응력텐서 σ_{ij} 및 임의 시점의 면적요소 dS를 이용하여 나타낼 수도 있다.

$$dP_j = t_{ij} dS_i^0 = \sigma_{kj} dS_k \tag{1-169}$$

따라서 $t_{ij} dS_0$는 $i-$번째 축에 수직인 면적요소에 작용하는 $j-$번째 힘의 성분이 된다. (1-168)식으로부터 dS_k를 대입하면 공칭응력텐서 t_{ij}와 진응력텐서 σ_{ij}에 대한 관계식을 얻을 수 있다.

$$t_{ij} = \frac{\rho_0}{\rho} \frac{\partial a_i}{\partial x_k} \sigma_{kj} \tag{1-170}$$

위의 식으로부터 공칭응력텐서 t_{ij}가 대칭이 아니라는 것을 알 수 있는데, t_{ij}는 유일성과 안정성 문제를 해석하는데 유용한 텐서이다. 초기좌표는 질점을 따라서 변하지 않기 때문에 $da_i/dt = 0$이고 $\partial a_i / \partial x_k$의 변화속도는 다음과 같다.

$$\frac{d}{dt}\left(\frac{\partial a_i}{\partial x_k} \right) = \frac{\partial}{\partial x_k}\left(\frac{\partial a_i}{\partial t} \right) + v_m \frac{\partial}{\partial x_k}\left(\frac{\partial a_i}{\partial x_m} \right) = -\frac{\partial v_m}{\partial x_k} \frac{\partial a_i}{\partial x_m} \tag{1-171}$$

위의 식은 (1-165)식의 물질시간도함수와 함께 다음과 같이 나타낼 수 있다.

$$\frac{dt_{ij}}{dt} = \frac{\rho_0}{\rho}\left(\frac{d\sigma_{mj}}{dt} + \sigma_{mj}\frac{\partial v_k}{\partial x_k} - \sigma_{kj}\frac{\partial v_m}{\partial x_k}\right)\frac{\partial a_i}{\partial x_m}$$

시간 t에서 초기상태를 취하면 $\rho_0 = \rho$, $a_i = x_i$이고 결과적으로 위의 식에서 $\partial a_i / \partial x_m = \delta_{im}$가 되므로 순간적인 변화속도 $\dot{t}_{ij}$는 다음과 같이 나타낼 수 있다.

$$\dot{t}_{ij} = \dot{\sigma}_{ij} + \sigma_{ij}\frac{\partial v_k}{\partial x_k} - \sigma_{jk}\frac{\partial v_i}{\partial x_k} \tag{1-172}$$

식에서 x_i는 임의 시점의 질점의 위치, v_i는 질점의 속도를 나타낸다. 위의 식은 고정 직교 좌표축에 대하여 **공칭응력속도**(nominal stress rate) $\dot{t}_{ij}$를 진응력속도(true stress rate) $\dot{\sigma}_{ij}$와 연관시키는 것이다. 위의 식에 의해서 $\dot{t}_{ij} = 0$이면 요소의 변형과 회전에도 불구하고 면적요소에 전달되는 힘은 순간적으로 일정하게 유지된다(Chakrabarty, 1987). (1-163)식의 Jaumann응력속도 $\hat{\sigma}_{ij}$와 위의 식으로부터 진응력속도 $\dot{\sigma}_{ij}$를 소거하면 $\hat{\sigma}_{ij} - \dot{t}_{ij}$관계식을 얻을 수 있다(Chakrabarty, 1987).

$$\dot{t}_{ij} = \hat{\sigma}_{ij} + \sigma_{ij}\dot{\epsilon}_{kk} + \sigma_{ik}\dot{\omega}_{jk} - \sigma_{jk}\dot{\epsilon}_{ik} \tag{1-173}$$

더미첨자의 호환성과 σ_{ij}와 $\dot{\epsilon}_{ij}$의 대칭성을 이용하여 위의 식과 $\partial v_j / \partial x_i$의 스칼라곱으로부터 다음 식을 얻을 수 있다(Chakrabarty, 1987).

$$\dot{t}_{ij}\frac{\partial v_j}{\partial x_i} = \left(\hat{\sigma}_{ij} + \dot{\epsilon}_{kk}\sigma_{ij}\right)\dot{\epsilon}_{ij} - \sigma_{ij}\left(2\dot{\epsilon}_{ik}\dot{\omega}_{jk} + \frac{\partial v_i}{\partial x_k}\frac{\partial v_k}{\partial x_j}\right) \tag{1-174}$$

위의 식은 안정성 문제를 해석하는데 많이 이용된다.

1.5.3 평형속도방정식

초기체적과 초기표면적이 각각 V_0 및 S_0인 재료가 순간적으로 체적과 표면적이 각각 V 및 S가 되고 초기면적요소 dS_0의 단위법선벡터를 n_i^0라고 하면, 면적요소와 체적요소에 작용하는 힘은 각각 $t_{ij} n_i^0 dS_0$ 및 $\rho_0 b_j dV_0$로 나타낼 수 있다. 힘의 평형조건에 의하여 두 힘의 합력은 평형을 이뤄야 하므로 다음 식이 성립한다(Chakrabarty, 1987).

$$\int t_{ij} n_i^0 \, dS_0 + \int \rho_0 b_j \, dV_0 = 0$$

식에서 피적분함수는 초기좌표 a_i와 시간 t의 함수이다. 위의 식에 대하여 Green의 정리를 이용하여 면적분을 체적분으로 변환하면 다음 식을 얻을 수 있다.

$$\int\left(\frac{\partial t_{ij}}{\partial a_i}+\rho_0 b_j\right)dV_0=0$$

위의 식은 임의의 V_0에 대해서 성립해야 하므로 괄호 안의 식이 0이 되어야 한다.

$$\frac{\partial t_{ij}}{\partial a_i}+\rho_0 b_j=0$$

초기좌표를 공간변수(space variable)로 취하였기 때문에 위의 식에 대한 물질도함수는 시간에 대한 편도함수가 된다. 공칭응력속도를 $\dot{t}_{ij}$라 하고 시간 t에서 초기상태를 취하면 $\rho_0=\rho$, $a_i=x_i$이므로 위의 식은 다음과 같이 나타낼 수 있다.

$$\frac{\partial \dot{t}_{ij}}{\partial x_i}+\rho\dot{b}_j=0 \tag{1-175}$$

위의 식이 가장 간단한 형태의 평형속도방정식(rate equation of equilibrium)이다. (1-172)식을 이용하면 위의 식은 진응력속도($\dot{\sigma}_{ij}$)로 나타낼 수도 있으며 물체력을 무시하면 다음과 같다.

$$\frac{\partial \dot{\sigma}_{ij}}{\partial x_i}-\frac{\partial v_i}{\partial x_k}\frac{\partial \sigma_{jk}}{\partial x_i}=0 \tag{1-176}$$

위의 식에서 좌변 둘째 항은 순간적인 거동의 효과를 나타내는 항이다. 응력속도성분은 경계하중(boundary traction)의 순간적인 변화속도와 함께 평형상태가 유지되어야 한다. 변형 후에 면적요소의 위치는 미리 알 수 없기 때문에 위치별 변화를 고려할 경우에는 경계조건은 초기형상에 근거하여 하중속도(traction rate)로 나타내는 것이 편리하다. 만약 미소하중 dP_j를 초기면적요소 dS_0에 작용하는 임의 시점의 하중이라고 하면, $dS_0\to 0$일 때 dP_j/dS_0 비가 공칭하중(nominal traction) F_j이다. 단위법선벡터를 n_i^0를 이용하여 (1-169)식으로부터 다음과 같이 나타낼 수 있다(Chakrabarty, 1987).

$$F_j=n_i^0 t_{ij}$$

초기상태의 n_i^0를 n_i로 취하여 공칭하중변화속도를 $\dot{F}_j$라고 하면 위의 식은 다음과 같다.

$$\dot{F}_j=n_i\dot{t}_{ij} \tag{1-177}$$

만약 경계면에서 비점성유체(inviscid fluid)를 통하여 일정한 압력 $\bar{p}$를 받는다면 면적 요소에 작용하는 미소하중벡터는 (1−168)식으로부터 다음과 같다.

$$dP_j = -\bar{p}\,dS_j = -\bar{p}\left(\frac{\rho_0}{\rho}\frac{\partial a_i}{\partial x_j}\right)n_i^0\,dS_0$$

따라서 요소의 초기단위면적당 하중은 다음과 같다.

$$F_j = -\bar{p}\left(\frac{\rho_0}{\rho}\frac{\partial a_i}{\partial x_j}\right)n_i^0 \tag{1-178}$$

공칭하중인 위의 식에 도함수를 취하고 (1−142)식과 (1−171)식을 이용하면 표면의 거동 과정에서 단위벡터 n_i^0는 변하지 않으므로 다음 식을 얻을 수 있다.

$$\frac{dF_j}{dt} = \frac{\rho_0}{\rho}\left[-\left(\bar{p}' + \bar{p}\frac{\partial v_k}{\partial x_k}\right)\frac{\partial a_i}{\partial x_j} + \bar{p}\frac{\partial v_k}{\partial x_j}\frac{\partial a_i}{\partial x_k}\right]n_i^0$$

식에서 $\bar{p}'$은 $\bar{p}$의 도함수이다. 시간 t에서 초기상태를 취하면 $\rho_0 = \rho$, $a_i = x_i$, $n_i^0 = n_i$이므로 공칭하중속도(nominal traction rate)는 다음과 같다.

$$\dot{F}_j = -\bar{p}'n_j + \bar{p}\left(n_k\frac{\partial v_k}{\partial x_j} - n_j\frac{\partial v_j}{\partial x_k}\right) \tag{1-179}$$

위의 식이 의미하는 것은 압력이 일정하게 유지되더라도 구속되지 않은 표면의 순간적인 뒤틀림으로 인하여 공칭하중이 변할 수도 있다는 것이다(Chakrabarty, 1987).

연습문제

문제1 다음의 3차원 응력상태에 대하여 물음에 답하라(Andersen, 2008).

$$[\sigma]=\begin{bmatrix}\sigma_{11} & \sigma_{12} & \sigma_{13}\\ \sigma_{12} & \sigma_{22} & \sigma_{23}\\ \sigma_{13} & \sigma_{23} & \sigma_{33}\end{bmatrix}=\begin{bmatrix}90 & -30 & 0\\ -30 & 120 & -30\\ 0 & -30 & 90\end{bmatrix}(\text{kPa})$$

(a) 응력불변량 I_1, I_2 및 I_3와 주응력 σ_1, σ_2 및 σ_3를 구하라.

(b) 최대전단응력 $\tau_{\max}$를 구하라.

► 풀이

(a) $I_1=300\,\text{kPa}$, $I_2=27900\,\text{kPa}$, $I_3=810000\,\text{kPa}$

(b) $\tau_{\max}=(150-60)/2=45\,\text{kPa}$

문제2 임의의 평면응력상태 $(\sigma_{11}, \sigma_{12}, \sigma_{22})$에 대하여 주응력 (σ_1, σ_2)는 Mohr 응력원을 이용한 도해법, 특성방정식을 이용하거나 응력불변량 I_1과 I_2으로 표시된 특성방정식을 이용하여 구할 수 있다.

(a) 임의의 평면응력상태 $(\sigma_{11}, \sigma_{12}, \sigma_{22})$에 대하여 Mohr 응력원을 이용하여 주응력 σ_1과 σ_2를 임의의 구하라.

(b) 응력불변량 I_1과 I_2를 구하고 I_1과 I_2를 이용하여 특성방정식을 수립하라.

► 풀이

(a) 임의의 평면응력상태 $(\sigma_{11}, \sigma_{12}, \sigma_{22})$에 대한 Mohr 응력원은 아래와 같다.

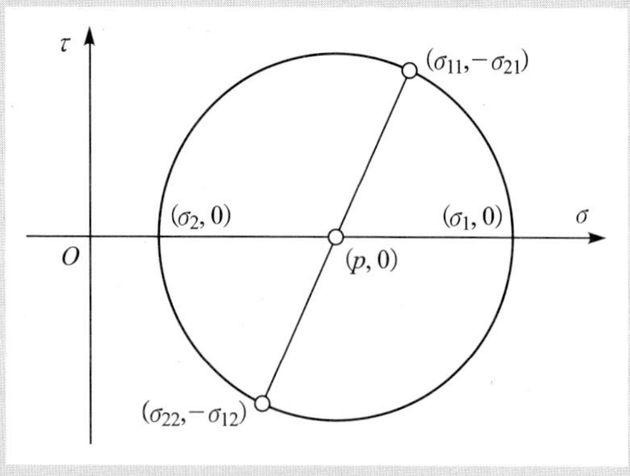

[Mohr 응력원]

평면응력상태이기 때문에 평균응력 p와 제1응력불변량 I_1은 다음과 같다.

$$p=\frac{1}{2}(\sigma_1+\sigma_2)=\frac{1}{2}(\sigma_{11}+\sigma_{22})=\frac{1}{2}I_1$$

Mohr 응력원의 직경은 주응력성분이나 또는 평면응력성분으로 나타낼 수 있다.

$$\frac{1}{2}(\sigma_1-\sigma_2)=\frac{1}{2}\sqrt{(\sigma_{11}-\sigma_{22})^2+4\sigma_{12}^2}$$

위의 두 식으로부터 주응력 σ_1과 σ_2는 다음과 같다.

$$\sigma_1,\sigma_2=\frac{1}{2}(\sigma_{11}+\sigma_{22})\pm\frac{1}{2}\sqrt{(\sigma_{11}-\sigma_{22})^2+4\sigma_{12}^2}$$

(b) 3차원인 경우에 특성방정식은 (1-6)식으로 주어지며 응력불변량은 (1-7~9)식과 같다. 평면응력상태에서 제3응력불변량은 0이므로 특성방정식은 다음과 같이 제1 및 제2응력불변량으로만 표시된다.

$$\sigma_i^2-I_1\sigma_i+I_2=0,\quad (i=1,\,2)$$

평면응력상태의 2개의 응력불변량은 각각 다음과 같다.

$$I_1=\sigma_{11}+\sigma_{22}=\sigma_1+\sigma_2,\qquad I_2=\sigma_{11}\sigma_{22}+\sigma_{12}^2=\sigma_1\sigma_2$$

따라서 특성방정식은 다음과 같다.

$$\sigma_i^2-(\sigma_{11}+\sigma_{22})\sigma_i+\sigma_{11}\sigma_{22}-\sigma_{12}^2=0,\quad (i=1,\,2)$$

위의 특성방정식에 대한 2개의 근도 동일한 σ_1과 σ_2의 값을 제공한다.

문제3 제1응력불변량 I_1과 제2축차응력불변량 J_2의 물리적 의미를 설명하라.

► **힌트**

팔면체응력, 탄성 변형에너지, 평균응력 등

문제4 $\sigma_{ij}\sigma_{ik}\sigma_{kj}$가 응력불변량임을 증명하라.

► **풀이**

$$\sigma_{ij}'\sigma_{ik}'\sigma_{kj}'=a_{ip}a_{jq}\sigma_{pq}\,a_{ir}a_{ks}\sigma_{rs}\,a_{km}a_{jn}\sigma_{mn}=(a_{ip}a_{ir})(a_{jq}a_{jn})(a_{ks}a_{km})\sigma_{pq}\sigma_{rs}\sigma_{mn}$$

$$=\delta_{pr}\delta_{qn}\delta_{sm}\sigma_{pq}\sigma_{rs}\sigma_{mn}=(\delta_{pr}\sigma_{pq})(\delta_{qn}\sigma_{mn})(\delta_{sm}\sigma_{rs})=\sigma_{rq}\sigma_{qm}\sigma_{mr}=\sigma_{ij}\sigma_{ik}\sigma_{kj}$$

문제5 제2 및 제3축차응력불변량이 각각 $J_2 = I + (I_1^2)/3$, $J_3 = (2I_1^3 + 9I_1I_2 + 27I_3)/3$임을 증명하라.

► **힌트**

$I_2 = \sigma_1\sigma_2 + \sigma_2\sigma_3 + \sigma_3\sigma_1$, $I_3 = \sigma_1\sigma_2\sigma_3$에 $p = I_1/3$을 대입하고 $J_1 = 0$을 이용한다.

문제6 $p = \frac{1}{3}\sigma_{kk}$일 때 $\frac{\partial p}{\partial \sigma_{ij}}$를 구하라.

► **힌트**

$$\frac{\partial p}{\partial \sigma_{ij}} = \frac{1}{3}\delta_{ij}$$

문제7 제2축차응력불변량 $J_2 = \frac{1}{2}s_{ij}s_{ij}$이고 축차응력 $s_{ij} = \sigma_{ij} - \frac{1}{3}\sigma_{kk}\delta_{ij}$일 때, $\frac{\partial J_2}{\partial \sigma_{pq}} = s_{ij}$임을 증명하라.

► **풀이**

$$\frac{\partial J_2}{\partial \sigma_{pq}} = \left(\frac{\partial s_{ij}}{\partial \sigma_{pq}}\right)s_{ij} = \left[\frac{\partial\left(\sigma_{ij} - \frac{1}{3}\delta_{ij}\sigma_{kk}\right)}{\partial \sigma_{pq}}\right]s_{ij} = \left(\delta_{ip}\delta_{jq} - \frac{1}{3}\delta_{ij}\delta_{pq}\right)s_{ij} = s_{pq} - s_{ii} = s_{pq}$$

문제8 평균응력 $p = I_1/3$을 이용하여 제1축차응력불변량 $J_1 = 0$임을 증명하라.

► **풀이**

$I_1 = \sigma_{xx} + \sigma_{yy} + \sigma_{zz} = (s_{xx} + p) + (s_{yy} + p) + (s_{zz} + p) = (s_{xx} + s_{yy} + s_{zz}) + 3p = J_1 + I_1$

따라서, $J_1 = s_{xx} + s_{yy} + s_{zz} = 0$이다.

문제9 $J_2 = \frac{1}{2}s_{mn}s_{mn}$, $s_{ij} = \sigma_{ij} - \frac{1}{3}\sigma_{kk}\delta_{ij}$일 때, (a) $\frac{\partial\sqrt{J_2}}{\partial\sigma_{ij}}$와 (b) $\frac{\partial J_2}{\partial\sigma_{ij}}$의 값을 구하라.

▸ **풀이**

(a)
$$\frac{\partial\sqrt{J_2}}{\partial\sigma_{ij}} = \frac{\partial\sqrt{\frac{1}{2}s_{mn}s_{mn}}}{\partial\sigma_{ij}} = \frac{1}{2}\frac{1}{\sqrt{\frac{1}{2}s_{pq}s_{pq}}}\frac{1}{2}\frac{\partial(s_{mn}s_{mn})}{\partial\sigma_{ij}}$$
$$= \frac{1}{2\sqrt{\frac{1}{2}s_{pq}s_{pq}}}s_{mn}\frac{\partial s_{mn}}{\partial\sigma_{ij}} = \frac{s_{mn}}{\sqrt{2s_{pq}s_{pq}}}\frac{\partial\left(\sigma_{mn} - \frac{1}{3}\sigma_{kk}\delta_{mn}\right)}{\partial\sigma_{ij}}$$
$$= \frac{s_{mn}}{\sqrt{2s_{pq}s_{pq}}}\left(\delta_{mi}\delta_{nj} - \frac{1}{3}\delta_{ki}\delta_{kj}\delta_{mn}\right) = \frac{s_{mn}}{\sqrt{2s_{pq}s_{pq}}}\left(\delta_{mi}\delta_{nj} - \frac{1}{3}\delta_{ij}\delta_{mn}\right)$$
$$= \frac{s_{ij} - \frac{1}{3}\delta_{ij}s_{mm}}{\sqrt{2s_{pq}s_{pq}}} = \frac{s_{ij} - 0}{\sqrt{2s_{pq}s_{pq}}} = \frac{s_{ij}}{2\sqrt{J_2}}$$

(b)
$$\frac{\partial J_2}{\partial\sigma_{ij}} = s_{mn}\frac{\partial s_{mn}}{\partial\sigma_{ij}} = s_{mn}\frac{\partial\left(\sigma_{mn} - \frac{1}{3}\sigma_{kk}\delta_{mn}\right)}{\partial\sigma_{ij}} = s_{mn}\left(\delta_{im}\delta_{jn} - \frac{1}{3}\delta_{mn}\delta_{ij}\right) = s_{ij}$$

문제10 세 변의 길이가 각각 l_1, l_2 및 l_3인 체적변형률 $\epsilon_v = 0$인 직육면체가 소성변형을 하여 세 변의 길이가 각각 l_1', l_2' 및 l_3'인 직육면체가 되었다면 각 변의 대수변형률이 ϵ_1, ϵ_2 및 ϵ_3일 때 $\epsilon_1 + \epsilon_2 + \epsilon_3 = 0$이 성립함을 보여라.

▸ **풀이**

$\epsilon_v = 0$인 재료에서 변형 전후의 체적변화는 없으므로 $l_1 \times l_2 \times l_3 = l_1' \times l_2' \times l_3'$이다. 양변을 $l_1 \times l_2 \times l_3$로 나누어 주고 로그를 취하면 다음과 같다.

$$\ln\frac{l_1'}{l_1} + \ln\frac{l_2'}{l_2} + \ln\frac{l_3'}{l_3} = 0$$

또한 변의 대수변형률은 각각 $\epsilon_1 = \ln(l_1'/l_1)$, $\epsilon_2 = \ln(l_2'/l_2)$ 및 $\epsilon_3 = \ln(l_3'/l_3)$가 되므로 모두 합산하면 다음 식을 얻을 수 있다.

$$\epsilon_1 + \epsilon_2 + \epsilon_3 = 0$$

만약 각 변의 공학변형률을 $\bar{e}_1$, $\bar{e}_2$ 및 $\bar{e}_3$라고 하면 $\epsilon = \ln(1+\bar{e})$이므로 다음의 식을 얻을 수 있다.

$$(1+\bar{e}_1)(1+\bar{e}_2)(1+\bar{e}_3) = 1$$

문제11 인장시험에서 표점거리가 l_0인 시험편에 하중을 가하여 $2l_0$이 되었다면 공학변형률 e_1를 구하고 동일한 시험편을 l_0에서 바로 $2l_0$로 인장하지 않고 $l_0 \to 1.5l_0$와 $1.5l_0 \to 2l_0$의 두 단계로 하였을 때 공학변형률 e_2를 구하여 $e_1 \neq e_2$임을 보여라. 또한 같은 시험에 대하여 대수변형률일 때 ϵ_1과 ϵ_2를 구하고 $\epsilon_1 = \epsilon_2$임을 보여라.

► **풀이**

$e_1 = (2l_0 - l_0)/l_0 = 1$, $e_2 = (1.5l_0 - l_0)/l_0 + (2l_0 - 1.5l_0)/l_0 = 0.5 + 0.333 = 0.833$

$\epsilon_1 = \ln(2l_0/l_0) = \ln 2$, $\epsilon_2 = \ln(1.5l_0/l_0) + \ln(2l_0/1.5l_0) = \ln 2$

문제12 (1–146)식의 팽창속도 $\dot{\epsilon}$를 (1–136)식을 이용하여 구하라.

► **풀이**

$l = \cos\Phi$, $m = \sin\Phi$, $n = 0$

문제13 다음과 같은 변위의 변형률텐서성분과 주변형률을 구하라.

(a) $u_x = ax$, $u_y = ay$, $u_z = az$

(b) $u_x = bx$, $u_y = u_z = 0$

(c) $u_x = 2by$, $u_y = u_z = 0$

► **풀이**

(a) $\epsilon_{ij} = \begin{bmatrix} a & 0 & 0 \\ 0 & a & 0 \\ 0 & 0 & a \end{bmatrix}$, $\epsilon_1 = \epsilon_2 = \epsilon_3 = a$

(b) $\epsilon_{ij} = \begin{bmatrix} b & 0 & 0 \\ 0 & 0 & 0 \\ 0 & 0 & 0 \end{bmatrix}$, $\epsilon_1 = b$, $\epsilon_2 = \epsilon_3 = 0$

(c) $\epsilon_{ij} = \begin{bmatrix} 0 & b & 0 \\ b & 0 & 0 \\ 0 & 0 & 0 \end{bmatrix}$, $\epsilon_1 = b$, $\epsilon_2 = 0$, $\epsilon_3 = -b$

제2장

재료의 변형과 항복

제2장 재료의 변형과 항복

2.1 재료의 탄성변형

2.1.1 Hooke의 법칙

재료에 가해진 하중을 제거하면 변형이 복원되는 성질을 탄성이라고 하고 이와 같은 변형이 발생되는 한계를 탄성한도라고 한다. 탄성변형은 변형이 임의 시점의 응력상태로부터 결정되거나 또는 반대로 응력을 변형률로부터 결정할 수 있는 가역적 반응이고 응력경로와 관계없는 거동으로서 임의 시점의 응력상태나 또는 변형에 도달하기까지 발생한 거동은 임의 시점 이전의 응력이나 변형과는 무관하다. 탄성변형에서 변형률 ϵ은 응력 σ에 따라 다르지만 변형이 미소하다면 응력-변형률은 다음과 같은 비례관계가 성립한다(Chen & Saleeb, 1994).

$$\sigma_{ij} = D_{ijkl}\,\epsilon_{kl} \tag{2-1}$$

위의 식을 「Hooke의 법칙」이라고 한다. 식에서 변형률 ϵ과 응력 σ는 모두 탄성성분이다. 탄성재료가 변형 전에 임의의 강체회전 과정에서 응력-변형률 관계식이 형상불변적이라는 것은 재료가 등방성이라는 것이며, 이것은 변형으로 인하여 재료에서 우선방향(preferred direction)이 발생하지 않는다는 것을 의미한다(Mandl & Luque, 1970). 재료상수인 접선강성행렬(tangent stiffness matrix) D_{ijkl}은 재하방향이나 재하이력 등에 의존하는 상수로서 4계 텐서이며 81개의 성분으로 구성되지만 텐서의 대칭성 등을 고려하면 등방성재료에 대해서는 (2-1)식은 다음과 같이 단지 2개의 서로 다른 재료상수만으로 나타낼 수 있다(Chen & Saleeb, 1994).

$$\sigma_{ij} = \lambda\epsilon_{kk}\delta_{ij} + 2\mu\epsilon_{ij} \tag{2-2}$$

식에서 λ와 μ는 **Lame의 상수**(Lame's constants)이며 δ_{ij}는 크로네커 델타이다. (2-2)식을 변형률 ϵ_{kk}에 대하여 정리하면 다음과 같다.

$$\epsilon_{kk} = \frac{\sigma_{kk}}{3\lambda + 2\mu} \tag{2-3}$$

식에서 $\epsilon_{kk} = \Theta = \epsilon_{xx} + \epsilon_{yy} + \epsilon_{zz}$이다. (2-3)식을 다시 (2-2)식에 대입하고 변형률 ϵ_{ij}를 구하면 다음 식을 얻을 수 있다.

$$\epsilon_{ij} = \frac{1}{2\mu}\sigma_{ij} - \frac{\lambda}{2\mu(3\lambda+2\mu)}\sigma_{kk}\delta_{ij} \tag{2-4}$$

(2-2)식과 (2-4)식은 등방성 선형탄성재료의 가장 일반적인 응력-변형률 관계식이다. Lame의 상수 λ와 μ는 〈그림 2-1〉과 같은 시험으로부터 〈표 2-1〉의 탄성계수(Young's modulus) E, 전단탄성계수(shear modulus) G, 체적탄성계수(bulk modulus) K, 구속계수 $\breve{M}$ 및 Poisson비(Poisson's ratio) υ을 구하여 결정한다.

〈그림 2-1〉과 〈표 2-1〉에서 탄성계수 E는 응력과 변형률의 비(σ/ϵ), 전단탄성계수 G는 전단응력과 전단변형률의 비(τ/γ), 체적탄성계수 K는 평균응력과 체적변형률의 비(p/ϵ_{kk}), 구속계수 $\breve{M}$은 응력과 변형률의 비(σ/ϵ)로 구한다. 또한 Poisson비 υ은 하중이 작용하는 방향의 변형률(ϵ_a)에 대한 직각방향 변형률(ϵ_t)의 비이다. 흙의 탄성계수 E를 결정하기 위해서는 정확한 간극수압과 함께 흙의 체적변화를 알아야 하기 때문에 쉽지 않을 뿐 아니라 Poisson비가 결과에 영향을 미칠 수 있다는 것을 고려해야 한다. 체적탄성계수 K는 평균응력(=정수압응력)으로 인한 체적변화에 대하여 재료의 저항성을 나타내는 계수로서 평균응력이 증가하면 흙의 체적은 감소하고 체적변화는 음의 값이 된다. 등방성 선형탄성재료의 응력-변형률 관계식은 체적변화를 일으키는 평균응력과 형상변화를 야기하는 축차응력으로 분해하는 것이 가능하다. 〈표 2-1〉에서 $G = \mu$이므로 (2-2)식에 $i = j$, $\sigma_{ii} = 3p$, $\delta_{ii} = 3$을 대입하면 다음 식을 얻을 수 있다(Chen & Saleeb, 1994).

$$3p = (3\lambda + 2\mu)\Theta = (3\lambda + 2G)\Theta \tag{2-5}$$

식에서 $\Theta = \epsilon_{xx} + \epsilon_{yy} + \epsilon_{zz}$이다. 〈표 2-1〉에서 $\lambda + 2\mu/3 = K$이므로 평균응력 p는 다음과 같다.

$$p = K\Theta \tag{2-6}$$

축차응력 $s_{ij} = \sigma_{ij} - p\delta_{ij}$이므로 (2-2)식과 (2-5)식으로부터 σ_{ij}와 p을 대입하면 다음 식을 얻을 수 있다.

$$s_{ij} = \sigma_{ij} - p\delta_{ij} = (\lambda\Theta\delta_{ij} + 2\mu\epsilon_{ij}) - \frac{1}{3}(3\lambda + 2G)\Theta\delta_{ij}$$

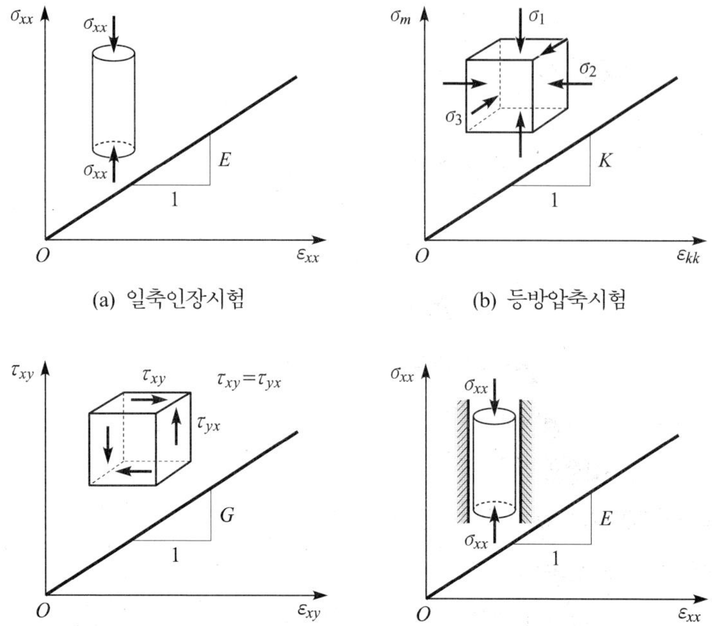

(a) 일축인장시험 (b) 등방압축시험

(c) 순수전단시험 (d) 일축변형시험

〈그림 2-1〉 등방성 선형탄성재료의 시험 종류 및 재료상수 (Chen & Saleeb, 1994)

〈표 2-1〉 등방성 선형탄성재료의 시험 종류 및 재료상수

시 험	재료상수 결정	비 고
일축인장시험 (탄성계수, E)	$E=\dfrac{\sigma_{xx}}{\epsilon_{xx}},\ \ v=-\dfrac{\epsilon_{yy}}{\epsilon_{xx}}=-\dfrac{\epsilon_{zz}}{\epsilon_{xx}}$	
등방압축시험 (체적탄성계수, K)	$K=\dfrac{p}{\epsilon_{kk}}=\lambda+\dfrac{2\mu}{3}$	(2-3)식, $\dfrac{\sigma_{kk}}{3}=p$
순수전단시험 (전단탄성계수, G)	$G=\dfrac{\tau_{xy}}{2\epsilon_{xy}}=\dfrac{\tau_{xy}}{\gamma_{xy}}=\mu$	(2-2)식, $i=1,\ j=2$
일축변형시험 (구속계수, $\breve{M}$)	$\breve{M}=\dfrac{\sigma_{xx}}{\epsilon_{xx}}=\lambda+2\mu$	(2-2)식, $\epsilon_{kk}=\epsilon_{xx}$

위의 식에 (1-110)식과 $\mu=G$를 대입하여 정리하면 축차응력은 다음과 같이 나타낼 수 있다.

$$s_{ij}=\sigma_{ij}-p\delta_{ij}=(\lambda\Theta\delta_{ij}+2G\epsilon_{ij})-\left[\frac{1}{3}(3\lambda+2G)\Theta\delta_{ij}\right]=2G\epsilon'_{ij} \tag{2-7}$$

식에서 ϵ'_{ij}는 축차변형률이다. (2-6)식과 (2-7)식이 각각 평균응력과 축차응력을 나타내므로 두 식을 합하면 다음과 같이 등방성 선형탄성재료의 응력-변형률 관계식이 된다.

$$\epsilon_{ij} = q_{ij} + \epsilon'_{ij} = \frac{1}{3K}p\delta_{ij} + \frac{1}{2G}s_{ij} \tag{2-8}$$

식에서 q_{ij}는 등방변형률이다. 같은 방법으로 σ_{ij}도 다음과 같이 평균응력과 축차응력으로 분리할 수 있다.

$$\sigma_{ij} = p\delta_{ij} + s_{ij} = K\epsilon_{kk}\delta_{ij} + 2Gs'_{ij} \tag{2-9}$$

시험결과에 의하면 재료상수 E, G 및 K는 항상 양의 값인데 이것은 특정방향으로 인장하중을 가하면 동일한 방향으로 재료가 신장되고 전단력을 가하면 같은 방향으로 전단변형이 발생하는 등 하중을 받으면 일을 한다는 것을 의미한다.

2.1.2 재료의 탄성 재료상수

(2-1)식을 $\sigma = E\epsilon$와 Poisson비 $\upsilon = -\epsilon_t/\epsilon_a$의 관계식을 이용하여 주변형률과 주응력으로 표시하면 다음과 같다.

$$\epsilon_1 = \frac{\sigma_1}{E} - \frac{\upsilon}{E}(\sigma_2 + \sigma_3),\ \epsilon_2 = \frac{\sigma_2}{E} - \frac{\upsilon}{E}(\sigma_1 + \sigma_3),\ \epsilon_3 = \frac{\sigma_3}{E} - \frac{\upsilon}{E}(\sigma_1 + \sigma_2) \tag{2-10}$$

위의 식에서 ϵ_1은 다음과 같이 전개할 수 있다.

$$\epsilon_1 = \frac{\sigma_1}{E} + \frac{\upsilon\sigma_1}{E} - \frac{\upsilon\sigma_1}{E} - \frac{\upsilon}{E}(\sigma_2 + \sigma_3) = \left(\frac{1+\upsilon}{E}\right)\sigma_1 - \frac{\upsilon}{E}\Sigma \tag{2-11}$$

식에서 $\Sigma = \sigma_1 + \sigma_2 + \sigma_3$이다. 위의 식을 일반화하면 다음과 같이 나타낼 수 있다.

$$\epsilon_i = \left(\frac{1+\upsilon}{E}\right)\sigma_i - \frac{\upsilon}{E}\Sigma \tag{2-12}$$

따라서 위의 식으로부터 다음 식을 얻을 수 있다.

$$\epsilon_1 + \epsilon_2 + \epsilon_3 = \Theta = \frac{1+\upsilon}{E}\Sigma - \frac{3\upsilon}{E}\Sigma = \frac{1-2\upsilon}{E}\Sigma \tag{2-13}$$

위의 식을 Σ에 대하여 정리하면 다음과 같다.

$$\Sigma = \left(\frac{E}{1-2\upsilon}\right)\Theta \tag{2-14}$$

위의 식을 (2-12)식에 대입하면 다음 식을 얻을 수 있다.

$$\epsilon_i = \left(\frac{1+v}{E}\right)\sigma_i - \frac{v}{E}\left(\frac{E}{1-2v}\right)\Theta \tag{2-15}$$

위의 식으로부터 σ_i는 다음과 같다.

$$\sigma_i = \frac{vE}{(1+v)(1-2v)}\Theta + \frac{E}{1+v}\epsilon_i \tag{2-16}$$

위의 식을 직교좌표계로 표시하면 다음과 같다.

$$\sigma_{ij} = \frac{vE}{(1+v)(1-2v)}\Theta\delta_{ij} + \frac{E}{1+v}\epsilon_{ij} \tag{2-17}$$

위의 식과 함께 (2-2)식에 의하여 Lame의 상수 λ와 μ는 다음과 같이 나타낼 수 있다.

$$\lambda = \frac{vE}{(1+v)(1-2v)} \tag{2-18}$$

$$\mu = G = \frac{E}{2(1+v)} \tag{2-19}$$

따라서 (2-17)식은 다음과 같이 나타낼 수 있다.

$$\sigma_{ij} = \lambda\Theta\delta_{ij} + 2G\epsilon_{ij} \tag{2-20}$$

또한 $\epsilon_{kk} = \Theta$이므로 체적탄성계수 K는 탄성계수 E와 Poisson비 v으로 나타낼 수 있다.

$$K = \frac{p}{\epsilon_{kk}} = \frac{p}{\Theta} = \frac{\Sigma}{3} \times \frac{E}{\Sigma(1-2v)} = \frac{E}{3(1-2v)} \tag{2-21}$$

(2-20)식을 ϵ_{ij}에 대하여 정리하면 다음의 변형률-응력 관계식을 얻을 수 있다.

$$\epsilon_{ij} = \frac{1}{2G}\sigma_{ij} - \frac{v}{E}\sigma_{kk}\delta_{ij} = \frac{1+v}{E}\sigma_{ij} - \frac{v}{E}\sigma_{kk}\delta_{ij} \tag{2-22}$$

(2-18~21)식에 의해서 재료상수 G와 K가 양의 값을 갖기 위한 Poisson비 v의 범위는 $-1.0 \le v \le 0.5$이다. 일반적으로 흙의 Poisson비 v는 흙을 등방성재료로 가정하고 삼축압축시험 결과로부터 $v = -\epsilon_3/\epsilon_1$에 의하여 결정된다. 보통 포화 점토에 대해서는 $v = 0.5$, 투수성 사질토에 대해서는 $v = 0.25$를 적용하는데, Poisson비 $v = 0.5$이면 재료는 비압축성으로서 어떤 변형에 대해서도 체적변화가 없다는 것이며 $v = 0$인 재료는 가로방향으로 인장해도 세로방향으로 수축이 발생하지 않는다는 것을 의미한다.

또한 흙에서는 배수조건(drained condition)이냐 또는 비배수조건(undrained condition)이냐에 따라서 각각 유효응력이나 또는 전응력(total stress)으로 해석해야 하기 때문에 E, G, K, v 등의 재료상수는 조건에 맞게 적용해야 한다. 포화된 흙에 대하여 비배수조건이라면 어떤 전응력 재하경로에 대해서도 $d\epsilon_v = 0$이므로 비배수조건의 체적탄성계수 $K_u \Rightarrow \infty$이고 비배수조건의 Poisson비 $v_u = 0.5$이다. 이와 함께 축차응력은 전응력이나 유효응력 재하경로에 대하여 동일하기 때문에 축차응력에 의한 축차변형률 ϵ'_{ij}는 같으므로 (2-8)식의 우변 마지막 항에 의해서 비배수조건의 전단탄성계수 G_u와 유효응력 전단탄성계수 G'은 동일하다($G_u = G'$). 따라서 (2-19)식으로부터 $v_u = 0.5$과 함께 다음 식을 얻을 수 있다(Atkinson & Bransby, 1978).

$$G' = \frac{E'}{2(1+v')} = G_u = \frac{E_u}{3}, \quad E_u = \frac{3}{2(1+v')}E'$$

식에서 E'은 유효응력 탄성계수(Young's modulus for effective stress), E_u는 비배수조건의 탄성계수(undrained Young's modulus), v'은 유효응력 Poisson비이다.

2.1.3 재료의 탄성변형에너지

외력이 작용하여 물체가 변형되면 외력에 의해 수행되는 일은 물체의 변형에 따른 에너지로서 물체에 흡수되며 이것을 변형에너지라고 한다. 탄성거동에서 응력이 0이면 변형도 0이고 응력과 변형의 관계가 선형이라면 다음과 같은 단위체적당 탄성변형에너지(elastic strain energy) 관계식이 성립한다(Jones, 2009).

$$\begin{aligned}\mathbb{U}^E &= \frac{1}{2}\sigma_{ij}\epsilon_{ij} \\ &= \frac{1}{2}\left(\sigma_x\epsilon_x + \sigma_y\epsilon_y + \sigma_z\epsilon_z + \tau_{yz}\gamma_{yz} + \tau_{zx}\gamma_{zx} + \tau_{xy}\gamma_{xy}\right) \\ &= \frac{1}{2}\left(\sigma_1\epsilon_1 + \sigma_2\epsilon_2 + \sigma_3\epsilon_3\right)\end{aligned} \tag{2-23}$$

식에서 $\mathbb{U}^E$는 단위체적당 탄성변형에너지(elastic strain energy of deformation)이다. 등방성재료에 대해서는 (2-20)식과 (2-23)식에 의해서 아래와 같이 나타낼 수 있다.

$$\mathbb{U}^E = \frac{1}{2}\sigma_{ij}\epsilon_{ij} = \frac{1}{2}(\lambda\Theta\delta_{ij} + 2G\epsilon_{ij})\epsilon_{ij} = \frac{\lambda}{2}\Theta^2 + G\epsilon_{ij}\epsilon_{ij}$$
$$= \frac{9}{2}\lambda\epsilon_m^2 + G\left(\epsilon_x^2 + \epsilon_y^2 + \epsilon_z^2\right) + \frac{G}{2}\left(\gamma_{yz}^2 + \gamma_{xz}^2 + \gamma_{xy}^2\right) \tag{2-24}$$
$$= \frac{9}{2}\lambda\epsilon_m^2 + G\left(\epsilon_1^2 + \epsilon_2^2 + \epsilon_3^2\right)$$

식에서 평균수직변형률 $\epsilon_m = (\epsilon_1 + \epsilon_2 + \epsilon_3)/3$이다. (2-22)식을 이용하여 (2-24)식을 응력성분으로 나타낼 수도 있다(Jones, 2009).

$$\mathbb{U}^E = \frac{1}{2}\sigma_{ij}\epsilon_{ij} = \frac{1}{2}\sigma_{ij}\left(\frac{1}{2G}\sigma_{ij} + \frac{v}{E}\sigma_{kk}\delta_{ij}\right) = \frac{1}{4G}\sigma_{ij}\sigma_{ij} + \frac{v}{2E}\sigma_{kk}^2$$
$$= \frac{1}{2E}\left(\sigma_x^2 + \sigma_y^2 + \sigma_z^2\right) - \frac{v}{E}(\sigma_x\sigma_y + \sigma_y\sigma_z + \sigma_z\sigma_x) + \frac{1}{2G}\left(\tau_{yz}^2 + \tau_{xz}^2 + \tau_{xy}^2\right) \tag{2-25}$$
$$= \frac{1}{2E}\left(\sigma_1^2 + \sigma_2^2 + \sigma_3^2\right) - \frac{v}{E}(\sigma_1\sigma_2 + \sigma_2\sigma_3 + \sigma_3\sigma_1)$$

단위체적당 탄성변형에너지는 변형률불변량 J_1과 축차변형률불변량 J_2'로 분해할 수 있다.

$$\mathbb{U}^E = \frac{2G + 3\lambda}{6}J_1^2 + 2GJ_2' \tag{2-26}$$

위의 식에서 J_1은 체적변화에 비례하고 J_2'는 형상변화를 야기하는 불변량이므로 변형에너지 $\mathbb{U}^E$는 아래와 같이 팽창변형에너지(strain energy of dilatation) $\mathbb{U}_v$와 축차변형에너지(strain energy of distortion) $\mathbb{U}_d$의 합으로 나타낼 수 있으며 체적변형에너지는 평균응력에 의한 것이고 축차변형에너지는 축차응력으로 야기되는 것이다.

$$\mathbb{U}^E = \mathbb{U}_v + \mathbb{U}_d \tag{2-27}$$

위의 식과 같이 변형에너지를 분해하는 것은 이론전개를 위해서는 매우 유용하지만 등방성재료에 대해서만 유효하다는 것에 주의해야 한다. 직교이방성(orthotropic)이나 이방성 재료는 방향에 따라 E, G, v 및 항복강도가 다르기 때문에 평균응력은 체적변화와 함께 뒤틀림까지도 야기할 수 있으므로 모든 방향으로 응력이 동일하다고 하더라도 방향에 따라 서로 다른 변형이 발생하게 된다. 일단 변형에너지를 체적변형에너지와 축차변형에너지로 분해하면 각각의 에너지는 간단하게 계산할 수 있다. 예로서 체적변형에너지가 정육면체의 각각의 면에 작용하는 평균응력 p와 평균수직변형률 ϵ_m에 관련된다면 체적변형에너지 $\mathbb{U}_v$는 다음 식으로 구할 수 있다.

$$\mathbb{U}_v = \frac{1}{2}p\Theta = \frac{1}{2}p(\epsilon_1+\epsilon_2+\epsilon_3) = \frac{3}{2}p\epsilon_m = \frac{p^2}{2K} = \frac{1-2\upsilon}{6E}\left(\sigma_1^2+\sigma_2^2+\sigma_3^2\right)^2 \qquad (2\text{-}28)$$

따라서 축차변형에너지는 (2-27)식에 의하여 변형에너지로부터 (2-28)식의 체적변형에너지를 감하여 구한다(Jones, 2009).

$$\begin{aligned}
\mathbb{U}_d &= \mathbb{U}^E - \mathbb{U}_v \\
&= \left[\frac{1}{2E}\left(\sigma_{xx}^2+\sigma_{yy}^2+\sigma_{zz}^2\right) - \frac{\upsilon}{E}\left(\sigma_{xx}\sigma_{yy}+\sigma_{yy}\sigma_{zz}+\sigma_{zz}\sigma_{xx}\right)\right. \\
&\quad \left. + \frac{1}{2G}\left(\tau_{yz}^2+\tau_{xz}^2+\tau_{xy}^2\right)\right] - \frac{p^2}{2K} \\
&= \left[\frac{1}{2E}\left(\sigma_x^2+\sigma_y^2+\sigma_z^2\right) - \frac{\upsilon}{E}\left(\sigma_x\sigma_y+\sigma_y\sigma_z+\sigma_z\sigma_x\right) + \frac{1}{2G}\left(\tau_{yz}^2+\tau_{xz}^2+\tau_{xy}^2\right)\right] \\
&\quad - \left[\frac{1}{2}\frac{3(1-2\upsilon)}{E}\frac{1}{9}\left(\sigma_{xx}+\sigma_{yy}+\sigma_{zz}+2\sigma_{xx}\sigma_{yy}+2\sigma_{yy}\sigma_{zz}+2\sigma_{zz}\sigma_{xx}\right)\right] \\
&= \frac{1+\upsilon}{6E}\left[(\sigma_{xx}-\sigma_{yy})^2+(\sigma_{yy}-\sigma_{zz})^2+(\sigma_{zz}-\sigma_{xx})^2+6\left(\tau_{xy}^2+\tau_{yz}^2+\tau_{zx}^2\right)\right] \\
&= \frac{1+\upsilon}{6E}\left[(\sigma_1-\sigma_2)^2+(\sigma_2-\sigma_3)^2+(\sigma_3-\sigma_1)^2\right] \\
&= \frac{1}{12G}\left[(\sigma_1-\sigma_2)^2+(\sigma_2-\sigma_3)^2+(\sigma_3-\sigma_1)^2\right]
\end{aligned} \qquad (2\text{-}29)$$

2.1.4 재료의 상보변형에너지

체적과 표면적이 각각 V 및 S인 재료에서, 미소표면력 dT_j와 미소물체력 db_j에 대응하여 재료의 응력증분 $d\sigma_{ij}$가 평형상태를 유지한다고 하면, 이와 같은 평형상태와 속도 v_j 및 변형률 ϵ_{ij}를 이용하여 (1-159)식으로부터 다음의 가상일방정식을 얻을 수 있다(Chen & Saleeb, 1994).

$$\int_S dT_j v_j dS + \int_V db_j v_j dV = \int_V d\sigma_{ij}\,\epsilon_{ij} dV \qquad (2\text{-}30)$$

미소표면력 dT_j 및 미소물체력 db_j와 속도 v_j에 의하여 수행되는 일은 재료에서 소산되는 에너지와 동일해야 하므로 다음 식을 얻을 수 있다.

$$\int_V d\mathbb{U}_C^E\, dV = \int_V d\sigma_{ij}\,\epsilon_{ij} dV \qquad (2\text{-}31)$$

위의 식은 임의의 체적에 대해서도 유효해야 하므로 다음 식이 성립한다.

$$d\mathbb{U}_C^E = d\sigma_{ij}\,\epsilon_{ij} \;\Rightarrow\; \mathbb{U}_C^E = \int_0^{\sigma_{ij}} \epsilon_{ij}\, d\sigma_{ij} \tag{2-32}$$

식에서 $\mathbb{U}_C^E$는 **탄성퍼텐셜함수**(elastic potential function)로서 단위체적당 상보에너지(complementary energy per unit volume) 또는 **상보변형에너지**(complementary strain energy)라고 한다. 또한 $\mathbb{U}_C^E$는 오직 응력만의 함수이므로 에너지증분 $d\mathbb{U}_C^E$는 다음과 같이 나타낼 수 있다.

$$d\mathbb{U}_C^E = \frac{\partial \mathbb{U}_C^E}{\partial \sigma_{ij}} d\sigma_{ij} \tag{2-33}$$

(2-32~33)식으로부터 다음의 관계식을 얻을 수 있다.

$$\epsilon_{ij} = \frac{\partial \mathbb{U}_C^E}{\partial \sigma_{ij}} \tag{2-34}$$

von Mises는 위와 같은 탄성체의 상보변형에너지로부터 아이디어를 얻어서 동일한 형태의 **소성퍼텐셜함수**(Plastic potential function)를 제안하였다(Khan & Huang, 1995).

2.2 재료의 소성거동

2.2.1 재료의 소성변형

재료에 외력을 가하면 재료 내부에서는 응력이 발생하고 외부로는 운동이나 변형이 나타나게 된다. 이때 외력이 항복응력보다 작으면 재료는 탄성거동을 보이지만 외력이 항복응력보다 크면 외력을 제거한 후에도 변형이 남게 되는데 이때 남은 변형을 소성변형이라고 하고 이와 같은 재료의 특성을 소성이라고 한다. 소성이론은 Hooke의 법칙이 적용되는 범위를 넘어선 응력-변형률 거동을 취급하는 이론이다. 거의 모든 토목재료는 높은 응력상태에서 소성거동을 보이는데 재료에 작용하는 힘을 제거하면 재료는 원래 형태로 돌아가지 않고 소성변형이 남게 된다. 금속재료와 같은 연속체나 흙과 같은 입상체는 각각 다음과 같은 요인으로 인하여 소성변형이 발생한다(Salencon, 1977).

- 입자의 영구변형 : 연속체인 금속재료에 해당하며 원자면(atomic plane)을 따라서 결정격자의 미끄러짐(sliding)에 의하여 변형이 발생함

– 입자의 상대운동 : 흙과 같은 입상체와 관련되며 변형의 비가역적 특성이 입자 사이의 마찰에 의하여 발생함

재하로 인하여 입상체의 변형이 일정한 값보다 커지면 소성거동을 보이는데 변형이 커지면 가역적인 탄성거동은 무시하고 강소성 또는 경화성재료로 가정하는 것이 해석하기에 편리하다. 흙은 연속체인 금속재료와는 달리 정수압의 영향을 받으며 인장과 압축거동이 다르고 탄성에서 소성으로의 이행이 명확하지 않기 때문에 응력-변형률 거동을 일률적으로 설명하기는 어렵지만, 소성변형은 응력이 한계상태인 항복조건에 도달한 후에 시작되는 것으로 가정한다. 즉 응력이 한계에 도달하면 지체 없이 소성변형이 시작되고 응력이 한계상태 이하로 감소되면 소성변형은 바로 중단된다는 것을 전제로 한다는 것이다. 따라서 흙의 소성거동은 시간 비의존적(time independent) 및 **속도 비의존적**(rate independent)인 거동으로서 정적 또는 준정적조건(static or quasi-static condition)을 전제로 하며, 이것은 외력에 대하여 순간적으로 반응하기 때문에 시간과는 무관하고 크리프(creep), 릴랙세이션(relaxation), 압밀, 에이징(ageing) 등과 같은 흙의 시간 의존적(time dependent)인 거동은 고려하지 않는다는 것을 의미하므로 구성식에서 명시적인 변수로는 처리하지 않는다(Chen & Baladi, 1985).

고전적인 소성이론은 프랑스의 C.A. Coulomb이 1773년 흙에 대한 파괴기준을 제안하면서 시작되었으며 1857년 W. Rankine은 Coulomb이 제안한 개념을 옹벽의 수평토압 문제에 적용하였다. 1864년 H. Tresca는 금속재료의 압출시험 결과를 이용하여 항복기준을 발표함으로서 처음으로 소성이론을 금속재료에 도입하였으며, 1870년 Saint Venant에 의하여 금속재료의 응력-변형률 거동에 대한 이론적인 접근이 시작되었다. 또한 1871년 M. Levy는 Saint Venant이 제시한 개념을 이용하여 응력-변형률증분에 대한 일반적인 3차원 관계식을 처음으로 수립하였으며 1913년 von Mises도 유사한 관계식을 제안하였다(Hill, 1950). 소성이론의 근간이 되는 탄성과 소성의 분리, 항복기준, **경화칙**(hardening rule), 탄성제하(elastic unloading) 등에 대한 개념은 단지 등방성 금속재료에 대한 것이다. 그러나 최근에 개발된 섬유강화재료나 입자강화복합재료(particulate composite materials) 등의 재료는 등방성이 아닐 뿐 아니라 비금속재료로서 응력-변형률에 대한 소성거동모델은 비선형 이중탄성모델, 비선형 적층모델(nonlinear laminate model) 등으로 기존의 금속재료에 적용하던 소성거동모델과는 다른 형태로 나타나 이들 재료에 적합한 새로운 소성이론의 정립이 요구되고 있다.

2.2.2. 재료의 항복

재하로 인하여 소성상태에 있는 재료로부터 하중을 제거하면 탄성은 회복되고 **재하점**(load point; 응력공간에서 특정시점의 재하상태를 나타내는 점)은 항복곡선 내측으로 이동하게 된다. 이때 등방성재료라면 재료의 탄성거동은 Lame의 상수를 이용하여 나타낼 수 있다. 이어서 재재하를 하면 재하점이 특정시점의 항복곡선에 이르렀을 때 재료에서는 다시 한 번 항복이 발생하게 되는데, 경화성재료라면 추가적인 소성거동을 위해서는 항복곡선 외측으로 응력을 증가시켜야지만 가능하다. 이때 재하점이 동일한 항복곡선에 위치한 응력증분이라면 변형경화는 발생하지 않으며 소성변형률증분은 0이 되는데 이와 같은 응력의 변화는 재하도 아니고 제하도 아니기 때문에 중립이라고 한다. 따라서 어떤 소성거동이라고 해도 그에 대응하는 변형률증분의 탄성부분은 Hooke의 법칙에 따라서 응력증분과 직접적으로 연관되므로, 소성변형률증분은 응력증분 및 특정시점의 응력과 연관시키는 것이 필요하다(Chakrabarty, 1987).

〈그림 2-2〉는 재료의 응력-변형률(또는 전단응력-전단변형률) 곡선과 이에 대응하는 항복곡선을 나타낸 것이다. 〈그림 2-2(a)〉의 응력-변형률 곡선에서 항복응력인 σ_Y까지는 OA구간이 선형으로서 탄성거동을 보이며 변형률은 ϵ_{ij}^E로서 가역적이지만 A를 지나면 소성변형이 발생하게 되고 이때 A를 **항복점**(yield point)이라고 한다. A에서 시작된 소성변형은 B에 이르면 소성변형의 크기는 ϵ_{ij}^P이고 비가역적 변형인 OC구간을 **잔류변형률**(residual strain)이라고 한다. 계속해서 D와 E로 응력을 증가시키면 큰 소성변형이 발생하게 되며 이것을 변형경화라고 한다. 변형경화는 변형과 더불어 변형지속에 대하여 저항이 증대되는 현상으로서 밀도증가와 함께 항복강도가 증가하는 현상이다. 반대로 변형증가와 더불어 D에서 F로 응력이 감소하는 현상을 **변형연화**(strain softening)라고 한다. 변형연화를 보이는 재료라면 강도는 D에서 최대가 되고 F에서 재료의 파괴가 예상된다. 〈그림 2-2(b)〉는 〈그림 2-2(a)〉의 응력-변형률 관계를 3차원 주응력공간에 도시한 것이다. 그림에서 a를 통과하는 폐곡선을 **초기항복곡면**(initial yield surface) 또는 **탄성한계곡면**(elastic limit surface)이라고 하며 폐곡선 내부는 Hooke의 법칙이 성립하는 탄성영역이다. a에서 다시 응력이 가해지면 b까지 임의의 응력경로를 따라 이동하게 되고 탄성변형과 함께 항복곡면도 커지면서 일련의 **후속항복곡면**(subsequent yield surface)이 발생하게 된다. 이와 같은 방법으로 계속되는 재하와 더불어 후속항복곡면은 초기항복곡면을 대체하게 된다. 이것은 후속항복곡면으로부터 제하를 하고 후속

항복곡면 내측에서 재재하를 하면, 추가적인 비가역적 소성변형은 후속항복곡면에 도달해야지만 비로소 발생한다는 것을 의미한다(Chen, 2007).

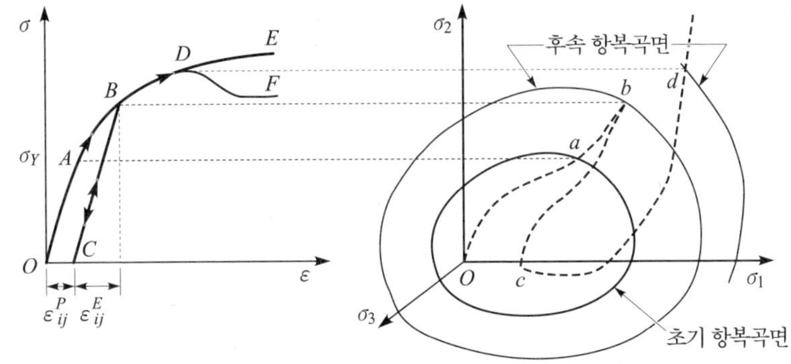

(a) 2차원 응력-변형률 거동 (b) 3차원 주응력공간의 항복곡면

〈그림 2-2〉 재료의 변형과 항복

연성 금속(ductile metal)은 결정격자의 미끄러짐에 의하여 원자 사이에 변위가 발생하는데 이것을 **전위**(dislocation)라고 하며, 전위에 의하여 재료는 밀도증가와 함께 항복강도가 증가하는 경화현상이 발생한다. 응력이 항복점에 도달하게 되면 전위는 무수히 발생하게 되고 소성변형이 분명하게 된다. 연성 금속의 전위에 의한 소성변형은 흙의 파괴과정에서 볼 수 있는 현상은 아니지만 두 재료의 소성거동에는 공통점이 있다. 거시적인 관점에서 보면 연성 금속과 연약 점토는 모두 응력이 일정 상태에 이르면 유동을 일으키고 파괴가 임박하게 되면 상대적으로 얇은 대상영역(帶狀領域)에서 국소변형을 보이는데, 미시적인 관점에서 보면 금속재료에서 결정격자의 미끄러짐에 의한 전위와 흙에서 항복시 입자의 재배열 및 파괴가 분명하게 구분되는 것은 아니지만 경향은 비슷하다(Davis & Selvadurai, 2002).

2.2.3 변형이론과 증분이론

소성거동을 해석하기 위해서 우선적으로 필요한 것은 재료에 가해진 하중에 의하여 어떻게 응력-변형률 거동을 규정하느냐는 것이며, 그와 같은 거동에는 응력-변형률의 비선형관계에 영향을 미치는 항복기준이나 경화정보도 포함된다. 소성영역에서 응력-변형률 관계를 규정하는 방법으로는 **변형이론**(deformation theory)과 **증분이론**(incremental theory)이 있다. 변형이론은 최종 응력만 이용해서 변형을 결정하기 때문에 전변형이론(total strain theory)이라고도 하며, 증분이론은 **유동이론**(flow theory)이라고도 한다. 「유동」을 의미하는 「flow」란 응력의 증가 없이 발생하는 소성거동을 의미하며 「incremental」이라고도 한다. 두 이론은 모두 아래와 같이 변형률을 상호 독립적이면서 가산적인(additive) 탄성변형률 ϵ_{ij}^{E}와 소성변형률 ϵ_{ij}^{P}로 분해하여 적용한다(Houlsby & Puzrin, 2006; Jones, 2009).

$$\epsilon_{ij} = \epsilon_{ij}^{E} + \epsilon_{ij}^{P} \quad \text{또는,} \quad d\epsilon_{ij} = d\epsilon_{ij}^{E} + d\epsilon_{ij}^{P} \tag{2-35}$$

위의 식은 소성이론의 근간이 되는 중요한 관계식이다. 식에서 우변의 탄성변형률 ϵ_{ij}^{E}는 Hooke의 법칙으로 결정할 수 있으며 소성변형률 ϵ_{ij}^{P}는 항복함수나 소성퍼텐셜함수 등을 이용하여 구해야 한다. 변형이론과 증분이론의 근본적인 차이는 소성변형률을 계산하는 방법이 다르다는 것이다. 금속재료에 대한 일축인장시험에서 변형률이 탄성한계를 초과하여 증가하다가 하중을 제거하면 금속재료는 소성유동을 멈추고 즉시 탄성거동을 하게 된다. 이와 같은 제하과정을 압축항복이 발생할 때까지 계속하면 재료는 압축소성유동을 일으키고 **누적소성변형률**(accumulated plastic strain)은 서서히 감소하기 시작한다. 여기서 항복응력의 부호는 누적소성변형률의 부호에 의하여 결정되는 것이 아니라 소성유동증분의 부호에 의존한다는 것이 증분이론이다. 이와는 달리 변형이론의 제하과정은 원래의 응력-변형률 곡선을 따라서 진행되므로 응력의 부호는 누적소성변형률의 부호에 의하여 결정된다(〈그림 2-3〉 참조). 특히 「시간 비의존적」이라는 용어는 (2-35)식과 같이 변형률을 상호 독립적이면서 가산적인 탄성변형률과 소성변형률로 분해할 수 있다는 것을 의미한다. 예를 들면 일축인장시험에 의한 〈그림 2-2(a)〉의 탄소성거동으로부터 제하에 의한 탄성거동을 뚜렷하게 구분할 수 있는 오직 하나의 응력-변형률 곡선이 존재한다는 것을 전제로 한다는 것이다(Drucker, 1966). 또한 「속도 비의존적」이란 유발된 응력이 변형률속도나 재하속도와는 관계가 없다는 것이다.

변형이론에서는 **비례재하**(proportional loading)로 가정함으로서 소성변형률의 변화를 나타내는 유동칙은 형식적으로만 적분이 가능할 뿐이며 소성이론에서 가장 근본적인 역할을 하는 재하이력을 반영할 수 없다는 것이 결정적인 단점이다. 이에 비하여 증분이론에서는 소성변형률이 증분형(또는 속도형)으로 주어지기 때문에 변형이론으로는 해석이 곤란한 제하-재재하의 응력-변형률 거동, 역방향 소성거동, 재료의 경화거동 등에 대하여 설명이 가능함으로서 변형이론보다 활용도가 높다.

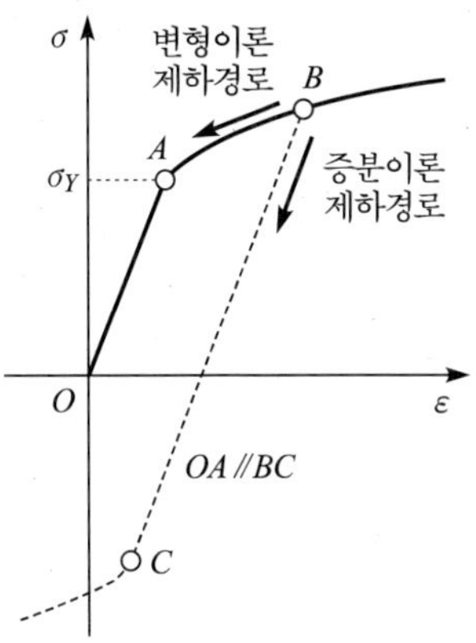

〈그림 2-3〉 변형이론과 증분이론의 제하 경로 (Morley, 2007)

(1) 변형이론

변형이론은 1920년대 중반에 Hencky에 의하여 제안되고 후에 Nadai와 Ilyushin 등에 의하여 널리 소개된 이론이다. 변형이론에서 변형은 응력경로나 재하경로에 관계없이 오직 최종 응력상태에만 의존하여 결정된다. 재하경로를 고려하지 않기 때문에 비례재하문제에 대해서는 증분이론과 동일한 해를 상대적으로 간단하게 얻을 수 있는 이론이며 할선계수(secant modulus)를 사용하므로 경화칙은 항복곡면이 모든 방향으로 비례팽창하는 **등방경화칙**(isotropic hardening rule)만 적용할 수 있다. 일반적으로 증분이론에 비하여 활용도는 제한적이지만 다음과 같은 조건에 대해서는 변형이론이 적합한 것으로 알려져 있다(Jones, 2009).

- 우주항공 비행체가 초음속비행을 하거나 대기권에 재진입하면서 생성되는 높은 열에 의한 응력은 하중강도가 일정하고 연속적이며 단순하중에 의한 것이므로 변형이론이 실제 거동을 예측하기에 적합한 것으로 알려져 있다.
- 막대형, 판형 및 셸형 구조물의 좌굴해석에서 증분이론은 실측치보다 높은 좌굴하중을 예측하는데 반하여 변형이론은 좌굴거동을 비교적 정확하게 예측할 수 있다.
- 인장력을 받는 콘크리트의 소성유동은 인장균열이 시작되거나 성장하면서 발생하게 되는데, 이와 같은 경우에 증분이론에 의하면 변형률이 역방향으로 바뀌면 즉시 재료의 수축과 함께 탄성거동을 해야 하지만 이것은 실제 거동과는 차이가 있다. 오히려 벌어졌던 균열이 닫히면서 재료가 수축되기 전에 발생한 인장 소성변형률은 제거되어야 하며 이런 현상은 변형이론에 의한 예측이 실제 거동을 잘 설명할 수 있는 것으로 알려져 있다.

따라서 변형이론은 증분이론보다 수학적으로 간편하고, 증분이론을 적용하면 복잡한 해석과정을 거쳐야 하는 거동예측, 좌굴해석과 같이 증분이론이 변형이론보다 불리한 경우에 한하여 적용이 가능한 이론이라고 할 수 있다.

(2) 증분이론

Prandtl, Prager, Drucker 등에 의하여 정립된 증분이론은 응력과 변형률에 대하여 증분개념을 적용한다. 즉 응력의 함수인 **접선계수**(tangential modulus)가 포함된 응력증분과 변형률증분 사이의 관계식을 수립하고, 응력공간에서 응력의 최종상태까지 재하경로 전체 구간에 대하여 응력과 변형률증분을 합산함으로서 재료의 거동을 결정한다. 따라서 비록 최종 응력상태가 동일하다 하더라도 응력경로가 서로 다르면 최종 변형상태는 상이할 수 있으며, 또는 최종 변형상태가 같더라도 압축한 후 비튼 것과 비튼 후 압축한 응력조합이 다를 수 있다는 것이다. **관련유동칙**(associated flow rule), **소성퍼텐셜이론**(plastic potential theory) 등 대부분의 소성이론은 증분이론을 바탕으로 수립된 이론이다. 최근에는 초기의 기본적인 증분이론을 넘어서 유한변형률, 벡터 도함수, 텐서 등을 포함한 차원 높은 수학적 이론으로 발전하였지만 처리과정이 쉽지 않아서 여전히 많은 난제를 안고 있다. 또한 증분이론은 항복곡면에 대한 개념과 함께 정립된 이론이기 때문에 무엇보다도 항복곡면이 이론 전개과정에서 중요한 요소이다. 증분이론에서 재료는 강소성재료(=완전소성재료)와 경화성재료로 나누어지는데, 강소성재료에 대한 항복함수는 다음과 같은 형태를 취한다(Wu, 2005; Chen & Baladi, 1985).

$$f(\sigma_{ij}) = 0 \tag{2-36}$$

식에서 σ_{ij}는 응력텐서이다. 또한 항복함수가 소성변형률과 함께 변한다면 경화성재료라고 하며 항복함수는 다음과 같은 형태가 된다.

$$f(\sigma_{ij}, \epsilon_{ij}^{P}) = 0 \tag{2-37}$$

식에서 ϵ_{ij}^{P}는 소성변형률텐서이다. 소성변형률증분을 구하기 위해서는 응력과 소성변형률증분 사이의 관계를 명시하는 유동칙이 결정되어야 하는데, 이 관계식이 바로 소성퍼텐셜함수이다(Ko & Sture, 1981).

2.2.4 소성거동모델

탄성거동모델은 항복점 이하의 응력상태에서 강철과 같은 금속재료의 거동을 모델링하기 위한 방법으로서는 만족할만하지만 알루미늄 합금이나 콘크리트 등의 탄성거동모델로는 좋은 모델이라고 할 수 없다. 토질역학에서도 오래전부터 흙의 거동을 모델링하기 위해서 기초의 침하를 추정하는 Boussinesq법을 비롯해서 탄성이론을 바탕으로 한 많은 모델을 다양하게 적용해 왔다. 그러나 탄성모델은 적용범위가 넓고 중첩이 가능할 뿐 아니라 간단해서 이용하기에는 편리할 수 있지만, 복잡한 흙의 거동특성을 나타내기에는 적절하지 않다. 시험결과에 의하면 흙의 거동에서 탄성재료의 특성인 강성을 이용해서 나타낼 수 있는 응력공간의 범위가 극히 제한적인 것으로 밝혀졌다(Wood, 2000).

흙의 소성거동은 대단히 복잡하기 때문에 수학적인 거동모델링을 위해서는 실제거동을 단순화하지 않으면 안 된다. 단순화된 모델이 재료에 따라서는 실제 거동을 나타내기에는 다소 미흡할 수도 있지만 단순화된 모델의 적정성은 대상 구조물의 사용목적이나 용도에 따라서 평가되어야 한다. 예를 들면 허용치보다 훨씬 작은 하중이 작용한다면 기초의 초기침하는 탄성거동모델로 해석하는 것도 가능하다. 소성거동모델 중에서 많이 이용되는 모델 중의 하나는 〈그림 2-4(a)〉와 같이 선형탄성에 이어서 소성유동이 발생하는 탄소성모델로서 항복응력 σ_Y에서 무제한 변형이 발생하게 되며 항복응력 이상의 모든 거동은 무시한다. 그림에서 점선으로 표시된 곡선은 실제 모래의 응력-변형률 거동을 나타낸 것이다. 탄소성모델에서 재료의 거동은 다음의 응력-변형률 관계식으로 나타낼 수 있다.

$$\sigma = E\epsilon \qquad : \epsilon < \epsilon_y$$

$$\sigma = \sigma_Y \qquad : \epsilon \ge \epsilon_y$$

또는 다음과 같이 응력-변형률 곡선의 기울기로 나타낼 수도 있다.

$$\frac{d\sigma}{d\epsilon} = E \qquad : \epsilon < \epsilon_y$$

$$\frac{d\sigma}{d\epsilon} = 0 \qquad : \epsilon \ge \epsilon_y$$

〈그림 2-4(b)〉와 같은 강소성모델(=완전소성모델)은 재료가 받는 응력이 항복응력에 도달하지 않으면 변형이 발생되지 않는다. 이것은 항복응력보다 작은 응력에서는 재료가 완전한 강체로서 거동한다는 것으로서 강소성거동 즉 무경화거동(no strain hardening behavior)은 실제로는 불가능한 거동이다. 따라서 강소성모델은 소성변형보다 탄성변형

이 매우 작은 재료에 대하여 탄성계수 $E=\infty$로 가정하여 탄성변형을 무시하고 소성변형만을 고려하는 구성모델이다. Drucker(1966; 1954)에 의하면 금속재료는 소성거동 범위 내에서 접선계수가 탄성계수에 비하여 작고 제하에 대해서는 탄성적으로 거동하는 등 본질적인 거동특성이 강소성모델과 유사하므로 강소성모델이 크게 문제가 되지 않는다는 것이다. 그러나 흙에서 발생하는 마찰거동은 소성거동과 미세하지만 뚜렷하게 차이가 있기 때문에 강소성모델은 흙에 대해서는 거의 적절하지 않다고 지적하였다.

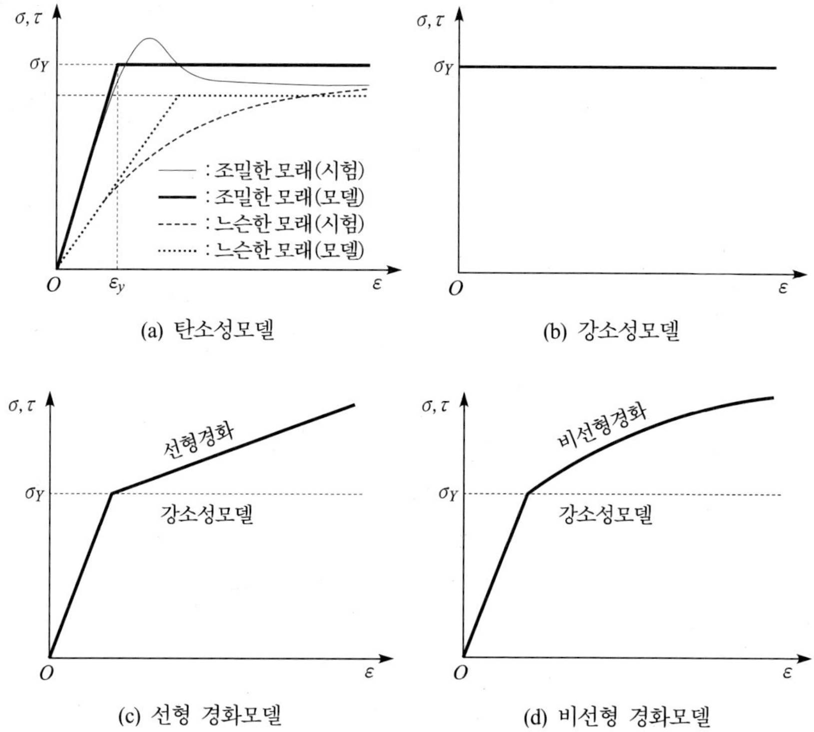

〈그림 2-4〉 이상화된 소성거동모델 예 (Jones, 2009; 김동원, 2009; Roscoe, 1970)

재료의 거동을 강소성으로 가정하여 해석하는 것을 강소성해석(rigid-plastic analysis)이라고 하는데, 소성이론의 활동선장해석이나 극한해석은 모두 이에 속하는 해석방법이다(김동원, 2009). 또한 토질역학에서 흙의 점근적인 역학적 거동(asymptotic mechanical behavior)을 나타내는 방법으로서 강소성모델이 탄성모델보다 더 적절할 수도 있으며, 다양한 시험결과에 의하면 파괴조건은 피크강도 이전의 거동에 의해서 큰 영향을 받지 않는 것으로 알려져 있다. 따라서 강소성모델을 이용하는 것이 이론적으로는 다소 미흡하지만 지금까지 토질역학에서는 강소성모델을 이용하여 많은 문제의 해를 구해왔다. 예를 들면, 강소성모델을 기반으로 하여 수립된 **한계평형법**(limit equilibrium method)에서는 대상이 되는 지반을 하나의 강체인 흙덩이로 고려하고 임의의 활동선(slip line)에 힘 또는 모멘트 평형조건을 검토한다(Wood, 2000). 그러나 흙이 복잡한 거동특성을 가진 재료인 것을 고려하면 강소성해석이 유용한 것임에는 틀림이 없지만, 강소성모델을 채용하는 이론은 실제 흙의 응력-변형 거동에 대하여 근삿값만 제공할 뿐이다. 더욱이 문제에 따라서는 이와 같은 근삿값으로는 충분하지 않을 수도 있으며 보다 정밀한 해석이 필요한 문제라면 강소성모델로는 부족할 수도 있다. 특히 예측오차에 많은 비용이 요구되는 민감한 프로젝트나 설계과정에서 보수적인 안전율이 허용되지 않는 경우에는 강소성모델을 적용하는 것이 적합하지 않다(Davis-Selvadurai, 2003). Jones(2009)는 탄성변형이 소성변형의 5% 이하라면 강소성모델의 적용이 가능한 것으로 제안하였다. 강소성모델에서 재료의 거동은 다음의 간단한 응력-변형률 관계식으로 나타낼 수 있다.

$$\sigma = \sigma_Y \qquad : \epsilon > 0$$

또는 다음과 같이 응력-변형률 곡선의 기울기로 나타낼 수도 있다.

$$\frac{d\sigma}{d\epsilon} = 0 \qquad : \epsilon > 0$$

〈그림 2-4(c)〉는 항복점까지 선형으로 거동하고 항복 후에는 선형 경화거동을 하는 선형 경화모델(linear strain hardening model)이며, 〈그림 2-4(d)〉는 비선형 경화모델(non-linear strain hardening model)이다. 위의 소성거동모델 이외에도 다양한 거동모델이 있을 수 있다. 〈그림 2-5〉는 **구속소성**(contained plasticity 또는 constrained plasticity)에 대한 것으로서 벽체가 두꺼운 원형 내압관에 압력이 작용하여 벽체 내측에 소성영역이 발생하고 외측이 탄성영역으로 둘러싸이는 특수한 상황에서 발생할 수 있는 소성거동이다. 소성영역에서는 높은 변형률을 보이고 탄성영역에서는 낮은 변형률을 보이지만 두 영역의 경계에서는 변형률의 연속성으로 인하여 동일한 변형률을 보이게 된다. 구속소성은 포탄 발사 직후의 포신(砲身) 등에서 볼 수 있는 재료의 응력-변형률 거동으로서 소성변형률과 탄성변형률은 약 20배 정도의 차이를 보이는 것으로 추정되고 있다(Jones, 2009).

고전적인 소성이론에서는 유동칙에 길이 스케일(length scale)이 포함되어 있지 않기 때문에 변형의 크기를 예측할 수 없는데, 최근에는 강도에 크기 의존성(size dependence)

을 반영하는 현상학적(phenomenological) 소성거동모델에 대한 연구가 진행되고 있다. 이것은 소성거동을 하는 재료가 작으면 작을수록 점차 강하게 반응을 보이는 현상을 고려한 것으로서, 압입자(indenter)의 크기가 감소할수록 금속재료나 세라믹의 압입경도가 증가하고 미립(fine-grained)의 금속재료가 조립(coarse-grained)의 금속재료보다 더욱 강하다는 것이 좋은 예이다. 이와 같은 효과는 압입의 크기나 입자의 크기 또는 입자의 간격이 $10\mu m$ 이하의 미소변형에서 뚜렷하게 나타나지만 유한변형에 대해서도 확대하여 적용하고 있다. 또한 이런 효과를 일률적으로 설명할 수는 없지만 재료의 거동을 나타내기 위해서는 모두 길이 스케일이 필요하다는 것은 분명하다. 유동칙에 스케일 효과를 반영하는 하나의 방법으로서 항복응력이 변형률과 **변형률경사**(strain gradient)에 의존하는 것으로 가정하는 것이다. 이때 변형과 관련된 길이 스케일이 크다면 변형률경사가 작기 때문에 고전적인 소성이론을 그대로 사용할 수 있지만, 재료의 길이 스케일에 비하여 변형과 관련된 길이 스케일이 작다면 유동칙에 변형률경사 항을 포함하는 것이 필요하다. 이와 같은 소성거동모델을 변형률경사이론 또는 **경사소성이론**(gradient plasticity theory)이라고 한다(Fleck 외, 1994; Hwang 외, 2002).

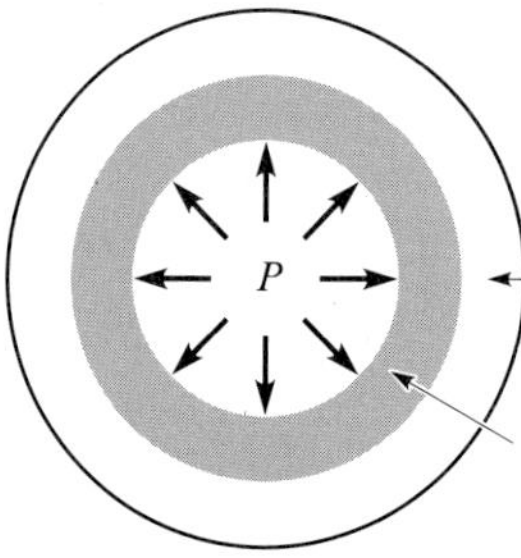

〈그림 2-5〉 탄성영역 안에 갇힌 구속소성 (Jones, 2009)

2.3 항복함수와 항복곡면

2.3.1 항복함수의 표시

재료의 거동이 탄성변형상태에서 최초로 소성변형상태로 바뀌거나 계속해서 소성변형이 발생하여 증가하는 경우에 응력성분이 충족시켜야 하는 조건이 **항복조건**(yield condition)이고 응력상태의 조합으로서 표시되는 탄성변형의 한계가 항복기준이다. 또한 재료의 항복을 **정수압축**(space diagonal)과 직교하는 평면이나 정팔면체면 등에 나타낸 폐곡선이 항복곡선이고, 복합적인 응력상태에 대해서도 적용할 수 있도록 평면상에 표시된 항복곡선을 3차원으로 확장한 것이 항복곡면으로서 항복곡면은 3개 또는 그 이상의 응력성분이 독립변수인 경우에 사용한다. 이와 같은 항복기준이나 항복곡선 또는 항복곡면을 함수형태로 나타낸 것이 항복함수이며 보통 f로 표시한다. 재료의 거동을 강소성거동으로 가정하는 경우에는 항복기준을 파괴기준이라고도 하는데, 금속재료에 대하여 파괴기준이란 용어는 재료가 연성이든 취성(brittle)이든 거동에 관계없이 두루 적용할 수 있지만, 주로 소성거동이 거의 없이 탄성한계에서 파괴되는 취성재료에 대하여 사용하고, 항복기준은 보통 소성거동이 상당히 진행된 후에 파괴되는 연성 금속에 대하여 적용한다. 재료에 따라 많은 항복기준이 제안되어 있지만 금속재료에서는 von Mises항복기준과 Tresca항복기준이 널리 이용되고 있으며 토질역학에서는 Mohr-Coulomb파괴기준이나 Drucker-Prager파괴기준을 많이 적용한다.

〈그림 2-6〉과 같이 정수압축과 평행한 원통형 항복곡면과 정수압축에 대칭인 파괴곡면(failure surface)을 가진 등방성재료로 가정하면, 다축하중에 의한 응력경로는 정수압축과 직교하는 평면상에서 이동하게 되는데 응력경로가 이동하면서 처음으로 접하는 곡면이 항복곡면이냐 또는 파괴곡면이냐에 따라서 연성 또는 취성재료를 결정할 수 있다. 응력경로가 A와 같이 항복곡면을 먼저 접하고 다음에 파괴곡면을 접한다면 연성재료이고, B와 같이 응력경로가 파괴곡면을 먼저 접하면 취성재료이다. 〈그림 2-7〉은 소성변형과정에 있는 재료의 임의의 소성변형단계를 보여주는 것이다. 그림에서 $f=k$는 응력평면에 도시되어 있는 항복곡선으로서(k: 상수), 항복곡선은 순수하게 가역적(탄성적) 경로에 의하여 도달될 수 있는 탄성영역과 추가적인 소성변형에 의하여 항복곡면이 팽창하지 않으면 도달할 수 없는 영역을 구분하고 있다. 그림에서 항복함수 f는 재료가 탄성이면 $f<k$이고 Hooke의 법칙을 적용하여 재료의 변형을 예측할 수 있으며, 재료가 소성상태이면 $f=k$가 된다. df가 응력의 증가에 따른 함수의 증분을 나타낸다고 하면, 특정시점의 항복곡선상에 위치한 임의의 응력점에서 재하, 제하 및 중립상태와 df의 관계는 그림과 같이 표시할 수 있다. 응력의 변화로 항복함수 f가 증가하여 k보다 크게 되면 k는 새로운 값을 가지게 되는데 이와 같은 경화성거동의 개념은 후속항복곡선을 이용하여 설명할 수 있다. 재료가 제하 및 재재하 과정을 거친다고 하더라도 특정시점의 k값에 도달하기 전에는 항복이 발생하지 않는다. 항복함수는 응력텐서, 주응력, 응력불변량 등으로 표시할 수 있으며 응력텐서로 표시된 항복함수 f의 일반적인 형태는 다음과 같다(Jones, 2009; Drucker, 1966).

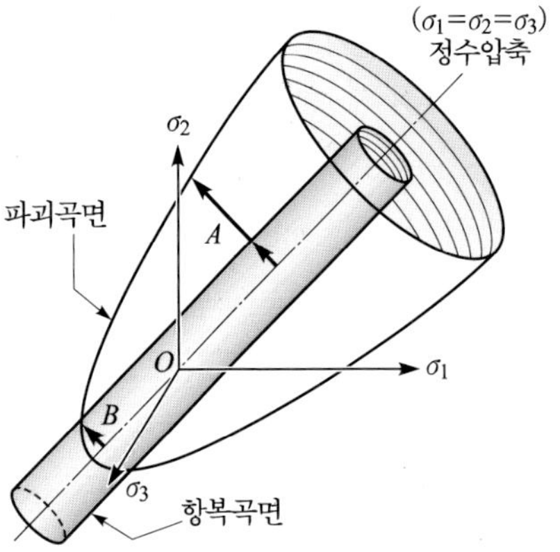

〈그림 2-6〉 **항복곡면과 파괴곡면** (Jones, 2009)

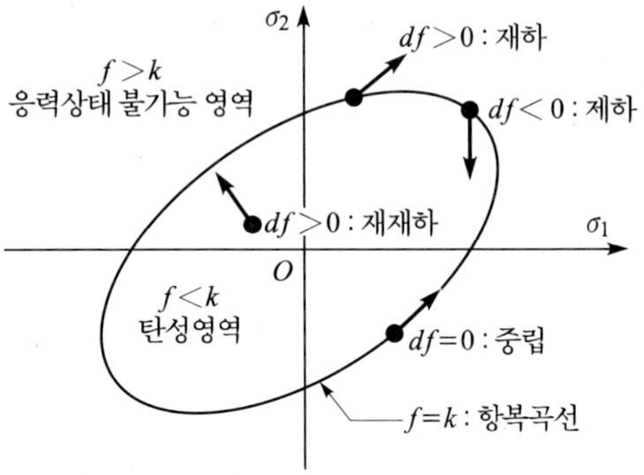

〈그림 2-7〉 **항복곡선** (Dunne & Petrinic, 2005)

$$f(\sigma_{ij})=k \tag{2-38}$$

식에서 k는 〈그림 2-7〉에 표시된 것과 같이 항복곡면의 크기를 표시하는 상수로서 여기서는 일축인장에 의한 항복응력 σ_Y와 같다. 위의 식이 의미하는 것은 응력성분 σ_{ij}의 함수인 f의 값이 k 즉, 항복응력 σ_Y에 도달하면 항복이 시작된다는 것이다. 이것은 다축응력상태에 있는 응력을 f에 의하여 일축인장 항복응력 σ_Y로 환산하여 평가할 수 있다는 것을 의미하는 것으로서 이것을 **상당응력**(equivalent stress)이라고 하고 σ_{eq}로 표시한다(김동원, 2009). 강소성재료나 또는 탄소성재료에서 σ_Y보다 큰 응력은 지지할 수 없으므로 〈그림 2-7〉의 항복곡선은 절대영역을 의미하며 항복곡선 외부의 응력상태($f>k$)는 불가능한 영역이지만, 경화성재료라면 후속항복곡선의 크기에 따라 항복곡선 외부의 응력상태로 접근이 가능하다. (2-38)식에서 응력텐서는 전단응력을 포함하여 6개의 응력성분으로 구성되어 있으므로 항복기준은 6차원 공간좌표에 표시되는 5차원 곡면이 된다. 따라서 다음과 같이 전단응력과 관계없는 주응력으로 나타내는 것이 차원을 줄일 수 있는 방법이다(김동원, 2009; Davis & Selvadurai, 2002).

$$f(\sigma_1,\sigma_2,\sigma_3)=k \tag{2-39}$$

위의 식이 가장 간단한 항복함수이다. 그러나 주응력으로 표시된 함수보다는 기하학적 또는 물리적으로 설명이 가능한 응력불변량으로 표시하는 것이 고유치문제도 처리할 필요가 없을 뿐 아니라 재료의 역학적 특성을 나타내는데 더욱 유리하다. 강소성재료가 등방성이라면 항복은 방향에 관계없이 주응력의 크기에만 의존하므로 주응력으로 표시된 (2-39)식의 항복함수는 응력불변량 I_1, I_2 및 I_3를 이용하여 다음과 같이 나타낼 수 있다.

$$f(I_1, I_2, I_3) = k \tag{2-40}$$

금속재료와 같이 정수압과 관계없는 항복은 단지 축차응력에만 의존하기 때문에 (2-39) 식은 다음과 같이 제2 및 제3축차응력불변량인 J_2와 J_3만의 조합으로 표시할 수도 있다.

$$f(J_2, J_3) = k \tag{2-41}$$

또한 아래와 같이 제1응력불변량 I_1과 제2축차응력불변량 J_2의 응력불변량 조합을 이용하는 것이 항복곡선을 물리적으로 해석하기에 편리하다.

$$f(I_1, J_2, \cos 3\theta) = k \tag{2-42}$$

식에서, $$\cos 3\theta = \frac{3\sqrt{3}}{2}\frac{J_3}{(J_2)^{3/2}} \tag{2-43}$$

위의 식을 이용하면 정수압을 나타내는 I_1을 J_2와 $\cos 3\theta$로 표시되는 축차응력성분으로부터 분리할 수 있을 뿐만 아니라 J_2를 이용함으로서 축차응력의 크기를 알 수 있어서 고유치문제를 다룰 필요가 없으며 응력텐서로부터 바로 응력불변량을 얻을 수 있다. $\cos 3\theta$에 대해서는 다음 절에 설명되어 있다.

2.3.2 항복함수의 기하학적 해석

임의의 응력점에서 응력상태를 기하학적으로 시각화하는 것은 항복기준을 설정하는데 매우 유용하다. 항복함수를 기하학적으로 표시하기 위해서는 〈그림 2-8(a)〉와 같이 주응력 σ_1-, σ_2- 및 σ_3-방향을 축으로 하는 3차원 주응력공간 또는 정수압축과 **축차평면**(deviatoric plane)의 극좌표로 표시되는 Haigh-Westergaard 응력공간을 이용하는 것이 편리하다.

주응력공간에서 정수압축은 그림(a)와 같이 각각의 주응력방향과 등각($\theta_m = 54.74^\circ$)을 이룬다. 여기서 임의의 응력점 $P(\sigma_1, \sigma_2, \sigma_3)$를 포함한 평면중에서 정수압축에 수직인 평면을 고려하면, ON이 응력점 P의 평균응력 $p(=I_1/3)$를 나타내고 정수압축에 직각인 평면상에 있는 NP 즉, $\bar{\rho}$는 응력점 P의 축차응력이 된다. 따라서 정수압축에 직각인 평면상에 있는 어떤 응력점이라도 평균응력과 축차응력으로 분해할 수 있으며, 주응력공간에서 정수압축에 직각인 평면을 축차평면이라고 하고 축차평면 중에서 특히 원점 O를 포함하는 평면을 **π − 평면**(π − plane) 또는 **공통형상면**(synoptic plane)이라고 한다(김동원, 2009). 〈그림 2-8(b)〉의 π − 평면과 〈그림 1-4〉의 팔면체면은 모두 정수압축과 직교하는 평면으로서 π − 평면에서 응력 OS는 팔면체전단응력 τ_{oct}와 같고 π − 평면에 수직인 응력 PS는 팔면체수직응력 σ_{oct}와 같다.

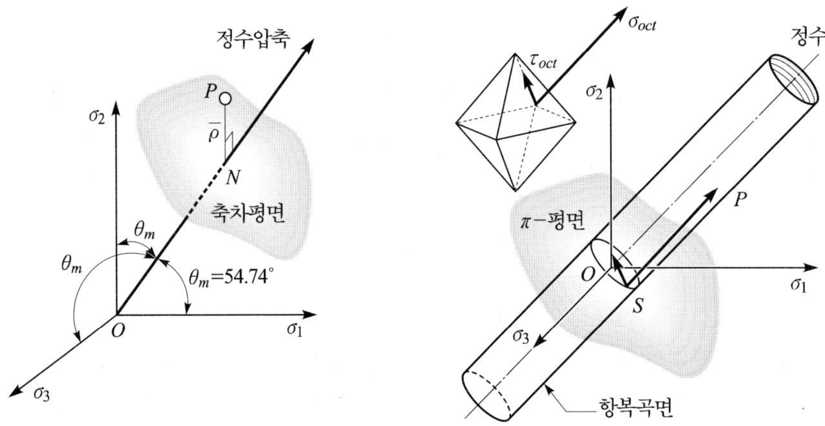

(a) 정수압축과 축차평면　　　(b) 항복곡면과 π − 평면

〈그림 2-8〉 주응력공간의 축차평면과 π−평면

〈그림 2-9(a)〉는 주응력공간에서 ζ−, η− 및 ξ−축으로 구성된 국소좌표계를 나타낸 것이며, 〈그림 2-9(b)~(d)〉는 각각 ξ−축, η−축 및 σ_2−축방향에서 주응력방향, 국소좌표계 및 응력점을 도시한 것이다. 응력점 P를 포함하고 ξ−축에 직교하는 평면에서는 $\sigma_1+\sigma_2+\sigma_3=3p=\sqrt{3}\,\xi$이며, 축차평면과 ξ−축의 교점은 $\xi=\sqrt{3}\,p=I_1/\sqrt{3}$ 이다 ($\zeta=\eta=0$). 〈그림 2-9(b)~(c)〉에서 $\bar{\rho}$는 정수압축에서 응력점까지 거리이며 θ_0는 축차평면의 η−축에서 측정한 극좌표의 편각으로서 **Lode각**(Lode angle)이라고 한다. 또한 θ_s는 축차평면의 $\sigma_1{}'$−축으로부터 측정한 각이며 θ_0 대신 이용되기도 한다. 그림에서 응력점 P는 다음과 같이 세 가지 좌표계를 이용하여 나타낼 수 있다(윤지선, 1992).

① 주응력 좌표계 : $(\sigma_1, \sigma_2, \sigma_3)$

② 축차평면상의 국소좌표계 : $(\zeta,\ \eta,\ \xi)$

③ Haigh−Westergaard 좌표계 : $(\xi,\ \bar{\rho},\ \theta_0)$ 또는 $(\xi,\ \bar{\rho},\ \theta_s)$

(1) 주응력과 국소좌표

〈그림 2-9(b)〉에서 $\sigma_1{}'-$, $\sigma_2{}'-$ 및 $\sigma_3{}'-$축은 주응력공간의 σ_1-, σ_2- 및 σ_3-축을 각각 축차평면에 투사시킨 것이다. 응력점 P를 국소좌표계인 $\zeta-$, $\eta-$ 및 $\xi-$좌표계로 나타내기 위해서 〈그림 2-9(a)~(d)〉에서 주응력축과 국소좌표축의 방향코사인을 구하면 〈표 2-2〉와 같다. 따라서 $\xi-$, $\eta-$ 및 $\zeta-$축의 응력을 각각 σ_ξ, σ_η 및 σ_ζ라고 하면 응력점 P는 방향코사인을 이용하여 아래와 같이 나타낼 수 있다(윤지선, 1992).

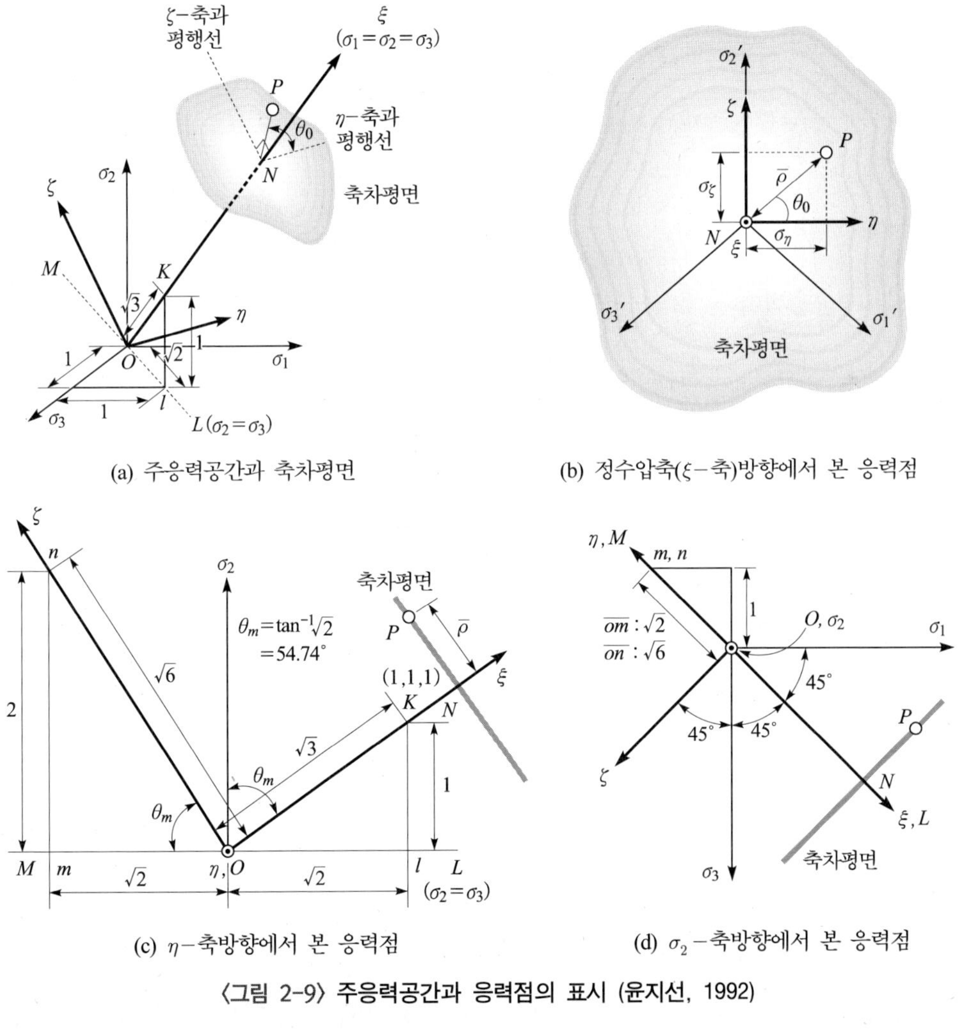

〈그림 2-9〉 주응력공간과 응력점의 표시 (윤지선, 1992)

〈표 2-2〉 주응력좌표계에 대한 국소좌표계의 방향코사인 (윤지선, 1992)

국소좌표 \ 주응력좌표	σ_1	σ_2	σ_3
ξ	$\frac{1}{\sqrt{3}}$	$\frac{1}{\sqrt{3}}$	$\frac{1}{\sqrt{3}}$
ζ	$-\frac{1}{\sqrt{6}}$	$\sqrt{\frac{2}{3}}$	$-\frac{1}{\sqrt{6}}$
η	$\frac{1}{\sqrt{2}}$	0	$-\frac{1}{\sqrt{2}}$

$$\sigma_\xi = \frac{1}{\sqrt{3}}(\sigma_1 + \sigma_2 + \sigma_3) = \sqrt{3}\,p \tag{2-44}$$

$$\sigma_\zeta = \frac{1}{\sqrt{6}}(2\sigma_2 - \sigma_3 - \sigma_1) \tag{2-45}$$

$$\sigma_\eta = \frac{1}{\sqrt{2}}(\sigma_1 - \sigma_3) \tag{2-46}$$

식에서 p는 평균응력이다. (2-44~46)식을 주응력에 대하여 정리하면 각각 다음과 같다.

$$\sigma_1 = \frac{1}{\sqrt{3}}\sigma_\xi + \frac{1}{\sqrt{2}}\sigma_\eta - \frac{1}{\sqrt{6}}\sigma_\zeta \tag{2-47}$$

$$\sigma_2 = \frac{1}{\sqrt{3}}\sigma_\xi + \sqrt{\frac{2}{3}}\sigma_\zeta \tag{2-48}$$

$$\sigma_3 = \frac{1}{\sqrt{3}}\sigma_\xi - \frac{1}{\sqrt{2}}\sigma_\eta - \frac{1}{\sqrt{6}}\sigma_\zeta \tag{2-49}$$

(2) 주응력과 Haigh-Westergaard 좌표계

〈그림 2-9(b)〉에서 $\bar{\rho}$는 (1-22)식과 (1-25)식을 이용하여 응력점 P의 축차응력성분으로 나타낼 수 있다(Chen & Saleeb, 1994).

$$\bar{\rho} = \left(s_1^2 + s_2^2 + s_3^2\right)^{1/2} = \sqrt{2J_2} = \sqrt{3}\,\tau_{oct} \tag{2-50}$$

식에서 s_1, s_2 및 s_3는 축차주응력이다. 〈그림 2-9(b)〉에서 $\sigma_\zeta = \bar{\rho}\sin\theta_0$이고 (2-44~46)식에서 주응력 σ_i 대신에 축차주응력 s_i를 적용해도 벡터성분은 동일하므로 (2-45)식에 대해서 다음 식이 성립한다.

$$\bar{\rho}\sin\theta_0 = \frac{1}{\sqrt{6}}(2s_2 - s_3 - s_1) \tag{2-51}$$

제1축차응력불변량 $J_1 = s_1 + s_2 + s_3 = 0$이므로 위의 식에 $s_1 + s_3 = -s_2$를 대입하면 $\bar{\rho}\sin\theta_0$은 축차주응력 성분으로 나타낼 수 있다.

$$\bar{\rho}\sin\theta_0 = \sqrt{\frac{3}{2}}\,s_2 \tag{2-52}$$

위의 식과 삼각함수의 3배각공식 $\sin 3\theta_0 = 3\sin\theta_0 - 4\sin^3\theta_0$을 이용하여 (1-21~23)식의 축차주응력과 (2-50)식의 $\bar{\rho} = \sqrt{2J_2}$를 대입하면 다음과 같다.

$$\begin{aligned}\sin 3\theta_0 &= 3\left(\frac{\sqrt{3}}{2}\frac{s_2}{\sqrt{J_2}}\right) - 4\left(\frac{\sqrt{3}}{2}\frac{s_2}{\sqrt{J_2}}\right)^3 = \frac{3\sqrt{3}}{2(J_2)^{3/2}}(s_2 J_2 - s_2^3) \\ &= \frac{3\sqrt{3}}{2(J_2)^{3/2}}\left[-s_2(s_1 s_2 + s_2 s_3 + s_3 s_1) - s_2^3\right] = -\frac{3\sqrt{3}}{2}\frac{J_3}{(J_2)^{3/2}}\end{aligned} \tag{2-53}$$

또한 Lode각 θ_0은 축차응력에 대한 특성방정식을 이용하여 결정할 수도 있다. 즉 $J_1 = 0$이므로 (1-17)식은 다음과 같다.

$$s^3 - J_2 s - J_3 = 0 \tag{2-54}$$

3배각공식 $\cos 3\theta_0 = 4\cos^3\theta_0 - 3\cos\theta_0$을 정리하면 다음과 같다.

$$\cos^3\theta_0 - \frac{3}{4}\cos\theta_0 - \frac{1}{4}\cos 3\theta_0 = 0 \tag{2-55}$$

$s \Rightarrow r\cos\theta_0$로 치환하고 (2-54)식에 대입하면 다음의 3차식을 얻을 수 있다.

$$\cos^3\theta_0 - \frac{J_2}{r^2}\cos\theta_0 - \frac{J_3}{r^3} = 0 \tag{2-56}$$

(2-55)식과 (2-56)식의 계수를 비교하여 r과 $\cos 3\theta_0$를 각각 구할 수 있다.

$$r = \frac{2}{\sqrt{3}}\sqrt{J_2} \tag{2-57}$$

$$\cos 3\theta_0 = \frac{4J_3}{r^3} = \frac{3\sqrt{3}}{2}\frac{J_3}{(J_2)^{3/2}} \tag{2-58}$$

(2-53)식과 (2-58)식으로부터 Lode각 θ_0는 축차응력불변량 J_2와 J_3에 관련되는 불변량이다. $\cos 3\theta_0$는 Haigh-Westergaard 좌표인 $(\xi, \bar{\rho}, \theta_0)$의 형태로 축차평면에서 항복곡선을 도시하는데 많이 이용된다. 따라서 Haigh-Westergaard 좌표계는 정수압 $\xi = \sqrt{3}p = I_1/\sqrt{3}$, 축차평면의 극좌표인 축차응력 $\bar{\rho} = \sqrt{2J_2}$ 및 Lode각 θ_0 등 3개의 불변량으로 이루어지며, 정수압과 관계있는 항복곡선을 응력공간에서 기하학적으로 표시하는데 유리하다. 주응력$(\sigma_1, \sigma_2, \sigma_3)$과 Haigh-Westergaard 좌표 $(\xi, \bar{\rho}, \theta_0)$의 상관관계는 아래와 같이 유도할 수 있다. 먼저 (2-52)식으로부터 s_2는 다음과 같다.

$$s_2 = -s_1 - s_3 = \sqrt{\frac{2}{3}}\bar{\rho}\sin\theta_0 \tag{2-59}$$

〈그림 2-9(b)〉에서 $\sigma_\eta = \bar{\rho}\cos\theta_0$이므로 (2-46)식에 대해서는 다음 식이 성립한다.

$$s_1 - s_3 = \sqrt{2}\,\bar{\rho}\cos\theta_0 \tag{2-60}$$

(2-59~60)식으로부터 s_1은 다음과 같다.

$$s_1 = -\frac{1}{\sqrt{6}}\bar{\rho}\left(\sin\theta_0 - \sqrt{3}\cos\theta_0\right) \tag{2-61}$$

삼각함수의 합성식을 이용하여 위의 s_1을 구하고, 동일한 방법으로 s_3도 결정할 수 있다.

$$s_1 = -\sqrt{\frac{2}{3}}\bar{\rho}\sin\left(\theta_0 + \frac{\pi}{3}\right) = \sqrt{\frac{2}{3}}\bar{\rho}\sin\left(\theta_0 - \frac{2\pi}{3}\right) = -\sqrt{\frac{2}{3}}\bar{\rho}\cos\left(\theta_0 - \frac{\pi}{6}\right) \tag{2-62}$$

$$s_3 = -\sqrt{\frac{2}{3}}\bar{\rho}\sin\left(\theta_0 - \frac{\pi}{3}\right) = \sqrt{\frac{2}{3}}\bar{\rho}\sin\left(\theta_0 + \frac{2\pi}{3}\right) = \sqrt{\frac{2}{3}}\bar{\rho}\cos\left(\theta_0 + \frac{\pi}{6}\right) \tag{2-63}$$

따라서 Lode각 θ_0를 이용하여 (2-61~63)식과 같이 축차주응력 s_1, s_2 및 s_3를 구하면 주응력과 Haigh-Westergaard 좌표의 상관관계를 구할 수 있다.

$$\sigma_1 = \frac{1}{\sqrt{3}}\xi + \sqrt{\frac{2}{3}}\bar{\rho}\sin\left(\theta_0 - \frac{2\pi}{3}\right) = \frac{1}{\sqrt{3}}\xi - \sqrt{\frac{2}{3}}\bar{\rho}\cos\left(\theta_0 - \frac{\pi}{6}\right) \tag{2-64}$$

$$\sigma_2 = \frac{1}{\sqrt{3}}\xi + \sqrt{\frac{2}{3}}\bar{\rho}\sin\theta_0 \tag{2-65}$$

$$\sigma_3 = \frac{1}{\sqrt{3}}\xi + \sqrt{\frac{2}{3}}\bar{\rho}\sin\left(\theta_0 + \frac{2\pi}{3}\right) = \frac{1}{\sqrt{3}}\xi + \sqrt{\frac{2}{3}}\bar{\rho}\cos\left(\theta_0 + \frac{\pi}{6}\right) \tag{2-66}$$

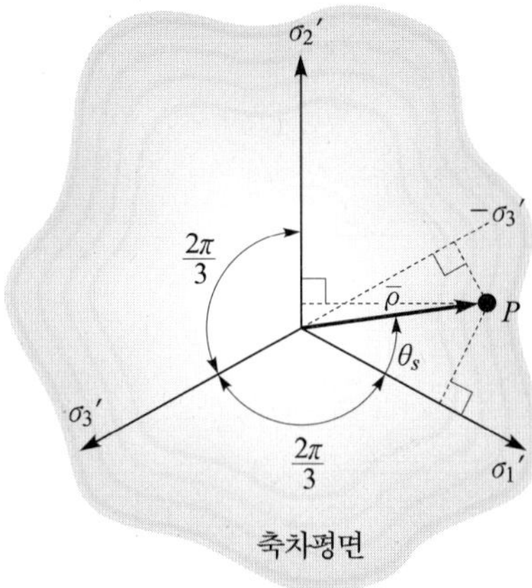

〈그림 2-10〉 **축차평면에서 응력점의 표시**

(2-64~66)식은 〈그림 2-9(b)〉에서 수평방향인 η-축으로부터 측정한 Lode각 θ_0를 이용하여 주응력과 Haigh-Westergaard 좌표를 연관시킨 것이며, θ_0 대신에 〈그림 2-10〉과 같이 θ_s를 이용하면 편리할 수도 있다. 〈그림 2-10〉에서 s_1은 (2-51~53)식과 동일한 방법으로 구할 수 있다.

$$\bar{\rho}\cos\theta_s = \frac{1}{\sqrt{6}}(2s_1 - s_2 - s_3) \tag{2-67}$$

위의 식에서 $s_2 + s_3 = -s_1$이므로 s_1는 다음과 같다.

$$s_1 = \sqrt{\frac{2}{3}}\bar{\rho}\cos\theta_s \tag{2-68}$$

s_2와 s_3는 〈그림 2-10〉에 의하여 간단하게 정의할 수 있다.

$$s_2 = \sqrt{\frac{2}{3}}\bar{\rho}\cos\left(\theta_s - \frac{2\pi}{3}\right) \tag{2-69}$$

$$s_3 = \sqrt{\frac{2}{3}}\bar{\rho}\cos\left(\theta_s + \frac{2\pi}{3}\right) \tag{2-70}$$

또한 θ_s를 이용하여 (2-68~70)식과 같이 축차주응력 s_1, s_2 및 s_3를 구하면 주응력과 Haigh-Westergaard 좌표의 관계는 다음과 같다.

$$\sigma_1 = \frac{1}{\sqrt{3}}\xi + \sqrt{\frac{2}{3}}\bar{\rho}\cos\theta_s \tag{2-71}$$

$$\sigma_2 = \frac{1}{\sqrt{3}}\xi + \sqrt{\frac{2}{3}}\,\bar{\rho}\cos\left(\theta_s - \frac{2\pi}{3}\right) \tag{2-72}$$

$$\sigma_3 = \frac{1}{\sqrt{3}}\xi + \sqrt{\frac{2}{3}}\,\bar{\rho}\cos\left(\theta_s + \frac{2\pi}{3}\right) \tag{2-73}$$

2.3.3 π – 평면과 항복곡선

〈그림 2-11〉은 π – 평면에 항복곡선을 도시한 것이다. 그림은 항복곡선의 대칭성을 설명하기 위한 것이므로 대칭성 이외의 항복곡선이 갖추어야 할 조건은 배제하였다. 재료가 등방성이라면 거동도 등방성이기 때문에 좌표축의 변화가 항복에 영향을 미치지 않으므로 항복곡선은 〈그림 2-11(a)〉의 π – 평면에서 3개의 주응력방향에 대하여 대칭이어야 한다. 또한 σ_1과 σ_2를 바꾸어도 항복과는 관계없으므로 $\sigma_1 = \sigma_2$가 되는 직선, 즉 그림에서 $-\sigma_3$ – 축에 대하여도 대칭이어야 하며 동일한 방법으로 $-\sigma_1$ – 축과 $-\sigma_2$ – 축에 대해서도 대칭이다. 따라서 재료가 등방성이라면 π – 평면에서 항복곡선은 그림(a)와 같이 원점 O를 중심으로 하여 60° 간격으로 위치한 양의 주응력($\sigma_1, \sigma_2, \sigma_3$)과 음의 주응력($-\sigma_1, -\sigma_2, -\sigma_3$)을 연결하여 3개의 대칭축을 설정할 수 있다. 그러나 그림(a)에서 항복곡선에 위치한 응력점 $P(\sigma_{ij})$에 대하여 모든 응력성분의 부호를 반대로 하여 얻은 $P'(-\sigma_{ij})$는 항복곡선에 위치하지 않으므로 원점 O에 대해서는 대칭이 아니다(Jones, 2009).

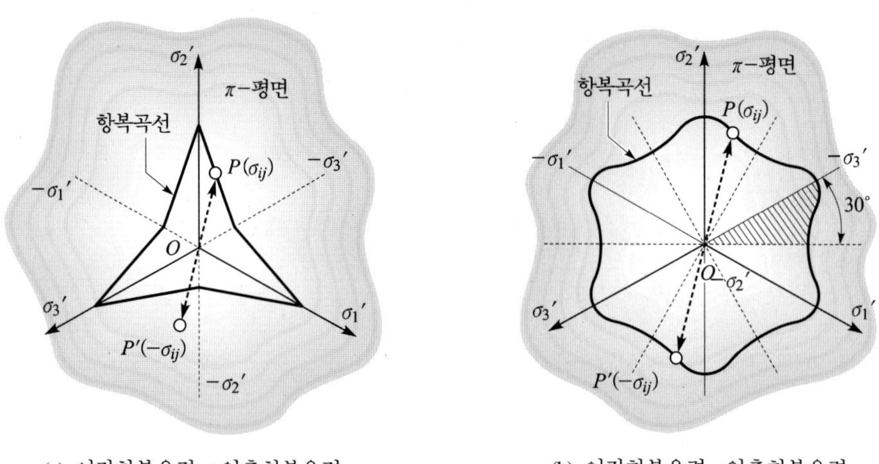

(a) 인장항복응력≠압축항복응력 (b) 인장항복응력=압축항복응력

〈그림 2-11〉 π – 평면에서 등방성재료의 항복곡선 (Jones, 2009)

재료가 등방성이면서 인장과 압축에 대하여 항복응력이 동일하다면 〈그림 2-11(b)〉와 같이 항복곡선에 위치한 응력점은 응력성분의 부호가 반대로 바뀌어도 항복곡선에 위치해야 하므로 원점 O에 대해서도 대칭이어야 한다. 원점 O에 대해서 대칭이기 위한 최소한의 조건은 그림(a)의 대칭축 사이마다 하나의 대칭축을 더 추가하여 그림(b)와 같이 π-평면에서 원점을 중심으로 하여 30° 간격으로 대칭축을 설정하면 된다. 따라서 등방성으로 인한 3개의 대칭축 외에도 인장과 압축에 대하여 항복응력이 동일하므로 3개의 대칭축을 추가하여 모두 6개의 대칭축을 설정할 수 있다. 그림(b)에서 중심각이 30° 인 부채꼴 모양의 빗금친 부분에 대한 거동만 알면 대칭성을 이용하여 항복곡선을 도시할 수 있다.

응력공간에 위치한 응력점 $P(\sigma_1, \sigma_2, \sigma_3)$를 π-평면에 투사하면 〈그림 2-9(b)〉에서 응력점 P의 극좌표는 $\bar{\rho}$와 θ_0가 되는데, $\bar{\rho}$의 수직성분은 (2-45)식의 σ_ζ, 수평성분은 (2-46)식의 σ_η이고 θ_0의 범위는 재료가 등방성이면 $0° < \theta_0 < 60°$, 재료가 등방성이면서 인장과 압축에 대하여 항복응력이 동일하다면 $0° < \theta_0 < 30°$ 이다. 이와 같은 특성을 이용하면 π-평면은 재료의 항복거동을 이해하는데 매우 유용한 도구가 된다.

연습문제

문제1 (2-2)식을 이용하여 등방성 선형탄성재료에서 응력과 변형률의 주축이 일치한다는 것을 보여라.

> ▸ 풀이
>
> 변형률텐서를 주변형률 ϵ_1, ϵ_2 및 ϵ_3로 나타내고 주변형률을 (2-2)식에 대입하면 전단 응력성분은 모두 0이 된다. 즉 $i \neq j$에 대하여 $\sigma_{ij}=0$이므로 응력과 변형률의 주축이 일치한다.

문제2 등방성 선형탄성재료의 변형에너지 관계식 $\mathbb{U}^E=\sigma_{ij}\epsilon_{ij}/2$가 응력불변량 I_1과 축차응력불변량 J_2로 분해됨을 보여라.

> ▸ 풀이
>
> (1-14)식에서 응력은 평균응력과 축차응력의 합으로 표시되어
>
> $\sigma_{ij}=\frac{1}{3}\sigma_{kk}\delta_{ij}+s_{ij}$, (2-22)식에서 $\epsilon_{ij}=\frac{1+v}{E}\sigma_{ij}-\frac{v}{E}\sigma_{kk}\delta_{ij}=\frac{1+v}{E}s_{ij}+\frac{1-2v}{3E}\sigma_{kk}\delta_{ij}$
>
> 이므로 각각 (2-25)식의 $\mathbb{U}^E=\frac{1}{2}\sigma_{ij}\epsilon_{ij}$에 대입하면 다음 식을 얻을 수 있다.
>
> $$\begin{aligned}\mathbb{U}^E&=\frac{1}{2}\left(s_{ij}+\frac{1}{3}\sigma_{kk}\delta_{ij}\right)\left(\frac{1+v}{E}s_{ij}+\frac{1-2v}{3E}\sigma_{kk}\delta_{ij}\right)\\&=\frac{1}{2}\left(\frac{1+v}{E}s_{ij}s_{ij}+\frac{2-v}{3E}\sigma_{kk}s_{ij}\delta_{ij}+\frac{1-2v}{9E}\sigma_{kk}\sigma_{kk}\delta_{ij}\delta_{ij}\right)\end{aligned}$$
>
> 여기서 $s_{ij}\delta_{ij}=s_{ii}=s_{xx}+s_{yy}+s_{zz}=0$이고 $s_{ij}s_{ij}/2=J_2$이므로
>
> 등방성 선형탄성재료의 변형에너지 관계식은
>
> 응력불변량 I_1항과 축차응력불변량 J_2항의 합으로 나타낼 수 있다.
>
> $$\mathbb{U}^E=\frac{1}{2G}J_2+\frac{1}{18K}I_1^2$$

제3장

Drucker의 가설

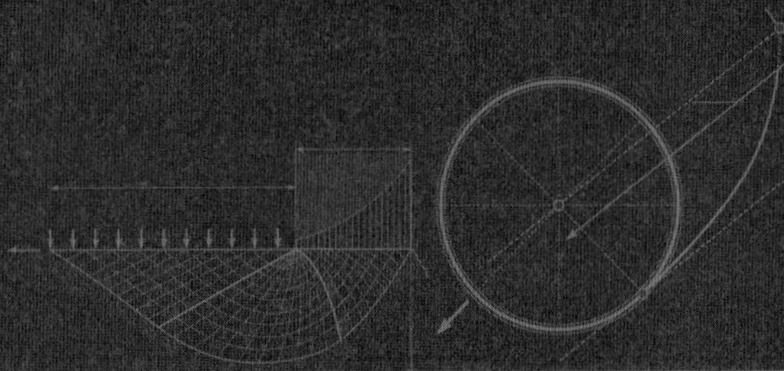

제3장 Drucker의 가설

3.1 Drucker의 가설과 항복곡면

3.1.1 재료의 안정성

소성거동을 하는 재료의 응력-변형률 관계를 구하기 위해서는 비가역적 변형으로 발생하는 소성에너지소산(plastic energy dissipation)을 고려해야 하며 이 과정에서 소성거동을 지배하는 유동칙을 구하거나 경계값문제를 해결하기 위하여 요구되는 조건이 바로 재료의 안정성(material stability)이다. 이와 관련하여 **Drucker의 가설**(Drucker's postulate)은 소성거동과정에서 재료의 변형경화와 항복시 소성에너지소산에 대한 가설로서 소성거동을 하는 재료의 응력-변형률 관계식을 수립하기 위해서 반드시 필요한 개념이라고 할 수 있다. 재료가 소성거동을 하게 되면 항복곡면은 끊임없이 크기와 형태가 변하게 되는데 항복곡면의 크기가 증가하는 것을 변형경화라고 하고 항복곡면의 크기가 감소하면 변형연화라고 한다. Drucker의 가설에서 재료가 「**안정적**(stable)」이라는 것은 외력에 의하여 재료 내에 응력이 증가하면 소성영역에서 변형경화가 발생함으로서 평형상태를 유지할 수 있다는 것이다(「변형경화의 정의」 참조). 따라서 재료가 안정적이라는 것은 재료가 외력에 대하여 변형경화를 보인다는 것과 동일한 의미이며, 반대로 외력에 대하여 변형연화를 보이는 재료는 「**불안정적**(unstable)」이라고 할 수 있다(Davis & Selvadurai, 2002; Prevost & Hoeg, 1975).

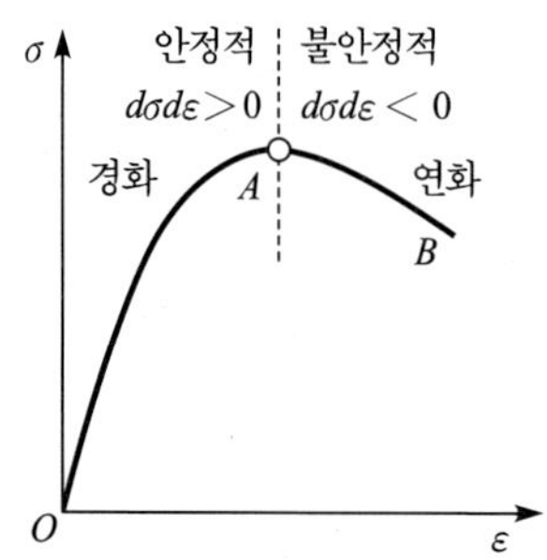

〈그림 3-1〉 Drucker의 가설에 의한 재료의 안정성 (Desai & Siriwardane, 1984)

〈그림 3-1〉은 재료의 비선형 응력-변형률 거동을 나타내는데, OA구간에서는 초기응력 상태에서 외력에 의한 응력의 증가($d\sigma$)로 인하여 추가적인 변형($d\epsilon$)이 야기되고 모두 양(+)의 값을 보이고 있어($d\sigma > 0$, $d\epsilon > 0$) 변형경화가 발생하므로 재료가 안정적이며 이것을 수식으로 나타내면 아래와 같다(Chen & Saleeb, 1994).

$$d\sigma\, d\epsilon > 0 \tag{3-1}$$

그림의 AB구간에서는 응력이 감소하면서 변형은 증가하기 때문에($d\sigma < 0$, $d\epsilon > 0$) 변형연화를 보임으로서 (3-1)식의 조건을 충족시키지 못한다. (3-1)식의 계산결과는 차원해석상 일($\mathbb{W}$)을 의미하며 안정적인 재료라면 외력으로 인하여 발생되는 변형률증분 때문에 일이 발생한다는 것으로 해석할 수 있다. (3-1)식의 변형률증분 $d\epsilon$을 탄성변형률증분 $d\epsilon^E$와 소성변형률증분 $d\epsilon^P$로 분해하면 $d\sigma\, d\epsilon$는 $d\sigma\left(d\epsilon^E + d\epsilon^P\right)$로 나타낼 수 있는데, 탄성변형에 의한 일은 항상 양의 값이므로 $d\sigma d\epsilon^E > 0$이고 또한 경화성재료에서는 $d\sigma d\epsilon^P \geq 0$이기 때문에 전체적으로 $d\sigma d\epsilon > 0$이 되며, 강소성재료라면 $d\sigma\, d\epsilon \geq 0$ 또는 $d\sigma\, d\epsilon^P = 0$이다. 이것을 (3-1)식과 관련하여 3차원 응력상태로 확장하여 나타내면 다음과 같다.

$$d\sigma_{ij}\, d\epsilon_{ij} > 0 \tag{3-2}$$

$$d\sigma_{ij}\, d\epsilon_{ij}^P \geq 0 \tag{3-3}$$

〈그림 3-2〉의 소성에너지소산이 가능한 안정적인 재료에 대하여, 〈그림 3-2(b)〉와 같이 초기응력상태 $\sigma_{ij}^0(t_0)$에서 외력을 가하여 초기항복곡선에 위치하고 있는 $\sigma_{ij}(t_1)$을 지나서 후속항복곡선에 위치하고 있는 $\sigma_{ij} + d\sigma_{ij}(t_2)$에 도달한 후에 초기응력상태인 $\sigma_{ij}^0(t_3)$로 환원된다고 하면 $\sigma_{ij}(t_1)$와 $\sigma_{ij} + d\sigma_{ij}(t_2)$ 사이에서는 소성변형이 발생하게 된다. 안정적인 재료라면 소성변형과정에서 응력에 의하여 수행되는 일은 음의 값이 아니어야 하며, 응력 사이클 전체 과정에서 수행되는 일을 $\mathbb{W}$, 초기탄성변형에 의한 일을 $\mathbb{W}^E$, 소성변형에 의한 일을 $\mathbb{W}^P$(〈그림 3-2(a)〉에서 응력-변형률 경로로 둘러싸인 부분)라고 하면 응력에 의하여 수행되는 일은 다음과 같이 나타낼 수 있다.

$$
\begin{aligned}
\mathbb{W}^{P} &= \mathbb{W} - \mathbb{W}^{E} \\
&= \int_{t_0}^{t_3} \left[\sigma_{ij}(t) - \sigma_{ij}^{0}\right] d\epsilon_{ij}\, dt \\
&= \int_{t_0}^{t_3} \left[\sigma_{ij}(t) - \sigma_{ij}^{0}\right] \left(d\epsilon_{ij}^{E} + d\epsilon_{ij}^{P}\right) dt \\
&= \int_{t_0}^{t_3} \left[\sigma_{ij}(t) - \sigma_{ij}^{0}\right] \left(0 + d\epsilon_{ij}^{P}\right) dt \qquad \left(\Leftarrow \int d\epsilon_{ij}^{E}\, dt = 0\right) \\
&= \int_{t_1}^{t_2} \left[\sigma_{ij}(t) - \sigma_{ij}^{0}\right] d\epsilon_{ij}^{P}\, dt \ \geq 0
\end{aligned} \tag{3-4}
$$

식에서 변형률증분 $d\epsilon$는 변형률속도 $\dot{\epsilon}$로 표시해도 같은 식이 된다. 만약 위의 식에서 소성일 $\mathbb{W}^{P} < 0$이라면 외력이 작용했음에도 불구하고 외력이 작용하기 전에 수행되는 일보다 외력이 작용한 후에 응력 사이클 전체 과정에서 수행되는 일이 작으므로 외력이 재료로부터 에너지를 얻어서 그 에너지를 이용해서 외부에 일을 하게 된다는 의미로 해석할 수 있어 역학적으로 불합리하게 된다(「변형경화의 정의」 참조). 또한 이론적인 배경은 다르지만 열역학적인 관점에서도 $\mathbb{W}^{P} < 0$이라는 것은 「에너지의 흐름은 엔트로피가 증가하는 방향으로 흐른다」는 열역학 제2법칙의 비가역적 에너지의 흐름방향이 반대로 바뀌는 것을 의미하므로 불가능한 일이 발생하게 된다. 따라서 역학적 또는 열역학적으로도 (3-4)식이 $\mathbb{W}^{P} \geq 0$이라는 것은 명백하다.

〈그림 3-2(b)〉에서 소성변형은 $t = t_1$에서 발생하므로 (3-4)식의 소성일 $\mathbb{W}^{P}\left(= \int \dot{\mathbb{W}}^{P} dt\right)$는 다음과 같이 $\sigma_{ij}(t_1)$ 근방에서 Taylor급수로 전개할 수 있다(Davis & Selvadurai, 2002).

$$
\mathbb{W}^{P}(t) = \frac{(t-t_1)}{1!}\left(\sigma_{ij} - \sigma_{ij}^{0}\right)\left(\dot{\epsilon}_{ij}^{P}\right)' + \frac{(t-t_1)^2}{2!}\left[\left(\sigma_{ij}\right)'\left(\dot{\epsilon}_{ij}^{P}\right)' + \left(\sigma_{ij} - \sigma_{ij}^{0}\right)\left(\dot{\epsilon}_{ij}^{P}\right)''\right] + \cdots \tag{3-5}
$$

식에서 도함수는 ( )′ 또는 ( )″으로 표시하였으며 응력과 변형률은 증분형이 아닌 속도형으로 나타낸 것이다. 소성일 $\mathbb{W}^{P}$가 Drucker의 가설을 충족시키고 $t_2 - t_1$이 충분히 작다면, $t - t_1 > 0$이므로 위의 식의 우변에서 2차항 이하를 생략하면 다음의 부등식으로 나타낼 수 있다.

- $\sigma_{ij} \neq \sigma_{ij}^{0}$인 경우 : $\left(\sigma_{ij} - \sigma_{ij}^{o}\right)\dot{\epsilon}_{ij}^{P} \geq 0$ 또는 $\left(\sigma_{ij} - \sigma_{ij}^{o}\right)d\epsilon_{ij}^{P} \geq 0$ (3-6)

- $\sigma_{ij} = \sigma_{ij}^{0}$인 경우 : $\dot{\sigma}_{ij}\dot{\epsilon}_{ij}^{P} \geq 0$ 또는 $d\sigma_{ij} d\epsilon_{ij}^{P} \geq 0$ (3-7)

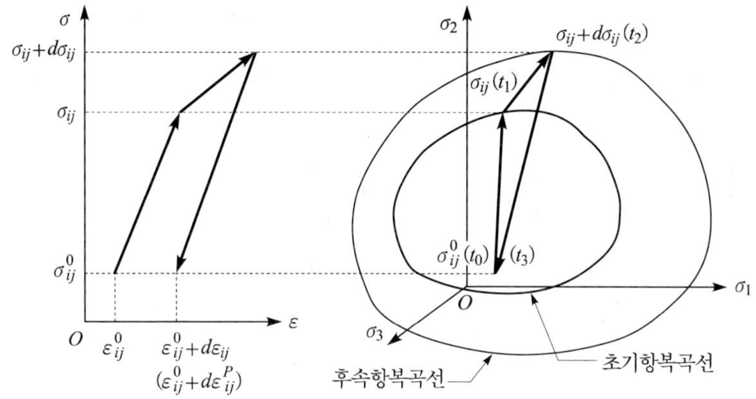

(a) 2차원 응력-변형률 곡선 (b) 3차원 응력공간의 항복곡면

〈그림 3-2〉 안정적인 재료의 응력-변형률 사이클

식에서 $\dot{\sigma}_{ij}$는 $d(\sigma_{ij})/dt$를 의미하며 응력과 변형률속도에 미소한 시간증분 dt를 곱해도 부등식에는 변화가 없으므로 (3-7)식은 (3-3)식과 동일한 것으로 볼 수 있다. (3-6~7)식은 $\dot{\sigma}_{ij}\dot{\epsilon}_{ij}^{P} \geq 0$이고 $\dot{\epsilon}_{ij}^{P} \neq 0$이라면 재료의 안정성이 우선되어야 하기 때문에 (3-6)식은 소성에너지소산에 대한 조건이고, (3-7)식은 재료의 안정성을 나타내는 조건이 된다.

3.1.2 항복곡면의 볼록성과 법선칙

Drucker의 가설을 시각화하기 위해서는 응력공간과 소성변형률공간을 동시에 이용해야 한다. 응력공간에서 항복함수 $f(\sigma_{ij})=0$는 〈그림 3-3〉과 같이 하나의 곡면을 나타낸다. 그림에서 σ_{ij}는 소성변형률증분 $d\epsilon_{ij}^{P}$과 관련된 항복곡면상의 실제 응력상태를 보이는 것이고, σ_{ij}^{0}는 항복곡면상에서나 또는 항복곡면 내측에 있는 임의의 응력상태를 나타낸다. 만약 소성변형률과 응력의 주축을 그림과 같이 일치시키면 안정적인 재료라면 Drucker의 가설에 의하여 소성변형률증분 $d\epsilon_{ij}^{P}$는 그림의 재하점 A와 같이 항복곡면에서 법선방향으로 향하게 되므로 응력-변형률증분의 관계를 명시할 수 있게 된다(Chen, 1975). 부등식인 (3-6)식이 성립하기 위해서는 두 벡터 $\sigma_{ij}-\sigma_{ij}^{o}$와 $\dot{\epsilon}_{ij}^{P}$의 스칼라곱이 $(\sigma_{ij}-\sigma_{ij}^{o})\dot{\epsilon}_{ij}^{P}\cos\psi \geq 0$이므로 사잇각은 $\psi \leq 90^{\circ}$로 예각이 되어야 하는데, 응력공간에서 항복곡면이 〈그림 3-3〉의 재하점 D와 같이 내측으로 오목하면 접선의 바깥쪽에도 탄성영역이 발생하게 되어 사잇각은 $\psi > 90^{\circ}$로서 둔각이 되므로 (3-6)식은 음의 값이 된다(Desai & Siriwardane, 1984). 또한 〈그림 3-3〉에서 σ_{ij} 및 σ_{ij}^{0}와 관련된 소성일을 각각 $\mathbb{W}^{P}=$

$\sigma_{ij} d\epsilon_{ij}^{P}$ 및 $\mathbb{W}_0^P = \sigma_{ij}^0 d\epsilon_{ij}^P$라고 하면 (3-6)식에 의하여 $\mathbb{W}^P \geq \mathbb{W}_0^P$가 되는데, 이것은 실제 응력과 관련된 소성일이 항복곡면상에서나 또는 항복곡면 내측에 있는 임의의 응력에 의한 소성일보다 크거나 같다는 것을 의미한다(Ottosen & Ristinmaa, 2005). 결과적으로 부등식인 (3-6)식은 재료의 변형은 소성일이 최대가 되도록 발생한다는 von Mises (1928)의 **최대소성일의 원리**(principle of maximum plastic work)를 의미하는 식으로서, 소성일 $\mathbb{W}^P$를 최대로 하기 위해서는 응력과 변형률 사이에 다음과 같이 **볼록성**(convexity)과 **법선칙**(normality rule 또는 normality)이라고 하는 2개의 기본적인 요구조건을 충족시켜야 한다.

- **볼록성** : 모든 초기항복곡면 및 후속항복곡면은 응력공간에서 항복곡면의 중심으로부터 바깥쪽으로 볼록해야 함(〈그림 3-3〉의 재하점 A 참조)
- **법선칙** : 소성변형률의 방향은 항복곡면에서 법선벡터의 방향과 일치해야 함(〈그림 3-3〉의 재하점 A 및 B 참조)

따라서 최대소성일의 원리는 항복곡면의 볼록성과 소성변형률의 법선칙에 대한 수학적 명제(mathematical statement)라고 할 수 있다. 항복곡면의 어느 점에서나 유일한 법선벡터가 존재한다면 법선벡터인 소성변형률증분 $d\epsilon_{ij}^P$는 항복곡면의 기울기 $\partial f/\partial\sigma_{ij}$에 비례하고 소성변형률증분 $d\epsilon_{ij}^P$가 항복곡면의 법선방향으로 작용하는데 이와 같은 항복곡면에 대한 응력-변형률 관계를 바로 관련유동칙이라고 한다. 따라서 법선칙과 관련유동칙은 동일한 의미로 사용될 수 있으며, 이와는 달리 항복함수가 아닌 소성퍼텐셜함수 등의 함수로부터 유도되는 유동칙이 비관련유동칙이다. 위의 조건에 대하여 (3-7)식은 소성변형률증분과 항복곡선이 직교해야 한다는 법선칙을 요구하는 반면 (3-6)식은 법선칙과 함께 추가적으로 항복곡선의 볼록성까지 요구하기 때문에 재료의 안정성과 관련하여 (3-7)식을 **부분안정조건**(condition of stability in the small), (3-6)식을 **전체안정조건**(condition of stability in the large)이라고도 한다(Yu, 2006; Prevost & Hoeg, 1975).

지금까지 제안된 많은 소성이론은 법선칙에 기반을 두고 있으며 원점방향으로 오목한 항복곡선은 허용되지 않는다. 법선칙은 소성이론의 전개과정에서 없어서는 안 될 중요한 규칙일 뿐 아니라 수많은 이론적 근거를 제공해 왔다. 그렇지만 왜 법선칙이 유효한지 근본적인 이유는 밝혀지지 않았으며 물리적 법칙이 아니라 하나의 가설일 뿐이다. Drucker의 가설은 전체적으로 변형경화, 볼록성 및 법선칙으로 요약할 수 있으며, 이 가설은 소성이론에서 재료의 거동과 수학적 해석을 연결시켜주는 연결고리로서 관련유동칙은 물론 강소성재료에 대한 **유일성정리**(uniqueness theorem), **변분정리**(variational theorem) 및 하계정리와 상계정리를 기반으로 하는 극한해석의 핵심적인 내용이다. Drucker의 가설에 대해서는 열역학 제2법칙을 적용하여 외력에 의하여 수행되는 일의 개념으로 해석하는 등, 다양한 해석적 연구가 이루어졌으며, 흙, 콘크리트, 암석 등의 재료 중에서 변형연화 현상을 보이는 재료에 대해서는 유효하지 않지만 강소성재료나 금속과 같은 경화성재료에 대해서는 구성성 가정(構成性 假定, constitutive assumption)으로서 널리 이용되고 있다 (Lubliner, 2006; Davis & Selvadurai, 2002; Salencon, 1977).

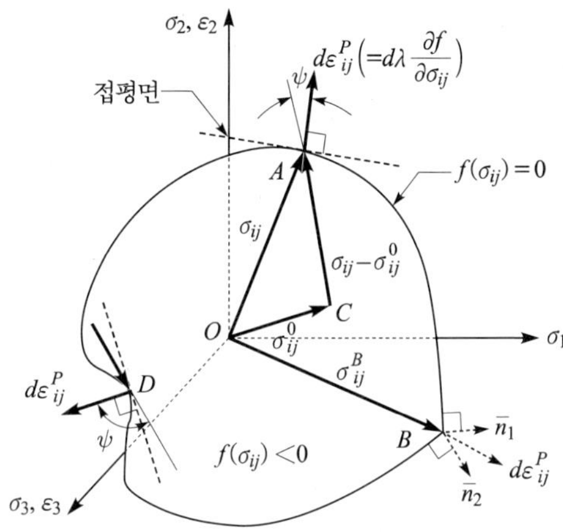

〈그림 3-3〉 **항복곡선의 특성** (Chen & Saleeb, 1994; Chen & Han, 1988)

항복곡면의 볼록성과 법선칙에 대한 개념은 속도 비의존적 소성이론의 중심이 되는 것으로서 지금까지 볼록한 항복곡면과 법선칙에 대한 조건을 유도하기 위하여 다양한 가설이 제안되었다. 최대소성일의 원리를 이용하여 1950년대 초에 처음으로 제시된 Drucker의 가설이 가장 대표적인 것이지만 Drucker의 가설은 경화성재료의 응력-변형률 거동에만 적용이 가능하고 연화성재료에 대해서는 유효하지 않다. 이와 같은 단점을 보완할 수 있는 가설로는 **Ilyushin의 가설**(Ilyushin's postulate)이 있는데, Ilyushin의 가설에 따르면 변형률 사이클 전체 과정에서 재료에 대하여 외력에 의하여 수행되는 일은 양(+)의 값이어야 한다는 것이다. 따라서 Drucker의 가설에서는 응력 사이클 과정에서 수행되는 일을 고려하지만 Ilyushin의 가설에서는 변형률 사이클 과정에서 수행되는 일을 계산하는 것이 다르며, Drucker의 가설보다 덜 제한적이고 연화성재료에 대해서도 적용이 가능하다. 그러나 흙과 같이 마찰에 의하여 에너지가 소산되는 재료에 대해서는 비탄성적 체적변화가 너무 과대하게 산정되기 때문에 Drucker의 가설이나 Ilyushin의 가설은 모두 적용할 수가 없다는 것에 주의해야 한다. 이것은 두 가설이 모두 항복곡면에 대하여 소성변형률증분의 법선칙이 충분조건은 될 수 있지만 어느 것도 필요조건은 아니라는 것이다. 다시 말하면, Drucker나 Ilyushin의 부등식이 모두 위배되는 응력 또는 변형률 사이클이 있다고 하더라도 소성거동에 대한 구성모델은 볼록한 항복곡면으로부터 법선방향의 소성변형률증분과 함께 관련유동칙의 지배를 받을 수 있다는 것이다. 또한 변형률 사이클을 대상으로 하는 Ilyushin의 가설이 응력 사이클을 고려하는 Drucker의 가설보다 열역학적으로 더욱 타당한 것처럼 보일 수도 있지만 Ilyushin의 가설에도 문제가 있다. 그것은 재료의 상태가 변형률 사이클의 최종 단계에서 반드시 원래의 상태로 되돌아가는 것이 아니기 때문에 완전한 변형률 사이클이라고 할 수 없기 때문이다(Yu, 2006; Wu, 2005; Lubarda 외, 1996; Mroz, 1963; Houlsby & Puzrin, 2006).

3.2 Drucker의 가설과 관련유동칙

3.2.1 재료의 항복과 관련유동칙

소성이론은 지금까지 복잡한 이론적인 발전과정을 거치면서 응력공간에 표시되는 항복곡면에 대한 개념이 도입되었으며 소성변형은 응력점이 항복곡면상에 위치하는 경우에만 발생되는 것으로 정립되었다. 항복곡면상에 위치한 임의의 응력점에서 항복이 발생하면 주어진 응력증분에 대하여 소성변형률증분의 거동방향을 결정하는 것이 바로 유동칙이다. 따라서 유동칙은 재료의 항복후 거동을 나타내기 위하여 필요한 운동학적 가정이며 재료의 항복조건을 통하여 수립된 응력-변형률 관계를 나타내는 이른바 소성영역에서 응력-변형률 거동을 규정하는 구성식으로서 탄성영역의 Hooke의 법칙에 대응하는 규칙이라고 할 수 있다.

유동칙에는 소성변형률증분의 방향이 항복곡선의 법선방향으로 증대함으로서 법선칙이 요구되는 관련유동칙과 **비법선칙**(non-normality rule)을 적용하는 비관련유동칙이 있다. 관련유동칙을 나타내는 「associated flow rule」이란 용어는 「flow rule associated directly with the yield criterion」을 의미하는 것으로서 유동칙이 항복기준과 직접적으로 관련이 된다는 것이다. (3-6)식의 소성에너지소산에 대한 부등식을 충족시키면 〈그림 3-3〉의 A에서 모든 응력점 σ_{ij}는 접평면의 한쪽 방향에 위치하게 되므로 에너지소산이 양(+)의 값을 가지기 위해서는 다음 식이 성립해야 한다(Davis & Selvadurai, 2002).

$$\left(\sigma_{ij}-\sigma_{ij}^{o}\right)\frac{\partial f}{\partial \sigma_{ij}} \geq 0 \tag{3-8}$$

식에서 f는 항복함수이다. (3-8)식의 기하학적 의미는 응력공간에서 항복곡면이 항복곡면의 중심으로부터에서 바깥쪽으로 볼록하고 곡면상의 모든 점에서 유일한 법선벡터성분을 갖는 재료가 안정적으로 소성거동을 한다면, 소성변형률증분 $d\epsilon_{ij}^{P}$(또는 소성변형률속도 $\dot{\epsilon}_{ij}^{P}$)는 법선칙을 충족시키거나 또는 항상 항복곡면에 수직이어야 하므로 다음 식이 성립해야 한다는 것이다.

$$d\epsilon_{ij}^{P}=d\lambda\frac{\partial f}{\partial \sigma_{ij}} \quad \text{또는,} \quad \dot{\epsilon}_{ij}^{P}=\dot{\lambda}\frac{\partial f}{\partial \sigma_{ij}} \tag{3-9}$$

식에서 $d\lambda$ 또는 $\dot{\lambda}$는 소성변형의 크기를 결정하는 비례상수로서 **소성승수**(plastic multiplier)라고 한다(재료상수가 아님). 위의 식이 바로 「관련유동칙」을 나타내는 식으로서 소성거동을 나타내는 가장 기본적인 유동칙이다. (3-9)식과 동일한 형태의 유동칙은 1928년 von Mises에 의하여 증명 없이 처음으로 소개되었으며 후에 Hill(1950)과 Thomas에 의해서도 제안된 바 있다. 재료의 안정성을 나타내는 (3-7)식에 위의 식을 대입하면 다음 식을 얻을 수 있다(Kamrin & Martin, 2007; Drucker, 1952).

$$d\sigma_{ij}d\epsilon_{ij}^{P}=d\lambda\frac{\partial f}{\partial \sigma_{ij}}d\sigma_{ij} \geq 0 \tag{3-10}$$

소성재료의 재하, 중립 및 제하는 위의 식에서 응력증분 $d\sigma_{ij}$의 방향과 관련하여 정의된다. 즉 $(\partial f/\partial\sigma_{ij})d\sigma_{ij}=0$이면 중립, $(\partial f/\partial\sigma_{ij})d\sigma_{ij}>0$이면 재하, $(\partial f/\partial\sigma_{ij})d\sigma_{ij}<0$이면 제하상태가 되는데, 중립상태에서 재하경로는 항복곡면을 따라서 이동하고 제하상태에서는 소성변형이 발생하지 않는다. (3-9)식에서 항복함수 f는 σ_{ij}의 함수로서 항복조건을 나타내고 $\partial f/\partial\sigma_{ij}$는 소성변형률증분 $d\epsilon_{ij}^{P}$에 대응하는 응력 σ_{ij}에 관한 도함수이며 $d\epsilon_{ij}^{P}$의 방향을 결정한다. 여기서 법선칙의 요구조건은 소성변형률의 값을 구하기 위해서 적용되는 것이 아니라 $d\epsilon_{x}^{P}/d\epsilon_{y}^{P}$, $d\epsilon_{x}^{P}/d\epsilon_{xy}^{P}$ 등과 같은 성분의 비를 결정하거나 제한하기 위한 것이다. (3-9)식에서 소성승수 $d\lambda$(또는 $\dot{\lambda}$)는 소성변형이 발생하면 $d\lambda \geq 0$(또는 $\dot{\lambda} \geq 0$)이어야 하며, Prager의 **무모순조건**(無矛盾條件, consistency condition) 등을 이용하여 경화칙으로 결정되는 스칼라이다. 증분형인 소성변형률증분 $d\epsilon_{ij}^{P}$와 소성승수 $d\lambda$는 각각 속도형인 $\dot{\epsilon}_{ij}^{P}$와 $\dot{\lambda}$로도 표시할 수 있는데 어느 것을 사용해도 결과에는 차이가 없지만, 증분형인 $d\epsilon_{ij}^{P}$는 무차원 값인 $d\lambda$와 함께 사용되고 속도형인 $\dot{\epsilon}_{ij}^{P}$는 $\dot{\lambda}$의 차원을 T^{-1}로 하여 함께 사용해야

한다. 응력상태가 $d\lambda = 0$으로 항복조건을 충족시킨다면 소성변형이 없다는 것이며, 강소성재료에 대해서는 응력공간에서 $d\sigma_{ij}$가 항복곡면상에 위치할 때마다 $(\partial f/\partial \sigma_{ij})d\sigma_{ij} = 0$이 되기 때문에 재하 및 중립상태에 차이가 없다(Davis & Selvadurai, 2002; Drucker, 1966).

응력-변형률 거동이 관련유동칙(=법선칙)을 따르는 강소성재료라면 유일한 **파괴하중**(collapse load)이 존재한다는 유일성정리를 충족시키고, 하계 및 상계정리로 그 파괴하중을 추정할 수 있을 뿐만 아니라, 항복함수와 소성퍼텐셜함수가 일치하여 구성행렬(constitutive matrix)이 대칭이 되기 때문에 수치해석 알고리즘의 안정성은 물론 효율성도 높일 수가 있다. 이와 같은 장점 때문에 금속과 같은 강소성재료에 대해서는 풍부한 실측자료와 이론적인 배경을 바탕으로 대부분 관련유동칙을 적용하고 있다(Houlsby & Puzrin, 2006). 토질역학에서 Mohr-Coulomb파괴기준과 함께 관련유동칙을 적용한다는 것은 흙의 거동에 법선칙을 적용한다는 것이므로 Mohr-Coulomb파괴곡선으로부터 소성변형률벡터가 법선방향으로 향하게 한다는 것이며 이와 같은 가정이 해석결과에 큰 영향을 미칠 수 있다는 것을 주의해야 한다. 특히 흙에 대하여 관련유동칙을 적용하여 팽창각을 마찰각과 동일시하면($\nu = \phi$) 유동칙 전개과정이 비관련유동칙을 적용하는 것에 비하여 간단하게 되기 때문에 해석하기가 용이하다. 또한 그와 같은 가정을 통하여 응력장과 속도장이 동일한 것으로 전제하면 흙에 대하여 하계 및 상계정리도 적용할 수 있을 뿐 아니라 조건에 따라서는 한계평형법과 같은 기존의 해석결과와 일치하는 해를 얻을 수도 있다(극한해석 참조). 그러나 흙에서는 팽창각에 의한 거동이 마찰각에 의한 거동보다 훨씬 작기 때문에, 흙의 거동을 결정하는 것이 주요한 목적이라면 $\nu = \phi$라는 가정은 과다한 체적팽창을 유발할 수 있다는 것에 주의해야 한다(James & Bransby, 1971; Lee, 1968).

3.2.2 특이점이 있는 항복곡면

항복곡면의 볼록성은 궤적에 모서리나 꼭짓점이 포함된다는 것을 배제하지 않는다. 항복곡면은 Drucker-Prager파괴기준, von Mises항복기준 등과 같이 연속적으로 선회하는 접선(continuously turning tangent)이 생성되면 **정칙성 항복곡면**(regular yield surface)이라고 하고, Mohr-Coulomb파괴기준, Tresca항복기준 등과 같이 궤적에 모서리나 꼭짓점이 있으면 **특이성 항복곡면**(singular yield surface)이라고 한다.

(3-9)식의 관련유동칙을 적용하면 〈그림 3-3〉의 재하점 A와 같이 항복곡면의 중심으로부터 바깥쪽으로 볼록한 항복곡면에서는 어느 점에서나 유일한 법선벡터를 결정할 수 있지만,

그림의 재하점 B와 같이 모서리나 꼭짓점과 같은 **특이점**(singularity 또는 singular point)에서는 법선벡터의 방향을 유일하게 결정할 수가 없다. 그러나 Drucker의 가설을 따르는 재료라면 (3-6~7)식과 (3-10)식은 여전히 유효하며, 따라서 관련유동칙의 정의를 특이점도 포함할 수 있도록 확장해야 하는데 특이점에서는 하나의 점에 2개 이상의 평면이 교차하므로 (3-9)식의 관련유동칙을 다음과 같이 수정하여 적용해야 한다(Davis & Selvadurai, 2002; Chakrabarty, 1987; Drucker, 1966; Chen, 1975; Drucker, 1952).

$$\dot{\epsilon}_{ij}^{P} = \sum_{\alpha=1}^{n} \dot{\lambda}_{\alpha} \frac{\partial f_{\alpha}}{\partial \sigma_{ij}} \tag{3-11}$$

식에서 $\dot{\lambda}_{\alpha} > 0$이고, 항복곡면은 그 자체가 독립적이므로 도함수 $\partial f_{\alpha}/\partial \sigma_{ij}$는 일차 독립적(linearly independent)이어야 한다. 위의 식으로부터 완전한 소성변형률속도 $\dot{\epsilon}_{ij}^{P}$(또는 소성변형률증분 $d\epsilon_{ij}^{P}$)를 얻을 수가 있으며 소성변형률속도는 〈그림 3-4〉와 같이 특이점을 교차하는 평면마다 생성되는 단위법선벡터를 합성하여 결정해야 한다. 즉 그림에서 소성변형률속도의 방향이 두 접평면의 법선벡터인 $\overline{n}_1$과 $\overline{n}_2$ 사이에 있어야 되므로 법선벡터가 2개 이상 생성되면 합성하여 적용하면 된다. 예를 들면, 특이점 C에서 소성변형률속도는 다음 식으로 구한다.

$$\dot{\epsilon}_{ij}^{P} = \dot{\lambda}_1 \frac{\partial f_1}{\partial \sigma_{ij}} + \dot{\lambda}_2 \frac{\partial f_2}{\partial \sigma_{ij}} = \dot{\lambda} \left[\phi_d \frac{\partial f_1}{\partial \sigma_{ij}} + (1-\phi_d) \frac{\partial f_2}{\partial \sigma_{ij}} \right] \tag{3-12}$$

식에서 ϕ_d는 분배율이며 $0 \le \phi_d \le 1$이다. 여기서 주의해야 할 것은 소성변형률증분의 방향이 유일하지 않더라도 주어진 소성변형률증분에 대응하는 응력은 유일하기 때문에 에너지소산은 유일하게 결정된다는 것이다. 따라서 응력-변형률 거동이 관련유동칙을 충족시키는 강소성재료에 대한 에너지소산은 다음 절의 에너지소산 관계식을 그대로 적용할 수 있다.

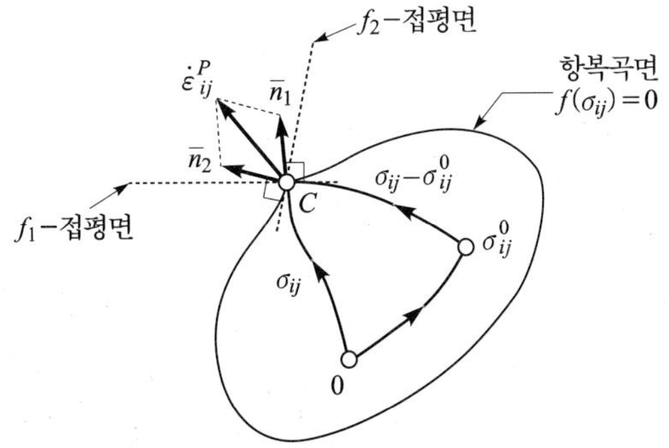

〈그림 3-4〉 특이점이 있는 항복곡면의 변형률증분벡터 (Davis & Selvadurai, 2002)

3.3 Drucker의 가설과 에너지소산

3.3.1 관련유동칙과 에너지소산

소성영역의 응력-변형률 관계를 규명하는 과정에서 표면력이나 물체력 등 외력에 의하여 수행되는 일(𝕎)과 재료 내부의 전단대에서 발생하는 에너지소산(𝔻)은 (1-158~159)식의 가상일의 원리에 의하여 같아야 하며 구성식이나 유동칙보다 우선하여 다루어져야 한다(Davis & Selvadurai, 2002). 〈그림 3-3〉에서 σ_{ij}의 응력상태는 주어진 소성변형률증분 $d\epsilon_{ij}^P$(또는 소성변형률속도 $\dot{\epsilon}_{ij}^P$)와 관련된 실제 응력상태이다. (3-6)식은 최대소성일의 원리를 나타내는 조건으로서 그림의 원점 O에서 재하점 A까지 주어진 소성변형률증분에 의해 수행되는 실제일은 다양한 응력상태에 의해서 수행되는 가상일 중에서 가장 커서 최댓값을 가진다는 것이다. 따라서 최대소성일의 원리에 의해서 소성에너지소산이 최대가 되도록 볼록성과 법선칙을 적용하여 관련유동칙을 따르는 강소성재료의 변형과정에서 소성변형률증분 $d\epsilon_{ij}^P$에 의한 에너지소산 𝔻는 다음 식으로 나타낼 수 있다(Yu, 2006; Chen, 1975).

$$
\begin{aligned}
- \text{ 에너지소산 : } \mathbb{D} &= \sigma_{ij} d\epsilon_{ij}^P \\
&= \sigma_1 d\epsilon_1^P + \sigma_2 d\epsilon_2^P + \sigma_3 d\epsilon_3^P = \sigma_1 \dot{\epsilon}_1^P + \sigma_2 \dot{\epsilon}_2^P + \sigma_3 \dot{\epsilon}_3^P
\end{aligned} \tag{3-13}
$$

식에서 σ_{ij}는 항복곡면상에 위치하고 있는 응력으로서 법선칙을 적용한 소성변형률증분 $d\epsilon_{ij}^P$에 대응되는 응력이므로 σ_1과 $d\epsilon_1^P$의 방향, σ_2와 $d\epsilon_2^P$의 방향 및 σ_3와 $d\epsilon_3^P$의 방향은 각각 일치해야 한다. 위의 식이 응력-변형률 거동이 관련유동칙을 따르는 재료에 소성변형이 발생하는 경우에 내부에서 소산되는 에너지를 산정하는 식으로서 극한해석이나 활동선장해석을 위해서 매우 중요한 관계식이다. (3-13)식의 에너지소산은 소성변형률증분 $d\epsilon_{ij}^P$에 대하여 유일한 값을 가지며, 주어진 $d\epsilon_{ij}^P$에 대하여 유동칙과 항복함수를 구해야 에너지소산을 산정할 수 있다(Chen & Han, 2007). 일반적으로 단위체적당 에너지소산 𝔻는 다음과 같이 나타낼 수 있다(유도과정은 (4-46)식 참조).

$$
- \text{ 에너지소산 : } \mathbb{D} = 2c \tan\left(\frac{\pi}{4} - \frac{\phi}{2}\right) |d\epsilon_3^P| \tag{3-14}
$$

식에서 $d\epsilon_3^P$는 주소성변형률증분(principal plastic strain increment)이다. 위의 (3-13~14)식을 이용하여 Mohr-Coulomb파괴기준과 Drucker-Prager파괴기준에 대한 에너지소산 산정방법은 다음 장을 참조하면 된다.

3.3.2 전단대의 에너지소산

Mohr-Coulomb파괴기준과 함께 관련유동칙을 적용하면 소성변형과 함께 체적팽창이 수반된다. 〈그림 3-5〉는 체적팽창이 수반되는 전단을 보여주는 것이다. 그림에서 전단대 상부와 하부의 흙덩이는 강체블록으로 고려하고, 전단대는 응력-변형률 거동이 관련유동칙을 따르는 강소성재료로 가정한다. 또한 변형은 속도성분으로 표시되어 있으며, 변형유형은 그림과 같이 전단대와 평행한 **전단거동**(shear flow)과 법선방향의 팽창성유동의 조합으로 이루어져 있다. 전단대를 따라서 상부 강체블록의 **접선속도**(tangential velocity)는 v_t, 접선속도의 법선방향으로 작용하는 **분리속도**(separation velocity)는 v_p, 두 속도의 **합성속도**(resultant velocity)는 v이다. 분리속도는 마찰각+팽창각이 작용하는 「Coulomb 전단」이 마찰각만 작용하는 「Coulomb 활동」과 다르다는 것을 보여주는 중요한 속도성분이다(〈그림 1-19〉 참조). 합성속도 v는 선속도로서 회전축 O로부터 r_Ψ 만큼 떨어져 있으므로 각속도 Ω와의 관계는 $v = r_\Psi \times \Omega$로 나타낼 수 있다. 그림에서 $\phi \neq 0$라면 체적팽창 때문에 접선속도 v_t에는 분리속도 $v_p = -v_t \tan\phi$가 수반되어야 한다는 것을 알 수 있다. 접선속도 v_t는 하부 강체블록에 대한 상부 강체블록의 상대속도를 나타낸다. 〈그림 3-5(a)〉에서 소성변형률속도를 전단대의 접선방향으로 작용하는 전단변형률속도 $\dot{\epsilon}_t^P$와 법선방향으로 작용하는 수직변형률속도 $\dot{\epsilon}_n^P$로 분리하면 단위체적당 에너지소산(rate of energy dissipation per unit volume)은 다음과 같이 나타낼 수 있다(Davis & Selvadurai, 2002; Chen, 1975).

- 단위체적당 에너지소산 : $\tau \dot{\epsilon}_t^P - \sigma \dot{\epsilon}_n^P$ (3-15)

식에서 τ와 σ는 각각 전단응력과 수직응력이다(압축: +). 또한 전단대의 두께를 t라고 하면 전단 및 수직변형률속도는 각각 $\dot{\epsilon}_t^P = v_t/t$와 $\dot{\epsilon}_n^P = v_p/t$이므로 길이방향으로 $l=1$로 취하면 면적 $A = t \times 1 = t$이고 전단대의 단위면적당 에너지소산 $\mathbb{D}_A$는 단위체적당 에너지소산인 (3-15)식에 두께 t를 곱하면 된다.

$$\mathbb{D}_A = \left(\tau \dot{\epsilon}_t^P - \sigma \dot{\epsilon}_n^P\right)t = \tau v_t - \sigma v_p = v_t(\tau - \sigma \tan\phi) \tag{3-16}$$

전단대의 파괴기준으로 Mohr-Coulomb파괴기준을 적용하면 (3-16)식은 아래와 같이 간단하게 나타낼 수 있다(Chen, 1968).

$$\mathbb{D}_A = (\tau - \sigma \tan\phi)\, v_t = c\, v_t \tag{3-17}$$

위의 식은 $\phi=0$인 전단대에서 소산되는 에너지 산정에도 적용할 수 있다. 또한 (3-17)식이 의미하는 것은 두께가 얇은 전단대에서 소산되는 에너지는, τ, σ 및 t와는 관계없이 점착력 c와 접선속도 v_t의 곱으로만 나타낼 수 있다는 것이다. 전단대의 두께 $t \to 0$이면 전단대에서 소산되는 에너지는 (3-17)식에 전단대의 길이를 곱하면 된다. 주의해야 할 것은 에너지소산과 관련된 속도는 절대속도가 아니라 기준좌표계에 대한 상대속도라는 것이다. 따라서 모든 속도는 크기와 방향을 가진 벡터성분으로서 2개의 흙덩이 강체 블록에 상대속도 개념을 적용해야 관계식이 성립하며, 2개의 블록이 물리적으로 완전히 분리된다는 것은 운동학적으로 허용될 수 없을 뿐 아니라 역학적으로도 불합리한 결과를 초래하게 된다(Davis & Selvadurai, 2002). 접선속도 v_t와 전단변형률속도 $\dot{\gamma}$ 사이에는 $v_t = \dot{\epsilon}_t^P t = \dot{\gamma} t$의 관계가 있으므로 (3-17)식을 평면변형률조건의 단위체적당 에너지소산 $\mathbb{D}$로 나타내면 다음과 같다.

$$\mathbb{D} = \frac{c v_t}{t} = c \dot{\epsilon}_t^P = c \dot{\gamma} \tag{3-18}$$

관련유동칙에 의하면 〈그림 3-5(a)〉와 같이 접선속도 v_t는 분리속도 v_p를 수반하고 이와 같은 운동학적 가정은 전단대에서 합성속도 v가 전단대와 ϕ만큼 각을 이루어야 한다는 것을 의미한다. 또한 〈그림 3-5(b)〉와 같이 회전을 하는 전단대라면 회전축에 직각인 전단대의 궤적은 반경이 r_0인 동심원이 아니라 O를 축으로 반경 r_0부터 r_Ψ까지 일정한 각$(\pi/2+\phi)$을 이루는 대수나선(logarithmic spiral)이 되어야 한다. 상부 강체는 하부 강체에 대하여 O를 축으로 각속도 Ω로 회전하고, 전단대 전구간에서 상대속도 v는 전단대와 ϕ만큼 각을 이루고 있다. 따라서 $\phi \neq 0$인 Mohr-Coulomb파괴기준을 채택한 극한해석에서 특정한 점을 축으로 회전하는 전단대가 발생한다면 분리속도 때문에 동심원인 원형 전단대는 운동학적으로 허용되지 않으므로 대수나선형 전단대를 채택해야 한다(Davis & Selvadurai, 2002; Chen, 1975). 그림에서도 알 수 있듯이 $r_0 \to \infty$이면 대수나선은 직선이 되므로 전단대를 직선으로 가정하는 것은 운동학적으로 타당한 속도장이지만, 전단대를 원형으로 가정하는 것은 팽창각 $\nu=0$가 아니라면 운동학적으로 타당하지 않다. 그러나 이와 같은 사실이 반드시 대수나선에 의한 해석이 원형에 의한 해석보다 더 정확한 해석이라는 것을 의미하지는 않는다. 이것은 마찰각과 팽창각이 같지 않으면 $(\phi \neq \nu)$ 대수나선에 의한 해석에서도 파괴하중이나 안전율을 결정할 수 없으며, 운동학적으로 타당한 상계는 단지 $\phi=\nu$에 대해서만 유효하기 때문이다(Lee, 1968). 〈그림 3-5(b)〉에서 대수나선형 전단대의 대수나선식은 〈그림 3-6〉을 이용하여 구할 수 있다.

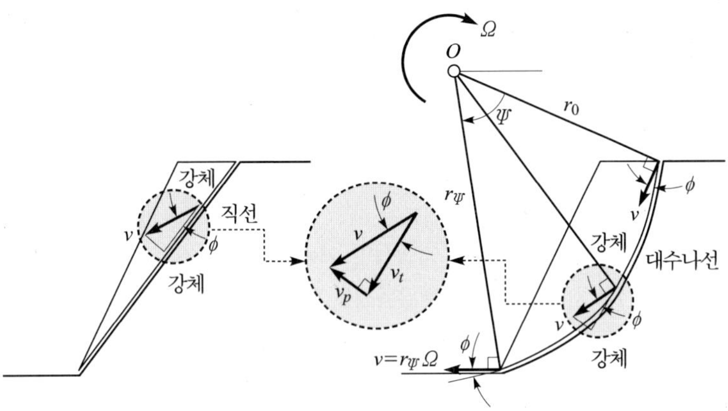

(a) 직선형 전단대 (b) 대수나선형 전단대

〈그림 3-5〉 **체적팽창을 수반하는 강소성재료의 전단** (Drucker & Prager, 1952; Chen, 1975)

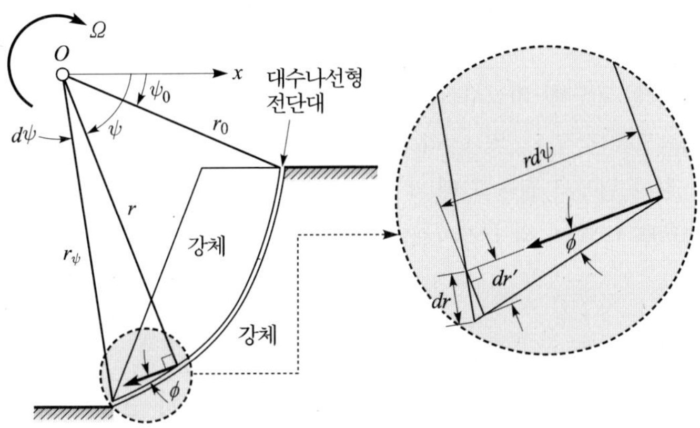

〈그림 3-6〉 **대수나선형 전단대**

〈그림 3-6〉에서 $d\psi$가 미소하다면 $dr' \approx dr$이므로 다음 식이 성립한다.

$$\tan\phi = \frac{dr'}{rd\psi} \approx \frac{dr}{rd\psi}$$

양변을 적분하고 경계조건으로 ψ_0에서 r_0를 대입하면 다음의 대수나선식을 얻을 수 있다.

$$r = r_0 \exp[(\psi - \psi_0)\tan\phi] \tag{3-19}$$

위의 식은 극좌표(r, ψ)로 표시한 대수나선식으로서 r은 원점인 회전축으로부터 (r, ψ)까지 방사상방향의 거리이고 ψ는 $x-$축과 방사상선과의 사잇각이다. r_0와 $\tan\phi$는 임의상수로서 r_0는 기준반경(reference radius)을 나타내고 마찰각 $\phi = 0$이면 위의 대수나선식은 $r = r_0$인 원형 전단대가 된다.

연습문제

문제1 일반적으로 흙이나 암석과 같이 강도가 정수압의 영향을 받으며 항복곡면은 정수압의 크기에 따라 변하고 마찰효과가 발생하는 재료는 Drucker의 가설이나 Ilyushin의 가설을 따르지 않는 것이 보통이다. 이와 같은 재료의 역학적인 거동을 나타내기 위해서는 항복함수 f와는 다른 소성퍼텐셜함수 g를 이용하여 비관련유동칙을 채택하게 된다. 이때 소성변형률증분 $d\epsilon_{ij}^P$와 소성퍼텐셜함수 g 및 항복함수 f의 관계를 설명하라.

► **풀이**

비관련유동칙에서는 소성변형률증분 $d\epsilon_{ij}^P$는 항복함수 f가 아니라 소성퍼텐셜함수 g에 대하여 수직이며 $d\epsilon_{ij}^P = d\lambda(\partial g/\partial\sigma_{ij})$ 식이 성립한다.

문제2 아래 그림과 같은 간단한 마찰시스템에서 블록의 접선방향 힘을 T, 수직방향의 힘을 N, 대응하는 변형률속도를 각각 $\dot{\epsilon}_t$ 및 $\dot{\epsilon}_n$라 하고, 활동면에서 마찰각과 점착력을 각각 ϕ와 c라고 한다. 블록이 강체 위에서 활동할 때 $T = N\tan\phi + c$ 의 관계식이 성립한다면 (3–9)식의 관련유동칙을 이용하여 $\dot{\epsilon}_t$와 $\dot{\epsilon}_n$의 관계식을 구하라.

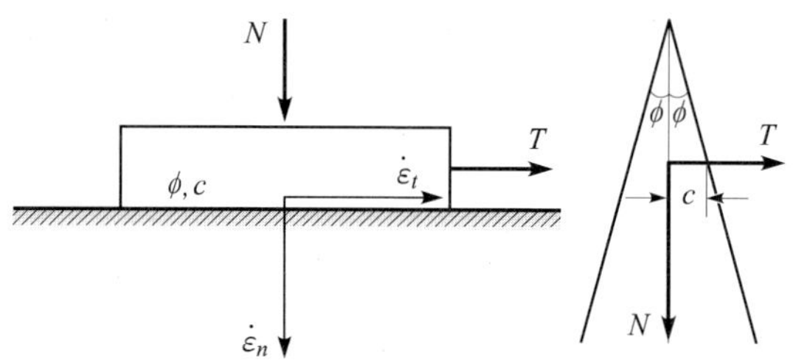

[마찰시스템]

► **풀이**

블록의 활동이 바로 항복조건이므로 다음과 같이 나타낼 수 있다.

$$f = T - (N\tan\phi + c) = 0$$

(3–9)식의 관련유동칙을 위의 식에 대입하면 $\dot{\epsilon}_t$와 $\dot{\epsilon}_n$은 각각 다음과 같다.

$$\dot{\epsilon}_t = \dot{\lambda}\frac{\partial f}{\partial T} = \dot{\lambda}, \quad \dot{\epsilon}_n = \dot{\lambda}\frac{\partial f}{\partial N} = -\dot{\lambda}\tan\phi$$

위의 관계식에서 λ를 소거하면 다음과 같은 $\dot{\epsilon}_T$와 $\dot{\epsilon}_N$의 관계식을 구할 수 있다.

$$\frac{\dot{\epsilon}_n}{\dot{\epsilon}_t} = -\tan\phi$$

문제3 볼록성과 법선칙을 충족시키는 탄성–완전소성재료에 대하여 (3–7)식의 등호가 성립함$\left(\dot{\sigma}_{ij}\dot{\epsilon}_{ij}^{P}=0\right)$을 보여라.

▸ **풀이**

탄성–완전소성재료에 대하여 항복함수 f는 오직 응력에만 의존하므로 항복함수의 변화속도 $\dot{f}$는 다음과 같다.

$$\dot{f}=\frac{\partial f}{\partial \sigma}\dot{\sigma}_{ij}$$

(3–9)식의 관련유동칙을 (3–7)식의 좌변에 대입하고 위의 식으로부터 다음과 같이 나타낼 수 있다.

$$\dot{\sigma}_{ij}\dot{\epsilon}_{ij}^{P}=\dot{\sigma}_{ij}\dot{\lambda}\frac{\partial f}{\partial \sigma_{ij}}=\dot{f}\dot{\lambda}=0$$

여기서 $\dot{f}=0$는 「Prager의 무모순조건」을 참고하면 된다.

제4장

재료의 항복기준

제4장 재료의 항복기준

4.1 정수압과 관계없는 항복기준

4.1.1 금속재료의 항복 특성

1900년대 초에 Bridgman은 금속재료에 대한 많은 시험결과를 바탕으로 대부분의 금속재료는 높은 정수압 하에서 변형이 발생하지만 정수압을 제거하면 변형이 회복되고 금속재료의 소성거동특성은 소성영역에서 체적변화가 0이며 항복응력은 정수압과 무관하다고 하였다. 금속재료의 항복 특성은 다음과 같이 요약할 수 있다(Jones, 2009).

① 항복은 응력상태에만 의존하며 응력경사(stress gradient)는 무관하다.
② 제하 및 재재하 거동은 가역적이기 때문에 이력곡선(hysteresis loop)이 발생하지 않으므로 항복곡면 내측에서 제하와 재재하 거동은 탄성계수로 나타낼 수 있다.
③ 재료는 등방성이고 항복은 정수압의 영향을 받지 않는다.
④ 재료가 등방성이기 때문에 인장과 압축에 대한 항복응력의 크기는 같다.

①항에 의하면 항복함수는 단지 응력의 함수이기 때문에 시간에 관한 응력경사나 위치에 관한 응력경사가 고려되지 않는다는 것이다. 또한 항복곡면을 통하여 재료의 거동은 두 가지 유형으로 구별되는데 항복곡면 내측에서는 탄성거동, 외측으로는 소성거동으로 분리할 수 있다. ②항이 의미하는 것은 항복곡면 내측에서는 탄성거동을 하고 경화로 인하여 더 큰 새로운 항복곡면이 생성되기 때문에 항복곡면은 재하와 함께 팽창한다는 것이다. ③항에서 재료는 등방성이고 항복은 정수압의 영향을 받지 않는다는 것은 항복함수에 정수압응력을 나타내는 제1응력불변량 I_1이 포함되지 않으며 축차응력에만 의존하고 축차응력상태는 축차응력불변량으로 표시할 수 있으므로 항복도 역시 축차응력불변량의 함수가 된다는 것이다. 항복기준이 정수압에 의존하지 않으므로 정수압축방향으로 실린더 형태를 취해야 하지만 정수압축은 단지 항복곡면을 생성하는 모선(generatrix)이기 때문에 실린더 단면이 반드시 원형일 필요는 없으며 어떤 단면도 가능하다. 이와 같은 특성 때문에 항복함수를 (2-41)식과 같은 제2 및 제3축차응력불변량인 J_2와 J_3의 조합

으로 표시할 수 있다. ④항은 응력 부호(+,−)의 변화에 따른 거동의 등방성에 대한 것이다. 응력 부호가 바뀌어도 거동의 등방성 때문에 원점에 대칭이 되므로 3차원 응력상태를 2차원 축차평면에 투사할 수 있다. 또한 인장과 압축에 대하여 항복응력이 같다면 (2−41)식의 항복함수는 우함수가 되어야 하는데, (1−22)식에서 J_2는 축차응력의 제곱으로 표시되므로 J_2에 대하여 항복함수는 우함수나 기함수가 모두 가능하지만 (1−23)식에서 J_3는 축차응력의 세제곱꼴[$J_3 = (s^3 + s^3 + s^3)/3$]의 기함수이기 때문에 항복함수는 우함수가 되어야 한다. 정수압과 관계없는 항복기준으로 많은 항복기준이 제안되었지만 Bridgman의 시험결과에 부합되는 항복기준은 Tresca항복기준과 von Mises항복기준뿐이다(Jones, 2009; Drucker, 1966).

4.1.2 Tresca항복기준

Coulomb이 처음으로 제시하고 Tresca가 발전시킨 항복기준이다. 최대전단응력 항복기준(maximum shear stress yield criteria)이라고도 하며, 일축인장 또는 일축압축 조건에서 최대전단응력이 한계값에 도달하면 항복이 발생한다는 이론으로서 주로 인장과 압축에 대하여 항복응력이 동일한 연성 금속에 적용하는 항복기준이다. 최대전단응력은 최대주응력 $\sigma_{\max}$와 최소주응력 $\sigma_{\min}$의 차의 1/2이므로 Tresca항복기준에 적용하면 다음과 같다.

$$\tau_{\max} = \frac{1}{2}|\sigma_{\max} - \sigma_{\min}| = k \tag{4-1}$$

식에서 k는 **전단항복응력**(yield stress in shear)으로서 재료상수이다. 주응력의 크기에 따라 위의 식은 다음과 같이 나타낼 수 있다(김동원, 2009).

$$\begin{aligned} \tau_1 &= \pm\frac{1}{2}(\sigma_2 - \sigma_3), \ [\ +\text{인 경우} : \sigma_2 > \sigma_1 > \sigma_3,\ -\text{인 경우} : \sigma_3 > \sigma_1 > \sigma_2] \\ \tau_2 &= \pm\frac{1}{2}(\sigma_1 - \sigma_3), \ [\ +\text{인 경우} : \sigma_1 > \sigma_2 > \sigma_3,\ -\text{인 경우} : \sigma_3 > \sigma_2 > \sigma_1] \\ \tau_3 &= \pm\frac{1}{2}(\sigma_1 - \sigma_2), \ [\ +\text{인 경우} : \sigma_1 > \sigma_3 > \sigma_2,\ -\text{인 경우} : \sigma_2 > \sigma_3 > \sigma_1] \end{aligned} \tag{4-2}$$

위의 식에서 주응력의 크기가 $\sigma_1 > \sigma_2 > \sigma_3$라면 주전단응력면에서 최대전단응력은 $\tau_2 = (\sigma_1 - \sigma_3)/2$이다. 또한 일축인장하중의 항복시 최대전단응력은 $\sigma_Y/2$이므로 항복은 다음과 같은 조건에서 발생한다(김동원, 2009).

$$\sigma_2-\sigma_3=\pm\sigma_Y,\quad \sigma_1-\sigma_3=\pm\sigma_Y,\quad \sigma_1-\sigma_2=\pm\sigma_Y \tag{4-3}$$

식에서 부호는 (4-2)식과 동일하다. (4-3)식은 $\sigma_3=0$인 $\sigma_1-\sigma_2$평면에서 아래와 같이 6개의 조건식으로 나타낼 수 있다.

$$\begin{array}{ll}
\sigma_1>\sigma_2>0 & :\ \sigma_1=\sigma_Y \\
\sigma_1>0>\sigma_2 & :\ \sigma_1-\sigma_2=\sigma_Y \\
\sigma_2>0>\sigma_1 & :\ \sigma_1-\sigma_2=-\sigma_Y \\
\sigma_2>\sigma_1>0 & :\ \sigma_2=\sigma_Y \\
\sigma_2<\sigma_1<0 & :\ \sigma_2=-\sigma_Y \\
\sigma_1<\sigma_2<0 & :\ \sigma_1=-\sigma_Y
\end{array} \tag{4-4}$$

위의 식을 $\sigma_1-\sigma_2$평면에 도시하면 〈그림 4-1(a)〉와 같다. 또한 〈그림 4-1(b)〉의 $\pi-$평면에서 σ_1-축과 $-\sigma_3-$축 사이의 주응력의 크기는 $\sigma_1>\sigma_2>\sigma_3$이므로 Tresca항복기준은 (4-3)식에서 $\sigma_2-\sigma_3=\sigma_Y$이다. σ_1-축과 $-\sigma_3-$축 구간에서 항복조건은 σ_2와 관계없기 때문에 σ_2-축과 평행한 직선이 되어야 하며 OB의 길이는 (2-46)식으로부터 $\sigma_\eta=-(\sigma_2-\sigma_3)/\sqrt{2}=\sigma_Y$이므로 $\sigma_Y/\sqrt{2}$이다. 〈그림 4-1(b)〉의 원점 O에서 $-\sigma_2-$축에 있는 꼭짓점 A까지 거리는 다음과 같다(김동원, 2009).

$$\frac{\dfrac{\sigma_Y}{\sqrt{2}}}{\cos 30}=\sqrt{\frac{2}{3}}\,\sigma_Y \tag{4-5}$$

동일한 방법으로 6개의 구간에 대하여 각각의 응력상태를 고려하여 항복조건을 구하면 〈그림 4-1(b)〉와 같이 한 변의 길이가 $\sqrt{2/3}\,\sigma_Y$이고 $\pi-$평면의 원점에서 각각의 꼭짓점까지 거리가 $\sqrt{2/3}\,\sigma_Y$인 정육각형이 된다. Tresca항복기준에서 평면응력조건의 순수전단($\sigma_1=-\sigma_2=\tau$, $\sigma_3=0$)에 대하여 고려하면 (4-4)식으로부터 $\sigma_1-\sigma_2=\sigma_Y$이고, 이것을 (4-2)식에 대입하면 순수전단에 의한 항복응력은 $\tau_Y=(\sigma_1-\sigma_2)/2=\sigma_Y/2$이므로 일축항복응력의 1/2이다(Desai & Siriwardane, 1984).

Tresca항복기준은 정수압과 관계없기 때문에 비배수조건의 포화 점토 등 특수한 경우를 제외하면 흙에 적용하기가 곤란하다. 또한 압축과 인장에 대한 파괴응력이 동일하게 예측되어 실제로 압축강도가 인장강도보다 훨씬 큰 흙의 강도특성을 제대로 반영하지 못할 뿐 아니라 중간주응력의 영향을 고려하지 않는다는 것도 단점으로 지적되고 있다. 그러나 포화 점토에 하중을 가하는 경우에 비배수조건이라면 정수압과 관계없기 때문에 Tresca항복기준을 적용한 전응력해석($\phi=0$해석) 결과는 시험결과에 잘 부합되는 것으로 알려져 있다. 이때 (4-1)식의 항복응력 k는 비배수 전단강도 $c_u(\phi_u=0)$가 되고 비압밀 비배수 삼축압축시험($UU-$test) 등의 시험으로부터 결정할 수 있다. 특히 마찰각 $\phi=0$인 순수 점토를 **Tresca재료**(Tresca material)라고 한다.

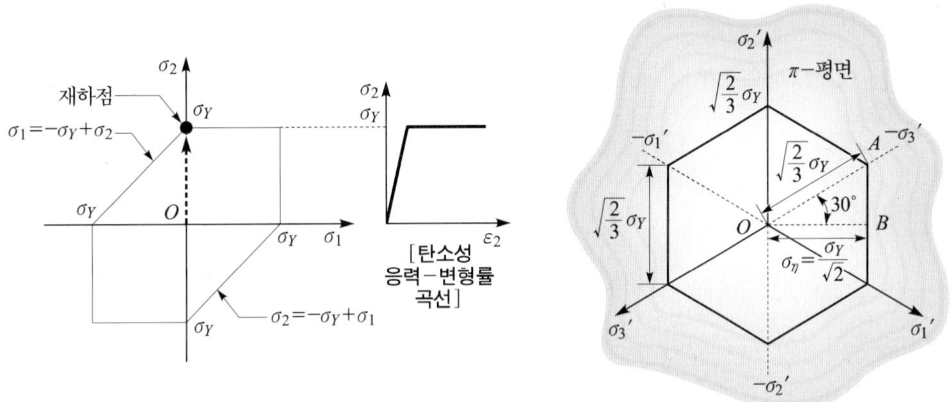

(a) $\sigma_1-\sigma_2$평면 (b) $\pi-$평면

〈그림 4-1〉 Tresca항복기준 (김동원, 2009; Chakrabarty, 1987)

4.1.3 von Mises항복기준

von Mises항복기준은 1856년 Maxwell이 처음 제안하였으며 Huber와 Hencky 및 von Mises가 차례로 뒤를 이어 더욱 발전시키고 완성시킨 항복기준으로서 Maxwell-Huber-Hencky-von Mises항복기준, 팔면체전단응력설(octahedral shear stress theory), 최대뒤틀림에너지 항복기준(maximum distortion energy criterion) 등, 다양하게 불리어지고 있으며 보통 최대뒤틀림에너지 항복기준이라고 한다.

재료의 변형에너지 $\mathbb{U}^E$는 체적변형에너지 $\mathbb{U}_v$항과 축차변형에너지 $\mathbb{U}_d$항의 합으로 이루어지는데, 금속재료는 정수압에 의한 체적팽창 및 수축과는 무관하므로 축차변형에너지만 재료의 변형에너지로 작용하게 된다. 최대뒤틀림에너지 항복기준에 의하면 재료의 항복은 다축응력조건에서 축차변형에너지 $\mathbb{U}_d$가 일축인장시 항복의 축차변형에너지 $\mathbb{U}_{d-uniaxial}$과 동일한 경우에 발생한다는 것이다. 다축응력상태에서 단위체적당 축차변형에너지 $\mathbb{U}_d$는 (2-29)식에 의해서 다음 식으로 나타낼 수 있다.

$$\mathbb{U}_d = \frac{1}{12G}\left[(\sigma_1-\sigma_2)^2+(\sigma_2-\sigma_3)^2+(\sigma_3-\sigma_1)^2\right] \tag{4-6}$$

금속재료는 비압축성이므로 Poisson비 $v=0.5$이고 등방성재료라면 $E=2G(1+\nu)=3G$이므로 일축응력상태에서 축차변형에너지 $\mathbb{U}_{d-uniaxial}$은 다음 식과 같이 나타낼 수 있다.

$$\mathbb{U}_{d-uniaxial} = \frac{1}{2}\sigma_Y\epsilon_Y = \frac{1}{2E}\sigma_Y^2 = \frac{1}{6G}\sigma_Y^2 \tag{4-7}$$

(2-29)식과 (4-7)식으로부터 von Mises의 항복기준은 다음과 같다.

$$\sigma_Y^2 = \frac{1}{2}\left[(\sigma_1-\sigma_2)^2+(\sigma_2-\sigma_3)^2+(\sigma_3-\sigma_1)^2\right] \tag{4-8}$$

위의 식과 팔면체전단응력의 (1-25)식을 비교하면 $\tau_{oct}=\sqrt{2}\sigma_Y/3$의 관계가 있어서 τ_{oct}이 일정한 응력($\sqrt{2}\sigma_Y/3$)에 이르면 항복이 발생한다는 의미로서 von Mises항복기준을 팔면체전단응력설이라고 한다. 또한 (4-8)식은 (1-22)식의 제2축차응력불변량 J_2와 동일한 형태를 취하므로 von Mises항복기준은 J_2가 한계값(k^2)을 초과하면 항복이 발생하는 것으로 해석하여 J_2-항복기준, J_2-유동이론(J_2-flow theory) 또는 J_2-소성(J_2-plasticity)이라고도 한다. von Mises항복기준을 축차응력불변량 J_2를 이용하여 나타내면 다음과 같다.

$$f(J_2) = J_2 - k^2 = 0 \tag{4-9}$$

식에서 k는 상수로서 일축인장시험에서는 $\sigma_1=\sigma_Y$, $\sigma_2=\sigma_3=0$이므로 $k=\sigma_Y/\sqrt{3}$이고, 순수전단이라면 $\sigma_1=-\sigma_3=\tau_Y$ 및 $\sigma_2=0$이므로 $k=\tau_Y$이다. 따라서 일축인장에 대해서는 다음과 같이 나타낼 수 있다.

$$f(\sqrt{J_2}) = \sqrt{3J_2} - \sigma_Y = 0 \tag{4-10}$$

식에서 $\sqrt{3J_2}$를 상당응력 σ_{eq}로 나타내면 $\sigma_{eq}-\sigma_Y=0$이 되므로 von Mises 항복조건은 상당응력 σ_{eq}가 재료의 일축인장 항복응력 σ_Y에 도달하면 항복이 발생한다는 의미로 해석할 수도 있다. $\sigma_1-\sigma_2$평면($\sigma_3=0$)에서 von Mises항복기준은 다음의 타원방정식으로 표시된다.

$$\sigma_1^2 - \sigma_1\sigma_2 + \sigma_2^2 = \sigma_Y^2 \tag{4-11}$$

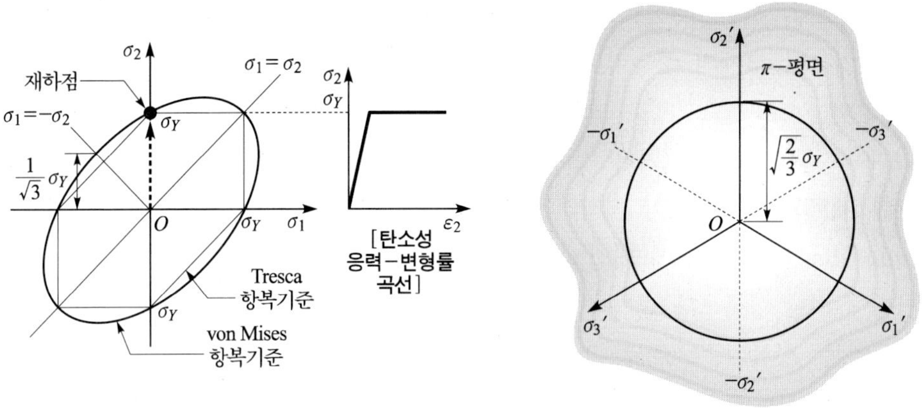

(a) $\sigma_1-\sigma_2$평면 (b) π-평면

〈그림 4-2〉 von Mises항복기준 (김동원, 2009; Dunne & Petrinic, 2005)

〈그림 4-2(a)〉는 $\sigma_1-\sigma_2$평면에 (4-11)식의 von Mises항복기준과 함께 Tresca항복기준을 도시한 것이다. von Mises항복기준에서 평면응력 상태의 순수전단은 (4-11)식에 $\sigma_1=-\sigma_2=\tau$를 대입하면 $\tau=\sigma_Y/\sqrt{3}\simeq 0.577\sigma_Y$이다. 따라서 순수전단에 의한 항복은 von Mises항복기준에 의한 값이 Tresca항복기준($\tau_Y=\sigma_Y/2$)에 의한 값보다 $2/\sqrt{3}\simeq 1.155$만큼 크다. 그러나 그림과 같이 이축인장($\sigma_1=\sigma_2=\sigma_Y$)에 대해서는 Tresca항복기준과 von Mises항복기준이 동일한 값을 보인다. 〈그림 4-2(b)〉는 π-평면에 도시한 von Mises항복기준으로서 단면은 원형으로 표시된다(Fung & Tong, 2001).

von Mises항복기준도 Tresca항복기준과 같이 흙에 적용하는 경우에는 정수압과 관계없는 항복기준이기 때문에 야기되는 문제, 압축과 인장에 대하여 동일한 파괴응력 등으로 인하여 문제가 있지만 Tresca항복기준과 같이 비배수조건의 포화 점토에 대해서는 좋은 결과를 얻을 수 있다. 그러나 6개의 모서리가 있는 Tresca항복기준보다 von Mises항복기준이 수치해석에 더 유리하다.

4.1.4 Tresca항복기준과 von Mises항복기준의 비교

〈그림 4-3(a)〉는 (4-3)식의 Tresca항복기준과 (4-8)식의 von Mises항복기준을 3차원 응력공간에 도시한 것이다. 그림과 같이 Tresca항복기준은 주응력공간에서 정수압축을 중심으로 하여 정육각형 기둥이 되고, von Mises항복기준은 주응력공간에서 정수압축을 중심으로 하여 원통으로 표시된다. 정수압축과 나란하게 정육각형 기둥 또는 원통으로

표시된다는 것은 정수압축이 항복곡면을 통과하지 않기 때문에 정수압 상태에서 항복이 발생하지 않으며, 3개의 주응력이 대략 비슷한 정수압하에서는 압축이든 인장이든 크기에 관계없이 재료가 탄성체로 남아있지만 3개의 주응력 중에서 어느 하나의 주응력이 다른 2개의 주응력보다 크거나 작아지면 전단응력이 발생하고 전단응력이 어느 한계에 도달하면 재료는 소성변형을 시작하게 된다는 것을 의미한다. 그림에서 Tresca 항복곡면은 von Mises 항복곡면에 내접하고 있어서 Tresca항복기준에 의한 항복은 von Mises 항복기준에 의한 항복보다 같거나 적은 하중에서 발생된다는 것을 알 수 있다. 정수압과 관계가 없는 항복기준으로서 Rankine의 최대주응력 항복기준(maximum principal stress yield criterion), Saint Venant의 최대주변형률 항복기준(maximum principal strain yield criterion) 등, 지금까지 많은 항복기준이 제안되었지만 Tresca항복기준과 von Mises항복기준만 정수압과 관계가 없으며, 2개의 항복기준을 제외한 나머지 항복기준은 정수압축을 중심으로 표시할 수 없으며 π-평면에도 나타낼 수 없다(Jones, 2009; Yu, 2006).

〈그림 4-3(b)〉의 $\pi-$평면에서 Tresca항복기준과 von Mises항복기준의 차가 가장 클 것으로 예상되는 정육면체 변의 중앙에서 OA선은 〈그림 2-9(b)〉의 $\eta-$축과 사잇각 θ_0가 0이므로 (2-45)식의 $2\sigma_2-\sigma_3-\sigma_1=0$이 되기 위해서는 다음 식이 성립해야 한다.

$$\sigma_2=\frac{1}{2}(\sigma_1+\sigma_3) \tag{4-12}$$

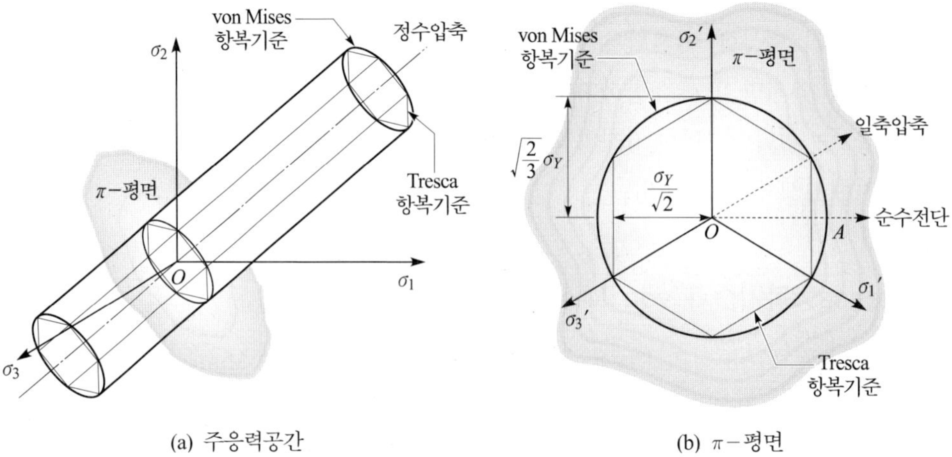

〈그림 4-3〉 von Mises항복기준과 Tresca항복기준 (Jones, 2009)

위의 식을 이용해서 평균응력 p를 주응력 σ_1과 σ_3로 나타내면 다음과 같다.

$$p=\frac{1}{3}(\sigma_1+\sigma_2+\sigma_3)=\frac{1}{2}(\sigma_1+\sigma_3) \tag{4-13}$$

주응력 σ_1, σ_2 및 σ_3로부터 (4-13)식의 평균응력을 감하면 각각 다음과 같다.

$$\begin{aligned}&\sigma_1-\frac{1}{2}(\sigma_1+\sigma_3)=\frac{1}{2}(\sigma_1-\sigma_3)\\&\sigma_2-\frac{1}{2}(\sigma_1+\sigma_3)=0\\&\sigma_3-\frac{1}{2}(\sigma_1+\sigma_3)=-\frac{1}{2}(\sigma_1-\sigma_3)\end{aligned} \tag{4-14}$$

위의 식에서 $\sigma_2=0$이고 σ_1과 σ_3는 절댓값이 같고 부호가 반대이므로 순수전단 상태가 된다. 〈그림 4-3(b)〉의 $\pi-$평면에서 von Mises항복기준과 Tresca항복기준을 비교하면 일축인장 및 일축압축조건에서는 항복기준이 일치하지만 순수전단 상태(OA선)에서 차이가 가장 크고 그 값은 $\sqrt{2/3}\sigma_Y-\sigma_Y/2$이며 평면응력 상태와 같이 von Mises항복기준이 약 1.15배 정도 크다.

예제 1

주응력 $\sigma_1\geq\sigma_2\geq\sigma_3$일 때 von Mises항복기준을 따르는 재료에 대하여 관련유동칙을 적용하여 주변형률증분을 구하라.

풀이 (4-9)식의 $f=J_2-k^2=0$를 주응력 σ_1에 대하여 미분하면 다음과 같다.

$$\frac{\partial f}{\partial\sigma_1}=\frac{2}{3}\left[\sigma_1-\frac{1}{2}(\sigma_2+\sigma_3)\right]$$

σ_2 및 σ_3에 대해서도 각각 미분하여 관련유동칙을 적용하면 다음과 같이 주변형률증분을 구할 수 있다.

$$d\epsilon_1^P=\frac{2}{3}d\lambda\left[\sigma_1-\frac{1}{2}(\sigma_2+\sigma_3)\right]$$

$$d\epsilon_2^P=\frac{2}{3}d\lambda\left[\sigma_2-\frac{1}{2}(\sigma_1+\sigma_3)\right]$$

$$d\epsilon_3^P=\frac{2}{3}d\lambda\left[\sigma_3-\frac{1}{2}(\sigma_1+\sigma_2)\right]$$

Tresca항복기준과 von Mises항복기준을 비교하기 위한 방법으로 Lode의 응력매개변수(Lode's stress parameter) μ_σ를 고려할 수도 있다. Lode는 항복시 다양한 응력조합 상태에서 중간주응력의 역할을 고려하기 위하여 매개변수를 도입하였다. 즉, $\sigma_1 > \sigma_2 > \sigma_3$일 때 Lode의 응력매개변수 μ_σ는 다음과 같이 정의된다(김동원, 2009).

$$\mu_\sigma = \frac{2\sigma_2 - \sigma_3 - \sigma_1}{\sigma_1 - \sigma_3} \tag{4-15}$$

또는 위의 식은 다음과 같이 나타낼 수도 있다.

$$\mu_\sigma = \frac{\sigma_2 - \frac{1}{2}(\sigma_1 + \sigma_3)}{\frac{1}{2}(\sigma_1 - \sigma_3)} \tag{4-16}$$

위의 식에서 μ_σ는 중간주응력(σ_2)으로부터 최대 및 최소주응력의 평균값을 감한 값과 최대주응력으로부터 최소주응력을 감한 값의 1/2값에 대한 비이다. 위의 식을 중간주응력 σ_2에 대하여 정리하면 다음과 같다.

$$\sigma_2 = \frac{1}{2}\mu_\sigma(\sigma_1 - \sigma_3) + \frac{1}{2}(\sigma_1 + \sigma_3) \tag{4-17}$$

Tresca항복기준에 의하면 항복시 응력은 오직 최대 및 최소주응력만 작용하여 $(\sigma_1 - \sigma_3)/\sigma_Y$의 값이 중간주응력 σ_2에 관계없이 $(\sigma_1 - \sigma_3)/\sigma_Y = 1$로서 항상 일정하지만, von Mises항복기준에 대해서는 (4-17)식을 (4-8)식에 대입하여 정리하면 $(\sigma_1 - \sigma_3)/\sigma_Y$의 값이 아래와 같이 μ_σ의 함수로서 중간주응력을 포함한 모든 주응력이 항복과 관련된다는 것을 알 수 있다(김동원, 2009).

$$\frac{\sigma_1 - \sigma_3}{\sigma_Y} = \frac{2}{\left(3 + \mu_\sigma^2\right)^{1/2}} \tag{4-18}$$

〈그림 4-4〉는 Tresca항복기준과 von Mises항복기준에 의한 $(\sigma_1 - \sigma_3)/\sigma_Y$의 값과 μ_σ의 상관관계를 나타낸 것이다. 지금까지 다양한 금속재료에 대한 시험결과를 μ_σ와 함께 〈그림 4-4〉의 그래프에 표시하여 Tresca항복기준과 von Mises항복기준을 비교하였으며 대부분의 범위에서 von Mises항복기준이 Tresca항복기준보다 실제 항복응력에 더욱 가까운 것으로 나타났다. (2-45~46)식을 이용하여 (4-15)식을 π-평면에서 극좌표로 나타내면 Lode의 응력매개변수 μ_σ는 다음과 같이 나타낼 수 있다.

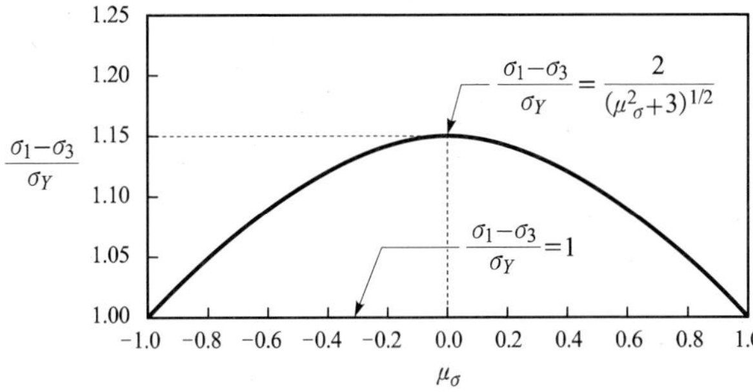

〈그림 4-4〉 $\mu_\sigma-(\sigma_1-\sigma_3)/\sigma_Y$의 상관관계 (김동원, 2009)

$$\mu_\sigma = \sqrt{3}\tan\chi \tag{4-19}$$

식에서 $\tan\chi$는 (2-45~46)식으로부터 σ_ζ/σ_η이다. 위의 식이 의미하는 것은 μ_σ는 응력의 크기와는 관계없이 $\pi-$평면에서 응력 또는 축차응력방향을 결정하는 기준이 된다는 것이다. χ의 범위는 재료가 등방성이라면 $0^\circ<\chi<60^\circ$, 재료가 등방성이면서 인장과 압축에 대하여 항복응력이 동일하다면 $0^\circ<\chi<30^\circ$이므로 금속재료에 대해서는 $0<\mu_\sigma<1$이다.

예제 2

그림과 같이 박판튜브에 탄성범위 내에서 비틀림 M을 가한 후 항복이 발생할 때까지 축방향 인장력 P를 가하여 미소요소에 작용하는 응력이 $\sigma_{xx}=\sigma$, $\sigma_{yy}=\sigma_{zz}=0$, $\sigma_{xy}=\tau$, $\sigma_{yz}=\sigma_{xz}=0$일 때, Tresca 및 von Mises항복기준으로 $\sigma-\tau$평면에서 항복곡선을 그려라. 단, 박판튜브의 일축인장시험의 항복응력은 σ_Y이다.

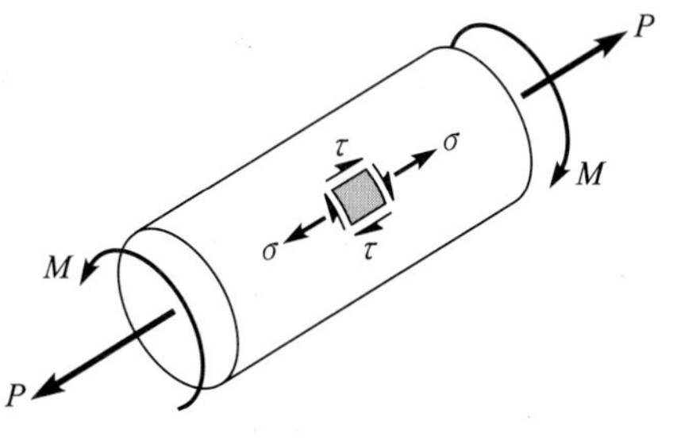

[인장력과 비틀림을 받는 박판튜브의 항복곡선]

풀이 주어진 응력상태에 대하여 Mohr 응력원을 이용하여 주응력($\sigma_1>\sigma_3$, $\sigma_2=0$)을 구하면 다음과 같다.

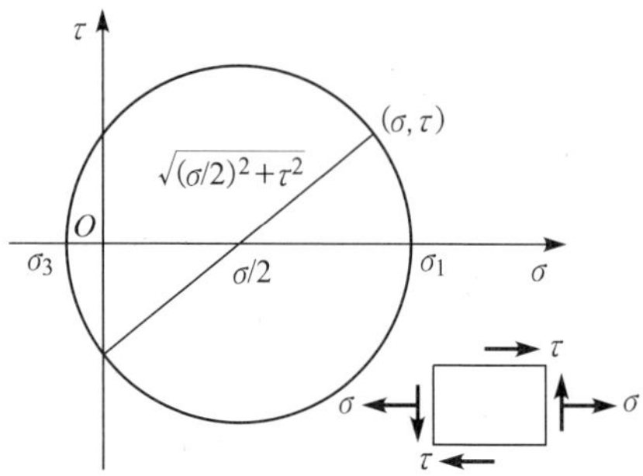

[박판튜브에 대한 Mohr 응력원]

$$\sigma_1=\frac{1}{2}\left(\sigma+\sqrt{\sigma^2+4\tau^2}\right),\quad \sigma_2=0,\quad \sigma_3=\frac{1}{2}\left(\sigma-\sqrt{\sigma^2+4\tau^2}\right)$$

위의 식에 의하여 Tresca항복기준은 $\sigma_1-\sigma_3=\sqrt{\sigma^2+4\tau^2}=\sigma_Y$ 즉, $\sigma^2+4\tau^2=\sigma_Y^2$이고, 같은 방법으로 von Mises항복기준은 $(\sigma_1-0)^2+(0-\sigma_3)^2+(\sigma_3-\sigma_1)^2=2\sigma_Y^2$ 즉, $\sigma^2+3\tau^2=\sigma_Y^2$으로서 2개의 항복곡선은 모두 아래와 같이 $\sigma-\tau$평면에서 타원형으로 표시된다.

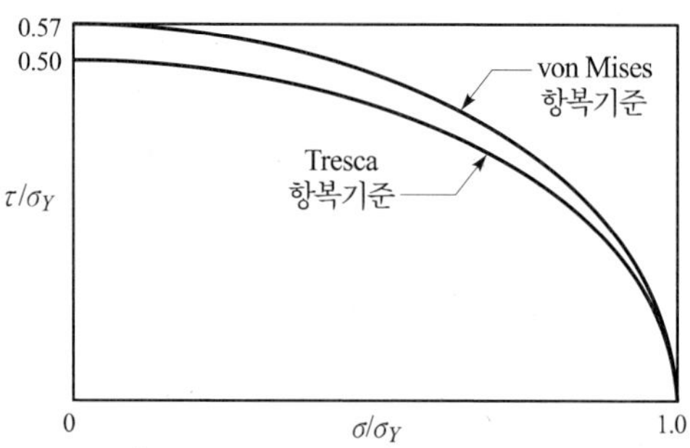

[박판튜브에 대한 항복곡선]

4.2 정수압과 관계있는 항복기준

4.2.1 입상체의 항복 특성

흙과 같은 입상체의 강도는 정수압의 영향을 받으며 항복곡면은 정수압의 크기에 따라 변하게 된다. 정수압이 커지면 재료의 강도도 증가하여 항복곡면은 점차 더 커지게 되고 반대로 부(−)의 정수압에 대하여 항복곡면은 폐쇄된다. 〈그림 2-4(b)〉와 같은 강소성재료에 대해서는 항복이 파괴를 의미하므로 항복응력이 바로 강도의 한계가 되기 때문에 입상체를 강소성재료로 가정하는 경우에는 항복기준을 파괴기준, 항복곡면을 파괴곡면으로 대체하여 사용할 수도 있다. 정수압과 관계있는 항복기준은 소성이론을 취성재료에 적용하는 경우에 필요한 기준으로서 전단응력과 수직응력의 조합이 한계값에 이르면 파괴가 발생한다는 Mohr의 파괴이론에 근거를 두고 있다. 평균응력 p는 간극이 있는 흙, 암석 또는 콘크리트와 같이 소성변형과 함께 체적변화가 발생하는 취성재료의 강도와 밀접한 관계가 있으며, 이와 같은 취성재료는 구속압력을 증가시키면 재료의 강도가 증가한다. 또한 재료의 응력-변형률 곡선은 대체로 완만하여 초기항복이 뚜렷하게 표시되지 않으므로 **극한하중**(limit load)에 초점이 맞춰질 수밖에 없기 때문에 파괴기준이 중요한 역할을 하게 된다. 정수압과 관계가 있으므로 항복기준에는 제1응력불변량 I_1이 포함되어야 한다. 3차원 응력공간에 표시되는 항복곡면의 기하학적 형태는 축차평면의 파괴곡선과 **자오평면**(meridian plane)의 자오선(meridian)을 이용하면 재료의 거동을 더욱 잘 나타낼 수 있다. 〈그림 4-5(a)〉에서 축차평면의 파괴곡선은 정수압축에 직각인 축차평면과 파괴곡면의 교선이며, 〈그림 4-5(b)〉의 자오평면은 정수압축과 파괴곡선의 특정한 점을 포함한 평면이고 자오선은 자오평면과 파괴곡면의 교선이다.

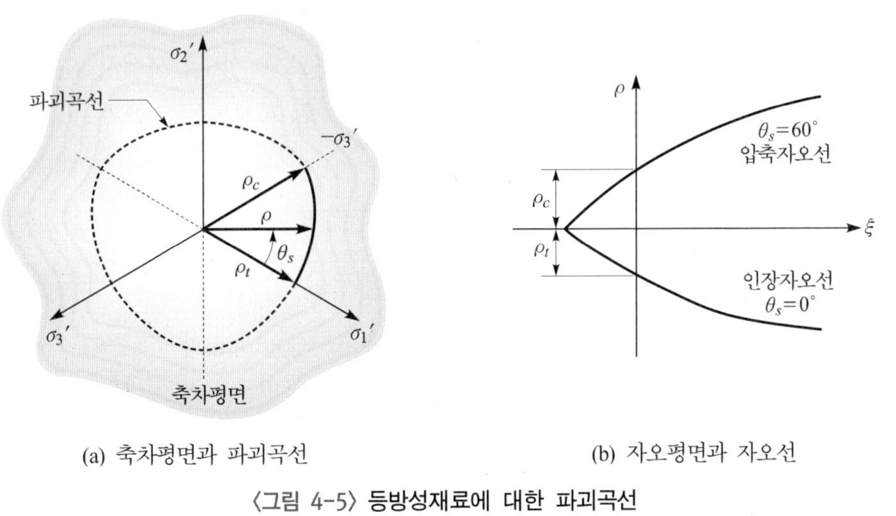

(a) 축차평면과 파괴곡선 (b) 자오평면과 자오선

〈그림 4-5〉 등방성재료에 대한 파괴곡선

등방성재료로 가정하면 〈그림 4-5(a)〉의 축차평면에서 파괴곡선은 3개의 좌표축에 대하여 대칭이고 좌표축은 임의로 선택할 수 있으므로 θ_s를 60°까지만 알면 나머지 부분은 대칭성을 이용하여 도시할 수 있다. 〈그림 4-5(a)〉의 축차평면에서 실선으로 표시된 부분은 주응력이 $\sigma_1 \geq \sigma_2 \geq \sigma_3$인 경우에 나타날 수 있는 파괴곡선이다. 이와 같은 응력조건에서는 아래와 같이 2개의 극단적인 응력상태를 고려할 수 있다.

$$\sigma_1 = \sigma_2 > \sigma_3 \tag{4-20}$$

$$\sigma_1 > \sigma_2 = \sigma_3 \tag{4-21}$$

(4-20)식이 의미하는 것은 〈그림 4-5(a)〉의 $-\sigma_3'$-축이므로 $\theta_s = 60^\circ$이고 (4-21)식은 σ_1'-축으로서 $\theta_s = 0^\circ$이다. (2-67)식에서 $\rho\cos\theta_s = (2s_1 - s_2 - s_3)/\sqrt{6}$이고 $\rho = \sqrt{2I_2'}$이므로 θ_s는 (4-20~21)식의 응력상태에 대하여 다음의 값을 가진다.

$$\cos\theta_s = \frac{1}{\sqrt{6}}\frac{2s_1 - s_2 - s_3}{\sqrt{2I_2'}} = \frac{2\sigma_1 - \sigma_2 - \sigma_3}{2\sqrt{3}\sqrt{\frac{2}{6}(\sigma_1 - \sigma_3)^2}} = \frac{2\sigma_1 - \sigma_1 - \sigma_3}{2(\sigma_1 - \sigma_3)} = \frac{1}{2} \tag{4-22}$$

$$\cos\theta_s = \frac{1}{\sqrt{6}}\frac{2s_1 - s_2 - s_3}{\sqrt{2I_2'}} = \frac{2\sigma_1 - \sigma_3 - \sigma_3}{2\sqrt{3}\sqrt{\frac{2}{6}(\sigma_1 - \sigma_3)^2}} = \frac{2(\sigma_1 - \sigma_3)}{2(\sigma_1 - \sigma_3)} = 1 \tag{4-23}$$

(4-22)식에서 $\theta_s = 60^\circ$에 해당하는 자오선은 압축자오선(compression meridian)이며 정수압하에서 일축압축응력이 추가적으로 작용하는 응력상태이고, (4-23)식의 $\theta_s = 0^\circ$에 해당하는 자오선은 인장자오선(tensile meridian)으로서 정수압하에서 일축인장응력이 추가적으로 작용하는 응력상태이다. 특히 $\theta_s = 30^\circ$로 결정되는 자오선은 전단자오선(shear meridian)이며 응력상태는 $[\sigma_1,\ \sigma_2 = (\sigma_1 + \sigma_3)/2,\ \sigma_3]$이고 (4-12~14)식과 동일하게 평균응력 $(\sigma_1 + \sigma_3)/2$가 작용하면 순수전단 상태가 된다. 〈그림 4-5(b)〉의 자오평면의 자오선은 이와 같은 응력상태를 고려하여 도시할 수 있다.

토질역학에서 정수압과 관계있는 항복기준으로는 Mohr-Coulomb파괴기준이 가장 대표적이며 그 외에도 Drucker-Prager파괴기준, Cam-clay항복기준, Matsuoka-Nakai파괴기준(1974), Lade-Duncan파괴기준(1975) 등 많이 있지만, 여기서는 Mohr-Coulomb파괴기준, Drucker-Prager파괴기준 및 Cam-clay항복기준에 대해서만 기술하고자 한다.

4.2.2 Mohr-Coulomb파괴기준

Mohr-Coulomb파괴기준의 기본형이라고 할 수 있는 Mohr의 파괴기준은 Tresca항복기준을 일반화한 것으로서 두 기준은 모두 파괴의 원인이 최대전단응력이라는 가정에 기반을 두고 있다. 그러나 Tresca항복기준에서는 (4-1)식과 같이 전단응력의 임계값이 일정한 것으로 가정하지만 Mohr의 파괴기준에서는 한계전단응력(limiting shear stress) τ가 아래와 같이 수직응력 σ의 함수인 것으로 가정한다.

$$|\tau| = f(\sigma) \tag{4-24}$$

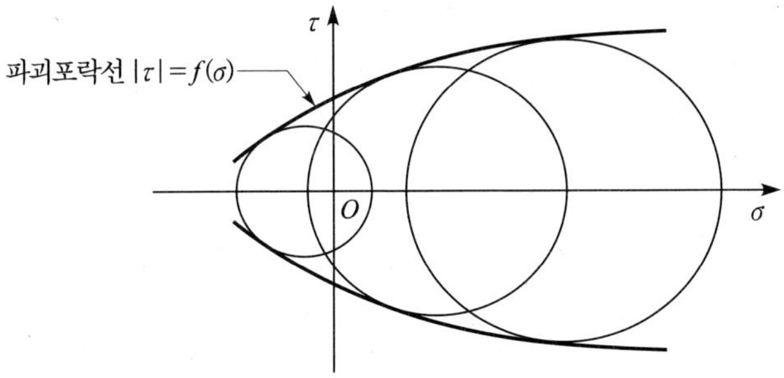

〈그림 4-6〉 Mohr의 파괴포락선

식에서 $f(\sigma)$은 시험을 통하여 결정되는 함수이며, 재료가 등방성이라면 전단방향이 양 또는 음의 방향에 관계없이 강도특성은 변하지 않으므로 전단응력 τ는 절댓값을 취한다. (4-24)식에 의해서 파괴시의 응력상태를 나타내는 여러 개의 응력원을 〈그림 4-6〉과 같이 나타내면 응력원에 접하는 Mohr의 **파괴포락선**(failure envelope)을 도시할 수 있다. Mohr 응력원에 의하면 임계응력원이 파괴포락선에 접하면 재료가 파괴된다는 것이며, 재료가 파괴된다는 것은 소성유동(전단파괴)이 시작된다는 것을 의미한다. (4-24)식으로 주어지는 Mohr의 파괴포락선을 가장 나타내기 용이한 형태가 바로 τ와 σ가 직선관계인 다음의 Mohr-Coulomb파괴기준이다(압축: +).

$$|\tau| = c + \sigma\tan\phi \tag{4-25}$$

위의 식은 Mohr의 파괴기준을 쉽게 활용할 수 있도록 Coulomb이 자신이 제안한 **Coulomb의 마찰법칙**(Coulomb's law of friction)인 $\tau = \mu_s\sigma$(τ:접선응력, σ:수직응력, μ_s:마찰계수)를 확장하여 다시 제안한 것으로서 식에서 c는 점착력이고 ϕ는 마찰각이다 ($\mu_s = \tan\phi$). 특히 $\phi = 0$인 재료에 대해서는 Tresca의 최대전단응력 항복기준과 같이 $\tau = c$가 되고 점착력은 $c = k$이므로 순수전단에 의한 항복응력과 동일하게 된다. 따라서 Tresca항복기준은 Mohr-Coulomb파괴기준에서 $\phi = 0$ 및 $\tau = c$인 특수한 형태로 볼 수 있다. (4-25)식으로 제안된 1차원 Mohr-Coulomb파괴기준은 식이 단순하고 비교적 정확한 예측이 가능하기 때문에 토질역학에서 흙의 파괴기준으로 널리 이용되고 있으며, 마찰각 $\phi = 0$인 재료를 Tresca재료라고 하는데 비하여 $\phi \neq 0$인 재료를 **Mohr-Coulomb재료**(Mohr-Coulomb material)라고 한다.

파괴포락선이 직선인 Mohr-Coulomb파괴기준에 의하면, 축차응력이 0인 등방응력(isotropic stress)에 대하여 Mohr 응력원은 $\sigma-$축에서 하나의 점으로 퇴화되므로 파괴는 평균응력이 파괴포락선과 $\sigma-$축이 만나는 응력점 이상의 응력에서만 발생한다. 또한 가장 큰 임계응력원이 파괴포락선에 접하면 파괴가 발생하므로 응력원을 작도하는데 최대 및 최소주응력만 이용하고 중간주응력은 최대 및 최소주응력 사이의 어떤 응력을 취해도 가능하다. 따라서 임계응력원의 결정을 위해서는 최대, 최소 및 중간주응력의 상대적인 크기를 고려해야지만 된다. 주응력의 크기를 비교하여 차례대로 나열하는 방법으로는 $\sigma_1 \geq \sigma_2 \geq \sigma_3$를 포함하여 모두 여섯 가지 방법이 있다. 주응력의 크기가 $\sigma_1 \geq \sigma_2 \geq \sigma_3$인 조건에서 파괴가 발생한다면 Mohr의 임계응력원이 파괴포락선에 접해야 하므로 〈그림 4-7〉과 같은 형태가 되어야 하며 다음 식이 성립해야 한다.

$$\tau = \frac{1}{2}(\sigma_1 - \sigma_3)\cos\phi \tag{4-26}$$

$$\sigma = \frac{1}{2}(\sigma_1 + \sigma_3) - \frac{1}{2}(\sigma_1 - \sigma_3)\sin\phi \tag{4-27}$$

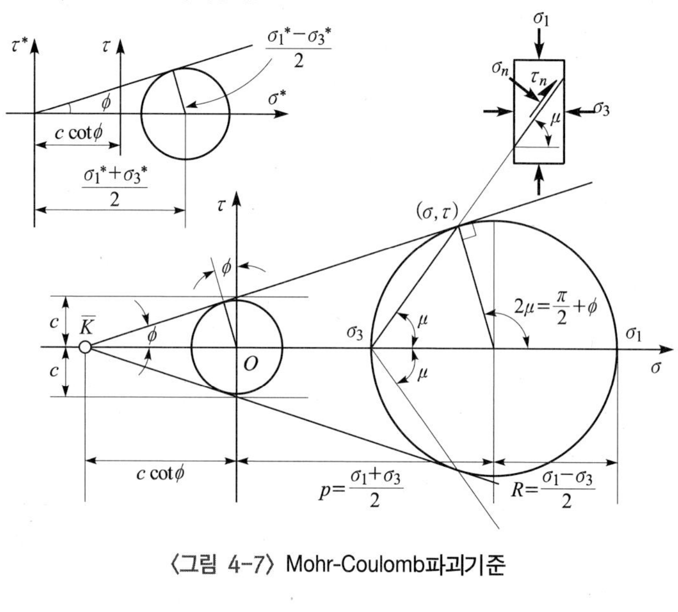

〈그림 4-7〉 Mohr-Coulomb파괴기준

(4-25)식과 (4-26~27)식으로부터 주응력의 크기가 $\sigma_1 \ge \sigma_2 \ge \sigma_3$인 경우에 최대주응력 σ_1과 최소주응력 σ_3로 나타낸 Mohr-Coulomb파괴기준은 다음과 같다(압축: +).

$$f(\sigma_1, \sigma_3) = (\sigma_1 - \sigma_3) - (\sigma_1 + \sigma_3)\sin\phi = 2c\cos\phi \tag{4-28}$$

위의 식은 〈그림 4-7〉의 Mohr 응력원의 반경 R과 평균응력 p를 이용하여 다음과 같이 나타낼 수도 있다.

$$R = p\sin\phi + c\cos\phi \tag{4-29}$$

또한 〈그림 4-7〉에서 $\overline{K}$를 원점으로 하여 Caquot가 제안한 「변환된 수직응력」을 σ^*라고 하면 $\sigma^* = \sigma + c\cot\phi$이므로 그림에서 $\sin\phi$는 다음과 같다(Salgado, 2007).

$$\sin\phi = \frac{\sigma_1^* - \sigma_3^*}{\sigma_1^* + \sigma_3^*} \tag{4-30}$$

유동계수(flow number) N_ϕ를 주응력비$(N_\phi = \sigma_1^*/\sigma_3^*)$로 정의하면 위의 식은 다음과 같이 나타낼 수 있다.

$$N_\phi = \frac{\sigma_1^*}{\sigma_3^*} = \frac{1+\sin\phi}{1-\sin\phi} = \tan^2\left(\frac{\pi}{4} + \frac{\phi}{2}\right) \tag{4-31}$$

따라서 (4-28)식은 다음과 같다.

$$\sigma_1 = N_\phi \sigma_3 + 2c\sqrt{N_\phi} = \sigma_3 \tan^2\left(\frac{\pi}{4} + \frac{\phi}{2}\right) + 2c\tan\left(\frac{\pi}{4} + \frac{\phi}{2}\right) \tag{4-32}$$

위의 식도 (4-28)식과 함께 소성이론에서 자주 이용되는 식이다. 3차원 응력상태에서 Mohr-Coulomb파괴기준은 중간주응력의 영향을 받지 않으므로 (4-28)식은 다음과 같이 나타낼 수 있다.

$$f(\sigma_{\max}, \sigma_{\min}) = \frac{\sigma_{\max} - \sigma_{\min}}{2} - \frac{\sigma_{\max} + \sigma_{\min}}{2}\sin\phi = c\cos\phi \tag{4-33}$$

위의 식으로부터 Mohr-Coulomb파괴기준에 의한 일축압축강도 f_{YC}와 일축인장강도 f_{YT}는 각각 $\sigma_{\min} = 0$과 $\sigma_{\max} = 0$을 대입하여 구한다.

- 일축압축강도 : $f_{YC} = \dfrac{2c\cos\phi}{1-\sin\phi}$ (4-34)

- 일축인장강도 : $f_{YT} = \dfrac{2c\cos\phi}{1+\sin\phi}$ (4-35)

주응력으로 나타낸 (4-28)식과 (4-33)식의 Mohr-Coulomb파괴기준은 필요에 따라서는 다른 형태의 좌표계로 변경하여 이용할 수도 있다. 주응력의 크기가 $\sigma_1 \geq \sigma_2 \geq \sigma_3$인 조건에서 Mohr-Coulomb파괴기준을 Haigh-Westergaard 좌표계로 나타내기 위해서는 (2-71)식과 (2-73)식에서 최대 및 최소주응력인 σ_1과 σ_3에 대하여 〈그림 2-10〉의 θ_s로 표시된 Haigh-Westergaard 좌표계인 (ξ, ρ, θ_s)의 관계식을 이용하면 편리하다. (2-71)식과 (2-73)식으로부터 $\sigma_1 + \sigma_3$와 $\sigma_1 - \sigma_3$를 구하면 각각 다음과 같다.

$$\begin{aligned}\sigma_1 + \sigma_3 &= \frac{2}{\sqrt{3}}\xi + \sqrt{\frac{2}{3}}\left[\cos\theta_s + \cos\left(\theta_s + \frac{2\pi}{3}\right)\right]\rho \\ &= \frac{2}{\sqrt{3}}\xi + \sqrt{\frac{2}{3}}\cos\left(\theta_s + \frac{\pi}{3}\right)\rho\end{aligned}$$

$$\sigma_1 - \sigma_3 = \sqrt{\frac{2}{3}}\left[\cos\theta_s - \cos\left(\theta_s + \frac{2\pi}{3}\right)\right]\rho = \sqrt{2}\sin\left(\theta_s + \frac{\pi}{3}\right)\rho$$

위의 관계식과 (4-28)식으로부터 $\sigma_1 \geq \sigma_2 \geq \sigma_3$인 조건에서 Mohr-Coulomb파괴기준을 다음과 같이 Haigh-Westergaard 좌표계로 나타낸 식을 얻을 수 있다.

$$\begin{aligned}f_1 &= \left[\sqrt{3}\sin\left(\theta_s + \frac{\pi}{3}\right) - \cos\left(\theta_s + \frac{\pi}{3}\right)\sin\phi\right]\rho \\ &= \sqrt{6}\,c\cos\phi + \sqrt{2}\sin\phi\,\xi\end{aligned} \qquad (4\text{-}36)$$

위의 식에서 ξ는 축차평면(또는 $\pi-$평면)에서 일정한 값을 가지므로 상수로 취급할 수 있다. (4-36)식은 〈그림 4-8(a)〉와 같이 $\pi-$평면에서 직선으로 나타낼 수 있으며, $0^\circ \leq \theta_s \leq 60^\circ$이므로 60° 간격으로 주응력의 크기에 따라 그림과 같이 $f_2 \sim f_6$까지 직선을 모두 도시하면 불규칙 육각형이 된다. 불규칙 육각형에서 특정한 길이를 나타내는 ρ_c와 ρ_t는 Haigh-Westergaard 좌표계로 나타낸 (4-36)식에서 각각 ($\xi = 0$, $\rho = \rho_c$, $\theta_s = 0^\circ$)와 ($\xi = 0$, $\rho = \rho_t$, $\theta_s = 60^\circ$)인 경우이며 다음과 같다.

$$\rho_c = \frac{2\sqrt{6}\,c\cos\phi}{3 - \sin\phi} \qquad (4\text{-}37)$$

$$\rho_t = \frac{2\sqrt{6}\,c\cos\phi}{3 + \sin\phi} \qquad (4\text{-}38)$$

Mohr-Coulomb파괴기준에서 축차평면의 파괴곡선은 기하학적으로 닮은꼴이기 때문에 축차평면의 파괴곡선에 대하여 ρ_c와 ρ_t의 비(ρ_c/ρ_t)는 다음과 같이 일정하다.

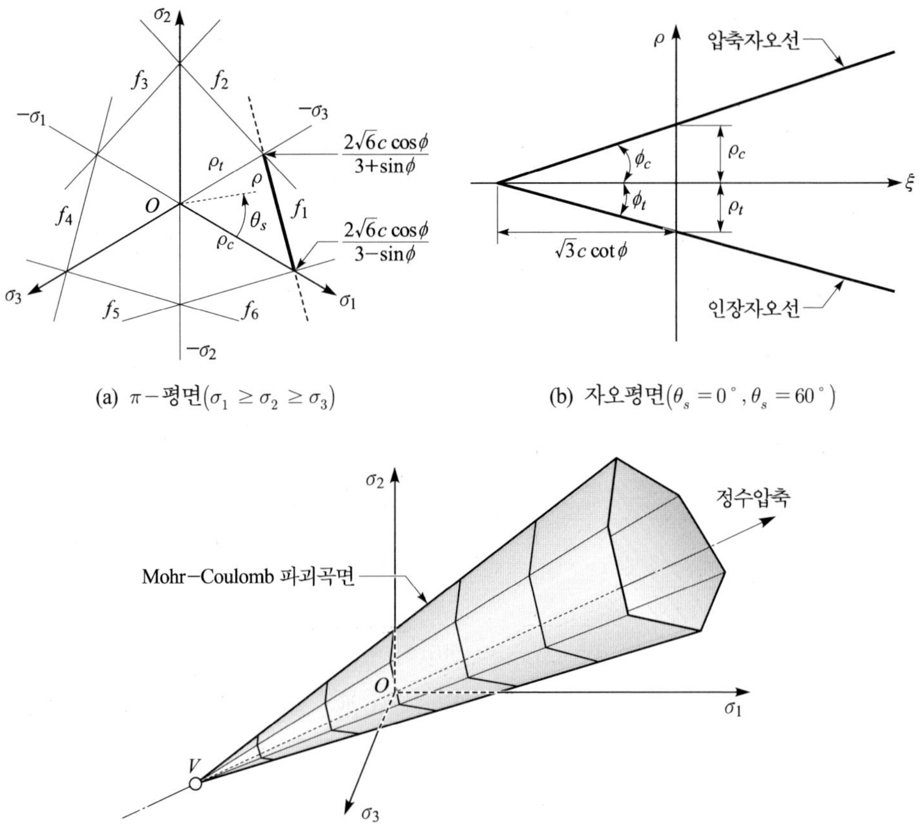

(a) $\pi-$평면$(\sigma_1 \geq \sigma_2 \geq \sigma_3)$

(b) 자오평면$(\theta_s = 0^\circ, \theta_s = 60^\circ)$

(c) 주응력공간

〈그림 4-8〉 $\pi-$평면 및 자오평면과 주응력공간의 Mohr-Coulomb파괴기준

$$\frac{\rho_t}{\rho_c} = \frac{3-\sin\phi}{3+\sin\phi} \tag{4-39}$$

Mohr−Coulomb파괴기준의 자오선은 〈그림 4-8(b)〉와 같이 직선이며 $\rho-$축과 압축자오선은 ρ_c, 인장자오선은 ρ_t에서 만나고, $\xi-$축에서는 $\rho=0$이므로 (4−36)식에 대입하면 $\xi = -\sqrt{3}\,c\cot\phi$에서 압축 및 인장자오선이 교차한다. 주응력공간에서 Mohr−Coulomb파괴기준은 〈그림 4-8(c)〉와 같이 육각뿔이다. 이것은 (4−36)식의 우변에 ξ항이 있어서 평균응력이 커지면 항복곡면이 커지기 때문이다. 〈그림 4-8(c)〉에서 육각뿔의 6개의 모서리는 주응력의 크기에 따라 (4−28)식을 포함하여 6개의 파괴기준을 나타내는데 그림에서 육각뿔의 꼭짓점 V의 좌표는 3개의 주응력이 만나는 점이므로 $\sigma_1 = \sigma_2 = \sigma_3 = -c\cot\phi$이다. Mohr−Coulomb파괴기준을 축차평면의 국소좌표 (ζ, η, ξ)로 나타내기 위

해서는 (2−44~49)식을 이용하면 된다. 예로서 주응력의 크기가 $\sigma_1 \geq \sigma_2 \geq \sigma_3$인 조건이라면 최대주응력인 (2−47)식의 σ_1과 최소주응력인 (2−49)식의 σ_3에 대하여 $\sigma_1+\sigma_3$와 $\sigma_1-\sigma_3$를 계산하여 (4−28)식에 대입하면 다음 식을 얻을 수 있다.

$$\sqrt{6}\,\sigma_\eta - \sqrt{2}\,\sin\phi\sigma_\zeta = 2\sqrt{3}\,c\cos\phi + 2\sin\phi\sigma_\xi \tag{4-40}$$

위의 식에서 σ_ξ항은 축차평면 또는 $\pi-$평면에서 일정하여 상수로 취급할 수 있기 때문에 우변으로 이동하였으며, 따라서 좌변의 σ_ζ와 σ_η는 직선관계가 되고 파괴곡면과 축차평면의 교선은 직선이 된다. 동일한 방법으로 60° 간격으로 주응력의 크기에 따라 $\pi-$평면에 직선을 도시하면 〈그림 4−8(a)〉와 같은 불규칙 육각형을 얻을 수 있다. 특히 $\sigma_2 \geq \sigma_3 \geq \sigma_1$인 조건에서 최대주응력인 (2−48)식의 σ_2와 최소주응력인 (2−47)식의 σ_1에 대하여 국소좌표 (ζ, η, ξ)로 나타낸 Mohr−Coulomb파괴기준은 다음과 같다.

$$-\sqrt{3}\,(1+\sin\phi)\sigma_\eta + (3-\sin\phi)\sigma_\zeta = 2\sqrt{6}\,c\cos\phi + 2\sqrt{2}\,\sin\phi\sigma_\xi \tag{4-41}$$

위의 식에서 $\sigma_\zeta-$축방향은 Haigh−Westergaard 좌표계의 $\bar{\rho}$방향과 일치하고 $\sigma_\zeta-$축에서는 $\sigma_\xi=\sigma_\eta=0$이므로 (4−41)식을 이용하여 σ_ζ의 값을 구하면 (4−37)식과 동일한 값을 얻을 수 있다. $\pi-$평면에서 Tresca항복기준은 정육각형인데 반하여 〈그림 4−8(a)〉의 Mohr−Coulomb파괴기준은 인장응력과 압축응력이 달라서 불규칙 육각형이며, 파괴곡면의 형태가 Tresca파괴기준은 일정하지만 Mohr−Coulomb파괴기준은 σ_ξ, 즉 정수압의 영향을 받는다는 것이 두 기준의 차이점이다. 불규칙 육각형에서 대칭선상에 있는 6개의 꼭짓점은 물리적으로 특별한 의미가 있다. 〈그림 4−8(a)〉에서 양의 주응력방향에 있는 3개의 장축꼭짓점은 σ_1의 경우에 $\sigma_1>\sigma_2=\sigma_3$로 삼축압축 응력상태를 나타내고, 반대로 음의 주응력방향에 있는 3개의 단축꼭짓점은 $-\sigma_1$의 경우에 $\sigma_1<\sigma_2=\sigma_3$로 삼축인장 응력상태를 나타낸다.

보통 Mohr−Coulomb파괴기준에서 마찰각 ϕ는 일정한 것으로 가정하지만 실제로 재료의 강도는 정수압의 함수이다. 그러나 정수압이 증가하면 재료의 강도도 커지지만 정수압과 재료의 강도가 정비례하는 것은 아니다. 상대적으로 높은 정수압이 내부마찰력을 증가시켜서 재료의 강도는 증가되지만 동시에 재료의 엇물림(interlocking)에도 손상을 주기 때문에 마찰각 ϕ를 감소시킴으로서 강도의 증가 정도가 감소된다. 따라서 자오선과 파괴포락선은 〈그림 4−6〉과 같이 곡선 형태를 취해야 하지만 직선 형태로 표시되는 것이 중간주응력을 고려하지 않는다는 것과 함께 Mohr−Coulomb파괴기준의 가장 큰 단점이다. 또한 Tresca항복기준과 같이 Mohr–Coulomb파괴기준도 응력점이 파괴곡면의 모서리에 위치하게 되면 수치해석이 어렵게 된다.

(1) 점착력이 있는($c \neq 0$) 재료의 에너지소산

응력–변형률 거동이 관련유동칙을 따르는 등방성재료에 대하여 항복함수가 (4–28)식과 같이 주응력으로 주어지면($\sigma_1 \geq \sigma_2 \geq \sigma_3$) 소성변형률증분 $d\epsilon_i^P\left(d\epsilon_1^P > d\epsilon_2^P > d\epsilon_3^P\right)$는 (3–9)식에 의하여 다음과 같이 나타낼 수 있다(Salencon, 1977; Chen, 1975).

$$
\begin{aligned}
d\epsilon_1^P &= d\epsilon_{\max}^P = d\lambda \frac{df}{d\sigma_1} = d\lambda(1-\sin\phi) \\
d\epsilon_2^P &= 0 \\
d\epsilon_3^P &= d\epsilon_{\min}^P = d\lambda \frac{df}{d\sigma_3} = -d\lambda(1+\sin\phi)
\end{aligned}
\tag{4-42}
$$

Mohr–Coulomb파괴기준에서는 중간주응력을 고려하지 않기 때문에 위의 식에서 $d\epsilon_2^P = 0$이 되어 평면변형률조건이 되고, 최대 및 최소 소성변형률증분의 비는 다음과 같이 나타낼 수 있다.

$$
\frac{d\epsilon_{\max}^P}{d\epsilon_{\min}^P} = -\frac{1-\sin\phi}{1+\sin\phi} = -\tan^2\left(\frac{\pi}{4} - \frac{\phi}{2}\right) \tag{4-43}
$$

위의 식으로부터 $d\epsilon_{\max}^P = -d\epsilon_{\min}^P \tan^2(\pi/4 - \phi/2)$이 되는데, 이것은 $d\epsilon^P = d\epsilon_{\max}^P$인 수직방향의 압축은 $d\epsilon_{\min}^P = -d\epsilon^P \tan^2(\pi/4 + \phi/2)$인 수평방향의 팽창을 수반한다는 것을 의미하며 수평변형률은 수직변형률 $d\epsilon^P$보다 크고 부호는 반대가 된다(Chen, 1975). 또한 위의 식으로부터 주변형률은 다음과 같이 최대공학전단변형률($d\gamma_{\max}$)로 나타낼 수 있다.

$$
\begin{aligned}
d\epsilon_1^P &= d\epsilon_{\max}^P = \frac{d\gamma_{\max}}{2}(1-\sin\phi) \\
d\epsilon_2^P &= 0 \\
d\epsilon_3^P &= d\epsilon_{\min}^P = -\frac{d\gamma_{\max}}{2}(1+\sin\phi)
\end{aligned}
\tag{4-44}
$$

위의 식으로부터 체적변형률증분 $d\epsilon_v$는 다음과 같다.

$$d\epsilon_v = d\epsilon_1 + d\epsilon_2 + d\epsilon_3 = \frac{d\gamma_{\max}}{2}(1 - \sin\phi - 1 - \sin\phi) = -d\gamma_{\max}\sin\phi < 0 \qquad (4\text{-}45)$$

따라서 $d\epsilon_v < 0$으로 음의 다일레이턴시가 되어 재료가 마찰각 ϕ에 관계없이 소성변형과 함께 팽창한다는 것이다. 또한 (3-13)식과 (4-43)식으로부터 단위체적당 에너지소산 $\mathbb{D}$는 다음과 같다(Chen, 1975; 1968).

$$\begin{aligned}
\mathbb{D} &= \sigma_1 d\epsilon_1^P + \sigma_2 d\epsilon_2^P + \sigma_3 d\epsilon_3^P \\
&= -\sigma_1 d\epsilon_3^P \tan^2\left(\frac{\pi}{4} - \frac{\phi}{2}\right) + \sigma_2(0) + \sigma_3 d\epsilon_3^P \\
&= \left[-\sigma_1 \tan^2\left(\frac{\pi}{4} - \frac{\phi}{2}\right) + \sigma_3\right] d\epsilon_3^P \\
&= \left[-\left\{\sigma_3 \tan^2\left(\frac{\pi}{4} + \frac{\phi}{2}\right) + 2c\tan\left(\frac{\pi}{4} + \frac{\phi}{2}\right)\right\}\tan^2\left(\frac{\pi}{4} - \frac{\phi}{2}\right) + \sigma_3\right] d\epsilon_3^P \qquad (4\text{-}46) \\
&= -2c\tan\left(\frac{\pi}{4} - \frac{\phi}{2}\right) d\epsilon_3^P \\
&= 2c\tan\left(\frac{\pi}{4} - \frac{\phi}{2}\right) |d\epsilon_3^P|
\end{aligned}$$

위의 식에서 마지막 식의 절댓값은 최소 소성변형률 $d\epsilon_{\min}^P = d\epsilon_3^P < 0$이기 때문이다. 그러나 에너지소산은 점착력 c에만 의존하기 때문에 $c = 0$인 사질토에 대해서는 에너지소산이 없다는 것이므로 불합리한 에너지소산을 나타낸다.

예제 3

Mohr-Coulomb파괴기준에 대한 평면변형률조건의 에너지소산을 구하라.

풀이 평면변형률조건에 대하여 3개의 주변형률성분 중에서 1개는 0이므로, 나머지 2개를 각각 압축변형률 $d\epsilon_c^P = d\epsilon_{\max}^P$와 인장변형률 $d\epsilon_t^P = d\epsilon_{\min}^P$이라고 하면$\left(d\epsilon_c^P > d\epsilon_t^P\right)$ (4-33)식에 의하여 (4-43)식과 동일한 관계식이 성립한다.

$$d\epsilon_t^P = d\epsilon_{\min}^P = -d\epsilon_{\max}^P \frac{1+\sin\phi}{1-\sin\phi}$$

위의 식을 이용하여 전단변형률 $d\gamma_{\max}$는 다음과 같이 나타낼 수 있다.

$$d\gamma_{\max} = d\epsilon_c^P - d\epsilon_t^P = d\epsilon_{\max}^P - d\epsilon_{\min}^P = d\epsilon_{\max}^P + d\epsilon_{\max}^P \frac{1+\sin\phi}{1-\sin\phi} = \frac{2d\epsilon_{\max}^P}{1-\sin\phi}$$

(4-33)식과 함께 위의 식으로부터 평면변형률조건의 에너지소산은 다음과 같다(Chen, 1968).

$$
\begin{aligned}
\mathbb{D} &= \sigma_{\max} d\epsilon^P_{\max} + \sigma_{\min} d\epsilon^P_{\min} \\
&= \sigma_{\max} d\epsilon^P_{\max} - \left(\frac{1-\sin\phi}{1+\sin\phi}\sigma_{\max} - \frac{2c\cos\phi}{1+\sin\phi}\right)\frac{1+\sin\phi}{1-\sin\phi} d\epsilon^P_{\max} \\
&= \frac{2c\cos\phi}{1-\sin\phi} d\epsilon^P_{\max} \\
&= c\cos\phi\, d\gamma_{\max}
\end{aligned}
\tag{4-47}
$$

식에서 $d\gamma_{\max}$는 최대전단변형률이며 (1-102)식으로부터 결정할 수 있다. 또한 $d\gamma = d\gamma_{\max}\cos\phi$이므로 위의 에너지소산은 (3-18)식에 의한 전단대의 에너지소산과 동일하다.

(2) 점착력이 없는 재료($c=0$)의 에너지소산

〈그림 4-9〉에서 수직유효응력은 σ, 전단응력은 τ이며 그에 대응하는 수직변형률은 ϵ, 전단변형률은 γ이다. 만약 겉보기마찰각 $\phi=0$이고 점착력 $c \neq 0$인 등방성재료의 응력-변형률 거동이 관련유동칙을 충족시킨다면, 항복함수(=파괴기준)와 소성퍼텐셜함수는 $f = g = |\tau| - c = 0$ 으로 동일하고 $\partial g / \partial \sigma = 0$이므로 재료는 체적이 일정하게 유지되면서 소성유동을 하게 된다. 그러나 $c=0$이고 $\phi \neq 0$인 강소성재료로 가정한다면 (4-25)식의 Mohr-Coulomb파괴기준은 다음과 같이 나타낼 수 있다(Houlsby & Puzrin, 2006).

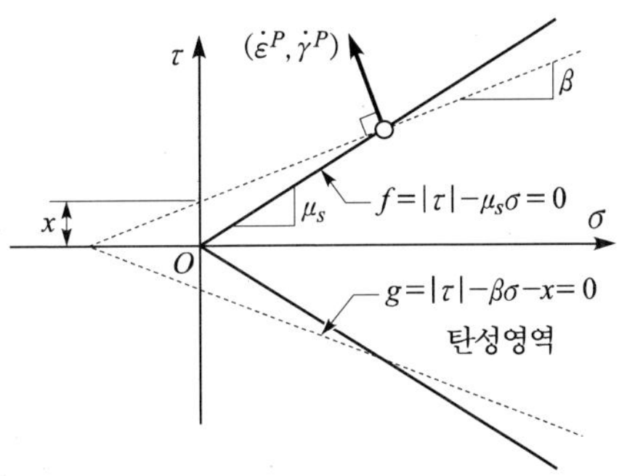

〈그림 4-9〉 마찰력만 있는 재료의 항복곡면과 소성퍼텐셜곡면
(Houlsby & Puzrin, 2006)

$$
f = |\tau| - \mu_s \sigma = 0 \tag{4-48}
$$

식에서 μ_s $(=\tan\phi)$는 마찰계수이고 σ는 인장응력은 없이 항상 압축응력만 작용하는 것으로 가정한다(압축: $+$). 그림과 같이 항복곡면 내측으로는 탄성거동을 하므로 체적탄성계수 K와 전단탄성계수 G를 이용하여 탄성영역의 응력-변형률 관계는 $\epsilon^E = \sigma/K$, $\gamma^E = \tau/G$로 나타낼 수 있다. 또한 소성영역의 응력-변형률 거동은 다음의 유동칙을 따른다.

$$\dot{\epsilon}^P = \dot{\lambda}\frac{\partial g}{\partial \sigma} \tag{4-49}$$

$$\dot{\gamma}^P = \dot{\lambda}\frac{\partial g}{\partial \tau} \tag{4-50}$$

식에서 소성퍼텐셜함수 g는 다음과 같다.

$$g = |\tau| - \beta\sigma - x = 0 \tag{4-51}$$

식에서 β는 계수이며 x는 소성퍼텐셜곡면이 항복곡면상에서 항상 특정시점의 응력상태가 되도록 하기 위하여 선정된 상수이다. 만약 $\beta = \mu_s$라면 항복함수와 소성퍼텐셜함수는 일치하고($f = g$) (4-49~50)식은 관련유동칙이 되므로 각각 $\dot{\epsilon}^P = -\dot{\lambda}\beta = -\dot{\lambda}\mu_s$ 및 $\dot{\gamma}^P = \dot{\lambda}S(\tau)$가 된다. 여기서 $S(L)$은 **부호함수**(sign function)이며 모든 실수는 $L = |L|S(L)$로 표시할 수 있으므로 $L < 0$이면 -1, $L = 0$이면 0, $L > 0$이면 1이다. 따라서 관련유동칙을 적용하면 에너지소산 $\mathbb{D}$는 다음과 같이 나타낼 수 있다.

$$\mathbb{D} = \sigma\dot{\epsilon}^P + \tau\dot{\gamma}^P = -\dot{\lambda}\mu_s\sigma + \dot{\lambda}\tau S(\tau) = -\dot{\lambda}(\mu_s\sigma - |\tau|) = 0 \tag{4-52}$$

위의 식에 의하면 $c = 0$이고 $\phi \neq 0$인 강소성재료에 관련유동칙을 적용하면 소성거동시 마찰력이 작용하지 않고 에너지가 소산되지 않는다는 것이다. 따라서 마찰력만 있는 강소성재료에 대해서 관련유동칙은 소성거동을 올바르게 나타낼 수 없으며, 이것이 비관련유동칙이 요구되는 중요한 이유중의 하나이다(Houlsby & Puzrin, 2006).

4.2.3 Drucker-Prager파괴기준

Drucker-Prager(1952)가 제안한 파괴기준은 Mohr-Coulomb파괴기준에 있는 6개의 모서리를 곡선으로 바꾸어서 불연속성을 제거함으로서 수치해석에 많이 이용되는 파괴기준이다. Drucker-Prager파괴기준은 Mohr-Coulomb파괴기준과는 달리 중간주응력을 고려하며 다음과 같다(압축: +).

$$f(I_1, J_2) = \sqrt{J_2} - \alpha I_1 - \beta = 0 \tag{4-53}$$

식에서 I_1은 제1응력불변량이고 J_2는 제2축차응력불변량이다. α와 β는 마찰각과 점착력을 반영하는 재료상수로서 α는 무차원, β는 응력과 동일한 차원이며 삼축압축시험 등을 통하여 결정할 수 있다($\alpha > 0$, $\beta > 0$). 위의 식을 (4-10)식의 von Mises항복기준과 비교하면 I_1항이 추가된 것만 다를 뿐이다. I_1항을 추가함으로서 주응력공간에서 무한히 긴 실린더형의 von Mises항복곡면이 원뿔형으로 바뀌었다고 하여 Drucker-Prager파괴기준을 **확장 von Mises파괴기준**(extended von Mises failure criteria)이라고도 하며, I_1과 J_2가 각각 σ_{oct}와 τ_{oct}와 관계되므로 팔면체 파괴기준이라고도 한다(Kisch 외, 2006). (4-53)식을 Haigh-Westergaard 좌표로 나타내면 $\xi = I_1/\sqrt{3}$ 이고 $\bar{\rho} = \sqrt{2J_2}$ 이므로 다음과 같이 나타낼 수 있다(Chen & Saleeb, 1994).

$$f(\xi, \rho) = \frac{1}{\sqrt{2}}\bar{\rho} - \sqrt{3}\,\alpha\,\xi - \beta = 0 \tag{4-54}$$

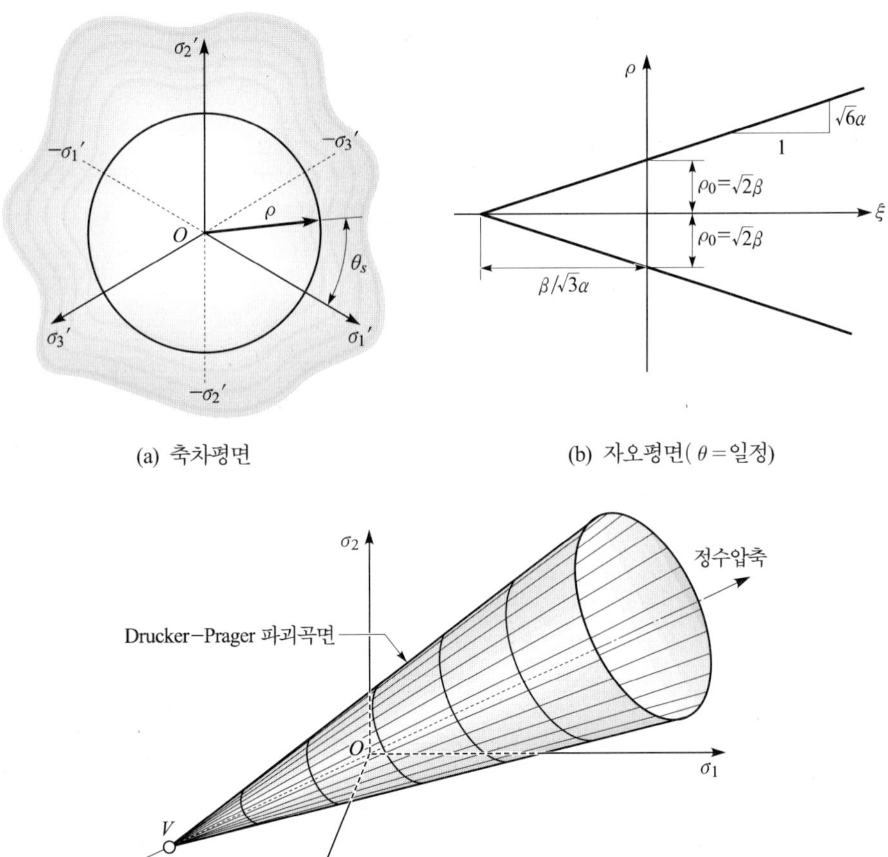

(a) 축차평면 (b) 자오평면(θ = 일정) (c) 주응력공간

〈그림 4-10〉 π− 평면 및 자오평면과 주응력공간의 Drucker-Prager파괴기준

〈그림 4-10(a)〉의 축차평면에서 파괴곡선은 $\bar{\rho}$와 무관하므로 원형이며 〈그림 4-10(b)〉의 자오평면에서 자오선은 직선이다. 정수압의 영향을 고려한 파괴기준이지만 Mohr-Coulomb파괴기준과 같이 자오선이 직선이기 때문에 곡선인 파괴포락선을 직선으로 표시해도 좋은 제한적인 범위 내에서만 합리적인 결과를 기대할 수 있다. 〈그림 4-10(c)〉와 같이 주응력공간에서 Drucker-Prager 파괴곡면은 정수압축을 중심축으로 하는 직원뿔이다. (4-53)식과 같은 유형의 $f(I_1, J_2)=0$인 파괴기준에서 가장 간단하고 표현하기 쉬운 형태는 다음과 같이 J_2의 계수를 3으로 취하는 경우로서 주로 경사소성이론의 Drucker-Prager파괴기준에 적용한다(Pamin & de Borst, 1995).

$$\sqrt{3J_2} - \alpha I_1 - \beta = 0 \tag{4-55}$$

식에서 $\alpha = 0$이면 von Mises항복기준인 (4-10)식과 동일한 식이 된다.

(1) 평면변형률조건의 Drucker-Prager파괴기준

Drucker-Prager(1952)는 Mohr-Coulomb파괴기준을 확장하여 다음과 같이 표시하였다(압축: +).

$$R = c\cos\phi + \frac{\sigma_{xx} + \sigma_{yy}}{2}\sin\phi \tag{4-56}$$

식에서 R은 Mohr 응력원의 반경으로서 최대전단응력이며 $\left[(\sigma_{xx} - \sigma_{yy})^2/4 + \tau_{xy}^2\right]^{1/2}$이고 $c\cos\phi$는 평균수직응력 $(\sigma_{xx} + \sigma_{yy})/2 = 0$에 대한 Mohr 응력원의 반경이다. 응력-변형률 거동이 관련유동칙을 따른다면 소성퍼텐셜이론에 의하여 항복함수인 (4-53)식에 (3-9)식을 대입하여 다음 식을 얻을 수 있다.

$$d\epsilon_{ij}^{P} = d\lambda\left(\frac{s_{ij}}{2\sqrt{J_2}} - \alpha\delta_{ij}\right) \tag{4-57}$$

평면변형률조건에서 $d\epsilon_{xz} = d\epsilon_{yz} = d\epsilon_{zz} = 0$이므로 각각 (4-57)식에 대입하면 $s_{xz} = s_{yz} = 0$이고 $s_{zz} = 2\alpha\sqrt{J_2}$이다. 또한 $s_{zz} = \sigma_{zz} - I_1/3 = 2/3\left[\sigma_{zz} - 1/2(\sigma_{xx} + \sigma_{yy})\right]$이므로 I_1과 J_2는 각각 다음과 같이 나타낼 수 있다.

$$I_1 = \frac{1}{3}(\sigma_{xx} + \sigma_{yy} + \sigma_{zz}) = \frac{3}{2}(\sigma_{xx} + \sigma_{yy}) + \frac{3}{2}s_{zz} = \frac{3}{2}(\sigma_{xx} + \sigma_{yy}) + 3\alpha\sqrt{J_2} \tag{4-58}$$

$$J_2 = \frac{\left[\left(\frac{\sigma_{xx} - \sigma_{yy}}{2}\right)^2 + \tau_{xy}^2\right]}{(1 - 3\alpha^2)} \tag{4-59}$$

(4-58~59)식을 (4-53)식에 대입하면 평면변형률조건의 Drucker-Prager파괴기준을 구할 수 있다.

$$\sqrt{J_2} - \alpha I_1 = \sqrt{J_2} - \alpha\left[\frac{3}{2}(\sigma_{xx} + \sigma_{yy}) + 3\alpha\sqrt{J_2}\right]$$
$$= (1-3\alpha^2)\frac{\left[\left(\frac{\sigma_{xx}-\sigma_{yy}}{2}\right) + \tau_{xy}^2\right]^{1/2}}{(1-3\alpha^2)^{1/2}} - 3\alpha\frac{(\sigma_{xx}+\sigma_{yy})}{2} = \beta \tag{4-60}$$

(4-56)식을 고려하여 계수를 정리하면 다음과 같다.

$$\left[\left(\frac{\sigma_{xx}-\sigma_{yy}}{2}\right) + \tau_{xy}^2\right]^{1/2} = \frac{\beta}{(1-3\alpha^2)^{1/2}} + \frac{\sigma_{xx}+\sigma_{yy}}{2}\frac{3\alpha}{(1-3\alpha^2)^{1/2}} \tag{4-61}$$

위의 식과 (4-56)식을 비교하면 각각의 계수를 결정할 수 있다.

$$c = \frac{\beta}{(1-12\alpha^2)^{1/2}}, \quad \cos\phi = \frac{(1-12\alpha^2)^{1/2}}{(1-3\alpha^2)^{1/2}}, \quad \sin\phi = \frac{3\alpha}{(1-3\alpha^2)^{1/2}} \tag{4-62}$$

예제 4

재료가 (4-53)식의 Drucker-Prager파괴기준을 충족시키고 그에 대응하는 응력-변형률거동이 관련유동칙을 따른다면 소성변형은 체적팽창을 수반해야지만 된다는 것을 보여라.

풀이 (4-53)식의 Drucker-Prager파괴기준 $f = \sqrt{J_2} - \alpha I_1 = \beta$를 관련유동칙인 (3-9)식에 대입하여 정리하면 다음과 같다.

$$d\epsilon_{ij}^P = d\lambda\frac{\partial f}{\partial\sigma_{ij}} = d\lambda\frac{\partial\left(\sqrt{J_2} - \alpha I_1\right)}{\partial\sigma_{ij}} = d\lambda\left(\frac{s_{ij}}{2\sqrt{J_2}} - \alpha\delta_{ij}\right) \tag{4-63}$$

식에서 $J_2 = s_{ij}s_{ij}/2$, $s_{ij} = \sigma_{ij} - (I_1/3)\delta_{ij} = \sigma_{ij} - (1/3)\sigma_{kk}\delta_{ij}$이고 $\partial\left(\sqrt{J_2}\right)/\partial\sigma_{ij} = s_{ij}/\left(2\sqrt{J_2}\right)$이다. 또한 $s_{ii} = 0$이고, $d\lambda > 0$, $\alpha > 0$이므로 위의 식으로부터 다음의 관계식을 얻을 수 있다.

$$d\epsilon_{ii}^P = d\epsilon_v = -3\alpha\, d\lambda < 0 \tag{4-64}$$

위의 식은 다일레이턴시 특성을 나타내는 것으로서 $\alpha \neq 0$이면 관련유동칙에 Drucker-Prager파괴기준을 적용한 재료의 소성변형은 체적팽창을 수반해야만 한다는 것을 나타내는 것이다(Drucker & Prager, 1952).

Drucker-Prager파괴기준에 관련유동칙을 적용하여 발생하는 체적팽창은 제1응력불변량에 의하여 발생하게 되는데 $\alpha = 0$이면 von Mises항복기준에 의한 유동이 된다.

(2) 에너지소산

응력-변형률 거동이 관련유동칙을 충족시키는 등방성재료에 대하여 파괴기준이 (2-38)식으로 주어지고 f가 응력성분 σ_{ij}에 대하여 1차의 동차함수(homogeneous function)로 가정한다면 단위체적당 에너지소산 $\mathbb{D}$는 다음 식으로 나타낼 수 있다(Berg, 1972).

$$\mathbb{D} = \sigma_{ij} d\epsilon_{ij}^P = \sigma_{ij} d\lambda \frac{\partial f}{\partial \sigma_{ij}} = d\lambda \left(\sigma_{ij} \frac{\partial f}{\partial \sigma_{ij}} \right) = d\lambda f = d\lambda k \tag{4-65}$$

식에서 마지막 항의 k는 (2-38)식에 의한 k이며 (4-53)식의 Drucker-Prager파괴기준에서는 β가 된다. 관련유동칙의 (3-9)식과 (4-57)식으로부터 소성변형률증분은 다음과 같다(Drucker-Prager, 1952).

$$d\epsilon_{ij}^P d\epsilon_{ij}^P = (d\lambda)^2 \frac{\partial f}{\partial \sigma_{ij}} \frac{\partial f}{\partial \sigma_{ij}} = (d\lambda)^2 \left[\frac{s_{ij}}{2\sqrt{J_2}} - \alpha \delta_{ij} \right]^2 = (d\lambda)^2 \left[3\alpha^2 + \frac{1}{2} \right] \tag{4-66}$$

따라서 (4-65)식의 에너지소산은 (4-62)식과 (1-113)식을 이용하여 다음과 같이 나타낼 수 있다.

$$\begin{aligned} \mathbb{D} &= \frac{\beta \left(d\epsilon_{ij}^P d\epsilon_{ij}^P \right)^{1/2}}{\left(3\alpha^2 + \frac{1}{2} \right)^{1/2}} = \frac{c\cos\phi \left(\frac{6\alpha^2 + 1}{1 + \sin^2\phi} \right)^{1/2} \left(d\epsilon_{ij}^P d\epsilon_{ij}^P \right)^{1/2}}{\left(\frac{6\alpha^2 + 1}{2} \right)^{1/2}} \\ &= \frac{c\cos\phi}{\left(1 + \sin^2\phi \right)^{1/2}} \left[2d\epsilon_{xx}^2 + 2d\epsilon_{yy}^2 + 2d\epsilon_{zz}^2 + d\gamma_{xy}^2 + d\gamma_{yz}^2 + d\gamma_{zx}^2 \right]^{1/2} \end{aligned} \tag{4-67}$$

Drucker-Prager파괴기준에 의한 소성변형에 수반되는 체적팽창의 크기는 (4-64)식과 (4-66)식을 이용하여 결정할 수 있다.

$$\begin{aligned} d\epsilon_{ii}^P &= -3\alpha\, d\lambda = -\frac{3\alpha}{\left(1 + 6\alpha^2 \right)^{1/2}} \left(2 d\epsilon_{ij}^P d\epsilon_{ij}^P \right)^{1/2} \\ &= -\frac{\sin\phi}{\left(1 + \sin^2\phi \right)^{1/2}} \left(2 d\epsilon_{ij}^P d\epsilon_{ij}^P \right)^{1/2} \end{aligned} \tag{4-68}$$

특히 평면변형률조건의 체적팽창 Δ_V는 다음과 같다.

$$\begin{aligned} \Delta_V &= -\left(d\epsilon_{xx} + d\epsilon_{yy} \right) = -\frac{\sin\phi}{\left(1 + \sin^2\phi \right)^{1/2}} \left[2\left(d\epsilon_{xx}^P \right)^2 + 2\left(d\epsilon_{yy}^P \right)^2 + \left(d\gamma_{xy} \right)^2 \right]^{1/2} \\ &= -\sin\phi \left[\left(d\epsilon_{xx}^p - d\epsilon_{yy}^P \right)^2 + \left(d\gamma_{xy} \right)^2 \right]^{1/2} = -\sin\phi\, d\gamma_{\max} \end{aligned} \tag{4-69}$$

4.2.4 Cam-clay항복기준

(1) 폐합항복곡면

흙의 전단강도에 대하여 Cam-clay모델이 구축되기 전에는 대부분 Mohr-Coulomb파괴기준의 점착력과 마찰각에 여러 가지 변수를 추가하여 전단강도를 표시하였지만, 흙은 탄성과 소성은 물론 점성거동까지 보이는 재료이기 때문에 흙의 거동특성이 모두 통합된 파괴기준 또는 항복기준은 수립할 수가 없었다. 특히 점토의 전단강도를 설명하기 위해서는 다른 재료에서는 볼 수 없는 간극수압과 압밀까지 고려해야 할 뿐만 아니라 재하와 응력이력이 유기적으로 전단강도에 영향을 미치기 때문에 더욱 통합하기가 어려웠다. 따라서 흙의 전단과 압밀을 통합한 Cam-clay모델은 토질역학에서 일대 혁신을 일으킨 항복기준으로서 흙의 응력-변형률 거동해석에 새로운 패러다임을 제공하여 토질역학의 발전에 크게 기여한 이론이라고 할 수 있다. 하나의 혁신적인 이론이 수립되면 새로이 수립된 이론은 추가적인 개선과정을 통하여 자연스러운 발전과정을 거치는 것이 일반적이다. 1960년대 Cam-clay모델이 발표된 후에 지금까지는 Cam-clay모델의 핵심인 한계상태이론과 함께 발전과정을 밟고 있는 것으로 생각할 수 있으며 그 과정에서 토질역학의 많은 기초이론이 수립되었다(Davis & Selvadurai, 2002).

1963년 K.H. Roscoe 등에 의하여 제안된 Cam-clay모델은 흙을 대수나선형 압축곡선을 따라서 압축되는 **마찰재료**(frictional material, $\phi \neq 0$인 재료)로 가정하고, 배수 또는 비배수조건으로 흙의 전단과정에서 발생하는 유효응력(σ')과 그 때의 간극비(e) 또는 비체적($\bar{v}$, $\bar{v} = 1 + e$)과의 관계를 설명하는 이론이다. 〈그림 4-11〉은 불교란시료에 대한 압밀시험장치와 간극비-유효응력곡선($e - \log\sigma'$)이다. 그림에서 선행압밀압력(preconsolidation pressure)은 흙이 특정시점 이전에 받았던 최대유효응력을 나타내고, AB구간의 직선부분은 시료를 채취하면서 제하과정을 거치므로 재재하곡선으로 고려할 수 있다. 재재하곡선은 선행압밀압력에 도달할 때까지 진행되다가 선행압밀압력부터 흙은 새로운 재하영역으로 들어가게 되는데, 선행압밀압력 이전에는 그와 같은 응력이 작용하지 않았으므로 BC구간을 처녀압밀곡선이라 하고 $e - \log\sigma'$곡선은 기울기가 급한 새로운 직선부분을 생성하게 된다. 처녀압밀곡선에서 제하를 하면 AB구간과 평행한 CD구간의 팽창곡선(swelling line)을 얻을 수 있다. 여기까지 재재하 및 제하 사이클인 $ABCD$구간은 흙에 대하여 영구변형을 유발하므로 소성거동으로 고려할 수 있다. 다시 한 번 재하를 하게 되면 제하 직전까지 최대응력이었던 C까지 곡선은 팽창곡선을 따르다가 처녀압밀곡선과 만나면

CE구간으로 향하게 된다. C에서 F방향으로는 〈그림 2-7〉의 항복곡선에서 $f > k$인 영역과 같이 거동이 불가능한 응력상태를 나타내는 영역이다.

따라서 그림에서 AB구간과 DC구간은 탄성영역, BC구간과 CE구간은 토립자의 파쇄 및 재정렬로 발생하는 소성영역을 나타내고, 뚜렷하게 표시되는 것은 아니지만 선행압밀압력은 항복응력이다. 이와 같은 압밀에 의한 거동을 고려하면 항복곡면은 어떤 형태를 취하든 정수압축에서 〈그림 4-12〉와 같이 콘의 끝부분이 캡으로 둘러싸여서 폐합되어야 하며 이런 형태의 항복곡면을 **폐합항복곡면**(closed yield surface)이라고 한다. 즉 평균유효응력(mean effective stress, p')이 작은 범위에서는 항복곡면이 팽창될 수 있지만 p'이 선행압밀압력에 근접하게 되면 항복곡면은 수축되며 최종적으로는 폐합되어야 한다

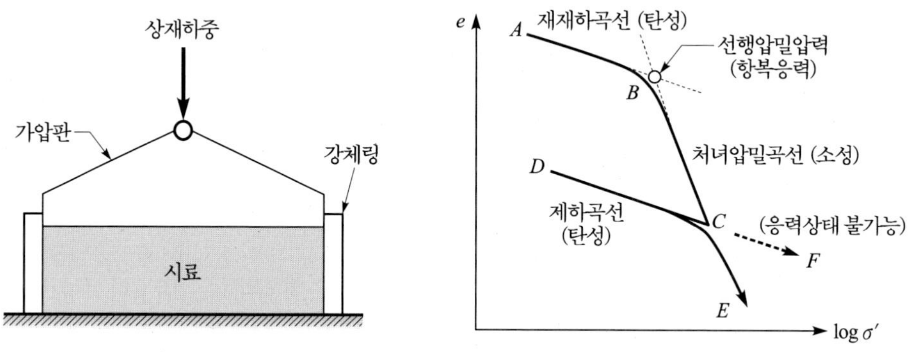

(a) 압밀시험장치 (b) 유효응력-간극비 곡선

〈그림 4-11〉 압밀시험장치와 유효응력-간극비 곡선

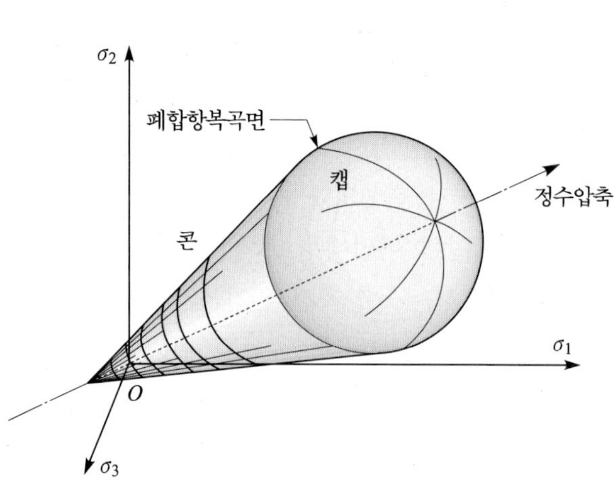

〈그림 4-12〉 주응력공간의 폐합항복곡면 예 (Davis & Selvadurai, 2002)

는 것이다. 그러나 항복곡면이 완전히 폐합된다는 것은 금속재료의 항복곡면에서 볼 수 있는 열린 형태의 개방항복곡면뿐만 아니라, 개방항복곡면인 Mohr-Coulomb파괴기준이나 Drucker-Prager파괴기준에 대해서도 중대한 변화이다(Davis & Selvadurai, 2002). 정수압축을 따라서 재하점이 이동하면서 추가적인 p'의 증가로 인한 폐합항복곡면의 거동 및 변화에 대해서는 「흙의 변형경화와 경화칙」에 기술되어 있다.

폐합항복곡면의 개념을 처음으로 도입한 연구자는 Roscoe를 비롯한 Cambridge대학의 토질역학그룹이다. 지금까지 그들이 제안한 폐합항복곡면과 유사한 모델이 많이 제안되었지만 여기서는 표준한계상태모델(standard critical state model)이라고 할 수 있는 Roscoe-Schofield(1963) 등의 Cam-clay모델(Original Cam-clay Model; *OCCM*)과 후에 *OCCM*을 수정하여 제시한 Roscoe-Burland(1968)의 수정 Cam-clay모델(Modified Cam Clay Model; *MCCM*)에 대해서만 간단하게 소개하고자 한다.

(2) Cam-clay항복기준

Roscoe-Schofield(1963)의 폐합항복곡면 모델은 Cambridge대학 인근에 흐르는 Cam강의 이름을 따서 붙여진 모델로서 *OCCM*과 *MCCM*이 대표적이다. *OCCM*의 항복곡면은 불변량인 삼축압축시험의 평균유효응력 p'과 축차응력 q를 이용하여 다음 식으로 표시된다(〈그림 4-13〉 참조).

$$f = q + Mp'\left(\ln\frac{p'}{p_0'} - 1\right) = q + Mp'\ln\left(\frac{p'}{p_c'}\right) = 0 \tag{4-70}$$

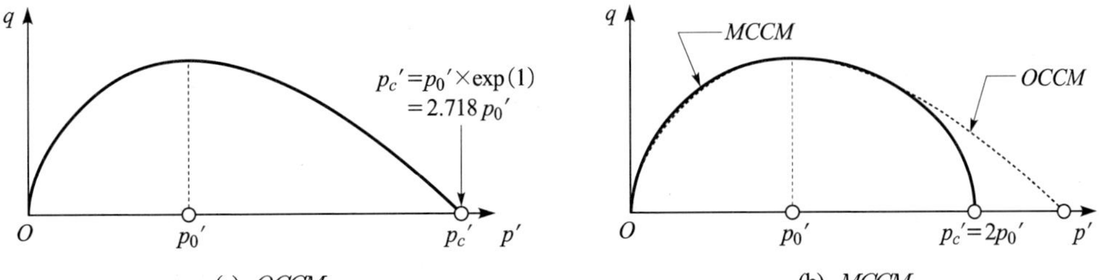

〈그림 4-13〉 Cam-clay항복곡선 (Davis & Selvadurai, 2002)

식에서 M(μ의 대문자), p_0' 및 p_c'는 재료상수이다. M는 한계상태 응력비로서 $M = q/p'$이고 p_0'는 한계상태 평균유효응력(critical state mean stress)이며 $p' = p_0'$이면 축차응력 $q = Mp' = Mp_0'$이 된다. 또한 항복곡선과 p'-축의 교점인 p_c'는 경화거동을 정의하는데 이용되는 값으로서 각각의 항복곡선은 서로 다른 값을 갖는다. 위의 식은 (4-53)식의 Drucker-Prager파괴기준과 같이 $\pi-$평면에서 원형으로 표시되지만 괄호 안에 있는 항에 의해서 $p'-q$평면에 나타낸 항복곡선은 정수압축에서 〈그림 4-13(a)〉와 같이 폐합된다. 따라서 주응력공간에서 $OCCM$은 〈그림 4-14(a)〉와 같이 뾰족한 꼭짓점을 가진 탄환형 항복곡면으로 시각화할 수 있다. 일반적으로 $OCCM$의 항복곡면과 같이 꼭짓점이나 모서리가 항복곡면에 포함되어 있으면 소성변형률을 결정하기가 어렵기 때문에 수치해석이 곤란하다. Roscoe-Burland(1968)의 $MCCM$에서는 $OCCM$의 꼭짓점 부분을 제거하고 〈그림 4-13(b)〉와 같이 타원형 항복기준을 도입하여 다음과 같이 제시하였다(Davis & Selvadurai, 2002; Desai & Siriwardane, 1984).

$$f=q^2+M^2p'(p'-2p_0{}')=q^2+M^2p'(p'-p_c{}')=0 \tag{4-71}$$

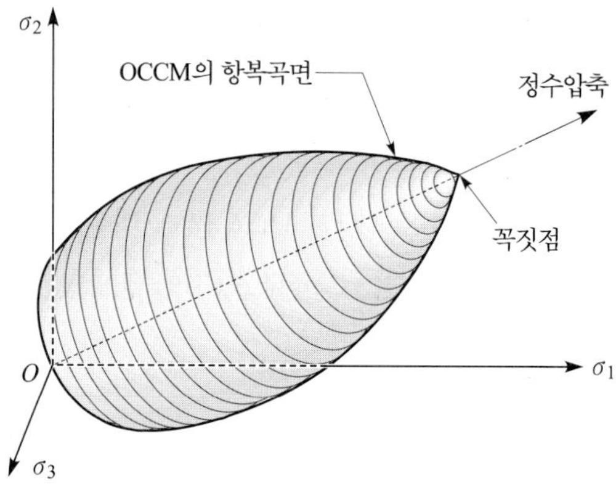

(a) $OCCM$의 항복곡면 (Davis & Selvadurai, 2002)

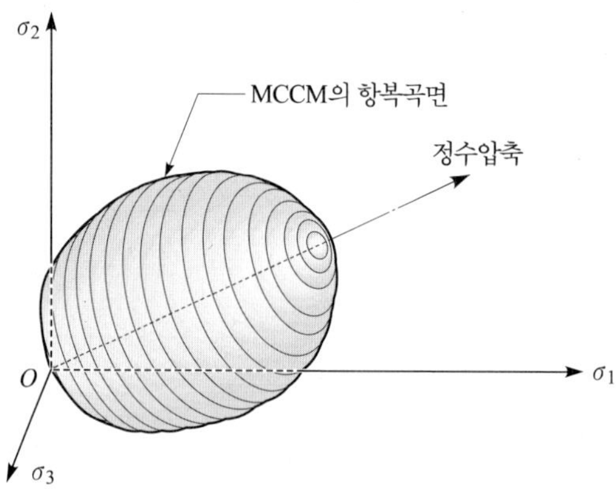

(b) $MCCM$의 항복곡면

〈그림 4-14〉 주응력공간에서 $OCCM$과 $MCCM$의 항복곡면

⟨그림 4-13⟩과 같이 $OCCM$과 $MCCM$의 항복곡선은 $p' = p_0'$까지는 일치하지만 $p' > p_0'$인 경우에 $MCCM$은 $2p_0'$, $OCCM$은 $2.718p_0'$에서 항복곡선이 각각 p' −축과 만난다. Cam−clay모델은 기존의 토질역학에서 별개의 분야로 구별되던 전단과 압밀을 통합함으로서 흙의 역학적인 특성을 규명하는데 크게 기여하였지만 점성토에 대하여 수립된 이론으로서 사질토에 대한 적용성이 떨어지며, 응력−변형률 거동에 대하여 관련유동칙을 채택함으로서 비관련유동칙을 따르는 거동특성을 예측할 수 없다는 것에 주의해야 한다. 또한 $OCCM$은 CSL 근방에서 전단에 의한 소성거동을 예측하는 모델로는 가능하지만 등방압축에 대한 소성거동을 모델링하기에는 적절하지 않다(Collins & Muhunthan, 2003; Davis & Selvadurai, 2003; Krenk, 2000; Yu, 2006).

지금까지 다양한 흙과 하중조건에 대하여 Cam−clay모델과 유사한 모델이 많이 제안되었지만 극히 일부 모델을 제외하면 역학이나 열역학적 이론을 기반으로 수립된 모델이 아니라 대부분 한계상태모델과 비슷한 형태만 취하고 있을 뿐이다. 한계상태이론에 의하여 수립된 모델에서는 응력−다일레이턴시 관계식을 소성퍼텐셜함수로 채택하고, Drucker의 가설을 적용하여 응력−다일레이턴시 관계식으로부터 항복곡선을 구한 후에 응력−변형률 관계식을 수립한다. 토질역학분야에서 한계상태이론이 발표된 이후 지금까지 수립된 많은 소성모델은 대부분 이와 같은 개념을 따르고 있다(Collins 외, 2008; Collins & Muhunthan, 2003). Cam−clay모델에 대해서는 지금까지 발표된 자료가 많이 있으므로 상세한 내용은 관련 문헌을 참고하면 된다.

4.2.5 Mohr−Coulomb파괴기준과 Drucker−Prager파괴기준의 비교

(1) 재료상수

동일한 조건이라면 ⟨그림 4-15⟩와 같이 주응력공간에서 두 파괴곡면의 중심축을 정수압축에 고정시키고 2개의 꼭짓점을 일치시키면 불규칙 육각형인 Mohr−Coulomb파괴기준이 원형인 Drucker−Prager파괴기준인 직원뿔 내측에 도시되므로 더 보수적이다. ⟨그림 4-16(a)⟩는 축차평면에 Drucker−Prager파괴기준에 의한 압축 및 인장 파괴곡선과 Mohr−Coulomb파괴기준에 의한 파괴곡선을 함께 도시한 것이다. 그림에서 불규칙 육각형의 장축꼭짓점은 외측의 압축 파괴곡선과 접하고 단축꼭짓점은 내측의 인장 파괴곡선과 접한다. 일반적으로 흙에 대해서는 Drucker−Prager파괴기준보다는 Mohr−Coulomb파괴기준을 많이 적용하고 있으며, 시험결과도 ⟨그림 4-16(a)⟩에서 Drucker−Prager파괴기준의 원형보다는 음의 주응력방향에 있는 Mohr-Coulomb파괴기준의 불규칙 육각형의 단축꼭짓점에 가깝게 나타난다(Davis & Selvadurai, 2002). 중간주응력을 고려하지 않는 Mohr-Coulomb파괴기준과는 달리 Drucker-Prager파괴기준에서는 중간주응력을 고려하기 때문에 Drucker-Prager파괴기준의 재료상수인 α 및 β와 Mohr-Coulomb파괴기준의 강도정수인 c 및 ϕ 사이의 관계는 평면변형률, 삼축압축, 삼축인장 등 조건에 따라 각각 다르게 나타난다. 축차평면에서 Mohr-Coulomb파괴기준의 장축꼭짓점과 Drucker-Prager파괴기준의 압축측 파괴곡선이 접하도록 하기 위해서는 Haigh-Westergaard 좌표계로 표시된 (4-36)식의 $\theta_s = 0^\circ$으로 하고 (4-54)식과 계수를 비교하면 다음과 같은 재료상수 관계식을 얻을 수 있다(Chen & Saleeb, 1994).

$$\alpha_c = \frac{2\sin\phi}{\sqrt{3}(3-\sin\phi)}, \quad \beta_c = \frac{6c\cos\phi}{\sqrt{3}(3-\sin\phi)} \tag{4-72}$$

식에서 α_c와 β_c는 〈그림 4-16(a)〉에서 Mohr-Coulomb파괴기준의 장축꼭짓점과 Drucker-Prager파괴기준의 압축측 파괴곡선이 접할 때의 Drucker-Prager파괴기준의 재료상수이다. 위의 재료상수에 해당하는 Drucker-Prager파괴기준의 직원뿔은 Mohr- Coulomb파괴기준의 불규칙 육각뿔에 외접하므로 (4-20)식으로 표시되는 삼축압축 응력상태 $(\sigma_1 = \sigma_2 > \sigma_3)$를 나타내고 외측경계선을 표시한다. 같은 방법으로 삼축인장 응력상태 $(\sigma_1 > \sigma_2 = \sigma_3)$에 대해서는 $\theta_s = 60^\circ$를 (4-36)식에 대입하면 다음과 같은 단축꼭짓점을 지나는 직원뿔에 대한 재료상수를 구할 수 있다.

$$\alpha_t = \frac{2\sin\phi}{\sqrt{3}(3+\sin\phi)}, \quad \beta_t = \frac{6c\cos\phi}{\sqrt{3}(3+\sin\phi)} \tag{4-73}$$

식에서 α_t와 β_t는 〈그림4-16(a)〉에서 Mohr-Coulomb파괴기준의 단축꼭짓점과 Drucker-Prager파괴기준의 인장측 파괴곡선이 접할 때의 Drucker-Prager파괴기준의 재료상수이다. 또한 (4-56)식과 (4-62)식을 이용하여 결정한 Drucker-Prager파괴기준의 평면변형률조건에 대한 재료상수 α_p와 β_p는 각각 다음과 같다(Chen & Saleeb, 1994).

$$\alpha_p = \frac{\tan\phi}{(9+12\tan^2\phi)^{1/2}}, \quad \beta_p = \frac{3c}{(9+12\tan^2\phi)^{1/2}} \tag{4-74}$$

(4-33)식의 Mohr-Coulomb파괴기준을 $\sigma_3 = 0$인 $\sigma_1 - \sigma_2$ 평면에서 (4-4)식과 같이 주응력의 크기에 따라 6개의 조건식에 대하여 나타내면 〈그림 4-16(b)〉의 불규칙 육각형인 파괴기준을 얻을 수 있다. (4-54)식의 α와 β에 (4-72)식을 대입하면 다음과 같다.

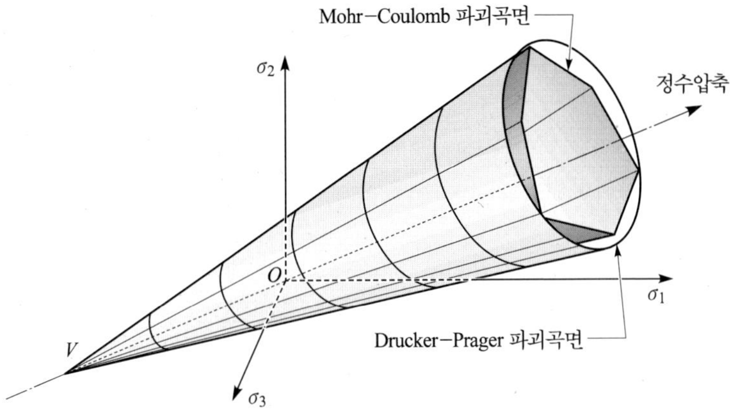

〈그림 4-15〉 주응력공간의 Mohr-Coulomb 및 Drucker-Prager파괴곡면

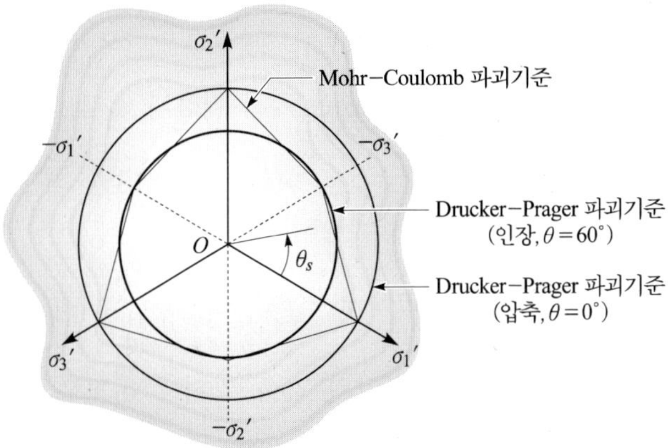

(a) 축차평면

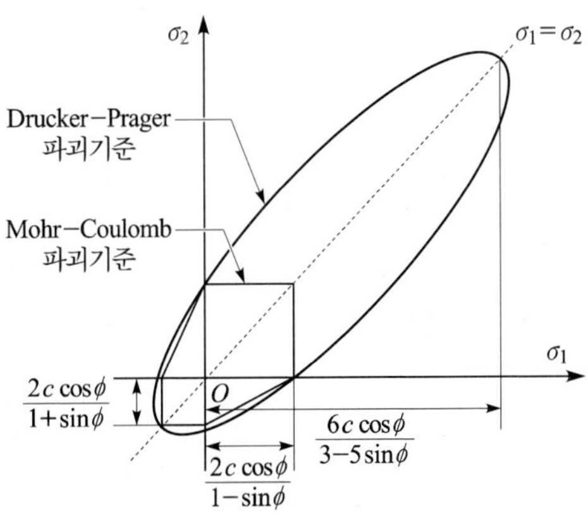

(b) $\sigma_1-\sigma_2$ 평면 (Davis & Selvadurai, 2002)

〈그림 4-16〉 Mohr-Coulomb파괴기준과 Drucker-Prager파괴기준의 비교

$$f(\xi, \rho)= \frac{1}{\sqrt{2}}\bar{\rho}- \frac{2\sin\phi}{3-\sin\phi}\xi- \frac{2\sqrt{3}\,c\cos\phi}{3-\sin\phi}= 0$$

식에서 $\bar{\rho}= \sqrt{2J_2}$, $\xi = I_1/\sqrt{3}$ 이고, 제2축차응력불변량 J_2와 제1응력불변량 I_1에 $\sigma_3 = 0$을 대입하여 정리하면, Drucker-Prager파괴기준을 $\sigma_1 - \sigma_2$ 평면에 나타낼 수 있는 관계식을 얻을 수 있다.

$$\left(\sigma_1^2 + \sigma_2^2 - \sigma_1\sigma_2\right)^{1/2} - \frac{2\sin\phi}{3-\sin\phi}(\sigma_1 + \sigma_2)= \frac{6c\cos\phi}{3-\sin\phi} \tag{4-75}$$

위의 식은 σ_1과 σ_2에 대한 이차방정식으로서 〈그림 4-16(b)〉와 같이 $\sigma_1 - \sigma_2$ 평면에서 타원으로 표시되고 Mohr-coulomb파괴곡면과는 3개의 꼭짓점이 접한다. 그러나 제1사분면에서 Drucker-Prager파괴기준이 Mohr-Coulomb파괴기준으로부터 많이 벗어나 있는 것을 알 수 있다(Davis & Selvadurai, 2002). 그림에서 $\sigma_1 = \sigma_2$이면 Mohr-Coulomb파괴기준과 Drucker-Prager파괴기준은 각각 다음과 같다.

- Mohr-Coulomb파괴기준 : $\sigma_1 = \sigma_2 = \dfrac{2c\cos\phi}{1-\sin\phi}$ (4-76)

- Drucker-Prager파괴기준 : $\sigma_1 = \sigma_2 = \dfrac{6c\cos\phi}{3-5\sin\phi}$ (4-77)

제1사분면에서는 위의 식들이 양의 값을 가져야 하므로 (4-77)식에서 $\phi < \sin^{-1}(0.6) = 36.9^\circ$이며, $\phi \geq 36.9^\circ$ 이상이면 Drucker-Prager파괴기준은 음의 값이 되기 때문에 $\sigma_1 - \sigma_2$ 평면에 파괴곡선을 도시할 수 없으므로 적용하기가 어려운 파괴기준이다. 또한 $\phi = 30^\circ$만 되어도 (4-76)식에 의한 Mohr-Coulomb파괴기준은 $2\sqrt{3}c$, (4-77)식에 의한 Drucker-Prager파괴기준은 $6\sqrt{3}c$로서 3배의 차가 발생한다. 따라서 Drucker-Prager파괴기준에 의한 2차원 해석에서 ϕ가 크면 과다한 파괴응력이 예상되므로 〈그림 4-16(a)〉에서 $\theta = 60^\circ$인 단축꼭짓점을 연결한 파괴기준을 적용하는 것도 하나의 대안이 될 수 있다. 일반적으로 Drucker-Prager파괴기준보다 Mohr-Coulomb파괴기준이 입상체인 흙과 고결체인 콘크리트나 암석의 거동해석에 더 적합한 것으로 알려져 있지만 수치해석에서는 Drucker-Prager파괴기준이 더 유리하다. 이와 같은 경우에는 Mohr- Coulomb파괴기준에 의한 결과에 근접한 값을 얻기 위해서 Drucker-Prager파괴기준의 재료상수 α와 β는 (4-72~74)식을 이용하는 것이 좋다.

(2) 체적팽창과 관련유동칙

Mohr−Coulomb파괴기준이나 Drucker−Prager파괴기준에 관련유동칙을 적용하면 (4−45)식과 (4−64)식과 같이 재료는 소성변형과 함께 체적팽창이 수반되는데, 시험결과에 의하면 정규압밀점토나 느슨한 사질토는 전단시 체적수축현상을 보여서 두 파괴기준에 의한 예측과는 상반된 결과를 보인다. 이와 같은 결과는 여러 가지 원인에 의하여 발생될 수 있지만 가장 먼저 고려할 수 있는 것은 재료에 따라서는 관련유동칙이 유효하지 않을 수도 있다는 것이다. 이와 관련하여 두 파괴기준 외에도 정수압과 관계있는 파괴기준인 Matsuoka−Nakai파괴기준(1974)과 Lade−Duncan파괴기준(1975)도 역시 관련유동칙을 적용하면 재료는 소성변형과 함께 체적팽창이 수반되고, 체적팽창을 보이는 흙이라고 해도 (4−45)식이나 (4−64)식에 의한 체적팽창이 실제보다 큰 것으로 나타난다(Davis & Selvadurai, 2002; Hill & Selvadurai, 2005; Desai & Siriwardane, 1984; Mehrabadi & Cowin, 1978).

(3) 에너지소산과 유동칙

(4−47)식과 (4−67)식의 에너지소산에서 두 파괴기준은 모두 점착력 $c=0$이면 마찰각과 관계없이 단위체적당 에너지소산 $\mathbb{D}=0$이 되어 에너지소산이 없는 것으로 나타나며, 이것은 관련유동칙을 적용하기 때문에 발생하는 것이다. 전단대의 변형률속도성분은 접선방향의 전단변형률속도 $\dot{\epsilon}_t^P$와 법선방향의 수직변형률속도 $\dot{\epsilon}_n^P$ 사이에 $\dot{\epsilon}_n^P = -\dot{\epsilon}_t^P \tan\phi$의 관계가 성립하고, (3−16)식과 같이 전단변형률속도 $\dot{\epsilon}_t^P$에 의해서는 에너지소산이 양의 값이지만 수직변형률속도 $\dot{\epsilon}_n^P$에 의해서는 음의 에너지소산이 발생한다. 에너지평형을 고려하면 토립자의 마찰로 인하여 접선방향으로는 에너지소산이 양의 값이지만 법선방향으로는 체적팽창으로 인하여 동일한 크기의 음의 에너지소산이 발생되어 균형을 이루기 때문에 (4−47)식이나 (4−67)식과 같이 양의 에너지소산은 단지 점착력에 의해서만 발생한다는 것을 알 수 있다(Mehrabadi & Cowin, 1978; Davis & Selvadurai, 2002).

관련유동칙을 적용한 흙에 대하여 토립자의 마찰로 인한 에너지소산을 양의 값을 만들고자 해도 시험결과에 비해서 과도한 체적팽창이 유발되고 비점착성 흙에 대해서 에너지소산이 없다는 것도 체적팽창이 과도하기 때문에 야기되는 것이라면 관련유동칙은 흙에 대하여 최적의 유동칙이 아니라는 것을 의미한다. 만약 수직변형률속도 $\dot{\epsilon}_n^P$가 전단변형률속도 $\dot{\epsilon}_t^P$로부터 $\tan\nu$의 방향으로 작용한다면(ν: 팽창각) 다음의 관계식이 성립한다.

$$\dot{\epsilon}_n^P = -\dot{\epsilon}_t^P \tan\nu \tag{4-78}$$

Mohr-Coulomb파괴기준을 적용한다고 하면 (4-78)식을 이용하여 (3-16)식은 다음과 같이 나타낼 수 있다.

$$\mathbb{D}_A = \left(\tau\dot{\epsilon}_t^P - \sigma\dot{\epsilon}_n^P\right)t = \dot{\epsilon}_t^P(\tau - \sigma\tan\nu) = \dot{\epsilon}_t^P[c + \sigma(\tan\phi - \tan\nu)] \tag{4-79}$$

위의 식에서 $\mathbb{D}_A \geq 0$이어야 하므로 $\phi \geq \nu$이고, $\phi = \nu$라면 (3-18)식과 동일한 식이 된다(Davis & Selvadurai, 2002).

예제 5

주응력 $\sigma_1 \geq \sigma_2 \geq \sigma_3$일 때 von Mises항복기준을 따르는 재료에 대하여 관련유동칙을 적용하여 주변형률증분을 구하라.

풀이 $c=0$라면 (4-28)식의 Mohr-Coulomb파괴기준은 주응력 σ_1과 σ_3를 이용하여 다음과 같이 나타낼 수 있다($\sigma_1 \geq \sigma_3$).

$$f(\sigma_1, \sigma_3) = (\sigma_1 - \sigma_3) - (\sigma_1 - \sigma_3)\sin\phi = 0$$

강소성재료로 가정하였으므로 $d\epsilon_v^P = d\epsilon_v$이고 법선칙에 의하여 항복시 소성변형률증분은 항복곡선에 수직이어야 하므로 체적변형률증분 $d\epsilon_v$와 전단변형률증분 $d\epsilon_s$는 각각 다음과 같다.

$$d\epsilon_v = d\epsilon_1 + d\epsilon_3 = d\lambda\frac{\partial f}{\partial\sigma_1} + d\lambda\frac{\partial f}{\partial\sigma_3} = -2d\lambda\sin\phi$$

$$d\epsilon_s = d\epsilon_1 - d\epsilon_3 = d\lambda\frac{\partial f}{\partial\sigma_1} - d\lambda\frac{\partial f}{\partial\sigma_3} = 2d\lambda$$

체적변형률증분 $d\epsilon_v$와 전단변형률증분 $d\epsilon_s$의 비는 다음과 같이 나타낼 수 있다.

$$\sin\phi = -\frac{(d\epsilon_1 + d\epsilon_3)}{(d\epsilon_1 - d\epsilon_3)}$$

또한 (1-103)식에서 팽창각에 대한 $\sin\nu$도 위의 식과 동일하게 체적변형률증분 $d\epsilon_v$와 전단변형률증분 $d\epsilon_s$의 비로 표시할 수 있으므로 두 식으로부터 $\phi = \nu$, 즉 마찰각과 팽창각이 같다. 따라서 강소성재료에 대하여 Mohr-Coulomb파괴기준과 함께 $c=0$으로 가정하여 관련유동칙을 적용하면 마찰각과 팽창각이 동일한 것으로 나타난다.

연습문제

문제1 (a) (4–74)식과, (b) (4–60)식을 유도하라.

▸ **풀이**

(a) (4–62)식에서 $\cos\phi$ 관계식을 $\sin\phi$ 관계식에 대입한다.

(b) $s_{zz} = -2\alpha\sqrt{J_2}$, $s_{zz} = \dfrac{2}{3}\left[\sigma_{zz} - \dfrac{1}{2}(\sigma_{xx} + \sigma_{yy})\right]$ 이므로,

$\sigma_{zz} = \dfrac{1}{2}(\sigma_{xx} + \sigma_{yy}) - 3\alpha\sqrt{J_2}$ 이다.

$\tau_{xz} = \tau_{yz} = 0$ 이므로 (1–19)식에 σ_{zz}를 대입한다.

문제2 Drucker–Prager파괴기준이 (4–55)식으로 주어질 때 아래 그림을 이용하여, 팔면체면에서 Mohr–Coulomb파괴기준인 불규칙 육각형에 Drucker–Prager파괴기준의 원이 내접하도록 α와 β를 결정하라(Andersen, 2008).

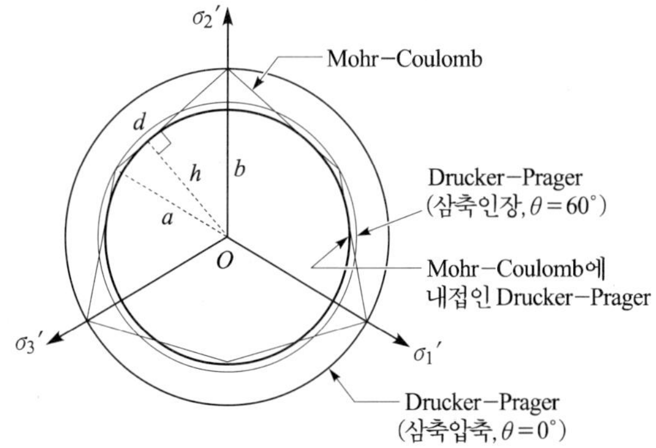

[Mohr-Coulomb파괴곡선에 내접한 Drucker-Prager 파괴곡선]

▸ **풀이**

(4–55)식으로부터 삼축인장 및 삼축압축에 의한 파괴를 유발하는 $\sqrt{3J_2}$ 의 값은 각각 다음과 같다.

– 삼축인장 : $a = \sqrt{3J_{2t}} = \beta_t - \alpha_t I_1 = \dfrac{6c\cos\phi}{3+\sin\phi} - \dfrac{2\sin\phi}{3+\sin\phi} I_1$

– 삼축압축 : $b = \sqrt{3J_{2c}} = \beta_c - \alpha_c I_1 = \dfrac{6c\cos\phi}{3-\sin\phi} - \dfrac{2\sin\phi}{3-\sin\phi} I_1$

위의 두 식으로부터 b/a는 다음과 같다.

$$\frac{b}{a}=\sqrt{\frac{J_{2c}}{J_{2t}}}=\frac{\bar{\rho}_c}{\bar{\rho}_t}=\frac{3+\sin\phi}{3-\sin\phi}$$

식에서 $\bar{\rho}$는 Haigh–Westergaard 좌표이다. 그림의 d는 다음과 같다.

$$d^2=a^2+b^2-2ab\cos 60^\circ=a^2+b^2-ab$$

변의 길이가 각각 a, b 및 d인 삼각형의 면적 A는 다음과 같다.

$$A=\frac{1}{2}ab\sin 60^\circ=\frac{\sqrt{3}}{4}ab$$

따라서 위의 두 식으로부터 다음 식을 얻을 수 있다.

$$d^2h^2=(a^2+b^2-ab)h^2=\frac{3}{4}a^2b^2 \quad \Rightarrow \quad \left(\frac{a}{b}+\frac{b}{a}-1\right)h^2=\frac{3}{4}ab$$

삼각형 높이 h는 다음과 같이 나타낼 수 있다.

$$h^2=\frac{(6c\cos\phi-2I_1\sin\phi)^2}{4(3+\sin^2\phi)} \quad \Rightarrow \quad h=\frac{3c\cos\phi}{\sqrt{3+\sin^2\phi}}-\frac{\sin\phi}{\sqrt{3+\sin^2\phi}}I_1=\sqrt{3J_{2\min}}$$

식에서 $\sqrt{3J_{2\min}}$ 은 내접한 Drucker–Prager파괴기준에 대하여 파괴를 유발하는 $\sqrt{3J_2}$를 나타낸다. 이것을 Drucker–Prager파괴기준으로 나타내면 다음과 같다.

$$f_{\min}(I_1, J_2)=\sqrt{3J_{2\min}}+\alpha_{\min}I_1-\beta_{\min}=0$$

내접 Drucker–Prager파괴기준의 $\alpha_{\min}$와 $\beta_{\min}$은 다음과 같다.

– 내접 Drucker–Prager파괴기준 : $\alpha_{\min}=\dfrac{\sin\phi}{\sqrt{3+\sin^2\phi}}$, $\quad \beta_{\min}=\dfrac{3c\cos\phi}{\sqrt{3+\sin^2\phi}}$

문제3 Drucker–Prager파괴기준의 I_1과 J_2가 (4–55)식으로 주어질 때 삼축압축조건$(\sigma_1=\sigma_2>\sigma_3)$과 삼축인장조건$(\sigma_1=\sigma_2>\sigma_3)$에 대하여 재료상수 α와 β를 Mohr–Coulomb파괴기준의 c와 ϕ로 표시하라(단, $\sigma_1\geq\sigma_2\geq\sigma_3$).

► **풀이**

압축조건에서 $\sigma_1=\sigma_2>\sigma_3$이므로 $I_1=\sigma_1+\sigma_2+\sigma_3=2\sigma_1+\sigma_3$, $\sqrt{3J_2}=\sigma_1-\sigma_3$, 이 식을 대입한 Drucker–Prager파괴기준과 (4–28)식의 Mohr–Coulomb파괴기준의 계수를 비교하면 $\alpha_c=2\sin\phi/(3-\sin\phi)$, $\beta_c=6c\cos\phi/(3-\sin\phi)$, 같은 방법으로 인장조건에서 $\sigma_1=\sigma_2>\sigma_3$이므로 $\alpha_t=2\sin\phi/(3+\sin\phi)$, $\beta_t=6c\cos\phi/(3+\sin\phi)$

문제4 (4–67)식을 유도하라.

▸ 풀이

(4−62)식으로부터

$\beta = c(1-12\alpha^2)^{1/2}$, $(1-12\alpha^2)^{1/2} = \cos\phi(1-3\alpha^2)^{1/2}$, $\alpha^2 = \sin^2\phi/3(3+\sin^2\phi)$를

(4−67)식에 대입하여 정리

문제5 Drucker–Prager파괴기준을 주응력공간에 표시한 〈그림 4–10(c)〉에서 꼭짓점의 좌표 V가 Mohr–Coulomb파괴기준의 꼭짓점($\sigma_1 = \sigma_2 = \sigma_3 = -c\cot\phi$)과 일치한다는 것을 보여라.

▸ 풀이

정수압축에서는 $\sigma_1 = \sigma_2 = \sigma_3$이므로 (4−53)식에서 σ_1에 대하여 정리하면 $3\alpha\sigma_1 + \beta = 0$이다. α와 β가 아닌 (4−72)식의 α_c와 β_c, (4−73)식의 α_t와 β_t 또는 (4−74)식의 α_p와 β_p 등 어떤 계수를 대입해도 $\sigma_1 = \sigma_2 = \sigma_3 = -c\cot\phi$이다.

문제6 일축응력상태에 대하여 (4–53)식의 Drucker–Prager파괴기준을 결정하라.

▸ 풀이

일축응력에서 $\sigma_{11} = \sigma_1$이고 그 외에는 모두 0이므로 (4−53)식에 대입하면 다음과 같다.

$$f = \sqrt{J_2} - \alpha I_1 - \beta = \frac{1}{\sqrt{6}}\left(\sigma_1^2 + \sigma_1^2\right)^{1/2} - \alpha\sigma_1 - \beta = \sigma_1\left(\frac{\sqrt{3}}{3} - \alpha\right) - \beta$$

문제7 주응력의 크기가 $\sigma_1 \geq \sigma_2 \geq \sigma_3$일 때 Tresca항복기준을 따르는 재료에 대하여 주변형률증분을 구하라.

▸ 풀이

$$f = \frac{1}{2}(\sigma_1 - \sigma_3) - k,\quad \frac{\partial f}{\partial \sigma_1} = \frac{1}{2},\quad \frac{\partial f}{\partial \sigma_2} = 0,\quad \frac{\partial f}{\partial \sigma_3} = -\frac{1}{2}$$

$$d\epsilon_1^P = \frac{1}{2}d\lambda,\quad d\epsilon_2^P = 0,\quad d\epsilon_3^P = -\frac{1}{2}d\lambda$$

문제8 일축인장조건의 항복강도 $\sigma_y = 950\,\text{MPa}$인 등방성재료에 다음과 같은 주응력 $\sigma_i(\sigma_1, \sigma_2, \sigma_3;\ \sigma_1 \geq \sigma_2 \geq \sigma_3)$가 발생하였을 때, von Mises항복기준과 Tresca항복기준을 적용하여 재료의 항복 여부를 검토하라.

$$\sigma_i = \begin{bmatrix} 100 & 0 & 0 \\ 0 & -400 & 0 \\ 0 & 0 & -900 \end{bmatrix} \ (\text{MPa})$$

▸ **풀이**

(4-8)식에 의한 von Mises항복기준에 의하면 $\sigma_y = 866\,\text{MPa}$, (4-3)식에 의하여 $\sigma_y = 1{,}000\,MPa$이다.

문제9 정수압과 관계있는 Mohr-Coulomb파괴기준과 Drucker-Prager파괴기준의 관계는 정수압과 관계없는 von Mises항복기준과 Tresca항복기준의 관계와 유사하다. 이들 파괴기준 또는 항복기준은 모두 수직 및 전단응력을 이용하여 파괴와 항복을 설명하지만 각각 어느 하나의 파괴기준 또는 항복기준이 더 보수적이다. 〈그림 4-16〉과 〈그림 4-2〉 및 관련식을 참조하여 이유를 설명하라.

▸ **풀이**

Drucker-Prager파괴기준과 von Mises항복기준은 주응력 σ_1, σ_2 및 σ_3를 모두 고려하는 것에 반하여 Mohr-Coulomb파괴기준과 Tresca항복기준은 σ_1과 σ_3만 고려한다.

문제10 Drucker-Prager파괴기준의 평면변형률조건에 대한 에너지소산을 구하라.

▸ **풀이**

평면변형률조건하에서 3개의 주소성변형률성분 중에서 $d\epsilon_2^P = 0$이고 나머지 2개의 성분을 각각 $d\epsilon_1^P$과 $d\epsilon_3^P$라고 하면$\left(d\epsilon_1^P > d\epsilon_3^P\right)$, (3-9)식의 관련유동칙에 (4-53)식의 Drucker-Prager파괴기준을 적용하면 주소성변형률증분 $d\epsilon_2^P$는 다음과 같다.

$$d\epsilon_2^P = d\lambda \frac{\partial f}{\partial \sigma_2} = d\lambda \left[\frac{1}{6\sqrt{J_2}}(-\sigma_1 + 2\sigma_2 - \sigma_3) - \alpha \right] = 0$$

또한 (4-59)식을 주응력으로 나타내면 $\tau_{xy} = 0$이므로 J_2는 다음과 같다.

$$J_2 = \frac{1}{2}\frac{(\sigma_1 - \sigma_3)}{(1-3\alpha^2)^{1/2}}$$

위의 두 식을 이용하여 σ_2는 σ_1과 σ_3로 나타낼 수 있다.

$$\sigma_2 = \frac{1}{2}(\sigma_1 - \sigma_3)\frac{3\alpha}{(1-3\alpha^2)^{1/2}} + \frac{1}{2}(\sigma_1 + \sigma_3)$$

(4-53)식의 Drucker-Prager파괴기준을 평면변형률조건에 대하여 정리하면 다음과 같다.

$$f=\sqrt{J_2}-\alpha I_1-\beta=\frac{\frac{1}{2}(\sigma_1-\sigma_3)}{(1-3\alpha^2)^{1/2}}-\alpha\left[\frac{3}{2}(\sigma_1+\sigma_3)+3\alpha\frac{\frac{1}{2}(\sigma_1-\sigma_3)}{(1-3\alpha^2)^{1/2}}\right]-\beta=0$$

(4-62)식과 함께 정리하면 다음 식을 얻을 수 있다.

$$f=\frac{\sigma_1-\sigma_3}{2}-\frac{\sigma_1+\sigma_3}{2}\frac{3\alpha}{(1-3\alpha^2)^{1/2}}-\frac{\beta}{(1-3\alpha^2)^{1/2}}$$

$$=(\sigma_1-\sigma_3)-(\sigma_1+\sigma_3)\sin\phi-2c\cos\phi=0$$

따라서 평면변형률조건하에서 Drucker-Prager파괴기준은 Mohr-Coulomb파괴기준인 (4-28)식과 동일한 형태를 취한다는 것을 알 수 있다. (3-9)식의 관련유동칙으로부터 평면변형률조건의 주소성변형률 $d\epsilon_1^P$과 $d\epsilon_3^P$를 구하면 각각 다음과 같다.

$$d\epsilon_1^P=d\lambda\frac{\partial f}{\partial\sigma_1}=d\lambda(1-\sin\phi),\qquad d\epsilon_3^P=d\lambda\frac{\partial f}{\partial\sigma_3}=-d\lambda(1+\sin\phi)$$

(1-93)식에 위의 두 식을 대입하면 $d\gamma_{\max}=d\epsilon_1^P-d\epsilon_3^P=d\lambda$이며 (4-65)식으로 표시되는 평면변형률조건의 에너지소산을 구하면 다음과 같다.

$$\mathbb{D}=\sigma_1 d\epsilon_1^P+\sigma_3 d\epsilon_3^P=d\lambda f=d\lambda k=\left(d\epsilon_1^P-d\epsilon_3^P\right)c\cos\phi$$

$$=c\cos\phi\, d\gamma_{\max}=c\cos\phi\left[(d\epsilon_1-d\epsilon_3)^2+d\gamma_{xy}^2\right]^{1/2}$$

따라서 평면변형률조건에 대한 에너지소산은 $\mathbb{D}=c\cos\phi\, d\gamma_{\max}$로서 Drucker-Prager파괴기준과 Mohr-Coulomb파괴기준이 동일하다는 것을 알 수 있으며, (3-18)식에서 구한 전단대의 에너지소산과도 같다(Chen, 1968).

제5장

재료의 응력-변형률 거동과 유동칙

제5장 재료의 응력-변형률 거동과 유동칙

5.1 금속재료의 응력-변형률 거동과 유동칙

5.1.1 응력경로에 따른 변형률

탄성변형에서는 응력과 변형률의 비를 나타내는 탄성계수, 전단계수, Lame의 상수 등 재료상수는 변하지 않는 것으로 가정하고 응력경로나 변형률경로는 고려하지 않는다. 재하-제하 과정에 대한 이력곡선은 무시되고 주어진 값에 대하여 탄성변형률은 탄성응력과 선형함수관계가 성립한다. 그러나 소성변형에서 변형률상태는 응력경로에 의존하고 응력-변형률 관계는 대부분 비선형이다. 또한 응력은 변형률이 아닌 변형률증분과 관계가 되므로 최종변형률은 응력경로를 고려해서 변형률증분을 합산해서 구해야 한다.

〈그림 5-1〉은 축방향 인장 P와 비틀림 T를 받는 박판튜브의 응력상태를 비교함으로서 소성변형에서 최종변형률상태를 결정하는데 응력경로를 고려해야 한다는 것을 설명하기 위한 것이다. 〈그림 5-1(b)〉와 같이 $\sigma-\tau$평면에서 초기항복곡선 AC와 후속항복곡선 BD는 재하곡선으로서 크기는 다르지만 형태, 방향 및 곡선의 중심이 동일한 등방경화인 것으로 가정한다. 먼저 OAB선을 따라서 인장력만 작용한다면 재료는 A에서 항복 후에 경화과정을 거쳐 B에 이르므로 B의 소성 수직변형률은 다음과 같이 나타낼 수 있다(Jones, 2009).

$$\epsilon_{xx}^P = \epsilon^P, \quad \epsilon_{yy}^P = \epsilon_{zz}^P = -\nu\epsilon^P = -\frac{1}{2}\epsilon^P, \quad \gamma_{xy}^P = \gamma_{yz}^P = \gamma_{zx}^P = 0 \tag{5-1}$$

위의 인장력에 의한 소성변형률은 탄성변형률 $\epsilon_{xx}^E = \epsilon^E$, $\epsilon_{yy}^E = \epsilon_{zz}^E = -\nu\epsilon^E$, $\gamma_{xy}^E = \gamma_{yz}^E = \gamma_{zx}^E = 0$에 더하여 나타나는 것이며 응력 σ_B를 제거하면 (5-1)식의 소성변형상태만 남게 된다. 다음에는 재하경로는 OCD선을 따라 순수전단하중이 작용하는 경우로서 항복 이상의 하중이 처음 작용하는 것이라면 C에서 항복 후에 경화과정을 거쳐 D에 이르므로 D에서 소성변형률은 다음과 같다.

$$\epsilon_{xx}^P = \epsilon_{yy}^P = \epsilon_{zz}^P = \gamma_{yz}^P = \gamma_{zx}^P = 0, \quad \gamma_{xy}^P = \gamma^P \tag{5-2}$$

위의 전단력에 의한 소성변형률은 탄성변형률 $\epsilon_{xx}^E = \epsilon_{yy}^E = \epsilon_{zz}^E = \gamma_{yz}^E = \gamma_{zx}^E = 0$, $\gamma_{xy}^E = \gamma^E$ 에 더하여 나타나는 것이며 응력 τ_D를 제거하면 (5-2)식의 소성변형상태만 남게 된다. 등방경화에서 응력이 같지 않다면 어떤 경우에도 응력상태가 동일할 수 없으므로 응력이 서로 다른 σ_B와 τ_D의 응력상태도 동일할 수는 없지만, 재하-제하과정을 거쳐서 〈그림 5-1(b)〉의 원점으로 환원되는 경우에 각각의 재하경로에 대한 응력상태는 다르다. 즉, 재하경로 $OABAO$와 $OCDCO$를 비교하면 최종 응력상태는 모두 원점에 이르므로 동일하지만 최종변형률상태는 근본적으로 다르다. 재하경로 $OABAO$에 대해서 최종 변형률 상태는 다음과 같다.

$$\epsilon_{xx} = \epsilon^P, \quad \epsilon_{yy} = \epsilon_{zz} = -\frac{1}{2}\epsilon^P, \quad \gamma_{xy} = \gamma_{yz} = \gamma_{zx} = 0 \tag{5-3}$$

또한 재하경로 $OCDCO$에 대한 최종 변형률상태는 다음과 같다.

$$\epsilon_{xx} = \epsilon_{yy} = \epsilon_{zz} = \gamma_{yz} = \gamma_{zx} = 0, \quad \gamma_{xy} = \gamma^P \tag{5-4}$$

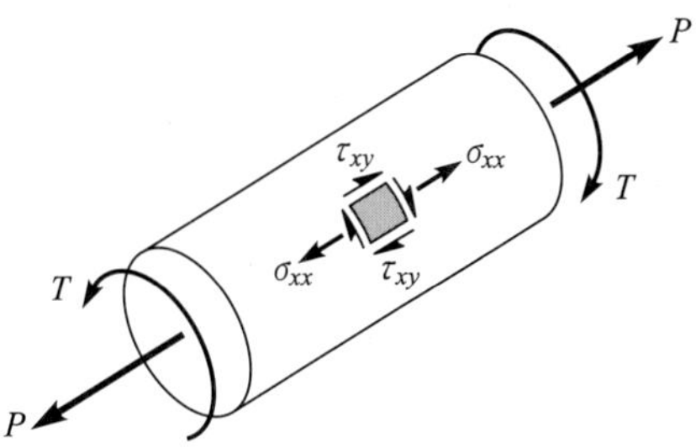

(a) 박판튜브의 하중 및 응력

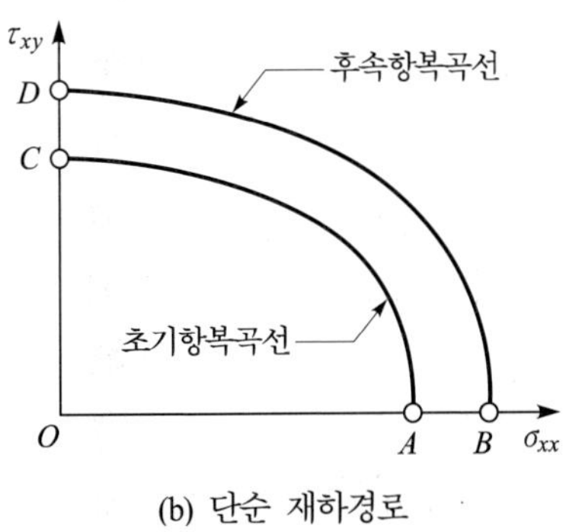

(b) 단순 재하경로

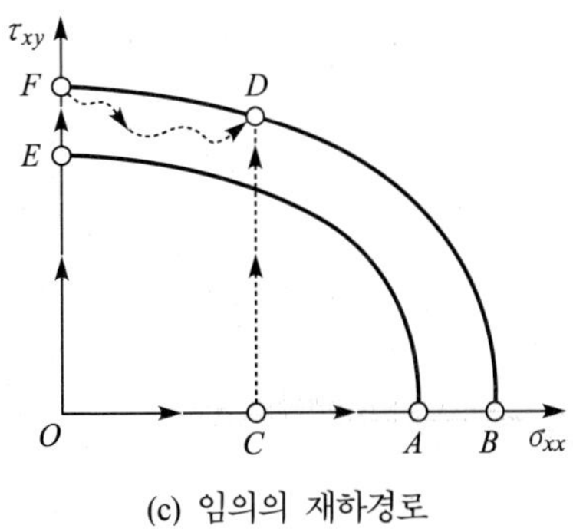

(c) 임의의 재하경로

〈그림 5-1〉 소성변형률상태의 재하경로 의존성 (Jones, 2009)

따라서 최종 응력상태가 동일하더라도 응력이력이 다르면 최종변형률은 상당한 차이가 있으므로 최종 변형률을 결정하기 위해서는 재료의 재하경로가 필수적이라는 것을 알 수 있다. 〈그림 5-1(c)〉는 상대적으로 복잡한 재하경로 $OABACD$와 $OEFD$를 이용하여 응력이력의 중요성을 강조하기 위한 것이다. 그림에서 재하경로 FD는 후속항복곡선 BDF내에 있는 임의의 재하경로이다. 〈그림 5-1(c)〉의 재하경로 $OABACD$는 그림(b)의 재하경로 OAB에 대한 소성변형률과 동일하고, 그림(c)의 재하경로 $OEFD$는 그림(b)의 재하경로 OCD에 대한 소성변형률과 동일하다. 다시 말하면 재하경로 $OEFD$에서 재하경로 FD에 대응하는 변형률증분은 탄성이기 때문에 응력이력에서 소성변형률은 변하지 않으며, 재하경로 $OABACD$의 제하과정인 재하경로 $BACD$의 C에서 재하방향이 다르더라도 변형률증분은 탄성이기 때문에 소성변형률은 변하지 않는다는 것이다. 따라서 최종 응력상태는 동일해도 재하경로가 다르면 최종 변형률은 다르다는 것을 알 수 있다(Jones, 2009).

예제 1

그림과 같이 체적변형률 $\epsilon_v = 0$ 이고 막대형 등방성재료를 σ_1-방향으로 인장하면 σ_2- 및 σ_3-방향으로는 수축하게 된다. 인장응력에 대응하는 변형률을 각각 ϵ_1, ϵ_2 및 ϵ_3라 하였을 때 다음 조건에 대하여 응력-변형률 관계식을 구하라.

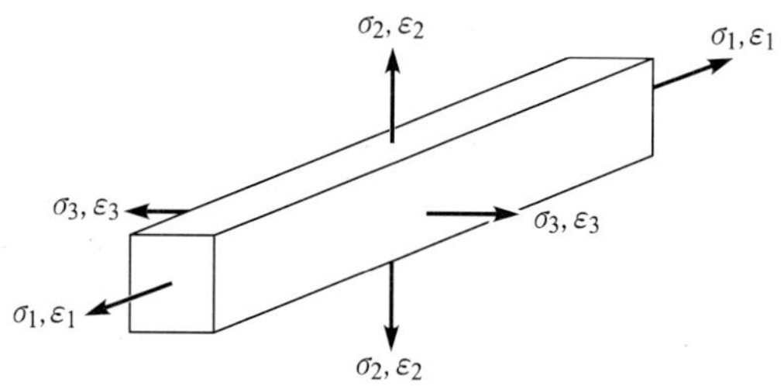

[금속재료의 일축인장시험]

(a) 탄성변형을 무시하고 소성변형만 고려하는 경우
(b) 탄성변형만 발생하는 경우

풀이 (a) 탄성변형을 무시하면 $\epsilon_1 \approx \epsilon_1^P$, $\epsilon_2 \approx \epsilon_2^P$ 및 $\epsilon_3 \approx \epsilon_3^P$이고, 재료가 등방성이며 $\epsilon_v = 0$이므로 $\epsilon_2 = \epsilon_3$ 및 $\epsilon_2 = \epsilon_3 = -(1/2)\epsilon_1$이다. $\epsilon_v = 0$인 재료에서 소성변형은 평균응력이 아닌 축차응력에 의하여 결정되므로 그림과 같은 일축인장시험에서 축차주응력성분을 구하면 다음과 같다.

$$s_1=\sigma_1-p=\sigma_1-\frac{\sigma_1+0+0}{3}=\frac{2\sigma_1}{3}$$

$$s_2=\sigma_2-p=0-\frac{\sigma_1+0+0}{3}=-\frac{\sigma_1}{3}=s_3$$

식에서 $p=(\sigma_1+\sigma_2+\sigma_3)/3$이다. 위의 식을 이용하면 다음의 응력-변형률 관계식을 결정할 수 있다.

$$\frac{\epsilon_2}{s_2}=\frac{\epsilon_3}{s_3}=\frac{-\frac{\epsilon_1}{2}}{-\frac{\sigma_1}{3}}=\frac{\epsilon_1}{\frac{2\sigma_1}{3}}=\frac{\epsilon_1}{s_1}=L$$

식에서 L은 비례상수이다. 위의 식이 탄성영역의 Hooke의 법칙에 대응하는 소성영역의 응력-변형률 관계식으로서 가장 간단한 유동칙이라고 할 수 있다. 위에서 ϵ_1의 계수가 1/2인 것은 탄성변형을 무시하고 소성변형만 고려한 것이므로 탄성영역에서 비압축성재료에 적용하는 Poisson비 $v=0.5$와는 무관하다.

(b) 만약 재료의 변형이 탄성한도 내에서 발생한다면, (2-6)식으로부터 다음과 같이 나타낼 수 있다.

$$\frac{\Delta V}{V}=\epsilon_1+\epsilon_2+\epsilon_3=\frac{1}{K}\left(\frac{\sigma_1+\sigma_2+\sigma_3}{3}\right)$$

식에서 K는 체적탄성계수이다. 따라서 재료의 Poisson비 v을 이용하여 나타내면 $\epsilon_2=\epsilon_3=-v\epsilon_1$, $\sigma_2=\sigma_3=0$이므로 응력-변형률 관계는 다음과 같다.

$$\epsilon_1=\frac{\sigma_1}{3K(1-2v)}$$

5.1.2 Lévy-Mises의 유동칙

1870년 Saint Venant은 뛰어난 통찰력으로 응력과 변형률증분의 주축이 일치한다는 Saint Venant 가설(또는 공동축가설)을 제안하였는데 Saint Venant 가설은 처음으로 응력과 소성변형률 관계, 즉 유동칙을 수립하기 위한 시도라고 할 수 있다. 응력-변형률증분에 대한 일반적인 3차원 관계식은 1871년 Lévy가 제안하였으며 이와는 별도로 1913년 von Mises에 의해서도 제안된 바 있다. 이들이 제시한 관계식을 하나로 묶어서 Lévy-Mises의 유동칙이라고 하며 주요한 내용은 다음과 같다(Khan & Huang, 1995).

- 탄성변형률은 무시할 수 있을 정도로 작다.
- 응력과 소성변형률증분(또는 소성변형률속도)의 주축은 일치한다.

따라서 Lévy-Mises의 유동칙은 다음과 같이 나타낼 수 있다.

$$d\epsilon_{ij} = d\lambda \sigma_{ij} \tag{5-5}$$

식에서 $d\lambda$는 비례인자로서 음이 아닌 값이며 항복기준으로 결정한다. 응력과 축차응력의 주축은 일치하므로 위의 식은 다음과 같이 나타낼 수 있다.

$$d\epsilon_{ij} = d\lambda\, s_{ij} \tag{5-6}$$

식에서 $d\epsilon_{ij}$는 전변형률, s_{ij}는 축차응력이다. 위의 식에서 변형률은 탄성변형률을 무시하고 소성변형률만 고려하였으며 응력은 평균응력을 배제한 축차응력만 관계가 있는 것으로 해석하였다. 또한 소성변형률만 고려함으로서 탄성변형을 무시할 수 없는 재료에 대해서는 성립하지 않는다. (5-6)식에 대하여 Saint Venant은 Tresca항복기준을 적용하였지만 von Mises는 자신의 항복기준을 적용하였으며 (1-22)식과 (4-8)식에 의해서 von Mises항복기준은 $s_{ij}s_{ij} = (2/3)\sigma_Y^2$이므로 위의 식은 다음과 같이 나타낼 수 있다 (Khan & Huang, 1995).

$$d\epsilon_{ij} d\epsilon_{ij} = d\lambda^2 s_{ij}\, s_{ij} = \frac{2}{3} d\lambda^2 \sigma_Y^2 \tag{5-7}$$

따라서 $d\lambda$는 다음과 같다.

$$d\lambda = \sqrt{\frac{\frac{3}{2} d\epsilon_{ij} d\epsilon_{ij}}{\sigma_Y}} = \frac{3}{2}\frac{d\epsilon_{eq}}{\sigma_Y} \tag{5-8}$$

식에서 $d\epsilon_{eq}$는 등가변형률증분(equivalent strain increment)으로서 다축상태의 변형률증분을 일축조건의 변형률증분으로 환산하여 나타낸 값이며 다음과 같이 정의된다.

$$\begin{aligned} d\epsilon_{eq} &= \frac{2}{\sqrt{3}} \left[(d\epsilon_1 - d\epsilon_2)^2 + (d\epsilon_2 - d\epsilon_3)^2 + (d\epsilon_3 - d\epsilon_1)^2 \right]^{1/2} \\ &= \frac{2}{\sqrt{3}} \left(\frac{1}{2} d\epsilon_{ij} d\epsilon_{ij} \right)^{1/2} \end{aligned} \tag{5-9}$$

(5-8)식의 $d\lambda$를 (5-6)식에 대입하면 아래와 같은 소성영역에 대한 응력-변형률 관계식을 얻을 수 있다.

$$d\epsilon_{ij} = \frac{3}{2}\frac{d\epsilon_{eq}}{\sigma_Y} s_{ij} \tag{5-10}$$

강소성재료에 대하여 변형률증분 $d\epsilon_{ij}$가 주어지면 위의 식을 이용해서 축차응력 s_{ij}를 결정할 수 있지만, 반대로 s_{ij}만 주어지면 $d\epsilon_{ij}$를 결정할 수 없으며 단지 변형률성분의 비만 결정할 수 있다. 즉, 변형률증분의 주축방향만 알 수 있을 뿐이며 크기는 알 수 없다는 것이다. 이것은 동일한 항복응력 σ_Y에 대하여 수평방향으로 무한대의 변형률을 보이는 강소성재료의 특성과 관계되기 때문이다(Khan & Huang, 1995).

5.1.3 Prandtl-Reuss의 유동칙

Lévy-Mises의 유동칙은 탄성변형률보다 소성변형률이 훨씬 큰 재료에 적합한 유동칙이므로 탄성변형률을 무시할 수 없는 재료에 대해서는 좋은 결과를 기대하기 어렵다. Prandtl (1927)과 Reuss(1930)는 Lévy-Mises의 유동칙과 유사한 관계식을 수립하여 소성변형은 체적변화가 없는 변형을 하는 반면, 탄성변형은 형상변화뿐만 아니라 체적변화도 야기하고 형상변화를 나타내는 축차탄성변형률증분 $d\epsilon'^E_{ij}$은 (2-7)식으로부터 얻을 수 있다고 제안하였다(Khan & Huang, 1995).

$$d\epsilon'^E_{ij} = \frac{1}{2G} ds_{ij} \tag{5-11}$$

또한 소성변형률증분과 축차응력의 주축은 일치하는 것으로 가정한다(「공동축조건」 참조).

$$d\epsilon^P_{ij} = d\lambda s_{ij} \tag{5-12}$$

식에서 $d\lambda$는 항복조건에 의하여 결정하는 값이며 재하과정에 의존하는 스칼라이다. $d\epsilon^P_{ij}$는 축차성분이고 재료의 형상변화는 위의 두 식을 합산하여 나타낼 수 있다.

$$d\epsilon'_{ij} = d\epsilon'^E_{ij} + d\epsilon^P_{ij} = \frac{1}{2G} ds_{ij} + d\lambda s_{ij} \tag{5-13}$$

또한 금속재료에서 소성변형에 의한 체적변화는 0이고 전체적인 체적변화는 탄성변형에 의한 것뿐이므로 (2-6)식에 의하여 다음과 같이 나타낼 수 있다.

$$d\epsilon_{kk} = d\epsilon^E_{kk} = \frac{dp}{K} \tag{5-14}$$

식에서 K는 체적탄성계수이고 p는 평균응력이다. 따라서 탄소성 구성식은 재료의 형상변화를 나타내는 (5-13)식과 체적변화를 나타내는 (5-14)식의 합으로 나타낼 수 있다. (5-13)식의 마지막 우변 첫째 항 때문에 변형률증분의 주축은 더 이상 축차응력 또는 응력의 주축과 공동축이 될 수가 없다. $d\lambda$를 결정하기 위해서 (5-13)식에 축차응력 s_{ij}를 곱해주고 von Mises항복기준을 적용한다(Khan & Huang, 1995).

$$s_{ij}d\epsilon'_{ij} = \frac{1}{2G}s_{ij}ds_{ij} + d\lambda s_{ij}s_{ij} = \frac{1}{2G}s_{ij}ds_{ij} + d\lambda\frac{2}{3}\sigma_Y^2 \tag{5-15}$$

위의 식에서 강소성재료에 대하여 von Mises항복기준을 적용하고 σ_Y는 상수로 가정하면 $s_{ij}ds_{ij} = 0$이 된다(「무모순조건」 참조).

$$df = \frac{\partial f}{\partial \sigma_{ij}}d\sigma_{ij} = \frac{\partial J_2}{\partial \sigma_{ij}}d\sigma_{ij} = s_{ij}ds_{ij} = 0 \tag{5-16}$$

위의 식을 (5-15)식에 대입하면 $d\lambda$는 다음과 같다.

$$d\lambda = \frac{3s_{ij}d\epsilon_{ij}}{2\sigma_Y^2} \tag{5-17}$$

위의 식과 함께 (5-13)식을 다시 정리하면 다음과 같다.

$$d\epsilon'_{ij} = \frac{1}{2G}ds_{ij} + \frac{3s_{lm}ds_{lm}}{2\sigma_Y^2}s_{ij} \tag{5-18}$$

(5-8)식에서 $d\lambda$를 구하는 방법과 동일한 방법으로 다음과 같이 $d\lambda$를 구할 수 있다.

$$d\lambda = \frac{3}{2}\frac{d\epsilon_{eq}^P}{\sigma_Y} \tag{5-19}$$

식에서 $d\epsilon_{eq}^P$는 등가소성변형률증분(equivalent plastic strain increment)으로서 다음 식으로 정의된다.

$$\begin{aligned} d\epsilon_{eq}^P &= \frac{2}{\sqrt{3}}\left[\left(d\epsilon_1^P - d\epsilon_2^P\right)^2 + \left(d\epsilon_2^P - d\epsilon_3^P\right)^2 + \left(d\epsilon_3^P - d\epsilon_1^P\right)^2\right]^{1/2} \\ &= \frac{2}{\sqrt{3}}\left(\frac{1}{2}d\epsilon_{ij}^P d\epsilon_{ij}^P\right)^{1/2} \end{aligned} \tag{5-20}$$

위의 식이 (5-9)식과 다른 점은 $d\epsilon_{eq}$를 $d\epsilon_{eq}^P$로 대체한다는 것이다. (5-19)식과 함께 (5-13)식은 다음과 같이 나타낼 수 있다.

$$d\epsilon'_{ij} = \frac{1}{2G}ds_{ij} + \frac{3}{2}\frac{d\epsilon_{eq}^P}{\sigma_Y}s_{ij} \tag{5-21}$$

Lévy-Mises의 유동칙은 강소성재료에 적합한데 비하여 Prandtl-Reuss의 유동칙은 수학적으로 더 복잡하지만 강소성재료뿐만 아니라 탄성거동과 함께 (5-19)식에 경화거동을 고려할 수도 있다는 것이 다르다. 또한 Lévy-Mises의 유동칙은 Prandtl-Reuss의 유동칙의 특수한 형태의 하나로 볼 수 있으며 Prandtl-Reuss의 유동칙은 관련유동칙의 특수한 경우로 볼 수 있는데, von Mises항복기준에 대하여 $\partial J_2/\partial\sigma_{ij}= s_{ij}$이므로 (3-9)식에 의하여 다음 식을 얻을 수 있다.

$$d\epsilon_{ij}^P = d\lambda\frac{\partial f}{\partial\sigma_{ij}} = d\lambda\frac{\partial J_2}{\partial\sigma_{ij}} = d\lambda s_{ij} \tag{5-22}$$

위의 식은 (5-12)식과 같고 탄성변형률증분을 무시하면 Lévy-Mises의 유동칙과도 동일하며, Prandtl-Reuss의 유동칙과 Lévy-Mises의 유동칙은 모두 von Mises항복기준을 적용한 관련유동칙이라고 할 수 있다(Khan & Huang, 1995). 지금까지 Prandtl-Reuss의 유동칙은 Lode(1926), Taylor-Quinney(1921) 등에 의하여 많은 검증과정을 거쳤을 뿐 아니라, 비등방성 효과의 제거(Lianis-Ford, 1957) 등으로 보완되어 소성변형률증분과 전응력의 주축에 대한 편차도 크지 않은 것으로 나타나 금속재료분야에서 많이 활용되고 있는 유동칙이다.

5.1.4 Hencky의 유동칙

Prandtl-Reuss의 유동칙과 Lévy-Mises의 유동칙은 증분이론인데 비하여 Hencky의 유동칙은 변형이론에 속한다. Prandtl-Reuss의 유동칙이나 Lévy-Mises의 유동칙을 이용하면 좋은 결과를 얻을 수는 있지만 증분형이기 때문에 수학적으로 복잡한 전개과정을 거쳐야 해를 얻을 수 있다. 조건에 따라서는 증분형보다는 Hencky가 제안한 전변형이론에 의한 응력-변형률 관계식을 이용하면 문제를 단순화시킬 수도 있다. 미소변형에 대하여 Hencky는 전소성변형률이 축차응력에 비례하는 것으로 제안하였다(Chakrabarty, 1987).

$$\epsilon_{ij}^P = \underline{\lambda}\, s_{ij} \tag{5-23}$$

식에서 $\underline{\lambda}$는 재하과정에서는 $\underline{\lambda}>0$이고 제하에 대해서는 $\underline{\lambda}=0$이며, 비경화성재료에 대해서는 미지정된(unspecified) 비례인자이고 경화성재료에서는 상당응력 σ_{eq}에 의존한다. 위의 식을 (5-12)식과 비교하면 $d\epsilon_{ij}^P$를 ϵ_{ij}^P로 대체한 것을 제외하고는 동일한 형태이다. 실제로 Hencky의 유동칙은 축차응력성분의 비가 일정하면 Prandtl-Reuss의 유동칙과 같은 값을 얻을 수 있으며, 일축인장의 응력-소성변형률 관계식을 〈그림 2-4(d)〉와 같이 멱함수로 나타낼 수 있다면 초기에 Prandtl-Reuss의 유동칙과 동일한 결과를 얻을 수 있다. 그러나 일반적으로 Hencky의 유동칙은 소성변형이 발생한 후에 제하과정에서 문제가 발생하기 때문에 금속재료의 완전한 소성거동을 모델링하기에는 부적절한 것으로 알려져 있다. 즉 특정시점의 항복곡선에 대하여 다른 응력상태로 재재하를 하게 되면 탄성변형 범위 내에서 소성변형률성분의 비가 완전히 다르게 나타나므로 불합리하다는 것이다. 그러나 재하가 계속되고 재하과정에서 축차응력의 비가 크게 변하지 않는다면 Hencky의 유동칙은 좋은 결과를 기대할 수 있으며 제하시점의 소성상태와 다른 소성상태로 재재하만 하지 않는다면 제하도 허용될 수 있다(Chakrabarty, 1987).

5.2 흙의 응력-변형률 거동과 유동칙

5.2.1 흙의 소성거동과 다일레이턴시

(1) 흙의 소성거동

흙의 복잡한 응력-변형률 거동은 토립자 사이의 기계적 마찰이나 패브릭(fabric ; 입자 사이의 접점을 연결한 네트워크) 등 입상체인 흙만 가지고 있는 특성에 기인하며 따라서 흙의 소성거동을 규명하는 것이 용이하지 않다. 흙의 소성거동 형태는 〈그림 5-2〉와 같이 전단(또는 활동), 회전(rotation 또는 spin), 다일레이턴시/압밀(또는 팽창/수축) 등 세 가지 형태로 분류할 수 있다.

그림에서 θ는 주응력축방향을 나타내고 그림(a)에서 흙덩이에 힘(F)이 작용하면서 두 방향으로 발생하는 활동을 각각 α^*- 및 β^*-활동으로 표기하였다. 활동과 다일레이턴시/압밀은 흙의 특정한 패브릭과 관련하여 발생하고 회전은 흙 패브릭의 회전에 기인한다(Harris, 2000). 또한 활동과 회전은 체적변화와는 관계없는 거동 형태이지만 다일레이턴시/압밀은 체적변화와 관계되는 항이다(Houlsby & Wroth, 1982). 흙의 응력-변형률 관계를 수립하기 위해서는 항복조건으로 산정된 응력과 위의 세 가지 소성거동 형태의 관계를 잘 반영할 수 있는 관계식을 결정하는 것이 중요한 과제이다.

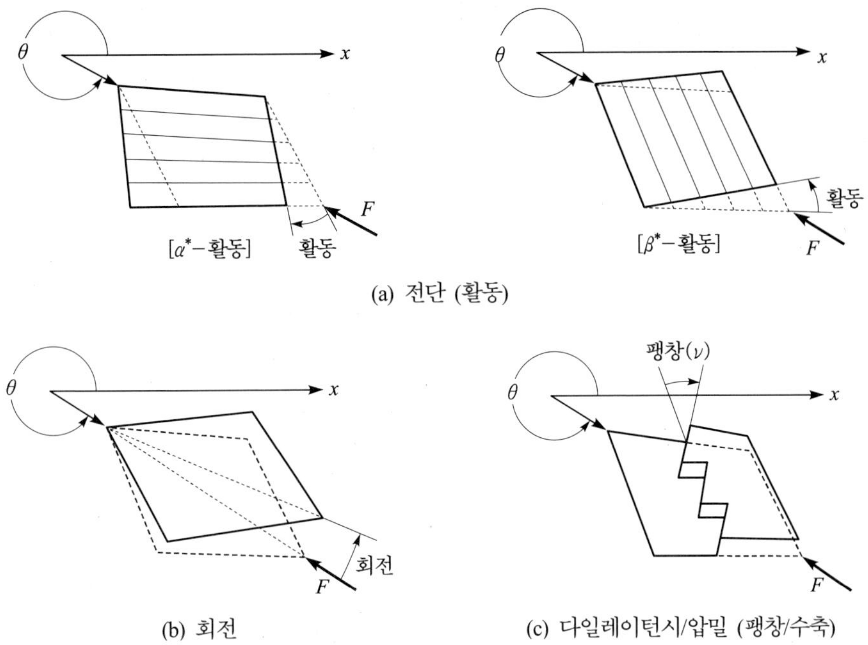

〈그림 5-2〉 흙의 소성거동 형태 (Houlsby & Wroth, 1982; Harris, 2000)

(2) 흙의 다일레이턴시와 응력-변형률 거동

이상적인 입상체의 응력-변형률 거동은 마찰각(ϕ), 점착력(c) 및 팽창각(ν) 등 3개의 변수를 이용하여 나타낼 수 있다. 그 중에서 마찰각과 점착력은 파괴기준으로 결정되지만 팽창각은 다일레이턴시 이론에 의하여 구해야 한다(Harris, 2000). 1885년에 Reynolds가 처음으로 언급하기 시작한 다일레이턴시는 금속재료에는 없는 거동이며 입상체의 전단과정에서만 볼 수 있는 거동 형태로서 입상체인 흙의 응력-변형률 거동을 규명하기 위해서는 반드시 고려해야 하는 비가역적 체적팽창이다. 특히 조밀한 사질토에 대한 응력-변형률 거동을 규명하기 위해서는 팽창각을 어떻게 반영하느냐는 것이 핵심적인 내용이 된다.

Taylor(1948)의 에너지보정가설에 의하면 흙의 강도는 토립자 사이의 마찰저항과 엇물림으로 결정되는데 다일레이턴시는 토립자의 엇물림에 의하여 야기되는 것으로 설명할 수 있다. 〈그림 5-3(b)〉는 그림(a)의 흙의 전단시험 결과를 도시한 것이다. 그림에서 dx와 dy는 각각 전단변형률증분 $d\epsilon_s$와 체적변형률증분 $d\epsilon_v$이며, dy/dx는 전단대에서 엇물림에 의한 팽창을 나타내고 dy/dx의 값이 최대일 때 흙은 피크강도를 보인다. dx가 증가하면 dy/dx는 감소하는 경향이 있으며 전단상자에 작용하는 응력은 $\mu_s \sigma_n'$이다(σ_n': 수직유효응력, μ_s:

마찰계수). 그림의 피크강도에서 에너지소산(τdx)은 아래와 같이 마찰에 의한 에너지소산($\mu_s \sigma_n' dx$)과 팽창에 의한 에너지소산($\sigma_n' dy$)을 합한 것과 같다(Schofield, 1993).

$$\mathbb{D} = \tau dx = \tau d\epsilon_s = \mu_s \sigma_n' dx + \sigma_n' dy = \mu_s \sigma_n' d\epsilon_s + \sigma_n' d\epsilon_v \tag{5-24}$$

위의 식을 $\sigma_n' dx$(또는 $\sigma_n' d\epsilon_s$)로 나누어주면 흙의 강도(τ/σ_n')를 마찰저항인 마찰계수(μ_s)와 엇물림인 다일레이턴시($d\epsilon_v/d\epsilon_s$)로 나타낼 수 있다.

$$\frac{\tau}{\sigma_n'} = \mu_s + \frac{dy}{dx} = \mu_s + \frac{d\epsilon_v}{d\epsilon_s} \tag{5-25}$$

또한 외력에 의한 일은 (5-24)식으로부터 다음과 같이 나타낼 수 있다(Houlsby, 1991).

$$\mathbb{W} = \tau d\epsilon_s \tag{5-26}$$

Thurairajah(1960)는 흙의 소성변형 과정에서 소산되는 에너지를 [수직유효응력×소성전단변형률증분×한계상태 마찰계수]로 제안하였다(Collins & Muhunthan, 2003). 따라서 (5-26)식의 외력에 의한 일에 대응하여 내부에서는 수직유효응력과 소성전단변형률증분의 곱에 비례하여 에너지가 소산되는 것으로 고려하여 아래와 같이 나타낼 수 있다.

$$\mathbb{D} = (\tan\phi_{cv})\sigma_n' d\epsilon_s \tag{5-27}$$

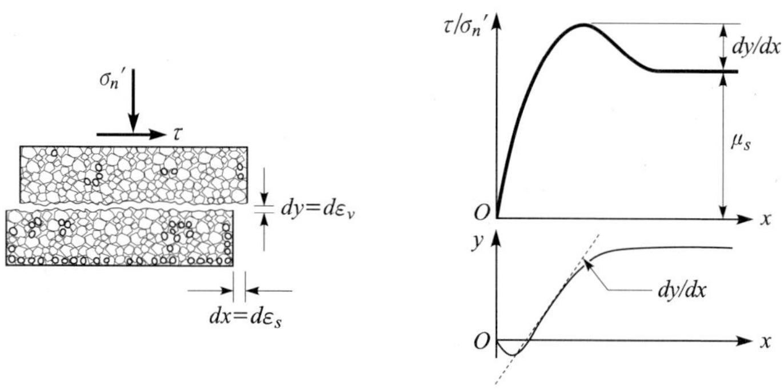

(a) 전단시험 (b) 시험결과

〈그림 5-3〉 **조밀한 모래의 전단시험** (Schofield, 1993)

식에서 ϕ_{cv}는 다일레이턴시가 0인 마찰각이며 $\tan\phi_{cv}$는 비례상수이다. 이것을 전단시험에 적용하면 에너지소산은 (5-27)식과 같이 수직유효응력과 소성전단변형률증분의 곱에 비례하는 것으로 나타낼 수 있다. 그러나 외력에 의한 일에 대해서는 (5-26)식에 다일레이턴시에 의한 일을 더해야 하므로 수직유효응력 σ_n'에 체적변형률증분 $d\epsilon_v$를 곱한 항을 추가해야 한다. 따라서 에너지평형조건에 의해서 외력에 의한 일과 내부 에너지소산을 등가로 하면 다음 식을 얻을 수 있다(Houlsby, 1991).

$$\tau d\epsilon_s + \sigma_n{}' d\epsilon_v = (\tan\phi_{cv})\sigma_n{}' d\epsilon_s \tag{5-28}$$

위의 식을 $\sigma_n{}' d\epsilon_s$로 나누어 주고 겉보기마찰각 $\tan\phi = \tau/\sigma_n{}'$과 팽창각 $\tan\nu = -d\epsilon_v/d\epsilon_s$를 대입하여 정리하면 다음 식을 얻을 수 있다.

$$\tan\phi = \tan\phi_{cv} + \tan\nu \tag{5-29}$$

위의 식은 (1-107)식과는 다른 형태이지만 2개의 식이 모두 겉보기마찰각 ϕ가 다일레이턴시가 0인 마찰각 ϕ_{cv}와 팽창각 ν의 합으로 표시된다는 것은 공통적이다. Bolton(1986)도 아래와 같이 (5-29)식과 유사한 형태의 마찰각과 팽창각에 대한 경험식을 제안하였다.

$$\phi_{ps} - 0.8\nu = \phi_{cv} \tag{5-30}$$

식에서 ϕ_{ps}는 평면변형률조건의 마찰각이다. (5-29)식은 에너지평형조건을 적용하여 유도된 흙의 응력-변형률 거동을 나타내는 일종의 유동칙으로서 거동 형태가 응력비($\tan\phi = \tau/\sigma_n{}'$)와 다일레이턴시($\tan\nu = -d\epsilon_v/d\epsilon_s$)로 표시되고, 경험식인 (5-30)식도 동일한 형태의 유동칙이라고 할 수 있다. 또한 Rowe(1962)는 이론적인 해석을 통하여 위의 식과 유사한 **Rowe의 응력-다일레이턴시 관계식**(Rowe's stress-dilatancy relation)을 유도하였다. 즉 토립자 사이의 접점에서 발생하는 마찰과 흙덩이의 기하학적 활동 메커니즘을 고려하여 주응력비($\sigma_1{}'/\sigma_3{}'$)와 다일레이턴시($-\dot{\epsilon}_3/\dot{\epsilon}_1$)의 관계를 다음과 같이 제안하였다(Houlsby, 1991).

$$\frac{\sigma_1{}'}{\sigma_3{}'} = \tan^2\left(\frac{\pi}{4} + \frac{\phi_\mu}{2}\right)\left(-\frac{\dot{\epsilon}_3}{\dot{\epsilon}_1}\right) \tag{5-31}$$

식에서 ϕ_μ는 토립자 사이의 접점의 마찰각이다. 위의 식은 주응력비 $\sigma_1{}'/\sigma_3{}' = \overline{R}$, 다일레이턴시 $-\dot{\epsilon}_3/\dot{\epsilon}_1 = D_d$ 및 나머지 마찰항을 K로 대체하여 간단하게 $\overline{R} = KD_d$로 나타내기도 한다. 시험결과에 의하면 높은 압력에서는 토립자가 부서지면서 마찰각과 다일레이턴시가 현저하게 감소하고 구속압력을 감소시키면 마찰각과 팽창각이 크게 증가하는 것으로 밝혀졌다. Vermee-Borst(1984)가 제시한 흙의 팽창각은 조밀한 모래에 대하여 $\nu = 15^\circ$, 느슨한 모래는 $\nu < 10^\circ$이고, Bolton(1986)은 팽창각 $\nu = 10^\circ \sim 20^\circ$로 제안하였

다. 일반적으로 흙은 전단과 함께 초기에는 체적이 팽창하지만 계속해서 팽창이 일정하게 유지되는 것은 아니며, 더욱이 마찰각 ϕ보다는 밀도(=단위중량)의 함수로서 $\phi \neq 0$이라도 팽창각 $\nu = 0$가 될 수도 있다(Lee, 1968). 흙의 소성거동에 대한 팽창각의 영향은 구속압력에 비례하여 증가하기 때문에 비교적 구속압력이 약한 사면활동보다는 원형기초의 지지력이나 터널의 측압을 산정하는 경우에 영향이 더 크고, 흙의 거동에 대한 동적 구속이 강한 파일을 타입하는 경우에는 팽창각에 의한 마찰지지력의 변동이 매우 큰 것으로 알려져 있다. 따라서 흙의 마찰각은 팽창각에 의존하고 팽창각은 흙의 단위중량과 압력의 함수라는 것을 알아야 응력의 증가와 함께 피크마찰각이 감소하는 현상 등, 흙의 응력-변형률 거동에 대한 기본적인 틀을 이해할 수 있다(Houlsby, 1991).

예제 2

Mohr-Coulomb파괴기준과 함께 팽창각을 정의하는 (1-103)식과 에너지소산을 산정하는 (3-13)식을 이용하여 마찰각 ϕ와 팽창각 ν가 $\phi \geq \nu$의 관계가 있음을 보여라.

풀이 탄성변형을 무시하면 팽창각은 (1-103)식에 의하여 다음 식으로 나타낼 수 있다 $(d\epsilon_1 > d\epsilon_3)$.

$$\sin\nu = -\frac{(d\epsilon_1 + d\epsilon_3)}{(d\epsilon_1 - d\epsilon_3)}$$

(3-13)식에 의하여 평면변형률조건에서 에너지소산을 주응력과 주변형률증분으로 나타내면 다음과 같다.

$$\mathbb{D} = \sigma_1 d\epsilon_1 + \sigma_3 d\epsilon_3$$

위의 식을 정리하고 (1-103)식을 대입하면 다음 식을 얻을 수 있다.

$$\begin{aligned}\mathbb{D} &= \sigma_1 d\epsilon_1 + \sigma_3 d\epsilon_3 \\ &= \frac{(\sigma_1 - \sigma_3)(d\epsilon_1 - d\epsilon_3)}{2} + \frac{(\sigma_1 + \sigma_3)(d\epsilon_1 + d\epsilon_3)}{2} \\ &= \left[\frac{(\sigma_1 - \sigma_3)}{2} - \sin\nu\frac{(\sigma_1 + \sigma_3)}{2}\right](d\epsilon_1 - d\epsilon_3)\end{aligned}$$

(4-28)식의 Mohr-Coulomb파괴기준을 위의 식에 대입하면 다음과 같다.

$$\mathbb{D} = \left[\frac{(\sigma_1 + \sigma_3)}{2}(\sin\phi - \sin\nu) + c\cos\phi\right](d\epsilon_1 - d\epsilon_3)$$

에너지소산은 양의 값이어야 하기 때문에 위의 식에서 비점착성$(c = 0)$ 재료의 팽창각이 마찰각보다 크다면 에너지소산이 음의 값이 나올 수도 있으므로 물리적으로 불합리하다 (Marone, 1991).

5.2.2 흙의 탄성거동과 강소성 및 경화거동

(1) 흙의 탄성거동

과거에는 기초나 옹벽의 뒤채움재료 등에 대한 변형해석을 위하여 선형 탄성모델인 Hooke의 법칙을 많이 적용해 왔으며 지금도 여전히 탄성모델은 흙의 응력-변형률 거동을 모델링하기 위해서 많이 채택되고 있는 모델이다. 또한 탄성모델은 할선공식(secant formulation) 등의 비선형 곡선근사법(curve fitting)을 이용하면 더욱 정도가 높은 결과를 얻을 수도 있다. 그러나 탄성모델은 응력이 파괴에 이르지 않은 상태에 대해서는 어느 정도 흙의 거동을 근사하게 예측할 수도 있지만 비가역적 거동, 응력경로 의존적인 거동, 전단응력과 체적변화의 연동효과(coupling effect), 응력축의 회전을 고려하는 문제 등에 대해서는 적절한 모델이 아니다. 다음 식은 등방성 선형탄성재료에 대하여 Hooke의 법칙을 적용하여 변형률증분($d\epsilon$)과 응력증분($d\sigma$)의 관계를 탄성계수 E와 Poisson비 v으로 나타낸 것이다(Lade, 2005; Ko & Sture, 1981).

$$
\begin{bmatrix} d\epsilon_{xx} \\ d\epsilon_{yy} \\ d\epsilon_{zz} \\ d\gamma_{yz} \\ d\gamma_{zx} \\ d\gamma_{xy} \end{bmatrix}
=
\left[\begin{array}{ccc:ccc}
\frac{1}{E} & \frac{-\nu}{E} & \frac{-\nu}{E} & 0 & 0 & 0 \\
\frac{-\nu}{E} & \frac{1}{E} & \frac{-\nu}{E} & 0 & 0 & 0 \\
\frac{-\nu}{E} & \frac{-\nu}{E} & \frac{1}{E} & 0 & 0 & 0 \\
\hdashline
0 & 0 & 0 & \frac{1}{G} & 0 & 0 \\
0 & 0 & 0 & 0 & \frac{1}{G} & 0 \\
0 & 0 & 0 & 0 & 0 & \frac{1}{G}
\end{array}\right]
\begin{bmatrix} d\sigma_{xx} \\ d\sigma_{yy} \\ d\sigma_{zz} \\ d\tau_{yz} \\ d\tau_{zx} \\ d\tau_{xy} \end{bmatrix}
\tag{5-32}
$$

(위 행렬에서 우측 상단 블록은 (1,2), 좌측 하단 블록은 (2,1)로 표시됨)

위의 식에서 소성변형률증분과 응력증분을 연결시키는 탄성재료행렬의 소행렬 $(1,2)$와 $(2,1)$의 원소는 모두 0이다. 소행렬 $(1,2)$의 원소가 모두 0이라는 것은 수직변형률인 $d\epsilon_{xx}$, $d\epsilon_{yy}$ 및 $d\epsilon_{zz}$와 전단응력인 $d\tau_{yz}$, $d\tau_{zx}$ 및 $d\tau_{xy}$ 사이에 관계가 없다는 것을 의미한다. 그러나 〈그림 5-4(a)〉의 전단시험에서 조밀한 사질토 시료에 수직응력(σ)과 전단응력(τ)이 작용하는 경우에 전단응력을 증가시키면 전단변형률의 증가는 물론, 실제 거동은 그림과 같이 시료가 팽창하여 시료의 높이도 증가하게 된다. 따라서 전단응력의 증가

$(d\tau)$로 인하여 수직변형률의 증가$(d\epsilon_v)$가 야기되지만 (5-32)식의 소행렬 $(1, 2)$의 원소가 모두 0이므로 전단응력의 증가에 따른 수직변형률의 증가를 설명할 수가 없다. 또한 그림(b)에서 초기조건은 그림(a)와 동일하지만 전단응력이 아닌 수직응력을 감소시키는 경우이다. 실제 거동은 수직응력의 감소가 전단변형률의 증가로 이어지고 감소폭이 크다면 시료는 파괴된다. 그러나 소행렬 $(2, 1)$의 원소가 모두 0이므로 수직응력의 증가 또는 감소로 인한 전단변형률의 변화를 예측할 수가 없다. 결과적으로 탄성이론은 파괴가 유발되는 응력조건에 대한 흙의 거동을 예측하기에는 적절하지 않다는 것을 알 수 있다. 일반적으로 거의 모든 마찰재료는 〈그림 5-4〉와 같은 거동을 보인다(Lade, 2005).

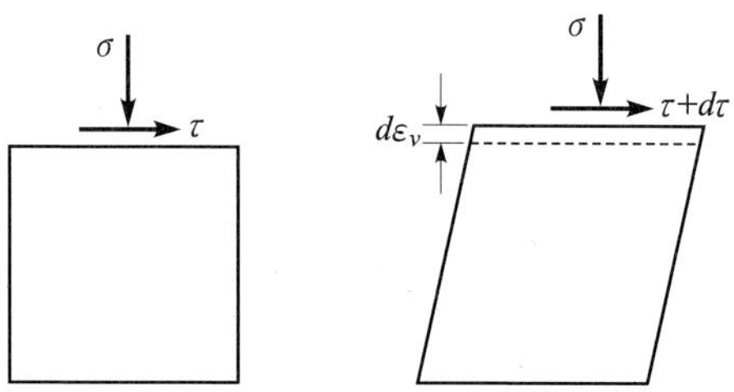

(a) τ의 증가 ⇒ ϵ_v의 발생

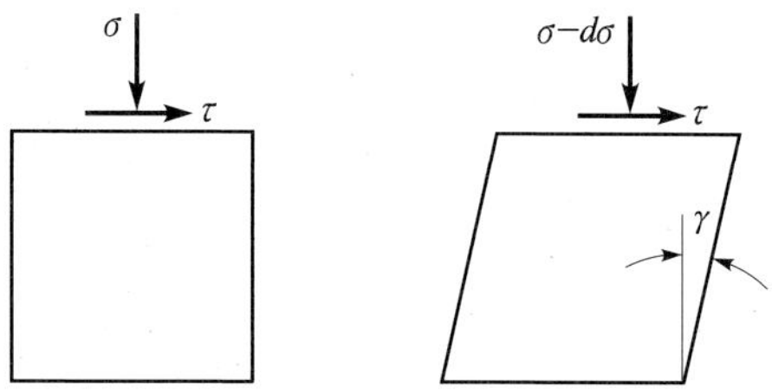

(b) σ의 감소 ⇒ γ의 발생

〈그림 5-4〉 전단시험의 시료의 거동 (Lade, 2005)

〈그림 5-5〉는 흙의 탄성거동과 소성거동은 응력축의 회전에 대하여 재료의 거동을 예측하는 이론적인 기반도 다르다는 것을 보여주기 위한 것이다. 탄성이론에 의하면 탄성변형률증분은 그림(a)와 같이 응력증분이 작용하는 방향과 일치하지만, 소성이론에 의한 소성변형률증분은 그림(b)와 같이 전응력이 작용하는 방향과 일치하게 된다. 흙의 실제 거동은 파괴응력보다 훨씬 작은 응력에 대해서는 탄성이론에 의한 예측과 근사하게 거동하고 파괴응력에 가까워지면서 소성이론에 의한 예측이 더 정확한 것으로 나타난다. 흙의 탄성거동과 소성거동의 또 하나의 큰 차이점은 〈그림 5-6〉과 같이 전단응력을 추가

하는 경우의 거동이다. 그림(a)에서 시료는 수직응력(σ_v)과 수평응력(σ_h)을 받고 있지만 ($\sigma_v > \sigma_h$) 파괴될 정도의 응력수준은 아니다. 그림(b)와 (c)는 그림(a)의 응력상태에서 시료에 전단응력($d\tau$)을 추가한 것이다. 그림(b)의 탄성거동에서는 전단응력이 추가되기 전의 응력상태와는 관계없이 추가된 전단응력증분에 비례하여 변형률증분이 발생되는 것을 볼 수 있다. 이와는 달리 그림(c)의 소성거동(공동축조건)에서는, 추가되는 응력증분이 수직응력이냐 또는 전단응력이냐에 관계없이 상대적으로 큰 전응력이 작용하는 방향에 의해서 소성변형률증분의 방향이 결정되기 때문에 시료에는 수직방향의 압축거동이 발생하게 된다(Lade, 2005).

흙은 탄성거동과 소성거동을 모두 보이는 재료이다. 탄성거동은 소성거동이 없거나 매우 낮은 등방성 응력상태 및 제하/재재하 직후의 낮은 응력수준에서 발생하고, 소성거동은 파괴에 가까운 높은 응력수준에서 볼 수 있는 거동이다. 탄성변형률증분은 재료의 응력상태가 변하는 경우에는 항상 나타나지만 소성변형률증분은 나타나거나 또는 완전히 없을 수도 있다. 따라서 흙의 실제 거동을 예측하기 위한 모델은 탄성거동과 변형경화 및 변형연화성 소성거동을 모두 모델링할 수 있어야 한다(Lade, 2005).

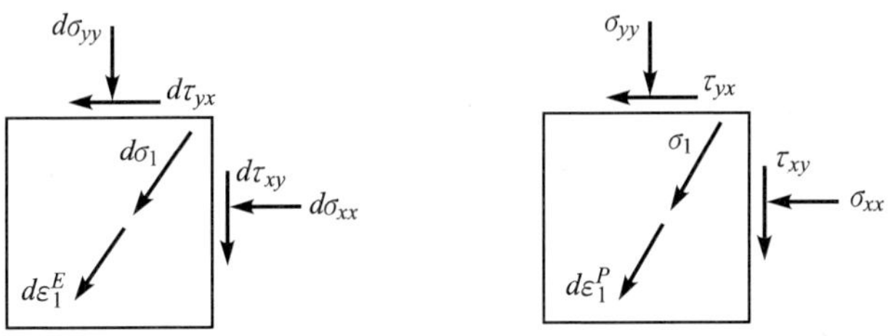

(a) 탄성거동 (b) 소성거동

〈그림 5-5〉 응력축의 회전에 대한 흙의 탄성거동과 소성거동 (Lade, 2005)

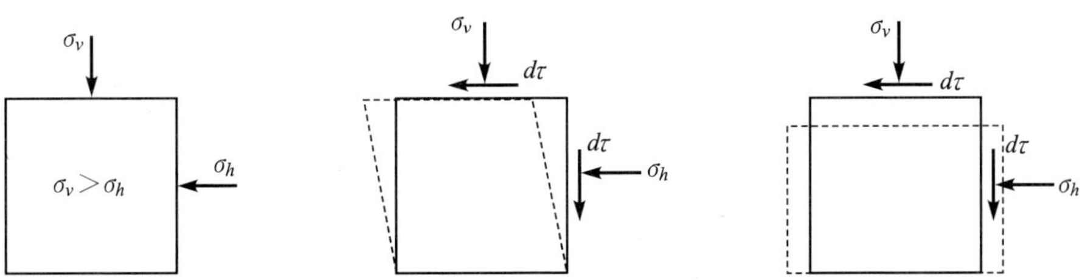

(a) 응력상태 (b) 탄성거동 (c) 소성거동 (공동축조건)

〈그림 5-6〉 전단응력의 추가에 따른 탄성거동과 소성거동 (Lade, 2005)

(2) 흙의 강소성거동과 경화거동

재료의 응력-변형률 거동에 대한 수학적인 해석을 위한 첫 단계는 항복한계(yield limit)를 결정하기 위하여 응력공간에 표시되는 항복함수를 구하는 것이다. 소성재료는 두 가지 형태의 재료로 구분할 수 있는데, 하나는 고정항복곡면을 적용하는 강소성재료(=완전소성재료)이고 다른 하나는 소성변형이 진행되면서 항복곡면이 팽창하거나 수축하는 경화성 또는 연화성재료이다(Chen & Baladi, 1985). 연강(mild steel)은 마찰각 $\phi = 0$이고 체적변화가 없으며 흙의 점착력 c에 해당하는 전단강도 k만 고려하여 거동을 나타낼 수 있는 재료이다. 따라서 연강의 거동은 변형률이 크지 않은 경우에 강소성재료로 해석할 수 있으며, 강소성모델은 단순하기 때문에 오랫동안 강구조물의 해석에 많이 적용되고 있는 모델이다. 강소성거동을 기반으로 수립된 극한해석을 이용하면 강구조물의 내하력을 어느 정도 정확하게 예측할 수 있다. 또한 토질역학에서도 오래전부터 토공구조물의 안정문제에 대하여 Coulomb의 흙쐐기이론이나 Rankine의 토압이론 등 강소성거동을 적용한 해석기법을 많이 이용해 왔다. 대부분의 토공구조물의 안정문제에서는 흙을 강소성재료로 가정하여 간단한 계산을 통해서 구조물이 붕괴되지 않으면서 지지할 수 있는 최대하중을 추정한다. 강소성해석은 다음의 세 가지 기본적인 요소를 바탕으로 전개된다(Yu, 2006).

① 탄성거동을 정의하기 위한 선형 또는 비선형탄성법칙
② 소성거동의 시작을 정의하기 위한 항복기준
③ 항복후 거동을 정의하기 위한 소성거동의 유동칙

위의 ①항에서 선형 탄성법칙에 해당하는 탄성모델이 Hooke의 법칙이며, 비선형탄성법칙으로는 초탄성(hyperelasticity) 및 아탄성(hypoelasticity) 이론이 대표적이다. ②항의 항복기준으로는 Tresca항복기준, Mohr-Coulomb파괴기준, Cam-clay항복기준 등이 있으며, ③항의 유동칙으로 가장 널리 이용되는 것이 바로 소성퍼텐셜이론이다(Yu, 2006). 소성거동을 하는 재료에서는 응력상태가 항복점에 도달하면 소성변형이 시작된다. 소성퍼텐셜이론에서는 소성퍼텐셜함수와 함께 소성변형률벡터에 대해서 법선칙이 유효한 것으로 가정한다. 소성재료에 대하여 항복함수(f)가 소성퍼텐셜함수(g)와 동일하다면($f = g$) 그 재료는 응력-변형률 거동이 관련유동칙을 따르는 것으로 고려할 수 있지만 대부분의 흙에 대해서는 $f \neq g$이므로 비관련유동칙을 적용해야 한다(Desai & Siriwardane, 1984). 비경화성인 강소성모델은 극한하중을 신속하게 얻을 수 있으므로 개략적인 파괴하중만 요구되는 문제에 대해서는 유용하다. 그러나 흙에 대해서는 강소성모델이 연강 등의 금속재료에 대한 것만큼 적절하지는 않다. 강소성모델과 같은 비경화성모델에서는 탄성영역이 너무 과대하게 포함되어 있는 것으로 밝혀졌으며, 따라서 흙의 거동을 실제에 가깝게 모델링하기 위해서는 경화성모델을 채택해야 한다(Vermeer & de Borst, 1984; Drucker, 1966).

점성토나 사질토 등 대부분의 흙은 재하에서 제하로 응력상태가 바뀌면 비탄성적 응력-변형률 거동을 보이면서 소성변형을 일으키는 것이 공통적인 현상이다. 그러므로 흙은 재하경로에서 항복함수로 정의되는 파괴 또는 한계상태에 도달할 때까지 연속적으로 항복과정을 반복하게 되는데, 이와 같은 경우에는 파괴곡면 또는 **한계곡면**(limit surface)이 최종항복곡면(final yield surface)이 된다. 흙의 탄성거동 이후의 응력-변형률 거동은 최종항복곡면에 도달하기 전에 일련의 후속항복곡면을 정의함으로서 모델링할 수 있다. 또한 Drucker 외(1957)에 의하면 흙은 정수압재하(hydrostatic loading)에 의한 등방응력에 대해서도 소성거동을 하므로 항복곡면은 정수압축과 교차해야 한다는 것이다(Desai & Siriwardane, 1984). 따라서 흙의 응력-변형률 거동을 더욱 실제에 가깝게 모델링하기 위해서는 강소성거동에 대한 해석방법을 경화성 또는 연화성거동에 대한 해석방법으로 확장해야 하며 이를 위해서는 응력공간에서 강소성재료의 고정항복곡면에 대한 개념을 경화성재료의 **재하곡면**(loading surface)에 대한 개념으로 일반화해야 한다. 즉 비경화거동의 항복함수는 단지 응력만의 함수이며 **내부변수**(internal variable: 유동 모델링 과정에서 응력상태를 정의하기 위하여 필요한 변수)가 없으므로 내부변수인 경화매개변수가 포함된 항복함수로 바꾸어 주어야 한다는 것이다. Drucker(1950)는 경화성재료의 응력-변형률 관계에 대하여 첫째, 재하함수가 존재한다는 것과 둘째, 미소한 응력-변형률 관계가 직선적이라는 두 가지 가정을 전제로 하여 가정과 일치하는 경화성재료의 응력-변형률 관계식으로서 다음과 같은 식을 제안하였다.

$$d\epsilon_{ij}^{P} = g_{ij}\frac{\partial f}{\partial \sigma_{kl}}d\sigma_{kl} = G\frac{\partial f}{\partial \sigma_{ij}}\frac{\partial f}{\partial \sigma_{kl}}d\sigma_{kl} \tag{5-33}$$

식에서 g_{ij}와 G는 응력, 변형률 및 그 이력에 의존하는 스칼라로서 σ_{kl}은 포함되지 않는다. 따라서 변형경화조건은 경화성재료의 모든 응력상태의 이력은 오직 표면력의 이력에 의해서만 결정될 수 있도록 설정되어야 한다는 것이다. 소성이론에서 가장 중요한 문제 중의 하나가 경화매개변수를 이용하여 후속항복곡면과 재하곡면의 특성을 결정하는 것이다. 이와 같은 항복후 거동은 소성변형과정에서 재하곡면의 전개규칙(evolution rule)을 규정하는 경화칙을 이용하여 모델링할 수 있다(Yu, 2006). 경화성재료의 경화칙으로는 다음의 세 가지 방법이 가장 대표적이며 각각의 경화칙에 대해서는 다음 장에 기술되어 있다.

① 등방경화칙
② **이동경화칙**(kinematic hardening rule) 또는 **이방경화칙**(anisotropic hardening rule)
③ **혼합경화칙**(mixed hardening rule)

그러나 흙의 거동을 해석하는 경우에 주의해야 할 것은 각각 서로 다른 크기의 토립자로 구성된 점성토와 사질토의 거동이 정수압 의존성(pressure dependence), 전단에 의한 팽창 등 여러 가지 공통적인 특성을 보이기는 하지만, 동일한 재하조건에 대하여 두 흙이 전혀 다른 거동특성을 나타내기도 한다는 것이다. 예로서, 체적변화가 없는 비배수조건의 재하과정에서 유효응력이 감소하여 발생하는 사질토의 액상화현상(liquefaction)은 점성토에서는 볼 수 없으며, 이것 때문에 사질토의 거동특성을 수학적으로 나타내기 위해서는 특별한 구성식이 요구되기도 한다. 또한 Cam-clay모델은 사질토에는 적절하지 않으며, Drucker-Prager모델은 정수압 의존성을 모델링하는 것으로는 가능하지만 액상화현상에 대한 변형연화모델로는 적용하기 어렵다(Anandarajah, 2010).

5.2.3 소성퍼텐셜이론과 유동칙

소성퍼텐셜이론은 토질역학분야에서 발전된 이론이다. 소성거동에 대한 응력-변형률 관계의 수학적 접근방법은 1928년 von Mises에 의하여 처음으로 시도되었다. von Mises는 탄성이론의 (2-34)식에서 탄성퍼텐셜함수인 상보변형에너지를 통하여 변형률이 응력과 관련된다는 것에 주목하였다. von Mises는 탄성퍼텐셜 개념을 소성이론에 도입하여 소성퍼텐셜함수 g가 존재한다고 전제하고 동일한 방법으로 아래와 같이 소성변형률증분 $d\epsilon_{ij}^P(=\dot{\epsilon}_{ij}^P)$를 유도할 수 있다고 제안하였다(Khan & Huang, 1995).

$$d\epsilon_{ij}^P = d\lambda \frac{\partial g}{\partial \sigma_{ij}} \quad \text{또는,} \quad \dot{\epsilon}_{ij}^P = \dot{\lambda} \frac{\partial g}{\partial \sigma_{ij}} \tag{5-34}$$

식에서 $\partial g / \partial \sigma_{ij}$는 소성거동의 방향을 결정하는 항이고 $d\lambda$는 관련유동칙인 (3-9)식의 소성승수와 같이 $d\lambda > 0$이며 무모순조건을 이용하여 결정할 수 있다. (5-34)식과 같은 유동칙을 기반으로 하여 전개되는 소성이론이 바로 소성퍼텐셜이론이다. (5-6)식의 Lévy-Mises의 유동칙과 (5-12)식의 Prandtl-Reuss의 유동칙은 (5-34)식으로 표시되는 유동칙의 특수한 형태로 볼 수 있다. Drucker-Prager(1952)는 von Mises(1928)가 제안한 소성퍼텐셜이론을 적용하여 처음으로 Mohr-Coulomb파괴기준과 함께 강소성재료로 가정한 흙의 응력-변형률 관계식을 수립하였다(Chakrabarty, 1987). 탄성이론에서 응력과 변형률이 일대일로 대응하는 것과는 달리 소성퍼텐셜이론에 의하면 흙의 소성거동에서는 응력과 변형률 사이에 유일한 관계가 존재하지 않으며 응력-변형률 거동이 관련유동칙을 충족시키고 재료의 유동칙은 응력의 함수인 항복함수(f)와 소성퍼텐셜함수(g)라는 두 스칼라함수에 의하여 결정되므로 흙은 Mohr-Coulomb파괴기준에 의한 항복함수($\phi \neq 0$) f와 함께 Mohr-Coulomb파괴기준과 유사한 소성퍼텐셜함수($\nu \neq \phi$) g를 가지고 있는 것으로 고려할 수 있다는 것이다(Harris, 2010; Houlsby & Wroth, 1982; Salencon, 1977).

흙에 대하여 Mohr-Coulomb파괴기준과 함께 최대소성일의 원리를 적용한 유동칙은 (4-42)식으로 나타낼 수 있으며 그에 따른 체적변형률증분 $d\epsilon_v = d\epsilon_1^P + d\epsilon_3^P = -2d\lambda \sin\phi$이다. 그러나 이와 같은 과도한 체적팽창은 실제 거동과는 다르므로 흙($\phi \neq 0$)에 대해서는 최대소성일의 원리를 적용할 수 없다. 또한 흙에 대해서 체적변화가 없는 소성거동($d\epsilon_v = 0$)으로 가정할 수도 있겠지만 이것은 응력과 변형률증분의 주축이 일치하는 공동축조건을 적용해야지만 된다는 것을 의미한다는 것에 주의해야 한다. (5-34)식은 관련유동칙인 (3-9)식과 형태와 특성이 동일하며 이용시 주의해야 할 사항은 다음과 같다(Khan & Huang, 1995; Desai & Siriwardane, 1984).

- 소성퍼텐셜함수 $g(\sigma_{ij}) = C$는 6차원 응력공간에서 하나의 곡면을 나타내며 (5-34)식이 의미하는 기하학적 구조는 관련유동칙과 같이 소성변형률증분 $d\epsilon_{ij}^P$이 소성퍼텐셜곡면 $g(\sigma_{ij}) = C$에 수직이므로 소성이론에서 (5-34)식도 역시 법선칙이라고 한다.
- 비압축성재료라고 가정하면 대응하는 소성퍼텐셜곡면은 정수압축에 대하여 실린더 형태를 취해야 하는데 그 단면은 반드시 원형일 필요는 없다. 등방성재료에 대해서는 3차원 주응력공간도 이용할 수 있는데 이때 소성퍼텐셜함수 g는 주응력 $\sigma_1 = \sigma_2 = \sigma_3$인 정수압축에 대하여 실린더 형태가 되고 $d\epsilon_{ij}^P (= \dot{\epsilon}_{ij}^P)$는 정수압축에 수직이다. 흙, 암석, 콘크리트와 같은 재료에서는 소성변형과 함께 체적변화도 발생하므로 소성퍼텐셜곡면이 정수압축과 나란하지 않다.

관련유동칙 대신에 소성퍼텐셜함수를 이용하면 별도의 수학적 전개과정이 필요하지만 관련유동칙을 적용함으로서 야기되는 문제는 발생하지 않으므로 상대적으로 양호한 결과를 기대할 수 있다. 소성퍼텐셜함수를 이용하는 방법 중에서 가장 간단한 방법은 항복함수와 소성퍼텐셜함수를 같다고 가정하는 것이다.

$$f(\sigma_{ij}) = g(\sigma_{ij}) \tag{5-35}$$

위의 식을 충족시키면 소성퍼텐셜함수인 (5-34)식이 (3-9)식과 동일하게 된다. 따라서 주어진 항복기준에 대하여 $f = g$라는 것을 기반으로 하여 수립된 유동칙을 관련유동칙이라 하고, $f = g$로서 Drucker의 가설에 의한 관련유동칙을 충족시키는 재료를 **표준재료**(standard material)라고 한다. 또한 $g \neq f$이면 비관련유동칙이라 하고 비관련유동칙을 따르는 재료를 **비표준재료**(non-standard material)라고 하는데, 응력-변형률 거동이 관련유동칙을 따르는 표준재료는 비관련유동칙을 적용하는 비표준재료의 특수한 형태의 하나로 볼 수 있다(Salencon, 1977; Lee & Herington, 1972). 금속재료에서는 유동칙을 유도하기 위해서 재료가 Drucker의 가설을 따르고 위의 식과 같이 $f = g$ 것으로 고려하여 공동축조건을 적용한다. 예로서 (4-1)식의 Tresca항복기준을 따르는 표준재료에 대하여 유동칙은 다음과 같이 나타낼 수 있다(Salencon, 1977; Chakrabarty, 1987).

$$d\epsilon_1^P = d\epsilon_{\max}^P = d\lambda\frac{df}{d\sigma_1} = d\lambda,\ d\epsilon_2^P = 0,\ d\epsilon_3^P = d\epsilon_{\min}^P = d\lambda\frac{df}{d\sigma_3} = -d\lambda \tag{5-36}$$

식에서 $d\lambda \geq 0$이다. 위의 식과 같이 Tresca항복기준을 따르는 표준재료에 대해서는 $d\epsilon_v = d\epsilon_1^P + d\epsilon_3^P + d\epsilon_3^P = 0$이므로 응력과 변형률증분의 주축이 일치하는 것으로 고려할 수 있다. 그러나 흙에 대하여 관련유동칙을 적용하면 과도한 체적팽창 때문에 항복궤적이 소성퍼텐셜의 역할을 할 수가 없다. Mohr-Coulomb파괴기준을 적용한 흙에 대해서 유동칙은 (4-42)식에서 보는 것과 같이 $d\epsilon_v \neq 0$이므로 응력과 변형률증분의 주축이 일치하지 않는다. 다만 James-Bransby(1971)에 의하면 비배수조건이나 한계간극비상태에서는 $d\epsilon_v = 0$이다. Mohr-Coulomb파괴기준을 적용한 흙에 대하여 $\phi = \nu$에 대한 유동칙은 다음과 같이 나타낼 수 있다(Salencon, 1977).

$$\begin{aligned} d\epsilon_1^P &= d\epsilon_{\max}^P = d\lambda\frac{df}{d\sigma_1} = d\lambda(1-\sin\nu) \\ d\epsilon_2^P &= 0 \\ d\epsilon_3^P &= d\epsilon_{\min}^P = d\lambda\frac{df}{d\sigma_3} = -d\lambda(1+\sin\nu) \end{aligned} \tag{5-37}$$

식에서 $d\lambda \geq 0$이며 팽창각 ν는 체적팽창에 대하여 $\nu > 0$이다. 팽창각 ν는 소성변형과정에서 계속하여 변하므로 위의 식을 적용하기가 쉽지는 않지만, James-Bransby(1971)는 ν를 일정한 값($0 \leq \nu \leq \phi$)으로 가정하여 만족할만한 결과를 얻을 수 있었다.

5.2.4 한계상태이론의 유동칙

한계상태이론에 의하면 점토는 **상태경계곡면**(state boundary surface: 존재 가능한 상태의 한계가 되는 곡면)인 Roscoe곡면(Roscoe surface; 〈그림 5-7〉의 $ABCD$)과 Hvorslev 곡면(Hvorslev surface; 〈그림 5-7〉의 $BB'C'C$)을 항복곡면으로 취한다. 점토는 한계상태에 이르는 과정에서 연속적으로 경화거동과 함께 항복과정을 반복하게 되고 상태경계곡면 상에서 최종적으로 **한계상태선**(critical state line, CSL)에 도달한다. 한계상태선인 CSL이란 유동과정에서 법선칙에 의해서 체적변화가 유발되지 않는 점들의 궤적을 의미한다(Desai & Siriwardane, 1984; Kamrin & Martin, 2007). 한계상태이론은 상태경계곡면과 한계상태선의 개념에 선행압밀압력에 대한 정규화(normalization)를 추가하여 3개의 개념을 조합한 이론이라고 할 수 있다.

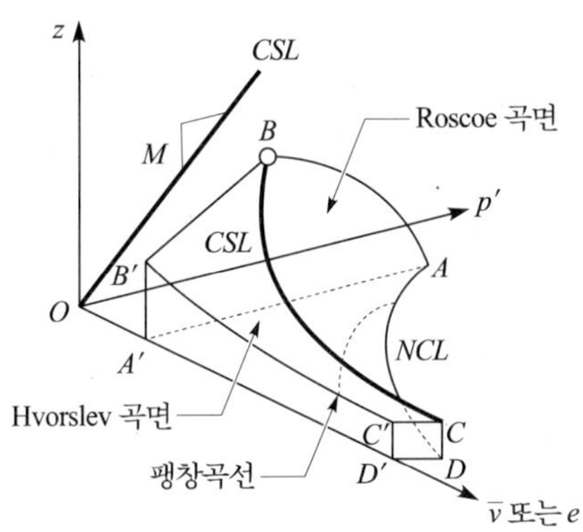

(a) $\bar{v}-p'-q$ 공간의 상태경계곡면

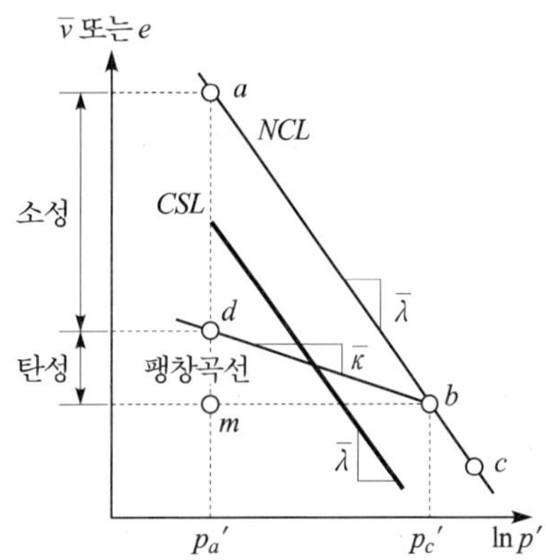

(b) NCL, CSL 및 팽창곡선

〈그림 5-7〉 상태경계곡면, CSL 및 팽창곡선 (Desai & Siriwardane, 1984)

삼축압축시험에서 간극수압을 $\bar{u}$, 유효응력으로 표시한 축응력과 구속응력을 각각 $\sigma_1{}'$ $\left(=\sigma_1-\bar{u}\right)$ 및 $\sigma_3{}'\left(=\sigma_3-\bar{u}\right)$, 평균수직유효응력을 $p'\left[=\left(\sigma_1{}'+2\sigma_3{}'\right)/3\right]$, 축차응력을 $q=q'=\left(\sigma_1{}'-\sigma_3{}'\right)$이라고 하면 $\bar{v}-p'-q$공간에 표시한 CSL은 〈그림 5-7(a)〉와 같다. 그림에서 M는 $p'-q$평면에 투사된 CSL의 기울기이고 NCL(normal consolidation line)은 정규압밀곡선이다. 〈그림 5-7(b)〉는 실제 유효응력-간극비곡선을 단순화한 것으로서 그림과 같이 등방압밀과정에 있는 포화 점토에 대한 처녀압밀곡선의 a로부터 재하를 시작하면 압축곡선은 기울기가 $\bar{\lambda}$인 ab경로를 따라 이동하고, b에서 제하에 의하여 기울기가 $\bar{\kappa}$인 팽창곡선 bd경로를 따라서 팽창하며 $p_a{}'$부터 선행압밀압력인 $p_c{}'$까지 재재하경로도 팽창곡선인 bd경로를 따른다.

〈그림 5-8〉에서 상태경계곡면은 CSL과 **한계점**(critical point)인 B에서 교차하고, 정규압밀점토라면 항복곡면은 CSL과 $p'-$축 사이에서만 존재하며 원점까지 연결된 완전한 항복곡면은 그림의 $O-B-p_c'$와 같은 형태가 된다. 〈그림 5-7(a)〉에서 정수압경로는 $p'-e$평면에서 나타나고, $p'-q$평면의 거동은 삼축시험으로부터 얻을 수 있으며 $p'-e$평면에 대한 거동은 압밀시험으로부터 구한다. 또한 $p'-q$평면에 투사된 CSL은 통상적인 von Mises항복기준이나 Mohr-Coulomb파괴기준에 의한 고정파괴포락선(fixed failure envelope)과 유사한 형태이지만 한계상태곡면은 개방형 고정항복곡면(open fixed yield surface)으로서 연속적인 항복을 고려하기 위해서는 〈그림 5-8〉과 같이 추가적으로 **가동항복곡면**(moving yield surface)인 폐합항복곡면 즉, 캡(cap)을 도입해야 한다. 따라서 한계상태 이전의 응력상태는 변형과정에서 추가적인 캡을 이용하여 나타낼 수 있다(Desai & Siriwardane, 1984).

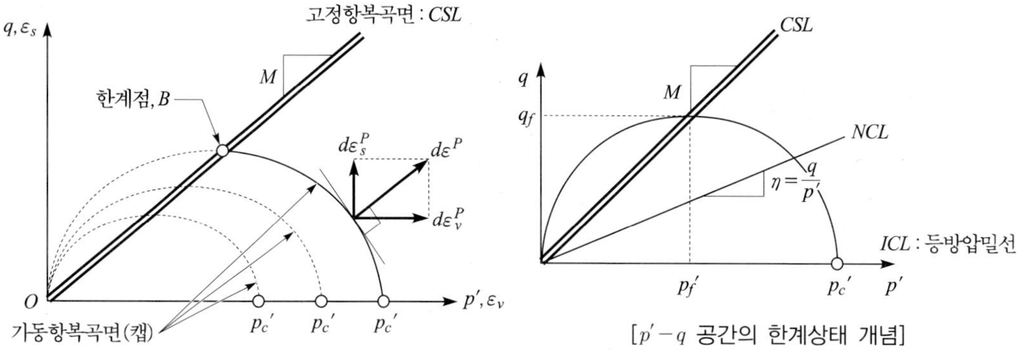

〈그림 5-8〉 $p'-q$평면의 항복곡면 (Desai & Siriwardane, 1984)

(1) *OCCM*의 유동칙

Roscoe-Schofield(1963), Schofield-Wroth(1968) 등이 제안한 $OCCM$에서 흙은 Taylor의 에너지보정가설에 따라 에너지가 소산되고 한계상태보다 높은 함수비 상태에서는 관련유동칙을 충족시키는 연성의 소성연속체(plastic continuum)로 가정한다. $OCCM$의 장점은 변수가 3개뿐이므로(p', q, e 또는 p', q, $\bar{v}$) 간단하고 변수를 모두 통상적인 삼축압축시험으로 결정할 수 있다는 것이다. 〈그림 5-9〉는 〈그림 5-7(a)〉의 $\bar{v}-p'-q$공간에 나타낸 CSL을 $p'-q$평면과 $\bar{v}-\ln p'$평면에 각각 분리하여 나타낸 것이다. 〈그림 5-9(a)〉에서 $p'-q$평면의 CSL은 $q=Mp'$으로 표시된다. 그림(b)에서

$\bar{v}-\ln p'$ 평면의 CSL은 $\bar{v}=\Gamma-\bar{\lambda}\ln p'$으로 나타나고 기울기는 $\bar{\lambda}$이며 CSL은 $p'=1$에 대한 비체적 Γ값에 의하여 위치가 고정된다(Houlsby, 1991; Schofield, 1993). 〈그림 5-9(a)〉에서 4개의 점선은 각각 정규압밀점토와 과압밀점토의 배수 및 비배수조건에 대한 삼축압축시험의 응력경로를 도시한 것이며 각각의 시험이 끝난 점을 연결한 선이 CSL이다. 삼축압축시험에서는 $\sigma_2'=\sigma_3'$이므로 그림의 평균수직유효응력 p', 축차응력 q 및 응력비 η는 각각 아래와 같다.

$$p'=\frac{1}{3}(\sigma_1'+\sigma_2'+\sigma_3')=\frac{1}{3}(\sigma_1'+2\sigma_3') \tag{5-38}$$

$$\begin{aligned} q &= \frac{1}{\sqrt{2}}\left[(\sigma_1'-\sigma_2')^2+(\sigma_2'-\sigma_3')^2+(\sigma_3'-\sigma_1')^2\right]^{1/2} \\ &= \sigma_1'-\sigma_3'=\sigma_1-\sigma_3=q' \end{aligned} \tag{5-39}$$

$$\eta=\frac{q}{p'} \tag{5-40}$$

이에 대응하는 체적변형률증분 $d\epsilon_v$는 삼축압축시험의 등방압축과정에서 $d\epsilon_1=d\epsilon_2=d\epsilon_3$이므로 다음과 같이 나타낼 수 있다.

$$d\epsilon_v=d\epsilon_1+d\epsilon_2+d\epsilon_3=3d\epsilon_1 \tag{5-41}$$

또한 위의 식에서 $d\epsilon_1=d\epsilon_v/3$이고 변형과정에서 $d\epsilon_1$으로부터 $d\epsilon_v/3$를 감하면 체적변형률증분 $d\epsilon_v$와 전단변형률증분 $d\epsilon_s$를 분해할 수 있으므로 다음 식이 성립한다(Schofield, 1993).

$$d\epsilon_s=d\epsilon_1-\frac{1}{3}d\epsilon_v=d\epsilon_1-\frac{1}{3}(d\epsilon_1+2d\epsilon_3)=\frac{2}{3}(d\epsilon_1-d\epsilon_3) \tag{5-42}$$

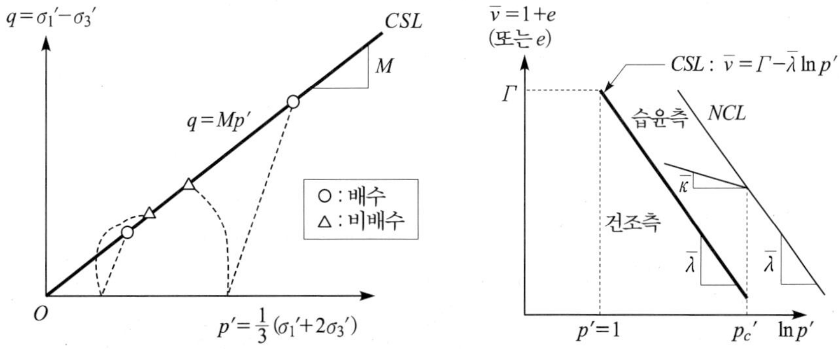

(a) $p'-q$평면의 CSL (b) $v-\ln p'$평면의 CSL

〈그림 5-9〉 **한계상태선:** *CSL* (Houlsby, 1991; Atkinson-Bransby, 1978)

식에서 한계상태개념의 전단변형률증분 $d\epsilon_s$는 비가역적인 것으로 가정한다($d\epsilon_s = d\epsilon_s^P$). 삼축압축상태에서 [응력×변형률증분]으로 표시되는 소성일 $d\mathbb{W}$은 (5-38~39)식의 하중(p', q)과 (5-41~42)식의 소성변형률증분($d\epsilon_v, d\epsilon_s$)을 이용하여 다음과 같이 나타낼 수 있다.

$$\begin{aligned} d\mathbb{W} &= \sigma_1' d\epsilon_1 + 2\sigma_3' d\epsilon_3 \\ &= \left[\frac{1}{3}(\sigma_1' + 2\sigma_3')\right](d\epsilon_1 + 2d\epsilon_3) + (\sigma_1' - \sigma_3')\left[\frac{2}{3}(d\epsilon_1 - d\epsilon_3)\right] \\ &= p' d\epsilon_v + q d\epsilon_s \end{aligned} \tag{5-43}$$

위의 식을 $p' d\epsilon_s$로 나누면 다음 식을 얻을 수 있다.

$$\frac{d\mathbb{W}}{p' d\epsilon_s} = \frac{q}{p'} + \frac{d\epsilon_v}{d\epsilon_s} \tag{5-44}$$

항복곡면은 보통 $p' - q$평면에서 흙의 응력-변형률 거동의 특성에 따라 구형, 타원형, 탄환형 등의 형태로 가정한다. 응력-변형률 거동이 관련유동칙을 따르는 재료에 대하여 〈그림 5-8〉과 같이 $p' - q$평면과 $\epsilon_v - \epsilon_s$평면을 중첩시키면 소성변형률증분벡터는 항복곡면의 접선에 수직이어야 하므로 다음 식이 성립한다.

$$\frac{d\epsilon_v}{d\epsilon_s} = -\frac{dq}{dp'} \tag{5-45}$$

위의 식을 (5-44)식에 대입하면 다음과 같다.

$$\frac{q}{p'} - \frac{dq}{dp'} = \frac{d\mathbb{W}}{p' d\epsilon_s} \tag{5-46}$$

Schofield-Wroth(1968)는 *OCCM*의 에너지소산에 대하여 Taylor의 에너지보정가설을 적용하여 (5-43)식의 소성일 $d\mathbb{W}$는 (5-27)식의 마찰로 인한 에너지소산 $d\mathbb{D}$와 등가인 것으로 고려하였다.

$$p' d\epsilon_v + q d\epsilon_s = M p' d\epsilon_s \tag{5-47}$$

식에서 체적변형률증분과 전단변형률증분은 탄성성분을 무시하고 소성성분만 고려한 것이다. 위의 식이 *OCCM*의 **에너지평형방정식**(energy balance equation)으로서 Taylor가 제시한 (5-24)식을 일반화한 것으로 볼 수 있으며, 두 식의 공통점은 체적변형률과 전단변형률이 동시에 발생하는 경우에 에너지소산의 크기를 결정하는 것은 바로 전단변형률이라고 가정한다는 것이다. 이것은 체적변화 즉 다일레이턴시는 엇물림에 의한 기하학적 변형만 야기하므로 에너지소산을 나타내는 에너지평형방정식에서는 고려할 필요가 없다는 것을 의미한다(Schofield, 1993). 지금까지 위의 식의 우변에 다양한 가정을 적용하여 수많은 소성퍼텐셜함수가 유도되었다(Krenk, 2000). (5-47)식과 (5-27)식을 비교하면 비례상수 $\tan\phi_{cv}$는 한계상태 응력비 M, 수직응력 $\sigma_n{}'$은 평균수직유효응력 p', 전단응력 τ는 축차응력 q로 바뀌었지만 내용은 동일하다는 것을 알 수 있다. 양변을 $p'\,d\epsilon_s$로 나누어주고 정리하면 다음과 같이 $OCCM$의 응력-변형률 거동(=응력-다일레이턴시 거동)을 나타내는 유동칙을 얻을 수 있다(Desai & Siriwardane, 1984).

$$\frac{d\epsilon_s}{d\epsilon_v} = \frac{1}{M-\eta} \tag{5-48}$$

(2) *MCCM*의 유동칙

Roscoe-Burland(1968)는 〈그림 4-14(a)〉와 같은 탄환형 항복곡면에서 꼭짓점 부분을 제거하여 〈그림 4-14(b)〉와 같은 타원형 항복기준을 제안하였다. 이를 위해서 $MCCM$에서는 (5-47)식을 수정하여 아래와 같은 에너지평형방정식을 적용하였다.

$$p'd\epsilon_v + qd\epsilon_s = p'\left[d\epsilon_v^2 + \left(M^2 d\epsilon_s^2\right)\right]^{1/2} \tag{5-49}$$

식에서 $d\epsilon_v = 0$이면 위의 식은 (5-47)식과 동일하다. 위의 식을 $p\,d\epsilon_s$로 양변을 나누어서 정리하면 다음과 같은 $MCCM$의 유동칙을 얻을 수 있다.

$$\frac{d\epsilon_s}{d\epsilon_v} = \frac{2\eta}{M^2-\eta^2} \tag{5-50}$$

5.3 흙의 비공동축 거동

5.3.1 공동축 거동과 비공동축 거동

토질역학에서 흙의 소성거동을 해석하기 위해서 소성퍼텐셜이론을 많이 채택하였지만 소성퍼텐셜이론을 적용하면서 발생하는 가장 큰 문제점이 바로 응력과 변형률증분의 주축이 일치한다는 공동축조건을 채택해야지만 된다는 것이다(Yu, 2006). 시험결과에 의하면 흙의 응력과 변형률증분의 주축방향에는 편차가 있어서 공동축조건을 어떻게 적용하더라도 흙의 실제 거동을 모델링할 수 없는 것으로 밝혀졌다. 또한 비공동축조건에 대해서도 등방성재료와 같이 응력과 변형률증분의 주축방향의 편차에 대하여 역학적인 설명이 미흡한 것으로 알려져 있으며 지금도 이와 관련하여 많은 연구가 진행되고 있다. 공동축조건과 비공동축조건의 주요한 특징은 〈표 5-1〉과 같다(Yu, 2006; Drescher, 1976; Roscoe, 1970).

〈표 5-1〉 공동축 거동과 비공동축 거동의 특성

구 분	공동축 거동	비공동축 거동
Saint Venant의 공동축가설과의 관련성	가설에 따름	가설에 따르지 않음
응력 및 변형률증분의 주축	일치	불일치
이론적 배경	소성퍼텐셜이론	이면전단이론, 항복정점이론, 소성퍼텐셜-이면전단 통합이론 등
응력-변형률 관계식	$\dot{\epsilon}_{ij}^{P} = \dot{\lambda}\dfrac{\partial f}{\partial \sigma_{ij}}$	$\dot{\epsilon}_{ij}^{P} = \dot{\lambda}\dfrac{\partial g}{\partial \sigma_{ij}} + \Lambda \dot{t}_{ij}$

〈표 5-1〉에서 공동축조건과 비공동축조건의 이론적 배경인 소성퍼텐셜이론과 **이면전단이론**(double shearing theory)은 소성이론의 근간이 되는 양대 이론으로서, 소성퍼텐셜이론의 대안으로 발전된 이론이 이면전단이론이다. 그러나 표에서도 알 수 있듯이 공동축조건과 비공동축조건의 이론적 배경이 뚜렷하게 구별되는 것이 아니라 고전적인 소성퍼텐셜이론에서도 소성퍼텐셜함수를 응력의 이방성 함수(anisotropic function)로 가정하여 비공동축 거동을 예측하기 위한 연구가 시도된 바 있다. 그러나 항복곡면의 접선방향으로 작용하는 응력속도에 대한 소성변형률속도의 종속성을 모델링할 수 없기 때문에 이방성 소성퍼텐셜함수에 의한 흙의 비공동축 거동예측은 실제와는 차이가 있는 것으로 밝혀졌다(Yu, 2008; Yu & Yuan, 2006). 표에서 비공동축조건에 대한 응력-변형률 관계식은 Harris(1993)가 제안한 식을 예시한 것이며, 식에서 우변은 공동축조건을 나타내는 항$(\dot{\lambda}\partial g/\partial\sigma_{ij})$과 비공동축을 나타내는 항$(\Lambda \dot{t}_{ij})$의 합으로 구성되어 있다.

5.3.2 재료의 공동축 거동

탄성체의 응력-변형률 거동을 나타내는 (2-2)식과 (2-4)식이 의미하는 것은 등방성 선형탄성재료의 응력과 변형률의 주축이 일치한다는 것이다. 좌표축을 주응력축과 일치하도록 설정하고 (2-4)식으로부터 전단변형률 $\epsilon_{ij}(i \neq j)$를 나타내면 다음과 같다.

$$\epsilon_{ij} = \frac{1}{2\mu}\sigma_{ij}$$

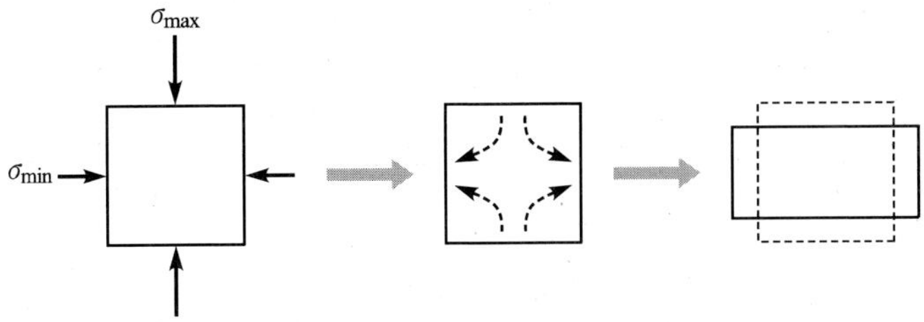

〈그림 5-10〉 등방성재료의 공동축 거동 예 (Kamrin & Martin, 2007)

식에서 좌표축을 주응력축과 일치하도록 설정하였으므로 전단응력은 0이 되기 때문에 동일한 좌표계에서 대응하는 전단변형률도 0이 된다. 따라서 등방성 선형탄성재료에서 응력과 변형률의 주축이 일치한다는 것을 알 수 있다. 응력-변형률 거동이 관련유동칙을 충족시키는 재료에 대해서도 공동축조건을 적용하여 좌표축을 주응력축과 일치하는 것으로 설정하면 전단응력 σ_{ij}가 0이 되기 때문에 유동칙에서 $\partial f/\partial\sigma_{ij}=0$이 되고 변형률증분 $d\epsilon_{ij}^{P}$(=변형률속도 $\dot{\epsilon}_{ij}^{P}$)도 0이 된다. 이와 같이 소성거동에서 「응력과 변형률증분의 주축이 일치한다」는 것이 바로 공동축조건이다(Qian 외, 2010). 다만 탄성거동과 달리 소성거동에서는 변형률상태는 응력경로에 의존하고 응력-변형률 관계는 대부분 비선형이며, 응력-변형률이 아니라 응력-변형률증분과 관계가 된다. 공동축조건의 물리적 의미는 〈그림 5-10〉과 같은 장방형 등방성재료가 최대주응력인 σ_{max}-방향으로 압축력을 받으면 4개의 모서리가 각각 직각을 유지하면서 응력전달면의 법선방향인 최소주응력 σ_{min}-방향으로 유동하게 된다는 것이다. 또한 수학적으로는 최대 및 최소주응력방향을 축으로 하는 직교좌표계에서 대칭행렬인 주변형률증분이 비대각항이 0인 대각행렬이 되어야 한다는 것을 의미한다. 텐서가 대각행렬이 되면 2개의 축을 상호 관련시켜 주는 전단변형률증분인 비대각성분이 사라지기 때문에 축방향에만 의존하게 된다[(5-32)식 참조].

Mohr 응력원에서 주응력을 구하기 위하여 좌표축을 회전시키는 것은 텐서를 대각행렬로 만드는 것과 같은 것이며 Mohr 응력원을 이용해 주응력을 구하는 것은 행렬에서 고유치를 구하는 것과 같다. 따라서 $[M_R]$을 반시계방향으로 θ만큼 회전시킨 회전행렬이라고 하고 $\dot{\epsilon}_{ij}$를 변형률속도텐서라고 하면 주응력방향으로 θ만큼 회전한 $[M_R][\dot{\epsilon}_{ij}][M_R^T]$가 비대각항이 0인 대각행렬이 되어야 한다. 2차원인 경우에 이것을 행렬로 나타내면 다음과 같다(Kamrin & Martin, 2007).

$$\begin{aligned}[M_R]\left[\dot{\epsilon}_{ij}\right]\left[M_R^T\right] &= \begin{bmatrix} a & -b \\ b & a \end{bmatrix}\begin{bmatrix} \dot{\epsilon}_{xx} & \dot{\epsilon}_{xy} \\ \dot{\epsilon}_{yx} & \dot{\epsilon}_{yy} \end{bmatrix}\begin{bmatrix} a & b \\ -b & a \end{bmatrix} \\ &= \begin{bmatrix} \dot{\epsilon}_{xx}a^2 - \dot{\epsilon}_{yx}ab - \dot{\epsilon}_{yx}ab + \dot{\epsilon}_{yy}b^2 & \dot{\epsilon}_{xx}ab - \dot{\epsilon}_{yx}b^2 + \dot{\epsilon}_{xy}a^2 - \dot{\epsilon}_{yy}ab \\ \dot{\epsilon}_{xx}ab - \dot{\epsilon}_{yx}b^2 + \dot{\epsilon}_{xy}a^2 - \dot{\epsilon}_{yy}ab & \dot{\epsilon}_{xx}b^2 + \hat{\epsilon}_{yx}ab + \dot{\epsilon}_{yx}ab + \dot{\epsilon}_{yy}a^2 \end{bmatrix}\end{aligned} \tag{5-51}$$

식에서 $a=\cos\theta$, $b=\sin\theta$이고 변형률속도텐서는 대칭이므로 $\dot{\epsilon}_{xy}=\dot{\epsilon}_{yx}$이다. $x-$ 및 $y-$축의 속도성분을 각각 v_x와 v_y라고 하면 공동축조건을 충족시키기 위해서는 (5-51)식의 비대각항이 0이 되어야 하므로 다음 식이 성립해야 한다.

$$\begin{aligned}\dot{\epsilon}_{xx}ab - \dot{\epsilon}_{yx}b^2 + \dot{\epsilon}_{xy}a^2 - \dot{\epsilon}_{yy}ab &= \frac{\partial v_x}{\partial x}\cos\theta\sin\theta \\ -\frac{1}{2}\left(\frac{\partial v_y}{\partial x} + \frac{\partial v_x}{\partial y}\right)\sin^2\theta &+ \frac{1}{2}\left(\frac{\partial v_y}{\partial x} + \frac{\partial v_x}{\partial y}\right)\cos^2\theta - \frac{\partial v_y}{\partial y}\cos\theta\sin\theta = 0\end{aligned}$$

위의 식을 정리하면 다음의 관계식을 얻을 수 있다.

$$\sin 2\theta\left(\frac{\partial v_x}{\partial x} - \frac{\partial v_y}{\partial y}\right) - \cos 2\theta\left(\frac{\partial v_x}{\partial y} + \frac{\partial v_y}{\partial x}\right) = 0 \tag{5-52}$$

식에서 θ는 $x-$축과 최대주응력축의 사잇각이다. 위의 식이 바로 평면변형률조건에 대한 공동축조건으로서, 변형률속도의 주축조건인 (1-151)식에 (1-130)식, (1-131)식 및 (1-133)식을 대입해도 동일한 결과를 얻을 수 있다. 위의 식은 공동축소성의 근간이 되는 중요한 조건 중의 하나이다. 비관련유동칙을 적용하는 활동선장해석의 속도장해석에서도 공동축조건을 운동학적 가정으로 채택하는 Cox의 유동칙이나 Davis의 유동칙에서 비압축성조건 등과 함께 이용되기도 한다. 또한 위의 평면변형률조건에 대한 공동축조건은 축대칭조건에 대해서도 원통좌표계(r, Ψ, z)로 바꾸어서 적용할 수도 있다. 즉 $z-$축이 대칭축인 축대칭 거동에서는 대칭축에 수직인 $r-$축방향의 속도성분 v_r과 대칭축에 평행한 $z-$축방향의 속도성분 v_z가 있으며, 원주방향인 $\Psi-$축방향의 속도성분 v_Ψ는 변형이 자오평면으로 제한되기 때문에 0이 된다. 따라서 축대칭조건에 대한 공동축조건도 평면변형률조건과 같이 v_r과 v_z만을 이용하여 다음과 같이 나타낼 수 있다.

$$\sin 2\theta\left(\frac{\partial v_r}{\partial r} - \frac{\partial v_z}{\partial z}\right) - \cos 2\theta\left(\frac{\partial v_r}{\partial z} + \frac{\partial v_z}{\partial r}\right) = 0 \tag{5-53}$$

공동축조건을 적용하는 경우에 주의해야 할 것은 재료가 공동축 거동을 한다는 것과 재료가 등방성이라는 것은 구분해서 적용해야 한다는 것이다. 물리적으로 소성거동을 하는 재료가 등방성이라는 것은 소성적인 특성에 우선방향이 없으며 방향에 영향을 받지 않는다는 것으로서 좌표축을 회전해도 재료의 항복거동에 영향이 없을 뿐 아니라 모든 응력이 항복거동과 관련이 있다는 것을 의미한다. 그러나 때로는 공동축조건과 등방성재료라는 가정이 동일한 의미로 적용된다는 것인데 다음과 같은 이유로 두 조건은 구분해서 적용해야 한다. 즉 3차원 재료의 변형률속도가 응력속도가 아닌 응력에만 의존하는 경우에 재료가 등방성이라면 공동축조건이 발생해야 하는데 이것은 구성식이 좌표축의 변환에 대하여 형상불변적이기 때문이다. 그러나 동일한 내용을 평면변형률조건에 적용하면 등방성이라는 조건이 공동축조건을 야기하지는 않는다는 것이다(Mandl & Luque, 1970). 모든 재료가 3차원 공간에 존재하고 3차원 해석에서 등방성조건이 공동축조건을 의미한다면 2차원 해석에 대해서도 당연히 성립해야 하지만 그렇지 않으므로 등방성조건과 공동축조건은 같은 의미로 사용될 수 없다는 것이다. 또한 3차원은 물론 2차원에서도 변형률속도가 응력과 응력속도의 함수라면 공동축조건을 적용할 수 없다(Davis & Selvadurai, 2002; Houlsby & Wroth, 1982). 결과적으로 등방성이라는 조건과 공동축조건을 같은 의미로 사용할 수는 없으며, 다만 재료가 등방성이라는 것을 전제로 하여 공동축조건을 적용해야 하므로 등방성이라는 것이 공동축조건의 전제조건은 될 수 있다.

5.3.3 흙의 비공동축 거동

소성이론에서 비공동축 거동이란 「응력과 변형률증분의 주축이 일치하지 않는 거동」을 말한다. 또한 「fully developed plastic shear flow」나 「fully developed flow」 또는 「steady shear flow」는 모두 동일한 의미를 나타내는 용어로서 「강소성거동 즉 완전소성거동을 하는 재료가 초기 전단거동 단계를 지나서 계속되는 전단거동으로 큰 **상대변위**(relative displacement)가 발생된 상태」를 의미하며(Mandl & Luque, 1970; Yu & Yuan, 2006), 본 책자에서는 모두 「**정상전단유동**(定常剪斷流動)」으로 기술하였다. 지금까지 대부분의 비공동축이론은 강소성거동을 하는 흙에 대한 파괴전 변형(pre-failure deformation)이나 파괴후 변형(post-failure deformation)이 아닌 정상전단유동상태를 전제로 하여 이론적인 연구가 진행되어 왔다.

입상체의 비공동축 거동을 이해하기 위해서는 사일로에서 입상체가 배출될 때의 거동을 참고하면 도움이 된다. 사일로에서 입상체가 유동하게 되면 정적인 채움상태(static filling states)를 유지하고 있던 입상체 내에서는 급격한 응력 재분포(dramatic stress redistributions) 현상이 발생하게 되고, 응력 재분포는 사일로 벽체에 대한 압력의 증가로 이어져서 대부분의 사일로 파괴는 입상체를 배출하는 초기에 많이 발생하게 된다. 사일로에서 입상체의 유동 과정에서는 주응력축의 회전이 응력 재분포의 주요한 특성 중의 하나로서, 주응력축의 회전은 사일로 내측의 부위에 따라서 90° 까지 발생하며, 이와 같은 주응력축의 회전이 비공동축 현상을 야기하는 주요한 원인이 되는 것으로 알려져 있다(Yang 외, 2011; Yu & Yuan, 2006). 지금까지 흙의 주응력축의 회전으로 인한 비공동축 현상을 모델링하기 위하여 전단시험이나 중공원통시험과 같은 실험적인 방법은 물론, 마이크로역학적인 연구(micro-mechanical study) 등의 이론적인 방법을 통하여 다양하게 연구가 진행되어 왔다. 흙의 소성거동에서 주응력축이 회전하게 되면 비공동축이 되는데 주응력축의 회전은 흙의 영구변위를 야기할 뿐만 아니라, 교통하중, 지진, 파하중(wave loading) 등의 반복재하가 발생하는 비배수조건의 토공구조물에서는 액상화현상에 의한 파괴를 유발하기도 한다(Yang 외, 2011; Yu & Yuan, 2006).

또한 비례재하와 무비례재하에 따른 비공동축 거동에 대해서도 주의해야 한다. 응력과 변형률의 주축방향을 일정하게 유지시키는 재하를 비례재하라고 하는데(Qian 외, 2010), 이와 관련하여 비례재하시험이란 모든 주응력성분을 일정한 비율로 증가시키는($d\sigma_1/\sigma_1 = d\sigma_2/\sigma_2 = d\sigma_3/\sigma_3$) 시험으로서 흙의 삼축압축시험과 같이 축차응력성분의 비(s_{ij}/p, $p = \sigma_{kk}/3$)를 일정하게 유지시키는 시험이나 강선의 역비틀림시험(reversed torsion test) 등이 대표적인 비례재하시험이다. 이에 반하여 응력과 변형률의 주축방향이 일정하게 유지되지 않는 재하를 무비례재하(non-proportional loading)라고 하며, 수평지반에 작용하는 다방향성 지진하중(multi-directional earthquake loading), 옹벽 후면에 작용하는 반복재하 등이 좋은 예로서 현장에서 흔히 접할 수 있는 무비례재하이다. 무비례재하에서는 흙의 조직(soil structure)의 배향 때문에 하중방향이 급격하게 바뀔 수도 있으며 이로 인하여 소성변형이 발생할 수도 있다(Li & Dafallias, 2004). 비공동축연구의 대부분이 무비례재하에 초점을 맞추고 비례재하에 대해서는 공동축조건으로 설정하는 경향이 있지만 시험결과에 의하면 흙과 같은 비등방성재료에서는 비례재하조건에서도 상당한 정도의 비공동축 거동을 보이는 것으로 알려져 있다(Qian 외, 2010). 일반적으로 점토의 전단특성은 최대주응력방향의 기울기에 따라 크게 달라지는데 주응력방향이 회전하면 유효응력이 저하되고 동적하중에 대해서는 주응력방향이 변동하는 경향이 있는 것으로 알려져 있다(한국지반공학회, 2010).

흙의 전단시험에서 시료에 전단응력이 작용하면 주응력축이 회전하게 된다. Roscoe 외(1967)의 전단시험 결과에 의하면 〈그림 5-11〉과 같이 주응력축의 방향인 θ_σ가 변해도 그에 대응하는 변형률증분의 주축방향인 θ_ϵ이 따르지 않아서 비공동축 현상이 발생한다는 것을 알 수 있으며, 그 편차는 전단변형률이 작을 때 가장 크고 전단변형률이 증가하면서 편차가 점차 감소하다가 한계상태에 도달하면 응력과 변형률증분의 주축방향이 일치하는 것으로 나타났다. 새로운 비공동축 거동모델을 수립하기 위해서는 전단시험과 같은 시험데이터와 비교하여 검증절차를 거쳐야 하는데, 기존의 전단시험에 의한 수치해석은 대부분 공동축이론에 기반을 둔 것이다(Yu & Yuan, 2006).

지금까지 제안된 흙에 대한 비공동축 거동의 이론적인 배경은 다음과 같다(Yang & Yu, 2010).

- 이면전단이론 : de Jong(1958, 1971), Spencer(1964[a]; 1982), Harris(1993) 등
- 항복정점이론 : Rudnicki-Rice(1975)
- 소성퍼텐셜-이면전단 통합이론 : Spencer(1982), Harris(1993), Yu-Yuan(2006) 등
- 차소성이론(次塑性理論, hypoplasticity theory) : Kolymbas(1991) 등

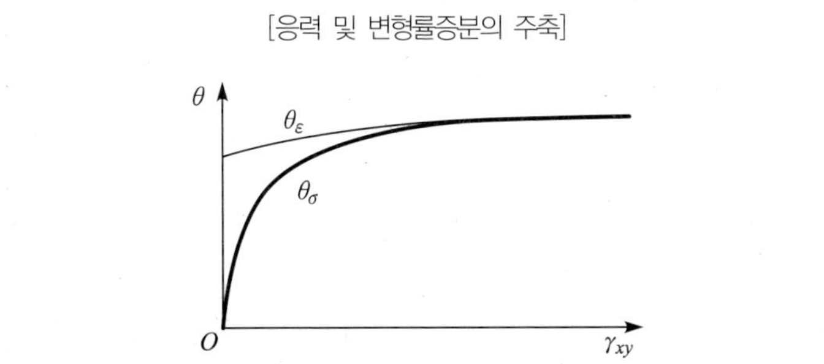

〈그림 5-11〉 전단시험의 비공동축 거동 (Roscoe 외, 1967)

(1) 이면전단이론에 의한 비공동축 거동

〈그림 5-12〉는 이면전단이론에 의한 비공동축 개념을 설명하기 위한 것으로서 응력 및 변형률속도의 주축과 전단면(SS)을 나타낸 것이다. 비공동축 개념에 의하면 〈그림 5-12〉에서 최대전단응력(τ_{max})은 최대전단변형률속도($\dot{\gamma}_{max}$)가 발생하는 면과 $\pm i$만큼 경사진 면에 작용한다는 것이다. 〈그림 5-13〉에는 $x-$축방향으로 동일한 전단면에서 발생하는 2개의 전단이 도시되어 있으며, 평행한 두 전단면 중에서 어느 전단면이 이동하고 어느 전단면이 고정되느냐에 따라서 전단거동의 형태가 결정된다.

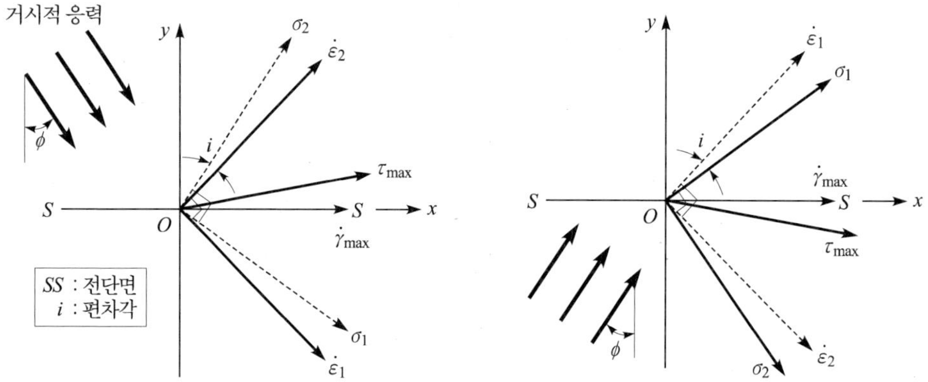

〈그림 5-12〉 이면전단에 의한 비공동축 거동 (Mandl & Luque, 1970)

이면전단이론에 의한 비공동축 개념은 Mohr-Coulomb파괴기준을 이용하여 설명할 수 있다. (4-25)식의 Mohr-Coulomb파괴기준에 의하면 활동 즉 연속적인 전단거동은 임의의 점을 통과하는 평면에 τ가 $c+\sigma\tan\phi$에 도달하면 활동이 발생한다는 것이므로 수직방향으로부터 최대주응력 σ_1-방향과 $\pm(\pi/4-\phi/2)$만큼 경사진 면을 따라서 (4-25)식이 성립한다는 것을 알 수 있다. 또한 Mohr-Coulomb파괴기준은 정적조건(static condition)에 대한 것으로서 초기전단파괴에 대한 운동학적 개념은 포함되어 있지 않은 것이다. 그렇지만 Mohr-Coulomb파괴기준에 의하면 (4-25)식을 충족시키는 평면은 전단면으로서 2개가 존재하며 2개의 평면중에서 어느 하나의 평면을 따라서 전단이 발생하게 된다. 이와 같은 경우에 SS는 전단면으로서 최대주응력인 σ_1-방향과 $\pm(\pi/4-\phi/2)$의 각을 이루는 방향이 되어야 한다. 그러므로 Mohr-Coulomb파괴기준에 의하면 전단거동은 〈그림 5-12〉에서 **편차각**(deviation angle) $i=\phi/2$가 되어야 한다(Mandl & Luque, 1970).

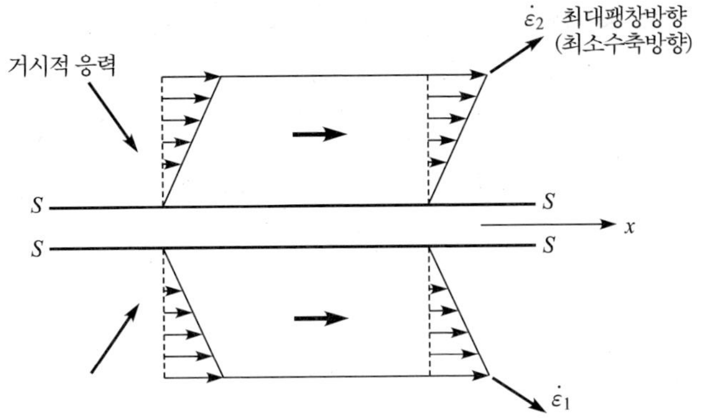

〈그림 5-13〉 1방향 전단 : 전단면(SS)과 관련된 2개의 전단거동 (Mandl & Luque, 1970)

$$i = \frac{1}{2}\phi \tag{5-54}$$

식에서 마찰각 ϕ는 연속적인 전단거동과정에서 재료가 팽창(다일레이턴시) 또는 수축되지 않는 상태가 된 후에 Mohr-Coulomb파괴기준으로 결정해야 한다. 위에서 기술한 초기전단파괴에 대한 개념은 de Jong(1959)과 Geniev(1958)에 의하여 처음으로 제안되었으며, 그들은 흙의 소성이론에 비공동축개념을 도입하는데 크게 기여하였다. 그러나 일면전단유동칙을 제안한 Geniev(1958)는 도입과정에서 층상의 비압축성 전단거동으로 제한함으로서 편차각 i를 (5-54)식과 같이 $i=\phi/2$로 일정하게 고정하였으며, 이면전단메커니즘을 제안한 de Jong(1959; 1958)은 평면변형률조건에 대한 편차각의 범위를 처음에는 $-\phi \le i \le \phi$으로 제안하였으나 후에 $-\phi/2 \le i \le \phi/2$로 수정하였다. Anand (1983)는 이면전단모델에서 전단응력의 작용방향과 관련된 **전단각**(shearing angle) $\bar{\xi}$를 도입하여 편차각 i는 $-(\bar{\xi}-\nu)/2 \le i \le (\bar{\xi}-\nu)/2$의 값이라고 제안하였다(「Anand의 등방경화 이면전단유동칙」 참조).

(2) 항복정점이론에 의한 비공동축 거동 : Rudnicki-Rice(1975)

두께가 얇은 단층이나 시험실에서 부서지기 쉬운 취성 암석이 최대주응력방향으로 압축력을 받아서 파괴되면 얇은 전단대 형태의 국소변형(localized deformation)이 발생하게 된다. 이와 같은 국소변형은 수많은 미세균열(fissure)이 상호작용과 성장과정을 거쳐 큰 전단대로 발전되는 과정에서 발생하는 것이다(미세균열: 절리보다 규모가 작은 개구성 균열로 열극 또는 파단면이라고도 함). 또한 취성 암석이 압축력을 받으면 변형과정에서 암석 내에 있는 미세균열이 균열 끝부분의 추가적인 국소인장균열(local tensile cracking)과 절리면내 접점(asperity)이 미끄러지면서 국소부상(local uplift)이 수반되기 때문에 전단과 함께 비탄성적 거동을 보이는 것이 일반적인 현상이다. 국소부상을 항복기준에 반영하기 위해서는 다일레이턴시와 함께 전단시 마찰특성으로 인한 비탄성적 거동이 압력과 밀접한 관계가 있다는 것을 고려해야지만 된다(Rudnicki, 1984; Rudnicki & Rice, 1975).

Rudnicki-Rice(1975)는 암석에 대한 미세균열 발생에 대한 연구를 통하여, 미세균열 및 국소변형의 메커니즘에 대해서는 관련유동칙을 적용할 수 없을 뿐만 아니라 항복곡선은 완만한 곡선이 아니라 정점(vertex: 꼭짓점)을 가진 형태가 된다고 하는 **항복정점이론**(yield vertex theory)을 제안하였다. 즉 재료의 항복곡선은 〈그림 5-14〉와 같이 응력공간에서 변형단계마다 임의의 방향으로 분포된 수많은 미세균열의 항복곡선에 의한 포락선으로 결정되며, 그림과 같이 등방경화에 의한 항복곡선과는 다른 형태를 취하게 된다는 것이다. 다시 말하면, 동일한 방향으로 계속되는 응력작용 때문에 미세균열 평면을 따라서 이미 활성화된 미끄러짐 현상은 계속되고 지속적으로 수많은 방향으로 미끄러짐 현상이 발생하게 되는데, 동일한 방향으로 발생하는 응력속도로 인하여 우선방향이 형성되면 또 다른 미세균열의 선택적 활성화(preferential activation)를 유발하게 된다고 주장하였으며, 이와 같은 미세균열의 방향에 관한 선택적 활성화가 바로 항복곡선에 꼭짓점이 형성되는 원인이 된다는 것이다. 여기서 마찰계수가 모든 미세균열에 대하여 동일하다면 정수압은 꼭짓점 형성과는 무관하므로 항복기준은 축차성분으로 나타낼 수 있다고 제안하였다.

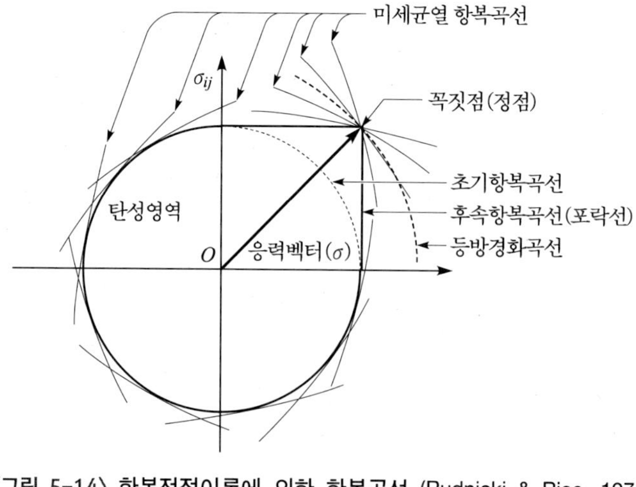

〈그림 5-14〉 항복정점이론에 의한 항복곡선 (Rudnicki & Rice, 1975)

Rudnicki-Rice(1975)는 소성퍼텐셜이론 등에 의하여 결정된 항복곡선의 접선방향 응력속도에 대응하는 강성이 과대하다고 지적하고, 미세균열모델에서는 그와 같이 하나의 점에 작용하는 응력은 여러 방향으로 갈라져서 지속적인 소성하중으로 작용하기 때문에 접선계수 또는 접선강성은 상대적으로 적은 값이 되어야 한다고 주장하였다. Rudnicki-Rice는 이것을 고려하기 위하여 〈그림 5-14〉의 응력벡터 σ와 같이 곧바로 뻗어나가는 「직향」 응력작용(「straight ahead」 stressing)을 지배하는 소성계수(plastic hardening modulus, K_P)에 추가하여 항복곡선의 접선방향 응력속도를 반영할 수 있는 제2소성계수(second hardening modulus, K_P^1)를 도입하였다. 항복정점이론에서 소성변형률속도 $\dot{\epsilon}_{ij}^P$는 다음과 같이 공동축 소성변형률속도 $\dot{\epsilon}_{ij}^{PC}$와 비공동축 소성변형률속도 $\dot{\epsilon}_{ij}^{PN}$의 합으로 나타낼 수 있다(Yu, 2006).

$$\dot{\epsilon}_{ij}^P = \dot{\epsilon}_{ij}^{PC} + \dot{\epsilon}_{ij}^{PN} = \dot{\lambda}\frac{\partial g}{\partial \sigma_{ij}} + \frac{1}{K_P^1}\dot{s}_{ij}^t \tag{5-55}$$

식에서 g는 소성퍼텐셜함수, K_P^1는 제2소성계수로서 비공동축을 나타내는 계수이다. 정수압은 꼭짓점의 형성과는 무관하므로 비공동축 항에는 다음의 축차응력텐서인 $\dot{s}_{ij}^t$를 적용하였다.

$$\dot{s}_{ij}^t = \dot{s}_{ij} - \frac{s_{ij}s_{kl}}{2\tau^2}\dot{s}_{kl} \tag{5-56}$$

식에서 $\tau = (s_{ij}s_{ij}/2)^{1/2}$이고 s는 축차응력이다. (5-55)식에서 제2소성계수 $K_P^1 = \infty$이면 위의 식은 공동축조건이 되지만 K_P^1이 유한한 값이라면 비공동축이 된다. (5-55)식과 함께 무모순조건을 이용하면 완전한 응력-변형률속도 관계식을 유도할 수 있으므로 소성변형은 비공동축조건에 의해서 지배된다고 할 수 있다(Yu, 2006).

항복정점이론은 시험결과와 잘 부합되고 수치해석도 용이하다는 것이 장점이다. 항복정점이론의 가장 큰 특징은 항복곡선상에서 하중의 중립상태를 고려하지 않는다는 것이다. 즉 응력상태가 항복곡선상에서 이동하는 경우에, 기존 이론에 의하면 재하경로가 항복곡선을 따라서 접선방향으로 이동하므로 소성변형이 발생하지 않지만 항복정점이론에 의하면 항복곡선의 접선방향 응력속도도 소성변형을 유발하게 된다. 결과적으로 새로운 소성계수의 도입으로 발생하는 소성변형률속도를 기존 이론에 의한 소성변형률속도에 추가함으로서 중립재하 방향으로 접선탄성계수를 감소시킨 것으로 해석할 수 있다. (5-55)식에서 제2소성계수 K_P^1는 항복곡선의 접선방향 응력속도 $\dot{s}_{ij}^t$를 고려하기 위한 것이다(Yu, 2008; Bardet, 1991). Rudnicki-Rice가 처음으로 제안한 항복정점이론에서는 축차평면에서 항복곡선의 단면이 원형인 Drucker-Prager파괴기준을 적용하여 〈그림 5-15〉에서 공동축 소성변형률속도 $\dot{\epsilon}_{ij}^{PC}$와 비공동축 소성변형률속도 $\dot{\epsilon}_{ij}^{PN}$가 직교하지만, 후에 Hashiguchi 등에 의하여 Mohr-Coulomb파괴기준이 도입되면서 반드시 직교할 필요는 없는 것으로 수정되었으며 수치해석에 많이 이용되고 있다. Rudnicki-Rice(1975)의 항복정점이론에 의한 유동칙은 파괴전(또는 항복전) 국소변형 해석을 위한 유동칙이다.(Yang & Yu, 2010).

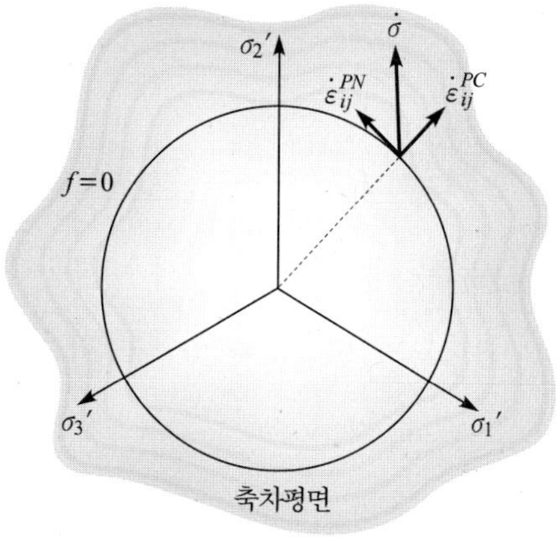

〈그림 5-15〉 Rudnicki-Rice의 비공동축조건 (Yang & Yu, 2010)

(3) 소성퍼텐셜-이면전단 통합이론에 의한 비공동축 거동 : Harris(1993)

Harris(1993)의 소성퍼텐셜-이면전단 통합이론에 의한 비공동축조건은 소성변형률속도 $\dot{\epsilon}_{ij}^{P}$를 Rudnicki-Rice가 제안한 항복정점이론과 같이 공동축 소성변형률속도 $\dot{\epsilon}_{ij}^{PC}$와 비공동축 소성변형률속도 $\dot{\epsilon}_{ij}^{PN}$의 합으로 나타냈으며, 평면변형률조건에 대한 소성변형률속도를 다음 식과 같이 제안하였다.

$$\dot{\epsilon}_{ij}^{P} = \dot{\epsilon}_{ij}^{PC} + \dot{\epsilon}_{ij}^{PN} = \dot{\lambda}\frac{\partial g}{\partial \sigma_{ij}} + \Lambda \dot{t}_{ij} \tag{5-57}$$

식에서 우변 첫째 항은 공동축 소성변형률속도, 둘째 항은 비공동축 소성변형률속도이다. 비공동축계수 Λ는 무차원의 스칼라함수이고 $\dot{t}_{ij}$는 $\dot{\sigma}_{ij}$로 나타낼 수 있는 벡터로서 〈그림 5-16〉과 같이 축차평면에서 파괴곡선의 접선방향으로 작용하는 소성변형률속도성분에 의존하는 응력속도($\dot{t}_{ij}$)이다. 따라서 Λ가 0이면 유동칙은 공동축조건의 응력-변형률 관계식이 되지만 $\Lambda \neq 0$이면 소성변형률속도텐서 $\dot{\epsilon}_{ij}^{P}$는 응력텐서 σ_{ij}와 공동축이 아니라는 것을 알 수 있다. 〈그림 5-16(a)〉는 Drucker-Prager(1952)가 Mohr-Coulomb파괴기준을 평면변형률조건에 적용하기 위하여 이용한 (4-56)식을 $[(\sigma_{xx}+\sigma_{yy})/2, \sigma_{xy}, (\sigma_{xx}-\sigma_{yy})/2]$ 공간에 원뿔형으로 나타낸 것이고 그림(b)는 그 공간에서 $(\sigma_{xx}+\sigma_{yy})/2=$ 일정한 단면을 도시한 것이다. θ_σ는 $x-$축과 최소주응력축의 사잇각이며 벡터 t_{ij}는 〈그림 5-16(b)〉와 같이 최소주응력방향 θ_σ에 대한 함수로서 다음과 같다(Yu, 2006).

$$t_{ij} = \left[\cos 2\theta_\sigma,\ -\cos 2\theta_\sigma,\ 2\sin 2\theta_\sigma\right]^T \tag{5-58}$$

식에서, $\cos 2\theta_\sigma = \dfrac{\sigma_{xx}-\sigma_{yy}}{\left[(\sigma_{xx}-\sigma_{yy})^2+4\sigma_{xy}^2\right]^{1/2}}$

$$\sin 2\theta_\sigma = \frac{2\sigma_{xy}}{\left[(\sigma_{xx}-\sigma_{yy})^2+4\sigma_{xy}^2\right]^{1/2}}$$

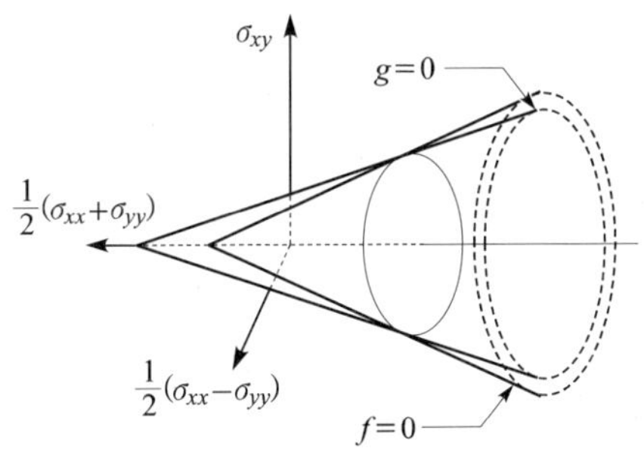

(a) 응력공간의 Mohr-Coulomb파괴곡면($f=0$) 및 소성퍼텐셜곡면($g=0$)

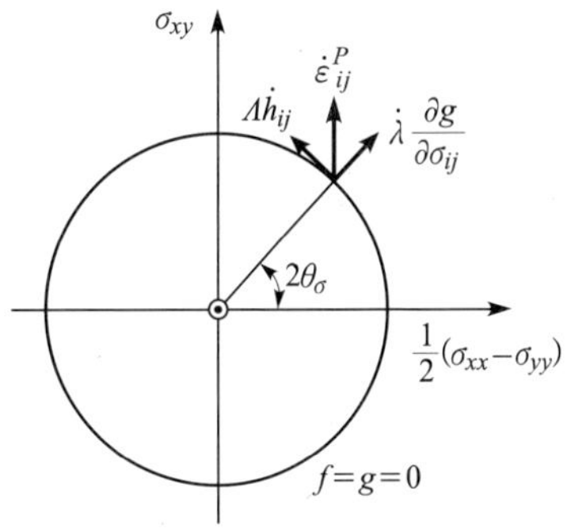

(b) 축차평면의 파괴곡선

〈그림 5-16〉 (5-57)식에 의한 비공동축 (Yu, 2006)

연습문제

문제1 등방성 선형탄성재료의 응력과 변형률의 주축방향이 일치하는 것을 보여라.

> ▸ **풀이**
>
> 주변형률텐서(ϵ_1, ϵ_2, ϵ_3)를 (2-2)식에 대입하면 모든 $i \neq j$에 대하여 $\sigma_{ij}=0$이 됨

문제2 (5-12)식으로 표시되는 Prandtl-Reuss 유동칙에서 (a) 소성변형률증분과 응력의 주축이 일치한다는 것을 설명하고, (b) (5-12)식을 주응력으로 나타내어라.

> ▸ **풀이**
>
> (a) (5-12)식에서 전단응력이 0인 좌표계라면 전단변형률증분도 0이 되므로 소성변형률증분과 응력의 주축이 일치한다.
>
> (b) $s_i=\sigma_i-p$이고 (5-12)식은 주축좌표계에서 $d\epsilon_1^P=d\lambda s_1$, $d\epsilon_2^P=d\lambda s_2$ 및 $d\epsilon_3^P=d\lambda s_3$로 나타낼 수 있으므로 $d\epsilon_1^P=(\sigma_1-p)d\lambda$, $d\epsilon_2^P=(\sigma_2-p)d\lambda$ 및 $d\epsilon_3^P=(\sigma_3-p)d\lambda$이다. 따라서 다음과 같이 주응력과 주변형률증분으로 나타낼 수 있다.
>
> $$\frac{d\epsilon_1^P-d\epsilon_2^P}{\sigma_1-\sigma_2}=\frac{d\epsilon_2^P-d\epsilon_3^P}{\sigma_2-\sigma_3}=\frac{d\epsilon_3^P-d\epsilon_1^P}{\sigma_3-\sigma_1}=d\lambda$$

문제3 변형률속도의 주축조건식인 (1-151)식을 이용하여 (5-52)식을 구하라.

> ▸ **풀이**
>
> (1-130)식, (1-131)식 및 (1-133)식을 (1-151)식에 대입

문제4 비공동축조건의 이론적 배경이 되는 항복정점이론의 (5-56)식과 소성퍼텐셜-이면전단 통합이론의 (5-58)식에서 평면변형률조건에 대한 비공동축 소성변형률속도텐서 $\dot{\epsilon}_{ij}^{PN}$를 비교하라.

▸ 풀이

축차평면에서 원형 항복곡면인 항복정점이론에서 비공동축 소성변형률속도는 (5-55)식에서 $\dot{\epsilon}_{ij}^{PN}=\dot{s}_{ij}^{t}/h_1$이며 축차응력속도인 $\dot{s}_{ij}^{t}$는 (5-56)식과 같다. 평면변형률조건에 대하여 축차응력성분은 $s_{xx}=(\sigma_{xx}-\sigma_{yy})/2$, $s_{yy}=(\sigma_{yy}-\sigma_{xx})/2$, $s_{xy}=\sigma_{xy}$이고 $\tau=\left[(\sigma_{xx}-\sigma_{yy})^2/2+\sigma_{xy}^2\right]$이므로 축차응력속도 $\dot{s}_{ij}^{t}$는 다음과 같다.

$$\dot{s}_{ij}^{t}=\left[\dot{s}_{xx},\ -\dot{s}_{yy},\ \dot{s}_{xy}\right]^T-\frac{s_{xx}\dot{s}_{xx}+s_{xy}\dot{s}_{xy}}{\tau^2}\left[s_{xx},\ -s_{yy},\ s_{xy}\right]^T$$

또한 소성퍼텐셜-이면전단 통합이론의 소성변형률속도텐서는 (5-57)식에서 $\dot{\epsilon}_{ij}^{PN}=\Lambda\dot{t}_{ij}$이고 응력속도 $\dot{t}_{ij}$는 (5-58)식으로부터 다음과 같다.

$$\dot{t}_{ij}=\frac{1}{\tau}\left[\dot{s}_{xx}\ \ -\dot{s}_{yy}\ \ \dot{s}_{xy}\right]^T-\frac{s_{xx}\dot{s}_{xx}+s_{xy}\dot{s}_{xy}}{\tau^3}\left[s_{xx}\ \ -s_{yy}\ \ s_{xy}\right]^T$$

위의 두 식으로부터 $\dot{s}_{ij}^{t}=\tau\dot{t}_{ij}$이다. 따라서 비공동축에 기반을 둔 소성퍼텐셜-이면전단 통합이론은 항복정점이론과 형태가 유사하며, 비공동축계수 Λ가 일정하고 제2소성계수 $K_P^1=\tau/\Lambda$이면 최소한 형태는 동일한 식이 된다.

문제5 $OCCM$과 $MCCM$의 유동칙을 이용하여 항복기준인 (4-70)식과 (4-71)식을 유도하라.

▸ 풀이

(5-40)식에서 $q=\eta p'$이므로 양변을 미분하면 $dq=p'd\eta+\eta dp'$이고, (5-48)식에 법선칙을 적용하면 $(dq/dp')(d\epsilon_s/d\epsilon_v)=-1$이므로 다음 식을 얻을 수 있다.

$$d\eta=-\frac{M}{p'}dp'$$

위의 식을 적분하면 다음과 같다.

$$\eta=-M\ln p'+C$$

식에서 C는 적분상수이며, 경계조건 $\eta=0$에서 $p'=p_c'$이므로 $C=M\ln p_c'$이다. 따라서 다음과 같은 $OCCM$의 항복기준을 얻을 수 있다.

$$q=Mp'\ln\left(\frac{p_c'}{p'}\right)$$

$MCCM$의 항복기준도 동일한 방법으로 구할 수 있다.

문제6 소성이론에서 마찰각 $\phi=0$인 재료에 대한 응력-변형률 거동을 결정하기 위해서 소성퍼텐셜이론이 많이 이용되고 있다. 만약 마찰각 $\phi>0$인 흙에서 소성퍼텐셜에 기여하는 응력-변형률 거동이 관련유동칙을 따른다면 어떤 변형이라도 체적팽창이 수반된다는 것을 보여라. 단, 항복함수는 아래의 Mohr-Coulomb파괴기준을 적용한다.

$$f(\sigma)=\sin\phi(\sigma_{xx}+\sigma_{yy}+2c\cot\phi)-\left[(\sigma_{xx}-\sigma_{yy})^2+4\tau_{xy}^2\right]^{1/2}=0$$

▸ **풀이**

위의 항복함수를 응력성분 σ_{xx}, σ_{yy} 및 τ_{xy}로 각각 미분하면 다음과 같다.

$$\frac{\partial f}{\partial \sigma_{xx}}=\sin\phi-(\sigma_{xx}-\sigma_{yy})\left[(\sigma_{xx}-\sigma_{yy})^2+4\tau_{xy}^2\right]^{-1/2}$$

$$\frac{\partial f}{\partial \sigma_{yy}}=\sin\phi+(\sigma_{xx}-\sigma_{yy})\left[(\sigma_{xx}-\sigma_{yy})^2+4\tau_{xy}^2\right]^{-1/2}$$

$$\frac{\partial f}{\partial \tau_{xy}}=-4\tau_{xy}\left[(\sigma_{xx}-\sigma_{yy})^2+4\tau_{xy}^2\right]^{-1/2}$$

관련유동칙을 따르므로 다음의 비례식이 성립해야 한다.

$$\dot{\epsilon}_{xx}:\dot{\epsilon}_{yy}:\dot{\gamma}_{xy}=\frac{\partial f}{\partial \sigma_{xx}}:\frac{\partial f}{\partial \sigma_{yy}}:\frac{\partial f}{\partial \tau_{xy}}$$

위의 식으로부터 체적변화와 변형을 야기하는 축차변형률속도(strain rate deviator)의 관계는 다음과 같이 나타낼 수 있다.

$$\frac{\frac{1}{2}(\dot{\epsilon}_{xx}+\dot{\epsilon}_{yy})}{\frac{1}{2}\left[(\dot{\epsilon}_{xx}-\dot{\epsilon}_{yy})+\dot{\gamma}_{xy}^2\right]^{1/2}}=\sin\phi$$

위의 식으로부터 마찰각 $\phi=0$이면 체적팽창은 0이지만 마찰각 $\phi>0$인 재료는 체적팽창이 발생해야 한다는 것을 알 수 있다.

문제7 아래와 같이 (4-53)식의 Drucker-Prager파괴기준에 대한 소성퍼텐셜함수를 가정한다.

$$g=\beta I_1+(J_2)^{1/2}$$

식에서 β는 재료상수로서 (4-53)식의 α와는 다른 값이며 다. 관련유동칙을 적용하여 소성변형률증분 $d\epsilon_{ij}^P$을 구하라.

▸ **풀이**

$$d\epsilon_{ij}^P=d\lambda\left[\beta\delta_{ij}+\frac{1}{2}(J_2)^{-1/2}s_{ij}\right]$$

제6장

흙의 변형경화와 경화칙

제6장 흙의 변형경화와 경화칙

6.1 재료의 변형경화 거동

6.1.1 변형경화의 정의

항복곡면을 수학적으로 표시하기 위해서는 항복곡면의 단순화를 위한 가정이 필요하다. 금속재료의 항복과 관련해서 여러 가지 유용한 제1근사해석은 등온조건인 실내온도에서 시간효과를 무시하여 얻는 것이 보통이므로 응력-변형률 거동은 연속적으로 또는 각각의 단계별로 정적평형상태(static equilibrium)를 유지하는 것이라고 할 수 있다. 대부분의 금속재료가 변형경화를 보인다는 것은 실험적으로 입증된 현상이며, 이와 같은 경우에 각각의 단계별 정적평형상태는 「stable」 즉 「안정적」이라고 한다(Drucker, 1950).

일반적인 재하경로에 대하여 변형경화 거동을 간단하게 도식적으로 나타내는 것이 쉽지는 않지만, 〈그림 6-1〉과 같은 단순인장인 경우에 경화거동의 수학적인 의미는 응력이 변형률의 단순증가함수(monotonically increasing function)라는 것이다. 이때 곡선은 유일한 것으로 가정하고 시간효과는 무시한다. 단순인장에 대한 변형경화(또는 제한적인 의미로 「안정성」; stability)의 정의와 함께 외력(external agency)에 의하여 수행되는 일의 개념을 도입하면 모든 응력상태와 재하경로를 포함할 수 있도록 변형경화의 정의를 확장할 수 있다. 여기서 외력이란 이미 재료에 발생된 응력은 제외하고 오직 추가적으로 재료에 서서히 가해진 후에 서서히 제거되는 응력조합만을 말한다. 이때 재료의 최종적인 기하학적 형상은 원래의 형상과 같거나 또는 같지 않을 수도 있다. 또한 외력은 이미 재료에 작용하여 응력상태를 유발하고 변형을 야기하는 기존의 힘(agency)과는 전혀 다

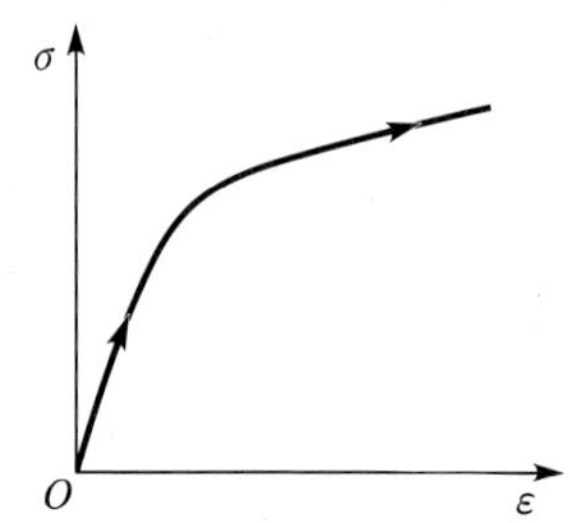

〈그림 6-1〉 변형경화의 정의 (Drucker, 1952)

른 것으로 구분되어야 한다. 이와 같은 경우에 변형경화란 모든 추가적인 응력조합에 대하여 재료는 정적평형상태가 유지된다는 것이므로 다음과 같은 조건을 의미하게 된다 (Drucker, 1952; 1950).

① 추가적인 응력조합이 작용하는 동안에는 외력에 의하여 양(+)의 일(positive work)이 수행되어야 한다.
② 재하 및 제하 사이클 과정에서 만약 소성변형이 발생한다면 외력에 의하여 수행되는 순수한 일(net work)은 양(+)의 값이 되어야 한다(탄성변형에 의한 변화만 발생한다면 순수한 일은 0이다).

따라서 만약 응력 σ_{ij}와 변형률 ϵ_{ij}가 균일한 재료에 대하여 외력인 표면력이 작용하여 응력의 변화 $d\sigma_{ij}$와 변형률의 변화 $d\epsilon_{ij}$가 발생한 후에 표면력을 제거하여 탄성변형률증분 $d\epsilon_{ij}^{E}$가 0이 되었다고 가정하면, 위의 조건① 및 조건②는 각각 아래의 두 식으로 나타낼 수 있다(Drucker, 1952).

$$d\sigma_{ij}\, d\epsilon_{ij} = d\sigma_{ij}\left(d\epsilon_{ij}^{E} + d\epsilon_{ij}^{P}\right) > 0 \tag{6-1}$$

$$d\sigma_{ij}\left(d\epsilon_{ij} - d\epsilon_{ij}^{E}\right) = d\sigma_{ij}\, d\epsilon_{ij}^{P} \geq 0 \tag{6-2}$$

위의 (6-1)식과 (6-2)식은 각각 (3-2)식 및 (3-3)식과 동일한 것이다. 위의 두 식을 얻을 수 있도록 변형경화를 명시하는 방법은, 임의의 초기상태의 응력 및 변형률로부터 변형률증분의 조합을 일정한 비율로 증가시키면서 주어진 변형률의 변화에 대하여 더 많은 단위체적당 총일량 및 소성일이 요구되도록 하는 것이다.

〈그림 6-2〉는 변형경화의 물리적 의미를 설명하기 위한 것으로서 원형의 박판튜브가 축하중 F, 비틀림 M 및 내압 P에 의하여 유발되는 응력상태에 놓여있는 것을 도식적으로 보여주는 것이다. F, M 및 P는 독립적이며 각각 양의 값이나 음의 값 또는 0이다. 그림에서 외력은 질량이 없는 완충스프링(cushioning spring)의 끝에 연결된 강체큐브(rigid mass)로 고려할 수 있으며, 큐브를 박판튜브의 상단에 떨어뜨리는 것으로 한다. 이때 큐브의 낙하속도는 매우 적은 값이기 때문에 박판튜브에서 발생하는 모든 진동과 파동효과는 무시할 수 있는 것으로 가정한다. 큐브의 충돌로 추가적인 응력조합에 의해서 야기되는 추가적인 변위가 모두 탄성적이라면 큐브는 원래 위치로 튀어 오르게 된다. 또한 소성변형률 $\epsilon^{P} \neq 0$이라면 큐브는 경화성재료이며 원래 위치까지 튀어 오를 수 없

게 되는데, 이때 큐브 즉 외력은 박판튜브 내에 응력을 유발하고 응력의 재하 및 제하 사이클 과정에서 바로 일을 수행하게 된다는 것이다. 그러나 외력이 음(−)의 일을 수행하면 즉 외력에 대하여 일이 수행된다면 큐브는 원래의 위치보다 더 높이 튀어 오를 수 밖에 없는데, 이와 같은 형태의 거동은 변형경화의 정의에 의해서 F, M 및 P의 값에 관계없이 허용되지 않는다(Drucker, 1952).

다시 한 번 정리하면, 여기서 일이란 재료에 작용하는 모든 힘에 의하여 수행되는 총일량(total work)이 아니라, 오직 변위가 유발되는 추가적인 응력조합에 의하여 수행되는 일만을 나타낸다는 것이다. 바꾸어 말하면, 변형경화가 의미하는 것은 재하 및 제하 사이클 과정에서 재료와 재료에 작용하는 힘계(system of force)로부터 유용한 순에너지(useful net energy)를 추출할 수 없다는 것이며, 더욱이 소성변형을 유발하기 위해서는 재료에 에너지를 공급하지 않으면 안 된다는 것이다. 외부로부터 에너지를 공급받아서 거동을 유지하는 계를 **소산계**(dissipative system)라고 하는데, 모든 준정적 소산계에 대하여 내력 및 외력에 의한 총퍼텐셜에너지(total potential energy)는 비탄성적 거동이 발생하면 경화거동과 관계없이 감소된다는 것에 유의해야 한다. 따라서 변형경화는 반드시 이와 같은 요구조건을 충족시킬 수 있도록 정의되어야 한다(Drucker, 1952).

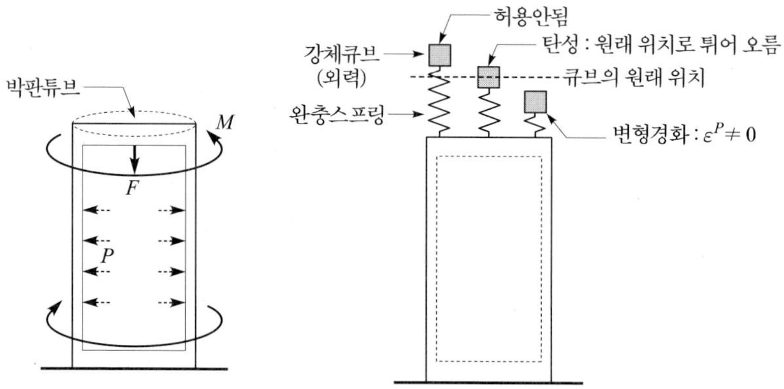

〈그림 6-2〉 박판튜브에 작용하는 외력 (Drucker, 1952)

6.1.2 항복곡면의 변환과 재하곡면

(1) 변형경화에 의한 항복곡면의 변환

경화거동을 기술하기 위해서는 초기항복, 유동칙 및 경화칙을 규정해야 한다. 초기항복조건은 소성변형이 시작되는 응력상태를 명시하기 위한 것이고, 유동칙은 소성거동을 설정하기 위하여 필요한 운동학적 가정으로서 소성변형률증분$\left(d\epsilon_{ij}^{P}\right)$의 비나 또는 상대적인 크기를 결정하기 위해서 요구되는 규칙이다. 소성변형과정에서 항복조건의 수정 즉, 항복곡면의 팽창이나 이동 등의 전개형태를 규정하는 것이 바로 경화칙이다. 일반적으로 소성변형은 재료의 변형경화를 유발하고 탄성한계를 증가시킨다. 다시 말하면 항복곡면은 응력공간에서 고정되어 있는 것이 아니라 특정시점 이전의 소성변형이나 재하이력에 따라서 팽창하거나 수축한다는 것이다. 예로서, 항복곡면의 형태는 변하지 않고 모든 방향으로 동일하게 변하는 소성변형인 등방경화를 고려할 때, 항복곡면의 크기가 팽창되면 재료는 경화되어 더욱 항복하기 어렵게 된다는 것이며 반대로 항복곡면의 크기가 수축되면 재료는 연화되어 더욱 항복하기 쉽게 된다는 것이다(Yu, 2006). 따라서 경화성(또는 연화성)재료의 소성변형 과정에서 초기항복곡면은 계속하여 변환(transformation)하게 되는데, 시험결과에 의하면 응력공간에서 이와 같은 후속항복곡면의 변환은 다음의 5가지 요인(element)에 의하여 발생하게 된다(Krutyka & Zyczkoski, 1996).

- 비례팽창(proportional expansion)
- 이동(translation)
- 아핀변형(affine deformation)
- 회전(rotation)
- 뒤틀림(distortion, exceeding affine deformation)

위에서 비례팽창에 의해 발생하는 변환을 등방경화라고 하며 이동에 의한 변환을 이동경화 또는 이방경화라고 한다. 등방경화와 이동경화가 조합된 경화를 혼합경화라고 하는데 혼합경화를 이용하면 복잡한 경화거동에 대해서도 양호한 결과를 얻을 수 있는 것으로 알려져 있다. 그러나 더욱 실제에 가까운 경화거동을 모델링하기 위해서는 나머지 3개의 요인을 모두 고려해야지만 된다.

〈그림 6-3〉과 같은 $\sigma_1-\sigma_2$평면의 Tresca항복기준에서 원점 O로부터 시작하여 b에서 끝나는 수평선은 인장응력 궤적이고, a는 초기항복점, a와 b 사이의 공간은 변형경화를 나타내는 것이다. 그림(a)의 등방경화에서 항복곡면은 변형경화로 인한 팽창으로 초기재하 후에 역방향으로 재하점을 진행하면 항복점이 증가되고, 그림(b)의 이동경화에서는 항복곡면이 크기는 변하지 않고 변형경화로 인하여 초기항복곡면이 단순하게 우측으로 ab만큼 이동한다는 것을 알 수 있다. 따라서 그림(b)에서 반대방향으로 재하점을 진행시키면 그림(a)보다 더욱 빨리 항복곡면을 접하게 된다. 두 가지 유형의 경화 외에도 하나

의 변은 고정되고 마주보는 변만 이동되는 경화 등, 다양하게 고려할 수 있지만 일반적으로 위의 두 가지 유형이 가장 널리 적용되고 있는 변형경화에 대한 기본적인 접근방법이다(Davis & Selvadurai, 2002).

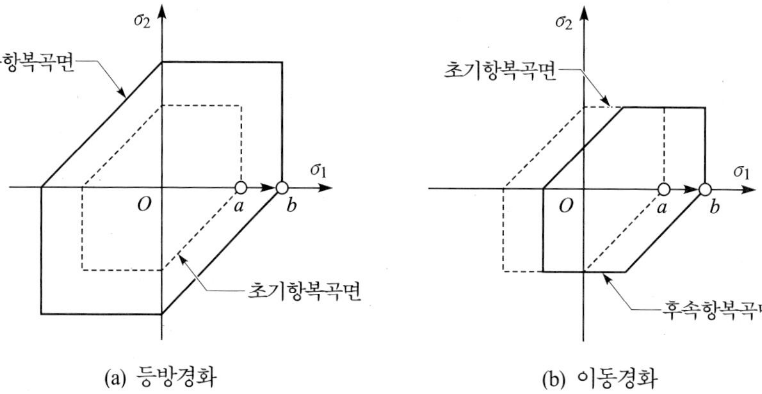

〈그림 6-3〉 **등방경화와 이동경화 예** (Davis & Selvadurai, 2002)

(2) 재하곡면

〈그림 6-4〉는 경화성재료의 초기항복곡면이 원형으로 표시되는 $\sigma-\sqrt{3}\tau$평면에서 이곡면이론(two surface theory)에 의한 항복곡면과 재하곡면을 예시한 것이다. 재하곡면이란 특정시점의 응력상태에서 탄성거동을 하는 영역의 경계가 되는 곡면으로서 그림에서는 Σ_0, Σ_1 및 Σ_2로 표시되어 있다. 이에 비하여 항복곡면은 응력공간에서 제하 및 재재하에 대하여 오직 탄성거동을 하는 영역의 경계가 되는 곡면이라고 정의할 수 있으며 그림에서는 a, b, c 및 d로 표시되어 있다(Lubliner, 1989; Kachanov, 2004). 또한 그림에서 재하곡면은 특정시점 이전에 도달된 최대응력상태를 나타내는 곡면으로 나타나며 고정된 곡면이 아니라 경화의 진행 및 탄성한계의 변화와 함께 팽창하거나 위치를 이동하게 된다. 항복곡면은 그림과 같이 둥근 코(rounded nose)의 형태로 재하곡면에 접하는 경향이 있지만 재하점이 재하곡면을 관통하게 되면 재하점이 재하곡면을 끌고 나감으로서 재하곡면을 팽창시킨다. 경화거동의 극단적인 단순화 형태로 볼 수 있는 강소성거동에서 항복곡면이란 재하곡면의 한계위치(limiting position)에 있는 한계곡면이다. 그림에서 초기항복곡면 또는 초기재하곡면은 Σ_0로 표시되어 있으며, 응력경로 OA는 재하곡면 Σ_1까지 팽창을 야기하고 응력경로 AD에 의하여 더욱 팽창하여 재하곡면 Σ_2가 된다. 그러나 응력경로 AC는 재하점이 재하곡면 Σ_1를 통과하지 않기 때문에 재하곡면을 팽창시키지 않는다(Wu, 2005; Kachanov, 2004; Drucker, 1966).

시험데이터를 이용하여 재하곡면을 구축하는 경우에는 임의의 응력에 대하여 삼축시험을 수행하는 것이 쉽지 않으므로 재하곡면의 일정 구간에 대해서 재하곡선을 구하여 처리하는 것이 보통이다. 예로서 〈그림 6-5〉는 간단하게 내압 P와 축하중 F가 작용하는 박판 튜브에 대하여 잔류변형률이 0.2% 인 초기재하곡선과 소성변형 후에 이어지는 후속재하곡선을 도시한 것이다. 튜브는 주응력이 각각 σ_1과 σ_2인 평면응력상태($\sigma_3=0$)에 있으며, 0.2% 의 잔류변형률에 해당하는 일축인장조건의 항복응력이 σ_Y이다. 먼저 경화거동을 하지 않은 재료의 초기항복곡선(=초기재하곡선)을 구하기 위해서는 일련의 시험용 튜브에 대하여 F/P의 비를 달리하여 시험을 수행해야 하며 그림(a)와 같은 **비례재하경로**(proportional loading path), 즉 **방사상재하경로**(radial loading path)를 얻을 수 있다. 각각의 방사상선에는 잔류변형률이 0.2% 인 시험데이터 값을 표시해야 한다. 모든 시험데이터 값을 연결하면 그림(a)와 같은 초기재하곡선 Σ_0을 얻을 수 있다. 여기서 응력-변형률 곡선과 잔류변형률 사이의 편차는 정해져 있는 값이 아니라 조건에 맞게 선택해야 하지만, 적은 편차를 허용하는 소변형률 오프셋법(small strain offset method)을 적용하면 좋지 않은 결과를 초래할 수도 있으므로 주의해야 한다. 다음으로 그림(b)의 비례재하경로 OA를 따라서 이미 소성변형을 거친 튜브에 대하여 변형 후에 이어지는 후속재하곡선을 구하고자 한다. 일련의 시험용 튜브에 대하여 재하경로 OA를 따라서 재하 및 제하과정을 거친 후에, 각각의 튜브에 대하여 튜브마다 주어진 방사상선을 따라서 잔류변형률이 0.2% 에 도달할 때까지 정해진 F/P의 비를 취하여 시험을 수행하면 된다. 시험이 끝나고 $\sigma_1-\sigma_2$평면에 시험데이터 값을 표시하면 그림(b)의 소성변형 후의 후속재하곡선 Σ를 얻을 수 있다. 시험결과에 의하면 특정시점 이전에 소성변형이 발생하였다면 후속재하곡선은 그 소성변형방향으로 팽창이나 이동이 발생한다(Kachanov, 2004).

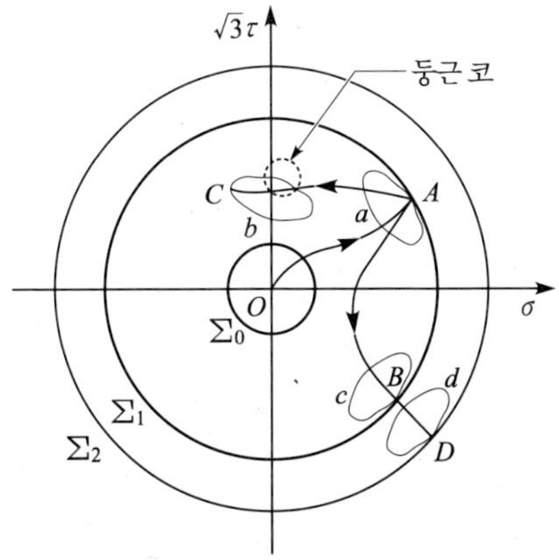

〈그림 6-4〉 금속재료의 항복곡면과 재하곡면 예 (Wu, 2005)

일반적으로 재하곡면의 형태와 위치는 특정시점의 응력상태뿐만 아니라 특정시점 이전의 변형이력에 의존한다. 재하곡면도 항복곡면과 같이 재하곡면의 중심으로부터 바깥쪽으로 볼록한 형태를 취하며, 연속적으로 선회하는 접선이 생성되면 **정칙성 재하곡면**(regular loading surface)이라 하고 그 궤적에 모서리나 꼭짓점이 포함되어 있으면 **특이성 재하곡면**(singular loading surface)이라고 한다(Kachanov, 2004).

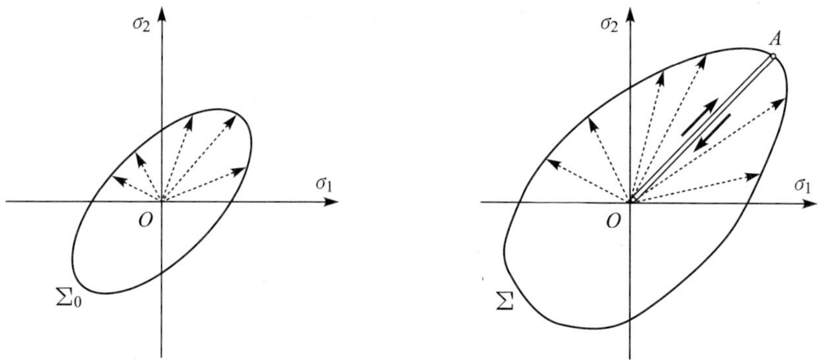

〈그림 6-5〉 박판튜브의 재하곡선 예 (Kachanov, 2004)

6.1.3 바우싱거 효과

대부분의 금속재료는 일축인장시험에서 항복 후에 경화거동을 보이는데, 항복 후에 역재하인 경우에 이동경화에 의하여 변환된 항복곡면 근방에서 역방향 항복이 발생하며 이와 같은 현상은 비경화성재료의 압축측과 인장측의 항복응력이 동일한 재료에서도 발생한다. 역재하인 경우에 동일한 변형률에 대하여 응력이 다르게 나타나는 현상을 바우싱거 효과(Bauschinger effect)라고 한다. 바우싱거 효과는 〈그림 6-6〉과 같은 일축인장시험의 재하 사이클에서 인장력을 가하여 항복응력이 A를 지나서 B에 이르게 한 후에 응력이 0이 되도록 C까지 하중을 제거(제하)하면 소성변형은 ϵ_C가 된다. 계속하여 압축력을 가하면 새로운 항복점인 D에 도달하게 되는데 압축측 항복응력인 D는 초기변형률 ϵ_C에 해당하는 인장측 항복응력인 B보다 응력이 적어지며 이것이 바우싱거 효과이다. 이와 같은 응력의 저하는 하중을 제거한 후에도 재료에 남아 있는 잔류응력에 기인한 것이다. 금속재료에서는 바우싱거 효과를 고려하지 않고 압축과 인장 항복응력을 동일한 것으로 가정하는 것이 일반적이다.

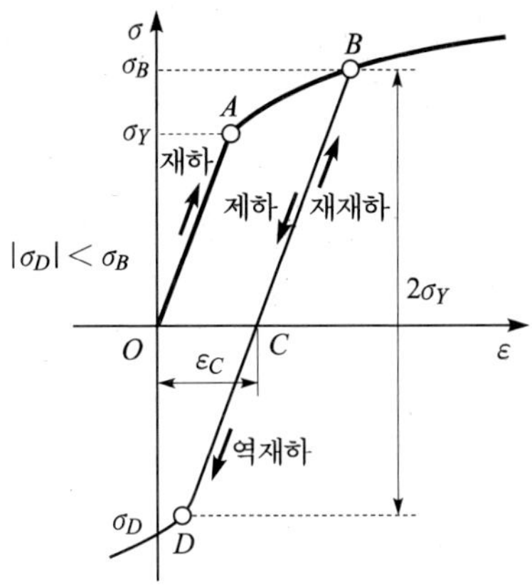

〈그림 6-6〉 바우싱거 효과

6.1.4 Prager의 무모순조건

Prager(1949)가 제안한 「무모순조건」이란 강소성재료에 대해서는 응력경로가 항복곡면 상에 위치하기 위한 필요조건이고, 경화성재료에 대해서는 소성거동과정에서 경화로 인하여 항복곡면의 팽창이나 이동에 대하여 응력경로가 후속항복곡면에 위치하기 위해서 요구되는 조건이다. 무모순조건의 수학적 의미는 소성거동과정에서 재하는 또 다른 소성거동을 유발한다는 것으로서 $f+df=0$(또는 $f+\dot{f}=0$)이 되어야 한다는 것이며, 소성거동이 시작되면 항복곡면 $f=0$이므로 $df=0$(또는 $\dot{f}=0$), 즉 응력점이 항복곡면상에 머물러 있어야 한다는 것이다. 따라서 항복곡면은 응력과 소성변형률의 함수이므로 다음 식이 성립해야 한다.

$$df = \frac{\partial f}{\partial \sigma_{ij}} d\sigma_{ij} + \frac{\partial f}{\partial \epsilon_{ij}^P} d\epsilon_{ij}^P = 0 \ \text{또는}\ \dot{f} = \frac{\partial f}{\partial \sigma_{ij}} \dot{\sigma}_{ij} + \frac{\partial f}{\partial \epsilon_{ij}^P} \dot{\epsilon}_{ij}^P = 0 \quad (6\text{-}3)$$

위의 식에서 가운데 식의 둘째 항이 경화와 관련된 항으로서 유동칙을 대입하면 소성승수 $d\lambda(=\dot{\lambda})$를 구할 수 있다. 따라서 유동칙에 의하여 소성변형률증분 $d\epsilon_{ij}^P(=\dot{\epsilon}_{ij}^P)$의 방향을 알 수 있으며 무모순조건을 이용해서 $d\lambda$를 구함으로서 소성변형률증분 $d\epsilon_{ij}^P$의 방향과 크기를 완전하게 결정할 수 있다.

예로서, 〈그림 6-7〉은 일축인장조건인 경우에 탄소성재료에 대하여 von Mises항복곡선으로부터 취한 응력경로를 보여주는 것이다. 그림에서 σ_2에 대한 재하점이 응력이 0인 원점 O로부터 증가하기 시작하여 $\sigma_2=\sigma_Y$인 항복곡선에 도달할 때까지 재료는 탄성적으로 거동한다. 이 재하점에서부터 재료는 탄소성거동을 하기 때문에 그림의 응력-변형률 곡선과 같이 경화 없이 소성거동을 하게 되는데, 추가적인 소성변형에 대하여 재하점은 항복곡선에 남게 되고 응력은 $\sigma_2 = \sigma_Y$로 일정하게 유지된다. 이와 같이 재료의 소성거동 과정에서 재하점이 항복곡면상에 머물러있기 위한 요구조건이 바로 「무모순조건」이다(Dunne & Petrinic, 2005).

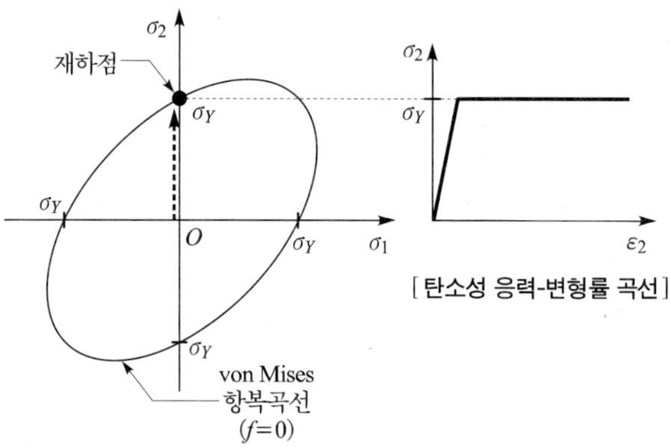

〈그림 6-7〉 일축인장재하에 대한 von Mises항복곡선과 응력-변형률 거동 (Dunne & Petrinic, 2005)

6.1.5 흙의 변형경화

토질역학에서 경화모델은 흙의 응력-변형률 거동을 더욱 실제에 가깝게 모델링하기 위하여 도입되었다. 경화모델은 강소성모델보다 더 높은 정도의 거동특성이 요구되는 경우에 유용하다. 특히 Cam-clay항복기준의 폐합항복곡면은 재료의 경화거동 외에는 용도가 극히 제한적인 항복곡면이다. Drucker 외(1957)에 의하면 흙은 정수압재하에 의한 등방응력에 대하여 소성거동을 하므로 흙의 항복곡면은 정수압축과 교차해야 한다는 것이다. 그러나 폐합항복곡면을 흙에 도입함으로서 증가하는 등방응력을 고려하여 재료의 소성거동을 모델링할 수 있는 방법을 제시할 수는 있지만, 그렇다고 해서 고정항복곡면의 응력수준을 임의로 정의하여 응력증가를 임의로 제한할 수는 없다. 정수압축방향으로 재하점을 이동시키기 위해서는 등방응력을 증가시킬 수 있어야 하는데, 등방응력이 증가하면 항복점도 정수압축방향으로 증가해야 하고 그에 따라서 변형경화도 발생해야 된다는 것을 의미한다. 흙의 소성거동이 금속재료의 소성거동과 크게 다른 점은 두 가지로 요약할 수 있는데 그 중의 하나가 바로 정수압과 관계있는 항복 즉 등방응력(정수압, 간극수압 등)이 증가하면서 항복이 발생한다는 것이다(다른 하나는 흙이 마찰강도를 가진다는 것임). 이미 오래전부터 흙의 항복이 정수압 또는 등방응력과 밀접하게 관련된다는 증거가 충분히 있었음에도 불구하고, 1960년대 이후에야 비로소 「한계상태 토질역학」이라는 주제로 소성이론에 포함되어 그에 대한 연구가 진행되어 왔을 뿐이다(Davis & Selvadurai, 2002; Desai & Siriwardane, 1984).

Roscoe 외(1958)는 삼축압축시험과 관련하여 흙의 변형경화를 모델링할 수 있는 방법을 제시하면서 이른바 상태경계곡면과 한계상태선에 대한 가설을 발표하였다. 이어서 1963년에 Roscoe-Poorooshasb은 동일한 개념을 이용하여 점토에 대한 응력-변형률 관계식을 수립하였지만 소성이론과는 관계가 없었다. 그러나 Calladine(1963)은 같은 문제에 대해서 소성이론의 변형경화 개념을 적용하여 Roscoe-Poorooshasb과는 다른 해석방법을 제시하였다. Roscoe 외(1963)는 변형경화이론을 도입하여 삼축압축시험에서 정규압밀점토와 과압밀점토에 대한 완전한 응력-변형률 거동모델을 수립하였으며, 바로 이 거동모델이 후에 Schofield-Wroth(1968)에 의하여 Cam-clay모델로 알려지게 되었다(Chen, 1975; Chen & Baladi, 1985).

흙의 경화모델로는 앞에서 기술한 후속항복곡면의 변환을 야기하는 5가지 요인 중에서 비례팽창에 의한 등방경화모델이 가장 간단한 모델이며, 다음으로는 응력공간에서 강체회전 없이 초기항복곡면의 크기와 형태를 유지하면서 이동만 하는 이동경화모델이 아핀변형 등 나머지 3개의 요인에 의한 것보다는 상대적으로 간단한 모델이다. 이동경화모델을 적용하면 바우싱거 효과를 고려할 수 있으며 반복재하와 역재하를 모델링할 수 있다. 또한 등방경화와 이동경화를 조합한 혼합경화모델에 의하면 더욱 일반적인 경화거동을 모델링할 수 있으며, 재하곡면의 이동은 물론 모든 방향으로 팽창(또는 수축)도 가능하고 방향에 따라 정도가 다른 바우싱거 효과도 고려할 수 있다. 경화모델은 해석대상이 되는 흙의 경화거동을 가장 잘 모델링할 수 있는 것을 채택해야 하지만 일반적으로 수학적인 편의성만을 우선시하여 등방경화모델을 많이 적용하고 있는데, 예로서 한계상태이론에서는 등방경화모델과 함께 전단변형이 아닌 체적변형만을 고려하여 경화거동을 해석하였다(Chen & Han, 1988; Chen & Baladi, 1985).

여기서는 경화거동에 대한 이해를 돕기 위하여 흙의 응력-변형률 거동해석을 위하여 많이 채택되는 등방경화에 대하여 Drucker(1966)가 제시한 기본적인 내용을 기술한 후에 등방경화, 이동경화 및 혼합경화에 대하여 간단히 설명하였으며 더욱 상세한 내용은 관련 문헌을 참고하기 바란다.

6.2 등방경화와 캡모델

6.2.1 등방경화와 경화캡

흙은 항복 후에 경화거동뿐만 아니라 흙의 종류에 따라서는 연화거동도 보이는 재료이다. 복잡한 거동을 보이는 재료의 거동모델을 수립하는 경우에 우선적으로 고려할 수 있는 방법은 금속재료의 경화모델과 같이 잘 정립된 고전적인 변형경화이론을 이용하는 것이 하나의 방법이다. Roscoe 외(1963)는 고전적인 등방경화모델을 이용하여 점토의 거동을 모델링하였다. 그러나 이와 같은 방법으로 수립된 경화모델은 수학적으로 아무리 명확하게 수식화하더라도 흙의 실제 거동을 모델링하기 위해서는 극단적인 단순화 과정을 거쳐야 하는 것이 필연적이며 그 모델의 활용성은 극히 제한적일 수밖에 없다. 그러므로 간단한 등방경화모델과 시험결과를 비교하는 경우라면 개략적으로 경향이 일치한다는 것에 만족해야 하며 그 이상은 기대하지 않는 것이 좋다(Chen and Baladi, 1985). Drucker(1966)는 흙에 대한 등방경화모델의 장단점을 연구하면서 항복곡면의 선택은 절대적인 것이 아니라 어떻게 정의하느냐에 따라서 항복곡면의 형태가 바뀔 수도 있기 때문에 무엇보다도 해석대상이 되는 재료의 가장 중요한 거동특성을 나타낼 수 있어야 한다고 기술하였다. 대변형률 오프셋법(large strain offset method)을 적용하여 응력-변형률 곡선과 잔류변형률 사이에 큰 편차를 허용하면 재하곡면이 재하경로로부터 거의 독립적이라는 사실로부터 이른바 **경계면모델**(bounding surface model)에 대한 개념까지도 도입되었다. 지금까지 흙의 소성거동모델이 매우 다양한 형태로 발전하게 된 이유 중의 하나는 흙의 복잡한 경화거동을 모델링하기 위하여 설정된 가정 때문이며 다른 재료의 경화모델과는 큰 차이가 있다(Chen and Baladi, 1985).

흙의 응력-변형률 거동에 대하여 처음으로 탄소성 경화모델의 적용 가능성을 제기한 연구자는 Drucker 외(1957)이다. 그들은 흙의 연속적인 항복함수(successive yield function)로서 끝부분에 구형 캡(spherical cap)을 가진 확장 von Mises 콘(extended von Mises cone)과 닮은 형태의 경화모델을 제시하였다(〈그림 6-8〉 참조). 또한 흙이 경화거동을 통하여 콘과 캡이 팽창한다고 하였으며, 이를 위하여 두 가지 획기적인 기법을 도입하였다. 첫째는 콘에 맞는 **경화캡**(hardening cap)을 씌우는 것이며, 둘째는 연속적인 재하곡면 캡(successive loading cap surface)을 얻기 위하여 특정시점에 맞는 서로 다른 흙의 밀도(또는 간극비)를 상태변수(state variable)인 경화매개변수(hardening parameter)로서 도입하는 것이다. 이렇게 함으로서 각각의 재하곡면이 크기는 다르지만 기하학적으로 닮은꼴이 되고 재하곡면마다 흙의 밀도가 서로 상이하게 된다. Drucker 외(1957)의 경화모델은 흙의 거동을 더욱 실제에 가깝게 모델링할 수 있는 기법을 제공한 것으로 평가되고 있다. 캡모델에 속하는 모델로는 대표적으로 등방경화모델인 「Cambridge 캡모델」과 「**일반화된 캡모델**(generalized cap model)」이 있다. 그러나 2개의 캡모델은 모두 안정성, 연속성 등의 이론적인 요구조건을 충족시키고 다일레이턴시를 적절하게 조절할 수는 있지만 수식화하기 위해서는 시행착오법을 이용해야 하고 전개과정이 복잡하다는 것이 단점이다(Chen and Baladi, 1985; Desai & Siriwardane, 1984).

(1) Cambridge 캡모델과 한계상태이론

흙의 경화거동에 등방경화 소성이론이 도입되면서 영국의 Cambridge대학에서는 Roscoe를 비롯한 관련 연구자에 의해서 변형경화캡모델에 대하여 많은 연구가 진행되었다. 그 중에서 대표적인 모델이 $OCCM$과 $MCCM$으로서 두 모델은 모두 관련유동칙을 채택한 모델이다. Cambridge모델의 특징은 Roscoe 외(1958)가 제안한 한계상태이론을 적용한다는 것이다. 한계상태이론에서 한계상태선인 CSL은 배수 및 비배수조건에서 수행되는 삼축압축시험, 일축압축시험, 등방압밀시험 등 모든 전단시험으로부터 얻은 파괴응력점의 궤적이다. 초기 등방압축시료인 경우에 시료의 응력상태가 일단 CSL에 도달하면 시험경로 및 CSL에 이르는 경로에 관계없이 파괴가 발생하고, 한계상태에 도달하면 응력이나 체적 변화 없이 큰 전단변형이 발생하게 된다. 주응력공간에서 Mohr-Coulomb파괴기준에 의한 파괴곡면(항복곡면)의 꼭짓점 I를 정수압축에 고정시키면 〈그림 6-8〉과 같이 불규칙 육각뿔이 된다(압축: +). 그림에서 경화캡은 파괴곡면과 6개의 선으로 연결된 $ABCDEFA$에서 교차하게 되는데 이 선이 한계상태선인 CSL로서 동일한 비체적(또는 간극비)을 나타

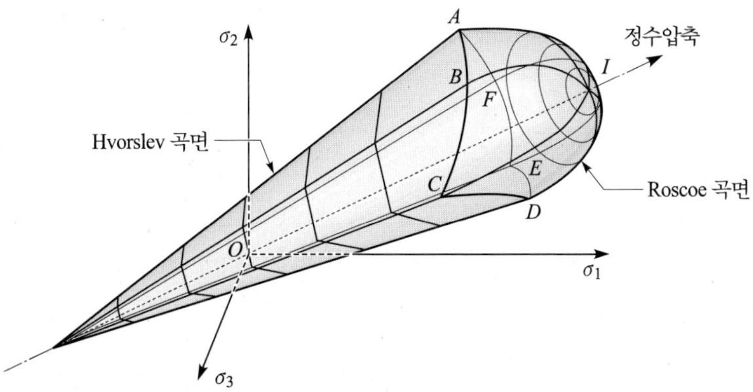

〈그림 6-8〉 주응력공간의 Cambridge 변형경화캡모델과 상태경계곡면 (Chen & Baladi, 1985)

내며 2개의 곡면을 분리하는 선이다. 상태경계곡면인 Roscoe곡면과 Hvorslev곡면은 완전한 파괴곡면을 나타내게 되며, 일반화된 상태경계곡면을 기하학적으로 나타내기 위해서는 3개의 주응력과 1개의 비체적을 합하여 4차원으로 구성해야 된다(Chen and Baladi, 1985).

(2) 일반화된 캡모델

DiMaggio-Sandler(1971)가 제안한 「일반화된 캡모델」의 항복함수는 변형경화성 타원형 캡(strain hardening elliptical cap)에 맞추어진 완전소성(파괴) 및 변형경화 부위로 구성된다. 일반화된 캡모델에서는 관련유동칙을 적용한 완전소성 및 변형경화 부위에 대한 함수형태가 일반적이므로 여러 종류의 흙에 대하여 적용이 가능하다. 또한 캡의 이동을 소성체적변형률의 증가나 또는 감소를 통하여 조절할 수 있기 때문에 변형경화를 반전시킬 수도 있다. 바로 이와 같은 메커니즘을 채택함으로서 다일레이턴시를 효과적으로 조절할 수 있으며 매우 작은 다일레이턴시는 물론 0의 다일레이턴시까지도 유지할 수 있다. 일반화된 캡모델은 암반역학분야에서 캡의 팽창(경화)만 허용하여 암반이 낮은 압력에서 파괴되는 경우에 발생하는 비교적 큰 다일레이턴시를 모델링하는 경화모델로 채택되기도 하였다. 또한 일반화된 캡모델은 항복곡면 내에서 속도효과(rate effect) 및 비등방성거동은 물론 항복과정에서 점소성거동(visco-plastic behavior)까지도 모델링할 수 있도록 확장되었으며, 지반진동을 예측하기 위한 모델로도 활용되고 있다. 항복곡면에 맞추어진 캡의 개념을 이용해서 Lade(1977)는 모래와 정규압밀점토의 경화거동모델을 개발하였다. Lade는 구형 캡과 함께 Lade-Duncan(1975)이 제안한 원뿔형 항복곡면을 수정하여 이용하였는데, 이 모델에서는 원뿔형 항복곡면과 구형 캡에 대해서는 모두 등방경화를 채택하지만, 구형 캡에 대해서는 관련유동칙, 원뿔형 항복곡면과 관련해서는 비관련유동칙을 적용한다(Chen and Baladi, 1985).

6.2.2 재료의 등방경화 거동

등방경화에서는 재료가 변형과정에서 등방성을 유지하는 것으로 가정한다. 재료를 등방성으로 가정한다는 것은 항복함수가 좌표축의 변화에 영향을 받지 않으며 자동적으로 소성재하과정에서 바우싱거 효과를 배제한다는 것이다. 또한 이어지는 후속항복곡면은 초기항복곡면과 중심이 동일한 공축성(concentricity) 곡면으로서 크기는 변할 수 있지만 형태는 변하지 않으며, 후속항복곡면의 크기는 소성재하이력을 나타내는 텐서의 불변량에 의존한다는 것을 의미한다. 따라서 후속항복곡면의 항복기준을 결정하기 위해서는 불변량을 구하는 것이 선행되어야 한다. 이것은 소성변형률을 구하기 위해서 소성변형률증분$\left(d\epsilon_{ij}^{P}\right)$을 합산 또는 적분한다고 하더라도 질점의 회전으로 인하여 소성재하이력을 고려한 변형률이라는 물리적 의미를 부여할 수 없기 때문이며, 따라서 좌표무차별원리에 의해서 질점의 회전이 합산과정에 영향을 미치지 않도록 소성변형률증분의 불변량을 구한 후에 변형경로를 따라서 불변량을 합산해야 한다(Prakash & Uday, 2008).

(1) 금속재료의 등방경화 거동

〈그림 6-9〉는 금속재료에 대한 단순인장 또는 단순전단에 의한 비례재하시험을 모식적으로 나타낸 것이다. 재료가 등방성이라면 비례재하경로를 따라서 소성변형률증분의 비가 일정하게 유지되어야 한다. 그림에서 각각의 곡면은 동일한 소성변형률증분만큼 간격을 두고 도시되어 있다. 적절한 응력조합을 상당응력 σ_{eq}로 선정하고 그에 대응하는 등가변형률 ϵ_{eq} 또는 ϵ_{eq}^{P}를 취하면 모든 비례재하경로에 대한 데이터는 동일한 응력-변형률 곡선에 표시된다. 등방성재료로 가정하면 수학적으로 σ_{eq}가 3개의 불변량의 함수가 되어야 한다는 요구조건을 충족시켜야 하는데, 불변량으로는 주응력$(\sigma_1, \sigma_2, \sigma_3)$을 이용할 수도 있지만 응력불변량$(I_1, I_2, I_3)$을 이용하면 더욱 편리하다. 이와 같은 방법에 의해서 초기항복곡면은 상당응력 σ_{eq}나 또는 응력불변량의 함수인 $f(I_1, I_2, I_3)$로 주어지게 되며 이어지는 재하에 대하여 소성변형률증분은 초기항복곡면으로부터 법선방향을 향하게 된다. 비례

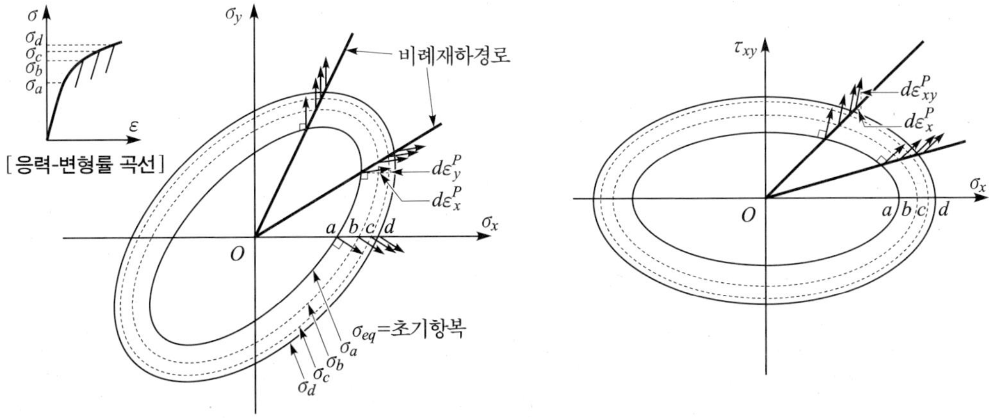

(a) $\sigma_x - \sigma_y$ 평면　　(b) $\sigma_x - \tau_{xy}$ 평면

〈그림 6-9〉 금속재료의 인장시험과 등방경화모델 (Drucker, 1966)

재하경로를 따라서 소성변형률증분이 법선방향을 향하도록 하기 위해서는 그림과 같이 초기항복곡면과 기하학적으로 닮은꼴인 곡면으로 확대하면 된다. 여기서 공축성 곡면이라는 것은 f나 σ_{eq}가 주응력성분의 동차함수라는 것을 의미한다. 〈그림 6-9〉에서 공축성 곡면군은 크기가 일정한 등가소성변형률증분의 간격을 도식적으로 나타내기 위하여 주어진 것이다. 금속재료에서는 높은 압력이 아니라면 평균응력(=정수압) $p = I_1/3$에 의한 영향은 무시할 수 있을 정도로 작으므로 상당응력 σ_{eq}는 제2 및 제3응력불변량인 I_2와 I_3만의 함수이며 최대전단응력은 I_2와 I_3로 나타낼 수 있다(Drucker, 1966).

따라서 일정한 크기의 상당응력에 의하여 도시된 공축성 곡면군이 재하경로에 관계없이 후속항복곡면군이 된다면, 재료의 거동을 등방경화(isotropic stress hardening)로 가정하는 것이 된다. 특정시점의 항복곡면은 그때까지 응력경로에 의해서 도달된 최대상당응력에 의하여 결정되는 것이며 그 외의 경우에는 경로 독립적이 된다는 것에 주의해야 한다. 등방경화모델은 응력-변형률 거동에 대한 모든 수학적 요구조건을 충족시키므로 필요하다면 채택할 수도 있는 모델이다. 그렇지만 등방경화모델을 채택하는 경우에는, 등방경화모델이 물리적으로 타당한 모델이라고 단정할만한 근거도 없을 뿐 아니라 등방경화 거동과 실제 경화거동과의 차이가 크다는 것은 수많은 시험결과를 통해서도 확인된 사실이라는 것을 알아야 한다(Drucker, 1966).

등방경화모델에서 재료의 상태를 지배하는 인자는 단지 1개뿐이며, 상호 호환이 가능한 최대상당응력 또는 등가소성변형률 또는 소성일이 각각 특정시점의 항복곡면을 결정하는 인자이다. 그러나 어떤 인자를 채택하더라도 1개의 인자로 재료의 경화거동을 완전하게 지배할 수 있을 것으로 기대해서는 안 된다. 이것은 경화거동이 경로의존적인 경향이 강하고 대부분의 조건하에서 뚜렷하게 비등방성 거동을 나타내기 때문이다. 경로의존적인 비등방성 거동에 소변형률 오프셋법을 적용하면 응력-변형률 거동이 매우 복잡할 뿐 아니라 등방경화곡면과는 상이한 곡면을 얻을 수밖에 없지만, 대변형률 오프셋법을 적용하면 등방경화곡면과 크게 차이가 없는 항복곡면을 얻을 수도 있다. 수학적으로는 등방경화모델보다 더욱 극단적으로 단순화된 모델도 허용되는데, 특히 〈그림 6-10〉의 강소성 모델은 금속재료에서 매우 유용하게 활용되고 있는 모델이다(Drucker, 1966; Chen and Baladi, 1985).

〈그림 6-10〉에서 항복응력 σ_Y의 선택은 대상이 되는 문제의 변형률 수준에 의하여 결정된다. 등방경화에 의한 연속적인 재하곡면과 후속항복곡면을 동일한 소성변형률증분 또는 소

성일증분만큼 간격을 두고 도시하면 그림(b)와 같이 거의 고정된 한계곡면의 접선방향과 나란하게 여러 겹의 곡면이 층층이 쌓이는 경향이 있다. 한계곡면을 지나게 되면 작은 하중만 추가해도 큰 소성변형이 발생하게 된다. 이와 같은 방법으로 대상이 되는 문제의 응력수준 내에서 고정항복곡면을 선택하면 강소성모델을 얻을 수 있다(Drucker, 1966).

〈그림 6-11〉은 금속재료에 대한 삼축압축시험 결과를 도시한 것이다(압축: +). 삼축시험에서는 2개의 독립변수인 σ_1과 $\sigma_2 = \sigma_3$를 좌표축으로 선택할 수도 있지만 그림과 같이 $\sigma_1 - \sqrt{2}\sigma_2$평면 또는 $p-q$평면을 이용하는 것이 더욱 효과적이다. $\sigma_1 - \sqrt{2}\sigma_2$평면은 응력공간에서 σ_1-축을 통과하는 평면과, $\sigma_1 - \sigma_2$평면 및 $\sigma_1 - \sigma_3$평면의 사잇각을 이등분하는 평면의 크기를 조절하게 되고, 삼축시험에서는 $\sigma_2 = \sigma_3$이기 때문에 모든 재하 및 제하경로는 $\sigma_1 - \sqrt{2}\sigma_2$평면에 위치하게 된다. 독립적인 응력성분의 조합인 평균응력 p와 축차응력 q를 축으로 취하는 $p-q$평면에서는 p와 q에 대한 스케일이 서로 다르다. 〈그림 6-11〉에서 좌표축을 선택하고 시험결과를 도시하기 위해서 어떤 등방성 가정도 필요하지 않다. 여기서 σ_1과 σ_2의 핵심적인 특성은 주응력성분이라는 것이 아니라 재하과정에서 각각 독립성분이 된다는 것이다. 또한 응력불변량과 축차응력불변량은 각각 다음과 같다(Drucker, 1966).

$$I_1 = -3p = -(\sigma_1 + 2\sigma_2)$$

$$J_2 = \frac{1}{3}(\sigma_1 - \sigma_2)^2 = \frac{3}{2}\tau_{oct}^2 = \frac{4}{3}\tau_{\max}^2 = \frac{1}{3}q^2 \quad (6\text{-}4)$$

$$J_3 = 0$$

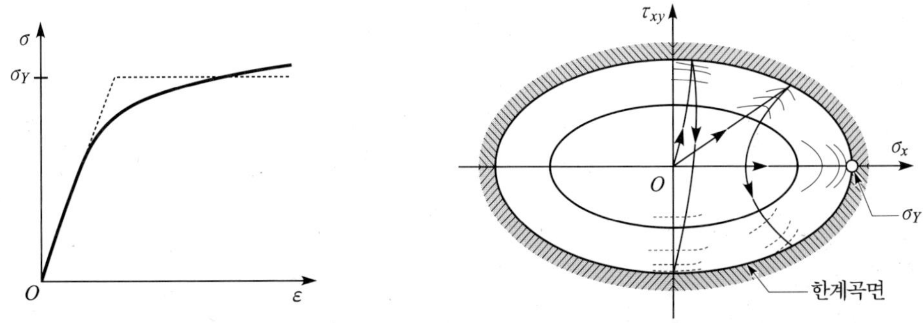

(a) 단순인장에 의한 $\sigma-\epsilon$곡선 (b) 강소성모델의 한계곡면

〈그림 6-10〉 금속재료의 강소성모델 (Drucker, 1966)

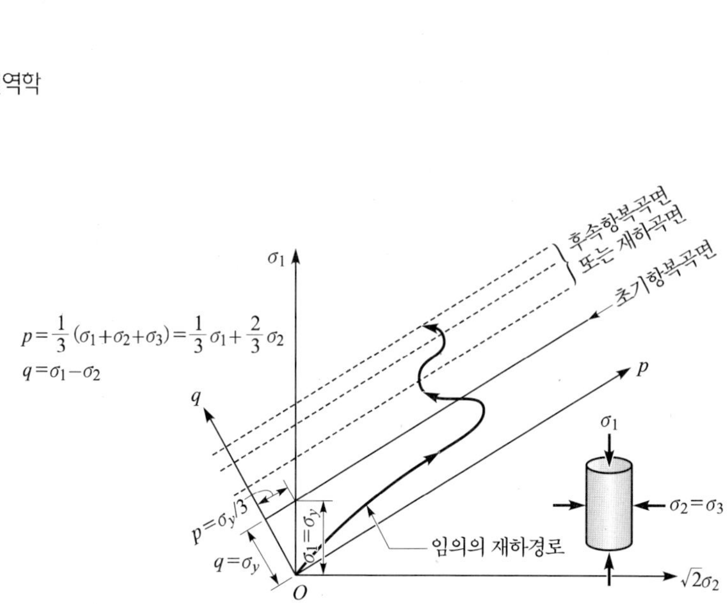

〈그림 6-11〉 금속재료의 삼축압축시험 (Drucker, 1966)

위의 식에서 팔면체전단응력 τ_{oct}와 최대전단응력 $\tau_{\max}$는 비례하며, 따라서 동일한 응력의 등방성 정도를 제공하게 된다. 평균응력 p는 금속재료의 소성변형에 영향을 미치지 않으므로 〈그림 6-11〉에서 후속항복곡면 또는 재하곡면은 p-축과 평행한 선으로 나타나며, 양이나 음의 p-축방향으로 재하경로가 진행되면 순수한 탄성거동이 야기된다(Drucker, 1966).

(2) 흙의 등방경화 거동

금속재료의 등방경화성거동을 기반으로 하여 흙의 등방경화성거동을 설명하고자 한다. 흙에 대하여 등방경화모델을 적용하기 전에 먼저 검토해야 할 것은 흙의 등방경화가 어느 정도까지 유용하냐는 것이다. 이에 대한 답을 얻기 위해서는 등방경화를 대체할만한 대안이 있느냐를 우선적으로 검토해야 하며, 흙의 경화거동은 비등방성이고 매우 복잡하다는 것을 고려해야 한다. 그렇지만 만약 재하경로가 방사상선으로부터 적당한 편차만 보인다면, 등방경화를 적용하는 경우에 최소한 탄성변형률 정도의 변형률만큼 실제와 차이가 난다고 하는 합리적인 답을 제공할 수 있어야만 한다. 또한 해를 구하기 위해서 많은 시간과 노력이 요구될 정도로 지나치게 정교한 응력-변형률 관계식을 적용하는 것보다는 어느 정도 편차를 허용하는 것도 하나의 방법이 될 수 있다. 그밖에도 시험기기의 정밀도와 결과의 재현성, 간극수압과 변형률의 측정오차, 단부효과(end effect)와 시간효과 등 많은 것을 종합적으로 평가해서 등방경화의 유용성을 결정해야 한다(Drucker, 1966).

[흙+물]계(water-soil system)는 정수압재하에 대해서 비탄성적 거동을 보이기 때문에

[흙+물]계에 등방압밀($\sigma_1 = \sigma_2 = \sigma_3$)을 가하면 금속재료에 대한 단순인장 또는 단순전단과 동일한 효과를 얻을 수 있다. 이때 압밀과정에서 발생하는 흙의 유효응력은 매우 중요한 응력성분으로서 재하시간을 충분히 조절하여 간극수압이 유발되지 않으면서 간극수가 배제될 수 있도록 해야 하며, 그렇지 않으면 간극수압을 측정하여 [전응력−간극수압=유효응력] 관계식을 이용하여 유효응력을 구해야 한다. 비록 응력이 증가하면서 흙의 접선계수는 계속해서 증가하고 금속재료의 접선계수는 감소하므로 두 재료가 차이는 보이지만 모두 경화성재료이다. 또한 추가적인 소성변형을 위해서는 응력을 추가해야 하며 응력의 감소로 발생하는 초기반응은 탄성회복으로 처리해야 한다. 금속재료와 같이 흙에 대해서도 재료가 안정적인 거동을 하는 영역 내에서 단순재하에 의한 결과는 모든 비례재하경로 즉 방사상재하경로(〈그림 6-12〉 참조)를 따라서 확장할 수 있는 것으로 가정한다. 정수압재하에 대해서 비탄성적 거동을 하는 [흙+물]계의 응력−변형률 관계식에는 제2축차응력불변량 J_2와 함께 제1응력불변량 $I_1(=p)$이 뚜렷하게 나타나야 하며, 삼축압축시험보다 정밀도가 더 높은 시험데이터를 이용할 수 있다면 제3불변량이 필요할 수도 있다(Drucker, 1966).

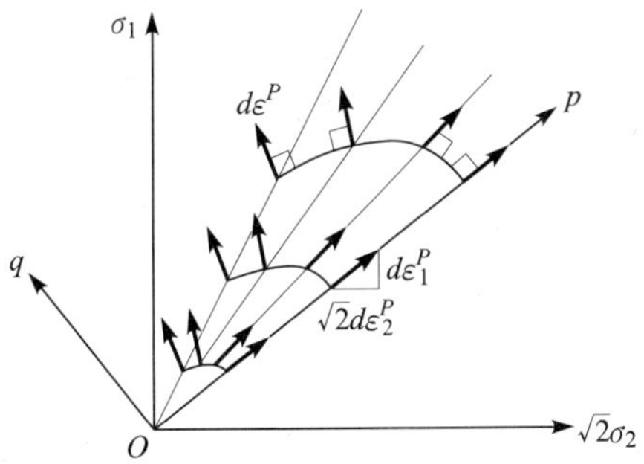

(a) 이방압밀

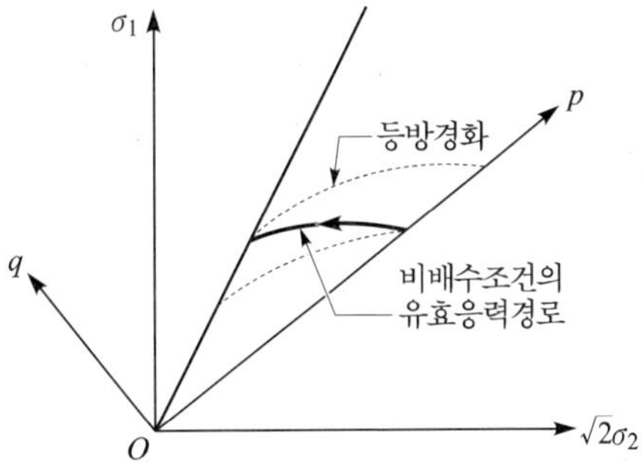

(b) 유효응력경로와 등방경화곡선

〈그림 6-12〉 **흙의 비례재하경로와 등방경화곡선** (Drucker, 1966)

〈그림 6-12〉는 Roscoe-Poorooshasb(1963)의 **이방압밀시험**(anisotropic consolidation test)과 Calladine(1963)의 등방경화곡선 및 비배수조건의 시험결과를 도시한 것이다. 그림(a)의 이방압밀시험에서 모든 주응력성분을 일정한 비로 증가시키면 변형률성분의 비는 일정하게 유지되고, 금속재료에서와 같이 시험데이터에 근거하여 등방경화에 대한 응력−변형률 관계식을 구할 수 있다. 그림(b)의 비배수조건에서 전체적인 체적변화는 0이므로 소성수축은 탄성팽창으로 상쇄되어야 한다. 그림에서 탄성변형률 정도의 편차를 보여야 할 유효응력경로와 방사상선과의 차이가 크다는 것은 비배수시험인 경우에 등방경

화가 가장 불리한 결과를 초래할 수도 있다는 것을 의미한다. 경화가 등방성이기 때문에 항복곡면은 p－축에 대하여 대칭이 되어야 하며, 압밀에 의한 항복곡선이 p－축과 직각으로 교차함으로서 그림(a)와 같이 완만한 곡선이 될 것으로 예상할 수도 있지만, 그림의 곡선들은 방사상 재하를 나타내기 위하여 도시된 곡선이므로 반드시 실제 항복곡선일 필요는 없다. 그림(b)는 표준압밀시험인 경우에 응력점과 함께 p－축을 따라서 방사상방향의 외측으로 이동하는 꼭짓점이 발생된다는 것을 강하게 암시하고 있다.

Drucker(1966)는 재하경로에 의하여 등방경화거동을 모델링하는 과정에서 응력과 압밀압력 또는 응력과 소성 체적변화(또는 간극비)가 동일한 상태변수로 보일 수도 있다는 것에 주의해야 한다고 지적하였다. 이것은 재하경로에 의한 재료상태가 정수압 압밀에 의한 재료상태와 일치하기 때문이다. Henkel(1959)에 의하면 탄성영역인 등방경화곡선 내측에서도 소성거동이 발생할 수 있다는 것이다. 그럼에도 불구하고 실제 항복곡선과 일련의 등방경화곡선이 금속재료에서와 같이 잘 어울리는 것처럼 보이므로 주의해야 한다는 것이다. 문제를 더욱 어렵게 하는 것은 〈그림 6-13〉에서 「안정적」 거동을 하는 영역과 초기 「불안정적」 거동을 하는 영역을 분리하는 한계방사상선(limiting radial line)과 관련하여 발생한다는 것이다. 등방경화 이론에 의하면 그림과 같이 Mohr－Coulomb 파괴곡선을 도시함으로서 한계방사상선의 외측에 위치한 「불안정적」 거동을 하는 영역까지 연장할 수 있다. 비록 과압밀점토인 경우에는 이와 같은 응력상태에 도달하는 것이 허용되기는 하지만, 「안정적」 영역 외측에 도시되는 등방경화곡선에 대해서는 적절한 물리적인 의미를 부여하기가 어렵다.

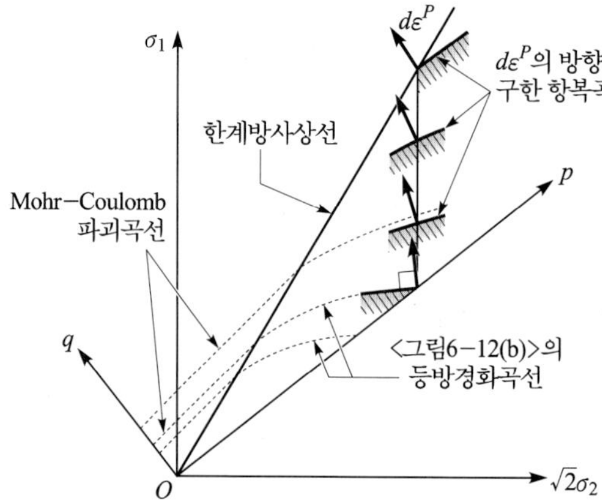

〈그림 6-13〉 한계방사상선과 등방경화곡선 (Drucker, 1966)

6.2.3 등방경화의 모델링

(1) 등방경화의 항복곡면

〈그림 6-14〉는 응력이 $i \Rightarrow i+1$로 증가하는 단계의 소성유동과정에서 항복곡면이 일정하게 팽창하는 등방경화를 보여주는 것이다. 그림에서 압축측의 M과 인장측의 M'은 동일한 누적소성변형률로서 $OI+IP=OI+IP'$이다. 일반적으로 원점O가 중심인 항복곡면은 다음 식으로 나타낼 수 있다.

$$f=f(\sigma_{ij})-R(\alpha) \tag{6-5}$$

식에서 R은 항복곡면의 크기를 나타내며 내부변수인 α를 통하여 소성변형률에 의존하는 함수이다. 어떤 재하단계에서도 R과 α의 관계에 대한 전개규칙이 정의되면 항복곡면의 크기를 결정할 수 있다. 경화매개변수 α를 구하는 방법에는 아래와 같이 누적등가소성변형률에 의한 **변형경화가설**(strain hardening hypothesis)과 소성일에 의한 **가공경화가설**(work hardening hypothesis)이 있다(Yu, 2006).

- 변형경화가설 : $\alpha=\int\sqrt{\frac{2}{3}}\left(d\epsilon_{ij}^{P}\, d\epsilon_{ij}^{P}\right)^{1/2}$ (6-6)

- 가공경화가설 : $\alpha=\int\sigma_{ij}\, d\epsilon_{ij}^{P}$ (6-7)

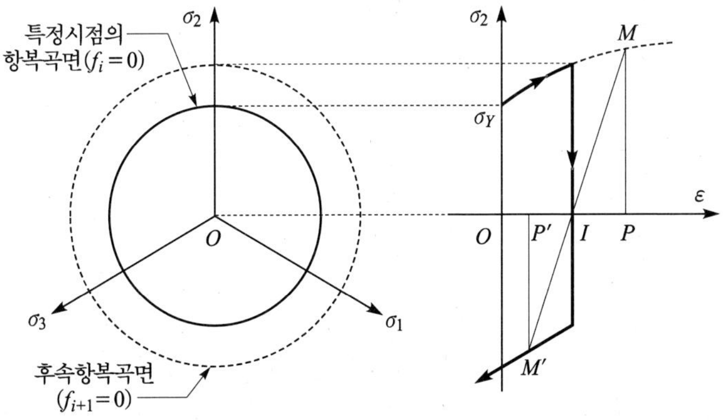

〈그림 6-14〉 항복곡면의 비례팽창에 의한 등방경화 (Yu, 2006)

(2) 등방경화의 일반적인 응력-변형률 거동

등방경화의 항복함수는 (6-5)식으로부터 다음과 같이 나타낼 수 있다(Yu, 2006).

$$f(\sigma_{ij}, \alpha) = 0 \tag{6-8}$$

위의 식과 함께 (6-3)식에 의해서 무모순조건을 적용하면 다음과 같다.

$$\frac{\partial f}{\partial \sigma_{ij}} d\sigma_{ij} + \frac{\partial f}{\partial \alpha} d\alpha = 0 \tag{6-9}$$

경화매개변수는 소성변형률의 함수이므로 위의 식으로부터 다음 식을 얻을 수 있다.

$$\frac{\partial f}{\partial \sigma_{ij}} d\sigma_{ij} + \frac{\partial f}{\partial \alpha} \frac{\partial \alpha}{\partial \epsilon_{ij}^P} d\epsilon_{ij}^P = 0 \tag{6-10}$$

강소성재료에 대해서는 위의 식의 둘째 항이 0이 된다. 강소성 및 탄소성재료의 응력-변형률 관계식을 구하기 위해서는 무모순조건을 이용해야 하며 다음과 같은 방법으로 구할 수 있다.

① 변형률증분(= 변형률속도)을 탄성변형률증분과 소성변형률증분으로 분해

$$d\epsilon_{ij} = d\epsilon_{ij}^E + d\epsilon_{ij}^P \tag{6-11}$$

② 탄성 접선강성행렬 D_{ijkl}을 이용하여 탄성영역의 응력-변형률 관계식 수립

$$d\sigma_{ij} = D_{ijkl} d\epsilon_{kl}^E = D_{ijkl}\left(d\epsilon_{kl} - d\epsilon_{kl}^P\right) \tag{6-12}$$

③ ②항에서 구한 식의 $d\epsilon_{kl}^P$에 비관련유동칙을 대입

$$d\sigma_{ij} = D_{ijkl}\left(d\epsilon_{kl} - d\lambda \frac{\partial g}{\partial \sigma_{kl}}\right) \tag{6-13}$$

④ ③항에서 구한 식을 무모순조건에 대입

$$d\lambda = \frac{1}{\Lambda} \frac{\partial f}{\partial \sigma_{ij}} D_{ijkl} d\epsilon_{kl} \tag{6-14}$$

식에서, $\Lambda = \frac{\partial f}{\partial \sigma_{ij}} D_{ijkl} \frac{\partial g}{\partial \sigma_{kl}} - \frac{\partial f}{\partial \alpha} \frac{\partial \alpha}{\partial \epsilon_{ij}^P} \frac{\partial g}{\partial \sigma_{ij}}$: 탄소성재료 (6-15)

$\Lambda = \frac{\partial f}{\partial \sigma_{ij}} D_{ijkl} \frac{\partial g}{\partial \sigma_{kl}}$: 강소성재료 (6-16)

⑤ ④항에서 구한 식을 ③항에 대입하여 응력-변형률 관계식 결정

$$d\sigma_{ij} = D_{ijkl}^{EP} d\epsilon_{kl} \quad (6\text{-}17)$$

위의 식에서 탄소성 강성행렬 D_{ijkl}^{EP}는 다음과 같다.

$$D_{ijkl}^{EP} = D_{ijkl} - \frac{1}{\Lambda} D_{ijmn} \frac{\partial g}{\partial \sigma_{mn}} \frac{\partial f}{\partial \sigma_{pq}} D_{pqkl} \quad (6\text{-}18)$$

(3) 한계상태이론의 등방경화거동의 모델링

한계상태이론의 Cam-clay모델($OCCM$, $MCCM$)은 소성거동을 등방경화로 취한 대표적인 모델로서 체적변형률만 이용하여 경화거동을 모델링하였다. Cam-clay모델에서 응력-변형률 거동은 관련유동칙을 충족시킴으로 $OCCM$과 $MCCM$의 항복함수인 (4-70)식 및 (4-71)식이 각각 소성퍼텐셜함수가 된다(Yu, 2006). 두 식에서 p_c'는 가동항복곡선인 캡과 p'-축의 교점으로서 선행압밀압력이며 소성변형률과 관련된 경화매개변수의 역할을 한다. 일반적으로 경화매개변수와 변형률 사이의 관계가 결정되면 응력-변형률 거동을 완전하게 정의할 수 있다. 〈그림 6-15〉에서 수직거리 ad는 재료의 소성거동에 의한 체적변화, dm은 탄성거동에 의한 체적변화이며 e_0는 초기간극비이다. 재하-제하에 의한 간극비의 변화는 다음과 같이 나타낼 수 있다(Desai & Siriwardane, 1984).

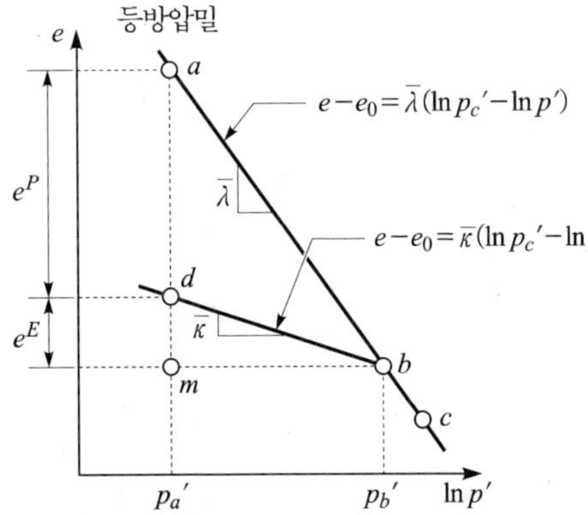

〈그림 6-15〉 $e - \ln p'$ 평면의 압밀거동 (Desai & Siriwardane, 1984)

$$e = e_a - e_b = \overline{\lambda}\ln\left(\frac{p_b{}'}{p_a{}'}\right) = \overline{\lambda}(\ln p_b{}' - \ln p_a{}') \tag{6-19}$$

$$e^E = e_d - e_m = \overline{\kappa}\ln\left(\frac{p_b{}'}{p_a{}'}\right) = \overline{\kappa}(\ln p_b{}' - \ln p_a{}') \tag{6-20}$$

식에서 위첨자 E는 탄성성분을 나타낸다. 위의 두 식을 미분하면 각각 다음의 식을 얻을 수 있다.

$$de = -\overline{\lambda}\frac{dp'}{p'} \tag{6-21}$$

$$de^E = -\overline{\kappa}\frac{dp'}{p'} \tag{6-22}$$

위의 두 식으로부터 소성거동에 대한 간극비증분 de^P는 다음과 같이 나타낼 수 있다.

$$de^P = de - de^E = -(\overline{\lambda} - \overline{\kappa})\frac{dp'}{p'} \tag{6-23}$$

따라서 체적변형률증분 $d\epsilon_v$와 탄성체적변형률증분 $d\epsilon_v^E$는 각각 다음과 같다.

$$d\epsilon_v = -\frac{de}{1+e_0} = \frac{\overline{\lambda}}{1+e_0}\frac{dp'}{p'} \tag{6-24}$$

$$d\epsilon_v^E = -\frac{de^E}{1+e} = \frac{\overline{\kappa}}{1+e}\frac{dp'}{p'} \tag{6-25}$$

위의 두 식으로부터 소성체적변형률증분 $d\epsilon_v^P$는 다음과 같다.

$$d\epsilon_v^P = d\epsilon_v - d\epsilon_v^E = \left(\frac{\overline{\lambda} - \overline{\kappa}}{1+e_0}\right)\frac{dp_c{}'}{p_c{}'} \tag{6-26}$$

위의 식에 의해서 다음과 같은 경화매개변수 $p_c{}'$와 소성체적변형률 $d\epsilon_v^P$ 사이의 관계식을 구할 수 있다(Desai & Siriwardane, 1984; Yu, 2006).

$$dp_c{}' = \frac{p_c{}'(1+e_0)}{\overline{\lambda} - \overline{\kappa}}d\epsilon_v^P = \frac{p_c{}'\overline{v}}{\overline{\lambda} - \overline{\kappa}}d\epsilon_v^P \tag{6-27}$$

식에서 $\overline{v}$는 비체적이다.

6.3 이동경화와 다곡면모델

6.3.1 Prager와 Ziegler의 이동경화모델

(1) 등방경화의 문제점과 이동경화

등방경화모델은 가장 간단한 경화모델이기는 하지만 바우싱거 효과를 고려할 수 없다는 것이 가장 큰 단점이다. 〈그림 6-16〉은 일축인장조건인 경우에 von Mises항복곡면에 대하여 등방경화에 의한 재하점의 거동과 응력-변형률 곡선을 보여주는 것이다. 그림의 변형률 ϵ_i에 해당하는 재하점 A에서 하중을 반대방향으로 가하면 재료에는 탄성변형이 발생하고 재하점은 항복응력보다 아래에 위치한 재하점 B에 이르기까지 선형 응력-변형률 거동을 보인다. 팽창된 항복곡면에 위치한 재하점 B는 추가적인 재하와 함께 다시 소성변형을 일으킨다. 이와 같은 등방경화 거동은 그림의 응력-변형률 곡선에서 보는 것과 같이 실험적으로는 볼 수 없는 과대한 탄성영역을 생성하게 되는데, 실제로는 바우싱거 효과로 인하여 더 작은 탄성영역이 생성되어야 한다(Dunne & Petrinic, 2005).

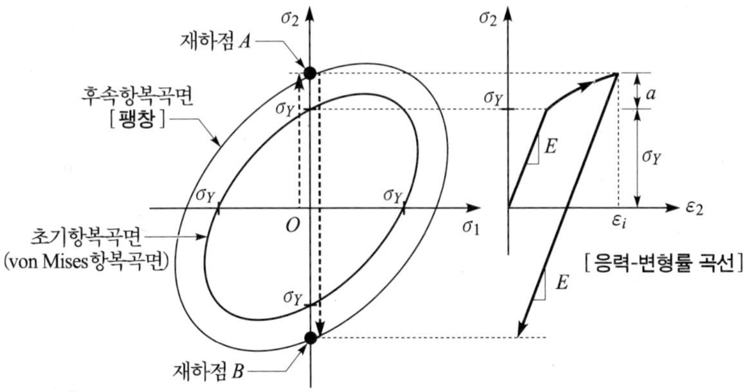

〈그림 6-16〉 등방경화에 의한 재하점의 거동 (Dunne & Petrinic, 2005)

〈그림 6-17〉은 이동경화에 의한 재하점의 거동과 응력-변형률 곡선을 보여주는 것으로서, 그림에서 $|x|$는 항복곡면 중심의 이동을 나타낸다. 그림에서 응력을 항복응력 σ_Y에 도달할 때까지 계속해서 증가시킨 후에 다시 응력을 추가하면 재료에는 소성거동이 발생하고 항복곡면은 이동하게 된다. 재하점 A에 도달한 후에 하중을 반대방향으로 가하면 재하점이 다시 항복곡면에 도달하는 재하점 B에 이르기까지 재료는 탄성거동을 하게 된다. 이와 같이 생성된 탄성영역은 〈그림 6-16〉의 등방경화에 의한 것보다 훨씬 작다는

것을 알 수 있다. 실제로 〈그림 6-17〉의 이동경화에 의한 탄성영역의 크기는 $2\sigma_Y$이고 〈그림 6-16〉의 등방경화에 의한 탄성영역의 크기는 $2(\sigma_Y + a)$이다. 이동경화에 의한 소성거동 과정에서 무모순조건은 여전히 유효하며 재하점은 항상 항복곡면상에 위치하게 된다(Dunne & Petrinic, 2005).

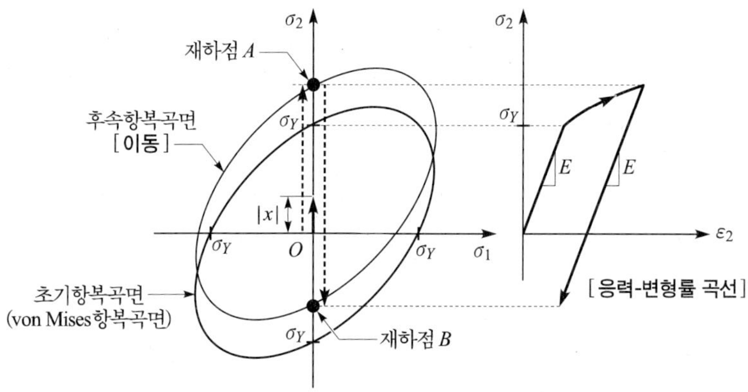

〈그림 6-17〉 이동경화에 의한 재하점의 거동 (Dunne & Petrinic, 2005)

(2) Prager와 Ziegler의 이동경화모델

이동경화모델에서는 응력공간에서 항복곡면은 회전이 없이 크기와 형태를 유지하면서 이동하는 것으로 가정한다. 1955년 Prager는 등방경화모델의 대안으로서 역재하와 반복재하를 모델링할 수 있는 선형 이동경화모델을 제안하였다. Prager모델의 초기항복곡면은 다음 식으로 나타낼 수 있다(Khan & Huang, 1995; Yu, 2006).

$$f = f(\sigma_{ij} - \alpha_{ij}) - R_0 = 0 \tag{6-28}$$

식에서 α_{ij}를 **후방응력**(back stress)이라고 하며 소성이력과 관련되는 대칭텐서로서 응력공간에서 항복곡면의 중심좌표를 나타내고, R_0는 초기항복곡면의 크기를 나타내는 재료상수이다. 위의 식은 소성유동으로 인하여 후방응력 α_{ij}의 값이 바뀌게 되면 응력공간에서 항복곡면이 형태와 크기를 그대로 유지하면서 이동한다는 것을 의미한다. 따라서 이동경화모델을 수립하기 위해서는 ϵ_{ij}^P나 σ_{ij} 또는 α_{ij}를 이용하여 α_{ij}의 전개규칙을 명시해야 한다. Prager모델에 의하면 〈그림 6-18(a)〉와 같이 항복곡면이 크기와 형태를 유지하면서 $d\epsilon_{ij}^P(=\dot{\epsilon}_{ij}^P)$의 방향, 즉 재하점에서 재하곡면의 법선방향으로 이동하게 된다. 이것이 Prager의 **이동칙**(translatione rule)이며 수식으로 나타내면 다음과 같다(Yu, 2006;

Fung & Tong, 2001).

$$d\alpha_{ij} = C d\epsilon_{ij}^P \quad \text{또는,} \quad \dot{\alpha}_{ij} = C \dot{\epsilon}_{ij}^P \tag{6-29}$$

식에서 C는 재료상수로서 C가 상수라면 선형 이동경화(linear kinematic hardening)이고 C가 변형이력의 함수라면 비선형 이동경화(non-linear kinematic hardening)가 된다. 그러나 일축인장조건인 경우에 소성변형과정에서 체적변화가 없다면 $d\epsilon_{ij}^P$의 0이 아닌 수직변형률성분 사이에는 다음의 관계식이 성립한다.

$$d\epsilon_{yy}^P = d\epsilon_{zz}^P = -\frac{1}{2} d\epsilon_{xx}^P \tag{6-30}$$

또한 (6-29)식에서 $d\epsilon_{ij}^P$의 수직변형률성분도 위의 식과 같으므로 $d\alpha_{ij}$의 0이 아닌 성분은 다음과 같이 나타낼 수 있다.

$$d\alpha_{xx} = C d\epsilon_{xx}^P, \quad d\alpha_{yy} = d\alpha_{zz} = -\frac{C}{2} d\epsilon_{xx}^P \tag{6-31}$$

위의 식에서 $x-$축방향인 세로방향으로는 항복곡면이 $d\epsilon_{xx}^P-$방향으로 이동하고 가로방향인 $y-$ 및 $z-$방향으로는 각각 $d\epsilon_{xx}^P-$방향과 반대방향으로 이동함으로서 세로방향으로는 경화현상이 발생하지만 가로방향으로는 연화현상이 발생하게 된다. Prager모델은 일축인장조건에서 $y-$ 및 $z-$방향으로 연화현상을 보일 뿐만 아니라 2차원 및 3차원 상태에서 항복함수가 서로 다른 형태를 취한다는 것이 단점이다. Ziegler(1959)는 Prager모델에 대하여 이와 같은 문제점을 지적하고 다음과 같은 선형 이동경화모델을 제안하였다.

$$d\alpha_{ij} = (\sigma_{ij} - \alpha_{ij}) d\mu \quad \text{또는,} \quad \dot{\alpha}_{ij} = (\sigma_{ij} - \alpha_{ij}) \dot{\mu} \tag{6-32}$$

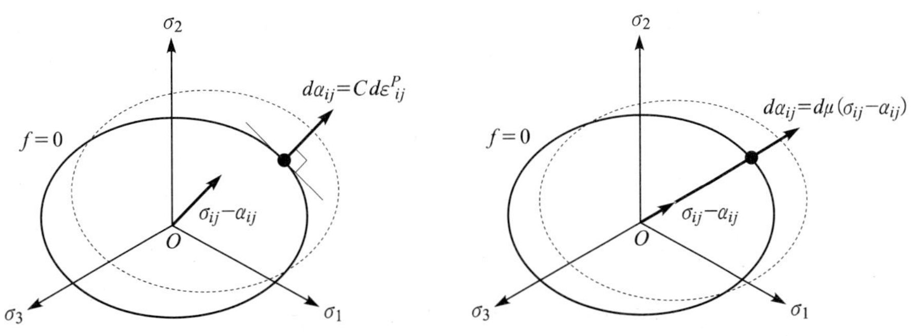

(a) Prager의 선형 이동경화모델 (b) Ziegler의 비선형 이동경화모델

〈그림 6-18〉 Prager와 Ziegler의 이동경화모델 (Yu, 2006)

식에서 $d\mu$ 또는 $\dot{\mu}$는 재료상수이다. Ziegler모델은 응력공간에서 〈그림 6-18(b)〉와 같이 나타낼 수 있다. 위의 식이 기하학적으로 의미하는 것은 α_{ij}와 σ_{ij}를 연결하는 방사상 벡터인 $\sigma_{ij}-\alpha_{ij}$의 방향으로 항복곡면이 이동한다는 것이다(Yu, 2006; Fung & Tong, 2001).

(3) Prager의 이동칙

Prager모델의 항복함수는 (6-28)식과 같으며 이동칙은 (6-29)식으로부터 다음과 같다(Yu, 2006).

$$d\alpha_{ij} = C\,d\epsilon_{ij}^{P} = C\,d\lambda\frac{\partial g}{\partial \sigma_{ij}} \tag{6-33}$$

식에서 g는 소성퍼텐셜함수이다. 항복함수인 (6-28)식에 무모순조건을 적용하면 다음과 같다.

$$\frac{\partial f}{\partial \sigma_{ij}}d\sigma_{ij} + \frac{\partial f}{\partial \alpha_{ij}}d\alpha_{ij} = 0 \tag{6-34}$$

또한 (6-28)식으로부터 다음 식을 얻을 수 있다.

$$\frac{\partial f}{\partial \sigma_{ij}} = -\frac{\partial f}{\partial \alpha_{ij}} \tag{6-35}$$

위의 식과 함께 (6-33)식에 의하여 (6-34)식은 다음과 같이 나타낼 수 있다.

$$\frac{\partial f}{\partial \sigma_{ij}}d\sigma_{ij} = \frac{\partial f}{\partial \sigma_{ij}}C\,d\lambda\frac{\partial g}{\partial \sigma_{ij}} \tag{6-36}$$

위의 식으로부터 소성승수 $d\lambda$는 다음과 같다.

$$d\lambda = \frac{1}{C}\frac{\dfrac{\partial f}{\partial \sigma_{ij}}d\sigma_{ij}}{\dfrac{\partial f}{\partial \sigma_{ij}}\dfrac{\partial g}{\partial \sigma_{ij}}} = \frac{1}{C}\frac{df}{\dfrac{\partial f}{\partial \sigma_{ij}}\dfrac{\partial g}{\partial \sigma_{ij}}} \tag{6-37}$$

따라서 후방응력 및 소성변형률은 각각 다음과 같이 나타낼 수 있다.

$$d\alpha_{ij} = C\,d\epsilon_{ij}^{P} = C\,d\lambda\frac{\partial g}{\partial \sigma_{ij}} = \frac{df}{\dfrac{\partial f}{\partial \sigma_{ij}}\dfrac{\partial g}{\partial \sigma_{ij}}}\frac{\partial g}{\partial \sigma_{ij}} \tag{6-38}$$

$$d\epsilon_{ij}^{P} = \frac{1}{C} \frac{\dfrac{\partial g}{\partial \sigma_{ij}}}{\dfrac{\partial f}{\partial \sigma_{ij}} \dfrac{\partial g}{\partial \sigma_{ij}}} df \tag{6-39}$$

탄성변형률증분은 탄성변형률 관계식을 이용하여 구한다.

$$d\epsilon_{ij}^{E} = C_{ijkl}\, d\sigma_{kl} \tag{6-40}$$

식에서 C_{ijkl}은 탄성 접선컴플라이언스텐서(elastic compliance tensor)이다. 따라서 변형률은 위의 두 식으로부터 탄성성분과 소성성분의 합으로 나타낼 수 있으며 아래와 같다.

$$d\epsilon_{ij} = C_{ijkl}\, d\sigma_{kl} + \frac{1}{C} \frac{\dfrac{\partial g}{\partial \sigma_{ij}}}{\dfrac{\partial f}{\partial \sigma_{ij}} \dfrac{\partial g}{\partial \sigma_{ij}}} df \tag{6-41}$$

위의 식을 탄소성 접선컴플라이언스텐서 C_{ijkl}^{EP}을 이용해서 나타내면 다음과 같다.

$$d\epsilon_{ij} = C_{ijkl}^{EP} d\sigma_{kl} \tag{6-42}$$

식에서, $$C_{ijkl}^{EP} = C_{ijkl} + \frac{1}{C} \frac{\dfrac{\partial g}{\partial \sigma_{ij}} \dfrac{\partial f}{\partial \sigma_{ij}}}{\dfrac{\partial f}{\partial \sigma_{ij}} \dfrac{\partial g}{\partial \sigma_{ij}}} \tag{6-43}$$

또한 (6-42)식으로부터 응력증분은 다음과 같다.

$$d\sigma_{ij} = \left[C_{ijkl}^{EP} \right]^{-1} d\epsilon_{kl} = D_{ijkl}^{EP} d\epsilon_{kl} \tag{6-44}$$

식에서 D_{ijkl}^{EP}은 탄소성 접선강성텐서이며 C_{ijkl}^{EP}과 D_{ijkl}^{EP}은 서로 역관계이다.

(4) Ziegler의 이동칙

Ziegler모델의 항복함수와 이동칙은 각각 (6-28)식 및 (6-32)식이며, (6-28)식에 무모순조건을 적용하면 다음 식을 얻을 수 있다(Yu, 2006).

$$\frac{\partial f}{\partial \sigma_{ij}} d\sigma_{ij} = \frac{\partial f}{\partial \sigma_{ij}} (\sigma_{ij} - \alpha_{ij}) d\mu \tag{6-45}$$

위의 식으로부터 재료상수 $d\mu$는 다음 식으로 나타낼 수 있다.

$$d\mu = \frac{\dfrac{\partial f}{\partial \sigma_{ij}} d\sigma_{ij}}{\dfrac{\partial f}{\partial \sigma_{ij}}(\sigma_{ij} - \alpha_{ij})} = \frac{df}{\dfrac{\partial f}{\partial \sigma_{ij}}(\sigma_{ij} - \alpha_{ij})} \tag{6-46}$$

따라서 후방응력증분 $d\alpha_{ij}$는 다음과 같이 주어진다.

$$d\alpha_{ij} = d\mu(\sigma_{ij} - \alpha_{ij}) = \frac{df}{\dfrac{\partial f}{\partial \sigma_{ij}}(\sigma_{ij} - \alpha_{ij})}(\sigma_{ij} - \alpha_{ij}) \tag{6-47}$$

위의 식에서 알 수 있듯이 Ziegler모델의 소성변형률은 무모순조건과 관련이 없으므로 무모순조건으로부터 소성변형률을 구할 수 없다. 그러나 다음 식과 같이 소성퍼텐셜로부터 소성변형률을 구하기 위해서 **소성계수**(plastic modulus, 탄성역역의 탄성계수에 대응하는 소성영역의 계수로써 경화계수 즉 hardening modulus라고도 함) $K_P(= d\sigma/d\epsilon^P)$가 존재하는 것으로 가정하는 것이 보통이다(Yu, 2006).

$$d\epsilon_{ij}^P = \frac{1}{K_P} \frac{\dfrac{\partial g}{\partial \sigma_{ij}}}{\dfrac{\partial f}{\partial \sigma_{ij}} \dfrac{\partial g}{\partial \sigma_{ij}}} df \tag{6-48}$$

식에서 소성계수 K_P는 일축압축 또는 일축인장시험으로부터 구할 수 있다. 위의 식과 (6-39)식을 비교해 보면 소성계수가 Prager모델의 재료상수 C와 동일한 역할을 한다는 것을 알 수 있다.

6.3.2 Mroz와 Iwan의 다곡면모델

1960년대 이전의 흙의 소성거동은 항복곡면이 1개인 **일곡면모델**(single surface model)을 기반으로 해석하였다. 일곡면모델은 탄성과 소성을 분리하여 제하과정이 없는 단순 비례재하에 대해서는 응력-변형률 거동을 무리 없이 모델링할 수 있지만, 단순 비례재하 이외에는 다음과 같은 문제점이 발생한다(Yu, 2006).

- 일곡면모델에 의한 탄성영역이 시험결과에 비하여 과대하고, 탄성에서 소성으로 이행하면서 재료의 접선계수 즉 강성의 급격한 변화도 원활한 이행(smooth transition)을 보이는 시험결과와 차이가 크다.

– 등방경화모델을 비롯하여 Prager 및 Ziegler모델 등의 경화모델은 응력반전이 빈번하게 발생하는 반복재하 등의 복잡한 흙의 응력-변형률 거동을 모델링할 수 없다.

1960년대 이후에는 탄성에서 소성으로의 원활한 이행과 반복재하를 모델링하기 위해서 금속재료분야에서는 **다곡면모델**(multi-surface model), 경계면모델, **내부시간이론**(endochronic theory) 등 다양한 경화모델이 제안되었다. 최근에는 선형 응력-변형률 거동모델인 Prager나 Ziegler모델보다는 비선형 응력-변형률 거동모델에 대한 연구가 많이 이루어지고 있으며, Mroz(1967)의 다곡면모델과 Dafalias-Popov(1975)의 경계면모델이 대표적인 비선형 경화모델이다. 또한 대부분의 경화모델은 항복곡면이 존재한다는 것을 전제로 하여 수립되지만, 내부시간이론에서는 항복곡면이 없이 내부변수를 이용한 열역학적 이론으로부터 구성식이 유도되기도 한다. 토질역학에서도 이와 같은 다양한 경화모델이 도입되어 연구가 활발하게 진행되고 있으며 여기서는 많은 모델 중에서 이동경화모델인 다곡면모델에 대하여 기술하고자 한다.

(1) 1차원 재하 및 제하 거동

〈그림 6-19(a)〉는 1차원 압축하중을 받는 흙에 대한 응력-변형률 곡선이다. 그림(b)에서 응력-변형률 곡선의 a로부터 흙의 소성거동이 시작되면서 접선계수는 서서히 감소하게 되는데, Mroz(1967)가 제시한 다곡면모델의 기본적인 개념은 실제 응력-변형률 곡선을 그림(b)와 같이 n개로 분할하여 구간별로 각각 일정한 직선 접선계수로서 근사시키는 것이다. 응력공간에서 이와 같이 근사시키면 n개의 초곡면(hypersurface) f_1, f_2, $f_3, \cdots$, f_{n+1}을 얻을 수 있다. 여기서 f_1은 항복곡면이고 f_2, $f_3, \cdots$, f_{n+1}은 각각 서로 다른 소성계수의 영역을 정의하는 것이다. 1차원 재하 사이클에서 모든 곡면은 그림(c)와 같이 공축성으로서 동일한 형태를 취하고 원점 O를 에워싸고 있는 것으로 가정한다. 재하점이 원점 O로부터 수직축을 따라서 이동하면 응력-변형률 곡선의 탄성한계인 a에 이르고 f_1-곡면은 b에 대응하는 f_2-곡면에 접할 때까지 재하점과 함께 수직축을 따라서 이동하게 되는데 그 과정에서 나머지 곡면은 모두 고정된 상태를 유지한다. 이어서 재하점은 그림(b)와 같이 f_1- 및 f_2-곡면과 함께 응력-변형률 곡선의 c에 대응하는 f_3-곡면에 접할 때까지 이동하게 되고, 그 위치에서 더 이동하게 되면 재하과정의 마지막 단계인 f_4-곡면에 도달하게 된다(그림(e) 참조). 제하 사이클은 d로부터 시작되며 재하점은 수직축을 따라서 원점 O로 되돌아오게 된다. 제하 사이클이 시작되면 재하

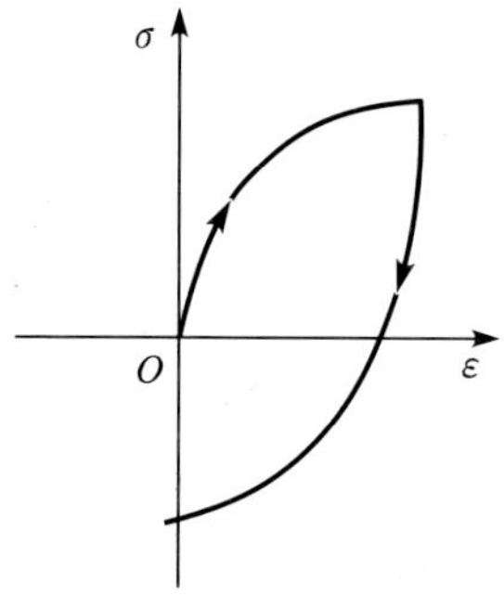

(a) 실제 응력-변형률 곡선

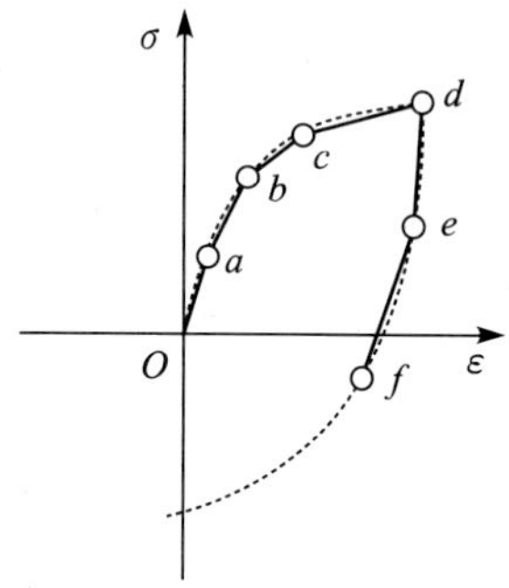

(b) 근사 응력-변형률 곡선

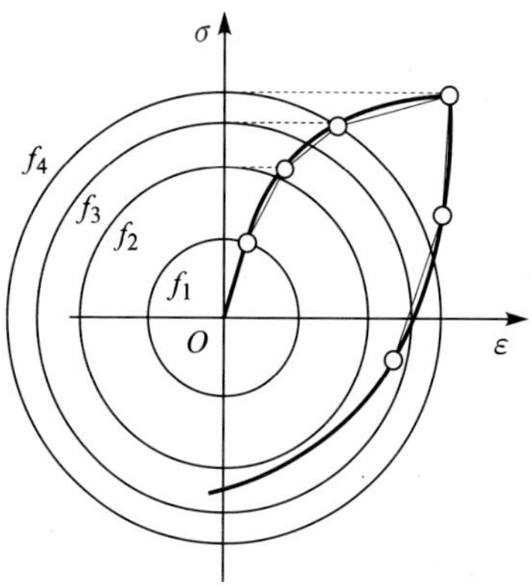

(c) 4개의 소성계수에 의한 응력-변형률 곡선

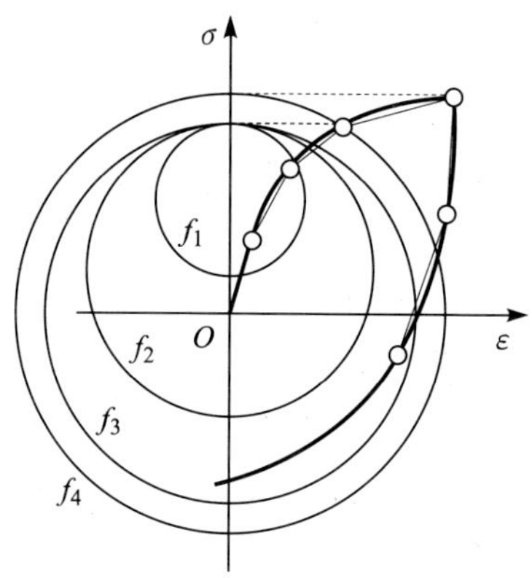

(d) 재하 $a-b-c$

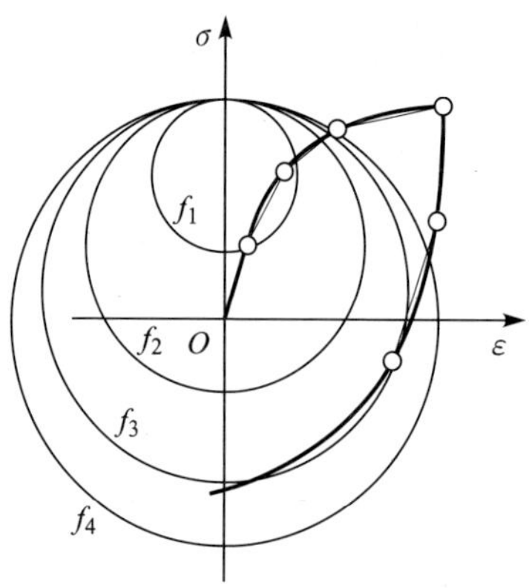

(e) 재하 $a-b-c-d$

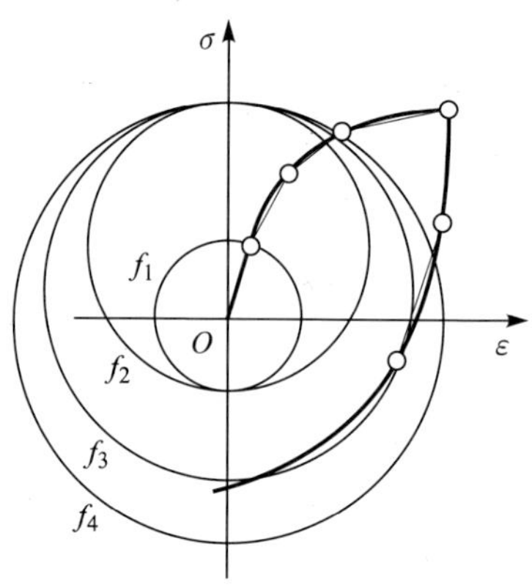

(f) 제하 $a-b-c-d-e-f$

〈그림 6-19〉 1차원 재하 및 제하 거동 (Yu, 2006)

점은 응력-변형률 곡선의 e에 대응하는 항복곡면인 f_1-곡면의 저부에 도달하고, 제하가 계속되면 재하점과 함께 f_1-곡면은 그림(f)와 같이 곡선의 f에 대응하는 f_2-곡면의 저부에 접하게 된다(Yu, 2006). 여기서 소성계수는 탄성영역에서 탄성계수가 탄성변형률속도를 지배하는 것과 같은 방식으로 소성영역에서 소성변형률속도를 지배하며, 미리 정의된 계수가 아니라 주어진 응력점에서 항복함수나 소성퍼텐셜함수의 항으로 유도되는 계수이다(Vermeer & de Borst, 1984; Houlsby & Puzrin, 2006).

1차원 응력을 3차원 응력상태로 확장하기 위해서는 「재하시 재하곡면이 어떻게 이동하느냐」를 규정하는 이동칙을 정의해야 한다. 이와 관련하여 두 가지 형태의 이동칙이 제안되었는데 하나는 Mroz(1967)의 이동칙이고 다른 하나는 Iwan (1967)의 이동칙이다.

(2) Mroz의 이동칙과 내포항복곡면

Mroz(1967)는 반복재하의 이력효과와 비선형 응력-변형률 거동을 모델링할 수 있는 다곡면모델을 제안하였다. Mroz모델에서는 다수의 재하곡면이 각각 서로 다른 소성계수를 취하고, 연속적으로 서로 접하거나 밀면서 이동하지만 교차하지는 않는다. 〈그림 6-20〉은 특정시점의 재하점 P가 재하곡면인 f_i-곡면에 위치하고 있으며 f_i-곡면과 기하학적으로 닮은꼴의 후속재하곡면인 f_{i+1}-곡면을 보여주고 있다. 그림에서 좌표축의 I_1과 J_2는 각각 제1응력불변량 및 제2축차응력불변량이다. 구하고자 하는 것은 「어떻게 f_i-곡면이 f_{i+1}-곡면으로 이동하느냐」는 것이다. 즉 Mroz의 이동칙을 이용해서 특정시점의 재하점 P에 대응하는 f_{i+1}-곡면의 **공액점**(conjugate point) R을 찾고자 한다. Mroz는 f_{i+1}-곡면의 공액점 R은 재하점 P와 법선방향이 일치하는 것으로 가정하였다. f_i- 및 f_{i+1}-곡면의 중심을 각각 O_i 및 O_{i+1}이라고 하면, f_{i+1}-곡면에서 R의 위치는 그림과 같이 O_{i+1}로부터 PO_i와 평행하게 직선을 그려서 f_{i+1}-곡면과 만나는 점이다. 일단 R의 위치가 결정되면 Mroz의 이동칙에 따라서 특정시점의 재하곡면 중심인 O_i는 벡터 PR을 따라서 이동하게 되는데, 이 과정에서 재하곡면이 특정시점의 재하점에 의하여 끌려가게 되고 응력경로를 따라서 서서히 배치되게 된다. 이와 같이 일련의 항복곡면 세트가 서로 교차하지 않고 내포되어(nested) 이동하기 때문에 이것을 「nested yield surface」라고 하며 여기서는 「**내포항복곡면**」으로 표기하였다. 내포항복곡면의 거동이 결합되면 전체적으로 구간적 선형 변형경화(piecewise linear work hardening) 거동이 발생하게 된다. 따라서 일곡면모델에 의해서는 얻을 수 없는 비선형 거동과 반복재하의 이력효과는 물론 바우싱거 효과를 모델링할 수 있다. 내포항복곡면 세트는 다곡면모델이라고 하며 모두 관련유동칙을 적용한다(Yu, 2006; Fung & Tong, 2001;Chen & Baladi, 1985; Desai & Siriwardane, 1984; Ko & Sture, 1981).

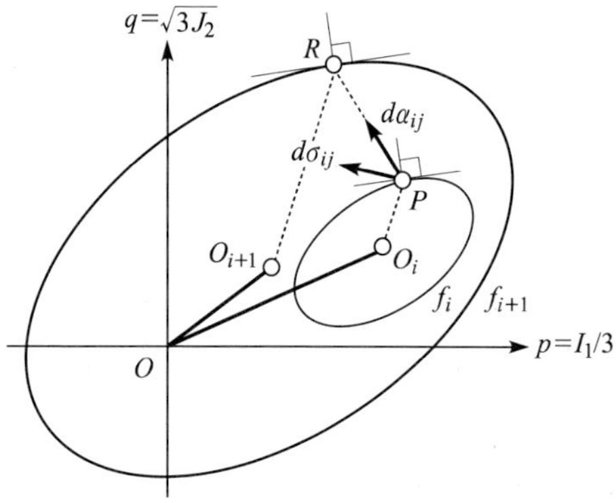

〈그림 6-20〉 Mroz모델의 f_i−곡면의 이동 (Yu, 2006)

일정한 소성계수를 취하는 하나의 재하곡면의 거동을 모델링하기 위해서는 〈그림 6-20〉과 같은 응력상태를 고려할 수 있다. 그림에서 재하곡면인 f_i− 및 f_{i+1}−곡면은 각각 다음과 같이 가정한다(Yu, 2006).

$$f_i = f\left(\sigma_{ij} - \alpha_{ij}^i\right) - R_0^i = 0 \tag{6-49}$$

$$f_{i+1} = f\left(\sigma_{ij} - \alpha_{ij}^{i+1}\right) - R_0^{i+1} = 0 \tag{6-50}$$

위의 식에서 위치벡터 α_{ij}^i와 α_{ij}^{i+1}는 각각 f_i− 및 f_{i+1}−곡면의 중심좌표이고 R_0^i와 R_0^{i+1}은 각각 f_i− 및 f_{i+1}−곡면의 크기를 나타낸다. 만약 그림의 f_i−곡면에서 P가 특정시점의 응력상태 σ_{ij}를 나타내고 R을 P와 동일한 법선방향에 대응하는 f_{i+1}−곡면의 재하점이라고 하면, Mroz의 이동칙에 의하여 f_i−곡면의 재하시 순간적인 이동은 PR을 따라서 발생하게 된다. σ_{ij}^P와 σ_{ij}^R가 각각 P 및 R의 응력이라고 하면 그림으로부터 다음의 관계식이 성립한다.

$$\frac{\sigma_{ij}^R - \alpha_{ij}^{i+1}}{\sigma_{ij}^P - \alpha_{ij}^i} = \frac{R_0^{i+1}}{R_0^i} \tag{6-51}$$

또한 f_i−곡면의 중심은 PR을 따라서 이동하므로 다음과 같이 나타낼 수 있다.

$$d\alpha_{ij}^{i} = d\mu\left(\sigma_{ij}^{R} - \sigma_{ij}^{P}\right) \tag{6-52}$$

식에서 $d\mu$는 재료상수로서 양의 값이다. (6-51)식으로부터 σ_{ij}^{R}를 위의 식에 대입하면 다음 식을 얻을 수 있다.

$$d\alpha_{ij}^{i} = \frac{d\mu}{R_0^i}\left[\left(R_0^{i+1} - R_0^i\right)\sigma_{ij}^{P} - \left(\alpha_{ij}^{i} R_0^{i+1} - \alpha_{ij}^{i+1} R_0^i\right)\right] \tag{6-53}$$

특히 두 곡면의 중심이 일치하면$\left(\alpha_{ij}^{i} = \alpha_{ij}^{i+1}\right)$ 위의 식은 다음과 같이 나타낼 수 있다.

$$d\alpha_{ij}^{i} = d\mu\frac{R_0^{i+1} - R_0^i}{R_0^i}\left(\sigma_{ij}^{P} - \alpha_{ij}^{i}\right) \tag{6-54}$$

위의 식은 일곡면모델인 Ziegler의 이동칙과 동일한 형태이다. 재하시 f_i-곡면의 거동을 완전하게 결정하기 위해서는 재료상수인 $d\mu$를 구해야 한다. (6-3)식의 무모순조건을 적용하면 다음과 같다.

$$df_i = \frac{\partial f_i}{\partial \sigma_{ij}} d\sigma_{ij} + \frac{\partial f_i}{\partial \alpha_{ij}} d\alpha_{ij}^{i} = 0 \tag{6-55}$$

(6-49)식 또는 (6-50)식으로부터 다음 식을 얻을 수 있다(Ottosen & Ristinmaa, 2005).

$$\frac{\partial f_i}{\partial \sigma_{ij}} = -\frac{\partial f_i}{\partial \alpha_{ij}} \tag{6-56}$$

위의 식을 (6-55)식에 대입하면 다음과 같다.

$$\frac{\partial f_i}{\partial \sigma_{ij}} d\sigma_{ij} - \frac{\partial f_i}{\partial \sigma_{ij}} d\alpha_{ij}^{i} = 0 \tag{6-57}$$

(6-52)식으로부터 $d\mu$는 다음과 같이 나타낼 수 있다.

$$d\mu = \frac{\dfrac{\partial f_i}{\partial \sigma_{ij}} d\sigma_{ij}}{\dfrac{\partial f_i}{\partial \sigma_{kl}}\left(\sigma_{kl}^{R} - \sigma_{kl}^{P}\right)} \tag{6-58}$$

[혼합경화칙인 경우]

지금까지는 재하과정에서 재하곡면의 크기가 일정한 것으로 가정하였지만 재하과정에서 재하곡면은 이동과 함께 팽창하거나 수축할 수도 있다. 이와 같은 팽창 또는 수축에 의한 등방경화를 포함하기 위해서 재하곡면의 크기를 소성변형률 α의 함수로 가정할 수 있으며 2개의 재하곡면 f_i- 및 $f_{i+1}-$곡면은 각각 다음과 같다.

$$f_i = f\left(\sigma_{ij} - \alpha_{ij}^i\right) - R_0^i(\alpha) = 0 \tag{6-59}$$

$$f_{i+1} = f\left(\sigma_{ij} - \alpha_{ij}^{i+1}\right) - R_0^{i+1}(\alpha) = 0 \tag{6-60}$$

따라서 (6-57)식이 아니라 다음의 무모순조건이 특정시점의 응력상태에 대하여 유효하다.

$$\frac{\partial f_i}{\partial \sigma_{ij}} d\sigma_{ij} - \frac{\partial f_i}{\partial \sigma_{ij}} d\alpha_{ij}^i + \frac{\partial f_i}{\partial R_0^i} \frac{\partial R_0^i}{\partial \alpha} d\alpha = 0 \tag{6-61}$$

위의 식을 (6-52)식에 대입하면 다음의 혼합경화칙에 대한 $d\mu$를 구할 수 있다.

$$d\mu = \frac{\dfrac{\partial f_i}{\partial \sigma_{ij}} d\sigma_{ij} + \dfrac{\partial f_i}{\partial R_0^i} \dfrac{\partial R_0^i}{\partial \alpha} d\alpha}{\dfrac{\partial f_i}{\partial \sigma_{kl}} \left(\sigma_{kl}^R - \sigma_{kl}^P\right)} \tag{6-62}$$

(3) Iwan의 이동칙

Mroz모델의 대안으로서 Iwan(1967)은 **Masing의 거동기준**(Masing rule; 흙의 1차원 비선형 반복재하를 규정하는 기준)을 적용하여 1차원 소성거동모델을 제안하였다. Iwan모델은 〈그림 6-21〉과 같이 병렬-직렬 또는 직렬-병렬 조합으로 배열되는 탄소성요소(linear elastic-slip element)로 구성되어 있으며, 각 요소의 특성은 흙의 종류에 따라서 이력거동(hysteretic behavior)의 상태에 맞게 배분된다. Iwan은 1차원 경화모델을 3차원 경화모델로 확장하기 위하여 하나의 항복곡면을 이용하는 대신에 다수의 작은 항복곡면을 설정하고 각각의 항복곡면은 오직 이동에 의해서만 독립적으로 변환하거나 또는 각각 선형 경화모델을 따르는 것으로 가정하였다(Puzrin, 2012; Chen and Baladi, 1985). Iwan은 특정시점의 재하곡면이 응력이력의 어떤 점에서도 소성변형률속도와 평행하게 이동한다고 가정하였다. 〈그림 6-22〉에서 특정시점의 재하점 P가 재하곡면 f_i에 위치하는 것으로 가정한다. 구하고자 하는 것은 Iwan의 이동칙을 이용하여 특정시점의 재하점 P에서 소성변형률속도의 방향이다. 만약 응력-변형률 거동이 관련유동칙을 따르는 것으로 가정하면 소성변형률속도는 그림의 벡터 PQ와 같이 특정시점의 재하곡면에서 법선방향을 향하게 된다. 그러므로 Iwan의 이동칙에 의하면 재하곡면의 중심은 벡터 PQ를 따라서 이동해야 하며 이와 같은 이동칙에 의하면 재하곡면이 서로 교차할 수도 있다(Yu, 2006). (3-9)식의 관련유동칙을 적용하면 Iwan의 이동칙은 일곡면모델인 Prager의 이동경화모델과 동일하며 수식으로 나타내면 다음과 같다.

$$d\alpha_{ij}^{i} = d\mu \frac{\partial f_i}{\partial \sigma_{ij}} \tag{6-63}$$

식에서 $d\mu$는 스칼라로서, 특정시점의 재하점이 재하곡면에 위치한다는 조건을 나타내는 (6-57)식을 이용하여 다음과 같이 나타낼 수 있다.

$$d\mu = \frac{\dfrac{\partial f_i}{\partial \sigma_{ij}} d\sigma_{ij}}{\dfrac{\partial f_i}{\partial \sigma_{kl}} \times \dfrac{\partial f_i}{\partial \sigma_{kl}}} \tag{6-64}$$

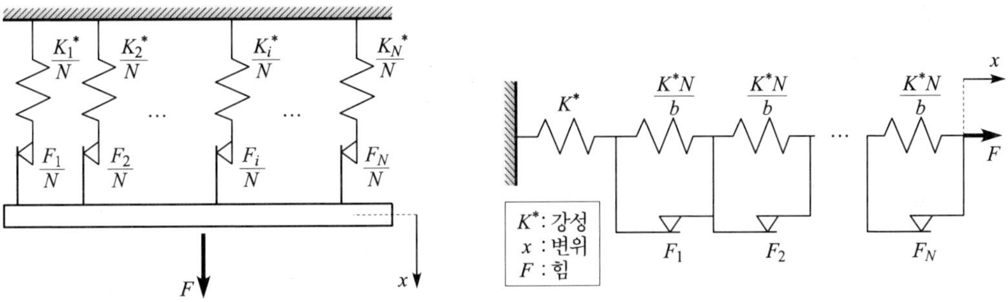

(a) 병렬-직렬 조합

(b) 직렬-병렬 조합

〈그림 6-21〉 Iwan의 탄소성요소 배열 (Iwan, 1967)

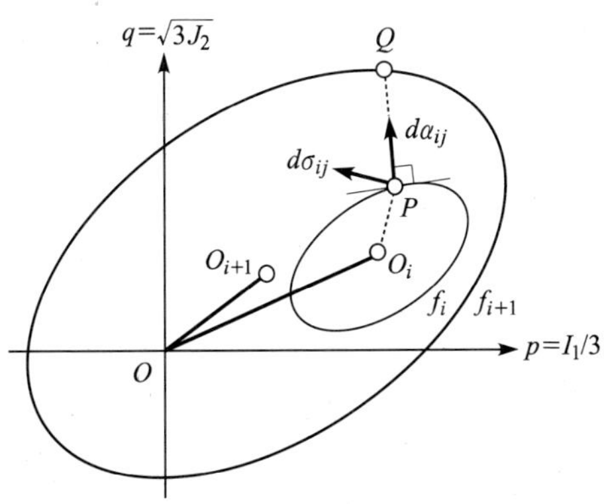

〈그림 6-22〉 Iwan모델의 f_i–곡면의 이동 (Yu, 2006)

[혼합경화칙인 경우]

Iwan의 이동칙에 의한 혼합경화칙의 $d\mu$는 다음과 같이 나타낼 수 있다(Yu, 2006).

$$d\mu = \frac{\dfrac{\partial f_i}{\partial \sigma_{ij}} d\sigma_{ij} + \dfrac{\partial f_i}{\partial R_0^i}\dfrac{\partial R_0^i}{\partial \alpha} d\alpha}{\dfrac{\partial f_i}{\partial \sigma_{kl}} \times \dfrac{\partial f_i}{\partial \sigma_{kl}}} \tag{6-65}$$

6.3.3 흙의 다곡면모델

토질역학에서는 Mroz와 Iwan의 다곡면모델과 관련하여 점토에 대해서는 Prevost (1977; 1978)와 Mroz 외(1978), 모래에 대해서는 Prevost(1985), Lacy-Prevost(1987) 등이 제시한 모델이 대표적이다.

(1) 비배수조건의 점토에 대한 전응력 다곡면모델

i) 체적 및 축차거동

Prevost(1977; 1978)는 비배수조건에 대한 점토의 응력-변형률-강도의 관계를 보다 정확하게 모델링하기 위하여 Mroz의 다곡면모델을 처음으로 흙의 경화거동에 도입하였다. 비배수조건의 점토에 대해서는 유효응력보다는 상대적으로 해석이 용이한 전응력해석이 많이 적용되며, 전응력해석을 위해서는 아래와 같이 응력과 변형률을 각각 체적성분과 축차성분으로 분해하는 것이 편리하다(Yu, 2006).

$$s_{ij} = \sigma_{ij} - \frac{1}{3}\sigma_{kk}\delta_{ij} = \sigma_{ij} - p\delta_{ij} \tag{6-66}$$

$$\epsilon'_{ij} = \epsilon_{ij} - \frac{1}{3}\epsilon_{kk}\delta_{ij} \tag{6-67}$$

식에서 s_{ij}는 축차응력텐서, ϵ'_{ij}는 축차변형률텐서, δ_{ij}는 크로네커 델타이다. 탄성거동의 응력-변형률 관계식은 다음과 같이 평균응력과 축차응력에 의한 변형률로 분해하여 나타낼 수 있다.

$$d\epsilon_{kk} = \frac{d\sigma_{kk}}{3K} \tag{6-68}$$

$$d\epsilon'_{ij} = \frac{ds_{ij}}{2G} \tag{6-69}$$

식에서 K와 G는 각각 포화상태의 비배수조건에 대한 체적탄성계수 및 전단탄성계수이며, 특히 체적탄성계수 K는 큰 값을 적용해야 한다는 것을 주의해야 한다.

ii) 탄성 및 소성축차변형률

축차변형률(total deviatoric strain)은 아래와 같이 탄성 및 소성성분의 합으로 구성된다.

$$d\epsilon'_{ij} = d\epsilon'^{E}_{ij} + d\epsilon'^{P}_{ij} \tag{6-70}$$

식에서 탄성변형률증분(=탄성변형률속도) $d\epsilon'^{E}_{ij}$는 (6-58)식으로 구하고, 소성변형률증분(=소성변형률속도) $d\epsilon'^{P}_{ij}$는 소성이론에 의해서 결정해야 한다.

iii) 점토의 항복곡면

Mroz(1967)가 제안한 다곡면모델은 〈그림 6-23〉과 같이 응력공간에서 크기가 $k^1 < k^2 < k^3 < \cdots < k^p$인 내포항복곡면 f_1, f_2, $f_3, \cdots$, f_p로 정의할 수 있다. 비배수조건의 재하과정에서 점토의 항복은 평균전응력(mean total stress)과는 관계가 없으며 항복함수나 또는 재하함수에 오직 축차응력 s_{ij}만 표시된다. Prevost(1977; 1978)는 수학적으로 단순화하기 위하여 von Mises항복기준을 이용하여 항복함수 f_i를 아래와 같이 제안하였다.

$$f_i = \left[\frac{3}{2}\left(s_{ij} - \alpha^i_{ij}\right)\left(s_{ij} - \alpha^i_{ij}\right)\right]^{1/2} - k^i = 0 \tag{6-71}$$

식에서 $i = 1,\ 2, \cdots,\ p$이고, α^i_{ij}는 축차응력공간에서 f_i-항복곡면의 중심좌표를 나타낸다. 특히 $\alpha^i_{ij} = 0$이면 위의 식은 다음과 같이 간단하게 나타낼 수 있다.

$$f_i = \sqrt{3J_2} - k^i = 0 \tag{6-72}$$

(6-71)식에서 α^i_{ij}는 모두 0일 필요는 없으므로 일반적으로 점토의 항복은 비등방성이다. 소성퍼텐셜곡면은 재하곡면과 동일한 것으로 가정함으로서 응력-변형률 거동은 관련유동칙을 따르게 된다. 〈그림 6-23〉에서 가장 큰 항복곡면인 f_p-항복곡면은 파괴곡면으로서 그 외측은 불가능한 응력상태를 나타내는 영역이다.

Mroz의 이동칙에 의하면 모든 항복곡면은 형태와 방향이 바뀌지 않으며 응력공간에서 재하점에 의해서 끌려가고 연속적으로 서로 접하거나 밀면서 이동하지만 교차하지는 않는다. 〈그림 6-23〉에서 재하점은 응력경로를 따라서 이동하여 f_i-곡면에 도달하게 되는데, 그 과정에서 모든 내포항복곡면 f_1, $f_2, \cdots$, f_{i-1}은 서로 접하여 이동하며 f_i－항복곡면의 공통접점인 P에 이른다. 따라서 항복곡면은 기하학적으로 닮은꼴이므로 다음 식을 얻을 수 있다.

$$\frac{s_{ij}-\alpha_{ij}^1}{k^1}=\frac{s_{ij}-\alpha_{ij}^2}{k^2}=\cdots=\frac{s_{ij}-\alpha_{ij}^{i-1}}{k^{i-1}}=\frac{s_{ij}-\alpha_{ij}^i}{k^i} \tag{6-73}$$

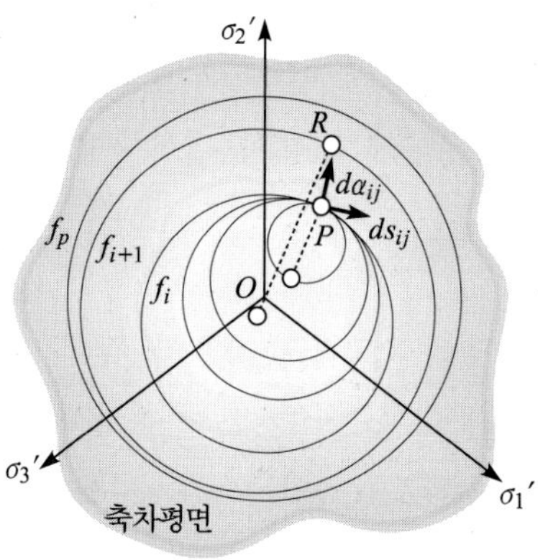

〈그림 6-23〉 축차평면의 내포항복곡면 (Yu, 2006)

iv) 소성 유동칙

소성변형률속도는 탄성 및 소성성분의 합으로 구성되고 재하점에서 항복곡면의 법선방향으로 작용하며 아래와 같이 나타낼 수 있다.

$$d\epsilon'_{ij}=\frac{ds_{ij}}{2G}+\frac{3}{2}\frac{1}{K_P^i}\frac{\left(s_{ij}-\alpha_{ij}^i\right)}{\left(k^i\right)^2}\left(s_{kl}-\alpha_{kl}^i\right)ds_{kl} \tag{6-74}$$

위의 식에서 전단소성계수(plastic shear modulus) K_P^i는 다음 식으로 구한다.

$$\frac{1}{K_P^i}=\frac{1}{K_{PT}^i}-\frac{1}{2G} \tag{6-75}$$

식에서 K_{PT}^i는 〈그림 6-24〉와 같이 삼축압축시험의 응력-변형률 곡선으로부터 얻을 수 있다. 또한 (6-74)식으로부터 축차응력증분 ds_{ij}는 다음과 같다.

$$ds_{ij}=2Gd\epsilon'_{ij}-\frac{3\left(2G-K_{PT}^i\right)}{2}\frac{\left(s_{ij}-\alpha_{ij}^i\right)}{\left(k^i\right)^2}\left(s_{kl}-\alpha_{kl}^i\right)d\epsilon'_{kl} \tag{6-76}$$

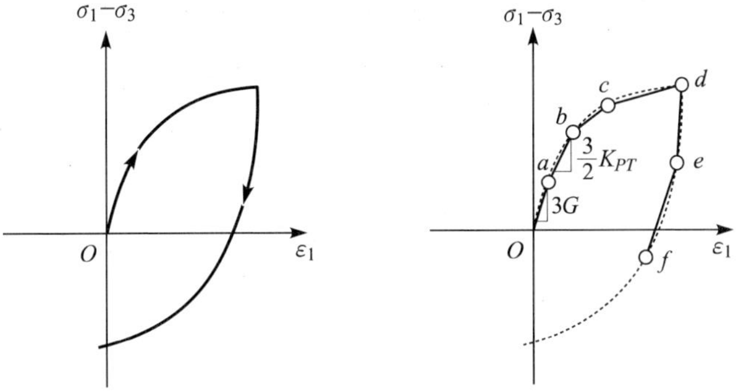

(a) 실제 응력-변형률 곡선 (b) 근사 응력-변형률 곡선

〈그림 6-24〉 **삼축압축시험에 의한 전단소성계수** (Yu, 2006)

v) 경화칙

〈그림 6-20〉과 같이 특정시점에 f_i − 항복곡면에 위치한 재하점이 다음의 f_{i+1} − 항복곡면으로 이동하는 경우에 f_i − 항복곡면의 순간적인 이동은 다음 식으로 나타낼 수 있다.

$$d\alpha_{ij}^{i} = d\mu\,\overline{PR}_{ij} \tag{6-77}$$

식에서 $\overline{PR}_{ij}$는 다음과 같다.

$$\overline{PR}_{ij} = \frac{k^{i+1}}{k^{i}}\left(s_{ij}-\alpha_{ij}^{i}\right)-\left(s_{ij}-\alpha_{ij}^{i+1}\right) \tag{6-78}$$

식에서 k^i와 k^{i+1}는 주어진 소성변형률 α에 대하여 각각 f_i − 및 f_{i+1} − 항복곡면의 순간적인 크기를 나타낸다. 즉 항복곡면은 이동은 물론 팽창/수축도 허용된다는 것이다. 또한 무모순조건에 의해서 $d\mu$는 다음과 같이 나타낼 수 있다.

$$d\mu = \frac{b}{a}\left(1-\sqrt{1-\frac{2ac}{b^2}}\right) \tag{6-79}$$

식에서, $$a = \left(k^{i+1}\right)^2 + \frac{3}{2}\left(s_{ij}-\alpha_{ij}^{i+1}\right)\left(s_{ij}-\alpha_{ij}^{i+1}\right) - 2d\frac{k^{i+1}}{k^{i}} \tag{6-80}$$

$$b = k^{i+1}k^{i} + \frac{3}{2}\overline{PR}_{ij}ds_{ij} - d \tag{6-81}$$

$$c = \frac{3}{2}\left(s_{ij}-\alpha_{ij}^{i+1}\right)ds_{ij} + \frac{3}{4}ds_{ij}\,ds_{ij} - k^{i}dk^{i} - \frac{1}{2}\left(dk^{i}\right)^2 \tag{6-82}$$

$$d = \frac{3}{2}\left(s_{ij}-\alpha_{ij}^{i}\right)\left(s_{ij}-\alpha_{ij}^{i+1}\right) \tag{6-83}$$

만약 축차응력증분 ds_{ij}와 항복곡면의 팽창증분 dk^i가 비교적 작은 값이라면 (6-79)식은 다음과 같이 간단하게 나타낼 수 있다.

$$d\mu = \frac{\frac{3}{2}\left(s_{ij} - \alpha_{ij}^{i}\right)ds_{ij} - k^i dk^i}{k^i k^{i+1} - \frac{3}{2}\left(s_{ij} - \alpha_{ij}^{i+1}\right)\left(s_{ij} - \alpha_{ij}^{i}\right)} \tag{6-84}$$

지금까지 기술한 Prevost의 비배수조건의 점토에 대한 다곡면모델은 Prevost 외(1981)에 의하여 흙과 구조물의 상호작용을 규명하기 위하여 원심분리기를 이용한 유한요소해석에 적용한 바 있으며, Houlsby(1999)는 Prevost의 경화모델로부터 변형연화모델을 제거하고 Mroz의 이동칙을 Iwan의 이동칙으로 대체한 단순화된 버전을 이용하여 비배수조건의 점토지반에 굴착된 3차원 터널에 대한 유한요소해석을 수행하였다.

(2) $\phi \neq 0$ 인 흙의 다곡면모델

Prevost(1985)와 Lacy-Prevost(1987)는 앞의 항에서 기술한 마찰각 $\phi = 0$인 비배수조건의 점토에 대한 다곡면모델을 $\phi \neq 0$인 흙 즉 Mohr-Coulomb재료의 거동을 모델링할 수 있도록 더욱 확장하였다. 두 재료의 거동이 크게 다른 점은 $\phi \neq 0$인 흙의 항복은 평균유효응력(mean effective stress)과 관계가 된다는 것이다(Prevost, 1985; Yu, 2006).

i) 삼축응력상태인 경우

삼축응력상태의 응력공간에서 유효응력으로 표시한 축응력과 구속응력을 각각 σ_1' 및 σ_3', 평균유효응력을 p', 축차응력을 $q(=q')$라고 하면 (5-38~39)식으로부터 다음 식을 얻을 수 있다(Prevost, 1985; Yu, 2006).

$$p' = \frac{1}{3}(\sigma_1' + 2\sigma_3'), \quad q = \sigma_1' - \sigma_3' \tag{6-85}$$

항복함수는 다음과 같다.

$$f_i = \left(q - \bar{p}'\alpha^i\right)^2 - \left(\bar{p}' N^i\right)^2 = 0 \tag{6-86}$$

식에서, $\bar{p}' = p' - a$ (6-87)

또한 N은 항복곡면의 크기를 나타내고 α 및 β는 〈그림 6-25〉에 표시된 것과 같다. 그림(b)와 같이 $p' - q$평면에서 항복곡면의 콘은 기울기가 각각 $\beta + N$ 및 $\beta - N$인 2개의 직선으로 구성되는데, $\alpha=0$이면 흙은 $c=0$인 순수한 마찰재료가 된다. 재하곡면이 교차하지 않기 위해서는 다음 조건을 충족시켜야 한다(Yu, 2006).

$$N^{i+1}+\alpha^{i+1} \geq N^{i}+\alpha^{i} \tag{6-88}$$

ii) 일반적인 응력상태인 경우

항복함수는 축차응력텐서 및 평균유효응력을 이용하여 다음과 같이 나타낼 수 있다(Yu, 2006).

$$f_i=\frac{3}{2}\left(s_{ij}-\bar{p}'\alpha_{ij}^{i}\right)\left(s_{ij}-\bar{p}'\alpha_{ij}^{i}\right)-\left(\bar{p}'N^{i}\right)^2=0 \tag{6-89}$$

식에서 축차응력텐서 s_{ij}는 (6-66)식과 같다. 소성변형률텐서 $d\epsilon_{ij}^{P}$는 다음과 같이 2개의 소성퍼텐셜함수 g_1^i와 g_2^i를 합한 것으로 한다.

$$d\epsilon_{ij}^{P}=d\lambda\frac{\partial\left(g_1^i+g_2^i\right)}{\partial\sigma_{ij}} \tag{6-90}$$

식에서 소성퍼텐셜함수 g_1^i와 g_2^i는 각각 다음과 같다.

$$g_1^i=\frac{3}{2}\left(s_{ij}-\bar{p}'\alpha_{ij}^{i}\right)\left(s_{ij}-\bar{p}'\alpha_{ij}^{i}\right),\quad g_2^i=\frac{\left(\dfrac{\eta}{\bar{\eta}}\right)^2-1}{\left(\dfrac{\eta}{\bar{\eta}}\right)^2+1}\delta_{ij} \tag{6-91}$$

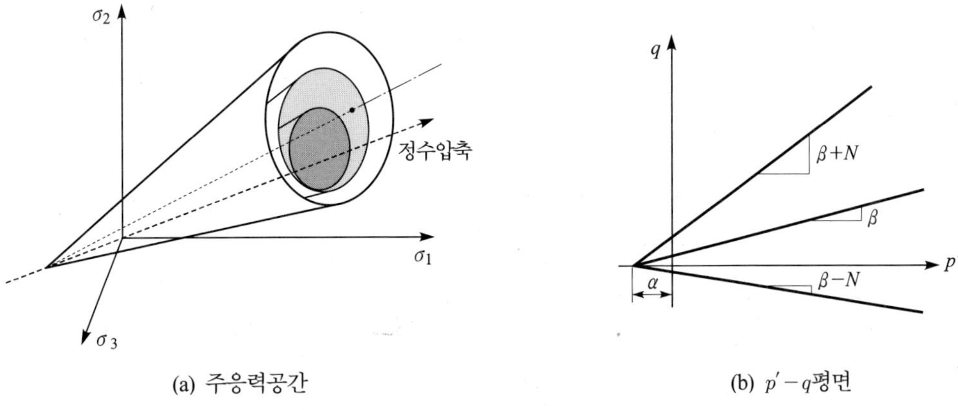

〈그림 6-25〉 $\phi\neq 0$ 인 흙에 대한 다곡면모델의 항복곡면 (Yu, 2006)

식에서, $\eta = \dfrac{\sqrt{\dfrac{3}{2} s_{ij} s_{ij}}}{\bar{p}'} = \dfrac{q}{\bar{p}'}$ (6-92)

따라서 η는 유효응력비이고 $\bar{\eta}$는 재료상수이다. 만약 $\eta/\bar{\eta} < 1$이면 $g_2^i < 0$이므로 소성수축(plastic compression)이 발생하고 $\eta/\bar{\eta} > 1$이면 $g_2^i > 0$이므로 소성팽창(plastic dilation)이 발생하게 된다. 다시 말하면 $\eta = \bar{\eta}$이면 소성 체적거동이 발생하지 않는 한계상태가 된다는 것이다. 비배수조건의 점토에서와 같이 Mroz의 이동칙을 적용하면 콘의 중심은 축차평면에서 특정시점의 재하점 P와 후속항복곡면의 공액점 R을 잇는 벡터의 방향으로 이동하게 된다(〈그림 6-20〉 참조).

$$\bar{p}' d\alpha_{ij}^i = d\mu \overline{PR}_{ij} \tag{6-93}$$

위의 식으로부터 $\overline{PR}_{ij}$는 다음과 같다.

$$\overline{PR}_{ij} = \frac{N^{i+1}}{N^i}\left(s_{ij} - \bar{p}'\alpha_{ij}^i\right) - \left(s_{ij} - \bar{p}'\alpha_{ij}^{i+1}\right) \tag{6-94}$$

(6-93)식에서 $d\mu$는 무모순조건을 적용해서 구한다. 각각의 항복곡면에 대하여 소성계수 K_P는 다음 식으로 계산한다.

$$K_P = K_P'\left(\frac{p'}{p_1}\right)^l \tag{6-95}$$

식에서 l은 재료상수로서 순수한 마찰력($c = 0$, $\phi \neq 0$)만 작용하는 대부분의 흙에 대하여 $l = 0.5$이다. 또한 p_1은 기준압(reference effective mean normal stress)이고, 주어진 항복곡면과 관련된 소성계수 K_P'는 다음 식으로 가정한다.

$$K_P' = \frac{K_{PC} - K_{PE}}{2}\bar{\theta} + \frac{K_{PC} + K_{PE}}{2} \tag{6-96}$$

식에서 소성계수 K_{PC}와 K_{PE}는 각각 삼축압축 및 삼축인장시험으로부터 구하고 $\bar{\theta}$는 다음과 같다.

$$\bar{\theta} = \frac{\det\left(\bar{s}_{ij}\right)}{N\bar{p}'\,\bar{s}_{ij}\bar{s}_{ij}} \tag{6-97}$$

식에서 $\bar{s}_{ij} = s_{ij} - \bar{p}'\alpha_{ij}^i$이고 가장 바깥쪽에 위치한 마지막 항복곡면의 $K_P' = 0$이다. 따

라서 마지막 항복곡면은 파괴곡면의 역할을 한다.

지금까지 모델링과정에서 이용된 모델상수(model constant)를 삼축시험을 통하여 확인하는 방법에 대하여 설명하고자 한다. 문제를 단순화하기 위해서 $c=0$이고 $\phi \neq 0$인 흙을 대상으로 한다. Prevost(1985)는 응력공간에서 다음과 같은 응력-변형률 거동을 제안하였다.

$$d\epsilon_q = \frac{dq}{3G} + \frac{2}{3K_P} \times \frac{dq - \eta dp'}{1+\frac{2}{9}\eta^2} \tag{6-98}$$

$$d\epsilon_p = \frac{dp'}{K} + \frac{2}{\sqrt{6}\,K_P} \times \frac{1-\left(\frac{\eta}{\bar{\eta}}\right)^2}{1+\left(\frac{\eta}{\bar{\eta}}\right)^2} \times \frac{dq - \eta\, dp'}{\sqrt{1+\frac{2}{9}\eta^2}} \tag{6-99}$$

식에서, $\eta = \eta_C = \beta + N$, $\bar{\eta} = \bar{\eta}_C$: 압축에 의한 항복

$\eta = \eta_E = \beta - N$, $\bar{\eta} = \bar{\eta}_E$: 인장에 의한 항복

f - 항복곡면과 관련된 모델상수를 확인하기 위해서는, 먼저 시험을 통하여 구한 전단응력-변형률 곡선을 적절히 분할하여 구간별로 일정한 접선계수 또는 할선계수로 근사시켜야 한다. 이때 정확도는 분할 수에 비례하여 높아진다. f - 항복곡면은 〈그림 6-26〉과 같이 재하점이 항복곡면에 도달했을 때의 기울기 $[dq/d\epsilon_q]$가 압축측과 인장측에서 동일해야 한다는 조건을 이용하여 확인할 수 있다. 다음으로 (6-98~99)식과 삼축시험의 응력경로를 이용하여 모델상수를 계산한다. 일단 체적탄성계수 K와 전단탄성계수 G를 구하면 확인절차는 간단하다(Prevost, 1985; Yu, 2006).

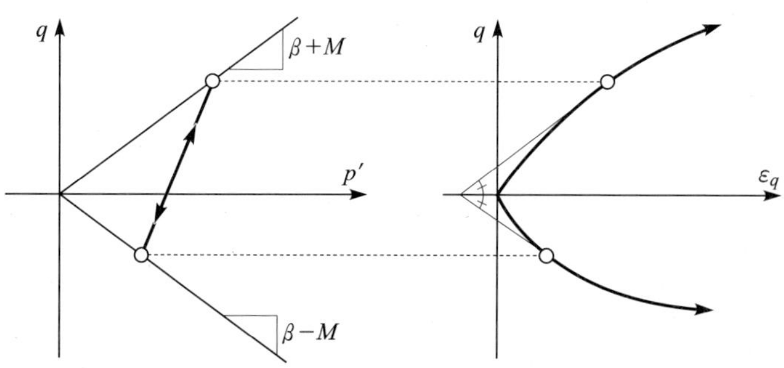

〈그림 6-26〉 **다곡면모델의 모델상수 확인** (Prevost, 1985; Yu, 2006)

6.4 혼합경화와 경계면모델

6.4.1 혼합경화와 반복재하

혼합경화는 소성재하에 의하여 응력공간에서 항복곡면의 거동에 팽창 또는 수축뿐만 아니라 이동도 수반되는 경화거동을 말한다. 이것은 항복곡면의 이동과 크기가 모두 소성변형률에 의존한다는 것을 의미하며 항복함수는 다음과 같다(Yu, 2006).

$$f = f(\sigma_{ij} - \alpha_{ij}) - R(\alpha) = 0 \qquad (6\text{-}100)$$

위의 식에서 항복곡면의 크기는 소성변형률 또는 소성일의 함수이며, Prager모델의 (6-29)식이나 Ziegler모델의 (6-32)식을 이용해서 항복곡면의 이동을 제어할 수 있다. 특히 혼합경화는 〈그림 6-27〉과 같은 반복재하에 대하여 적절한 경화모델로 알려져 있다. 그림의 응력-변형률 거동에서, 각각의 사이클에 대해서는 이동경화가 지배적이기 때문에 바우싱거 효과만 나타나지만 사이클이 어느 정도 진행된 후에는 등방경화거동까지도 보이기 때문에 사이클이 반복되면서 각각의 사이클마다 피크인장 및 압축응력은 특정한 극한값(saturation)에 도달할 때까지 서서히 증가된다는 것이다(Dunne & Petrinic, 2005).

〈그림 6-27〉의 응력-변형률 곡선에서 응력 및 변형률이 0인 원점으로부터 재료의 변형이 시작되어, 재하점 A까지 응력이 증가하여 항복점에 도달하고 항복곡면은 이동경화에 의하여 이동하게 된다. 재하점 B에서 최대변형률(peak strain)에 도달한 후에 변형률반전(strain reversal)이 발생되면 재료는 탄성거동이 시작된다. 탄성거동은 재하점이 다시 항복곡면에 도달하는 재하점 C까지 계속되는데, 재하점 C부터 다음 변형률반전이 발생하는 재하점 D까지 재료는 소성거동을 하며 항복곡면은 이동경화 거동을 보이게 된다. 이와 같은 거동에 의하여 생성된 응력-변형률 곡선이 이력곡선 $BCDB$이다. 이동경화에 더하여 등방경화가 추가된다면 항복곡면에는 이동과 함께 진행성 팽창(progressive expansion)이 발생되므로 그림과 같이 점선으로 표시된 이력곡선이 생성된다. 등방경화로 인하여 이력곡선의 최대응력과 최대변형률이 증가하는 것을 **반복경화**(cyclic hardening)라고 하는데, 반복경화는 반복재하 사이클에서 사이클 횟수가 어느 정도 진행된 후에 사이클과 사이클 사이에서 이루어지며, 이동경화는 사이클이 반복되면서 각각의 사이클 내에서 발생된다는 것이 다르다(Dunne & Petrinic, 2005). 지금까지 많은 혼합경화모델이 제안되었지만 여기서는 최근 많이 연구되고 있는 경계면모델을 중심으로 혼합경화 거동을 기술하고자 한다.

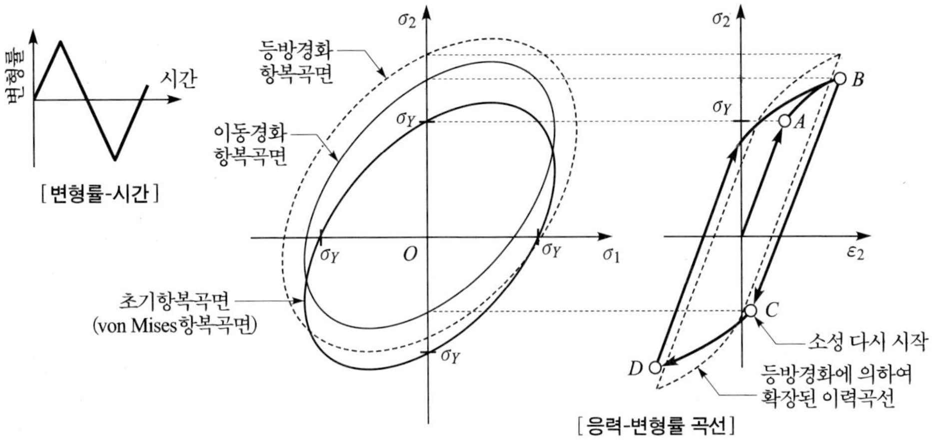

〈그림 6-27〉 **반복재하와 혼합경화** (Dunne & Petrinic, 2005)

6.4.2 경계면모델의 개념

구간적 선형 응력-변형률 거동인 다곡면모델에 대해서는 탄성에서 소성으로의 원활한 이행을 기대할 수 없다. 경계면모델은 이와 같은 다곡면모델의 단점을 극복하기 위하여 개발된 경화모델이다. Mroz(1967)의 뒤를 이어서 응력공간에서 서로 다른 2개의 곡면을 이용하여 다양한 형태의 경화모델에 대한 이론적인 연구가 시작되었다. Dafalias-Popov (1975)와 Krieg(1975)는 거의 동시에 각각 금속재료의 반복재하를 모델링하기 위해서 이른바 「**경계곡면**」(bounding surface)이라고 하는 새로운 개념을 도입하여 처음으로 경계면모델을 제안하였다. 이와 같은 개념은 단순재하 또는 단순재하에 이은 역재하에 대한 어떤 응력-변형률 곡선이라도 응력공간에서 한계상태에 도달하면 뚜렷하게 나타나는 하나의 경계(bound)에 수렴하게 된다는 것에 근거를 두고 있다. 경계면모델은 2개의 곡면인 항복곡면과 경계곡면을 이용하기 때문에 **이곡면모델**(two surface model)이라고도 하며, 이곡면모델에서는 재하과정에서 항복곡면을 에워싸고 있는 하나의 경계곡면이 외측에 위치하고 있는 것으로 가정한다(Chakrabarty, 2000; Wu, 2005).

〈그림 6-28(a)〉는 금속재료의 일축인장시험에 대한 응력-변형률 곡선이다. 그림(b)는 그림(a)의 응력-전변형률 곡선으로부터 탄성변형률을 제거하고 응력-소성변형률 곡선만을 도시한 것이다. 경계면소성이론의 핵심은 재하곡면의 경화 정도를 나타내는 소성계수 E^P가 그림(b)와 같이 응력-변형률 곡선과 점선으로 표시된 경계곡면과의 거리인 δ에 의해서 결정된다는 것이다. 소성계수 E^P는 다음과 같이 나타낼 수 있다(Vermeer & de

Borst, 1984; Yu, 2006; Khan & Huang, 1995)

$$E^P = \frac{d\sigma_{11}}{d\epsilon_{11}^P} \tag{6-101}$$

식에서 E^P는 일축조건의 소성계수로서 다축조건의 소성계수 K_P와 구분하기 위하여 달리 표기하였다. Dafalias-Popov(1975)는 위의 식에서 E^P를 항복곡면의 응력점과 경계곡면의 **영상점**(image point, 항복곡면의 응력점 또는 재하점을 경계곡면에 투사한 응력점) 사이의 거리인 δ와 재하 사이클별로 δ의 초깃값인 δ_{in}의 함수로 처리하였다(Wu, 2005; Vermeer & de Borst, 1984).

$$E^P = E^P\left(\delta, \delta_{in}\right) \tag{6-102}$$

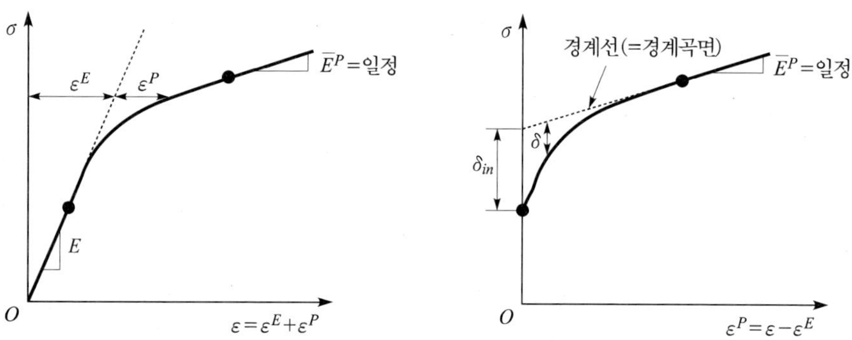

(a) $\sigma-\epsilon$곡선과 $\overline{E}^P$ (b) $\sigma-\epsilon^P$곡선의 경계곡면과 δ 및 δ_{in}

〈그림 6-28〉 일축조건의 경계곡면 및 경계곡면의 기울기 $\overline{E}^P$
(Vermeer & de Borst, 1984; Wu, 2005)

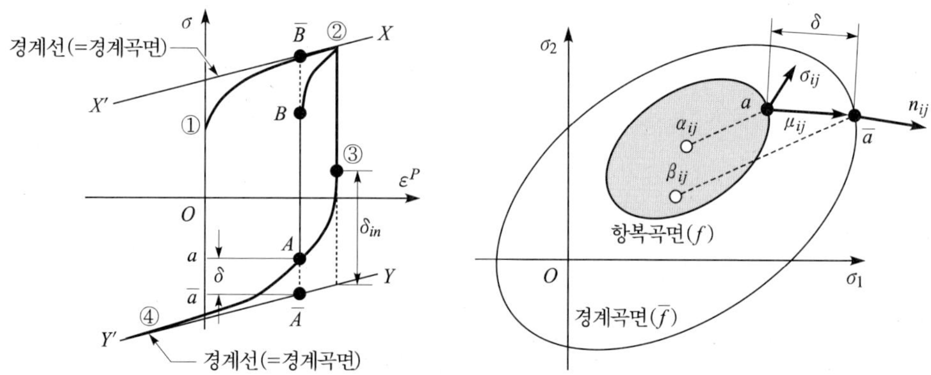

(a) 일축조건의 재하 사이클과 경계곡면 (b) 다축조건의 항복곡면과 경계곡면

〈그림 6-29〉 이곡면모델의 항복곡면과 경계곡면 (Wu, 2005)

식에서 E^P의 값은 $E^P > \overline{E}^P$, $\partial E^P/\partial\delta > 0$, $\delta = 0$에 대하여 $E^P = \overline{E}^P$, $\delta \rightarrow \delta_{in}$에 대하여 $E^P = \infty$ 등의 요구조건을 충족시켜야 한다($\overline{E}^P$는 〈그림 6-28〉 참조). E^P는 δ와 δ_{in} 외에도 경계곡면의 기울기 등 **소성내부변수**(plastic internal variable, 보통 「PIV」로 표기함)를 이용해서 구한다. Dafalias-Popov(1976)는 E^P에 대하여 다음의 관계식을 제안하였다.

$$E^P = \overline{E}^P + h\left(\frac{\delta}{\delta_{in} - \delta}\right) \tag{6-103}$$

식에서 $\overline{E}^P$는 시험을 통하여 결정하고, h는 δ_{in}의 함수이며 Dafalias-Popov(1975)가 제안한 비선형 관계식을 이용하여 구하면 편리하다. 그림(b)에서 응력상태가 경계곡면으로부터 떨어져 있어서 δ의 값이 크다면 재료는 강성이 커지고 경계곡면에 가까워지면서 경계곡면의 강성과 유사한 값을 갖게 된다. 이와 같은 방법으로 재료는 소성재하 사이클에서 높은 강성으로부터 낮은 강성으로 원활한 이행을 기대할 수 있다(Vermeer & de Borst, 1984).

〈그림 6-29〉는 〈그림 6-28〉의 일축조건의 응력-변형률 곡선과 경계곡면의 개념을 바탕으로 경계면모델의 항복곡면과 경계곡면을 도시한 것이다. 그림(a)에서 직선인 XX'과 YY'이 바로 경계곡면이며 재료에 따라서는 곡선인 경계곡면도 가능하다. 곡선 O-①-②는 재하 사이클의 응력-소성변형률 곡선으로서 재하가 계속되면 경계곡면 XX'와 합쳐지게 된다. 재하점 ②에서 제하가 시작되면 제하곡선은 ②-③-④가 되어 경계곡면 YY'과 만나게 된다. 계속해서 재하점 A에서 재재하를 하게 되면 AB구간은 탄성상태가 되고 B에서 소성변형이 시작된다. 재하 사이클별로 δ의 초깃값인 δ_{in}의 값은 마지막 제하-재재하 사이클의 값에 의해서 결정된다. 이것은 재료가 마지막 재하이력만 기억한다는 기억감퇴이론(fading memory)을 따르는 것으로 가정하기 때문이다. 따라서 δ_{in}의 값은 소성재하과정에서 일정하게 유지되다가 오직 탄성거동 후에 소성재하가 이어지는 경우에만 갱신된다는 것을 의미한다. 이와 같은 δ_{in}의 값의 변화에 대하여 Niels-Matti(2005)는 소성내부변수는 소성재하과정에서 함께 변해야 하기 때문에 소성재하과정에서 일정한 값을 갖는 δ_{in}은 내부변수가 될 수 없으며 이곡면모델의 큰 단점 중의 하나라고 지적하였다. 〈그림 6-29(a)〉에서 A와 $\overline{A}$의 $\sigma-$축 좌표값이 각각 a와 $\overline{a}$이고, A와 $\overline{A}$는 항복곡면상에 표시된 것이며 a와 $\overline{a}$는 경계곡면에 위치한 것이다. 또한 그림(b)와 같이 항복곡면과 경계곡면 중심을 각각 α_{ij} 및 β_{ij}라 하면 α_{ij}와 β_{ij}의 변화속도 $\dot{\alpha}$ 및 $\dot{\beta}$는 소성변형률속도 $\dot{\epsilon}^P$에 의존하며 각각 다음과 같이 나타낼 수 있다(Wu, 2005; Niels & Matti, 2005).

$$\dot{\alpha} = E^{\alpha}\dot{\epsilon}^{P} \tag{6-104}$$

$$\dot{\beta} = E^{\beta}\dot{\epsilon}^{P} = \dot{\alpha} - \left(E^{\alpha} - E^{\beta}\right)\dot{\epsilon}^{P} \tag{6-105}$$

식에서 E^{α}과 E^{β}는 각각 항복곡면과 경계곡면의 이동과 관련된 소성계수이다. 항복곡면의 등방경화 거동이 없어서 탄성영역의 크기가 변하지 않는다면 $E^{\alpha} = K_P$이고 경계곡면의 등방경화가 없다면 $E^{\beta} = K_P$가 되는데, 1차원 거동이라면 2개의 경계곡면은 서로 평행한 직선이 된다(Khan & Huang, 1995). 다축응력공간에서 항복곡면(f)과 경계곡면($\overline{f}$)은 각각 다음과 같이 나타낼 수 있다(Wu, 2005).

$$f\left(\sigma_{ij} - \alpha_{ij}, q_n\right) = 0, \quad \overline{f}\left(\sigma_{ij} - \beta_{ij}, q_n\right) = 0 \tag{6-106}$$

식에서 q_n은 소성내부변수로서 소성변형률 등이 포함된다. 2개의 곡면은 응력공간에서 한 쌍으로 묶여서 변환하거나 이동할 수 있으며 항복곡면에 대해서는 어떤 경화칙이라도 적용할 수 있다. q_n은 다음 식으로 주어진다(Wu, 2005).

$$\begin{aligned} &\dot{q}_n = \dot{q}_n\left(\sigma_{ij}, \dot{\sigma}_{ij}, q_m, \xi_m\right)H(L) && : f = 0 \text{인 경우} \\ &\dot{q}_n = 0 && : f < 0 \text{인 경우} \end{aligned} \tag{6-107}$$

식에서 H는 Heaviside계단함수(Heaviside step function)이고 L은 재하함수이다. 여기서 Heaviside계단함수란 함수의 정의역이 여러 개의 부분구간으로 나누어지며 각 부분구간 내에서는 상수함수 또는 일차함수이고 부분구간 경계에서는 불연속이 됨으로서 계단형태로 표시되는 함수이다. 등온조건에서 재하함수 L은 다음과 같다.

$$L = \dot{\sigma} = \dot{\sigma}_{ij} n_{ij} \tag{6-108}$$

식에서 n은 항복곡면의 단위법선벡터이다. 내부변수 q_n은 변형이력에 대한 항복곡면의 의존성을 나타내는 것이며 q_n의 변수 중에서 하나의 변수는 등방경화를 나타낼 수도 있다. (6-107)식의 ξ_m은 재하과정에서 급격한 변화와 관련된 내부변수로서 여기서는 δ_{in}이 이에 해당되는 변수이다. 이와 같은 매개변수는 재하과정에서 일정한 값을 유지한다. 또한 일축조건의 소성계수 E^P에 대해서는 δ와 δ_{in}의 변화와 함께 다음 식을 충족시키는 다축조건의 소성계수 K_P로 일반화할 수 있다(Wu, 2005).

$$K_P = K_P\left(\delta, \delta_{in}\right), \quad \overline{K}_P = K_P\left(0, \delta_{in}\right), \quad K_P\left(\delta_{in}, \delta_{in}\right) = \infty \tag{6-109}$$

식에서 $\overline{K}_P$는 경계곡면에 대한 다축상태의 소성계수이며 주어진 δ_{in}에 대하여 δ의 증가 함수이다. 〈그림 6-29(b)〉와 같이 δ는 항복곡면의 재하점 a와 경계곡면의 영상점 $\overline{a}$ 사이의 거리이다. 재하점 a의 응력을 σ_{ij}, 영상점 $\overline{a}$의 응력을 $\overline{\sigma}_{ij}$라고 하면 δ는 다음과 같이 일반화할 수 있다.

$$\delta = \left[\left(\overline{\sigma}_{ij} - \sigma_{ij}\right)\left(\overline{\sigma}_{ij} - \sigma_{ij}\right)\right]^{1/2} = \left|\overline{\sigma}_{ij} - \sigma_{ij}\right| \tag{6-110}$$

문제를 단순화하기 위해서 경계곡면은 항복곡면의 등방성 팽창에 의한 곡면이며 두 곡면은 모두 이동이 가능한 것으로 가정한다. 따라서 두 곡면은 기하학적으로 닮은꼴이기 때문에 두 곡면의 중심인 α_{ij} 및 β_{ij}로부터 각각 응력점을 연결한 2개의 반경은 그림(b)와 같이 서로 평행하므로 다음 식이 성립한다.

$$\overline{\sigma}_{ij} - \beta_{ij} = \widetilde{m}(\sigma_{ij} - \alpha_{ij}) \tag{6-111}$$

식에서 $\widetilde{m}$은 비례상수로서 q_n의 함수도 될 수 있다. 위의 식으로부터 다음 식을 얻을 수 있다.

$$\overline{\sigma}_{ij} - \sigma_{ij} = \widetilde{m}(\sigma_{ij} - \alpha_{ij}) + \beta_{ij} - \sigma_{ij} \tag{6-112}$$

위의 식을 (6-110)식에 대입하면 δ를 구할 수 있다. Dafalias-Popov(1975)는 두 곡면의 중심인 α_{ij}와 β_{ij}에 대한 전개규칙으로서 응력속도에 대한 소성변형률속도 $\dot{\epsilon}_{ij}^P$의 일차종속으로 가정하고 법선칙을 적용하여 다음과 같은 유동칙을 제안하였다(Wu, 2005).

$$\dot{\epsilon}_{ij}^P = \frac{1}{K_P}\langle L \rangle n_{ij} \tag{6-113}$$

식에서〈 〉는 Macauley괄호(Macauley bracket)로서 $\langle L \rangle = L\,H(L)$이며 H는 Heaviside 계단함수이다. 따라서 $L > 0$이면 $\langle L \rangle = L$이고 $L < 0$이면 $\langle L \rangle = 0$이다. 위의 식으로부터 다음 식을 얻을 수 있다.

$$\langle L \rangle = \langle \dot{\sigma} \rangle = K_P\left(\dot{\epsilon}_{ij}^P\, \dot{\epsilon}_{ij}^P\right)^{1/2} \tag{6-114}$$

응력속도를 법선방향으로 투사하면 위의 식은 일축조건의 $\dot{\sigma} = E^P \dot{\epsilon}^P$식을 다축상태의 관계식으로 일반화할 수 있다. 이것은 일축조건의 소성계수 E^P를 다축조건의 소성계수 K_P로 일반화한다는 것이다. 동일한 방법으로 (6-104)식을 일반화하면 다음과 같다(Wu, 2005).

$$\dot{\alpha} = \dot{\alpha}\, n_{ij} = K_P^{\alpha}\left(\dot{\epsilon}_{ij}^{P}\, \dot{\epsilon}_{ij}^{P}\right)^{1/2} = \frac{K_P^{\alpha}}{K_P}\langle L\rangle \tag{6-115}$$

또한 $\dot{\alpha}_{ij}$의 방향으로 단위벡터를 ν라고 하면 일반적으로 ν는 항복곡면의 단위법선벡터 n과 방향이 같지 않으며 다음과 같이 나타낼 수 있다.

$$\dot{\alpha}_{ij} = \dot{\alpha}^{\nu}\, \nu_{ij} \tag{6-116}$$

식에서 $\dot{\alpha}^{\nu}$는 크기를 나타낸다. 위의 식을 (6-115)식에 대입하면 다음과 같다.

$$\dot{\alpha} = \dot{\alpha}\, n_{ij} = \dot{\alpha}^{\nu}\, \nu_{ij}\, n_{ij} \tag{6-117}$$

따라서 $\dot{\alpha}_{ij}$는 다음과 같이 나타낼 수 있다.

$$\dot{\alpha}_{ij} = \frac{\dot{\alpha}}{\nu_{kl}\, n_{kl}}\nu_{ij} = \frac{1}{\nu_{kl}\, n_{kl}}\frac{K_P^{\alpha}}{K_P}\langle L\rangle \nu_{ij} \tag{6-118}$$

위의 식과 함께 무모순조건을 이용하면 K_P^{α}/K_P를 결정할 수 있다. (6-106)식의 항복곡면에 대한 무모순조건은 다음과 같다(Wu, 2005).

$$\dot{f} = \frac{\partial f}{\partial \sigma_{ij}}\dot{\sigma}_{ij} + \frac{\partial f}{\partial \alpha_{ij}}\dot{\alpha}_{ij} + \frac{\partial f}{\partial q_n}\dot{q}_n = 0 \tag{6-119}$$

위의 식에서 $\partial f/\partial \sigma_{ij}$를 다음과 같이 가정한다.

$$g = \left(\frac{\partial f}{\partial \sigma_{ij}}\frac{\partial f}{\partial \sigma_{ij}}\right)^{1/2}, \quad \frac{\partial f}{\partial \sigma_{ij}} = g\, n_{ij} \tag{6-120}$$

또한 σ_{ij}에서 $\dot{q}_n$을 선형으로 가정하면 다음과 같이 나타낼 수 있다.

$$\dot{q}_n = r_n \langle L\rangle \tag{6-121}$$

식에서 r_n은 스칼라이다. (6-120~121)식을 (6-119)식에 대입하면 다음 식을 얻을 수 있다.

$$\frac{K_P^{\alpha}}{K_P} = 1 + \frac{1}{g}\frac{\partial f}{\partial q_n}r_n \tag{6-122}$$

위의 식을 (6-118)식에 대입하면 $\dot{\alpha}_{ij}$를 구할 수 있다. 위의 관계식은 ν_{ij}가 명시된 이동칙이라면 어떤 이동칙이라도 적용이 가능하다. 특히 $\partial f/\partial q_n = 0$인 경우에는 $K_P^{\alpha} = K_P$이며 이것은 일축조건의 $E^{\alpha} = E^{P}$에 해당하는 것이다. 같은 방법으로 (6-105)식을 일반화할 수 있다. (6-106)식의 경계곡면$(\overline{f})$에 대한 무모순조건은 다음과 같다(Wu, 2005).

$$\dot{\overline{f}} = \frac{\partial \overline{f}}{\partial \overline{\sigma}_{ij}} \dot{\overline{\sigma}}_{ij} + \frac{\partial \overline{f}}{\partial \beta_{ij}} \dot{\beta}_{ij} + \frac{\partial f}{\partial q_n} \dot{q}_n = 0 \tag{6-123}$$

위의 식에서 $\partial \overline{f}/\partial \overline{\sigma}_{ij}$를 다음과 같이 가정한다.

$$\overline{g} = \left(\frac{\partial \overline{f}}{\partial \overline{\sigma}_{ij}} \frac{\partial \overline{f}}{\partial \overline{\sigma}_{ij}} \right)^{1/2} \Rightarrow \frac{\partial \overline{f}}{\partial \overline{\sigma}_{ij}} = \overline{g}\, n_{ij} \tag{6-124}$$

또한 $\overline{L}$는 다음과 같이 나타낼 수 있다.

$$\overline{L} = \dot{\overline{\sigma}} = \dot{\overline{\sigma}}_{ij} n_{ij} = \overline{K}_P \left(\dot{\epsilon}_{ij}^P \dot{\epsilon}_{ij}^P \right)^{1/2} = \frac{\overline{K}_P}{K_P} \langle L \rangle \tag{6-125}$$

위의 두 식과 (6-123)식으로부터 다음 식을 얻을 수 있다.

$$n_{ij} \dot{\beta}_{ij} = \overline{L} + \frac{1}{g} \frac{\partial \overline{f}}{\partial q_n} r_n L \tag{6-126}$$

(6-105)식을 일반화하면 다음과 같다.

$$\dot{\beta} = \dot{\beta}_{ij} n_{ij} = K_P^{\beta} \left(\dot{\epsilon}_{ij}^P \dot{\epsilon}_{ij}^P \right)^{1/2} = \frac{\overline{K}_P}{K_P} \langle L \rangle \tag{6-127}$$

$\dot{\beta}_{ij}$의 방향으로 단위벡터를 ξ라고 하면 다음 식과 같이 나타낼 수 있다.

$$\dot{\beta}_{ij} = \dot{\beta}^{\xi} \xi_{ij} \tag{6-128}$$

식에서 $\dot{\beta}^{\xi}$는 크기를 나타낸다. 그러나 $\dot{\beta}$는 n의 방향으로 $\dot{\beta}_{ij}$를 투사한 것이므로 다음 식을 얻을 수 있다.

$$\dot{\beta} = \dot{\beta}_{ij} n_{ij} = \dot{\beta}^{\xi} \xi_{ij} n_{ij} \Rightarrow \dot{\beta}^{\xi} = \frac{\dot{\beta}}{\xi_{ij} n_{ij}} \tag{6-129}$$

따라서 (6-128~129)식으로부터 다음 식을 얻을 수 있다.

$$\dot{\beta}_{ij} = \frac{\dot{\beta}}{\xi_{kl} n_{kl}} \xi_{ij} = \frac{1}{\xi_{kl} n_{kl}} \frac{K_P^{\beta}}{K_P} \langle L \rangle \xi_{ij} \tag{6-130}$$

문제를 단순화하기 위해서 $\nu = \xi = \mu$인 것으로 가정한다. 이와 같은 가정은 Mroz의 이동칙과 유사한 것이며, 여기서 μ는 〈그림 6-29〉와 같이 응력점 a에서 $\overline{a}$로 향하는 단위벡터이다. 이와 같은 경우에 (6-118)식은 다음과 같이 간단하게 나타낼 수 있다.

$$\dot{\alpha}_{ij} = \frac{\dot{\alpha}}{\mu_{kl} n_{kl}} \frac{K_P^\alpha}{K_P} \langle L \rangle \mu_{ij} \tag{6-131}$$

또한 (6-130)식도 다음과 같이 나타낼 수 있다.

$$\dot{\beta}_{ij} = \frac{\dot{\beta}}{\mu_{kl} n_{kl}} \frac{K_P^\beta}{K_P} \langle L \rangle \mu_{ij} \tag{6-132}$$

위의 식은 (6-105)식과 같은 방법으로 다음과 같이 나타낼 수 있다.

$$\dot{\beta}_{ij} = \dot{\alpha}_{ij} - \widetilde{M} \mu_{ij} \tag{6-133}$$

식에서 $\widetilde{M}$은 (6-131~132)식으로부터 다음과 같다.

$$\widetilde{M} = \frac{1}{\mu_{kl} n_{kl}} \frac{K_P^\alpha - K_P^\beta}{K_P} \langle L \rangle \tag{6-134}$$

(6-125)식, (6-133)식 및 (6-134)식을 (6-126)식에 대입하면 다음 식을 얻을 수 있다.

$$\frac{K_P^\beta}{K_P} = \frac{\overline{K}_P}{K_P} + \frac{1}{g} \frac{\partial \overline{f}}{\partial q_n} r_n \tag{6-135}$$

또한 (6-122)식과 (6-135)식으로부터 (6-134)식은 다음과 같이 나타낼 수 있다.

$$\widetilde{M} = \frac{1}{\mu_{kl} n_{kl}} \left[\left(1 - \frac{\overline{K}_P}{K_P} \right) + \left(\frac{1}{g} \frac{\partial f}{\partial q_n} r_n - \frac{1}{g} \frac{\partial \overline{f}}{\partial q_n} r_n \right) \right] \langle L \rangle \tag{6-136}$$

만약 f와 $\overline{f}$가 q_n의 함수가 아니라면 (6-135~136)식은 각각 다음과 같이 간단하게 나타낼 수 있다.

$$\widetilde{M} = \frac{1}{\mu_{kl} n_{kl}} \left(1 - \frac{\overline{K}_P}{K_P} \right) \langle L \rangle, \quad K_P^\beta = \overline{K}_P \tag{6-137}$$

한계상태가 되어 항복곡면과 경계곡면이 접한 후에($\delta = 0$, $K_P = \overline{K}_P$) (6-131~132)식으로부터 다음의 관계식을 얻을 수 있다(Wu, 2005).

$$\dot{\alpha}_{ij} = \dot{\beta}_{ij} \tag{6-138}$$

위의 식이 의미하는 것은 추가적인 재하에 대하여 두 곡면은 동일한 속도로 함께 움직이게 된다는 것이다.

6.4.3 흙의 경계면모델

Dafalias-Popov(1975)와 Krieg(1975)에 의한 금속재료의 경계면모델을 도입하여 흙의 경화거동에 대해서도 다양한 형태의 경계면모델이 제안되었다. Mroz 외(1979)는 한계상태이론을 기반으로 **압밀곡면**(consolidation surface)을 경계곡면으로 취하고 탄성변형이 발생하는 영역을 정의하는 항복곡면을 이용하여 점토에 대한 이곡면모델을 수립하였으며 후에 Al Tabbaa-Wood(1989)는 이것을 더욱 확장하여 점토의 반복거동을 모델링할 수 있는 이른바 **기포형모델**(bubble model)을 제안하였다(Yu, 2006). 또한 Hashiguchi(1981), Mroz 외(1981), Stallebrass(1990), Hau(2003) 등은 이곡면모델에 곡면을 하나 더 추가하여 **삼곡면모델**(three surface model)을 수립하였다. Dafalias-Herrmann(1982)도 반복재하에 대한 점토의 거동을 모델링하기 위하여 경계면모델을 도입하였지만 항복곡면이 정의되지 않는 모델을 제시하였으며 항복곡면부터 경계곡면까지 소성계수의 변화를 구하기 위하여 방사상방향으로 **사상칙**(寫像則; mapping rule)을 도입하였다(Chen & Mizuno, 1990). 이외에도 이곡면모델, 삼곡면모델 등의 경계면모델과 관련하여 많은 모델이 제안되었지만 여기서는 기본적인 모델에 대해서만 간단하게 기술하고자 한다.

(1) Mroz 외(1979)의 점토에 대한 이곡면모델

i) 항복곡면과 경계곡면

Mroz 외(1979)는 한계상태이론의 상태경계곡면인 압밀곡면을 경계곡면($\overline{f}$)으로 취하여 $p'-q$공간에서 다음과 같은 타원형 경계곡면을 제안하였다(Yu, 2006).

$$\overline{f}\left(p', q, \epsilon_p^P\right) = (p'-b)^2 + \frac{q^2}{n^2} - a^2 = 0 \qquad (6\text{-}139)$$

식에서 a와 b는 〈그림 6-30〉에 표시된 것과 같으며 ϵ_p^P는 소성체적변형률성분이다. 〈그림 6-30〉의 m과 n은 각각 다음과 같다.

$$m = \tan\omega, \quad n = \tan\xi, \quad \frac{n}{m} = \frac{b}{a} \qquad (6\text{-}140)$$

항복곡면에 대해서도 다음과 같이 경계곡면과 동일한 형태의 관계식을 제안하였다.

$$f\left(p', q, \epsilon_p^P\right) = (p'-a_p)^2 + \frac{(q-a_q)^2}{n^2} - a_0^2 = 0 \qquad (6\text{-}141)$$

식에서 (a_p, a_q)는 항복곡면의 중심좌표이다.

ii) **관련유동칙의 적용**

항복곡면에 대하여 관련유동칙을 적용하면 소성변형률은 다음의 식을 이용하여 구할 수 있다(Yu, 2006).

$$d\epsilon_p^P = \frac{1}{H_P}\frac{\partial f}{\partial p'}df = \frac{2}{H_P}(p' - a_p)\,df \quad (6\text{-}142)$$

$$d\epsilon_q^P = \frac{1}{H_P}\frac{\partial f}{\partial q}df = \frac{2}{H_P}\frac{q - a_q}{n^2}df \quad (6\text{-}143)$$

식에서 ϵ_p^P는 소성체적변형률, ϵ_q^P는 소성전단변형률, H_P는 경화매개변수이며 df는 다음과 같다.

$$df = \frac{\partial f}{\partial p'}dp' + \frac{\partial f}{\partial q}dq = 2(p' - a_p)dp' + 2\frac{q - a_q}{n^2}dq \quad (6\text{-}144)$$

(6-142~143)식의 소성변형률은 각각 다음과 같이 소성계수 K_P를 이용해서 나타낼 수도 있다.

$$d\epsilon_p^P = \frac{1}{K_P}n_p\,d\sigma_n \quad (6\text{-}145)$$

$$d\epsilon_q^P = \frac{1}{K_P}n_q\,d\sigma_n \quad (6\text{-}146)$$

식에서 소성계수 K_P는 항복곡면의 법선방향으로 응력증분과 변형률증분의 비이며, $d\sigma_n$와 항복곡면에 대한 단위법선벡터인 n_p 및 n_q는 각각 다음과 같다.

$$d\sigma_n = \frac{1}{G_f}\left[(p' - a_p)dp' + \frac{q - a_q}{n^2}dq\right] \quad (6\text{-}147)$$

$$n_p = \frac{\dfrac{\partial f}{\partial p'}}{\sqrt{\left(\dfrac{\partial f}{\partial p'}\right)^2 + \left(\dfrac{\partial f}{\partial q}\right)^2}} = \frac{p' - a_p}{G_f} \quad (6\text{-}148)$$

$$n_q = \frac{\dfrac{\partial f}{\partial q}}{\sqrt{\left(\dfrac{\partial f}{\partial p'}\right)^2 + \left(\dfrac{\partial f}{\partial q}\right)^2}} = \frac{q - a_q}{n^2 G_f} \quad (6\text{-}149)$$

식에서, $G_f = \sqrt{(p' - a_p)^2 + \dfrac{(q - a_q)^2}{n^4}}$ (6-150)

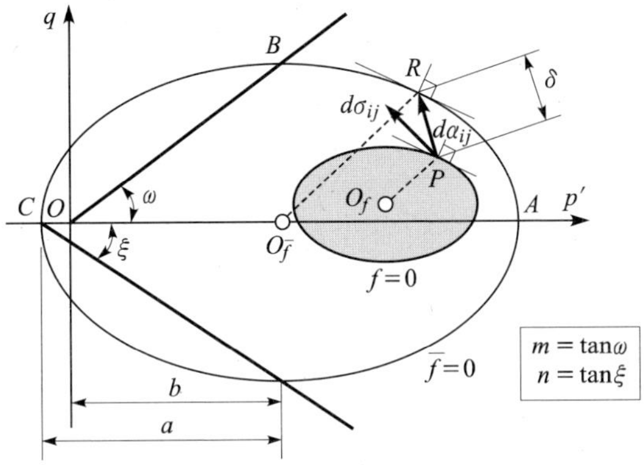

〈그림 6-30〉 Mroz 외(1979)의 점토에 대한 이곡면모델 (Yu, 2006)

iii) 항복곡면과 경계곡면의 이동칙과 팽창 및 수축

다음으로 항복곡면과 경계곡면의 이동칙과 팽창 및 수축을 규정해야 한다. 문제를 단순화하기 위해서 항복곡면에 대해서는 재하과정에서 이동은 물론 팽창 및 수축이 허용되지만 경계곡면에 대해서는 재하과정에서 팽창과 수축만 가능한 것으로 가정한다. 경계곡면 내에서 항복곡면의 이동에 대해서는 Mroz의 이동칙을 적용하고 두 곡면은 교차하지 않는 것으로 가정한다. 이것은 항복곡면의 중심이 〈그림 6-30〉의 $PR-$방향으로 이동한다는 것을 의미한다. 항복곡면과 경계곡면의 중심좌표는 각각 (a_p, a_q) 및 $(na/m, 0)$이다. 만약 두 곡면의 변화를 허용한다면 즉 a와 a_0의 변화를 허용한다면 항복곡면의 이동은 다음 식으로 구할 수 있다(Yu, 2006).

$$da_q = d\mu\left[-q_p + \frac{a}{a_0}(q_p - a_q)\right] + \frac{da - da_0}{a_0}(q_p - a_q) \tag{6-151}$$

$$da_p = d\mu\left[b - p_p{}' + \frac{a}{a_0}(p_p{}' - a_p)\right] + \frac{da - da_0}{a_0}(p_p{}' - a_p) + \frac{n}{m}da \tag{6-152}$$

식에서 $(p_p{}', q_p)$는 응력점 P의 특정시점의 응력상태를 나타낸다. 항복곡면에 대한 무모순조건은 다음과 같다.

$$\frac{\partial f}{\partial p'}dp' + \frac{\partial f}{\partial q}dq - \frac{\partial f}{\partial p'}da_p - \frac{\partial f}{\partial q}da_q + \frac{\partial f}{\partial a_0}da_0 = 0 \tag{6-153}$$

(6-151~152)식을 위의 식에 대입하면 $d\mu$를 결정할 수 있다. 항복곡면과 경계곡면의 팽창 및 수축은 소성변형률에 의하여 결정되는데, 한계상태이론과 같이 그 크기는 다음과

같이 소성체적변형률 $d\epsilon_p^P$에 의해서 결정되는 것으로 가정한다.

$$da = \frac{\partial a}{\partial \epsilon_p^P} d\epsilon_p^P = \frac{1}{K_P} \frac{\partial a}{\partial \epsilon_p^P} n_p \, d\sigma_n \qquad (6\text{-}154)$$

만약 두 곡면이 크기의 비가 일정하다면 위의 식은 다음과 같이 간단하게 나타낼 수 있다.

$$da_0 = \frac{a_0}{a} da \qquad (6\text{-}155)$$

iv) 소성계수의 변화 : 사상칙

모델을 완성하기 위해서는 소성계수(K_P 또는 H_P)가 항복곡면으로부터 경계곡면까지 어떻게 변하는지를 규정해야 한다. 이를 위해서 응력점 P의 K_P^P로부터 R의 K_P^R까지 소성계수가 연속적으로 변하는 것으로 가정한다. K_P^R를 결정하기 위해서 두 곡면이 접한 경우를 고려하면 소성변형률은 경계곡면에 의해서 결정되기 때문에 다음과 같이 나타낼 수 있다(Yu, 2006).

$$d\epsilon_p^P = \frac{1}{K_P^R} n_p \, d\sigma_n \qquad (6\text{-}156)$$

$$d\epsilon_q^P = \frac{1}{K_P^R} n_q \, d\sigma_n \qquad (6\text{-}157)$$

위의 식에서 K_P^R을 결정하기 위해서는 다음과 같이 경계곡면에 대하여 무모순조건을 적용해야 한다.

$$\frac{\partial \bar{f}}{\partial p'} dp' + \frac{\partial \bar{f}}{\partial q} dq + \frac{\partial \bar{f}}{\partial \epsilon_p^P} d\epsilon_p^P = 0 \qquad (6\text{-}158)$$

위의 식으로부터 K_P^R는 다음과 같다.

$$K_P^R = -\frac{\partial \bar{f}}{\partial \epsilon_p^P} n_P \frac{1}{2G_{\bar{f}}} = \frac{1}{(G_{\bar{f}})^2} \left[\left(p' - \frac{n}{m} a\right) \frac{n}{m} + a\right] \left(p' - \frac{n}{m} a\right) \frac{\partial a}{\partial \epsilon_p^P} \qquad (6\text{-}159)$$

식에서, $G_{\bar{f}} = \sqrt{(p'-b)^2 + \dfrac{q^2}{n^4}}$ (6-160)

〈그림 6-30〉의 응력점 A, B 및 C에 대하여 (6-159)식은 각각 다음과 같이 간단하게

나타낼 수 있다.

$$K_P^A = \left(1 - \frac{n}{m}\right)\frac{\partial a}{\partial \epsilon_p^P}, \quad K_P^B = 0, \quad K_P^C = -\left(1 - \frac{n}{m}\right)\frac{\partial a}{\partial \epsilon_p^P} \tag{6-161}$$

참고로 한계상태이론의 $MCCM$에서 $n = m$이면 응력점 A, B 및 C에 대한 소성계수는 모두 0이 된다. 응력점 P의 소성계수를 결정하기 위해서는 (6-159)식에 의한 응력점 R의 소성계수와 P와 R 사이의 거리인 δ의 함수로 처리하여 해석적인 방법으로 구하는 것이 보통이다. 이때 δ는 다음 식을 이용하여 구한다.

$$\delta = \left[\left(\frac{q_R - q_P}{n}\right)^2 + (p_R{}' - p_P{}')^2\right]^{1/2} \tag{6-162}$$

δ의 최댓값인 $\max(\delta)$는 다음과 같다.

$$\delta_0 = \max(\delta) \tag{6-163}$$

〈그림 6-31〉은 $n = m$인 경우에 응력점 P와 R 사이의 거리가 최대가 되는 경우에 대하여 도시한 것이다. 따라서 소성계수 K_P에 대해서는 δ의 값에 따라서 다음과 같은 2개의 경계값을 설정할 수 있다.

$$\begin{aligned} &- \ \delta = \delta_0 = \max(\delta)\text{인 경우} : K_P = K_{P0} \\ &- \ \delta = 0\text{인 경우} \quad : K_P = K_P^R \end{aligned} \tag{6-164}$$

위와 같은 2개의 경계값인 K_{P0}와 K_P^R 사이에서 응력점 P의 소성계수 K_P^P는 다음 식을 이용하여 구한다.

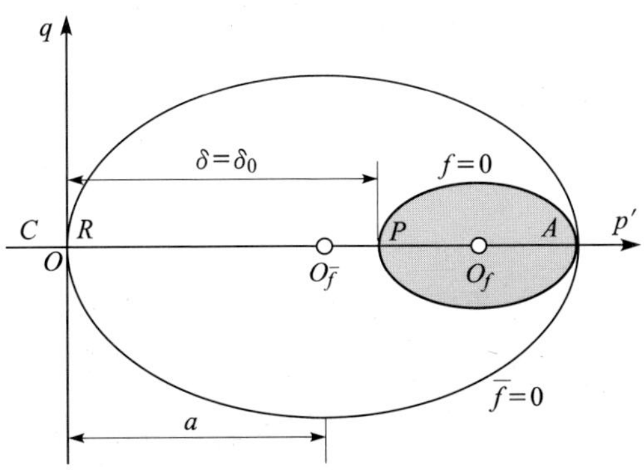

〈그림 6-31〉 이곡면모델에서 PR이 최대가 되는 경우 (Yu, 2006)

$$K_P^P = K_P^R + \left(K_{P0} - K_P^R\right)\left(1 - \frac{\delta}{\delta_0}\right)^{\gamma} \tag{6-165}$$

식에서 γ는 재료상수이다.

v) 응력-변형률 관계식

Mroz 외(1979)는 한계상태이론의 탄성 응력-변형률 관계를 고려하여 점토의 이곡면모델에 대한 응력-변형률 관계식을 다음과 같이 제안하였다(Yu, 2006).

$$\begin{aligned} d\epsilon_q &= C_{11}\,dq + C_{12}\,dp' \\ d\epsilon_p &= C_{21}\,dq + C_{22}\,dp' \end{aligned} \tag{6-166}$$

식에서,
$$\begin{aligned} C_{11} &= \frac{1}{3G} + \frac{1}{K_P}\frac{(q-a_q)^2}{n^4(G_f)^2} \\ C_{12} &= \frac{1}{K_P}\frac{(q-a_q)(p'-a_p)}{n^2(G_f)^2} = C_{21} \\ C_{22} &= \frac{1}{K} + \frac{1}{K_P}\frac{(p'-a_p)^2}{(G_f)^2} \end{aligned} \tag{6-167}$$

식에서 K와 G는 각각 체적탄성계수 및 전단탄성계수이며 유효응력성분에 의한 값이다.

(2) Al Tabbaa-Wood(1989)의 점토에 대한 기포형모델

i) 기포곡면과 경계곡면

Al Tabbaa-Wood(1989)는 Mroz 외(1979)의 이곡면모델을 기반으로 하여 점토의 반복거동을 모델링할 수 있는 기포형모델을 제안하였다. 기포형모델의 「**기포곡면**」(bubble surface)은 일종의 이동경화 항복곡면으로서 기포곡면과 경계곡면이 모두 $MCCM$의 항복곡면과 동일한 형태라는 것을 전제로 하여 수립된 모델이다. 다시 말하면 두 곡면이 Mroz 외(1979)의 이곡면모델에서 $m = n = M$로 설정하여 수립되었다는 것이다(M: 한계상태 응력비). 따라서 (4-71)식에 의한 $MCCM$의 항복곡면은 기포형모델에서는 항복곡면이 아니라 경계곡면으로서 역할을 하게 된다. 이론 전개과정에서 이곡면모델의 a는 $MCCM$에서 p_0'로 표시되므로 선행압밀압력 p_c'의 1/2, 즉 $2a = 2p_0' = p_c'$라는 것을 주의해야 한다(〈그림 6-30〉 및 〈그림 5-7〉 참조). Al Tabbaa-Wood(1989)는 〈그림 6-32〉와 같이 경계곡면과 기포곡면의 크기의 비 $\widetilde{R}$를 일정한 것으로 가정하여 $p'-q$공간에서 경계곡면($\overline{f}$)과 기포곡면(f)을 각각 다음과 같이 제안하였다(Yu, 2006; Stallebrass, 1990).

$$\overline{f}=(p'-p_0{}')^2+\frac{q^2}{M^2}-(p_0{}')^2=0 \tag{6-168}$$

$$f=(p'-p_\alpha{}')^2+\frac{(q-q_\alpha)^2}{M^2}-\widetilde{R}(p_0{}')^2=0 \tag{6-169}$$

식에서 $(p_0{}',0)$은 경계곡면의 중심좌표, $(p_\alpha{}',q_\alpha)$는 기포곡면의 중심좌표이다.

ii) 경화칙

기포형모델에서는 통상적인 $v-\ln p'$공간이 아닌 $\ln v-\ln p'$공간에서 정규압밀곡선을 직선으로 가정하여 다음의 경화칙을 적용한다(Yu, 2006).

$$\frac{dp_c{}'}{d\epsilon_p^P}=\frac{p_c{}'}{\lambda^*-\kappa^*} \tag{6-170}$$

식에서 $p_c{}'=2p_0{}'$이고 λ^*와 κ^*는 $\ln v-\ln p'$공간에서 각각 정규압밀곡선과 팽창곡선의 기울기이다.

iii) 이동칙

경화칙과 함께 기포곡면의 이동은 다음 식으로 구한다.

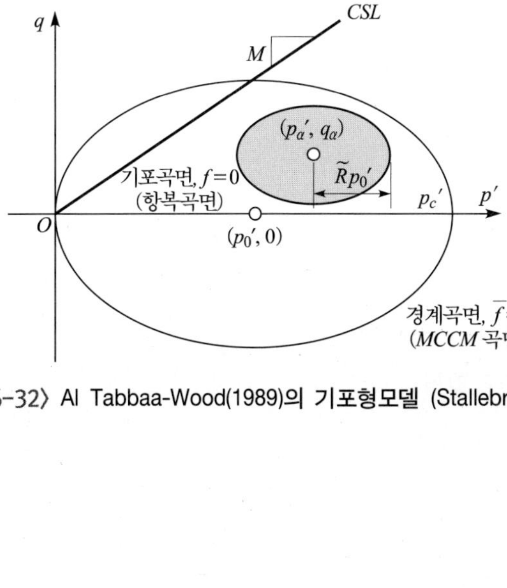

〈그림 6-32〉 Al Tabbaa-Wood(1989)의 기포형모델 (Stallebrass, 1990)

$$dp_\alpha{}' = \frac{dp_c{}'}{p_c{}'}\,p_\alpha{}' + \widetilde{S}\left[\frac{p' - p_\alpha{}'}{\widetilde{R}} - \left(p' - \frac{p_c{}'}{2}\right)\right] \tag{6-171}$$

$$dq_\alpha = \frac{dp_c{}'}{p_c{}'}\,q_\alpha + \widetilde{S}\left(\frac{q - q_\alpha}{\widetilde{R}} - q\right) \tag{6-172}$$

식에서 $\widetilde{S}$는 스칼라이며 기포곡면에 대한 무모순조건으로부터 다음과 같이 나타낼 수 있다.

$$\widetilde{S} = \frac{(p' - p_\alpha{}')\left(dp' - p'\dfrac{dp_c{}'}{p_c{}'}\right) + \dfrac{(q - q_\alpha)}{M^2}\left(dq - q\dfrac{dp_c{}'}{p_c{}'}\right)}{(p' - p_\alpha{}')\left[\dfrac{p' - p_\alpha{}'}{\widetilde{R}} - \left(p' - \dfrac{p_c{}'}{2}\right)\right] + \dfrac{q - q_\alpha}{M^2}\left(\dfrac{q - q_\alpha}{\widetilde{R}} - q\right)} \tag{6-173}$$

iv) 소성변형률증분

응력-변형률 거동이 관련유동칙을 충족시키는 것으로 가정하면 소성변형률증분은 항복함수로부터 다음과 같이 유도할 수 있다.

$$d\epsilon_p^P = \frac{1}{K_P}\left[(p' - p_\alpha{}')^2 dp' + \frac{1}{M^2}(p' - p_\alpha{}')(q - q_\alpha)dq\right] \tag{6-174}$$

$$d\epsilon_q^P = \frac{1}{K_P}\left[\frac{1}{M^2}(p' - p_\alpha{}')(q - q_\alpha)dp + \left(\frac{q - q_\alpha}{M^2}\right)^2 dq\right] \tag{6-175}$$

식에서 소성계수 K_P는 경계곡면의 소성계수$(\overline{K}_P)$와 기포곡면의 응력점과 경계곡면의 공액점 사이의 거리(δ_b)의 함수이다. 기포곡면과 경계곡면이 접한 경우에 소성계수 K_P^c는 다음 식으로 구한다.

$$K_P^c = \frac{p' - p_\alpha{}'}{\lambda^* - \kappa^*}\left[p'(p' - p_\alpha{}') + \frac{q(q - q_\alpha)}{M^2}\right] \tag{6-176}$$

기포곡면과 경계곡면이 접하지 않은 경우에 소성계수 K_P^{nc}는 다음 식으로 구한다.

$$K_P^{nc} = K_P^c + \frac{p_c{}'}{\lambda^* - \kappa^*}\left(\frac{\delta_b}{\delta_{bmax}}\right)^\psi \tag{6-177}$$

식에서 ψ는 흙의 강성저하 속도를 지배하는 재료상수로서 물리적인 의미는 없으며 시험데이터에 맞춰서 결정해야 한다. δ_b는 기포곡면의 법선방향으로 특정시점의 응력점과 공액점 사이의 거리이고 δ_{bmax}는 δ_b의 최댓값이며 각각 다음과 같다.

$$\delta_b = \frac{p' - p_\alpha{}'}{\frac{p_c{}'}{2}}\left[\frac{p' - p_\alpha{}'}{\widetilde{R}} - \left(p' - \frac{p_c{}'}{2}\right)\right] + \frac{q - q_\alpha}{p_c{}' M^2}\left(\frac{q - q_\alpha}{\widetilde{R}} - q\right) \tag{6-178}$$

$$\delta_{bmax} = (1 - \widetilde{R})p_c{}' \tag{6-179}$$

(3) Dafalias-Herrmann의 점토에 대한 경계면모델과 방사상 사상기법

Dafalias-Herrmann(1982)가 제안한 점토에 대한 경계면모델은 항복곡면 대신에 등방성 팽창 및 수축이 가능한 재하곡면을 이용한다는 것이 Mroz 외(1979)의 이곡면모델과 다르다. 또한 특정시점에 원점에서 방사상방향으로 재하곡면의 응력점을 경계곡면에 투사하여 영상점을 결정할 수 있는 **방사상 사상기법**(radial mapping)을 도입하였다. 이와 같은 접근방법은 Mroz 외(1979)의 이곡면모델보다 더욱 간단한 방법이지만 재하과정에서 유발되는 **응력유발이방성**(stress-induced anisotropy)을 설명하지 못함으로서 반복거동모델로서는 적절하지 않은 것으로 알려져 있다. 후에 이 모델은 반복하중을 모델링할 수 있도록 보완되었으며, Bardet(1986)에 의하여 사질토에 대한 경계면모델로 확장되었다(Yu, 2006).

i) 재하곡면과 경계곡면

Dafalias-Herrmann(1982)의 경계면모델에서도 기포형모델과 같이 경계곡면($\bar{f}$)은 $MCCM$과 동일한 형태를 취한다. 특정시점의 응력점과 원점을 항상 통과하는 재하곡면(f)도 〈그림 6-33〉과 같이 경계곡면과 기하학적으로 닮은꼴이다. 문제를 단순화하기 위해서 탄성영역이 하나의 점으로 축소된 것으로 가정한다. 이것은 재하가 시작되면서 즉시 소성변형이 발생한다는 의미이다. 체적경화 경계곡면(volumetric hardening bounding surface)의 일반적인 형식은 다음과 같다.

$$\bar{f}\left(\bar{p}', \bar{q}, \epsilon_p^P\right) = 0 \tag{6-180}$$

식에서 $(\bar{p}', \bar{q})$는 경계곡면의 응력상태를 나타내고 소성체적변형률 ϵ_p^P는 경화매개변수이다. 재하곡면도 다음과 같이 경계곡면과 동일한 형식을 취한다.

$$f\left(p', q, \epsilon_p^P\right) = 0 \tag{6-181}$$

소성변형률증분은 다음과 같이 소성퍼텐셜함수에 의하여 지배되는 것으로 고려한다.

$$g(q, p') = g\left(\bar{q}, \bar{p}'\right) = 0 \tag{6-182}$$

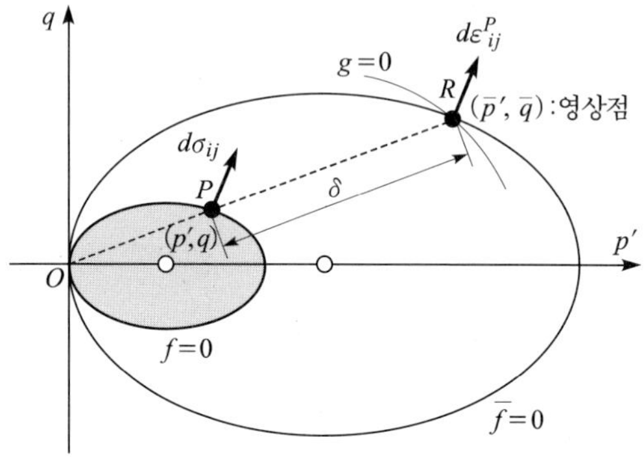

〈그림 6-33〉 Dafalias-Herrmann의 점토에 대한 경계면모델 (Yu, 2006)

ii) 소성변형률증분과 소성계수

Dafalias-Herrmann(1982)과 Dafalias(1986)는 모델을 수립하기 위해서는 다음과 같이 3개의 관계식(관계식①~관계식③)이 필요하다고 제시하였다(Yu, 2006).

- 관계식① : 응력점의 응력증분 (dp', dq)와 영상점의 응력증분 $(d\bar{p}', d\bar{q})$가 다음과 같이 동일한 것으로 가정한다.

$$\frac{1}{H_P}\left(\frac{\partial f}{\partial p'}dp' + \frac{\partial f}{\partial q}dq\right)\frac{\partial g}{\partial p'} = \frac{1}{H_P}\left(\frac{\partial \bar{f}}{\partial \bar{p}'}d\bar{p}' + \frac{\partial \bar{f}}{\partial \bar{q}}d\bar{q}\right)\frac{\partial g}{\partial \bar{p}'} \tag{6-183}$$

$$\frac{1}{H_P}\left(\frac{\partial f}{\partial p'}dp' + \frac{\partial f}{\partial q}dq\right)\frac{\partial g}{\partial q} = \frac{1}{H_P}\left(\frac{\partial \bar{f}}{\partial \bar{p}'}d\bar{p}' + \frac{\partial \bar{f}}{\partial \bar{q}}d\bar{q}\right)\frac{\partial g}{\partial \bar{q}} \tag{6-184}$$

다음의 매개변수 n_p와 n_q를 도입한다.

$$n_p = \frac{1}{a_f}\frac{\partial f}{\partial p'}, \quad n_q = \frac{1}{a_f}\frac{\partial f}{\partial q} \tag{6-185}$$

식에서, $a_f = \sqrt{\left(\frac{\partial f}{\partial p'}\right)^2 + \left(\frac{\partial f}{\partial q}\right)^2}$ (6-186)

따라서 n_p와 n_q는 다음 식을 충족시킨다.

$$(n_p)^2 + (n_q)^2 = 1 \tag{6-187}$$

이와 같은 방법으로 재하곡면과 경계곡면이 기하학적으로 닮은꼴이라면 재하곡면의 응력점과 경계곡면의 영상점에 대하여 (n_p, n_q)가 동일한 값이라는 것을 알 수 있다. 또한 소성퍼텐셜에 대해서도 같은 방법으로 매개변수 m_p와 m_q를 도입한다.

$$m_p = \frac{1}{a_g}\frac{\partial g}{\partial p'}, \quad m_q = \frac{1}{a_g}\frac{\partial g}{\partial q} \tag{6-188}$$

식에서, $a_g = \sqrt{\left(\frac{\partial g}{\partial p'}\right)^2 + \left(\frac{\partial g}{\partial q}\right)^2}$ (6-189)

(6−185~189)식과 함께 (6−183~184)식은 다음과 같이 나타낼 수 있다.

$$\frac{1}{K_P}(n_p dp' + n_q dq) = \frac{1}{\overline{K}_P}(n_p d\overline{p}' + n_q d\overline{q}) \tag{6-190}$$

식에서 소성계수 K_P와 소성매개변수 H_P의 관계는 다음과 같다.

$$K_P = \frac{H_P}{a_f a_g} \tag{6-191}$$

소성변형률증분은 다음과 같이 소성계수 K_P를 이용하여 나타낼 수 있다.

$$d\epsilon_p^P = \frac{1}{K_P}(n_p dp' + n_q dq) m_p \tag{6-192}$$

$$d\epsilon_q^P = \frac{1}{K_P}(n_p dp' + n_q dq) m_q \tag{6-193}$$

- 관계식② : 경계곡면에 대하여 무모순조건을 적용하면 다음과 같다.

$$d\overline{f} = \frac{\partial \overline{f}}{\partial \overline{p}'} d\overline{p}' + \frac{\partial \overline{f}}{\partial q} dq + \frac{\partial \overline{f}}{\partial \epsilon_p^P} d\epsilon_p^P = 0 \tag{6-194}$$

(6−190)식과 (6−192)식을 위의 식에 대입하면 소성계수 $\overline{K}_P$를 구할 수 있다.

$$\overline{K}_P = -\frac{1}{a_f a_g}\frac{\partial \overline{f}}{\partial \epsilon_p^P}\frac{\partial g}{\partial \overline{p}'} \tag{6-195}$$

위의 식에서 모든 항은 영상점의 응력상태를 이용해서 평가해야 된다.

- 관계식③ : (6−192~193)식으로부터 응력점의 소성변형률증분을 결정하기 위하여 필요한 K_P는 특정시점의 응력점(p', q)과 영상점($\overline{p}'$, $\overline{q}$) 사이의 거리(δ)와 (6−195)식에 의한 $\overline{K}_P$의 함수로 가정한다. Dafalias−Herrmann(1982)은 다음 식을 제안하였다.

$$K_P = \overline{K}_P + \tilde{h}(p', q, \epsilon_p^P) \times \frac{\delta}{\delta_0 - \delta} \tag{6-196}$$

식에서 $\tilde{h}$는 시험을 통하여 결정되는 경화함수(positive shape hardening function of the state)이다. δ_0는 $\delta_0 - \delta \geq 0$이 되도록 적절하게 지정된 기준거리(reference distance)이며 δ는 다음 식으로부터 구한다.

$$\delta = \sqrt{(\bar{p}' - p')^2 + (\bar{q} - q)^2} \tag{6-197}$$

(4) Stallebrass의 점토에 대한 삼곡면모델

경계면이론에서 삼곡면모델은 확장이곡면모델(extended two surface model)이라고도 한다. 지금까지 다양한 삼곡면모델이 제안되었는데, 삼곡면모델을 처음으로 제시한 연구자는 Hashiguchi(1981)와 Mroz 외(1981)이다. 그러나 Hashiguchi(1981)가 셋째 곡면을 도입한 이유는 이곡면모델보다 탄성에서 소성으로의 더욱 원활한 이행을 위한 것이지만, Mroz 외(1981)의 셋째 곡면인 **중간곡면**(intermediate surface)은 경계곡면인 압밀곡면 내측에 있는 영역을 2개의 하위영역(sub-domain)으로 분리하는 곡면으로서 재료의 진행성 강성저하(progressive material degradation)의 정도를 모델링하기 위한 것이다. Stallebrass(1990)는 과압밀점토의 응력-변형률 거동이 특정시점의 응력상태 및 재하이력에 의해서 결정된다는 시험결과를 바탕으로 셋째 곡면인 **이력곡면**(history surface)을 도입하였다. Stallebrass(1990)와 Stallebrass-Taylor(1997)가 제안한 **3-*SKH* 모델**(three surface kinematic hardening model)은 Al Tabbaa-Wood(1989)의 기포형모델을 확장한 모델이다. Hau(2003)와 Hau-McDowel(2003)은 Stallebrass(1990)의 삼곡면모델에 비관련유동칙을 도입하여 모델을 수립하였다(Yu, 2006; Stallebrass, 1990).

i) 이력곡면, 항복곡면 및 경계곡면

Stallebrass(1990)의 삼곡면모델은 〈그림 6-34〉와 같이 $MCCM$의 항복곡면과 기하학적으로 닮은 경계곡면($\bar{f}$), 이력곡면(f_2), 항복곡면(f_1) 등 3개의 곡면으로 구성된다(Yu, 2006; Stallebrass, 1990).

$$\bar{f} = (p' - p_0')^2 + \frac{q^2}{M^2} - (p_0')^2 = 0 \tag{6-198}$$

$$f_2 = (p' - p_a')^2 + \frac{(q - q_a)^2}{M^2} - (\tilde{T} p_0')^2 = 0 \tag{6-199}$$

$$f_1 = (p' - p_b')^2 + \frac{(q - q_b)^2}{M^2} - (\tilde{T}\tilde{L} p_0')^2 = 0 \tag{6-200}$$

식에서 (p_a', q_a)은 이력곡면의 중심좌표, (p_b', q_b)는 항복곡면의 중심좌표이고 $\widetilde{T}$는 이력곡면과 경계곡면의 크기의 비, $\widetilde{L}$은 항복곡면과 이력곡면의 크기의 비이다. 3개의 곡면 중에서 순수한 탄성변형이 발생하는 영역을 정의하는 곡면은 항복곡면(f_1)이다.

ii) 탄성 응력-변형률 거동

Stallebrass(1990)의 삼곡면모델에서도 Al Tabbaa-Wood(1989)의 기포형모델과 동일한 방법으로 항복곡면 내측의 탄성 응력-변형률 거동을 구한다.

$$d\epsilon_p^E = \frac{\kappa^*}{p'} dp' \quad (6\text{-}201)$$

$$d\epsilon_q^E = \frac{1}{3G'} dp' \quad (6\text{-}202)$$

식에서 ϵ_p^E는 탄성체적변형률, ϵ_q^E는 탄성전단변형률이고, κ^*는 $\ln v - \ln p'$ 공간에서 팽창곡선의 기울기, G'은 유효응력성분에 의한 전단탄성계수이다.

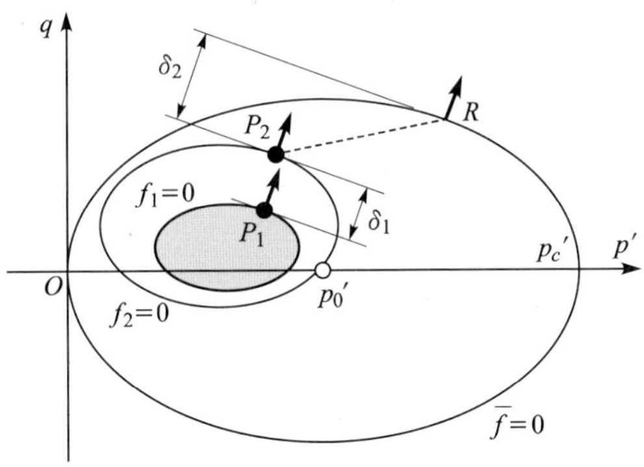

〈그림 6-34〉 Stallebrass의 점토에 대한 삼곡면모델 (Stallebrass, 1990; Yu, 2006)

iii) 소성 응력-변형률 거동

소성 응력-변형률 거동도 항복함수와 관련유동칙으로부터 유도한 Al Tabbaa-Wood(1989)의 기포형모델과 같은 형식이다(Yu, 2006; Stallebrass, 1990).

$$d\epsilon_p^P = \frac{1}{K_P}\left[(p'-p_b')^2 dp' + \frac{1}{M^2}(p'-p_b')(q-q_b)dq\right] \quad (6\text{-}203)$$

$$d\epsilon_q^P = \frac{1}{K_P}\left[\frac{1}{M^2}(p'-p_b')(q-q_b)dp' + \left(\frac{q-q_b}{M^2}\right)^2 dq\right] \quad (6\text{-}204)$$

식에서 소성계수 K_P는 경계곡면의 소성계수 $\overline{K}_P$와 특정시점의 항복곡면의 응력점인 P_1과 경계곡면의 공액점인 R 및 이력곡면의 공액점인 P_2 사이의 거리 δ_1과 δ_2의 함수이다. 항복곡면, 이력곡면 및 경계곡면이 모두 접한 경우에 $\overline{K}_P$는 다음 식으로 구한다(Yu, 2006; Stallebrass, 1990).

$$K_P^c = \frac{p' - p_b'}{\lambda^* - \kappa^*}\left[p'(p' - p_b') + \frac{q(q - q_b)}{M^2}\right] \tag{6-205}$$

항복곡면이 이력곡면과 경계곡면에 접하지 않은 경우에 소성계수 K_P^{nc}는 다음 식으로 구한다.

$$K_P^{nc} = K_P^c + \frac{(p_c')^3}{\lambda^* - \kappa^*}\left(\frac{\delta_2}{\delta_{2\max}}\right)^{\psi} + \frac{(\widetilde{L})^2 (p_c')^3}{\lambda^* - \kappa^*}\left(\frac{\delta_1}{\delta_{1\max}}\right)^{\psi} \tag{6-206}$$

식에서 δ_1은 Al Tabbaa-Wood(1989)의 기포형모델과 같이 항복곡면의 법선방향으로 특정시점의 응력점 P_1과 이력곡면의 공액점 P_2 사이의 거리성분에 의하여 정의된다. 동일한 방법으로 δ_2에 대해서도 이력곡면의 법선방향으로 이력곡면의 공액점 P_2와 경계곡면의 공액점 R 사이의 거리성분에 의하여 정의된다(〈그림 6-34〉 참조).

문제1 (a) 평균응력상태와, (b) 순수전단 응력상태에서 von Mises항복기준을 적용한 상당응력 σ_{eq}를 구하라.

▸ **풀이**

(a) $\sigma_1 = \sigma_2 = \sigma_3 = p$, $\sigma_{eq} = \left[\frac{1}{2}\{(\sigma_1 - \sigma_2)^2 + (\sigma_2 - \sigma_3)^2 + (\sigma_3 - \sigma_1)^2\}\right]^{1/2} = 0$,

따라서 von Mise항복기준은 평균응력상태에 대해서는 항복이 발생하지 않는다.

(b) $\sigma_1 = -\sigma_2 = \tau$, $\sigma_3 = 0$, $\sigma_{eq} = \sqrt{3}\tau$이므로 $\sqrt{3}\tau = \sigma_Y$

문제2 ((6–55)식을 유도하라.

▸ **풀이**

$$\frac{\partial f_i}{\partial \sigma_{ij}} = \frac{\partial f_i}{\partial(\sigma_{kl} - \alpha_{kl}^i)} \frac{\partial(\sigma_{kl} - \alpha_{kl}^i)}{\partial \sigma_{ij}} = \frac{\partial f_i}{\partial(\sigma_{ij} - \alpha_{ij}^i)}$$

$$\frac{\partial f_i}{\partial \alpha_{ij}^i} = \frac{\partial f_i}{\partial(\sigma_{kl} - \alpha_{kl}^i)} \frac{\partial(\sigma_{kl} - \alpha_{kl}^i)}{\partial \alpha_{ij}^i} = -\frac{\partial f_i}{\partial(\sigma_{ij} - \alpha_{ij}^i)} = -\frac{\partial f_i}{\partial \sigma_{ij}}$$

문제3 (아래 그림과 같은 일축인장시험의 응력–변형률곡선으로부터 상당응력 σ_{eq}와 등가소성변형률 ϵ_{eq}^P에 대한 관계식을 구하라.

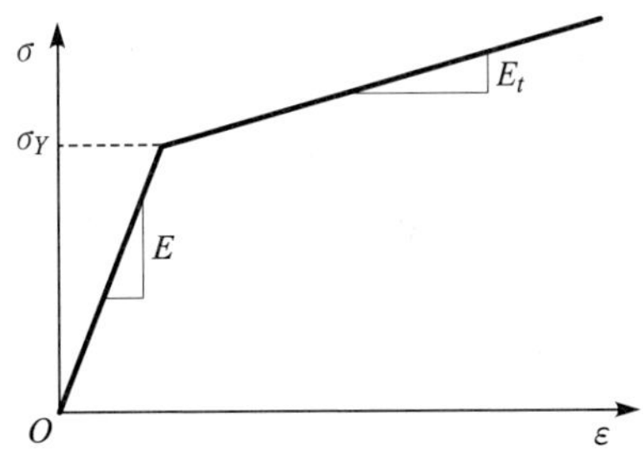

[응력-변형률 곡선]

▸ **풀이**

그림에서 $\sigma = \sigma_Y + E_t(\epsilon - \epsilon_Y)$, $\epsilon_Y = \sigma_Y / E$이고 $\epsilon = \epsilon^E + \epsilon^P$ 및 $\epsilon^E = \sigma / E$를 대입하여 정리하면 $\sigma = \sigma_Y + \frac{EE_t}{E - E_t}\epsilon^P$이다. 일축인장시험에서 상당응력 $\sigma_{eq} = \sigma$이고 등가소성변

형률 $\epsilon_{eq}^{P} = \epsilon^{P}$이기 때문에 상당응력과 등가소성변형률의 관계식은 다음과 같다.

$$\sigma_{eq} = \sigma_{Y} + \frac{EE_t}{E - E_t}\epsilon_{eq}^{P}$$

문제4 Tresca항복기준에 지배되는 비배수 점토에 대하여 최대전단응력이 항복응력 $\sigma_y = m\,s_u$에 도달할 때까지 등방성이며 선형탄성적으로 거동하는 것으로 가정한다. 여기서 m은 유발도(degree of mobilization, $0 \le m \le 1$), s_u는 극한강도이다. 또한 소성변형률이 누적되면서 점토는 강도가 충분히 유발될 때까지 등방경화 과정을 거치고 $m = 1$ 즉 $\sigma_y = s_u$가 되면 파괴되는 것으로 가정한다. 여기서 Tresca항복기준을 따른다는 것은 관령유동칙을 적용할 수 있다는 것이다. 주응력으로 표시한 Tresca항복기준은 다음과 같다(Andersen, 2008).

$$f = \frac{1}{2}(\sigma_1 - \sigma_3) - m\,s_u, \quad \sigma_1 \ge \sigma_2 \ge \sigma_3 (\text{압축: } +)$$

(a) 위의 Tresca항복기준을 수직응력 σ와 전단응력 τ를 좌표축으로 하는 응력평면과 축차주응력 s_1, s_2 및 s_3를 축으로 하는 축차평면에 도시하고 등방경화 과정에서 항복곡면의 변환과 관련유동칙을 따르는 소성변형률증분의 방향을 표시하라.

(b) Drucker의 가설을 이용하여 위와 같은 Tresca항복기준을 채용하면 관령유동칙에 대한 가정에 의해서 경화성 Tresca재료뿐만 아니라 비경화성 Tresca재료에 대해서도 모델링이 가능하다는 것을 보여라.

(c) 위와 같이 주응력으로 주어진 Tresca항복기준을 응력텐서 σ_{11}, σ_{33} 및 σ_{13}를 이용해서 변환하라.

(d) 누적소성변형률에 의해서 경화가 발생하고 소성계수(경화계수) K_P는 다음과 같은 것으로 가정한다.

$$K_P = -\frac{\partial f}{\partial m}\frac{dm}{d\lambda}$$

식에서 $d\lambda$는 소성승수이다. 위의 가정에 의하여 소성계수 K_P는 다음과 같이 나타낼 수 있다는 것을 보여라.

$$K_P = s_u \frac{dm}{d\epsilon^P}$$

(e) 비배수 점토에 대하여 일축압축시험, 즉 $\sigma_2 = \sigma_3 = 0$인 삼축압축시험을 수행하였으며 시료는 탄성변형과정을 거쳐서 유발전단강도 $\sigma_0 = m\,s_u$에 도달하였을 때 초기항복이 발생하였다. 극한강도 s_u에 도달할 때까지 시료에서는 탄소성변형이 발생하였으며 시험을 통하여 다음 재료정수를 얻었다.

$K = 20\,MPa$, $G = 10\,MPa$, $s_u = 50\,kPa$, $m = 0.6$, $K_P = 8\,MPa$

여기서 K는 체적탄성계수, G는 전단탄성계수이다. 이와 같은 시험결과를 이용하여 $\epsilon_1 - (\sigma_1 - \sigma_3)$평면에 응력-변형률 곡선을 도시하라.

▶ **풀이**

(a) 응력-변형률 거동이 관련유동칙을 따르므로 법선벡터성분은 항복곡면과 직각방향을 향하게 되는데, 축차평면에서 항복곡면의 꼭짓점에 대해서는 그림(b)와 같이 법선벡터성분을 유일하게 정의할 수 없다.

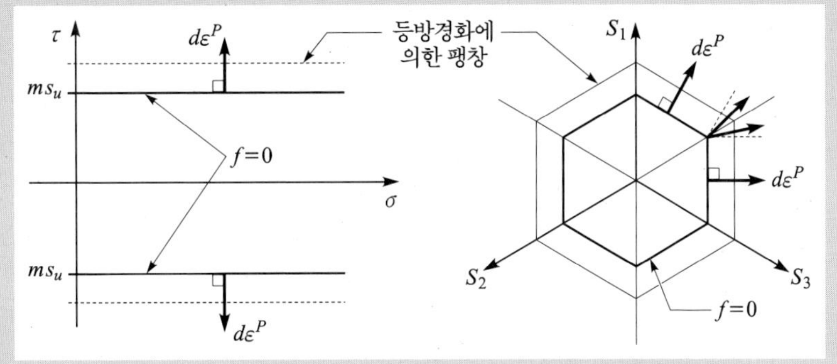

(a) 응력평면 (b) 축차평면

(b) 항복곡면상의 응력점에 대하여 $f=0$ 및 $(\partial f/\partial\sigma_{ij})d\sigma_{ij} \geq 0$이면 재료는 소성거동을 하게 되는데, (3-9)식에 의하여 $d\epsilon_{ij}^P d\sigma_{ij} \geq 0$이다($d\lambda \geq 0$). 따라서 경화상태뿐만 아니라 중립상태($d\sigma_{ij}=0$)에서도 응력증분과 변형률증분에 의하여 음(−)의 소성일은 생성되지 않는다.

(c) Tresca항복기준은 주응력 σ_1과, σ_3로 주어지고 직교좌표계의 σ_{11}, σ_{33} 및 σ_{13}로 변환해야 하므로 Mohr 응력원을 이용하는 것이 편리하다.

$$(\sigma_1-\sigma_3)^2=(\sigma_{11}-\sigma_{33})^2+4\sigma_{13}^2 \quad \Rightarrow \quad \frac{1}{2}(\sigma_1-\sigma_3)=\sqrt{\left(\frac{\sigma_{11}-\sigma_{33}}{2}\right)^2+\sigma_{13}^2}$$

따라서 Tresca항복기준은 다음과 같이 나타낼 수 있다.

$$f(\sigma_{ij}, m)=\sqrt{\left(\frac{\sigma_{11}-\sigma_{33}}{2}\right)^2+\sigma_{13}^2}-m\,s_u=0$$

(d) 먼저 주변형률증분 $d\epsilon_1$과 $d\epsilon_3$로부터 $d\lambda$를 구해야 한다. 주어진 Tresca항복기준은 다음과 같이 나타낼 수 있다.

$$f(\sigma_1,\sigma_2,\sigma_3,m)=\frac{1}{2}(\sigma_1-\sigma_3)-m\,s_u, \quad (\sigma_1 \geq \sigma_2 \geq \sigma_3)$$

주소성변형률증분 $d\epsilon_i^P$는 관련유동칙과 함께 다음과 같이 나타낼 수 있다

$$d\epsilon_i^P=\left[d\epsilon_1^P\, d\epsilon_2^P\, d\epsilon_3^P\right]^T=d\lambda\left[\frac{\partial f}{\partial\sigma_1}\ \frac{\partial f}{\partial\sigma_2}\ \frac{\partial f}{\partial\sigma_3}\right]^T=d\lambda\left[\frac{1}{2}\ 0\ -\frac{1}{2}\right]^T$$

위의 식으로부터 $d\lambda=d\epsilon_1^P-d\epsilon_3^P$이며, 소성체적변형률 $d\epsilon_v^P=d\epsilon_1^P+d\epsilon_2^P++d\epsilon_3^P=0$ 즉 소성체적변형률이 없다는 것을 알 수 있다. Mohr 변형률원을 이용하면 직교좌표계에 소성변형률증분을 구할 수 있다.

$$\left(d\epsilon_1^P-d\epsilon_3^P\right)^2=\left(d\epsilon_{11}^P-d\epsilon_{33}^P\right)^2+\left(2d\epsilon_{13}^P\right)^2=\left(d\epsilon_{11}^P-d\epsilon_{33}^P\right)^2+\left(d\gamma_{13}^P\right)^2$$

$d\lambda = d\epsilon_1^P - d\epsilon_3^P = d\epsilon^P, \quad \left(d\epsilon^P = \sqrt{\left(d\epsilon_{11}^P - d\epsilon_{33}^P\right)^2 + \left(d\gamma_{13}^P\right)^2}\right)$

따라서 소성계수는 다음과 같다.

$$K_P = -\frac{\partial f}{\partial m}\frac{dm}{d\lambda} = s_u \frac{dm}{d\epsilon^P}$$

(e) 초기항복은 다음과 같이 구할 수 있다.

$$f(\sigma_1, \sigma_2, \sigma_3, m) = \frac{1}{2}(\sigma_1 - \sigma_3) - m\, s_u = \frac{1}{2}\sigma_1 - 0.6 \times 50 = 0\,, \quad \sigma_1 = 60\, kPa$$

(2-19)식과 (2-21)식으로부터 탄성계수 $E = 25.71\, MPa$, Poisson비 $v = 0.2857$이며, 따라서 축방향 변형률 ϵ_1과 체적변형률 ϵ_v는 다음과 같다.

$$\epsilon_1 = \frac{\sigma_1}{E} = \frac{60}{25.71 \times 10^3} = 0.2333\,\%, \qquad \epsilon_v = \epsilon(1 - 2v) = 0.1\,\%$$

위의 값은 삼축압축상태에서 $\epsilon_2 = \epsilon_3 = -v\epsilon_1$, $\epsilon_v = \epsilon_1 + \epsilon_2 + \epsilon_3$로 가정한 것이다. 다음으로 시료의 파괴응력 σ_1은 다음과 같다.

$$f(\sigma_1, \sigma_2, \sigma_3, m) = \frac{1}{2}(\sigma_1 - \sigma_3) - m\, s_u = \frac{1}{2}\sigma_1 - 1 \times 50 = 0\,, \quad \sigma_1 = 100\, kPa$$

축방향 변형률은 탄성 및 소성거동의 합으로 이루어진다. 먼저 소성계수는 일정한 것으로 가정하였으므로 (d)항에 의해서 $d\lambda$는 다음과 같이 구할 수 있다.

$$K_P = s_u \frac{dm}{d\epsilon^P} \Rightarrow d\lambda = \frac{s_u}{K_P} dm \Rightarrow \Delta\lambda = \frac{s_u}{K_P}\Delta m = \frac{50}{8 \times 10^3}(1 - 0.6) = 0.25 \times 10^{-2}$$

다음으로 탄성 및 소성거동에 의한 축방향 변형률은 각각 다음과 같다.

$$\epsilon_1^P = \frac{1}{2}\Delta\lambda = 0.125\,\%, \qquad \epsilon_1^E = \frac{\sigma_1}{E} = \frac{100}{25.71 \times 10^3} = 0.3889\,\%$$

축방향 총변형률과 체적변형률은 각각 다음과 같다.

$$\epsilon_1 = \epsilon_1^E + \epsilon_1^P = 0.3889\,\% + 0.125\,\% = 0.5139\,\%, \qquad \epsilon_v = \epsilon_1^E(1 - 2v) = 0.1667\,\%$$

체적변형률에는 소성변형률은 없다는 것에 주의해야 한다. 따라서 응력-변형률 곡선은 아래와 같다.

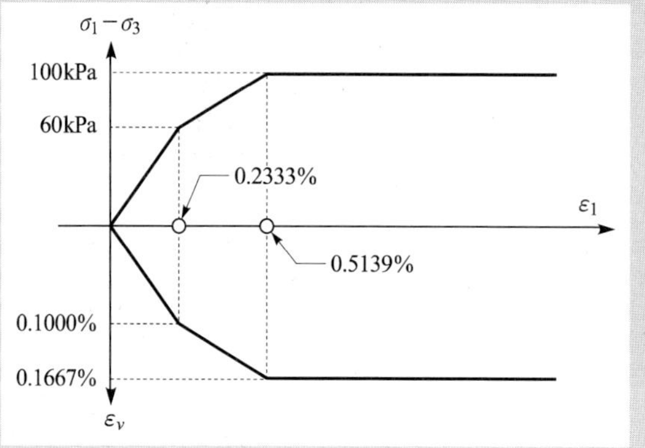

[응력-변형률 곡선]

제7장

극한해석

제7장 극한해석

7.1 극한해석의 이론적 배경

7.1.1 재료의 거동과 극한해석

극한해석의 실용적이고 유용한 기능 중의 하나는 다양한 재료에 대하여 파괴하중의 근삿값을 손쉽게 구할 수 있다는 것이다. 이와 같은 기능이 가능한 것은 **파괴하중정리**(collapse load theorem) 또는 극한정리(limit theorem)라고 하는 하계정리와 상계정리를 발견하였기 때문이다. 정리의 명칭에서도 유추할 수 있듯이 두 정리를 이용해서 파괴하중의 극한값인 최솟값과 최댓값을 추정하는 것을 극한해석이라고 한다. 파괴하중을 추정한다는 것은 오직 소성파괴에 이르게 하는 하중을 추정한다는 의미일 뿐이며, 파괴전 탄성변형이나 파괴후 소성유동, 균열(crack), 크리프 파단(creep fracture) 등의 변형이나 파괴와는 관계가 없다. 극한해석은 금속재료의 미시적 및 거시적 거동에 대하여 참값은 아니지만 최적의 근삿값과 수많은 유용한 정보를 제공한 이론으로 평가되고 있다(Davis & Selvadurai, 2002; Drucker, 1990).

극한해석의 실용성과 유용성을 제고할 수 있었던 결정적인 요인은 무엇보다도 응력-변형률 거동이 관련유동칙을 따르는 것으로 가정한다는 것이다. Drucker의 가설을 경화거동, 볼록성 및 법선칙(=관련유동칙)으로 요약할 수 있다고 한다면, 극한해석의 요체는 강소성거동, 볼록성 및 법선칙이며 강소성거동도 경화거동을 단순화한 형태의 하나이므로 두 이론의 근간은 동일하다. 강소성거동이란 변형률이 증가해도 응력은 일정하게 유지되고, 재료에 서서히 가해진 후에 서서히 제거되는 외력에 의하여 수행되는 일이 전체 평형 사이클에 대해서 0인 거동을 의미하며 (6-2)식과 (3-3)식에서 $d\sigma_{ij} d\epsilon_{ij}^{P} = 0$이다. 또한 항복함수 f는 오직 응력만의 함수로서 $f(\sigma_{ij}) = k$의 형태를 취하며 $f(\sigma_{ij}) < k$이면 재료는 탄성거동을 하게 된다(Drucker, 1950).

극한해석은 초기의 응력-변형률 관계를 고려할 필요가 없기 때문에 적용하기에 편리하며 해가 보수적이므로 실용적인 해석방법이다. 그렇지만 아쉽게도 극한해석은 마찰재료가 아닌 강소성재료에 대해서만 유효하다는 것이 활용성을 저하시키는 요인이 되고 있다. 연강이나 마찰각 $\phi=0$인 비배수조건의 포화 점토와 같은 Tresca재료는 소성거동 과정에서 체적변화가 없는 강소성재료로 고려할 수 있지만, 때로는 마찰재료를 강소성재료로 처리하기도 하는데, 마찰재료에 대하여 극한해석을 적용하기 위해서는 극단적인 단순화 과정이 없이는 불가능하다. 결과적으로 2개의 파괴하중정리는 응력-변형률 거동이 관련유동칙을 충족시키는 표준재료에 대해서는 증명이 가능하지만 비관련유동칙을 따르는 비표준재료에 대해서는 적용할 수 없으며 특별한 형태의 문제에 대해서만 제한적으로 적용이 가능할 뿐이다(「극한해석의 상계와 비관련유동칙」 참조). 따라서 경화성재료에 대해서는 한계상태(limit state)의 항복곡선이 발생하지 않기 때문에 파괴하중을 정의할 수 없으며, 이것은 통상적인 해석방법으로는 2개의 파괴하중정리를 바로 적용하기가 어렵다는 것을 의미한다. 여기서 한계상태란 재료내 어느 부위에서나 초기파괴(incipient failure)가 발생된 상태를 의미한다(Davis & Selvadurai, 2002; Drucker, 1990; Chen & Liu, 1990; Kamrin & Martin, 2007).

흙에 대한 극한해석은 얕은 기초의 지지력이나 옹벽의 토압을 결정하는 문제에 주로 적용해 왔으며, 때로는 얕은 앵커의 인발력을 추정하거나 사면 및 터널의 안정해석에 이용되기도 한다. 강소성재료로 가정하여 Mohr-Coulomb파괴기준을 채택한 후, Coulomb의 흙쐐기이론이나 Rankine의 토압이론을 적용해서 해를 구하는 것도 일종의 극한해석으로 볼 수 있다. 이와 같은 고전적인 기법을 소성이론으로 해석하면, Coulomb이 옹벽의 뒤채움재료에 흙쐐기이론을 적용한 한계평형법은 상계정리의 에너지평형에 의한 결과와 동일하고, Rankine이 토압이론에 의하여 주동 및 수동토압을 산정한 것은 평형상태를 유지하면서 파괴기준을 위반하지 않는 응력장을 구한 것이므로 극한해석의 **하계**(low bound estimate)에 해당된다(Yu, 2006; Davis & Selvadurai, 2002). 극한해석에서 2개의 파괴하중정리는 3차원 문제에 대해서도 적용이 가능하지만 2차원 평면변형률조건의 문제에 적용하면 간단하게 처리할 수 있기 때문에 매우 편리하다. 흙을 강소성재료로 단순화하고 〈그림 7-1〉과 같이 하중-변위의 기하학적 거동을 무시하면 하중을 일정하게 유지하면서 변위를 무한대로 증가시킬 수 있는 조건이 되는데, 이와 같은 단순화 과정을 통하여 계산된 하중을 파괴하중 또는 극한하중(P_c)이라고 한다. 극한해석의 하계정리와 상계정리는 다음과 같은 조건을 갖춘 재료에 대해서 바로 적용이 가능하다(Chen & Liu, 1990).

- 변형경화나 또는 변형연화가 없는 강소성재료 또는 단순화된 소성재료

- 항복곡선이 볼록하고 소성변형률속도를 법선칙 또는 유동칙을 이용하여 항복곡선으로부터 유도할 수 있는 재료
- 파괴시 재료의 기하학적 변화가 무시할 수 있을 정도로 작아서 (1-159)식이나 (1-160)식 등의 가상일방정식을 적용할 수 있는 재료

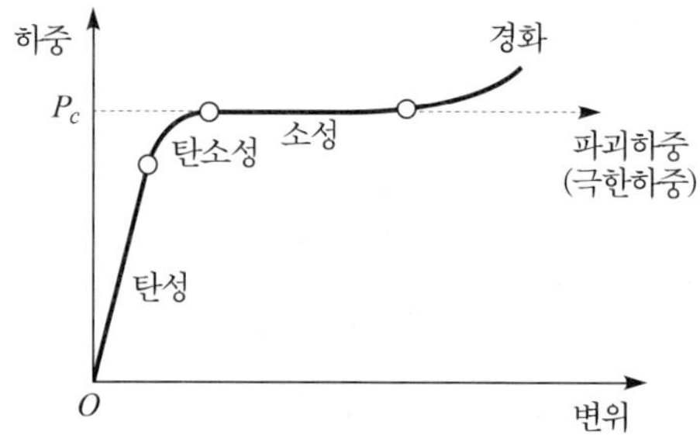

〈그림 7-1〉 **파괴하중의 정의** (Chen & Liu, 1990)

7.1.2 하계정리와 상계정리

파괴하중정리는 1950년대 Drucker를 중심으로 몇몇 공동연구자들에 의해서 수립된 이론이다. 후에 Chen(1990; 1975; 1968) 등은 기초의 지지력, 사면의 안정, 옹벽의 토압 등 다양한 구조물에 대하여 파괴하중정리를 적용한 해석기법을 연구하였다. 그들이 제시한 재료의 파괴에 대한 연구는 소성이론의 발전에 크게 기여하였으며 관련 연구를 통하여 확립된 파괴하중 추정기법은 강소성재료의 파괴하중을 산정하는데 유용하게 활용되고 있다. 응력-변형률 거동이 관련유동칙을 따르는 강소성재료에 대해서는 몇 개의 수학적 정리가 증명되었다. 먼저 유일성정리가 증명되었는데, 유일성정리란 소성유동 문제에서 적절한 경계조건과 함께 주어지는 지배방정식의 해는 오직 1개만 존재하다는 것이다. 그러나 마찰각 $\phi \neq 0$인 흙에 대해서는 관련유동칙을 적용할 수 없으므로 유일성정리는 유효하지 않다. 또 다른 정리로는 2개의 파괴하중정리인 하계 및 상계정리로서, 2개의 파괴하중정리는 각각 파괴하중의 하계와 **상계**(upper bound estimate)를 결정할 수 있으며 실제로 매우 양호한 한계값을 얻을 수 있다는 것이 장점이다(Houlsby & Wroth, 1982).

(1) 하계정리

i) 정리[I] : 관련유동칙을 따르는 재료에 대한 하계정리

재료의 응력분포$\left(\sigma_{ij}^{E}\right)$가 응력경계$(S_T)$에 작용하는 표면력$(T_i)$과 평형상태를 이루고 재료

의 어느 부위에서나 응력분포가 파괴기준 이하라면$\left[f\left(\sigma_{ij}^{E}\right)<0\right]$, 작용하는 표면력$(T_i)$에 대하여 재료는 파괴되지 않는다.

위의 정리에서 「응력분포」란 특이점과 같이 물리적으로 설명이 어려운 응력상태까지도 포함한 모든 가능한 응력상태를 말한다. 하계정리를 다시 한 번 정리해 보면, 만약 평형방정식과 응력경계조건을 충족시키는 응력상태이면서 어느 부위에서나 파괴기준을 초과하지 않는다면 재료는 파괴되지 않는다는 것으로서, 하중은 안전하게 지지될 것이며 그 하중은 파괴하중의 하계가 된다는 것이다. 하계정리는 재료의 평형상태와 항복만 고려하며 재료의 운동학적 상태와는 관계가 없다. 하계정리의 요구조건인 ① 평형방정식, ② 응력경계조건 및 ③ 파괴기준을 충족시키는 응력장이라면 어떤 응력장이라도 **정적가용응력장**(statically admissible stress field)이라고 한다. 하계정리를 적용하는 절차는 다음과 같다(Davis & Selvadurai, 2002; Chen & Liu, 1990; Chen, 1975).

① 정적가용응력장을 가정한다. 전체 영역을 응력이 일정한 몇 개의 작은 **균일응력장**(uniform stress field)으로 나누어야 하는데, 특이점과 같이 평형조건으로 결정할 수 없는 응력상태가 발생될 수도 있다.
② ①에서 결정되지 않은 응력을 조정하여 확정한다. 이 과정에서 소성영역의 어느 곳에서나 파괴기준을 충족시켜야 한다.
③ 작용하중이 최대가 되는 파괴하중의 하계를 결정한다.

위의 ①항에서 균일응력장은 응력이 일정한 응력장으로서 활동선장해석의 균일응력장과 같은 형태의 응력상태를 나타내므로 동일한 용어로 표시하였다. 평형조건으로 결정할 수 없는 응력상태란 단지 내부적으로 평형방정식을 충족시키고 경계에서는 작용하중만 지지하면 되기 때문에 특이점과 같이 물리적으로 설명이 어려운 응력상태도 정적가용응력장으로 허용된다는 의미이다(Davis & Selvadurai, 2002).

ii) 관련유동칙을 따르는 재료에 대한 하계정리의 증명

하계정리의 증명을 위해서는 재료가 파괴되는 순간에도 기하학적인 변형이 작다는 것을 전제로 해야 한다. 이것은 변형전 상태에 대한 평형방정식이 파괴되는 순간에도 기하학적인 변형은 무시할 수 있을 정도로 작아서 동일한 방정식이 파괴되는 순간의 상태를 나타내는데 그대로 적용될 수 있어야 한다는 것을 의미한다. 하계정리의 증명은 가상일의 원리를 이용해야 하는데, 파괴되는 순간에 재료의 기하학적 변형이 작다고 가정하는 것은 바로 가상일의 원리를 적용하기 위한 것이다. 하계정리를 증명하기 위해서는 귀류법(contradiction)을 이용하는 것이 편리하다. 즉, 하계정리를 부정하고 그 결과가 모순이 된다는 것을 보임으로서 간접적으로 하계정리가 성립한다는 것을 증명하는 것이다.

체적과 표면적이 각각 V와 S인 강소성재료가 외력인 표면력 T_i와 물체력 b_i를 받아서 파괴되는 경우에는 2개의 평형상태가 존재한다. 하나는 평형을 유지하는 임의의 응력장 σ_{ij}^E를 포함하는 평형상태로서 이 때 평형과 관련된 성분은 $\left[T_i, b_i, \sigma_{ij}^E\right]$이고, 다른 하나는 파괴 순간의 추정 파괴응력장인 σ_{ij}^C를 포함하는 평형상태이며 이 때 평형과 관련된 성분은 $\left[T_i, b_i, \sigma_{ij}^C\right]$이다. 이와 같은 2개의 평형상태에 대하여 (1-159)식의 가상일방정식을 각각 적용하면 아래와 같이 2개의 식을 얻을 수 있다(Davis & Selvadurai, 2002; Chen, 1975).

$$\int_S T_i v_i dS + \int_V b_i v_i dV = \int_V \sigma_{ij}^E \dot{\epsilon}_{ij}^C dV \tag{7-1}$$

$$\int_S T_i v_i dS + \int_V b_i v_i dV = \int_V \sigma_{ij}^C \dot{\epsilon}_{ij}^C dV \tag{7-2}$$

식에서 전변형률속도 $\dot{\epsilon}_{ij}^C$는 탄성변형률속도 $\dot{\epsilon}_{ij}^{EC}$와 소성변형률속도 $\dot{\epsilon}_{ij}^{PC}$를 합한 것이다. 파괴하중을 정의할 때에 탄성변형은 전혀 역할을 하지 못하므로(Chen & Liu, 1990), (7-1)식과 (7-2)식으로부터 다음 식을 얻을 수 있다.

$$\int_V \left(\sigma_{ij}^C - \sigma_{ij}^E\right) \dot{\epsilon}_{ij}^{PC} dV = 0 \tag{7-3}$$

그러나 재료의 응력-변형률 거동이 관련유동칙을 충족시키므로 볼록성과 법선칙이 성립해야 하며 항복응력보다 작은 응력상태에서는 (7-3)식의 좌변은 $\left(\sigma_{ij}^C - \sigma_{ij}^E\right)\dot{\epsilon}_{ij}^C > 0$으로서 0이 될 수 없기 때문에 (7-3)식은 거짓이며, 따라서 하계정리가 성립한다는 것을 증명할 수 있다(Chen, 1975).

(2) 상계정리

i) 정리[Ⅱ] : 관련유동칙을 따르는 재료에 대한 상계정리

모든 속도경계조건을 충족시키고 운동학적으로 타당한 소성변형에 대하여 외력에 의하여 수행되는 일이 재료의 내부에서 소산되는 에너지와 같거나 에너지보다 크면 재료는 파괴된다.

위의 정리에서 「모든 속도경계조건(또는 변위경계조건)을 충족시키고 운동학적으로 타당한 소성변형」이란, 전체 영역을 속도가 일정한 몇 개의 작은 속도장으로 나누어 서로 연결함으로서 패치워크 형태가 되는데, 속도장의 연결부위에 틈이 벌어지거나 서로 중복 또는 분리되지 않도록 속도벡터의 방향을 조정해야 한다는 것을 의미한다. 당연히 이와 같은 조건을 충족시키는 메커니즘은 많이 있을 수 있지만 가장 간단하고 유용한 결과를 도출하는 것이 상계정리를 적용하는 목적이다. 상계정리를 다시 한 번 정리해 보면, 구하고자 하는 결과물은 간단한 에너지평형에 대한 것으로서 외력은 변형과정에서 일을 수행하게 되는데 그 일이 재료 내부에서 소산되는 에너지와 같거나 에너지보다 크면 재료가 파괴된다는 것이다. 금속재료의 소성가공 과정에서 상계정리에 의한 파괴하중을 알고 있다면 필요 이상의 힘을 가하지 않아도 되기 때문에 파괴하중에 대한 정보는 현장에서 매우 유용하게 활용될 수 있다. 일반적으로 상계정리의 요구조건인 ① 변형률/속도 적합성조건, ② 속도경계조건(또는 변위경계조건) 및 ③ 유동칙을 충족시키는 속도장이라면 어떤 속도장이라도 **운동학적가용속도장**(kinematically admissible velocity field)이라고 한다. 상계정리를 적용하는 절차는 다음과 같다(Chen & Liu, 1990; Chen, 1975).

① 역학적 경계조건을 충족시키는 유효한 메커니즘으로 속도가 일정한 몇 개의 작은 속도장을 구분한다.
② 표면력, 물체력 등 외력에 의하여 수행된 일을 구한다.
③ 전단대 등 재료 내부의 소성영역에서 소산되는 에너지를 계산한다.
④ 작용하중이 최소가 되는 메커니즘에 대하여 ②단계의 일과 ③단계의 에너지소산을 등가(等價)로 하여 상계를 결정한다.

ii) 관련유동칙을 따르는 재료에 대한 상계정리의 증명

하계정리에서는 평형과 항복만 고려대상이며 운동학적 상태는 관계가 없지만, 상계정리에서는 평형은 관계없으며 속도장이 운동학적으로 타당해야 한다. 상계정리의 증명도 하계정리의 증명과 같이 귀류법을 이용하는 것이 편리하다. 즉, 운동학적으로 타당한 소성변형 메커니즘으로서 소성변형률속도 $\dot{\epsilon}_i^C$ 및 속도 v_i에 대하여 변위경계 S_u에서 속도 $v_i = 0$를 충족시킬 때, 외력에 의해서 수행되는 일과 내부에서 소산되는 에너지를 등가로 하여 산정된 하중이 실제 파괴하중보다 작아서 재료가 파괴되지 않는다고 가정한다는 것이다. 외력인 표면력 T_i와 물체력 b_i에 의하여 수행되는 일과 내부에서 소산되는 에너지는 각각 다음과 같다(Chen & Liu, 1990; Chen, 1975).

– 외력에 의해서 수행되는 일 : $\int_S T_i v_i dS + \int_V b_i v_i dV$ (7-4)

– 재료 내부에서 소산되는 에너지 : $\int_V \sigma_{ij}^C \dot{\epsilon}_{ij}^C dV$ (7-5)

따라서 위의 가정에 의하여 재료의 어느 부위에서나 응력분포가 파괴기준 이하인 $\left[f\left(\sigma_{ij}^E\right) < 0\right]$ 평형상태를 유지할 수 있는 응력 σ_{ij}^E이 존재해야지만 된다. 이와 같은 경우에 평형상태에 대한 (1-159)식의 가상일방정식은 다음과 같다.

$$\int_S T_i v_i dS + \int_V b_i v_i dV = \int_V \sigma_{ij}^E \dot{\epsilon}_{ij}^C dV \tag{7-6}$$

(7-4)식과 (7-5)식을 등가로 하여 계산하여 표면력 T_i와 물체력 b_i를 산정하였기 때문에 (7-6)식과 함께 다음 식을 얻을 수 있다.

$$\int_V \left(\sigma_{ij}^C - \sigma_{ij}^E\right) \dot{\epsilon}_{ij}^C dV = 0 \tag{7-7}$$

그러나 재료의 응력-변형률 거동이 관련유동칙을 따르므로 볼록성과 법선칙이 성립해야 하며 파괴기준보다 작은 응력상태에서는 (7-7)식의 좌변은 $\left(\sigma_{ij}^C - \sigma_{ij}^E\right)\dot{\epsilon}_{ij}^C > 0$으로서 0이 될 수 없기 때문에 (7-7)식은 거짓이며, 따라서 상계정리가 성립한다는 것을 증명할 수 있다(Chen, 1975).

7.1.3 비관련유동칙과 파괴하중정리

하계정리와 상계정리에 대한 증명의 요점은 (3-6)식의 부등식이다. 이 부등식은 항복곡면과 소성변형률의 법선칙으로부터 구한 것으로서 이 부등식이 없다면 하계 및 상계정리의 증명이 불가능하다. 부등식이 의미하는 법선칙 즉 관련유동칙은 열역학 법칙을 충족시키는 재료의 특성이다. 그러나 마찰재료는 소성재료와는 특성이 다르기 때문에 (3-6)식이 유효하지 않으므로 소성재료에 적용하는 파괴하중정리를 **마찰접촉면**(frictional interface)이 발생하는 마찰재료에는 적용할 수가 없다. 따라서 여기서는 먼저 마찰재료의 특성에 대하여 검토한 후에, 비록 제한적이기는 하지만 마찰재료에 대하여 파괴하중정리를 적용할 수 있는 방법을 모색하고자 한다(Chen & Liu, 1990; Chen, 1975).

(1) 마찰재료의 특성

〈그림 7-2(a)〉는 수평력 Q와 수직력 P가 작용하는 간단한 마찰시스템을 나타낸 것이다. 블록과 평면의 접촉면에서 Coulomb의 마찰법칙이 성립한다면, 그림(a)의 마찰시스템에 대한 항복곡선은 그림(b)의 $P-Q$공간에서 $Q=\mu_s P$인 직선으로 표시된다(μ_s: 마찰계수). 만약 블록에 작용하는 힘이 항복곡선보다 아래에 위치한 힘이라면 블록은 활동하지 않지만, 블록에 작용하는 힘이 항복곡선상에 위치한다면 상향으로 미소한 힘만 추가해도 블록은 활동하게 된다. 이와 같은 형태의 항복곡선은 강소성재료의 항복곡선과 유사한 특성을 가지고 있다. 블록이 평면을 따라서 활동하면 그에 대응하는 비가역적 변위가 발생하게 되는데, 블록의 변위는 그림(b)와 같이 수평력 Q가 작용하는 방향을 향하게 되고 수직력 P의 방향과는 관계가 없기 때문에 $P-Q$공간에서 변위벡터 즉 유동칙은 Q-축과 평행한 방향을 향하게 되며, 마찰계수 $\mu_s=0$인 무마찰 활동과 같은 특수한 경우가 아니라면 변위벡터는 항복곡선에서 법선방향으로 발생하지 않는다(Chen & Liu, 1990; Chen, 1975).

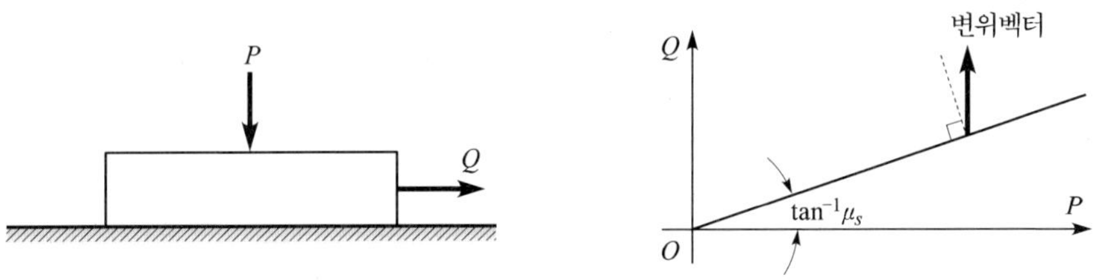

(a) 마찰시스템 (b) 마찰재료의 변위벡터

〈그림 7-2〉 마찰재료의 마찰시스템과 변위벡터 (Chen, 1975)

〈그림 7-3(a)〉는 소성재료의 마찰시스템을 보여주는 것이다. 그림에서 마찰재료는 팽창각 $\nu=0$에 해당하며 마찰활동(frictional sliding)과정에서 체적변화는 0이다. 팽창각 $\nu>0$이라면 소성영역에서 체적변화는 음의 값이 되므로 재료는 변형과정에서 팽창하게 된다. 그림(b)에서 오직 $\nu=\phi$에 대해서만 소성변형률속도벡터가 Mohr-Coulomb파괴곡선으로부터 법선방향으로 발생하며, 이와 같은 재료의 응력-변형률 거동은 관련유동칙을 충족시키는 것으로 고려할 수 있다. 팽창각 $\nu=0$인 재료는 소성변형률속도벡터가 파괴곡선상에서 법선방향을 향하지 않으므로 응력-변형률 거동은 비관련유동칙을 따르는 재료에 속한다.

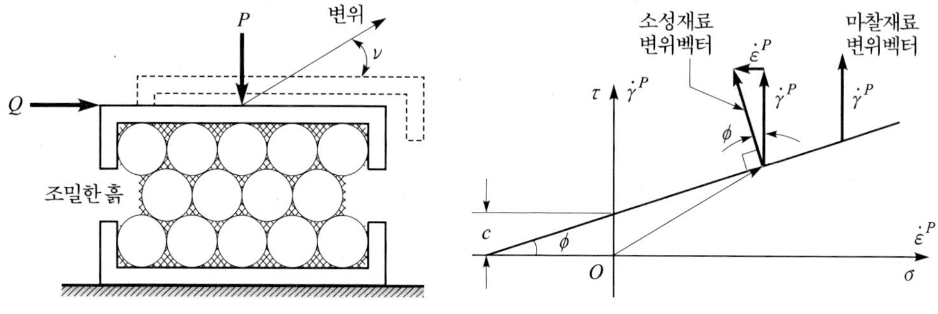

(a) 마찰시스템 (b) 소성재료의 변위벡터

〈그림 7-3〉 소성재료의 마찰시스템과 변위벡터 (Chen & Liu, 1990)

(2) 비관련유동칙을 따르는 재료를 위한 파괴하중정리

마찰재료의 마찰접촉면에 파괴하중정리를 온전하게 적용할 수 있는 조건이 두 가지가 있는데, 마찰계수 $\mu_s = 0$인 경우와 마찰접촉면에서 상대운동(relative motion)이나 분리가 발생하지 않는 경우이다. 지금까지 법선칙은 매끈한 면이나 **무마찰재료**(frictionless material)에만 적용하였으며, 마찰접촉면에서 상대운동이 없다는 것은 어떤 활동이라도 소성거동이어야 한다는 것을 의미한다. 이와 같은 조건을 전제로 하여 Chen-Liu(1990)는 응력-변형률 거동이 비관련유동칙을 따르는 탄소성재료(elastic-plastic body)에 대하여 다음과 같은 **마찰정리**(frictional theorem)를 제안하였다.

i) 정리[Ⅲ] : 무한마찰정리

무한마찰(infinite friction) 접촉면을 가진 탄소성재료를 파괴시키는 하중조합이라면 어떤 하중조합이라도 유한마찰(finite friction) 접촉면을 가진 탄소성재료는 파괴시킨다.

ii) 정리[Ⅳ] : 무마찰정리

마찰계수 $\mu_s = 0$인 무마찰 탄소성재료를 파괴시킬 수 없는 하중조합이라면 어떤 하중조합이라도 마찰계수 $\mu_s > 0$인 유한마찰 탄소성재료는 파괴시킬 수 없다.

정리(Ⅲ)에서 「무한마찰」이란 「상대운동이 없다」는 것으로서, 즉 활동이 발생하지 않는다는 것을 의미하는데, Chen-Liu(1990)는 상대운동이 없다는 것이 무한마찰에 추가하여 접촉면의 분리까지도 허용하지 않는다는 것이기 때문에 무한마찰보다 더욱 포괄적인 용어라고 하였으나 여기서는 의미를 확실하게 하기 위하여 무한마찰로 표기하였다. 위의 2개의 마찰정리에 의해서 파괴하중은 접촉면의 마찰이 0인 동일한 무마찰 재료의 파괴하중에 의하여 아래로 유계가 되고(bounded below), 접촉면의 마찰계수 $\mu_s \rightarrow \infty$ 인 동일한 무한마찰 재료의 파괴하중에 의하여 위로 유계가 된다(bounded above). 이와 같은 이유 때문에 하계를 계산할 때에, 구조물바닥 또는 옹벽배면의 접촉면을 주평면으로 취하면 무마찰의 매끈한 구조물바닥 또는 옹벽배면이라 하더라도 보수적인 결과를 얻을 수 있으며, 유한마찰의 구조물바닥 또는 옹벽배면에 대해서도 보수적이다. 더욱이 상계를 계산할 때에, 구조물바닥 또는 옹벽배면의 접촉면을 무한마찰 메커니즘으로 가정하더라도 거친 유한마찰 구조물바닥 또는 옹벽배면에 대하여 불안전측인 결과를 얻을 수 있으며, 유한마찰의 구조물바닥 또는 옹벽배면에 대해서도 불안전측이 된다. 시험결과에 의하면 2개의 극단적인 조건에 해당하는 상계와 하계의 범위는 마찰접촉면의 상태에 영향을 받을 수도 있고 또는 받지 않을 수도 있으므로, 마찰계수의 영향을 평가하기 위해서는 경험을 통하여 습득한 직관력이 무엇보다도 중요하다(Chen & Liu, 1990; Chen, 1975).

응력-변형률 거동이 관련유동칙을 충족시키는 재료에 대하여 수립된 파괴하중정리는 비관련유동칙을 따르는 재료에 그대로 적용할 수는 없지만, 비관련유동칙을 따르는 재료에 대해서는 다음의 정리를 증명하는 것은 가능하다(Chen & Liu, 1990).

iii) **정리[Ⅴ] : 비관련유동칙을 따르는 재료를 위한 상계정리**

관련유동칙을 따르는 재료를 파괴시키는 하중조합이라면 어떤 하중조합이라도 비관련유동칙을 따르는 동일한 재료를 파괴시킨다.

정리[Ⅴ]가 의미하는 것은, 정적가용응력장에 의한 해는 유동칙과는 무관하므로 응력-변형률 거동이 비관련유동칙을 충족시키는 재료의 실제파괴하중을 나타내는 응력장은 관련유동칙을 따르는 동일한 재료의 정적가용응력장에 포함되어야 한다는 것으로서, 하계정리에 의하면 이것은 비관련유동칙을 따르는 재료의 실제파괴하중은 관련유동칙을 따르는 동일한 재료의 실제파괴하중보다 같거나 작아야만 된다는 것을 의미한다. 다시 말하면, 동일한 재료가 비관련유동칙을 따를 때에는 관련유동칙을 따를 때보다 강할 수가 없다는 것이다(Davis & Selvadurai, 2002; Chen & Liu, 1990).

〈그림 7-4〉는 응력-변형률 거동이 비관련유동칙을 따르는 강소성재료에 대하여 하계정리를 증명하기 위한 것이다. 그림에서 항복곡면은 반드시 매끈하거나 볼록할 필요는 없으며, 항복곡면상에 위치한 모든 재하점에서 소성변형률속도벡터는 항복곡면에 직각방향이거나 또는 직각방향이 아니어도 되지만 이미 알고 있는 것으로 가정한다. 먼저 항복곡면

$f(\sigma_{ij})=0$의 모든 재하점에서 소성변형률속도벡터와 직각방향으로 초평면(hyperplane; n차원의 공간을 두 부분으로 분리하는 $n-1$차원 평면)을 도시해야 한다. 만약 하나의 재하점에서 소성변형률속도벡터의 방향이 유일하지 않다면 운동학적으로 타당한 각각의 소성변형률속도벡터와 직각방향으로 초평면을 도시하면 된다. 초평면에 의하여 그려진 포락선은 그림에서 안쪽에 위치한 폐합곡면과 같이 항복곡면 내측에 온전하게 위치할 수도 있으며, 또는 항복곡면을 교차하여 곡면의 일부가 외측에 그려질 수도 있다. 항복곡면을 교차하여 일부가 외측에 그려진 곡면에 대해서는 파괴하중정리를 증명할 수 없지만, 항복곡면 내측에 위치한 곡면이라면 **볼록집합이론**(convex set theory)에 의하여 그림과 같이 기하학적으로 볼록한 형상이 될 수밖에 없다. 폐합곡면 내측에 있는 임의의 두 점을 연결하는 직선이 완전히 폐합곡면 내측에 위치하면 폐합곡면은 평면이나 모서리 또는 각진 부분이 없는 것이므로 **순볼록**(strictly convex)이 되고, 폐합곡면이 평면이라면 볼록성의 한계상태(limiting state of convexity)가 된다.

따라서 볼록집합은 하나의 집합 C에 대하여 그 내측에 있는 임의의 두 점을 연결한 선분이 모두 집합 C의 내측에 포함되는 집합이다(Borwein & Lewis, 2005; Chakrabarty, 1987). 집합이 볼록집합이라면 기하학적으로 볼록한 형상이 되어야 하며 오목한 부분이 있으면 볼록집합이 아니다. 재료내 응력을 σ_{ij}라 하면, 〈그림 7-4〉에서 항복곡면 내측의 초평면에 의한 포락선은 새로운 항복곡면 $g^*(\sigma_{ij})=0$으로 나타나며 여기서는 g^*-곡면이라고 정의한다. g^*-곡면을 경계로 하여 내측에 위치한 재하점에 대해서는 $g^*(\sigma_{ij})<0$이 되고 외측에 있는 재하점에 대해서는 $g^*(\sigma_{ij})>0$이 된다. Chen(1975)은 g^*-곡면을 이용하여 응력-변형률 거동이 비관련유동칙을 따르는 강소성재료에 대하여 다음과 같이 하계정리를 제안하였다.

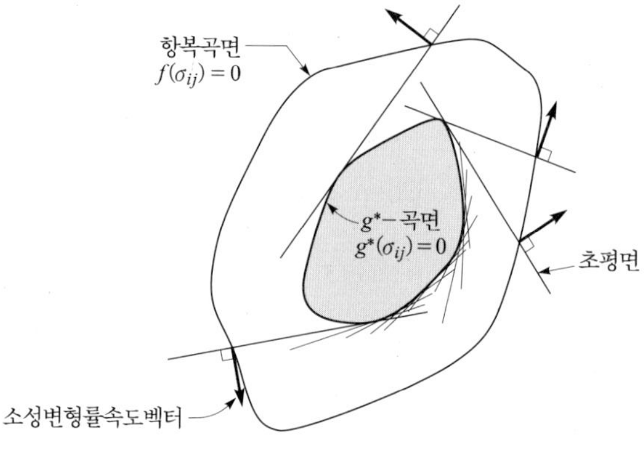

〈그림 7-4〉 볼록집합이론에 의한 g^*-곡면 결정 (Chen & Liu, 1990)

iv) 정리[Ⅵ] : 비관련유동칙을 따르는 재료에 대한 하계정리

재료내 응력$\left(\sigma_{ij}^{E}\right)$의 분포가 경계에 작용하는 표면력과 평형상태를 이루고 재료의 어느 부위에서나 응력분포가 파괴기준 이하라면$\left[g^*\left(\sigma_{ij}^{E}\right)< 0\right]$, 동일한 표면력에 대하여 재료는 파괴되지 않는다.

정리[Ⅵ]의 증명은 정리[Ⅰ]의 증명방법을 따르면 된다. 새로운 항복곡면인 g^*-곡면에는 (3-6)식을 적용할 수 있으며, 법선칙이 유효하다면 g^*-곡면은 항복곡면 $f(\sigma_{ij})=0$와 동일하고 응력-변형률 거동이 비관련유동칙을 따르는 재료에 대한 하계정리는 관련유동칙을 따르는 재료에 대한 하계정리로 일반화할 수 있다.

7.1.4 극한해석의 파괴메커니즘과 한계평형법

극한해석의 상계정리를 적용하기 위해서는 운동학적으로 타당한 파괴메커니즘을 가정해야 하는데, 강체운동을 병진운동과 회전운동으로 분류하는 것과 같이 상계정리의 파괴메커니즘도 아래와 같이 **병진파괴메커니즘**(translational failure mechanism)과 **회전파괴메커니즘**(rotational failure mechanism)으로 분류할 수 있다(Chen, 1975; Chowdhury 외, 2010; Michalowski, 1995).

- **병진파괴메커니즘** : 두께가 얇은 평면 전단대로 분리된 강체인 흙덩이가 전단대를 따라서 재료내 모든 질점이 동일한 변위로 평행이동하여 파괴되는 메커니즘
- **회전파괴메커니즘** : 특정한 점을 축으로 두께가 얇은 곡면 전단대를 따라서 강체인 흙덩이가 일정한 각속도로 회전하여 파괴되는 메커니즘

회전파괴메커니즘은 대수나선형 전단대에 대해서만 운동학적으로 타당하지만 마찰각 $\phi=0$이라면 원형 전단대도 허용된다. 대수나선형 또는 원형 파괴메커니즘에 대해서는 다음 절의 「**불균일변형**(inhomogeneous deformation)」을 참고하면 된다. 상계정리를 적용하는 과정에서 「메커니즘」이란 「속도장」과 동일한 의미로 이용되는 용어이다.

소성해석에서 경계값문제의 **엄밀해**(rigorous solution)를 구하기 위해서는 주어진 경계조건과 함께 평형방정식, 속도/변형률 적합성조건 및 유동칙을 충족시켜야 한다. 극한해석에 의한 해는, 하계와 관련된 응력장에서는 경계면에 작용하는 하중과 평형상태가 되

어야 하고, 상계와 관련된 속도장에서는 주어진 속도/변형률에 대하여 운동학적으로 타당해야 하기 때문에 엄밀해라 할 수 있다. 이와는 달리 Coulomb이 제안한 옹벽에 대한 한계평형법에서는 활동선을 추정해야 하고 평형방정식을 수립하기 위해서 활동선 내측의 응력분포에 대하여 충분한 가정을 설정해야 하는 것이 보통이다. 그러나 어떤 연속체역학 방정식이라도 활동선 내측과 외측의 모든 영역에 대하여 응력분포를 충족시킬 수는 없으며 응력분포가 추정활동선(possible slip surface) 내측 영역에서 정확하게 정의되는 것도 아니기 때문에, 추정활동선이 운동학적으로 타당한 활동선이고 평형방정식과 응력경계조건 및 파괴기준을 충족시키는 응력분포가 존재한다고 단정할 수도 없다. 따라서 Coulomb의 옹벽에 대한 한계평형법에 의한 해는 오직 옹벽배면의 흙쐐기에 작용하는 힘의 평형만 고려하여 역장(force field)만 구하는 것이므로 엄밀해가 아니다.

여기서 주의해야 할 것은 한계평형법에 의한 해가 병진파괴메커니즘을 적용한 상계정리의 에너지평형에 의한 해와 정확하게 일치한다는 것인데, 특히 관련유동칙이나 비관련유동칙에 관계없이 두 해가 동일하다는 것이다. 〈그림 7-5〉는 강체인 삼각형 흙요소(면적: A)를 이용하여 두 해석결과가 일치할 수밖에 없는 이유를 설명하기 위한 것이다. 그림에서 흙요소는 삼각형 이상의 다각형도 가능하지만 여기서는 가장 간단한 형태인 삼각형을 이용한다. 그림(a)에서 삼각형 흙요소는 1번, 주변의 흙요소는 각각 2, 3 및 4번으로 표시되어 있으며, 그림(b)의 **호도그래프**(hodograph; 속도도)에서 임의의 고정점에 대하여 각각의 흙요소의 속도는 $v_{0k}(k=1,\cdots 4)$이고 상대속도는 $v_{1k}(k=2,3,4)$이다. 흙요소 1번의 세 변을 각각 l_{12}, l_{13}, l_{14}라 하고 세 변에 작용하는 표면력을 각각 T_{12}, T_{13}, T_{14}라고 하면, 단위길이에서 발생하는 외력에 의한 일(𝕎)은 다음과 같다.

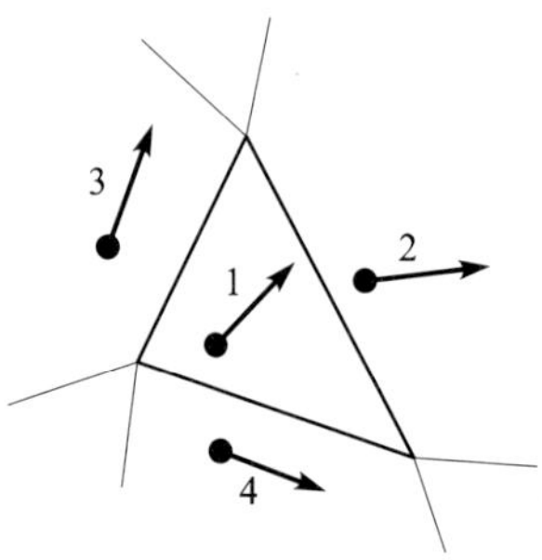

(a) 삼각형 흙요소

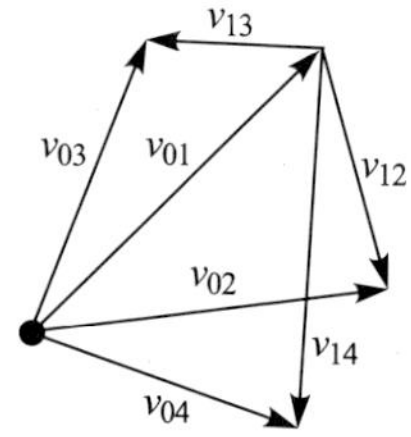

(b) 호도그래프

〈그림 7-5〉 **삼각형 흙요소와 호도그래프** (Davis & Selvadurai, 2002)

$$\mathbb{W} = v_{02}\int_{L_{12}} T_{12}\,dl + v_{03}\int_{L_{13}} T_{13}\,dl + v_{04}\int_{L_{14}} T_{14}\,dl - v_{01}\int_{A} b\,dA \tag{7-8}$$

식에서 b는 물체력이다. 대응하는 삼각형 흙요소에서 에너지소산($\mathbb{D}$)은 다음과 같이 나타낼 수 있다.

$$\mathbb{D} = v_{12}\int_{L_{12}} T_{12}\,dl + v_{13}\int_{L_{13}} T_{13}\,dl + v_{14}\int_{L_{14}} T_{14}\,dl \tag{7-9}$$

그림(b)의 호도그래프에서 상대속도와 삼각형 흙요소의 속도 사이에는 다음 식이 성립한다.

$$v_{02} = v_{01} + v_{12}, \quad v_{03} = v_{01} + v_{13}, \quad v_{04} = v_{01} + v_{14} \tag{7-10}$$

위의 식을 (7-8)식에 대입하고 (7-9)식을 등가로 하면($\mathbb{W} = \mathbb{D}$) 다음 식을 얻을 수 있다.

$$\int_{L_{12}} T_{12}\,dl + \int_{L_{13}} T_{13}\,dl + \int_{L_{14}} T_{14}\,dl = \int_{A} b\,dA \tag{7-11}$$

식에서 삼각형 흙요소의 거동에 대하여 제한조건이 없으므로 관련유동칙이나 비관련유동칙에 모두 적용할 수 있으며, 특히 비관련유동칙과 상계에 대한 자세한 내용은 마지막 부분인 「비관련유동칙과 상계」에 추가하였다. 위의 식이 삼각형 흙요소에 대하여 힘의 평형을 나타내는 것으로서, 병진파괴메커니즘에 대하여 상계정리에 의한 에너지평형방정식이 한계평형법의 평형방정식과 동일하다는 것을 보여주는 것이다(Davis & Selvadurai, 2002; Chen, 1975; Kim 외, 2002).

7.1.5 합성응력장과 불연속응력장

(1) 균일응력장과 합성응력장

하계해석에서 전체 응력장은 몇 개의 작은 균일응력장으로 구성되는데, 이때 균일응력장을 중첩해서 얻은 **합성응력장**(resultant stress field)에 대해서는 파괴기준의 충족 여부를 확인해야 한다. 이를 위해서 선행되어야 하는 것은 Mohr 응력원을 도시하기 위해서 합성응력장의 평균응력 p와 최대전단응력 $\tau_{\max}$를 계산하는 것이다. 〈그림 7-6〉은 서로 다른 2개의 균일응력장에 대하여 최대주응력축인 $I^{(I)}I^{(I)}$과 $I^{(II)}I^{(II)}$를 보여주는 것이다. 그림에서 $I^{(I)}I^{(I)}$과 $I^{(II)}I^{(II)}$는 x-축과 각각 $\theta^{(I)}$와 $\theta^{(II)}$의 각으로 교차하고 두 선분의 교각은 $\theta^{(II)} - \theta^{(I)}$이다.

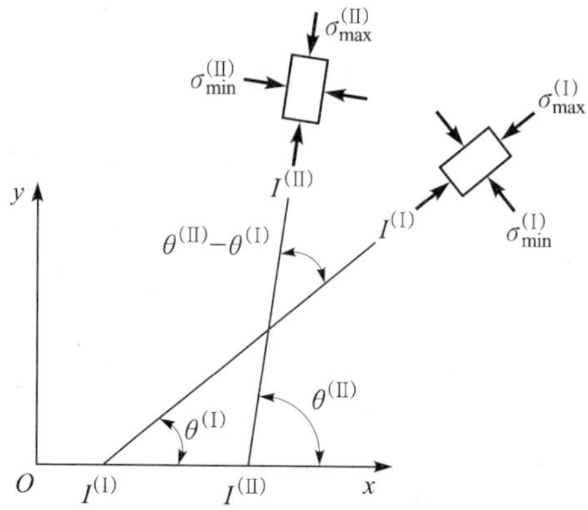

〈그림 7-6〉 **균일응력장의 중첩** (Chen, 1975)

〈그림 7-7〉은 최대 및 최소주응력이 각각 $\sigma_{max}^{(I)}$와 $\sigma_{min}^{(I)}$ 및 $\sigma_{max}^{(II)}$와 $\sigma_{min}^{(II)}$인 균일응력장의 응력원과, $x-$축에 수직인 면적요소에 전달되는 응력을 도시한 물리평면이다. 그림 (a)의 우측 도형에 있는 면적요소 A에 전달되는 응력벡터 $T^{(I)}$의 강도는 좌측 도형의 벡터 OA로 나타낼 수 있으며 사잇각 $\delta^{(I)}$은 물리평면의 사잇각과 반대 방향이다. 그림 (b)의 $T^{(II)}$와 $\delta^{(II)}$도 같은 방법으로 도시한 것이다. 두 균일응력장의 합성응력상태는 합력 T의 합성성분인 평균응력 p와 최대전단응력 τ_{max}를 이용하여 결정할 수 있다. 여기서 평균응력 p와 최대전단응력 τ_{max}는 각각 다음과 같이 정의할 수 있다.

$$p=\frac{1}{2}(\sigma_{max}+\sigma_{min}),\quad \tau_{max}=\frac{1}{2}(\sigma_{max}-\sigma_{min}) \tag{7-12}$$

또는 응력성분으로 나타내면 각각 다음과 같다.

$$p=\frac{1}{2}(\sigma_{xx}+\sigma_{yy}),\quad \tau_{max}=\frac{1}{2}\left[(\sigma_{xx}-\sigma_{yy})^2+4\tau_{xy}^2\right]^{1/2}=R \tag{7-13}$$

식에서 R은 Mohr 응력원의 반경이다. 서로 다른 2개의 응력상태가 중첩되거나 합해지면 면적요소에 전달되는 합성응력벡터는 $T^{(I)}$과 $T^{(II)}$의 벡터합 또는 대수합으로서 결정해야지만 된다. 평균응력성분인 $p^{(I)}$과 $p^{(II)}$는 항상 면적요소에 직각방향으로 작용하므로 합성평균응력 p는 단순하게 $p^{(I)}$과 $p^{(II)}$의 대수합으로 구할 수 있지만, 최대전단응력 τ_{max}의 합성은 벡터합으로 결정해야 된다. 일단 p와 τ_{max}가 결정되면 면적요소 A가 포함된 단면이라면 어떤 단면이라도 합성응력상태의 응력원을 도시할 수 있다. 만약 이와 같이 구한 응력원이 파괴곡선과 교차하지 않는다면 파괴조건을 충족시키게 된다. 그러나 응력원과 파괴곡선이 2개 이상의 교점을 발생시키면 면적요소 A가 포함된 단면이 파괴조건을 충족시키지 않는다는 것을 의미한다. 따라서 금속재료와 같이 항복과 파괴가 분명히 구분되는 재료라면 면적요소 A에서 항복조건을 충족시키는 유일한 응력원은 항복곡선과 접하는 응력원이 된다(Chen, 1975).

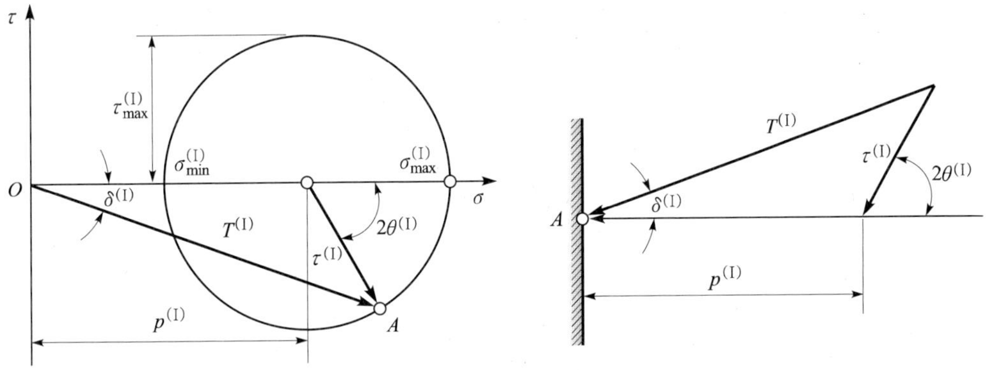

(a) 최대주응력축이 $I^{(I)}I^{(I)}$인 경우

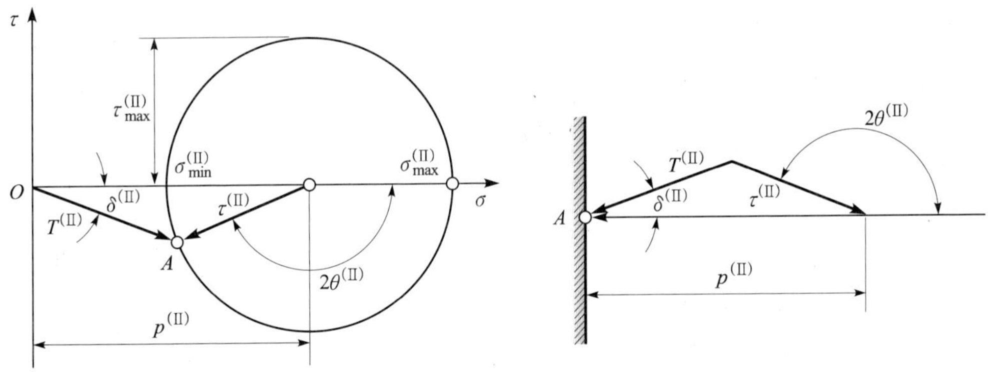

(b) 최대주응력축이 $I^{(II)}I^{(II)}$인 경우

〈그림 7-7〉 〈그림 7-6〉의 균일응력장에 대한 Mohr 응력원 (Chen, 1975)

(2) 불연속응력장과 응력불연속선

하계해석에서 전체 응력장은 몇 개의 작은 균일응력장으로 구성되는데, 각각의 균일응력장의 응력은 일정하지만 2개의 인접한 균일응력장 경계에서는 보통 응력이 불연속적이기 때문에 **불연속응력장**(discontinuous stress field)이 발생하게 된다. 극한해석에서 하계를 구하기 위해서 유용하게 이용되는 불연속응력장은 1950년대 Bishop(1953), Drucker (1953) 등에 의하여 처음으로 제안되었다. 경계선을 가로질러 발생하는 **응력의 불연속**

(discontinuity of stress)에 대해서는 이론적인 해석을 통해서 규명되어 왔으며, 예로서 〈그림 7-8〉은 우력이 작용하는 슬래브에 대하여 탄성상태로부터 소성상태까지 응력분포의 전이과정을 도시한 것이다. 그림(a)는 선형탄성 응력분포를 보여주는 것이다. 휨모멘트가 계속해서 증가하면 슬래브 표면에 가까이 위치한 부위에서 먼저 소성상태가 되고, 그림(b)와 같이 탄성코어(elastic core)가 혼재된 탄소성상태가 된다. 휨모멘트가 더 추가되어 한계상태에 도달하면 탄성코어는 축소되어 그림(c)와 같이 얇은 판막(membrane) 형태가 되고 판막과 평행한 방향으로 $4k$의 **응력비약**(stress jump 또는 stress saltus)이 발생한다. 따라서 그림(c)의 **응력불연속선**(stress discontinuity line)은 서로 다른 2개의 인접한 응력장 사이에서 생성되는 불연속응력장의 극단적인 형태라고 할 수 있다.

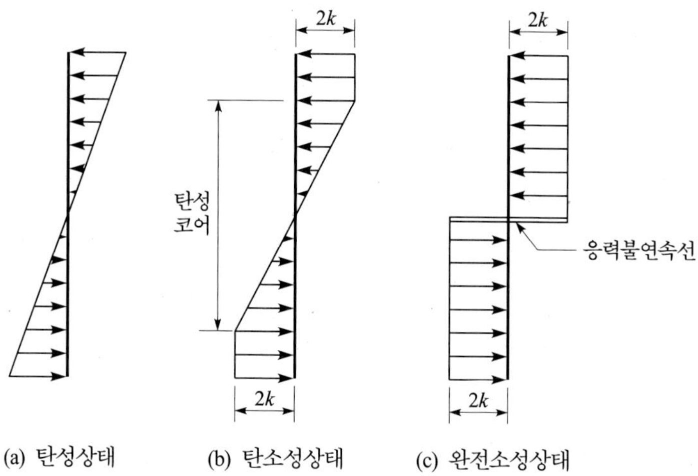

〈그림 7-8〉 휨모멘트를 받는 슬래브의 응력분포 (Chen, 1975)

재료의 파괴기준과 평형방정식으로부터 유도되는 **응력방정식**(stress equation)은 임의의 응력경계조건에 대하여 해가 항상 연속적인 것은 아니며, 응력비약으로 인하여 불연속적일 수도 있는데, 수학적으로는 응력방정식의 **불연속해**(discontinuous solution)가 바로 응력불연속선이다. 응력방정식의 불연속해에 대해서는 「Sokolovskii의 응력장해석」에 기술되어 있다. 응력방정식의 불연속해인 응력불연속선에 대하여, 그 선을 가로질러서 응력비약이 허용되기 위해서는 〈그림 7-9(a)〉와 같은 미소요소에 수직응력 σ_n, 접선응력 σ_t 및 전단응력 τ_n이 작용할 때, 그 응력으로 인하여 어떤 합력도 발생하지 않음으로서 평형상태가 유지될 수 있어야만 된다(자중 무시). 평형상태가 유지되기 위해서는 그림에서 응력불연속선 DD를 따라서 수직응력 σ_n과 전단응력 τ_n은 반드시 연속적이어야 하지만 응력불연속선과 평행하게 작용하는 접선응력 σ_t는 반드시 연속적일 필요가 없다. 이것은 접선응력이 그림과 같이 작용해도 미소요소에 대하여 어떤 합력도 유발하지 않기 때문이며, 따라서 응력불연속선을 가로질러서 접선응력의 비약이 가능하게 된다(Kamrin & Martin, 2007; Chen, 1975).

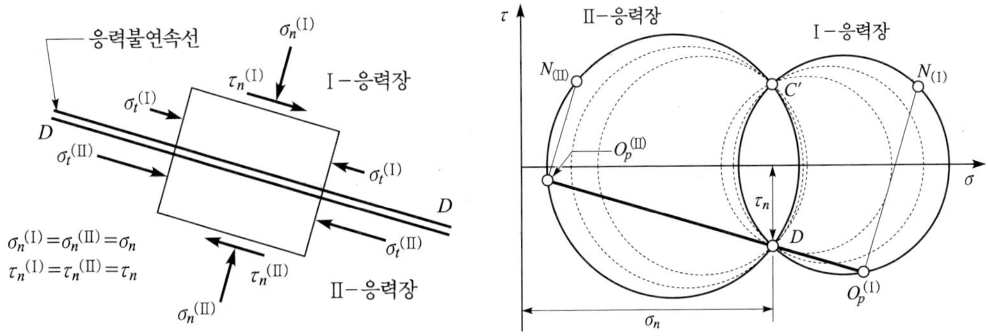

(a) 응력불연속선 : *DD* (b) Mohr 응력원

〈그림 7-9〉 응력불연속선과 Mohr 응력원 (Kamrin & Martin, 2007; Chen, 1975; Shield, 1952)

접선응력의 비약은 〈그림 7-9(b)〉와 같이 I-응력장과 II-응력장에 대하여 응력원을 도시하면 더욱 확실해진다. 그림에서 응력원의 두 평면기점 $O_p^{(I)}$와 $O_p^{(II)}$를 연결한 선은 응력불연속선 DD와 평행하고 D점(응력비약의 크기를 나타내는 응력점)을 지나는 선이 응력원과 만나는 교점이며, 선분 $O_p^{(I)}N^{(I)}$과 $O_p^{(II)}N^{(II)}$는 I-응력장과 II-응력장에서 각각 응력불연속선인 DD에 수직이다. 응력성분 σ_n과 τ_n은 **불연속 접점**(discontinuous interface)인 D에서 일치하지만, 서로 다른 두 접선응력 $\sigma_t^{(I)}$와 $\sigma_t^{(II)}$에 해당하는 I-응력장의 응력원과 II-응력장의 응력원의 응력상태는 다르다. 접점 D의 응력 σ_n과 τ_n에 대하여 그림에서 중간응력상태를 나타내면서 D를 통과하는 응력원은 점선으로 표시된 원과 같이 무수히 많이 생성되는데, 중간응력상태를 나타내는 것이므로 극한응력상태를 나타내는 I-응력장의 응력원과 II-응력장의 응력원보다는 각각 작아야 된다는 것을 알 수 있다. 이것은 좁은 응력불연속선 내에서 응력분포는 탄성상태가 되어야 하며, 응력이 급변하더라도 연속적이어야 한다는 것을 의미한다. 뿐만 아니라 σ_n과 τ_n은 일정하지만 접선응력 σ_t는 급변하여 항복조건을 충족시킬 수 없는 응력상태가 된다(Kachanov, 1971). 따라서 수학적으로는 응력불연속선이지만 물리적으로는 굵기가 무한히 가는 탄성사(elastic filament)에 비유할 수 있다. 만약 탄성변형을 무시한다면 탄성사는 완벽한 신축

성을 가진 재료로서 아무리 큰 곡률변화가 유발되는 굽힘이라 해도 유한곡률에 대해서는 변형이 극히 미소하거나 0이 되어야 하기 때문에 탄성범위 내에서 **비팽창조건**(condition of inextensibility, 「속도불연속선」 참조)을 충족시킬 수 있어야 한다는 것이다. 결과적으로 응력불연속선에서는 응력분포가 탄성상태이므로 무한히 얇은 강체영역으로 고려되어야 하며 소성상태인 전단대 즉 **속도불연속선**(velocity discontinuity)과는 응력상태가 다르므로 전단대와 응력불연속선은 일치하지 않는다(Chen, 1975; Shield, 1952).

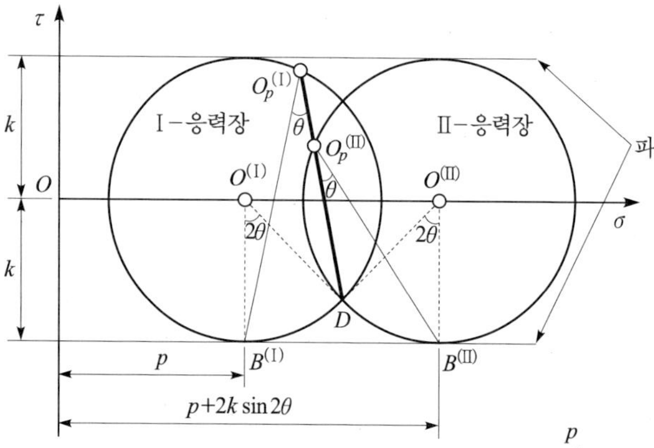

(a) 응력평면

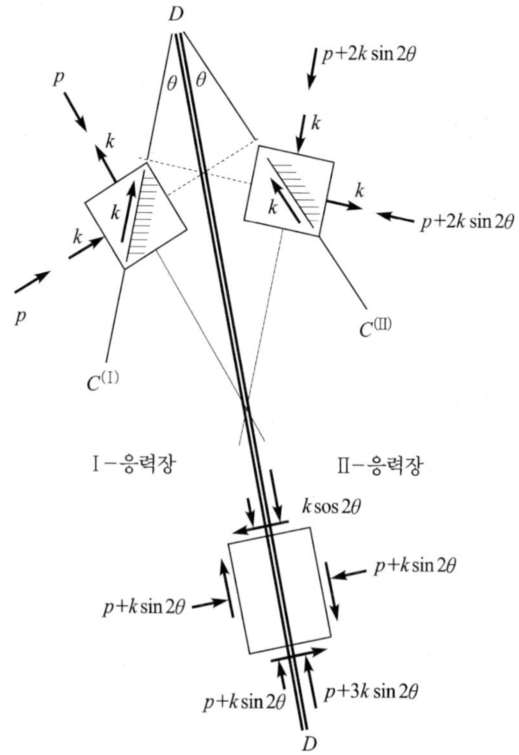

(b) 물리평면

〈그림 7-10〉 Tresca재료의 $I-$ 및 $II-$ 응력장을 분리하는 응력불연속선 (Chen, 1975)

하계의 최댓값은 불연속선을 경계로 양측에 위치한 응력장이 모두 항복상태이거나 소성상태에서 발생되는데, 〈그림 7-10(a)〉의 응력점 D가 바로 그와 같은 상태로서 2개의 응력원은 양측 응력장의 응력상태를 나타내는 것이다. 마찰각 $\phi=0$인 Tresca재료라면 그림과 같이 한계상태를 나타내는 응력원에 대하여 2개의 평행한 파괴포락선을 얻을 수 있다. 〈그림 7-10(b)〉에서 DD는 소성상태에 있는 $I-$응력장과 $II-$응력장을 분리하는 응력불연속선이다. 좌측의 응력원이 우측의 응력원보다 평균응력 p가 작으며, 평면기점 $O_p^{(I)}$로부터 최소전단응력점 $B^{(I)}$을 연결한 선이 그림(b)의 물리평면에서 $DC^{(I)}$이고 우측의 응력원에서는 평면기점 $O_p^{(II)}$로부터 최소전단응력점 $B^{(II)}$를 연결한 선이 그림(b)의 물리평면에서 $DC^{(II)}$이다. 또한 응력평면의 $O_p^{(I)}-O_p^{(II)}-D$를 잇는 선분이 바로 물리평면에서 응력불연속선 DD이다. 응력평면에서 원호 $DB^{(I)}$과 $DB^{(II)}$에 대한 중심각은 각각 2θ로서 동일하며, 이것은 응력불연속선 DD가 불연속응력장인 양측의 두 응력장에서 주전단응력의 방향을 이등분한다는 것을 의미한다. 다시 말하면 2개의 응력장에서 주응력축은 그림(b)와 같이 응력불연속선을 중심으로 서로 대칭이 되어야 한다는 것이다. 이와 같은 특성은 Tresca재료의 불연속응력장을 구축하는데 매우 중요한 역할을 한다(Chen, 1975; Shield, 1952).

(3) Tresca재료의 응력불연속선과 응력비약

〈그림 7-11〉의 $x-y$평면에서 σ_{xx}, σ_{yy} 및 τ_{xy}는 각각 미소요소에 작용하는 수직 및 전단응력이다. 그림(a)와 같이 응력불연속선에 수직인 선과 $x-$축의 사잇각이 ψ이고, 임의의 점 C에서 불연속선에 작용하는 수직 및 전단응력은 각각 σ_n 및 τ이다. 또한 $x-$축과 최대주응력인 $\sigma_{\max}-$방향의 사잇각을 θ라 하고, 이 방향을 제1주응력방향(first principal direction)이라고 정의한다. 제2주응력은 제1주응력과 직교하고, 최대전단응력은 직교하는 두 주응력을 45°로 이등분하는 방향으로 2개가 생성된다. 이와 같이 생성된 2개의 곡선중에서 그림(a)와 같이 반시계방향으로 45°를 회전하여 $x-$축과 사잇각이 Ψ인 곡선이 **제1 전단곡선**(first shear line) 또는 S_1-전단곡선이며, 다른 하나의 곡선은 **제2 전단곡선**(second shear line) 또는 S_2-전단곡선으로서 제1 전단곡선과 직교하여 발생한다(Chen, 1975).

〈그림 7-11(b)〉의 응력원은 Tresca재료에 대한 항복조건으로서 그림(a)의 C점에 대한 응력상태를 나타내는 것이다. 그림에서 전단항복응력을 k, 평균응력을 p라고 하면 수직

응력 σ_n, 접선응력 σ_t 및 전단응력 τ는 각각 다음과 같이 나타낼 수 있다.

$$\sigma_n = p + k\sin 2(\Psi - \psi),\ \ \sigma_t = p - k\sin 2(\Psi - \psi),\ \ \tau = k\cos 2(\Psi - \psi) \tag{7-14}$$

평형상태가 유지되기 위해서는 수직응력 σ_n과 전단응력 τ는 반드시 연속적이어야 하지만 접선응력 σ_t는 반드시 연속적일 필요는 없다. 위의 식을 이용하여 그림(b)의 항복조건을 나타내면 다음과 같다.

$$(\sigma_n - \sigma_t)^2 + 4\tau^2 = 4k^2 \quad \Rightarrow \quad \sigma_t = \sigma_n \pm 2\left(k^2 - \tau^2\right)^{1/2} \tag{7-15}$$

위의 식으로부터 응력불연속선을 가로질러서 접선응력 σ_t의 비약 $\left(\sigma_t^{(II)} - \sigma_t^{(I)}\right)$는 다음과 같이 나타낼 수 있다.

$$\sigma_t^{(II)} - \sigma_t^{(I)} = \pm 4\left(k^2 - \tau^2\right)^{1/2} \tag{7-16}$$

식에서 위첨자 (I)과 (II)는 응력불연속선을 경계로 각각 어느 한 쪽의 응력장을 나타낸다. 수직응력 σ_n과 전단응력 τ가 연속적이라면 즉, $I-$응력장의 $\sigma_n^{(I)}$ 및 $\tau^{(I)}$과 $II-$응력장의 $\sigma_n^{(II)}$ 및 $\tau^{(II)}$가 각각 같다면 평균응력 p와 $x-$축과 제1전단곡선의 사잇각 Ψ는 다음 두 식을 충족시켜야 한다.

$$p^{(I)} + k\sin 2\left(\Psi^{(I)} - \psi\right) = p^{(II)} + k\sin 2\left(\Psi^{(II)} - \psi\right) \tag{7-17}$$

$$\cos 2\left(\Psi^{(I)} - \psi\right) = \cos 2\left(\Psi^{(II)} - \psi\right) \tag{7-18}$$

$\cos(A) = \cos(-A)$이므로 위의 (7-18)식으로부터 다음 식을 얻을 수 있다.

$$\Psi^{(I)} + \Psi^{(II)} = 2\psi \pm n\pi \tag{7-19}$$

식에서 n은 음이 아닌 정수이다. 위의 식을 (7-17)식에 대입하면 다음과 같다.

$$p^{(II)} = p^{(I)} + 2k\sin 2\left(\Psi^{(I)} - \psi\right) \tag{7-20}$$

(7-19)식이 의미하는 것은 응력불연속선이 양측의 응력장에서 제1전단곡선에 의하여 형성된 각을 이등분한다는 것이다(〈그림 7-10〉 참조). (7-17)식과 (7-19)식으로부터 다음 식을 얻을 수 있다.

$$p^{(II)} - p^{(I)} = -2k\sin 2\left(\Psi^{(II)} - \Psi^{(I)}\right) \tag{7-21}$$

위의 식으로부터 응력불연속선을 가로질러서 평균응력 p의 감소는 양측의 응력장에서 제1전단곡선의 사잇각의 차$\left(\Psi^{(II)} - \Psi^{(I)}\right)$에 대하여 sin값을 취한 것과 같다는 것을 알 수 있다(Chen, 1975).

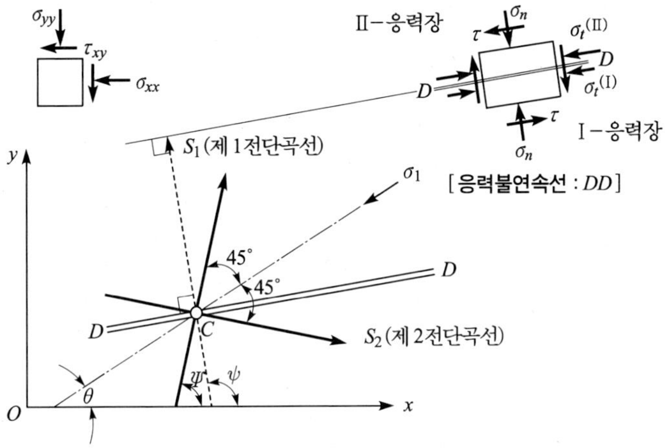

(a) 물리평면

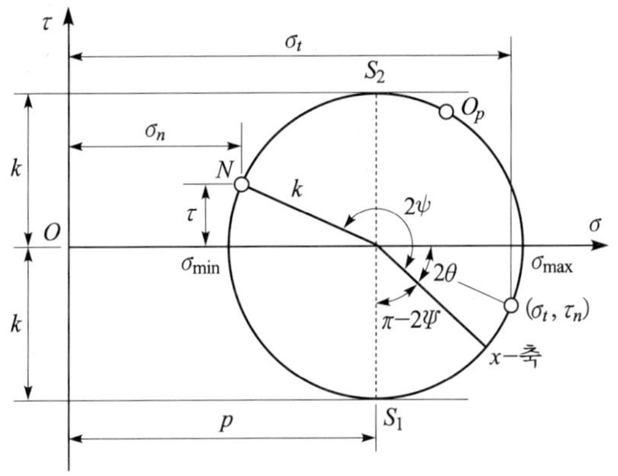

(b) 응력평면

〈그림 7-11〉 Tresca재료의 파괴시 응력상태와 전단곡선 (Chen, 1975)

(4) Mohr-Coulomb재료의 응력불연속선과 응력비약

응력비약을 고려할 때에는 Tresca재료와 Mohr-Coulomb재료에 대하여 항복곡선의 형태가 서로 다르다는 것에 주의해야 한다. 즉 Tresca재료의 항복곡선은 〈그림 7-11〉과 같이 소성응력상태를 나타내는 Mohr 응력원의 포락선인 2개의 항복곡선이 평행하지만, Mohr-Coulomb재료에서는 〈그림 7-12〉와 같이 2개의 항복곡선이 교차한다. 〈그림 7-12〉는 Mohr-Coulomb재료의 파괴시 응력상태와 전단곡선을 나타낸 것이다. 그림(a)에서 응력불연속선 DD에 대한 수직선과 x-축의 사잇각은 ψ이고, 그림(b)에서 수직응력 σ_n과 전단응력 τ_n은 각각 다음과 같이 나타낼 수 있다.

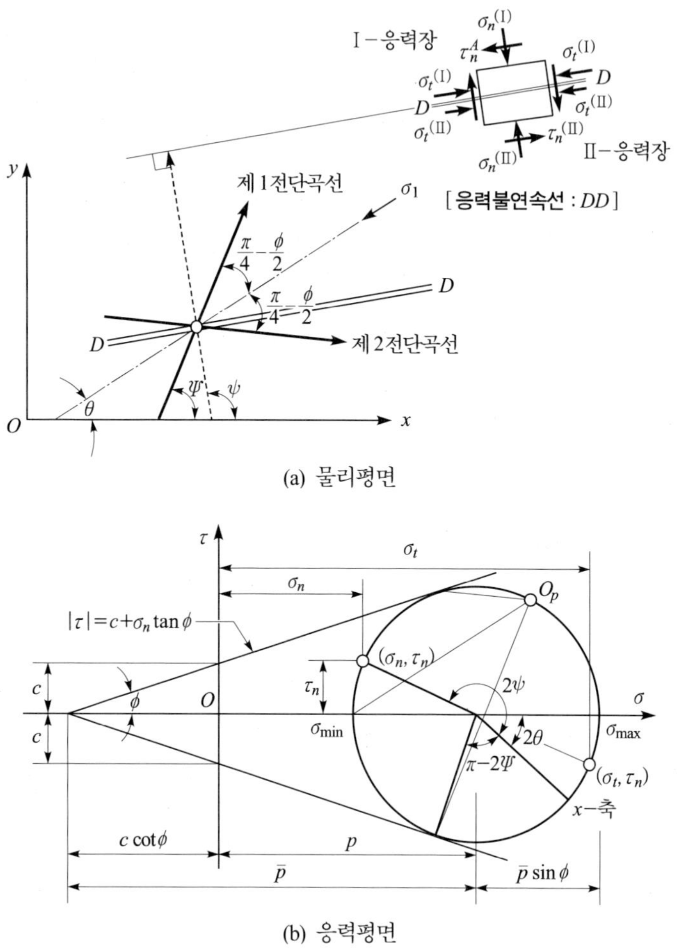

〈그림 7-12〉 Mohr-Coulomb재료의 파괴시 응력상태와 전단곡선 (Chen, 1975)

$$\sigma_n = \bar{p}[1+\sin\phi\sin(2\Psi-2\psi+\phi)]-c\cot\phi \tag{7-22}$$

$$\tau_n = \bar{p}\sin\phi\cos(2\Psi-2\psi+\phi) \tag{7-23}$$

여기서, $\bar{p}=p+c\cot\phi=\dfrac{\sigma_{\max}-\sigma_{\min}}{2\sin\phi}$

그림(a)에서 미소요소의 평형상태가 유지되기 위해서 요구되는 것은 수직응력 $\sigma_n^{(I)}=\sigma_n^{(II)}$, 전단응력 $\tau_n^{(I)}=\tau_n^{(II)}$으로 연속적이어야 하지만 접선응력은 $\sigma_t^{(I)}\neq\sigma_t^{(II)}$로 연속적이 아니더라도 평형상태가 가능하므로 (7-22~23)식으로부터 다음과 같이 평형조건식을 수립할 수 있다(Chen, 1975).

$$\bar{p}^{(I)}\left[1+\sin\phi\sin\left(2\Psi^{(I)}-2\psi+\phi\right)\right]=\bar{p}^{(II)}\left[1+\sin\phi\sin\left(2\Psi^{(II)}-2\psi+\phi\right)\right] \quad (7\text{-}24)$$

$$\bar{p}^{(I)}\cos\left(2\Psi^{(I)}-2\psi+\phi\right)=\bar{p}^{(II)}\cos\left(2\Psi^{(II)}-2\psi+\phi\right) \quad (7\text{-}25)$$

만약 $\sin\left(\Psi^{(I)}-\Psi^{(II)}\right)\neq 0$ 즉, 응력불연속선의 두께가 0이 아니라면 위의 두 식으로부터 $\bar{p}$를 소거하여 다음 식을 얻을 수 있다.

$$\sin\left(\Psi^{(I)}+\Psi^{(II)}-2\psi+\phi\right)+\sin\phi\cos\left(\Psi^{(I)}-\Psi^{(II)}\right)=0 \quad (7\text{-}26)$$

따라서 위의 평형조건식과 함께 (7-24)식이나 (7-25)식을 충족시키면 응력매개변수 $\bar{p}$와 Ψ는 비약이 가능하다. 위의 식에서 마찰각 $\phi=0$이면 Tresca재료에 대한 (7-19)식과 동일한 식이 된다.

7.1.6 사다리꼴 재하와 지지다리

(1) Tresca재료의 사다리꼴 재하와 지지다리

〈그림 7-13〉은 Tresca재료($\phi=0$; $c=k$, k: Tresca재료의 전단항복응력)에 대하여 평면변형률조건의 하중전달시스템을 보여주는 것이다(Bishop, 1953). 그림(a)는 기초구조물로부터 하중 P가 지반으로 전달되는 것을 그린 것이며, 이와 같은 하중전달시스템을 핀트러스 구조로 변환하여 나타낸 것이 그림(b)이다. 그림에서 δ를 수직선과 트러스부재의 사잇각이라고 하면 트러스의 부재력은 각각 다음과 같다(Chen, 1975).

$$F=\frac{P}{2\cos\delta}, \quad T=F\sin\delta=\frac{1}{2}P\tan\delta \quad (7\text{-}27)$$

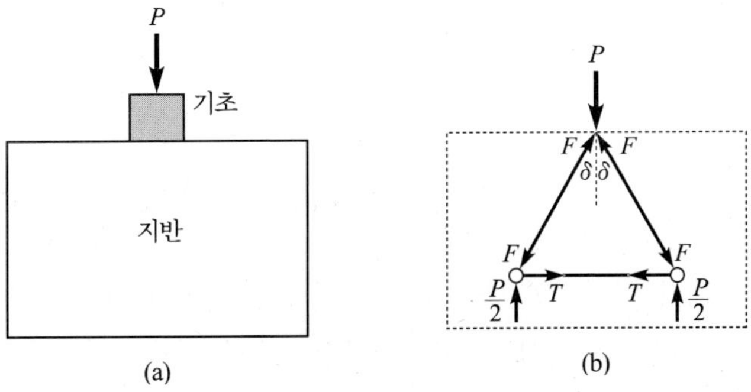

〈그림 7-13〉 기초지반의 하중지지 시스템과 트러스 구조 (Chen, 1975)

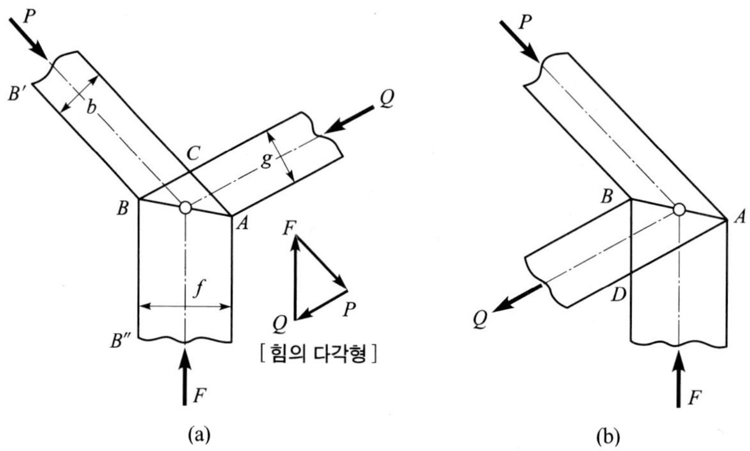

〈그림 7-14〉 트러스 구조의 응력장 (Chen, 1975)

트러스를 설계하는 경우에 각 부재의 단면적(평면변형률조건에서는 부재의 폭)은 부재의 축방향 응력을 받을 수 있어야 하므로, 극한하중의 하계를 구하기 위해서는 즉, 블록에 작용하는 하중 P를 안전하게 지지하기 위해서는 부재에 작용하는 응력을 항복응력 $2k$ 이하로 해야 한다. 또한 부재의 단면적을 결정하기 위해서는 일축인장 또는 일축압축 응력장이 중첩되기 때문에 응력연결(stress connection) 방법을 검토해야 한다.

〈그림 7-14〉는 3개의 트러스 부재를 이용해서 삼각형 응력장에 대한 응력연결 방법을 보여주기 위한 것이다. 그림에서 각각의 트러스 부재는 균일응력장을 나타내는데, 그림(a)에서 2개의 압축 역장인 P(폭: b)와 Q(폭: g)는 삼각형 ABC에서 중첩되고, 압축 역장인 F(폭: f)에 의하여 평형상태가 유지되고 있다. 그림(a)의 힘의 다각형에서 보는 바와 같이 만약 P, Q 및 F가 평형을 이루고 있다면 내적 평형조건에는 문제가 없으며, ABC의 응력은 일축압축응력인 P/b와 Q/g를 그림의 각도에 맞춰서 합하면 된다. 또한 각각의 응력불연속선 BC, AC 및 AB와 평행한 응력비약은 고려할 필요가 없으며, 전체적으로 평형상태가 유지되고 있으므로 응력불연속선에 대한 수직응력과 전단응력은 연속적이다. 만약 응력 P/b, Q/g 및 F/f가 각각 항복응력($2k$) 이하라면, P/b와 Q/g를 합한 응력상태가 항복응력 이하인 것만 확인하면 된다. 특히 교점인 A, B 및 C에서는 각각 4개의 응력불연속선이 있지만(예로서, 교점 B에서 BB', BC, BA 및 BB'') 인접한 응력장이 항복상태가 아니라면 응력 **비약조건**(jump condition)은 항복응력 이상의 응력비약이 아닌 탄성상태 내에서 응력비약이기 때문에 검토할 필요가 없다. 〈그림 7-14(b)〉에서 역장 Q는 그림(a)와 크기와 방향은 같지만 압축응력이 아닌 인장응력이

며, 역장 F와 삼각형 ABD에서 중첩된다. 그러나 응력불연속선 AB는 그림(a)와 동일하다. 그림(b)에서 인장응력 Q/g와 압축응력 F/f의 조합에 의하여 ABD에서 발생하는 최대전단응력은 그림(a)의 두 압축응력에 의하여 ABC에서 발생하는 최대전단응력보다 훨씬 크게 발생한다(Chen, 1975).

Chen(1975)은 응력장에서 평형상태를 유지하기 위하여 필요한 트러스 구조의 응력장을 「**지지다리**」(supporting leg)라고 정의하였다. 〈그림 7-15(b)〉는 〈그림 7-13〉에서 트러스 부재의 사잇각 $\delta = 30^\circ$ 로 가정하고 경사지지다리(inclined supporting leg)의 최소 폭을 항복응력인 $2k$가 되도록 취한 것으로서 F와 P는 각각 다음과 같이 나타낼 수 있다.

$$F = 2kb\cos 30^\circ, \quad P = 2F\cos 30^\circ = 4kb\cos^2 30^\circ = 3kb \tag{7-28}$$

위의 값은 그림(b)에서 합성응력장 ABE의 응력상태가 항복응력보다 작으면 하중 P의 하계로서 적절하다고 할 수 있다. 응력평면에서 2개의 응력장을 합성하기 위해서는, 평균응력은 대수합으로 구하고 최대축차응력(또는 최대전단응력)은 응력평면의 사잇각이 물리평면에서 2배각이 된다는 것을 이용하여 벡터합으로 결정해야 한다. T와 $P/2$는 서로 직각방향이므로 중첩조건(overlap condition)은 다음과 같다(Chen, 1975).

$$\frac{P}{2w} + \frac{T}{h} \le 2k \tag{7-29}$$

위의 조건은 그림과 같이 구조적으로 $\delta \ge 30^\circ$ 이면 충족시킬 수 있다. 〈그림 7-15(a)〉는 좌우대칭으로 중첩되는 영역의 응력상태를 보여주는 그림이다. 〈그림 7-15(b)〉에서 $\delta = 30^\circ$ 를 취하여 사다리꼴 재하에서 발생하는 불연속응력장을 나타낸 것이 〈그림 7-16〉이다. 그림에서 사다리꼴 $ABCD$는 소성상태이며 선분 AE, BE, CE 및 DE는 각각 $I-$, $II-$, $III-$ 및 $IV-$응력장을 분리하는 응력불연속선이다. $I-$응력장과 $III-$응력장은 각각 이축압축 및 이축압축-인장 응력상태이고 $II-$응력장과 $IV-$응력장은 일축압축상태이다. $I-$응력장에서 주응력의 방향은 수직 및 수평이며 지지다리를 좌우대칭으로 설정하면 $I-$응력장에서 합성응력상태는 응력경계조건을 충족시킬 수 있다. 하중 $P > 3kb$라면 하중을 수직 및 경사방향으로 안전하게 전달하기 위해서는 지지다리의 수를 늘려서 지지다리의 응력을 감소시켜야 한다. 각각의 응력장에 대한 상세한 응력해석 방법은 Mohr-Coulomb재료와 동일하므로 다음 절을 참고하면 된다.

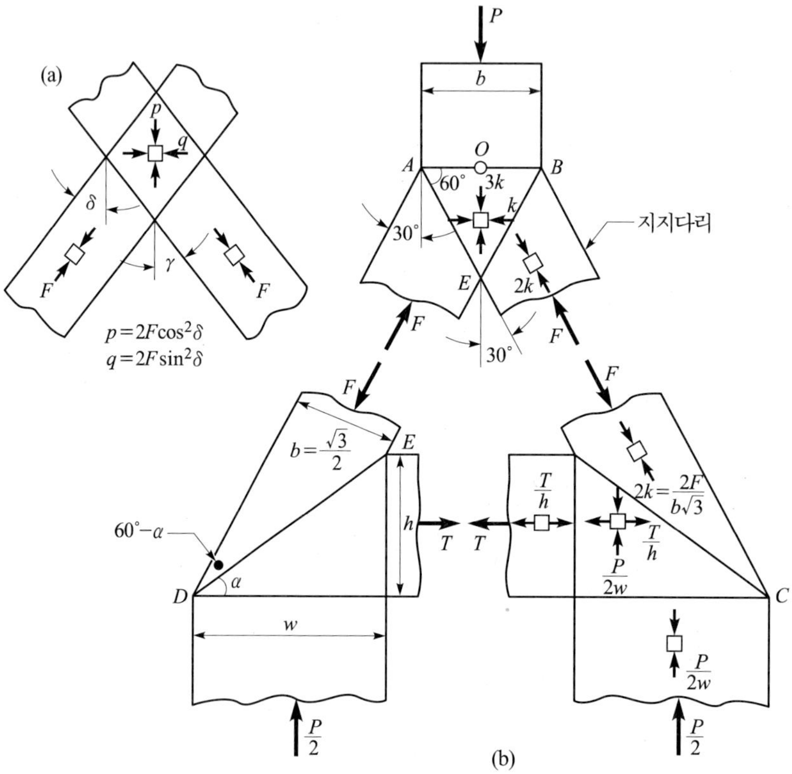

〈그림 7-15〉 Tresca재료에 대한 지지다리($\delta = 30°$) (Chen, 1975)

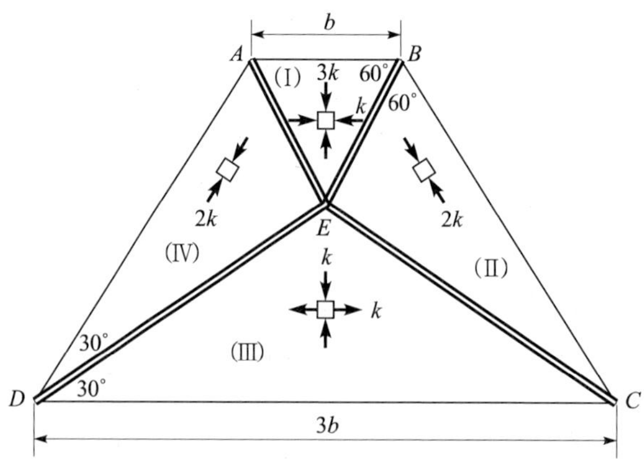

〈그림 7-16〉 Tresca재료의 사다리꼴 재하와 불연속응력장($\delta = 30°$) (Chen, 1975)

(2) Mohr–Coulomb재료의 사다리꼴 재하와 지지다리

Tresca재료의 불연속응력장을 Mohr–Coulomb재료의 불연속응력장으로 확장하여 검토하고자 한다. Tresca재료와 같이 하중전달시스템을 핀트러스 구조로 가정하면 평면변형률 조건의 사다리꼴 하중전달시스템은 〈그림 7-17〉과 같이 나타낼 수 있으며, 그림(c)의 $I-$ 및 $III-$응력장은 이축응력상태가 되고 $II-$ 및 $IV-$응력장은 각각 일축압축 F 및 일축인장 q'인 응력상태가 된다(Chen, 1975).

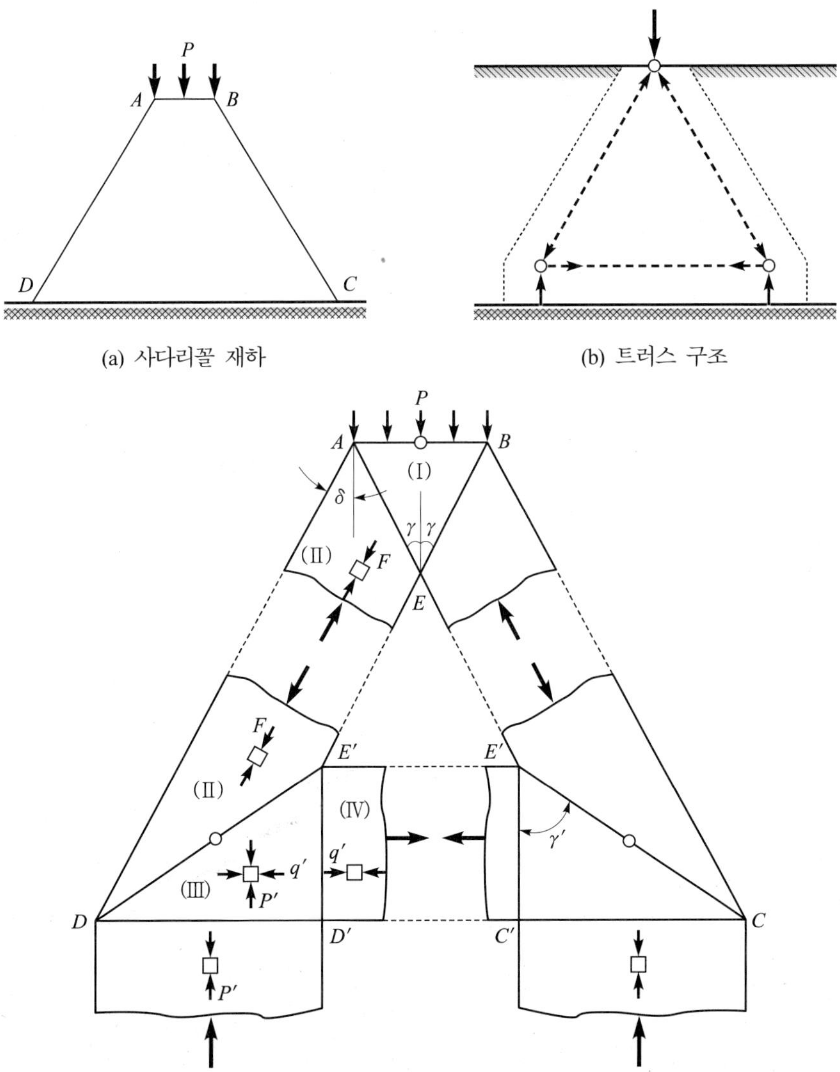

(a) 사다리꼴 재하

(b) 트러스 구조

(c) (b)에 대한 트러스 구조의 상세도

〈그림 7-17〉 Mohr-Coulomb재료의 사다리꼴 재하와 지지다리 (Chen, 1975)

따라서 4개의 응력장은 〈그림 7-18〉의 (b), (c), (b') 및 (c')과 같이 표시할 수 있다. δ의 부호가 반대라는 것을 제외하면 응력장과 하중이 좌우대칭이기 때문에 좌반부나 또는 우반부만 고려하면 된다. 그림(b)의 삼각형 AEM에 작용하는 힘의 평형을 고려하면 AE에 작용하는 수직응력 σ_n과 AE와 평행한 전단응력 τ는 양측에서 동일해야 하지만 AE와 평행한 접선응력 σ_t는 다를 수도 있으며 따라서 AE는 응력불연속선이 된다. 접선응력 σ_t의 크기는 불연속선 양측에 있는 재료의 어느 부위에서나 파괴기준을 충족시켜야만 한다는 조건에 의해서 제한된다.

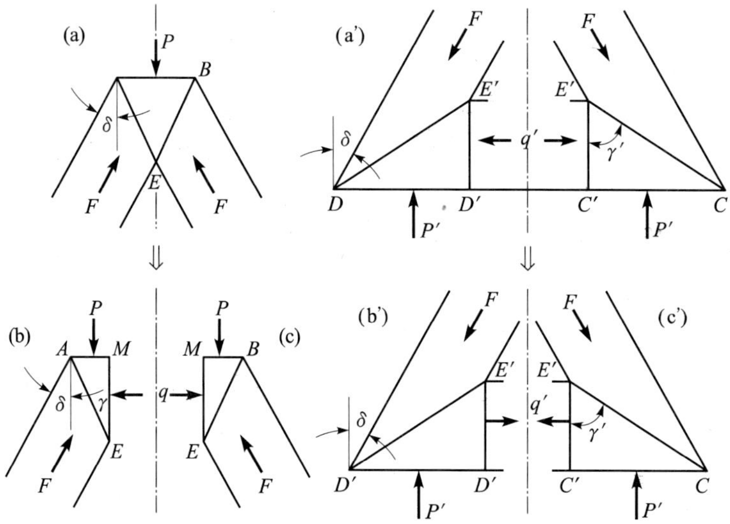

〈그림 7-18〉 Mohr-Coulomb재료의 사다리꼴 재하 (Chen, 1975)

먼저 〈그림 7-17〉의 삼각형 $EE'E'\rightarrow 0$이고 일축인장상태의 응력장 $IV\rightarrow 0$일 때 사다리꼴 재하에 의한 불연속응력장을 나타낸 〈그림 7-19〉를 해석하고자 한다. 그림에서 사다리꼴 $ABCD$는 각각 AB와 CD에 작용하는 하중 P와 P'에 의하여 소성상태이며 AD와 BC에는 하중이 작용하지 않는다. AE, BE, CE 및 DE는 $I-$, $II-$, $III-$ 및 $IV-$응력장을 분리하는 응력불연속선이며, 응력불연속선과 수직선의 사잇각인 γ와 δ'는 미지수이다. 응력장 ABE는 이축압축상태이고 응력장 CDE는 이축압축-인장상태이다. $II-$ 및 $IV-$응력장에서는 AD와 BC에 하중이 작용하지 않으므로 일축압축응력상태이며 압축응력 F는 그림의 응력원으로부터 다음과 같이 나타낼 수 있다.

$$F=\frac{c\cos\phi}{1-\sin\phi}=2c\tan\left(\frac{\pi}{4}+\frac{\phi}{2}\right) \tag{7-30}$$

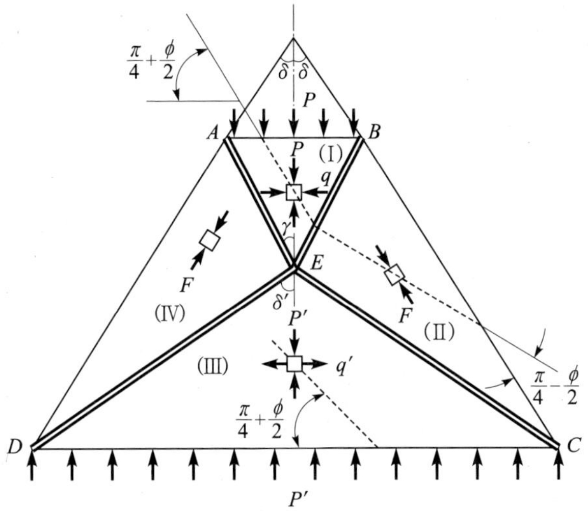

[$II-$ 및 $IV-$응력장에 대한 응력원]

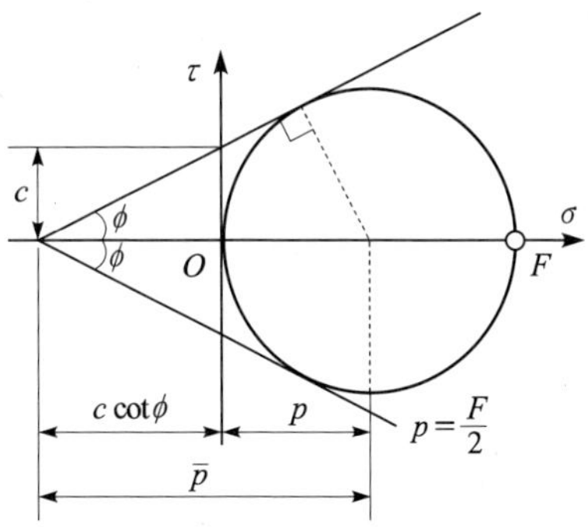

〈그림 7-19〉 Mohr-Coulomb재료의 사다리꼴 재하와 불연속응력장 (Chen, 1975)

$II-$ 및 $IV-$응력장의 $\bar{p}$는 다음과 같다.

$$\bar{p}^{(II)} = \bar{p}^{(IV)} = \frac{c\cos\phi}{1-\sin\phi} + c\cot\phi = \frac{c\cot\phi}{1-\sin\phi} \tag{7-31}$$

그림에서 $I-$, $II-$ 및 $III-$응력장의 파선은 각각 제1전단곡선을 나타내는 것이다. 수평 및 수직방향을 각각 $x-$ 및 $y-$축으로 취하면 $x-$축과 제1전단곡선과의 사잇각 Ψ는 각각 다음과 같이 나타낼 수 있다.

$$\Psi^{(I)} = -\left(\frac{\pi}{4} + \frac{\phi}{2}\right), \quad \Psi^{(II)} = -\left(\frac{\pi}{4} + \frac{\phi}{2}\right) + \delta, \quad \Psi^{(III)} = -\left(\frac{\pi}{4} + \frac{\phi}{2}\right) \tag{7-32}$$

식에서 2δ는 AD와 BC의 사잇각이며 위첨자는 응력장을 나타낸다. 위의 식과 (7-26)식으로부터 응력불연속선 BE와 CE의 응력비약조건은 아래와 같다.

$$\cos(2\gamma + \delta) = \sin\phi\cos\delta, \quad \cos(2\delta' - \delta) = \sin\phi\cos\delta \tag{7-33}$$

따라서 위의 식으로부터 γ와 δ'은 각각 다음과 같다.

$$\gamma = \frac{\vartheta}{2} - \frac{\delta}{2}, \quad \delta' = \frac{\vartheta}{2} + \frac{\delta}{2} \tag{7-34}$$

식에서 $\cos\vartheta = \sin\phi\cos\delta$이며 $0 \le \vartheta \le \pi/2$이다. (7-31)식과 응력불연속선 BE와 CE에 대한 비약조건인 (7-24~25)식을 이용하여 $I-$ 및 $III-$응력장의 $\bar{p}$를 얻으면, 하중인 수직압축응력 P와 P'은 다음과 같이 나타낼 수 있다.

$$P = c\cot\phi\left[\tan^2\left(\frac{\pi}{4}+\frac{\phi}{2}\right)\frac{\sin(\vartheta+\delta)}{\sin(\vartheta-\delta)}-1\right] \tag{7-35}$$

$$P' = c\cot\phi\left[\tan^2\left(\frac{\pi}{4}+\frac{\phi}{2}\right)\frac{\sin(\vartheta-\delta)}{\sin(\vartheta+\delta)}-1\right] \tag{7-36}$$

마찰각 $\phi \to 0$이고 $c = k$라면 위의 식은 다음과 같이 나타낼 수 있다.

$$P = 2k(1+\sin\delta), \quad P' = 2k(1-\sin\delta) \tag{7-37}$$

여기서 주의해야 할 것은 〈그림 7-19〉의 응력장은 속도장과는 관계가 없으며 따라서 응력장은 물리적으로 허용될 수 없고 오직 주어진 문제의 하계만 제공할 뿐이라는 것이다(Chen, 1975).

해석과정에서 〈그림 7-20(a)〉의 수평압축응력 q와 경사응력 F에 의하여 지지되는 수직압축응력 P에 대하여 최상의 하계를 얻기 위해서는 경사응력 F의 허용값 중에서 최댓값을 구해야 한다. 또한 응력장 AOE에 작용하는 힘의 평형과 응력장 AOE는 소성상태라는 것을 이용하여, 수직압축응력 P, 수평압축응력 q 및 응력불연속선 AE의 수직선과의 사잇각 γ는 수직선과 경사지지다리의 사잇각 δ로 나타낼 수 있다. 〈그림 7-20(a)〉에서 AO의 길이를 단위길이 1로 취하고 그림(b)로부터 수직 및 수평방향으로 합력은 0이 되어야 하므로 각각 다음 식을 얻을 수 있다(Chen, 1975).

$$P = \frac{F\sin(\delta+\gamma)}{\sin\gamma}\cos\delta \text{ 또는 } \tan\gamma = \frac{F\sin\delta\cos\delta}{P-F\cos^2\delta} \tag{7-38}$$

$$q = \frac{F\sin(\delta+\gamma)\sin\delta\tan\gamma}{\sin\gamma} = \frac{PF\sin^2\gamma}{P-F\cos^2\delta} \tag{7-39}$$

위의 두 식은 Tresca재료나 Mohr-Coulomb재료에 모두 적용할 수 있다. P와 q를 주응력으로 하여($P > q$) (4-28)식의 Mohr-Coulomb파괴기준을 적용하면 다음과 같다.

$$(q+P)\sin\phi + (q-P) + 2c\cos\phi = 0 \tag{7-40}$$

〈그림 7-20(a)〉의 $I-$ 및 $II-$응력장에 대한 응력원은 그림(c)와 같으며, (7-38)식, (7-39)식 및 (7-30)식으로부터 P에 대한 이차식을 얻을 수 있다.

$$P^2 - \frac{2-2\sin\phi+2\sin\phi\sin^2\delta}{1-\sin\phi}FP + F^2\cos^2\delta = 0 \tag{7-41}$$

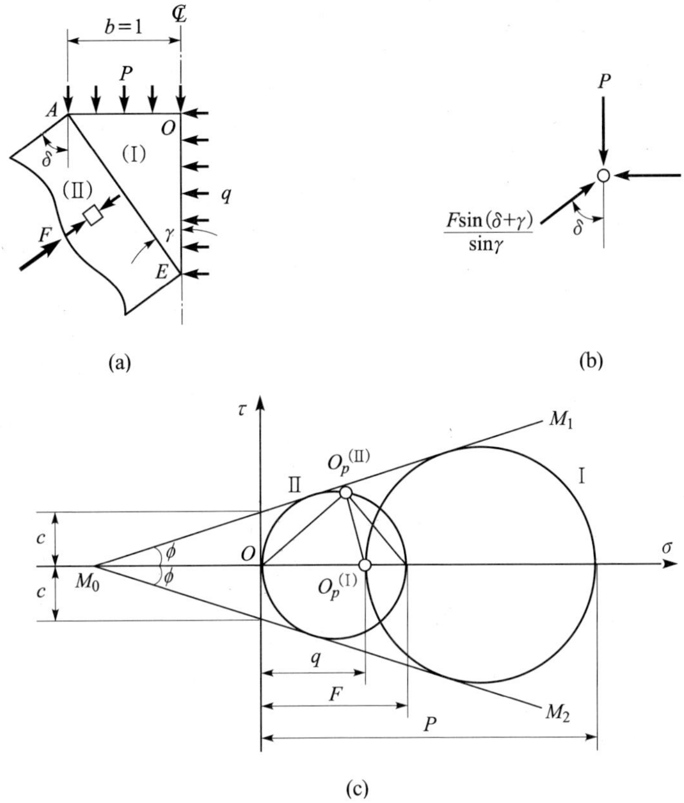

〈그림 7-20〉 Mohr-Coulomb재료의 연속기초에 대한 응력장과 Mohr 응력원 (Chen, 1975)

P의 값은 2개의 근중에서 큰 값으로 취한다.

$$P = \frac{2c\cos\phi\left[1-\sin\phi+\sin\phi\sin^2\delta+\sin\delta\left(1-\sin^2\phi\cos^2\delta\right)^{1/2}\right]}{(1-\sin\phi)^2} \tag{7-42}$$

Tresca재료라면 위의 식은 (7-37)식과 같고, (7-34)식의 $\cos\vartheta=\sin\phi\cos\delta$을 대입하면 (7-35)식과 동일한 식을 얻을 수 있다. (7-35)식과 (7-38~39)식으로부터 삼각형 AOE에 작용하는 수평응력 q는 다음과 같이 나타낼 수 있다.

$$q = c\cot\phi\tan\delta\tan\gamma\left[\tan^2\left(\frac{\pi}{4}+\frac{\phi}{2}\right)\frac{\sin(\vartheta+\delta)}{\sin(\vartheta-\delta)}-1\right] \tag{7-43}$$

식에서 γ와 ϑ는 (7-34)식에 의하여 주어지는 값이다. 유한 토층에 설치된 연속기초의 사다리꼴 재하에서 발생하는 불연속응력장은 기반암의 거칠기 정도에 따라 아래의 〈그림 7-21~22〉와 같이 두 가지 형태로 구분할 수 있다.

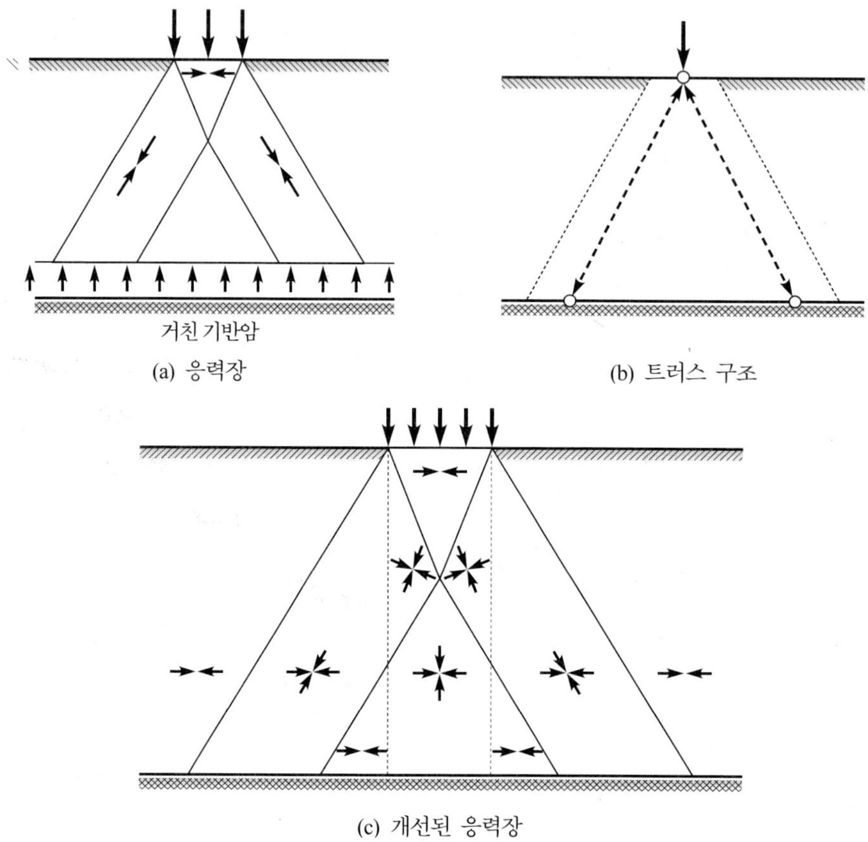

〈그림 7-21〉 **거친 기반암 위의 토층에 설치된 연속기초** (Chen, 1975)

- 첫째, 〈그림 7-21〉은 거친 기반암 위의 토층에 설치된 연속기초를 나타낸 것이다. 이와 같은 문제는 직관적으로 〈그림 7-21(b)〉와 같이 구조물 하중에 대하여 지반은 사다리꼴 트러스 구조로 반응하게 된다는 것을 알 수 있으며 〈그림 7-21(a)〉와 같은 불연속응력장을 구축할 수 있다. 그림(a)에서 기반암은 완전히 거친 강체로 가정하고, 구조물은 기반암과 연결된 2개의 일축압축 지지다리에 의하여 지지된다. 그림(a)와 같은 응력장에 대하여 가운데 응력이 작용하지 않는 부분을 적절하게 이용하면 하계를 더욱 개선할 수 있는데, 그림(c)와 같이 수직압축지지다리와 수평지지다리(horizontal supporting leg)를 추가하는 것이다. 지반의 응력상태는 그림에서 화살표로 표시한 것과 같다.
- 둘째, 〈그림 7-22〉는 기반암이 매끄럽다는 것을 제외하면 〈그림 7-21〉과 동일한 문제이다. 〈그림 7-22(b)〉의 트러스 구조에 의한 응력장은 〈그림 7-22(a)〉와 같으며 〈그림 7-21〉과 같은 개념을 적용하여 개선한 응력장이 〈그림 7-22(c)〉이다.

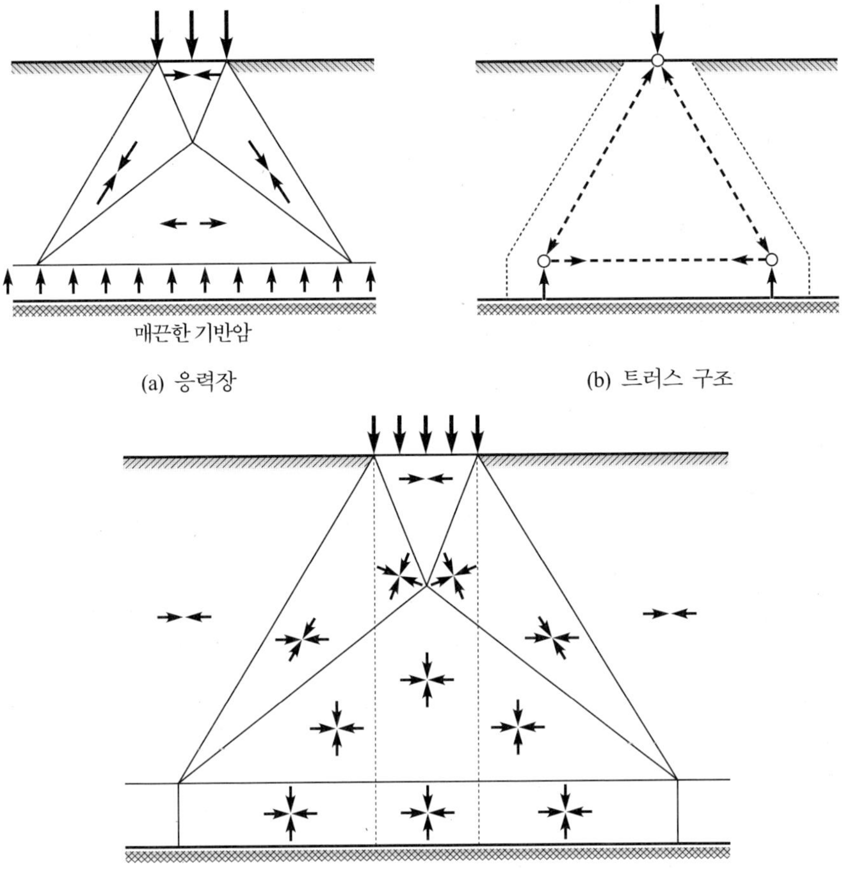

〈그림 7-22〉 **매끈한 기반암 위의 토층에 설치된 연속기초** (Chen, 1975)

평면변형률조건에서 지지다리에 작용하는 응력은 〈그림 7-23〉과 같다. 응력장 $ACHD$와 $BCIE$의 일축압축응력 F는 수직압축응력 P와 수평압축응력 q를 유발하고 AC와 BC는 응력불연속선이 된다. 이와 같은 기본 응력장에 전체 지반에 수평압축응력 Q와 구조물 바닥 AB 바로 밑에 위치한 $ABKJ$에 수직압축응력 Q를 중첩시킨다.

응력 Q는 최대허용치가 되어야 하는데, 하중이 작용하지 않는 지표 근방의 일축압축응력이기 때문에 (7-30)식을 이용할 수 있다. 응력 F와 수직선과 경사지지다리의 사잇각인 δ는 응력장 BCM과 $BMIE$가 동시에 항복점에 도달하도록 취해야 한다. 응력장 BCM에서 일축압축응력 F와 정수압응력인 Q가 Mohr-Coulomb파괴기준을 충족시킨다면, 〈그림 7-12(b)〉의 Mohr-Coulomb파괴기준으로부터 $\sigma_{\max} = F + Q$이고 $\sigma_{\min} = Q$이므로 다음 식을 얻을 수 있다.

$$\frac{(F+Q)+Q}{2}+c\cot\phi=\frac{F}{2\sin\phi} \tag{7-44}$$

위의 식에 (7-30)식을 대입하면 다음과 같다.

$$F=2c\tan^3\left(\frac{\pi}{4}+\frac{\phi}{2}\right) \tag{7-45}$$

위의 식은 δ와 관계없이 적용할 수 있다. 응력장 $BMIE$는 2개의 일축압축응력인 F와 Q를 합산한 값이 Mohr-Coulomb파괴기준을 충족시키면 파괴된다. 응력평면에서 2개의 응력장에 대한 합성이므로 평균응력은 대수합으로 구하고 최대축차응력(또는 최대전단응력) s는 벡터합으로 결정한다. 따라서 합성평균응력 $p=F/2+Q/2$이고, 최대축차응력 s는 〈그림 7-23〉의 전단응력도(shear stress diagram)로부터 다음과 같이 나타낼 수 있다.

$$s^2=\left(\frac{F}{2}\right)^2+\left(\frac{Q}{2}\right)^2-2\frac{F}{2}\frac{Q}{2}\cos 2\delta=\frac{1}{4}\left(F^2+Q^2-2FQ\cos 2\delta\right) \tag{7-46}$$

식에서 최대축차응력 s는 Mohr 응력원의 반경 R과 같다. 평균응력 $p=F/2+Q/2$와 최대축차응력 s를 (4-29)식의 Mohr-Coulomb파괴기준에 대입하여 정리하면 다음과 같다.

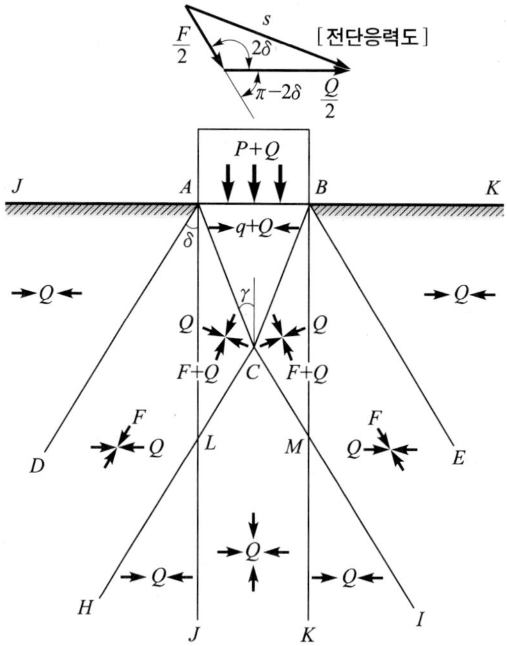

〈그림 7-23〉 평면변형률조건에서 지지다리의 응력 (Chen, 1975)

$$F = \frac{4c(\cos 2\delta + \sin\phi)}{\cos\phi(1-\sin\phi)} \tag{7-47}$$

위의 식과 (7−45)식의 F를 등가로 하여 δ의 값을 구하면 다음과 같다.

$$\cos 2\delta = \frac{1}{2}(1+\sin^2\phi) \tag{7-48}$$

수직압축응력 P, 수평압축응력 q 및 응력불연속선 AC와 BC의 수직선과의 사잇각 γ는 수직 및 수평방향으로 힘의 평형과 응력장 ABC가 소성상태라는 조건을 이용하여 구할 수 있다. 〈그림 7−20(a)〉에 의하여 하중인 수직압축응력 P는 다음과 같다.

$$P = \frac{1}{2}c\tan^3\left(\frac{\pi}{4}+\frac{\phi}{2}\right)\left[4+\sin\phi+\sin^2\phi+(1+\sin\phi)(4+\sin^2\phi)^{1/2}\right] \tag{7-49}$$

응력불연속선 AC와 BC의 수직선과의 사잇각 γ와 수평압축응력 q는 (7−38~39)식으로 구할 수 있다.

7.1.7 극한해석의 변형유형

경계조건이나 하중이 복잡하더라도 상계를 구하기 위해서 선행되어야 할 것은 속도장에 대한 합리적인 변형유형(velocity pattern)을 결정하는 것이며, 가장 먼저 선택할 수 있는 변형유형은 강체활동(rigid block sliding)이다. 그러나 강체활동만으로 속도장의 모든 변형유형을 나타낼 수는 없으며 강체활동과 함께 적절한 변형영역(simple deformation region)을 조합해야지만 속도장 내에서 발생하는 모든 변형유형을 처리할 수 있다. 강체활동 외에 추가할 수 있는 변형유형으로는 **균일변형**(homogeneous deformation)과 불균일변형이 있다(Chen, 1975). 변형유형을 구분하는 것은 변형유형별로 에너지소산 산정방법이 다르기 때문이다. 강체활동 과정에서 강체영역과 소성영역 또는 강체영역과 강체영역을 분리하는 전단대(또는 속도불연속선)에서 소산되는 에너지에 대해서는 이미 앞에서 설명하였으며, 추가적으로 균일변형과 불균일변형에 대한 에너지소산에 대해서 기술하고자 한다. 다음 장의 활동선장해석에서 응력장의 유형을 균일응력장과 반균일응력장, 속도장의 유형을 직선속도장과 대수나선속도장으로 구분하는 것과 연계하여 서로 비교하면 이해하기 쉽다.

(1) 균일변형

i) Tresca재료의 균일변형

형태가 가장 간단한 균일변형으로는 단순압축(simple compression)에 의한 변형과 단순전단에 의한 변형을 고려할 수 있다. 〈그림 7-24〉는 수직압축에 의하여 변형률속도($\dot{\epsilon}$)만으로 생성되는 균일변형과 단순전단에 의하여 전단변형률속도($\dot{\gamma}$)만으로 생성되는 균일변형을 도시한 것이다. 마찰각 $\phi=0$인 Tresca재료는 체적변형률이 0인 재료로서 소성변형 과정에서 체적이 그대로 유지되기 때문에 그림(a)와 같이 수직방향으로 압축되면 수평방향 팽창속도는 수직방향 압축속도와 절댓값은 같고 부호는 반대가 되어야 한다. 따라서 수직팽창속도는 $\dot{\epsilon}_y=|\dot{\epsilon}|$, 수평팽창속도는 $\dot{\epsilon}_x=-|\dot{\epsilon}|$이 되고, 대응하는 주응력을 각각 σ_1 및 σ_2라 하면 단위체적당 에너지소산은 $\sigma_1|\dot{\epsilon}|-\sigma_2|\dot{\epsilon}|$가 된다. 또한 소성변형영역에서는 Tresca항복기준을 충족시켜야 하므로 (4-1)식에 의하여 에너지소산은 다음과 같이 나타낼 수 있다(압축: +).

$$\mathbb{D}=|\dot{\epsilon}|(\sigma_{max}-\sigma_{min})=|\dot{\epsilon}|(\sigma_2-\sigma_1)=2k|\dot{\epsilon}|=2c|\dot{\epsilon}| \tag{7-50}$$

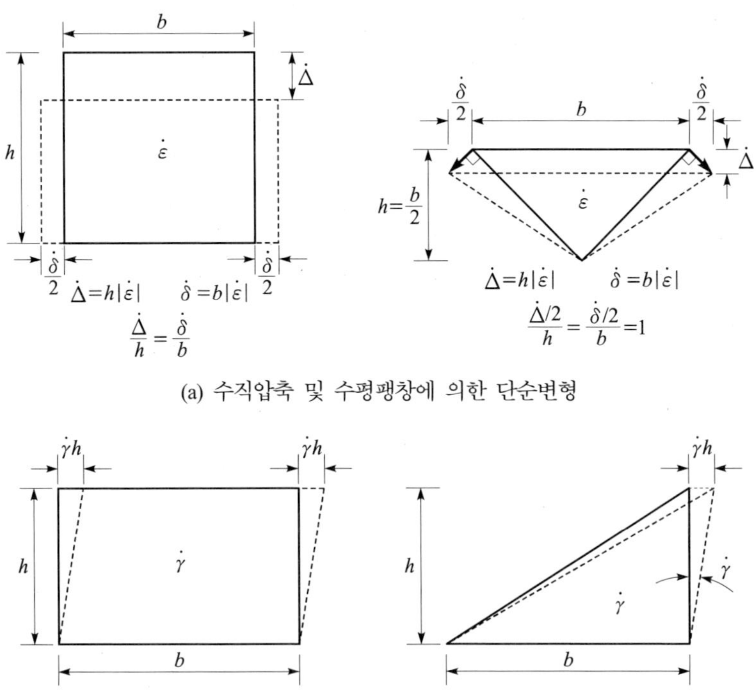

〈그림 7-24〉 Tresca재료의 균일변형 (Chen, 1975)

식에서 에너지소산은 양의 값이므로 변형률속도 $\dot{\epsilon}$는 절댓값을 취하였으며, k는 항복응력, c는 점착력이고 $k=c$이다. 〈그림 7-24(b)〉는 단순전단에 의한 변형이기 때문에 Tresca재료의 단순전단 유동에서 전단응력은 전단항복응력 k가 되어야 한다. 따라서 단순전단에 의한 단위체적당 에너지소산은 위의 식으로부터 다음과 같이 나타낼 수 있다.

$$\mathbb{D} = k\dot{\gamma}_{\max} = c\dot{\gamma}_{\max} \tag{7-51}$$

식에서 $\dot{\gamma}_{\max}$는 최대전단변형률속도이다.

ii) Mohr-Coulomb재료($\phi \neq 0$)의 균일변형

Tresca재료($\phi = 0$)에 대한 균일변형을 일반화하여 Mohr-Coulomb재료($\phi \neq 0$)에 대한 균일변형으로 확장하기 위해서는 소성변형에 체적팽창을 추가해야 한다. Mohr-Coulomb재료에 대하여 〈그림 7-25(a)〉의 수직압축 변형률속도($\dot{\epsilon}$) 및 그림(b)의 전단변형률속도($\dot{\gamma}$)에 의한 균일변형에 수반되는 체적팽창을 고려하기 위해서는 (4-33)식에 의하여 다음의 Mohr-Coulomb파괴기준을 이용하는 것이 좋다.

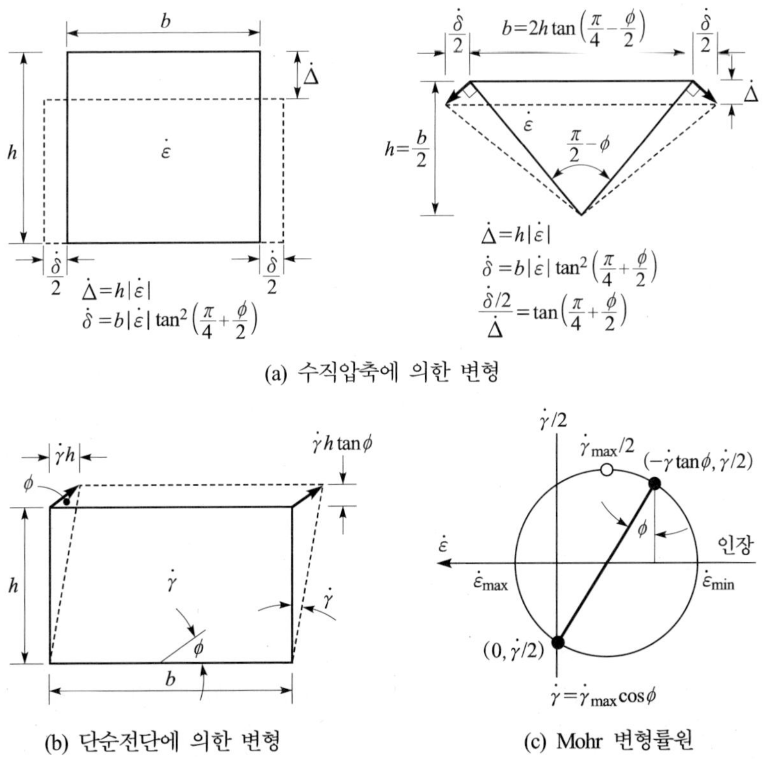

〈그림 7-25〉 Mohr-Coulomb재료($\phi \neq 0$)의 균일변형 (Chen, 1975)

$$\sigma_{max}(1-\sin\phi)-\sigma_{min}(1+\sin\phi)-2c\cos\phi=0 \tag{7-52}$$

위의 식으로부터 Mohr-Coulomb재료에 대하여 평면변형률조건$\left(\dot{\epsilon}_2^P=0\right)$의 최대 및 최소 변형률속도$\left(\dot{\epsilon}_{max}^P,\ \dot{\epsilon}_{min}^P\right)$의 관계는 (4-43)식에 의하여 다음과 같이 나타낼 수 있다.

$$\dot{\epsilon}_{max}^P=-\dot{\epsilon}_{min}^P\tan^2\left(\frac{\pi}{4}-\frac{\phi}{2}\right) \tag{7-53}$$

위의 식이 의미하는 것은 $\dot{\epsilon}=\dot{\epsilon}_{max}$에 의하여 생성된 수직압축변형은 수평방향으로 인장변형 $\dot{\epsilon}_{min}^P=-\dot{\epsilon}\tan^2(\pi/4-\phi/2)$을 수반한다는 것이다. 따라서 그림(a)의 수직압축에 의한 균일변형의 단위체적당 에너지소산은 다음과 같다.

$$\mathbb{D}=\sigma_{max}\epsilon_{max}+\sigma_{min}\epsilon_{min}=\left[\sigma_{max}-\sigma_{min}\tan^2\left(\frac{\pi}{4}+\frac{\phi}{2}\right)\right]|\dot{\epsilon}| \tag{7-54}$$

균일변형장에서는 (7-52)식의 Mohr-Coulomb파괴기준을 충족시켜야 하므로 위의 식은 다음과 같이 나타낼 수 있다.

$$\mathbb{D}=\frac{2c\cos\phi}{1-\sin\phi}|\dot{\epsilon}|=2c|\dot{\epsilon}|\tan\left(\frac{\pi}{4}+\frac{\phi}{2}\right) \tag{7-55}$$

그림(b)의 단순전단에 의한 거동은 여러 개의 얇은 전단 전이층(transition layer)이 인접한 흙요소에 대하여 상대병진(relative translation)을 유발하여 발생하는 것으로 고려할 수 있으며, 전단변형률속도 $\dot{\gamma}$에 의하여 생성된 단순전단에 의한 변형은 법선방향으로 전단변형률속도 $\dot{\gamma}\tan\phi$를 수반하게 된다. 따라서 단위체적당 에너지소산은 다음과 같이 (3-18)식과 동일한 형태로 나타낼 수 있다.

$$\mathbb{D}=\tau\dot{\gamma}-\sigma\dot{\gamma}\tan\phi=c\dot{\gamma} \tag{7-56}$$

식에서 단순전단에 의한 변형의 전단변형률속도 $\dot{\gamma}$는 (7-51)식과 같이 $\dot{\gamma}_{max}$는 아니지만 그림(c)의 Mohr 변형률원에서 알 수 있듯이 $\dot{\gamma}=\dot{\gamma}_{max}\cos\phi$의 관계가 있다는 것에 주의해야 하는데, 이것은 전단변형과정에서 체적팽창이 수반되기 때문이다. 수직압축 에너지소산인 (7-55)식은 단순전단 에너지소산인 (7-56)식으로부터 직접 유도할 수도 있다. 〈그림 7-25(c)〉에서 단순전단에 의한 변형의 최대압축 변형률속도 $\dot{\epsilon}_{max}$를 단순압축에 의한 변형의 수직압축 변형률속도 $\dot{\epsilon}$과 같다고 하면, Mohr 변형률원과 $\dot{\gamma}=\dot{\gamma}_{max}\cos\phi$의 관계로부터 다음 식을 얻을 수 있다.

$$\dot{\epsilon}_{max} = |\dot{\epsilon}| = \frac{1}{2}\dot{\gamma}_{max} - \frac{1}{2}\dot{\gamma}\tan\phi = \frac{1}{2}\dot{\gamma}\frac{1-\sin\phi}{\cos\phi}$$

위의 식으로부터 다음 식을 얻을 수 있다.

$$\dot{\gamma} = 2|\dot{\epsilon}|\tan\left(\frac{\pi}{4} + \frac{\phi}{2}\right) \tag{7-57}$$

따라서 (7-55)식과 (7-56)식의 형태는 전혀 다르지만 $\dot{\epsilon}$과 $\dot{\gamma}$의 관계가 의미하는 것은 근본적으로 동일한 단위체적당 에너지소산을 수반한다는 것이다.

(2) 불균일변형

실제 문제에서 가장 많이 접할 수 있는 2개의 불균일변형의 형태는 직선군과 곡선군의 조합으로 구성된다. 직선군은 1개의 점에서 부채꼴 형태로 뻗어 나오는 **공점직선군**(共點直線群, concurrent straight lines)이고 곡선군은 동심원군 또는 대수나선군으로서 재료에 따라서 각각 다음과 같은 조합의 **방사상전단영역**(radial shear zone)으로 나타낼 수 있다.

- 공점직선군+동심원군 : Tresca재료
- 공점직선군+대수나선군 : Mohr-Coulomb재료

위와 같은 2개의 방사상전단영역이 정지상태의 영역과 접해 있다면 그 경계선(border line)은 활동선 즉 전단대가 되고, 이와 같은 불균일변형에서는 동심원군 또는 대수나선군 중에서 어느 하나의 곡선은 경계선이 된다. 공점직선군 형태의 응력장은 **Prandtl의 유심선형장**(Prandtl의 有心扇形場, Prandtl's centered fan; 「활동선장해석」 참조)과 동일한 형태이다.

i) Tresca재료의 불균일변형

〈그림 7-26(a)〉는 중심각이 각각 $\Delta\Psi$인 6개의 삼각형으로 구성된 Tresca재료의 불균일변형을 나타낸 것이다. 불균일변형에 의한 에너지소산은 삼각형 사이에서 발생하는 속도불연속으로 인하여 방사상선인 OA, OB, OC 등과 경계선 $DABCEFG$를 따라서 발생하게 된다. 삼각형의 밑변은 경계선 $DABCEFG$와 접해 있기 때문에 삼각형은 원호와 평행하게 거동해야 한다. 또한 그림(b)의 호도그래프와 같이 각각의 삼각형이 동일한 속도($V_1 = V_2 = V_n = V$)로 거동할 수 있도록 강체인 삼각형이 서로 접한 상태가 유지되어

야 한다. 이와 같은 Tresca재료의 불균일변형에 의해서 소산되는 에너지는 (3-17)식을 이용하여 구할 수 있다. 예를 들면 방사상선 OB에서 소산되는 에너지는 다음과 같이 점착력 $c(=k)$에 상대속도인 접선속도 v_t 및 불연속선의 길이 r을 곱하여 구한다.

– 방사상선 OB에서 소산되는 에너지 : $cr\left(2V\sin\dfrac{\Delta\Psi}{2}\right)$ (7-58)

식에서 접선속도 $v_t=[2V\sin(\Delta\Psi/2)]$이다. 같은 방법으로 불연속선 AB에서 소산되는 에너지는 다음과 같다.

– 불연속선 AB에서 소산되는 에너지 : $cV\left(2r\sin\dfrac{\Delta\Psi}{2}\right)$ (7-59)

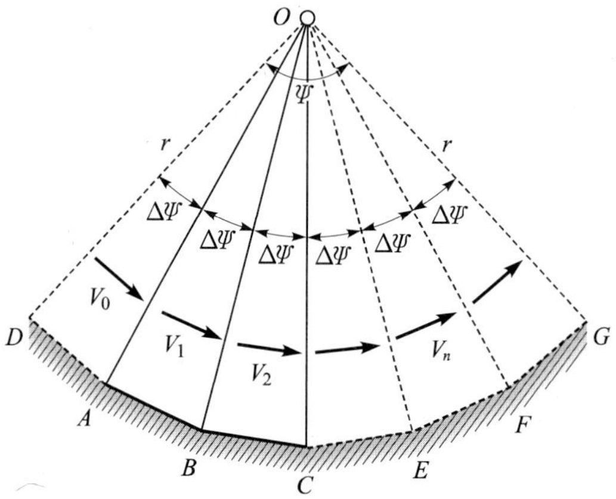

(a) 강체 삼각형

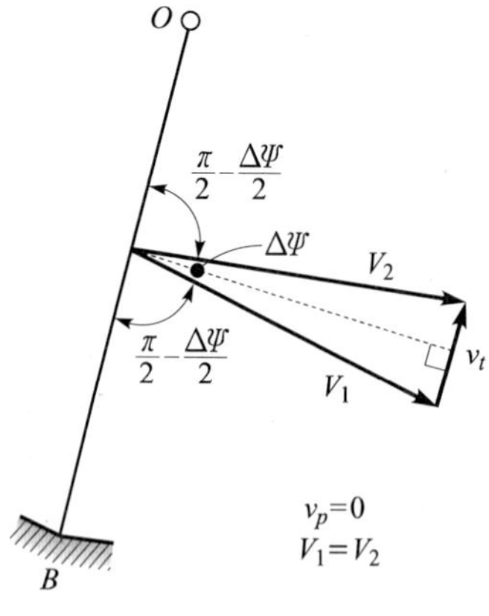

(b) 호도그래프

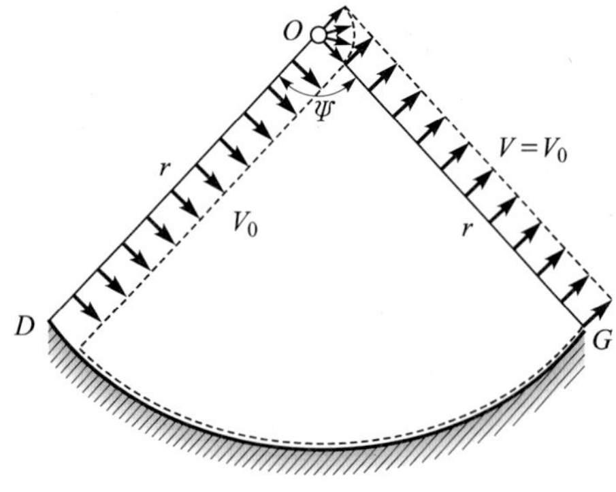

(c) 변형후 방사상전단영역

〈그림 7-26〉 Tresca재료의 불균일변형 (Chen, 1975)

식에서 원호 AB의 길이는 $[2r\sin(\Delta\Psi/2)]$이고 접선속도 $v_t = V$이다. 위의 두 식으로부터 방사상선 OB와 원호 AB의 에너지소산이 같기 때문에 중심각이 Ψ인 방사상전단영역 DOG 내에서 소산되는 총에너지는 불연속선 DG에서 소산되는 에너지와 같다는 것을 알 수 있다. 이것은 〈그림 7-26(a)〉에서 삼각형의 수 n을 증가시켜 불연속선 DG를 원호에 근접시키면 더욱 분명해진다. 따라서 방사상전단영역에서 소산되는 총에너지는 $n\rightarrow\infty$로 하였을 때 각각의 방사상선에서 소산되는 미소 에너지의 합과 같으므로 다음과 같이 나타낼 수 있다.

$$\lim_{n\rightarrow\infty} n\left[2crV\sin\frac{\Psi}{2n}\right] = 2crV\lim_{n\rightarrow\infty} n\sin\frac{\Psi}{2n} = cV(r\Psi) \tag{7-60}$$

식에서 $\Delta\Psi = \Psi/n$이고, $n\rightarrow\infty$이면 $n\sin(\Psi/2n)\rightarrow\Psi/2$이다. 〈그림 7-26(c)〉는 방사상전단영역의 변형전 형태(실선)와 변형후 형태(파선)를 도시한 것이다. 그림은 방사상선 OD의 초기속도가 극히 짧은 시간 동안 유지되는 경우에 발생할 수 있는 미소변위를 보여주는 것으로서, 전단영역 내에서 모든 방사상방향으로 속도는 일정하며 방사상방향의 직각방향으로 작용한다.

ii) Mohr-Coulomb재료($\phi \neq 0$)의 불균일변형

〈그림 7-27(a)〉는 Tresca재료의 불균일변형을 Mohr-Coulomb재료의 불균일변형으로 확장한 것이다. 마찰각 $\phi = 0$인 Tresca재료와는 달리 $\phi \neq 0$인 Mohr-Coulomb재료의 단순거동에 의한 접선속도 v_t는 분리속도 $v_p = v_t\tan\phi$를 수반한다. 그림(a)는 중심각이 각각 $\Delta\Psi$인 6개의 삼각형으로 구성된 불균일변형을 나타낸 것이며, 2개의 삼각형 AOB와 BOC에 대한 호도그래프는 그림(b)에 표시되어 있다. 그림에서 중심각 $\Delta\Psi$가 충분히 작다면 다음 식이 성립한다.

$$\begin{aligned} V_1 &= V_0(1+\Delta\Psi\tan\phi) \\ V_2 &= V_1(1+\Delta\Psi\tan\phi) \\ &\vdots \\ V_n &= V_{n-1}(1+\Delta\Psi\tan\phi) \end{aligned} \tag{7-61}$$

따라서 위의 관계식으로부터 $n-$번째 삼각형 EOF의 속도는 다음과 같이 나타낼 수 있다.

$$V_n = V_0(1+\Delta\Psi\tan\phi)^n \tag{7-62}$$

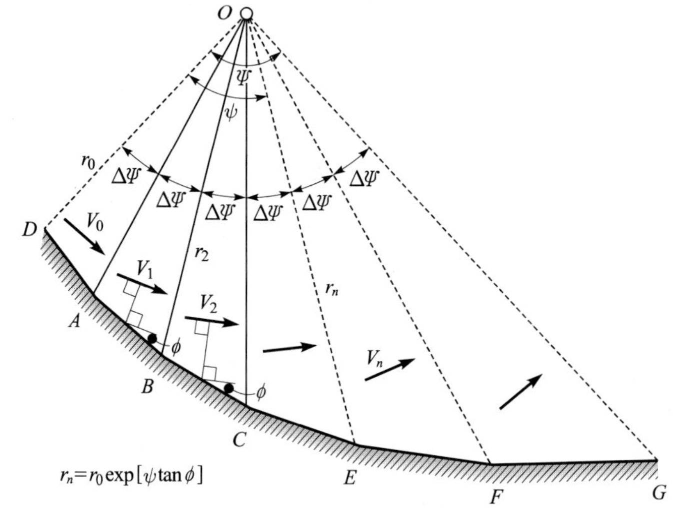

(a) 미소 삼각형

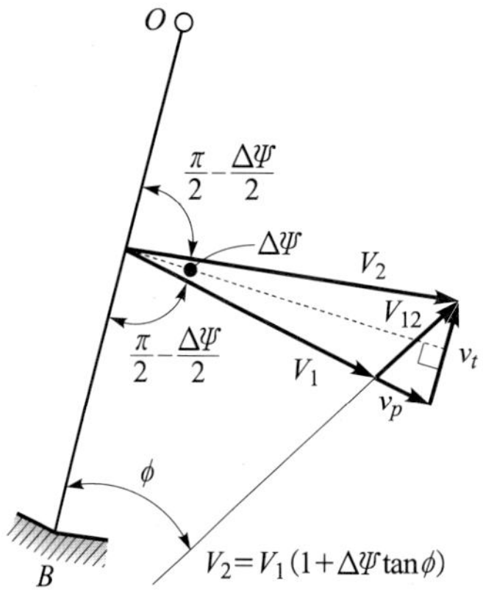

(b) 호도그래프

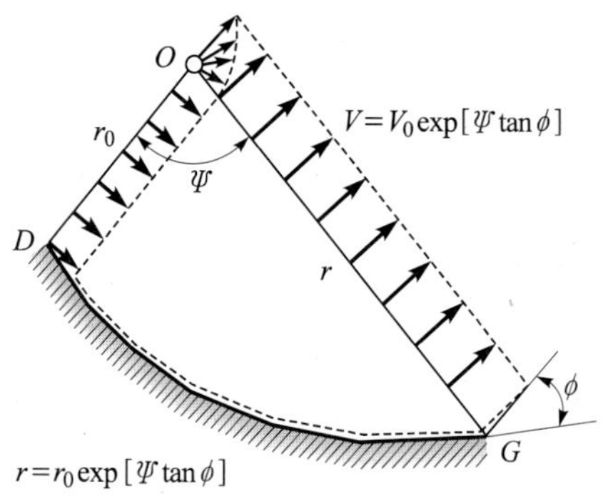

(c) 변형후 방사상전단영역

〈그림 7-27〉 Mohr-Coulomb재료의 **불균일변형** (Chen, 1975)

식에서 V_0는 초기속도이다. 〈그림 7-27(a)〉에서 n의 값을 증가시켜 불연속선 DG를 원호에 근접시키면 대수나선형 전단영역을 얻을 수 있으며, $n \to \infty$이면 속도는 다음과 같이 나타낼 수 있다.

$$V = V_0(1 + \Delta\Psi \tan\phi)^n = V_0\left(1 + \frac{\Psi \tan\phi}{n}\right)^n = V_0 \exp[\Psi \tan\phi] \tag{7-63}$$

식에서 V는 중심각 Ψ에 대한 방사상선의 속도이다. 〈그림 7-27(c)〉는 방사상선 OD의 초기속도 V_0가 극히 짧은 시간 동안 유지될 때 발생할 수 있는 미소변위를 보여주는 것이다. 대수나선 DG와 하부의 정지상태에 있는 재료 사이에 두께가 얇은 전이층이 있으므로 대수나선을 따라서 속도는 어느 점에서나 대수나선과 ϕ만큼 경사진 방향을 향해야 한다. 모든 방사상선으로부터 직각방향으로 속도는 일정하게 유지되고, 크기는 OD에서 V_0이고 OG에서 $V_0\exp[\Psi\tan\phi]$이다. (3-17)식을 이용하여 방사상선 OB의 에너지소산 $(\mathbb{D}_{OB})$을 구하면 다음과 같다.

$$\mathbb{D}_{OB} = c\, r_2 (V_1 \Delta\Psi) \tag{7-64}$$

식에서 접선속도 $v_t = (V_1 \Delta\Psi)$이다. 같은 방법으로 대수나선 AB에서 소산되는 에너지 $(\mathbb{D}_{AB})$는 다음과 같다.

$$\mathbb{D}_{AB} = c\left(\frac{r_2 \Delta\Psi}{\cos\phi}\right)(V_1 \cos\phi) \tag{7-65}$$

식에서 대수나선의 길이 $AB = (r_2 \Delta\Psi/\cos\phi)$이고 접선속도 $v_t = V_1 \cos\phi$이다. 위의 두 식으로부터 중심각 $\Delta\Psi$이 충분히 작다면 방사상선을 따라서 소산되는 총에너지와 대수나선에서 소산되는 에너지가 같다는 것을 알 수 있다. 따라서 대수나선인 $r = r_0 \exp[\Psi\tan\phi]$에서 소산되는 에너지는 (7-65)식을 이용하여 다음과 같이 나타낼 수 있다.

$$\begin{aligned} c\int r\, V d\Psi &= c\int_0^{\Psi} \{r_0 \exp[\Psi\tan\phi]\}\{V_0 \exp[\Psi\tan\phi]\} d\Psi \\ &= \frac{1}{2} c\, V_0 r_0 \cot\phi \{\exp[2\Psi\tan\phi] - 1\} \end{aligned} \tag{7-66}$$

7.2 극한해석의 적용 예

7.2.1 수직굴착 한계고

수직굴착 **한계고**(critical height; h_{cr})에 대해서는 지금까지 다양한 해석방법이 제시되었지만, 그 중에서 파괴하중정리를 이용한 해석은 Drucker-Prager(1952)가 처음으로 시도하였다. Drucker-Prager는 전체 영역을 응력이 일정한 3개의 균일응력장으로 나누어서 하계정리의 요구조건에 대한 충족 여부를 검토하였으며, 상계의 파괴메커니즘으로는 병진파괴메커니즘과 회전파괴메커니즘을 모두 적용하였다. 다음에 기술된 수직굴착 한계고에 대한 하계와 상계는 Drucker-Prager(1952)가 제시한 방법이며, 그들이 제시한 해석방법은 다양한 문제에 응용할 수 있으므로 상세히 기술하였다. 활동선장해석의 응력장을 이용한 수직굴착 한계고는 Sokolovskii의 응력장해석 중에서 「사면의 안정」을 참고하면 된다.

수직 굴착단면의 안정은 기본적으로 단기안정해석에 대한 문제이며 포화 점토지반이라면 비배수조건의 안정을 검토해야 한다. 따라서 다음의 해석에서 흙의 강도정수인 점착력 c와 마찰각 ϕ는 모두 전응력전단강도 즉 비배수 전단강도이고 체적변화는 없는 것으로 가정하였으며 수직굴착면 부근의 지반에 대한 인장균열과 간극수압은 고려하지 않는다. 〈그림 7-28〉은 단위중량 $\gamma_s(=\rho g)$, 점착력 c, 마찰각 ϕ인 지반의 수직 굴착단면을 도시한 것이다. 그림으로부터 직관적으로 굴착고(h)가 높으면 흙의 자중(중력)에 의하여 붕괴되는 파괴하중과 관련되는 문제라는 것을 알 수 있으며, 수직 굴착단면에 대하여 보강공법 없이 자력으로 버틸 수 있는 한계고를 구하고자 한다. 굴착단면은 높이에 비하여 충분히 길어서 평면변형률조건을 충족시키며, 흙의 응력-변형률 거동은 관련유동칙을 따르고 Mohr-Coulomb파괴기준을 적용하지만 인장력은 고려하지 않는다.

(1) 한계평형법에 의한 한계고

일반적으로 한계고를 구하기 위해서는 한계평형법이 많이 이용되고 있으며, 활동선은 〈그림 7-28〉과 같이 경사각이 δ^*인 평면으로 가정하고 Mohr-Coulomb파괴기준을 적용한다. 활동선을 따라서 수직응력 σ와 전단응력 τ의 분포상태는 알 수 없지만 활동선의 길이를 S라고 하면 (4-25)식의 Mohr-Coulomb파괴기준은 다음과 같이 나타낼 수 있다(Chen & Scawthorn, 1968).

$$\int_S \tau dS = \int_S c\,dS + \int_S \sigma \tan\phi\, dS = cS + \tan\phi \int_S \sigma\, dS \tag{7-67}$$

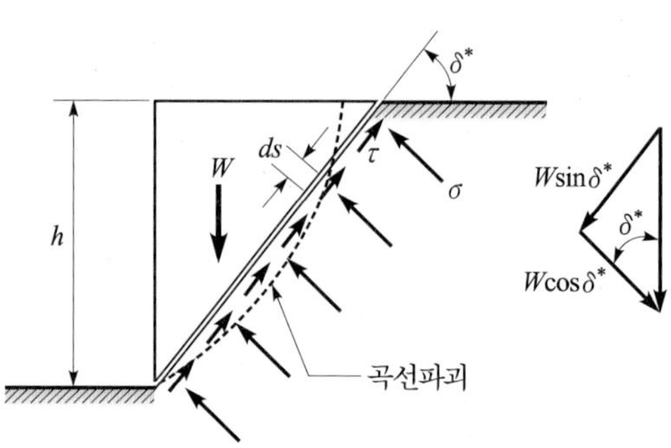

〈그림 7-28〉 한계평형법에 의한 한계고 (Chen & Scawthorn, 1968)

〈그림 7-28〉과 같이 흙쐐기의 중량을 W라고 하면 흙쐐기가 평형을 유지하기 위해서는 다음 식이 성립해야 한다.

$$\int_S \sigma \, dS = W\cos\delta^*, \quad \int_S \tau \, dS = W\sin\delta^* \tag{7-68}$$

〈그림 7-28〉에서 흙쐐기의 중량 W는 흙의 단위중량 γ_s에 흙쐐기의 체적을 곱해야 하므로 $W=\gamma_s h/(2\tan\delta^*)$이다. (7-68)식과 (7-67)식으로부터 다음 식을 얻을 수 있다.

$$h = \frac{2c}{\gamma_s}\frac{1}{\cos\delta^*(\sin\delta^* - \tan\phi\cos\delta^*)} \tag{7-69}$$

최소 굴착고를 구해야 하므로 경사각 δ^*에 대하여 h를 최소화하기 위해서는 분모를 δ^*로 미분하여 δ^*를 구하면 된다$(\delta^* > 0)$.

$$\delta^* = \frac{\pi}{4} + \frac{\phi}{2} \tag{7-70}$$

위의 식을 (7-69)식에 대입하면 활동선의 경사각이 (7-70)식으로 주어질 때 한계평형법에 의한 한계고(h_{cr}^{lm})를 결정할 수 있다.

$$h_{cr}^{lm} = \frac{4c}{\gamma_s}\tan\left(\frac{\pi}{4} + \frac{\phi}{2}\right) \tag{7-71}$$

위의 식이 한계평형법에 의한 한계고이다. 활동선을 직선이 아닌 곡선으로 가정하면 계산과정은 복잡하지만 위의 식보다 개선된 한계고를 얻을 수 있으며, Fellenius는 〈그림 7-28〉과 같이 점선으로 표시된 곡선 활동선으로 가정하고 한계평형법을 이용하여 다음과 같은 한계고를 얻었다(Chen & Scawthorn, 1968).

$$h_{cr}^{lm} = \frac{3.85c}{\gamma_s}\tan\left(\frac{\pi}{4} + \frac{\phi}{2}\right) \tag{7-72}$$

위와 같이 한계평형법에서는 단지 활동선에서만 Mohr-Coulomb파괴기준을 충족시키고 다른 부위에 대해서는 충족 여부를 보여주지 못할 뿐 아니라 힘의 평형조건만 충족시키므로 파괴하중정리에 의하면 하계나 상계라고 할 수 없다. 따라서 한계평형법에 의한 해는 단지 평형조건만을 충족시키는 많은 해석결과 중의 하나일 뿐이며 유일해는 아니다(Chen & Scawthorn, 1968).

(2) 극한해석에 의한 한계고의 하계

하계정리를 적용하기 위해서는 먼저 전체 영역을 몇 개의 균일응력장으로 나누어주어야 하며 평형방정식을 충족시켜야 한다. 수직굴착면의 안정문제와 관련하여 이와 같은 조건을 충족시키면서 가장 간단한 평형상태의 응력체계의 구성은 〈그림 7-29(a)〉에 도시된 것과 같이 전체 영역을 3개의 균일응력장(I, II, III)으로 나누어주는 것이다. 첫째, I-응력장에서 응력상태는 수직방향으로 최대주응력 σ_1, 수평방향으로 최소주응력 σ_2가 작용하고 크기는 각각 다음과 같다(Davis & Selvadurai, 2002; Drucker-Prager, 1952).

$$\sigma_1 = \gamma_s z, \quad \sigma_2 = 0 \tag{7-73}$$

위의 식에서 σ_2는 인장력을 고려하지 않았기 때문에 0이며, 인장력을 고려한다면 인장균열 심도까지 $\sigma_2 < 0$의 값을 갖는다. 원점이 굴착면 상단부에 위치하고 있으므로 (7-73)식의 응력은 평형뿐만 아니라 표면력이 0인 경계조건을 충족시켜야 한다. 둘째, II-응력장에서 z-방향의 주응력 σ_1은 점선을 가로질러 연속적이어야 하므로 $\sigma_1 = \gamma_s z$이고, x-방향의 주응력 σ_2는 미지수로 남겨 둔다. 마지막으로, III-응력장에서 주응력 σ_2는 II-응력장으로부터 점선을 가로질러 연속적이어야 하며, z-방향으로는 지표 $z = h$에 대하여 표면력이 0인 경계조건을 충족시켜야 하므로 $\sigma_1 = \gamma_s(z-h)$가 되어야 한다. 이와 같은 응력체계는 응력이 파괴기준을 초과하지 못하도록 해야 한다는 것만 제외하면 하계정리의 요구조건을 모두 충족시킬 수 있다.

다음으로 Mohr-Coulomb파괴기준을 검토해야 한다. 인장력을 무시한 Mohr-Coulomb파괴기준에 의한 포락선은 그림(b)에서 M_0M_1과 M_0M_2의 굵은 선으로 표시된 부분이다. 굴착면의 파괴는 I-응력장에 대한 Mohr 응력원이 파괴곡선에 접할 때 발생하게 된다. I-응력장의 응력상태를 이용하여 한계고를 구하기 위해서는, 파괴시 주응력 사이의 관계를 나타낼 수 있는 (4-33)식의 Mohr-Coulomb파괴기준에서 $\sigma_{\max}$와 $\sigma_{\min}$ 대신에 각각 $\sigma_1 = \gamma_s z$와 $\sigma_2 = 0$를 대입하고 Mohr 응력원을 〈그림 7-29(b)〉와 같이 도시하면 되는데, $z = h$일 때 응력원의 직경이 최대가 된다. 따라서 하계정리에 의한 한계고 h_{cr}^{lw}은 그림과 같이 Mohr 응력원이 Mohr-Coulomb파괴기준에 의한 포락선에 접할 때이므로($z = h$) (4-33)식으로부터 다음 값을 얻을 수 있다(Davis & Selvadurai, 2002; Chen, 1975).

$$h_{cr}^{lw} \geq \frac{2c}{\gamma_s}\tan\left(\frac{\pi}{4} + \frac{\phi}{2}\right) \tag{7-74}$$

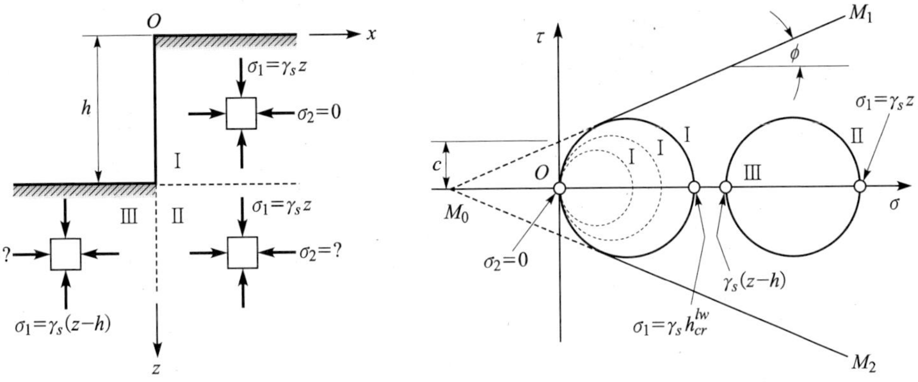

(a) 균일응력장으로 나누기 (b) (a)의 응력상태에 대한 Mohr 응력원

〈그림 7-29〉 **한계고에 대한 극한해석 하계** (Davis & Selvadurai, 2002; Chen, 1975)

그러나 위와 같이 한계고를 구한다 하더라도 하계정리의 요구조건을 모두 충족시키는 것은 아니다. 이것은 결정되지 않은 응력성분 σ_2를 확정한 후에 $II-$ 및 $III-$응력장에서도 응력이 파괴기준을 초과하지 않음으로서 전체 영역의 모든 부위에서 평형조건과 경계조건을 충족시키는 응력장을 구할 수 있다는 것을 보여주어야 하기 때문이다. 그림에서 $II-$ 및 $III-$응력장의 응력상태를 고려하여 수평응력성분으로 $\sigma_2 = \gamma_s(z-h)$를 취하면 요구조건을 충족시킬 수 있다. 수평응력을 이와 같이 취하면 $III-$응력장에서는 평균응력 즉 정수압응력상태가 되어 등방성 응력장이 생성되고, $II-$응력장의 Mohr 응력원은 $I-$응력장의 Mohr 응력원보다 작게 된다. 결과적으로 하계정리의 요구조건을 모두 충족시킬 수 있으므로 (7-74)식은 하계정리의 요구조건을 충족시키는 한계고라고 할 수 있다. 한계평형법에 의한 (7-71~72)식에 의한 한계고와 비교하면 (7-74)식에 의한 한계고는 약 1/2 정도인 것을 알 수 있다.

(3) 극한해석에 의한 한계고의 상계

상계정리의 파괴메커니즘에는 병진파괴메커니즘과 회전파괴메커니즘이 있으며 수직굴착 한계고를 해석하는 기법은 사면의 안정해석기법을 그대로 적용할 수 있다. 사면의 안정해석에서는 활동선의 형태에 따른 영향이 매우 커서 활동선의 형태를 결정하기 위해서 변분법(variational calculus)을 도입하는 등 다양한 방법을 시도하였으며, 지표면이 수평이고 균질인 지반이라면 모든 형태의 활동선 중에서 대수나선형 활동선에 의한 결과가 가장 임계값에 가까운 것으로 알려져 있다(Chen, 1975). 여기서는 2개의 파괴메커니즘을 모두 이용하여 한계고를 구하고 다른 해석결과와 비교하였다.

i) 병진파괴메커니즘

운동학적으로 타당하면서 가장 간단한 병진파괴메커니즘은 〈그림 7-30〉과 같이 수직굴착면과 경사각이 δ^*인 평면을 따라서 활동하는 것이다. 먼저 경사각 δ^*는 미지수로 남겨두고, 외력에 의한 일과 내부에서 소산되는 에너지를 구해야 한다. 그림과 같이 활동선 상부에 놓여 있는 흙쐐기의 중량 W가 유일한 외력이며 $W=\gamma_s h^2 \tan\delta^*/2$이다. 흙쐐기의 접선속도를 v라고 하면, 응력-변형률 거동이 관련유동칙을 충족시키는 재료는 활동 시 다일레이턴시가 수반되기 때문에 v의 방향은 그림과 같이 활동선에서 마찰각 ϕ만큼 경사진 방향을 향하게 되므로 v의 수직방향성분은 $v\cos(\phi+\delta^*)$가 된다. 따라서 외력에 의한 일($\mathbb{W}$)은 다음과 같다(Davis & Selvadurai, 2002; Chen, 1975).

$$\mathbb{W} = \frac{1}{2}\gamma_s h^2 \tan\delta^* \, v\cos(\phi+\delta^*) \tag{7-75}$$

흙쐐기 속도 v의 접선속도 $v_t = v\cos\phi$이고 활동선 길이는 $h/\cos\delta^*$이므로 에너지소산($\mathbb{D}$)은 (3-17)식의 단위면적당 에너지소산($\mathbb{D}_A$)에 활동선 길이를 곱하면 된다.

$$\mathbb{D} = \mathbb{D}_A \frac{h}{\cos\delta^*} = c\,v\cos\phi \frac{h}{\cos\delta^*} \tag{7-76}$$

외력에 의한 일($\mathbb{W}$)이 내부 에너지소산($\mathbb{D}$)과 같거나 크면 파괴되므로 (7-75)식과 (7-76)식을 등가로 하여($\mathbb{W}=\mathbb{D}$) h를 구하면 다음과 같다.

$$h = \frac{2c}{\gamma_s}\frac{\cos\phi}{\sin\delta^* \cos(\phi+\delta^*)} \tag{7-77}$$

위의 식에서 외력에 의한 일과 내부 에너지소산은 모두 흙쐐기의 속도 v에 비례하여 양변에서 상쇄되며 단지 가상의 인자로만 이용될 뿐이다. 최소 굴착고를 구해야 하므로 경사각 δ^*에 대하여 h를 최소화하기 위해서는 위의 식의 우변을 δ^*로 미분한 식을 0으로 놓고 δ^*를 구하면 된다.

$$\delta^* = \frac{\pi}{4} - \frac{\phi}{2} \tag{7-78}$$

위의 식을 (7-77)식에 대입하면 극한해석의 상계인 병진파괴메커니즘에 의한 수직굴착한계고(h_{cr}^{up})를 구할 수 있다.

$$h_{cr}^{up} \le \frac{4c}{\gamma_s}\tan\left(\frac{\pi}{4}+\frac{\phi}{2}\right) \tag{7-79}$$

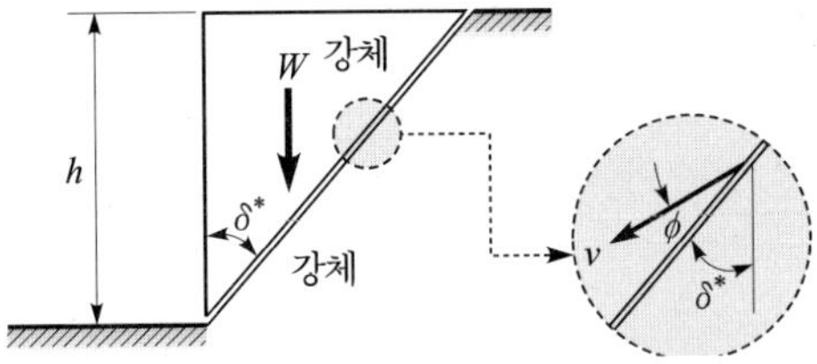

〈그림 7-30〉 병진파괴메커니즘을 적용한 수직굴착면 (Drucker & Prager, 1952)

위의 식은 한계평형법에 의한 한계고$\left(h_{cr}^{le}\right)$인 (7-71)식과 동일하며, 이것은 한계평형법에 의한 해가 상계라는 것을 의미한다(Chen, 1975).

ii) 회전파괴메커니즘

병진파괴메커니즘보다는 〈그림 7-31〉과 같이 대수나선형 활동선을 이용한 회전파괴메커니즘을 적용하면 개선된 상계를 얻을 수 있다(Drucker & Prager, 1952). 회전파괴메커니즘에서는 회전하는 흙덩이에 의해 수행되는 일과 대수나선을 따라서 소산되는 에너지를 구해야 하며 그림에서 흙덩이 ABC는 O를 회전축으로 하여 각속도 Ω로 회전한다. 회전파괴메커니즘은 3개의 변수만으로 회전축의 위치, 파괴 규모 등을 완전하게 나타낼 수 있는데, 편의상 수평선에서 선분 OB와 OC까지 사잇각 ψ_0와 ψ_h 및 굴착고 h를 3개의 변수로 선정하였다. 대수나선식은 (3-19)식에 의하여 다음과 같다.

$$r_\psi = r_0 \exp\left[(\psi - \psi_0)\tan\phi\right]$$

위의 식으로부터 선분 OC의 길이(r_h)는 다음과 같다.

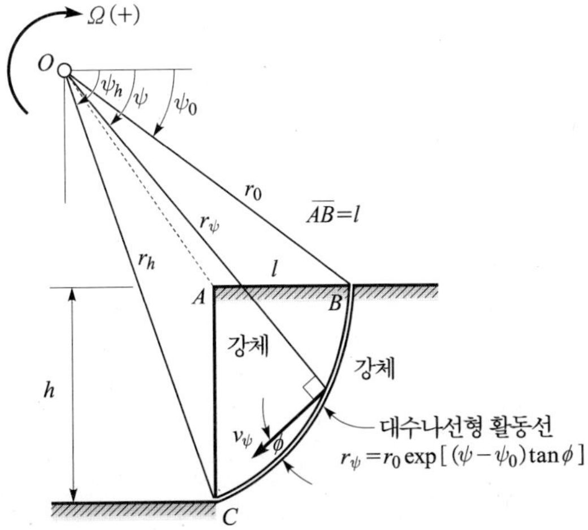

〈그림 7-31〉 회전파괴메커니즘을 적용한 수직굴착면 (Chen & Liu, 1990)

$$r_h = r_{\psi_h} = r_0 \exp[(\psi_h - \psi_0)\tan\phi] \tag{7-80}$$

그림에서 굴착고 h와 선분 AB의 길이 l을 ψ_0와 ψ_h를 이용하여 나타내면 각각 다음과 같다.

$$h = r_h \sin\psi_h - r_0 \sin\psi_0 \tag{7-81}$$

$$l = r_0 \cos\psi_0 - r_h \cos\psi_h \tag{7-82}$$

위의 두 식과 (7-80)식으로부터 다음의 두 식을 얻을 수 있다.

$$\frac{h}{r_0} = \sin\psi_h \exp[(\psi_h - \psi_0)\tan\phi] - \sin\psi_0 \tag{7-83}$$

$$\frac{l}{r_0} = \cos\psi_0 - \cos\psi_h \exp[(\psi_h - \psi_0)\tan\phi] \tag{7-84}$$

먼저 외력에 의한 일을 계산해야 하는데, 흙덩이 ABC의 회전에 의하여 수행되는 일을 직접 계산하는 것은 매우 복잡하기 때문에 〈그림 7-31〉에서 OBC, OAB 및 OAC에 의하여 수행되는 일 $\mathbb{W}_1$, $\mathbb{W}_2$ 및 $\mathbb{W}_3$를 각각 구한 후에 ABC에 의하여 수행되는 일은 $\mathbb{W} = \mathbb{W}_1 - \mathbb{W}_2 - \mathbb{W}_3$으로 구한다. 대수나선으로 둘러싸인 OBC영역이 각속도 Ω로 회전할 때 [속도=각속도×반경]으로 나타낼 수 있으며, 미소 삼각형의 중심에서 O점을 통과하는 수직선까지의 거리는 $(2/3)r\cos\psi$이므로 속도는 $\Omega\times(2/3)r\cos\psi$가 된다. 또한 〈그림 7-32(a)〉와 같이 미소 삼각형의 면적 $dA = (1/2)r^2 d\psi$이므로 미소 삼각형의 중량은 $\gamma_s \times (1/2)r^2 d\psi$이고 OBC의 중량에 의한 일 $d\mathbb{W}$는 다음과 같이 나타낼 수 있다(Chen & Liu, 1990).

$$d\mathbb{W}_1 = \left(\Omega \frac{2}{3} r_\psi \cos\psi\right)\left(\gamma_s \frac{1}{2} r_\psi^2 \, d\psi\right) \tag{7-85}$$

또한 OBC에 의한 일 $\mathbb{W}_1$은 다음과 같다.

$$\begin{aligned} \mathbb{W}_1 &= \frac{1}{3}\gamma_s \Omega \int_{\psi_0}^{\psi_h} r_\psi^3 \cos\psi \, d\psi \\ &= \gamma_s r_0^3 \Omega \int_{\psi_0}^{\psi_h} \frac{1}{3} \exp[3(\psi - \psi_0)\tan\phi] \cos\psi \, d\psi \\ &= \gamma_s r_0^3 \Omega \, f_1^*(\psi_h, \psi_0) \quad \left(\Leftarrow \int e^{ax}\cos bx \, dx = e^{ax}\frac{(a\cos bx + b\sin bx)}{a^2 + b^2}\right) \end{aligned} \tag{7-86}$$

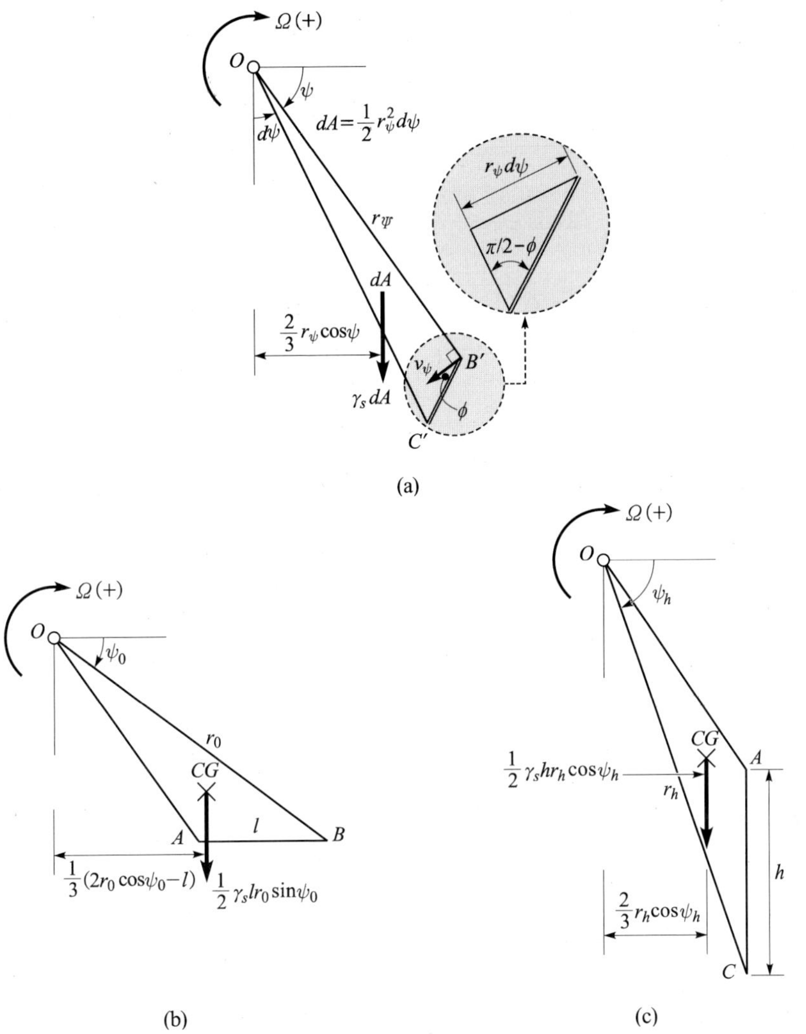

〈그림 7-32〉 회전파괴메커니즘에서 일을 계산하기 위한 분할 (Chen & Liu, 1990)

식에서, $f_1^*(\psi_h, \psi_0)$

$$= \frac{\{(3\tan\phi\cos\psi_h + \sin\psi_h)\exp[3(\psi_h - \psi_0)\tan\phi] - 3\tan\phi\cos\psi_0 - \sin\psi_0\}}{3(1+9\tan^2\phi)}$$

다음으로 OAB에 의한 일 $\mathbb{W}_2$는 〈그림 7-32(b)〉에 의하여 다음과 같다.

$$\mathbb{W}_2 = \left(\frac{1}{2}\gamma_s l r_0 \sin\psi_0\right)\left[\frac{1}{3}(2r_0\cos\psi_0 - l)\Omega\right] \tag{7-87}$$

식에서 우변 첫째 괄호는 OAB의 중량이고 둘째 괄호는 OAB의 중심(center of gravity;

CG)에서 속도의 수직성분을 나타낸다. 삼각형 중심에서 O를 통과하는 수직선까지의 거리는 O와 선분 AB의 평균거리를 취한다. (7-87)식을 정리하면 다음 식을 얻을 수 있다.

$$\mathbb{W}_2 = \gamma_s r_0^3 \Omega f_2^*(\psi_h, \psi_0) \tag{7-88}$$

식에서, $f_2^*(\psi_h, \psi_0) = \dfrac{1}{6}\dfrac{l}{r_0}\left(2\cos\psi_0 - \dfrac{l}{r_0}\right)\sin\psi_0$

위의 식에서 l/r_0는 (7-84)식과 같이 ψ_0와 ψ_h의 함수이다. 마지막으로 OAC에 의한 일 $\mathbb{W}_3$는 〈그림 7-32(c)〉로부터 다음과 같다.

$$\mathbb{W}_3 = \gamma_s r_0^3 \Omega f_3^*(\psi_h, \psi_0) \tag{7-89}$$

식에서, $f_3^*(\psi_h, \psi_0) = \dfrac{1}{3}\dfrac{h}{r_0}\cos\psi_h \exp\left[2(\psi_h - \psi_0)\tan\phi\right]$

위의 식에서 h/r_0는 (7-83)식과 같이 ψ_0와 ψ_h의 함수이다. 따라서 ABC에 의한 일 $\mathbb{W}$는 다음과 같이 구할 수 있다.

$$\mathbb{W} = \mathbb{W}_1 - \mathbb{W}_2 - \mathbb{W}_3 = \gamma_s r_0^3 \Omega\left[f_1^*(\psi_h, \psi_0) - f_2^*(\psi_h, \psi_0) - f_3^*(\psi_h, \psi_0)\right] \tag{7-90}$$

에너지소산은 〈그림 7-31〉의 불연속선 BC를 따라서 발생하며, 〈그림 7-32(a)〉의 미소 불연속면 $B'C'$에 대한 에너지소산 $d\mathbb{D}$는 $B'C'$의 면적 $r_\psi d\psi/\cos\phi$에 점착력 c와 불연속면의 접선속도 $v_t = v\cos\phi$를 곱하면 된다. 따라서 불연속선 BC를 따라서 발생하는 에너지소산은 전체 구간에 대하여 적분하여 구한다(Chen & Liu, 1990).

$$\mathbb{D} = \int_{\psi_0}^{\psi_h} c(v\cos\phi)\frac{r_\psi d\psi}{\cos\phi} = \frac{c r_0^2 \Omega}{2\tan\phi}\{\exp\left[2(\psi_h - \psi_0)\tan\phi\right] - 1\} \tag{7-91}$$

(7-90)식의 외력에 의한 일과 (7-91)식의 내부 에너지소산을 등가로 하여 정리한 후 (7-83)식과 (7-84)식을 이용하여 h를 구하면 다음과 같다.

$$h = \frac{c}{\gamma_s} f_4^*(\psi_h, \psi_0) \tag{7-92}$$

식에서, $f_4^*(\psi_h, \psi_0)$

$$= \frac{\{\exp\left[2(\psi_h - \psi_0)\tan\phi\right] - 1\}\{\sin\psi_h \exp\left[(\psi_h - \psi_0)\tan\phi\right] - \sin\psi_0\}}{2\tan\phi\left[f_1^*(\psi_h, \psi_0) - f_2^*(\psi_h, \psi_0) - f_3^*(\psi_h, \psi_0)\right]}$$

극한해석의 상계정리에 의해서 (7-92)식으로부터 굴착고의 임계값을 구할 수 있으며, 함수 $f_4^*(\psi_h, \psi_0)$는 ψ_h와 ψ_0가 다음의 조건을 각각 충족시키면 최솟값을 갖는다.

$$\frac{\partial f_4^*(\psi_h, \psi_0)}{\partial \psi_h} = 0, \quad \frac{\partial f_4^*(\psi_h, \psi_0)}{\partial \psi_0} = 0 \tag{7-93}$$

위의 식으로부터 ψ_0와 ψ_h를 구하여 (7-92)식에 대입하면 회전파괴메커니즘에 대한 수직굴착 한계고를 구할 수 있다. Chen(1975)은 복잡한 계산과정을 피하기 위하여 (7-93)식을 반도해법(semi-graphic method)으로 제시하였다. 함수 f_4^*에는 2개의 변수(ψ_0, ψ_h)와 1개의 강도정수(ϕ)가 있으며, 반도해법을 이용하여 함수 f_4^*의 최솟값을 결정하기 위해서는 먼저 강도정수인 ϕ값을 알아야 한다. 여기서는 $\phi = 20°$로 가정하고, $\psi_h = 40°$, $45°$, $50°$,… 로 나누어서 각각의 ψ_h에 대해서 몇 개의 ψ_0를 (7-92)식에 대입하여 함수 f_4^*의 값을 계산하였다. 〈그림 7-33〉의 좌측 그래프는 곡선별로 4 ~ 5개의 $f_4^* - \psi_0$의 값을 구하여 도시한 것이며, 곡선별 최솟값은 작은 원으로 표시하였다. 다음으로 ψ_0와 ψ_h 각각의 작은 원에서 수평방향으로 선을 그어서 $f_4^* - \psi_0$곡선별 최솟값에 대응하는 $f_4^* - \psi_h$ 곡선을 그린 것이 우측 그래프이다. 함수 f_4^*의 최솟값은 $f_4^* - \psi_h$곡선으로부터 결정할 수 있으며, f_4^*에 대한 임계값은 우측 상단의 그림에 도시하였다. 그림과 같이 마찰각 $\phi = 20°$이면 $\psi_0 = 40°$ 및 $\psi_h = 65°$에 대하여 함수 f_4^*가 최솟값을 가지며, 그 때의 극한해석의 상계인 회전파괴메커니즘에 의한 한계고(h_{cr}^{up})는 다음과 같이 나타낼 수 있다.

$$h_{cr}^{up} \leq \frac{3.83c}{\gamma_s} \tan\left(\frac{\pi}{4} + \frac{\phi}{2}\right) \tag{7-94}$$

여기서 주의해야 할 것은 좌측 곡선을 그리기 위한 산정과정에서 $\psi_h > \psi_0$에 대해서만 ψ_h와 ψ_0가 유효하다는 것이다. 그림의 곡선 중에서 $\psi_h = 40°$, $45°$ 및 $50°$에 대한 최솟값은 이와 같은 제한조건을 적용하여 결정한 것이며, 이것은 미분에 의한 계산과정에서는 반영할 수 없는 조건이다. (7-94)식에서 계수 3.83은 병진파괴메커니즘에 의한 (7-79)식의 계수 4보다는 개선된 값이며 Fellenius가 활동선을 곡선으로 가정하여 한계평형법에 의하여 구한 (7-72)식의 계수 3.85와 거의 같은 값이다. 또한 위의 식에서 Ω는 관계가 없으므로, 파괴하중정리를 적용할 수 있을 정도로 각속도 Ω를 충분히 작게 할 수도 있다는 것을 알 수 있다.

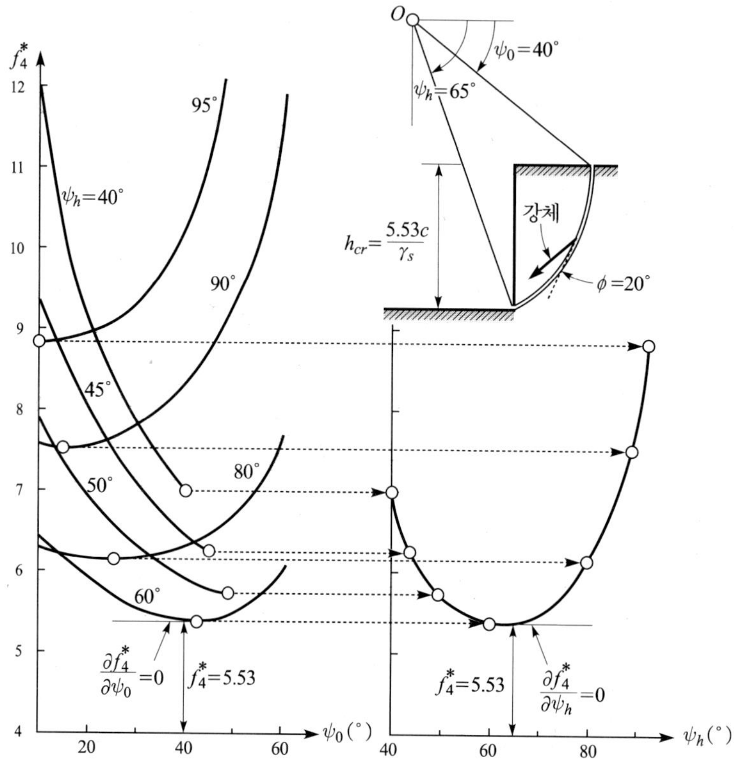

〈그림 7-33〉 회전파괴메커니즘을 이용하여 수직굴착 한계고를 결정하기 위한 반도해법 (Chen, 1975)

(4) 인장균열을 고려한 수직굴착 한계고

시험실에서 흙은 인장강도가 미미하나마 어느 정도 있는 것으로 나타나지만, 현장에서는 지표 근방의 물이나 인장균열 때문에 인장강도는 신뢰하기 어려우며 보수적인 안전율을 적용하는 설계라면 인장강도는 무시할 수 있다. 〈그림 7-34〉는 인장강도를 무시한 수정 Mohr-Coulomb파괴기준을 보여주는 것으로서 인장강도를 0으로 취하기 위한 필요조건은 그림과 같이 압축측 파괴곡선의 끝부분을 Mohr 응력원에 맞추어 원호 DOD'과 같이 둥글게 함으로서 충족시킬 수 있다. 흙의 인장력을 무시하면 파괴메커니즘에 인장균열을 도입하는 것이 가능하다. 단순인장균열이 발생하면 그림의 원점 O에 표시된 것과 같이 인장균열에 의한 분리면에서는 수직 및 전단응력은 0이며 에너지소산은 고려할 필요가 없다. 〈그림 7-35〉는 단순인장균열과 균일변형이 포함된 흙기둥의 회전메커니즘(rotational mechanism)을 도시한 것이다(Chen & Liu, 1990; Drucker & Prager, 1952).

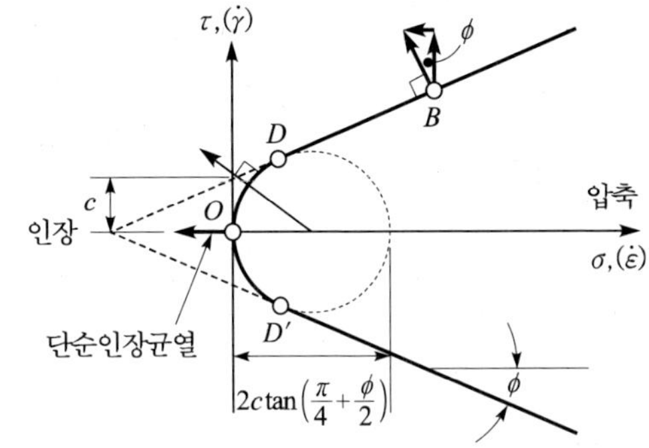

〈그림 7-34〉 인장강도를 무시한 수정 Mohr-Coulomb파괴기준 (Chen & Liu, 1990)

〈그림 7-35(a)〉와 같이 수직으로 굴착된 지반에 단순인장균열이 발생하면 두께가 b인 판형의 흙기둥이 A를 축으로 각속도 Ω로 회전하여 전도되는 것으로 고려할 수 있다. 〈그림 7-35(b)〉의 평행사변형은 전단변형률속도가 $\dot{\gamma}$인 균일변형으로서 이것은 전단변형률속도 $\dot{\gamma}$가 각속도 Ω와 동일하다는 것을 의미하며 그림과 같이 전단변형률속도 $\dot{\gamma}$는 법선방향으로 전단변형률속도 $\dot{\gamma}\tan\phi$를 수반하게 된다(〈그림 7-24~25〉 참조). 이때 단위체적당 에너지소산은 $\tau\dot{\gamma}-\sigma\dot{\gamma}\tan\phi$이며, Mohr-Coulomb파괴기준을 충족시켜야 하므로 (7-56)식으로 계산할 수 있다.

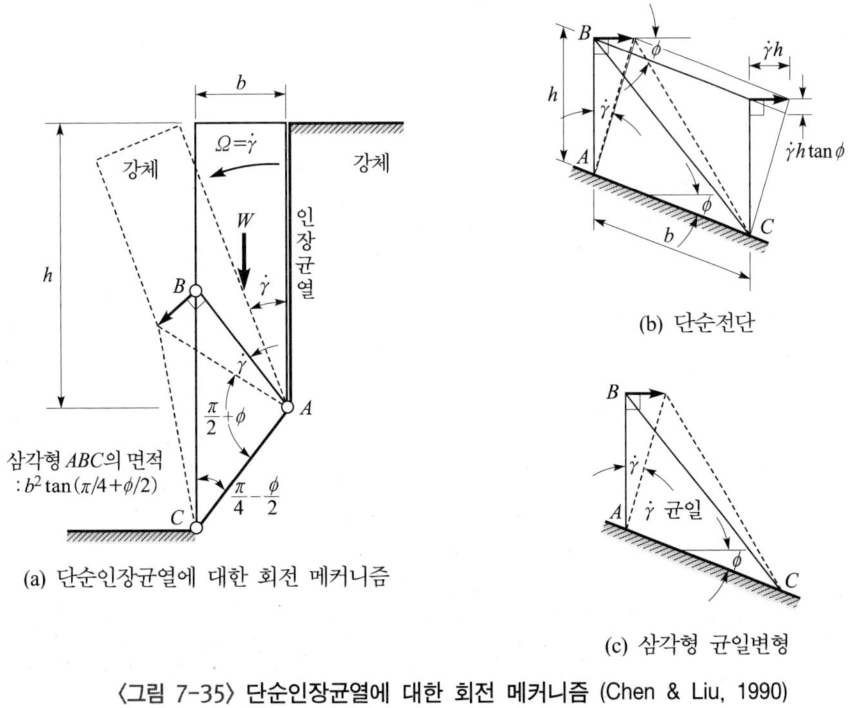

〈그림 7-35〉 단순인장균열에 대한 회전 메커니즘 (Chen & Liu, 1990)

$$\mathbb{D} = \tau\dot{\gamma} - \sigma\dot{\gamma}\tan\phi = c\dot{\gamma}$$

그림(c)의 삼각형 균일변형도 그림(b)의 파선으로 그려진 균일변형영역인 ABC와 같이 단순전단에 의해 뒤틀려진 평행사변형의 일부분으로서 균일변형이다. 따라서 그림(a)에서 흙덩이 ABC의 에너지소산은 위의 식에 의해서 $\mathbb{D} = c\dot{\gamma} = c\Omega$이고, ABC의 단위길이에서 발생하는 에너지소산은 에너지소산 $\mathbb{D}$에 ABC의 면적을 곱하면 된다(Chen & Liu, 1990; Drucker & Prager, 1952).

$$\mathbb{D} = (c\,\Omega)\left[b^2 \tan\left(\frac{\pi}{4} + \frac{\phi}{2}\right)\right] \tag{7-95}$$

흙기둥의 두께 $b \to 0$이면 흙기둥의 중량 $W \approx \gamma_s b h$으로 나타낼 수 있으며, A를 축으로 회전하므로 속도는 $\Omega \times (b/2)$이고 외력에 의한 일은 다음과 같다.

$$\mathbb{W} = \frac{1}{2}\gamma_s b^2 h \Omega \tag{7-96}$$

위의 두 식을 등가로 하여 굴착고를 구하면 인장균열을 고려하는 경우에 인장력에 저항할 수 없는 지반에 대한 수직굴착 한계고$\left(h_{cr}^{tc}\right)$를 구할 수 있다.

$$h_{cr}^{tc} = \frac{2c}{\gamma_s}\tan\left(\frac{\pi}{4} + \frac{\phi}{2}\right) \tag{7-97}$$

(5) 해석기법에 따른 수직굴착 한계고

한계고에 대한 극한해석은 해석절차가 단순하고 신뢰할만한 결과를 얻을 수 있는 해석방법이며, 운동학적 파괴메커니즘이 같으면 병진파괴메커니즘에 의한 결과와 고전적인 한계평형법에 의한 결과가 동일하다. 〈표 7-1〉은 해석방법에 따른 수직굴착 한계고를 비교한 것이다. 표에서 하계정리와 상계정리에 의하여 구한 수직굴착 한계고는 다음과 같이 한계고의 범위를 정리할 수 있다.

$$h_{cr}^{lw} = \frac{2c}{\gamma_s}\tan\left(\frac{\pi}{4} + \frac{\phi}{2}\right) \le h_{cr} \le \frac{4c}{\gamma_s}\tan\left(\frac{\pi}{4} + \frac{\phi}{2}\right) = h_{cr}^{up} \tag{7-98}$$

〈표 7-1〉 해석기법에 따른 수직굴착 한계고

해석기법		활동선 형태 (메커니즘)	한계고(h_{cr})	비 고
한계평형법		직선	$\frac{4c}{\gamma_s}\tan\left(\frac{\pi}{4}+\frac{\phi}{2}\right)$	
		원형	$\frac{3.85c}{\gamma_s}\tan\left(\frac{\pi}{4}+\frac{\phi}{2}\right)$	Fellenius 해석
극한해석	하계정리	–	$\frac{2c}{\gamma_s}\tan\left(\frac{\pi}{4}+\frac{\phi}{2}\right)$	
	상계정리	병진	$\frac{4c}{\gamma_s}\tan\left(\frac{\pi}{4}+\frac{\phi}{2}\right)$	
		회전	$\frac{3.83c}{\gamma_s}\tan\left(\frac{\pi}{4}+\frac{\phi}{2}\right)$	$\phi=20^\circ$ 인 경우
활동선장해석*		응력장	$\frac{2c}{\gamma_s}\tan\left(\frac{\pi}{4}+\frac{\phi}{2}\right)$	

* : 「Sokolovskii 응력장해석」 참조

위의 표와 같이 수직굴착 한계고는 상계가 하계의 2배로서 차이가 크고, 하계와 상계의 평균값을 취한다고 하더라도 최대오차는 33%에 달한다. 이와 같이 하계와 상계의 차이가 커서 적절한 설계값을 결정하기 어렵다면 하계나 상계 또는 2개의 값을 모두 개선할 필요가 있다. 하계와 상계의 차이가 큰 문제에 대해서 그 차이를 줄일 수 있는 가장 간단한 방법은 운동학적으로 타당한 다른 파괴메커니즘을 이용하여 상계를 개선하는 것이다. 만약 특정 문제에 대한 자료와 경험이 부족해서 활동선을 추정하기 어렵다면 간단한 모형시험을 통하여 필요한 정보를 얻는 것도 하나의 대안이 될 수 있다. 일반적으로 경험이나 모형시험 또는 이론 적용과정에서 직관적으로 가정한 활동선에 대해서는 상계를 크게 개선할 필요가 없는 것으로 알려져 있다. 정적허용응력장이라면 대부분 적절한 하계를 얻을 수 있지만 상계를 개선할 수가 없다면 보다 일반적인 응력체계를 적용해서 하계를 개선하는 것도 고려해야 된다(Chen, 1975; Liam Finn, 1967).

7.2.2 Tresca재료에 설치된 연속기초의 지지력

수직굴착 한계고에 이어서 좀 더 복잡한 연속기초의 지지력문제를 다루고자 한다. 연속기초의 지지력문제는 대표적인 평면변형률조건에 속하는 문제이다. 해석기법으로는 Terzaghi (1943)와 Meyerhof(1951)의 한계평형법을 비롯해서 Sokolovskii(1965)와 Hansen (1961)

의 활동선장해석, Shield(1954)와 Chen(1975)의 극한해석 등이 있는데, 비록 이와 같은 여러 가지 해석방법이 모두 강소성거동을 기반으로 하지만 각각의 해석기법에는 토질역학분야에서 공통적으로 사용되지 않는 전문용어와 관련 개념이 포함되어 있다. 여기서는 한계평형법과 극한해석에 대하여 기술하고자 하며, 활동선장해석에 대해서는 「Sokolovskii의 응력장해석」 중에서 「연속기초의 지지력」을 참고하면 된다. 하계에 대해서는 가장 간단한 2개의 응력장을 이용하여 해석하였으며 상계는 병진파괴메커니즘과 회전파괴메커니즘을 모두 적용하였다.

극한지지력(ultimate bearing capacity) 또는 임계하중(critical load)이란 흙의 강소성거동 또는 지지력 상실을 야기하는 하중을 의미한다. 모든 해석과정에서 재료의 응력-변형률 거동은 관련유동칙을 따르는 강소성모델로 가정하고, 해석과정에서 하중은 연속기초의 중앙에 수직으로 작용하며 소성유동으로 구조물이 흙속으로 압입될 때까지 하중이 증가되면서 전반전단파괴(general shear failure)가 발생하는 것으로 가정한다. 연속기초는 폭에 비하여 길이가 충분히 길어서 평면변형률조건이 유효하며, 구조물은 강체이고 구조물과 흙의 접촉면은 매끈하거나 또는 거친 것으로 가정한다.

(1) 한계평형법에 의한 지지력 : Tresca재료($\phi = 0; c = k; \gamma_s = 0$)

강소성재료인 반무한 Tresca재료($\phi = 0; c = k; \gamma_s = 0$) 위에 설치된 연속기초의 극한지지력을 결정하고자 한다. 〈그림 7-36(a)〉는 기초구조물과 근입심도(d)까지 흙과의 접촉은 무시하고 구조물 우측 끝의 O점을 축으로 반원의 회전파괴메커니즘을 채택한 것이다. 반원의 활동선을 따라서 작용하는 수직응력 σ는 미지수로 처리하고 전단응력 $\tau = c$로 가정하였다. 회전축 O에 대하여 모멘트를 취하면 다음과 같다.

$$-P^{lm}\frac{1}{2}b + \pi b\,cb + b\,d\gamma_s\frac{1}{2}b + d\,cb = 0 \tag{7-99}$$

식에서 좌측 마지막 항은 상재하중으로 취한 흙의 전단에 의한 모멘트이며, 수직응력 σ에 의한 모멘트와 흙의 자중에 의한 모멘트는 0이 된다. 위의 식에 의하여 한계평형법에 의한 극한지지력 q_0^{lm}은 다음과 같다.

$$q_0^{lm} = \frac{P^{lm}}{b} = 6.28c\left(1 + 0.32\frac{d}{b} + 0.16\frac{\gamma_s d}{c}\right) \tag{7-100}$$

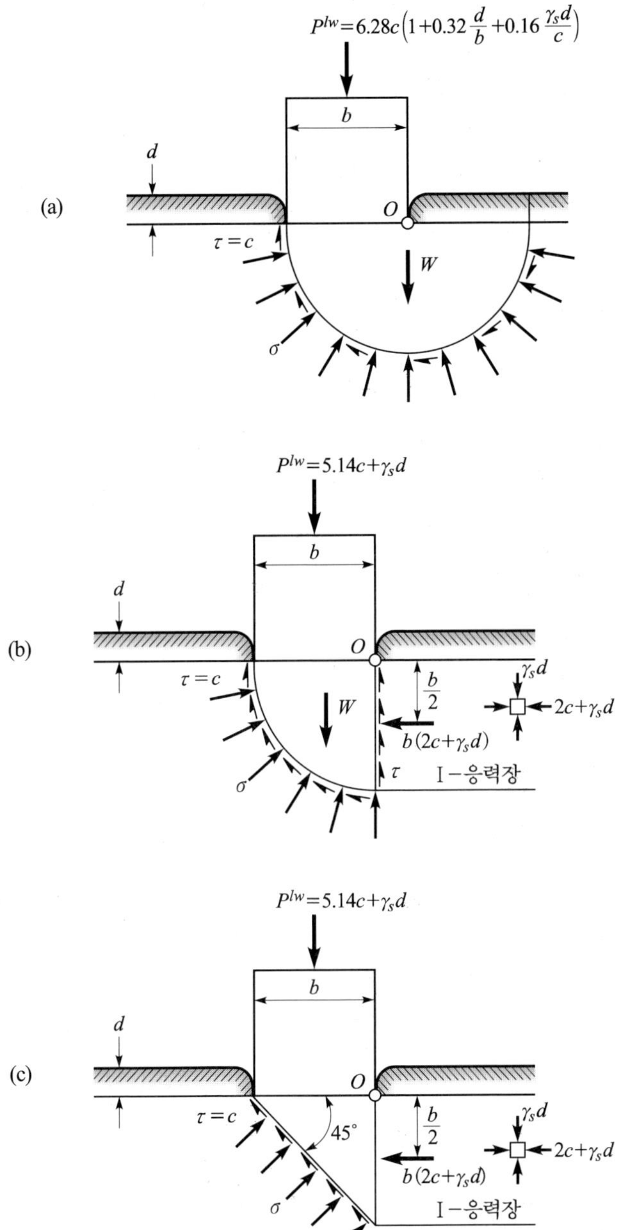

〈그림 7-36〉 한계평형법에 의한 지지력 : Tresca재료 (Chen, 1975)

그림(b)와 (c)는 (a)와 비교하기 위하여 가능한 추정활동선을 이용하여 극한지지력을 구한 것이다. 그림(b)는 구조물 우측 끝의 O점을 축으로 사분원이 회전하는 파괴유형이다. 한계평형법에서 이와 같은 파괴메커니즘을 채택하면 몇 가지 의문이 발생하게 된다. 가장 큰 의문은 원형의 활동선을 따라서 수직 및 전단응력의 분포와 사분원과 사각형 사이의 수직 분리선을 따라서 수직응력의 분포를 알 수 없다는 것이다. 수직 분리선을 따라서 전단응력의 합력은 O점을 통과하므로 모멘트가 0이 되지만 수직응력의 합력은 구할 수가 없다. 이와 같은 경우에 한계평형법에서 통용되는 방법으로는 그림(b)와 같이 사분원의 회전으로 인하여 흙에 일축압축응력이 발생되는 것으로 가정하는 것이다. 흙에 유발되는 압축응력의 최댓값은 허용최대전단응력 $\sigma_{\max}-\sigma_{\min}=2c$와 상재하중 $\gamma_s d$에 의하여 야기되므로 $2c+\gamma_s d$이고, 이것을 O점에 대하여 모멘트를 취하면 다음 식을 얻을 수 있다.

$$q_0^{lm}=\frac{P^{lm}}{b}=c(\pi+2)+\gamma_s d=5.14c+\gamma_s d \tag{7-101}$$

구조물의 근입심도 $d=0$라면 그림(b)는 그림(a)보다 20%나 적은 값을 보인다. 그림(c)는 구조물 하부에 삼각형 블록을 따라서 활동선을 가정함으로서 그림(b)보다도 훨씬 낮은 지지력 $q_0^{lm}=4c+\gamma_s d$을 얻는다. 이외에도 다양하게 활동선을 가정하여 한계평형법을 수행할 수는 있지만 최선의 해석결과를 채택하기 위한 기준이 분명하지 않다. 이것은 그림(b)와 (c)에서 $I-$응력장과 활동선의 응력분포를 지반 전체로 확장한 후 평형방정식과 항복기준을 충족시킬 수 있다면 하계라고 할 수 있지만, 응력장을 지반 전체로 확장하는 것이 용이하지 않기 때문이다.

(2) 극한해석에 의한 지지력의 하계 : Tresca재료

극한해석에 의하여 연속기초에 대한 지지력의 하계를 구하는 방법은 응력장을 취하는 방법에 따라 다양하게 채택할 수 있다. 하계정리를 적용하기 위해서는 정적가용응력장을 가정해야 하며, 최선의 하계를 구하기 위해서는 항복기준을 충족시키는 범위 내에서 최대의 지지력$\left(q_0^{lw}\right)$을 얻어야 한다. 따라서 응력장 내에서 응력상태는 Mohr 응력원이 파괴기준에 접하여 한계상태가 되도록 취해야 한다. 〈그림 7-37(a)〉는 Tresca재료$(\phi=0; c=k; \gamma_s=0)$ 위에 설치된 연속기초에 대한 지지력의 하계가 $2k$인 가장 간단한 균일응력장 구조를 보여주는 것이다. 여기에 그림과 같이 4개의 면에 작용하는 정수압응력을 추가해도 Tresca재료의 항복과는 관계가 없으므로 그림(b)와 같이 $\gamma_s y$를 추가하여 $2k+\gamma_s y$로 하고, 그림(a)에 더하면 하계를 그림(c)의 $q_0^{lw}=P^{lw}/b=4k+\gamma_s d$로 개선된 값을 얻을 수 있다. 전체 영역은 응력불연속선인 2개의 수직선에 의해서 3개의 균일응력장으로 나눌 수 있으며 모든 응력성분은 주응력이다. 또한 수직응력성분은 심도에 비례하여 증가하고 수평응력성분이 수평방향으로 평형을 유지하기 위해서는 인접 응력장의 수평응력성분과 동일해야 한다.

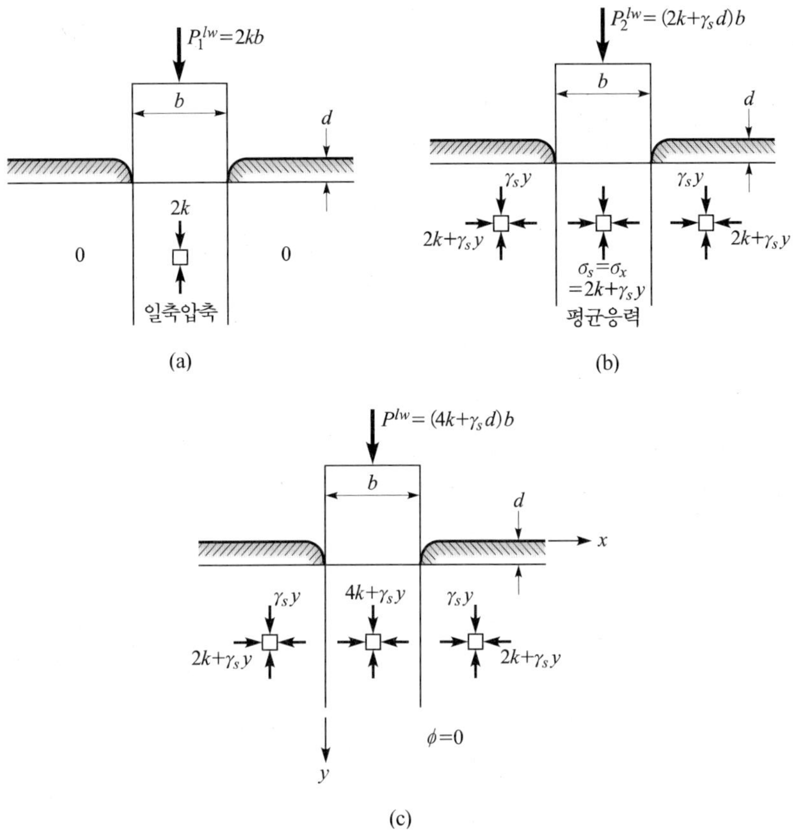

〈그림 7-37〉 극한해석에 의한 지지력의 하계 : Tresca재료 (Chen, 1975)

i) Tresca재료의 지지다리를 이용한 지지력의 하계

〈그림 7-37〉과 같이 수직방향으로만 구분한 응력장으로부터 구한 지지력을 한계평형법과 비교하면 하계로서는 여전히 미흡한 값임을 알 수 있는데, 직관력을 이용하면 하계를 유용한 값까지 끌어올릴 수가 있다. 즉, 지표면에 하중이 작용할 때 그 하중을 지지하는 면적은 지반 심도가 깊어질수록 증대되어 점차 더 넓은 면적에 의해서 하중이 지지된다는 것을 이용하는 것이다. 이와 같은 지지력 메커니즘에 적용할 수 있는 방법이 바로 사다리꼴 재하에 의한 불연속응력장과 지지다리이다. 문제를 단순화하기 위해서 지표면에 설치된 **표면기초**(surface footing, 근입심도 $d=0$)를 대상으로 한다.

먼저 〈그림 7-38〉과 같이 Tresca재료로 구성된 2개의 경사지지다리에 대한 응력장을 고려할 수 있다. 좌우대칭인 2개의 경사지지다리는 일축압축응력이 각각 $2k$(k: 전단항복응력)이며, 구조물 바로 밑에 위치한 중첩부분에서 수직응력은 $3k$, 수평응력은 k이므로 하계는 $P^{lw}=3kb$가 된다.

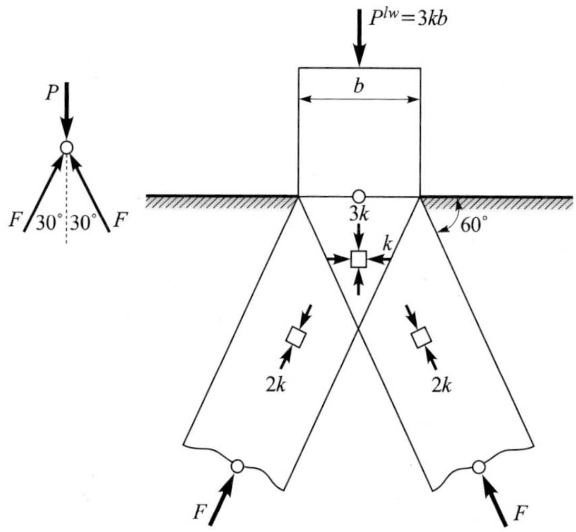

〈그림 7-38〉 지지다리를 이용한 지지력의 하계 : Tresca재료 (Chen & Scawthorn 1968)

이어서 〈그림 7-39〉와 같이 2개의 경사지지다리에 수직지지다리(vertical supporting leg)를 추가하여 하중 P가 수직 및 경사지지다리에 의하여 안전하게 지지될 수 있는지를 검토한다. Tresca재료인 3개의 지지다리는 일축압축응력이 각각 $2k$이며, 구조물 바닥은 마찰이 없는 것으로 가정함으로서 $IV-$응력장에서 주응력방향은 그림과 같이 수직 및 수평방향이 된다. 〈그림 7-39(b)〉는 수직지지다리가 추가된 그림(a)에 대하여 $II-$, $III-$ 및 $IV-$응력장의 **응력도**(stress diagram)를 도시한 것이다. 그림(a)의 경사지지다리인 $II-$응력장에서 축차응력의 크기는 그림(b)의 벡터 $O-$②로 나타낼 수 있으며 평균응력은 괄호 안에 표시되어 있다. $III-$응력장에서 수직지지다리의 추가에 의한 응력의 변화를 계산하면 평균응력은 대수합인 $k+k=2k$이고 축차응력은 벡터 $O-$③이다. 같은 방법으로 벡터 $O-$④는 구조물 바로 밑에 위치한 흙요소의 축차응력성분으로서 $2k$이고 평균응력은 $2k+k=3k$이다. 따라서 $IV-$응력장에서 평균응력과 축차응력은 그림(b)와 같이 각각 $5k$와 k가 된다. 그러나 수직지지다리만 추가하면 $III-$응력장과 $IV-$응력장에서는 최대 및 최소주응력의 차이가 각각 $3.73k-0.27k=3.46k$와 $5k-k=4k$가 되어 $2k$를 초과하기 때문에 Tresca항복기준($\sigma_{\max}-\sigma_{\min}=2k$)을 충족시키지 못한다.

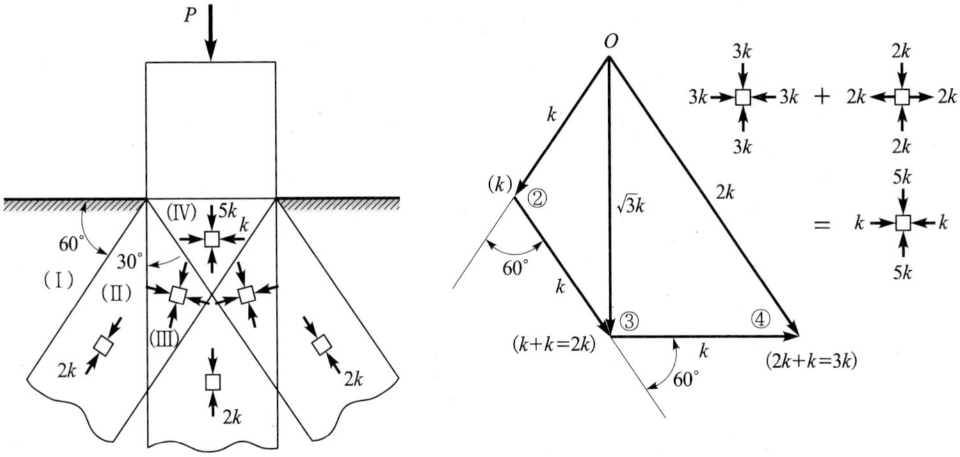

(a) 3개의 지지다리($\delta = 30°$) (b) (a)의 응력도 : ④-응력장 항복기준 초과

〈그림 7-39〉 Tresca재료의 수직지지다리 추가($\delta = 30°$) (Chen, 1975)

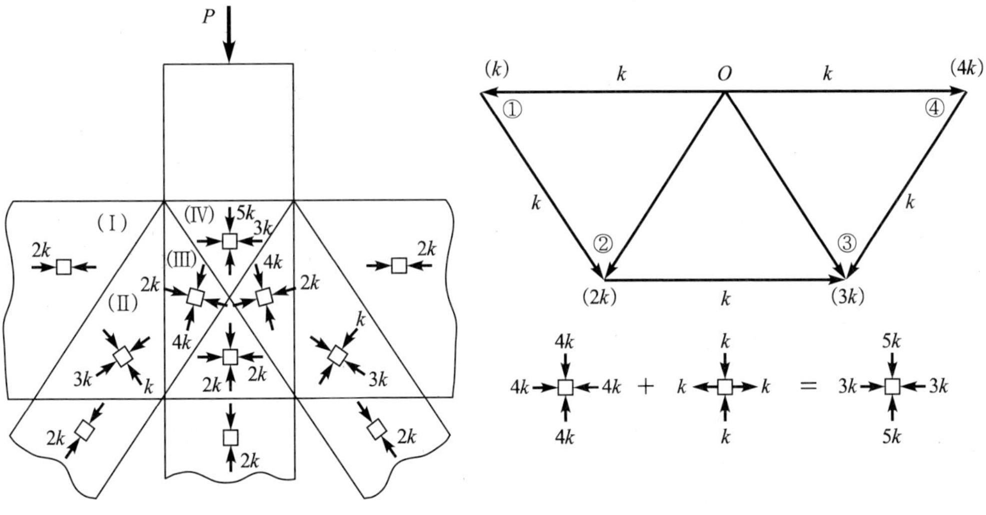

(a) 3개의 지지다리+수평지지다리 (b) (a)의 응력도 : 항복기준 충족

〈그림 7-40〉 Tresca재료의 수평지지다리 추가($\delta = 30°$) (Chen, 1975)

다음으로 수직지지다리만 추가하면 하중 P를 지지할 수 없으므로 〈그림 7-40(a)〉와 같이 수평지지다리를 더 추가하여 응력이 $2k$ 이하로 유지될 수 있는지를 검토한다. 수직지지다리와 동일한 방법으로 〈그림 7-40(b)〉의 응력도를 도시하면, III-과 IV-응력장에서 더 이상 항복기준을 초과하지 않는다는 것을 알 수 있다. 여기서 지지다리를 추가하면 추가할수록 〈그림 7-41(a)〉와 같이 「Prandtl의 활동선장」과 유사한 형태의 응력장을 얻

을 수 있다. 〈그림 7-41(b)〉는 10° 의 간격으로 9개의 지지다리를 추가한 것이며, 지지다리의 수를 증가시키면 각각의 지지다리에서 발생하는 응력이 감소된다. 그러나 지지다리를 추가하면 하계를 개선할 수는 있지만 계산과정은 더욱 복잡해질 수밖에 없다.

〈그림 7-42〉는 〈그림 7-41〉과 같이 9개의 지지다리를 추가하는 경우에 각각의 지지다리의 응력상태를 구하기 위한 것이다. 이와 같이 경우에 우선적으로 고려해야 할 것은 그림의 구조물과 접한 (9)-응력장에 대하여 일축압축응력 F를 결정하는 것이다. 〈그림 7-42(a)〉는 지지다리 중첩부분의 응력상태를 보여주는 것으로서 경사지지다리는 좌반부와 우반부에 각각 4개가 있는데 각각의 경사지지다리와 수직선과의 사잇각(δ)은 $\delta = 10°$, $20°$, $30°$, $40°$ 이다. (9)-응력장에서 수직응력 σ_V와 수평응력 σ_H는 각각 다음과 같이 나타낼 수 있다.

$$\begin{aligned} \sigma_V &= 2F[\cos^2 40° + \cos^2 30° + \cos^2 20° + \cos^2 10°] + F \\ \sigma_H &= 2F[\sin^2 40° + \sin^2 30° + \sin^2 20° + \sin^2 10°] + 2k \end{aligned} \tag{7-102}$$

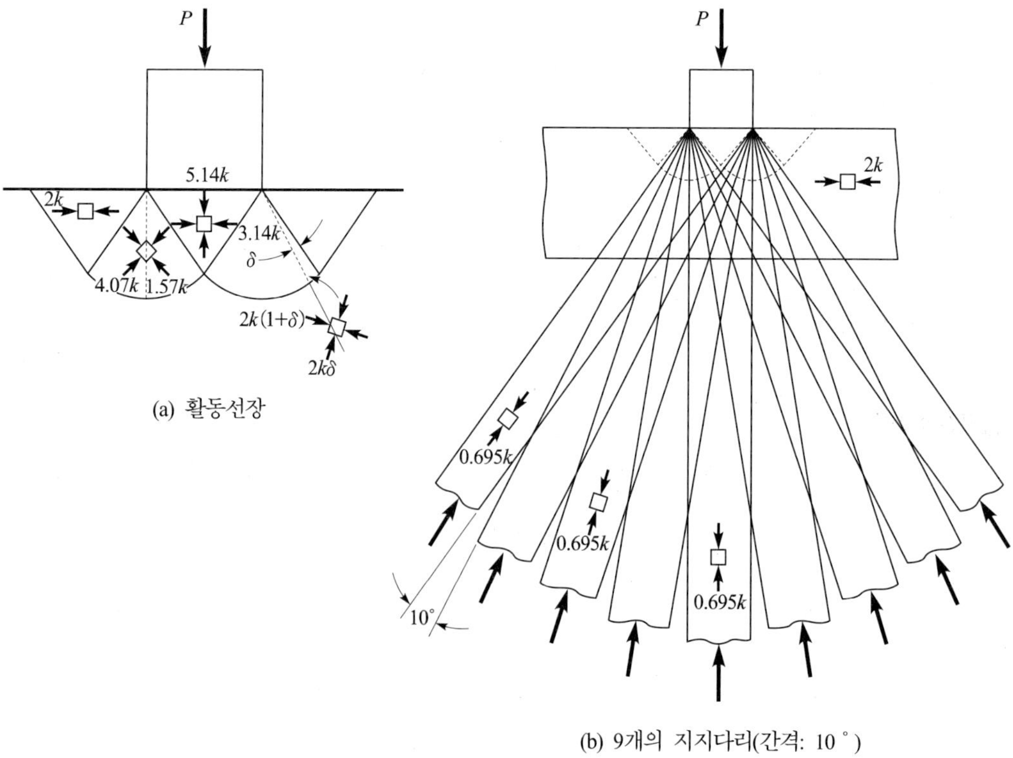

〈그림 7-41〉 Tresca재료에서 지지다리에 의하여 생성된 활동선장 (Chen, 1975)

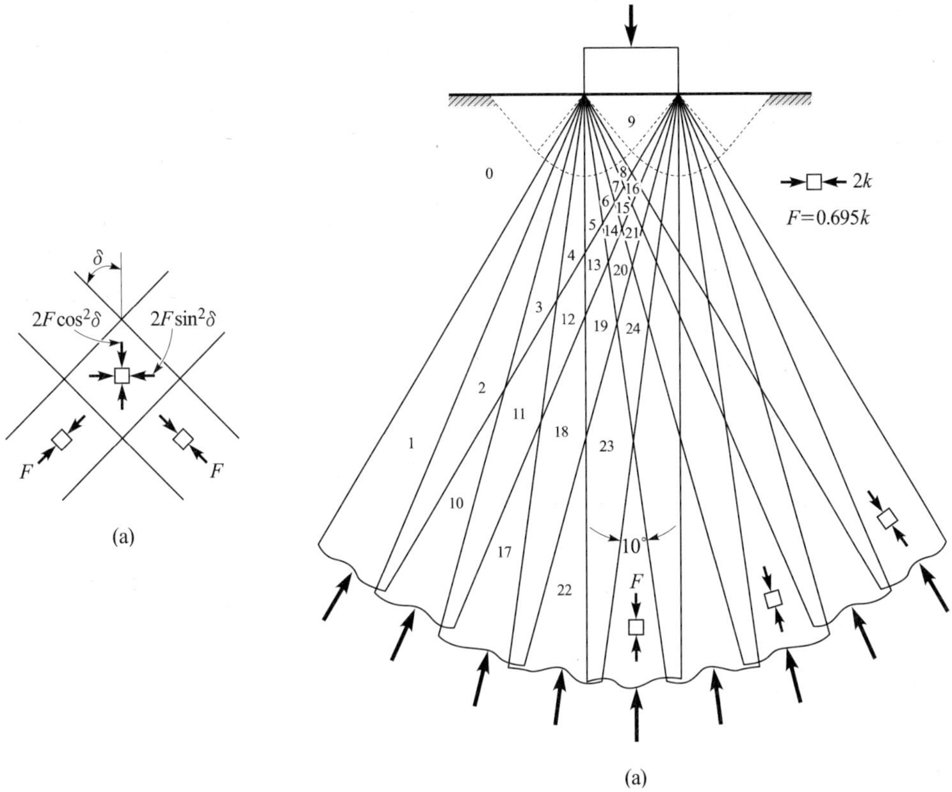

〈그림 7-42〉 Tresca재료에서 지지다리의 응력분포 (Chen, 1975)

위의 식에서 우변 마지막 항은 각각 수직 및 수평지지다리에 대한 값이다. Tresca항복기준($\sigma_V - \sigma_H = 2k$)을 이용하면 (9)-응력장에서 일축압축응력 F는 다음과 같다.

$$F = \frac{2k}{\left[\cos 80^\circ + \cos 60^\circ + \cos 40^\circ + \cos 20^\circ + \frac{1}{2}\right]} = 0.695k \tag{7-103}$$

따라서 (9)-응력장에서 평균응력 p와 축차응력 s는 각각 다음과 같다.

$$p = 9\left(\frac{1}{2}F\right) + k = 9 \times 0.3475k + k = 4.127k, \quad s = 2k - k = k \tag{7-104}$$

위의 식에 의해서 극한하중은 $p + s = 5.127k$이다. 〈그림 7-43(a)〉의 응력도에서 (1)-~(9)-응력장과 나머지 부위도 Tresca항복기준을 충족시킨다는 것을 알 수 있다. 따라서 〈그림 7-42〉는 정적가용응력장이고 5.127k는 파괴하중의 하계이다. 또한 응력도를 이용해서 구조물 바로 밑에 위치한 응력장(9, 16, 21, 24)의 수직 및 수평응력을 구할 수도 있다. 예로서 〈그림 7-42〉에서 (21)-응력장에 대한 평균응력 p와 축차응력 s는 〈그림 7-43(a)〉의 응력도에서 (21)-응력점에 대하여 다음과 같은 방법으로 구한다.

$$p = 5\times 0.3475k + k = 2.735k$$
$$s = 2\times 0.3475k\left[\cos 40^\circ + \cos 20^\circ + \frac{1}{2}\right] - k = 0.535k \qquad (7\text{-}105)$$

따라서 (21)-응력장에서 수직응력 σ_V와 수평응력 σ_H는 각각 다음과 같다.

$$\sigma_V = 2.735k + 0.535k = 3.27k, \quad \sigma_H = 2.735k - 0.535k = 2.20k \qquad (7\text{-}106)$$

〈그림 7-43(b)〉는 구간별 합성응력분포(파선)와 지지다리를 무한대로 추가한 경우의 응력분포를 보여주는 것이다.

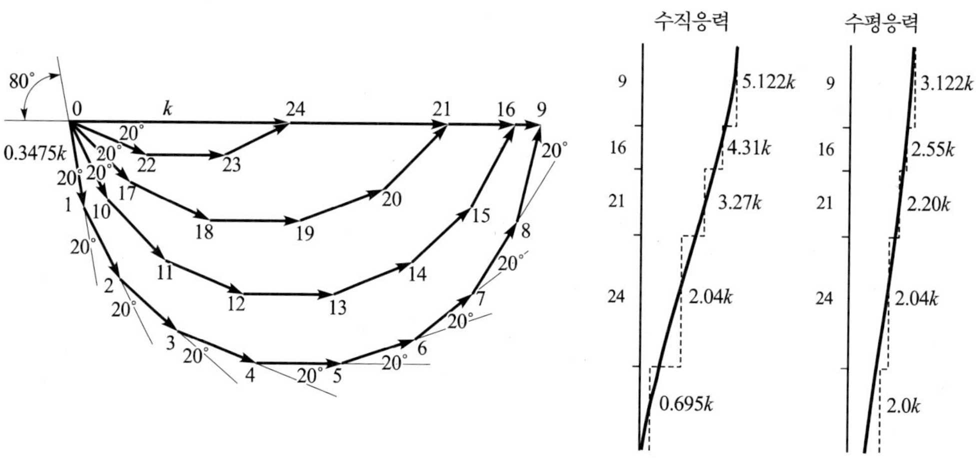

(a) <그림 7-42>에 대한 응력도　　(b) <그림 7-42>에서 (9)-응력장의 응력

〈그림 7-43〉 〈그림 7-42〉에 대한 응력도 및 (9)-응력장의 응력 (Chen, 1975)

ii) Tresca재료에 지지다리를 무한대로 추가

수직지지다리를 제외한 지지다리 개수의 1/2을 m이라고 하면 m은 다음과 같이 나타낼 수 있다.

$$m = \frac{\pi/4}{\delta} - \frac{1}{2} \qquad (7\text{-}107)$$

식에서 δ는 인접한 2개의 지지다리의 사잇각이다. Tresca재료의 일축압축응력 F는 (7-103)식으로부터 다음과 같다.

$$F = \frac{2k}{\left[\sum_{i=1}^{m} \cos(2i\delta) + \frac{1}{2}\right]} \tag{7-108}$$

〈그림 7-42〉의 (9)-응력장과 같이 구조물 바로 밑에 위치한 응력장에 대하여 수직응력 σ_V는 다음과 같다((7-102)식 참조).

$$\sigma_V = 2F\left[\sum_{i=1}^{m} \cos^2(i\delta) + \frac{1}{2}\right] \tag{7-109}$$

위의 식에 (7-108)식을 대입하면 m개의 지지다리에 의한 지지력 $q_0(=\sigma_V)$는 다음과 같이 나타낼 수 있다.

$$q_0 = \sigma_V = 4k\frac{\sum_{i=1}^{m} \cos^2(i\delta) + \frac{1}{2}}{\sum_{i=1}^{m} \cos(2i\delta) + \frac{1}{2}} \tag{7-110}$$

위의 식에서 분자와 분모를 적분형태로 변환하고 (7-107)식을 대입하면 각각 다음 식을 얻을 수 있다.

$$\begin{aligned}
\sum_{i=1}^{m} \cos^2(i\delta) &= \int_1^m \cos^2(i\delta)di + \tilde{\epsilon}_1 \qquad \left(\Leftarrow \int \cos^2 ax dx = \frac{x}{2} + \frac{1}{4a}\sin 2ax + C\right) \\
&= \frac{1}{2\delta}\left[\frac{\pi}{4} - \frac{3\delta}{2} + \frac{\cos\delta}{2} - \frac{\sin 2\delta}{2}\right] + \tilde{\epsilon}_1 \\
\sum_{i=1}^{m} \cos(2i\delta) &= \int_1^m \cos(2i\delta)di + \tilde{\epsilon}_2 \qquad \left(\Leftarrow \int \cos ax dx = \frac{1}{a}\sin ax + C\right) \\
&= \frac{1}{2\delta}[\cos\delta - \sin 2\delta] + \tilde{\epsilon}_2
\end{aligned} \tag{7-111}$$

식에서 $\tilde{\epsilon}_1$과 $\tilde{\epsilon}_2$는 상수로서 미소한 값이다. 위의 식을 (7-110)식에 대입하여 지지다리 개수 $m\to\infty$이면, 즉 사잇각 $\delta\to 0$이면 다음과 같이 나타낼 수 있다.

$$q_0 = \lim_{\delta\to 0}\left[\frac{\frac{\pi}{4} - \frac{\delta}{2} + \frac{\cos\delta}{2} - \frac{\sin 2\delta}{2} + 2\tilde{\epsilon}_1\delta}{\cos\delta - \sin 2\delta + \delta + 2\tilde{\epsilon}_2\delta}\right]4k = 5.14k \tag{7-112}$$

따라서 위의 식은 〈그림 7-41(a)〉와 같은 Prandtl의 활동선장해석 결과와 동일한 값을 얻을 수 있으며, 〈그림 7-43(a)〉의 응력도는 반원에 근접하고 그림(b)에서 구조물 바로 밑에 위치한 응력장의 응력은 굵은 선으로 표시된 값을 갖게 된다(Chen, 1975).

(3) 극한해석에 의한 지지력의 상계 : Tresca재료

i) 병진파괴메커니즘

〈그림 7-44〉와 〈그림 7-45〉는 직선인 속도불연속선을 따라서 강체활동으로 파괴되는 것을 예시한 것으로서 문제를 단순화하기 위해서 지표면에 설치된 표면기초를 대상으로 한다. 그림에서 굵은 선은 강체블록의 활동선을 나타내는 것이다. 〈그림 7-44〉에서는 속도불연속선의 깊이를 $b/2$로 가정하였으며, 〈그림 7-45〉의 모든 블록에 대해서는 변의 길이를 동일하게 취하였지만, 파괴메커니즘을 추정하는 과정에서 특별하게 정해진 규칙은 없으며 경험이나 직관적으로 적절하게 조절하면 된다.

소성유동은 속도불연속선에서만 발생하므로 에너지소산을 구하기 위해서는 인접한 속도장 사이의 상대속도를 알아야 하며, 가장 손쉽게 구할 수 있는 방법은 호도그래프를 이용하는 것이다. 2개의 불연속속도장은 모두 좌우대칭이기 때문에 우반부만 고려하고 흙의 자중은 무시한다. 2개의 불연속속도장에서 속도장 ABC는 구조물과 함께 하향으로 강체활동을 하게 되는데, 구조물의 초기속도를 V_0라고 하면 속도장 ABC의 속도도 같아야 하므로 $V_0 = V_1$이 되어야 한다. 2개의 속도장 BCD 및 BDE는 강체로서 각각 선분 CD 및 DE와 평행하게 거동하며, 속도장 BCD의 속도는 속도장 BCD와 ABC 사이의 상대속도 V_{12}가 선분 BC와 평행하게 거동해야 한다는 조건을 이용하여 결정할 수 있다. 속도장 BDE의 속도도 같은 방법으로 구할 수 있다. 모든 불연속속도장과 속도불연속선의 속도에 대한 정보는 〈그림 7-44〉와 〈그림 7-45〉의 호도그래프에 표시되어 있다. 호도그래프를 도시하기 위해서는 우선 구조물의 속도 V_0를 적절한 스케일로 도시해야 하며, 구조물과 접한 속도장 ABC의 속도는 구조물의 속도와 동일해야 하므로 V_0와 V_1은 일치시켜야 한다. 속도장 ABC 및 정지상태의 지반에 대한 속도장 BCD의 거동방향은 이에 대응하는 접촉면인 BC 및 CD의 방향과 동일하다. 따라서 속도 V_2와 상대속도 V_{12}는 호도그래프의 1번과 2번으로부터 결정할 수 있으며, 3번도 같은 방법으로 0번과 2번으로부터 구할 수 있다. 모든 블록의 속도는 원점인 0번으로부터 하나의 벡터로 표시할 수 있으며 두 벡터의 끝점을 연결한 벡터는 해당 블록 사이의 상대속도를 나타낸다. 상대속도를 작성하면 블록 사이의 연결부위에 틈이 벌어지거나 서로 중복 또는 분리되지 않고 거동하기 때문에 운동학적으로 타당한 속도장을 구축할 수 있다.

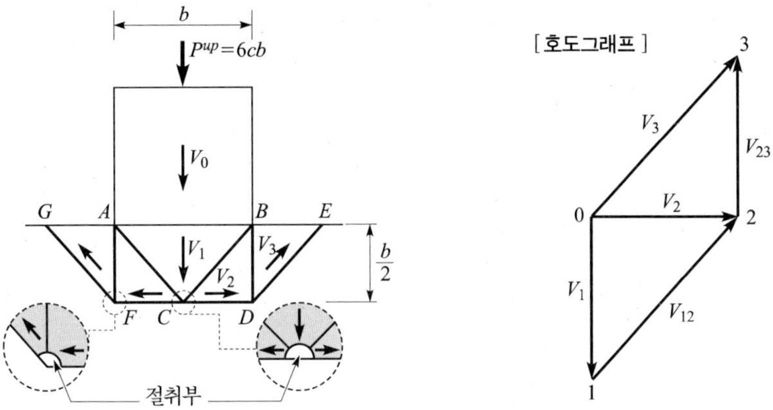

〈그림 7-44〉 간단한 불연속속도장과 호도그래프 (Chen, 1975; Davis & Selvadurai, 2002)

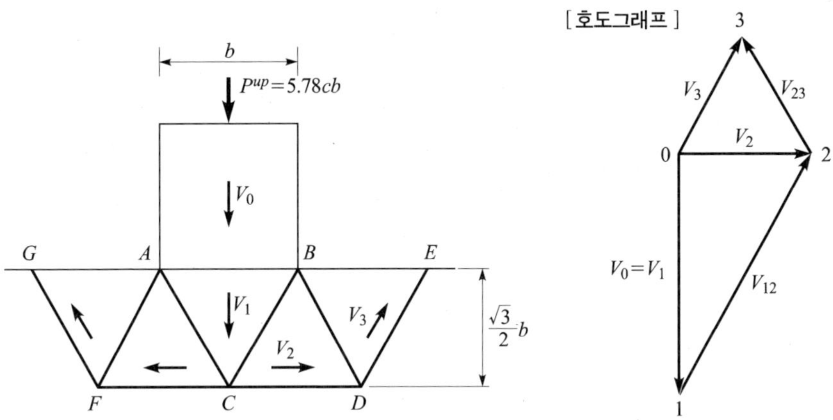

〈그림 7-45〉 개선된 불연속속도장과 호도그래프 (Chen, 1975)

속도불연속선 BC의 길이를 l_{bc}, CD의 길이를 l_{cd} 등으로 표시하면, 일과 에너지소산을 등가로 하여 다음 식을 얻을 수 있다.

$$P^{up}V_0 = 2c\left(l_{bc}V_{12} + l_{cd}V_2 + l_{bd}V_{23} + l_{de}V_3\right) \tag{7-113}$$

첫째, 〈그림 7-44〉의 불연속속도장에서 속도불연속선의 속도와 속도불연속선의 길이는 각각 다음과 같다.

$$V_1 = V_2 = V_{23} = \frac{V_{12}}{\sqrt{2}} = \frac{V_3}{\sqrt{2}} = V_0 \tag{7-114}$$

$$l_{cd} = l_{bd} = \frac{l_{bc}}{\sqrt{2}} = \frac{l_{de}}{\sqrt{2}} = \frac{1}{2}b \tag{7-115}$$

위의 두 식을 (7-113)식에 대입하면 하중의 상계 P^{up}을 구할 수 있다.

$$P^{up} = 6cb \tag{7-116}$$

둘째, 〈그림 7-45〉의 불연속속도장에서 속도불연속선의 속도와 속도불연속선의 길이는 각각 다음과 같다.

$$V_2 = V_3 = V_{23} = \frac{V_{12}}{2} = \frac{V_0}{\sqrt{3}} \tag{7-117}$$

$$l_{bc} = l_{cd} = l_{bd} = l_{de} = b \tag{7-118}$$

위의 두 식을 (7-113)식에 대입하면 하중의 상계 P^{up}을 구할 수 있다.

$$P^{up} = 5.78cb \tag{7-119}$$

위의 식을 (7-116)식과 비교하면 약 4%만 개선되었을 뿐이다. 〈그림 7-44~45〉 외에도 5개의 삼각형을 이용한 불연속속도장은 블록의 크기와 꼭지각을 달리하여 다양하게 제시할 수 있으며, 모든 삼각형을 $\angle ABC = \angle EBD = \delta^*$인 이등변삼각형으로 구성하면 $\delta^* = \pi/4$에 대하여 $P^{up} = 6cb$이며, $\delta^* = \tan^{-1}\sqrt{2} \approx 55°$일 때 $P^{up} = 5.65cb$로 최솟값을 얻을 수 있지만 단지 2% 정도만 개선될 뿐이다. 결과적으로 5개의 삼각형 불연속속도장을 이용하여 구한 파괴하중은 삼각형의 배치와 관련하여 크게 다른 값을 보이지 않는다는 것을 알 수 있다.

이상과 같이 상계를 계산하는 과정에서 호도그래프에 표시된 속도와 구조물의 속도는 실제 속도가 아닌 가상의 속도라는 것에 주의해야 한다. 또한 〈그림 7-44~45〉에서 구조물에 접한 속도장 ABC는 꼭짓점 C가 정지상태에 있는 하부 지반과 이미 접촉해 있는 상태에서 미소하나마 변위를 유발하기 위해서는 하부 지반을 뚫고 들어가야 한다는 것을 검토해야 한다. 이와 같이 물리적으로 불합리한 5개의 삼각형 불연속속도장으로 구성된 파괴메커니즘이 유효하며 운동학적으로 타당하냐는 것에 대하여 의문을 제기할 수도 있다. 그러나 이것은 만약 꼭짓점 C에서 소성변형이 허용된다면 그 소성변형 면적은 전체 접촉면적에 비하여 무시할 수 있을 정도로 작기 때문에 꼭짓점 C나 F에서 소산되는 에너지는 계산과정에 크게 영향을 미치지 못한다는 것으로부터 답을 구할 수 있다. 이와 관련하여 Chen(1975)은 기본적인 기하학적 형태만 유지된다면 부분적인 기하학적 불합리성은 파괴하중에 큰 영향을 미치지 않는다고 하였다. 〈그림 7-44~45〉에서 속도장 ABC와 AFC의 꼭짓점 C나 F는 불합리한 운동학적 거동이 없이는 정지상태에 있는 하부 지반으로 뚫고 들어갈 수가 없다는 것을 알 수 있다. 이와 같은 문제를 해결할 수 있는 하나의 방법으로서 〈그림 7-44〉에 표시한 것과 같이 꼭짓점 C나 F에 작은 절취부(cut-out)를 삽입하면 기하학적 또는 물리적으로 불합리한 문제점을 해소할 수 있다. 절취부를 삽입함으로서 블록은 운동학적으로 타당한 범위 내에서 미소한 거동이 허용될 수 있을 뿐 아니라, 절취부에서 발생하는 일과 에너지소산의 변화는 무시할 수 있을 정도로 극히 미미하다(Davis & Selvadurai, 2002).

ii) 회전파괴메커니즘

〈그림 7-46(a)〉는 비배수조건의 순수 점토 즉 Tresca재료 위에 설치된 연속기초이다. 연속기초에 작용하는 하중이 P일 때 회전파괴메커니즘을 적용하여 상계 P^{up}을 구하고자 한다.

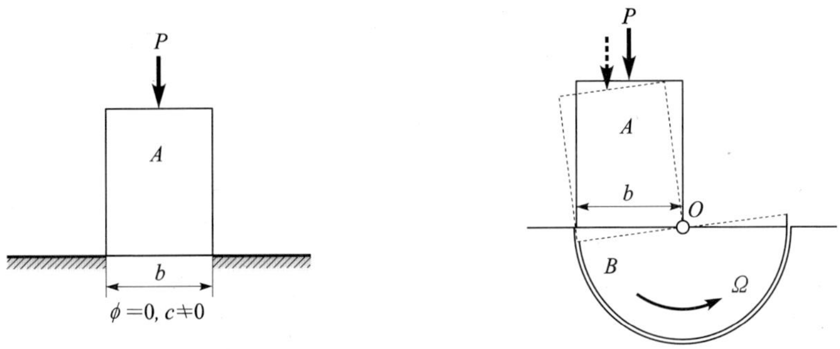

(a) 연속기초　　(b) 단순 회전파괴메커니즘

〈그림 7-46〉 Tresca재료 위에 설치된 연속기초 (Chen, 1975)

파괴하중을 구하기 위해서는 기하학적 경계조건을 충족시키는 유효한 파괴메커니즘을 선택해야 한다. 〈그림 7-46(b)〉는 O를 축으로 회전하는 간단한 회전파괴메커니즘을 보여주는 것이며, 지반이 외적 요인에 의하여 수직방향으로 구속되지만 않는다면 기하학적으로 타당한 메커니즘이라고 할 수 있다. 그림에서 B블록은 강체로서 O를 축으로 하여 두께가 얇은 반원의 활동선을 따라서 각속도 Ω로 회전하게 된다. 따라서 하중 P^{up}에 의한 일은 $P^{up}\times(\Omega\times b/2)$ 이고, 반원의 활동선에 대한 에너지소산은 활동선의 길이(πb)에 전단항복응력 $c(=k)$와 활동선을 가로질러 속도의 불연속인 $b\Omega$를 곱해주면 된다. 일과 에너지소산을 등가로 하여 다음 식을 얻을 수 있다.

$$P^{up}\frac{1}{2}b\,\Omega=c\,(b\,\Omega)(\pi\,b) \tag{7-120}$$

식에서 O를 통과하는 수직선을 기준으로 B블록의 거동은 좌우대칭이기 때문에 흙의 자중에 의한 일은 서로 상쇄되므로 고려하지 않았으며, P^{up}은 하중의 상계 즉 파괴하중을 의미한다. 위의 식으로부터 다음 식을 얻을 수 있다.

$$P^{up} = 2\pi cb = 6.28\,cb \tag{7-121}$$

〈그림 7-46(b)〉의 회전파괴메커니즘에 대하여 회전축의 위치와 반경을 2개의 변수로 취하여 일반화하면 위의 식보다 개선된 값을 얻을 수 있다. 먼저 〈그림 7-47(a)〉와 같이 연속기초를 벗어난 회전축(O')에 대하여 외력에 의한 일은 다음과 같다.

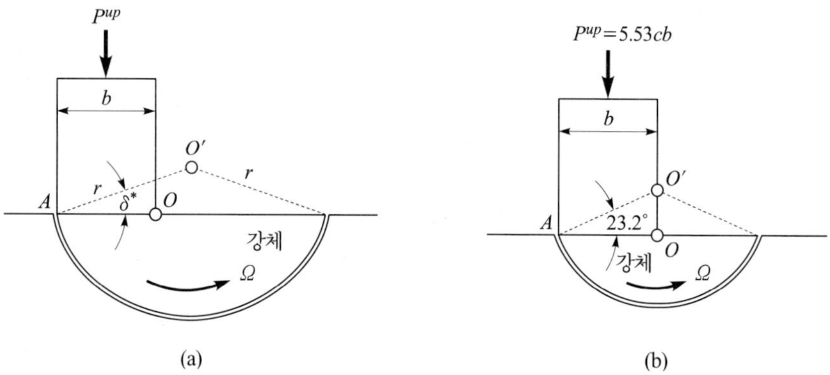

〈그림 7-47〉 최소 상계를 구하기 위한 회전축 이동 (Chen, 1975)

- 〈그림 7-47(a)〉의 외력에 의한 일 : $\mathbb{W} = P^{up}\left(r\cos\delta^* - \dfrac{1}{2}b\right)\Omega$ (7-122)

식에서 r은 활동선의 반경이고 δ^*는 수평선과 선분 $O'A$의 사잇각이다. 에너지소산은 다음과 같다.

- 〈그림 7-47(a)〉의 에너지소산 : $\mathbb{D} = cr(\pi - 2\delta^*)r\,\Omega$ (7-123)

위의 두 식으로부터 하중의 상계 P^{up}은 다음과 같다.

$$P^{up} = \frac{c(\pi - 2\delta^*)r^2}{r\cos\delta^* - b/2} \tag{7-124}$$

P^{up}을 개선하기 위해서는 위의 식에서 r과 δ^*에 대해서 해를 최소화해야 하므로 다음의 조건을 각각 충족시켜야 한다.

$$\frac{\partial P^{up}}{\partial r}=0, \quad \frac{\partial P^{up}}{\partial \delta^*}=0 \tag{7-125}$$

위의 두 식으로부터 각각 다음의 관계식을 얻을 수 있다.

$$b = r\cos\delta^* \tag{7-126}$$

$$b = r\left[2\cos\delta^* - (\pi - 2\delta^*)\sin\delta^*\right] \tag{7-127}$$

(7-126)식이 의미하는 것은 〈그림 7-47(b)〉와 같이 회전축 O'이 O의 직상부에 위치해야 된다는 것이다. 위의 두 식을 등가로 하여 정리하면 δ^*에 대한 관계식을 얻을 수 있다.

$$\cos\delta^* = (\pi - 2\delta^*)\sin\delta^* \tag{7-128}$$

시행착오법으로 사잇각 δ^*의 임계값을 구하면 23.2°이며, 이 값과 함께 (7-126)식을 (7-124)식에 대입하면 하중의 상계 P^{up}을 얻을 수 있다.

$$P^{up} = 5.53\,cb \tag{7-129}$$

위의 식은 Fellenius(1927)가 한계평형법으로 구한 점토지반($\phi = 0$)의 지지력 $q_0^{lm} = 5.5\,c$와 근사한 값이며($q_0^{lm} = P^{up}/b$), 이것은 Fellenius의 해가 상계라는 것을 의미한다(Chen, 1975; Taylor, 1948).

〈그림 7-48〉은 $\phi = 0$인 지반에서 연속기초의 파괴하중을 활동선장해석에 의한 (g) 및 (h)의 속도장과 극한해석에 의한 (a)~(f)의 속도장을 비교한 것이다. 그림의 활동선장해석에 의한 속도장은 「관련유동칙」을 참조하면 된다. 그림의 (a), (b) 및 (c)는 속도불연속선에 의하여 분리된 강체블록의 회전과 활동을 보여주는 것이고, (d), (e) 및 (f)는 수직압축 및 수평팽창($\dot{\epsilon}$)과 함께 단순전단($\dot{\gamma}$)에 의해 균일변형이 발생하여 파괴되는 것을 도시한 것이다. 그림에서 알 수 있듯이 주어진 문제에 대하여 극한해석의 파괴메커니즘과 활동선장해석의 파괴메커니즘에는 많은 차이가 있음에도 불구하고 파괴하중의 차이는 크지 않으며, 상대적으로 신속하고 손쉽게 해를 구할 수 있다는 것이 극한해석의 장점이다.

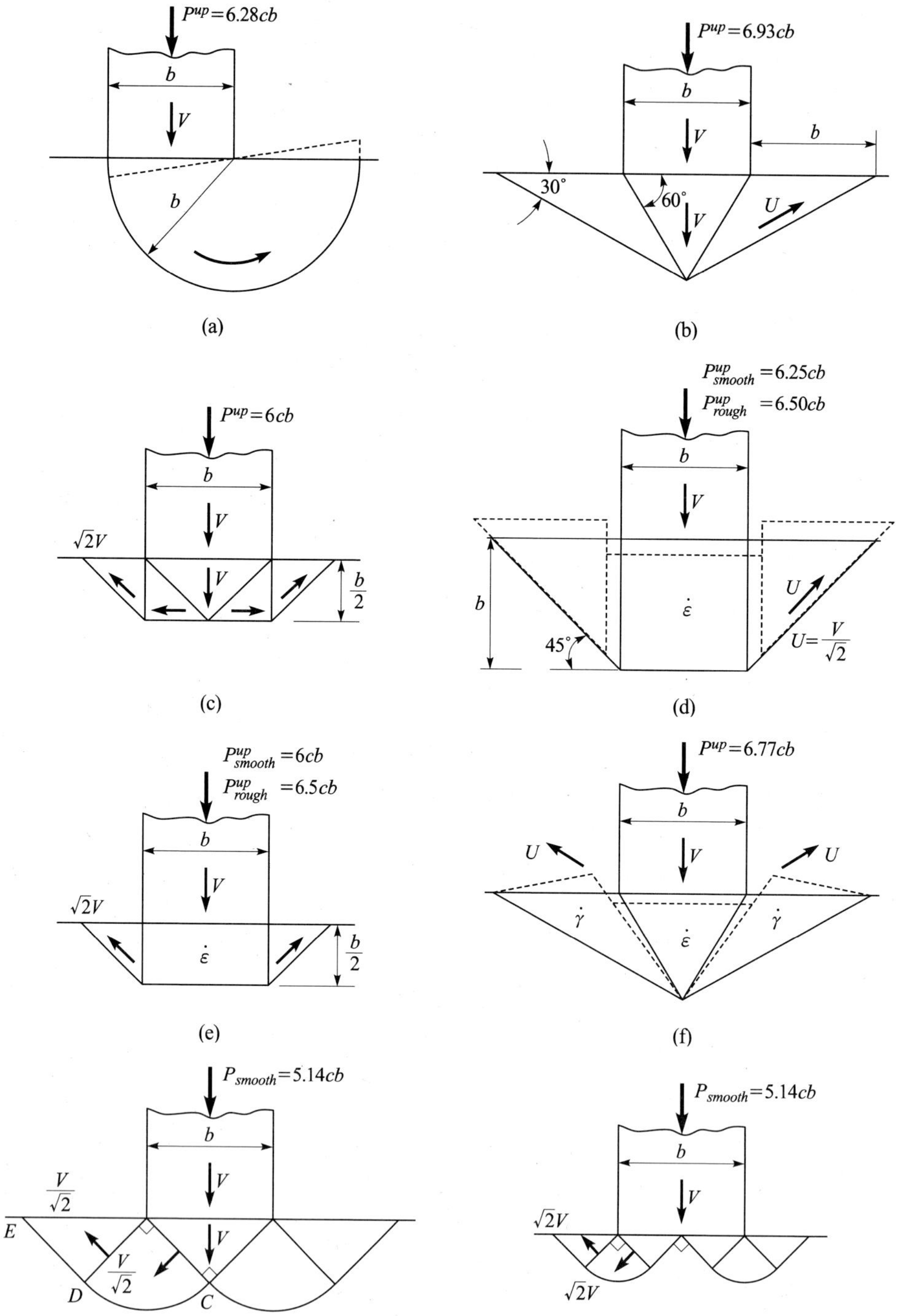

(g) 활동선장해석 : Prandtl의 메커니즘 (h) 활동선장해석 : Hencky의 메커니즘

〈그림 7-48〉 Tresca재료의 지지력에 대한 극한해석 상계 및 활동선장해석 (Chen, 1975)

7.2.3 Mohr-Coulomb재료에 설치된 연속기초의 지지력

(1) Cox의 흙의 단위중량계수와 Terzaghi의 중첩법

흙의 지지력은 흙의 역학적 특성(점착력:c, 마찰각:ϕ)뿐만 아니라 구조물의 물리적 특성(구조물 폭 b, 근입심도 d, 구조물 바닥과 흙요소 사이의 마찰각 δ_s 등)에 의존하는 값이다. Cox(1962)는 Mohr-Coulomb재료의 지지력을 구하기 위하여 관련유동칙을 적용한 응력방정식을 유도하고, 기본적으로 지지력을 결정하는 무차원 계수로서 마찰각 ϕ와 함께 **흙의 단위중량계수**(soil weight parameter) G를 제안하였다.

$$G = \frac{\gamma_s b}{2c} \tag{7-130}$$

식에서 γ_s는 흙의 단위중량이다. 위의 식이 의미하는 것은 G가 작으면 흙은 본질적으로 중량을 무시할 수 있는 점질 매체로서 거동하지만, G가 크면 점착력보다는 흙의 단위중량이 지지력의 중요한 인자로 작용하게 된다는 것이다. 다음에 전개되는 연속기초의 지지력은 마찰각 ϕ, 흙의 단위중량계수 G, 구조물 바닥과 흙의 마찰각 δ_s 및 근입심도-구조물 폭의 비 d/b의 함수로서 결정된다(Chen, 1975). 또한 일반적으로 연속기초의 지지력은 Terzaghi의 **중첩법**(superposition method)에 많이 의존하는데, 중첩법에서 지지력을 산정하는 방법은 지지력에 기여하는 흙과 재하매개변수를 다음과 같이 합산하는 것이다.

$$q_0 = c N_c + q N_q + \frac{1}{2}\gamma_s b N_\gamma \tag{7-131}$$

식에서 N_c, N_q 및 N_γ는 각각 점착력, 하중 및 흙의 단위중량이 지지력에 기여하는 정도를 반영하는 **지지력계수**(bearing capacity factor)로서 모두 마찰각 ϕ의 함수이다. 반경험식(quasi-empirical method)인 Terzaghi의 중첩법에서는 이와 같은 효과를 모두 중첩할 수 있는 것으로 가정하지만, 소성영역에서 흙의 거동은 비선형이므로 중첩에 의한 방법은 유효하지 않다. 현장이나 실무적으로 중첩법이 많이 이용되는 이유는 한계평형법을 적용하는 과정이 수학적으로 어렵기 때문이다. 또한 Terzaghi의 중첩법에 의한 지지력이 보수적인 것으로 알려져 있는데, 구속압력이 낮으면 축대칭 삼축압축조건에 의해서 결정된 마찰각은 평면변형률조건으로 결정된 마찰각보다 적기 때문에 삼축압축시험으로 구한 마찰각을 대입하여 중첩법에 의하여 지지력을 결정한다면 평면변형률조건에 의한 마찰각을 적용한 지지력보다 적은 값을 예측할 수밖에 없다는 것에 주의해야 한다(Chen, 1975).

(2) Mohr-Coulomb재료에 대한 지지력의 하계

Mohr-Coulomb재료에 설치된 연속기초의 하계도 Tresca재료와 같이 사다리꼴 재하에 의한 불연속응력장과 지지다리를 이용하여 구한다. 그러나 마찰각 $\phi=0$인 Tresca재료와 $\phi\neq0$인 Mohr-Coulomb재료의 근본적인 차이점은 Mohr-Coulomb재료는 평균응력 즉 정수압응력이 파괴에 영향을 미친다는 것이다. 이와 관련하여 Mohr-Coulomb재료의 특성으로부터 직관적으로 알 수 있는 것은 지지다리를 무한대로 추가해도 지지력에 대한 응력도가 〈그림 7-43〉의 Tresca재료와 같이 원형이 아니라는 것이다. 〈그림 7-49〉는 Mohr-Coulomb재료에 수직지지다리에 3개의 수평 및 경사지지다리를 추가한 것이다. 그림에서 경사지지다리의 일축압축응력(Q) 및 경사지지다리의 사잇각 δ는 미지수이며 수평지지다리의 항복응력(F)은 지표면에 하중이 작용하지 않음으로 (7-30)식과 같이 나타낼 수 있다. 중첩부분을 포함한 모든 지지다리의 응력상태는 다음의 Mohr-Coulomb 파괴기준을 충족시켜야 한다((4-29)식 참조).

$$s=c\cos\phi+p\sin\phi \tag{7-132}$$

식에서 축차응력 s는 응력원의 반경(R)이다. 위의 식으로부터 중첩부분의 축차응력증분(deviatoric stress increment) Δs는 다음과 같이 평균응력증분 Δp로 나타낼 수 있다.

$$\Delta s=\Delta p\sin\phi \tag{7-133}$$

〈그림 7-49(a)〉의 $I-$응력장을 나타내는 그림(b)의 ①에서는 $p_1=(F+0)/2=F/2$, $s_1=(F-0)/2=F/2$이고, $II-$응력장인 그림(b)의 ②에서 평균응력은 괄호 안에 표시되어 있으며 축차응력 s_2는 (7-133)식을 이용하여 다음과 같이 구한다.

$$s_2=s_1+\Delta s=\frac{F}{2}+\frac{Q}{2}\sin\phi \tag{7-134}$$

같은 방법으로 s_3는 다음과 같다.

$$s_3=\frac{F}{2}+\left(\frac{Q}{2}+\frac{F}{2}\right)\sin\phi \tag{7-135}$$

〈그림 7-49(b)〉의 삼각형 O①②에 대하여 코사인법칙과 함께 (7-30)식과 (7-134)식을 이용하여 Q를 구하면 다음과 같다.

$$Q=\frac{2F(\cos2\delta+\sin\phi)}{\cos^2\phi}=\frac{4c(\cos2\delta+\sin\phi)}{\cos\phi(1-\sin\phi)} \tag{7-136}$$

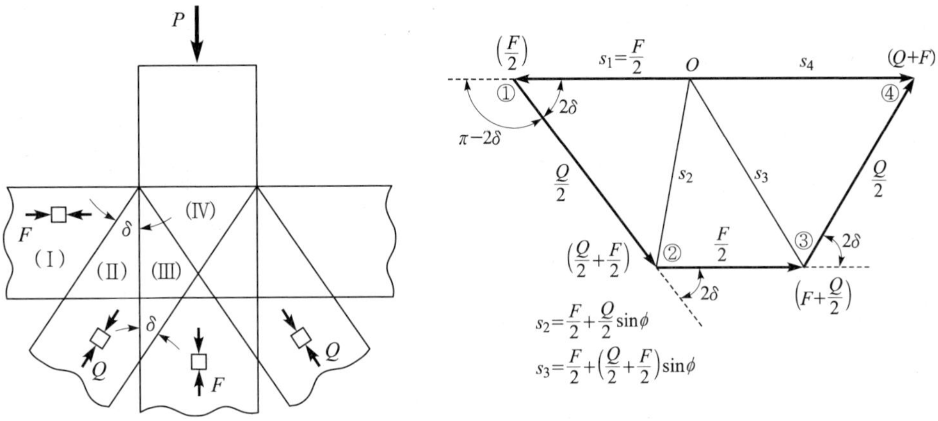

(a) 3개의 지지다리

(b) (a)의 응력도

〈그림 7-49〉 Mohr-Coulomb재료의 지지다리 추가 (Chen, 1975)

삼각형 O③④에서 $s_3 = Q/2$이므로 다음 식을 얻을 수 있다.

$$Q = \frac{F(1+\sin\phi)}{1-\sin\phi} = 2c\tan^3\left(\frac{\pi}{4}+\frac{\phi}{2}\right) \tag{7-137}$$

(7−136)식과 (7−137)식으로부터 사잇각 δ는 다음과 같다.

$$\cos 2\delta = \frac{1}{2}\left(1+\sin^2\delta\right) \quad \Rightarrow \quad \sin\delta = \frac{\cos\phi}{2} \tag{7-138}$$

〈그림 7−49(a)〉에서 $IV-$응력장의 p_4와 s_4는 〈그림 7−49(b)〉로부터 다음과 같다.

$$\begin{aligned} p_4 &= \frac{F}{2}+\frac{Q}{2}+\frac{F}{2}+\frac{Q}{2} = Q+F \\ s_4 &= \left(\frac{Q\cos 2\delta}{2}+\frac{F}{2}+\frac{Q\cos 2\delta}{2}\right)-\frac{F}{2} = Q\cos 2\delta \end{aligned} \tag{7-139}$$

위의 두 식과 (7−138)식으로부터 지지력의 하계 q_0^{lw}는 다음과 같다.

$$q_0^{lw} = p_4 + s_4 = Q + F + Q\cos 2\delta = Q\left(1+\frac{1+\sin^2\phi}{2}\right) + F \tag{7-140}$$

위의 식에 (7−30)식의 F와 (7−137)식의 Q를 대입하면 다음 식을 얻을 수 있다.

$$q_0^{lw} = \left[\tan^3\left(\frac{\pi}{4}+\frac{\phi}{2}\right)\left(3+\sin^2\phi\right) + 2\tan\left(\frac{\pi}{4}+\frac{\phi}{2}\right)\right]c \tag{7-141}$$

위의 식에서 마찰각 $\phi = 20°$ 이면 지지력의 하계 $q_0^{lw} = 11.94c$를 얻을 수 있다. (7-139)식의 IV-응력장에 대한 p_4와 s_4가 Mohr-Coulomb파괴기준인 (7-132)식을 충족시키므로 (7-141)식은 지지력의 하계라고 할 수 있다.

〈그림 7-50(a)〉는 대수나선 영역인 CAB에서 중심각이 $\Delta\delta$로 동일한 9개의 지지다리를 도시한 것이다. 지지다리의 일축압축응력인 Q_1, $Q_2, \cdots, Q_9$은 각각의 중첩부분에서 Mohr-Coulomb파괴기준을 충족시켜야 한다는 조건을 이용하여 구할 수 있다. (7-133)식을 이용하여 다양한 중첩부분의 합성응력상태를 도해법으로 나타낸 것이 〈그림 7-50(b)〉이다. 만약 중심각 $\Delta\delta$가 미소하다면 축차응력 s는 다음과 같이 나타낼 수 있다(지지다리의 개수: n).

$$\begin{aligned} s_2 &= s_1 + s_1 2\Delta\delta\tan\phi = s_1(1 + 2\Delta\delta\tan\phi) \\ s_3 &= s_2(1 + 2\Delta\delta\tan\phi) = s_1(1 + 2\Delta\delta\tan\phi)^2 \\ s_{n+1} &= s_1(1 + 2\Delta\delta\tan\phi)^n \end{aligned} \tag{7-142}$$

또한 평균응력 p는 다음과 같다.

$$\begin{aligned} p_2 &= p_1 + \frac{p_2}{2} = p_1 + \frac{s_1 2\Delta\delta}{\cos\phi} \\ p_3 &= p_3 + \frac{p_3}{2} = p_1 + \frac{s_1 2\Delta\delta}{\cos\phi} + \frac{s_2 2\Delta\delta}{\cos\phi} = p_1 + \frac{2\Delta\delta}{\cos\phi}(s_1 + s_2) \\ p_{n+1} &= p_1 + \frac{2\Delta\delta}{\cos\phi}(s_1 + s_2 + \cdots + s_n) \end{aligned} \tag{7-143}$$

위의 두 식으로부터 다음 식을 얻을 수 있다.

$$\begin{aligned} p_{n+1} &= p_1 + \frac{s_1 2\Delta\delta}{\cos\phi}\left[1 + (1 + 2\Delta\delta\tan\phi) + \cdots + (1 + 2\Delta\delta\tan\phi)^{n-1}\right] \\ &= p_1 + \frac{s_1 2\Delta\delta}{\cos\phi}\left[\frac{1 - (1 + 2\Delta\delta\tan\phi)^n}{1 - (1 + 2\Delta\delta\tan\phi)}\right] \\ &= p_1 - s_1\csc\phi + s_1\csc\phi(1 + 2\Delta\delta\tan\phi)^n \end{aligned} \tag{7-144}$$

지지다리의 개수 $n \to \infty$이면 (7-142)식과 (7-144)식의 극한값은 다음과 같이 나타낼 수 있다.

$$s = \lim_{n\to\infty} s_{n+1} = \lim_{n\to\infty} s_1\left(1 + \frac{2\delta\tan\phi}{n}\right)^n = \frac{1}{2}F\exp[2\delta\tan\phi] \tag{7-145}$$

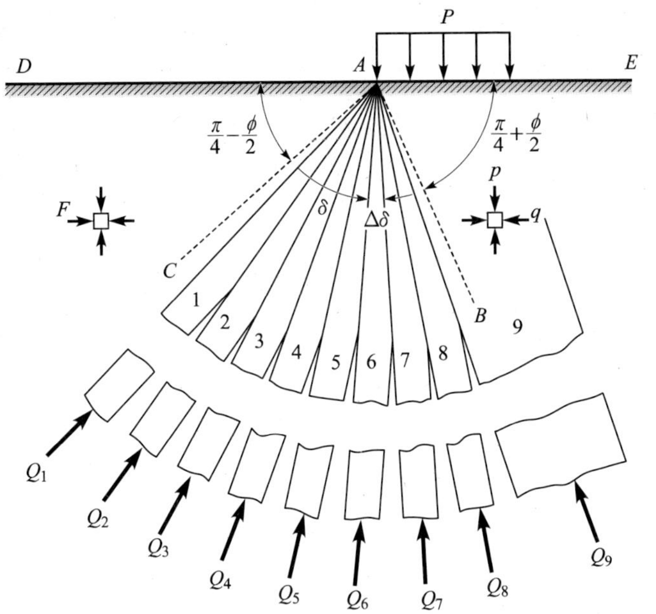

(a) 물리평면

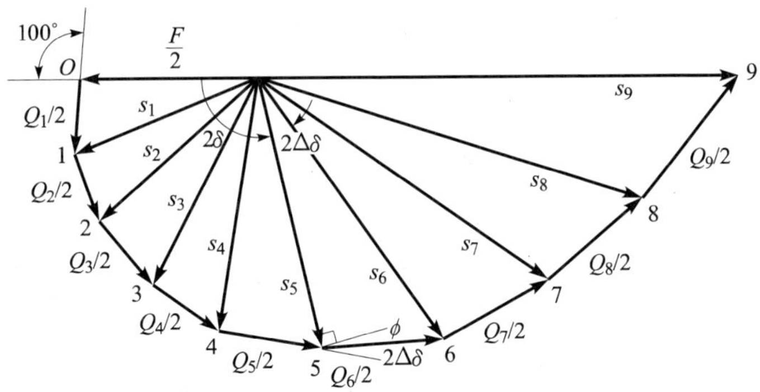

(b) 응력평면

〈그림 7-50〉 Mohr-Coulomb재료에서 지지다리의 추가 (Chen, 1975)

$$
\begin{aligned}
p &= \lim_{n\to\infty} p_{n+1} = \lim_{n\to\infty}\left[p_1 - s_1 \csc\phi + s_1 \csc\phi\left(1+\frac{2\delta\tan\phi}{n}\right)^n\right] \\
&= \frac{F}{2} - \frac{F\csc\phi}{2} + \frac{F\csc\phi\exp[2\delta\tan\phi]}{2} \qquad (7\text{-}146) \\
&= \frac{F}{2}\frac{1}{\sin\phi}\{\exp[2\delta\tan\phi] + \sin\phi - 1\}
\end{aligned}
$$

식에서 $\Delta\delta = \delta/n$이며, s와 p는 〈그림 7-50(a)〉에서 첫째 지지다리로부터 각각 임의의 각 δ에 대한 축차응력과 평균응력이다. 〈그림 7-50(b)〉에서 $n \to \infty$이면 $s_1 \to F/2$ 및 $p_1 \to F/2$이고 응력도는 대수나선에 근접하게 된다. (7-145)식, (7-146)식 및 (7-30)식에 의하여 수직 및 수평응력 P^{lw}와 q^{lw}는 각각 다음과 같이 나타낼 수 있다.

$$\begin{aligned} P^{lw} &= (p+s)_{\delta=\pi/2} = \frac{F}{2}\frac{\exp[\pi\tan\phi]+\sin\phi-1}{\sin\phi}+\frac{F}{2}\exp[\pi\tan\phi] \\ &= c\cot\phi\left\{\exp[\pi\tan\phi]\tan\left(\frac{\pi}{4}+\frac{\phi}{2}\right)-1\right\} \end{aligned} \tag{7-147}$$

$$q^{lw} = (p+s)_{\delta=\pi/2} = c\cot\phi\{\exp[\pi\tan\phi]-1\} \tag{7-148}$$

(3) 흙의 단위중량을 무시한 지지력의 상계

마찰각 $\phi \neq 0$인 Mohr-Coulomb재료에 대한 지지력의 상계를 구하기 위해서는 먼저 연속기초에 적용할 수 있는 운동학적으로 타당한 파괴메커니즘을 찾아야 한다. 이와 같은 조건에 해당하는 연속기초의 파괴메커니즘에는 〈그림 7-48〉에 도시한 것과 같이 Prandtl의 파괴메커니즘(g)과 Hencky의 파괴메커니즘(h)이 있다(「관련유동칙의 적용 예」 참조). 여기서는 지표면에 설치된 근입심도 $d=0$인 표면기초의 지지력을 산정하는 과정에서 흙의 단위중량과 구조물과 지반의 마찰로 인한 영향을 고려하여 상계를 구하는 방법에 대하여 기술하고자 한다. 흙의 단위중량을 무시하면 해석이 간단해서 편리하지만, 흙의 단위중량은 계산과정에서 중요한 인자로서 작용할 수 있을 뿐 아니라 조건에 따라서는 흙의 단위중량을 무시하면 합리적인 결과를 얻지 못할 수도 있으므로 주의해야 한다.

i) Hencky의 파괴메커니즘($\gamma_s = 0$)

〈그림 7-51(a)〉에서 속도장은 좌우대칭이므로 좌반부의 거동만 고려한다. 소성영역은 그림에서 $OCDE$ 위의 영역에서만 발생되며, 그림과 같이 밑각이 각각 $\pi/4+\phi/2$와 $\pi/4-\phi/2$인 2개의 속도장(AOC, ADE)과 중심각이 $\pi/2$인 1개의 방사상전단영역(ACD) 등 3개의 속도장으로 구성된다. 기초구조물의 하향속도를 V_p로 취하면 접촉경계인 AB를 따라서 흙요소의 하향속도도 V_p가 되어야 한다. 활동선인 $OCDE$ 하부의 흙은 정지상태에 있으므로 $OCDE$는 속도불연속선이며, 이 선을 따라서 속도성분은 그림과 같이 ϕ만큼 경사진 방향을 향하게 된다. 속도장 AOC가 AC와 직각방향으로 접선속도 V_0로 강체활동을 한다면 AO를 따라서는 운동학적으로 다음 식이 성립한다.

$$V_0 = V_p \sec\left(\frac{\pi}{4} + \frac{\phi}{2}\right) \tag{7-149}$$

다음으로 방사상전단영역 ACD의 방사상선 AC를 따라서 V_0인 속도는 지수함수식에 의해서 증가하여 방사상선 AD에 이르면 흙요소는 다음의 속도로 거동한다.

$$- \ AD\text{에서 속도} : \ V_0 \exp\left[\frac{\pi}{2}\tan\phi\right] \tag{7-150}$$

마지막으로 강체활동을 하는 속도장 ADE의 속도 V_1은 다음과 같다.

$$V_1 = V_0 \exp\left[\frac{\pi}{2}\tan\phi\right] = V_p \sec\left(\frac{\pi}{4} + \frac{\phi}{2}\right)\exp\left[\frac{\pi}{2}\tan\phi\right] \tag{7-151}$$

Hencky의 파괴메커니즘에 대한 호도그래프는 〈그림 7-51(b)〉에 도시되어 있다. 에너지가 소산되는 부위는 속도불연속선 $OCDE$와 방사상전단영역 ACD의 방사상선이다. 속도불연속선 OC와 DE에서 소산되는 에너지는 두 속도불연속선의 접선속도의 변화가 각각 $V_0\cos\phi$와 $V_1\cos\phi$로 일정하기 때문에 OC와 DE의 길이에 각각 $cV_0\cos\phi$와 $cV_1\cos\phi$를 곱하면 된다. 방사상전단영역 ACD의 방사상선을 따라서 소산되는 에너지는 대수나선을 따라서 소산되는 에너지와 동일하고 (7-66)식을 이용하여 구할 수 있다. 모든 속도성분을 V_0로 환산하여 표시하고 외력인 하중 P에 의하여 수행되는 일과 내부에서 소산되는 에너지를 등가로 하여 정리하면 다음 식을 얻을 수 있다(Chen, 1975).

$$\begin{aligned}\frac{1}{2}PV_0\cos\left(\frac{\pi}{4}+\frac{\phi}{2}\right) &= c(V_0\cos\phi)\left[\frac{b}{4\cos\left(\frac{\pi}{4}+\frac{\phi}{2}\right)}\right] \\ &\quad + c\left\{V_0\cos\phi\exp\left[\frac{\pi}{2}\tan\phi\right]\right\}\left\{\frac{b\exp\left[\frac{\pi}{2}\tan\phi\right]}{4\cos\left(\frac{\pi}{4}+\frac{\phi}{2}\right)}\right\} \\ &\quad + \frac{cV_0 b\cot\phi}{4\cos\left(\frac{\pi}{4}+\frac{\phi}{2}\right)}\{\exp[\pi\tan\phi]-1\}\end{aligned} \tag{7-152}$$

위의 식에서 마지막 항은 방사상전단영역 ACD와 대수나선 CD를 따라서 소산되는 에너지를 나타내는 것이다. 방사상전단영역 ACD와 대수나선 CD에서 소산되는 에너지는 같으므로, 방사상전단영역 ACD에서 소산되는 에너지를 나타내는 (7-66)식의 2배를 취하였다. 위의 식을 정리하면 상계 P^{up}을 얻을 수 있다.

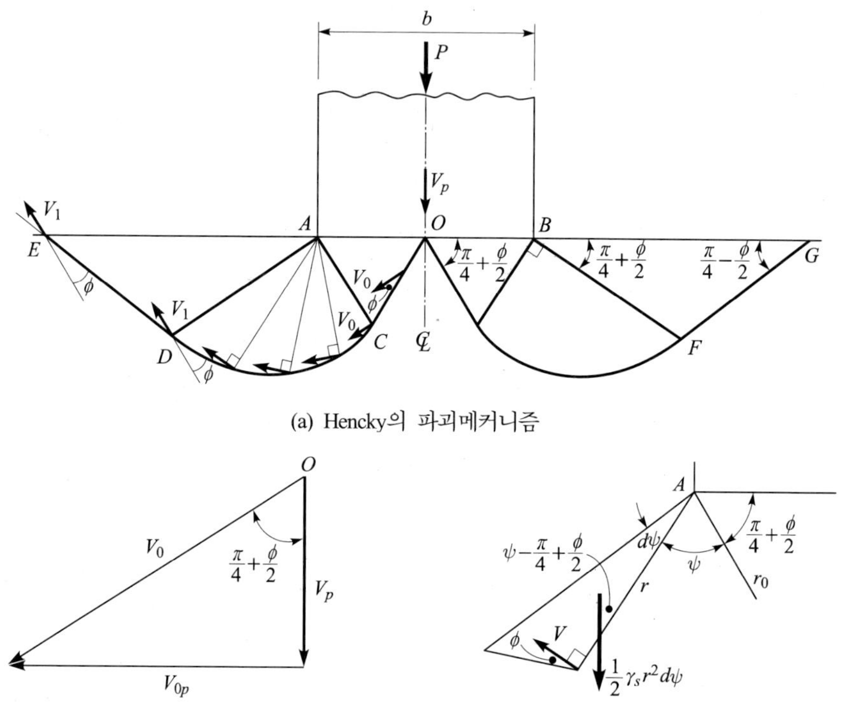

(a) Hencky의 파괴메커니즘

(b) 호도그래프

(c) 방사상전단영역의 미소요소

〈그림 7-51〉 Hencky의 파괴메커니즘에 의한 지지력 산정($\gamma_s = 0$) (Chen, 1975)

$$P^{up} = c\,b\cot\phi\left\{\exp[\pi\tan\phi]\,\tan^2\left(\frac{\pi}{4}+\frac{\phi}{2}\right)-1\right\} \tag{7-153}$$

특히 위의 식에서 마찰각 $\phi = 0$인 Tresca재료에 대하여 우변에 극한값을 취하면 다음과 같은 값을 얻을 수 있다.

$$cb\lim_{\phi\to 0}\cot\left\{\exp[\pi\tan\phi]\,\tan^2\left(\frac{\pi}{4}+\frac{\phi}{2}\right)-1\right\} = cb\,(2+\pi) = 5.14cb \tag{7-154}$$

따라서 Hencky의 파괴메커니즘($\gamma_s = 0$)에 의한 지지력을 산정하는 (7-153)식은 $\phi = 0$이면 활동선장해석에 의한 지지력과 동일한 값이 된다(Chen, 1975).

ii) Prandtl의 파괴메커니즘($\gamma_s = 0$)

〈그림 7-52〉에서 속도장은 좌우대칭이므로 좌반부의 거동만 고려한다. Prandtl의 파괴메커니즘에서 소성영역은 수직속도 V_p로 강체활동을 하는 속도장 ABC, 중심각이 $\pi/2$인 방사상전단영역 ACD, 밑각이 $\pi/4-\phi/2$이며 강체활동을 하는 속도장 ADE 등, 3

개의 속도장으로 구성된다. Prandtl의 파괴메커니즘을 이용한 상계도 Hencky의 파괴메커니즘과 유사한 방법으로 구할 수 있다. 그러나 Prandtl의 파괴메커니즘에서는 곡선 CDE와 CFG 외에 선분 AC와 BC도 속도불연속선이 된다. 〈그림 7-52〉에서 속도불연속선 CDE 밑에 있는 흙요소는 정지상태이므로 CDE를 따라서 속도성분은 그림과 같이 ϕ만큼 경사진 방향을 향한다. 속도불연속선 AC의 좌측에 있는 흙요소의 접선속도 V_t는 〈그림 7-52〉의 호도그래프와 같이 BC에서 직각으로 AC와 ϕ만큼 경사진 방향으로 발생하므로 호도그래프로부터 분리속도인 V_0를 구하면 다음과 같다.

$$V_0 = \frac{1}{2} V_p \sec\left(\frac{\pi}{4} + \frac{\phi}{2}\right) \tag{7-155}$$

다음으로 방사상전단영역 ACD의 방사상선 AC에서 V_0인 속도는 지수함수식에 의해서 증가하고 방사상선 AD에 이르면 흙요소는 다음과 같이 속도 V_1으로 거동하게 된다.

$$V_1 = V_0 \exp\left[\frac{\pi}{2}\tan\phi\right] = \frac{1}{2} V_p \sec\left(\frac{\pi}{4} + \frac{\phi}{2}\right)\exp\left[\frac{1}{2}\tan\phi\right] \tag{7-156}$$

속도장 ADE는 방사상선 AD에 직각방향으로 강체활동을 하며 속도는 V_1이다. 또한 지표면인 AE에서 흙요소의 속도도 위의 식과 같으므로 Hencky의 파괴메커니즘을 적용하여 구한 (7-151)식과 비교하면 속도의 방향은 AE에서 $\pi/4 + \phi/2$로 경사각은 동일하지만 크기는 $1/2$인 것을 알 수 있다.

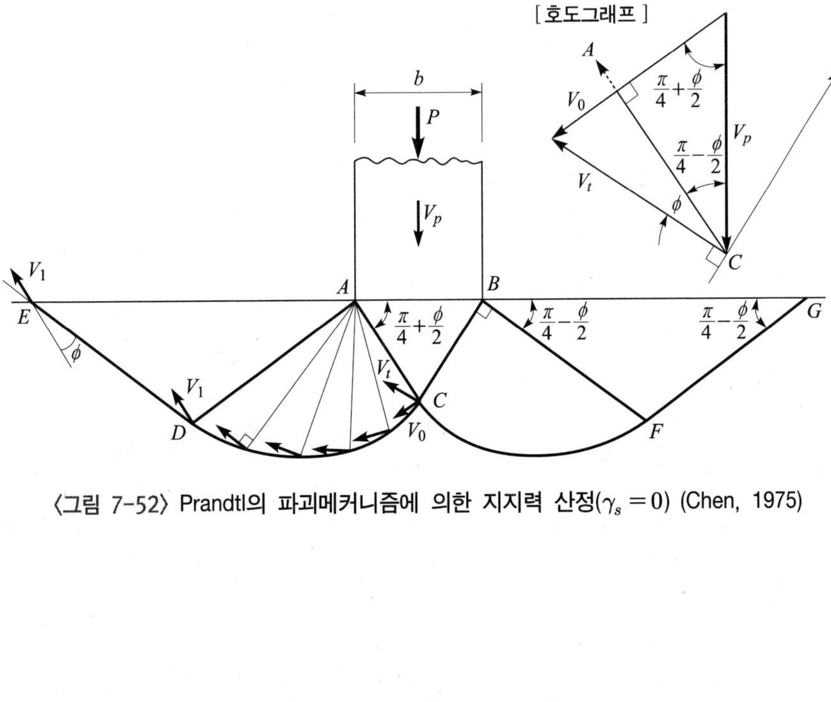

〈그림 7-52〉 Prandtl의 파괴메커니즘에 의한 지지력 산정($\gamma_s = 0$) (Chen, 1975)

모든 속도성분을 V_0로 환산하여 표시하고 외력인 하중 P에 의하여 수행되는 일과 내부에서 소산되는 에너지를 등가로 하여 다음 식을 얻을 수 있다(Chen, 1975).

$$\frac{1}{2}P\,2V_0\cos\left(\frac{\pi}{4}+\frac{\phi}{2}\right)=c(V_0\cos\phi)\left[\frac{b}{2\cos\left(\frac{\pi}{4}+\frac{\phi}{2}\right)}\right]$$
$$+c\left\{V_0\cos\phi\exp\left[\frac{\pi}{2}\tan\phi\right]\right\}\left\{\frac{b\exp\left[\frac{\pi}{2}\tan\phi\right]}{4\cos\left(\frac{\pi}{4}+\frac{\phi}{2}\right)}\right\} \qquad (7\text{-}157)$$
$$+\frac{c\,V_0\,b\cot\phi}{2\cos\left(\frac{\pi}{4}+\frac{\phi}{2}\right)}\{\exp[\pi\tan\phi]-1\}$$

위의 식을 정리하면 Hencky의 파괴메커니즘을 이용하여 얻은 (7-153)식과 동일한 하중의 상계 P^{up}을 구할 수 있다. 특히 Prandtl의 파괴메커니즘에서는 중앙의 속도장 ABC 구조물과 일체가 되어 강체활동을 하기 때문에 구조물과 흙 사이에 상대속도는 발생하지 않으므로 위의 상계는 접촉경계의 거칠기와는 관계없이 적용할 수 있다(Chen, 1975).

iii) 흙의 단위중량을 무시한 경우에 구조물의 마찰 효과

이상과 같은 2개의 연속기초 파괴메커니즘에 대하여 주의해야 할 것은, Prandtl의 파괴메커니즘은 구조물을 연장한 것과 같은 강체영역을 포함하고 있는 것에 반하여 Hencky의 파괴메커니즘에서는 접촉경계를 무마찰로 가정하여 활동이 발생하는 메커니즘이라는 것이다. 흙의 단위중량을 무시한 연속기초의 지지력은 2개의 파괴메커니즘에 대하여 모두 (7-153)식을 이용하여 구할 수 있다. Shield(1954; 1956)는 Prandtl의 파괴메커니즘을 적용하여 구한 응력장($EDCFG$ 상부)을 강체영역($EDCFG$ 하부)까지 확장함으로서 (7-153)식이 마찰각 ϕ의 값이 75°까지 하계로서 유효하다는 것을 입증한 바 있다. 따라서 (7-153)식에 의한 지지력 P^{up}/b는 모든 유한마찰 활동(finite sliding friction)에 대하여 정해이다. 직관적으로 이것은 Prandtl의 파괴메커니즘으로 주어지는 무한마찰재료에 대한 파괴하중이라면 어떤 유한마찰재료에 대해서도 파괴하중이라 할 수 있으며(「정리[Ⅲ]의 무한마찰정리」 참조), 무마찰재료를 파괴시키지 못하는 하중이라면 어떤 마찰재료도 파괴시키지 못한다는(「정리[Ⅳ]의 무마찰정리」 참조) 것을 알 수 있다(Chen, 1975).

(4) 흙의 단위중량을 고려한 지지력의 상계

i) Prandtl의 파괴메커니즘($\gamma_s \neq 0$)

흙의 단위중량을 무시한 경우의 속도불연속선은 대부분 직선이거나 대수나선이지만 흙의 단위중량을 고려하여 구한 속도불연속선은 직선이나 대수나선이 아닌 곡선으로 이루어지기 때문에 해석과정이 복잡할 뿐 아니라 정해를 얻기가 쉽지 않다. 〈그림 7-53〉은 Mohr-Coulomb재료 위에 설치된 연속기초에 대하여 Prandtl의 파괴메커니즘을 도해법으로 나타낸 것이다. Prandtl의 파괴메커니즘은 5개의 불연속속도장으로 구성되어 있는데 중앙의 속도장 ABC는 구조물과 함께 수직속도 V_1으로 강체활동을 하며, 이와 같은 하향의 강체활동은 인접한 방사상전단영역 BCD 및 강체 $BDEF$의 수평거동을 야기하게 된다. 그림에서 속도장은 좌우대칭이므로 우반부의 거동만 고려한다.

[내부 에너지소산]

〈그림 7-53〉에서 방사상전단영역 BCD는 B를 축으로 하는 대수나선 CD로 둘러싸여 있으며 대수나선식을 극좌표(r, Ψ)로 표시하면 $r = r_0 \exp[\Psi \tan\phi]$이다. BCD영역은 그림의 좌측에 나타낸 것과 같이 일련의 작은 삼각형의 조합으로 구성되어 있는 것으로 고려할 수 있다. 각각의 작은 삼각형과 $BDEF$는 속도불연속선인 CD 및 DE와 ϕ만큼 경사진 방향으로 강체거동을 하게 된다. 작은 삼각형의 속도 $V = V_0 \exp[\psi \tan\phi]$이고, 강체인 $BDEF$의 속도는 방사상선 BD에서 직각방향으로 연속적이며, 속도불연속선 DE는 D에서 대수나선 CD의 접선방향을 유지하게 된다. $BDEF$는 강체활동을 하기 때문에 속도 $V_3 = V_0 \exp[\Psi \tan\phi]$이며, $\Psi = \pi + \overline{\beta} - \overline{\xi} - \overline{\eta}$는 부채꼴인 방사상전단영역의 중심각으로서 BC와 BD의 사잇각이다. 결정된 속도장은 $\overline{\eta} > \overline{\beta}$인 조건에서 운동학적가용 속도장이다. 우반부 속도장에서 소산되는 총에너지는, 불연속선의 접선속도에 $\cos\phi$를 곱하고 이 값에 불연속선의 길이와 점착력 c를 곱하여 각각의 불연속선에서 소산되는 에너지를 모두 구한 후 합산하면 된다. 불연속선 BC에서 접선속도 V_t와 수직속도 V_1을 V_0로 환산하여 나타내면 〈그림 7-54(a)〉에 표시한 것과 같다. 속도불연속선 BC, CD 및 DE와 방사상전단영역 BCD의 에너지소산은 각각 다음과 같다.

– 속도불연속선 BC에서 소산되는 에너지 :

$$c r_0 (V_t \cos\phi) = c V_0 r_0 \left[\frac{\sin\overline{\xi} \cos\phi}{\cos(\overline{\xi} - \phi)} \right] \tag{7-158}$$

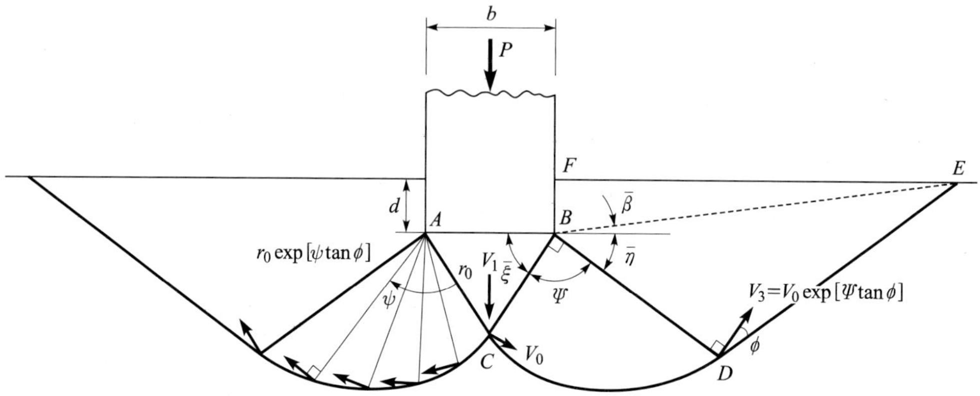

〈그림 7-53〉 Prandtl의 파괴메커니즘에 의한 지지력($\gamma_s = 0$) (Chen, 1975)

- 방사상전단영역 BCD에서 소산되는 에너지 : (7-66)식에서 알 수 있듯이 〈그림 7-53〉의 좌측에서 미소 삼각형의 개수를 무한대로 증가시키면 BCD에서 소산되는 에너지는 다음과 같다.

$$\frac{1}{2} c\, V_0 r_0 \left\{ \frac{\exp[2\Psi \tan\phi] - 1}{\tan\phi} \right\} \tag{7-159}$$

- 대수나선 CD에서 소산되는 에너지 : (7-159)식과 동일

- 속도불연속선 DE에서 소산되는 에너지 : BD선을 가로질러 속도장은 연속적이기 때문에 BD선에서 소산되는 에너지는 없으며, DE에서 소산되는 에너지는 다음과 같다.

$$c\, V_0 r_0 \left\{ \frac{\sin\bar{\eta} \cos\phi \exp[2\Psi \tan\phi]}{\cos(\bar{\eta} + \phi)} \right\} \tag{7-160}$$

[외력에 의한 일]

흙의 단위중량에 의한 일은 각각의 면적에 단위중량(γ_s)과 강체의 수직속도성분을 곱하여 모두 합산하면 된다. 속도장 ABC, 방사상전단영역 BCD 및 강체 $BDEF$에서 흙의 단위중량에 의한 일은 각각 다음과 같다.

- 속도장 ABC에서 흙의 단위중량에 의한 일 :

$$-\gamma_s\, V_0 r_0^2 \left[\frac{-\sin\bar{\xi} \cos\bar{\xi} \cos\phi}{\cos(\bar{\xi} - \phi)} \right] = -\gamma_s\, V_0 r_0^2 h_1(\bar{\xi}) \tag{7-161}$$

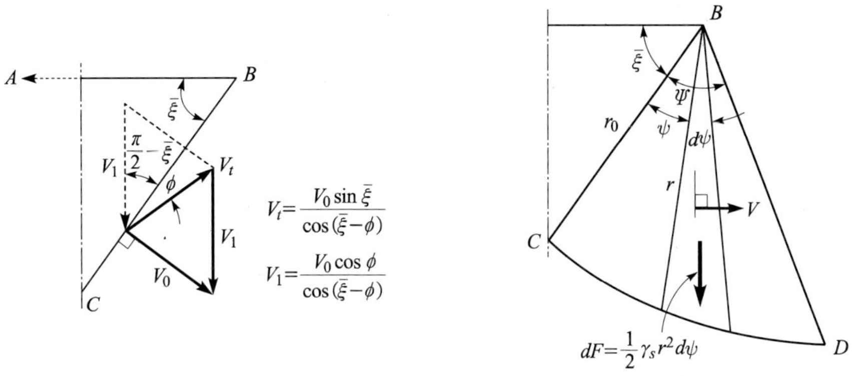

(a) 삼각형 ABC (b) 방사상전단영역 BCD

〈그림 7-54〉 〈그림 7-53〉의 속도장 ABC 와 방사상전단영역 BDC 의 속도 분포 (Chen, 1975)

식에서 우변의 $h_1(\bar{\xi})$는 좌변의 꺾쇠괄호 안에 주어진 식을 나타낸다.

- 방사상전단영역 BCD에서 흙의 단위중량에 의한 일 : 방사상전단영역 BCD에서 흙의 단위중량에 의한 일은 〈그림 7-54〉에서 BC와 BD 사이에 있는 작은 삼각형의 수직속도성분과 중량을 곱하여 무두 합산해야 한다. 그림에서 작은 삼각형에 작용하는 중력(dF)은 그림에 표시된 것과 같으며 흙의 단위중량에 의하여 방사상전단영역 BCD의 전체적인 일은 다음과 같다.

$$\frac{1}{2}\gamma_s\int_0^{\Psi} r^2\, V\cos(\psi+\bar{\xi})d\psi = -\frac{\gamma_s V_0 r_0^2}{2}h_2(\bar{\xi},\bar{\eta}) \tag{7-162}$$

식에서, $h_2(\bar{\xi},\bar{\eta})=\dfrac{(3\tan\phi\cos\bar{\xi}+\sin\bar{\xi})[3\tan\phi\cos(\bar{\beta}-\bar{\eta})+\sin(\bar{\beta}-\bar{\eta})]\exp[3\Psi\tan\phi]}{(1+9\tan^2\phi)}$

- 강체 $BDEF$에서 흙의 단위중량에 의한 일 :

$$-\frac{\gamma_s V_0 r_0^2}{2}h_3(\bar{\xi},\bar{\eta}) \tag{7-163}$$

식에서, $h_3(\bar{\xi},\bar{\eta})=\left[\dfrac{\sin\bar{\eta}\cos\phi}{\cos(\bar{\eta}+\phi)}+\dfrac{\sin\bar{\beta}\cos\bar{\beta}\cos^2\phi}{\cos^2(\bar{\eta}+\phi)}\right]\cos(\bar{\beta}-\bar{\eta})\exp[3\Psi\tan\phi]$

계수 $h_3(\bar{\xi},\bar{\eta})$에서 꺾쇠괄호 안에 있는 첫째 항과 둘째 항은 〈그림 7-53〉에서 각각 BDE 및 BEF영역의 몫을 나타내는 것이다.

– 기초구조물에 작용하는 하중 $q_0(=P/b)$에 의한 일 :

$$q_0 V_0 r_0 \frac{2\cos\phi\cos\bar{\xi}}{\cos(\bar{\xi}-\phi)} \tag{7-164}$$

[Prandtl의 파괴메커니즘에 의한 지지력 : 얕은기초 $\gamma_s \neq 0, \bar{\eta} > \bar{\beta}$]

위에서 산정한 기초구조물에 작용하는 하중 및 흙의 단위중량에 의한 일과 속도불연속선에서 소산되는 에너지를 등가로 하여 지지력을 구하면 다음과 같다.

$$\frac{q_0(\bar{\xi},\bar{\eta})}{c} = N_c(\bar{\xi},\bar{\eta}) + GN_\gamma(\bar{\xi},\bar{\eta}) \tag{7-165}$$

식에서 G는 흙의 단위중량계수이고 $N_c(\bar{\xi},\bar{\eta})$와 $N_\gamma(\bar{\xi},\bar{\eta})$는 지지력계수로서 $\bar{\eta} > \bar{\beta}$인 조건하에서 다음과 같이 $\bar{\xi}$와 $\bar{\eta}$로 나타낼 수 있다.

$$N_c = \cot\phi\left\{\frac{\cos\bar{\eta}\cos(\bar{\xi}-\phi)\exp[2\Psi\tan\phi]}{\cos\bar{\xi}\cos(\bar{\eta}+\phi)} - 1\right\} \tag{7-166}$$

$$\begin{aligned} N_\gamma &= \frac{\cos(\bar{\xi}-\phi)}{2\cos\phi\cos^2\bar{\xi}}\left[h_1(\bar{\xi}) + h_1(\bar{\xi},\bar{\eta}) + h_1(\bar{\xi},\bar{\eta}) + h_1(\bar{\xi},\bar{\eta})\right] \\ &= -\frac{\tan\bar{\xi}}{2} + \frac{\cos(\bar{\xi}-\phi)\{[3\tan\phi\cos\Phi + \sin\Phi]\exp[3\Psi\tan\phi] + 3\tan\phi\cos\bar{\xi} + \sin\bar{\xi}\}}{2\cos^2\bar{\xi}\cos\phi(1+9\tan^2\phi)} \\ &\quad + \frac{\cos(\bar{\xi}-\phi)\sin\bar{\eta}\cos\Phi\exp[2\Psi\tan\phi]}{\cos\bar{\xi}\cos\phi\sin\bar{\beta}}\left(\frac{d}{b}\right) + \frac{2\cos(\bar{\xi}-\phi)\cos\Phi\exp[\Psi\tan\phi]}{\cos\phi\tan\bar{\beta}}\left(\frac{d}{b}\right)^2 \end{aligned} \tag{7-167}$$

식에서 $\Phi = \bar{\beta} - \bar{\eta}$이고 $\Psi = \pi + \bar{\beta} - \bar{\xi} - \bar{\eta}$이다. (7–165)식의 해를 구하기 위해서는 $\bar{\beta}$를 다음과 같이 d/b, $\bar{\eta}$ 및 $\bar{\xi}$로 나타내는 것이 좋다.

$$\sin\bar{\beta}\exp[\bar{\beta}\tan\phi] = \frac{\frac{2d}{b}\cos\bar{\xi}\cos(\bar{\eta}+\phi)}{\cos\phi\exp[(\Psi-\bar{\beta})\tan\phi]} \tag{7-168}$$

(7–165)식에 대한 최선의 상계는 주어진 ϕ, G 및 d/b에 대하여 $q_0(\bar{\xi},\bar{\eta})/c$의 최솟값을 구하면 된다. 이를 위해서는 (7–165)식에 대한 최적의 해는 최대경사법(method of steepest descent)으로부터 구하고 (7–168)식의 $\bar{\beta}$에 대해서는 Newton–Raphson법을 이용하여 해를 구하면 된다. 특히 $\bar{\beta}=0$인 표면기초에 대하여 (7–165)식은 더욱 간단하게 나타낼 수 있으며, Chen(1975)은 $\partial q_0/\partial\bar{\eta}=0$으로부터 $\bar{\eta}=\pi/4-\phi/2$의 값을 얻었다. Prandtl의

파괴메커니즘에 대한 운동학적가용속도장에서는 구조물과 흙의 접촉면에서는 활동이 발생하지 않는 것으로 가정하였으므로 위의 상계는 구조물의 거칠기와는 관계없이 적용할 수 있다.

ii) Hencky의 파괴메커니즘($\gamma_s \neq 0$)

〈그림 7-55〉의 Hencky의 파괴메커니즘에 의한 지지력은 구조물 하부에 위치한 속도장 ABC를 제외하면 Prandtl의 파괴메커니즘과 같은 방법으로 해석할 수 있다. 〈그림 7-56〉의 속도장 ABC는 불연속선 AC와 ϕ만큼 경사진 방향으로 접선속도 V_t로 강체활동을 하며, 구조물 하부의 흙요소는 구조물과 접한 상태이기 때문에 구조물의 수직속도 $V_f = V_t \sin(\bar{\xi} - \phi)$으로 거동해야 한다. 구조물과 흙요소 사이의 상대속도 $V_r = V_t \cos(\bar{\xi} - \phi)$이며 나머지 속도분포는 Prandtl의 파괴메커니즘과 같은 방법으로 구할 수 있다. 그러나 Hencky의 파괴메커니즘에서 에너지소산은 속도불연속선 AC, BC, CD, DE 및 방사상전단영역 BCD 외에도 구조물 바닥과 흙요소 사이에 활동이 허용되기 때문에 마찰로 인하여 소산되는 에너지를 지지력 계산과정에 고려해야 된다는 것이 Prandtl의 파괴메커니즘과 다르다. 구조물 바닥과 흙요소 사이의 마찰각을 δ_s라고 하면 마찰로 인하여 소산되는 에너지는, 구조물과 흙요소 사이의 상대속도 V_r에 $\tan\delta_s$와 하중 $P(= q_0 b)$를 곱해야 하므로 $q_0 b\, V_r \tan\delta_s$가 된다. 따라서 총에너지소산은 불연속선 AC, BC, CD, DE 및 방사상전단영역 BCD에서 소산되는 에너지와 구조물 바닥에서 마찰에 의해서 소산되는 에너지를 합산해야 한다. Prandtl의 파괴메커니즘과 같이 구조물의 벽체인 FB에서는 흙요소가 벽체로부터 분리되는 것이기 때문에 마찰에 의한 에너지소산은 발생하지 않는다.

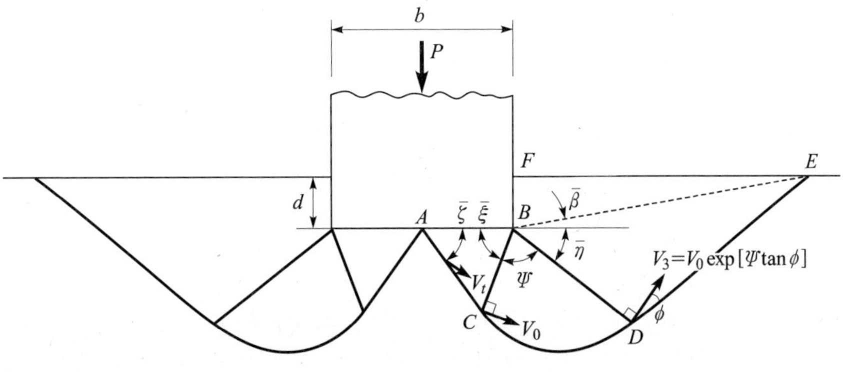

〈그림 7-55〉 Hencky의 파괴메커니즘에 의한 지지력 산정($\gamma_s = 0$) (Chen, 1975)

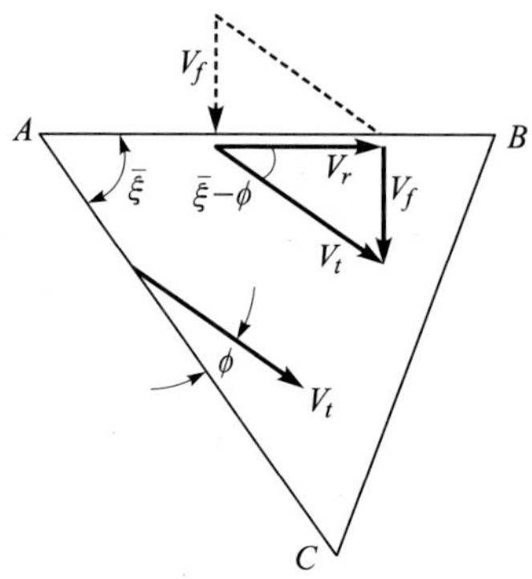

〈그림 7-56〉 〈그림 7-55〉에서 속도장 *ABC* 의 속도 분포 (Chen, 1975)

[Hencky의 파괴메커니즘에 의한 지지력 : 얕은기초 $\gamma_s \neq 0, \bar{\eta} > \bar{\beta}$]

위에서 기술한 기초구조물에 작용하는 하중 및 흙의 단위중량에 의한 일과, 구조물 바닥과 흙요소 사이의 마찰에 의해 소산되는 에너지 및 속도불연속선에서 소산되는 에너지를 등가로 하여 지지력을 구하면 다음과 같다.

$$\begin{aligned}\frac{q_0(\bar{\xi}, \bar{\eta}, \bar{\zeta})}{c} &= \left[\frac{1}{1-\tan\delta_s \cot(\bar{\zeta}-\phi)}\right]\left[\overline{N_c}(\bar{\xi}, \bar{\eta}, \bar{\zeta}) + G\overline{N_\gamma}(\bar{\xi}, \bar{\eta}, \bar{\zeta})\right] \\ &= N_c(\bar{\xi}, \bar{\eta}, \bar{\zeta}) + GN_\gamma(\bar{\xi}, \bar{\eta}, \bar{\zeta})\end{aligned} \quad (7\text{-}169)$$

식에서 지지력계수 $\overline{N_c} = \left[1-\tan\delta_s \cot(\bar{\zeta}-\phi)\right]N_c$이고 $\overline{N_\gamma} = \left[1-\tan\delta_s \cot(\bar{\zeta}-\phi)\right]N_\gamma$는 $\bar{\eta} > \bar{\beta}$인 조건하에서 다음과 같이 $\bar{\xi}$, $\bar{\eta}$ 및 $\bar{\zeta}$로 나타낼 수 있다.

$$\begin{aligned}\overline{N_c} = &\frac{\sin\bar{\xi}\cos\phi + \sin\bar{\zeta}\, abs|\cos(\bar{\xi}+\bar{\zeta}-\phi)|}{\sin(\bar{\zeta}+\bar{\xi})\sin(\bar{\zeta}-\phi)} + \frac{\bar{\alpha}\sin\bar{\zeta}\{\exp[2\Psi\tan\phi]-1\}}{\sin(\bar{\zeta}+\bar{\xi})\sin\phi\sin(\bar{\zeta}-\phi)} \\ &+ \frac{\bar{\alpha}\sin\bar{\eta}\sin\bar{\zeta}\exp[2\Psi\tan\phi]}{\cos(\bar{\eta}+\phi)\sin(\bar{\zeta}+\bar{\xi})\sin(\bar{\zeta}-\phi)}\end{aligned} \quad (7\text{-}170)$$

$$\begin{aligned}\overline{N_\gamma} = &\frac{-\sin\bar{\zeta}\sin\bar{\xi}}{2\sin(\bar{\zeta}+\bar{\xi})} + \frac{\bar{\alpha}\sin^2\bar{\zeta}\{[3\tan\phi\cos\Phi+\sin\Phi]\exp[3\Psi\tan\phi]+3\tan\phi\cos\bar{\xi}+\sin\bar{\xi}\}}{2\sin^2(\bar{\zeta}+\bar{\xi})\cos\phi\sin(\bar{\zeta}-\phi)(1+9\tan^2\phi)} \\ &+ \frac{\bar{\alpha}\sin^2\bar{\zeta}\{[3\tan\phi\cos\Phi+\sin\Phi]\exp[3\Psi\tan\phi]+3\tan\phi\cos\bar{\xi}+\sin\bar{\xi}\}}{2\sin^2(\bar{\zeta}+\bar{\xi})\cos\phi\sin(\bar{\zeta}-\phi)(1+9\tan^2\phi)} \\ &+ \frac{\bar{\alpha}\sin\bar{\zeta}\sin\bar{\eta}\cos\Phi\exp[2\Psi\tan\phi]}{\cos\phi\sin(\bar{\zeta}+\bar{\xi})\sin(\bar{\zeta}-\phi)\sin\bar{\beta}}\left(\frac{d}{b}\right) + \frac{2\bar{\alpha}\cos\Phi\exp[\Psi\tan\phi]}{\tan\bar{\beta}\cos\phi\sin(\bar{\zeta}-\phi)}\left(\frac{d}{b}\right)^2\end{aligned} \quad (7\text{-}171)$$

식에서 $\Phi=\bar{\beta}-\bar{\eta}$, $\Psi=\pi+\bar{\beta}-\bar{\xi}-\bar{\eta}$이고 $\bar{\alpha}$는 다음과 같다.

$$\bar{\alpha}=\begin{cases}\sin(\bar{\xi}+\bar{\zeta}-2\phi) : -\dfrac{\pi}{2}+\bar{\xi}+\bar{\zeta}-\phi>0 \\ \sin(\bar{\xi}+\bar{\zeta}) \quad : -\dfrac{\pi}{2}+\bar{\xi}+\bar{\zeta}-\phi\le 0\end{cases}$$

(7-169)식으로부터 $\bar{\beta}$에 대한 관계식은 다음과 같이 나타낼 수 있다.

$$\sin\bar{\beta}\exp[\bar{\beta}\tan\phi]=\frac{\dfrac{2d}{b}\sin(\bar{\zeta}+\bar{\xi})\cos(\bar{\eta}+\phi)}{\sin\bar{\zeta}\cos\phi\exp[(\Psi-\bar{\beta})\tan\phi]} \tag{7-172}$$

(7-169)식의 우변에서 증폭계수(amplification factor)인 $1/[1-\tan\delta_s\cot(\bar{\zeta}-\phi)]$는 구조물 바닥의 마찰에 의한 효과를 반영하는 것이다. Prandtl의 파괴메커니즘과 같이 $\bar{\beta}=0$인 표면기초에 대하여 $\partial q_0/\partial\bar{\eta}=0$으로부터 $\bar{\eta}=\pi/4-\phi/2$의 값을 얻을 수 있다. 또한 $\bar{\xi}$와 $\bar{\zeta}$에 대한 최적의 해는 $\bar{\xi}+\bar{\zeta}=\pi/2+\phi$으로부터 얻을 수 있는데, 이것은 〈그림 7-55〉에서 불연속선 AC가 C에서 대수나선 CD의 접선이라는 것을 의미하는 것이다(Chen, 1975).

[Hencky의 파괴메커니즘에서 $\gamma_s\neq 0; c=0$인 경우]

Hencky의 파괴메커니즘에서 점착력 $c=0$이라면 지지력을 간단하게 구할 수 있다. 먼저 〈그림 7-51(a)〉의 강체활동을 하는 속도장 AOC와 ADE에서 흙의 단위중량에 의한 일은 각각의 면적에 단위중량과 수직방향의 속도성분을 곱하면 된다(Chen, 1975).

- 속도장 AOC : $\gamma_s\left(\frac{1}{2}r_0^2\cos\phi\right)\left[V_0\cos\left(\frac{\pi}{4}+\frac{\phi}{2}\right)\right]$ (7-173)

- 속도장 ADE : $\gamma_s\left(\frac{1}{2}r_0^2\cos\phi\exp[\pi\tan\phi]\right)\left\{V_0\cos\left(\frac{\pi}{4}-\frac{\phi}{2}\right)\exp\left[\frac{\pi}{2}\tan\phi\right]\right\}$ (7-174)

식에서 r_0는 AC의 길이다. 다음으로 방사상전단영역 ACD에서 〈그림 7-51(c)〉의 미소요소에 대한 일은 다음과 같다.

- 방사상전단영역 ACD의 미소요소 : $\gamma_s\left(\frac{1}{2}r_0^2 d\psi\right)\left[V_0\cos\left(\frac{3\pi}{4}-\frac{\phi}{2}-\psi\right)\right]$ (7-175)

방사상전단영역 ACD의 전체 영역에 대한 일은 다음과 같이 구할 수 있다.

– 방사상전단영역 ACD

$$\frac{1}{2}\gamma_s \int_0^{\pi/2} r_0^2 V_0 \sin\left(\frac{\pi}{4}-\frac{\phi}{2}-\psi\right)d\psi$$
$$=\frac{1}{2}\gamma_s r_0^2 V_0 \int_0^{\pi/2} \exp[3\psi\tan\phi]\sin\left(\frac{\pi}{4}-\frac{\phi}{2}-\psi\right)$$
$$=\frac{-\gamma_s r_0^2 V_0}{2(1+9\tan^2\phi)}\left\{\left[3\tan\phi\sin\left(\frac{\pi}{4}+\frac{\phi}{2}\right)-\cos\left(\frac{\pi}{4}+\frac{\phi}{2}\right)\right]\exp\left[\frac{3\pi}{2}\tan\phi\right]\right\} \quad (7\text{-}176)$$
$$+\left[3\tan\phi\cos\left(\frac{\pi}{4}+\frac{\phi}{2}\right)+\sin\left(\frac{\pi}{4}+\frac{\phi}{2}\right)\right]$$

따라서 외력에 의한 총일은 외력(P)에 의한 (7–152)식에 흙의 단위중량에 의한 (7–173)식, (7–174)식 및 (7–176)식을 합산하면 된다. 이때 AC의 길이 r_0는 구조물의 저폭 b $(=4r_0\cos(\pi/4+\phi/2))$로 대체해야 한다. (7–157)식의 우변에서 점착력이 없으면($c=0$) 에너지소산은 0이므로 외력에 의한 일을 0으로 하여 정리하면 상계 P^{up}은 다음과 같다.

$$P^{up}=\frac{1}{2}\gamma_s b^2 N_\gamma \quad (7\text{-}177)$$

식에서 N_γ는 다음과 같다.

$$N_\gamma=\frac{1}{4}\tan\left(\frac{\pi}{4}+\frac{\phi}{2}\right)\left\{\tan\left(\frac{\pi}{4}+\frac{\phi}{2}\right)\exp\left[\frac{3\pi}{2}\tan\phi\right]-1\right\}$$
$$+\frac{3\sin\phi}{1+8\sin^2\phi}\left\{\left[\tan\left(\frac{\pi}{4}+\frac{\phi}{2}\right)-\frac{\cot\phi}{3}\right]\exp\left[\frac{3\pi}{2}\tan\phi\right]+\tan\left(\frac{\pi}{4}+\frac{\phi}{2}\right)\frac{\cot\phi}{3}+1\right\} \quad (7\text{-}178)$$

위의 식으로 표시되는 지지력계수 N_γ는 Terzaghi(1943)가 제시한 지지력계수와 같이 ϕ만의 함수이다. Chen(1975)은 (7–178)식에 의한 N_γ와 Sokolovskii의 활동선장해석에 의한 N_γ와 비교하고, ϕ의 값이 증가하면서 Sokolovskii의 N_γ가 큰 값을 보이는 것은 활동선장해석의 응력장을 단순화했기 때문이라고 지적하였다.

7.2.4 사면의 안정

사면의 안정해석은 정적조건에서는 안전율로 표시되고 동적조건에서는 가속도로 나타내는 것이 보통이다. 안전율(FS)은 추정활동선을 따라서 초기파괴에 요구되는 전단강도 τ_f

와 전단응력 τ의 비로서 정의되며 다음과 같이 나타낼 수 있다.

$$FS = \frac{\tau_f}{\tau} \tag{7-179}$$

사면의 안정해석 기법으로는 Fellenius(1936) 등이 제안한 한계평형법이 가장 대표적이며 한계평형법 중에서 활동선을 원호로 채택하는 방법을 스웨덴법(Swedish circle method)이라고 한다. 한계평형법을 이용한 안정해석의 목적은 추정활동선에 대한 안전율을 구하고 최소안전율을 보이는 임계활동선(critical slip surface)을 찾기 위한 것이다. 그러나 「수직굴착 한계고」에서도 기술하였듯이 한계평형법에서 Mohr-Coulomb파괴기준은 오직 추정활동선에서만 충족되고 다른 부위에서는 충족 여부를 확인할 수 없다. 따라서 사면의 안정에 대한 한계평형법은 엄밀해라고 할 수 없으며 평형조건을 충족시키는 많은 해석방법 중의 하나일 뿐이다(Sarma & Tan, 2006; Chen, 1975).

사면의 안정에 대한 극한해석은 전단저항이 Mohr-Coulomb파괴기준으로 정의되는 균질의 등방성재료에서 발생하는 간단한 강체활동에 대해서만 설명하고자 한다. 사면에서 강체활동이란 〈그림 7-57〉과 같은 상태에서 상부 흙덩이가 하향 및 좌측(외측)으로 거동하는 것을 의미하며, 상부 흙덩이와 하부 토층 사이의 잘 정의된 접촉면을 따라서 활동한다는 것을 전제로 한다. 해석방법은 먼저 회전파괴메커니즘을 이용하여 사면선단파괴(toe failure)에 의하여 사면의 한계고를 결정하고, 이어서 대수나선형 사면저부파괴에 대한 안정문제를 기술하였다. 사면의 안정에 대한 극한해석에서 하계는 고려하지 않으며 대수나선형 회전파괴메커니즘에 의한 상계만 구하는 것이 보통이지만, 그 결과가 기존의 다른 해석방법에 의한 결과와 일치함으로서 일반적인 사면의 안정문제에 대해서도 확장하여 적용할 수 있는 것으로 유추할 수 있다. 다음의 사면의 안정에 대한 극한해석은 해석과정에서 흙의 강도정수인 점착력 c와 마찰각 ϕ는 모두 비배수 전단강도이며 체적변화는 없는 것으로 가정하고 지표면 근방의 인장균열과 간극수압은 고려하지 않는다.

(1) 사면선단파괴

〈그림 7-57〉은 사면경사각과 지표경사각이 각각 φ_s 및 φ인 사면에서 대수나선형 사면선단파괴를 예시한 것이다. 사면경사각 $\varphi_s = 90°$ 및 지표경사각 $\varphi = 0°$에 대한 극한해석은 수직굴착 한계고에서 이미 기술한 것과 같다. 병진파괴메커니즘보다는 대수나선형 회전파괴메커니즘을 이용하면 개선된 값을 얻을 수 있다는 것도 지적한 바 있다. 여기서

는 대수나선형 회전파괴메커니즘을 적용하여 사면선단파괴를 해석하고자 한다. 상재하중이 없다면 사면에 작용하는 유일한 외력은 흙의 자중뿐이고, 극한해석의 상계정리에 의하면 〈그림 7-57〉의 사면에 대하여 어떤 파괴메커니즘이라도 흙의 자중에 의한 일이 내부 에너지소산을 초과하면 자중에 의하여 사면은 파괴된다는 것이다. 그림에서 강체 ABC는 O를 축으로 회전하고 대수나선 BC의 하부에 위치한 흙은 정지상태이며, BC는 속도불연속선이다. 회전파괴메커니즘은 3개의 변수만으로 회전축의 위치, 파괴 규모 등을 완전하게 나타낼 수 있는데, 편의상 수평선에서 선분 OB와 OC의 사잇각 ψ_0와 ψ_h 및 사면고 h를 3개의 변수로 선정한다.

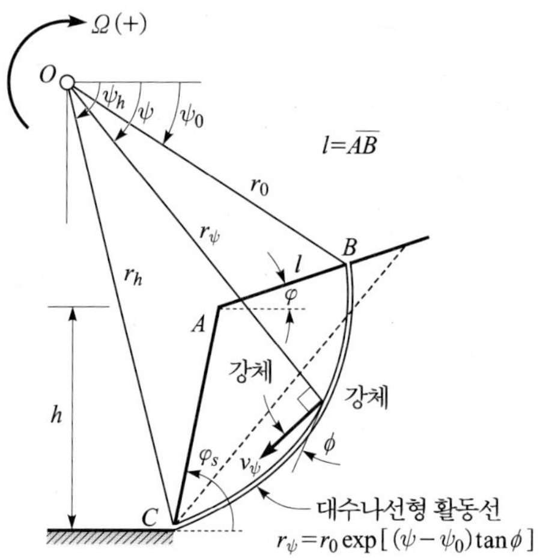

〈그림 7-57〉 사면선단파괴 (Chen, 1975)

〈그림 7-57〉로부터 h/r_0와 l/r_0는 OB와 OC의 사잇각 ψ_0와 ψ_h를 이용하여 다음과 같이 나타낼 수 있다.

$$\frac{h}{r_0}=\frac{\sin\varphi_s}{\sin(\varphi_s-\varphi)}\{\sin(\psi_h+\varphi)\exp[(\psi_h-\psi_0)\tan\phi]-\sin(\psi_0+\varphi)\} \tag{7-180}$$

$$\frac{l}{r_0}=\frac{\sin(\psi_h-\psi_0)}{\sin(\psi_h+\varphi)} -\frac{\sin(\psi_h+\varphi_s)}{\sin(\psi_h+\varphi)\sin(\overline{\beta}-\varphi)}\{\exp[(\psi_h-\psi_0)\tan\phi]\sin(\psi_h+\varphi)-\sin(\psi_0+\varphi)\} \tag{7-181}$$

i) 외력에 의한 일

상재하중이 없으므로 사면에 작용하는 유일한 외력은 흙의 자중뿐이다. 흙덩이 ABC의 회전에 의하여 수행되는 일을 직접 계산하는 것은 매우 복잡하기 때문에 수직굴착 한계고에서 적용한 방법과 같이 〈그림 7-57〉에서 OBC, OAB 및 OAC에 의한 일 $\mathbb{W}_1$, $\mathbb{W}_2$ 및 $\mathbb{W}_3$를 각각 구한 후에 ABC에 의한 일 $\mathbb{W}=\mathbb{W}_1-\mathbb{W}_2-\mathbb{W}_3$으로 구한다. 계산과정은 수직굴착 한계고와 동일하며 ABC에서 흙의 단위중량에 의한 일은 다음과 같다.

- 흙덩이 ABC에서 흙의 단위중량에 의한 일

$$\mathbb{W}=\gamma_s r_0^3 \Omega(f_1{}^*-f_2{}^*-f_3{}^*) \tag{7-182}$$

식에서 γ_s는 흙의 단위중량, Ω는 흙덩이 ABC의 각속도이고 함수 $f_1{}^*$, $f_2{}^*$ 및 $f_3{}^*$는 각각 다음과 같다.

$$f_1{}^*(\psi_h,\psi_0)=\frac{\{(3\tan\phi\cos\psi_h+\sin\psi_h)\exp[3(\psi_h-\psi_0)\tan\phi]-3\tan\phi\cos\psi_0-\sin\psi_0\}}{3(1+9\tan^2\phi)}$$

$$f_2{}^*(\psi_h,\psi_0)=\frac{1}{6}\frac{l}{r_0}\left(2\cos\psi_0-\frac{l}{r_0}\cos\varphi\right)\sin(\psi_0+\varphi)$$

$$f_3{}^*(\psi_h,\psi_0)=\frac{1}{6}\exp[2(\psi_h-\psi_0)\tan\phi]\left[\sin(\psi_h-\psi_0)-\frac{l}{r_0}\sin(\psi_h+\varphi)\right]$$
$$\times\left\{\cos\psi_0-\frac{l}{r_0}\cos\varphi+\cos\psi_h\exp[(\psi_h-\psi_0)\tan\phi]\right\}$$

식에서 $f_3{}^*$의 l/r_0는 (7-181)식과 같이 ψ_0와 ψ_h의 함수이다.

ii) 내부 에너지소산

에너지소산은 〈그림 7-57〉의 불연속선인 BC를 따라서 발생하는데, 미소 불연속면에 대한 에너지소산 $d\mathbb{D}$는 면적 $r_\psi d\psi/\cos\phi$에 점착력 c와 불연속면의 접선속도 $v_t=v\cos\phi$를 곱하면 된다. 따라서 불연속선 BC를 따라서 발생하는 에너지소산은 전체 구간에 대하여 적분하면 수직굴착 한계고의 (7-91)식과 동일한 형태의 에너지소산 관계식을 얻을 수 있다.

$$\mathbb{D}=\int_{\psi_0}^{\psi_h} c(v\cos\phi)\frac{r_\psi d\psi}{\cos\phi}=\frac{c r_0^2\Omega}{2\tan\phi}\{\exp[2(\psi_h-\psi_0)\tan\phi]-1\} \tag{7-183}$$

iii) 사면의 한계고

(7-182)식의 외력에 의한 일과 (7-183)식의 내부 에너지소산을 등가로 하여 정리한 후 (7-180)식과 (7-181)식을 이용하여 h를 구하면 다음과 같다.

$$h = \frac{c}{\gamma_s} f_4{}^*(\psi_h, \psi_0) \tag{7-184}$$

식에서, $f_4{}^*(\psi_h,\psi_0) = \dfrac{\sin\varphi_s\{\exp[2(\psi_h-\psi_0)\tan\phi]-1\}}{2\sin(\varphi_s-\varphi)\tan\phi(f_1{}^* - f_2{}^* - f_3{}^*)}$

$$\times\{\sin(\psi_h+\varphi)\exp[(\psi_h-\psi_0)\tan\phi]-\sin(\psi_0+\varphi)\}$$

식에서 φ_s는 사면경사각, φ는 지표경사각이다. 극한해석의 상계정리에 의해서 (7-184)식으로부터 사면고의 임계값을 구할 수 있는데, 함수 $f_4{}^*(\psi_h,\psi_0)$는 ψ_h와 ψ_0가 각각 다음의 조건을 충족시키는 경우에 최솟값을 갖는다.

$$\frac{\partial f_4{}^*(\psi_h,\psi_0)}{\partial \psi_h} = 0, \quad \frac{\partial f_4{}^*(\psi_h,\psi_0)}{\partial \psi_0} = 0 \tag{7-185}$$

위의 식에 의하여 구한 ψ_h와 ψ_0를 (7-184)식에 대입하면 회전파괴메커니즘에 대한 사면의 한계고 h_{cr}을 구할 수 있다. N_s를 $f_4{}^*(\psi_h,\psi_0)$의 최솟값이라고 하면 다음 식을 얻을 수 있다.

$$h_{cr} \le \frac{c}{\gamma_s} N_s \tag{7-186}$$

식에서 무차원수 N_s는 사면의 **안정계수**(stability number)이며 사면경사각 φ_s와 지표경사각 φ 및 마찰각 ϕ의 함수이고, 사면의 한계고 h_{cr}은 (7-94)식의 수직굴착 한계고와 동일한 의미로 해석할 수 있다. 〈표 7-2〉는 사면경사각 φ_s와 지표경사각 φ의 다양한 조합에 대하여 안정계수 N_s의 변화를 보여주는 것이다. 표에서 마찰각 ϕ에 따른 사면경사각 φ_s와 안정계수 N_s의 관계를 알 수 있으며, $\phi=0$에 대하여 $\varphi_s=90°$이면 $N_s=3.83$이고 $\varphi_s=15°$이면 $N_s=7.35$로 증가한다. 이 값은 **Taylor의 마찰원법**(friction circle method)이나 Fellenius(1927)의 절편법(slice method)에 의한 결과와 일치하는 것이다(Chen, 1975). 〈그림 7-58〉은 $\varphi=0°$인 경우에 (7-185)식에 의한 ψ_h, ψ_0 및 l/r_0의 임계값과 $\phi=20°$에 대한 사면경사각 φ_s의 관계를 도표로 나타낸 것이다. 이들 값을 이용하여 사면선단을 통과하는 대수나선 회전축의 위치를 결정할 수 있다.

〈표 7-2〉 극한해석에 의한 안정계수 $N_s = h_{cr}(\gamma_s/c)$, 대수나선형 사면선단파괴 (Chen, 1975)

마찰각, ϕ(°)	지표경사각, φ(°)	사면경사각, φ_s(°)					
		90	75	60	45	30	15
0	0	3.83	4.57	5.25	5.86	6.51	7.35
5	0	4.19	5.14	6.17	7.33	9.17	14.80
	5	4.14	5.05	6.03	7.18	8.93	14.62
10	0	4.59	5.80	7.26	9.32	13.53	45.53
	5	4.53	5.72	7.14	9.14	13.26	45.15
	10	4.47	5.61	6.98	8.93	12.97	44.56
15	0	5.02	6.57	8.64	12.05	21.71	
	5	4.97	6.49	8.52	11.91	21.50	
	10	4.90	6.39	8.38	11.73	21.14	
	15	4.83	6.28	8.18	11.42	20.59	
20	0	5.51	7.48	10.39	16.18	41.27	
	5	5.46	7.40	10.30	16.04	41.06	
	10	5.40	7.31	10.15	15.87	40.73	
	15	5.33	7.20	9.98	15.59	40.16	
	20	5.24	7.04	9.78	15.17	39.19	
25	0	6.06	8.59	12.75	22.92	120.00	
	5	6.01	8.52	12.65	22.78	119.80	
	10	5.96	8.41	12.54	22.60	119.50	
	15	5.89	8.30	12.40	22.37	118.70	
	20	5.81	8.16	12.17	21.98	117.40	
	25	5.71	7.97	11.80	21.35	115.50	
30	0	6.69	9.96	16.11	35.63		
	5	6.63	9.87	16.00	35.44		
	10	6.58	9.79	15.87	35.25		
	15	6.53	9.67	15.69	34.99		
	20	6.44	9.54	15.48	34.64		
	25	6.34	9.37	15.21	34.12		
	30	6.22	9.15	14.81	33.08		
35	0	7.43	11.68	20.94	65.53		
	5	7.38	11.60	20.84	65.39		
	10	7.32	11.51	20.71	65.22		
	15	7.26	11.41	20.55	65.03		
	20	7.18	11.28	20.36	64.74		
	25	7.11	11.12	20.07	64.18		
	30	6.99	10.93	19.73	63.00		
	35	6.84	10.66	19.21	60.80		
40	0	8.30	14.00	28.99	185.60		
	5	8.26	13.94	28.84	185.50		
	10	8.21	13.85	28.69	185.30		
	15	8.15	13.72	28.54	185.00		
	20	8.06	13.57	28.39	184.60		
	25	7.98	13.42	28.16	184.00		
	30	7.87	13.21	27.88	183.20		
	35	7.76	12.95	27.49	182.30		
	40	7.61	12.63	26.91	181.10		

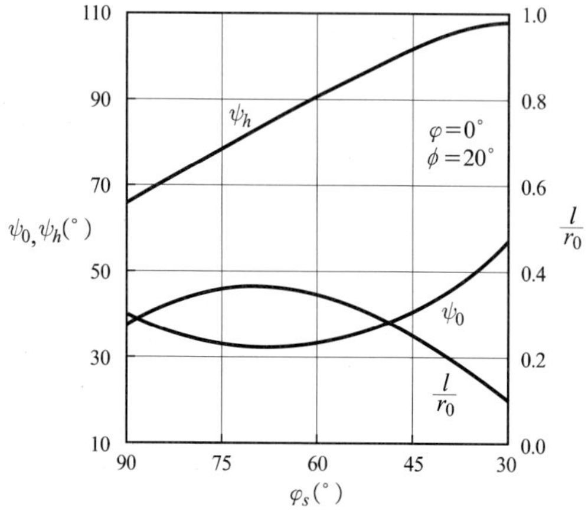

〈그림 7-58〉 φ_s와 ψ_h, ψ_0 및 l/r_0의 임계값 (Chen, 1975)

(2) 사면저부파괴

〈그림 7-59〉는 사면경사각 및 지표경사각이 각각 φ_s 및 φ인 사면에서 대수나선형 사면저부파괴를 예시한 것이다. 사면선단파괴와 같이 사면저부파괴에서도 외력에 의한 일은 $OBC'O$, $OABO$, $OAC'O$ 및 $ACC'A$영역의 일 $\mathbb{W}_1$, $\mathbb{W}_2$, $\mathbb{W}_3$ 및 $\mathbb{W}_4$를 각각 구한 후에 $ABC'CA$의 일 $\mathbb{W}=\mathbb{W}_1-\mathbb{W}_2-\mathbb{W}_3-\mathbb{W}_4$으로 구한다.

- $ABC'CA$에서 흙의 단위중량에 의한 일 :

$$\mathbb{W}=\gamma_s r_0^3 \Omega(f_1^*-f_2^*-f_3^*-f_4^*) \tag{7-187}$$

식에서 γ_s는 흙의 단위중량, Ω는 흙덩이 $ABC'CA$의 각속도이다. 함수 f_1^*, f_2^* 및 f_3^*는 (7-182)식의 f_1^*, f_2^* 및 f_3^*와 동일하고 f_4^*는 $AC'CA$영역에 대한 일로서 다음과 같다.

$$f_4^*(\psi_h,\psi_0)=\left(\frac{h}{r_0}\right)^2\frac{\sin(\varphi_s-\varphi_s')}{2\sin\varphi_s\sin\varphi_s'}\left[\cos\psi_0-\left(\frac{l}{r_0}\right)\cos\overline{\alpha}-\frac{1}{3}\left(\frac{h}{r_0}\right)(\cot\varphi_s'+\cot\varphi_s)\right]$$

식에서 φ_s'는 〈그림 7-59〉에 표시된 것과 같다. 불연속선 BC'를 따라서 발생하는 에너지소산은 (7-183)식과 같고 외력에 의한 일과 내부 에너지소산을 등가로 하여 h를 구하면 다음과 같다.

$$h=\frac{c}{\gamma_s}f_5^*(\psi_h,\psi_0,\varphi_s') \tag{7-188}$$

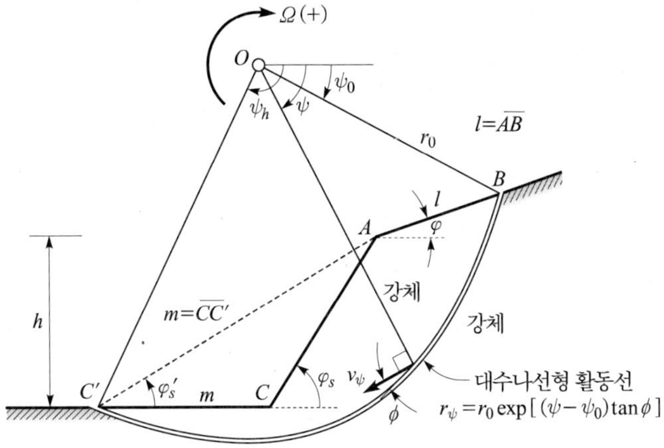

〈그림 7-59〉 사면저부파괴 (Chen, 1975)

식에서, $f_5{}^*(\psi_h,\psi_0,\varphi_s{}')=\dfrac{\sin\varphi_s{}'\{\exp[2(\psi_h-\psi_0)\tan\phi]-1\}}{2\sin(\varphi_s{}'-\varphi)\tan\phi(f_1{}^*-f_2{}^*-f_3{}^*-f_4{}^*)}$

$$\times\{\sin(\psi_h+\varphi)\exp[(\psi_h-\psi_0)\tan\phi]-\sin(\psi_0+\varphi)\}$$

함수 $f_5{}^*(\psi_h,\psi_0,\varphi_s{}')$는 ψ_h, ψ_0 및 $\varphi_s{}'$가 각각 다음의 조건을 충족시키는 경우에 최솟값을 갖는다.

$$\frac{\partial f_5{}^*(\psi_h,\psi_0,\varphi_s{}')}{\partial\psi_h}=0,\quad \frac{\partial f_5{}^*(\psi_h,\psi_0,\varphi_s{}')}{\partial\psi_0}=0,\quad \frac{\partial f_5{}^*(\psi_h,\psi_0,\varphi_s{}')}{\partial\overline{\beta}'}=0 \qquad (7\text{-}189)$$

식에서 $\varphi_s{}'\le\varphi_s$이다(〈그림 7-59〉 참조). 위의 식을 충족시키는 ψ_h, ψ_0 및 $\varphi_s{}'$가 안정계수 $N_s=f_4{}^*(\psi_h,\psi_0)$의 최솟값을 제공하면 한계고는 (7-186)식을 이용하여 구할 수 있으며 한계고 h_{cr}과 m의 비는 다음과 같이 나타낼 수 있다.

$$\frac{m}{h_{cr}}=\frac{\sin(\varphi_s-\varphi_s{}')}{\sin\varphi_s\sin\varphi_s{}'} \qquad (7\text{-}190)$$

〈표 7-3〉은 경사각 φ, φ_s 및 마찰각 ϕ가 5° 이하의 값에 대하여 극한해석에 의한 사면저부파괴의 안정계수 N_s이며, 〈그림 7-60〉은 ψ_h,ψ_0, l/r_0, h/r_0 및 m/h의 임계값과 $\phi=5°$에 대한 사면경사각 φ_s의 관계를 도표로 도시한 것이다. 이들 값을 이용하여 사면저부파괴에 대한 대수나선 회전축의 위치를 결정할 수 있다. 〈표 7-4〉는 극한해석과 한계평형법에 의한 결과가 차이가 크지 않다는 것을 보여주고 있다.

〈표 7-3〉 극한해석에 의한 안정계수 $N_s = H_c(\gamma_s/c)$, φ, φ_s 및 ϕ가 5° 이하인 경우 (Chen, 1975)

마찰각 ϕ(°)	지표경사각 φ(°)	사면경사각, φ_s(°)							
		50	45	40	35	30	25	20	15
0	0	5.52	5.53	5.53	5.53	5.53	5.53	5.53	5.53
5	0	*6.92	*7.35	*7.84	*8.41	9.13	10.02	11.46	14.38
5	5	*6.76	*7.18	*7.64	*8.19	8.83	9.65	10.99	13.71

(*) : 사면선단파괴, 나머지는 모두 사면저부파괴

〈표 7-4〉 극한해석과 한계평형법에 의한 안정계수 $N_s = H_c(\gamma_s/c)$의 비교, $\varphi = 0$ (Chen, 1975)

사면경사각 φ_s(°)	마찰각 ϕ(°)	곡선 활동선			
		한계평형법(Taylor, 1948)			극한해석
		절편법	마찰원법	대수나선	대수나선
90	0	3.83	3.83	3.83	3.83
	5	4.19	4.19	4.19	4.19
	15	5.02	5.02		5.02
	25	6.06	6.06	6.06	6.06
75	0	4.57	4.57	4.57	4.57
	5	5.13	5.13		5.14
	15	6.49	6.52		6.57
	25	8.48	8.54		8.58
60	0	5.24	5.24	5.24	5.25
	5	6.06	6.18	6.18	6.16
	15	8.33	8.63	8.63	8.63
	25	12.20	12.65	12.82	12.74
45	0	5.88	*5.88	*5.88	*5.53
	5	7.09	7.36		7.35
	15	11.77	12.04		12.05
	25	20.83	22.73		22.90
30	0	*6.41	*6.41	*6.41	*5.53
	5	*8.77	*9.09		*9.13
	15	20.84	21.74		21.69
	25	83.34	111.10	125.00	119.93
15	0	*6.90	*6.90	*6.90	*5.53
	5	*13.89	*14.71	*14.71	*14.38
	10		43.62		45.49

(*) : 사면저부파괴

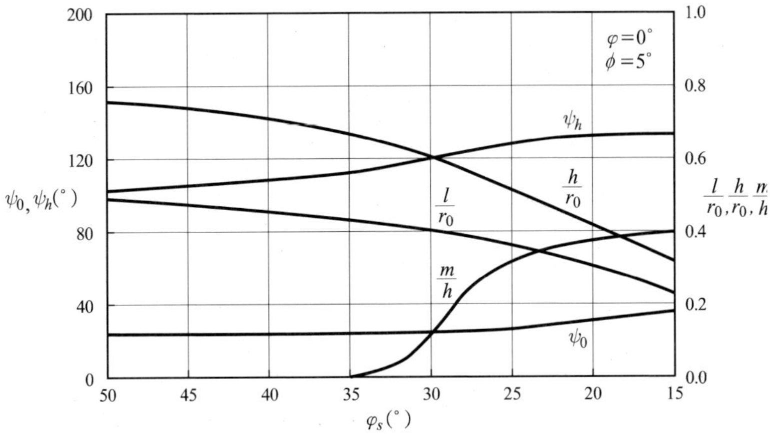

〈그림 7-60〉 $\overline{\beta}$와 ψ_h, ψ_0, l/r_0, h/r_0 및 m/h의 임계값 (Chen, 1975)

(3) 상재하중이 작용하는 사면

사면선단파괴 및 사면저부파괴에 대한 사면의 한계고 계산과정에서 활동선의 형태는 모두 대수나선으로 가정한 것이다. 이것은 극한해석의 기본적인 틀에서는 불연속선으로서 오직 직선과 마찰각이 ϕ인 대수나선만 (3-19)식의 대수나선식을 충족시킴으로서 강체운동을 허용할 수 있기 때문이며, 변분법을 이용해도 이와 같은 가정이 적절하다는 것을 입증할 수 있다. 따라서 극한해석의 상계에 이용되는 대수나선 파괴메커니즘은 한계평형법에도 적용이 가능하며 최적의 해를 얻을 수 있는 파괴메커니즘이라고 할 수 있다. 먼저 상재하중이 작용하는 사면에 대하여 극한해석을 적용하기 전에 사면의 안정해석을 위하여 가장 많이 이용되고 있는 한계평형법의 활동형태와 가정에 대하여 검토하고자 한다.

일반적으로 수직 또는 수직에 가까운 사면에 대해서는 활동선이 선단을 통과하는 직선으로 가정한 한계평형법을 이용하면 비교적 좋은 결과를 얻을 수 있다. 바로 **Culmann의 도해법**(Culmann method, 사면선단을 통과하는 직선 파괴메커니즘)이 이와 같은 부류의 해석방법이지만 기울기가 완만한 사면에 대해서는 만족할만한 결과를 기대할 수 없다 (Taylor, 1948). Culmann의 도해법에 의한 결과를 개선하기 위해서는 활동선을 직선이 아닌 곡선으로 가정하는 것이 최선이며 원호와 대수나선이 대표적인 곡선이다. 대수나선형 활동선은 1935년 Rendulic에 의하여 처음으로 제안된 방법으로서, Taylor(1948)는 활동선을 원호와 대수나선(마찰각 $\phi \neq 0$)으로 가정하여 두 가지 활동선에 의한 결과에 큰 차이가 없다고 하였으며 Chen(1975)도 Taylor와 유사한 결과를 얻었다. 보통 한계평형법에서 대수나선 활동선에 의한 방법이 곡선 활동선에 의한 방법보다 계산과정은 더 복잡하지만, 대수나선을 이용하면 편리한 점도 있다. 특히 대수나선 활동선에 작용하는 수직응력(σ)과 전단응력의 마찰성분($\sigma\tan\phi$)의 합력이 대수나선의 회전축을 향함으로서 흙덩이에 대한 모멘트 평형방정식에서는 활동선을 따라서 수직응력과 관련된 항이 발생하지 않으므로 안정계산에 유리하다(〈그림 7-61〉 참조).

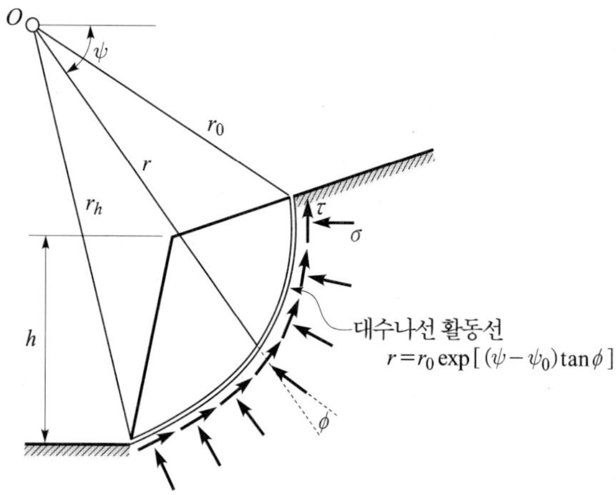

〈그림 7-61〉 **대수나선 활동선의 응력성분** (Chen, 1975)

만약 〈그림 7-61〉의 활동선에 대한 대수나선식에서 마찰각 ϕ를 다른 값으로 대체한다면 한계평형법에서 활동선을 따라서 작용하는 수직응력 분포형태와 관련한 가정이 추가되어야 한다. 마찰각 $\phi = 0$으로 하여 활동선을 원형으로 가정하는 것도 하나의 예로 볼 수 있으며, Fellenius가 절편법에서 각각의 절편에서 양쪽 수직면에 작용하는 횡력(lateral forces)을 동일하게 설정한 것도 이와 관련된 가정이다. Taylor(1948)는 마찰원법에서 원호의 양쪽 끝에서 응력분포를 0으로 설정하고 그 사이는 sin곡선 응력분포(sinusoidal stress variation)를 보이는 것으로 가정하였다. 또한 일반적인 나선형 활동선(spiral surface)을 해석하기 위하여 Spencer(1969)가 절편 사이에 작용하는 힘을 모두 평행하게 설정한 것은 나선형 활동선을 따라서 수직응력의 분포형태를 가정하는 또 다른 방법으로 볼 수 있다. 그러나 다양한 수직응력 분포형태에 대한 가정에도 불구하고 원호 활동선 또는 일반적인 나선형 활동선의 결과에는 큰 차이가 없는 것으로 밝혀졌다.

그렇다면 실제로 어떤 활동선이 최소안전율을 나타내는 임계활동선이 될 것인지를 추정할 필요가 있다. 보통 기울기가 일정한 단순한 구조의 사면에 대해서는 상재하중이 작용하지 않는다면 사면선단을 통과하는 대수나선 활동선이 임계활동선이 될 가능성이 높다. 또한 점착력이 작고 마찰각이 큰 사질토는 지표면 가까이 임계활동선이 발생하고 반대로 점착력이 크고 마찰각이 작은 흙은 임계활동선이 사질토보다 깊은 곳을 통과한다. 그러나 문제가 복잡해지면 이와 같은 기본적인 지식만으로는 임계활동선을 추정하기가 어렵다(Cheng & Lau, 2014). 컴퓨터를 이용하기 전에는 임계활동선을 찾기 위한 지루한 반복계산과정을 피하기 위하여 사면안정도표(slope stability chart)를 많이 이용하였으며, 컴퓨터에 의한 해석이 시작된 후에는 임계활동선을 찾기 위하여 패턴탐색기법(pattern search scheme), 변분법, 임의탐색기법(random search technique), 유전알고리즘(simple genetic algorithm) 등 여러 가지 최적화기법(optimization method)이 적용되고 있다(Sarma & Tan, 2006).

최소안전율의 임계활동선을 구하기 위해서는 활동선을 따라서 모든 경계력(boundary force)의 합력이 수직방향으로는 활동하는 흙덩이의 총중량과 같고 수평방향으로는 0이 되도록 주어진 문제의 활동선의 형태와 관련된 형상함수(shape function) 및 수직응력의 분포형태와 관련된 분포함수(distribution function)가 수립되어야 하며, 모멘트 평형조건도 충족시켜야 한다. 따라서 가능한 모든 활동선뿐만 아니라 활동선에 작용하는 가능한 모든 수직응력 분포형태가 포함되어야 하며 활동선의 형태와 수직응력 분포형태가 각각 독립변수로 고려되어야 한다. 그러나 절편법이나 마찰원법 등 전통적 해석방법은 활동선의 형태와 수직응력 분포형태가 상호 밀접하게 관련되어 있으므로 검토대상이 될 수 없다. 여기서는 Chen(1975)이 제시한 변분법을 이용하여 임계활동선을 구하는 기법에 대해서만 기술하고자 한다.

i) Taylor의 안정계수와 물리적 의미

〈그림 7-62〉는 기울기가 일정한 사면 상부에 등분포하중 q가 작용하는 경우이다. 사면은 지반의 응력이 흙의 강도를 초과하지 않으면 안정을 유지하지만 상재하중 q가 임계값에 도달하면 사면은 불안정해지고 그림과 같이 수많은 잠재활동선(potential slip surface) 중에서 어느 하나의 활동선을 따라서 흙덩이가 강체로서 거동하게 된다. 활동이 시작되면 활동선을 따라서 파괴기준을 충족시켜야 하며 흙덩이에 대한 초기의 정적평형상태에서 수직력의 합(ΣV)과 수평력의 합(ΣH) 및 모멘트의 합(ΣM)이 모두 0이 되어야 하므로 다음과 같은 3개의 평형방정식을 수립할 수 있다.

$$\Sigma V = 0, \quad \Sigma H = 0, \quad \Sigma M = 0 \qquad (7\text{-}191)$$

따라서 이론적으로는 모든 잠재활동선 중에서 상재하중이 최솟값인 활동선이 임계활동선이 되는 것이며, 상재하중이 없다면($q=0$) 흙덩이의 중량(W)은 오직 사면에 작용하는 외부하중과 같은 역할을 할 뿐이다.

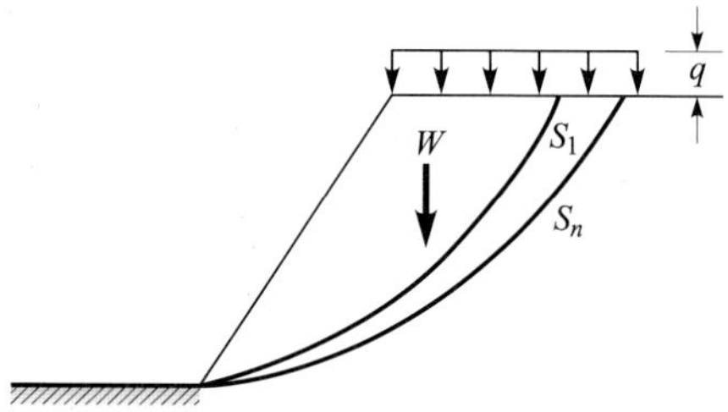

〈그림 7-62〉 **잠재활동선** (Chen, 1975)

Taylor(1948)는 〈그림 7-63〉과 같이 기울기가 일정한 사면에 대하여 직선, 원호 및 대수나선 임계활동선의 안정계수 N_s를 제시하였다. 〈그림 7-64〉는 〈그림 7-63〉에 의하여 사면경사각 $\varphi_s = 90°$ 및 $\varphi_s = 70°$에 대하여 세 가지 형태의 활동선을 비교하여 도시한 것이다. 그림에서 알 수 있듯이 세 가지 활동선 중에서 대수나선 활동선 S_1으로부터 흙덩이의 중량(W)이 최소가 되는 값을 얻을 수 있다. 따라서 모든 잠재활동선 중에서 흙덩이의 중량이 최소인 활동선을 임계활동선이라고 할 수 있으며 이어지는 사면의 안정에 대한 수학적 해석과정에서 이것을 최적화기준으로 적용한다(Chen, 1975).

ii) 수학적 정식화

상재하중이 없다면($q=0$) 흙덩이의 중량(W)은 사면에 작용하는 외부하중과 같으며 다음과 같이 나타낼 수 있다.

$$W = \int_{\psi_0}^{\psi_h} P_W \, d\psi \tag{7-192}$$

식에서, $P_W = \dfrac{\gamma_s r^2}{2} - \dfrac{W_1}{\psi_h - \psi_0}$

〈그림 7-63〉에서 W_1은 $OBAC$의 가상중량(fictitious weight)이고 $r(\psi)$는 변수 ψ의 값에 따라 활동선의 형태를 정의하는 미지함수이다.

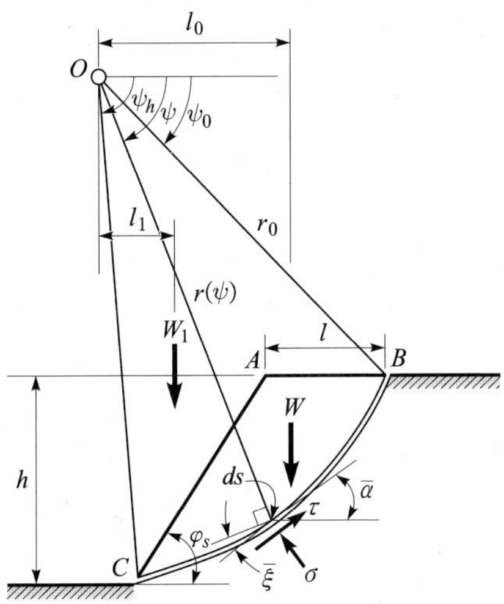

〈그림 7-63〉 기울기가 일정한 사면 (Chen, 1975)

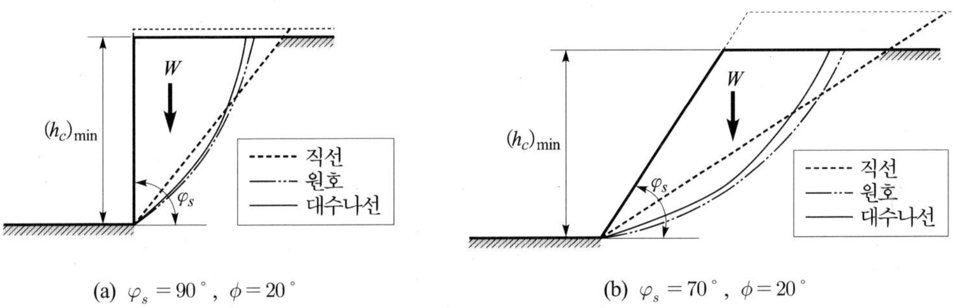

〈그림 7-64〉 서로 다른 활동선 형태별 흙덩이의 중량 비교 (Chen, 1975)

〈그림 7-62〉와 (7-191)식에 의해서 3개의 평형방정식은 각각 다음과 같이 나타낼 수 있다.

$$\int_S [\tau\cos\bar{\alpha}-\sigma\sin\bar{\alpha}]\,ds=0 \tag{7-193}$$

$$\int_S [\tau\sin\bar{\alpha}+\sigma\cos\bar{\alpha}]\,ds-W=0 \tag{7-194}$$

$$\int_S [\sigma\tau\sin\bar{\xi}+\tau r\cos\bar{\xi}]\,ds+Wl=0 \tag{7-195}$$

식에서, $\bar{\alpha}=\pi-\psi-\tan^{-1}\left(\dfrac{r}{r'}\right)$, $\bar{\xi}=\dfrac{\pi}{2}-\tan^{-1}\left(\dfrac{r}{r'}\right)$, $ds=\dfrac{dr}{\sin\bar{\xi}}$

위의 식에서 s는 활동선의 길이이며 $r' = dr/d\psi$이다. (7-193~195)식에 (4-25)식의 Mohr-Coulomb파괴기준을 적용하면 각각 다음과 같다.

$$\int_{\psi_0}^{\psi_h} P_1\, d\psi = 0, \quad \int_{\psi_0}^{\psi_h} P_2\, d\psi = 0, \quad \int_{\psi_0}^{\psi_h} P_3\, d\psi = 0 \tag{7-196}$$

식에서, $P_1 = (-\sigma)[(r\cos\psi)'\tan\phi + (r\sin\psi)'] - c(r\cos\psi)'$ (7-197)

$$P_2 = \sigma[(r\cos\psi)' - (r\sin\psi)'\tan\phi] - c(r\sin\psi)' + \frac{\gamma_s}{2}r^2 - \frac{W_1}{\psi_h - \psi_0} \tag{7-198}$$

$$P_3 = \sigma(rr' - r^2\tan\phi) - cr^2 + \frac{\gamma_s}{3}r^3\cos\psi - \frac{W_1 l_1}{\psi_h - \psi_0} \tag{7-199}$$

위의 식에서 $r(\psi)$와 $\sigma(\psi)$는 미지함수이고 $(\ )'$은 변수 ψ에 대한 도함수를 나타낸다. 임계활동선과 활동선에 작용하는 수직응력의 분포형태를 구하는 방법은 다음과 같다.

iii) Lagrange 승수법에 의한 최적화

위의 문제는 〈그림 7-63〉의 사면에서 (7-196)식의 제한조건을 갖는 (7-192)식에 대하여 최솟값을 갖는 형상함수 $r(\psi)$와 응력함수 $\sigma(\psi)$를 찾는 것과 같으므로, **Lagrange 승수법**(Lagrange multiplier method; 제한조건을 갖는 문제에서 최적화의 필요조건을 찾는 기법)을 이용하여 최솟값을 구할 수 있다. 따라서 λ_1, λ_2 및 λ_3를 Lagrange 승수라고 하면 함수 I는 다음과 같이 정의된다(Snitbhan & Chen, 1973).

$$I = P_W + \lambda_1 P_1 + \lambda_2 P_2 + \lambda_3 P_3 \tag{7-200}$$

P_W, P_1, P_2 및 P_3의 모든 피적분함수는 $r(\psi)$, $\sigma(\psi)$ 및 $r(\psi)$의 일차도함수만 포함하고 있으므로 Euler 미분방정식은 1차이며 다음과 같이 나타낼 수 있다.

$$\frac{d}{d\psi}\left[\frac{\partial I}{\partial \sigma'(\psi)}\right] - \frac{\partial I}{\partial \sigma(\psi)} = 0, \quad \frac{d}{d\psi}\left[\frac{\partial I}{\partial r'(\psi)}\right] - \frac{\partial I}{\partial r(\psi)} = 0 \tag{7-201}$$

식에서 $\sigma' = d\sigma/d\psi$이다. 위의 식에 (7-200)식을 대입하여 정리하면 2개의 미지함수 $r(\psi)$와 $\sigma(\psi)$는 다음의 미분방정식을 충족시켜야 된다는 것을 알 수 있다. 먼저 수직응력분포 $\sigma(\psi)$와는 관계없이 $r(\psi)$에 대한 식을 충족시켜야 한다.

$$\begin{aligned} & r'[\lambda_2(\cos\psi - \tan\phi\sin\psi) - \lambda_1(\tan\phi\cos\psi + \sin\psi)] \\ & + r[\lambda_1(\tan\phi\sin\psi - \cos\psi) - \lambda_2(\sin\psi + \tan\phi\cos\psi)] + \lambda_3(rr' - r^2\tan\phi) = 0 \end{aligned} \tag{7-202}$$

다음으로는 $\sigma(\psi)$에 대한 식을 충족시켜야 한다.

$$\sigma'\left[\lambda_2(\cos\psi - \tan\phi\sin\psi) - \lambda_1(\tan\phi\cos\psi + \sin\psi) + \lambda_3 r\right] \\ + \sigma(2r\lambda_3\tan\phi) - \gamma_s r(1+\lambda_2) + \lambda_3(2cr - \gamma_s r^2\cos\psi) = 0 \quad (7\text{-}203)$$

따라서 임계활동선의 형태는 $r(\psi)$에 대한 (7-202)식의 해를 먼저 구해야 하며, 일단 $r(\psi)$가 결정되면 임계활동선을 따라서 수직응력분포는 (7-203)식을 이용하여 구할 수 있다.

iv) 활동선의 형태

문제를 단순화하기 위해서 (7-202)식은 〈그림 7-65〉와 같이 원통좌표계로부터 직교좌표계로 변환한다.

$$\lambda_1 y' - \lambda_2 - \lambda_3(yy' + x) + \tan\phi\left[\lambda_1 + \lambda_2 y' - \lambda_3(y - xy')\right] = 0 \quad (7\text{-}204)$$

식에서 $x = r\cos\psi$이고 $y = r\sin\psi$이다. 또한 위의 식은 다음과 같이 나타낼 수 있다.

$$y'\left(y - \frac{\lambda_1}{\lambda_3}\right) + \left(x + \frac{\lambda_2}{\lambda_3}\right) + \tan\phi\left[\left(y - \frac{\lambda_1}{\lambda_3}\right) - y'\left(x + \frac{\lambda_2}{\lambda_3}\right)\right] = 0 \quad (7\text{-}205)$$

〈그림 7-65〉에서 X와 Y는 각각 다음과 같다.

$$X = x + \frac{\lambda_2}{\lambda_3}, \quad Y = y - \frac{\lambda_1}{\lambda_3} \quad (7\text{-}206)$$

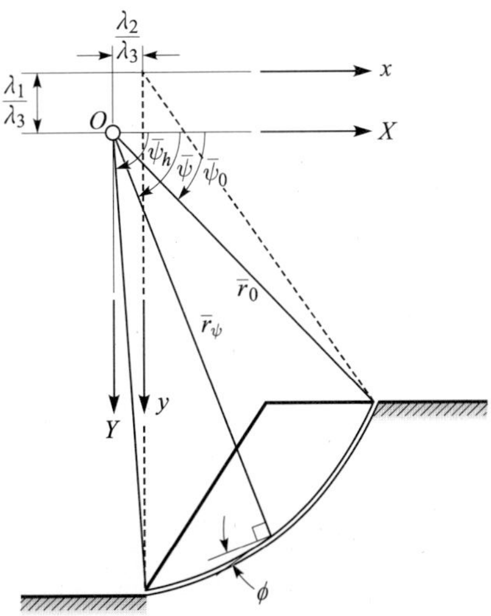

〈그림 7-65〉 사면의 좌표변환 (Snitbhan & Chen, 1973)

(7-205~206)식으로부터 다음 식을 얻을 수 있다.

$$-Y'Y-X+(-Y+Y'X)\tan\phi=0 \tag{7-207}$$

또한 X, Y 및 Y'은 각각 다음과 같이 나타낼 수 있다.

$$X=\bar{r}\cos\bar{\psi},\quad Y=\bar{r}\sin\bar{\psi},\quad Y'=\frac{\bar{r}\cos\bar{\psi}+\bar{r}'\sin\bar{\psi}}{\bar{r}'\cos\bar{\psi}-\bar{r}\sin\bar{\psi}} \tag{7-208}$$

(7-202)식은 위의 식을 이용하여 다음과 같이 간단하게 나타낼 수 있다.

$$\bar{r}^2\tan\phi-\bar{r}\,\bar{r}'=0 \tag{7-209}$$

위의 식에 대한 일반해는 다음과 같다.

$$\bar{r}_\psi=\bar{r}_0\exp\left[\left(\bar{\psi}-\bar{\psi}_0\right)\tan\phi\right] \tag{7-210}$$

위의 식이 $\bar{r}_0$를 임의상수로 취하는 가장 간단한 형태의 대수나선 활동선(마찰각: ϕ)이다.

v) 활동선에 작용하는 수직응력 분포

(7-203)식을 직교좌표계로 변환하면 다음과 같다.

$$\sigma'+2\sigma\tan\phi+2c-\gamma_s\bar{r}\cos\bar{\psi}-\frac{\gamma_s}{\lambda_3}=0 \tag{7-211}$$

위의 식은 일차미분방정식이며 다음의 정해를 갖는다(Snitbhan & Chen, 1973).

$$\begin{aligned}\sigma(\bar{\psi})=&\frac{\gamma_s}{2\lambda_3\tan\phi}-\frac{c}{\tan\phi}+\frac{\gamma_s\bar{r}\exp\left[\left(\bar{\psi}-\bar{\psi}_0\right)\tan\phi\right]\left(3\tan\phi\cos\bar{\psi}+\sin\bar{\psi}\right)}{1+9\tan^2\phi}\\&+C_0\exp\left[-2\bar{\psi}\tan\phi\right]\end{aligned} \tag{7-212}$$

위의 식에서 $\sigma(\bar{\psi})$는 Lagrange 승수 λ_3와 적분상수 C_0를 알아야 구할 수 있다. 모멘트 평형방정식인 (7-196)식의 셋째 식은 마찰각이 ϕ인 대수나선 활동선에 대하여 $\sigma(\bar{\psi})$와는 관계가 없으므로 나머지 2개의 평형방정식으로부터 λ_3와 C_0를 구할 수 있다. (7-210)식의 $\bar{r}(\bar{\psi})$와 (7-212)식의 $\sigma(\bar{\psi})$를 (7-196)식의 첫째 식과 둘째 식에 대입하여 λ_3와 C_0를 구한 후에 무차원의 $\sigma(\bar{\psi})$는 다음 식으로 구한다.

$$\frac{\sigma(\overline{\psi})}{\gamma_s h}=A_1+\left\{\frac{3\tan\phi}{\left(\frac{h}{\bar{r}_0}\right)(1+9\tan^2\phi)\exp[\overline{\psi}_0\tan\phi]}\right\}\times\left\{\cos\overline{\psi}\exp[\overline{\psi}\tan\phi]+\frac{\sin\overline{\psi}\exp[\overline{\psi}\tan\phi]}{3\tan\phi}\right\}+A_2\exp[-2\overline{\psi}\tan\phi] \tag{7-213}$$

위의 식에서 A_1과 A_2는 실수이다. 주어진 사면경사각 φ_s와 마찰각 ϕ에 대하여 A_1과 A_2는 선단을 통과하는 대수나선 회전축의 위치를 결정하는 각인 ψ_0와 ψ_h에만 의존하는 값이 된다. Chen(1975)은 위의 식에 대하여 A_1과 A_2를 결정한 후에 활동선에 작용하는 수직응력분포를 제시하였다. 〈그림 7-66〉은 (7-213)식에서 흙의 마찰각 $\phi=20^\circ$ 이고 $\varphi_s=90^\circ$ 및 $\varphi_s=70^\circ$에 대하여 수직응력분포를 예시한 것이다. 그림에서 각각의 수직응력분포는 (7-186)식에 의한 사면의 한계고 h_{cr}에 대한 것이며 ψ_h와 ψ_0는 (7-185)식의 조건에 의하여 결정된 값이다. 선단을 통과하는 대수나선에 작용하는 수직응력의 크기는 그림에서 화살표로 표시하였으며 최대압축응력은 사면선단 부위에서 발생하고 사면정부에서는 최대인장응력이 나타난다(Snitbhan & Chen, 1973; Chen, 1975).

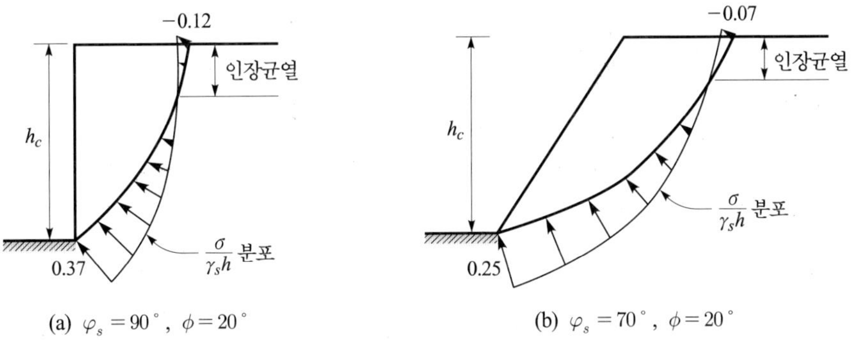

〈그림 7-66〉 수직응력분포 (Snitbhan & Chen,1973; Chen, 1975)

(4) 극한해석의 상계에 의한 사면의 안정검토시 유의사항

극한해석의 상계에 의한 사면의 안정해석은 단순하고 계산결과는 기존의 한계평형법과 유사한 값을 보인다. 따라서 극한해석의 상계는 사면의 한계고를 구하는데 적절한 방법일 뿐 아니라 한계평형법보다 이용하기에 편리하다. 다음은 극한해석의 상계에 의한 사면의 안정해석에 대한 유의사항이다(Snitbhan & Chen, 1973).

- 지표면이 수평이고 등방성인 사면에 대한 임계활동선은 대수나선이다.

- 일반적으로 활동선에 작용하는 수직응력분포와 활동선의 형태는 상호 유기적인 관계가 있으므로, 비록 한계평형법에 의해서 해를 얻을 수 있다고 하더라도 그것이 항상 최소안전율을 나타내는 것이 아니므로 주의해야 한다.
- 사면의 안정검토시 극한해석의 상계를 이용한 대수나선형 회전파괴메커니즘은 한계평형법의 기본적인 틀로서 이용할 수 있으며 변분법은 사면의 안정해석에서 유용한 정보를 얻을 수 있는 기법이다.

7.2.5 옹벽의 토압

〈그림 7-67〉은 수직 가동벽체(movable wall)가 장착된 모래($c=0$) 저장시설이다. 저장시설에 모래를 채우면 가동벽체에 측압이 작용하게 되는데, 측압에 따라서 가동벽체는 정지되거나 내측 또는 외측으로 이동할 수 있도록 설계되어 있다. 가동벽체가 초기 위치에서 평형상태를 유지할 수 있도록 하기 위해서는 가동벽체에 수평력 P_n을 가해야 하며, 가동벽체의 이동방향에 따라서 모래에서는 주동토압 또는 수동토압이 발생하게 된다.

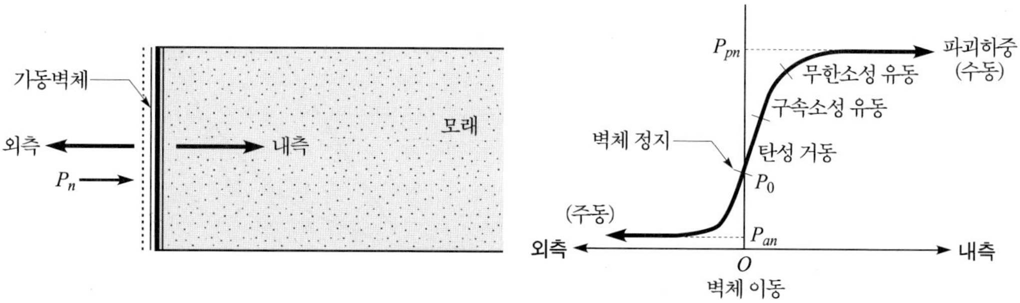

(a) 가동벽체가 장착된 모래 저장시설 (b) 하중-변위 관계

〈그림 7-67〉 옹벽 시험결과 (Chen, 1975; 1970)

수평력 $P=P_0$에 의해서 정지상태에 있는 가동벽체에 대하여 P를 감소시키면 모래의 중량 때문에 가동벽체는 외측으로 이동하게 되는데, 수평력 P가 서서히 감소되면서 모래는 먼저 탄성변형이 발생하게 되고 다음에는 탄소성변형 즉 구속소성유동(uncontained plastic flow)을 거친 후 마지막으로 무한소성유동(uncontained plastic flow)과 함께 주동파괴하중(active collapse load)인 P_{an}에 이르게 된다. 〈그림 7-67(b)〉는 주동토압 및 수동토압에 대한 흙의 하중-변위 관계를 나타낸 것이다. 그림에서 P_0, P_{pn} 및 P_{an}은 각각 정지, 수동파괴 및 주동파괴 상태에서 벽체에 가해지는 힘을 나타내고, 아래첨

자 p, a 및 n은 각각 수평력 P의 수동, 주동 및 법선성분을 의미한다. 한계값인 $P = P_{an}$은 주동토압으로 정의되는데, 주동토압은 상계에 의하여 아래로 유계이고 (bounded from below by upper bounds) 하계에 의하여 위로 유계이다. 이것은 하계는 평형방정식과 파괴기준을 충족시키면 구조물이 파괴되지 않을 하중을 나타내고, 상계는 외력에 의한 일이 내부에서 소산되는 에너지와 같거나 또는 크면 구조물이 파괴되는 하중을 나타내기 때문이다. 따라서 〈그림 7-67(b)〉에서 가동벽체가 계속하여 변위를 일으키지 않는 하중인 하계는 수동토압과 주동토압 사이의 하중이다. 같은 방법으로 상계는 하계의 범위가 아닌 수동토압의 윗부분과 주동토압의 아랫부분에 해당되는 하중이 된다. 그러므로 가동벽체가 계속하여 변위를 일으킬 수 있는 하중의 범위는 상계에 해당되는 수동토압의 윗부분 및 주동토압의 아랫부분이 되며, 주동토압의 참값에 근접하기 위해서는 상계를 최대화하고 하계를 최소화해야지만 된다. 수평력 P가 P_0로부터 증가하면 변위가 발생하고 수동토압인 P_{pn}에 가까워지면서 파괴, 즉 일정한 하중 하에서 계속되는 변위상태에 이르게 된다. 주동 및 수동토압은 뒤채움재료의 역할에 따라 정의할 수 있다. 주동토압 하에서는 흙덩이의 중량이 흙의 마찰각과 벽체에 작용하는 압력보다 크기 때문에 파괴가 발생함으로서 흙이 주동적인 역할을 하게 되고, 수동토압 하에서는 벽체에 작용하는 압력이 흙덩이의 중량과 마찰각을 극복하고 파괴를 유발함으로서 흙이 수동적인 역할을 하게 되므로 각각 주동 및 수동토압이라고 한다(Chen & Scawthorn, 1968).

옹벽의 토압에 대해서는 먼저 마찰이 없는 수직옹벽의 수평토압에 대하여 극한해석의 상계와 하계를 구하고, 이를 이용하여 동일한 조건의 Coulomb의 해가 정해라는 것을 보인 후에, 벽면마찰각이 있는 일반적인 옹벽에 대하여 극한해석의 상계를 적용하고자 한다.

(1) 한계평형법에 의한 수직옹벽의 토압

먼저 Coulomb의 한계평형법에 의한 수직옹벽의 토압에 대하여 검토하기로 한다. 주동토압인 경우에 뒤채움재료($c=0$)는 〈그림 7-68〉과 같이 수직선으로부터 흙쐐기의 활동각이 $\overline{\beta}$인 것으로 가정한다. 그림에서 흙쐐기 TRS는 평형상태에 있기 때문에 힘의 다각형은 폐합되어야 한다. 중량이 W인 흙쐐기의 활동각 $\overline{\beta}$를 저항이 최소가 되도록 취하고 $(\overline{\beta} = \pi/4 - \phi/2)$ 해를 구하면 다음과 같다.

$$P_{an}^{lm} = \frac{1}{2}\gamma_s h^2 \tan^2\left(\frac{\pi}{4} - \frac{\phi}{2}\right) \tag{7-214}$$

식에서 γ_s는 뒤채움재료의 단위중량이다. 위와 같은 형태의 식은 벽면마찰각 δ', 옹벽의 수직선에 대한 경사각 β_w 및 뒤채움재료의 수평선에 대한 지표경사각 φ의 영향을 고려할 수 있는 일반적인 형태에 대해서도 수립할 수 있다. 수동토압의 파괴메커니즘에 대해서는 흙쐐기의 활동방향이 상향이라는 것을 제외하면 주동토압과 동일하며 흙쐐기의 활동각을 $\overline{\beta}=\pi/4+\phi/2$로 대체하면 된다.

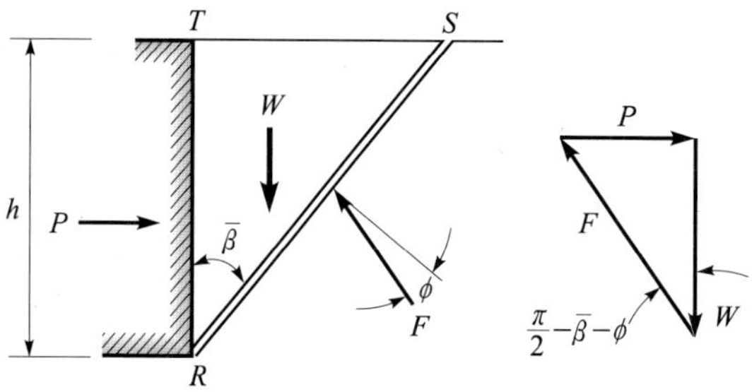

〈그림 7-68〉 Coulomb의 수평토압 (Chen, 1975; 1970)

(2) 극한해석의 상계에 의한 수직옹벽의 토압

〈그림 7-69〉와 같이 뒤채움재료($c=0$)의 지표경사각이 수평($\varphi=0$)인 수직옹벽($\beta_w=90^{\circ}$)에 대하여 극한해석에 의한 해를 구하고자 한다. 주동토압은 뒤채움재료의 중량에 의하여 옹벽이 외측으로 거동하는 것을 의미한다. 따라서 흙의 중량이 옹벽 RT에 대하여 하향 및 외측으로 작용하는 것으로 가정하여 그림과 같이 2개의 강체와 직선인 활동선으로 구성된 메커니즘을 적용한다. 이와 같은 메커니즘은 흙덩이 RST의 속도 V가 불연속선 RS와 사잇각이 ϕ이기 때문에 운동학적으로 타당한 속도장이다.

외력에 의한 일은 하향으로 거동하는 흙의 중량에 의한 일과 수평력 P에 의한 일을 합산하면 된다.

- 외력에 의한 일 : $\mathbb{W}=\left(\frac{1}{2}\gamma_s h^2 \tan\overline{\beta}\right)\left[V\cos(\overline{\beta}+\phi)\right]-PV\sin(\overline{\beta}+\phi)$ (7-215)

내부에서 소산되는 에너지에 대해서는 옹벽의 배면 RT와 활동선 RS를 고려해야 되지만 벽면마찰각 $\delta'=0$인 것으로 가정하면 RS에서만 발생하므로 다음과 같이 나타낼 수 있다.

- 내부 에너지소산 : $\mathbb{D}=c\,V\cos\phi$ (7-216)

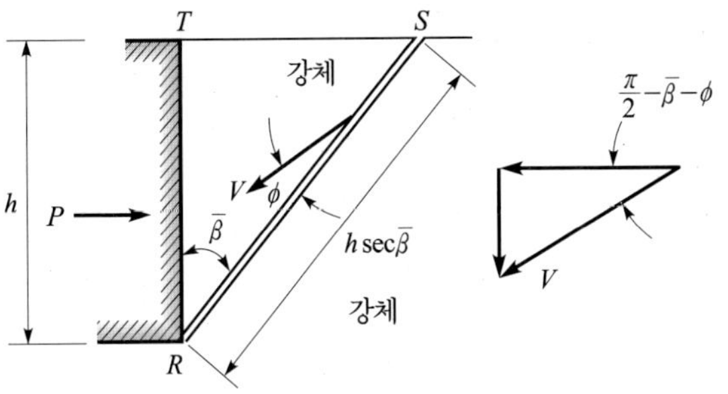

〈그림 7-69〉 주동토압에 대한 극한해석 (Chen, 1975; 1970)

위의 식에 의하면 모래($c=0$)에 대한 에너지소산은 0이 된다. (7-215)식과 (7-216)식을 등가로 하여 수평력 P를 구하면 다음과 같다.

$$P=\frac{1}{2}\gamma_s h^2 \tan\beta_w \cot(\bar{\beta}+\phi) \tag{7-217}$$

파괴하중 또는 극한하중은 위의 식에서 흙쐐기의 활동각 $\bar{\beta}$의 값을 최대로 하여 구한다.

$$\bar{\beta}=\frac{\pi}{4}-\frac{\phi}{2} \tag{7-218}$$

따라서 주동토압 P_{an}은 Coulomb이 제시한 한계평형법의 (7-214)식과 동일한 형태가 된다는 것을 알 수 있다.

$$P_{an}=\frac{1}{2}\gamma_s h^2 \tan^2\left(\frac{\pi}{4}-\frac{\phi}{2}\right) \tag{7-219}$$

수동토압에 대해서는 흙덩이의 활동방향이 상향이고, 속도 V는 활동선과 사잇각이 ϕ로서 주동토압과 동일하지만 방향은 반대방향이다. 전체적인 메커니즘은 주동토압과 동일하고 흙쐐기의 활동각 $\bar{\beta}$와 수동토압 P_{pn}은 각각 다음과 같다.

$$\bar{\beta}=\frac{\pi}{4}+\frac{\phi}{2} \tag{7-220}$$

$$P_{pn}=\frac{1}{2}\gamma_s h^2 \tan^2\left(\frac{\pi}{4}+\frac{\phi}{2}\right) \tag{7-221}$$

(3) 극한해석의 하계에 의한 수직옹벽의 토압

〈그림 7-70(a)〉는 하계정리를 적용하기 위해서 전체 영역을 3개의 균일응력장(I, II, III)으로 구분한 것이다. 그림에서 매개변수 K는 Mohr-Coulomb파괴기준을 충족시킬

수 있도록 선정해야 한다. 그림(b)의 Mohr 응력원은 매개변수 K에 대한 2개의 극값을 보여주는 것인데 바로 이 2개의 극값이 횡방향 토압문제에서 요구되는 하계를 제공하는 값이다. 그림(b)로부터 주동토압계수(coefficient of active earth pressure) K_a 및 수동토압계수(coefficient of passive earth pressure) K_p는 각각 다음과 같다.

$$K = K_a = \tan\left(\frac{\pi}{4} - \frac{\phi}{2}\right) \tag{7-222}$$

$$K = K_p = \tan\left(\frac{\pi}{4} + \frac{\phi}{2}\right) \tag{7-223}$$

위의 식과 함께 평형상태에 대한 수평력 P의 값은 다음과 같다.

$$P = \int_0^h K\gamma_s z\, dz \tag{7-224}$$

따라서 주동토압과 수동토압에 대한 상계와 하계가 각각 일치하므로 정해라고 할 수 있다.

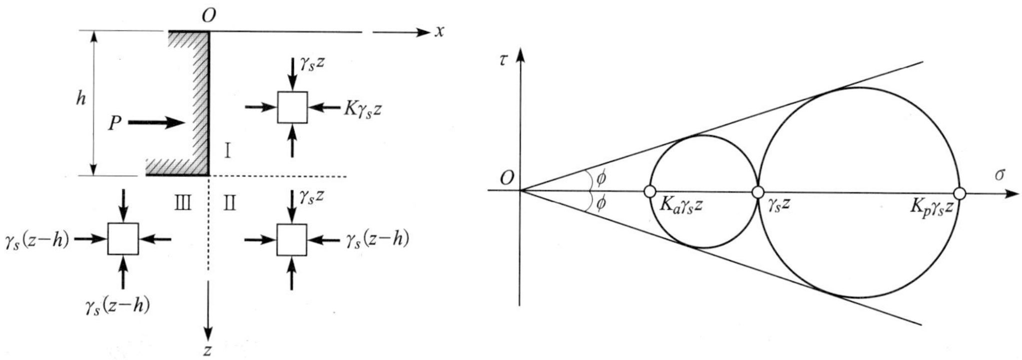

(a) 하계를 위한 균일응력장 (b) (a)의 I-응력장에 대한 Mohr 응력원

〈그림 7-70〉 수평토압에 대한 극한해석 응력장 (Chen & Scawthorn, 1968)

(4) 극한해석에 의한 경사옹벽의 토압

〈그림 7-71〉의 옹벽은 뒤채움재료의 지표경사각 φ, 벽면마찰각 δ', 옹벽경사각 β_w인 특수한 경우이며($\delta' < \phi$), 뒤채움재료의 마찰각 ϕ와 점착력 c를 포함하여 모든 값은 고정된 값이 아니다. 〈그림 7-72〉는 $\beta_w = 90^\circ$ 인 수직옹벽에 대하여 직선 파괴메커니즘으로 가정한 것이다.

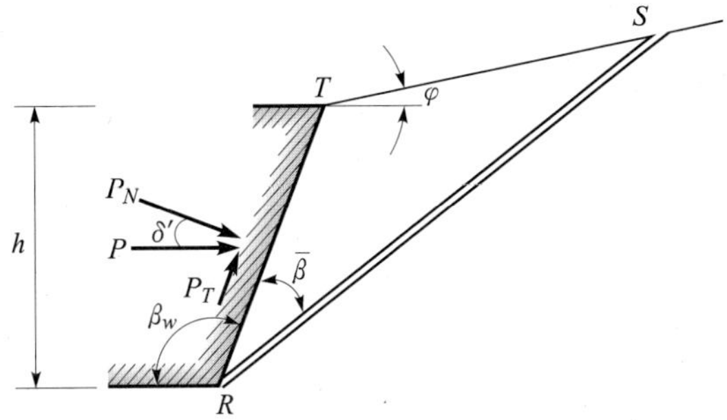

〈그림 7-71〉 **횡방향 토압에 대한 직선 활동** (Chen, 1975; 1970)

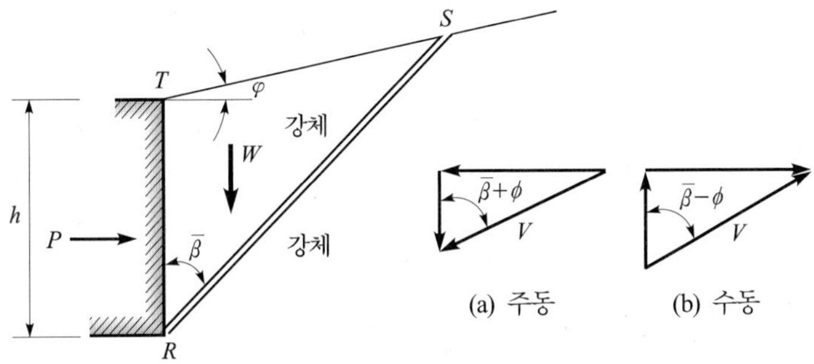

〈그림 7-72〉 **수직옹벽의 주동 및 수동토압** (Chen, 1975; 1970)

활동선 RS의 길이와 흙덩이 RST의 중량 W는 각각 다음과 같다.

- 활동선 RS의 길이 : $\dfrac{h\cos\varphi}{\cos(\overline{\beta}+\varphi)}$ (7-225)

- 흙덩이 RST의 중량 : $W=\dfrac{1}{2}\gamma_s h^2\dfrac{\sin\overline{\beta}\cos\varphi}{\cos(\overline{\beta}+\varphi)}$ (7-226)

주동 및 수동토압의 외력에 의한 일은 각각 다음과 같다.

- 주동토압의 외력에 의한 일 : $\mathbb{W}=+WV\cos(\overline{\beta}+\phi)-P_{an}V\sin(\overline{\beta}+\phi)$ (7-227)

- 수동토압의 외력에 의한 일 : $\mathbb{W}=-WV\cos(\overline{\beta}-\phi)+P_{pn}V\sin(\overline{\beta}-\phi)$ (7-228)

활동선 RS를 따라서 내부에서 소산되는 에너지 $\mathbb{D}$는 주동토압이나 수동토압에 관계없이 동일하다.

- 내부 에너지소산 : $\mathbb{D}=c\,V\cos\phi\dfrac{h\cos\varphi}{\cos(\overline{\beta}+\varphi)}$ (7-229)

옹벽과 흙덩이 사이의 활동선에서 마찰에 의하여 소산되는 에너지는 주동 및 수동토압에 대하여 각각 다음과 같다(벽면마찰각 : δ').

- 주동토압의 활동선에서 소산되는 에너지 : $P_{an}\tan\delta' V\cos(\overline{\beta}+\phi)$ (7-230)

- 수동토압의 활동선에서 소산되는 에너지 : $P_{pn}\tan\delta' V\cos(\overline{\beta}-\phi)$ (7-231)

위의 식에서 P_{an}과 P_{pn}은 각각 주동토압과 수동토압의 옹벽에 대한 법선성분을 나타낸다. 외력에 의하여 수행되는 일과 내부에서 소산되는 에너지를 등가로 하여 정리하면 다음 식을 얻을 수 있다.

- 주동토압 : $$P_{an}=\frac{\cos\varphi}{\cos(\overline{\beta}+\varphi)}\frac{\frac{1}{2}\gamma_s h^2\sin\overline{\beta}\cos(\overline{\beta}+\phi)-ch\cos\phi}{\sin(\overline{\beta}+\phi)+\tan\delta'\cos(\overline{\beta}+\phi)} \quad (7\text{-}232)$$

- 수동토압 : $$P_{pn}=\frac{\cos\varphi}{\cos(\overline{\beta}+\varphi)}\frac{\frac{1}{2}\gamma_s h^2\sin\overline{\beta}\cos(\overline{\beta}-\phi)+ch\cos\phi}{\sin(\overline{\beta}-\phi)-\tan\delta'\cos(\overline{\beta}-\phi)} \quad (7\text{-}233)$$

위의 식은 수직옹벽에 대하여 $\delta' < \phi$이고 활동선이 직선인 경우에 유효하며, 경사옹벽에 대한 식도 같은 방법으로 유도할 수 있다. 여기서 만약 $\delta' \geq \phi$이라면 벽면을 따라서 마찰활동이 발생하지 않고 흙에 전단이 발생하게 되므로 주의해야 한다. 수평력 P를 최대 또는 최소화하기 위해서 최선의 $\overline{\beta}$값을 선택하는 것이 쉽지는 않지만, $c=\delta'=\varphi=0$인 특수한 조건이라면 간단하게 결정할 수 있다. 다음의 〈표 7-5〉는 뒤채움재료가 모래($c=0$)인 수직옹벽에 대하여 Coulomb의 해와 극한해석의 상계에 의한 해를 비교한 것으로서 두 해석결과에 큰 차이가 없다는 것을 알 수 있다. 그러나 일반적으로 Coulomb의 해는 마찰각이 크면($\phi=30^\circ \sim 40^\circ$) 거친 벽면에 작용하는 수동토압이 과다하게 예측되는 경향이 있으며, 그에 대한 실제 활동선은 직선이 아니라 곡선으로 나타난다. 옹벽에 대하여 상계에 의한 해는 사면의 안정해석과 같이 병진파괴메커니즘보다는 대수나선형 회전파괴메커니즘을 이용하면 개선된 값을 얻을 수 있다.

〈표 7-5〉 극한해석과 한계평형법에 의한 횡방향 토압의 비교 (Chen, 1970)

마찰각 $\phi(^\circ)$	벽면마찰각 $\delta(^\circ)$	지표경사각 $\varphi(^\circ)$	주동토압 $K_a = K_{an}\sec\delta$		수동토압 $K_p = K_{pn}\sec\delta$	
			한계평형법	극한해석	한계평형법	극한해석
10	0	0	0.704	0.704	1.42	1.42
	10	0	0.634	0.635	1.65	1.73
20	0	0	0.490	0.490	2.04	2.04
		10	0.569	0.566	2.59	2.59
	10	0	0.426	0.446	2.52	2.64
		10	0.507	0.531	3.53	3.70
	20	0	0.350	0.426	2.93	3.52
		10	0.430	0.516	4.62	5.59
30	0	0	0.333	0.333	3.00	3.00
		10	0.374	0.372	4.08	4.09
		20	0.441	0.439	5.74	5.78
	10	0	0.290	0.307	3.96	4.15
		10	0.334	0.350	6.03	6.31
		20	0.401	0.420	9.94	10.41
	20	0	0.247	0.297	5.06	6.15
		10	0.282	0.338	9.05	10.91
		20	0.334	0.413	19.40	23.37
40	0	0	0.217	0.217	4.60	4.60
		10	0.238	0.237	6.84	6.85
		20	0.266	0.266	11.06	11.10
	10	0	0.195	0.204	6.63	6.92
		10	0.215	0.223	11.53	12.08
		20	0.242	0.253	24.00	25.36

7.3 토질역학과 극한해석

7.3.1 극한해석의 상계와 비관련유동칙

일반적으로 극한해석에 의하여 흙의 파괴하중을 예측하는 방법으로는 하계보다는 상계가 더 많이 이용되며 이것은 정적가용응력장보다 운동학적가용속도장을 수립하는 것이 상대적으로 용이하기 때문이다. 그러나 상계를 구할 때 모든 활동선의 에너지소산은 (3-17)식에 의하여 오직 점착력에만 의존하고 점착력 $c=0$이면 에너지가 소산되지 않는다는 것을 주의해야 한다. 직관적으로 이와 같은 에너지소산은 실제와는 다르다는 것인데, 이것은 모든 에너지소산이 관련유동칙을 기반으로 전개되기 때문이다. 「Drucker의 가설」에서 기술한 바와 같이 활동선의 접선속도 v_t와 분리속도 v_p사이에는 $v_p = -v_t \tan\phi$의 관계가 있으므로 에너지소산을 산정하는 과정에서 활동선의 접선방향으로는 양의 에너지가 소산되고 수직방향으로는 음의 에너지소산이 발생하게 된다. 즉 아래 식과 같이 팽창을 야기하는 수직응력에 의한 에너지소산은 활동을 야기하는 전단응력에 의한 에너지소산과 크기는 같고 부호는 반대이다(Davis & Selvadurai, 2002; Hjiaj 외, 2005).

$$\sigma v_p = -\sigma v_t \tan\phi = -\tau v_t \tag{7-234}$$

위의 식에 대하여 에너지평형을 고려하면, 흙의 마찰성분도 에너지소산을 유발하고 그 크기는 수직응력에 의한 에너지소산과 동일하다는 것이다. 이것은 양의 에너지소산을 야기하는 흙의 강도성분은 단지 점착력뿐이며, 따라서 마찰력에 의한 양의 에너지소산을 추가하게 되면 과다한 체적팽창을 유발하는 원인이 된다는 것을 의미한다. 그렇지만 이것이 상계정리가 비점착성($c=0$) 흙에 대해서 유효하지 않다는 것은 아니며, 마찰성분에 대한 내부 에너지소산이 없다고 하더라도 $c=0$과 함께 상계정리를 적용할 수 있을 뿐 아니라 유용한 결과도 도출할 수 있다. 관련유동칙이 실제보다 과다한 체적팽창을 유발하고, 비점착성 흙에 대하여 에너지소산이 없다는 것도 과다한 체적팽창으로부터 비롯된다는 것은 관련유동칙이 흙의 소성거동을 모델링하기에는 최적의 유동칙이 아니라는 것을 의미한다.

따라서 비관련유동칙을 고려할 수도 있지만 비관련유동칙에 대해서는 소성이론의 중요한 정리중의 하나인 유일성정리를 증명할 수 없다는 것이 문제이다. 유일성정리를 증명할 수 없다면 파괴하중은 더 이상 유일하지 않기 때문에, 비관련유동칙을 따르는 재료의 파괴하중이 관련유동칙을 충족시키는 동일한 재료의 파괴하중보다 같거나 작다는 것을 확인할 수 있다는 것이 유일하게 얻을 수 있는 성과물일 뿐이다(「정리[V] 비관련유동칙을 따르는 재료를 위한 상계정리」 참조). 그러나 비관련유동칙의 제한적인 적용성에도 불구하고 특별히 적용이 가능한 형태의 문제가 있는데 바로 상계를 구하기 위하여 병진파괴 메커니즘을 적용하는 경우이다. 먼저 활동선의 접선속도 v_t와 분리속도 v_p사이에 다음과 같은 관계가 있는 것으로 가정한다.

$$v_p = -v_t \tan\nu \tag{7-235}$$

식에서 ν는 팽창각이며 $\phi \ge \nu$이기 때문에 상대적으로 체적팽창이 적게 발생될 것으로 예상할 수 있다. (4-25)식의 Mohr-Coulomb파괴기준과 함께 (7-235)식을 (3-16)식에 대입하면 단위면적당 에너지소산 $\mathbb{D}_A$를 얻을 수 있다.

$$\mathbb{D}_A = \tau v_t - \sigma v_p = v_t[c + \sigma(\tan\phi - \tan\nu)] \tag{7-236}$$

위의 식에서 $\phi = \nu$이면 (3-17)식과 같으므로 점착력만 의존하는 에너지소산을 얻을 수 있으며, $\phi \neq \nu$이면 $c = 0$인 비점착성 흙에서도 에너지소산이 발생된다는 것을 알 수 있다. 위의 식과 비관련거동을 결합하여 비점착성 흙의 에너지소산 문제를 해석할 수는 있지만 또 하나의 새로운 문제에 직면하게 되는데, 바로 수직응력(σ)을 모르면 위의 식을 적용할 수 없다는 것이다. 그러나 특수한 경우이기는 하지만 상계를 구하기 위해서 병진파괴메커니즘을 적용할 때에 힘의 평형조건만으로 수직응력을 결정할 수 있는 정정(statically determinate)인 파괴메커니즘이라면 문제가 되지 않는다.

예로서 〈그림 7-73(a)〉는 흙의 단위중량 $\gamma_s (= \rho g)$, 점착력 c, 마찰각 ϕ인 지반의 수직굴착단면을 나타낸 것이다. 흙은 응력-변형률 거동이 비관련유동칙을 따르고 팽창각이 ν인 것으로 가정한다. 병진파괴메커니즘에 의하여 전단이 발생하는 것으로 가정하면 전단속도는 그림(a)와 같이 활동선에서 ν만큼 경사진 방향으로 발생하고, 그림(b)의 응력원에서 속도벡터는 활동선에서 수직방향이 아니다. 먼저 (7-75)식과 같은 방법으로 외력에 의한 일($\mathbb{W}$)은 다음과 같이 나타낼 수 있다(Davis & Selvadurai, 2002; Chen, 1975).

$$\mathbb{W} = \frac{1}{2}\gamma_s h^2 \tan\delta^* v\cos(\nu + \delta^*) \tag{7-237}$$

단위면적당 에너지소산은 접선속도 $v_t = v\cos\nu$와 (7-236)식으로 구하고 활동선의 길이는 $l = h/\cos\delta^*$이므로 내부 에너지소산은 다음과 같다.

$$\mathbb{D} = \frac{chv\cos\nu}{\cos\delta^*} + v\cos\nu\left[\int_0^{h/\cos\delta^*} \sigma(\tan\phi - \tan\nu)dl\right] \tag{7-238}$$

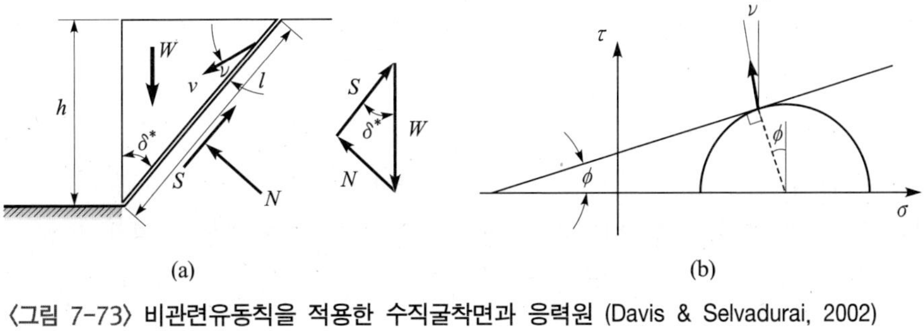

〈그림 7-73〉 비관련유동칙을 적용한 수직굴착면과 응력원 (Davis & Selvadurai, 2002)

〈그림 7-73(a)〉에서 흙쐐기에 작용하는 수직력(N)은 힘의 다각형으로부터 다음과 같다.

$$N = W\sin\delta^* = \frac{\gamma_s}{2}h^2\tan\delta^*\sin\delta^* \tag{7-239}$$

위의 수직력은 활동선에 작용하는 수직응력과 같으므로 다음과 같이 나타낼 수 있다.

$$\int_0^{h/\cos\delta^*}\sigma\, dl = \frac{\gamma_s}{2}h^2\tan\delta^*\sin\delta^* \tag{7-240}$$

위의 식을 (7-238)식에 대입하면 다음 식을 얻을 수 있다.

$$\mathbb{D} = v\cos\nu\left[c\frac{h}{\cos\delta^*} + \frac{\gamma_s}{2}h^2\tan\delta^*\sin\delta^*(\tan\phi - \tan\nu)\right] \tag{7-241}$$

마지막으로 (7-237)식의 일과 (7-241)식의 에너지소산을 등가로 하여 h를 구하면 다음과 같다.

$$h = \frac{2c}{\gamma_s}\frac{1}{\sin\delta^*(\cos\delta^* - \sin\delta^*\tan\phi)} \tag{7-242}$$

따라서 위의 식은 팽창각 ν는 관계가 없으므로 ν는 상계에 영향을 주지 않는다는 것을 알 수 있으며, 더욱이 위의 식은 (7-77)식과 일치함으로서 비관련유동칙에 의한 거동의 상계가 관련유동칙에 의한 거동의 상계와 같다는 것을 알 수 있다. 이것은 수직굴착 한 계고에서만 유효한 것이 아니라 병진파괴메커니즘을 적용하고 힘의 평형조건만으로 수직응력을 구할 수 있는 문제라면 어떤 문제라도 성립한다.

7.3.2 토질역학과 극한해석

흙의 응력-변형률 거동에 대한 고전적인 해석기법의 문제점은 동일한 구조물에 적용하는 여러 가지 해석기법 사이에 상호 관련성이 결여되어 있다는 것이다. 예로서 반무한지반에 설치된 기초구조물에 대하여, 지반의 응력분포는 탄성이론의 Boussinesq법, 지지력은 소성이론의 한계평형법(또는 활동선장법), 구조물의 침하는 점탄성이론에 의해서 결정된다. 동일한 구조물에 대하여 해석목적에 따라 각각 다른 해석기법을 적용할 수밖에 없는 것은 탄성거동은 물론 유한 및 무한 소성거동(contained and unrestricted plastic flow)에 대한 응력-변형률 정보를 완전하게 얻을 수 없기 때문이다. 지금도 흙의 비탄성영역에 대한 응력-변형률 관계를 규명하는 것은 매우 어려운 문제 중의 하나이다.

극한해석을 이용해도 점착력과 마찰각이 있는 흙의 응력-변형률 거동에 대해서 정해를 얻을 수는 없지만 토질역학에서는 오래전부터 Coulomb의 흙쐐기이론, Rankine의 토압이론 등 극한해석 기법의 하나인 한계평형법을 활용하여 다양한 구조물에 대하여 파괴하중의 근삿값을 구해왔다. 그러나 위에서 기술한 바와 같이 고전적인 한계평형법에서는 흙의 응력-변형률 관계를 고려하지 않는다는 것이 큰 단점으로 지적되고 있으며, 이에 반하여 극한해석에서는 항복기준과 관련유동칙을 통하여 응력-변형률 관계를 규명할 수 있다는 것이 장점이다. 흙을 강소성재료로 가정한다는 것은 단지 흙의 거동에 대한 근사해석을 위한 것이므로 극한해석과 같은 근사해석이 파괴하중의 극한값이나 비균질성인 흙의 변위 및 응력을 예측하는 방법으로서는 활용도가 매우 높다고 할 수 있다. 극한해석은 파괴하중정리, 파괴메커니즘 등에 대한 이론적인 틀 안에서 수행되어야 하며, 한계평형법보다 더욱 유용한 해석기법으로서 문제에 따라서는 다른 기법보다 훨씬 간단하게 해를 얻을 수도 있다. 동일한 가정을 설정한다면 극한해석 외의 다른 해석기법을 적용해도 더 좋은 결과를 얻기가 쉽지 않다. 극한해석을 통하여 얻은 하계와 상계의 차이가 커서 필요한 결과를 얻기 어렵다면 운동학적으로 타당한 다른 파괴메커니즘을 이용해서 상계를 개선하거나 일반적인 응력체계를 적용해서 하계를 개선하면 된다. 강소성재료로 가정한 복잡한 비균질성인 흙에 대해서는 너무 정도가 높은 해를 기대해서는 안 된다. 보통 토질역학과 관련된 안정문제에 대해서는 흙을 강소성재료로 가정해도 양호한 결과를 얻을 수 있는 것으로 알려져 있다(Herrmann 외, 1998; Chen, 1968).

따라서 극한해석은 토질역학에서 하나의 유용한 해석기법이라고 할 수 있다. 극한해석에 의한 상계와 하계로부터 설계값에 대한 중요한 정보를 얻을 수 있을 뿐 아니라, 고전적인 한계평형법에 의한 해를 이해할 수 있는 기본적인 틀이 될 수도 있다. 일반적으로 강소성재료의 응력과 거동을 해석적으로 구하는 것이 쉽지 않기 때문에 상대적으로 해석기법이 단순한 극한해석이 많이 이용되고 있다.

연습문제

문제1 (a) (7–24~25)식으로부터 (7–26)식을 유도하라. (b) (7–153)식으로부터 (7–154)식을 유도하라.

► 풀이

(a) $\cos\alpha-\cos\beta=-2\sin\dfrac{\alpha+\beta}{2}\sin\dfrac{\alpha-\beta}{2}$, $\quad \sin2\alpha=2\sin\alpha\cos\alpha$

(b) $\lim\limits_{x\to0}\dfrac{e^{\lambda x}-1}{x}=\lambda$, $\quad \tan^2\left(\dfrac{\pi}{4}+\dfrac{\phi}{2}\right)=\dfrac{1+\sin\phi}{1-\sin\phi}$

문제2 (7–218)식에서 수평력 P의 을 최댓값을 얻을 수 있는 $\overline{\beta}$를 구하라.

► 풀이

$\tan\overline{\beta}\cot(\overline{\beta}+\phi)$에서 덧셈공식으로 $\cot(\overline{\beta}+\phi)$를 고친 후 미분하여 $\tan(\pi/2-\alpha)=\cot\alpha$를 이용한다.

문제3 아래 그림은 단순전단에 의한 거동으로 생성된 Tresca재료의 방사상전단영역 (공점직선군+동심원군)인 불균일변형을 그린 것이다. 그림을 이용하여 불균일변형영역인 $OD'G'$에서 소산되는 에너지를 산정할 수 있는 (7–60)식을 유도하라 (Chen, 1975).

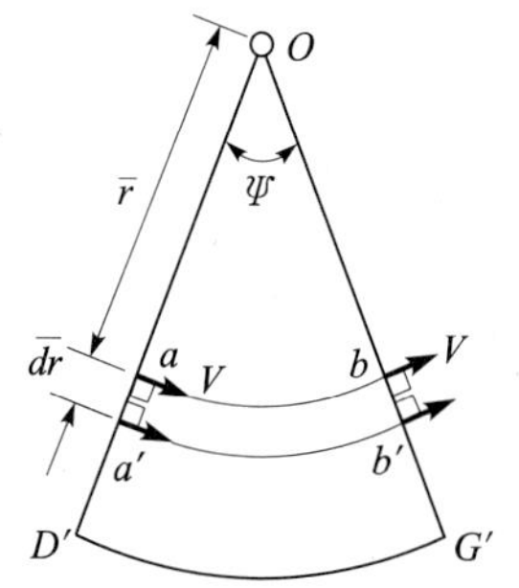

[Tresca재료의 방사상전단영역]

► 풀이

그림의 $aa'bb'$와 같이 얇은 전이층으로 구성된 방사상전단영역에서 각각의 전이층은 동심원호에 의하여 둘러싸이게 되고 각각의 전이층은 O점을 축으로 하여 강체로서 회전하게 된다. 예를 들면, O점을 축으로 원호 ab는 각속도 $V/\overline{r}$, 원호 $a'b'$은 각속도 $V/(\overline{r}+d\overline{r})$로 회전한다. (3–17)식에 의해서 전이층에서 소산되는 미소 에너지는 ab와 $a'b'$ 사이의 원호 길이의 차 $\Psi d\overline{r}$에 점착력 c와 접선속도 V를 곱하면 된다.

$$\int_0^r cV\Psi d\overline{r}=cVr\Psi$$

Mohr-Coulomb재료의 방사상전단영역에서 소산되는 에너지도 위의 Tresca재료의 방사상전단영역에서 소산되는 에너지 산정방법과 유사한 방법으로 결정할 수 있다.

문제4 아래 그림은 반무한 지반$(c \neq 0, \phi \neq 0, \gamma_s = 0)$에 설치된 무마찰 쐐기기초(smooth wedge footing)이다. 그림의 파괴메커니즘은 Hencky의 연속기초에 대한 파괴메커니즘을 확장한 것이다(「관련유동칙의 적용 예」 참조). V자형 쐐기의 반꼭지각은 β_0이고, 지표면 BG는 변형되지 않은 상태이며 AB는 기초의 압입에 의하여 히빙이 유발된 선분으로서 하중은 작용하지 않는 것으로 가정한다. 강체인 $\triangle AED$와 $\triangle ACB$는 선분 ED와 CB로부터 각각 ϕ만큼 경사진 방향으로 거동하고, 부채꼴 ADC는 방사상전단영역이다(Chen, 1975; Shield, 1953).

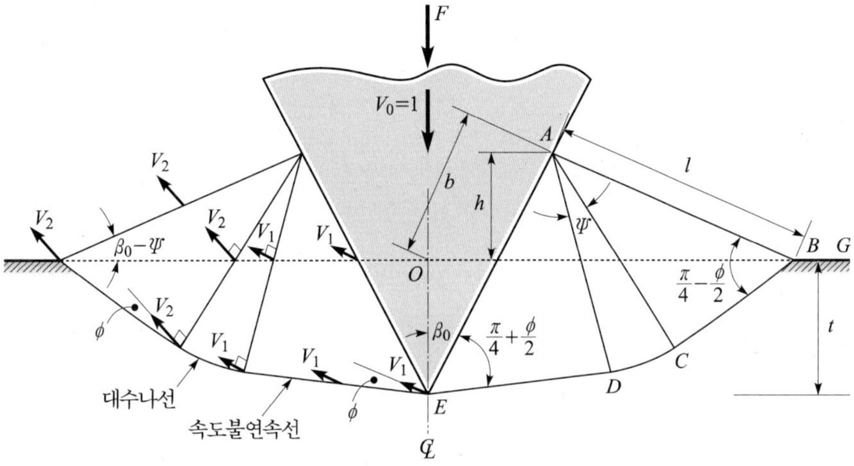

[무마찰 쐐기기초의 지지력]

(a) 쐐기기초의 하향속도가 V_0일 때 속도장 AED의 속도 V_1을 구하라.

(b) 방사상전단영역인 ADC의 속도 V_2를 구하라.

(c) 불연속선 ED, CB, DC 및 방사상전단영역 ADC의 에너지소산$(\mathbb{D})$을 구하라.

(d) 쐐기기초의 측면인 선분 AE에 작용하는 법선력을 P라고 하면 P에 의하여 수행되는 일$(\mathbb{W})$을 구하라.

(e) (c)항과 (d)항을 이용하여 법선력 P를 결정하라.

(f) 쐐기기초를 지반으로 압입시키는데 필요한 힘 F를 구하라.

▸ **풀이**

(a) 속도장 AED의 속도벡터 V_1는 선분 ED로부터 ϕ만큼 경사진 방향으로 거동하고 무마찰 쐐기기초의 측면인 AE면과 접촉상태를 유지해야 하므로 속도장 AED의 속도벡터 V_1는 다음과 같이 나타낼 수 있다.

$$V_1 = V_0 \sin\beta_0 \sec\left(\frac{\pi}{4}+\frac{\phi}{2}\right)$$

(b) 방사상전단영역 ADC의 속도 V_2는 방사상선 AD의 속도 V_1으로부터 지수함수식에 의해서 급격하게 증가하고 방사상선 AC에 이르면 다음의 최댓값을 갖는다.

$$V_2 = V_1 \exp[\Psi \tan\phi] = V_0 \sin\beta_0 \sec\left(\frac{\pi}{4}+\frac{\phi}{2}\right)\exp[\Psi\tan\phi]$$

속도장 ACB는 방사상선 AC에서 법선방향으로 속도가 V_2인 강체로서 거동한다.

(c) 불연속선 ED, CB, DC 및 방사상전단영역 ADC의 에너지소산

ED의 에너지소산 : $\mathbb{D}_{ED} = c(V_1 \cos\phi)\, r_0$,　　r_0 : AD의 길이

CB의 에너지소산 : $\mathbb{D}_{CB} = c(V_2 \cos\phi)\, r_0 \exp[\Psi\tan\phi] = c\, V_1 \cos\phi\, r_0 \exp[2\Psi\tan\phi]$

DC의 에너지소산 : $\mathbb{D}_{DC} = \dfrac{1}{2} c\, V_0 r_0 \cot\phi \{\exp[2\Psi\tan\phi]-1\}$

ADC의 에너지소산 : $\mathbb{D}_{ADC} = \mathbb{D}_{DC}$,　　(7-66)식 참조

(d) 법선력 P에 의하여 수행되는 일 : $\mathbb{W} = P\, 2r_0 \cos\left(\dfrac{\pi}{4}+\dfrac{\phi}{2}\right) V_1 \sin\left(\dfrac{\pi}{4}-\dfrac{\phi}{2}\right)$

(e) (c)항과 (d)항을 등가로 하여 법선력 P를 구하면 다음과 같다.

$$P = c\cot\phi\left\{\exp[2\Psi\tan\phi]\tan^2\left(\frac{\pi}{4}+\frac{\phi}{2}\right)-1\right\}$$

(f) 지표면의 히빙이 유발된 선분 AB의 길이를 l이라고 하면 기초의 측면 AE의 길이는 다음과 같이 나타낼 수 있다.

$$\overline{AE} = l\tan\left(\frac{\pi}{4}-\frac{\phi}{2}\right)\exp[-\Psi\tan\phi]$$

따라서 쐐기기초를 지반으로 압입시키는데 필요한 힘 F는 다음과 같다.

$$F = 2Pl\sin\beta_0 \tan\left(\frac{\pi}{4}-\frac{\phi}{2}\right)\exp[-\Psi\tan\phi]$$

문제5 [문제4]에서 방사상전단영역의 중심각 Ψ와 선분 AB의 길이 l을 구하라.

▸ **풀이**

그림에서 AB부터 원점 O까지 거리를 b, OB부터 A까지 높이는 h이다. 기초의 근입심도가 t일 때, 기초의 하향속도를 단위속도로 취하면($V_0=1$) t를 시간변수로도 취할 수 있다. 히빙이 유발된 지표면 AB와 교란되지 않은 지표면의 경사각이 $(\beta_0-\Psi)$이므로 t, Ψ 및 β_0를 이용하여 l, b 및 h를 구하면 다음과 같다.

$$l=\frac{t}{\exp[-\Psi\tan\phi]\tan\left(\frac{\pi}{4}-\frac{\phi}{2}\right)\cos\beta_0-\sin(\beta_0-\Psi)}$$

$$h=\frac{t\sin(\beta_0-\Psi)}{\exp[-\Psi\tan\phi]\tan\left(\frac{\pi}{4}-\frac{\phi}{2}\right)\cos\beta_0-\sin(\beta_0-\Psi)}$$

$$b=\frac{t\sin(\beta_0-\Psi)\left\{\exp[-\Psi\tan\phi]\tan\left(\frac{\pi}{4}-\frac{\phi}{2}\right)\sin\beta_0+\cos(\beta_0-\Psi)\right\}}{\exp[-\Psi\tan\phi]\tan\left(\frac{\pi}{4}-\frac{\phi}{2}\right)\cos\beta_0-\sin(\beta_0-\Psi)} \quad ①$$

선분 AB의 속도를 AB의 법선방향성분으로 나타내면 다음과 같다($V_0=1$).

$$V_2\cos\left(\frac{\pi}{4}-\frac{\phi}{2}\right)=\sin\beta_0\tan\left(\frac{\pi}{4}+\frac{\phi}{2}\right)\exp[\Psi\tan\phi]$$

단위속도로 하향으로 거동하는 꼭짓점 E의 속도를 AB의 법선방향성분은 $\cos(\beta_0-\Psi)$이다. 그러므로 선분 AB로부터 꼭짓점 E까지 거리는 두 법선방향성분을 합한 속도로 증가하게 된다. 압입이 시작된 후에 특정시간 t에서 선분 AB로부터 꼭짓점 E까지 거리는 다음과 같이 나타낼 수 있다.

$$t\left\{\sin\beta_0\tan\left(\frac{\pi}{4}+\frac{\phi}{2}\right)\exp[\Psi\tan\phi]+\cos(\beta_0-\Psi)\right\} \quad ②$$

또한 그림에서 선분 AB로부터 꼭짓점 E까지 거리는 다음과 같이 나타낼 수도 있다.

$$b+t\cos(\beta_0-\Psi) \quad ③$$

위의 ②식과 ③식으로부터 다음 식을 구할 수 있다.

$$b=t\sin\beta_0\tan\left(\frac{\pi}{4}+\frac{\phi}{2}\right)\exp[\Psi\tan\phi] \quad ④$$

④식을 ①식에 대입하면 Ψ와 β_0에 대한 관계식을 얻을 수 있다.

$$\cos(\beta_0-\Psi)=\frac{\cos\Psi\left\{\exp[\Psi\tan\phi]\tan\left(\frac{\pi}{4}+\frac{\phi}{2}\right)+\exp[-\Psi\tan\phi]\tan\left(\frac{\pi}{4}-\frac{\phi}{2}\right)\right\}}{2\sin\Psi+\exp[\Psi\tan\phi]\tan\left(\frac{\pi}{4}+\frac{\phi}{2}\right)+\exp[-\Psi\tan\phi]\tan\left(\frac{\pi}{4}-\frac{\phi}{2}\right)}$$

제8장

관련유동칙과 소성해석

제8장 관련유동칙과 소성해석

8.1 관련유동칙의 응력장해석

8.1.1 활동선장해석과 특성곡선

해석기법이 비교적 단순한 극한해석을 이용하면 강소성재료의 소성유동을 쉽게 예측할 수도 있지만 일반적으로 강소성재료의 응력이나 거동을 해석적으로 구하는 것은 간단한 닫힌 해(closed form solution)를 제공하는 문제가 아니라면 용이하지 않다. 그러나 극한해석과 더불어 또 하나의 해석기법으로서 활동선장해석을 이용하면 어렵지 않게 강소성재료의 소성거동을 해석할 수 있다. 활동선장해석은 평면변형률조건의 소성거동에 적용하는 해석기법으로서, 몇 개의 제한조건을 설정하고 지배방정식인 쌍곡선형 편미분방정식을 유도한 후에 주어진 경계조건에 대하여 최대전단응력이 작용하는 방향의 궤적인 활동선을 구하는 기법이다. 여기서 「최대전단응력이 작용하는 방향의 궤적」이란 쌍곡선형 편미분방정식의 해를 구하기 위하여 **특성곡선법**(characteristic method)을 적용하는 경우에 특성곡선법의 해인 **특성곡선**(characteristic curve 또는 characteristics)을 지칭하는 것이다. 쌍곡선형 편미분방정식의 특성을 보다 쉽게 이해하기 위해서는 특성곡선으로 나타내는 것이 가장 효과적인 것으로 알려져 있다. 활동선장해석의 쌍곡선형 편미분방정식은 두 방정식의 조합으로 구성된다. 첫째는 응력장을 결정하는 방정식으로서 평형방정식과 파괴기준의 조합으로 유도되는 방정식이고, 둘째는 속도장을 결정하는 유동칙이다. 특성곡선은 응력장해석과 속도장해석을 통하여 각각 2개씩 생성되어 모두 4개로 구성되며, 특성곡선의 명칭은 관례적으로 응력장에서는 2개의 **응력특성곡선**(stress characteristics)을 각각 $\alpha-$ 및 $\beta-$특성곡선, 속도장에서는 2개의 **속도특성곡선**(velocity characteristics)을 각각 α^*- 및 β^*-특성곡선이라고 한다.

활동선장해석에서는 재료의 응력-변형률 관계를 강소성거동으로 단순화해야 하기 때문에 탄성계수는 무한대(강성)가 되고 무경화성재료로 고려하여 최대전단응력이 임계값에 도달하면 소성유동이 발생하는 것으로 가정한다. 응력-변형률 거동이 관련유동칙을 따르는 표준재료에 응력이 유발되면 재료에서는 직교하는 2개의 최대전단응력이 작용하는 방향의 궤적이 발생하게 된다. 이 2개의 궤적은 재료 내에서 위치에 따라 다르고 재료의 응력상태는 임계값인 최대전단응력과 그 궤적인 $\alpha-$ 및 $\beta-$특성곡선을 이용하여 완전하게 나타낼 수 있다. 이때 최대주응력(σ_1)과 최소주응력(σ_3)의 방향은 관련유동칙인 경우에 어느 부위에서나 $\alpha-$ 및 $\beta-$특성곡선과 45°의 각을 이루며 중간주응력(σ_2)은 해석대상 평면에 수직으로 작용하게 된다. 따라서 활동선장해석에서 활동선은 수학적으로는 쌍곡선형 편미분방정식의 해인 특성곡선이며, 물리적으로는 재료내 어느 부위에서나 최대전단응력이 작용하는 방향의 궤적이라고 할 수 있다. 이와 같은 관점에서 보면 활동선장해석에서 최대전단응력이 작용하는 방향의 궤적을 활동선이라는 용어보다는 **전단선**(shear line)으로 표기하는 것이 더욱 적절할 수도 있다(Childs 외, 2000; Hartley 외, 1992).

토질역학의 활동선장해석을 위한 쌍곡선형 편미분방정식은 금속재료의 쌍곡선형 편미분방정식과 동일한 형태를 취하지만 아래와 같은 이유 때문에 토질역학의 활동선장해석에 대한 해를 구하기 위해서는 금속재료의 활동선장해석보다 더욱 복잡한 전개과정이 요구된다(Houlsby & Wroth, 1982).

- 마찰각을 고려해야 함 : 점착력과 함께 금속재료에는 없는 마찰각을 도입해야 함
- 흙의 단위중량을 고려해야 함 : 금속재료에서 금속의 단위중량은 보통 무시하거나 중요한 인자가 아님
- 점착력과 마찰각이 일정하지 않음 : 특히 비배수조건에서 깊이에 비례하여 점착력이 증가되는 것은 흙의 종류와 관계없는 공통적인 현상임

또한 토질역학에서는 활동선장해석을 위해서 다음과 같은 3개의 제한조건을 설정하는 것이 보통이다.

- 조건① : 평면변형률조건
- 조건② : **준정적거동**(quasi-static behaviour)
- 조건③ : 강소성거동

조건①에 대하여 $x-y$평면에서 평면변형률조건인 경우에는 전단응력 $\tau_{yz}=\tau_{zx}=0$이며 나머지 응력성분 σ_{xx}, σ_{yy}, σ_{zz} 및 τ_{xy}는 $z-$좌표와 관계없이 독립적이다. 전단응력 $\tau_{yz}=\tau_{zx}=0$이라는 것은 응력성분 σ_{zz}가 주응력이며 $z-$방향이 주변형률이 발생하는

주방향이라는 것을 의미한다. 따라서 $x-$ 및 $y-$축방향을 2개의 주방향에 일치시켜서 선택할 수도 있으며 2개의 주응력인 σ_1와 σ_3는 $x-y$평면상에 위치해야 한다. 일반적으로 활동선장해석은 평면변형률조건에 대해서만 유효하지만 적절한 가정을 도입하면 축대칭조건에 대해서도 적용이 가능하다. 조건②의 준정적거동이란 시간에 대한 변화율이 매우 작은 거동을 말하며, 금속재료에 대해서는 $\rho v^2/\sigma_Y < 1$이면 준정적거동으로 처리한다(ρ: 밀도, v: 입자 속도, σ_Y: 항복응력). 토질역학에서 많은 경계값문제는 준정적으로 취급되며 소성유동으로 인한 관성력은 무시할 수 있을 정도로 작다. 조건③의 강소성거동은 모든 후속항복곡면이 초기항복곡면과 일치하는 경화거동의 극단적인 예로 볼 수 있다. 위와 같은 3개의 조건 외에도 금속재료의 소성가공에서는 수행되는 일이 열로 소산되는 부분이 크기 때문에 열과 관련된 조건을 추가하기도 한다. 금속재료에 대한 활동선장해석은 비록 근삿값이기는 하지만 주어진 하중에 대하여 참값에 가까운 값을 얻을 수 있으며, 초기유동(incipient flow)의 개략적인 경향을 추정하는 방법으로는 매우 유용한 것으로 알려져 있다(Drucker, 1956; Yu, 2006; 김동원, 2009).

활동선장해석에서 특성곡선법을 이용하면 2개의 공간좌표로 표시되는 평면변형률조건에 대한 해를 구할 수 있지만 지배방정식에 재료의 단위중량이 포함되면 해석적으로 해를 구하는 것이 용이하지 않다. 따라서 재료의 단위중량을 고려해서 해석하기 위해서는 보통 근사법이 많이 이용되는데, 토질역학에서 흙의 단위중량을 고려하여 해석할 수 있는 근사법으로는 Sokolovskii의 **점화식**(recurrence relation), de Jong의 도해법, Spencer의 **섭동법**(perturbation method) 등이 있다(Chen, 1975). 흙의 단위중량을 고려하지 않은 토공구조물의 안정해석을 위한 근사법에는 Golushkevich의 특성원(characteristic circle)을 이용한 도해법이 대표적인 기법이다(Sokolovskii, 1960).

직접해법인 활동선장해석을 대체할 수 있는 간접해법으로서는 유한차분법, 유한요소법 등의 수치해석기법이 있다. 컴퓨터의 사용과 더불어 급속하게 전파된 수치해석기법과는 달리 특성곡선법은 컴퓨터를 사용하기 전부터 쌍곡선형 편미분방정식에 대한 최적의 해석기법으로 널리 알려진 기법이다. 두 해석방법은 모두 **유동장**(flow field)에 격자망을 구축하여 격자점(grid point)의 유동특성을 구하는 것이 목적이지만 수치해석기법에서는 주로 사각형 격자망을 많이 이용하는데 반하여 특성곡선법에서는 대부분 비사각형 격자망을 처리하게 된다. 따라서 쌍곡선형 편미분방정식의 해를 구하는 기법으로서 수치해석기법을 이용할 수도 있지만 특성곡선을 구하는 것이 문제의 중요한 목적이라면 수치해석기법은 이용할 수 없다. 수치해석기법의 장점은 기하학적으로 형태가 복잡한 문제, 여러 가지 재료가 혼합되어 있는 문제, 구성식이 난해한 문제 등 활동선장해석으로는 처리하기가 어려운 문제에 대하여 해를 구할 수 있다는 것이다. 그러나 수치해석기법과 함께 활동선장해식이 중요한 이유 중의 하나는 활동선장해석을 이용하면 무엇보다도 응력이나 변위에 대한 불연속선을 구할 수 있다는 것이다. 시험결과에 의하면 활동선장해석에 의한 불연속선 중에서 변위에 대한 불연속선은 활동선의 형태로서 흙의 거동을 잘 예측할 수 있는 것으로 알려져 있다. 또한 수치해석기법에서는 임의로 절점이나 요소를 미리 결정하여 그에 대한 해를 구하지만 활동선장해석의 특성곡선은 지배방정식으로부터 바로 얻을 수 있는 결과물로서 이것이 바로 두 해석방법의 근본적인 차이라고 할 수 있으며, 따라서 활동선장해석에서 특성곡선은 물리적으로 중요한 의미가 있다고 할 수 있다 (Davis & Selvadurai, 2002; Yu, 2006; Desai & Christian, 1977; Harris, 2010; Kachanov, 1971).

8.1.2 응력방정식과 응력특성곡선

활동선장해석의 응력장해석에 대한 부분은 관련유동칙이나 비관련유동칙에서 모두 공통적으로 적용할 수 있으므로, 여기서는 응력특성곡선을 구하는 과정과 그 특성에 대하여 기술하고자 하며 토공구조물별로 응력장해석에 대한 상세한 내용은 비관련유동칙의 「Sokolovskii의 응력장해석」을 참고하면 된다. 관련유동칙의 응력방정식을 구하기 위해서는 먼저 다음과 같이 $x-y$평면에 대한 평형방정식을 이용한다(Kachanov, 1971).

$$\frac{\partial \sigma_{xx}}{\partial x}+\frac{\partial \tau_{xy}}{\partial y}=0 \tag{8-1}$$

$$\frac{\partial \sigma_{yy}}{\partial y}+\frac{\partial \tau_{xy}}{\partial x}=0 \tag{8-2}$$

식에서 σ_{xx}와 σ_{yy}는 수직응력, $\tau_{xy}(=\sigma_{xy})$는 전단응력이며 단위중량은 고려하지 않은 것이다. 위의 평형방정식은 소성영역과 소성영역 밖의 강체영역에 대한 응력분포를 모두 지배하게 되며 2개의 방정식에 3개의 미지수(σ_{xx}, σ_{yy}, τ_{xy})가 포함되어 있으므로 부정방정식이다. 부정방정식에 소성영역에 대한 파괴기준을 도입하면 방정식의 수와 미지수의 수가 동일하므로 해를 얻을 수 있다(Harris, 1985). 흙과 같은 입상체에 대한 활동선장해석에서 마찰각 $\phi \neq 0$이면 파괴기준으로서 대부분 Mohr-Coulomb파괴기준을 채택한다. Mohr−Coulomb파괴기준에 의하면 등방성인 흙의 임의의 단면에서 전단응력 τ는 그 단면에 작용하는 수직응력 σ에 따라 직선적으로 변하는 어떤 값을 초과할 수 없으며 이것을 식으로 나타내면 다음과 같다(압축: +).

$$|\tau| \le c + \sigma\tan\phi \tag{8-3}$$

위의 식은 (4−25)식과 동일한 식이다. 위의 식이 의미하는 것은 등호(=)가 성립하면 소성거동을 하고 부등호(<)가 유효하면 강체거동을 한다는 것이다. 따라서 소성영역에서 임의의 부위에 작용하는 최대 및 최소주응력을 각각 σ_1과 σ_3라고 하면($\sigma_1 \ge \sigma_3$), (4−28)식으로부터 σ_1과 σ_3가 다음 식을 충족시키면 소성거동을 하게 된다(Harris, 1985).

$$\sigma_1 - \sigma_3 = 2c\cos\phi + (\sigma_1 + \sigma_3)\sin\phi \tag{8-4}$$

양의 x−축과 최대주응력인 σ_1−방향의 사잇각을 $\theta(-\pi/2 < \theta \le \pi/2)$라고 하면(반시계방향: +) (8−1~2)식의 응력성분 σ_{xx}, σ_{yy} 및 τ_{xy}는 〈그림 8−1〉로부터 각각 주응력 σ_1과 σ_3를 이용하여 아래와 같이 나타낼 수 있다.

$$\sigma_{xx} = \frac{1}{2}(\sigma_1 + \sigma_3) + \frac{1}{2}(\sigma_1 - \sigma_3)\cos 2\theta \tag{8-5}$$

$$\sigma_{yy} = \frac{1}{2}(\sigma_1 + \sigma_3) - \frac{1}{2}(\sigma_1 - \sigma_3)\cos 2\theta \tag{8-6}$$

$$\tau_{xy} = \frac{1}{2}(\sigma_1 - \sigma_3)\sin 2\theta \tag{8-7}$$

위의 식에 의하여 최대 및 최소주응력 σ_1과 σ_3는 각각 다음과 같이 나타낼 수 있다.

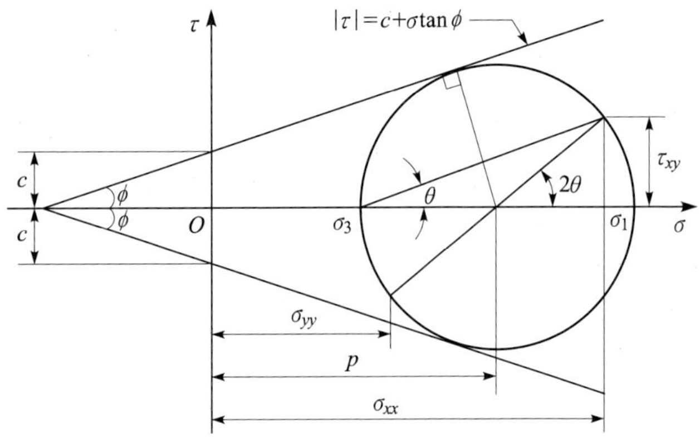

〈그림 8−1〉 응력장해석을 위한 Mohr-Coulomb파괴기준

$$\sigma_1 = \frac{1}{2}(\sigma_{xx} + \sigma_{yy}) + \left[\frac{1}{4}(\sigma_{xx} - \sigma_{yy})^2 + \tau_{xy}^2\right]^{1/2} \tag{8-8}$$

$$\sigma_3 = \frac{1}{2}(\sigma_{xx} + \sigma_{yy}) - \left[\frac{1}{4}(\sigma_{xx} - \sigma_{yy})^2 + \tau_{xy}^2\right]^{1/2} \tag{8-9}$$

(8-5~7)식으로부터 최대주응력방향인 θ를 나타내는 (1-44)식이 성립한다.

$$\tan 2\theta = \frac{2\tau_{xy}}{\sigma_{xx} - \sigma_{yy}} \tag{8-10}$$

(8-8~9)식을 (8-4)식에 대입하면 (4-56)식과 동일한 식을 얻을 수 있다.

$$\frac{1}{2}\left[(\sigma_{xx} - \sigma_{yy})^2 + 4\tau_{xy}^2\right]^{1/2} = c\cos\phi + \frac{1}{2}(\sigma_{xx} + \sigma_{yy})\sin\phi \tag{8-11}$$

(8-1~2)식의 평형방정식과 (8-11)식의 Mohr-Coulomb파괴기준은 3개의 미지수 σ_{xx}, σ_{yy} 및 τ_{xy}를 가진 3개의 방정식으로 구성되어 있으며, 다음과 같은 방법으로 2개의 미지수를 가진 2개의 편미분방정식으로 변환할 수 있다. 먼저 응력불변량인 평균응력 p와 최대전단응력 $\tau_{\max}(\geq 0)$를 각각 다음과 같이 정의한다(Spencer, 2004).

$$p = \frac{1}{2}(\sigma_{xx} + \sigma_{yy}) \tag{8-12}$$

$$\tau_{\max} = \frac{1}{2}\left[(\sigma_{xx} - \sigma_{yy})^2 + 4\tau_{xy}^2\right]^{1/2} = R = p\sin\phi + c\cos\phi \tag{8-13}$$

식에서 R은 Mohr 응력원의 반경이다. (8-8~9)식 및 (8-12~13)식으로부터 (8-5~7)식은 다음과 같이 응력불변량인 p와 R로 나타낼 수 있다.

$$\sigma_{xx} = p + (p\sin\phi + c\cos\phi)\cos 2\theta = p + R\cos 2\theta \tag{8-14}$$

$$\sigma_{yy} = p - (p\sin\phi + c\cos\phi)\cos 2\theta = p - R\cos 2\theta \tag{8-15}$$

$$\tau_{xy} = (p\sin\phi + c\cos\phi)\sin 2\theta = R\sin 2\theta \tag{8-16}$$

(8-14~16)식의 응력성분을 (8-1~2)식의 평형방정식에 대입하고 (8-13)식을 이용하여 R을 소거하면 3개의 응력성분(σ_{xx}, σ_{yy}, τ_{xy})으로 표시되는 2차원 응력상태를 다음과 같이 2개의 변수(p,θ)를 가진 2개의 편미분방정식으로 나타낼 수 있다.

$$(1-\sin\phi\cos 2\theta)\frac{\partial p}{\partial x}+\sin\phi\sin 2\theta\frac{\partial p}{\partial y} + 2(p\sin\phi + c\cos\phi)\left[\sin 2\theta\frac{\partial\theta}{\partial x}+\cos 2\theta\frac{\partial\theta}{\partial y}\right]=0 \tag{8-17}$$

$$\sin\phi\sin 2\theta\frac{\partial p}{\partial x}+(1+\sin\phi\cos 2\theta)\frac{\partial p}{\partial y} + 2(p\sin\phi + c\cos\phi)\left[\cos 2\theta\frac{\partial\theta}{\partial x}-\sin 2\theta\frac{\partial\theta}{\partial y}\right]=0 \tag{8-18}$$

식에서 p는 평균응력이고 θ는 최대주응력방향이다. 위의 2개의 식이 바로 활동선장해석의 평면변형률조건에 대한 「응력방정식」으로서 외력에 대한 재료내 응력상태를 편도함수로 나타낸 지배방정식이다. 식에서 점착력 c와 마찰각 ϕ는 일정하고 재료의 단위중량은 무시한 것이다. 또한 p와 θ는 미지의 종속변수, x와 y는 독립변수이고 $x-y$평면에서 응력특성곡선의 기울기는 $[dy/dx]$이다. 식에서 p와 θ는 모두 x와 y의 함수로서 $p=p(x,y)$, $\theta=\theta(x,y)$이므로 $x-y$평면에서 응력특성곡선의 기울기인 $[dy/dx]$의 방향으로 p와 θ의 변화를 나타내는 dp와 $d\theta$는 연쇄법칙(chain rule)에 의해서 각각 다음과 같이 나타낼 수 있다(Hill, 1950; Salencon, 1977).

$$dp=\frac{\partial p}{\partial x}dx+\frac{\partial p}{\partial y}dy \tag{8-19}$$

$$d\theta=\frac{\partial\theta}{\partial x}dx+\frac{\partial\theta}{\partial y}dy \tag{8-20}$$

특성곡선법에 의하면 특성곡선은 적절한 경계조건에 대하여 도함수가 불연속적인 곡선을 의미한다. 따라서 위의 주어진 변수 dp 및 $d\theta$에 대하여 (8-17~20)식의 4개의 연립방정식의 계수행렬식(determinant) Δ_0가 0이면 p와 θ의 1차편도함수는 유일해를 가질 수가 없으며 불연속적이므로 특성곡선이 된다(Hill, 1950). (8-17~20)식에 대한 계수행렬식 $\Delta_0=0$으로 하여 아래의 식을 얻을 수 있다.

$$\Delta_0=\begin{bmatrix} 1-\sin\phi\cos 2\theta & \sin\phi\sin 2\theta & 2R\sin 2\theta & 2R\cos 2\theta \\ \sin\phi\sin 2\theta & (1+\sin\phi\cos 2\theta) & 2R\cos 2\theta & -2R\sin 2\theta \\ dx & dy & 0 & 0 \\ 0 & 0 & dx & dy \end{bmatrix}=0 \tag{8-21}$$

$R \neq 0$인 경우에 위의 행렬식을 전개하면 $[dy/dx]$에 대하여 다음의 이차방정식을 얻을 수 있다.

$$(\cos 2\theta - \sin\phi)\left[\frac{dy}{dx}\right]^2 - 2\sin 2\theta\left[\frac{dy}{dx}\right] - (\cos 2\theta + \sin\phi) = 0 \qquad (8\text{-}22)$$

위와 같은 유형의 이차방정식은 근이 허근이면 타원형, 중근이면 포물선형, 서로 다른 2개의 실근이면 쌍곡선형 방정식이 된다. 쌍곡선형 방정식에서는 $x-y$평면에서 기울기가 $[dy/dx]$인 2개의 쌍곡선형 특성곡선군이 생성되며 기울기가 같은 2개의 곡선군을 각각 $\alpha-$특성곡선 및 $\beta-$특성곡선이라고 한다(Hill, 1950). 위의 (8-22)식은 2개의 실근을 가지며 $x-y$평면에서 특성곡선의 기울기 $[dy/dx]$는 다음과 같다(Spencer, 2004; Joseph & Schaeffer, 1990).

$$\frac{dy}{dx} = \frac{\sin 2\theta \mp \cos\phi}{\cos 2\theta - \sin\phi} = \tan\left[\theta \mp \left(\frac{\pi}{4} + \frac{\phi}{2}\right)\right] \ : \alpha- \text{ 및 } \beta-\text{특성곡선} \qquad (8\text{-}23)$$

위의 식에 의해서 $\alpha-$ 및 $\beta-$특성곡선은 양의 $x-$축으로부터 반시계방향으로 θ만큼의 각을 이루는 최대주응력방향을 대칭축으로 하여 시계방향과 반시계방향으로 사잇각이 각각 $(\pi/4+\phi/2)$인 곡선이고 두 특성곡선의 교각은 $(\pi/2+\phi)$이다. 위의 식에서 마찰각 $\phi=0$이라면 Poisson비 $v=0.5$인 금속재료에 대한 평면변형률조건의 특성곡선과 일치한다(Spencer, 2004; Oda & Iwashita, 1999).

재료 내에서 응력의 변화를 결정하기 위해서는 응력특성곡선을 따라서 응력의 변화를 구할 수 있는 관계식을 유도해야 한다. 관계식을 유도하는 방법으로는 보조변수에 의한 방법과 **방향도함수**(directional derivative)에 의한 방법이 있는데, 어느 방법을 채택하더라도 결과는 동일하지만 응력특성곡선의 특성을 올바로 이해하기 위해서는 두 가지 방법을 모두 이용해서 관계식을 유도해 보는 것이 좋다. 여기서는 먼저 방향도함수에 의한 방법을 이용하고 「Sokolovskii의 응력장해석」에서는 보조변수에 의한 방법에 대하여 기술하고자 한다. 방향도함수에 의한 방법을 적용하기 위해서는 먼저 s_α와 s_β를 각각 $\alpha-$ 및 $\beta-$특성곡선방향의 길이매개변수(length parameter)로 취한 후에 다음과 같이 $\alpha-$ 및 $\beta-$특성곡선에 대하여 방향도함수를 구해야 한다(Harris, 1985; Sokolovskii, 1960; 1965; Harr, 1966; Hill, 1950; Spencer, 1964[a]).

$$\frac{\partial}{\partial s_\alpha} = \cos\theta_\alpha \frac{\partial}{\partial x} + \sin\theta_\alpha \frac{\partial}{\partial y} \qquad (8\text{-}24)$$

$$\frac{\partial}{\partial s_\beta} = \cos\theta_\beta \frac{\partial}{\partial x} + \sin\theta_\beta \frac{\partial}{\partial y} \tag{8-25}$$

식에서, $\theta_\alpha, \theta_\beta = \theta \mp \left(\frac{\pi}{4} + \frac{\phi}{2}\right)$

(8-17~18)식의 응력방정식을 각각 아래와 같은 방법으로 변환한다(de Jong, 1959).

- $[\sin\theta_\beta \times (8-17)\text{식} + \cos\theta_\beta \times (8-18)\text{식}]$
- $[\sin\theta_\alpha \times (8-17)\text{식} + \cos\theta_\alpha \times (8-18)\text{식}]$

위의 방법에 의해서 각각 아래와 같은 응력방정식을 얻을 수 있다.

$$\cos\phi\left[\cos\theta_\alpha \frac{\partial p}{\partial x} + \sin\theta_\alpha \frac{\partial p}{\partial y}\right] + 2(p\sin\phi + c\cos\phi)\left[\cos\theta_\alpha \frac{\partial \theta}{\partial x} + \sin\theta_\alpha \frac{\partial \theta}{\partial y}\right] = 0 \tag{8-26}$$

$$\cos\phi\left[\cos\theta_\beta \frac{\partial p}{\partial x} + \sin\theta_\beta \frac{\partial p}{\partial y}\right] - 2(p\sin\phi + c\cos\phi)\left[\cos\theta_\beta \frac{\partial \theta}{\partial x} + \sin\theta_\beta \frac{\partial \theta}{\partial y}\right] = 0 \tag{8-27}$$

위의 두 식은 평균응력 p와 최대주응력방향 θ에 대하여 각각 (8-24~25)식의 방향도함수와 동일한 형태를 취하고 있으므로 다음과 같이 나타낼 수 있다.

$$\cos\phi \frac{\partial p}{\partial s_\alpha} + 2(p\sin\phi + c\cos\phi)\frac{\partial \theta}{\partial s_\alpha} = 0 \ : \ \alpha-\text{특성곡선} \tag{8-28}$$

$$\cos\phi \frac{\partial p}{\partial s_\beta} - 2(p\sin\phi + c\cos\phi)\frac{\partial \theta}{\partial s_\beta} = 0 \ : \ \beta-\text{특성곡선} \tag{8-29}$$

위의 식에서 (8-28)식에는 $\alpha-$특성곡선, (8-29)식에는 $\beta-$특성곡선을 따라서 취한 도함수만 포함되어 있기 때문에 응력방정식은 응력특성곡선의 p와 θ에 대하여 2개의 편미분방정식으로 단순화시킨 형태로 볼 수 있다. 또한 (8-23)식의 변수인 θ가 포함되어 있으므로 (8-23)식과 연립하여 x, y, p 및 θ를 구해야 한다. $\gamma_s = 0$ 및 $\phi = 0$인 재료로 가정하면 위의 식은 다음과 같이 간단하게 나타낼 수 있다.

$$\frac{\partial p}{\partial s_\alpha} + 2c\frac{\partial \theta}{\partial s_\alpha} = 0 \ : \ \alpha-\text{특성곡선} \tag{8-30}$$

$$\frac{\partial p}{\partial s_\beta} - 2c\frac{\partial \theta}{\partial s_\beta} = 0 \ : \ \beta-\text{특성곡선} \tag{8-31}$$

위의 편미분방정식은 상미분방정식으로 변환하여 표기할 수도 있으며, 또는 (8-28~29)식을 적분하여 다음과 같이 나타낼 수도 있다(Davis & Selvadurai, 2002; Lee, 1968; Hill, 1950).

$$p+2c\theta=C_1 \ : \ \alpha-\text{특성곡선} \tag{8-32}$$

$$p-2c\theta=C_2 \ : \ \beta-\text{특성곡선} \tag{8-33}$$

위의 식이 마찰각 $\phi=0$인 Tresca재료의 응력장을 해석하기 위하여 1923년 Hencky가 제안한 **Hencky 방정식**(Hencky equation)이다. 식에서 C_1과 C_2는 각각 $\alpha-$ 및 $\beta-$특성곡선과 관련된 적분상수이고 θ는 최대주응력방향이다(반시계방향: +). 위의 식을 이용해서 p와 θ를 구하면 (8-14~16)식에 의해서 특성곡선의 임의의 점에 대하여 응력상태를 구할 수 있다. 독일의 기술자 Kötter(1903)는 Hencky보다 앞서 흙의 단위중량과 마찰각을 모두 고려하여 아래의 응력방정식을 유도하였다(Davis & Selvadurai, 2002; Hill, 1950; 김동원, 2009).

$$\begin{aligned}
&\cos\phi\frac{\partial p}{\partial s_\alpha}+2(p\sin\phi+c\cos\phi)\frac{\partial\theta}{\partial s_\alpha}=\gamma_s\sin\left(\theta+\frac{\pi}{4}+\phi\right) : \ \alpha-\text{특성곡선}\\
&\cos\phi\frac{\partial p}{\partial s_\beta}-2(p\sin\phi+c\cos\phi)\frac{\partial\theta}{\partial s_\beta}=\gamma_s\cos\left(\theta+\frac{\pi}{4}\right) \quad : \ \beta-\text{특성곡선}
\end{aligned} \tag{8-34}$$

위의 식이 Kötter(1903)가 최초로 유도한 흙에 대한 평면변형률조건의 활동선 방정식이며, Prandtl(1920)은 위의 식을 이용하여 기초구조물의 지지력을 처음으로 산정하였다. Prandtl은 해석과정에서 직선인 특성곡선군이 하나의 점으로부터 부채꼴 형태로 뻗어 나오는 **응력특이점**(stress singular point)에 대한 해석방법을 제안하였으며, 응력특이점과 함께 부채꼴 형태로 이루어진 응력장이 바로 「Prandtl의 유심선형장」이다. 또한 위의 식에서 흙의 단위중량을 무시하면 다음과 같이 간단한 관계식을 얻을 수 있다(Yu, 2006; Chen, 1975).

$$dp+2(p\sin\phi+c\cos\phi)d\theta=0 \ : \ \alpha-\text{특성곡선} \tag{8-35}$$

$$dp-2(p\sin\phi+c\cos\phi)d\theta=0 \ : \ \beta-\text{특성곡선} \tag{8-36}$$

위의 두 식은 모두 비동차 일계선형미분방정식으로서 각각 다음과 같은 일반해를 갖는다.

$$p=C_1\exp[-2\theta\tan\phi]-c\cot\phi \ : \ \alpha-\text{특성곡선} \tag{8-37}$$

$$p=C_2\exp[+2\theta\tan\phi]-c\cot\phi \ : \ \beta-\text{특성곡선} \tag{8-38}$$

식에서 C_1과 C_2는 각각 $\alpha-$ 및 $\beta-$특성곡선에 대한 적분상수이다. 위의 식은 동일한 특성곡선을 따라서 2개의 점 (p_1, θ_1)와 (p_2, θ_2) 사이에 다음의 관계가 있다는 것을 의미한다(Yu, 2006; Davis & Selvadurai, 2002).

$$\ln\frac{p_2 + c\cot\phi}{p_1 + c\cot\phi} = -2(\theta_2 - \theta_1)\tan\phi \ : \ \alpha-\text{특성곡선} \tag{8-39}$$

$$\ln\frac{p_2 + c\cot\phi}{p_1 + c\cot\phi} = +2(\theta_2 - \theta_1)\tan\phi \ : \ \beta-\text{특성곡선} \tag{8-40}$$

8.1.3 응력특성곡선의 기하학적 특성

(1) Tresca재료의 응력특성곡선

재료의 응력상태는 응력특성곡선의 기하학적 특성을 이용하면 쉽게 이해할 수 있다. 일반적으로 해석과정에서 어느 특성곡선이 $\alpha-$ 또는 $\beta-$특성곡선인지 특별히 정해진 규칙은 없지만 다음과 같은 방법으로 결정하는 것이 보통이다.

- 평면기점(O_p)과 최소전단응력점($\tau_{\min}$)을 연결한 선을 $\alpha-$특성곡선, 평면기점과 최대전단응력점($\tau_{\max}$)을 연결한 선을 $\beta-$특성곡선으로 한다(Davis & Selvadurai, 2002).
- $x-y$평면에서 x와 y가 모두 양(+)인 제1사분면에 최대주응력축을 도시하고 양의 $x-$축방향으로 최대주응력축과 2개의 응력특성곡선이 교차 후에 사잇각이 $\theta-\mu$인 특성곡선을 $\alpha-$특성곡선, 사잇각이 $\theta+\mu$인 특성곡선을 $\beta-$특성곡선이라 한다. 여기서 θ는 $x-$축과 최대주응력인 σ_1의 사잇각이고, $\mu=(\pi/4+\phi/2)$ 또는 $\mu=(\pi/4-\phi/2)$이다.

이외에도 여러 가지 방법이 있지만 중요한 것은 해석과정에서 어떤 방법을 선택하든지 일관성이 있어야 하며, 구조물이 좌우대칭인 경우에는 좌반부 응력장과 우반부 응력장에서 두 특성곡선의 방향이 바뀌므로 주의해야 한다. 올바른 응력장을 구축하기 위해서는 풍부한 경험과 물리적인 직관력이 요구되며 모든 응력장에 대하여 일률적으로 적용할 수 있는 구축기법은 없다. 마찰각 $\phi=0$인 Tresca재료에서 가장 간단하게 응력특성곡선의 방향을 결정하는 방법은 <그림 8-2>로 주어진 응력상태에 대하여 Mohr 응력원을 도시하여 평면기점(O_p)을 구하고 평면기점과 최대 및 최소전단응력점($\tau_{\max}, \tau_{\min}$)을 연결한 후, 두 특성곡선의 방향은 각각 평면기점과 최대 및 최소전단응력을 연결한 방향과 일치시키면 된다. 특히 Tresca재료에서 α – 특성곡선과 β – 특성곡선은 그림과 같이 항상 직교한다는 특성을 이용하면 응력장을 쉽게 구축할 수 있다.

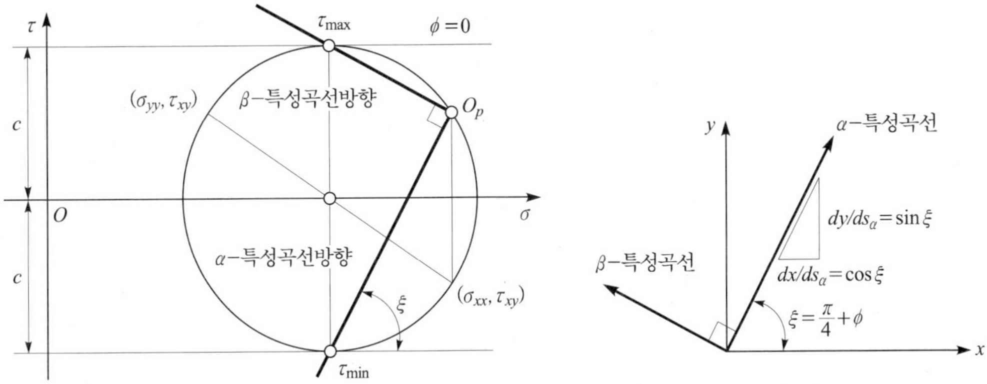

〈그림 8-2〉 Tresca재료의 Mohr 응력원과 응력특성곡선 (Davis & Selvadurai, 2002)

i) Hencky의 정리

(8-32~33)식의 Hencky 방정식으로부터 응력특성곡선에 대하여 2개의 중요한 기하학적 특성을 도출할 수 있다. 먼저 〈그림 8-3〉에 대하여 (8-32~33)식의 Hencky 방정식을 적용하면 다음과 같다.

- A점⇒B점(α – 특성곡선) : $p_B + 2c\theta_B = p_A + 2c\theta_A$
- B점⇒C점(β – 특성곡선) : $p_C - 2c\theta_C = p_B - 2c\theta_B$

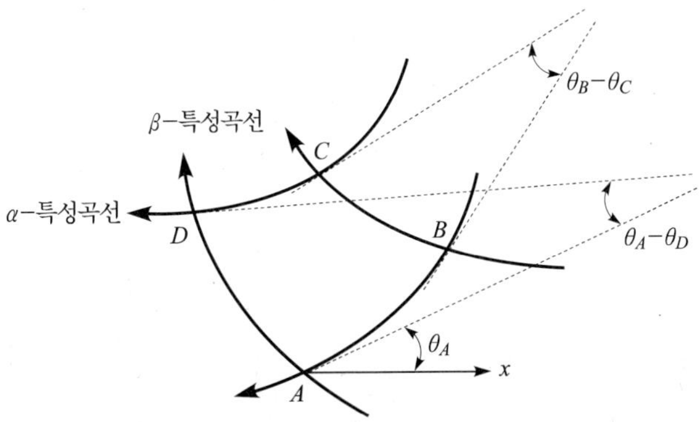

〈그림 8-3〉 Hencky의 제1정리 (Davis & Selvadurai, 2002)

식에서 p는 평균응력이고 θ는 최대주응력방향을 나타낸다. 위의 식으로부터 다음 식을 얻을 수 있다.

$$p_C - p_A = 2c(\theta_A + \theta_C - 2\theta_B) \tag{8-41}$$

동일한 방법으로 $A \Rightarrow D$(β−특성곡선) 및 $D \Rightarrow C$(α−특성곡선)에 대하여 다음 식을 얻을 수 있다.

$$p_C - p_A = 2c(2\theta_D - \theta_C - \theta_A) \tag{8-42}$$

(8−41~42)식에 의하여 다음 식이 성립한다.

$$\theta_C - \theta_B = \theta_D - \theta_A \tag{8-43}$$

(8−43)식이 의미하는 것은 〈그림 8−3〉과 같이 β−특성곡선(또는 α−특성곡선)과 만나는 2개의 α−특성곡선(또는 β−특성곡선)의 사잇각은 모든 α−특성곡선(또는 β−특성곡선)에 대하여 일정하다는 것이며, 이것을 **Hencky의 제1정리**(Hencky's first theorem)라고 한다. 따라서 AB가 직선이면 DC도 직선이 되어야 한다. 다음으로 〈그림 8−4〉에서 α− 및 β−특성곡선의 곡률반경 R_α 및 R_β는 각각 다음과 같이 나타낼 수 있다.

$$\frac{1}{R_\alpha} = \frac{\partial\theta}{\partial s_\alpha}, \quad \frac{1}{R_\beta} = -\frac{\partial\theta}{\partial s_\beta} \tag{8-44}$$

식에서 곡률반경 R_α는 반시계방향을 양의 값으로 취하고 R_β는 시계방향을 양의 값으로 취한다. 〈그림 8−4〉에서 2개의 인접한 β−특성곡선에서 $d\theta$를 α−특성곡선과의 격자점에서 접선이 이루는 사잇각이라고 하면, (8−44)식으로부터 다음과 같이 나타낼 수 있다.

$$R_\alpha d\delta\theta = ds_\alpha \tag{8-45}$$

식에서 ds_α는 2개의 β−특성곡선 사이에 있는 α−특성곡선의 호의 길이이다. β−특성곡선을 따라서 ds_α에 대하여 도함수를 취하면 다음과 같다.

$$\frac{\partial R_\alpha}{\partial s_\beta} \approx \frac{(R_\alpha - ds_\beta)d\theta - R_\alpha d\theta}{ds_\beta} = -d\theta \tag{8-46}$$

식에서 $d\theta$는 일정하다. 또한 R_β 및 ds_β에 대해서도 같은 방법을 적용하여 각각 다음 식을 얻을 수 있다.

$$\frac{\partial R_\alpha}{\partial s_\beta} = -1, \quad \frac{\partial R_\beta}{\partial s_\alpha} = -1 \tag{8-47}$$

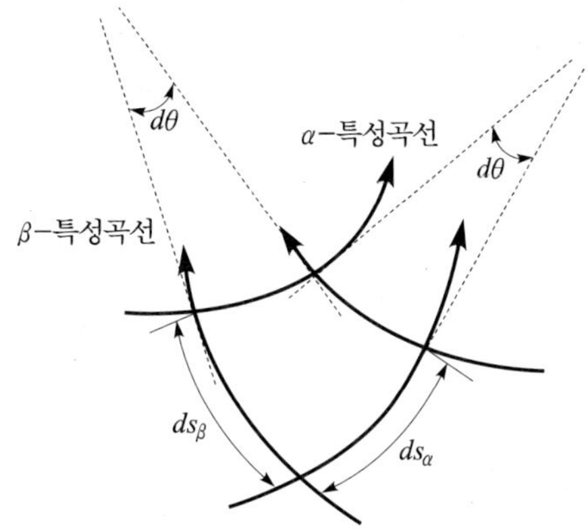

〈그림 8-4〉 Hencky의 제2정리 (Kachanov, 1971)

이와 같이 2개의 인접한 특성곡선 사이의 거리는 호의 길이에 비례하여 변하는 것을 **Hencky의 제2정리**(Hencky's second theorem)라고 한다. 수치계산을 위해서는 위의 식과 (8-44)식으로부터 다음의 식을 이용한다(Hill, 1950).

$$R_\beta + R_\alpha d\theta = 0, \quad R_\alpha + R_\beta d\theta = 0 \tag{8-48}$$

Tresca재료에 대한 응력특성곡선의 기하학적 특성은 Hencky의 정리를 이용해서 정리된 것이 많으며, 재료의 단위중량을 무시하고 구축한 응력장에 대하여 경계조건과 함께 많이 이용되는 응력특성곡선의 기하학적 특성은 다음과 같다(Kachanov, 1971; 김동원, 2009; Davis & Selvadurai, 2002).

① 수직 및 전단응력성분이 작용하지 않는 **무응력경계**(stress free boundary)에서는 무응력경계와 수직 및 접선방향이 주응력방향이 되기 때문에 활동선은 재료의 어느 부위에서나 최대전단응력 방향이 되어야 하므로 $\alpha-$ 및 $\beta-$특성곡선은 무응력경계와 각각 $\pm 45°$로 교차해야 한다. 여기서 무응력경계에 대한 Mohr 응력원은 응력이 0인 점(일반적으로 원점)을 통과한다.

② 접촉면이 무마찰이면 접촉면에서 접선방향으로 전단응력 $\tau_{xy}=0$이므로 접촉면은 주평면이 되고 $\alpha-$ 및 $\beta-$특성곡선은 접촉면과 $\pm 45°$로 교차한다. 그러나 무응력경계와는 달리 접촉면에 대한 수직응력은 0이 아니다.

③ 기하학적으로 대칭축이 있다면 대칭조건을 충족시키기 위해서 모든 특성곡선은 대칭축과 $\pm 45°$로 교차해야 한다.

④ 모서리나 꼭짓점에서는 응력특이점이 발생한다. 즉 하나의 특성곡선군은 응력특이점

에서 방사상으로 뻗어 나온다. 방사상 특성곡선이 직선군이라면 다른 하나의 특성곡선군은 동심원군($\phi = 0$) 또는 대수나선군($\phi \neq 0$)이 된다.

⑤ 무응력경계이거나 등분포하중이 작용하는 원호에서 $\alpha-$ 및 $\beta-$특성곡선은 대수나선 응력장을 생성한다.

⑥ 체적변형률이 0인 재료에서 압입에 의하여 배제된 재료의 체적과 압입으로 인하여 부풀어 오른 재료의 체적은 같다.

이밖에도 응력특성곡선의 기하학적 특성은 많이 있지만 토질역학에서는 위의 내용만 이용해도 대부분의 문제를 처리할 수 있다. 〈그림 8-5〉는 (8-32~33)식의 Hencky 방정식에서 두 변수 p와 $2c\theta$의 관계를 도해적으로 표시한 것이다. 소성영역에 있는 임의의 격자점③에서 2차원 응력상태(p_3, $2c\theta_3$)를 고려할 때, Hencky 방정식이 의미하는 것은 격자점③을 통과하는 $\alpha-$특성곡선(또는 $\beta-$특성곡선)상의 모든 응력상태는 그림(b)와 같이 $p-2c\theta$평면에서 $-45°$인 대각선상에 있어야 하고, $\beta-$특성곡선(또는 $\alpha-$특성곡선)상의 모든 응력상태는 $+45°$인 대각선상에 있어야 한다는 것이다. 그림(a)의 소성영역에서 격자점①과 격자점②가 p와 θ의 값을 알고 있는 기지점이고 격자점②를 통과하는 $\alpha-$특성곡선과 격자점①을 통과하는 $\beta-$특성곡선의 격자점③은 p와 θ의 값을 모르는 미지점이라고 하면, $p-2c\theta$평면에서 두 대각선의 특성을 이용하면 쉽게 미지점인 격자점③에 대한 p_3와 $2c\theta_3$를 구할 수 있다. 이와 같은 방법을 전진기법(forward marching technique)이라 하는데, 일반적으로 소성영역의 경계에서 응력조건이 주어지면 그에 따른 특성곡선의 방향을 추정하고 전진기법을 이용하여 $\alpha-$ 및 $\beta-$특성곡선 격자망 전체에 대하여 해를 구할 수 있다.

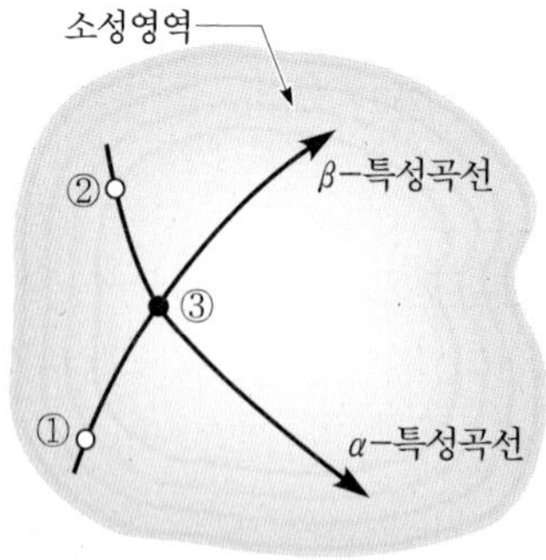

(a) 2차원 응력상태

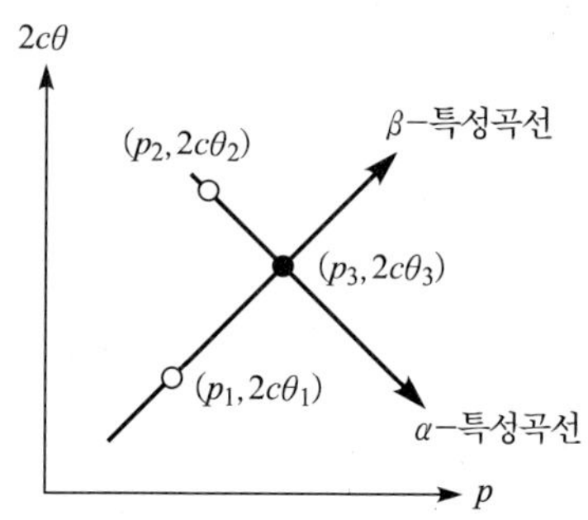

(b) $p-2c\theta$평면

〈그림 8-5〉 **전진기법에 의한 응력상태 추정** (Davis & Selvadurai, 2002)

ii) 무응력경계와 응력특성곡선

〈그림 8-6〉은 가장 간단한 형태의 응력특성곡선이다. 만약 그림(a)에서 재료표면이 Tresca재료로 구성된 소성 응력장의 경계라고 하면, 그림(b)와 같이 재료표면이 하중이 없는 무응력경계이기 때문에 Mohr 응력원은 원점 O를 통과해야 하며 평면기점 O_p는 그림과 같이 위치하게 된다. 주어진 경계조건을 이용하여 소성영역 내측으로 특성곡선을 도시하는 방법은 O_p로부터 최대전단응력($\tau_{\max}$)과 최소전단응력($\tau_{\min}$)을 연결하는 선과 평행하게 각각 ②와 ①을 통과하는 $\alpha-$ 및 $\beta-$특성곡선을 그리면 된다. 이때 두 특성곡선은 곡선도 가능하지만 무응력경계이기 때문에 직선이다. 따라서 ①과 ②는 $p-2c\theta$ 평면에서 동일한 점에 위치하게 되고, ③도 동일한 점에 위치해야지만 되므로 ①, ② 및 ③을 꼭짓점으로 하는 삼각형 응력장의 p와 $2c\theta$가 동일하다는 것을 알 수 있다(Davis & Selvadurai, 2002).

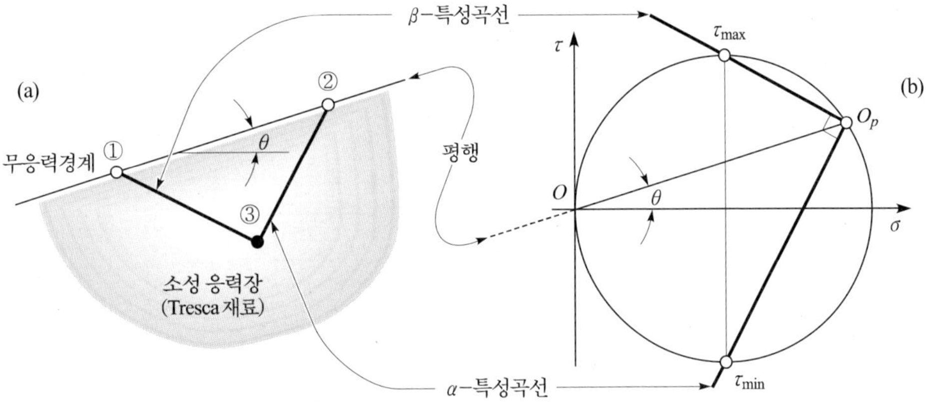

〈그림 8-6〉 Tresca재료의 무응력경계와 응력특성곡선 (Davis & Selvadurai, 2002)

iii) 등분포하중 및 무응력 곡선경계와 응력특성곡선

재료표면에 〈그림 8-7〉과 같이 수직응력 σ와 전단응력 τ를 응력성분으로 하는 등분포 하중이 작용한다면, (σ, τ)를 통과하는 반경 $r=c$인 Mohr 응력원과 평면기점 O_p를 이용하여 최대주응력방향 θ와 두 특성곡선의 방향을 결정할 수 있다. 등분포하중이 작용하기 때문에 $\alpha-$ 및 $\beta-$특성곡선은 모두 직선이며, 〈그림 8-7〉의 재료표면에 위치한 임의의 기지점①과 ②를 통과하는 특성곡선을 연장하여 미지점③의 응력상태를 추정할 수 있다. 이와 같은 방법으로 전체 응력장에 대한 응력분포를 결정하고 $\alpha-$ 및 $\beta-$특성곡선의 격자망을 구축할 수 있으며, 그림에서 모든 특성곡선은 직선이고 두 특성곡선의 교각은 90° 이다. 만약 경계가 직선이 아닌 곡선이라면 등분포하중이 작용하더라도 곡선경계를 따라서 θ가 다르고 특성곡선은 직선이 아니라 곡선이 된다. 또한 경계가 직선이라고 하더라도 등분포하중이 아닌 변분포하중이라면 경계를 따라서 Mohr 응력원의 반경이 일정하지 않으므로 특성곡선은 직선이 아니라 곡선이 되고 소성영역 내에서 응력상태는 위치마다 다르다.

〈그림 8-8(a)〉는 무응력(또는 등분포) 원호경계의 기지점①과 ②로부터 미지점③의 응력상태를 추정하는 방법에 대하여 설명한 것이다. 그림(b)의 $p-2c\theta$ 평면에서 기지점①과 ②의 $p-$축의 값은 c로서 같지만 $2c\theta-$축의 값은 각각 $2c\theta_1$ 및 $2c\theta_2$로서 다르다. 따라서 $\alpha-$ 및 $\beta-$특성곡선은 θ의 값이 동일하지 않으므로 곡선이 되어야 하며, 미지점③의 p와 $2c\theta$는 대칭이므로 $p-2c\theta$ 평면에서 ±45° 로 교차한다는 것을 이용하면 쉽게 구할 수 있다. 특히 기지점①과 ②에서 평균응력 $p=c$인데, 이것은 무응력경계에 대한 Mohr 응력원은 응력이 0인 원점을 통과해야 하기 때문이다. θ_1과 θ_2의 값은 기지점①과 ②에서 각각 경계선의 방향과 같아야 한다(Davis & Selvadurai, 2002).

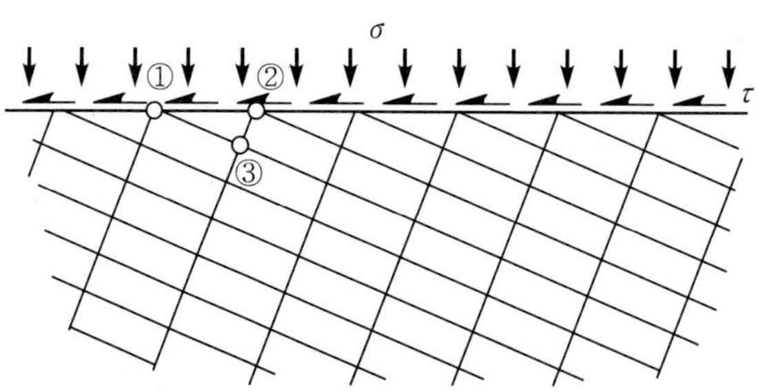

〈그림 8-7〉 등분포하중과 응력특성곡선 (Davis & Selvadurai, 2002)

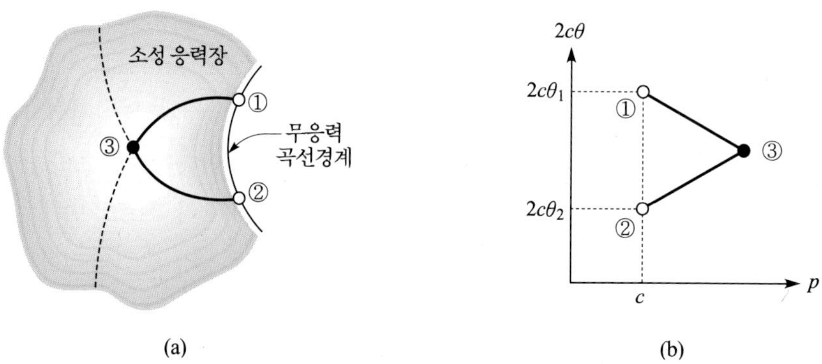

〈그림 8-8〉 무응력 곡선경계의 응력특성곡선 (Davis & Selvadurai, 2002)

iv) 불균일 등분포하중과 Prandtl의 유심선형장

〈그림 8-9〉는 계단형의 불균일 등분포하중(non-uniform load)인 p_1과 q_0에 대한 응력장이다($p_1 > q_0$). 등분포하중이 작용하면 직선 응력장이 생성되지만 2개의 등분포하중이 크기가 다르므로 그림과 같이 서로 다른 직선 응력장인 $I-$ 및 $II-$응력장으로 구성된다. 이때 2개의 직선 응력장 사이에 위치하는 응력장과 $I-$ 및 $II-$응력장의 연결방법을 검토하고자 한다. 이와 같은 응력 상태에서 가장 먼저 고려해야 하는 것이 〈그림 8-10〉의 Mohr 응력원이다. 그림에서 2개의 응력원은 소성상태를 나타내야 하기 때문에 반경이 모두 c이며, 각각의 응력원에서 p_1은 최대주응력, q_0는 최소주응력이 되도록 조합한다. 물론 p_1과 q_0가 각각 최대 및 최소주응력인 응력조합 외에도 여러 가지 조합을 고려할 수 있지만 직관적으로 가장 타당한 응력조합을 선정해야 한다. p_1이 최대주응력이고 q_0가 최소주응력이기 때문에 2개의 응력원에 대한 평면기점의 위치가 다르며, $I-$응력장의 평면기점 $O_p^{(I)}$은 최소주응력과 동일한 응력점에 위치하고 $II-$응력장의 평면기점 $O_p^{(II)}$는 최대주응력과 동일한 응력점에 위치하게 된다(Davis & Selvadurai, 2002).

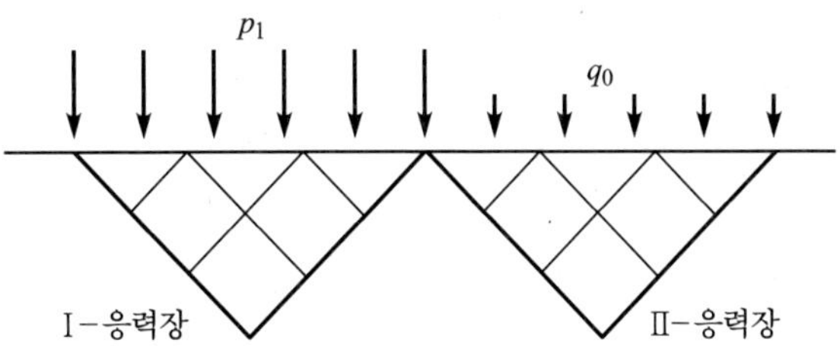

〈그림 8-9〉 불균일 등분포하중이 작용하는 응력장 (Davis & Selvadurai, 2002)

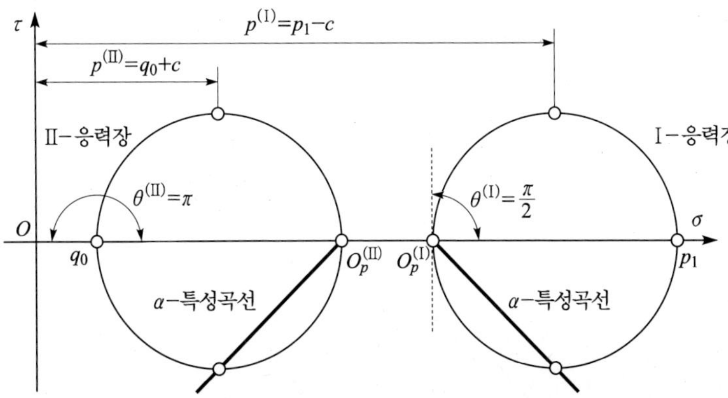

〈그림 8-10〉 〈그림 8-9〉의 Mohr 응력원 (Davis & Selvadurai, 2002)

그림과 같이 2개의 평면기점과 각각의 최소주응력을 연결하면 $I-$응력장에 대하여 $\theta^{(I)}=\pi/2$, $II-$응력장에 대해서는 $\theta^{(II)}=\pi$가 된다. 여기서 $\theta^{(II)}$의 값이 0이 아니라 π가 되는 것은 「Sokolovskii의 응력장해석」을 참고하면 된다. 〈그림 8-10〉과 같이 각각의 평면기점과 최소전단응력점을 연결하면 두 응력장의 $\alpha-$특성곡선(또는 $\beta-$특성곡선)이 직교하게 된다. 여기서 $I-$응력장의 평균응력 $p^{(I)}=p_1-c$이고 $II-$응력장의 평균응력 $p^{(II)}=q_0+c$가 되는데 이 2개의 값이 두 응력장을 연결하는 중요한 요소이다. 두 응력장을 연결하는 가장 쉬운 방법은 두 응력장으로부터 직선인 $\alpha-$특성곡선을 연장하여 두 응력장 사이의 영역을 채우는 것이다. 그러나 두 응력특성곡선의 응력상태가 다르므로 단순하게 직선인 특성곡선을 연장해서 연결하는 것은 불합리하다. 이외에도 여러 가지 방법을 생각할 수 있지만 직선으로 연결하면 두 응력장의 응력특성곡선을 그대로 연결해야 하기 때문에 불합리하므로 특성곡선의 응력상태에 변화를 줄 수 있는 응력장을 찾아야 한다. 여러 가지 방법이 있을 수 있지만, 두 응력장에서 $\alpha-$특성곡선의 방향이 반대이고, $I-$응력장의 $\alpha-$특성곡선이 $II-$응력장의 $\alpha-$특성곡선으로 연결되어야 한다는 것을 고려하면 〈그림 8-11(a)〉와 같이 두 응력장을 곡선으로 연결하는 것이 유일한 방법이라는 것을 알 수 있다. 그림에서 중앙에 위치한 응력장의 $\alpha-$특성곡선은 원호이며 $\beta-$특성곡선은 직선으로 구성되어 있다. 이와 같은 방법으로 구축된 응력장이 바로 「Prandtl의 유심선형장」이다.

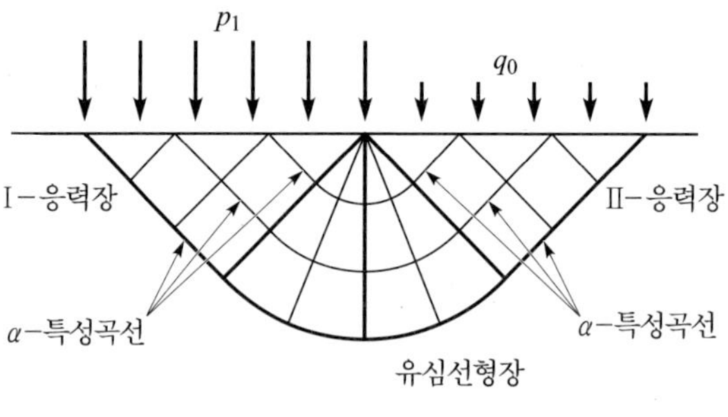

(a)

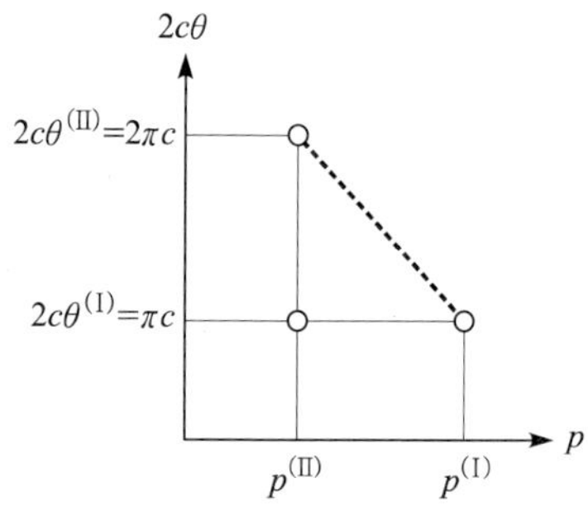

(b)

〈그림 8-11〉 불균일 등분포하중과 원형 유심선형장 (Davis & Selvadurai, 2002)

〈그림 8-11(b)〉는 그림(a)의 응력상태를 $p-2c\theta$평면에 도시한 것이다. 그림(b)에서 $II-$응력장에 대해서는 $\theta^{(II)}=\pi$ 및 $p^{(II)}=q_0+c$이고, $I-$응력장에 대해서는 $\theta^{(II)}=\pi/2$이기 때문에 $2c\theta^{(I)}=\pi c$이다. 또한 $p^{(I)}$도 표시되어 있지만 $p^{(I)}$이 독립적으로 결정될 수 있는 값이 아니라는 것에 주의해야 한다. 다시 말하면, p_1과 q_0 중에서 어느 하나는 값을 알

고 있지만 다른 하나의 값은 추정해야 한다는 것이다. 즉 〈그림 8-11〉이 기초의 지지력에 대한 문제라면 q_0(또는 p_1)를 이용하여 p_1(또는 q_0)을 추정해야 한다. 예로서 $p-2c\theta$ 평면에서 $I-$ 및 $II-$응력장의 $\alpha-$특성곡선에 해당되는 응력점이 $p-$축과 $-45°$로 기울어져 있으므로 $p^{(I)}=p^{(II)}+\pi c$를 이용하여 p_1을 추정할 수 있다. 〈그림 8-10〉의 응력원에서 $p^{(I)}$과 $p^{(II)}$는 각각 p_1-c 및 q_0+c이므로 $p_1=q_0+5.14c$이다(Davis & Selvadurai, 2002).

(2) Mohr-Coulomb재료($\phi \neq 0$)의 응력특성곡선

Mohr-Coulomb재료($\phi \neq 0$)에서 응력특성곡선의 방향은 〈그림 8-12〉와 같이 마찰각 $\phi=0$인 Tresca재료보다 더욱 복잡한 과정을 거쳐야 결정할 수 있다. Tresca재료와는 달리 $\phi \neq 0$이라면 Mohr 응력원의 반경은 일정하게 유지되는 것이 아니라 아래와 같이 평균응력 p의 함수가 된다.

$$R=\frac{1}{2}(\sigma_1-\sigma_3)=\frac{1}{2}\left[(\sigma_{xx}-\sigma_{yy})^2+4\tau_{xy}^2\right]^{1/2}=p\sin\phi+c\cos\phi \tag{8-49}$$

또한 〈그림 8-12〉와 같이 $\alpha-$ 및 $\beta-$특성곡선은 직교하지 않으며 교각은 $\pi/2-\phi$이다. 마찰각 $\phi \neq 0$이므로 (8-28~29)식으로부터 다음 식을 얻을 수 있다.

$$\frac{\partial p}{\partial s_\alpha}=-2(c+p\tan\phi)\frac{\partial\theta}{\partial s_\alpha} \quad : \alpha-\text{특성곡선} \tag{8-50}$$

$$\frac{\partial p}{\partial s_\beta}=+2(c+p\tan\phi)\frac{\partial\theta}{\partial s_\beta} \quad : \beta-\text{특성곡선} \tag{8-51}$$

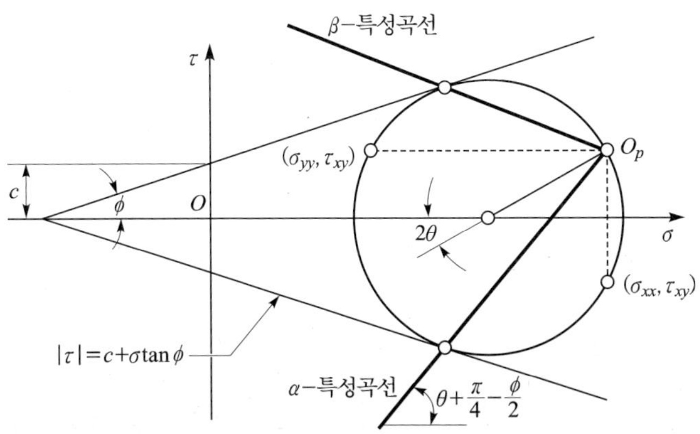

〈그림 8-12〉 Mohr-Coulomb재료의 응력특성곡선 방향 (Davis & Selvadurai, 2002)

위의 식을 적분하면 Hencky 방정식과 유사한 식을 얻을 수 있다(Davis & Selvadurai, 2002).

$$\ln(c+p\tan\phi)+2(\tan\phi)\theta = C_1 \ : \ \alpha-\text{특성곡선} \qquad (8\text{-}52)$$

$$\ln(c+p\tan\phi)-2(\tan\phi)\theta = C_2 \ : \ \beta-\text{특성곡선} \qquad (8\text{-}53)$$

식에서 C_1과 C_2는 적분상수이다. 위의 두 식은 Mohr-Coulomb재료의 응력특성곡선을 따라서 응력상태를 나타낼 수 있으며, (8-32~33)식과는 다른 형식을 취하고 있지만 Hencky의 제1정리를 적용할 수 있다. 또한 $p-2c\theta$ 평면 대신에 $\ln(c+p\tan\phi)$와 $2(\tan\phi)\theta$를 직교축으로 하는 평면에서 $\alpha-$ 및 $\beta-$특성곡선상의 응력점은 각각 -45°와 $+45^\circ$인 대각선상에 위치하게 된다.

i) 등분포하중과 응력특성곡선

재료표면에 〈그림 8-13〉과 같이 수직 등분포하중이 작용하면 Tresca재료와 같이 두 가지 해가 가능하지만 Mohr-Coulomb재료에서는 서로 다른 $\alpha-$ 및 $\beta-$특성곡선이 발생한다. 만약 등분포하중이 최소주응력이 되는 경우라면 두 특성곡선은 재료표면과 $\pi/4-\phi/2$로 교차하고, 등분포하중이 최대주응력이라면 두 특성곡선은 재료표면과 $\pi/4+\phi/2$로 교차하여 응력상태가 전혀 다른 형태를 나타내게 된다. 따라서 그림(a) 및 (b)와 같이 주동 및 수동응력상태가 되며, 이것은 각각 **Rankine의 주동영역**(active Rankine zone)과 **Rankine의 수동영역**(passive Rankine zone)에 해당되는 응력상태이다.

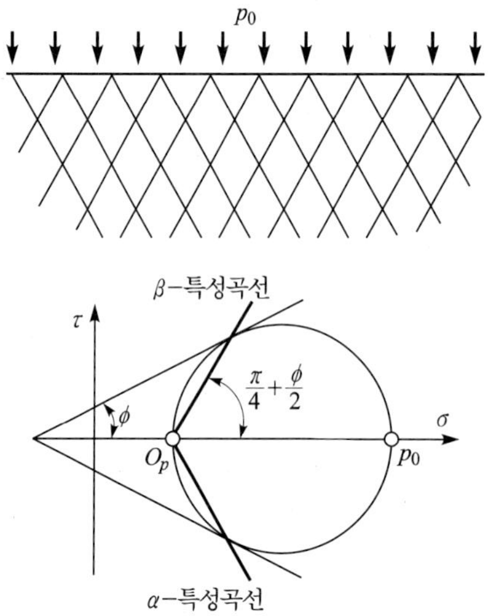

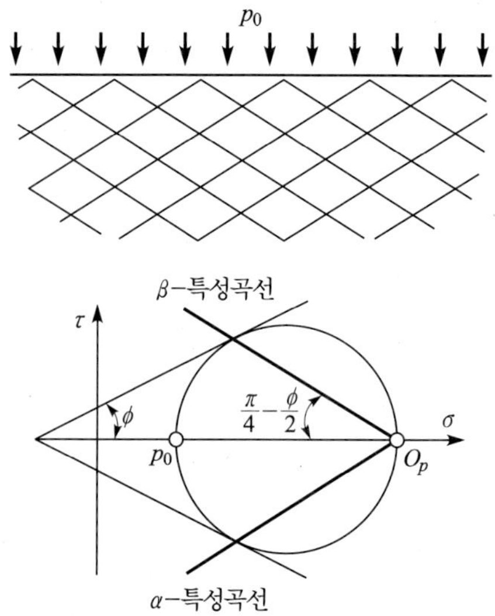

〈그림 8-13〉 등분포하중과 주동 및 수동응력상태 (Davis & Selvadurai, 2002)

ii) 불균일 등분포하중과 응력특성곡선

〈그림 8-14〉는 반무한 재료에 2개의 불균일 등분포하중 p_0와 q_0에 의하여 구축된 응력장과 응력특성곡선을 도시한 것이다($p_0 > q_0$). 마찰각 $\phi \neq 0$이라 해도 각각의 등분포하중에 대해서는 응력이 일정한 응력장이 형성되는데 특성곡선의 방향은 Tresca재료의 〈그림 8-9〉와 다르다. $I-$응력장은 p_0가 최대주응력이 되는 주동응력상태이고 $II-$응력장은 q_0가 최소주응력이 되는 수동응력상태이며 두 응력장에 대한 Mohr 응력원은 그림과 같다. 그림에서 중앙에 위치한 응력장은 유심선형장이지만 〈그림 8-11〉과 다른 형태로서 $\alpha-$특성곡선은 대수나선이며 $\beta-$특성곡선은 직선으로 나타난다. 대수나선식에 대해서는 (3-19)식을 이용하면 된다. $I-$응력장과 $II-$응력장에 대한 θ는 Tresca재료의 불균일 등분포하중과 다를 것이 없으므로 〈그림 8-10〉과 같이 각각 $\pi/2$와 π이고, $\ln(c + p\tan\phi)$와 $2(\tan\phi)\theta$를 직교축으로 하는 평면에서 $-45°$로 기울어져 있으므로 $p^{(I)}$과 $p^{(II)}$의 관계식을 수립하여 지지력을 구할 수 있다.

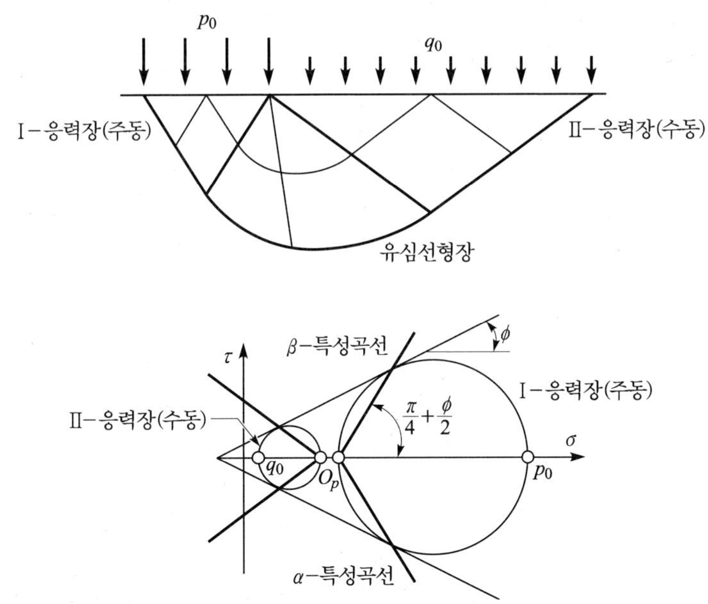

〈그림 8-14〉 **불균일 등분포하중과 대수나선형 유심선형장** (Davis & Selvadurai, 2002)

8.1.4 응력장의 유형

재료의 단위중량을 고려하여 Mohr-Coulomb파괴기준을 채택한 재료는 제외하고, Hencky 방정식이 성립하는 응력장은 다음과 같이 균일응력장(homogeneous stress field)과 **반**

균일응력장(semi-homogeneous stress field)으로 구분할 수 있다(Salencon, 1977).

(1) 균일응력장

Hencky의 정리가 성립하고 Hencky 방정식의 $\alpha-$ 및 $\beta-$특성곡선이 각각 일정한 값을 가지면 응력장은 균일하다고 하는데, 응력장 내에서 평균응력 p와 최대주응력방향 θ는 일정한 값을 가지며 $\alpha-$ 및 $\beta-$특성곡선은 모두 직선이 된다(〈그림 8-15(a)〉 참조).

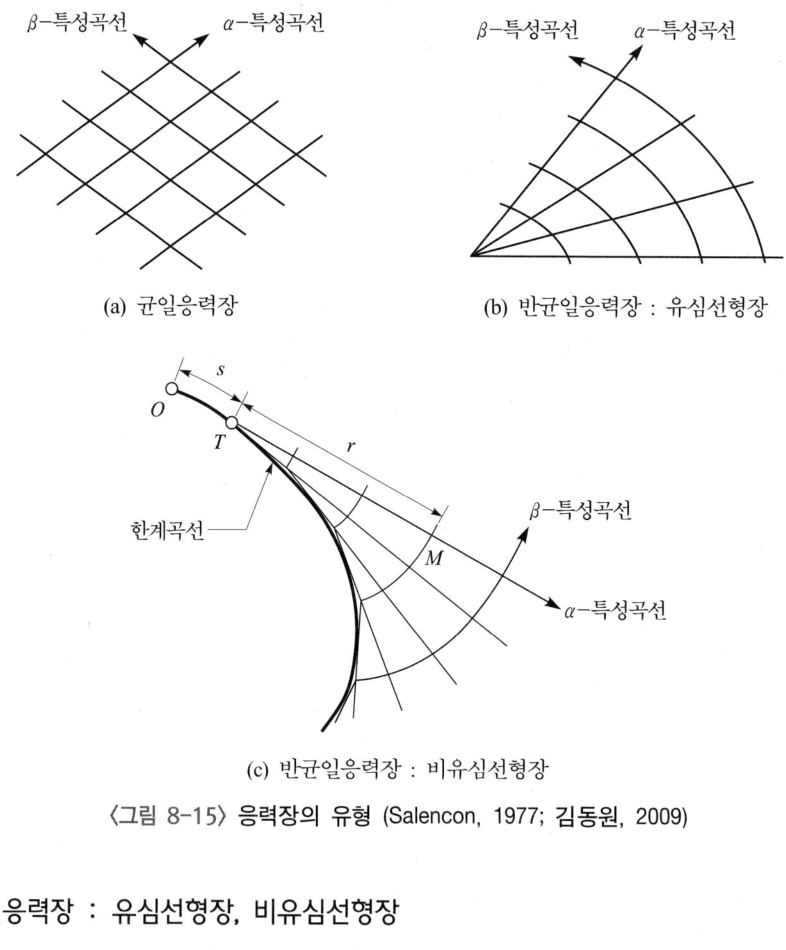

〈그림 8-15〉 **응력장의 유형** (Salencon, 1977; **김동원**, 2009)

(2) 반균일응력장 : 유심선형장, 비유심선형장

Hencky의 정리가 성립하고 Hencky 방정식의 $\alpha-$ 또는 $\beta-$특성곡선 중에서 어느 하나의 특성곡선만 p와 θ의 값이 일정한 직선이고 다른 하나의 특성곡선은 대수나선 또는 원형인 응력장을 반균일응력장이라고 한다. 〈그림 8-15(b)〉에서는 특성곡선이 하나의 점으로 표시되어 Prandtl의 유심선형장이 형성되어 있는데, 이 점은 퇴화된 $\beta-$특성곡선(degenerated $\beta-$characteristics)으로서 Mohr–Coulomb재료라면 대수나선형 특성곡선, Tresca재료에서는 원형 특성곡선이 퇴화된 것이다. 〈그림 8-15(c)〉와 같이 $\alpha-$특성곡선(또는 $\beta-$특성곡선)이 직선이라면 이 직선군에 의하여 포락선이 형성될 수도 있으며, 이때 특성곡선과 포락선의 접점은 한계곡선(limit curve)으로서 해의 한계값을 나타내기 때문에 소성영역 내측에 위치할 수 없으므로 재료의 경계선이거나 강체영역과 소성영역의 경계가 되어야 한다. 이와 같은 응력장을 **비유심선형장**(non–centered fan)이라고 하며 여기서 한계곡선은 $\beta-$특성곡선(또는 $\alpha-$특성곡선)의 곡률중심의 궤적이다. 그림에서 각각의 $\alpha-$특성곡선이 한계곡선과 만나는 접점 T의 가로좌표를 s라 하고, T로부터 대응하는 M까지 거리를 r이라고 하면 각각의 $\beta-$특성곡선방향으로 $s+r$은 일정한 값을 갖는다. 따라서 다른 특성곡선군에 의하여 생성되는 직선 특성곡선의 선분 길이는 모두 동일하다(Salencon, 1977; Lubliner, 2006).

8.1.5 경계값문제와 경계조건

응력특성곡선의 중요한 특징은 특성곡선이 연속적이라면 특성곡선의 변수인 평균응력 p와 최대주응력방향 θ의 도함수도 불연속적이 될 수 없다는 것이다. 이와 같은 특징이 의미하는 것은 첫째, 해석적으로 서로 다르지만 연속적인 2개의 응력장은 특성곡선을 따라서 서로 결합할 수도 있으며 둘째, 특성곡선의 어느 하나의 응력장에 대한 해를 구한 후에 추가적인 정보가 없다면 그 해를 이용하여 특성곡선을 가로질러서 다른 응력장으로 확장하여 연속적으로 해를 구할 수 없다는 것이다. 즉 경계값문제를 이용해서 2개의 응력장의 결합은 가능하지만 각각의 응력장에서 응력특성곡선의 **영향영역**(domain of influence)은 각각 제한된다는 것을 의미한다. 또한 소성영역은 서로 다른 경계조건이 주어지는 몇 개의 경계로 둘러싸이게 되는데 경계의 형태는 전단대(또는 활동면)인 강체–소성영역 경계와 함께, 응력장–응력장 경계, 응력/무응력경계 및 구조물과의 접촉경계로 나눌 수 있다. 응력장–응력장 경계는 경계값문제에 해당되고, 응력/무응력경계 및 구조물과의 접촉경계는 경계조건에 해당된다. 무응력경계에서는 수직 및 전단응력이 0이며, 구조물과의 접촉경계에서는 수직응력성분과 점착력이나 마찰력이 작용하는 경계이다(Desai & Christian, 1977; Druyanov & Nepershin, 1994).

(1) 경계값문제

경계값문제란 경계조건과 함께 지배방정식인 미분방정식 또는 편미분방정식이 주어지는 문제를 의미하며 따라서 경계값문제의 해는 주어진 경계조건을 충족시키는 해가 된다. 일반적으로 활동선장해석의 특성곡선법의 경계값문제로는 다음의 세 가지 형태가 대표적이다(Desai & Christian, 1977).

① **Cauchy문제**(Cauchy problem) : **초깃값문제**(initial value problem) 또는 제1경계값문제(first boundary value problem)라고도 하며, 미분방정식과 함께 초깃값(initial data)이 주어지는 문제로서 초깃값을 이용하여 특성곡선의 값을 구하는 문제

② **Riemann문제**(Riemann problem) : **Goursat문제**(Goursat problem), 특성초깃값문제(characteristic initial value problem) 또는 제2경계값문제(second boundary value problem)라고도 하며, 경계값이 주어진 특성곡선으로부터 나머지 영역의 특성곡선을 구하는 문제

③ **혼합문제**(mixed problem) : 제3경계값문제(third boundary value problem)라고도 하며, Cauchy문제와 Riemann문제가 혼합된 문제

Cauchy문제는 〈그림 8-16(a)〉와 같이 **비특성곡선**(non-characteristics)인 AB의 (x, y, p, θ)를 이용하여 영향영역 내측에 생성된 특성곡선의 변수를 구하는 문제이다. 혼합문제에서는 그림(a)에서 $\alpha-$특성곡선인 AC(또는 $\beta-$특성곡선인 BC)의 (x, y, p, θ)와 비특성곡선인 AB의 (x, y), (p, θ), (y, θ) 등 4개의 변수 (x, y, p, θ)중 2개의 값만 경계조건으로 주어진 경우에 특성곡선의 변수를 구하는 문제이다. Riemann문제에서는 〈그림 8-16(b)〉와 같이 응력장의 A를 통과하는 $\alpha-$ 및 $\beta-$특성곡선의 (x, y, p, θ)를 이용하여 대상이 되는 소성영역의 모든 특성곡선의 변수를 구한다. 경계조건을 이용하여 실제로 특성곡선을 구하는 방법에 대해서는 비관련유동칙의 「Sokolovskii의 응력장해석」과 「비관련유동칙의 적용 예」를 참고하면 된다.

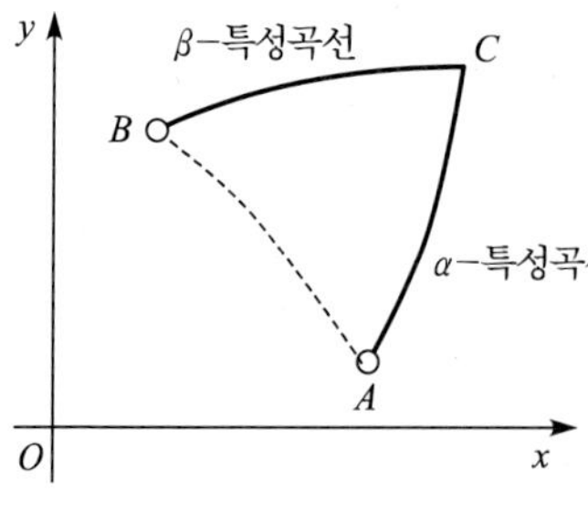

(a) Cauchy문제와 혼합문제

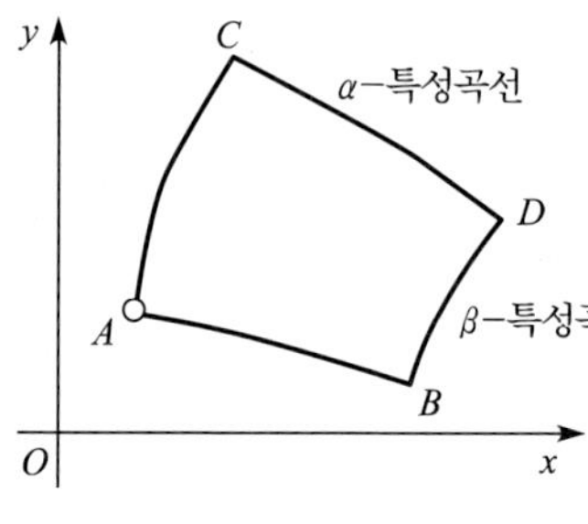

(b) Riemann문제

〈그림 8-16〉 **경계값문제** (Druyanov & Nepershin, 1994)

(2) 경계조건

i) 무응력경계

수학적으로 경계조건이란 미분방정식 또는 편미분방정식의 해가 주어진 영역의 경계값을 만족시키는 조건이다. (8-28~29)식이나 Hencky 방정식 등 평균응력 p와 최대주응력방향 θ를 변수로 하는 응력방정식의 해를 얻기 위해서는 응력방정식과 같이 p와 θ로 표시된 응력경계조건이 필요하다. 〈그림 8-17(a)〉는 법선이 $x-$축과 φ만큼 경사진 경계면 Λ와 최대주응력 σ_1-방향을 나타낸 것이다. 경계조건을 결정하기 위해서는 경계인 Λ에 주어진 수직응력 σ_n과 전단응력 τ_n을 p와 θ의 값으로 변환해야 한다. σ_n과 τ_n을 〈그림 8-17(b)〉의 Mohr 응력원이나 (8-14)식과 (8-16)식을 이용하여 나타내면 각각 다음과 같다(Yu, 2006).

$$\sigma_n = p + R\cos 2(\varphi - \theta) \tag{8-54}$$

$$\tau_n = R\sin 2(\varphi - \theta) \tag{8-55}$$

식에서 R은 최대전단응력($\tau_{\max}$)이며 Mohr 응력원의 반경으로서 $R = p\sin\phi + c\cos\phi$이다. 위의 두 식으로부터 σ_n과 τ_n 및 사잇각 φ로 표시된 p와 θ를 구할 수 있다. 두 식을 제곱하여 합하면 p에 대하여 다음의 관계식을 구할 수 있다.

$$(\sigma_n - p)^2 + \tau_n^2 = (p + c\cot\phi)^2 \sin^2\phi \tag{8-56}$$

위의 식으로부터 p의 값을 구하여 (8-54)식이나 (8-55)식에 대입하면 θ값이 결정된다. 특히 경계에 전단응력이 작용하지 않으면 위의 식으로부터 다음 식을 얻을 수 있다(Yu, 2006).

$$p = \frac{\sigma_n + \kappa c\cos\phi}{1 - \kappa\sin\phi} \tag{8-57}$$

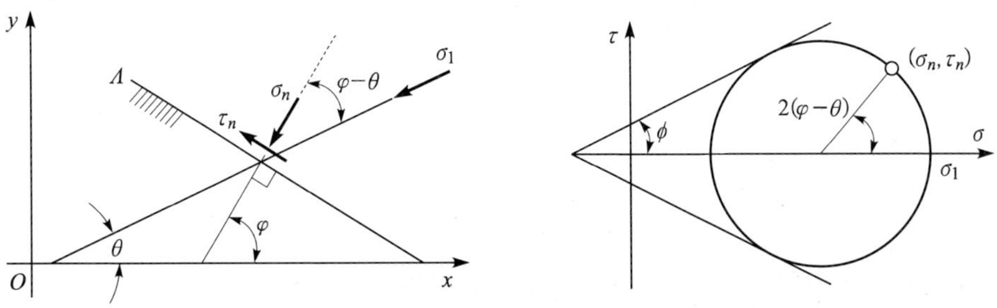

(a) 응력경계조건 (b) 파괴시 응력상태

〈그림 8-17〉 응력경계조건과 파괴시 응력상태 (Yu, 2006)

식에서 $\kappa=\pm 1$인데, $\kappa=-1$은 최소응력인 주동응력상태, $\kappa=+1$은 최대응력인 수동응력상태에 적용한다. 또한 θ는 (8-55)식에 의해서 다음과 같이 나타낼 수 있다(Druyanov & Nepershin, 1994; Kachanov, 2004; Yu, 2006).

$$\theta=(-1)^n\frac{\pi}{2}+\varphi+m\pi \tag{8-58}$$

식에서 n과 m은 정수로서 σ_n의 응력상태에 따라서 0 또는 ± 1의 값을 취한다.

ii) 구조물과의 접촉경계

구조물과의 접촉경계는 접촉면의 마찰법칙에 의존하게 된다. 접촉면에 Coulomb의 마찰법칙을 적용하면 전단응력 $\tau_n=\mu_s\sigma_n$으로 나타낼 수 있는데($\mu_s=\tan\phi$: 마찰계수), 전단응력 τ_n은 항복응력 $\mu_s\tau_y$를 초과할 수 없다(τ_y: 전단항복응력, $0\le\mu_s\le 1$). 따라서 접촉경계에서는 $\tau_n=\min\{\mu_s\sigma_n,\mu_s\tau_y\}$, 즉 $\mu_s\sigma_n$과 $\mu_s\tau_y$ 중에서 작은 값이 경계조건 τ_n이 된다. 그러나 대부분의 접촉경계에서는 전단응력보다 수직응력이 크므로 전단응력 τ_n은 다음과 같은 값을 갖는 것이 보통이다(Druyanov & Nepershin, 1994).

$$\tau_n=\mu_s\tau_y \tag{8-59}$$

위의 식을 **Prandtl의 마찰법칙**(Prandtl's friction law)이라고 한다. 일반적으로 접촉경계에서 점착력 또는 마찰력이 작용하면 재료는 구조물과 함께 거동하므로 속도장은 알 수 있지만 응력상태는 해석적으로 구해야 한다. 즉, 접촉경계에 대한 운동학적 조건(kinematic condition)은 수직속도성분의 연속성을 이용하여 구할 수 있으며, 접선응력성분인 전단응력은 (8-59)식 등을 이용해서 결정해야 한다는 것이다. 따라서 접촉경계에 Prandtl의 마찰법칙이 유효하다는 것을 전제로 하여 p와 θ에 대한 경계조건을 구할 수 있다. 이와 같은 경우에 접촉경계의 최대주응력인 σ_1의 방향 θ는 (8-55)식과 (8-59)식에 의하여 다음과 같이 나타낼 수 있다.

$$\theta=\varphi-\frac{1}{2}\sin^{-1}\left(\frac{\mu_s\tau_y}{R}\right) \tag{8-60}$$

식에서 φ는 〈그림 8-17(a)〉와 같이 경계면의 경사각과 관련된 값이다. 위의 식에 의해서 수평인 접촉경계가 무마찰이라면($\mu_s=0$) $\theta=\pi/2$가 되어 주응력이 수직으로 작용하지만 점착력이나 마찰력이 있다면 주응력방향이 접촉경계에 더 근접하게 된다.

8.2 관련유동칙의 속도장해석

8.2.1 제로팽창곡선과 비팽창조건

활동선장해석에서 응력장을 구한 후에는 속도장해석을 해야 하며 속도장해석을 위해서는 **제로팽창곡선**(zero extension line)과 비팽창조건을 먼저 이해해야 한다. 〈그림 8-18〉은 Mohr-Coulomb파괴기준과 Mohr 응력원을 이용하여 P를 평면기점(O_P)으로 하는 속도 특성곡선인 α^*- 및 β^*-특성곡선을 예시한 것이다. 응력-변형률 거동이 관련유동칙을 충족시키는 표준재료에 대하여 (4-56)식을 적용하면 〈그림 8-18〉에 의해서 다음 식을 얻을 수 있다(인장: +).

$$f=-\frac{\sigma_{xx}+\sigma_{yy}}{2}\sin\phi+\left[\frac{1}{4}(\sigma_{xx}-\sigma_{yy})^2+\tau_{xy}^2\right]^{1/2}-c\cos\phi=0 \tag{8-61}$$

위의 식에 관련유동칙을 적용하면 〈그림 8-18〉에 의하여 다음과 같은 평면변형률조건에 대한 소성변형률속도성분을 얻을 수 있다(Davis & Selvadurai, 2002; Wu, 1982).

$$\dot{\epsilon}_{xx}=\dot{\lambda}\frac{\partial f}{\partial\sigma_{xx}}=-\frac{\dot{\lambda}}{2}\left\{\sin\phi-\frac{\frac{(\sigma_{xx}-\sigma_{yy})}{2}}{\left[\left(\frac{\sigma_{xx}-\sigma_{yy}}{2}\right)^2+\tau_{xy}^2\right]^{1/2}}\right\}=-\frac{\dot{\lambda}}{2}(\sin\phi-\cos2\theta) \tag{8-62}$$

$$\dot{\epsilon}_{yy}=\dot{\lambda}\frac{\partial f}{\partial\sigma_{yy}}=-\frac{\dot{\lambda}}{2}\left\{\sin\phi+\frac{\frac{(\sigma_{xx}-\sigma_{yy})}{2}}{\left[\left(\frac{\sigma_{xx}-\sigma_{yy}}{2}\right)^2+\tau_{xy}^2\right]^{1/2}}\right\}=-\frac{\dot{\lambda}}{2}(\sin\phi+\cos2\theta) \tag{8-63}$$

$$\dot{\gamma}_{xy}=\dot{\lambda}\frac{\partial f}{\partial\tau_{xy}}=\dot{\lambda}\frac{\tau_{xy}}{\left[\left(\frac{\sigma_{xx}-\sigma_{yy}}{2}\right)^2+\tau_{xy}^2\right]^{1/2}}=\pm\dot{\lambda}\sin2\theta \tag{8-64}$$

위의 식으로부터 평면변형률조건에 대한 체적팽창속도는 $\dot{\epsilon}_v=\dot{\epsilon}_{xx}+\dot{\epsilon}_{yy}=-\dot{\lambda}\sin\phi$이므로, 마찰각 $\phi>0$인 경우에 소성변형은 체적팽창을 수반해야지만 된다는 것을 알 수 있다. (8-64)식에서 전단변형률속도 $\dot{\gamma}_{xy}$에 대해서는 다음 절의 속도특성곡선의 방향을 고려하여 복부호(±)를 취하였다. 〈그림 8-18〉에서 Ψ를 β^*-특성곡선과 x-축의 사잇각이라고 하면 삼각형 ABC에 대하여 다음 식이 성립한다.

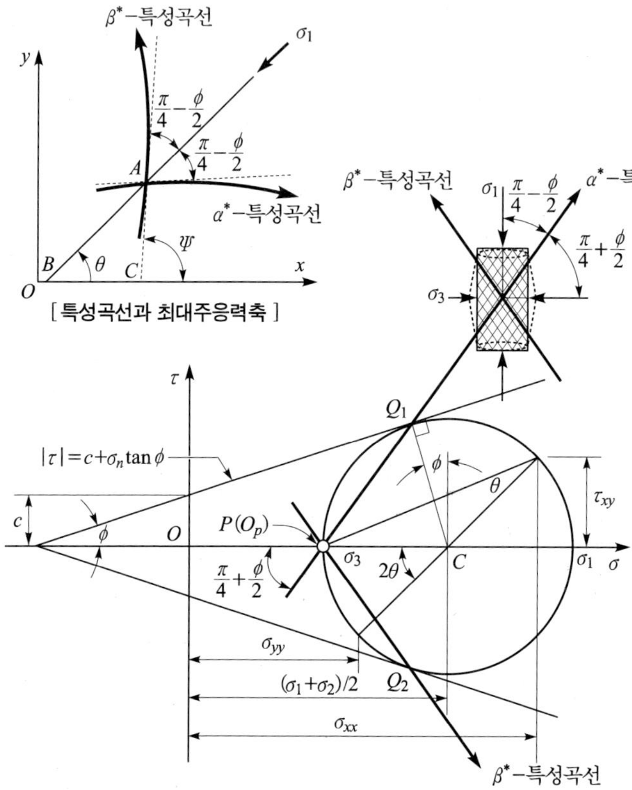

〈그림 8-18〉 Mohr-Coulomb파괴기준과 속도특성곡선

$$\theta = \Psi - \frac{\pi}{4} + \frac{\phi}{2} \tag{8-65}$$

탄성변형을 무시하면 소성변형률속도는 전변형률속도가 되므로 $x-$ 및 $y-$축의 속도성분을 각각 v_x와 v_y라고 하면 (8-65)식을 (8-62~64)식에 대입하여 다음과 같이 소성변형률속도를 간단하게 나타낼 수 있다.

$$\dot{\epsilon}_{xx} = -\frac{\partial v_x}{\partial x} = -\frac{\dot{\lambda}}{2}[\sin\phi - \sin(2\Psi + \phi)] \tag{8-66}$$

$$\dot{\epsilon}_{yy} = -\frac{\partial v_y}{\partial y} = -\frac{\dot{\lambda}}{2}[\sin\phi + \sin(2\Psi + \phi)] \tag{8-67}$$

$$\dot{\gamma}_{xy} = \pm\left(\frac{\partial v_x}{\partial y} + \frac{\partial v_y}{\partial x}\right) = \pm\dot{\lambda}\cos(2\Psi + \phi) \tag{8-68}$$

(8-66)식에 β^*-특성곡선과 $x-$축의 사잇각 $\Psi=0$ 또는 $\Psi=-(\pi/2+\phi)$을 대입하면 다음과 같다.

$$\dot{\epsilon}_{xx}=\left(\frac{\partial v_x}{\partial x}\right)_{\Psi=0}=\left(\frac{\partial v_x}{\partial x}\right)_{\Psi=-(\pi/2+\phi)}=0 \tag{8-69}$$

위의 식이 의미하는 것은 $x-$축을 β^*-특성곡선과 일치시키거나($\Psi=0$) 시계방향으로 $\Psi=-(\pi/2+\phi)$만큼 회전하여 α^*-특성곡선에 일치시키면 $\dot{\epsilon}_{xx}=0$이 되어 전단대를 따라서 수직변형률속도가 발생하지 않는다는 것이다(Wu, 1982; Shield, 1953). 이것은 (1-149)식의 팽창속도 계산식을 이용해도 같은 결과를 얻을 수 있다. 두께가 얇은 전단대는 활동하는 강체영역 사이에서 샌드위치 모양을 하고 있으며 활동이 시작되면 전단대를 사이에 두고 상하 또는 좌우에 위치하고 있는 강체영역은 강체이기 때문에 전단대에 수직방향으로는 수축되거나 팽창되지 않는다. 이것은 전단대를 따라서 (8-69)식과 같이 수직변형률이 0, 즉 길이의 변화가 없고 순수전단만 발생한다는 것을 의미하므로 전단대를 제로팽창곡선이라고 하고 이와 같은 변형률상태를 비팽창조건이라고 한다(Salgado, 2007, Davis & Selvadurai, 2002). 따라서 제로팽창곡선은 전단대, 활동선(활동면), 미끄러짐선(sliding line), 파괴선(파괴면), 속도불연속선, 활동선의 포락선 등과 동일한 의미로 사용되며, 강체영역과 소성영역 또는 강체영역과 강체영역을 분리하는 선이라고 할 수 있는데 응력불연속선이나 응력특성곡선 및 속도특성곡선은 제로팽창곡선이 아니다. 다만 관련유동칙을 적용한 표준재료에 대해서는 응력특성곡선과 속도특성곡선이 일치하므로 응력특성곡선을 제로팽창곡선이라고 할 수도 있다(Yu, 2006; Stroganov, 1985; Davis, 1968; Shield, 1952).

8.2.2 속도방정식과 속도특성곡선

관련유동칙에서 속도특성곡선을 구하기 위해서는 먼저 (8-62~64)식으로부터 다음의 식을 구해야 한다.

$$\dot{\epsilon}_{xx}-\dot{\epsilon}_{yy}=\dot{\gamma}_{xy}\cot 2\theta \tag{8-70}$$

$$\dot{\epsilon}_{xx}+\dot{\epsilon}_{yy}=\dot{\gamma}_{xy}\sin\phi\,\mathrm{cosec}\,2\theta \tag{8-71}$$

식에서 θ는 최대주응력방향이며, (8-71)식에서 $\dot{\gamma}_{xy}$의 부호는 (8-64)식으로부터 음의 값을 취하였다. (8-66~68)식과 (8-70~71)식에 의해서 평면변형률조건인 경우에 속도장해석을 위한 속도방정식은 다음과 같이 나타낼 수 있다.

$$\sin 2\theta \frac{\partial v_x}{\partial x} - \cos 2\theta \frac{\partial v_x}{\partial y} - \cos 2\theta \frac{\partial v_y}{\partial x} - \sin 2\theta \frac{\partial v_y}{\partial y} = 0 \tag{8-72}$$

$$\frac{\partial v_x}{\partial x} - \sin\phi \,\mathrm{cosec} 2\theta \frac{\partial v_x}{\partial y} - \sin\phi \,\mathrm{cosec} 2\theta \frac{\partial v_y}{\partial x} + \frac{\partial v_y}{\partial y} = 0 \tag{8-73}$$

응력특성곡선에서 적용한 방법과 같이 $x-y$평면에서 속도특성곡선의 기울기인 $[dx/dy]$방향으로 v_x와 v_y의 변화는 다음과 같이 나타낼 수 있다.

$$dv_x = \frac{\partial v_x}{\partial x} dx + \frac{\partial v_x}{\partial y} dy \tag{8-74}$$

$$dv_y = \frac{\partial v_y}{\partial x} dx + \frac{\partial v_y}{\partial y} dy \tag{8-75}$$

(8-72~75)식의 4개의 연립방정식에 대하여 계수행렬식 $\Delta_0 = 0$으로 하면 다음 식을 얻을 수 있다.

$$\Delta_0 = \begin{bmatrix} \sin 2\theta & -\cos 2\theta & -\cos 2\theta & -\sin 2\theta \\ 1 & -\sin\phi \,\mathrm{cosec} 2\theta & -\sin\phi \,\mathrm{cosec} 2\theta & 1 \\ dx & dy & 0 & 0 \\ 0 & 0 & dx & dy \end{bmatrix} = 0 \tag{8-76}$$

위의 행렬식을 전개하면 응력특성곡선식인 (8-22)식과 동일한 이차방정식을 얻을 수 있으며 속도특성곡선도 $x-y$평면에서 격자망 형태의 2개의 쌍곡선군이며, 이 2개의 쌍곡선군이 바로 α^*- 및 β^*-특성곡선이다. 속도특성곡선의 기울기 $[dx/dy]$는 〈그림 8-18〉의 $x-y$평면에서 다음과 같다.

$$\frac{dy}{dx} = \tan\left[\theta \mp \left(\frac{\pi}{4} + \frac{\phi}{2}\right)\right] \tag{8-77}$$

위의 식은 Mohr-Coulomb파괴기준과 Mohr 응력원을 이용하여 구한 속도특성곡선의 기울기이다. 또한 (8-77)식은 응력특성곡선의 기울기인 (8-23)식과 같으므로 관련유동칙에서는 응력특성곡선과 속도특성곡선은 일치한다는 것을 알 수 있다. 속도특성곡선 방향으로 속도변화를 구하기 위한 관계식은 아래와 같이 결정한다.

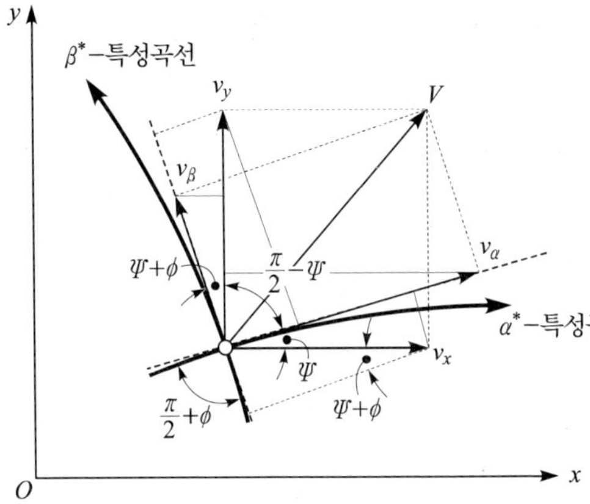

〈그림 8-19〉 관련유동칙의 속도특성곡선과 속도벡터

〈그림 8-19〉에서 α^*- 및 β^*-특성곡선의 속도성분 v_α와 v_β를 각각 $x-$ 및 $y-$축의 속도성분인 접선속도 v_x와 분리속도 v_y로 나타내면 다음과 같다.

$$v_\alpha = v_x \cos\Psi + v_y \sin\Psi \tag{8-78}$$

$$v_\beta = -v_x \sin(\Psi+\phi) + v_y \cos(\Psi+\phi) \tag{8-79}$$

위의 두 식으로부터 v_x과 v_y는 v_α와 v_β로 나타낼 수 있다.

$$v_x = \frac{v_\alpha \cos(\Psi+\phi) - v_\beta \sin\Psi}{\cos\phi} \tag{8-80}$$

$$v_y = \frac{v_\alpha \sin(\Psi+\phi) + v_\beta \cos\Psi}{\cos\phi} \tag{8-81}$$

(8-80)식을 x에 관하여 편도함수를 취하면 다음과 같다(Wu, 1982).

$$\frac{\partial v_x}{\partial x} = \frac{\partial v_\alpha}{\partial x}\frac{\cos(\Psi+\phi)}{\cos\phi} - v_\alpha \frac{\sin(\Psi+\phi)}{\cos\phi}\frac{\partial \Psi}{\partial x} - \frac{\partial v_\beta}{\partial x}\frac{\sin\Psi}{\cos\phi} - v_\beta \frac{\cos\Psi}{\cos\phi}\frac{\partial \Psi}{\partial x} \tag{8-82}$$

(8-82)식에 (8-69)식의 $\Psi=0$에 대한 비팽창조건($\partial v_x/\partial x=0$)을 적용하면 다음과 같다.

$$\left(\frac{\partial v_x}{\partial x}\right)_{\Psi=0} = \left(\frac{\partial v_\alpha}{\partial x}\right)_{\Psi=0} - v_\alpha \tan\phi\left(\frac{\partial \Psi}{\partial x}\right)_{\Psi=0} - v_\beta \sec\phi\left(\frac{\partial \Psi}{\partial x}\right)_{\Psi=0} = 0 \tag{8-83}$$

위의 식으로부터 α^*-특성곡선의 속도성분은 다음과 같이 전미분형태의 관계식이 성립하고 동일한 방법으로 β^*-특성곡선에 대해서도 관계식을 얻을 수 있다.

$$dv_\alpha - (v_\alpha \tan\phi + v_\beta \sec\phi) d\Psi = 0 \quad : \alpha^* - \text{특성곡선} \tag{8-84}$$

$$dv_\beta + (v_\alpha \sec\phi + v_\beta \tan\phi) d\Psi = 0 \quad : \beta^* - \text{특성곡선} \tag{8-85}$$

위의 두 식에서 $\phi = 0$이면 다음과 같이 평면변형률조건의 「**Geiringer의 방정식**」(Geiringer's equation)을 얻을 수 있다(Chakrabarty, 2000).

$$\begin{aligned} dv_\alpha - v_\beta d\Psi = 0 \quad &: \alpha^* - \text{특성곡선} \\ dv_\beta + v_\alpha d\Psi = 0 \quad &: \beta^* - \text{특성곡선} \end{aligned} \tag{8-86}$$

위의 식을 응력특성곡선의 Hencky 방정식과 비교하면 응력특성곡선 관계식은 2개의 식에 2개의 미지수 p와 θ뿐이므로 경계조건만 주어지면 응력분포를 얻을 수 있지만, (8-84~85)식에는 속도성분인 v_α와 v_β 외에도 속도특성곡선과 $x-$축의 사잇각인 Ψ가 추가되어 미지수가 3개이므로 해를 구할 수가 없다. 따라서 속도특성곡선은 응력해석을 통하여 θ가 결정된 후에 응력특성곡선을 따라서만 계산이 가능하다. (8-84~85)식에 의해서 속도에 대한 경계조건과 함께 속도장의 속도분포를 결정할 수 있다. Drucker(1952)에 의하면 추정된 속도장은 속도장의 어느 부위에서나 소성일(𝕎)이 양(+)의 값이어야만 운동학적으로 허용될 수 있다고 하였으며, Shield(1953)는 이것을 **양의 팽창조건**(condition of positive dilatation)이라고 하였다. 〈그림 4-8(c)〉의 주응력공간에서 Mohr-Coulomb파괴기준의 꼭짓점 V의 좌표는 $\sigma_1 = \sigma_2 = \sigma_3 = -c\cot\phi$이므로, 응력-변형률 거동이 관련유동칙을 따르는 강소성재료의 속도장에 대하여 소성일이 양의 값이 되기 위한 조건은 다음과 같다(Shield, 1953, 1972; Lee & Herington).

$$\mathbb{W} = \sigma_1 \dot{\epsilon}_1^P + \sigma_2 \dot{\epsilon}_2^P = c\cot\phi \left(\frac{\partial v_x}{\partial x} + \frac{\partial v_y}{\partial y} \right) \geq 0 \tag{8-87}$$

식에서 v_x와 v_y는 각각 $x-$ 및 $y-$축방향의 속도성분이고 우변 괄호안의 수식은 재료의 팽창 여부를 나타내는 식이다[(1-143)식 참조]. 축대칭 및 3차원 공간에 대하여 소성일이 양의 값이 되기 위한 조건도 같은 방법으로 적용이 가능하다. 또한 속도장에 불연속선이 포함되어 있다면 이에 대한 소성일 $\mathbb{W}_d$도 (8-87)식의 우변에 다음의 식이 포함되어야 한다.

$$\mathbb{W}_d = c \int du\, dl \tag{8-88}$$

식에서 du는 접선속도의 **속도비약**(速度飛躍, velocity jump)이고, dl은 불연속선 길이이다.

8.2.3 속도불연속선

속도불연속선은 평면응력조건과 평면변형률조건으로 분류하여 고려해야 한다. 금속재료와 같이 하중을 가하면 재료의 두께가 얇아져서 병목현상(neck phenomenon)이 발생하는 재료라면 평면응력조건과 평면변형률조건이 모두 유효하지만(Kachanov, 1971) 입상체에서는 병목현상이 발생하지 않으므로 여기서는 평면변형률조건만 성립하는 것으로 가정한다. 물리적으로 속도불연속선이란 속도벡터의 크기 및 방향의 변화가 급속하게 진행되는 전단대가 밀집된 영역이다. 속도불연속선은 응력불연속선과 달리 실험적으로 관찰이 가능하므로 속도불연속선을 이용하여 속도특성곡선을 확인할 수도 있다(Pariseau, 1969).

재료를 강소성재료로 가정하면 속도가 연속적이어야 할 필요는 없으므로 소성거동과정에 있는 재료에서 인접한 영역 사이에는 상대적인 거동이 있을 수도 있으며(김동원, 2009), 하나의 선을 가로질러 속도비약이 있다면 그 선은 속도불연속선이 되어야 한다. 전단영역 내측이나 전단영역 경계에 속도불연속선이 위치한다면 속도불연속선은 〈그림 8-20(a)〉의 전단대와 같이 얇은 대상(帶狀) 형태를 취해야만 하는데, 이것은 다일레이턴시가 항상 전단대에서 발생하고 전단대의 두께 $t=0$이면 다일레이턴시의 발생이 불가능하기 때문이다. 활동선장해석의 응력장과 속도장에서 주동영역과 수동영역 사이에 있는 전이영역의 전단대가 원형이 아니라 대수나선형이 되는 것은 전단시 회전하면서 다일레이턴시로 인하여 방향이 마찰각 ϕ만큼 바뀌기(shift away) 때문이며(Davis & Selvadurai, 2002) 따라서 마찰각 $\phi=0$이라면 활동선은 원형이 된다. 속도불연속선도 속도특성곡선의 하나이므로 병진운동과 회전운동이 허용되는 속도불연속선의 유형은 직선과 대수나선 뿐이다(Shield, 1953). Salencon(1977)은 속도불연속선의 특성을 다음과 같이 요약하였다.

- 속도비약이 발생하는 속도불연속선은 속도특성곡선이어야 한다.
- 비압축성(=비팽창성) 재료라면 불연속선에서 속도의 유입과 유출이 그대로 유지되어야 하기 때문에 속도비약은 접선성분만 가능하며 이것이 바로 속도비약조건이다.
- 속도불연속선을 따라서 속도비약은 일정하다.
- 속도불연속은 반드시 양(+)의 값이어야 한다.

또한 〈그림 8-20(a)〉와 같이 $x-$축을 속도불연속선의 접선방향, $y-$축을 속도불연속선의 수직방향으로 취하면 합성속도성분은 $x-$축의 속도성분인 접선속도 v_x와 $y-$축의 속도성분인 분리속도 v_y로 나타낼 수 있다. 그러나 비압축성조건(=비팽창성조건)에 의하여

$x-$축의 속도경사 $\partial v_x/\partial x$와 $\partial v_y/\partial x$는 $y-$축의 속도경사 $\partial v_x/\partial y$나 $\partial v_y/\partial y$에 비하여 무시할 수 있을 정도로 작기 때문에 $\dot{\epsilon}_{xx}$는 $\dot{\gamma}_{xy}$에 비하여 상대적으로 매우 작으며, 속도불연속선이 α^*- 또는 β^*-특성곡선이 되기 위해서는 (8-66~68)식의 응력-변형률 관계식에서 Ψ는 다음과 같은 값이 되어야 한다(Davis & Selvadurai, 2002; Shield, 1953).

$$\Psi = 0, \quad -\pi, \quad -\left(\frac{\pi}{2}+\phi\right), \quad -\left(\frac{3\pi}{2}+\phi\right) \tag{8-89}$$

위의 Ψ 값을 (8-67~68)식에 대입하면 $\dot{\epsilon}_{yy}$와 $\dot{\gamma}_{xy}$의 값을 구할 수 있다.

$$\dot{\epsilon}_{yy} = \frac{\partial v_y}{\partial y} = -\dot{\lambda}\sin\phi \tag{8-90}$$

$$\dot{\gamma}_{xy} = \frac{\partial v_x}{\partial y} + \frac{\partial v_y}{\partial x} \approx \frac{\partial v_x}{\partial y} = \pm\dot{\lambda}\cos\phi \tag{8-91}$$

식에서 $\dot{\gamma}_{xy}$의 ±부호에서 음의 부호는 α^*-특성곡선이며($\Psi = 0, -\pi$), 양의 부호는 β^*-특성곡선에 대한 것이다. (8-90~91)식이 의미하는 것은 〈그림 8-20(b)〉와 같이 소성거동영역에서 합성속도가 속도불연속선과 ϕ만큼 경사진 방향을 향하게 된다는 것이다(Davis & Selvadurai, 2002).

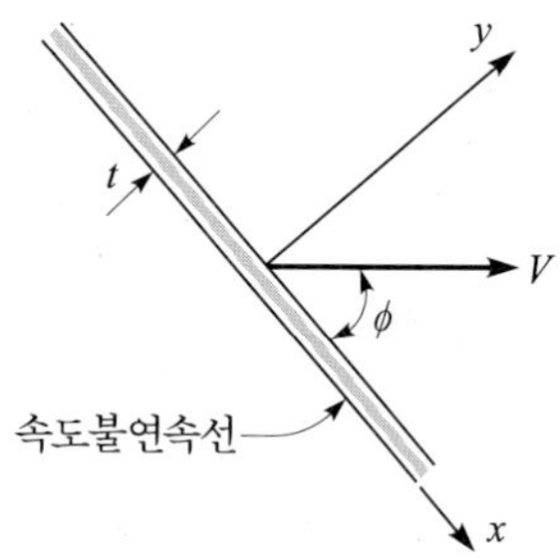

(a) 속도불연속선과 좌표축

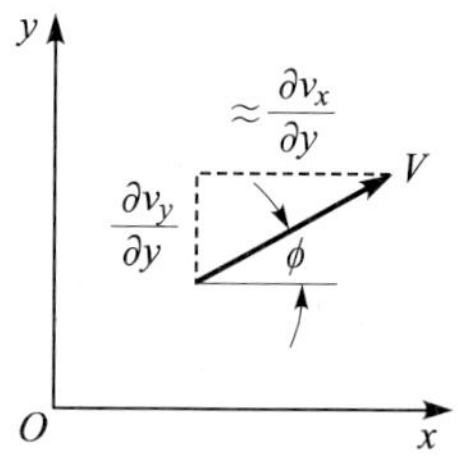

(b) 속도불연속선의 기울기

〈그림 8-20〉 관련유동칙의 속도불연속선 (Wu, 1982)

8.2.4 속도장의 유형

소성영역의 속도장 내에서는 격자망 형태의 α^*- 및 β^*-특성곡선이 발생하게 된다. 재료의 변형과정에서 파괴영역 내측에 있는 모든 부위에서는 전단응력이 최댓값이 되는 한계상태에 이르게 되는데, 물리적으로 α^*- 및 β^*-특성곡선은 전단방향을 나타내는 것이며 (8-84~85)식은 전단방향을 결정하기 위하여 사용하는 제한식이라고 볼 수 있다.

Shield(1953)에 의하면 응력-변형률 거동이 관련유동칙을 따르는 표준재료에 대하여 강체운동인 병진운동과 회전운동이 허용되는 속도장의 유형은 직선속도장과 대수나선속도장 뿐이며 유형별 특징은 다음과 같다.

(1) 직선속도장

직선속도장은 〈그림 8-21(a)〉와 같이 교각이 $\pi/2+\phi$인 2개의 직선군으로 구성되며, 응력이 일정한 전단영역에서 발생하는 속도특성곡선 유형으로서 주동영역 또는 수동영역이라고 한다. 〈그림 8-21(a)〉에서 $x-$축과 $y-$축을 각각 최소 및 최대주응력방향으로 취하면, 속도특성곡선의 방향으로 $x-$축과 α^*-특성곡선의 기울기 ψ가 일정하기 때문에 (8-84)식의 α^*-특성곡선을 따라서 v_α가 일정하고 (8-85)식의 β^*-특성곡선을 따라서 v_β도 일정하다. 그림과 같이 원점을 지나는 α^*- 및 β^*-특성곡선으로부터 거리가 각각 d_1과 d_2인 P점의 속도 v_α와 v_β는 각각 다음과 같이 나타낼 수 있다(Shield, 1953).

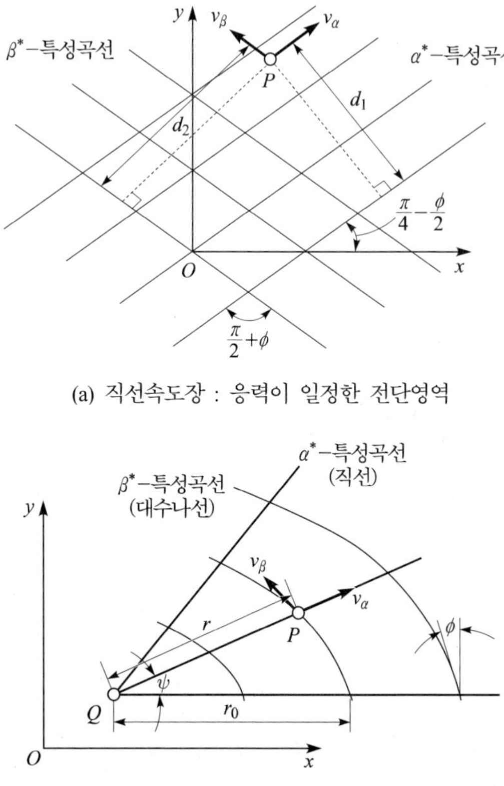

(a) 직선속도장 : 응력이 일정한 전단영역

(b) 대수나선속도장 : 방사상전단영역

〈그림 8-21〉 **관련유동칙의 속도장 유형** (Shield, 1953)

$$v_\alpha = f_1(d_1), \quad v_\beta = f_2(d_2) \tag{8-92}$$

식에서, $d_1 = -x\sin\left(\frac{\pi}{4} - \frac{\phi}{2}\right) + y\cos\left(\frac{\pi}{4} - \frac{\phi}{2}\right)$, $d_2 = x\sin\left(\frac{\pi}{4} - \frac{\phi}{2}\right) + y\cos\left(\frac{\pi}{4} - \frac{\phi}{2}\right)$

위의 식에서 f_1과 f_2는 각각 d_1과 d_2의 함수이며 속도장의 어느 부위에서나 「양의 팽창 조건」을 충족시켜야 한다. $x-$ 및 $y-$축방향의 속도인 접선속도 v_x과 분리속도 v_y는 (8-80~81)식으로부터 각각 다음과 같이 나타낼 수 있다.

$$v_x = \frac{1}{\cos\phi}\left[f_1(d_1)\cos\left(\frac{\pi}{4} + \frac{\phi}{2}\right) - f_2(d_2)\sin\left(\frac{\pi}{4} - \frac{\phi}{2}\right)\right] \tag{8-93}$$

$$v_y = \frac{1}{\cos\phi}\left[f_1(d_1)\sin\left(\frac{\pi}{4} + \frac{\phi}{2}\right) + f_2(d_2)\sin\left(\frac{\pi}{4} - \frac{\phi}{2}\right)\right] \tag{8-94}$$

(2) 대수나선속도장

Shield(1953)는 속도장에서 하나의 속도특성곡선군이 〈그림 8-21(b)〉와 같이 Q에서 부채꼴 형으로 뻗어 나오는 형태를 공점직선군이라고 하였는데, 나머지 하나의 속도특성곡선군은 공점을 축으로 하는 대수나선이 되어야 하며 보통 그림과 같은 방사상전단영역에서 발생하는 속도특성곡선 유형이다. 그림에서 α^*-특성곡선이 직선군이고 β^*-특성곡선이 대수나선군이라면 대수나선의 원점 Q로부터 거리가 r_0인 P의 속도성분 v_α와 v_β는 아래와 같이 구할 수 있다. P가 속해 있는 α^*-특성곡선을 따라서는 $x-$축과 α^*-특성곡선의 기울기 ψ가 일정하기 때문에 v_α는 다음과 같은 값을 갖는다.

$$v_\alpha = f_3(\psi) \tag{8-95}$$

식에서 f_3는 ψ의 함수이다. 위의 식을 (8-85)식의 β^*-특성곡선식에 대입하면 v_β는 다음과 같다.

$$v_\beta \exp[\psi\tan\phi] = -\sec\phi\int_{\psi_0}^{\psi} f_3(\psi)\exp[\psi\tan\phi]\,d\psi + C_0 \tag{8-96}$$

식에서 C_0는 적분상수이며 하나의 β^*-특성곡선을 따라서는 일정하지만 β^*-특성곡선별로는 다른 값을 가질 수도 있다. (3-19)식의 대수나선식을 고려하여($\psi_0 = 0$) 적분상수 C_0는 다음의 형태로 나타낼 수 있다.

$$C_0 = f_4\{r\exp[\psi\tan\phi]\} \tag{8-97}$$

(8-95)식과 (8-97)식에서 함수 f_3와 f_4는 속도장의 어느 부위에서나 양의 팽창조건을 충족시켜야 한다. 만약 (8-96)식에서 $f_3(\psi)=0$ 즉, α^*-특성곡선이 직선으로서 $v_\alpha=0$ 라면 v_β는 다음과 같이 지수함수식이 된다.

$$v_\beta = C_0 \exp[-\psi \tan\phi] = r_0 \exp[-\psi \tan\phi] \tag{8-98}$$

식에서 r_0는 기준반경, ψ는 반경 r과 r_0의 사잇각이다. 위의 식은 원통좌표계로 표시되어 있기 때문에 β^*-특성곡선의 속도성분 v_β는 대수나선의 원점인 Q로부터 ψ에 따른 거리 r이므로 $\psi=0$이면 $C_0=r_0$이다. 또한 v_β는 $-\psi$이면 〈그림 8-21(b)〉와 같이 반시계방향으로 감소하는 함수이고 $+\psi$이면 반시계방향으로 증가하는 함수가 되지만, 주의해야 할 것은 속도는 체적팽창이 발생할 수 있도록 속도특성곡선이나 속도불연속선을 따라서 증가해야 되기 때문에 그 값에 맞게 ψ를 선택해야 된다는 것이다(Wu, 1982).

8.3 관련유동칙의 적용 예

8.3.1 연속기초의 파괴메커니즘

〈그림 8-22〉는 체적팽창이 0인 비배수조건의 반무한 지반에 설치된 연속기초에서 발생 가능한 파괴메커니즘을 도시한 것이다($\gamma_s=0$). 저폭(b)이 동일한 연속기초에 대하여 그림(a)는 Hencky(1923) 또는 Hill(1950)에 의한 파괴메커니즘이고 그림(b)는 Prandtl (1920)이 제안한 파괴메커니즘이다. 이와 같은 두 가지 형태의 파괴메커니즘은 금속재료의 파괴메커니즘을 그대로 도입한 것이다. Hill(1950)은 평저펀치(flat punch)와 금속재료의 접촉면에 마찰이 거의 없으면 그림(a)와 같은 Hencky의 파괴메커니즘이 가능하고, 그림(b)의 Prandtl의 해석에 대해서는 접촉면이 충분히 거친 경우에 발생할 수 있는 파괴메커니즘으로 분류하였다(Davis & Selvadurai, 2002; Yu, 2006; Chen, 1975).

〈그림 8-22(a)〉에서 2개의 파괴메커니즘은 모두 하중이 지반으로 전달되면, 구조물과 흙의 접촉부인 A와 B에서 시작되는 지반의 소성거동은 A부터 B까지 전체 구간으로 확산되어야지만 비로소 구조물의 압입현상이 발생하게 된다. 지반을 체적팽창이 0인 재료로 가정하였기 때문에 구조물의 압입이 시작되면 그림의 변형패턴에서 보는 것과 같이 구조물에 의하여 배제된 흙에 의하여 구조물 좌우측 지표면에서는 히빙이 유발된다. 구조물의 압입이 더욱 진행되면서 지표면에서는 히빙이 계속되는데, 이때 응력 및 속도방

정식은 이에 대응하는 경계조건을 충족시켜야 한다. 따라서 지반에 구조물이 어느 정도 압입된 상태의 응력과 속도를 구하는 것은 여러 단계의 해석과정을 거쳐야만 가능하기 때문에 이와 같은 유형의 문제에서는 오직 초기항복(incipient yield)만 고려하고, 경계조건은 지표면에서만 충족시키는 것으로 가정해야 한다. 그림에서 Hencky 및 Prandtl의 파괴메커니즘은 모두 균일응력장인 *I*- 및 *III*-응력장과 반균일응력장인 *II*-응력장으로 구성되어 있다. 특히 속도장해석에서 강체거동을 하는 균일응력장에 대한 에너지소산은 오직 속도불연속선을 따라서만 발생되지만 반균일응력장에서는 속도불연속선뿐만 아니라 반균일응력장 내측에서도 발생되므로 주의해야 한다. 저폭이 같은 기초구조물에 동일한 하중(P)이 작용한다면 Prandtl의 파괴메커니즘에서 히빙이 발생되는 길이($2l$)는 Hencky의 파괴메커니즘에 의한 히빙 길이(l)의 2배이지만 히빙의 체적은 두 파괴메커니즘에서 동일하다(Chen, 1975; 김동원, 2009).

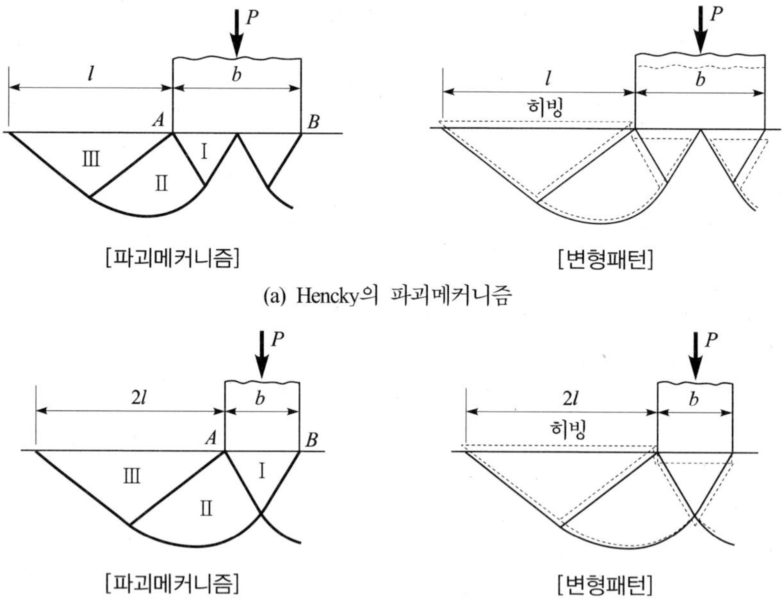

(a) Hencky의 파괴메커니즘

(b) Prandtl의 파괴메커니즘

〈그림 8-22〉 연속기초의 파괴메커니즘 (Shield, 1953; Chen, 1975)

위의 두 가지 파괴메커니즘에 대하여 직관적으로 Hencky의 파괴메커니즘이 Prandtl의 파괴메커니즘보다 발생할 가능성이 낮은 것으로 보일 수도 있으나 수학적으로는 Hencky의 파괴메커니즘에 전혀 문제가 없다(Davis & Selvadurai, 2002). 토질역학에서는 두 가지 파괴메커니즘을 모두 이용하여 Cox 외(1962)가 흙의 축대칭 문제까지 확장하여 적용하기도 하였지만, Terzaghi(1943)가 Prandtl의 파괴메커니즘을 이용하여 지지력공식을 제안한 이후에는 $\phi=0$ 등의 특별한 조건을 제외하면 Prandtl의 파괴메커니즘을 적용하는 것이 일반적이다.

8.3.2 연속기초의 응력장해석

(1) Hencky의 응력장해석($\phi=0$, $c=k$, $\gamma_s=0$)

〈그림 8-22〉에서 그림(a)와 (b)의 파괴메커니즘은 다르지만 지지력은 동일하며, 응력장은 좌우대칭이므로 좌반부 또는 우반부만 해석하면 된다. 먼저 Tresca재료 위에 설치된 기초구조물에 대하여 Hencky의 파괴메커니즘을 이용하여 응력장을 해석하고자 한다. 해석과정에서 구조물과 지반의 접촉경계는 무마찰인 것으로 가정한다. 여기서 무마찰이라는 것은 상당한 활동이 발생할 수 있다는 것을 의미한다(Drucker, 1954).

〈그림 8-23〉의 지표면인 BN에서 $y-$방향으로는 하중이 없으므로 $\sigma_{yy}=\tau_{xy}=0$이다. 〈그림 8-24(b)〉와 같이 Mohr 응력원에서 $\phi=0$이므로 Tresca항복기준은 2개의 평행선으로 나타낼 수 있으며 최대 및 최소주응력은 각각 $\sigma_{xx}=\sigma_1=2c$ 및 $\sigma_{yy}=\sigma_3=0$이다. 이와 같은 응력상태에서는 Tresca재료에 대한 「응력특성곡선의 기하학적 특성」에서 기술한 것과 같이 〈그림 8-24(a)〉의 $\alpha-$ 및 $\beta-$특성곡선은 최대주응력축인 $x-$축과 $\pm\pi/4$로 교차하고 두 특성곡선의 교각은 $\pi/2$이다. 또한 기초구조물과 지반의 접촉경계는 무마찰($\tau_{xy}=0$)로 가정하였으므로 최대주응력 σ_1-방향은 $\theta=\pi/2$이며, 두 특성곡선은 접촉경계와 $\pm\pi/4$로 교차하고 응력장 BMN과 OLB는 두 특성곡선이 모두 직선인 균일응력장이다. 외력이 불연속적인 B에서는 응력특이점이 발생하고 부채꼴 응력장 BLM은 반균일 응력장이다. 경계조건은 하중이 없는 지표면 BN에서 주어져야 하므로 (8-30~31)식 또는 Hencky 방정식을 이용하여 특성곡선의 응력상태와 지반의 지지력을 결정할 수 있다.

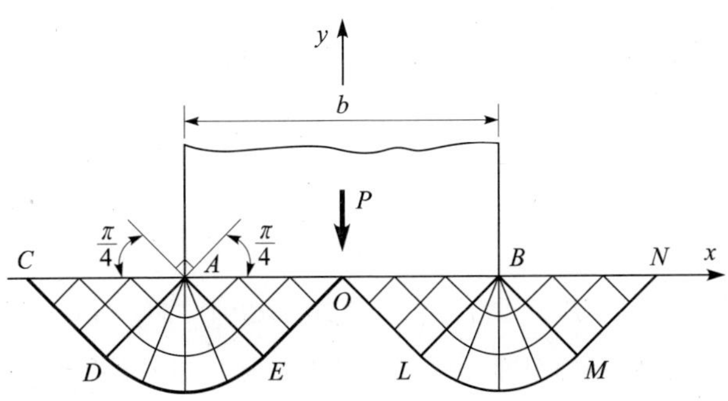

〈그림 8-23〉 Hencky의 연속기초에 대한 응력장해석 (김동원, 2009; Wu, 1982)

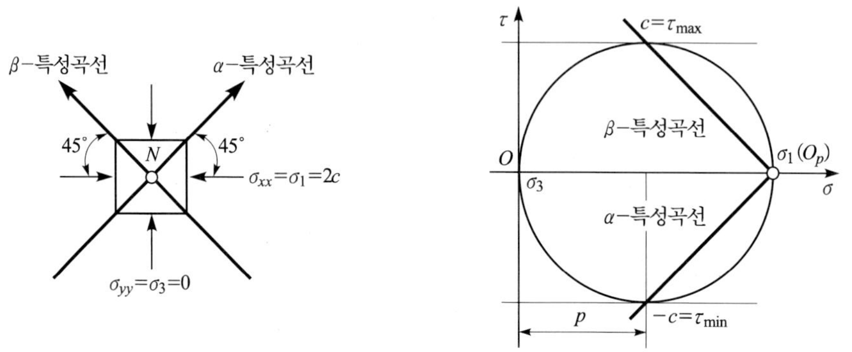

(a) 응력특성곡선의 방향 (b) Mohr 응력원

〈그림 8-24〉 〈그림 8-23〉에서 *N* 점의 응력상태 (김동원, 2009; Wu, 1982)

〈그림 8−24(a)〉와 같이 우반부의 지표면 BN에 수직으로 최소주응력 $\sigma_3(=\sigma_{yy}=0)$가 작용하고 지표면 BN을 따라서 최대주응력 $\sigma_1(=\sigma_{xx}=2c)$이 작용하며, $OLMN$은 $\alpha-$특성곡선, BM과 BL은 $\beta-$특성곡선이다. 균일응력장인 BMN에서는 최대주응력방향 θ가 일정하므로$(\partial\theta/\partial s_\alpha=0)$ 평균응력 p도 일정하다$(\partial p/\partial s_\alpha=0)$. 반균일응력장인 BLM에서는 직선인 $\beta-$특성곡선의 방향으로는 p와 θ가 일정하지만, 원호인 LM 등의 $\alpha-$특성곡선을 따라서는 다음 식이 성립한다.

$$s_\alpha=r\theta,\quad \frac{\partial\theta}{\partial s_\alpha}=\frac{1}{r} \tag{8-99}$$

식에서 r은 반균일응력장 BLM의 $\alpha-$특성곡선의 반경이다. 위의 값을 (8−30)식에 대입하면 다음과 같다.

$$\frac{\partial p}{\partial s_\alpha}=-2c \tag{8-100}$$

위의 식을 적분하면 반균일응력장 BLM에서 $\alpha-$특성곡선의 평균응력 p에 대한 식을 얻을 수 있다.

$$p=C_1-2c\theta \tag{8-101}$$

위의 식은 (8−32)식과 동일한 식이다. 지지력을 결정하기 위해서는 N으로부터 시작하여 $\beta-$특성곡선과 교차하는 BM과 BL 및 접촉면 BO에 대한 p와 θ를 순차적으로 구한 후에, 접촉면에서는 (8−14~16)식에 p와 θ를 대입하여 지지력을 결정해야 한다. 그러나 BN에 주어지는 경계조건으로부터 AB에서 지지할 수 있는 하중을 역으로 추정해야 하기 때문에 계산과정에서 부호에 조심해야 한다. 먼저 N에서는 〈그림 8-24(b)〉에서 $[p]_N = (\sigma_1 + \sigma_3)/2 = c$이고 〈그림 8-24(a)〉에서 $\theta = \pi/4$이며, 균일응력장인 BMN에서 p와 θ는 동일하므로 지표면 BN과 BM을 따라서 p와 θ는 각각 다음과 같다.

$$[p]_{BM} = [p]_{BN} = c, \quad \theta_{BM} = \theta_{BN} = \frac{\pi}{4} \tag{8-102}$$

BL에 대한 θ_{BL}은 BM에 대한 θ_{BG}로부터 $\pi/2$를 감해야 한다.

$$\theta_{BL} = \frac{\pi}{4} - \frac{\pi}{2} = -\frac{\pi}{4} \tag{8-103}$$

BL의 평균응력 $[p]_{BL}$는 (8-101)식에 의해서 구할 수 있다.

$$[p]_{BL} = [p]_{BM} + 2c\theta_{BM} - 2c\theta_{BL} = c + 2c\left(\frac{\pi}{4} + \frac{\pi}{4}\right) = c(1+\pi) \tag{8-104}$$

균일응력장 OLB의 접촉경계인 OB에서도 $[p]_{OB} = [p]_{BL} = c(1+\pi)$이다. 접촉경계 OB는$\tau_{xy} = 0$이므로 최대주평면이고 y-방향의 최대주응력 σ_1은 다음과 같다.

$$\sigma_1 = [p]_{OB} + \frac{\sigma_1 - \sigma_3}{2} = c(1+\pi) + c = 5.14c \tag{8-105}$$

따라서 위의 식에 구조물 저폭 b를 곱하면 지지력 $P = 5.14cb$이다. 이와 같은 해석결과는 Prandtl의 파괴메커니즘을 적용해도 동일한 결과를 얻을 수 있다.

(2) Prandtl의 응력장해석($\phi \neq 0$, $\gamma_s = 0$)

다음으로 비배수조건이며 체적팽창이 0인 반무한 지반의 Mohr-Coulomb재료($\phi \neq 0$, $\gamma_s = 0$) 위에 설치된 기초구조물에 대하여 Prandtl의 파괴메커니즘을 이용하여 응력장을 해석하고자 한다. 해석과정에서 구조물과 지반의 접촉경계는 무마찰($\tau_{xy} = 0$)인 것으로 가정한다. 여기서 접촉경계가 무마찰이라는 것은 구조물이 지반으로 연장된 것과 같이 한 덩어리로 거동하는 강체영역이 포함되기 때문에 접촉경계에서 상대운동(relative motion)은 0이며 접촉경계를 따라서 최대주응력방향이 일정하다는 것을 의미한다(Drucker, 1954; Lee & Herington, 1972). Hencky의 응력장과 같이 〈그림 8-25〉의 응력장 ABL, BLM 및 BMN에서, 응력장 ABL과 BMN은 균일응력장, B는 응력특이점이고 부채꼴 응력장 BLM은 반균일응력장이다.

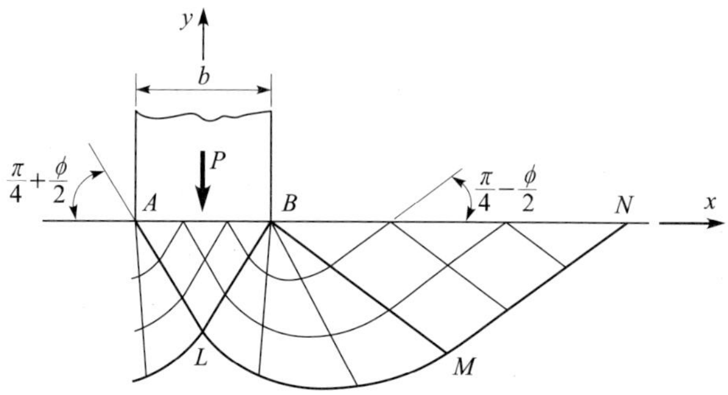

〈그림 8-25〉 Prandtl의 연속기초에 대한 응력장해석

응력장의 지배방정식은 〈그림 8-25〉의 경계조건을 적용하여 해석해야 한다. 지표면인 BN은 무응력경계로서 $\sigma_n = \tau_n = 0$이며, BN을 따라서 흙요소의 평균응력 $[p]_{BE}$는 (8-57)식에서 수동응력상태를 적용하고 주응력방향 θ_{BN}은 (8-58)식에 $n=2$, $\varphi = \pi/2$ 및 $m=0$을 대입하여 구한다.

$$[p]_{BN} = \frac{c\cos\phi}{1-\sin\phi},\quad \theta_{BN} = \pi \tag{8-106}$$

구조물과의 접촉경계인 AB의 하부에 위치한 흙요소의 $[p]_{AB}$는 (8-57)식에서 주동응력상태를 적용하고 접촉경계는 무마찰($\tau_{xy}=0$)로 가정하였으므로 주응력방향 θ_{AB}는 수직방향이다.

$$[p]_{AB} = \frac{P - c\cos\phi}{1+\sin\phi},\quad \theta_{AB} = \frac{\pi}{2} \tag{8-107}$$

만약 접촉경계가 완전히 거칠다면($\mu_s = 1$) 하나의 특성곡선방향은 접촉경계인 AB와 일치하게 된다. 유심선형장 BLM에서 응력상태는 균일응력장인 ABL의 응력상태로부터 BMN의 응력상태까지 변하게 되는데, $\alpha-$특성곡선을 따라서 응력의 변화는 (8-39)식에 의하여 계산할 수 있다. 따라서 (8-106)식과 (8-107)식의 p와 θ를 (8-39)식에 대입하면 P의 값을 얻을 수 있다(Salencon, 1977; Yu, 2006).

$$P = -H + H\frac{1+\sin\phi}{1-\sin\phi}\exp[\pi\tan\phi] \tag{8-108}$$

식에서 $H = c\cot\phi$이다. 특히 H는 흙에 대한 소성이론 전개과정에서 많이 이용되는 계수로서 흙의 인장저항력을 나타내는 주요한 응력성분이다(「Sokolovskii의 응력장해석」참고). 〈그림 8-25〉와 같은 응력장을 구축하기 위해서는 소성영역 전체에 대하여 (8-23)

식과 (8-28~29)식을 이용하여 (x, y, p, θ)를 구해야 한다. 이에 대한 상세한 산정기법은 「Sokolovskii의 응력장해석」을 참고하면 된다.

8.3.3 연속기초의 속도장해석

(1) Hencky의 속도장

〈그림 8-26(a)〉의 속도장 AOC와 ADE는 직선속도장이고 ACD는 대수나선속도장이다. 구조물의 하향속도 V_0를 단위속도 1로 취하면 접촉면 AB에서 하향속도성분은 1이다. β^*-특성곡선인 $OCDE$의 하부 지반은 정지상태이므로 $OCDE$는 속도불연속선이 되어야 하는데, 불연속선의 방향으로 속도성분은 (8-90~91)식에 의해서 그림과 같이 불연속선과 ϕ만큼 각을 이루고 있다. 불연속선을 가로지르는 α^*-특성곡선은 직선이고 속도 $v_\alpha \neq 0$이라면 β^*-특성곡선인 $OCDE$의 하부 지반도 소성유동을 해야 하기 때문에 $v_\alpha = 0$이 되어야 한다. 또한 α^*-특성곡선의 방향으로 v_α는 일정해야 하므로 속도장 $OCDEAO$ 내측에서 $v_\alpha = 0$이다. α^*-특성곡선인 AC에 대하여 직각방향으로 강체거동을 하는 직선속도장 AOC에서는 β^*-특성곡선의 속도도 직선이므로 (8-85)식에 의해서 v_β는 일정하다. 구조물과 흙의 접촉경계 AO에서 경계조건은 하향속도성분이 1이므로 직선속도장 AOC의 속도 V_1은 다음과 같다(Shield, 1953).

$$V_1 = \sec\left(\frac{\pi}{4} + \frac{\phi}{2}\right) \tag{8-109}$$

따라서 직선속도장 AOC의 β^*-특성곡선의 접선속도 v_β는 다음과 같다.

$$v_\beta = V_1 \cos\phi = \cos\phi \sec\left(\frac{\pi}{4} + \frac{\phi}{2}\right) \tag{8-110}$$

전체 소성영역에서 $v_\alpha = 0$이므로 방사상전단영역인 대수나선속도장 ACD에서 v_β는 (8-98)식을 적용할 수 있다.

$$v_\beta = r_0 \exp[-\psi \tan\phi]$$

식에서 r_0는 $\psi = 0$일 때의 값이므로 $r_0 = \cos\phi \sec(\pi/4 + \phi/2)$이다. v_β는 α^*-특성곡선인 AC를 따라서 일정할 뿐 아니라 대수나선속도장 ACD에서 모든 β^*-특성곡선은 각각 일정한 값을 가진다. $\angle CAD$는 $-(\pi/2)$이므로 AD를 따라서 v_β는 다음과 같다.

$$v_\beta = r_0 \exp[\psi \tan\phi] = \cos\phi \sec\left(\frac{\pi}{4} + \frac{\phi}{2}\right) \exp\left[\frac{\pi}{2}(\tan\phi)\right] \tag{8-111}$$

또한 대수나선속도장 ACD의 A에서는 속도가 불연속적이기 때문에 하나의 점으로 퇴화되는 특이점이 발생하게 되는데, (8-98)식과 (8-111)식에서 $\psi = 0 \sim \pi/2$ 값을 가지므로 A에서 방사상으로 뻗어나가는 모든 α^*-특성곡선에 대하여 각각의 특성곡선별로 ψ 값에 대응하는 값을 구하면 된다. 마지막으로 수동영역인 직선속도장 ADE는 AD에서 수직방향으로 강체거동을 하며 속도 V_2는 다음과 같다.

$$V_2 = \sec\left(\frac{\pi}{4} + \frac{\phi}{2}\right) \exp\left[\frac{\pi}{2}(\tan\phi)\right] \tag{8-112}$$

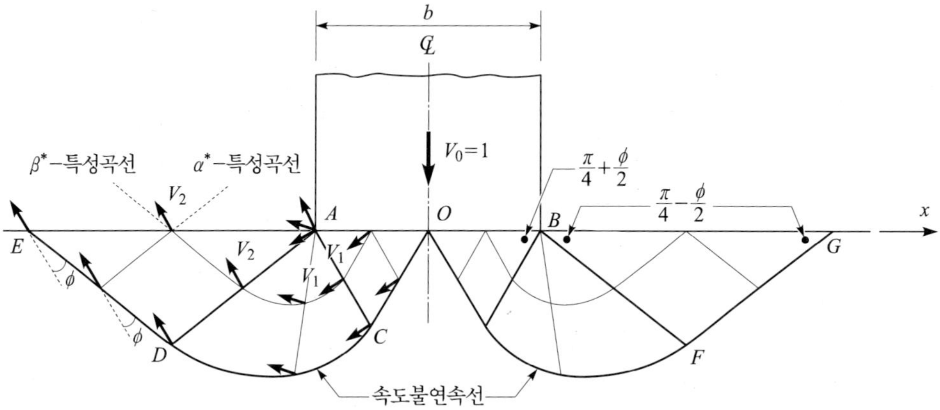

(a) Hencky의 속도장

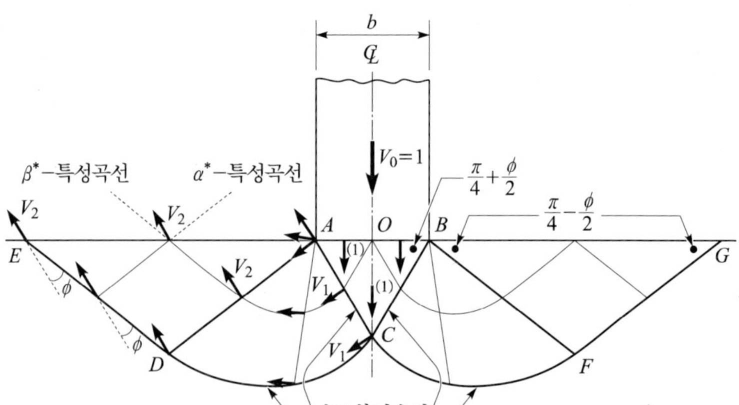

(b) Prandtl의 속도장

〈그림 8-26〉 **관련유동칙을 적용한 속도장해석[no scale]** (Shield, 1953)

(2) Prandtl의 속도장

〈그림 8-26(b)〉의 직선속도장 ABC는 구조물과 일체가 되어 강체거동을 하고, 선분 AC와 BC는 곡선 CDE 및 CFG와 더불어 속도불연속선이다. Hencky의 속도장과 같이 구조물의 하향속도 V_0는 단위속도 1로 취한다. β^*-특성곡선인 CDE 하부 지반은 정지상태이므로 이 불연속선의 방향으로 (8-90~91)식에 의해서 속도성분은 그림과 같이 불연속선과 ϕ만큼 각을 이루고 있다. 불연속선을 가로지르는 α^*-특성곡선은 직선이고 속도 $v_\alpha \neq 0$라면 β^*-특성곡선 CDE 하부 지반도 소성유동을 해야 하기 때문에 $v_\alpha = 0$이 되어야 한다. 또한 α^*-특성곡선의 방향으로 v_α는 일정해야 하므로 속도장 $ACDEA$ 내에서 모든 $v_\alpha = 0$이다. 직선속도장 ABC에서 v_α와 v_β는 모두 일정하고 강체거동을 하므로 수직속도는 어느 부위에서나 단위속도인 1이다. 〈그림 8-27〉과 같이 불연속선인 AC의 바로 좌측으로는 2개의 속도불연속선과 ϕ만큼 경사진 방향으로 2개의 상대속도가 발생하게 되는데, 첫째 속도성분은 BC에 직각이면서 AC와 ϕ만큼 경사진 방향으로 작용하는 접선속도 V_t이고, 둘째 속도성분은 AC에 직각이면서 BC와 ϕ만큼 경사진 방향으로 작용하는 분리속도 V_1이다. C에서 합성속도는 단위속도인 1이 되어야 하므로 〈그림 8-27〉의 호도그래프에 의하여 V_1은 다음과 같다.

$$V_1 = \frac{1}{2}\sec\left(\frac{\pi}{4} + \frac{\phi}{2}\right) \tag{8-113}$$

방사상전단영역인 대수나선속도장 ACD의 AD에서 속도 V_2는 다음과 같이 지수함수식에 의해서 급격하게 증가한다.

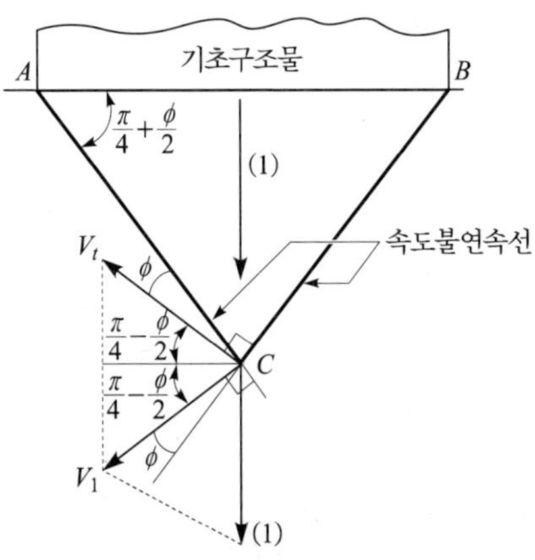

〈그림 8-27〉 〈그림 8-26(b)〉의 속도불연속선 AC 및 BC에 대한 호도그래프 (Wu, 1982; Shield, 1953; Chen, 1975)

$$V_2 = \frac{1}{2}\sec\left(\frac{\pi}{4} + \frac{\phi}{2}\right)\exp\left[\frac{\pi}{2}(\tan\phi)\right] \tag{8-114}$$

대수나선속도장 ACD에서 A점은 Hencky의 속도장에서 기술한 것과 같이 특이점이므로 동일한 방법을 적용하면 된다. 직선속도장 ADE는 AD에서 수직으로 강체거동을 하고 속도는 (8-114)식과 같다. (8-114)식과 (8-112)식을 비교하면 지표면인 AE를 따라서 속도 V_2는 AE와 $\pi/4-\phi/2$로 교차하지만 Prandtl이 제안한 속도가 Hencky가 제안한 속도의 1/2이다. 그러나 구조물의 폭 b가 동일한 경우에 Prandtl의 속도장에서 AE의 길이는 Hencky의 속도장에서 AE의 길이의 2배가 되기 때문에 구조물의 압입에 의해 유발되는 히빙의 체적은 동일하다(Chen, 1975; Shield, 1953).

연습문제

문제1 (8–23)식의 둘째 식으로부터 $dy/dx=\tan(\theta\mp\mu)$를 유도하라(단, $\mu=\pi/4+\phi/2$이다).

> ▸ **힌트**
>
> $S=\theta+\phi/2$, $T=\theta-\phi/2$라 하면 $S+T=2\theta$, $S-T=\phi$이며 둘째 식을 S와 T를 이용하여 나타내고 덧셈공식을 이용한다.

문제2 (8–26)식을 유도하라.

> ▸ **풀이**
>
> $[\sin\theta_\beta\times$(8–17)식$+\cos\theta_\beta\times$(8–18)식$]$의 계산과정에서 $\theta_\alpha-\theta_\beta=-(\pi/2+\phi)$이므로 $\sin\phi$와 $\cos\phi$는 각각 다음과 같다.
>
> $$\sin\phi=-\cos(\pi/2+\phi)=-\cos(\theta_\alpha-\theta_\beta)=-(\cos\theta_\alpha\cos\theta_\beta+\sin\theta_\alpha\sin\theta_\beta)$$
>
> $$\cos\phi=\sin(\pi/2+\phi)=-\sin(\theta_\alpha-\theta_\beta)=-(\sin\theta_\alpha\cos\theta_\beta-\cos\theta_\alpha\sin\theta_\beta)$$
>
> 따라서 $\partial p/\partial x$항의 계수는 다음과 같이 결정한다.
>
> $$\begin{aligned}(1-\sin\phi\cos2\theta)\sin\theta_\beta+\sin\phi\sin2\theta\cos\theta_\beta&=\sin\theta_\beta+\sin\phi\sin\theta_\alpha\\&=\sin\theta_\beta-(\cos\theta_\alpha\cos\theta_\beta+\sin\theta_\alpha\sin\theta_\beta)\sin\theta_\alpha\\&=\sin\theta_\beta(1-\sin^2\theta_\alpha)-\cos\theta_\alpha\cos\theta_\beta\sin\theta_\alpha\\&=(\sin\theta_\alpha\cos\theta_\beta-\cos\theta_\alpha\sin\theta_\beta)\cos\theta_\alpha=\cos\phi\cos\theta_\alpha\end{aligned}$$

문제3 (8–35)식에 대한 일반해를 구하라.

> ▸ **풀이**
>
> (8–35)식을 비동차 일계선형미분방정식 $A\dfrac{dy}{dx}+By+C=0\,(A\neq0)$으로 정리하면
>
> $y=C_1e^{-\frac{B}{A}x}+\dfrac{C}{A}$를 얻을 수 있다($C_1$은 적분상수).

문제4 (1−149)식을 이용하여 (8−69)식과 같이 수직변형률속도가 발생하지 않는다는 것을 보여라.

> ► **힌트**
>
> (1−149)식의 Φ를 Ψ로 대체하고 (8−65~68)식을 이용하여 구한다.

문제5 아래 그림은 연속기초 우반부의 속도특성곡선 격자망을 그린 것이다. 속도장 ABL의 수직속도 성분이 V_0일 때 아래 물음에 답하라(Davis & Selvadurai, 2002).

(a) 속도장 ABL에서 α^*- 및 β^*-특성곡선의 속도 v_α 및 v_β를 V_0를 이용하여 나타내라.

(b) 속도불연속선인 LMN의 방향으로 속도벡터는 속도특성곡선과 ϕ만큼 경사진 방향을 향하게 되는데, 이와 같은 특성을 이용하여 속도장 $BLMNB$의 내측에서는 어느 곳에서나 $v_\beta=0$임을 보여라.

(c) (b)의 결과를 이용하여 속도장 $BLMNB$ 내에서 어느 곳에서나 속도벡터가 그 점을 통과하는 β^*-특성곡선과 직교한다는 것을 설명하라.

(d) 속도불연속선 BL을 가로질러서 속도변화는 BL에 ϕ만큼 경사진 방향을 향해야 한다. 이와 같은 특성과 (c)의 결과를 이용해서 속도불연속선 BL의 속도(v)를 구하라.

(e) (d)의 결과를 이용하여 대수나선속도장 BLM의 속도(v)를 구하라.

(f) 지표 BN의 속도를 V_0를 이용하여 나타내라.

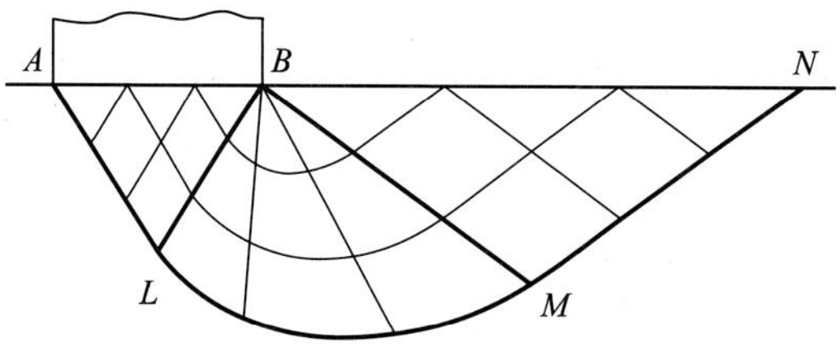

[연속기초의 속도장]

> ► **힌트**
>
> Prandtl의 연속기초 속도장해석 참조
>
> (d) $v=\dfrac{V_0}{2}\sec\left(\dfrac{\pi}{4}+\dfrac{\phi}{2}\right)$
>
> (e) $v=\dfrac{V_0}{2}\sec\left(\dfrac{\pi}{4}+\dfrac{\phi}{2}\right)\exp[\theta\tan\phi]$

문제6 마찰각 $\phi=0$인 Tresca재료 위에 타설된 연속기초(폭: b)의 하향속도가 V일 때, Prandtl의 파괴메커니즘에 의한 에너지소산을 이용하여 지지력 q_f를 구하라.

▸ **풀이**

Prandtl 속도장에서 구조물의 하향속도가 V라면 속도장 ABC, ACD 및 ADE의 속도성분은 각각 다음 그림과 같다. 그림(a)에서 구조물과 흙의 접촉경계인 AB를 따라서 외력에 의하여 수행되는 일은 다음과 같다.

- 외력에 의한 일 : $q_f \times b \times V$

그림(a)의 Prandtl 속도장에서 속도불연속선 BC, CD 및 DE를 따라서 소산되는 에너지는$[(V/\sqrt{2})(b/\sqrt{2})]c$, $[(V/\sqrt{2})(b/\sqrt{2})(\pi/2)]c$ 및 $[(V/\sqrt{2})(b/\sqrt{2})]c$이다. 그러나 직선속도장 ABC와 ADE는 각각 전체가 강체거동을 하여 내측에서 소산되는 에너지는 없지만 전이영역인 속도장 ACD 내에서는 삼각형 사이의 선분 AF, AG 등에서는 속도가 불연속이기 때문에 에너지가 소산된다. 그림(b)의 AFG에서 소산되는 에너지는 $(V/\sqrt{2})\times(b/\sqrt{2})(d\psi)\times c$이므로 전이영역 ACD 내에서 소산되는 에너지는 $(V/\sqrt{2})\times(b/\sqrt{2})\times(\pi/2)\times c$이며 전이영역의 속도불연속선 CD에서 소산되는 에너지와 동일하다. 따라서 총에너지소산은 다음과 같다.

- 내부 에너지소산 : $2\left[\dfrac{Vb}{2}c+\dfrac{\pi Vb}{4}c+\dfrac{Vb}{2}c+\dfrac{\pi Vb}{4}c\right]=(2+\pi)cVb$

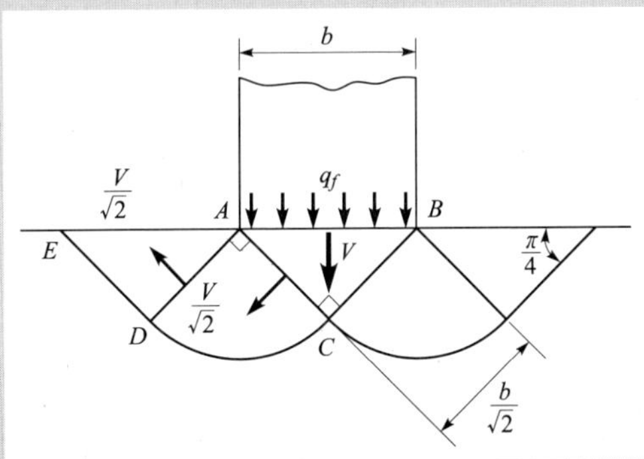

(a) Prandtl 속도장의 속도분포

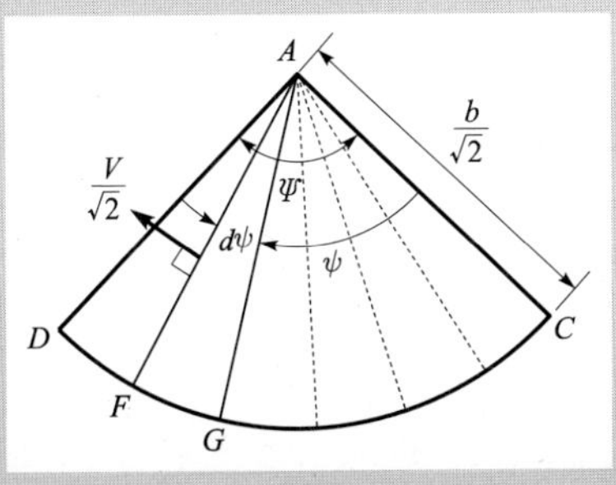

(b) Prandtl 속도장의 전단대에서 에너지소산

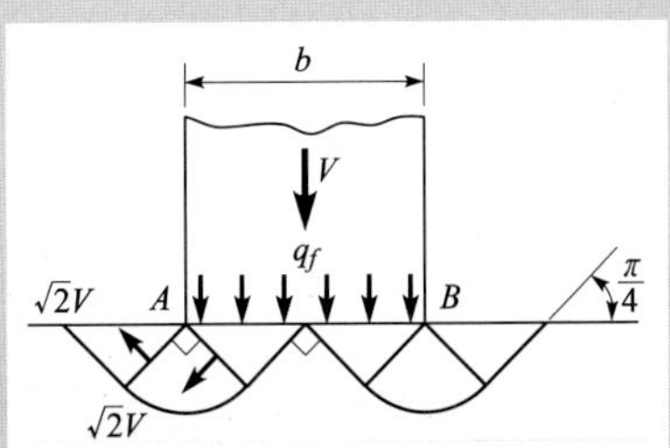

(c) Hencky 속도장의 속도분포

[연속기초에 의한 속도장의 속도분포]

외력에 의한 일과 내부에서 소산되는 에너지를 등가로 하여 지지력 q_f를 구하면 다음과 같다.

$q_f=(2+\pi)c=5.14c$

동일한 방법으로 그림(c)의 Hencky 속도장에서 속도분포 및 에너지소산을 고려하여 지지력을 구하면 Prandtl의 속도장에 의한 지지력과 같이 $q_f=5.14c$를 얻을 수 있어서 흙과 구조물의 접촉면에서 발생하는 마찰 정도가 지지력에는 영향을 미치지 않는다는 것을 알 수 있다(Chen, & Scawthorn, 1968).

문제7 제7장 [연습문제]의 [문제4~5]를 참고하여 반무한 지반$(c \neq 0, \phi \neq 0, \gamma_s=0)$에 설치한 무마찰 쐐기기초의 하향속도가 $V_0=1$인 경우에 α^*- 및 β^*-특성곡선의 속도를 구하라.

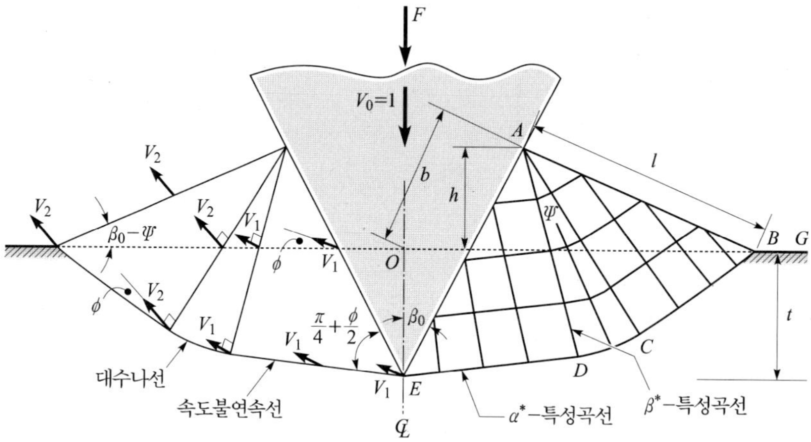

[무마찰 쐐기기초의 속도장]

▸ **풀이**

α^*-특성곡선인 $BCDE$는 속도불연속선이므로 그림과 같이 불연속선을 따라서 속도벡터성분은 ϕ만큼 각을 이루어야 한다. 그러므로 $BCDE$를 따라서 $v_\beta=0$이며 소성영역인 $ABCDE$ 내에서 모든 β^*-특성곡선의 속도 $v_\beta=0$이 된다. 또한 선분 AE에 대한 경계조건에 의해서 쐐기기초의 속도와 기초에 접하고 있는 흙이 선분 AE의 법선방향으로 속도(V_1)가 동일해야 하므로 다음과 같이 나타낼 수 있다.

$$V_1=V_0\sin\beta_0\sec\left(\frac{\pi}{4}+\frac{\phi}{2}\right)$$

속도장 ADE의 α^*-특성곡선의 속도 v_α는 다음과 같다.

$$v_\alpha=V_1\cos\phi=V_0\sin\beta_0\sec\left(\frac{\pi}{4}+\frac{\phi}{2}\right)$$

나머지 모든 속도성분이나 l, b 및 h의 값은 제7장 [연습문제]의 [문제4~5]와 동일하다.

제9장

흙의 이면전단유동칙

제9장 흙의 이면전단유동칙

9.1 이면전단유동칙의 이론적 배경

9.1.1 이면전단유동칙의 개념

비관련유동칙에 대하여 설명하기 전에 토질역학에서 대표적인 비관련유동칙의 하나인 이면전단유동칙에 대하여 먼저 기술하고자 한다. 흙의 응력-변형률 거동은 연속체역학을 바탕으로 폭넓게 연구된 분야이다. 연속체역학에서 응력장과 속도장의 지배방정식을 유도하기 위해서는 질량보존의 법칙 및 선운동량방정식(equation of linear momentum)과 적절한 구성식을 결합해야 한다. 일반적으로 밀도의 감소가 수반되는 빠른 입상류(rapid granular flow)에서 입자의 거동은 고밀도 가스에서 발생하는 분자 사이의 충돌과 같이 인접한 입자의 비탄성적 충돌에 의하여 결정된다. 이와는 달리 조밀한 구조의 느린 입상류(slow dense granular flow)에서는 인접한 입자들끼리 서로 충돌하면서 미끄러지거나 회전하게 되며 이와 같은 상태에서는 입자 사이의 마찰력이 거동의 지배적인 힘이 된다. 흙의 거동에 대한 구성모델은 연속체역학을 기반으로 발전해 왔으며 「정상전단유동상태」의 흙이 바로 조밀한 구조의 느린 입상류에 해당된다. 흙의 정상전단유동상태의 응력장에 대해서는 선운동량방정식인 평형방정식과 Mohr-Coulomb파괴기준 또는 유사한 항복기준을 결합하여 지배방정식을 수립하는 것으로 해석방법이 정립되었지만, 속도장에 대해서는 지금까지 지배방정식의 수립방법도 확실하게 정립되지 않았을 뿐 아니라 이미 수립된 많은 지배방정식이 **우량설정**(well-posedness)된 것인지 또는 **불량설정**(ill-posedness)된 것인지에 대해서도 일치된 견해를 보이지 못하고 있는 실정이다(Hill & Selvadurai, 2005; Yu, 2008).

1773년 Coulomb은 마찰이 있는 평면을 따라서 발생하는 활동을 소개함으로서 처음으로 흙의 파괴조건을 정의하였으며, 이어서 몇몇 연구자들이 그의 이론을 토공구조물에 적용하였지만 운동학적인 거동을 고려하지 않음으로서 흙에 대한 올바른 구성모델을 제시하지는 못하였다. 흙에 대한 운동학적인 거동을 도입한 유동칙은 1952년 Drucker-Prager에 의하여 처음으로 제안되었는데, 그들이 제안한 유동칙은 소성퍼텐셜이론을 기반으로 하여 Mohr-Coulomb파괴기준을 항복함수로 채택하고 응력과 변형률속도의 주축이 일치하는 것으로 가정함으로서 관련유동칙이면서 공동축조건을 전제로 한 유동칙으로 분류할 수 있다. 그러나 관련유동칙은 흙의 응력-변형률 거동을 올바로 나타내기에는 미흡하며 공동축조건 역시 흙의 거동과는 거리가 먼 것으로 밝혀졌다. 토질역학에서 소성퍼텐셜이론의 근간이 되는 공동축소성을 기반으로 하는 유동칙에 대응하여 하나의 대안으로 제시된 이론이 바로 이면전단유동칙이다. 흙의 소성거동을 해석하는 경우에 이면전단유동칙이 공동축소성보다 유리한 것은 무엇보다도 과도한 체적팽창 없이 응력특성곡선을 따라서 활동이 발생한다는 것이다(Hill & Selvadurai, 2005).

이면전단유동칙은 Mohr-Coulomb파괴기준을 항복함수로 채택하는 경우에 응력특성곡선과 속도특성곡선의 방향이 일치하도록 수립된 특수한 유동칙이라고 할 수 있다. 흙에서 「이면전단」이란, 흙의 전단이 Mohr-Coulomb파괴기준을 충족시키는 2개의 파괴면을 따라서 주응력축을 대칭축으로 하여 두 방향으로 각각 전단파괴가 발생한다는 것을 의미하며, 따라서 엄밀한 의미의 이면전단유동칙에서는 Mohr-Coulomb파괴기준에 의한 파괴면과 전단파괴면이 일치해야 한다. 비록 시각적으로는 두 방향으로 동시에 발생하는 전단파괴를 서로 틈이 벌어지지 않고 중복 또는 분리되지 않은 형태로 보여주는 것은 불가능하지만, 수학적으로는 실제와 같이 두 방향으로 발생하는 연속적인 전단파괴를 나타내는 것이 가능하다. 여기서 「이면전단」을 나타내는 용어는 Spencer(1964)의 「double shearing」과 de Jong(1959)의 「double sliding」을 동일한 의미로 해석하였다(de Jong, 1988; Savage & Lockner, 1997; Hopkins & Sewell, 1982; Harris, 2010).

지난 수십 년간 흙에 대하여 많은 이면전단유동칙이 제안되었지만 어떤 형태의 유동칙이든지 가장 기본적인 평가기준은 첫째, 「응력과 변형률증분(=변형률속도)의 주축이 일치하는 공동축조건이냐 또는 일치하지 않는 비공동축조건이냐」이고, 둘째, 「응력특성곡선과 속도특성곡선이 일치함으로서 물리적으로 타당한 유동칙이냐 또는 두 특성곡선이 일치하지 않음으로서 물리적으로 불합리한 유동칙이냐」라고 할 수 있다(Harris, 1995). 응력과 변형률증분의 주축이 일치한다는 Saint Venant의 공동축가설은 소성이론의 근간이 되는 가설이다. 공동축가설을 근거로 발전된 이론이 공동축소성(coaxial plasticity)이고 이론적인 전개를 위하여 이와 같은 가설을 전제로 하는 것이 공동축조건이다. 입상체인 흙에 적용하는 소성퍼텐셜이론에서는 대부분 소성변형에 대하여 공동축조건을 채택하고 있다. 그러나 공동축조건은 연속체인 금속재료와 같이 $\phi=0$인 등방성재료라면 합리적인 운동학적 가정일 수도 있지만 소성변형과정에서 이방성을 보이는 재료에 대해서는 거동 예측에 오차를 보이는 것이 일반적이다. 흙과 같이 작은 입자로 구성된 입상체가 외력을 받아서 거동하게 되면 필연적으로 이방성을 보일 수밖에 없으며, 많은 시험결과에서도 흙의 거동은 비공동축인 것으로 밝혀졌다. 또한 응력특성곡선과 속도특성곡선이 일치하지 않는다는 것은 재료의 응력-변형률 거동에서 응력과 변형률이 상호 유기적인 거동관계가 유지되어야 한다는 기본적인 물리법칙에 위배되는 것이다. 응력특성곡선과 속도특성곡선이 일치하지 않으면 경계조건 및 데이터에 대한 해의 의존영역(domain of dependence)이 일치하지 않는 것은 물론, 응력-변형률 관계식의 변수에 대하여 일대일로 대응하는 것이 아니라 다가관계(many-valued relationship)의 설정이 가능하여 부적절한 것으로 알려져 있으며, 항복기준은 응력특성곡선을 충족시키는 것에 반하여 실제 거동은 속도특성곡선을 따름으로서 물리적으로 불합리하게 된다(Mehrabadi & Cowin, 1978; Mandl & Luque, 1970; Joseph & Schaeffer, 1990; Yu, 2006).

공동축조건을 채택한 유동칙은 Drucker-Prager(1952)를 필두로 하여 Hill(1956) 등으로 이어지는 강소성모델을 채택한 부류와, Drucker 외(1957), Jenike-Shield(1959), Rowe (1962), Roscoe-Poorooshasb(1963), Schofield-Wroth(1968) 등과 같이 경화모델을 채택한 부류로 대별할 수 있다. 강소성모델과 경화모델은 근본적으로 응력 및 변형률증분과 관련된 함수에 등방성조건을 채택하여 수립된 수식이며 이것을 기반으로 하여 공동축조건을 채택하게 되는데, 대부분의 유동칙에서 전단대는 응력특성곡선과 일치하지 않는다(Drescher, 1976; Spencer, 1964[a]). 비공동축조건을 적용한 유동칙으로는 Geniev (1958) 등의 일면전단유동칙과 de Jong(1959), Spencer(1964[a]), Harris(1993) 등에 의한 이면전단유동칙이 있지만, 1970년대 이후에는 이면전단유동칙이 흙의 대표적인 유동칙으로 자리를 잡았다.(Oda & Iwashita, 1999).

Drucker-Prager(1952)보다 앞서 1947년 Mandel은 응력특성곡선을 따라서 전단변형이 발생한다는 운동학적 가정과 함께 평형방정식 및 Mohr-Coulomb파괴기준을 이용하여 쌍곡선형 편미분방정식에 의해서 지배되는 흙의 소성거동모델을 제시한 바 있다. Geniev(1958)는 비압축성재료에 대하여 전단면에 대해서만 응력특성곡선과 속도특성곡선이 일치하고 나머지 응력특성곡선과 속도특성곡선은 일치하지 않으며, 응력과 변형률증분의 주축이 $+\phi/2$ 또는 $-\phi/2$ 만큼 경사진 비공동축 일면전단유동칙을 제시하였지만 시험적으로는 입증되지 않은 **직교파괴선**(orthogonal failure line)이 생성된다는 것과 수학적으로도 맞지 않는 것으로 밝혀졌다(Harris, 2001[b]; Spencer, 1964[a]). de

Jong(1959)은 시험결과를 바탕으로 소성변형이 응력특성곡선을 따라서 활동에 의하여 발생하는 것으로 가정하고 이면전단 메커니즘을 도해법으로 제시하였는데, 이와 같은 가정은 Mohr-Coulomb이 제안한 것과 같이 응력특성곡선과 속도특성곡선이 일치한다는 개념으로 볼 수 있다. 이어서 Spencer(1964[a])는 de Jong(1959)의 도해법을 밑그림으로 하여 비압축성 흙에 대한 속도방정식을 처음으로 제시하였다.

흙의 비공동축 거동에 대한 연구가 시작된 초기에는 다양한 유동모델의 개발과 시험결과에도 불구하고 널리 인정받지는 못하였다. 초기에 비공동축조건이 받아들여지지 않았던 이유는, 등방성재료에서 응력과 변형률증분의 비공동축 거동은 역학적으로 불가능하고, 등방성재료에서 2개의 2계 텐서에 대한 비공동축조건이 연속체역학적으로 어긋난다는 것이었다. 이와 같은 문제점을 타개하기 위하여 Spencer(1964[a])는 평면변형률조건에 대한 제3의 2계 텐서인 응력속도($\dot{\sigma}$)를 도입하였지만 수학적으로 더욱 복잡한 전개과정만 추가하였을 뿐이다. 그 후에 평면변형률조건에서는 2개의 2계 텐서에 대한 비공동축조건이 비등방성과 함께 완전하게 양립할 수 있어서 추가적인 제3의 2계 텐서가 불필요한 것으로 밝혀졌다(Oda & Iwashita, 1999; Mehrabadi & Cowin, 1978).

여기서는 de Jong(1959)의 이면전단 메커니즘을 간단하게 정리하여 이론적인 배경을 기술한 후에, 지금까지 제안된 많은 이면전단유동칙 중에서 흙에 대한 최초의 「속도방정식」인 Spencer(1964[a])의 **비압축성 이면전단유동칙**(non-dilatant double shearing flow rule)과 이에 대응하는 비압축성 유동칙인 de Jong(1971)의 자유회전 이면전단유동칙, 다일레이턴시를 도입한 Mehrabadi-Cowin(1978)의 **체적팽창 이면전단유동칙**(dilatant double shearing flow rule), 경화거동을 반영한 Anand(1983)의 등방경화 이면전단유동칙 등 단계별로 거동특성을 달리한 가장 기본적인 이면전단유동칙만을 간추려서 기술하였다.

9.1.2 de Jong의 이면전단 메커니즘(1959)

de Jong(1959)은 시험결과 등을 검토한 후에 관련유동칙과 Saint Venant의 공동축조건을 배제하고 「입상체의 파괴에 대한 정역학적 해석과 운동학적 해석」이라는 논문을 통하여 입상체인 흙덩이의 파괴시 정역학적 및 운동학적(statics and kinematics) 해석기법을 제안하였다. de Jong은 응력장해석에 해당하는 정역학적 해석에서 활동선장(slip line field)을 결정하기 위해서 **극추적법**(pole trail method, 극=평면기점)에 의한 도해법을 도입하여 특성곡선법의 특성곡선에 해당하는 대체특성곡선(sub-characteristics)을 도시하는 기법을 제안하였다. 속도장해석인 운동학적 해석을 위해서는 기본이 되는 거동 메커니즘과 함께 변형률속도텐서를 도입하였는데, 이 거동 메커니즘이 바로 de Jong이 제안한 「이면전단 메커니즘」이다.

de Jong(1959)은 속도장을 구하기 위한 운동학적 해석에서 흙의 전단거동이 ①체적불변(conservation of volume, 팽창각 $\nu=0$)과 ②활동(=전단)은 활동선(=전단선)을 따라서만 발생한다는 두 가지 운동학적 가정을 전제로 하여, 비공동축시험 등의 시험결과를 바탕으로 흙에 대한 평면변형률조건의 이면전단 메커니즘을 제안하였다. de Jong의 이면전단 메커니즘을 요약하면, 활동은 전단강도가 모두 소진된 2개의 활동선을 따라서 발생한다는 것이다. de Jong은 ②의 운동학적 가정에 대하여, 응력이 한계상태에 도달하여 재료가 파괴된다면 파괴는 활동선을 따라서만 발생하게 되는데 이것은 활동선 이외의 방향으로는 재료가 파괴될 정도로 응력이 한계상태에 도달하지 못하기 때문이며, 따라서 어떤 거동이더라도 활동선 방향으로만 나타나는 것이라고 활동을 정의하였다. de Jong의 이면전단 메커니즘은 그때까지 토질역학의 소성이론에서 예외 없이 적용되던 관련유동칙을 기반으로 전개되는 소성퍼텐셜이론에 대한 대안으로서 흙에 대하여 이면전단 유동칙이라는 새로운 유동칙을 탄생시킨 것은 물론, 1958년 Geniev가 제안한 일면전단 메커니즘을 이면전단 메커니즘으로 전환시키는 결정적인 계기가 되었으며(Harris, 2001) 지난 수십 년간 흙에 대한 이면전단모델은 대부분 de Jong(1959)이 제안한 이면전단 메커니즘을 기반으로 수립된 것이다. 여기서는 de Jong(1959)이 제안한 운동학적 해석의 이면전단 메커니즘에 대하여 기술하고자 한다.

(1) 정역학적 해석(응력장해석) : 극추적법

de Jong(1959)의 정역학적 해석의 극추적법은 Kötter(1903)가 제안한 (8-34)식에 기반을 둔 것이다. 극추적법을 이용하면 특성곡선법의 $\alpha-$ 및 $\beta-$특성곡선에 해당하는 2개의 곡선을 얻을 수 있다. 특히 흙의 단위중량을 무시하고 구한 극추적법에 의한 활동선은 **팽창성 사이클로이드**(expanding cycloid, 사이클로이드: 경사면에 위치한 두 점 사이에 원형의 물체가 회전에 의하여 최단시간에 하강하면서 원형의 물체에 고정된 하나의 점이 그리는 곡선)로 나타난다. 팽창성 사이클로이드란 팽창하면서 굴러가는 원의 원주상에 고정된 하나의 점에 의하여 그려지는 곡선을 의미한다. 예로서 〈그림 9-1〉의 $\sigma-\tau$ 평면에서 Mohr 응력원의 중심이 $\sigma-$축을 따라서 전진하면서 응력원이 포락선에 접하도록 계속하여 팽창하고 동시에 응력원이 하나의 포락선 위를 회전하여 굴러가는 경우에,

그림의 P와 같이 Mohr 응력원의 원주상에 고정된 점의 궤적을 따라서 그려지는 곡선이 팽창성 사이클로이드이다. de Jong은 극추적법의 도해적 기법을 이용해서 「관련유동칙과 소성해석」에서 기술한 3개의 경계값문제 중에서 제1 및 제3경계값문제를 적용하는 기법을 설명하고, 흙의 단위중량을 고려하여 얕은 기초에 대한 해를 예시하였다.

(2) 운동학적 해석(속도장해석) : 이면전단 메커니즘

de Jong(1959)에 의하면 〈그림 9-1(b)〉와 같이 응력이 Mohr 응력원과 파괴포락선의 접점인 한계상태의 Q_1과 Q_2에 이르면 〈그림 9-1(a)〉의 $x-y$평면에서는, 양의 $x-$축으로부터 반시계방향으로 θ만큼 회전한 최대주응력 $\sigma_{max}-$방향과 각각 사잇각이 $(\pi/4-\phi/2)$인 Q_1 및 Q_2의 방향으로 2개의 활동선(α^*- 및 β^*-특성곡선)을 따라서 활동이 발생한다는 것이다. de Jong은 흙의 운동학적 거동을 규명하기 위하여 이면전단 메커니즘을 이용하여 변형률속도벡터$(\dot{\epsilon})$와 회전속도벡터$(\dot{\omega})$를 구하고 활동선장에 대한 호도그래프를 제시하였다. de Jong은 변형이 응력특성곡선을 따라서 전단에 의하여 발생한다고 가정하였으며, 이것은 응력특성곡선과 속도특성곡선이 일치한다는 것과 동일한 의미로서 Mohr-Coulomb파괴기준의 개념을 그대로 채용한 것이다(Mehrabadi-Cowin, 1978). 따라서 de Jong(1959)이 제시한 응력특성곡선인 $\alpha-$ 및 $\beta-$활동선은 관련유동칙에서 기술한 것과 같이 실제로는 속도특성곡선인 α^*- 및 β^*-특성곡선을 의미하므로 여기서는 α^*- 및 β^*-특성곡선으로 표기하였다.

〈그림 9-2(a)〉의 마름모꼴 재료는 마주보는 2개의 각이 각각 $\pi/2+\phi$ 및 $\pi/2-\phi$이고 네 변에 〈그림 9-1(b)〉의 Q_1과 Q_2에 해당하는 응력 σ_q를 가하여 한계상태에 도달되도록 설계된 것이다. 이와 같이 함으로서 마름모꼴 재료는 네 변과 평행한 방향으로 활동이 발생할 수 있는 한계상태가 된다. 마름모꼴 재료의 네 변에는 적절한 방법으로 응력 σ_q가 작용할 수 있도록 하고, 변 AD와 BC에는 각각 $E-F$를 절단하여 화살표 방향으로 변위가 발생될 수 있도록 하였다.

따라서 어떤 활동이라도 가능한 형태이므로 〈그림 9-2(b)~(c)〉와 같은 변형이 발생할 수 있다. 먼저 마름모꼴 재료가 그림(b)와 같이 α^*-특성곡선방향으로 임의의 두께로 분리되어 임의의 거리까지 활동이 발생한 후에 그림(c)와 같이 β^*-특성곡선방향으로 활동하는 것을 고려할 수 있다. 두 특성곡선을 따라 활동이 종료된 후의 변형이 〈그림 9-2(c)〉이며 각각의 특성곡선을 따라 발생한 변위는 임의적이지만 선행되어야 할 조건이 바로 「**방**

향성 요구조건」(requirement of direction)이다. 방향성 요구조건이란 임의의 두 절편 사이의 상대변위는 전단응력이 작용하는 방향과 반대방향으로 발생해야 한다는 것으로서, 이것은 상대변위가 〈그림 9-2(a)〉의 화살표와 같이 마름모꼴 상부에서 우측으로 발생해서 절단선을 따라 전단응력이 올바르게 작용할 수 있도록 설정하기 위한 조건이다. 이와 같은 형태로 변형이 발생하게 되면 어떤 변형이라도 ① 체적불변 및 ② 활동은 활동선을 따라서만 발생한다는 두 가지 운동학적 가정을 충족시킬 수 있다. 또한 마름모꼴 재료의 변형과정에는 활동선을 따라서 발생하는 직선운동(병진운동)인 활동 외에도 회전운동이 포함되어야 하며 회전은 활동과는 관계없이 발생한다. 재료의 회전을 고려하기 위해서는 불연속적인 절편보다 〈그림 9-3〉과 같이 연속적이며 균일한 변형률속도로 나타내는 것이 수식화하기에 편리하다. 그림에서 변형률속도는 α^*−특성곡선방향과 평행한 전단변형률속도 a와 β^*−특성곡선방향과 평행한 전단변형률속도 b의 조합으로 구성된다(de Jong은 a와 b를 상대변위로 표시함).

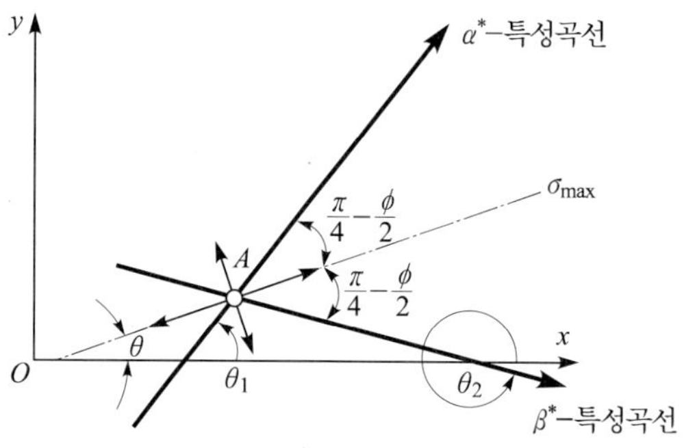

(a) 최대주응력과 속도특성곡선

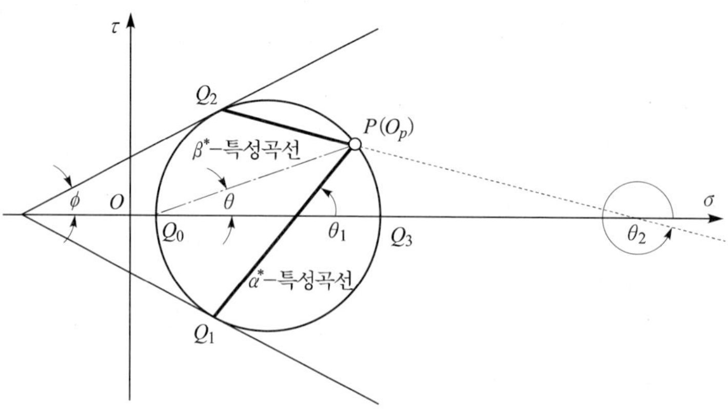

(b) Mohr 응력원과 속도특성곡선

〈그림 9-1〉 **한계상태의 Mohr 응력원과 속도특성곡선** (de Jong, 1959)

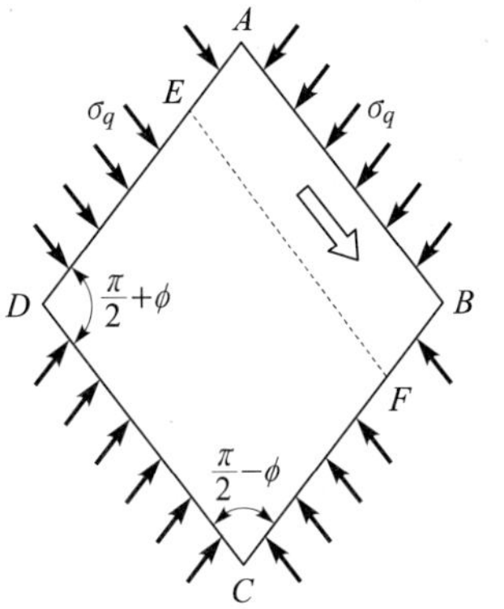

(a) 특성곡선으로 둘러싸인 마름모꼴 재료

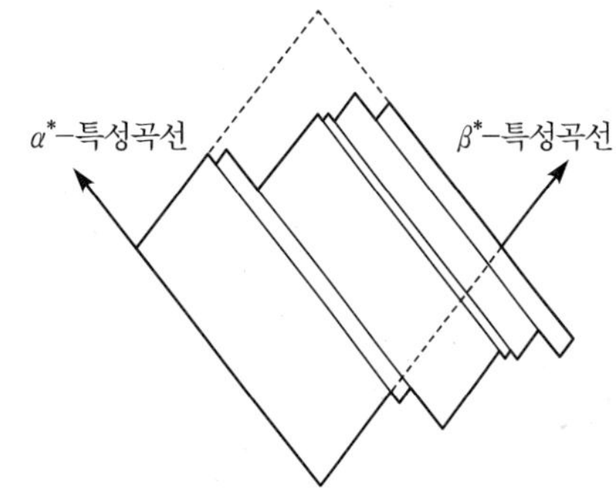

(b) (a)의 마름모꼴 재료가 α^*–특성곡선과 평행하게 임의의 두께의 절편으로 거동하는 활동

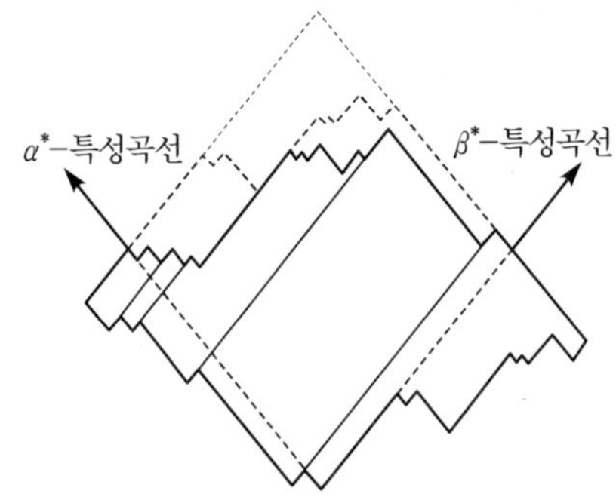

(c) (b)에 의하여 변형된 재료가 β^*–특성곡선으로 절단되어 거동하는 활동

〈그림 9-2〉 de Jong의 이면전단 메커니즘 (de Jong, 1959)

〈그림 9-3〉의 α^*–특성곡선방향과 평행한 활동에 대하여, 전단변형률속도는 α^*–특성곡선방향에 직각방향으로 임의로 설정된 특정한 거리(예를 들면 $1cm$ 등)에 있는 특성곡선의 전단변형률속도를 $a\, cm/s$ 라고 정의하고 특성곡선은 직선이며 하나의 특성곡선상에 있는 모든 점은 동일한 속도로 거동하는 것으로 가정한다. 같은 방법으로 β^*–특성곡선방향과 평행한 활동의 전단변형률속도는 $b\, cm/s$ 로 정의된다. 만약 활동 b만 발생한다면 β^*–특성곡선상의 모든 점은 동일한 변위로 거동하므로 β^*–특성곡선상에 있는 두 점의 전단변형률속도는 오직 활동 a에만 의존하게 되고 크기는 [$a\cos\phi\times$(β^*–특성곡선상에서의 거리)]가 된다. 여기서 전단변형률속도 a와 b에 대하여 각각 〈그림 9-3〉의 화살표와 같은 방향을 양의 값으로 취하면 방향성 요구조건을 충족시키기 위해서는 다음의 부등식만 충족시키면 된다.

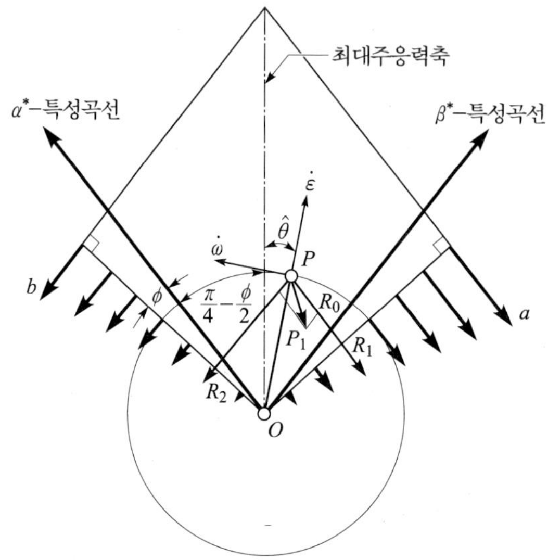

〈그림 9-3〉 활동선장에서 P 의 상대속도 (de Jong, 1959)

$$a > 0, \qquad b > 0 \tag{9-1}$$

위의 부등식을 이용하면 활동선장의 어떤 임의의 점에 대해서도 〈그림 9-3〉의 PP_1과 같이 상대속도를 고정점 O에 대한 전단변형률속도 a와 b의 함수로서 나타낼 수 있다. 위의 부등식에서 a와 b는 반드시 $a=b$일 필요는 없으며 그 크기를 무한대로 허용함으로서 수식화가 가능하다는 것이 이면전단이론의 핵심적인 특징이며, 그 특징은 응력이 한계상태에 도달하면 전단에 의한 변위의 크기는 임의적이라는 소성이론의 근간이 되는 법칙에 기인한다(de Jong, 1988). 또한 균일한 변형이라면 텐서를 이용해서 나타낼 수 있기 때문에 O를 축으로 하는 원주상의 상대속도는 모두 다르며 원주상의 전체 벡터세트는 텐서를 도입해서 나타낼 수 있다. 이와 같은 개념에 의해서 Mohr 응력원이 하나의 점에 대하여 응력텐서를 나타내는 것과 동일한 방법으로 하나의 원을 이용해서 상대속도를 텐서로 나타낼 수 있다. 이를 위해서는 〈그림 9-4〉와 같이 P를 원점으로 하여 $\dot{\epsilon}$ 및 $\dot{\omega}$을 좌표축으로 취하는 변형률속도도에 동경벡터(radius vector) OP의 끝에 달려있는 벡터 PP_1을 표시하면 된다. 〈그림 9-3~4〉에서 $\dot{\epsilon}$는 OP의 팽창속도를 나타내고 OP에 직각방향으로 작용하는 $\dot{\omega}$는 OP의 반시계방향 회전속도를 나타낸다. 모든 동경벡터 OP는 변형률속도도에서 O^*P^*으로 표시되며, 원주상에서 다른 위치에 표시되는 P에 대한 모든 벡터 PP_1은 P_1^*에 대한 변형률속도도에서 하나의 점으로 표시되는 P^*으로부터 뻗어 나오게 된다. 〈그림 9-3〉의 전단변형률속도 a와 b에 의하여 야기되는 변형은 〈그림 9-4〉의 변형률속도도에서 $P_1{}^*$에 의하여 그려지는 곡선으로부터 얻을 수 있다. 그림에서 전단변형률속도 a와 b에 추가하여 발생하는 강체회전은 벡터합으로 처리되기 때문에 단지 변형률속도도의 중심만 수직으로 $\dot{\gamma}/2$만큼 이동시켰을 뿐이며 변형률속도도의 크기, $Q_1{}^*$과 $Q_2{}^*$의 방향 등 나머지 항에는 영향을 미치지 않는다. 〈그림 9-3〉에서 $\hat{\theta}$를 동경벡터 OP와 최대주응력축의 사잇각이라고 하면 $\angle OPR_1$과 $\angle OPR_2$는 〈그림 9-3〉과 〈그림 9-4〉으로부터 각각 다음과 같이 나타낼 수 있다.

$$\angle OPR_1 = \angle O^* P^* R_1{}^* = \frac{\pi}{4} - \frac{\phi}{2} + \hat{\theta}$$

$$\angle OPR_2 = \angle O^* P^* R_2{}^* = \frac{\pi}{4} - \frac{\phi}{2} - \hat{\theta}$$

위의 식에서 위첨자 (*)는 〈그림 9-4〉의 변형률속도도에 표기된 것을 의미한다. 〈그림 9-3〉에서 R_1이 P를 지나는 α^*-특성곡선에 O를 투사한 것이라고 하면 PP_1의 α^*-특성곡선방향의 성분은 다음과 같다.

$$PR_0 = a \times OR_1 = a \times OP \sin\left(\frac{\pi}{4} - \frac{\phi}{2} + \hat{\theta}\right)$$

$$R_0 P_1 = b \times OR_2 = b \times OP \sin\left(\frac{\pi}{4} - \frac{\phi}{2} - \hat{\theta}\right)$$

〈그림 9-4〉는 $O^* P^*$를 단위길이인 1로 하여 도시한 것이므로($O^* P^* / OP = 1$) 변형률속도도의 모든 벡터는 OP로 나누어주어야 하고 $P^* R^*$과 $R^* P_1{}^*$는 위의 식에 의해서 각각 다음과 같이 나타낼 수 있다.

$$P^* R^* = a \sin\left(\frac{\pi}{4} - \frac{\phi}{2} + \hat{\theta}\right), \quad R^* P_1{}^* = b \sin\left(\frac{\pi}{4} - \frac{\phi}{2} - \hat{\theta}\right)$$

위의 식과 함께 $P_1{}^*$을 $\dot{\epsilon}$와 $\dot{\omega}$의 좌표로 나타내면 다음과 같다.

$$\begin{aligned} \dot{\epsilon} &= -P^* R^* \cos\left(\frac{\pi}{4} - \frac{\phi}{2} + \hat{\theta}\right) - R^* P_1{}^* \cos\left(\frac{\pi}{4} - \frac{\phi}{2} - \hat{\theta}\right) \\ &= -\frac{1}{2} a \cos(\phi - 2\hat{\theta}) - \frac{1}{2} b \sin(\phi + 2\hat{\theta}) \end{aligned}$$

$$\begin{aligned} \dot{\omega} &= -P^* R^* \sin\left(\frac{\pi}{4} - \frac{\phi}{2} + \hat{\theta}\right) + R^* P_1{}^* \sin\left(\frac{\pi}{4} - \frac{\phi}{2} - \hat{\theta}\right) \\ &= -\frac{1}{2}(a - b) + \frac{1}{2} a \sin(\phi - 2\hat{\theta}) - \frac{1}{2} b \sin(\phi + 2\hat{\theta}) \end{aligned}$$

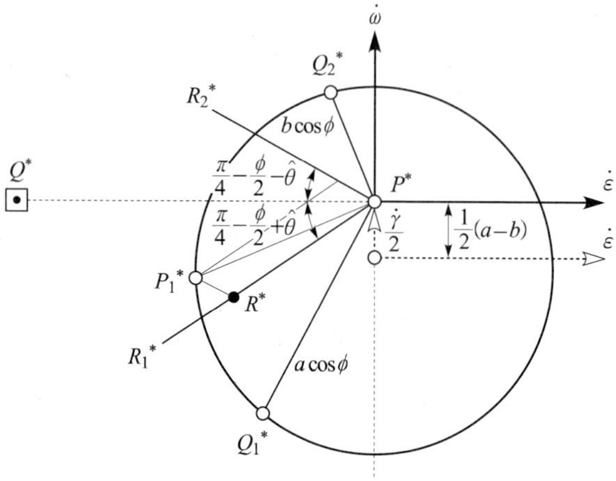

〈그림 9-4〉 〈그림 9-3〉에 대한 변형률속도도 (de Jong, 1959)

위의 식은 각각 다음과 같이 정리할 수 있다.

$$2\dot{\epsilon}=-(a+b)\cos\phi\cos 2\hat{\theta}-(a-b)\sin\phi\sin 2\hat{\theta}$$

$$2\dot{\omega}+(a-b)=-(a+b)\cos\phi\sin 2\hat{\theta}+(a-b)\sin\phi\cos 2\hat{\theta}$$

또한 편차각 λ를 다음과 같이 정의한다.

$$\tan\lambda=\frac{a-b}{a+b}\tan\phi \tag{9-2}$$

식에서 $|\lambda|<\pi/2$ 이다. (9-2)식과 삼각함수의 합성공식을 이용하여 $\dot{\epsilon}$과 $\dot{\omega}$는 다음과 같이 나타낼 수 있다.

$$2\dot{\epsilon}=-\cos(\lambda-2\hat{\theta})\left[a^2+2ab\cos 2\phi+b^2\right]^{1/2} \tag{9-3}$$

$$2\dot{\omega}+(a-b)=+\sin(\lambda-2\hat{\theta})\left[a^2+2ab\cos 2\phi+b^2\right]^{1/2} \tag{9-4}$$

(9-3~4)식의 양변을 제곱하여 합하면 $P_1{}^*$의 궤적은 $\dot{\epsilon}-\dot{\omega}$ 평면에서 중심이 $\dot{\epsilon}=0$, $\dot{\omega}=-(a-b)/2$, 반경이 $\left[a^2+2ab\cos 2\phi+b^2\right]^{1/2}/2$인 원이 되고, 원의 중심이 의미하는 것은 체적변화가 없고($\dot{\epsilon}=0$) 반시계방향으로 회전속도는 $\dot{\omega}=-(a-b)/2$이라는 것이다. 여기서 체적변화가 없다고 하는 것은 활동시 체적불변이라는 운동학적 가정에 부합되는 것이다. $P_1{}^*$은 (9-3~4)식에 의해서 2배각 회전속도(double angle velocity)인 $-2\hat{\theta}$로 회전하며 〈그림 9-3〉의 P와 반대방향이다. $Q_1{}^*$과 $Q_2{}^*$는 각각 주응력축과 특성곡선의 사잇각 $\hat{\theta}_1=\pi/4-\phi/2$와 $\hat{\theta}_2=-\pi/4+\phi/2$를 나타내고 $Q_1{}^*$과 $Q_2{}^*$의 길이는 각각 $a\cos\phi$와

$b\cos\phi$이며 $\dot{\omega}-$축과 사잇각은 ϕ이다. 일반적으로 변형률속도해석에서 회전속도를 생략하고 변형률속도텐서를 $\dot{\epsilon}-$축상에서 원의 중심으로 취하는데, 이를 위해서는 벡터 OP의 절대회전(absolute rotation)인 $\dot{\omega}$ 대신에 상대회전(relative rotation)인 전단변형률속도 $\dot{\gamma}$를 고려해야 하며, 변형률속도도에서 $\dot{\omega}-$축을 $\dot{\gamma}/2-$축으로 대체해야 한다.

(3) 비공동축조건에 대한 검증시험

de Jong은 이론적으로 제시한 이면전단 메커니즘과 비공동축조건의 연계성을 규명하기 위하여 검증시험을 수행하였으며, 그 중에서 〈그림 9-5〉는 응력과 변형률속도의 주축 사이에 발생하는 편차의 정도를 측정하기 위한 비공동축조건에 대한 검증시험장치를 도시한 것이다. 그림에서 2개의 금속판 사이에 담긴 4cm 길이의 금속원주(metal cylinder)는 직경이 각각 3.6mm 및 1.8mm인 두 종류의 금속원주를 혼합한 것이며, 두 종류의 원주를 혼합한 이유는 동일한 직경의 금속원주만 사용하면 정육각형배열(regular hexagonal arrangement)이 발생하기 때문이다. 정육각형 배열이 발생하면 엇물림 효과로 인하여 금속원주가 한 덩어리로 거동하기 때문에 재료의 마찰각 ϕ가 증가하게 된다(Shanley, 1957). 금속원주는 2개의 금속판 방향으로 20cm 높이까지 채워졌으며, 폭이 4cm인 금속원주는 그림과 같이 앞면과 뒷면에 벽체가 필요 없을 정도로 충분히 안정되어 있다. 앞면과 뒷면에 벽체가 없기 때문에 금속원주의 거동에 대한 육안관찰이 용이하고 사진촬영도 편리하다.

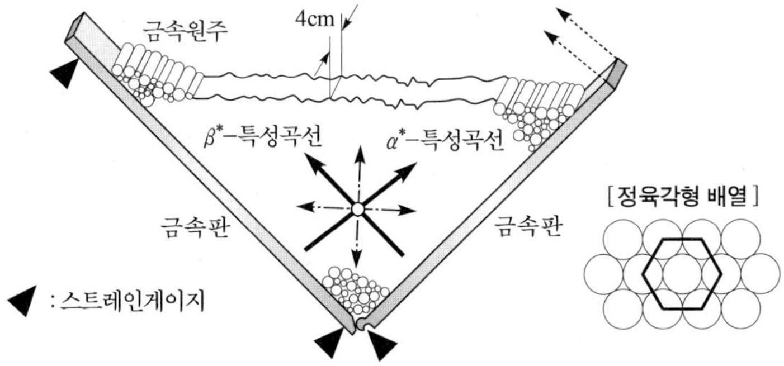

〈그림 9-5〉 비공동축조건에 대한 검증시험 (de Jong, 1959; 1958)

〈그림 9-6〉의 $\dot{\epsilon}-\dot{\gamma}/2$평면에서 원주에 위치한 $T_0{}^*$와 $T_3{}^*$는 전단변형률속도 $\dot{\gamma}=0$인 변형률속도의 주축방향에 해당되고, $\dot{\gamma}/2-$축과의 교점인 $T_1{}^*$와 $T_2{}^*$는 변형과정에서 팽창속도 $\dot{\epsilon}=0$이다. 변형률속도도에서 원의 크기를 나타내는 반경은 전단에 의한 흙의 뒤틀

림속도(distortion rate)를 나타내는 지표로서 축차변형률속도라고도 하며, 흙의 형상변화와 관계없는 균일압축이나 강체회전에 대해서는 원은 하나의 점으로 퇴화된다. 변형률속도도의 가장 큰 특징은 원주에 표시되는 점의 위치이며 특히 원과 $\dot{\gamma}/2-$ 또는 $\dot{\omega}-$축의 교점은 특정한 방향을 나타낸다. (9-3~4)식에 $\hat{\theta}=0$을 대입하면 〈그림 9-6〉의 $Q_0{}^*$을 얻을 수 있으며 $M^*Q_0{}^*$는 $\dot{\epsilon}-$축과 λ만큼 편차가 있는데, 이 선은 최소주응력을 나타내는 것으로서 〈그림 9-1(b)〉의 응력원에서 Q_0을 대신하는 점이다. 따라서 응력 및 변형률속도의 주축인 $Q_0{}^*$과 $T_0{}^*$이 일치하지 않는다는 것을 알 수 있다. (9-1~2)식에 의해서 편차각 λ의 편차 범위는 다음과 같다.

$$-\phi<\lambda<\phi \tag{9-5}$$

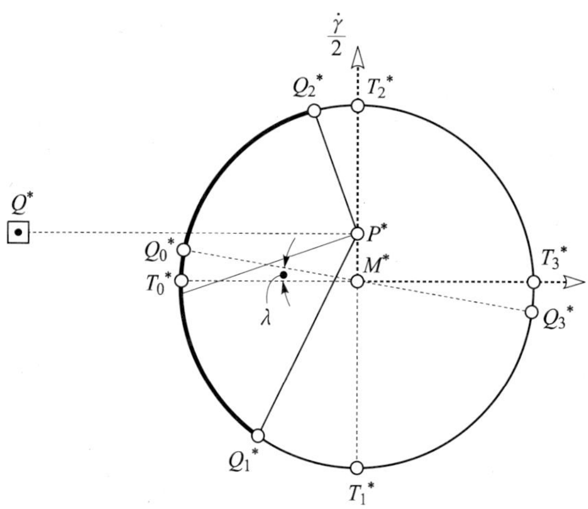

〈그림 9-6〉 변형률속도 주축 (de Jong, 1959)

위의 식에서 de Jong(1959; 1958)은 λ를 변형률속도텐서의 주축 사이의 편차각으로 표시하였지만 후에 이면전단 메커니즘을 수식화하면서 편차각 λ를 편차각 i로 바꾸어서 $-\phi/2<i<\phi/2$로 수정하여 제안하였다[(9-62)식 참조]. (9-5)식에서 Saint Venant의 공동축조건을 충족시키기 위해서는 $\lambda=0$이 되어야 하고 결과적으로 (9-2)식에서는 $a=b$, (9-5)식에서는 $\phi=0$인 경우에 해당된다. 또한 λ는 (9-2)식으로부터 $b=0$일 때 $\lambda=+\phi$이고 $a=0$일 때 $\lambda=-\phi$이다. 따라서 소성변형에서 Saint Venant의 공동축조건을 충족시켜야 한다는 것은 모든 변형에 해당하는 기본적인 특성이 아니라 (9-5)식에 의하여 단지 $\phi=0$인 재료에만 적용할 수 있는 조건이라는 것을 알 수 있다. 주의해야 할 것은 $\phi=0$인 재료에서는 $a\neq b$인 비대칭 활동에 대해서도 여전히 변형률속도텐서

$\dot{\epsilon}_{ij}$가 대칭이 된다는 것이다. 이것은 공액방향(conjugate direction)의 활동으로 야기되는 특성곡선의 거동과 강체회전에 의한 거동을 구분하기가 불가능하기 때문이다. 〈그림 9-6〉에서 두 특성곡선의 교각$(\pi/2-\phi)$에 해당하는 원호는 굵은 선으로 표시되어 있다.

〈그림 9-7〉은 $\phi=0$인 재료와 $\phi>0$인 재료의 활동을 보여주는 것이다. 그림(b)에서 활동으로 야기되는 거동과 강체회전에 의한 거동이 특성곡선에 대하여 수직방향으로 움직이는 것을 알 수 있다. 이와 같은 수직성(perpendicularity) 때문에 $Q_1{}^*$과 $Q_2{}^*$는 모두 $\dot{\omega}-$축에 위치하게 되고 변형률속도벡터의 주방향 $T_0{}^*$와 $T_3{}^*$에 대하여 대칭이 되므로 $\phi=0$인 재료에서는 $a\neq b$라 하더라도 공동축조건을 충족시킬 수 있다. 그림(a)의 $\phi>0$인 재료에서는 $a=b$일 때만 공동축조건을 충족시킬 수 있으므로 흙에서 응력과 변형률속도의 주축이 일치하는 것은 $a=b$인 극히 우연한 조건에 대해서만 제한되는 것으로 볼 수 있으며 이론적으로는 (9-5)식의 범위에서 편차를 보이게 된다. 결과적으로 Saint Venant의 공동축조건은 입상체에 대해서는 유효하지 않다는 것을 알 수 있다.

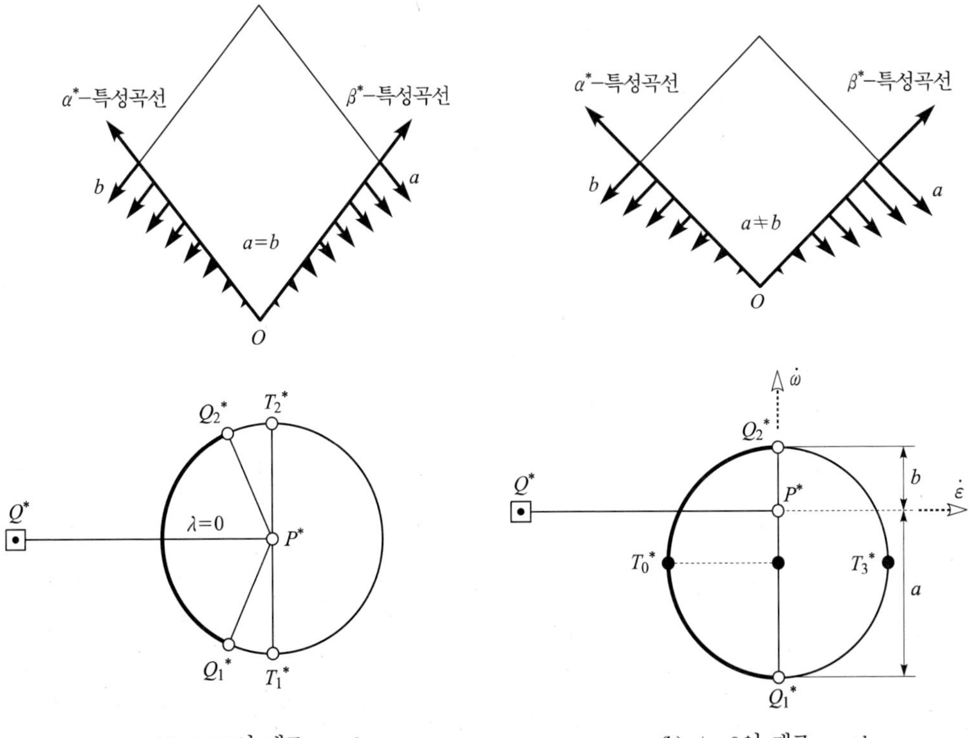

(a) $\phi>0$인 재료, $a=b$ (b) $\phi=0$인 재료, $a\neq b$

〈그림 9-7〉 비공동축조건의 검증 (de Jong, 1959)

9.2 Spencer의 비압축성 이면전단유동칙(1964)

9.2.1 비압축성 이면전단유동칙을 위한 가정

(1) 비압축성 이면전단유동칙 개요

Spencer(1964[a])의 비압축성 이면전단유동칙은 de Jong(1959)이 제시한 이면전단 메커니즘을 수식화한 것으로서 Drucker-Prager(1952)가 금속재료의 소성이론을 흙에 도입한 이후에 흙의 소성거동을 해석하면서 많이 인용되는 유동칙 중의 하나이다. 특히 Spencer가 수립한 2개의 운동방정식은 흙에 대한 최초의 「속도방정식」이며 이면전단유동칙에 대한 연구가 활발하던 1960~1970년대에 흙의 이면전단 거동을 해석하는 기본적인 틀로서 이용되기도 하였다. Spencer(1964[a])는 유동칙을 수립하면서 응력속도성분과 관련된 응력속도방정식(stress rate equation)을 도입하였는데, 비공동축조건에서 기술한 바와 같이 평면변형률조건에서는 응력속도방정식이 불필요하므로 여기서는 Spencer (1964[a])의 응력속도와 관련된 내용을 제외하고 기본적인 가정과 속도방정식만 발췌하여 소개하고자 한다. 내용 중에서 Spencer(1964[a])는 응력특성곡선인 $\alpha-$ 및 $\beta-$특성곡선과 속도특성곡선인 α^*- 및 β^*-특성곡선이 일치하기 때문에 Spencer는 두 특성곡선을 구분하지 않고 모두 $\alpha-$ 및 $\beta-$특성곡선으로 표기하였지만 혼동을 피하기 위하여 관련유동칙에서 정의한 바와 같이 응력특성곡선은 $\alpha-$ 및 $\beta-$특성곡선, 속도특성곡선은 α^*- 및 β^*-특성곡선으로 각각 구분하여 표기하였다.

(2) 비압축성 이면전단유동칙의 가정

여기서 제안하고자 하는 비압축성 이면전단유동칙은 de Jong(1959)이 도해법으로 제시한 이면전단 메커니즘을 수식화한 것이다. 흙은 Mohr-Coulomb파괴기준을 따르고 다음과 같은 조건을 충족시키는 것으로 가정한다.

① 흙은 등방성재료이다.
② 흙은 비압축성재료이다.
③ 흙은 평면변형률조건에서 응력특성곡선을 따라서 전단에 의하여 거동한다.

①항에 대해서는 추가적인 설명이 필요 없지만 등방성이라고 해서 반드시 Saint Venant의 공동축조건이 유효하다는 것을 의미하지는 않는다는 것에 주의해야 한다. ②항이 모든 흙에 적용되는 것은 아니며 흙의 종류에 따라서는 ②항과 같은 가정을 설정하기에는

부적절할 정도로 큰 압축성을 가진 흙도 있으므로 그와 같은 흙은 해석대상에서 제외한다. 또한 ②항에 대해서는 당연히 Mohr-Coulomb파괴기준과 소성퍼텐셜함수가 같다($f = g$)고 하는 가능성을 배제하기 위한 것인데, 소성이론에서 유일성정리와 변분정리에 의한 많은 수학적인 증명이 $f = g$라는 가정을 전제로 하여 수립되었기 때문에 $f = g$의 가능성을 배제함으로서 수학적으로 복잡한 전개과정이 추가되어야 하겠지만 복잡하다고 해서 물리적으로 의미가 달라지는 것은 아니다. 또한 비압축성재료라는 가정이 대안으로 제시될 수도 있는 경화성재료라는 것보다 더욱 실용적일 수도 있으므로 다른 조건과 상충되지 않는다는 것을 전제로 하여 비압축성재료로 가정하고자 한다. 물론 이것이 변형경화이론의 유용성을 부정한다는 것은 아니며 단지 여기서는 적용하지 않는다는 것일 뿐이다. ③항에 대해서는 다음 절에서 자세히 다루어지겠지만, 여기서는 ③항과 같이 설정함으로서 당연히 변형률속도는 응력뿐만 아니라 응력속도와도 관련된다는 것이며, 결과적으로 이것은 ①항이 Saint Venant의 공동축조건을 따르지 않는다는 것을 의미한다. 또한 응력속도성분을 도입함으로서 속도방정식은 다음과 같은 또 하나의 추가적인 조건을 충족시켜야 한다.

④ 흙의 변형은 강체운동의 중첩에 영향을 받지 않는다.

마지막으로 물리적으로 타당한 이론이라면 다음 조건을 충족시켜야 한다.

⑤ 흙에 대한 속도방정식은 마찰각 $\phi = 0$인 경우에는 이상적인 금속재료(ideal metal; $\phi = 0$)에 대한 속도방정식으로도 유효해야 한다.

9.2.2 비압축성 이면전단유동칙의 유도

흙은 평면변형률조건에서 거동하는 이상적인 강소성재료이며 직교좌표계인 $x-y$좌표계에서 응력성분 σ_{xx}, σ_{yy} 및 τ_{xy}는 다음의 Mohr-Coulomb파괴기준을 충족시키는 것으로 가정한다(인장: +).

$$(\sigma_{xx} + \sigma_{yy})\sin\phi + \left[(\sigma_{xx} - \sigma_{yy})^2 + 4\tau_{xy}^2\right]^{1/2} = 2c\cos\phi \tag{9-6}$$

식에서 c는 점착력, ϕ는 마찰각이다. 흙의 단위중량을 무시한 평형방정식은 (8-1~2)식으로 나타낼 수 있다. (8-1~2)식과 (9-6)식에 의해서 $x-y$평면에서 2개의 중첩되는 쌍곡선군의 격자망이 생성되고 쌍곡선군은 응력특성곡선으로서 각각 $\alpha-$ 및 $\beta-$특성곡선이며 특성곡선의 기울기 $[dy/dx]$는 아래와 같다(「관련유동칙의 응력특성곡선」 참조).

$$\frac{dy}{dx} = \tan\left[\theta \mp \left(\frac{\pi}{4} + \frac{\phi}{2}\right)\right] \tag{9-7}$$

식에서 θ는 양의 $x-$축과 최대주응력축의 사잇각이다(반시계방향: +). 응력특성곡선인 $\alpha-$ 및 $\beta-$특성곡선을 따라서 응력의 변화는 (8-28~29)식을 따른다. (9-6)식의 Mohr-Coulomb파괴기준은 다음과 같은 물리적 논거(physical argument)를 이용하여 유도할 수도 있다. 즉, 분리된 재료 사이에서 발생하는 Coulomb 마찰과 같이 재료내 어떤 평면이든지 그 평면에 작용하는 전단응력 τ가 $c-\sigma\tan\phi$를 초과하면 파괴되는 것으로 가정할 수 있으며(인장: +), 2차원 응력상태에서 응력성분인 σ_{xx}, σ_{yy} 및 τ_{xy}를 이용하여 이 조건을 나타낸 것이 (9-6)식의 파괴기준이라는 것이다. 다시 말하면 (9-6)식의 Mohr-Coulomb파괴기준을 충족시키는 재료의 어떤 점에서도 $|\tau|+\sigma\tan\phi$가 최댓값 c가 되는 2개의 방향이 발생하게 되는데, 2개의 방향은 그 점을 통과하는 $\alpha-$ 및 $\beta-$특성곡선으로서 $x-$축과 사잇각이 각각 $\theta-\pi/4-\phi/2$ 및 $\theta+\pi/4+\phi/2$이라는 것이다. 또한 Mohr-Coulomb파괴기준에 의하면 변형은 $|\tau|+\sigma\tan\phi$가 최대가 되는 선을 따라서 전단에 의해서만 발생해야 된다. 이와 같은 개념은 Geniev(1958), de Jong(1959), Haythornthwaite(1963) 등 여러 연구자에 의하여 제안되었지만 다른 조건과 상충되지 않으면서 합리적이고 보편적인 이론으로 일반화시킨 연구자는 없었다. 예를 들면 de Jong(1959)은 응력을 일정한 값 이하로 제한하여 이론을 전개하였다. 따라서 여기서는 관련 이론을 정식화하는 것이 주요 목적이다. 만약 해석과정에서 간극수압을 고려해야 한다면 Mohr-Coulomb파괴기준의 응력성분을 비롯한 모든 응력성분을 유효응력으로 대체해야 한다(Spencer, 1982).

속도방정식을 구하기 위해서는 먼저 $x-y$좌표계에서 속도특성곡선인 α^*- 및 β^*-특성곡선에 의하여 정의되는 변형에 대해서 직관적인 개념을 분명하게 정립해야 한다. 이를 위해서는 〈그림 9-8〉과 같이 변형중인 재료의 소성영역에 위치한 임의의 질점 Q에 초점을 맞추어, 고정좌표계인 $x-y$좌표계와 이동좌표계인 $\xi-\eta$좌표계를 도입하여 연속된 두 시점에서 $x-y$좌표계와 $\xi-\eta$좌표계의 위치를 표시하여 이용하는 것이 편리하다. $\xi-\eta$좌표계의 원점은 항상 Q와 일치하여 움직이고 시간 t에서는 $\xi-$ 및 $\eta-$축을 각각 $x-$ 및 $y-$축과 평행하게 취한다. 또한 $\xi-$ 및 $\eta-$축은 Q의 순간적인 위치를 축으로 하여 회전하게 되는데, 이 때 Q를 통과하는 α^*- 및 β^*-특성곡선의 방향은 시간과는 관계없이 결정되는 것으로 가정한다. 즉 일반적으로 $x-$축과 최대주응력축의 사잇각인 θ는 시간의 함수이지만 여기서는 Q에서 주응력축이 시간과는 관계없는 것으로 설정한다는 것이다.

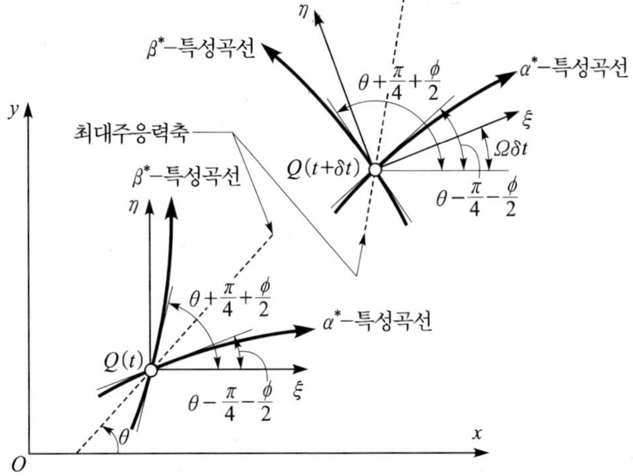

〈그림 9-8〉 임의의 두 시점에 대한 $x-y$ 좌표계와 $\xi-\eta$ 좌표계의 위치 (Spencer, 1964[a])

〈그림 9-8〉의 $\xi-\eta$좌표계에서 Q점의 근방에 있는 인접한 두 점의 상대속도는 두 점이 동일한 α^*-특성곡선상에 위치하여 있다면 0이 되지만, 두 점이 동일한 α^*-특성곡선상에 위치하여 있지 않다면 상대속도는 Q를 통과하는 α^*-특성곡선방향과 평행한 벡터성분이 되므로 Q의 근방에서 재료의 거동은 α^*-특성곡선을 따라서 발생하는 전단으로 나타나게 된다. 또한 β^*-특성곡선에 대해서도 동일한 전단이 나타나므로, 완전한 재료의 변형은 재료의 어떤 점에서도 격자망 형태의 α^*- 및 β^*-특성곡선을 따라서 두 방향으로 전개되는 전단에 의하여 발생되는 것으로 가정한다. 일반적으로 비압축성재료에서 α^*-특성곡선 또는 β^*-특성곡선만을 따라서 발생하는 일면전단은 운동학적으로 타당하지 않다. 예외적으로 모든 α^*- 및 β^*-특성곡선이 모두 직선이라면 가능할 수도 있지만, 두 방향으로 진행되는 재료의 변형 가능성을 배제할 이유가 없다. 따라서 Q와 함께 원점이 이동하고 Q를 축으로 회전하는 좌표계를 이용하여 재료의 거동을 나타낸다면, 어떤 비압축성재료의 2차원 변형이라도 2개의 전단변형의 중첩(superposition of two shearing deformation)으로 나타낼 수 있다.

만약 (X, Y)가 직교좌표계의 좌표로서 $X-$ 및 $Y-$축이 Q에서 변형률속도의 주축과 일치하고 $v_X{}'$와 $v_Y{}'$는 동일 좌표계에 대한 상대속도라고 하면, ①재료가 비압축성이고 ② $X-$ 및 $Y-$축은 Q에서 변형률속도의 주축과 일치하며 ③Q에서 요소의 회전은 0이라고 하는 ①~③의 세 가지 조건을 충족시키는 식은 Q의 근방에서 오직 다음의 관계식뿐이다.

$$v_X{}' = \gamma X, \quad v_Y{}' = -\gamma Y \tag{9-8}$$

식에서 γ는 상수이다. 위의 식에 의하면 $X-Y$평면에서 $X=mY$인 직선상에 위치한 두 점에 대한 상대속도의 방향은 $X=-mY$인 직선과 평행하고, 반대로 $X=-mY$인 직선상에 위치한 두 점에 대한 상대속도의 방향은 $X=mY$인 직선과 평행한 방향이 된다. 두 직선 $X=\pm mY$ 중에서 어느 하나의 직선상에도 위치하지 않는 두 점의 상대속도벡터는 두 직선 방향의 성분으로 상대속도를 분해할 수 있기 때문에 재료의 변형은 중첩되는 전단변형 특성을 가지게 된다. 여기서 설정한 운동학적 가정은 흙의 변형은 인장이나 압축이 아닌 중첩되는 2개의 전단변형으로 구성된다는 것이며, 흙의 변형은 다음과 같은 조건에서 발생한다는 것이다.

- 질점 Q에서 흙요소와 함께 회전하는 좌표계에서 상대속도가 발생할 경우
- 질점 Q에서 주응력축과 함께 회전하는 좌표계에서 상대속도가 발생할 경우

그러나 주응력축과 함께 회전하는 좌표계에 대해서는 전단변형이 질점 Q를 통과하는 임의의 2개의 곡선이 아니라 질점 Q를 통과하는 α^*- 및 β^*-특성곡선에 의하여 발생하는 2개의 전단변형만으로 야기되어야 한다.

이면전단 메커니즘에 대한 운동학적 가정에 따르면, $\xi-\eta$좌표계에서 질점 Q를 통과하는 β^*-특성곡선의 인접한 두 점의 상대속도를 구하기 위해서는 α^*-특성곡선의 전단변형과 β^*-특성곡선의 전단변형을 고려해야 한다. 먼저 동일한 속도특성곡선에서는 어느 점에서나 속도가 같으므로 β^*-특성곡선의 전단에 대해서는 두 점의 상대속도가 0이며, 두 점의 상대속도는 오직 α^*-특성곡선의 전단변형에만 의존하게 되고 방향은 Q를 통과하는 α^*-특성곡선과 평행하게 된다. 결과적으로 s_α와 s_β를 각각 α^*- 및 β^*-특성곡선방향의 길이에 대한 매개변수라고 하고 v'이 $\xi-\eta$평면의 상대속도라고 하면 Q에서 $\partial v'/\partial s_\beta$는 α^*-특성곡선과 평행한 벡터성분이 되므로, v'의 $\xi-$ 및 $\eta-$축방향 성분이 각각 $v_\xi{}'$과 $v_\eta{}'$일 때 Q에서 다음 식이 성립한다(〈그림 9-8〉 참조).

$$\frac{\dfrac{\partial v_\eta{}'}{\partial s_\beta}}{\dfrac{\partial v_\xi{}'}{\partial s_\beta}}=\tan\left(\theta-\frac{\pi}{4}-\frac{\phi}{2}\right) \tag{9-9}$$

위의 식은 다음과 같이 나타낼 수 있다.

$$\sin\left(\theta-\frac{\pi}{4}-\frac{\phi}{2}\right)\frac{\partial v_\xi{}'}{\partial s_\beta}-\cos\left(\theta-\frac{\pi}{4}-\frac{\phi}{2}\right)\frac{\partial v_\eta{}'}{\partial s_\beta}=0 \tag{9-10}$$

또한 v'의 α^*- 및 β^*-특성곡선방향의 성분을 각각 $v_\alpha{}'$과 $v_\beta{}'$이라고 하면 $v_\xi{}'$과 $v_\eta{}'$는 각각 다음과 같이 나타낼 수 있다.

$$\begin{aligned} v_\xi{}' &= v_\alpha{}'\cos\left(\theta - \frac{\pi}{4} - \frac{\phi}{2}\right) + v_\beta{}'\cos\left(\theta + \frac{\pi}{4} + \frac{\phi}{2}\right) \\ v_\eta{}' &= v_\alpha{}'\sin\left(\theta - \frac{\pi}{4} - \frac{\phi}{2}\right) + v_\beta{}'\sin\left(\theta + \frac{\pi}{4} + \frac{\phi}{2}\right) \end{aligned} \tag{9-11}$$

위의 식을 (9-10)식에 대입하면 다음 식을 얻을 수 있다.

$$\frac{\partial \dot{v}_\beta{}'}{\partial s_\beta}\cos\phi + \left(\dot{v}_\alpha{}' - \dot{v}_\beta{}'\sin\phi\right)\frac{\partial \theta}{\partial s_\beta} = 0 \tag{9-12}$$

Q에서 $v_\alpha{}' = v_\beta{}' = 0$이므로 위의 식은 Q에서 다음과 같다.

$$\frac{\partial v_\beta{}'}{\partial s_\beta} = 0 \tag{9-13}$$

위의 식은 일종의 방향도함수의 형태로서 $s_\beta-$방향으로 상대속도 $v_\beta{}'$의 변화율이 0이라는 것을 의미한다. 같은 방법으로 Q에서 $\partial v'/\partial s_\alpha$는 β^*-특성곡선방향과 평행한 벡터라는 조건으로부터 다음 식을 구할 수 있다.

$$\frac{\partial v_\alpha{}'}{\partial s_\alpha} = 0 \tag{9-14}$$

위의 (9-13~14)식은 $\xi-\eta$좌표계의 원점에 대해서만 성립하므로 일반적인 좌표계로 변환해야 한다. 물질표기법에서는 속도가 단지 시간의 함수로 표시되지만 공간표기법에서는 위치의 함수 즉, 시간과 좌표의 함수가 된다. 이것을 고려하기 위하여 Spencer (1964[a])는 $x-y$좌표계에 물질시간도함수(D/Dt)를 도입하여 〈그림 9-8〉의 질점 $Q(t)$에서 θ의 각속도를 Ω로 표시하였다(Spencer는 convected time derivative 즉 대류시간도함수로 표시함). 즉 질점 $Q(t)$에서 속도 v_x, v_y, v_α, v_β의 값을 각각 V_x, V_y, V_α, V_β라고 하면 각속도 Ω는 다음과 같다.

$$\Omega = \frac{D\theta}{Dt} = \frac{\partial\theta}{\partial t} + V_x\frac{\partial\theta}{\partial x} + V_y\frac{\partial\theta}{\partial y} = \frac{\partial\theta}{\partial t} + V_\alpha\frac{\partial\theta}{\partial s_\alpha} + V_\beta\frac{\partial\theta}{\partial s_\beta} \tag{9-15}$$

위의 식이 의미하는 것은 $Q(t)$에 위치한 요소에 원점이 $Q(t)$인 $\xi-\eta$좌표계에서 요소가 각속도 Ω로 회전할 때 α^*- 및 β^*-특성곡선방향도 회전틀에 고정되어 회전한다는 것이다. 결과적으로 Spencer는 〈그림 9-8〉 및 (9-15)식과 같이 각속도 Ω를 임의의 질점에서 시간에 따른 최대주응력축의 회전($D\theta/Dt$)에 의한 것으로 해석하였다.

$\xi-\eta$좌표계의 상대속도 v'과 질점 Q의 속도 V 및 속도 v 사이에는 $v=V+v'$의 관계가 성립하며(Mehrabadi & Cowin, 1978), (9-15)식의 회전성분은 $\xi-$축방향으로 $-\Omega\eta$이고 $\eta-$축방향으로 $\Omega\xi$이므로 $\xi-\eta$좌표계의 상대속도성분 $v_\xi{}'$과 $v_\eta{}'$는 각각 다음과 같이 나타낼 수 있다.

$$v_\xi{}'=v_x-V_x+\Omega\eta,\quad v_\eta{}'=v_y-V_y-\Omega\xi \tag{9-16}$$

〈그림 9-8〉에서 v_x와 v_y는 각각 다음과 같다.

$$\begin{aligned} v_x&=v_\alpha\cos\left(\theta-\frac{\pi}{4}-\frac{\phi}{2}\right)+v_\beta\cos\left(\theta+\frac{\pi}{4}+\frac{\phi}{2}\right)\\ v_y&=v_\alpha\sin\left(\theta-\frac{\pi}{4}-\frac{\phi}{2}\right)+v_\beta\sin\left(\theta+\frac{\pi}{4}+\frac{\phi}{2}\right)\end{aligned} \tag{9-17}$$

또한 〈그림 9-8〉에서 v_α와 v_β는 각각 다음과 같다.

$$\begin{aligned} v_\alpha\cos\phi&=+v_x\sin\left(\theta+\frac{\pi}{4}+\frac{\phi}{2}\right)-v_y\cos\left(\theta+\frac{\pi}{4}+\frac{\phi}{2}\right)\\ v_\beta\cos\phi&=-v_x\sin\left(\theta-\frac{\pi}{4}-\frac{\phi}{2}\right)+v_y\cos\left(\theta-\frac{\pi}{4}-\frac{\phi}{2}\right)\end{aligned} \tag{9-18}$$

여기서, $S=\theta-\pi/4-\phi/2$, $T=\theta+\pi/4+\phi/2$라고 하면 (9-11)식에서 $v_\alpha{}'\cos\phi=v_\xi{}'\sin T-v_\eta{}'\cos T$, $v_\beta{}'\cos\phi=v_\xi{}'\sin S-v_\eta{}'\cos S$이므로 상대속도 $v_\alpha{}'$과 $v_\beta{}'$은 (9-16)식과 (9-18)식에 의하여 각각 다음과 같다.

$$\begin{aligned} v_\alpha{}'\cos\phi&=v_\alpha\cos\phi-(V_x-\Omega\eta)\sin\left(\theta+\frac{\pi}{4}+\frac{\phi}{2}\right)+(V_y+\Omega\xi)\cos\left(\theta+\frac{\pi}{4}+\frac{\phi}{2}\right)\\ v_\beta{}'\cos\phi&=v_\beta\cos\phi+(V_x-\Omega\eta)\sin\left(\theta-\frac{\pi}{4}-\frac{\phi}{2}\right)-(V_y+\Omega\xi)\cos\left(\theta-\frac{\pi}{4}-\frac{\phi}{2}\right)\end{aligned} \tag{9-19}$$

〈그림 9-8〉에서 s_α와 s_β가 각각 α^*- 및 β^*-특성곡선방향의 길이매개변수라 하면 $\xi-$ 및 $\eta-$축방향으로 다음 식이 성립한다.

$$\begin{aligned} \frac{\partial\xi}{\partial s_\alpha}&=\cos\left(\theta-\frac{\pi}{4}-\frac{\phi}{2}\right),\quad \frac{\partial\eta}{\partial s_\alpha}=\sin\left(\theta-\frac{\pi}{4}-\frac{\phi}{2}\right)\\ \frac{\partial\xi}{\partial s_\beta}&=\cos\left(\theta+\frac{\pi}{4}+\frac{\phi}{2}\right),\quad \frac{\partial\xi}{\partial s_\beta}=\sin\left(\theta+\frac{\pi}{4}+\frac{\phi}{2}\right)\end{aligned} \tag{9-20}$$

질점 Q에서 $\xi=\eta=0$이고 $V_x=v_x$, $V_y=v_y$이므로 (9-19)식을 (9-13~14)식에 대입하

면 (9–20)식과 (9–17)식에 의하여 다음 식을 얻을 수 있다.

$$\begin{aligned} &\cos\phi\frac{\partial v_\alpha}{\partial s_\alpha}-(v_\beta-v_\alpha\sin\phi)\frac{\partial\theta}{\partial s_\alpha}-\Omega\sin\phi=0 \\ &\cos\phi\frac{\partial v_\beta}{\partial s_\beta}+(v_\alpha-v_\beta\sin\phi)\frac{\partial\theta}{\partial s_\beta}+\Omega\sin\phi=0 \end{aligned} \tag{9-21}$$

위의 식에서 $\phi=0$이면 이상적인 금속재료에 대한 Geiringer의 방정식과 일치하고, 주응력축의 각속도 $\Omega=0$이면 Hill(1950)이 제안한 평면응력에 대한 속도방정식과 같은 형태가 된다. 질점 Q에서 $V_\alpha=v_\alpha$, $V_\beta=v_\beta$이므로 (9–15)식에 의하여 (9–21)식은 다음과 같이 나타낼 수도 있다.

$$\begin{aligned} &\cos\phi\frac{\partial v_\alpha}{\partial s_\alpha}-v_\beta\left(\frac{\partial\theta}{\partial s_\alpha}+\sin\phi\frac{\partial\theta}{\partial s_\beta}\right)-\sin\phi\frac{\partial\theta}{\partial t}=0 \\ &\cos\phi\frac{\partial v_\beta}{\partial s_\beta}+v_\alpha\left(\frac{\partial\theta}{\partial s_\beta}+\sin\phi\frac{\partial\theta}{\partial s_\alpha}\right)+\sin\phi\frac{\partial\theta}{\partial t}=0 \end{aligned} \tag{9-22}$$

(9–21~22)식은 $x-y$좌표계와 무관하며 재료의 강체거동과도 관계가 없으므로 재료는 등방성이라는 가정을 충족시킬 수 있다. 그렇지만 이와 같은 특성은 $x-y$좌표계를 이용하여 나타내면 더욱 분명해진다. α^*- 및 β^*-특성곡선에 대하여 방향도함수를 취하면 각각 다음과 같다.

$$\begin{aligned} &\frac{\partial}{\partial s_\alpha}=\cos\left(\theta-\frac{\pi}{4}-\frac{\phi}{2}\right)\frac{\partial}{\partial x}+\sin\left(\theta-\frac{\pi}{4}-\frac{\phi}{2}\right)\frac{\partial}{\partial y} \\ &\frac{\partial}{\partial s_\alpha}=\cos\left(\theta+\frac{\pi}{4}+\frac{\phi}{2}\right)\frac{\partial}{\partial x}+\sin\left(\theta+\frac{\pi}{4}+\frac{\phi}{2}\right)\frac{\partial}{\partial y} \end{aligned} \tag{9-23}$$

(9–18)식과 (9–23)식을 (9–21)식에 대입하면 다음과 같다.

$$\begin{aligned} &\sin2\theta\left(\frac{\partial v_x}{\partial x}-\frac{\partial v_y}{\partial y}\right)-\cos2\theta\left(\frac{\partial v_y}{\partial x}+\frac{\partial v_x}{\partial y}\right) \\ &\qquad+\cos\phi\left(\frac{\partial v_x}{\partial x}+\frac{\partial v_y}{\partial y}\right)+\sin\phi\left(\frac{\partial v_y}{\partial x}-\frac{\partial v_x}{\partial y}-2\Omega\right)=0 \\ &\sin2\theta\left(\frac{\partial v_x}{\partial x}-\frac{\partial v_y}{\partial y}\right)-\cos2\theta\left(\frac{\partial v_y}{\partial x}+\frac{\partial v_x}{\partial y}\right) \\ &\qquad-\cos\phi\left(\frac{\partial v_x}{\partial x}+\frac{\partial v_y}{\partial y}\right)+\sin\phi\left(\frac{\partial v_y}{\partial x}-\frac{\partial v_x}{\partial y}-2\Omega\right)=0 \end{aligned} \tag{9-24}$$

위의 두 식으로부터 다음과 같은 2개의 관계식을 얻을 수 있다.

$$\frac{\partial v_x}{\partial x}+\frac{\partial v_y}{\partial y}=0 \tag{9-25}$$

$$\sin 2\theta\left(\frac{\partial v_x}{\partial x}-\frac{\partial v_y}{\partial y}\right)-\cos 2\theta\left(\frac{\partial v_x}{\partial y}+\frac{\partial v_y}{\partial x}\right)-\left(\frac{\partial v_x}{\partial y}-\frac{\partial v_y}{\partial x}+2\Omega\right)\sin\phi=0 \tag{9-26}$$

(9-25~26)식이 바로 Spencer가 처음으로 유도한 비압축성 흙의 소성변형에 대한 「속도 방정식」이다. 물리적으로 (9-25)식은 비압축성조건을 나타내고[(1-143)식 참조], (9-26)식은 한계전단응력(critical shear stress)에 도달한 2개의 곡선군에서 동시에 발생하는 전단(simultaneous shearing)에 의하여 유동이 발생한다는 것을 의미한다. 또는 (9-26)식에 대해서는 $\theta=0$ 즉, 좌표계가 주응력방향과 일치해도 회전속도를 나타내는 (1-127)식의 $\partial v_y/\partial x-\partial v_x/\partial y\neq 0$이기 때문에 비공동축조건을 나타내는 식이라고 할 수도 있다(Oda & Iwashita, 1999). 위의 두 식과 함께 적절한 응력 및 속도에 대한 경계조건이 주어지면 비압축성 흙의 거동을 완전하게 해석할 수 있다.

9.2.3 비압축성 이면전단유동칙의 검증

재료의 거동에 회전이 수반되면 재료의 거동은 좌표축에 대하여 상대적인 위치나 이동에 관계없는 식으로 기술되어야 한다는 좌표무차별원리를 충족시켜야 하며 이를 위해서는 객관응력속도를 이용하면 된다. 비공동축과 관련이 되는 (9-26)식에는 변형률속도성분뿐만 아니라 회전속도성분인 $(\partial v_y/\partial x-\partial v_x/\partial y)/2$도 포함되어 있으며, 마찰각 $\phi=0$이거나 재료가 주응력축의 회전속도와 같이 회전하면 즉, 다음 조건이 성립하면 흙에서는 발생하기 어려운 공동축조건이 된다.

$$\frac{\partial v_y}{\partial x}-\frac{\partial v_x}{\partial y}-2\Omega=0 \tag{9-27}$$

따라서 마찰각 $\phi=0$이거나 (9-27)식이 성립하면 (9-26)식은 다음과 같이 공동축조건인 (5-52)식과 동일한 식이 된다.

$$\tan 2\theta=\frac{2\tau_{xy}}{\sigma_{xx}-\sigma_{yy}}=\frac{\dfrac{\partial v_y}{\partial x}+\dfrac{\partial v_x}{\partial y}}{\dfrac{\partial v_x}{\partial x}-\dfrac{\partial v_y}{\partial y}} \tag{9-28}$$

(9-26)식은 직교좌표계의 좌표변환에 대하여 형상불변적이며, 더욱이 (9-26)식은 재료의

강체거동과는 관계가 없는데, 이것은 (9-27)식의 좌변이 그와 같은 거동과는 관계가 없기 때문이다. 실제로 (1/2)×[(9-27)식의 좌변]은 다음과 같이 재료의 회전($\dot{\omega}_{xy}$)과 주응력축의 회전($D\theta/Dt$)을 나타내며, 각속도 Ω 자체는 좌표와 무관한 값은 아니지만 Ω에 재료의 회전이 더해지면 합산된 항은 좌표와 무관한 값이 되어 (9-26)식은 좌표무차별원리를 충족시킬 뿐만 아니라 등방성이라는 가정과도 상충되지 않는다(Hill 외, 2009).

$$\frac{1}{2}\left(\frac{\partial v_y}{\partial x}-\frac{\partial v_x}{\partial y}\right)-\Omega=\dot{\omega}_{xy}-\frac{D\theta}{Dt} \tag{9-29}$$

결과적으로 이와 같은 경우에는 Saint Venant의 공동축조건을 충족한다는 것이 재료가 등방성이라는 조건에 대하여 필요조건이 아니라는 것이다. 이것은 (9-26)식이 (9-15)식으로 주어지는 θ에 대한 물질시간도함수로 나타낼 수 있는 Ω를 포함한다는 사실로도 설명할 수 있다. 최대주응력방향인 θ가 (8-10)식으로 주어지면 양변에 (1-165)식의 물질시간도함수(D/Dt)를 취하여 최대전단응력을 나타내는 (1-47)식과 함께 다음 식을 얻을 수 있다.

$$\left[(\sigma_{xx}-\sigma_{yy})^2+4\tau_{xy}^2\right]\frac{D\theta}{Dt}=(\sigma_{xx}-\sigma_{yy})\frac{D\tau_{xy}}{Dt}-\tau_{xy}\left(\frac{D\sigma_{xx}}{Dt}-\frac{D\sigma_{yy}}{Dt}\right) \tag{9-30}$$

따라서 (9-26)식은 응력, 변형률 및 응력속도성분에 의한 관계식이며 직교좌표계의 변환 즉 강체회전의 중첩에 의해서 바꾸어지는 것이 아니라는 것을 알 수 있다. 이와 같은 특성을 더욱 확실하게 나타내기 위해서는 (9-26)식을 다른 형태로 표시하는 것이 좋다. 먼저 변형률속도텐서 $\dot{\epsilon}_{ij}$와 회전속도텐서 $\dot{\omega}_{ij}$를 각각 다음과 같이 정의한다.

$$\dot{\epsilon}_{xx}=\frac{\partial v_x}{\partial x},\quad \dot{\epsilon}_{yy}=\frac{\partial v_y}{\partial y},\quad \dot{\epsilon}_{xy}=\frac{1}{2}\left(\frac{\partial v_x}{\partial y}+\frac{\partial v_y}{\partial x}\right)=\dot{\epsilon}_{yx}$$
$$\dot{\omega}_{xy}=\frac{1}{2}\left(\frac{\partial v_x}{\partial y}-\frac{\partial v_y}{\partial x}\right)=-\dot{\omega}_{xy} \tag{9-31}$$

또한 다음의 텐서는 재료의 거동에 대하여 강체거동과는 독립적이다(Green & Adkins, Large Elastic Deformations, 1960). 구성식이 좌표무차별원리를 충족시키는지 확인하기 위해서는 먼저 구성식에 사용된 변수에 대하여 강체회전의 영향을 검토해야 한다. 이를 위해서는 구성식에 사용된 변수에 대하여 좌표계의 변환에 대한 변환규칙을 유도하면 된다(Koichi, 2009). Spencer(1964[a])는 회전항이 포함되어 있는 (9-26)식이 좌표무차별원리를 충족시킨다는 것을 (1-163)식의 Jaumann응력속도를 이용하였다.

$$\hat{\sigma}_{ij} = \breve{\sigma}_{ij} + \sigma_{ik}\dot{\omega}_{kj} - \sigma_{jk}\dot{\omega}_{ik} \tag{9-32}$$

(9-15)식, (9-28)식, (9-30)식, (9-31)식 및 (9-32)식에 의하여 (9-26)식은 다음과 같이 나타낼 수 있다.

$$\begin{aligned}\left[\sigma_{12}\left(\dot{\epsilon}_{xx} - \dot{\epsilon}_{yy}\right) - \left(\sigma_{11} - \sigma_{22}\right)\dot{\epsilon}_{xy}\right]\left[\left(\sigma_{11} - \sigma_{22}\right)^2 + 4\sigma_{12}^2\right]^{1/2} \\ = \sin\phi\left[\left(\sigma_{11} - \sigma_{22}\right)\hat{\sigma}_{12} - \sigma_{12}\left(\hat{\sigma}_{11} - \hat{\sigma}_{22}\right)\right]\end{aligned} \tag{9-33}$$

위의 식은 다음 식을 전개한 것이다.

$$\left(\dot{\epsilon}_{ik}\sigma_{jk} - \dot{\epsilon}_{jk}\sigma_{ik}\right)\left(2\sigma_{rs}\sigma_{rs} - \sigma_{rr}\sigma_{ss}\right)^{1/2} = \sin\phi\left(\sigma_{ik}\hat{\sigma}_{jk} - \sigma_{jk}\hat{\sigma}_{ik}\right) \tag{9-34}$$

따라서 위의 식의 좌변과 우변은 좌표계의 변환에 대하여 형태를 그대로 유지하고 있으므로 재료의 강체거동에 대하여 독립적이라고 할 수 있다. Spencer(1964[a])는 이면전단유동칙의 속도방정식을 유도하는 과정에서 응력뿐만 아니라 응력속도에 대한 변형 의존성(dependence of deformation)도 도입하였는데, 앞에서 기술한 것과 같이 불필요한 부분이므로 여기서는 생략한다. 그러나 금속재료에 대해서 Hill(1956)은 속도장을 결정하기 위해서는 하중속도를 도입하는 것이 필수적이라고 하였으며, 응력속도를 탄소성재료의 구성식에 도입하기도 하였다.

지금까지 기술한 것이 Spencer(1964[a])의 비압축성 이면전단유동칙을 간추려서 정리한 것으로서 (9-25~26)식이 de Jong(1959)의 이면전단 메커니즘을 이용하여 흙에 대하여 처음으로 수립된 이른바 「속도방정식」이다. Spencer는 (9-26)식의 각속도 Ω에 응력속도성분이 포함되어 있으므로 응력속도의 분포도 평형방정식으로부터 결정되어야 한다고 주장하였으나 흙에 평면변형률조건을 적용한 해석에서는 응력속도성분의 도입이 불필요하므로 관련 내용은 기술하지 않았다. Spencer(1964[a]; 1982)의 비압축성 이면전단유동칙은 활동면이 Mohr-Coulomb파괴기준에 의한 전단면과 일치함으로서 토질역학뿐만 아니라 지질학 등 여러 분야에서 많은 관심을 받았던 유동칙이다(Savage & Lockner, 1997). Spencer가 흙에 대하여 비압축성 이면전단유동칙을 제안한 후에 많은 이면전단유동칙이 제시되었지만 최초의 속도방정식은 Spencer의 비압축성 이면전단유동칙이다. 여기서 주목해야 할 것은 Spencer의 속도방정식은 de Jong이 제안한 이면전단 메커니즘과 물리적인 배경은 동일하지만 전개과정에서 (9-26)식의 좌변 마지막 항의 회전속도성분인 각속도 Ω에 대하여 Spencer와 de Jong이 해석을 달리하여 오랫동안 이론적인 논쟁과 검증시험이 계속되었다는 것이다. 이에 대해서는 de Jong(1959)의 이면전단 메커니즘과 함께 다음에 기술된 de Jong(1971)의 자유회전 이면전단유동칙에 상세하게 기술하였으며 이면전단유동칙에 의한 속도장해석에 필요한 내용을 추가하였다.

9.3 de Jong의 자유회전 이면전단유동칙(1971)

9.3.1 자유회전 이면전단 메커니즘

de Jong(1959)의 이면전단 메커니즘에 의하면 소성거동은 3개의 성분으로 구성된다. 즉 Mohr-Coulomb파괴기준을 충족시키는 2개의 평면에서 발생하는 2개의 활동과 1개의 임의적인 회전이다. 또한 활동은 2개의 응력특성곡선을 따라서 발생하고 평면변형률조건인 경우에 이와 같은 활동은 2차원 평면에서 속도특성곡선인 α^*- 및 β^*-특성곡선으로 나타낼 수 있다. 여기서는 de Jong(1959)이 도해법으로 제시한 이면전단 메커니즘을 바탕으로 Spencer(1964[a])가 처음으로 수식화하여 속도방정식을 제안한 후에, de Jong(1971)이 직접 이면전단 메커니즘을 수식화한 유동칙을 소개하고자 한다. de Jong(1971)의 자유회전 이면전단유동칙은 Spencer(1964[a])의 비압축성 이면전단유동칙과 더불어 가장 기본적인 이면전단유동칙중의 하나로서, 유동칙의 형태는 Spencer의 유동칙과 동일하지만 유도방법이 다르고, 유동칙에 포함된 회전항에 대하여 해석적으로 두 유동칙은 큰 차이가 있으므로 흙의 이면전단유동칙을 이해하기 위해서는 두 유동칙을 서로 비교하여 연구하는 것이 바람직하다. 특히 de Jong(1971)은 자유회전 이면전단유동칙을 통하여 토립자의 평균회전속도(average grain spin) 즉 국소패브릭의 회전속도(rate of rotation of local fabric)와 관련된 물리량을 입상체의 연속체모델(continuum model of granular system)에 통합시키기 위하여 토립자의 회전속도를 도입하여 부등식으로 나타냈지만 그와 같은 물리량을 수식화하는 것이 용이하지 않은 것으로 알려져 있다(Harris, 2013; Harris, 1995). de Jong의 자유회전 이면전단유동칙에서 「자유회전(free rotation)」이란, Spencer(1964[a])의 유동칙과 달리 활동선의 회전에 대한 제한조건을 완화함으로서 활동선의 회전을 자유롭게 허용한다는 의미이며, 마지막 항의 「활동선의 회전과 주응력축의 회전」에서 두 유동칙의 회전항에 대하여 상세하게 비교하였다. 또한 de Jong의 자유회전 이면전단 메커니즘에서는 흙의 전단을 강체운동(=병진운동+회전운동)과 같이 직선운동인 활동과 곡선운동인 회전으로 분해하여 유동칙을 유도하였는데, 이때 「활동」은 곡선운동을 제외한 「직선운동」만을 의미한다. 다음은 de Jong (1971)의 자유회전 이면전단유동칙을 요약한 것이다.

Geniev(1958)가 제시한 유동칙은 활동이 α^*- 또는 β^*-특성곡선 중에서 어느 하나의 특성곡선으로만 발생하는 것으로 제한하는 일면전단유동칙이며, Mandl-Luque(1970)도 Spencer(1964[a])의 유동칙과 동일한 형태의 유동칙을 제안하였지만 주응력방향을 고정하여 마치 전단이 외력에 의하여 방향이 유지되는 것처럼 회전을 제한함으로서 de Jong(1959)이 제시한 것과 다른 거동모델을 제시하였다. Mendel(1966)은 그때까지 제시된 유동칙에 대하여 회전에 대한 자유도가 부족한 것을 인지하고 자신이 1947년에 제시한 유동칙을 재수립하면서, 체적변화가 없는 모든 전단은 직선운동인 활동과 곡선운동인 회전으로 분리할 수 있기 때문에 활동과 회전을 합성한다는 것은 의미가 없다고 주장하였다. de Jong(1959)은 이와 같은 Mendel의 주장에 대하여, 만약 전단응력이 작용하는 방향으로나 또는 반대방향으로 각각의 특성곡선을 따라서 전단이 자유롭게 발생할 수만 있다면 정확한 지적이라고 반론을 제기하였다.

여기서 제안하고자 하는 유동칙은 「전단」을 de Jong(1959)이 정의한 의미로 제한하고, 전단과정에서 에너지가 소산된다는 열역학적 요구조건(thermodynamic requirement)을 충족시킬 수 있는 거동모델이다. 이와 같은 열역학적 요구조건은 이면전단 메커니즘의 마찰특성에 기인하는 것이다. 즉 사질토는 토립자 사이의 접점에서 발생하는 마찰력 때문에 마찰력을 극복할 수 있어야 전단이 가능하므로, 전단은 오직 활동선이 포함되는 평면에서 전단응력이 작용하는 방향으로만 발생하고 그 반대방향으로 발생하는 것은 불가능하다는 것이다. 이미 이면전단 메커니즘에서 기술한 것과 같이 de Jong은 이것을 「방향성 요구조건」으로 규정하고 (9-1)식으로 수식화하여 제시한 바 있다. 방향성 요구조건에 의해서 이면전단유동칙에 대한 개념은 제한적인 해이기는 하지만 쌍곡선형 편미분방정식을 얻을 수 있다는 것으로 의미를 부여할 수 있다. 이 쌍곡선형 편미분방정식의 계수는 속도장에서 모든 질점에 대하여 고정되어 있지 않고 부등식을 따르게 되며, 부등식으로 주어지기 때문에 모든 질점에서 특성곡선의 방향 즉 **특성방향**(characteristic direction)은 유일하게 결정되는 것이 아니라 특성곡선이 향할 수 있는 방향을 부채꼴 형태의 범위로서 지정하게 된다(〈그림 9-11〉 참조). 이와 같은 내용은 de Jong(1959)이 도해법으로 이미 제시한 바와 같으며 특성곡선과 곡률을 이용하여 관련식도 수립하였다. 여기서는 $x-y$좌표계에 이와 같은 내용의 구성식과 유동칙을 유도하여 제시하고자 한다.

9.3.2 속도특성곡선과 상대속도

〈그림 9-9(a)〉의 P에서 속도특성곡선인 α^*- 및 β^*-특성곡선의 방향은 $x-$축으로부터 반시계방향으로 각각 θ_α와 θ_β이며 다음과 같다.

$$\theta_\alpha,\ \theta_\beta = \theta \mp \frac{\pi}{4} \mp \frac{\phi}{2} \tag{9-35}$$

식에서 θ는 양의 $x-$축과 최대주응력축의 사잇각이다. P에서 한계응력조건은 다음 식으로 나타낼 수 있다(인장: +).

$$\begin{aligned} \sigma_{xx} &= -\bar{p} + \bar{p}\sin\phi\cos 2\theta + c\cot\phi, \quad \sigma_{yy} = -\bar{p} - \bar{p}\sin\phi\cos 2\theta + c\cot\phi \\ \tau_{xy} &= \ \bar{p}\sin\phi\sin 2\theta \end{aligned} \tag{9-36}$$

위의 식에서 $\bar{p}$는 〈그림 9-9(b)〉와 같이 평균응력 p와 $c\cot\phi$를 합한 값이며(Sokolovskii는 이 값을 등가응력이라고 표시함, 「Sokolovskii의 응력장해석」 참조), 인장을 양(+)으로 취하였으므로 Mohr-Coulomb파괴기준에 의하면 응력원은 교차점의 좌측에만 도시되고 $\bar{p} \geq 0$이 되어야 한다. 곡선좌표계를 따라서 도함수를 취해야 하는 복잡한 전개과정을 피하기 위하여 부등식으로 수립되는 **구성부등식**(constitutive inequality)은 $x-$ 및 $y-$축의 속도성분인 v_x와 v_y를 이용하여 수립하였다. 여기서 거동모델의 물리적 특성은 오직 특성곡선상에 있는 응력점의 상대속도에 대한 정보만 제공하기 때문에 절대속도가 아니라 상대속도로 표시된다는 것에 주의해야 한다. 〈그림 9-10(a)〉에서 α^*-특성곡선상에 위치한 P에서 P_1까지 길이가 dl_1인 거리벡터(distance vector)는 다음과 같이 $x-$ 및 $y-$축방향의 성분으로 나타낼 수 있다.

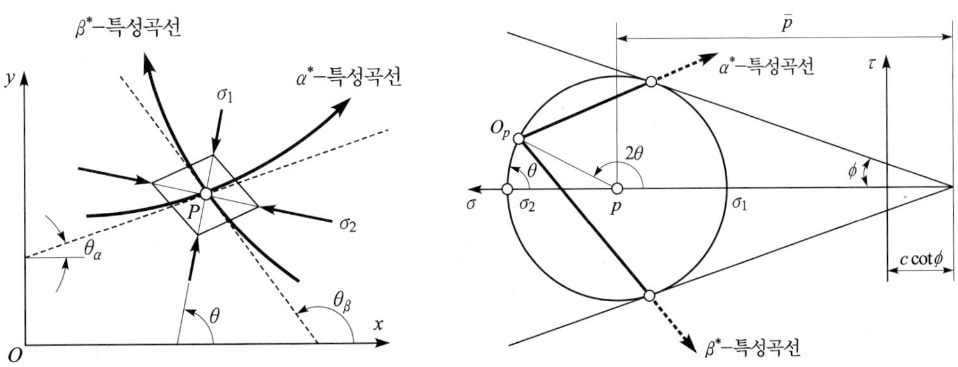

(a) 주응력과 속도특성곡선 (b) Mohr 응력원(인장: +)

〈그림 9-9〉 속도특성곡선과 Mohr 응력원 (de Jong, 1971)

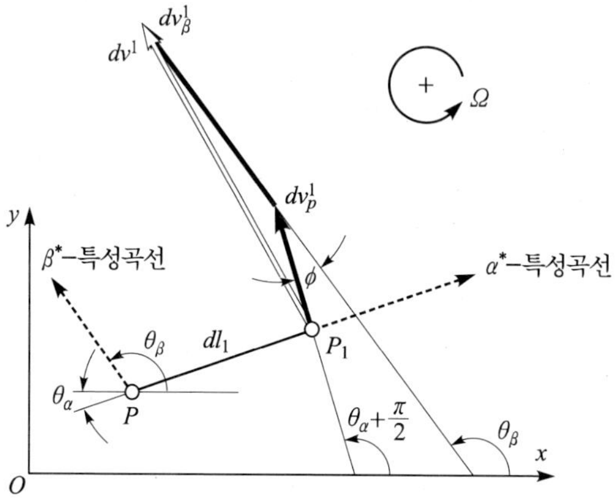

(a) PP_1의 상대속도벡터 dv^1의 분해
[β^*–특성곡선에 평행한 dv_β^1] + [α^*–특성곡선에 수직인 dv_p^1]

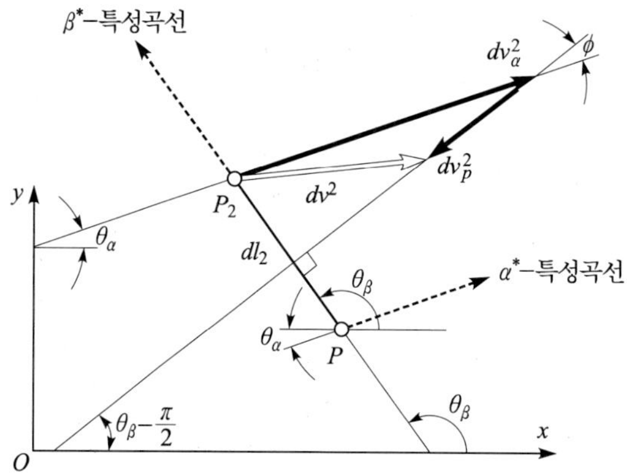

(b) PP_2의 상대속도벡터 dv^2의 분해
[α^*–특성곡선에 평행한 dv_α^2] + [β^*–특성곡선에 수직인 dv_p^2]

〈그림 9-10〉 상대속도벡터의 분해 (de Jong, 1971)

$$dx_1 = \cos\theta_\alpha dl_1, \quad dy_1 = \sin\theta_\alpha dl_1 \tag{9-37}$$

P에 대한 P_1의 상대속도벡터 dv^1의 $x-$ 및 $y-$축방향의 성분인 dv_x^1 및 dv_y^1는 각각 다음과 같이 전미분 형태로 나타낼 수 있다.

$$dv_x^1 = \frac{\partial v_x}{\partial x}dx_1 + \frac{\partial v_x}{\partial y}dy_1, \quad dv_y^1 = \frac{\partial v_y}{\partial x}dx_1 + \frac{\partial v_y}{\partial y}dy_1 \tag{9-38}$$

위의 식에 (9-37)식의 dx_1과 dy_1을 대입하면 α^*–특성곡선상에서 미소거리만큼 떨어져 있는 두 점의 상대속도에 대한 $x-$ 및 $y-$축방향 성분을 구할 수 있다.

$$dv_x^1 = \left(\frac{\partial v_x}{\partial x}\cos\theta_\alpha + \frac{\partial v_x}{\partial y}\sin\theta_\alpha\right)dl_1$$
$$dv_y^1 = \left(\frac{\partial v_y}{\partial x}\cos\theta_\alpha + \frac{\partial v_y}{\partial y}\sin\theta_\alpha\right)dl_1 \qquad (9\text{-}39)$$

위의 식에서 $1\rightarrow 2$, $\alpha^*\rightarrow\beta^*$로 치환하면 β^*-특성곡선상에서 미소거리만큼 떨어져 있는 두 점의 상대속도성분을 구할 수 있다. 여기서 α^*- 및 β^*-특성곡선의 곡률은 단지 2차항이므로 무시할 수 있을 정도로 작은 값이다.

9.3.3 활동과 회전의 분리

자유회전 이면전단유동칙이 의미하는 물리적인 특성을 도출하기 위해서는 〈그림 9-10(a)〉와 같이 PP_1에 대한 상대속도벡터 dv^1을 2개의 벡터성분 즉, β^*-특성곡선에 평행한 dv_β^1과 α^*-특성곡선에 수직인 dv_p^1으로 분해해야 한다. 벡터성분은 그림의 화살표 방향에 대하여 양(+)의 값을 갖는다. PP_1에 대한 상대속도벡터의 $x-$ 및 $y-$축방향 성분과 분해된 벡터성분 dv_β^1 및 dv_p^1으로부터 다음 식을 얻을 수 있다.

$$dv_\beta^1 = \frac{1}{\sin\phi}\left(-dv_x^1\cos\theta_\alpha - dv_y^1\sin\theta_\alpha\right) \qquad (9\text{-}40)$$

$$dv_p^1 = \frac{1}{\sin\phi}\left(+dv_x^1\sin\theta_\beta - dv_y^1\cos\theta_\beta\right) \qquad (9\text{-}41)$$

분해과정에서 dv_β^1은 활동, dv_p^1은 오직 회전에 의해서만 발생하도록 해야 한다. 동일한 방법으로 P를 지나는 β^*-특성곡선상에 위치한 P_2, 즉 PP_2에 대한 상대속도벡터 dv^2의 분해도 〈그림 9-10(b)〉와 같이 나타낼 수 있다. 그림에서 dv^2는 2개의 벡터성분 즉, α^*-특성곡선에 평행한 dv_α^2와 β^*-특성곡선에 수직인 dv_p^2로 분해할 수 있으며, PP_2에 대한 상대속도벡터 dv^2의 $x-$ 및 $y-$축방향 성분과 분해된 벡터성분 dv_α^2 및 dv_p^2로부터 다음 식을 얻을 수 있다.

$$dv_\alpha^2 = \frac{1}{\sin\phi}\left(-dv_x^2\cos\theta_\beta - dv_y^2\sin\theta_\beta\right) \qquad (9\text{-}42)$$

$$dv_p^2 = \frac{1}{\sin\phi}\left(+dv_x^2\sin\theta_\alpha - dv_y^2\cos\theta_\alpha\right) \qquad (9\text{-}43)$$

(1) 활동

벡터성분 dv_β^1과 dv_α^2는 거동모델의 이면전단 특성에 기인한 것이다. 첫째, dv_β^1을 고려해 보면 활동은 응력특성곡선을 따라서 발생하기 때문에 α^*-특성곡선상에 있는 선재요소는 α^*-특성곡선군을 따라서 발생하는 활동에 영향을 받지 않으므로 활동은 오직 β^*-특성곡선과 평행한 dv_β^1성분에만 기여하게 된다. 응력특성곡선의 곡률은 벡터의 분해 즉 P의 활동방향에는 영향을 주지 않는다. (9-1)식의 전단변형률속도 b를 도입하여 β^*-특성곡선군을 따라서 발생하는 전단변형률속도는 다음과 같이 나타낼 수 있다.

$$dv_\beta^1 = +\,b\,dl_1 \cos\phi \tag{9-44}$$

위의 식을 (9-40)식에 대입하고 (9-39)식을 이용하면 다음 식을 얻을 수 있다.

$$-\frac{\partial v_x}{\partial x}\cos^2\theta_\alpha - \left(\frac{\partial v_x}{\partial y} + \frac{\partial v_y}{\partial x}\right)\cos\theta_\alpha \sin\theta_\alpha - \frac{\partial v_y}{\partial y}\sin^2\theta_\alpha = +\,b\sin\phi\cos\phi \tag{9-45}$$

(9-35)식에 의하여 θ_α를 소거하면 다음과 같다.

$$-\left(\frac{\partial v_x}{\partial x} + \frac{\partial v_y}{\partial y}\right) - \left(\frac{\partial v_x}{\partial x} - \frac{\partial v_y}{\partial y}\right)\sin(2\theta - \phi) + \left(\frac{\partial v_x}{\partial y} + \frac{\partial v_y}{\partial x}\right)\cos(2\theta - \phi) = +\,b\sin 2\phi \tag{9-46}$$

둘째, dv_α^2에 대하여 (9-1)식의 전단변형률속도 a를 도입하여 α^*-특성곡선군을 따라서 발생하는 전단변형률속도를 얻을 수 있다.

$$dv_\alpha^2 = +\,a\,dl_2 \cos\phi \tag{9-47}$$

위의 식을 (9-42)식에 대입한 후, (9-39)식에서 1→2로 치환하여 이용하고 (9-35)식에 의하여 θ_β를 소거하면 다음과 같다.

$$-\left(\frac{\partial v_x}{\partial x} + \frac{\partial v_y}{\partial y}\right) + \left(\frac{\partial v_x}{\partial x} - \frac{\partial v_y}{\partial y}\right)\sin(2\theta + \phi) - \left(\frac{\partial v_x}{\partial y} + \frac{\partial v_y}{\partial x}\right)\cos(2\theta + \phi) = +\,a\sin 2\phi \tag{9-48}$$

de Jong(1971)은 Spencer(1964[a])와 Mandl-Luque(1970)도 해석과정에서 (9-46)식과 (9-48)식을 유도할 수 있었으나 기술하지 않았을 뿐이라고 지적하였다.

(2) 회전

dv_p^1 및 dv_p^2성분은 전단거동 중인 흙요소의 회전에 기인한 것이다. 이들 성분의 실체는 전단거동 중에 마름모꼴 흙요소가 활동과 회전은 허용되지만 형태는 그대로 유지되어 강체로 남아있다는 것으로 확인할 수 있다. 이것은 그와 같은 흙요소에 의하여 생성되는 선이 반시계 방향으로 각속도 Ω로 동일하게 회전한다는 것을 의미한다. 따라서 응력특성곡선에 수직인 (9-41)식과 (9-43)식의 상대속도성분은 각각 다음과 같이 나타낼 수 있다.

$$dv_p^1 = \Omega\, dl_1, \quad dv_p^2 = \Omega dl_2 \tag{9-49}$$

흙요소의 강체회전은 여러 가지 요인에 의하여 야기되는데, Spencer(1964[a])는 두 가지 요인을 제시한 바 있다. 첫째는 곡선인 응력특성곡선을 따라서 흙요소가 활동한다는 것이고, 둘째는 주응력축이 회전한다는 것이다(「Spencer의 비압축성 이면전단유동칙」 참조). 그러나 이와 같은 회전은 단지 「국지성 요인」에만 의한 것이며, 회전이 발생하는 요인은 국지성 요인뿐만이 아니라는 것이다. 만약 회전이 자유롭게 허용된다면 주변의 흙요소로부터 전달되는 더 큰 회전 요인에 대하여 국지성 요인에 의한 회전은 저항이 불가하므로 더 큰 회전 요인에 따를 수밖에 없으며, 이와 같은 국지성 요인에 의한 회전에 추가하여 발생하는 회전은 주변상황에 따라 다르므로 임의의 x와 y의 함수 또는 미지변수(unknown variable)로서 도입되어야만 한다. (9-49)식에 도입된 각속도 Ω는 국지성 요인을 포함한 모든 회전유발 요인을 포함하고 있으며, 미지변수가 x 및 y인 회전이고, 그 크기는 국지성 요인만으로는 규명할 수 없는 총체적 회전(total rotation)이다.

(9-41)식과 (9-43)식과 함께 (9-39)식으로부터 다음 식을 얻을 수 있다.

$$\begin{aligned}\frac{\partial v_x}{\partial x}\cos\theta_\alpha \sin\theta_\beta + \frac{\partial v_x}{\partial y}\sin\theta_\alpha \sin\theta_\beta - \frac{\partial v_y}{\partial x}\cos\theta_\alpha \cos\theta_\beta \\ - \frac{\partial v_y}{\partial y}\sin\theta_\alpha \cos\theta_\beta = \Omega \sin\phi\end{aligned} \tag{9-50}$$

$$\begin{aligned}\frac{\partial v_x}{\partial x}\cos\theta_\beta \sin\theta_\alpha + \frac{\partial v_x}{\partial y}\sin\theta_\beta \sin\theta_\alpha - \frac{\partial v_y}{\partial x}\cos\theta_\beta \cos\theta_\alpha \\ - \frac{\partial v_y}{\partial y}\sin\theta_\beta \cos\theta_\alpha = \Omega \sin\phi\end{aligned} \tag{9-51}$$

위의 두 식에서 Ω를 소거하면 다음 식을 얻을 수 있다.

$$\left(\frac{\partial v_x}{\partial x}+\frac{\partial v_y}{\partial y}\right)\sin(\theta_\beta-\theta_\alpha)=0$$

(9-35)식에서 $\theta_\beta-\theta_\alpha=\pi/2+\phi\neq 0$ 이므로 위의 식은 다음과 같이 나타낼 수 있다.

$$\frac{\partial v_x}{\partial x}+\frac{\partial v_y}{\partial y}=0 \tag{9-52}$$

위의 식은 자유회전 이면전단모델의 비압축성조건을 보여주는 식이다[(1-143)식 참조]. 또한 (9-50~51)식을 합하여 (9-35)식을 대입하면 다음 식을 얻을 수 있다.

$$\sin 2\theta\left(\frac{\partial v_x}{\partial x}-\frac{\partial v_y}{\partial y}\right)-\cos 2\theta\left(\frac{\partial v_x}{\partial y}+\frac{\partial v_y}{\partial x}\right)-\left(\frac{\partial v_x}{\partial y}-\frac{\partial v_y}{\partial x}\right)\sin\phi=2\Omega\sin\phi \tag{9-53}$$

(9-52~53)식은 Spencer(1964[a])의 속도방정식인 (9-25~26)식과 동일하다.

9.3.4 구성부등식

자유회전 이면전단유동칙과 함께 경계조건으로부터 속도장을 구하는 것은 각각의 질점에서 속도성분인 v_x와 v_y, 또는 속도성분의 도함수로 수립된 2개의 관계식을 알면 충분하다. 그러나 활동에 대한 유동칙인 (9-46)식 및 (9-48)식과 회전에 대한 유동칙인 (9-52)식 및 (9-53)식에는 활동에 대한 미지수 a 및 b와 회전에 대한 미지수 Ω가 각각 포함되어 있다. 이와 관련하여 Spencer(1964[a]), Zagainov(1967) 및 Mandl-Luque (1970)는 Ω를 기지수로 취급하여 단지 회전에 대한 유동칙인 (9-52~53)식만 이용하였을 뿐이며, Mandel(1966)은 Ω가 미지수인 것을 인지하고 (9-52~53)식으로는 불충분하다고 지적한 바 있다. 여기서는 미지수 Ω를 포함하고 있는 (9-53)식을 폐기하고 (9-46)식, (9-48)식 및 (9-52)식과 미지수 v_x, v_y, a 및 b만 고려하고자 한다. 따라서 3개의 식에 4개의 미지수가 있으므로 부정방정식이지만, 에너지소산에 대한 열역학적 요구조건을 도입하면 풀이가 가능한 연립부등식을 얻을 수 있다. (9-46)식과 (9-48)식을 합하고 (9-52)식을 대입하면 다음 식을 얻을 수 있다.

$$\left(\frac{\partial v_x}{\partial x}-\frac{\partial v_y}{\partial y}\right)\cos 2\theta\sin\phi+\left(\frac{\partial v_x}{\partial y}+\frac{\partial v_y}{\partial x}\right)\sin 2\theta\sin\phi=(a+b)\cos\phi\sin\phi \tag{9-54}$$

위의 식에 $\bar{p}$를 곱해주고 (9-36)식을 대입하면 다음과 같다.

$$\frac{1}{2}\left(\frac{\partial v_x}{\partial x}-\frac{\partial v_y}{\partial y}\right)(\sigma_x-\sigma_y)+\left(\frac{\partial v_x}{\partial y}+\frac{\partial v_y}{\partial x}\right)\tau_{xy}=\bar{p}(a+b)\cos\phi\sin\phi \tag{9-55}$$

다시 한 번 (9-52)식을 이용하여 위의 식을 정리하면 다음 식을 얻을 수 있다.

$$\frac{\partial v_x}{\partial x}\sigma_x + \frac{\partial v_x}{\partial x}\sigma_y + \frac{\partial v_x}{\partial y}\tau_{xy} + \frac{\partial v_y}{\partial x}\tau_{yx} = \overline{p}(a+b)\cos\phi\sin\phi \tag{9-56}$$

위의 식에서 좌변의 모든 항은 응력과 변형률속도의 곱으로 표시됨으로서 일 또는 에너지를 나타내는 항으로만 구성되어 있다. 만약 좌변이 음의 값이라면 외력이 재료로부터 에너지를 얻어서 그 에너지를 이용해서 외부에 일을 하게 되어 열역학적으로 불합리하기 때문에 좌변은 항상 양의 값이어야 하며 따라서 우변도 양의 값이어야 한다. 우변이 양의 값을 갖기 위해서는 마찰각 ϕ는 $0 \le \phi \le \pi/2$이고 $\overline{p} \ge 0$이므로 $(a+b) \ge 0$이어야 하며, 활동의 크기를 나타내는 a와 b는 상호 독립적이기 때문에 열역학적으로 a와 b는 모두 양의 값이어야 한다. 그러므로 (9-56)식은 다음의 요구조건으로 나타낼 수 있다((9-1)식 참조).

$$a \ge 0, \quad b \ge 0 \tag{9-57}$$

위와 같은 요구조건은 (9-46)식과 (9-48)식을 이용하여 v_x와 v_y 및 v_x와 v_y의 도함수로 나타낼 수도 있다. (9-48)식과 $a \ge 0$을 이용하면 다음의 첫째 부등식, (9-46)식과 $b \ge 0$을 이용하면 둘째 부등식을 얻을 수 있다.

$$\begin{aligned} &\left[-\left(\frac{\partial v_x}{\partial x}-\frac{\partial v_y}{\partial y}\right)\cos 2\theta-\left(\frac{\partial v_x}{\partial y}+\frac{\partial v_y}{\partial x}\right)\sin 2\theta\right]\sin\phi \\ &\quad \le \left[-\left(\frac{\partial v_x}{\partial x}-\frac{\partial v_y}{\partial y}\right)\sin 2\theta+\left(\frac{\partial v_x}{\partial y}+\frac{\partial v_y}{\partial x}\right)\cos 2\theta\right]\cos\phi \\ &\qquad \le \left[+\left(\frac{\partial v_x}{\partial x}-\frac{\partial v_y}{\partial y}\right)\cos 2\theta+\left(\frac{\partial v_x}{\partial y}+\frac{\partial v_y}{\partial x}\right)\sin 2\theta\right]\sin\phi \end{aligned} \tag{9-58}$$

위의 부등식이 (9-52)식과 함께 흙의 자유회전 이면전단모델의 구성식 및 구성부등식이다. (9-58)식은 모든 직교좌표계의 좌표변환에 대하여 형상불변적이며 불변량인 (9-52)식과 함께 등방성재료에 대한 구성식으로 이용할 수 있다. 또한 x-축과 최대변형률속도 방향의 사잇각을 $\theta^{\epsilon}_{\max}$라고 하면 다음 식을 얻을 수 있다.

$$\frac{\partial v_x}{\partial x}-\frac{\partial v_y}{\partial y} = B\cos 2\theta^{\epsilon}_{\max}, \quad \frac{\partial v_x}{\partial y}+\frac{\partial v_y}{\partial x} = B\sin 2\theta^{\epsilon}_{\max} \tag{9-59}$$

식에서, $B = \left[\left(\frac{\partial v_x}{\partial x}-\frac{\partial v_y}{\partial y}\right)^2+\left(\frac{\partial v_x}{\partial y}+\frac{\partial v_y}{\partial x}\right)^2\right]^{1/2}$

위에서 B는 축차변형률속도(strain rate deviator)의 2배의 값을 가지며 양의 값이다. (9−59)식을 (9−58)식에 대입하면 다음과 같다.

$$-\cos 2\left(\theta_{\max}^{\epsilon}-\theta\right)\sin\phi \le \sin 2\left(\theta_{\max}^{\epsilon}-\theta\right)\cos\phi \le \cos 2\left(\theta_{\max}^{\epsilon}-\theta\right)\sin\phi$$

(9−57)식에 의하여 $(a+b)\cos\phi \ge 0$이며 (9−54)식과 (9−59)식으로부터 $B\cos 2\left(\theta_{\max}^{\epsilon}-\theta\right)$ $=(a+b)\cos\phi$이므로 양의 값인 $\cos 2\left(\theta_{\max}^{\epsilon}-\theta\right)$로 위의 식을 나누어 주면 다음과 같이 간단한 식을 얻을 수 있다.

$$-\tan\phi \le \tan 2\left(\theta_{\max}^{\epsilon}-\theta\right) \le +\tan\phi \tag{9-60}$$

또한 응력과 변형률속도의 편차각 i를 다음과 같이 정의한다.

$$i=\theta_{\max}^{\epsilon}-\theta \tag{9-61}$$

위의 식에 의하여 (9−60)식은 다음의 부등식으로 표시할 수 있다.

$$-\frac{1}{2}\phi \le i \le +\frac{1}{2}\phi \tag{9-62}$$

식에서 편차각 i는 de Jong(1959)이 제안한 (9−5)식의 편차각 λ와는 범위가 다르므로 주의해야 한다.

9.3.5 구성식의 쌍곡선 특성

구성부등식인 (9−58)식과 구성식인 (9−52)식은 경계조건과 함께 속도장이 발생할 수 있는 범위를 설정함으로서 v_x와 v_y에 대한 미분방정식을 구할 수 있으며, 미분방정식의 쌍곡선 특성은 Strack(1970)이 제안한 방법으로 얻을 수 있다. (9−61)식을 (9−59)식에 대입하면 다음 식과 같다.

$$\left(\frac{\partial v_x}{\partial x}-\frac{\partial v_y}{\partial y}\right)\sin 2(\theta+i)=\left(\frac{\partial v_x}{\partial y}+\frac{\partial v_y}{\partial x}\right)\cos 2(\theta+i) \tag{9-63}$$

위의 식은 i가 (9−62)식을 따라야 하므로 부등식이다. 위의 식과 (9−52)식은 v_x와 v_y에 대한 도함수로서 다음과 같이 나타낼 수 있다.

$$\begin{aligned}&\frac{\partial v_x}{\partial x}+\frac{\partial v_y}{\partial y}=0\\&\sin 2(\theta+i)\frac{\partial v_x}{\partial x}-\cos 2(\theta+i)\frac{\partial v_x}{\partial y}-\cos 2(\theta+i)\frac{\partial v_y}{\partial x}-\sin 2(\theta+i)\frac{\partial v_y}{\partial y}=0\end{aligned} \tag{9-64}$$

$x-y$평면에서 속도특성곡선의 기울기인 $[dx/dy]$방향으로 속도 v_x와 v_y의 변화에 대한 편도함수는 (8-74~75)식과 같으며, (9-64)식과 함께 4개의 연립방정식에 대하여 계수 행렬식 $\Delta_0=0$으로 하여 아래의 식을 얻을 수 있다.

$$\Delta_0=\begin{bmatrix}\sin2(\theta+i) & -\cos2(\theta+i) & -\cos2(\theta+i) & -\sin2(\theta+i)\\ 1 & 0 & 0 & 1\\ dx & dy & 0 & 0\\ 0 & 0 & dx & dy\end{bmatrix}=0 \qquad (9\text{-}65)$$

위의 행렬식을 전개하면 $[dy/dx]$에 대하여 이차방정식이 된다.

$$\cos2(\theta+i)\left[\frac{dy}{dx}\right]^2-2\sin2(\theta+i)\left[\frac{dy}{dx}\right]-\cos2(\theta+i)=0 \qquad (9\text{-}66)$$

위의 이차방정식은 2개의 실근을 가지므로 i에 관계없이 $x-y$평면에서 항상 2개의 중첩되는 쌍곡선군을 생성하고, 쌍곡선군은 속도특성곡선으로서 각각 α^*- 및 β^*-특성곡선이며 특성곡선의 기울기 $[dy/dx]$는 아래와 같다.

$$\frac{dy}{dx}=\frac{\sin2(\theta+i)\pm1}{\cos2(\theta+i)}=\tan\left(\theta\pm\frac{\pi}{4}+i\right) \qquad (9\text{-}67)$$

〈그림 9-11〉은 가능한 속도특성곡선의 방향을 도시한 것이다. 따라서 2개의 속도특성곡선은 교각의 차가 $\pi/2$이므로 속도장의 어느 부위에서나 직교하고 체적불변이라는 가정과도 일치한다. 그림에서 α^*- 및 β^*-특성곡선방향의 범위는 부채꼴 형태로 제한되는데, 그 경계는 $x-$축과 사잇각이 $\theta\pm\pi/4$인 최대주응력방향의 이등분선으로부터 편차각이 각각 $\phi/2$이다.

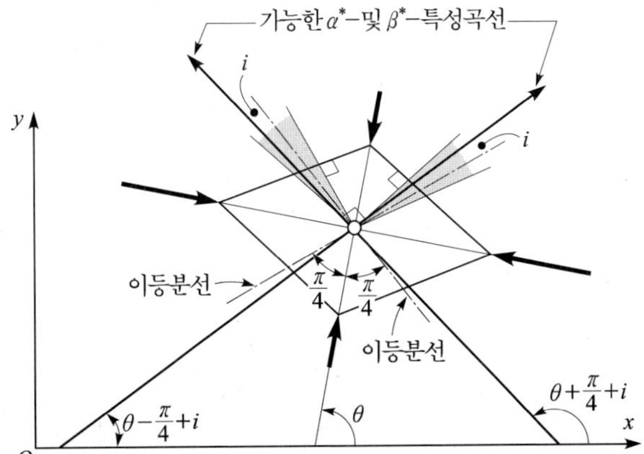

〈그림 9-11〉 부채꼴 형태의 속도특성곡선 방향의 범위 (de Jong, 1971)

9.3.6 활동선의 회전과 주응력축의 회전

(1) Spencer(1964[a])와 de Jong(1971)의 회전항

흙의 전단거동은 직선운동인 활동과 곡선운동인 회전의 조합으로 구성된다. 이것을 Spencer (1964[a])와 de Jong(1971)이 제안한 이면전단유동칙에 적용하면, 흙의 전단거동에서는 최대주응력축과 사잇각이 $\pm(\pi/4+\phi/2)$인 2개의 활동선이 생성되며, 임의의 전단거동을 직교하지 않는 활동선 방향으로 분해하기 위해서는 유동칙에 활동선의 회전항이 도입되어야 한다는 것을 의미한다. 따라서 회전항이 0이면 정적상태(static state)의 균일응력장에서 흙의 전단거동은 회전이 없는 순수 활동(pure sliding) 즉 직선운동만 가능하다는 것이다(Hill & Zheng, 1996; Drescher, 1976).

de Jong(1959, 1971)의 자유회전 이면전단유동칙에 의하면 전단강도가 모두 소진된 2개의 활동선을 따라서 전단이 발생한다는 가정을 전제로 하여, 흙의 전단거동은 2개의 활동선을 따라서 2개의 동시 전단과 2개의 동시 회전의 조합으로 구성된다는 운동학적 가정을 채택하였다. 그러나 de Jong(1959, 1971)의 유동칙은 Spence(1964)의 유동칙과는 달리 활동선의 회전이 주응력축의 회전과는 관계없이 자유롭게 발생하게 된다. de Jong은 2개의 회전에 대하여 하나는 속도경사텐서의 비대칭부분인 회전속도, 다른 하나는 「자유회전」이라고 하는 원초적인 운동량에 기인하는 것으로 설정하였다. 바로 이 자유회전에 대하여 de Jong은 미확정적이고 확정할 수 없는(indeterminate and indeterminable) 미지수를 제시하였으며, 이와는 달리 Spencer는 de Jong과 동일한 가정을 기반으로 하여 유동칙을 유도하였지만 자유회전의 값을 확정하기 위하여 회전속도를 응력각(stress angle)의 시간적인 변화속도(temporal rate of change of the stress angle)로 고정하여 활동선의 회전을 주응력축의 회전과 연관시킴으로서 de Jong과는 전혀 다른 회전 메커니즘을 제시하였다. Spencer와 de Jong이 제안한 이면전단유동칙은 모두 아래와 같이 2개의 편미분방정식의 조합으로 구성된다(Hill & Selvadurai, 2005; Harris, 2010)

- ①식 : $\dfrac{\partial v_x}{\partial x}+\dfrac{\partial v_y}{\partial y}=0$

- ②식 : $\sin 2\theta\left(\dfrac{\partial v_x}{\partial x}-\dfrac{\partial v_y}{\partial y}\right)-\cos 2\theta\left(\dfrac{\partial v_x}{\partial y}+\dfrac{\partial v_y}{\partial x}\right)-\left(\dfrac{\partial v_x}{\partial y}-\dfrac{\partial v_y}{\partial x}+2\Omega\right)\sin\phi$

$$=\sin 2\theta\left(\frac{\partial v_x}{\partial x}-\frac{\partial v_y}{\partial y}\right)-\cos 2\theta\left(\frac{\partial v_x}{\partial y}+\frac{\partial v_y}{\partial x}\right)-2\left[\frac{1}{2}\left(\frac{\partial v_x}{\partial y}-\frac{\partial v_y}{\partial x}\right)+\Omega\right]\sin\phi=0$$

위의 속도방정식은 Spencer의 (9-25~26)식과 de Jong의 (9-52~53)식을 그대로 옮겨 놓은 것이다. ①식은 비압축성조건을 나타내는 식이고 ②식은 한계전단응력에 도달한 2개의 곡선군에서 동시 전단에 의하여 거동이 발생한다는 것을 의미하는 식이다. ②식의 좌변 마지막 항이 바로 회전항으로서 회전항이 없으면 (5-52)식과 동일한 공동축조건이 된다. 회전항은 2개의 회전성분의 합으로 구성되어 있다. 첫째, $(\partial v_x/\partial y-\partial v_y/\partial x)/2$는 속도경사텐서의 비대칭부분인 회전속도($\dot{\omega}$)로서 외관상으로 확인할 수 있는 회전이다[(1-127)식 참조]. 둘째, Ω는 자유회전을 나타내는 운동학적 성분의 물리량으로서 구조적 회전속도(structural rotation)라고 한다(Harris, 2010; de Jong, 1988). 그러나 Spencer와 de Jong이 제시한 위의 두 이면전단유동칙은 동일한 형태를 보이고 있지만 Ω에 대해서는 아래와 같이 차이가 있다.

- Spencer의 Ω[(9-15)식 참조] : $\Omega=\dfrac{D\theta}{Dt}=\dfrac{\partial\theta}{\partial t}+V_x\dfrac{\partial\theta}{\partial x}+V_y\dfrac{\partial\theta}{\partial y}$ (9-68)

- de Jong의 Ω[(9-49~51)식 참조] : $\Omega=\dfrac{\partial\theta}{\partial t}$ (9-69)

Spencer의 회전항에서 $D\theta/Dt$는 시간 t에 대한 최대주응력방향 θ의 물질시간도함수이며 전체적으로 θ의 시간에 따른 변화에 $x-$ 및 $y-$축방향 변화를 추가함으로서, 활동선의 방향이 주응력축과 일정한 각을 이루어 고정되어 있는 것으로 수립되어 있기 때문에 주응력축이 회전해야만 활동선이 회전할 수 있다. Spencer는 주응력축의 회전을 물질시간도함수와 같이 국소회전(local rotation)인 (9-68)식의 우변 첫째 항과 질점의 거동과 관련된 대류회전(convective rotation)인 (9-68)식의 우변 둘째 및 셋째 항으로 분리하고[(1-165)식 참조] $\Omega=D\theta/Dt$로 제한하였으며, Ω에 가해진 제한조건은 흙요소의 거동에서 응력 및 응력속도에 가해지는 제한조건과 동일하다고 주장하였다.

이에 반하여 de Jong(1971)의 회전항에서 $\partial\theta/\partial t$는 θ의 시간에 따른 변화만 고려하고 활동선의 회전을 자유롭게 허용함으로서 Spencer의 회전항보다 상대적으로 덜 제한적이다. 유일한 제한조건이라면 변형은 각각의 거동에 대한 에너지소산이 음의 값이 아니어야 한다는 것뿐이다. 따라서 (9-69)식의 회전항은 Spencer 회전항의 우변 첫째 항으로만 구성되어 있어서 주응력축과 관계없이 활동선 방향으로 자유회전이 가능하기 때문에 흙요소의 거동을 활동과 회전으로 분해하는 것이 가능하다(Drescher, 1976). 그러나 de Jong의 자유회전 이면전단유동칙은 구할 수 없는 미지수가 포함된 수식이기 때문에 경계값문제를 풀기 위해서는 추가적인 운동학적 가정을 도입해야 한다(「비관련유동칙의 속도장해석」 참조).

Spencer(1970)는 de Jong의 회전항에 대하여 직선 특성곡선이 아닌 곡선 특성곡선에 적용하면 (9-69)식을 이용한 회전은 평행이동과 같은 간단한 요구조건을 충족시키지 못한다고 지적하였다. 이에 대하여 de Jong(1971)은 회전을 제한하는 것은 마치 활동하고 있는 흙요소에 외력을 가하여 방향을 유지하는 것과 같으므로 두 유동칙은 서로 다른 별개의 유동칙이며, Spencer가 제안한 회전은 자유롭지 못하기 때문에 사면활동과 같이 현장에서 외관상으로 확인할 수 있는 활동과 회전이 합성된 흙의 전단거동에는 적용할 수 없다고 반론을 제기하였다. Harris(1995[a])는 de Jong의 회전항은 구할 수 없는 미지수로서, de Jong도 구성부등식에서 기술한 것과 같이 자신이 제안한 회전항이 포함된 유동칙을 폐기하고 유동칙을 2개의 활동으로 분리한 후, 각각의 전단방향으로 소산되는 에너지는 양(+)의 값이어야 한다는 조건을 부여하여 2개의 부등식으로 대체하였으며, 부등식으로 대체한 이유는 흙요소에서 발생하는 거동의 변화를 반영하기 위한 의도라고 지적하였다(Harris, 2001). Kruyt(1990)는 de Jong의 자유회전 이면전단유동칙이 Spencer의 비압축성 이면전단유동칙보다 흙요소의 실제 거동에 더 근접한 해를 제공할 수 있다고 주장하였으며, Vermeer(1980)는 de Jong의 자유회전 이면전단유동칙에 탄성거동을 추가하여 부정방정식에 대한 해를 구할 수는 있었지만, 전단시험에서 볼 수 있는 비공동축 거동을 확인할 수는 없었다(Yu & Yuan, 2006).

(2) Spencer(1986)의 회전항 해석

다음은 Spencer(1986)가 제시한 회전항 해석이다. 먼저 직교좌표계인 $x-y$좌표계에서 응력성분 σ_{xx}, σ_{yy} 및 σ_{xy}는 각각 다음과 같다(인장: +).

$$\sigma_{xx}=-p+q\cos 2\theta,\quad \sigma_{yy}=-p-q\cos 2\theta,\quad \sigma_{xy}=q\sin 2\theta \tag{9-70}$$

식에서, $p=-\dfrac{1}{2}(\sigma_{xx}+\sigma_{yy})$, $q=\dfrac{1}{2}\left[(\sigma_{xx}-\sigma_{yy})^2+4\sigma_{xy}^2\right]^{1/2}$, $\tan 2\theta=\dfrac{2\sigma_{xy}}{\sigma_{xx}-\sigma_{yy}}$

따라서 p는 평균응력, q는 최대전단응력이고 θ는 $x-$축과 최대주응력축의 사잇각이다. 흙은 다음의 Mohr-Coulomb파괴기준을 충족시킨다.

$$q-p\sin\phi=c\cos\phi \tag{9-71}$$

식에서 c는 점착력이고 ϕ는 마찰각이며 유동과정에서 모두 일정한 것으로 가정한다.

i) 응력이 일정한 경우

정상상태(steady state)의 단순전단변형(simple shearing deformation)으로 가정하여 속도성분 v_x와 v_y를 각각 다음과 같이 가정한다.

$$v_x = \alpha_s y, \quad v_y = 0 \tag{9-72}$$

식에서 α_s는 상수로서 양의 값이다. 응력과 회전속도 Ω는 위치와는 관계가 없지만 시간 t에 의존하는 값이며 (1)항의 ②식에 위의 값을 대입하면 다음 식을 얻을 수 있다.

$$\alpha_s(\cos 2\theta + \sin\phi) + 2\frac{d\theta}{dt}\sin\phi = 0 \tag{9-73}$$

정상상태에서 위의 식의 좌변 둘째 항은 0이므로 다음의 관계식을 얻을 수 있다.

$$\cos 2\theta = -\sin\phi \tag{9-74}$$

위의 식으로부터 $x-$축과 최대주응력축의 사잇각인 θ는 다음과 같이 나타낼 수 있다.

$$\theta = \pm\theta_s, \quad \theta_s = \frac{\pi}{4} + \frac{\phi}{2}$$

그러나 소성일이 음의 값을 갖지 않기 위해서는 $\alpha_s \sigma_{xy} > 0$이고, (9-70)식에서 $\sin 2\theta > 0$이어야 하므로 위의 식에서 양의 θ_s만 취하면 (9-73)식의 정상해(steady solution)는 다음과 같다($\phi < \pi/2$).

$$\theta = \theta_s = \frac{\pi}{4} + \frac{\phi}{2} \tag{9-75}$$

(9-74~75)식에 의해서 (9-70)식의 응력성분은 다음과 같이 나타낼 수 있다.

$$\sigma_{xx} = -p - q\sin\phi, \quad \sigma_{yy} = -p + q\sin\phi, \quad \sigma_{xy} = q\cos\phi \tag{9-76}$$

예로서, $\sigma_{xx} = -N$이고 일정하게 유지된다면 (9-73)식과 (9-76)식으로부터 다음과 같이 정상상태의 응력성분을 얻을 수 있다.

$$\begin{aligned} \sigma_{xx} &= -N \\ \sigma_{yy} &= \frac{(-N\sin\phi + 2c\sin\phi)\cos\phi}{1+\sin^2\phi} \\ \sigma_{xy} &= \frac{(N\sin\phi + c\sin\phi)\cos\phi}{1+\sin^2\phi} \end{aligned} \tag{9-77}$$

따라서 위의 식에서 모든 응력성분이 일정한 값을 가지므로 (9-25~26)식이 정상상태의 전단거동을 나타낼 수 있다는 것을 알 수 있다.

ii) 응력이 시간 의존적인 경우

응력이 시간 의존적이면 (9-73)식은 다음과 같이 나타낼 수 있다.

$$\frac{d\theta}{dt}=\frac{\alpha_s \sin(\theta-\theta_s)\sin(\theta+\theta_s)}{\sin\phi} \tag{9-78}$$

주응력축의 회전은 크지 않기 때문에 θ의 범위를 $-1/2\pi \le \theta \le 1/2\pi$로 고려할 수 있다. 이와 같은 θ의 범위에 대하여 위의 식에서 $d\theta/dt$는 다음의 값을 갖는다.

$$\begin{aligned}&\frac{d\theta}{dt}>0 \quad : \theta_s<\theta<\frac{\pi}{2}\text{인 경우, 또는 } -\frac{\pi}{2}<\theta<-\theta_s\text{인 경우}\\ &\frac{d\theta}{dt}<0 \quad : -\theta_s<\theta<\theta_s\text{인 경우}\end{aligned} \tag{9-79}$$

$d\theta/dt$가 위와 같으면 최대주응력축의 회전방향은 정상상태의 값인 $\theta=\theta_s$로부터 멀어져서 허용범위 밖의 값인 $\theta=-\theta_s$로 향하게 된다. 정상상태와 동일한 방법으로 $\sigma_{xx}=-N$으로 일정하게 유지시키면 (9-78)식과 (9-73)식으로부터 응력성분 σ_{xy}와 σ_{yy}는 각각 다음과 같다.

$$\begin{aligned}\sigma_{xy}&=\frac{(N\sin\phi+c\cos\phi)\sin2\theta}{1-\sin\phi\cos2\theta}\\ -\sigma_{yy}&=\frac{N(1+\sin\phi\cos2\theta)+2c\cos\phi\cos2\theta}{1-\sin\phi\cos2\theta}\end{aligned} \tag{9-80}$$

위의 식은 (9-75)식을 이용하여 다음과 같이 나타낼 수 있다.

$$\begin{aligned}\sigma_{xy}&=\frac{2(N\tan\phi+c)\tan\theta_s\tan\theta}{1+\tan^2\theta\tan^2\theta_s}\\ -\sigma_{yy}&=\frac{N(\tan^2\theta+\tan^2\theta_s)+2c\tan\theta_s}{1+\tan^2\theta\tan^2\theta_s}\end{aligned} \tag{9-81}$$

위의 식에서 소성일이 음의 값을 갖지 않기 위해서는 $0\le\theta\le\pi/2$이며, (9-81)식으로부터 σ_{xy}는 $\theta=\pi/2-\theta_s$ 즉 $\tan\theta\tan\theta_s=1$일 때 최댓값 $N\tan\phi+c$이 되고 $\theta=0$ 및 $\theta=\pi/2$일 때 0이 된다. 수직응력 $-\sigma_{yy}$는 $\theta=0$과 $\theta=\pi/2$ 사이에서 감소한다. (9-78)식에 대하여 초기조건으로서 $t=0$에서 $\theta=\theta_0$이라면 해는 다음과 같다.

$$\frac{\tan\theta}{\tan\theta_s} = \frac{\tan\theta_s \tanh\left(\frac{1}{2}\alpha_s t \cot\phi\right) - \tan\theta_0}{\tan\theta_0 \tanh\left(\frac{1}{2}\alpha_s t \cot\phi\right) - \tan\theta_s} \tag{9-82}$$

위의 식에서 $t\to\infty$ 이면 $\tan\theta/\tan\theta_s \to -1$이 되어 허용범위 밖의 값인 $\theta=-\theta_s$가 되는 것을 확인할 수 있다. Spencer(1986)는 이와 같은 해석결과를 이용하여 최대주응력축의 회전방향은 항상 정상해인 (9-75)식으로부터 멀어진다고 하였으며 이것은 정상해가 본질적으로 불안정하기 때문이라고 주장하였다.

(3) de Jong(1988)의 회전항 해석

de Jong(1988)에 의하면 파괴가 시작되는 시점의 변형은 일반적으로 생각되고 있는 최대응력경사(maximum stress obliquity)에 의한 수직방향의 거동뿐만이 아니라 강체회전을 추가해야 경계조건을 충족시킬 수 있다는 것이다. 〈그림 9-12〉는 책꽂이에 잘 정리되어 있는 서적의 거동을 이용하여 변형이 시작되는 시점의 파괴메커니즘을 설명하기 위한 것이다. 그림의 「활동」은 책꽂이의 받침대를 제거하여 수직방향의 거동을 보여주는 것이고 「회전」은 책꽂이의 좌측지지대를 제거하여 서적이 횡방향으로 토플링(toppling)이 되는 것을 시각화한 것이다. 서적의 거동은 「자유회전 이면전단유동칙」을 통하여 이미 기술한 마찰재료에 대한 파괴메커니즘으로 설명할 수 있다. 서적의 수직방향의 거동과 횡방향의 토플링 거동은 두 극단적인 파괴메커니즘을 보여주는 것이며, 특히 토플링 거동은 흙의 전단시험에서 발생하는 파괴메커니즘과 동일하다. 이면전단 메커니즘은 두 극단적인 메커니즘을 포함하여 모든 전이과정의 파괴메커니즘에 대해서 유효하다. 수직유효응력이 σ'인 전단시험에서 두 극단적인 메커니즘에 대하여 파괴시 전단응력 τ는 아래와 같이 서로 다르게 나타난다.

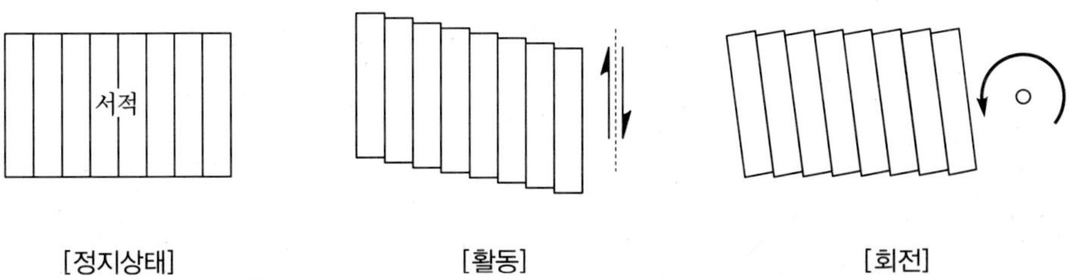

〈그림 9-12〉 책꽂이에 꽂혀있는 서적의 거동 (de Jong, 1988)

- 토플링 : $\tau = \dfrac{\sigma' \sin\phi \cos\phi}{1 + \sin^2\phi}$, 활동 : $\tau = \sigma' \tan\phi$

두 극단적인 파괴메커니즘을 조합하면 위의 두 전단응력 사이의 값을 갖게 된다. 그러나 예로서 겉보기마찰각 $\phi = 23°$ 인 경우에 토플링에 대한 τ/σ'의 tan값은 17.3° 인데 비하여 활동에 대한 τ/σ'의 tan값은 23° 이다. 따라서 토플링 파괴메커니즘을 무시하면 전단저항 마찰각을 과소평가하게 된다.

〈그림 9-13〉은 최대주응력(압축: +)이 작용하는 면과 경사각이 α_d인 α^*- 및 β^*-활동선(α^*- 및 β^*-특성곡선)을 보여주는 것이다. 활동선은 균질인 재료를 그림과 같이 두께가 유한한 몇 개의 절편으로 분리시키며, 외관상으로 관측할 수 있는 흙의 소성변형은 이와 같이 활동하기 때문이다. 그림과 같은 불연속적인 흙의 거동을 수학적으로 나타내는 것이 쉽지는 않지만, 절편의 두께를 무한히 얇은 것으로 고려하면 활동은 전단변형이 되고 전단변형의 크기는 전단변형률속도(a^*, b^*)로 나타낼 수 있다. 여기서 전단변형률속도를 (9-44)식 및 (9-47)식의 (a, b)가 아닌 (a^*, b^*)로 표시한 것은 비압축성(=비팽창성) 전단변형률속도인 (a, b)와 팽창성 전단변형률속도인 (a^*, b^*)를 차별화하기 위한 것이며 비팽창성 및 팽창성거동에 대한 회전항 해석은 동일하다. 만약 활동면이 무마찰이라면 활동과정에서 체적이 그대로 유지되겠지만$(\nu = 0)$ 〈그림 9-14〉와 같이 활동면이 톱니형으로 형성되어 마찰력이 작용한다면 다일레이턴시가 유발된다$(\nu \neq 0)$. 경사각 α_d와 톱니각(teeth uplift angle) θ_d는 일정한 것으로 가정하고, 톱니에 작용하는 모든 힘은 톱니와 평행하게 취하거나 톱니의 법선방향과 λ_d만큼 경사진 방향으로 취한다. $x-y$ 좌표계를 〈그림 9-15(b)〉와 같이 유효응력인 σ_1- 및 σ_3-방향으로 취하면$(\sigma_1 > \sigma_3)$ 2개의 잠재활동선은 $y-$축에 대하여 대칭으로 $x-$축과 α_d의 각을 이루게 된다. 〈그림 9-15(c)〉와 같이 잠재활동선의 길이를 m이라고 하면 합력 K의 수직 및 수평성분 K_y와 K_x는 각각 다음과 같다(de Jong, 1988).

$$K_y = \sigma_1 m \cos\alpha_d, \quad K_x = \sigma_3 m \sin\alpha_d \tag{9-83}$$

마찰각 ϕ는 다음 식으로 정의된다.

$$\sin\phi = \frac{\sigma_1 - \sigma_3}{\sigma_1 + \sigma_3} \tag{9-84}$$

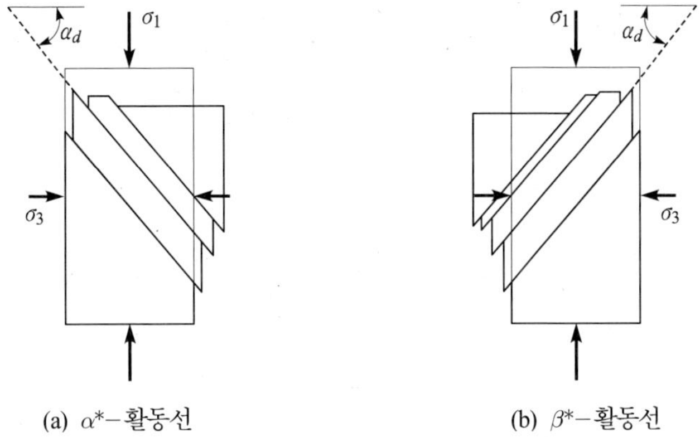

〈그림 9-13〉 **잠재활동선과 활동요소** (de Jong, 1988)

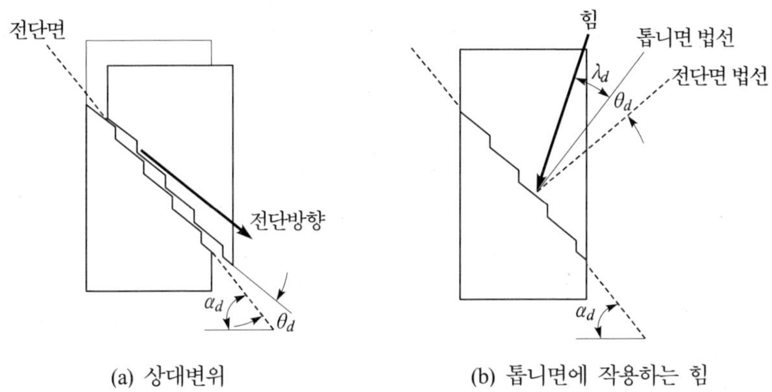

〈그림 9-14〉 **톱니형 활동선** (de Jong, 1988)

(9-83)식으로부터 마찰각 ϕ는 다음과 같이 나타낼 수 있다.

$$\sin\phi = \frac{K_y \sin\alpha_d - K_x \cos\alpha_d}{K_y \sin\alpha_d + K_x \cos\alpha_d} \tag{9-85}$$

합력 K는 y－축과 $\alpha_d - \theta_d - \lambda_d$의 각을 이루므로 K_y와 K_x는 각각 다음과 같다.

$$K_y = K\cos(\alpha_d - \theta_d - \lambda_d), \quad K_x = K\sin(\alpha_d - \theta_d - \lambda_d)$$

따라서 (9-84)식은 다음과 같다.

$$\sin\phi = \frac{\sin(\theta_d + \lambda_d)}{\sin(2\alpha_d - \theta_d - \lambda_d)} \tag{9-86}$$

〈그림 9-15(a)〉는 $y-$축에 대하여 대칭이므로 합력 K와 경사각 λ_d는 〈그림 9-15(c)〉와 동일하다. (9-86)식의 우변에서 α_d, θ_d 및 λ_d는 활동 메커니즘의 기하학적 형상 및 톱니에 작용하는 힘과 관련된 매개변수이다. de Jong(1988)은 위의 (9-86)식과 함께 팽창각 ν도 α_d, θ_d 및 λ_d로 나타내고 마찰각 ϕ를 일정한 값으로 고정한 후에 활동 메커니즘에 마찰법칙을 추가하여 2개의 부정방정식으로부터 α_d와 $(\theta_d+\lambda_d)$의 값을 결정하였다.

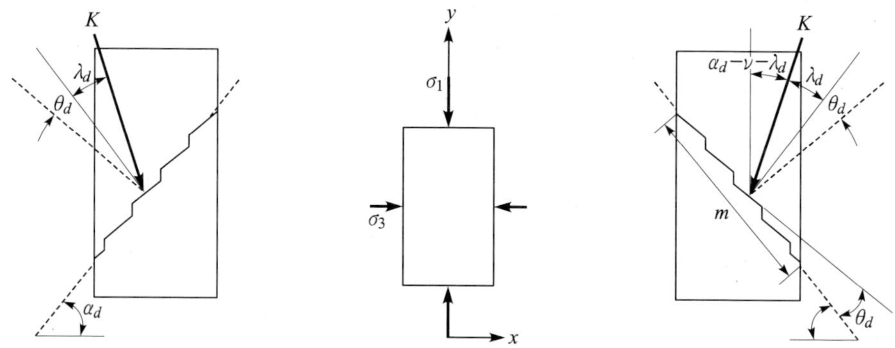

(a) (b) (c)

〈그림 9-15〉 활동선의 합력 (de Jong, 1988)

i) 활동 : 병진운동

〈그림 9-16〉의 활동선은 모두 $x-$축과 경사각이 α_d로서 평행하고 두께가 무한히 얇다. 〈그림 9-16(b)〉에서 일정한 전단변형률속도 a^*가 발생하여 모든 요소가 서로 상대적으로 활동함으로서 균일한 변형이 야기되고, 모든 활동은 잠재활동선에서 동일한 팽창각을 가지는 것으로 가정한다(de Jong, 1988).

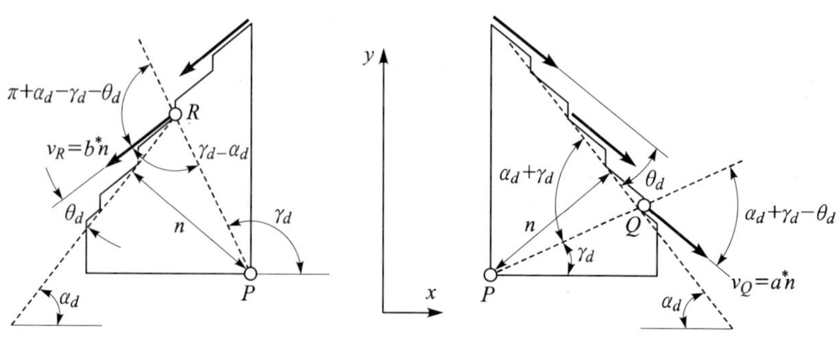

(a) (b)

〈그림 9-16〉 활동선의 합력 (de Jong, 1988)

소성변형이기 때문에 모든 요소는 강체로서 거동하므로 활동과정에서 두께가 얇은 활동선의 길이는 불변이고, Q를 통과하는 잠재활동선상에 있는 모든 요소는 P에 대하여 동일한 속도 v_Q를 갖는다. v_Q는 $x-$축과 사잇각이 $\alpha_d-\theta_d$이고, n을 P에서 활동선에 수직인 선분의 길이라고 하면 $v_Q=a^*n$으로 나타낼 수 있다. 그림에서 $x-$축과 임의의 각 γ_d로 선분 PQ를 그리면 활동선과 $\alpha_d+\gamma_d$로 교차하므로 선분의 길이는 $n/\sin(\alpha_d+\gamma_d)$가 된다. 또한 v_Q와 PQ의 사잇각은 $\alpha_d+\gamma_d-\theta_d$이며 v_Q로 인하여 선분 PQ는 다음과 같은 팽창속도 $\dot{\epsilon}$로 팽창 또는 수축과 함께 **경사속도**(tilting rate; 반시계방향: +) $\dot{\rho}$로 회전하게 된다.

$$\begin{aligned}\dot{\epsilon}(\gamma_d)&=+\frac{v_Q\cos(\alpha_d+\gamma_d-\theta_d)}{PQ}=+a^*\cos(\alpha_d+\gamma_d-\theta_d)\sin(\alpha_d+\gamma_d)\\ \dot{\rho}(\gamma_d)&=-\frac{v_Q\sin(\alpha_d+\gamma_d-\theta_d)}{PQ}=-a^*\sin(\alpha_d+\gamma_d-\theta_d)\sin(\alpha_d+\gamma_d)\end{aligned} \tag{9-87}$$

식에서 $(\dot{\ })$는 시간도함수(d/dt)이다. 특히 회전속도를 경사속도 $\dot{\rho}$로 나타낸 것은 회전속도 $\dot{\omega}$와 구분하기 위한 것이다. 같은 방법으로 〈그림 9-16(a)〉의 선분 PR에 대해서도 다음 식을 얻을 수 있다.

$$\begin{aligned}\dot{\epsilon}(\gamma_d)&=+\frac{v_R\cos(\pi+\alpha_d-\gamma_d-\theta_d)}{PR}=-b^*\cos(\alpha_d-\gamma_d-\theta_d)\sin(\gamma_d-\alpha_d)\\ \dot{\rho}(\gamma_d)&=+\frac{v_R\sin(\pi+\alpha_d-\gamma_d-\theta_d)}{PR}=-b^*\sin(\alpha_d-\gamma_d-\theta_d)\sin(\gamma_d-\alpha_d)\end{aligned} \tag{9-88}$$

이면전단이기 때문에 전단변형률속도인 (9-87)식의 a^*와 (9-88)식의 b^*는 동일한 값이 아닐 수도 있으며 a^*와 b^*가 모두 활성화되는 경우라면 위의 (9-87~88)식에서 $\dot{\epsilon}$ 또는 $\dot{\rho}$를 각각 더해야 한다. 또한 $\dot{\epsilon}$와 $\dot{\rho}$는 모두 γ_d의 함수이므로 $\gamma_d=0$이면 $x-$축방향에 대한 팽창속도와 경사속도를 나타내게 된다. v_x와 v_y를 각각 $x-$ 및 $y-$축방향의 속도라고 하면 $x-$축방향의 팽창속도는 $\partial v_x/\partial x$, 경사속도는 $\partial v_y/\partial x$로 나타낼 수 있다. $\gamma_d=0$인 경우에 선분 PQ와 PR의 $\dot{\epsilon}(0)$와 $\dot{\rho}(0)$에 대하여 (9-87~88)식을 각각 더하면 다음과 같다.

$$\begin{aligned}\frac{\partial v_x}{\partial x}&=+\dot{\epsilon}(0)=+(a^*+b^*)\cos(\alpha_d-\theta_d)\sin\alpha_d\\ \frac{\partial v_y}{\partial x}&=+\dot{\rho}(0)=-(a^*-b^*)\sin(\alpha_d-\theta_d)\sin\alpha_d\end{aligned} \tag{9-89}$$

같은 방법으로 $y-$축방향에 대하여 $\gamma_d=\pi/2$를 (9-87~88)식에 대입하여 각각 더하면 다음과 같다.

$$\begin{aligned}\frac{\partial v_x}{\partial y}&=-\dot{\rho}\left(\frac{\pi}{2}\right)=+(a^*-b^*)\cos(\alpha_d-\theta_d)\cos\alpha_d\\ \frac{\partial v_y}{\partial y}&=+\dot{\epsilon}\left(\frac{\pi}{2}\right)=-(a^*+b^*)\sin(\alpha_d-\theta_d)\cos\alpha_d\end{aligned} \tag{9-90}$$

ii) 회전

앞에서 기술한 바와 같이 모든 요소는 강체로서 거동하기 때문에 병진운동인 활동뿐만 아니라 〈그림 9-17〉과 같이 P를 축으로 회전운동을 하게 되는데 이 회전이 구조적 회전속도인 각속도 Ω이다(반시계방향: +). Ω는 외관상으로 확인할 수 있는 속도경사텐서의 비대칭부분의 회전속도 $\dot{\omega}[=(\partial v_y/\partial x-\partial v_x/\partial y)/2]$와 차별화하기 위해서 Drescher (1976)가 제안한 구조적 회전속도로 취한 것이다[(1-127)식 참조]. 각속도 Ω는 다음과 같은 추가적인 속도경사를 유발한다(de Jong, 1988).

$$\frac{\partial v_x}{\partial x}=0,\quad \frac{\partial v_y}{\partial x}=\Omega,\quad \frac{\partial v_x}{\partial y}=-\Omega,\quad \frac{\partial v_y}{\partial y}=0 \tag{9-91}$$

(9-89~91)식으로부터 다음의 변형률속도성분을 얻을 수 있다.

$$\begin{aligned}\frac{\partial v_x}{\partial x}+\frac{\partial v_y}{\partial y}&=(a^*+b^*)\sin\theta_d\\ \frac{\partial v_x}{\partial x}-\frac{\partial v_y}{\partial y}&=(a^*+b^*)\sin(2\alpha_d-\theta_d)\\ \frac{\partial v_x}{\partial y}+\frac{\partial v_y}{\partial x}&=(a^*-b^*)\cos(2\alpha_d-\theta_d)\end{aligned} \tag{9-92}$$

또한 재료의 회전속도 $\dot{\omega}$는 다음과 같다((1-127)식 참조).

$$\frac{\partial v_y}{\partial x}-\frac{\partial v_x}{\partial y}=-(a^*-b^*)\cos\theta_d+2\Omega=2\dot{\omega} \tag{9-93}$$

de Jong(1988)은 위의 식이 재료의 회전속도 $\dot{\omega}$와 구조적 회전속도 Ω의 차이점을 보여주는 것이라고 지적하였다. 위의 식에 의하면 흙덩이가 오직 직선운동인 활동만 하고 흙덩이 자체가 회전하지 않아도 즉 $\Omega=0$이라고 하더라도 $a^*\neq b^*$이면 흙덩이는 회전한다는 것이다. 예로서, $a^*>b^*$이면 $\dot{\omega}<0$이기 때문에 흙덩이는 시계방향으로 회전하게 된

다. 따라서 회전속도 $\dot{\omega}$는 2개의 성분으로 구성되는데, 하나의 성분은 전단변형률속도가 같지 않음으로써($a^* \neq b^*$) 발생하는 것이고 다른 하나의 성분인 Ω는 활동면 사이에 있는 요소의 회전 즉 구조적 회전속도에 기인하게 된다(de Jong, 1988).

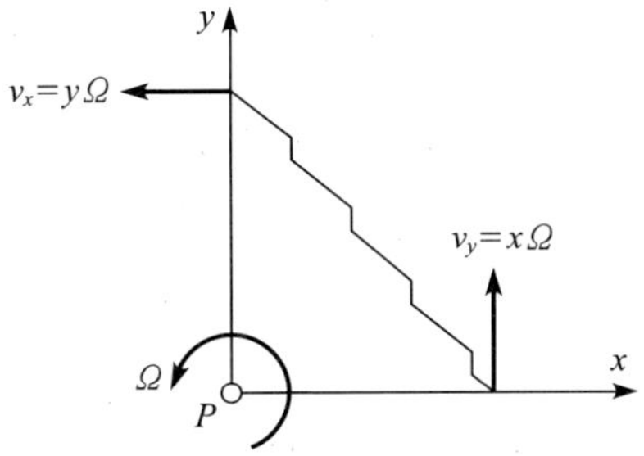

〈그림 9-17〉 **구조적 회전** (de Jong, 1988)

(4) 회전항에 대한 검증시험

지금까지 Spencer와 de Jong이 제시한 이면전단유동칙의 회전항에 대하여 다양한 형태의 검증시험이 이루어졌다. Drescher(1976)는 이면전단시험장치(double shear apparatus)를 이용한 유리분말 전단시험에서 Spencer가 예측한 회전항과 반대방향의 회전을 확인하였으며 Mendl 외(1977)도 링전단시험장치(ring shear apparatus)를 이용하여 회전항에 대하여 검증시험을 하였지만 Spencer보다는 de Jong이 제시한 회전항에 근접한 값을 얻었다. 또한 Savage-Lockner(1997)는 Spencer(1964[a]; 1982)가 제시한 회전항의 값을 구하기 위하여 다음과 같은 방법을 이용하였다. 먼저 전단면과 평행한 x-축과 전단면에 직각인 y-축을 설정하여 $v_x = v_x(y)$와 $v_y = 0$가 되도록 하고 (9-26)식과 (9-15)식으로부터 다음 식을 유도하였다.

$$(\cos 2\theta + \sin\phi)\frac{\partial v_x}{\partial y} + 2\sin\phi\frac{D\theta}{Dt} = 0 \tag{9-94}$$

위의 식을 적분하면 θ에 대한 값을 구할 수 있다.

$$\theta = \tan^{-1}\left\{\left[\left(\frac{1+\sin\phi}{\cos\phi}\right)\right]\tanh\left[\frac{\bar{\gamma}_0 - \bar{\gamma}}{2\tan\phi}\right]\right\} \tag{9-95}$$

식에서, $\bar{\gamma} = \int_0^t \frac{\partial v_x}{\partial y}dt$, $\bar{\gamma}_0 = 2\tan\phi\tanh^{-1}\left(\frac{\cos\phi\tan\theta_0}{1+\sin\phi}\right)$

위의 식에서 θ_0는 θ가 처음 관측되는 시점($t=0$)의 값이며, 전단변형률속도 $\partial v_x/\partial y$의 시간적분(time integral)인 $\bar{\gamma}$는 $t=0$부터 누적된 값이다. (9-95)식에서 $\tanh^{-1}\rightarrow\coth^{-1}$ 및 $\tanh\rightarrow\coth$로 대체해도 (9-94)식의 또 다른 해가 된다. Savage-Lockner (1997)는 위의 식에 의한 값과 모래에 대한 전단시험의 전단변형률-주응력축의 방향을 비교하였지만 Spencer가 제시한 회전항과는 반대방향을 나타낸다고 하였다. 또한 de Jong의 수식에 대해서는 완전해(complete solution)를 얻을 수는 없지만 (9-62)식의 회전범위 안에 시험결과가 분포된다고 하였다. 따라서 다양한 형태의 검증시험에서 Spencer가 제시한 회전항 해석과 일치하는 결과는 얻을 수 없었다. Savage-Lockner(1997)는 de Jong(1988)이 재수립한 탄소성 이면전단유동칙의 수식에 의한 계산결과에 대하여 크기는 다소 차이가 있지만 회전범위는 시험결과와 일치한다고 주장한 바 있다.

9.4 Mehrabadi-Cowin의 체적팽창 이면전단유동칙(1978)

9.4.1 흙의 체적팽창 메커니즘

Mehrabadi-Cowin(1978)은 많은 시험결과를 분석하여 조밀한 구조의 흙은 변형과정에서 초기에는 거의 모두 팽창한다는 것에 착안하여 「체적팽창 이면전단유동칙」을 제안하였다. 그들이 제안한 체적팽창 이면전단유동칙은 Spencer(1964[a])의 비압축성 즉 비팽창성 이면전단유동칙을 팽창성 이면전단유동칙으로 확장한 것이다. 그러나 1973년 처음으로 체적팽창을 이면전단유동칙을 도입한 Spencer-Kingston의 체적팽창 이면전단유동칙이 3차원 공간에서 모든 방향으로 동일하게 팽창하는 3방향 체적팽창 이면전단유동칙인 것과는 달리, Mehrabadi-Cowin의 체적팽창 이면전단유동칙은 활동선에서 수직방향으로만 팽창하는 1방향 체적팽창 이면전단유동칙이다. 이와 같은 Mehrabadi-Cowin (1978)의 1방향 체적팽창 메커니즘은 Butterfield-Harkness(1972)가 제안한 흙의 거동에 대한 운동학적 가정에 근거를 둔 것으로서, Butterfield-Harkness의 운동학적 가정이란 「활동선상에서 연속하여 위치한 두 점에 대한 속도는 활동선과 팽창각 ν만큼 경사진 방향을 향한다」는 것이다(〈그림 9-18〉 참조). 참고로 Mehrabadi-Cowin(1978)이 1방향 체적팽창 메커니즘을 제안하기에 앞서 de Jong(1977)은 자신이 제안한 비압축성 자유회전 이면전단유동칙을 Rowe의 응력-다일레이턴시 관계식을 이용하여 체적팽창 자유회전 이면전단유동칙을 제안한 바 있다.

Spencer-Kingston(1973)에 의하면 흙의 팽창은 계속해서 일정하게 팽창하는 것이 아니라 팽창과정에서 팽창의 정도는 점차 감소하여 일정 수준에 도달하면 더 이상 팽창하지 않게 되고, 팽창각 ν는 변형이력에 관계되기 때문에 팽창각 ν를 일정한 값으로 고정하여 해를 구하는 것은 실제와는 다르다는 것이다(Spencer & Kingston, 1973; Spencer, 1986). 또한 Spencer(1986)는 응력은 시간의 함수이므로 관련식에서도 시간과 관련되는 항이 포함되어야 한다고 주장하였다. Spencer-Kingston(1973)은 이와 같은 흙의 팽창 메커니즘을 도입하기 위하여 아래와 같이 비압축성조건을 나타내는 (1-142)식과 함께 Spencer의 비압축성 이면전단유동칙의 하나인 (9-26)식을 이용하여 3방향 체적팽창 이면전단유동칙으로 제안하였다.

$$\dot{\rho}+\rho\frac{\partial v_i}{\partial x_i}=\dot{\rho}+\rho\left(\frac{\partial v_x}{\partial x}+\frac{\partial v_y}{\partial y}\right)=0 \tag{9-96}$$

$$\sin 2\theta\left(\frac{\partial v_x}{\partial x}-\frac{\partial v_y}{\partial y}\right)-\cos 2\theta\left(\frac{\partial v_y}{\partial x}+\frac{\partial v_x}{\partial y}\right)+\sin\phi\left(\frac{\partial v_y}{\partial x}-\frac{\partial v_x}{\partial y}-2\Omega\right)=0 \tag{9-97}$$

이에 반하여 Mehrabadi-Cowin(1978)에 의하면 1방향 체적팽창 이면전단유동칙은 시간과는 관계없는 거동이며, 전단과정에서 팽창의 정도가 감소하는 거동 메커니즘을 포함하고 있지 않기 때문에 오직 초기의 평면형 팽창성 변형(initial plane dilatant deformation)만 고려할 수 있다고 그들이 제안한 체적팽창 이면전단유동칙의 적용범위를 제한하였다. 또한 Mehrabadi-Cowin(1978)은 Spencer(1964[a])가 제시한 속도방정식 (9-25~26)식을 다음과 같이 표시하였다.

$$D_{11}+D_{22}=0 \tag{9-98}$$

$$\sin 2\theta(D_{11}-D_{22})-2D_{12}\cos 2\theta-2\sin\phi(W_{12}+\Omega)=0 \tag{9-99}$$

식에서 D_{ij}는 변형률속도텐서, W_{ij}는 회전속도텐서이다.

9.4.2 체적팽창 이면전단유동칙의 유도

Mehrabadi-Cowin(1978)이 채택한 속도방정식의 전개방법은 팽창각 ν에 의한 질점의 속도방향만 제외하면 Spencer(1964[a])가 제안한 비압축성 이면전단유동칙의 속도방정식 전개방법과 동일하며, 팽창각 ν에 대하여 $\tan\nu$는 활동선의 접선속도(v_t)에 대한 분리속도(v_p)의 비, 즉 $\tan\nu=v_p/v_t$으로 정의하였다. 활동선으로는 2개의 곡선군이 있는 것으로 가정하였는데, 첫째 곡선군인 α^*-특성곡선군은 $x-$축과 사잇각이 $\theta-\pi/4-\phi/2$, 둘째 곡선군인 β^*-특성곡선군은 $x-$축과 사잇각이 $\theta+\pi/4+\phi/2$이며(〈그림 9-8〉 참조), 전개과정에서 흙의 거동을 나타내는 활동선은 응력특성곡선과 일치한다. 그러나 제안하고자 하는 속도방정식의 운동학적 거동특성을 확실하게 규명하기 위해서 초기의 전개과정에서는 활동선이 응력특성곡선과 관련이 없는 것으로 설정하고 관계식을 전개하였다.

먼저 속도방정식을 구하기 위해서는 α^*- 및 β^*-특성곡선을 따라서 거동특성과 관련한 Butterfield-Harkness(1972)의 운동학적 가정으로부터 시작해야 한다. 〈그림 9-8〉과 같이 질점 Q와 $x-y$평면에 대해서 이동이 가능한 $\xi-\eta$평면의 직교좌표계를 도입하고 $\xi-\eta$평면에 대해서는 다음과 같은 3개의 제한조건을 설정해야 한다.

① $\xi-\eta$평면의 원점은 항상 질점 Q와 일치하여 움직인다.
② 시간 t에서 $\xi-$ 및 $\eta-$축은 각각 $x-$ 및 $y-$축과 평행하게 취한다.
③ $\xi-$ 및 $\eta-$축은 질점 Q의 순간적인 위치를 축으로 회전하는데, 이 때 Q를 통과하는 α^*- 및 β^*-특성곡선의 방향은 시간과는 관계없이 결정된다.

또한 흙의 변형은 각각 α^*- 및 β^*-특성곡선인 2개의 팽창성 전단에 의해서 야기되는 것으로 가정한다. 이와 같은 가정은 Spencer가 설정한 가정과 비교하면 비팽창성(또는 비압축성)이라는 것만 다를 뿐이다. 다일레이턴시에 대한 Butterfield-Harkness (1972)의 운동학적 가정을 방정식 형태로 나타내기 위해서는 $\xi-\eta$평면에 질점의 상대속도 v'을 도입하고, $\xi-$ 및 $\eta-$축방향의 상대속도성분을 각각 v_ξ'과 v_η'이라고 정의한다. Butterfield-Harkness의 운동학적 가정에 의해서 α^*- 및 β^*-특성곡선상에 위치한 질점 Q의 근방에서 연속하여 위치한 두 점의 $\xi-\eta$평면에 대한 상대속도의 방향은 〈그림 9-18〉과 같이 각각 $A^\alpha-$ 및 $B^\beta-$방향이 된다(A와 B는 각각 α와 β의 대문자임). 그림에서 $A^\alpha-$방향은 Q에서 α^*-특성곡선의 접선방향으로부터 반시계방향으로 팽창각 ν만큼 편차가 있으며, $B^\beta-$방향은 Q에서 β^*-특성곡선의 접선방향으로부터 시계방향으로 팽창각 ν만큼 편차가 있다. 따라서 s_α와 s_β가 각각 α^*- 및 β^*-특성곡선방향의 길이매개변수라고 하면, Q에서 $\partial v'/\partial s_\beta$는 $A^\alpha-$방향과 평행한 벡터가 되고 $\partial v'/\partial s_\alpha$는 $B^\beta-$방향과 평행한 벡터가 되므로 Q에서 다음 식이 성립한다(Mehrabadi-Cowin, 1978).

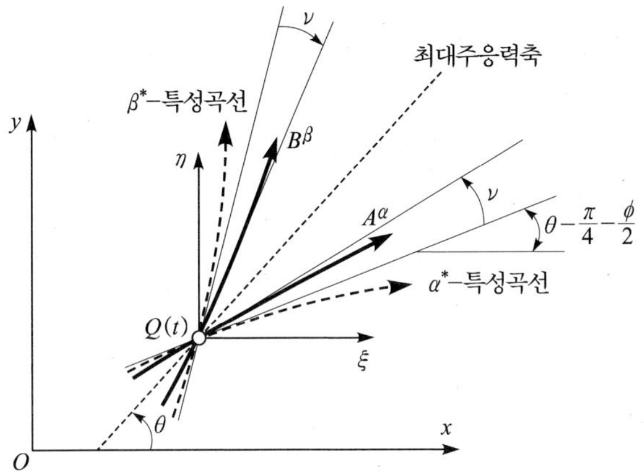

〈그림 9-18〉 α^*- 및 β^*-특성곡선과 $A^{\alpha}-$ 및 $B^{\beta}-$방향 (Mehrabadi & Cowin, 1978)

$$\frac{\dfrac{\partial v_\eta{}'}{\partial s_\beta}}{\dfrac{\partial v_\xi{}'}{\partial s_\beta}}=\tan\left(\theta-\frac{\pi}{4}-\frac{\phi}{2}+\nu\right),\quad \frac{\dfrac{\partial v_\eta{}'}{\partial s_\alpha}}{\dfrac{\partial v_\xi{}'}{\partial s_\alpha}}=\tan\left(\theta+\frac{\pi}{4}+\frac{\phi}{2}-\nu\right) \tag{9-100}$$

(9−100)식의 첫째 식은 팽창각 $\nu=0$이면 Spencer의 (9−9)식과 일치하고, Spencer의 속도방정식에는 명시되어 있지 않지만 둘째 식도 $\nu=0$이면 첫째 식과 동일한 형태이므로 일치한다. 상대속도 v'의 α^*- 및 β^*-특성곡선방향의 성분을 각각 $v_\alpha{}'$와 $v_\beta{}'$라고 하면 $v_\xi{}'$과 $v_\eta{}'$성분과는 다음의 관계가 있다.

$$\begin{aligned} v_\xi{}' &= v_\alpha{}'\cos\left(\theta-\frac{\pi}{4}-\frac{\phi}{2}\right)+v_\beta{}'\cos\left(\theta+\frac{\pi}{4}+\frac{\phi}{2}\right) \\ v_\eta{}' &= v_\alpha{}'\sin\left(\theta-\frac{\pi}{4}-\frac{\phi}{2}\right)+v_\beta{}'\sin\left(\theta+\frac{\pi}{4}+\frac{\phi}{2}\right) \end{aligned} \tag{9-101}$$

위의 식은 Spencer의 속도방정식에서 (9−11)식과 동일한 식이다. (9−101)식을 s_α와 s_β에 대하여 미분하고 (9−100)식에 대입한 후에, Q에서 $v_\alpha{}'=v_\beta{}'=0$를 적용하면 다음 식을 얻을 수 있다.

$$\frac{\partial v_\beta{}'}{\partial s_\beta}\cos(\phi-\nu)-\frac{\partial v_\alpha{}'}{\partial s_\beta}\sin\nu=0\ ,\quad \frac{\partial v_\alpha{}'}{\partial s_\alpha}\cos(\phi-\nu)-\frac{\partial v_\beta{}'}{\partial s_\alpha}\sin\nu=0 \tag{9-102}$$

위의 식에서 팽창각 $\nu=0$이면 Spencer가 제시한 속도방정식인 (9−13~14)식과 동일한 식이 된다. 체적팽창이라는 운동학적 가정을 나타내고 있는 (9−102)식은 $\xi-\eta$평면의 원점에 대해서만 적용이 가능하므로 일반화하기 위해서는 $x-y$평면으로 변환해야 한다.

먼저 $x-y$평면에서 임의의 질점의 속도가 $\dot{v}$라고 하면, $x-$ 및 $y-$축방향 성분은 각각 v_x와 v_y이고 α^*- 및 β^*-특성곡선방향의 성분은 각각 v_α와 v_β가 된다. 질점 Q에서 v_x, v_y, v_α, v_β의 값을 각각 V_x, V_y, V_α, V_β라 하고, α^*- 및 β^*-특성곡선 즉 $\xi-\eta$ 평면의 회전속도를 Ω, $x-y$평면에 대한 회전속도를 $\partial\theta/\partial t$라고 하면 Ω와 $\partial\theta/\partial t$ 사이에는 다음의 관계가 있다.

$$\Omega=\frac{\partial\theta}{\partial t}+V_x\frac{\partial\theta}{\partial x}+V_y\frac{\partial\theta}{\partial y}=\frac{\partial\theta}{\partial t}+V_\alpha\frac{\partial\theta}{\partial s_\alpha}+V_\beta\frac{\partial\theta}{\partial s_\beta} \tag{9-103}$$

위의 식은 Spencer의 (9-15)식과 동일한 식이므로 de Jong(1971)과는 달리 자유회전을 허용하지 않는 회전항이다. $\xi-\eta$평면의 상대속도 v'과 질점 Q의 속도 V 및 속도 v 사이에는 $v=V+v'$의 관계가 있으므로 $\xi-\eta$평면의 상대속도성분 $v_\xi{}'$과 $v_\eta{}'$, $v_\alpha{}'$과 $v_\beta{}'$는 각각 다음과 같다(Mehrabadi-Cowin, 1978).

$$v_\xi{}'=v_x-V_x+\Omega\eta,\quad v_\eta{}'=v_y-V_y-\Omega\xi \tag{9-104}$$

$$\begin{aligned} v_\alpha{}'\cos\phi&=v_\alpha\cos\phi-(V_x-\Omega\eta)\sin\left(\theta+\frac{\pi}{4}+\frac{\phi}{2}\right)+(V_y+\Omega\xi)\cos\left(\theta+\frac{\pi}{4}+\frac{\phi}{2}\right)\\ v_\beta{}'\cos\phi&=v_\beta\cos\phi+(V_x-\Omega\eta)\sin\left(\theta-\frac{\pi}{4}-\frac{\phi}{2}\right)-(V_y+\Omega\xi)\cos\left(\theta-\frac{\pi}{4}-\frac{\phi}{2}\right)\end{aligned} \tag{9-105}$$

s_α와 s_β가 각각 α^*- 및 β^*-특성곡선방향의 길이매개변수라 하면 $\xi-$ 및 $\eta-$축방향으로 $\partial\xi/\partial s_\alpha$, $\partial\eta/\partial s_\alpha$, $\partial\xi/\partial s_\beta$ 및 $\partial\eta/\partial s_\beta$는 Spencer가 제시한 속도방정식인 (9-20)식과 같다. 운동학적 가정인 (9-102)식은 위의 식을 이용해서 v'에 대한 조건으로부터 $\dot{v}$에 대한 조건으로 바꾸어 줄 수 있다. 속도성분을 포함하고 있는 (9-105)식을 (9-102)식에 대입한 후에 Q에서 $\xi=\eta=0$, $V_x=v_x$, $V_y=v_y$인 것을 이용하면 다음의 속도방정식을 얻을 수 있다.

$$\begin{aligned} &\cos(\phi-\nu)\left[\frac{\partial v_\alpha}{\partial s_\alpha}\cos\phi-(v_\beta-v_\alpha\sin\phi)\frac{\partial\theta}{\partial s_\alpha}-\Omega\sin\phi\right]\\ &\qquad-\sin\nu\left[\frac{\partial v_\beta}{\partial s_\alpha}\cos\phi+(v_\alpha-v_\beta\sin\phi)\frac{\partial\theta}{\partial s_\alpha}-\Omega\right]=0\\ &\cos(\phi-\nu)\left[\frac{\partial v_\beta}{\partial s_\beta}\cos\phi+(v_\alpha-v_\beta\sin\phi)\frac{\partial\theta}{\partial s_\beta}+\Omega\sin\phi\right]\\ &\qquad-\sin\nu\left[\frac{\partial v_\alpha}{\partial s_\beta}\cos\phi-(v_\beta-v_\alpha\sin\phi)\frac{\partial\theta}{\partial s_\beta}+\Omega\right]=0\end{aligned} \tag{9-106}$$

위의 속도방정식은 팽창각 $\nu=0$이면 Spencer(1964[a])의 (9-21)식과 동일하고, $\nu=0$와 함께 마찰각 $\phi=0$이면 이상적인 금속재료에 대한 Geiringer의 방정식과 같다. 또한 위의 식은 α^*- 및 β^*-특성곡선을 이용하는 곡선좌표계에 대한 속도방정식이며, 이것을 $x-y$평면으로 변환하기 위해서는 Spencer의 속도방정식과 같이 (9-18)식과 (9-23)식을 (9-106)식에 대입하면 된다. 따라서 $x-y$평면으로 변환한 식을 (9-31)식의 변형률속도텐서 $D_{ij}(=\dot{\epsilon}_{ij})$와 회전속도텐서 $W_{ij}(=\dot{\omega}_{ij})$를 이용하여 나타내면 다음과 같다.

$$\sin\nu\left[(D_{xx}-D_{yy})\cos 2\theta+2D_{xy}\sin 2\theta\right]-(D_{xx}+D_{yy})\cos(\phi-\nu)=0 \tag{9-107}$$

$$\cos\nu\left[(D_{xx}-D_{yy})\sin 2\theta-2D_{xy}\cos 2\theta\right]-2(W_{xy}+\Omega)\sin(\phi-\nu)=0 \tag{9-108}$$

9.4.3 체적팽창 이면전단유동칙의 일반화

흙의 팽창성 거동에 대한 일반화는 속도방정식인 (9-107~108)식에 응력과 응력속도를 도입한 후에 연속방정식, 응력방정식 및 파괴기준을 조합하여 구한다. 먼저 응력과 응력속도를 도입한 후에, 응력텐서 T의 평면응력성분 T_{ij}를 T_{xx}, T_{yy} 및 T_{xy}라 하고 주응력은 T_1과 T_2로 표시한다. 이들 응력성분을 이용하여 평균응력 p와 전단응력 τ는 각각 다음과 같이 나타낼 수 있다(인장: +).

$$p=-\frac{1}{2}(T_1+T_2)=-\frac{1}{2}(T_{xx}+T_{yy}) \tag{9-109}$$

$$\tau=\frac{1}{2}(T_1-T_2)=\left[\frac{1}{4}(T_{xx}-T_{yy})^2+T_{xy}^2\right]^{1/2} \tag{9-110}$$

$x-$축과 최대주응력축의 사잇각인 θ를 응력텐서 T를 이용하여 나타내면 다음과 같다.

$$\tan 2\theta=\frac{2T_{xy}}{T_{xx}-T_{yy}} \tag{9-111}$$

θ에 대하여 물질시간도함수를 취하고 (9-110)식을 이용하여 나타내면 다음과 같다.

$$4\tau^2\breve{\theta}=(T_{xx}-T_{yy})\breve{T}_{xy}-T_{xy}(\breve{T}_{xx}-\breve{T}_{yy}) \tag{9-112}$$

Jaumann응력속도를 이용하면 다음의 관계식을 얻을 수 있다.

$$\breve{T}_{xy}=\hat{T}_{xy}-(T_{xx}-T_{yy})W_{xy},\quad \breve{T}_{xx}-\breve{T}_{yy}=\hat{T}_{xx}-\hat{T}_{yy}+4T_{xy}W_{xy} \tag{9-113}$$

위의 식에 의해서 (9-112)식을 정리하면 다음과 같다.

$$4\tau^2\left(W_{xy}+\breve{\theta}\right)=\left(T_{xx}-T_{yy}\right)\hat{T}_{xy}-T_{xy}\left(\hat{T}_{xx}-\hat{T}_{yy}\right) \tag{9-114}$$

Jaumann응력속도의 장점은 중첩되는 강체거동에 독립적이라는 것이다. (9-111)식과 (9-113)식을 이용하여 속도방정식 (9-107~108)식에서 θ와 Ω를 소거하면 다음과 같다.

$$\left(T_{xx}-T_{yy}\right)\left(D_{xx}-D_{yy}\right)+4T_{xy}D_{xy}=\frac{2\tau\cos(\phi-\nu)}{\sin\nu}\left(D_{xx}+D_{yy}\right)$$

$$\left(T_{xx}-T_{yy}\right)\hat{T}_{xy}-T_{xy}\left(\hat{T}_{xx}-\hat{T}_{yy}\right)=\frac{2\tau\cos\nu}{\sin(\phi-\nu)}\left[T_{xy}\left(D_{xx}-D_{yy}\right)-D_{xy}\left(T_{xx}-T_{yy}\right)\right] \tag{9-115}$$

또한 첨자표기 형식을 이용하여 나타내면 다음과 같다.

$$T_{km}D_{km}+\left[p-\frac{\tau\cos(\phi-\nu)}{\sin\nu}\right]D_{kk}=0$$

$$T_{ik}\hat{T}_{kj}-\hat{T}_{ik}T_{kj}=\frac{2\tau\cos\nu}{\sin(\phi-\nu)}\left(D_{ik}T_{kj}-T_{ik}D_{kj}\right) \tag{9-116}$$

(9-116)식의 둘째 식에서 팽창각 $\nu=0$이면 Spencer가 제시한 (9-34)식과 동일한 식이 된다. 팽창성 흙의 완전한 응력-변형률 관계는 (9-116)식을 포함하여 연속방정식, 응력방정식 및 파괴기준 등, 6개의 미지수(v_1, v_2, T_{xx}, T_{yy}, T_{xy}, ρ)로 이루어진 6개의 방정식을 이용하여 설명할 수 있다. 흙의 응력-변형률 거동을 결정하는 과정에서 에너지소산은 매우 중요한 검토항목이며 체적팽창 이면전단유동칙에 대한 에너지소산은 (9-115)식의 첫째 식으로 결정할 수 있다. 축차응력텐서 T'과 축차변형률속도텐서 D'은 각각 다음과 같다.

$$T'=T-\frac{1}{2}tr(T)I,\quad D'=D-\frac{1}{2}tr(D)I \tag{9-117}$$

식에서 I는 단위행렬, $tr(\ )$는 대각합이다. (3-13)식에 의한 에너지소산 $\mathbb{D}=tr(TD)$이며, $tr(TD)$는 축차에너지소산(rate of distortional work)인 $tr(T'D')$과 체적에너지소산(rate of volumetric work)인 $-p\,tr(D)$의 합으로 나타낼 수 있다.

$$tr(TD)=tr(T'D')-p\,tr(D) \tag{9-118}$$

따라서 (9-115)식의 첫째 식은 다음과 같이 나타낼 수 있다.

$$p\,tr(D)=\left[\frac{p\sin\nu}{\tau\cos(\phi-\nu)}\right]tr(T'D') \tag{9-119}$$

위의 식은 축차에너지소산 $tr(T'D')$이 0이 아니면 체적에너지소산 $ptr(D)$도 0이 아니라는 것을 의미한다. Mohr-Coulomb파괴기준은 다음과 같이 나타낼 수 있다.

$$f = p\sin\phi + c\cos\phi - \tau = 0 \tag{9-120}$$

위의 식을 (9-115)식에 대입하면 에너지소산을 구할 수 있다.

$$\mathbb{D} = tr(TD) = \frac{\cos\phi}{\sin\nu}[p\sin(\phi-\nu) + c\cos(\phi-\nu)]tr(D) \tag{9-121}$$

Drucker-Prager파괴기준에서는 마찰각 ϕ와 관계없이 점착력 $c=0$이면 에너지소산 $\mathbb{D}=0$이 되지만, (9-121)식의 에너지소산에 의하면 $c=0$에 대하여 에너지소산 $\mathbb{D}\neq 0$이며, $\phi\neq 0$에 대해서도 $\mathbb{D}\neq 0$인 것을 알 수 있다(Mehrabadi-Cowin, 1978).

9.5 Anand의 등방경화 이면전단유동칙(1983)

9.5.1 등방경화 이면전단유동칙의 가정

Spencer(1964[a])의 비압축성 이면전단유동칙, Mehrabadi-Cowin(1978)의 체적팽창 이면전단유동칙 등, 앞에서 기술한 유동칙은 흙을 등방성 강소성재료로서 속도 비의존적이며 마찰력과 팽창성만 가지고 있는 것으로 가정하여 정상전단유동에 대하여 해석한 것이다. Anand(1983)는 정상전단유동상태에 대해서만 제한적으로 적용되던 유동칙을 피크강도 이전단계의 거동까지 포함할 수 있도록 항복함수에 스칼라 경화변수(scalar hardening variable)를 도입하여 등방경화 거동을 모델링할 수 있는 등방경화 이면전단유동칙을 제안하였다. 그러나 Anand의 등방경화 이면전단유동칙은 처음으로 경화거동을 이면전단유동칙에 도입하였다는 점에서는 의미가 있지만, 지배방정식에 대하여 불량설정의 원인으로 지목되고 있는 응력회전속도(stress rotation rate)를 도입하였을 뿐만 아니라 응력특성곡선과 속도특성곡선의 방향이 일치하지 않기 때문에 불량설정을 야기하는 인자 1개를 더 추가함으로서 극히 제한적인 용도로만 적용할 수밖에 없다는 것이 큰 단점이다(Harris, 2012). 비록 Anand의 유동칙이 실용적인 면에서는 다소 미흡하지만 여기서는 이면전단유동칙에 흙의 경화거동을 도입하는 하나의 방법을 예시하기 위하여 Anand의 등방경화 이면전단유동칙을 간추려서 기술하고자 한다.

입상체인 흙의 거동을 연속체역학을 기반으로 해석한 고전적인 소성이론에서는 유발된 응력이 변형률속도나 재하속도와는 관계가 없는 속도 비의존적이며 등방성이라는 기본적인 가정 이외에도, 흙의 전단거동에 대하여 2개의 가정을 더 추가하였다. 첫째는, 피크강도 이전에 발생하는 미소변형에 대하여 경화성재료로 가정함으로서 정수압과 관계있는 항복이면서 동시에 다일레이턴시도 함께 고려하는 것이고 둘째는, 피크강도 이후에 발생하는 대변형 즉, 정상전단유동상태의 변형에 대해서는 강소성재료로 가정함으로서 정수압과 관계있는 항복이지만 다일레이턴시는 배제한다는 것이다. 그러나 시험결과에 의하면 다일레이턴시에 대한 실측치는 피크강도 이전의 미소변형이나 정상전단유동상태의 대변형에 대하여 모두 관련유동칙을 적용하여 예측된 다일레이턴시와 큰 차이가 있으며, 흙의 거동은 비법선칙이고 응력과 변형률속도의 주축이 일치하지 않는 비공동축 거동을 보이는 것으로 밝혀졌다(Anand, 1983).

Mehrabadi-Cowin(1980)은 1978년 그들이 제안한 정상전단유동상태에 대한 체적팽창 이면전단유동칙과 Rudnicki-Rice(1975)의 피크강도 이전의 국소변형 해석을 위한 항복정점유동칙의 변수를 비교하여 위의 두 가지 추가적인 가정을 포함하면서 비법선칙 및 비공동축조건을 적용한 **수정항복정점유동칙**(modified yield vertex flow rule)을 제시하였다. 여기서는 Mehrabadi-Cowin(1980)이 제안한 수정항복정점유동칙을 Spencer (1964[a]; 1982)와 Mehrabadi-Cowin(1978)이 제안한 비경화성 유동칙과 함께 검토하고 항복함수에 스칼라 경화변수(scalar hardening variable)를 도입하여 등방경화 이면전단유동칙을 수립하였다. 또한 일반적으로 항복곡면에서 변형률속도의 방향은 법선방향이 아니라는 것과, 축차변형률속도는 가산적인 2개의 성분으로 분해할 수 있으며 축차응력공간의 응력점에서 **특이성 소성퍼텐셜곡면**(singular plastic potential surface)의 2개의 접평면으로부터 각각 법선방향을 향한다는 것을 제시하고자 한다. 특이성 소성퍼텐셜곡면의 꼭짓점(=정점)은 항복곡면에 있는 응력점과 함께 이동함으로서 주응력축의 방향이 바뀌면 꼭짓점도 방향이 바뀌게 되는데, 이것을 시각화하기 위하여 소성퍼텐셜곡면의 꼭짓점 이동을 기하학적으로 해석하였다. 이론 전개과정에서 인장응력을 양(+)으로 취하였으며, 원점 O와 정규직교 기저벡터 (e_1, e_2)를 고정 직교좌표계로 취하여 벡터나 텐서 및 스칼라성분의 행렬을 표시하였다. Anand는 등방경화 이면전단유동칙을 제안하면서 비경화성 유동칙, 등방경화 유동칙, 유동칙의 기하학적 해석, 국소화(localization)에 따른 전단대 형성 등의 이론을 제시하였지만, 여기서는 유동칙에 대해서만 발췌하여 기술하였다.

9.5.2 비경화성 이면전단유동칙의 해석

Anand(1983)가 제시한 비경화성 이면전단유동칙은 1981년 Nemat-Nasser 등이 제안한 유동칙의 특수한 경우로서, 그들이 제안한 유동칙은 Asaro(1979)가 대칭성 이면전단(symmetric double slip)이 발생하는 단결정의 취성재료(ductile single crystal material)에 대하여 제안한 유동모델에 바탕을 둔 것이다. 결정성인 금속재료에 대한 전단계(slip system)는 결정격자와 관련된 우선평면(preferred plane)과 우선방향을 따라서 발생하지만, 흙의 전단방향 $\bar{\eta}$는 아래와 같이 최대주응력축에 대하여 2개의 대칭성 우선방향을 따라서 발생하는 것으로 가정한다[(8-23)식, (8-77)식 참조].

$$\bar{\eta}=\pm\left(\frac{\pi}{4}+\frac{\bar{\xi}}{2}\right) \tag{9-122}$$

식에서 $\bar{\xi}$는 $-2/\pi<\bar{\xi}<\pi/2$이며, 이면전단모델에서 전단응력 작용방향과 관련된 전단각으로서 미세구조적인 특성을 고려하여 시험을 통하여 결정되는 재료상수이다. 또한 전단각 $\bar{\xi}=\phi$이면 응력특성곡선을 나타내는 (9-7)식과 동일한 식이 된다. 응력 T의 주방향을 $(\hat{e}_1,\hat{e}_2)$, 대응하는 주응력을 (σ_1,σ_2), 고정 직교좌표계의 e_1-축과 최대주응력축인 $\hat{e}_1$-방향의 사잇각을 θ라 하면, 우선방향인 국소정규직교 방향쌍(direction pair, 또는 preferred local orthonormal direction pair) $(s^{(m)},n^{(m)})$는 다음과 같이 나타낼 수 있다($m=1,2$).

$$\begin{aligned}
s^{(1)} &= \cos\left(\theta-\frac{\pi}{4}-\frac{\bar{\xi}}{2}\right)e_1+\sin\left(\theta-\frac{\pi}{4}-\frac{\bar{\xi}}{2}\right)e_2\\
n^{(1)} &= \cos\left(\theta+\frac{\pi}{4}-\frac{\bar{\xi}}{2}\right)e_1+\sin\left(\theta+\frac{\pi}{4}-\frac{\bar{\xi}}{2}\right)e_2\\
s^{(2)} &= \cos\left(\theta+\frac{\pi}{4}+\frac{\bar{\xi}}{2}\right)e_1+\sin\left(\theta+\frac{\pi}{4}+\frac{\bar{\xi}}{2}\right)e_2\\
n^{(2)} &= \cos\left(\theta-\frac{\pi}{4}+\frac{\bar{\xi}}{2}\right)e_1+\sin\left(\theta-\frac{\pi}{4}+\frac{\bar{\xi}}{2}\right)e_2
\end{aligned} \tag{9-123}$$

식에서 $s^{(m)}$은 m-번째 전단방향, $(s^{(m)},n^{(m)})$은 m-번째 방향쌍의 전단계이다. 또한 m-번째 전단계의 전단응력성분과 수직응력성분은 각각 다음과 같이 나타낼 수 있다.

$$\tau^{(m)}=s^{(m)}Tn^{(m)},\quad \sigma^{(m)}=-n^{(m)}Tn^{(m)} \tag{9-124}$$

(9-123)식에 의해서 전단방향에 대한 응력성분은 각각 다음과 같다.

$$\tau^{(1)} = \tau^{(2)} = \tau\cos\bar{\xi}, \quad \sigma^{(1)} = \sigma^{(2)} = p - \tau\sin\bar{\xi} \tag{9-125}$$

식에서 전단응력 τ와 2차원 평균응력 p는 각각 다음과 같다(인장: +; $\sigma_1 \geq \sigma_2$).

$$\tau = \frac{1}{2}(\sigma_1 - \sigma_2) \geq 0, \quad p = -\frac{1}{2}(\sigma_1 + \sigma_2) \tag{9-126}$$

두 정방행렬 $L = [L_{mn}]$과 $M = [M_{mn}]$의 내적은 다음과 같이 정의한다($m, n = 1,2$).

$$L \cdot M = \sum_{m,n=1}^{2} L_{mn} M_{mn} \tag{9-127}$$

또한 2차원 응력텐서 A의 편차응력텐서(deviator stress tensor)를 A'이라고 하면, $A' = A - (1/2)tr(A)I$이므로 (9-126)식은 각각 다음과 같이 나타낼 수 있다(I: 단위행렬; $tr(\ )$: 대각합).

$$\tau = +\left[\left(\frac{1}{2}\right)T' \cdot T'\right]^{1/2}, \quad p = -\frac{1}{2}tr(T) \tag{9-128}$$

(9-125)식을 이용해서 재료의 항복에 대한 제한조건을 설정할 수 있다.

$$\tau\cos\bar{\xi} \leq [c + \tan\phi(p - \tau\sin\bar{\xi})] \tag{9-129}$$

식에서 점착력 $c \geq 0$이고 마찰각 $0 \leq \phi \leq \pi/2$이다. (9-129)식은 다음과 같이 나타낼 수도 있다.

$$y = [\tau - s(p)] \leq 0 \tag{9-130}$$

식에서, $s(p) = \dfrac{c\cos\phi}{\cos(\bar{\xi} - \phi)} + p\dfrac{\sin\phi}{\cos(\bar{\xi} - \phi)}$

위의 식에서 $\bar{\xi} = \phi$이면 (8-13)식이나 (9-120)식과 동일한 식이 된다. 또한 전단각 $\bar{\xi}$는 다음의 추가적인 조건을 충족시키는 것으로 가정한다.

$$-\frac{\pi}{2} < (\bar{\xi} - \phi) < \frac{\pi}{2} \tag{9-131}$$

압력민감도 매개변수(pressure sensitivity parameter) $\bar{\mu}$는 편도함수로서 $0 \leq \bar{\mu} < 1$의 값을 가진다.

$$\bar{\mu} = s_p = \frac{\sin\phi}{\cos(\bar{\xi} - \phi)} \tag{9-132}$$

(9-130)식에서 $y<0$이면 재료는 강체상태이고 $y=0$이면 항복상태가 되며, 항복상태에서는 재료가 방향쌍 $(s^{(m)}, n^{(m)})$을 따라서 팽창성 전단거동에 의해서 변형이 발생하는 것으로 가정한다($m=1,2$). 따라서 항복상태에서 전단계(shear system)는 잠재적으로 활동적이며(potentially active), 항복상태의 요소라면 어떤 미소변형이라도 두 가지 방법의 연산을 이용하여 나타낼 수 있다. 첫째, 재료의 변형은 2개의 전단계에서 전단변형률속도 $\dot{\gamma}^{(m)} \geq 0$인 2개의 단순전단에 의하여 발생하고, 이 전단은 전단방향에 수직으로 $\dot{\delta}^{(m)}$의 팽창속도를 수반하게 되며(de Jong, 1977), $\dot{\gamma}^{(m)}=0$이면 $\dot{\delta}^{(m)}=0$이다. 항복상태의 요소에 대한 미소변형의 첫째 단계에서 생성되는 변형률속도 D와 회전속도 W는 각각 다음과 같다(Anand, 1983).

$$\text{변형률속도 } D: \sum_{m=1}^{2} \dot{\gamma}^{(m)} A^{(m)}, \quad \text{회전속도 } W: \sum_{m=1}^{2} \dot{\gamma}^{(m)} B^{(m)} \tag{9-133}$$

식에서, $A^{(m)} = sym\left[s^{(m)} \otimes n^{(m)}\right] + \tan\nu^{(m)}\left[n^{(m)} \otimes n^{(m)}\right]$

$$B^{(m)} = skw\left[s^{(m)} \otimes n^{(m)}\right], \quad \tan\nu^{(m)} = \frac{\dot{\delta}^{(m)}}{\dot{\gamma}^{(m)}}$$

식에서 「sym」은 대칭부분, 「skw」는 비대칭부분을 나타내고 기호 「$\otimes$」는 텐서곱, $\nu^{(m)}$는 변형률속도를 이용하여 나타낸 팽창각이다. 위의 식에 의하여 계산된 재료의 변형 때문에 고정좌표계에 대하여 방향쌍 $(s^{(m)}, n^{(m)})$의 방향이 바뀌는 것은 아니다. 둘째, 재료가 전단계에 고정된다면 전단계에 대해서는 다음의 회전속도 $W^{(*)}$가 주어져야 한다.

$$\dot{s}^{(m)} = W^{(*)} s^{(m)}, \quad \dot{n}^{(m)} = W^{(*)} n^{(m)} \tag{9-134}$$

위의 두 식으로부터 변형률속도 D는 첫째 단계에서만 생성된다는 것을 알 수 있다.

$$D = \sum_{m=1}^{2} \dot{\gamma}^{(m)} A^{(m)} \tag{9-135}$$

회전속도 W는 첫째 단계뿐만 아니라 둘째 단계에서도 생성된다.

$$W = \sum_{m=1}^{2} \dot{\gamma}^{(m)} B^{(m)} + W^{(*)} \tag{9-136}$$

(9-133)식에서 팽창각 $\nu^{(m)}$은 de Jong(1977)과 Mehrabadi-Cowin(1978)이 제시한 것과 같이 다음 식으로 가정한다.

$$\nu^{(1)} = \nu^{(2)} = \nu \tag{9-137}$$

또한 팽창각 ν는 변형이력의 함수로서 다음 범위의 값이어야 한다.

$$-\frac{\pi}{2} < \nu < \frac{\pi}{2}, \quad -\frac{\pi}{2} < (\bar{\xi} - \nu) < \frac{\pi}{2} \tag{9-138}$$

고정 직교좌표계에 대한 전단계 $(s^{(m)}, n^{(m)})$의 방향은 θ와 함께 바뀌기 때문에(전단각 $\bar{\xi}$는 일정한 것으로 가정함), (9-123)식과 (9-134)식으로부터 고정기저 (e_1, e_2)에 대한 회전속도텐서 $W^{(*)}$의 성분행렬을 구할 수 있다.

$$W^{(*)} = \Omega \bar{E} \tag{9-139}$$

식에서, $\bar{E} = \begin{vmatrix} 0 & -1 \\ 1 & 0 \end{vmatrix}$

(9-123)식과 (9-133)식으로부터 $A^{(m)}$와 $B^{(m)}$의 성분행렬은 다음과 같다.

$$\begin{aligned} A^{(1)} &= \frac{1}{\cos\nu}\{\cos[2\theta - (\bar{\xi} - \nu)] I_1 + \sin[2\theta - (\bar{\xi} - \nu)] I_2 - \sin\nu I_3\} \\ A^{(2)} &= \frac{1}{\cos\nu}\{\cos[2\theta + (\bar{\xi} - \nu)] I_1 + \sin[2\theta + (\bar{\xi} - \nu)] I_2 - \sin\nu I_3\} \\ B^{(1)} &= -\frac{1}{2}\bar{E}, \quad B^{(2)} = \frac{1}{2}\bar{E} \end{aligned} \tag{9-140}$$

식에서, $I_1 = \frac{1}{2}\begin{vmatrix} 1 & 0 \\ 0 & -1 \end{vmatrix}$, $I_2 = \frac{1}{2}\begin{vmatrix} 0 & 1 \\ 1 & 0 \end{vmatrix}$, $I_3 = \frac{1}{2}\begin{vmatrix} -1 & 0 \\ 0 & -1 \end{vmatrix}$

위의 식에서 행렬 $I_i (i = 1,2,3)$는 $i \neq j$이면 $I_i \cdot I_j = 0$ 로서 서로 직교한다. 또한 θ와 Ω, 축차응력텐서 T'과 T'의 물질시간도함수 $\breve{T}'$ 사이에는 다음의 관계가 있다.

$$\begin{aligned} \sin 2\theta &= \frac{T'_{12}}{\tau}, \\ \cos 2\theta &= \frac{T'_{11} - T'_{22}}{2\tau} \\ \Omega &= \frac{(T'_{11} - T'_{22})\breve{T}'_{12} - T'_{12}(T'_{11} - T'_{22})}{4\tau^2} \end{aligned} \tag{9-141}$$

(1-163)식을 이용하여 축차응력텐서 T'에 대한 Jaumann응력속도 $\hat{T}'$은 다음과 같다.

$$\hat{T}' = \breve{T}' - WT' + T'W \tag{9-142}$$

(9-133)식, (9-136)식, (9-139)식 및 (9-140)식으로부터 회전속도텐서의 성분행렬은 다

음과 같다.

$$W = \frac{\Omega - \left(\dot{\gamma}^{(1)} - \dot{\gamma}^{(2)}\right)}{2}\overline{E} \tag{9-143}$$

위의 식으로부터 다음 식을 얻을 수 있다.

$$\left(\dot{\gamma}^{(1)} - \dot{\gamma}^{(2)}\right) = 2\left(W_{12} + \Omega\right) \tag{9-144}$$

(9-141~144)식으로부터 전단변형률속도의 차 $\left(\dot{\gamma}^{(1)} - \dot{\gamma}^{(2)}\right)$의 값을 구할 수 있다.

$$\left(\dot{\gamma}^{(1)} - \dot{\gamma}^{(2)}\right) = \frac{(\cos 2\theta) 2\hat{T}'_{12} - (\sin 2\theta)\left(\hat{T}'_{11} - \hat{T}'_{22}\right)}{2\tau} \tag{9-145}$$

또한 **등가전단변형률속도**(equivalent shear strain rate)의 합인 $\dot{\gamma}\left(=\dot{\gamma}^{(1)} + \dot{\gamma}^{(2)}\right)$은 다음과 같다.

$$\dot{\gamma} = \left[\frac{\left(\dot{\gamma}^{(1)} + \dot{\gamma}^{(2)}\right)\cos\left(\overline{\xi} - \nu\right)}{\cos\nu}\right] \geq 0 \tag{9-146}$$

전단변형률속도 $\dot{\gamma}^{(m)} \geq 0$으로 가정하였으므로 (9-138)식에 의하여 $\dot{\gamma} \geq 0$ 이고 $\dot{\gamma} = 0$ 이면 $\left(\dot{\gamma}^{(1)} - \dot{\gamma}^{(2)}\right) = 0$이 된다. (9-135)식과 (9-140)식으로부터 축차변형률속도행렬 D'은 다음과 같이 분해할 수 있다.

$$D' = \overline{D}^{(1)} + \overline{D}^{(2)} \tag{9-147}$$

식에서, $\overline{D}^{(1)} = \left(\frac{\dot{\gamma}^{(1)}}{\cos\nu}\right)\overline{N}^{(1)}$, $\overline{D}^{(2)} = \left(\frac{\dot{\gamma}^{(2)}}{\cos\nu}\right)\overline{N}^{(2)}$

$$\overline{N}^{(1)} = \left[\cos\left\{2\theta - \left(\overline{\xi} - \nu\right)\right\}I_1 + \sin\left\{2\theta - \left(\overline{\xi} - \nu\right)\right\}I_2\right]$$

$$\overline{N}^{(2)} = \left[\cos\left\{2\theta + \left(\overline{\xi} - \nu\right)\right\}I_1 + \sin\left\{2\theta + \left(\overline{\xi} - \nu\right)\right\}I_2\right]$$

(9-145~147)식에 의해서 축차변형률속도행렬 D'은 다음과 같이 분해할 수도 있다.

$$D' = D^{(1)} + D^{(2)} \tag{9-148}$$

식에서, $\overline{D}^{(1)} = \dot{\gamma}\,\overline{N}^{(1)}$, $\overline{D}^{(2)} = -S(\dot{\gamma})\left[\frac{\sin\left(\overline{\xi} - \nu\right)}{\tau\cos\nu}\right]\left(\hat{T}' \cdot N^{(2)}\right)\overline{N}^{(2)}$

$$N^{(1)} = \left(\cos 2\theta I_1 + \sin 2\theta\, I_2\right), \quad N^{(2)} = \left(\sin 2\theta I_1 - \cos 2\theta\, I_2\right)$$

식에서 $S(\dot{\gamma})$는 부호함수로서 등가전단변형률속도 $\dot{\gamma} = 0$이면 $S(\dot{\gamma}) = 0$, $\dot{\gamma} > 0$이면 $S(\dot{\gamma}) = 1$

이고, $N^{(1)}$과 $N^{(2)}$는 서로 직교한다($N^{(1)} \bullet N^{(2)}=0$). $D^{(3)}$를 $(1/2)tr(D)I$에 대응하는 성분행렬이라고 하면, (9-135)식, (9-140)식 및 (9-146)식을 이용하여 다음 식을 얻을 수 있다.

$$D^{(3)}=-\overline{\beta}\dot{\gamma}I_3 \tag{9-149}$$

식에서, $\overline{\beta}=\dfrac{\sin\nu}{\cos(\overline{\xi}-\nu)}$, $-1<\overline{\beta}<1$

여기서 $\overline{\beta}$는 **팽창매개변수**(dilatancy parameter)이다. 따라서 (9-148~149)식으로부터 변형률속도 D의 성분행렬은 다음과 같다.

$$D=\dot{\gamma}\left(N^{(1)}-\overline{\beta}I_3\right)-S(\dot{\gamma})\left[\frac{\sin(\overline{\xi}-\nu)}{\tau\cos\nu}\right]\left(\hat{T}'\bullet N^{(2)}\right)N^{(2)} \tag{9-150}$$

결과적으로 I_3는 $-(1/2)I$의 성분행렬, $N^{(1)}$은 $(T'/2\tau)$의 성분행렬이고 $N^{(m)}$에 대응하는 단위행렬은 $\sqrt{2N^{(m)}}$이기 때문에 위의 식은 아래와 같이 나타낼 수 있다.

$$D=\dot{\gamma}P+S(\dot{\gamma})\frac{1}{2K_P^V}\left[\hat{T}'-\left(\hat{T}'\bullet T'\right)\frac{T'}{2\tau^2}\right] \tag{9-151}$$

식에서, $P=\left(\dfrac{T'}{2\tau}+\dfrac{1}{2}\overline{\beta}I\right)$, $K_P^V=-\left[\dfrac{\tau\cos\nu}{\sin(\overline{\xi}-\nu)}\right]$

위의 식에서 $\dot{\gamma}\geq 0$이고 $S(\dot{\gamma})$는 부호함수이며, K_P^V은 정점계수(vertex modulus) 또는 비공동축 매개변수(non-coaxiality parameter)라고 하는데, Rudnicki-Rice(1975)가 제안한 항복정점이론의 제2소성계수$\left(K_P^1\right)$에 해당하는 계수이다. 응력파워(stress power), 즉 응력에 의한 단위체적당 에너지소산 $T\bullet D$는 다음과 같이 분리하여 나타낼 수 있다(인장: +).

$$T\bullet D=T\bullet D'-p\,tr(D) \tag{9-152}$$

식에서 $T\bullet D'$은 축차에너지소산이고 $p\,tr(D)$는 체적에너지소산이다. 여기서 $\dot{\gamma}>0$이면 (9-151)식에서 우측 첫째 항만 에너지소산과 관계된다.

$$T\bullet D=\dot{\gamma}(\tau-\overline{\beta}p) \tag{9-153}$$

(9-151)식으로부터 $D=\overline{\beta}\dot{\gamma}$이므로 (9-152~153)식에 의하여 축차에너지소산은 다음과 같다.

$$T \cdot D' = \tau \dot{\gamma} \tag{9-154}$$

(9-146)식에서 $\dot{\gamma} \geq 0$이고 $\tau \geq 0$이기 때문에 전단시 축차에너지소산은 항상 양의 값을 가지는데, 역으로 만약 전단시 축차에너지소산이 항상 양의 값이라면 (9-154)식으로부터 다음과 같이 나타낼 수 있다.

$$\dot{\gamma} = \frac{T \cdot D'}{\tau} \geq 0 \tag{9-155}$$

실제로 위의 식으로 주어지는 등가전단변형률속도 $\dot{\gamma}$에 대한 정의가 (9-146)식에 의한 것보다 더 편리하다. 마지막으로 (9-153)식과 (9-155)식 또는 (9-146)식으로부터 다음과 같이 팽창매개변수 $\overline{\beta}$에 대한 제한조건을 얻을 수 있다.

$$\overline{\beta} \leq \frac{\tau}{p} \tag{9-156}$$

따라서 평균응력 p인 일정한 구속압력하에서 초기 즉 전단응력 $\tau = 0$에서 $\overline{\beta}$는 항상 음의 값을 가지므로 느슨하거나 조밀한 흙은 초기에 모두 밀실해지는 경향이 있다. 또한 (9-130)식과 (9-132)식으로부터 $\overline{\beta} \leq \overline{\mu}$이다. 비팽창성재료에 대하여 등가전단변형률속도 $\dot{\gamma}$는 결정할 수 없기 때문에 (9-151)식에서 $\dot{\gamma} > 0$에 대한 경우를 제거하면 된다. (9-151)식에 대각합을 취하고 (9-155)식을 이용하면 다음 식을 구할 수 있다.

$$tr(D) = \overline{\beta} \frac{T \cdot D'}{\tau} \tag{9-157}$$

또한 (9-151)식에 T를 우측에서 순차적으로 곱한 식(pre-multiplying)에서 T를 좌측에서 순차적으로 곱한 식(post-multiplying)을 감하면 $\dot{\gamma}$를 제거할 수 있다.

$$(T\hat{T} - \hat{T}T) = \left[\frac{2\tau \cos \nu}{\sin(\overline{\xi} - \nu)}\right](DT - TD) \tag{9-158}$$

고정기저 (e_1, e_2)에 대하여 계산하면 (9-157~158)식은 각각 다음과 같이 나타낼 수 있다.

$$(D_{11} + D_{22}) = \left[\frac{\sin \nu}{\cos(\overline{\xi} - \nu)}\right]\left[(D_{11} - D_{22})\cos 2\theta + 2D_{12}\sin 2\theta\right] \tag{9-159}$$

$$(W_{12} + \Omega) = \left[\frac{\cos \nu}{2\sin(\overline{\xi} - \nu)}\right]\left[(D_{11} - D_{22})\sin 2\theta - 2D_{12}\cos 2\theta\right] \tag{9-160}$$

위의 식에서 전단각($\overline{\xi}$)과 마찰각(ϕ)이 일정하다면 위의 두 식은 Mehrabadi-Cowin

(1978)이 유도한 속도방정식인 (9-107)식 및 (9-108)식과 각각 일치하고, 추가적으로 팽창각 $\nu=0$이라면 Spencer가 제시한 (9-25)식 및 (9-26)식과 각각 동일하다. 또한 전단각과 팽창각이 0이면 즉, $\bar{\xi}=\nu=0$이면 Hill(1950)의 식과 같게 된다.

9.5.3 등방경화 이면전단유동칙의 유도

흙의 경화성거동을 모델링하기 위해서는 마찰각(ϕ)과 점착력(c)이 일정한 값이 아니라 $\phi=\hat{\phi}(\rho,\gamma)$ 및 $c=\hat{c}(\rho,\gamma)$인 것으로 가정한다. 밀도 ρ와 **누적전단변형률**(accumulated shear strain) γ는 경화변수(hardening variable)로서 각각 다음과 같다(Anand, 1983).

$$\dot{\rho}(t)=-\rho(t)\,tr(D(t)),\qquad \rho(0)=\rho_0 \tag{9-161}$$

$$\dot{\gamma}(t)=\left[\frac{T(t)\cdot D'(t)}{\tau(t)}\right],\qquad \gamma(0)=0 \tag{9-162}$$

위의 식과 함께 (9-130)식의 항복조건은 다음과 같이 나타낼 수 있다.

$$y=[\tau-s(p,\rho,\gamma)]\le 0 \tag{9-163}$$

식에서, $s(p,\rho,\gamma)=\dfrac{c\cos\phi}{\cos(\bar{\xi}-\phi)}+p\dfrac{\sin\phi}{\cos(\bar{\xi}-\phi)}$

$$\phi=\hat{\phi}(\rho,\gamma),\quad 0\le\phi<\pi/2$$

$$c=\hat{c}(\rho,\gamma),\quad c\ge 0$$

편도함수 $\bar{\mu}=s_p$, $H^*=s_\rho$, $H^\dagger=s_\gamma$는 각각 압력민감도 매개변수, **체적소성계수**(volumetric hardening modulus) 및 축차소성계수(distortional hardening modulus)이다. 항복상태를 유지하기 위해서는 $y=0$뿐만 아니라 무모순조건에 의하여 $dy=\dot{y}=0$이 되어야 하므로 다음 식이 성립해야 한다.

$$\dot{y}=\dot{\tau}-\bar{\mu}\dot{p}-H^*\dot{\rho}-H^\dagger\dot{\gamma}=0 \tag{9-164}$$

(9-126)식, (9-151)식, (9-161)식 및 (9-162)식에 의해서 위의 식은 다음과 같이 나타낼 수 있다.

$$y^*=\overline{K}_P\,\dot{\gamma} \tag{9-165}$$

식에서 y^*는 재하속도(loading rate), $\overline{K}_P$는 유효소성계수(effective hardening modulus)이며 각각 다음과 같다.

$$y^{*} = Q \cdot \hat{T} \tag{9-166}$$

$$\overline{K}_P = (H^{\dagger} - \rho\beta H^{*}) \tag{9-167}$$

또한 다음 식은 항복곡면의 응력점에서 외측으로 향하는 법선성분을 나타낸다.

$$Q = \left(\frac{T'}{2\tau} + \frac{1}{2}\overline{\mu} I\right) \tag{9-168}$$

따라서 (9-151)식, (9-155)식 및 (9-165)식으로부터 유효소성계수 $\overline{K}_P$의 부호에 따라서 서로 다른 형태의 유동칙을 얻을 수 있다(Anand, 1983).

① $\overline{K}_P > 0$

- $y = 0$ 및 $y^{*} > 0$인 경우 :

$$D = \left[\overline{K}_P\right]^{-1}(Q \cdot \hat{T})P + \frac{1}{2K_P^V}\left[\hat{T}' - (\hat{T}' \cdot T')\frac{T'}{2\tau^2}\right] \tag{9-169}$$

- $y < 0$ 또는 $y = 0$ 및 $y^{*} \leq 0$인 경우 : $D = 0$

② $\overline{K}_P = 0$: 비경화성재료

- $y = 0$ 및 $y^{*} = 0$인 경우 : $D = \dot{\gamma}P + \frac{1}{2K_P'}\left[\hat{T}' - (\hat{T}' \cdot T')\frac{T'}{2\tau^2}\right]$, $\dot{\gamma} > 0$ (9-170)
- $y < 0$ 또는 $y = 0$ 및 $y^{*} \leq 0$인 경우 : $D = 0$

③ $\overline{K}_P < 0$

- $y = 0$ 및 $y^{*} < 0$인 경우 :

$$D = \left[\overline{K}_P\right]^{-1}(Q \cdot \hat{T})P + \frac{1}{2K_P^V}\left[\hat{T}' - (\hat{T}' \cdot T')\frac{T'}{2\tau^2}\right] \tag{9-171}$$

- $y < 0$ 또는 $y = 0$ 및 $y^{*} \leq 0$인 경우 : $D = 0$

식에서 유효소성계수 $\overline{K}_P \leq 0$인 경우에는 재하속도 $y^{*} > 0$은 허용되지 않는다. 위의 유동칙은 Rudnicki-Rice(1975)가 제안한 유동칙과 동일한 형태이다.

9.5.4 등방경화 이면전단유동칙의 기하학적 해석

유동칙에 대한 기하학적 해석은 (9-147)식, (9-148)식 및 (9-149)식의 행렬분해를 이용하면 된다. 원점이 O이고 직교기저가 $\{I_1, I_2, I_3\}$인 응력공간에 위치한 직교좌표계에서 응력점인 T의 성분은 다음과 같이 나타낼 수 있다(Anand, 1983).

$$T_i = (T - O) \cdot I_i, \quad (i = 1, 2, 3) \tag{9-172}$$

식에서, $T_1 = \frac{1}{2}(T'_{11} - T'_{22})$, $T_2 = T'_{12}$, $T_3 = -\frac{1}{2}(T_{11} + T_{22})$

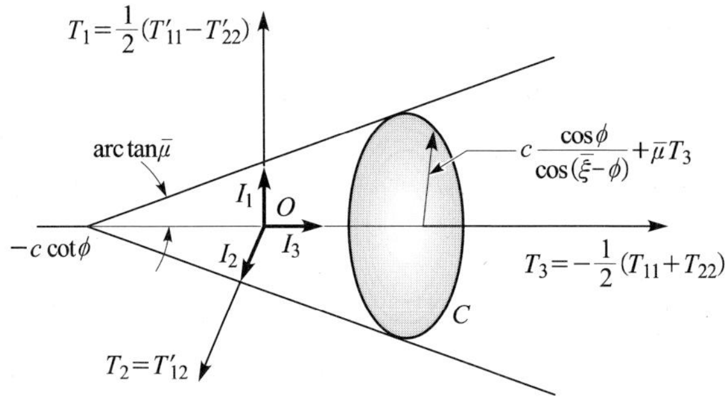

〈그림 9-19〉 응력공간의 원뿔형 항복곡면 (Anand, 1983)

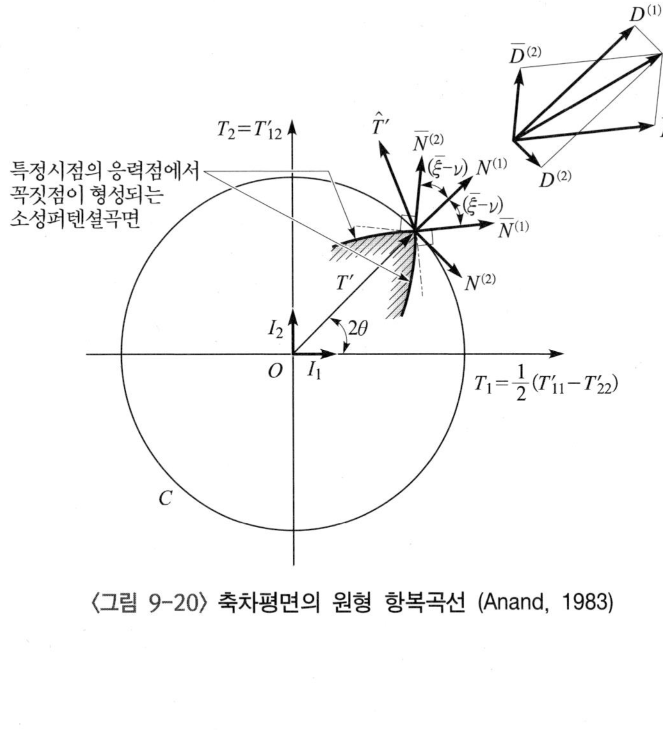

〈그림 9-20〉 축차평면의 원형 항복곡선 (Anand, 1983)

따라서 밀도 ρ와 누적전단변형률 γ가 일정하다면 (9-163)식에 대응하는 항복곡면은 다음의 직원뿔이 된다.

$$\sqrt{\left(T_1^2+T_2^2\right)}=\left[c\frac{\cos\phi}{\cos\left(\bar{\xi}-\phi\right)}+\bar{\mu}T_3\right] \tag{9-173}$$

위의 식에 의한 직원뿔은 〈그림 9-19〉와 같이 3차원 응력공간에서 꼭짓점이 $T_3=-c\cot\phi$, 반꼭지각이 $\arctan\bar{\mu}$, 반경이 (9-173)식의 우변과 같은 모양이 된다. (9-173)식의 직원뿔과 「$T_3=$일정」인 평면의 교점은 〈그림 9-20〉과 같이 원 C가 된다. 〈그림 9-20〉은 항복곡선인 원 C에 대하여 (9-147)식과 (9-148)식의 축차변형률속도 D'을 분해하여 나타낸 것이다. (9-141)식과 (9-172)식으로부터 $\tan 2\theta=2T'_{12}/\left(T'_{11}-T'_{22}\right)=T_2/T_1$이기 때문에 특정시점의 항복곡면에 위치하고 있는 재하점의 위치벡터는 〈그림 9-20〉의 축차평면에서 기저벡터 I_1에 대하여 2θ의 각을 이루고 있다. 따라서 (9-148)식으로 정의된 벡터 $N^{(1)}$과 $N^{(2)}$는 항복곡선 C의 특정시점의 응력점에서 각각 법선 및 접선방향으로 작용하고, (9-147)식의 벡터 $\overline{N}^{(1)}$과 $\overline{N}^{(2)}$는 $N^{(1)}$에 대하여 $\mp\left(\bar{\xi}-\nu\right)$의 각을 이루게 된다. 또는 벡터 $\overline{N}^{(1)}$과 $\overline{N}^{(2)}$는 특정시점의 응력점에서 꼭짓점이 형성되는 특이성 소성퍼텐셜곡면의 2개의 접평면에 대한 법선벡터라고 할 수 있다. 꼭짓점의 뾰족한 정도는 $\left(\bar{\xi}-\nu\right)$의 값에 따라서 결정되며 $\left(\bar{\xi}-\nu\right)=0$이면 소성퍼텐셜곡면은 특이성을 보이지 않게 된다. 〈그림 9-20〉에서 축차변형률속도 D'의 $D^{(2)}$는 $0<\left(\bar{\xi}-\nu\right)<\pi/2$이라면 $N^{(1)}$에 수직인 $\hat{T}'$에 반대방향을 향한다는 것에 주의해야 한다. 〈그림 9-21〉은 원뿔형 항복곡면과 $I_3-N^{(1)}$평면의 교점을 보여주는 것이다. 그림에 변형률속도성분 $D^{(1)}$, $D^{(3)}$ 및 $D^{(1)}+D^{(3)}$를 표시하였으며 $D^{(2)}$는 이 평면에 수직방향으로 작용한다. 일반적으로 변형률속도 D는 특정시점의 응력점에서 항복곡면으로부터 법선방향으로 작용하지 않는다. 또한, $D^{(2)}\neq 0$이기 때문에 축차변형률속도텐서 D'과 축차응력텐서 T'의 주축방향이 일치하지 않는 비공동축이 되지만, 다음의 조건과 같이 $D^{(2)}=0$이면 공동축이 된다 (Anand, 1983).

- 조건① : 전단각과 팽창각이 동일한 경우$\left(\bar{\xi}=\nu\right)$ $\Leftarrow$(9-148)식 및 (9-151)식
- 조건② : 전단변형률속도가 2개의 전단계에서 동일한 경우$\left(\dot{\gamma}^{(1)}=\dot{\gamma}^{(2)}\right)$ $\Leftarrow$(9-145)식 및 (9-148)식

위의 첫째 조건에서는 정점계수 $K_P^V=\infty$가 되어 소성퍼텐셜곡면에서 꼭짓점이 발생하지

않는다. 둘째 조건은 (9-144)식으로부터 $W_{12} = -\Omega$인 특수한 거동에서 발생되며 이것은 고정된 주축에 회전속도가 없는 응력이 작용하는 경우이다. 비공동축의 정도는 응력 T와 변형률속도 D의 최댓값에 대응하는 방향의 편차각 i로 나타낼 수 있다. $\dot{\gamma}^{(m)} \geq 0$으로 가정하였기 때문에 편차각 i는 다음 부등식을 충족시켜야 한다.

$$-\frac{1}{2}(\bar{\xi}-\nu) \leq i \leq \frac{1}{2}(\bar{\xi}-\nu) \tag{9-174}$$

위와 같이 수립된 비법선의 비공동축유동칙은 기존의 유동칙과는 차이가 있다. 특히 Rudnicki-Rice(1975)가 제안한 항복정점이론에 의한 유동칙과 비교하면 두 유동칙의 형태는 동일하지만 여러 가지 측면에서 다르다. 예로서 여기서 제시한 정점계수, 즉 비공동축 매개변수 K_P^V은 전단응력 τ에 비례하는 계수로서 전단응력 τ와 팽창각 ν가 변하면서 응력과 변형이력에 따라 결정될 수 있는 값이다. 이에 반하여 Rudnicki-Rice (1975)가 제안한 유동칙에서는 정점계수에 해당하는 제2소성계수 K_P^1가 미지수이다. 또한 $\bar{\xi} = \nu$이면 정점계수 $K_P^V = \infty$가 되므로 변형률속도 D의 방향은 (9-151)식의 텐서 P에 의하여 주어지고 유동칙은 공동축이 되지만 비법선칙이다. 그러나 만약 $\bar{\xi} = \nu = \phi$라면 (9-166)식과 (9-169~171)식으로부터 $P = Q$이고 Drucker-Prager(1952)가 제안한 유동칙과 같게 된다(Q: 특정시점의 응력점에서 Mohr-Coulomb항복곡면으로부터 외측으로 향하는 법선성분). 추가적으로 $\bar{\xi} = \nu = \phi = 0$, 즉 마찰각과 팽창각이 0이고 전단이 주응력축과 $\pi/4$만큼 교차하여 발생한다면, 강소성재료에 대한 등방경화성 평면유동을 나타내는 고전적 유동칙이 된다.

(9-163)식의 항복조건과 평형방정식으로부터 얻을 수 있는 쌍곡선형 편미분방정식에 의하여 응력특성곡선은 최대주응력축과 $\pm[\pi/4 + \bar{\phi}/2]$만큼 교차하여 발생한다. 여기서 $\bar{\phi}$는 다음과 같다.

$$\bar{\phi} = \arcsin \bar{\mu} = \arcsin\left[\frac{\sin\phi}{\cos(\bar{\xi}-\phi)}\right] \tag{9-175}$$

Vardoulakis(1980) 등의 시험결과에 의하면 일반적으로 항복전 속도특성곡선은 응력특성곡선과 일치하지 않는 것으로 나타났다. Spencer(1964)의 비압축성 이면전단유동칙 등, 초기에 수립된 유동칙에서는 정상전단유동상태의 전단방향이 Mohr-Coulomb파괴기준 및 평형방정식에 의한 응력특성곡선인 $\pm(\pi/4 + \phi/2)$와 일치하는데, 이것은 「$\bar{\xi} = \phi =$

일정」이라는 가정을 전제로 하여 구한 것이며 이와 같은 가정이라면 여기서 제시한 속도 특성곡선도 응력특성곡선과 일치할 뿐 아니라 $\phi > \nu$이므로 정점계수 K_P^V은 음의 값이라는 것에 주의해야 한다. 그러나 일반적으로 $\bar{\xi} \neq \phi$이기 때문에 Oda-Iwashita(1999)는 Anand(1983)의 유동칙에 대하여 이면전단유동칙이 아니라 현상학적 유동칙이라고 하였다.

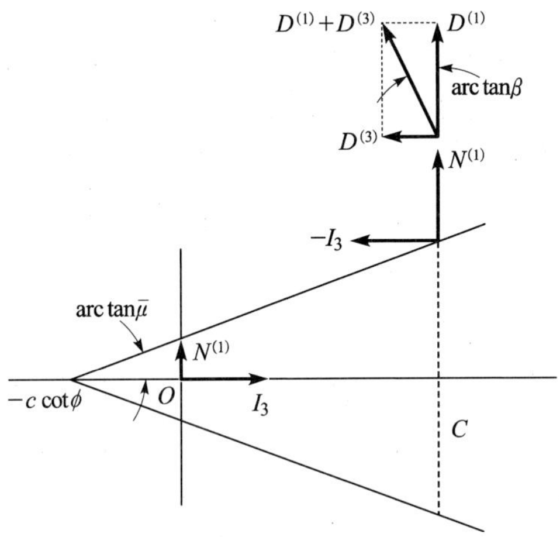

〈그림 9-21〉 $I_3 - N^{(1)}$ 평면의 항복곡선 (Anand, 1983)

9.6 이면전단유동칙의 발전과 문제점

9.6.1 이면전단유동칙의 역사와 발전

이면전단이론은 de Jong(1959)의 이면전단 메커니즘을 바탕으로 Spencer(1964)가 제시한 최초의 속도방정식인 비압축성 이면전단유동칙으로부터 시작되었다. Spencer의 이면전단이론에 따르면 응력특성곡선과 속도특성곡선은 일치하고 모든 변형은 2개의 응력특성곡선을 따라서 동시에 발생하는 전단으로 구성된다는 것이다. Spencer의 이면전단이론은 de Jong의 이면전단 메커니즘에서 회전속도를 응력각의 시간적인 변화속도로 고정하여 수립된 것으로서 공동축이론과는 달리 응력특성곡선을 따라서 전단이 발생하며 체적팽창도 크게 유발되지 않는다는 것이 장점이다. Spencer의 이면전단모델은 비압축성 재료에 대한 것이지만 경우에 따라서는 비압축성조건이 정상전단유동상태에서 공동축조건보다 더욱 합리적일 수도 있으며, 2개의 이론을 중력에 의한 유동(gravity driven flow)에 적용하는 경우라면 비압축성조건에 의한 속도장해석이 공동축조건에 의한 것보다 더욱 실측치에 가까운 값을 얻을 수 있다. 따라서 비록 Spencer의 비압축성 이면전단유동칙이 시험결과와는 일치하지 않는다고 하더라도 이면전단유동칙의 발전에 크게 기여한 것으로 평가할 수 있다(Hill & Selvadurai, 2005).

de Jong(1971)은 자신이 제안한 이면전단 메커니즘을 바탕으로 자유회전 이면전단유동칙을 제안하였지만 자유회전 이면전단유동칙은 구할 수 없는 미지수가 포함된 불완전한 속도방정식이기 때문에 시험결과에 근접한 값을 얻기 위해서는 추가적으로 운동학적 가정을 도입해야 한다. Spencer, de Jong 등이 제시한 초기의 이면전단유동칙은 비압축성 거동을 운동학적 가정으로 채택하여 연구가 수행되었다. 이어서 Spencer-Kingston (1973)은 거동시 응력공간에서 3방향으로 동일하게 체적이 팽창한다는 운동학적 가정과 함께 모든 방향으로 팽창하는 3방향 팽창을 제안함으로서 다일레이턴시까지 포함할 수 있도록 이면전단유동칙을 확장하였다. 또 다른 형태의 체적팽창 이면전단유동칙은 de Jong(1977; 1988), Mehrabadi-Cowin(1978), Harris(1985), Hill-Wu(1993) 등에 의하여 제안되었는데, 이들이 제안한 팽창은 전단면에서 수직 방향으로만 팽창하는 1방향 팽창이다. de Jong은 자신이 제안한 비압축성 자유회전 이면전단유동칙에 Rowe의 응력-다일레이턴시 관계식을 적용하여 팽창성 이면전단유동칙을 유도하였으며(de Jong, 1977), 후에 다시 한 번 마찰법칙을 이용하여 자유회전 이면전단유동칙에 팽창성 거동을 추가하였다(de Jong, 1988). Mehrabadi-Cowin(1978)도 Butterfield-Harkness의 운동학적 가정을 기반으로 팽창각 ν를 도입하여 Spencer의 비압축성 이면전단유동칙을 체적팽창까지 모델링할 수 있도록 확장하였다. 따라서 체적팽창 이면전단유동칙은 관련유동칙의 적용에 따른 과도한 체적팽창과 Spencer 등의 체적팽창이 없는 비압축성 이면전단유동칙 사이에 적절한 값을 얻기 위한 유동칙이라 할 수 있다(Tordesillas & Shi, 1999). Vermeer(1980)는 de Jong의 자유회전 이면전단유동칙의 불완전성은 재료를 강소성으로 고려하기 때문에 발생하는 것이라고 지적하고, 파괴전 단계(pre-failure stage)에 탄성거동을 추가하여 강소성거동을 탄소성거동으로 대체하여 새로운 버전의 자유회전 이면전단유동칙을 수립하고 유일해를 구할 수 있는 방법을 제시하였다. 팽창성 이면전단유동칙에 더하여 Anand(1983)는 항복과 관련된 매개변수를 경화매개변수로 처리하고 운동학적 요소만 고려하여 흙에 대한 등방경화 이면전단유동칙을 제시하였다. 또한 de Jong(1988)도 변형률속도를 탄성부분과 소성부분으로 나누어서 다음과 같은 탄소성 이면전단유동칙(elasto-plastic double sliding model)을 제안하였다.

$$\frac{\partial v_x}{\partial x}+\frac{\partial v_y}{\partial y}=+\frac{(a^*+b^*)\cos\phi\sin\nu}{F}-\frac{\dot{p}(1-2\upsilon)}{G}$$
$$\frac{\partial v_x}{\partial x}-\frac{\partial v_y}{\partial y}=+\frac{(a^*+b^*)\cos\phi}{F}-\frac{\dot{p}\sin\phi}{G}$$
$$\frac{\partial v_x}{\partial y}+\frac{\partial v_y}{\partial x}=+\frac{(a^*-b^*)\cos\phi\sin\nu}{F}+\frac{p\sin\phi(2\dot{\theta}-2\Omega)}{G} \quad (9\text{-}176)$$
$$\frac{\partial v_y}{\partial x}-\frac{\partial v_x}{\partial y}=+\frac{(a^*+b^*)\cos\phi}{F}+2\Omega=2\dot{\omega}$$

식에서 $F^2=1-\sin^2\phi\sin^2\nu$, p는 평균응력, a^*와 b^*는 팽창성 전단변형률속도, ϕ와 ν는 각각 마찰각 및 팽창각, υ과 G는 Poisson비 및 전단탄성계수이며 $(\dot{\ })$는 시간도함수 (d/dt)이다. Spencer(1982)와 Hill-Wu(1992)는 평면변형률조건에만 적용하던 이면전단유동칙을 축대칭 유동칙, Harris(1990)는 3차원 응력공간으로 확장하였으며, Tobita (1991)는 2개의 활동선을 따라서 서로 다른 항복조건을 도입하여 이방성 이면전단유동칙을 제시한 바 있다(Oda & Iwashita, 1999). 비록 특수한 경우에 제한적으로만 적용할 수 있는 유동칙이지만 Harris(1995[b])는 de Jong의 자유회전 이면전단유동칙, Mehrabadi-Cowin의 체적팽창 이면전단유동칙 및 소성퍼텐셜모델(plastic potential model) 등 3개의 유동칙을 통합한 이면전단유동칙을 제시한 바 있다.

Kamrin-Martin(2007)은 확률론적 유동칙(stochastic flow rule)을 제안하여 「입상체의 유동은 수많은 작은 개별적인 유동의 중첩으로 구성된다」고 하는 운동학적 가정을 채택하여, 공동축조건을 배제하고 입상체의 입자 덩어리가 2개의 전단대를 따라서 거동하는 것이 아니라 임의로 1개의 전단대를 선택하게 되고 소성변형의 크기는 지점별로 규모를 달리하여 발생한다고 제시한 바 있다. 〈표 9-1〉은 Drucker-Prager가 1952년 처음으로 관련유동칙과 공동축조건을 채택하여 흙의 유동칙을 발표한 이후 지금까지 흙에 적용한 주요한 유동칙과 그 특성을 나열한 것이다. 표에 제시한 유동칙 외에도 많은 유동칙이 있지만 동일한 유동칙에 대하여 해석방법을 달리하거나 유사한 조건을 전제로 하여 수립한 유동칙이 대부분이다.

〈표 9-1〉 이면전단유동칙 예

적용 이론		조 건	유동 특징	응력 및 속도특성 곡선의 일치 여부	응력특성곡선과 전단대의 일치 여부
소성퍼텐셜이론 (공동축조건)	관련유동칙	강소성	① Drucker-Prager(1952)	일치	불일치
		변형경화	② Jenike(1961)	불일치	
		항복곡면 폐합	③ Cam-clay모델(1960년대) -한계상태이론		
	비관련유동칙	비압축성, 체적팽창	④ Cox(1963), Davis(1968)		
이면전단유동칙 (비공동축조건)		비압축성	⑤ de Jong(1959) -이면전단 메커니즘 제시	일치 (Anand의 등방경화 유동칙은 불일치)	일치
			⑥ Spencer(1964[a]) -⑤를 속도방정식으로 정립		
			⑦ de Jong(1971) -⑤를 수식화하여 제시		
		체적팽창, 등방경화	⑧ Spencer-Kingston(1973) -⑥+3방향 체적팽창		
			⑨ de Jong(1977; 1988) -⑤+1방향 체적팽창		
			⑩ Mehrabadi-Cowin(1978) -⑥+1방향 체적팽창		
			⑪ Anand(1983) -⑨+등방경화		
			⑫ de Jong(1988) -⑦+탄성거동		
			⑬ Harris(1995) -Cosserat연속체 이론 적용		

9.6.2 지배방정식의 불량설정

수학적으로 우량설정이란 프랑스의 수학자 J. Hadamard가 정의한 바와 같이 물리적 현상에 대한 수학적 모델링에서 지배방정식인 미분방정식 또는 편미분방정식이 다음의 조건을 충족시킨다는 것을 의미한다(Harris & Grekova, 2005).

- **해의 존재성** : 지배방정식의 해가 존재한다.
- **해의 유일성** : 지배방정식의 해는 하나이다.
- **해의 안정성** : 지배방정식의 해는 초기조건이나 경계조건에 대하여 연속적이다.

위에서 「해의 존재성」과 「해의 유일성」은 경계값문제의 우량설정을 위해서 필수적인 요구조건이라고 할 수 있다. 「해의 안정성」이란 지배방정식이 초기조건이나 경계조건의 미소한 변화에 대하여 해도 미소하게 반응함으로서 연속적이며 안정적이어야 한다는 것으로서 이른바 **Hadamard의 안정조건**(Hadamard's stability condition)이라고 하며 우량설정과 같은 의미로 대용할 수 있다. 따라서 우량설정에 반대가 되는 개념은 위의 3개의 조건 중에서 어느 하나의 조건이라도 충족시키지 못하는 것으로서 불량설정이다. 지배방정식이 우량설정된 것인지 또는 불량설정된 것인지를 판정하기 위해서는지배방정식에 대하여 **단파 불안정성**(short wave instability)을 검토하게 되는데, 수치계산 과정에서 동일한 구간에 대하여 절점의 수를 증가시키거나 격자점의 간격을 좁히는 경우에 해의 진동(oscillation 또는 perturbation)의 정도가 크게 증가하거나 일정한 값으로 수렴하지 않는 지배방정식은 불량설정된 것이라고 한다(Harris, 2001[a]; Davis & Selvadurai, 2002).

입상체인 흙에 연속체역학을 바탕으로 하는 소성이론을 도입하면서 수학적으로나 또는 물리적으로 많은 논쟁을 불러왔으며, 가장 심각한 논쟁 중의 하나가 바로 이면전단유동칙의 지배방정식에 대한 불량설정 문제이다(Harris & Grekova, 2005). 지금까지 많은 이면전단유동칙이 제안되었지만 거의 모든 유동칙이 경계값문제인 Cauchy문제에 대하여 불량설정된 것으로 밝혀졌다. 실제로 흙은 안정적인 거동과 불안정적인 거동(stable and unstable behavior) 즉 변형경화 및 변형연화 거동을 모두 나타내는 재료이기 때문에 물리적인 불안정성(physical instability)과 이면전단유동칙의 수학적인 불량설정 사이에 어떤 관련성이 있을 수 있다는 불확실한 추정만 하고 있을 뿐이며, 둘 사이의 관계를 확실하게 규명하지는 못하고 있다. 만약 강한 물리적인 불안정성과 수학적인 불량설정의 상호 관련성을 입증할 수만 있다면 불량설정이 옳다는 주장을 긍정적으로 평가할 수도 있겠지만, 그렇지 않다면 지배방정식이 물리적 현상을 수학적으로 올바르게 모델링한 것이라고 볼 수 없다.

Kruyt(1990)는 Spencer(1964)의 비압축성 이면전단유동칙이나 Mehrabadi-Cowin(1978)의 체적팽창 이면전단유동칙은 모두 Hadamard의 안정조건을 충족시키지 못한다고 지적하였으며, 이것은 Spencer의 회전항 해석에서 Spencer 자신도 단순전단변형에 대하여 불안정적인 거동을 보인다는 것을 인정한 것이라고 하였다(「활동선의 회전과 주응력축의 회전」 참조). 이어서 Kruyt는 de Jong의 자유회전 이면전단유동칙은 비압축성 이면전단유동칙 및 체적팽창 이면전단유동칙과는 달리 덜 제한적이므로 Hadamard의 안정조건을 충족시킬 수 있다고 주장하였다. 이에 앞서 Pitman-Schaeffer(1989)도 Spencer의 비압축성 이면전단유동칙의 지배방정식에 대하여 해의 불안정성으로 Hadamard의 안정조건을 충족시키지 못하므로 불량설정된 것이라고 밝힌 바 있다. Harris(2012; 2010; 2001[a])는 de Jong(1971)이 흙의 연속체모델에 도입한 토립자의 회전속도성분을 Spencer의 비압축성 이면전단유동칙과 Mehrabadi-Cowin의 체적팽창 이면전단유동칙에서는 주응력축의 회전속도로 대체함으로서 불량설정이 유발된다고 지적하였다. 또한 소성퍼텐셜모델은 주된 용도가 준정적조건이기 때문에 운동방정식에 관성항(inertia term)을 고려하지 않지만, 만약 $g \neq f$인 비관련유동칙을 적용하는 소성퍼텐셜모델에 관성항이 포함되면 그 모델은 초기데이터에 대하여 해가 불연속적이 되므로 Cauchy문제에 대하여 지배방정식은 불량설정이 되는 것이라고 불량설정의 원인이 되는 인자를 지목하였다. Wu-Yu(2006)는 순간적으로 발생하는 천이성 평면변형(transient planar deformation)에서 속도특성곡선과 응력특성곡선이 일치하지 않는 유동칙은 어떤 유동칙이라도 변형과정에서 **쌍곡선성의 상실**(loss of hyperbolicity)로 인하여 불량설정이 유발된다고 주장하였다.

지금까지 흙의 이면전단유동칙에 대하여 지배방정식의 불량설정 여부를 규명하기 위해 많은 연구가 수행되었는데 이와 같은 연구는 크게 두 가지 방향으로 진행되어 왔다. 첫째는 토립자의 크기가 유한하기 때문에 단파 불안정성을 이용한 우량설정 또는 불량설정의 판정은 흙에 적용할 수 없다는 것이며, 둘째는 흙은 본질적으로 불안정적인 재료이기 때문에 지배방정식은 불량설정이 되어야 한다는 것이다. 그러나 Harris 외(Harris & Grekova, 2005; Harris, 1999)는 토립자의 크기는 이면전단유동칙과 같이 연속체모델을 기반으로 하는 경우에는 고려대상이 아니며, 흙이 불안정적인 거동을 보이기는 하지만 안정적인 거동도 보인다는 것에 초점을 맞추어야 한다고 반론을 제기하였다. 또한 Hill-Selvadurai(2005)는 불량설정 자체는 흙의 연속체모델에서 바람직하지 않은 것은 아니며, 흙이 거동과정에서 불안정적인 거동을 보인다는 것은 잘 알려진 사실이므로 지배방정식은 불량설정되어야 한다고 주장하였다. 더욱이 토질역학분야의 많은 연구자들은 이면전단유동칙의 지배방정식이 불량설정이라는 것을 인정하지 않고 있으며 흙이 불안정적인 거동을 보인다는 사실이 어떤 의미에서는 지배방정식의 우량설정 또는 불량성정에 관계없이 모델링이 가능할 것이라는 기대감을 가지고 있을 뿐 아니라, 심지어 시간적인 변화가 미소한 준정적조건의 문제를 다루는 연구자들은 이면전단유동칙의 불량설정 문제를 무시하는 경향도 있다. 그러나 불량설정된 지배방정식은 수치해석에서 큰 오류를 유발할 수 있으므로 매우 중대한 문제라고 지적하였다(Harris & Grekova, 2005).

불량설정된 지배방정식에 대해서는 필요하다면 추가적인 가정을 설정하여 지배방정식을 재수립해야 한다. Joseph-Saut(1990)는 동수역학분야의 지배방정식에 대하여 불량설정 문제를 해결할 수 있는 방법을 제시하는데, 단파 불안정성을 해소하기 위해서 우선적으로 고려할 수 있는 것은 표면장력이나 점성 등과 같이 단파에 강하게 영향을 줄 수 있음에도 불구하고 지배방정식에 고려되지 않은 물리적 특성을 도입하는 것이라고 제안한 바 있다. 최근에는 토질역학분야에서도 Harris(2001[b])의 일면전단모델(single shearing model), Harris-Grekova(2005)의 이면전단-이면스핀모델(double slip-double spin model) 등 우량설정된 이면전단유동칙이 수립되기도 하였지만 대부분의 이면전단유동칙에 대해서는 불량설정에 대한 문제가 끊임없이 제기되고 있으므로 이에 대한 심도 있는 연구가 필요한 실정이다.

연습문제

문제1 그림과 같이 평면변형률조건 하에서 반무한 지반$(\gamma_s = 0)$에 접촉면이 무마찰인 평저펀치의 압입으로 Hencky의 파괴메커니즘에 의한 속도장이 생성되는 것으로 가정한다. Spencer의 비압축성 이면전단유동칙(팽창각 $\nu = 0$)을 적용하여 아래 물음에 답하라(Spencer(1964[a]).

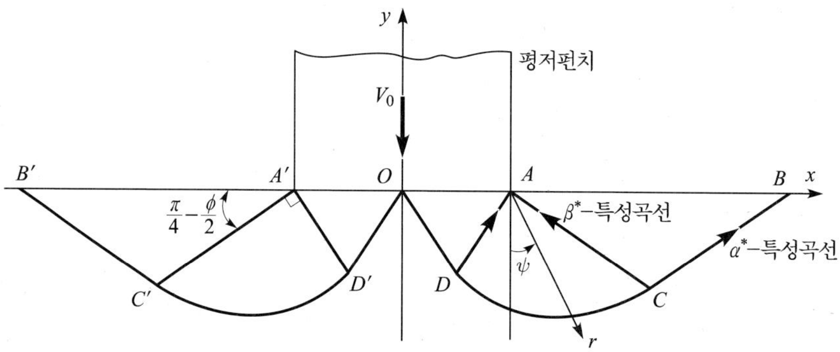

[무마찰 평저펀치의 압입에 의한 속도장]

(a) 속도장 OAD와 ABC는 직선속도장이고 속도장 ACD는 대수나선속도장이다. 대수나선식으로 구하라.

(b) $OABCD$ 내측에서 $v_\beta = 0$임을 설명하라.

▸ 풀이

(a) $r = r_0 \exp[\psi \tan\phi]$, 식에서 r_0는 주어진 α^*−특성곡선에 대하여 일정하며 (r, ψ)는 A를 극, A로부터 하향직선을 극축(initial line)으로 하는 극좌표이다[(8−98)식 참조].

(b) 펀치의 하향속도가 V_0이므로 OA에서 하향 수직속도성분도 V_0이며 $OABCD$와 $OA'B'C'D'$ 외측에 위치한 영역은 강체이므로 $ODCB$를 가로지르는 수직속도성분은 0가 되어야 한다. 따라서 $OABCD$ 내측의 모든 $v_\beta = 0$이며, 속도방정식과 경계조건을 충족시키며 운동학적으로 타당하다.

문제2 [문제1]의 그림에서 $OABCD$ 내측의 $v_\beta=0$인 것으로 가정하여 (a) 속도장 OAD, (b) ACD 및 (c) ABC에 대하여 각각 v_α를 구하라. 단, 양의 $x-$축과 최대주응력축의 사잇각 θ는 속도장별로 각각 다음과 같은 것으로 가정한다(반시계방향: $+$).

- 속도장 OAD : $\theta=0$
- 속도장 ACD : $\theta=\psi+\pi/4-\phi/2$
- 속도장 ABC : $\theta=\pi/2$

▸ **풀이**

(a) 속도장 OAD에서 $v_\beta=0$ 및 $\theta=0$이고 (9-22)식에 의해서 $\partial\theta/\partial t=0$이며 v_α는 일정하다. v_α는 다음과 같다[(8-109)식 참조].

$$v_\alpha = V_0\sec\left(\frac{\pi}{4}-\frac{\phi}{2}\right)$$

(b) 속도장 ACD에서는 $v_\beta=0$이며 $\theta=\psi+\pi/4-\phi/2$이므로 (9-22)식은 각각 다음과 같이 나타낼 수 있다.

$$\cos^2\phi\frac{1}{r}\frac{\partial v_\alpha}{\partial\theta}-\sin\phi\frac{\partial\theta}{\partial t}=0,\quad \cos\phi v_\alpha+r\frac{\partial\theta}{\partial t}=0$$

AD를 가로질러서 v_α가 연속적이므로 위의 식으로부터 v_α와 $\partial\theta/\partial t$는 각각 다음과 같다.

$$v_\alpha = V_0\sec\left(\frac{\pi}{4}-\frac{\phi}{2}\right)\exp\left[-\left(\theta+\frac{\pi}{4}-\frac{\phi}{2}\right)\tan\phi\right]$$

$$\frac{\partial\theta}{\partial t}=-V_0\sec\left(\frac{\pi}{4}-\frac{\phi}{2}\right)\exp\left[-\left(\theta+\frac{\pi}{4}-\frac{\phi}{2}\right)\tan\phi\right]\times\frac{1}{r}$$

(c) 속도장 ABC에서도 $\partial\theta/\partial t=0$이며 각각의 α^*-특성곡선에 대하여 v_α는 일정하다. AC를 가로질러서 v_α가 연속적이므로 다음 식을 얻을 수 있다.

$$v_\alpha = V_0\sec\left(\frac{\pi}{4}-\frac{\phi}{2}\right)\exp\left[-\frac{\pi}{2}\tan\phi\right]$$

따라서 속도의 수직성분 V_1은 다음과 같이 나타낼 수 있다.

$$V_1 = V_0\cos\left(\frac{\pi}{4}+\frac{\phi}{2}\right)\sec\left(\frac{\pi}{4}-\frac{\phi}{2}\right)\exp\left[-\frac{\pi}{2}\tan\phi\right]$$

여기서 흙이 비압축성이라고 가정하였으므로 V_1/V_0는 OA/AB와 같다는 것에 주의해야 한다.

제10장

흙의 비관련유동칙과 소성해석

제10장 흙의 비관련유동칙과 소성해석

10.1 흙과 비관련유동칙

10.1.1 비관련유동칙의 필요성

흙의 소성거동을 해석하기 위해서 관련유동칙과 함께 Mohr-Coulomb파괴기준을 적용하면 과도한 체적팽창과 불합리한 에너지소산이 유발된다. 이외에도 흙의 소성거동을 해석하기 위해 관련유동칙을 적용하면서 야기되는 문제점은 연속 및 불연속적인 전단거동과 관련하여 발생한다. 재료의 소성거동 해석에서는 파괴시 접선방향 변위성분의 비약이 발생되는 특성곡선을 예측함으로서 〈그림 10-1〉과 같은 연속 및 불연속적인 전단거동을 처리해야 하는데, 전단대의 폭을 0으로 근접시키면서 특성곡선의 불연속적인 전단거동은 연속적인 전단거동의 극한값이 됨으로서 당연히 변위는 연속적으로 전이되어야 한다. 연속적인 전단거동으로부터 불연속적인 전단거동으로의 전이는 von Mises항복기준을 적용한 소성해석의 특징이기도 하다. 그러나 관련유동칙과 함께 Mohr-Coulomb파괴기준을 적용한 해석에서는 응력특성곡선이 전단대와 일치하지 않음으로서 불연속적인 변위로부터 연속적인 변위로의 전이가 불가능하며, 응력특성곡선과 전단대가 일치하지 않는다는 것은 또 하나의 중대한 문제점으로 제기되었다(Drucker-Prager, 1952; Mandl & Luque, 1970; Joseph & Schaeffer, 1990).

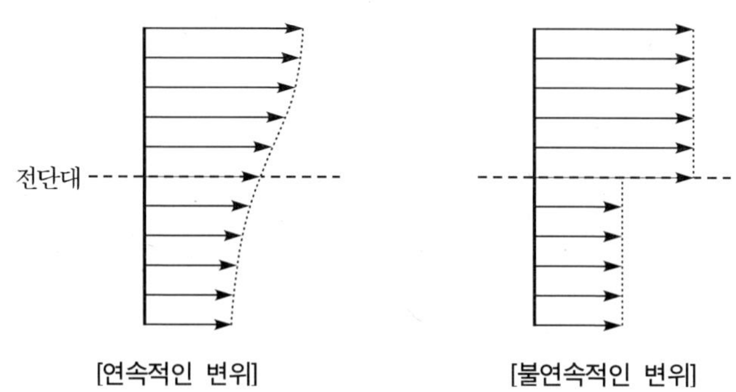

〈그림 10-1〉 층상 전단거동의 변위 (Mandl & Luque, 1970)

또한 연속체인 금속재료는 정수압과 관계없는 항복특성을 보이는 것이 보통이지만 흙과 같은 입상체는 항복과정에서 높은 정수압 의존성을 보인다. 정수압과 관련된 운동학적 물리량(kinematic quantity)은 재료의 팽창 또는 팽창속도(압축 또는 압축속도)로 나타나며, 흙에 대한 정수압 의존성 및 팽창과 관련하여 유동칙에서 발생하는 문제점은 쉽게 해결할 수 없는 것으로 밝혀졌다. 일반적으로 팽창에 의한 영향은 정수압 의존성에 의한 영향보다는 적은 것으로 알려져 있으며 따라서 이와 같은 특성을 반영한 유동칙은 팽창을 과대평가하거나 또는 정수압 의존성을 과소평가하는 경향이 있다. 관련유동칙은 정수압 의존성과 팽창의 크기를 조절하는 매개변수를 오직 1개만 수반하지만 매개변수가 2개 이상이라면 관련유동칙을 적용할 수 없다. 정수압 의존성과 팽창의 크기를 동시에 고려할 수 있는 가장 간단한 방법이 바로 비관련유동칙을 채택하는 것인데, 비관련유동칙에서는 정수압 의존성과 팽창의 크기를 모델링할 수 있는 독립변수로서 2개가 허용되며 이것이 토질역학에서 비관련유동칙을 적용해야 하는 중요한 이유이다. 결과적으로 관련유동칙 즉 법선칙을 포기함으로서 비관련유동칙에 대해서는 유일성정리, 파괴하중정리 등 소성이론의 중요한 정리를 적용할 수는 없지만 관련유동칙을 적용함으로서 야기되는 문제점을 극복할 수 있다는 것이 비관련유동칙의 장점이다(Harris, 2012; Lee, 1968 ; 김동원, 2009; Davis & Selvadurai, 2002; Ivan, 2007).

10.1.2 흙과 비관련유동칙

흙의 응력-변형률 거동에 대한 비관련유동칙은 대부분 이면전단이론을 기반으로 하여 수립되었기 때문에 비관련유동칙을 적용한 흙의 속도장해석은 이면전단유동칙과 중복되는 부분이 많으므로 자세한 내용은 「흙의 이면전단유동칙」을 참고하면 된다.

응력-변형률 거동이 비관련유동칙을 따르는 소성거동 해석은 1938년 Melan에 의하여 처음으로 시도되었으며 Prager(1949)에 의해서도 제안된 바 있다(Ottosen & Ristinmaa, 2005). 이어서 비관련유동칙에 대하여 심도 있는 연구가 수행되기 시작하였지만, 금속재료와 달리 흙은 토립자 사이의 마찰로 인한 물리적 특성이 복잡할 뿐 아니라 수학적 모델링과 함께 제시된 실험적 증거도 불충분하여 여러 가지 형태의 비관련유동칙이 제안되었다. 특히 강소성해석에 대해서는 시험에 의한 것보다는 적절한 가정을 근거로 제안된 비관련유동칙이 많았다(Drescher, 1976). 관련유동칙을 입상체인 흙에 도입하면서 야기되는 문제점을 극복하기 위해서 두 가지 대안이 검토되었다. 첫째는 관련유동칙을 유지하고 파괴기준을 수정하는 것이며, 둘째는 Mohr-Coulomb파괴기준을 적용하면서 관련유동칙을 폐기하고 비관련유동칙과 같은 새로운 유동칙을 수립하는 것이었다. 먼저 경화칙을 도입함으로서 첫째 대안인 관련유동칙을 유지하기 위한 시도가 이루어졌다. Drucker 외(1957), Jenike(1961) 등은 평균응력과 함께 점착력이 증가하도록 파괴기준을 수정하여 전단시 실제에 가까운 흙의 단위중량과 다일레이턴시를 얻을 수는 있었으나 이론적으로 복잡할 뿐만 아니라 에너지소산에 대해서는 적절한 해결책을 제시하지 못하였으며, 그 외에도 다양한 방법을 시도하였지만 첫째 대안인 관련유동칙을 유지하기 위한 노력으로는 좋은 결과를 얻지 못하였다. 따라서 둘째 대안인 Mohr-Coulomb파괴기준을 그대로 유지하면서 비관련유동칙과 같은 새로운 유동칙을 수립하는 것으로 방향이 전환되었다. 그러나 이것은 Drucker의 가설을 포기하는 것이므로 새로운 유동칙을 제시하기 위해서는 보다 철저한 검증절차가 필요하게 되었다. 이와 같은 연구의 일환으로 Drucker(1954)를 비롯하여 Mandl, de Jong, Brown 등은 Drucker의 가설을 따르지 않는 간단한 마찰시스템을 제시하기도 하였으며, 틱소트로피 현상(thixotropy phenomenon, 교란으로 강도가 저하된 점성토의 강도회복 현상)을 보이는 점성토는 변형연화현상으로 인하여 Drucker의 가설을 따르지 않는다는 것도 확인하였다. 그 외에도 많은 연구결과에 의해서 마찰재료인 흙에 대하여 유동칙을 수립할 경우에 반드시 Drucker의 가설에 의존할 필요가 없는 것으로 방향이 정립되었다(Mandl & Luque, 1970).

그러나 흙의 거동해석에 대한 비관련유동칙의 적용성에 대해서는 이론적인 정립과정에서 많은 문제점이 노출되었다. 예로서 초기에 수립된 이면전단유동칙을 포함한 많은 비관련유동칙은 불량설정이라는 문제점을 안고 있다. 운동방정식에 관성항이 포함되고 Mohr-Coulomb파괴기준과 함께 비관련유동칙을 적용하면 시간의 함수인 Cauchy문제의 해는 초깃값에 대하여 불연속적이 된다. 흙에 대한 비관련유동칙이 근본적으로 준정적 및 시간 비의존적 문제를 해석하기 위한 이론임에도 불구하고 시간 의존적인 불량설정을 유발하는 특성이 나타난다고 하는 것은 비관련유동칙이 이론적으로 부적절하다는 것을 의미하는 것이다. 더욱이 이로 인하여 응력특성곡선이 도시되는 「항복방향(yield direction)」과 속도특성곡선에 의한 「활동방향(slip direction)」이 일치하지 않는다는 것은 영향영역과 의존영역이 달라서 응력장과 속도장이 각각 다른 형태로 나타나므로 부적절하다. 어떤 유동칙이라도 항복방향과 활동방향이 일치하지 않는다는 것은 물리적으로는 설명하기 어려운 현상이며 수학적으로는 불량설정된 지배방정식이 주된 원인으로 지목되고 있다(Harris, 2012; Joseph & Schaeffer, 1990).

이와 같이 초기에 Cox(1963), Davis(1968) 등이 제시한 비관련유동칙은 여전히 흙의 거동에는 맞지 않는 공동축조건을 채택하거나 응력특성곡선과 속도특성곡선이 일치하지 않으며 지배방정식이 불량설정되는 등 물리적으로 불합리한 점을 보였지만, 1970년대 이후에 수립된 비관련유동칙은 주로 이면전단 메커니즘을 채택하여 팽창성 유동칙, 경화성 유동칙, 탄소성 유동칙, 축대칭 유동칙 등 단계별로 업그레이드된 유동칙이 수립되었으며(〈표 9-1〉 참조), 최근에는 지배방정식의 불량설정에 대해서도 많은 연구가 이루어지고 있다.

10.2 Sokolovskii의 응력장해석(1965)

10.2.1 부분응력장과 불완전해

Sokolovskii(1965; 1960)는 점화식을 기반으로 하는 응력장해석 기법을 도입하여 기초의 지지력, 사면의 안정, 옹벽의 토압 등, 다양한 토공구조물에 대하여 해석방법을 제시하였다. Sokolovskii가 제시한 해석기법은 1970년대까지는 관련연구와 함께 실무적으로도 많이 이용되었지만, 그 후에 컴퓨터를 이용한 유한차분법, 유한요소법 등의 수치해석기법이 개발되면서 이용빈도가 급격하게 감소하였다. 더욱이 Sokolovskii의 해석기법은 응력장해석을 위해서는 매우 유용하지만, 흙의 파괴기준과 평형방정식만 이용함으로서 흙의 응력-변형률 거동을 고려하지 않는다는 것이 큰 단점으로 지적되었다. 다시 말하면 Sokolovskii의 해석기법은 2개의 평형방정식과 1개의 파괴기준으로 구성되는 3개의 연립방정식에 대하여 미지수인 응력성분이 3개($\sigma_{xx}, \sigma_{yy}, \tau_{xy}$)이므로 정정성(static determinacy)을 보여주는 것으로만 유효한 기법일 뿐이며, 재료의 응력-변형률 거동과는 관계가 없다는 것이다(Chen, 1975). 따라서 Sokolovskii의 응력장해석 기법을 적용하기 전에 변위경계조건의 적용성에 대하여 우선적으로 검토해야 하며, 적용이 가능하다고 하더라도 완전해를 얻기 위해서는 Sokolovskii의 응력장해석과 함께 다음 절의 응력-변형률과 관련된 속도장해석도 병행해야 한다.

〈그림 10-2〉는 비관련유동칙을 적용하여 기초의 지지력을 활동선장해석으로 구한 예이다. 활동선장해석에서는 그림과 같이 해석대상인 기초지반의 $A+B$응력장 중에서 $A-$응력장에 대해서만 **한계평형상태**(limit equilibrium state)가 유지되는 것으로 가정하고, 해는 $A-$응력장과 직접적으로 관련이 되는 응력경계조건과 평형방정식 및 파괴기준만을

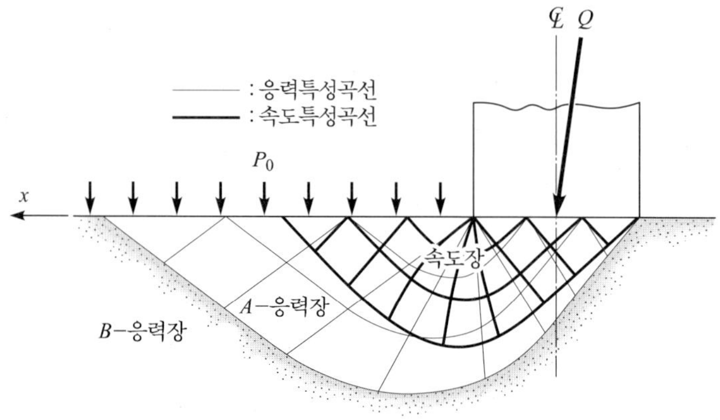

〈그림 10-2〉 비관련유동칙을 적용한 기초의 부분응력장(*A*- 응력장)과 확장응력장(*A+B* 응력장) 및 속도장 예 (Stroganov 외, 1983)

고려하여 활동선을 도시함으로서 이와 같은 응력장은 A-응력장의 응력상태만을 보여주는 **부분응력장**(partial stress field)이라고 할 수밖에 없다. 완전해를 얻기 위해서는, 부분응력장인 A-응력장과 함께 A-응력장의 외측에 위치한 B-응력장의 응력상태까지도 평형상태이면서 파괴기준을 벗어나지 않는다는 것을 보여주어야 하며, 그와 같이 전체적인 응력상태를 표시한 응력장을 **확장응력장**(extended stress field)이라고 한다. 또한 확장응력장인 $A+B$응력장에 대한 응력상태를 구한다고 해도 정해를 얻은 것으로 확신할 수도 없다. 극한해석의 파괴하중정리에 의하면, 이와 같이 구한 응력장은 정확하게 하계정리의 요구조건만 충족시키는 응력장이기 때문에 단지 파괴하중의 하계에 해당될 뿐이다. 일단 응력장해석에 의한 부분응력장이 하계로서 적절하다면 주어진 응력과 변위의 대응관계 여부를 결정하기 위해서는 응력-변형률 관계를 제시해야 한다. 만약 해가 옳다면 대응하는 변위는 변위경계조건을 충족시키고 어느 부위에서나 소성일은 양의 값이 됨으로서 연속적인 변위가 발생해야지만 운동학적가용속도장이 된다. 그와 같은 방법으로 얻은 해도 극한해석의 상계정리의 요구조건을 충족시키는 상계가 되어야 정해라고 할 수 있다(Chen, 1975; Haddow & Danyluk, 1964). 따라서 응력장해석에 의한 해의 수용 여부는 주어진 문제에 대하여 정적가용응력장과 운동학적가용속도장을 모두 구할 수 있느냐에 따라서 결정되어야 하며, 완전해를 얻기 위해서는 하계 및 상계정리의 요구조건을 동시에 충족시켜야 한다. 대부분의 응력장장해석에 의한 결과는 하나의 부분응력장과 그 부분응력장과 관련된 운동학적으로 타당한 파괴유형만으로 구성되는데, 엄밀하게 말하면 이와 같은 해는 오직 상계만 구한 것으로서 **불완전해**(incomplete solution)라고 할 수 있다. 만약 부분응력장을 정적으로 타당한 방법을 이용하여 확장응력장으로 대체할 수 있다면 응력장해석에 의한 해는 하계가 되고 비로소 완전해라고 할 수 있다. 이와 같은 의미에서 Sokolovskii(1965; 1960)의 해는 단지 부분응력장만을 구한 것이라고 할 수 있다. Shield(1956)는 금속에 대한 활동선장해석에서 부분응력장에 추가하여 특성곡선 외측에 위치한 영역의 응력분포도 구함으로서 활동선장해석과 함께 전체 영역에 대한 응력분포를 제시한 바 있다.

10.2.2 흙의 파괴기준과 평형방정식

평형방정식과 Mohr-Coulomb파괴기준을 조합하면 2개의 쌍곡선형 편미분방정식을 얻을 수 있다는 것은 관련유동칙에서 기술한 바 있으며 관련유동칙이나 비관련유동칙의 응력장해석 기법은 동일하다. 그러나 보통 재료의 단위중량을 고려하지 않는 금속재료에 대한 응력장해석과는 달리 흙의 단위중량을 평형방정식에 도입하면 $\alpha-$ 및 $\beta-$특성곡선이 단순하게 직선이나 대수나선이 아니라는 것에 주의해야 한다. 응력특성곡선을 따라서 응력의 변화를 구하는 관계식을 유도하는 방법으로서 관련유동칙에서는 방향도함수에 의한 방법을 이용하였지만 여기서는 Sokolovskii(1960; 1965)의 보조변수에 의한 방법을 기술하고자 한다.

평형방정식을 기초의 지지력, 사면의 안정, 옹벽의 토압 등 다양한 토공구조물에 적용하기 위해서는 수평인 $x-$축과의 지표경사각이 φ인 것으로 설정하여 다음과 같은 평형방정식을 이용하는 것이 편리하다(Sokolovskii, 1965).

$$\frac{\partial \sigma_{xx}}{\partial x}+\frac{\partial \tau_{xy}}{\partial y}=\gamma_s \sin\varphi, \quad \frac{\partial \sigma_{yy}}{\partial y}+\frac{\partial \tau_{xy}}{\partial x}=\gamma_s \cos\varphi \tag{10-1}$$

식에서 γ_s는 흙의 단위중량이다. 위의 식에서 응력은 모두 전응력으로 나타낸 것이므로 간극수압이 작용하지 않으면 그대로 적용할 수 있지만 간극수압과 유효응력이 요구되는 해석이라면 먼저 간극수압의 분포를 확인한 후에 [전응력-간극수압=유효응력] 관계식에 의하여 평형방정식의 응력성분을 유효응력으로 바꾸어서 적용해야 한다. 지반이 수평인 경우에($\varphi=0$) 평면변형률조건의 평형방정식인 (1-26)식을 유효응력으로 나타내면 다음과 같다.

$$\frac{\partial \sigma'_{xx}}{\partial x}+\frac{\partial \tau_{xy}}{\partial y}=-\frac{\partial \overline{u}}{\partial x}, \quad \frac{\partial \sigma'_{yy}}{\partial y}+\frac{\partial \tau_{xy}}{\partial x}=\gamma_s-\frac{\partial \overline{u}}{\partial y} \tag{10-2}$$

식에서, σ'는 수직응력의 유효응력성분이고 전단응력은 전응력(τ)과 유효응력(τ')이 동일하며($\tau = \tau'$) $\bar{u}$는 간극수압이다. 간극수압으로서 단순하게 정수압만 고려한다면 평형방정식에서 흙의 단위중량 γ_s로부터 물의 단위중량 γ_w를 감하여 수중단위중량 $\gamma' = \gamma_s - \gamma_w$로 바꾸어 주어야 한다(Houlsby & Wroth, 1982). 정상류(steady state flow; 시간에 따른 변화가 없는 흐름)가 발생하여 $x-$ 및 $y-$축방향의 침투속도성분인 $\bar{v}_x$와 $\bar{v}_y$가 주어지면 침투수력(seepage force)이 물체력에 포함되어야 한다. 물의 단위중량을 γ_w, 흙의 투수계수를 K, 동수경사를 i라고 하면, 침투속도는 $\bar{v} = Ki$, 단위체적당 침투수력은 $F_w = i\gamma_w$이므로 (10-1)식은 다음과 같이 나타낼 수 있다(Sokolovskii, 1960).

$$\frac{\partial \sigma_{xx}}{\partial x} + \frac{\partial \tau_{xy}}{\partial y} = \frac{\gamma_w}{K}\bar{v}_y, \quad \frac{\partial \sigma_{yy}}{\partial y} + \frac{\partial \tau_{xy}}{\partial x} = \gamma_s + \frac{\gamma_w}{K}\bar{v}_x \tag{10-3}$$

10.2.3 Sokolovskii의 응력장 특성

(1) 응력특성곡선의 기울기와 응력변화

응력방정식을 구하기 위해서 **등가응력**(equivalent stress) $\bar{p}$와 양의 $x-$축과 최대주응력(σ_1) 방향의 사잇각 θ를 <그림 10-3>와 같이 정의한다. 관련유동칙의 응력장해석에서는 평균응력 p와 최대주응력방향 θ가 미지수이지만 Sokolovskii의 응력장해석에서는 등가응력 $\bar{p}$와 최대주응력방향 θ를 미지수로 취한다는 것이 다르다. $\bar{p}$와 θ는 Sokolovskii에 의하여 제안되어 **Sokolovskii 변수**(Sokolovskii variable)라고 하며, 등가응력 $\bar{p}$가 응력경계조건을 나타내면 **등가압력**(equivalent pressure)이라고 한다. <그림 10-3>에서 응력성분 σ_{xx}, σ_{yy} 및 τ_{xy}를 평균응력 p 또는 등가응력 $\bar{p}$와 최대주응력방향 θ를 이용하여 나타내면 각각 다음과 같다(Harris, 1985; Kamrin & Martin, 2007).

$$\sigma_{xx} = p(1+\sin\phi\cos 2\theta) + c\cos\phi\cos 2\theta = \bar{p}(1+\sin\phi\cos 2\theta) - H \tag{10-4}$$

$$\sigma_{yy} = p(1-\sin\phi\cos 2\theta) + c\cos\phi\cos 2\theta = \bar{p}(1-\sin\phi\cos 2\theta) - H \tag{10-5}$$

$$\tau_{xy} = p\sin\phi\sin 2\theta + c\cos\phi\sin 2\theta = \bar{p}\sin\phi\sin 2\theta \tag{10-6}$$

식에서 $H(=c\cot\phi)$는 3차원적 인장력에 대한 흙의 저항력을 나타내는 계수이다. Sokolovskii의 응력장해석에서 H는 임의의 면적요소에 작용하는 실제 응력인 수직응력성분 σ_n 및 접선응력성분 τ_n과 함께 이용되는 **특성환산응력**(characteristic reduced stress)으로서, 수직응력성분 σ_n과 수직압축응력(normal compressive stress) H의 합력인 $\sigma_n + H$를 **특성등가응력**(characteristic equivalent stress) p'이라고 한다. 일반적으로 금속과 같이 H가 큰 연속체와는 달리 흙과 같은 입상체는 H가 매우 작으며 $H=0$이면 단지 압축력만 가능하기 때문에 연속체와 입상체의 거동은 근본적으로 차이가 날 수밖에 없다(Sokolovskii, 1965; 1963; 1960).

(10-4~6)식과 (4-25)식의 Mohr-Coulomb파괴기준에 의하여 한계조건(limiting condition)은 다음과 같이 나타낼 수 있다(Sokolovskii, 1965; 1960).

$$\frac{1}{4}(\sigma_{xx} - \sigma_{yy})^2 + \tau_{xy}^2 = \frac{\sin^2\phi}{4}(\sigma_{xx} + \sigma_{yy} + 2H)^2 \tag{10-7}$$

위의 식으로부터 σ_{xx}, σ_{yy} 및 τ_{xy}가 H보다 큰 경우에는 $2H$가 지배적인 역할을 하지 못하므로 한계상태는 응력성분 σ_{xx}, σ_{yy} 및 τ_{xy}의 값이 상대적으로 $2H$보다 커야 발생된다는 것을 알 수 있다(Sokolovskii, 1960). 다음으로 Sokolovskii는 응력장해석을 위해서 다음과 같이 **특성길이**(characteristic length) l_{ch}와 특성등가응력 p'을 이용하여 무차원 변수(non-dimensional variable)를 도입하였다.

$$\bar{x} = \frac{x}{l_{ch}}, \quad \bar{y} = \frac{y}{l_{ch}}, \quad \bar{\sigma}_{xx} = \frac{\sigma_{xx} + H}{p'}, \quad \bar{\sigma}_{yy} = \frac{\sigma_{yy} + H}{p'}, \quad \bar{\tau}_{xy} = \frac{\tau_{xy}}{p'} \tag{10-8}$$

(10-1)식과 (10-7)식을 각각 위의 무차원 변수를 이용하여 변환하면 아래와 같다.

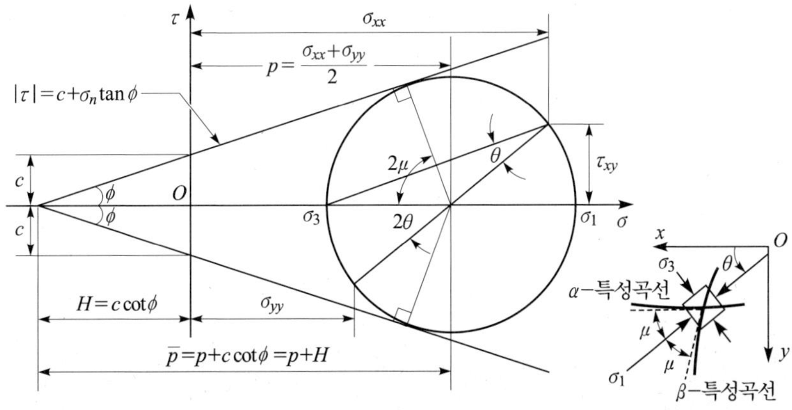

〈그림 10-3〉 Sokolovskii의 응력장해석을 위한 Mohr-Coulomb파괴기준

$$\frac{\partial \bar{\sigma}_{xx}}{\partial \bar{x}}+\frac{\partial \bar{\tau}_{xy}}{\partial \bar{y}}=\frac{\gamma_s l_{ch}}{p'}\sin\varphi,\qquad \frac{\partial \bar{\sigma}_{yy}}{\partial \bar{y}}+\frac{\partial \bar{\tau}_{xy}}{\partial \bar{x}}=\frac{\gamma_s l_{ch}}{p'}\cos\varphi \tag{10-9}$$

$$\frac{1}{4}\left(\bar{\sigma}_{xx}-\bar{\sigma}_{yy}\right)^2+\bar{\tau}_{xy}^2=\frac{\sin^2\phi}{4}\left(\bar{\sigma}_{xx}+\bar{\sigma}_{yy}+2H\right)^2 \tag{10-10}$$

위의 식에서 보는 것과 같이 (10-1)식과 (10-7)식은 무차원 변수를 이용하여 온전하게 변환할 수 없다. 이것은 기하학적으로 상사(similitude)인 영역이라고 하더라도 반드시 기하학적으로 상사인 결과를 초래하지는 않는다는 것이며, 더욱 중요한 것은 중첩법이 유효하지 않다는 것이다. 또한 (10-9)식에서 2개의 식이 같은 결과를 초래하기 위해서는 $\gamma_s l_{ch}/p'$의 비가 동일해야 한다. 따라서 모형(m)과 원형(p) 사이에 역학적 상사성을 갖기 위해서는 다음 식을 충족시켜야 한다(Harr, 1966; Sokolovskii, 1965).

$$\frac{\gamma_{s(m)}\,l_{ch(m)}}{c_{(m)}}=\frac{\gamma_{s(p)}\,l_{ch(p)}}{c_{(p)}}$$

다음으로 점착력 c와 마찰각 ϕ는 일정한 것으로 가정하고 물체력은 흙의 단위중량만 고려하여 Mohr-Coulomb파괴기준을 충족시키는 (10-4~6)식을 (10-1)식의 평형방정식에 대입하면 다음과 같이 2개의 Sokolovskii 변수$(\bar{p},\,\theta)$가 포함된 2개의 편미분방정식을 얻을 수 있다.

$$(1-\sin\phi\cos 2\theta)\frac{\partial \bar{p}}{\partial x}+\sin\phi\sin 2\theta\frac{\partial \bar{p}}{\partial y}+2\bar{p}\sin\phi\left[\sin 2\theta\frac{\partial \theta}{\partial x}+\cos 2\theta\frac{\partial \theta}{\partial y}\right]=\gamma_s\sin\varphi \tag{10-11}$$

$$\sin\phi\sin 2\theta\frac{\partial \bar{p}}{\partial x}+(1+\sin\phi\cos 2\theta)\frac{\partial \bar{p}}{\partial y}+2\bar{p}\sin\phi\left[\cos 2\theta\frac{\partial \theta}{\partial x}-\sin 2\theta\frac{\partial \theta}{\partial y}\right]=\gamma_s\cos\varphi \tag{10-12}$$

위의 식이 점착력 c와 마찰각 ϕ가 일정한 경우의 평면변형률조건에 대한 응력방정식이다. (10-11~12)식에 대하여 방향도함수에 의한 해석과정은 이미 관련유동칙의 응력장해석에서 기술하였으므로 여기서는 Sokolovskii(1965; 1960)가 제시한 보조변수에 의한 방법에 대해서 기술하고자 한다. Sokolovskii가 제시한 방법은 수리학분야에서 특성곡선방정식과 **정준방정식**(正準方程式; canonical equation, 변환 후에도 성립하는 운동방정식)을 유도하는 기법과 동일하다(Harr, 1966; Sokolovskii, 1965; 1960). 참고로, 점착력과 마찰각이 변수인 경우에 평균응력 p로 나타낸 (8-14~16)식을 (10-1)식의 평형방정식에 대입하면 다음과 같은 편미분방정식을 얻을 수 있다(Houlsby & Wroth, 1982).

$$(1-\sin\phi\cos 2\theta)\frac{\partial p}{\partial x}+\sin\phi\sin 2\theta\frac{\partial p}{\partial y}+2(p\sin\phi+c\cos\phi)\left[\sin 2\theta\frac{\partial\theta}{\partial x}+\cos 2\theta\frac{\partial\theta}{\partial y}\right]$$
$$-\cos\phi\left(\cos 2\theta\frac{\partial c}{\partial x}+\sin 2\theta\frac{\partial c}{\partial y}\right)+(c\sin\phi-p\cos\phi)\left(\cos 2\theta\frac{\partial\phi}{\partial x}-\sin 2\theta\frac{\partial\phi}{\partial y}\right) \tag{10-13}$$
$$=\gamma_s\sin\varphi$$

$$\sin\phi\sin 2\theta\frac{\partial p}{\partial x}+(1+\sin\phi\cos 2\theta)\frac{\partial p}{\partial y}+2(p\sin\phi+c\cos\phi)\left[\cos 2\theta\frac{\partial\theta}{\partial x}-\sin 2\theta\frac{\partial\theta}{\partial y}\right]$$
$$+\cos\phi\left(\sin 2\theta\frac{\partial c}{\partial x}+\cos 2\theta\frac{\partial c}{\partial y}\right)-(c\sin\phi-p\cos\phi)\left(\sin 2\theta\frac{\partial\phi}{\partial x}+\cos 2\theta\frac{\partial\phi}{\partial y}\right) \tag{10-14}$$
$$=\gamma_s\cos\varphi$$

(2) Sokolovskii의 기본방정식 유도

i) 점착력과 마찰각이 일정한 경우

먼저 응력방정식인 (10-11~12)식을 유용한 형태로 바꾸기 위해서는 2개의 방정식이 서로 대칭이 되도록 하는 것이 좋다. 이를 위해서는 〈그림 10-3〉에서 Mohr-Coulomb파괴기준의 포락선과 Mohr 응력원이 접하여 한계평형상태의 응력을 구할 수 있는 각 μ를 이용해야 하며 그림으로부터 μ는 다음과 같이 나타낼 수 있다(Harr, 1966; Sokolovskii, 1965).

$$\mu=\frac{\pi}{4}-\frac{\phi}{2} \tag{10-15}$$

위의 식을 이용해서 응력특성곡선을 구하게 되는데, 곡선은 2개의 군으로 구성되며 주응력축과 사잇각이 각각 $+\mu$ 및 $-\mu$로 대칭이고 두 곡선군의 교각은 2μ이다. 위의 식과 함께 (10-11)식$\times\sin(\theta\pm\mu)$ 및 (10-12)식$\times[-\cos(\theta\pm\mu)]$ 하여 두 식을 합하면 다음 식을 얻을 수 있다.

$$\left[\frac{\partial\bar{p}}{\partial x}\mp 2\bar{p}\tan\phi\frac{\partial\theta}{\partial x}-\gamma_s\frac{\sin(\varphi\mp\phi)}{\cos\phi}\right]\cos(\theta\mp\mu)+\left[\frac{\partial\bar{p}}{\partial y}\mp 2\bar{p}\tan\phi\frac{\partial\theta}{\partial y}-\gamma_s\frac{\cos(\varphi\mp\phi)}{\cos\phi}\right]\sin(\theta\mp\mu)=0 \tag{10-16}$$

위의 식에 다음의 함수 χ를 도입하면 더욱 간단한 형태가 된다(de Jong, 1959; Sokolovskii, 1960; Harr, 1966).

$$\chi = \frac{1}{2}\cot\phi \ln\frac{\bar{p}}{k} \tag{10-17}$$

식에서 k는 응력과 차원이 동일한 임의의 강도매개변수로서 주로 점착력(c)이 이용된다(Sokolovskii, 1960; Harr, 1966). 위의 식으로부터 다음 식을 얻을 수 있다.

$$\frac{\partial \bar{p}}{\partial x} = \frac{\partial \bar{p}}{\partial \chi}\frac{\partial \chi}{\partial x} = 2\bar{p}\tan\phi\frac{\partial \chi}{\partial x}, \quad \frac{\partial \bar{p}}{\partial y} = \frac{\partial \bar{p}}{\partial \chi}\frac{\partial \chi}{\partial y} = 2\bar{p}\tan\phi\frac{\partial \chi}{\partial y} \tag{10-18}$$

위의 식과 함께 매개변수 $\xi = \chi + \theta$ 및 $\eta = \chi - \theta$를 도입하여 (10-16)식에 대입하면 다음 식을 얻을 수 있다(Harr, 1966).

$$\begin{aligned} \frac{\partial \xi}{\partial x} + \tan(\theta+\mu)\frac{\partial \xi}{\partial y} &= \bar{a} = \frac{\gamma_s \cos(\theta+\varphi-\mu)}{2\bar{p}\sin\phi\cos(\theta+\mu)} \\ \frac{\partial \eta}{\partial x} + \tan(\theta-\mu)\frac{\partial \eta}{\partial y} &= \bar{b} = -\frac{\gamma_s \cos(\theta+\varphi+\mu)}{2\bar{p}\sin\phi\cos(\theta-\mu)} \end{aligned} \tag{10-19}$$

위의 식을 **Sokolovskii의 기본방정식**(Sokolovskii's basic equation)이라고 하며 식에서 $\bar{a}$와 $\bar{b}$는 계수이다. 특히 위의 식은 함수 ξ 및 η와 x 및 y의 관계를 나타내는 것으로서 수학적으로는 $\xi-\eta$평면과 $x-y$평면 사이의 **사상**(mapping)관계를 성립시켜 주는 식이다. 위와 같은 쌍곡선형 편미분방정식은 2개의 특성곡선군을 생성하게 되고([부록] A5 참조) 해를 얻기 위해서는 근사과정이 요구된다. 또한 $2\chi = \xi + \eta$ 및 $2\theta = \xi - \eta$이므로 (10-17)식으로부터 등가응력 $\bar{p}$와 최대주응력방향 θ는 각각 다음과 같다(Harr, 1966).

$$\bar{p} = k\exp[(\xi+\eta)\tan\phi], \quad \theta = \frac{\xi-\eta}{2} \tag{10-20}$$

따라서 구하고자 하는 해는 함수 ξ와 η를 결정하는 것으로 전환되었으며, 위의 두 식은 $\xi-\eta$평면에 응력특성곡선을 도시하는 과정에서 매우 중요한 역할을 하게 된다. $\xi = \xi(x,y)$이고 $\eta = \eta(x,y)$이므로 $x-y$평면에서 응력특성곡선의 기울기인 $[dy/dx]$의 방향으로 $d\xi$와 $d\eta$는 연쇄법칙에 의하여 각각 다음과 같이 나타낼 수 있다(Harr, 1966).

$$d\xi = \frac{\partial \xi}{\partial x}dx + \frac{\partial \xi}{\partial y}dy, \quad d\eta = \frac{\partial \eta}{\partial x}dx + \frac{\partial \eta}{\partial y}dy \tag{10-21}$$

(10-19)식과 (10-21)식의 4개의 연립방정식으로부터 다음과 같이 변수 x와 y 및 ξ와 η로 나타낸 4개의 관계식을 얻을 수 있다.

$$\frac{\partial \xi}{\partial x} = \frac{\bar{a}dy - \tan(\theta+\mu)d\xi}{dy - \tan(\theta+\mu)dx}, \quad \frac{\partial \eta}{\partial x} = \frac{\bar{b}dy - \tan(\theta-\mu)d\eta}{dy - \tan(\theta-\mu)dx}$$
$$\frac{\partial \xi}{\partial y} = \frac{d\xi - \bar{a}dx}{dy - \tan(\theta+\mu)dx}, \quad \frac{\partial \eta}{\partial y} = \frac{d\eta - \bar{b}dx}{dy - \tan(\theta-\mu)dx} \tag{10-22}$$

식에서 $\bar{a}$와 $\bar{b}$는 (10-19)식과 같다. 관련유동칙에서 응력특성곡선의 기울기를 나타내는 (8-23)식과 위의 식의 분모를 비교해 보면, 분모의 값이 0이면 그 식은 응력특성곡선을 나타내는 방정식이 될 수 있다는 것을 알 수 있다. 위의 식의 분모와 분자의 값에 따라서 다음과 같은 세 가지 형태의 해가 발생한다(Sokolovskii, 1965).

- 해① : 분모$\neq$0인 경우 : 유일해 존재
  (10-22)식에서 우변의 분모$\neq$0이라면 도함수의 값은 유일해가 존재하므로 응력특성곡선이나 응력불연속선이 될 수 없다.
- 해② : 분모=분자=0 경우 : 응력특성곡선
  (10-22)식에서 우변의 분모=분자=0이라면 도함수의 값은 부정이 되고 임의의 선 $y=y(x)$는 응력특성곡선이 된다.
- 해③ : 분모=0이고 분자$\neq$0 경우 : 응력불연속선
  (10-22)식에서 우변의 분모=0이고 분자$\neq$0이라면 도함수의 값은 무한대가 되고 임의의 선 $y=y(x)$는 응력불연속선이 된다.

이와 같은 해석방법이 다소 역설적일 수도 있지만, 특성곡선법을 이해하기 위해서는 충분히 검토해 볼 필요가 있다. 먼저 (10-22)식에서 분모와 분자의 값을 각각 0으로 하면 다음 식을 얻을 수 있다(Harr, 1966; Sokolovskii, 1965).

$$\frac{dy}{dx} = \tan(\theta+\mu), \quad \frac{d\xi}{dy} = \frac{\bar{a}}{\tan(\theta+\mu)} \text{ 또는 } \frac{d\xi}{dx} = \bar{a}$$
$$\frac{dy}{dx} = \tan(\theta+\mu), \quad \frac{d\xi}{dx} = \bar{a}$$
$$\frac{dy}{dx} = \tan(\theta-\mu), \quad \frac{d\eta}{dy} = \frac{\bar{b}}{\tan(\theta-\mu)} \text{ 또는 } \frac{d\eta}{dx} = \bar{b} \tag{10-23}$$
$$\frac{dy}{dx} = \tan(\theta-\mu), \quad \frac{d\eta}{dx} = \bar{b}$$

식에서 $\mu=\pi/4-\phi/2$이다. 위의 식은 다음과 같이 2개의 쌍곡선형 응력특성곡선군으로 뚜렷하게 구분된다.

$$
\begin{aligned}
&- \text{첫째 응력특성곡선군} : \frac{dy}{dx}=\tan(\theta-\mu), \quad \frac{d\eta}{dx}=\bar{b} \\
&- \text{둘째 응력특성곡선군} : \frac{dy}{dx}=\tan(\theta+\mu), \quad \frac{d\xi}{dx}=\bar{a}
\end{aligned}
\qquad (10\text{-}24)
$$

Sokolovskii(1965)는 위와 같이 구한 2개의 응력특성곡선군을 각각 **제1특성곡선군**(first family of characteristics) 및 **제2특성곡선군**(second family of characteristics)이라고 하였지만 관련유동칙의 $\alpha-$ 및 $\beta-$특성곡선과 동일한 응력특성곡선을 나타내므로 여기서는 제1특성곡선을 $\alpha-$특성곡선, 제2특성곡선을 $\beta-$특성곡선으로 각각 표기하였다. 위의 두 곡선군을 나타내는 식에서 앞의 두 식은 교각이 2μ인 2개의 서로 다른 응력특성곡선군의 기울기를 나타내는 식이며, 뒤의 두 식은 각각의 응력특성곡선을 따라서 ξ와 η의 변화를 나타내는 관계식이다.

해①에 대해서는 유일해가 존재하므로 검토대상에서 제외한다. 해②에 대해서 (10-22)식에서 우변 분모와 분자의 값을 각각 0으로 취하면 아래와 같이 응력특성곡선에 대한 미분방정식을 얻을 수 있다.

$$dy=dx\tan(\theta\mp\mu) \qquad : \alpha- \text{ 및 } \beta-\text{특성곡선} \qquad (10\text{-}25)$$

$$d\bar{p}\mp 2\bar{p}\tan\phi\, d\theta=\frac{\gamma_s}{\cos\phi}[\sin(\varphi\mp\phi)dx+\cos(\varphi\mp\phi)dy] \qquad (10\text{-}26)$$

$$: \alpha- \text{ 및 } \beta-\text{특성곡선}$$

식에서 음의 부호는 $\alpha-$특성곡선, 양의 부호는 $\beta-$특성곡선을 나타낸다. (10-25)식은 $x-y$평면에서 Mohr-Coulomb파괴기준과 Mohr 응력원을 이용하여 구한 속도불연속선인 활동선의 기울기를 나타내는 (8-77)식의 둘째 식과 동일한 곡선군의 기울기를 나타내므로 Sokolovskii는 「활동선」이라고 정의하였지만, 관련유동칙의 제로팽창곡선에서 설명한 바와 같이 활동선은 속도불연속선에만 해당되는 용어이므로 여기서는 Sokolovskii가 표기한 「slip line」을 활동선이 아닌 응력특성곡선 또는 응력불연속선으로 표기하였다.

또한 분모의 값만 0이 되는 해③은 (10-22)식에서 4개의 편도함수 $\partial\xi/\partial x$, $\partial\xi/\partial y$, $\partial\eta/\partial x$ 및 $\partial\eta/\partial y$가 불연속적이 된다. (10-20)식에서 등가응력 $\bar{p}$는 함수 ξ와 η에 의하

여 결정되고 (10-4~6)식에서 응력성분 σ_{xx}, σ_{yy} 및 τ_{xy}는 등가응력 $\bar{p}$에 의존적이므로 함수 ξ와 η의 불연속성은 응력성분 σ_{xx}, σ_{yy} 및 τ_{xy}의 불연속성을 의미한다. 따라서 (10-22)식에서 우변 분모의 값을 0으로 하면 (10-26)식과 동일한 응력불연속선에 대한 미분방정식을 얻을 수 있으며, 응력불연속선도 x-축과 $\theta \pm \mu$의 기울기를 가지므로 응력특성곡선 또는 응력특성곡선의 포락선이 될 수 있다는 것을 알 수 있다. 응력불연속선에서는 응력성분 σ_{xx}, σ_{yy} 및 τ_{xy}의 도함수가 무한대가 되므로 응력비약이 발생하게 된다. 응력불연속선이 해를 통하여 나타난다고 하는 것은 연속적인 응력분포(continuous distribution of stress)와 한계평형상태가 함께 존재할 수 없다는 것을 의미하며 응력불연속선이 발생하면 한계평형상태에서 응력불연속선으로 퇴화되는 탄성영역이 수반된다는 것을 의미한다. 따라서 이와 같은 경우에 (10-11~12)식의 응력방정식은 응력불연속선까지만 유효하게 된다(Sokolovskii, 1960).

ii) 점착력과 마찰각이 일정하지 않은 경우

일반적으로 Mohr-Coulomb파괴기준에서 점착력 c와 마찰각 ϕ는 일정한 것으로 가정하지만 해석조건에 따라서는 변수로 취급할 수도 있다. 점착력 c와 마찰각 ϕ를 변수로 고려한 (10-13~14)식의 응력방정식도 쌍곡선형 편미분방정식으로서 2개의 서로 다른 특성곡선군을 나타내는 식이며, 응력특성곡선의 기울기는 (10-25)식과 동일하고, 각각의 응력특성곡선을 따라서 응력의 변화를 구할 수 있는 관계식은 다음과 같다(Houlsby & Wroth, 1982).

$$\begin{aligned} &\cos\phi\, dp \mp 2(p\sin\phi + c\cos\phi)\, d\theta \\ &\quad = \left[\gamma_s \sin(\varphi \mp \phi) \pm \cos\phi \frac{\partial c}{\partial y} \pm (p\cos\phi - c\sin\phi)\frac{\partial \phi}{\partial y}\right] dx \\ &\quad + \left[\gamma_s \cos(\varphi \mp \phi) \mp \cos\phi \frac{\partial c}{\partial x} \mp (p\cos\phi - c\sin\phi)\frac{\partial \phi}{\partial x}\right] dy \end{aligned} \tag{10-27}$$

식에서 p는 평균응력이다. 위의 식에 의해서 c, ϕ, γ_s 및 φ가 주어지면 주어진 경계조건과 함께 해를 구할 수 있다. 흙이 어느 부위에서나 파괴됨으로서 c와 ϕ는 극한값을 갖는 것으로 가정하거나, 여러 토층으로 구성된 지반을 모델링하는 것이 아니라면 c는 깊이에 비례하여 증가하는 것으로 가정한다. 대부분 아래와 같이 어느 하나의 조건으로 가정하여 문제를 단순화시켜서 해를 구한다.

- 비배수조건 : $\phi=0$, $c=c(z)$이고 (10-26)식은 다음과 같다(z: 토층 깊이).

$$dp \pm 2c\,d\theta = \left(\gamma_s \sin\varphi \pm \frac{\partial c}{\partial y}\right)dx + \gamma_s \cos\varphi\, dy \tag{10-28}$$

- 배수조건 : $c=0$, $\phi=$일정이고 (10-26)식은 다음과 같다.

$$\cos\phi dp \pm 2p\sin\phi\, d\theta = \gamma_s\left[\sin(\varphi \mp \phi)\,dx + \cos(\varphi \mp \phi)\,dy\right] \tag{10-29}$$

따라서 점착력 c와 마찰각 ϕ의 값은 비배수조건이라면 전응력 전단강도, 배수조건이라면 유효응력 전단강도를 적용해야 한다.

(3) 정준방정식 유도

Sokolovskii(1965)는 $\alpha-$ 및 $\beta-$특성곡선이 각각 변수 ξ와 η에 의하여 결정되는 것으로 가정하고 응력특성곡선을 $x-y$평면에서 곡선좌표계로 취하여 x, y, $\bar{p}$ 및 θ는 $\xi-\eta$ 평면의 변수 ξ와 η로 대체하였다. 이렇게 함으로서 응력특성곡선 방정식인 (10-25)식은 다음과 같이 나타낼 수 있다.

$$\frac{\partial y}{\partial \xi} = \frac{\partial x}{\partial \xi}\tan[\theta-\mu],\quad \frac{\partial y}{\partial \eta} = \frac{\partial x}{\partial \eta}\tan[\theta+\mu] \ :\ \alpha- \text{ 및 } \beta-\text{특성곡선} \tag{10-30}$$

또한 (10-26)식은 다음과 같다.

$$\begin{aligned}
\frac{\partial \bar{p}}{\partial \xi} - 2\bar{p}\tan\phi\frac{\partial \theta}{\partial \xi} &= \frac{\gamma_s}{\cos\phi}\left[\sin(\varphi-\phi)\frac{\partial x}{\partial \xi} + \cos(\varphi-\phi)\frac{\partial y}{\partial \xi}\right] \ :\ \alpha-\text{특성곡선} \\
\frac{\partial \bar{p}}{\partial \eta} + 2\bar{p}\tan\phi\frac{\partial \theta}{\partial \eta} &= \frac{\gamma_s}{\cos\phi}\left[\sin(\varphi+\phi)\frac{\partial x}{\partial \eta} + \cos(\varphi+\phi)\frac{\partial y}{\partial \eta}\right] \ :\ \beta-\text{특성곡선}
\end{aligned} \tag{10-31}$$

식에서 독립변수 ξ와 η의 선택은 임의적으로 할 수 있으며, ξ와 η 대신에 함수 $\xi^*=\xi^*(\xi)$와 $\eta^*=\eta^*(\eta)$를 충족시키는 새로운 독립변수 ξ^*와 η^*를 도입해도 방정식은 변하지 않는다는 특성을 이용하여 변수 변환에 적용할 수 있다. Sokolovskii(1965)가 제시한 (10-31)식에서 ξ와 η를 대신하여 각각 $\alpha-$ 및 $\beta-$특성곡선방향의 길이매개변수인 s_α와 s_β를 독립변수로 취하면 Hill(1950), Spencer(1964[a]) 등이 방향도함수에 의하여 유도한 (8-28~29)식과 동일한 식이 된다. 변수 x와 y를 ξ와 η로 변환하기 위한 **야코비 행렬식**(Jacobian determinant) D는 (10-30)식으로부터 다음과 같이 나타낼 수 있다(Harr, 1966; Sokolovskii, 1965; 1960).

$$D = \frac{\partial(x,y)}{\partial(\xi,\eta)} = \frac{\partial x}{\partial \xi}\frac{\partial y}{\partial \eta} - \frac{\partial x}{\partial \eta}\frac{\partial y}{\partial \xi} = \frac{\cos\phi}{\cos(\theta+\mu)\cos(\theta-\mu)}\frac{\partial x}{\partial \xi}\frac{\partial x}{\partial \eta} \quad (10\text{-}32)$$

야코비 행렬식 $D \neq 0$라면 (10-30~31)식의 해가 (10-16)식의 해가 되므로, 응력불연속선을 나타내기 위한 필요충분조건은 $D = 0$이다(Sokolovskii, 1960; Harr, 1966). 야코비 행렬식과 응력불연속선의 관계에 대해서는 부록을 참조하면 된다.

(4) 흙의 단위중량과 응력특성곡선

흙의 단위중량을 무시하면($\gamma_s = 0$) (10-25)식은 바뀌지 않지만 (10-26)식의 우변은 0이 되어 매개변수 ∂s_α와 ∂s_β를 이용하여 편미분 형태를 취한 것을 제외하면 각각 (8-28~29)식과 동일한 형태가 된다.

$$dy = dx\,\tan[\theta \mp \mu] \quad : \alpha- \text{ 및 } \beta-\text{특성곡선} \quad (10\text{-}33)$$

$$d\bar{p} \mp 2\bar{p}\tan\phi\, d\theta = 0 \quad : \alpha- \text{ 및 } \beta-\text{특성곡선} \quad (10\text{-}34)$$

Sokolovskii는 위의 식의 해를 구하기 위해서 (10-30)식과 함께 (10-31)식의 우변에 $\gamma_s = 0$을 대입하여 다음 식을 제시하였다.

$$\frac{\partial \bar{p}}{\partial \xi} \mp 2\bar{p}\,\tan\phi\frac{\partial \theta}{\partial \xi} = 0,\quad \frac{\partial \bar{p}}{\partial \eta} \mp 2\bar{p}\,\tan\phi\frac{\partial \theta}{\partial \eta} = 0 \;:\; \alpha- \text{ 및 } \beta-\text{특성곡선} \quad (10\text{-}35)$$

위의 식에서 독립변수 ξ와 η의 선택은 ξ와 η가 변수라면 가능하지만, $\xi = \xi_0$ 또는 $\eta = \eta_0$와 같이 일정한 값이면 아래와 같이 적분하여 응력특성곡선을 따라서 응력의 변화를 구할 수 있는 관계식을 얻을 수 있다.

$$\bar{p} = C_1 \exp[\mp 2\theta\tan\phi] \quad (10\text{-}36)$$

식에서 C_1은 적분상수이다. 직선인 특성곡선들이 하나의 점으로부터 부채꼴 형태로 뻗어 나오는 「Prandtl의 유심선형장」을 Sokolovskii는 점광원에서 발산되는 「**광선속**」(光線束, pencil of rays)이라고 표기하였으며, 광선속을 가로지르는 또 하나의 대수나선형 특성곡선식은 (3-19)식과 동일한 형태를 제시하였다.

$$r = C_2 \exp[\mp \theta\tan\phi] \quad (10\text{-}37)$$

식에서 C_2는 적분상수이며 θ의 부호가 음(−)이면 원점에서 바깥쪽으로 뻗어나가고, 양(+)이면 원점 O에 접근하는 곡선이 된다. 점착력 c와 마찰각 ϕ가 일정한 경우에 수직방향으로 작용하는 흙의 단위중량만 고려하면 (10-25)식은 바뀌지 않으며 (10-26)식은 우변에 $\varphi=0$을 대입하면 된다.

$$\begin{aligned} &dy = dx\tan(\theta \mp \mu) && :\ \alpha-\ \text{및}\ \beta-\text{특성곡선} \\ &d\bar{p} \mp 2\bar{p}\tan\phi\, d\theta = \gamma_s(dy \mp \tan\phi\, dx) && :\ \alpha-\ \text{및}\ \beta-\text{특성곡선} \end{aligned} \tag{10-38}$$

식에서 음의 부호는 $\alpha-$특성곡선, 양의 부호는 $\beta-$특성곡선을 나타내낸다. 위의 식에 대한 정준방정식은 각각 다음과 같다.

$$\frac{\partial y}{\partial \xi} = \frac{\partial x}{\partial \xi}\tan(\theta-\mu), \quad \frac{\partial y}{\partial \eta} = \frac{\partial x}{\partial \eta}\tan(\theta+\mu) \tag{10-39}$$

$$\begin{aligned} &\frac{\partial \bar{p}}{\partial \xi} - 2\bar{p}\ \tan\phi\frac{\partial \theta}{\partial \xi} = \gamma_s\left(\frac{\partial y}{\partial \xi} - \tan\phi\frac{\partial x}{\partial \xi}\right) \\ &\frac{\partial \bar{p}}{\partial \eta} + 2\bar{p}\ \tan\phi\frac{\partial \theta}{\partial \eta} = \gamma_s\left(\frac{\partial y}{\partial \eta} + \tan\phi\frac{\partial x}{\partial \eta}\right) \end{aligned} \tag{10-40}$$

식에서 $\mu=\pi/4-\phi/2$이다. 위의 식에서 독립변수 ξ와 η가 아닌 새로운 독립변수(ξ^*와 η^*, ξ와 η 등)를 도입해도 방정식은 변하지 않는다.

10.2.4 점화식과 경계값문제

(1) 무차원 변수의 결정

특성곡선법의 해를 구할 때 점화식을 이용하여 근사시키면 $\alpha-$ 및 $\beta-$특성곡선의 격자점에서 필요한 값을 얻을 수 있다. 점화식이란 수열의 항 사이에 성립되는 관계식으로서, 특성곡선법에서는 인접한 두 기지점으로부터 관계식을 이용하여 인접한 미지점의 정보를 얻음으로서 수열에서 인접한 항의 값을 계산하는 방법과 동일한 방법을 이용하게 된다. 이와 같은 방법을 적용하기 위해서는 (10-8)식과 같은 무차원 변수를 구하는 것이 선행되어야 한다. 먼저 길이 차원의 특성길이 l_{ch}가 주어지거나 또는 특성길이 l_{ch}를 취할 수 있는 문제라면 다음과 같이 무차원 변수를 구한다.

$$\bar{x} = \frac{x}{l_{ch}}, \quad \bar{y} = \frac{y}{l_{ch}}, \quad \tilde{p} = \frac{\bar{p}}{\gamma_s l_{ch}} \tag{10-41}$$

만약 길이 차원의 특성길이 l_{ch}가 주어지지 않거나 바로 취할 수는 없지만 특성등가응력 p'(또는 p_0)이 제시된 문제라면 특성길이는 $l_{ch}=p'/\gamma_s$(또는 $l_{ch}=p_0/\gamma_s$)로 취하여 무차원 변수는 다음과 같이 나타낼 수 있다.

$$\bar{x}=\frac{\gamma_s}{p'}x,\quad \bar{y}=\frac{\gamma_s}{p'}y,\quad \tilde{p}=\frac{\bar{p}}{p'} \tag{10-42}$$

또한 길이 차원의 특성길이 l_{ch}뿐만 아니라 특성등가응력 p'(또는 p_0)도 알 수 없는 문제에 대해서는 점착력 c를 이용하여 특성길이 $l_{ch}=c/\gamma_s$로 하여 다음의 무차원 변수를 이용할 수도 있다.

$$\bar{x}=\frac{\gamma_s}{c}x,\quad \bar{y}=\frac{\gamma_s}{c}y,\quad \tilde{p}=\frac{\bar{p}}{c} \tag{10-43}$$

위의 무차원 변수는 (10−38)식을 충족시키는 것으로 한다. 이후의 모든 수식에서는 복잡한 표기를 피하기 위하여 무차원 변수인 $\tilde{p}$의 물결표시를 제외한 모든 변수 위의 바(bar : "−")표시를 생략하고 원래의 변수와 동일한 변수를 사용하였다. 예로서 $(x,y,\tilde{p},\theta)$와 같이 무차원 변수인 $\tilde{p}$와 짝을 이루고 있는 변수는 실제로는 $(\bar{x},\bar{y},\tilde{p},\theta)$를 나타내는 것이다. 또한 해석기법상 대부분의 각은 라디안(radian)으로 표기하였으며, 문제를 단순화하기 위해서 모든 [예제]에서 $p'=1$, $c=1$ 및 $\gamma_s=1$로 설정하였다.

(2) 점화식 유도

Sokolovskii의 응력장해석 기법에서는 **변수평면**(parameter plane)인 $\xi-\eta$평면과 물리평면인 $x-y$평면을 이용해야 하는데, $\xi-\eta$평면의 $\xi-$ 및 $\eta-$특성곡선은 각각 아래와 같이 표기된다.

- $\xi-$특성곡선 : $\xi=\xi_i$
- $\eta-$특성곡선 : $\eta=\eta_j$

(10-44)

위의 식에서 $\xi-\eta$평면의 변수 ξ 및 η는 앞에서 기술한 매개변수 ξ 및 η와 동일한 변수로 고려할 수 있다. 무차원 변수 $(x,y,\tilde{p},\theta)$의 값을 기록하는 계산표에서 $\xi-$특성곡선의 ξ_i는 $i-$열, $\eta-$특성곡선의 η_j는 $j-$행에 해당하는 특성곡선이며 $\xi-\eta$평면의 격자점은 계산표에서 (i,j)로 표기된다$(i,j=1,2,3,\cdots)$. 임의의 미지점③을 통과하는 $\alpha-$ 및 $\beta-$특성곡선에 인접해 있는 기지점①의 $(x_1,y_1,\tilde{p}_1,\theta_1)$과 기지점②의 $(x_2,y_2,\tilde{p}_2,\theta_2)$로부터 미지점③의 $(x,y,\tilde{p},\theta)$를 계산하기 위해서는 (10−38)식의 dx, dy, $d\tilde{p}$, $d\theta$를 각각 다음과 같이 인접한 항과의 차로 나타내야 한다.

– 미지점③– 기지점① : $x-x_1$, $y-y_1$, $\tilde{p}-\tilde{p}_1$, $\theta-\theta_1$

– 미지점③– 기지점② : $x-x_2$, $y-y_2$, $\tilde{p}-\tilde{p}_2$, $\theta-\theta_2$

Sokolovskii(1960; 1965)는 위와 같은 관계를 이용해서 미지점③과 기지점①에 대하여 (10–38)식에서 복부호의 음의 부호에 대한 미분방정식을 다음과 같은 유한등가관계식(finite equivalents)으로 대체할 수 있다고 제안하였다.

$$y-y_1=(x-x_1)\tan(\theta_1-\mu)$$
$$\tilde{p}-\tilde{p}_1-2\tilde{p}(\theta-\theta_1)\tan\phi=\gamma_s\left[y-y_1-(x-x_1)\tan\phi\right] \tag{10–45}$$

식에서 $\mu=\pi/4-\phi/2$이다. 동일한 방법으로 미지점③과 기지점②에 대해서도 (10–38)식에서 복부호의 양의 부호에 대한 미분방정식을 다음의 유한등가관계식으로 대체할 수 있다.

$$y-y_2=(x-x_2)\tan(\theta_2+\mu)$$
$$\tilde{p}-\tilde{p}_2+2\tilde{p}(\theta-\theta_2)\tan\phi=\gamma_s\left[y-y_2+(x-x_2)\tan\phi\right] \tag{10–46}$$

위의 (10–45~46)식에서 4개의 방정식에 4개의 미지수 $(x, y, \tilde{p}, \theta)$가 있으므로 방정식을 풀면 각각의 미지수에 대하여 다음과 같은 점화식을 얻을 수 있다.

$$x=\frac{x_1\tan(\theta_1-\mu)-y_1-x_2\tan(\theta_2+\mu)+y_2}{\tan(\theta_1-\mu)-\tan(\theta_2+\mu)} \tag{10–47}$$

$$y=y_2+(x-x_2)\tan(\theta_2+\mu) \tag{10–48}$$

$$\tilde{p}=\frac{\gamma_s\left(M\tilde{p}_2+N\tilde{p}_1\right)+2\tilde{p}_2\tilde{p}_1\left[1+(\theta_2-\theta_1)\tan\phi\right]}{\tilde{p}_2+\tilde{p}_1} \tag{10–49}$$

$$\theta=\frac{\tilde{p}_2-\tilde{p}_1+2\tan\phi\left(\tilde{p}_2\theta_2+\tilde{p}_1\theta_1\right)+\gamma_s(N-M)}{2\tan\phi\left(\tilde{p}_2+\tilde{p}_1\right)} \tag{10–50}$$

식에서, $M=(y-y_1)-\tan\phi(x-x_1)$, $N=(y-y_2)+\tan\phi(x-x_2)$

Sokolovskii가 제시한 (10–47~50)식은 인접한 두 격자점의 $(x_1, y_1, \tilde{p}_1, \theta_1)$과 $(x_2, y_2, \tilde{p}_2, \theta_2)$가 기지인 경우에만 미지의 격자점인 $(x, y, \tilde{p}, \theta)$를 구할 수 있다는 것을 보여주고 있다. 위의 식으로부터 $x-y$평면에 대한 격자점의 좌표를 구하면 응력특성곡선을 도시할 수 있다. 보통 위의 식과 함께 격자점의 간격을 좁히거나 반복계산인 경우에 반복 횟수를 증가시키면 신뢰할 수 있는 근삿값을 얻을 수 있다. 격자점의 간격을 충분히 좁히지 않더라도 (10-47~48)식의 $\theta_{i-1,j}$ 및 $\theta_{i,j-1}$를 각각 $(\theta_{i-1,j}+\theta_{i,j})/2$ 및 $(\theta_{i,j-1}+\theta_{i,j})/2$로 대체하는 등 적절한 방법을 이용하면 효과적으로 계산의 정확도를 높일 수 있다(Sokolovskii, 1965; Stroganov, 1985).

(3) 경계값문제

관련유동칙의 경계값문제에서 기술한 것과 같이 쌍곡선형 편미분방정식의 경계값문제로는 Cauchy문제, Riemann문제 및 혼합문제가 있는데, Sokolovskii(1965)는 동일한 경계값문제를 아래와 같이 각각 제1경계값문제, 제2경계값문제 및 제3경계값문제로 분류하고, 특수한 형태의 제4경계값문제를 추가하여 4개의 경계값문제를 제안하였다.

- **제1경계값문제** : Cauchy문제 또는 초깃값문제
- **제2경계값문제** : Riemann문제 또는 Goursat문제
- **제3경계값문제** : 제1경계값문제와 제2경계값문제의 혼합문제
- **제4경계값문제** : Sokolovskii가 제안한 경계값문제

Sokolovskii가 제시한 응력장해석을 위한 경계값문제는 대부분 위의 제1~제3경계값문제를 적절하게 조합하여 적용하면 된다. 각각의 경계값문제를 적용하는 방법은 아래와 같다.

i) 제1경계값문제

제1경계값문제는 〈그림 10-4〉와 같이 비특성곡선($\xi \neq$ 일정, $\eta \neq$ 일정)인 선분 AB를 따라서 $(x, y, \tilde{p}, \theta)$가 주어지면 $\xi-\eta$평면에서 AB를 적절하게 등간격으로 나누어서 $\alpha-$ 및 $\beta-$특성곡선에 평행하게 격자망을 구축하고 대응하는 계산표를 작성하는 경계값문제이다.

그림에서 인접한 기지점①의 $(x_1, y_1, \tilde{p}_1, \theta_1)$과 기지점②의 $(x_2, y_2, \tilde{p}_2, \theta_2)$로부터 미지점③의 $(x, y, \tilde{p}, \theta)$를 구하는 방법은 선분 AB의 격자점에 대한 $(x, y, \tilde{p}, \theta)$를 계산표의 대각선 방향으로 빗금친 사각형에 배분한 후에, 경계조건과 함께 (10-47~50)식에 의해서 화살표 방향으로 진행하여 계산표의 모든 사각형을 채운다. 제1경계값문제의 가장 대표적인 형태는 비특성곡선인 지표면을 따라서 수직응력이나 전단응력과 같은 표면력이 주어지는 문제이다. 그림에서 AB와 AB의 끝부분을 통과하는 $\alpha-$ 및 $\beta-$특성곡선에 의하

여 둘러싸인 삼각형ABC가 비특성곡선 AB의 영향영역이며, 비특성곡선인 AB에 대한 정보는 특성곡선인 BC 및 AC에 가까워지면서 점차 소멸되므로 추가적인 정보가 없다면 특성곡선 BC 및 AC를 가로질러서 연속적으로 해를 구할 수가 없다(Sokolovskii, 1965; Desai & Christian, 1977).

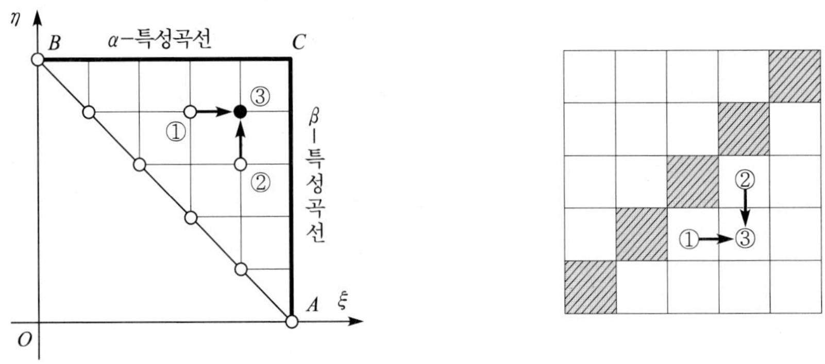

〈그림 10-4〉 제1경계값문제 (Sokolovskii, 1960; 1965)

ii) 제2경계값문제

제2경계값문제는 〈그림 10-5〉와 같이 응력장의 특성곡선인 OA와 OB를 따라서 $(x, y, \tilde{p}, \theta)$가 모두 주어지는 문제로서, 그림과 같이 $\xi-\eta$평면에서 OA와 OB를 적절하게 등간격으로 나누어서 $\alpha-$ 및 $\beta-$특성곡선에 평행하게 격자망을 구축하고 대응하는 계산표를 점화식으로 구하는 경계값문제이다. 기지점을 이용하여 미지점의 값을 구하는 방법은 제1경계값문제와 동일하고, 어느 하나의 특성곡선을 따라서 $x=y=0$이 되어 퇴화되면 $x-y$평면에서 그 특성곡선은 특이점으로 나타나게 된다.

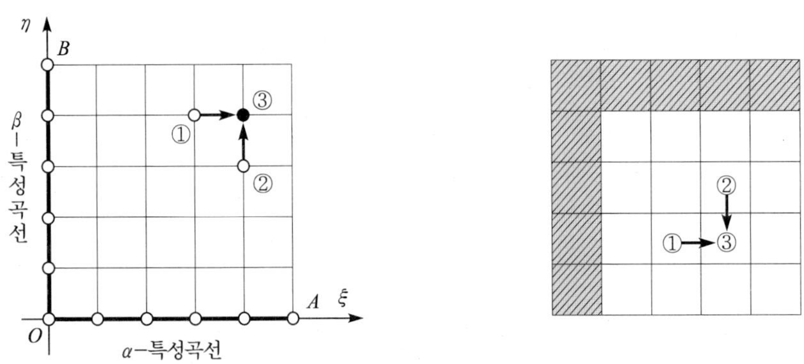

〈그림 10-5〉 제2경계값문제 (Sokolovskii, 1960; 1965)

iii) 제3경계값문제

제3경계값문제는 〈그림 10-6〉과 같이 좌표각(coordinate angle)의 이등분선인 비특성곡선 OA를 따라서 4개의 무차원 변수인 $(x, y, \tilde{p}, \theta)$중 (x_a, y_a), $(\tilde{p}_a, \theta_a)$, (y_a, θ_a) 등 2개의 차분관계(differential relation)가 경계조건으로 주어지고, β-특성곡선(또는 α-특성곡선) OB를 따라서 $(x_1, y_1, \tilde{p}_1, \theta_1)$가 모두 주어지는 경계값문제이다.

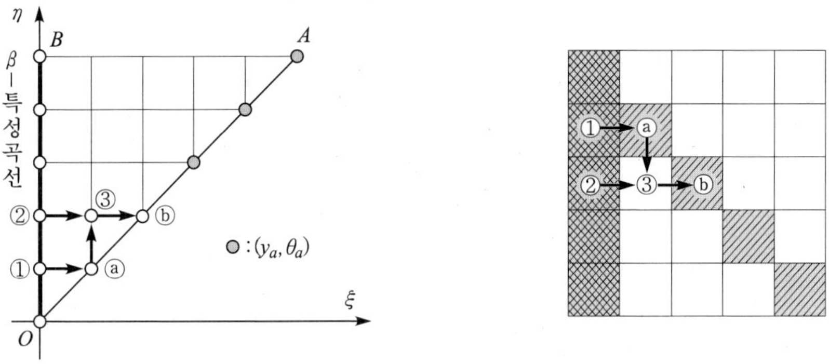

〈그림 10-6〉 제3경계값문제 (Sokolovskii, 1960; 1965)

제3경계값문제를 적용할 경우에 주의할 것은 (10-47~50)식의 점화식을 그대로 이용하면 원하는 결과를 쉽게 얻을 수가 없다는 것이다. 이것은 그림에서 비특성곡선 OA를 따라서 2개의 경계조건 (y_a, θ_a)가 이미 주어졌으므로 경계조건을 이용하여 OA선상에 위치한 격자점의 무차원 변수인 $(x, \tilde{p})$를 결정해야 하기 때문이다. 따라서 (y_a, θ_a)가 주어진 경우라면 나머지 무차원 변수인 $(x, \tilde{p})$는 (10-45)식 또는 (10-46)식에 의해서 각각 다음 식을 이용하여 구해야 한다. 그 외에 (x_a, θ_a) 등이 주어진 경우에도 동일한 방법으로 나머지 무차원 변수를 구한다.

[α-특성곡선을 이용하는 경우]

$$\begin{aligned} x &= (y - y_1)\cot(\theta_1 - \mu) + x_1 \\ \tilde{p} &= \tilde{p}_1 + 2\tilde{p}(\theta - \theta_1)\tan\phi + \gamma_s[y - y_1 - (x - x_1)\tan\phi] \end{aligned} \tag{10-51}$$

[β-특성곡선을 이용하는 경우]

$$\begin{aligned} x &= (y - y_2)\cot(\theta_2 + \mu) + x_2 \\ \tilde{p} &= \tilde{p}_2 - 2\tilde{p}(\theta - \theta_2)\tan\phi + \gamma_s[y - y_2 - (x - x_2)\tan\phi] \end{aligned} \tag{10-52}$$

〈그림 10-6〉과 같이 계산표에서 마지막에 위치한 대각선상의 빗금친 사각형은 위의 식을 이용하여 채우고, 빗금친 사각형 이외의 사각형은 (10-47~50)식을 이용해서 각 행마다 $\alpha-$특성곡선을 따라서 $i=2,3,\cdots$ 등 i를 증가시키면서 각 행의 끝에 위치한 빗금친 사각형까지 진행하면 된다. 즉, 그림에서 대각선상의 빗금친 사각형ⓐ에는 (y_a, θ_a)가 경계조건으로 이미 주어졌으므로 나머지 무차원 변수 $(x, \tilde{p})$는 사각형①의 $(x_1, y_1, \tilde{p}_1, \theta_1)$및 (10-51)식을 이용하여 구하고, 다음 행에 위치한 사각형③의 $(x, y, \tilde{p}, \theta)$는 앞에서 구한 사각형ⓐ의 $(x_1, y_a, \tilde{p}_1, \theta_a)$ 및 사각형②의 $(x_2, y_2, \tilde{p}_2, \theta_2)$로부터 채운 후에, 대각선상의 빗금친 사각형ⓑ의 $(x, \tilde{p})$는 앞에서 구한 사각형③의 $(x_2, y_2, \tilde{p}_2, \theta_2)$ 및 (10-51)식을 이용하여 구하면 된다. 제3경계값문제는 유형이 다양하므로 다음 절의 토공구조물별 「예제」나 「비관련유동칙의 적용 예」를 통하여 사례별로 적용하는 방법을 참고하는 것이 좋다.

iv) 제4경계값문제

제4경계값문제는 〈그림 10-7〉과 같이 선분 OA와 OB를 따라서 각각 (x, y) 또는 $(\tilde{p}, \theta)$, (y, θ) 등 4개중 2개의 차분관계가 경계조건으로 주어지는 경계값문제이다. $\xi-\eta$ 평면에서 OA와 OB를 등간격으로 나누어서 특성곡선의 무차원 변수를 계산표에 작성한다. 주어진 경계조건과 (10-45)식을 이용하여 선분 OA에 위치한 격자점의 모든 무차원 변수의 값을 구하고, 주어진 경계조건과 (10-46)식으로부터 선분 OB를 따라서 필요한 무차원 변수를 결정한다. 계산표에는 2개의 선분에 해당하는 대각선 방향의 사각형에 그림가 같이 각각 채우면 된다. 그림에서 OA에 위치한 격자점에 대한 $(x, y, \tilde{p}, \theta)$는 기지점①의 $(x_1, y_1, \tilde{p}_1, \theta_1)$과 기지점ⓐ의 $(x_a, y_a, \tilde{p}_a, \theta_a)$, OB의 격자점에 대한 $(x, y, \tilde{p}, \theta)$는 기지점②의 $(x_2, y_2, \tilde{p}_2, \theta_2)$와 기지점ⓑ의 $(x_b, y_b, \tilde{p}_b, \theta_b)$로부터 구한다. 제4경계값문제에 대한 실제 적용 예는 [예제6]을 참고하면 된다.

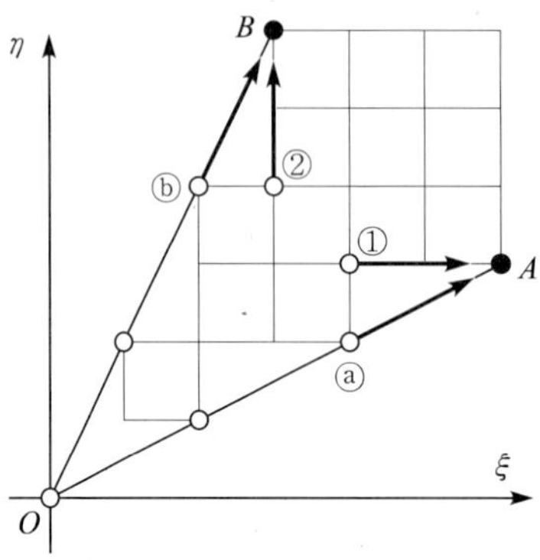

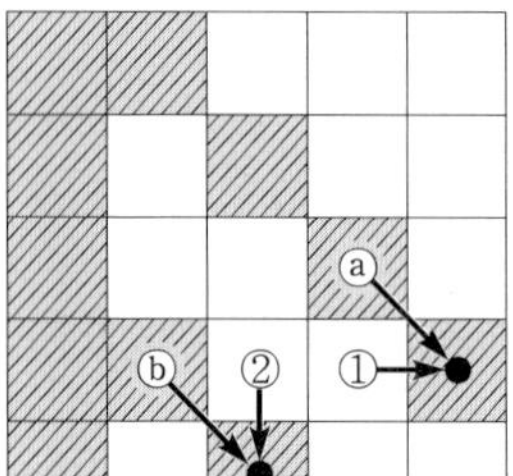

〈그림 10-7〉 제4경계값문제 (Sokolovskii, 1960; 1965)

v) 경계값문제의 적용

앞에서 기술한 경계값문제는 $\xi-\eta$평면에서 직선으로 둘러싸인 가장 단순한 응력장에 대한 것을 예로서 설명한 것이며, 변수 ξ와 η를 어떻게 선택하느냐에 따라서 더 복잡한 응력장으로 구성된 문제로 확장시킬 수도 있다. 실제 적용과정에서는 제1~제4경계값문제를 적절하게 결합 또는 조합해서 해를 구해야 한다. 예를 들면, 〈그림 10-8〉과 같은 기초의 지지력문제나 둔각사면 문제에서 **기점**(starting point)이 각각 OA_3인 경우에, 먼저 응력장 A_2OA_3는 제1경계값문제로서 비특성곡선인 OA_3를 따라서 응력조건을 알 수 있으며, 다음으로 응력장 A_1OA_2는 특이점이 포함된 제2경계값문제에 해당하고, 마지막으로 응력장 A_0OA_1은 제3경계값문제로서 OA_0을 따라서 주어지는 일부 경계조건과 함께 원하는 정보를 얻을 수 있다(Houlsby & Wroth, 1982). 토질역학에서 특성곡선법을 이용하여 응력장해석을 적용할 수 있는 토공구조물은 연속기초의 지지력, 사면의 안정, 옹벽의 토압이 대표적이다. 보통 사면의 안정문제는 지지력문제의 특수한 조건에 해당하므로 두 구조물은 동일한 방법으로 해석하면 된다. 특히 Sokolovskii는 제4경계값문제를 〈그림 10-8(b)〉와 같이 사면경사 $\beta_0 \geq 90°$인 둔각사면이 아닌 $\beta_0 < 90°$ 이하인 예각사면, 초기사면경사각 $\beta_0 = 0°$인 **돌출사면**(overhang slope) 및 **곡선옹벽**(curvilinear retaining wall)의 토압 문제 등에 적용하였다.

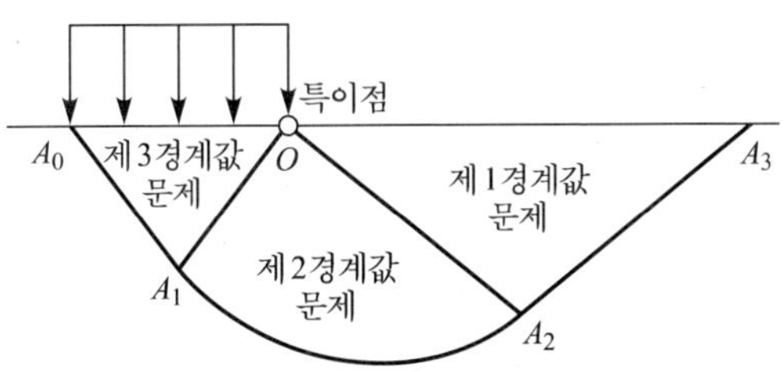

(a) 기초의 지지력

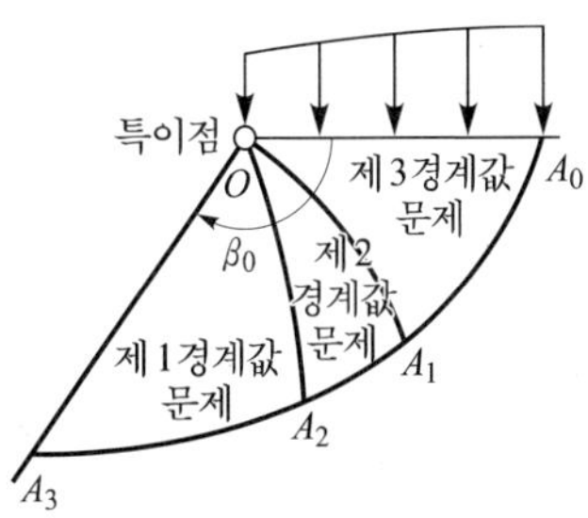

(b) 둔각사면($(\beta_0 \geq \pi/2)$)

〈그림 10-8〉 경계값문제 적용 예

(4) 등가응력

〈그림 10-9〉는 흙속의 임의의 점 P에 작용하는 응력성분과 대응하는 Mohr 응력원을 도시한 것이다. 그림에서 하중경사각이 ω인 실제응력 p_ω(외력+ 흙의 단위중량)가 작용하고 p_ω의 수직응력 및 접선응력은 각각 σ_n 및 τ_n이다. 또한 이와 같은 응력상태는 그

림과 같이 수직응력 및 접선응력이 각각 $\sigma_n + H$ 및 τ_n이고 하중경사각이 ω'인 특성등가응력 p'으로 나타낼 수도 있다. 여기서 특성등가응력 p'은 실제응력 p_ω의 수직응력성분 σ_n과 수직압축응력인 $H(=c\cot\phi)$의 합력이다. 그림의 Mohr 응력원에서 실제응력 p_ω와 하중경사각 ω는 OP, 특성등가응력 p'과 하중경사각 ω'은 $O'P$이며 χ, λ 및 Δ는 각각 그림과 같은 특정각을 나타낸다(Sokolovskii, 1965). 〈그림 10-9〉의 Mohr 응력원에서 σ_n과 τ_n은 각각 다음과 같다.

$$\sigma_n = p - R\cos 2\lambda, \quad \tau_n = R\sin 2\lambda$$

또한 그림에서 각 χ와 λ의 관계는 다음과 같다.

$$\chi = \frac{\pi}{2} - \lambda \tag{10-53}$$

응력장해석에서 2개의 응력특성곡선은 최대주응력축과 사잇각이 $\pm\mu$이며 두 특성곡선의 교각은 2μ이고, 응력특성곡선에 작용하는 수직응력성분 $S(=\sigma_n)$와 접선응력성분 T $(=|\tau_n|)$ 는 〈그림 10-9〉의 Mohr 응력원에서 응력점 Q에 해당된다.

$$S = p - R\sin\phi, \quad T = R\cos\phi \tag{10-54}$$

Mohr-Coulomb파괴기준과 Mohr 응력원이 접하는 응력점 Q의 한계평형상태는 다음과 같이 나타낼 수 있다.

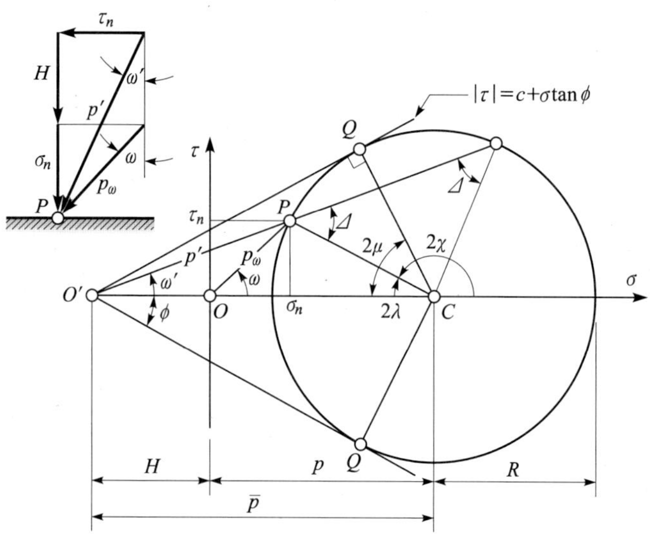

〈그림 10-9〉 실제응력과 등가응력 (Sokolovskii, 1965)

$$|\tau_n| = (\sigma_n + H)\tan\phi \quad \text{또는,} \quad T = (S + H)\tan\phi \tag{10-55}$$

식에서 $H = c\cot\phi$이다. 그림에서 등가응력 $\bar{p} = p + H$이므로 R은 다음과 같다.

$$R = \bar{p}\sin\phi \tag{10-56}$$

등가응력 $\bar{p}$를 이용하여 임의의 선재요소에 작용하는 σ_n과 τ_n은 〈그림 10-9〉의 Mohr 응력원으로부터 다음과 같이 나타낼 수 있다.

$$\sigma_n = \bar{p}(1 - \sin\phi\cos 2\lambda) - H, \quad \tau_n = \bar{p}\sin\phi\sin 2\lambda \tag{10-57}$$

(10-54)식에 의해서 응력특성곡선에 작용하는 응력성분 S와 T는 각각 다음과 같다.

$$S = \bar{p}\cos^2\phi - H, \quad T = \bar{p}\sin\phi\cos\phi$$

또한 등가응력 $\bar{p}$와 특정각 λ는 아래와 같은 방법으로 특성등가응력 p'과 하중경사각 ω'으로도 나타낼 수 있다. 먼저 〈그림 10-9〉로부터 다음의 관계식을 얻을 수 있다.

$$\sigma_n + H = p'\cos\omega', \quad \tau_n = p'\sin\omega' \tag{10-58}$$

위의 두 식으로부터 다음의 관계식이 성립한다.

$$\tau_n = (\sigma_n + H)\tan\omega' \tag{10-59}$$

위의 식에 (10-57)식을 대입하면 λ를 ω'로 나타낼 수 있다.

$$\sin\phi\sin 2\lambda = (1 - \sin\phi\cos 2\lambda)\tan\omega' \tag{10-60}$$

위의 식을 정리하면 다음과 같다.

$$\sin(2\lambda + \omega') = \frac{\sin\omega'}{\sin\phi} \tag{10-61}$$

Sokolovskii는 위의 식에 Caquot-Kerisel(1956)의 $\sin\Delta$에 대한 관계식을 도입하여 다음과 같이 제안하였다.

$$\sin\Delta = \sin(2\lambda + \omega') = \frac{\sin\omega'}{\sin\phi} \tag{10-62}$$

식에서 $|\Delta| \le \pi/2$ 이다. Sokolovskii가 도입한 Caquot-Kerisel의 $\sin\Delta$에 대한 관계식은 Sokolovskii의 응력장해석에서 많이 이용되는데, 위의 관계식을 도입하지 않은 응력장해석(Sokolovskii, 1960)보다 도입한 응력장해석(Sokolovskii, 1965)이 더욱 간결하고 알기 쉽게 기술되어 있다. 위와 같은 방법으로 흙 속에서 임의의 P점에 작용하는 등가

응력 $\bar{p}$와 특정각 λ의 값을 알면 한계평형상태의 모든 정보를 얻을 수 있으므로 흙의 경계값문제는 주어진 경계조건에 대하여 등가응력 $\bar{p}$와 각 λ를 결정하는 문제로 전환된다. 특히 λ는 $x-$축과 최대주응력인 σ_1과의 사잇각인 θ로 나타내는 것이 보통이다. Sokolovskii는 $\bar{p}$와 λ의 값을 구하기 위하여 먼저 (10-62)식으로부터 $\lambda = \Delta/2 - \omega'/2$이므로 λ를 다음과 같이 표시하였다[(10-68~69)식 참조].

$$\lambda = (1-\kappa)\frac{\pi}{4} + \frac{1}{2}(\kappa\Delta - \omega') + m\pi \tag{10-63}$$

식에서 $\kappa = \pm 1$이고, m은 정수로서 $m=0$ 또는 $m = \pm 1$이다. 또한 (10-57)식과 (10-58)식의 전단응력 τ_n으로부터 다음 관계식이 성립한다.

$$\bar{p}\,\sin\phi\sin 2\lambda = p\sin\omega' \tag{10-64}$$

위의 식과 (10-62)식을 이용하면 아래와 같이 등가응력 $\bar{p}$, 하중경사각 ω' 및 실제응력 p_ω 사이의 관계식을 얻을 수 있다.

$$\begin{aligned} p_\omega &= \bar{p}\left[\frac{\sin\phi\sin 2\lambda}{\sin\omega'}\right] = \bar{p}\left[\frac{\sin(\Delta - \kappa\omega')}{\sin\Delta}\right] \\ &= \bar{p}\left\{\frac{\dfrac{\sin\omega'}{\sin\phi}\cos\omega' - \kappa\cos\left[\sin^{-1}\left(\dfrac{\sin\omega'}{\sin\phi}\right)\right]\sin\omega'}{\dfrac{\sin\omega'}{\sin\phi}}\right\} \\ &= \bar{p}\left[\cos\omega' - \kappa\cos\phi\cos\omega\left(\tan^2\phi - \tan^2\omega'\right)^{1/2}\right] \\ &= \bar{p}\left[\cos\omega' - \kappa\left(\cos^2\omega' - \cos^2\phi\right)^{1/2}\right] \end{aligned} \tag{10-65}$$

위의 식으로부터 실제응력 p_ω는 하중경사각 ω'의 부호와는 관계가 없으며 $\phi \geq \omega'$이라는 것을 알 수 있다. (10-63)식과 (10-65)식에 의해서 등가응력 $\bar{p}$는 다음과 같다.

$$\bar{p} = p_\omega\frac{\sin\Delta}{\sin(\Delta - \kappa\omega')} = \frac{p_\omega}{\cos\omega' - \kappa\left(\cos^2\omega' - \cos^2\phi\right)^{1/2}} \tag{10-66}$$

만약 하중경사각 $\omega' = 0$인 수직하중이라면 (10-62)식에 의해서 $\Delta = 0$이고 (10-63)식과 (10-66)식은 각각 다음과 같이 간단하게 나타낼 수 있다.

$$\lambda = (1-\kappa)\frac{\pi}{4} + m\pi, \quad \bar{p} = \frac{p_\omega}{1 - \kappa\sin\phi} \tag{10-67}$$

또한 응력의 크기와 방향이 주어지면 두 가지 형태의 서로 다른 응력상태가 발생하게 되며, 〈그림 10-10〉의 P점을 통과하는 2개의 응력원이 바로 서로 다른 응력상태를 나타내는 것이다. Sokolovskii는 이와 같은 응력상태를 각각 최소응력상태(minimal stress state)와 최대응력상태(maximal stress state)라고 정의하였으며 각각 주동 및 수동응력상태를 나타내는 것으로서 여기서는 Sokolovskii가 정의한 용어를 그대로 인용하였다. 〈그림 10-10〉의 최소응력상태는 (10-63)식에서 $\kappa=-1$이며 (10-53)식과 (10-66)식으로부터 다음의 관계식을 얻을 수 있다(Harr, 1966; Sokolovskii, 1965).

$$\chi_{\kappa=-1}=\frac{1}{2}(\Delta+\omega')\ ;\ \lambda_{\kappa=-1}=\frac{\pi}{2}-\frac{1}{2}(\Delta+\omega'),\quad \bar{p}_{\kappa=-1}=p\frac{\sin\Delta}{\sin(\Delta+\omega')} \tag{10-68}$$

최대응력상태에 대해서는 $\kappa=+1$이며 다음의 관계식을 얻을 수 있다.

$$\chi_{\kappa=+1}=\frac{\pi}{2}-\frac{1}{2}(\Delta-\omega')\ ;\ \lambda_{\kappa=+1}=\frac{1}{2}(\Delta-\omega'),\quad \bar{p}_{\kappa=+1}=p\frac{\sin\Delta}{\sin(\Delta-\omega')} \tag{10-69}$$

결과적으로 Sokolovskii가 제안한 (10-63)식은 위의 λ에 대한 2개의 관계식을 이용하여 수립된 것이라고 할 수 있다. 또한 Sokolovskii는 $\kappa=-1$과 $\kappa=+1$에 대하여 아래와 같기 때문에 각각 최소 및 최대응력상태라고 정의하였다.

$$\frac{\bar{p}_{\kappa=+1}}{\bar{p}_{\kappa=-1}}=\frac{\sin(\Delta+\omega')}{\sin(\Delta-\omega')}\geq 1 \tag{10-70}$$

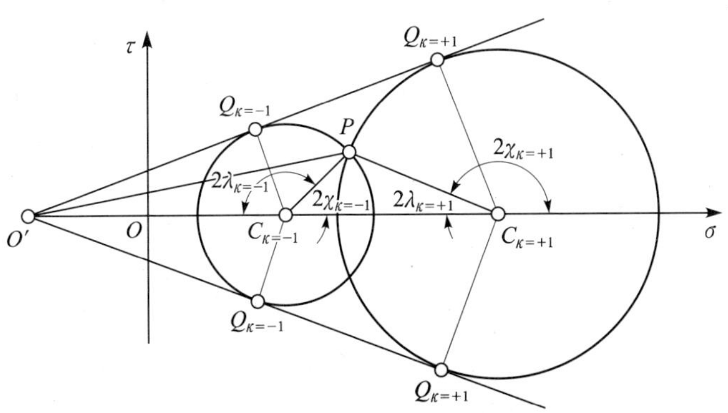

〈그림 10-10〉 최대응력상태와 최소응력상태 (Sokolovskii, 1965)

특히 마찰각 $\phi=0$이라면 〈그림 10-9〉의 $O'Q$는 $\sigma-$축과 평행하므로 한계평형상태는 다음과 같이 나타낼 수 있다.

$$R=c \tag{10-71}$$

식에서 R은 Mohr 응력원의 반경, c는 점착력이다. 마찰각 $\phi=0$이고 등가응력 $\bar{p}=p+H$이므로 앞에서 기술한 모든 관계식은 간단하게 나타낼 수 있다. 선재요소에 작용하는 수직응력성분 σ_n과 접선응력성분 τ_n은 각각 다음과 같다.

$$\sigma_n=p-c\cos 2\lambda, \quad \tau_n=c\sin 2\lambda \tag{10-72}$$

응력특성곡선에 작용하는 응력성분 S와 T는 각각 다음과 같다.

$$S=p, \quad T=c \tag{10-73}$$

접선응력성분인 τ_n 대신에 아래와 같이 특정각인 Δ를 이용하는 것이 편리하다.

$$\tau_n=c\sin\Delta \tag{10-74}$$

식에서 $|\Delta|\leq\pi/2$ 이다. (10-72)식과 (10-74)식에 의해서 $\sin 2\lambda=\sin\Delta$이며 σ_n과 λ는 각각 다음과 같이 나타낼 수 있다.

$$\sigma_n=p-\kappa c\cos\Delta, \quad \lambda=(1-\kappa)\frac{\pi}{4}+\kappa\frac{\Delta}{2}+m\pi \tag{10-75}$$

10.2.5 지반의 한계평형

경계값문제를 지반의 한계평형상태에 적용하기 위해서는 먼저 〈그림 10-11〉과 같은 스프링저울의 거동을 이해해야 한다. 스프링저울에서 분동접시판(分銅 pan)의 수직거동은 가이드의 마찰에 의해서 제한된다. 접시판에 중량이 작은 분동을 올려놓으면 가이드의 마찰 때문에 접시판은 거동하지 않으므로 평형상태가 유지되지만 중량이 큰 분동을 올려놓았을 경우에 평형상태를 유지시키기 위해서는 스프링의 압력을 증가시켜야 된다. 평형상태인 저울에서 분동의 중량을 미소하게 증가시키면 저울은 바로 한계평형상태를 거치게 된다. 이때 분동의 중량보다 스프링저울의 중량이 작다면 지반의 한계평형상태에서 흙의 단위중량을 무시하는 상태로 볼 수 있으며 분동의 중량보다 큰 스프링저울이라면 흙의 단위중량을 고려하는 상태가 된다.

(a) 최소응력상태($F_{min} < P$)　　(b) 최대응력상태($F_{max} > P$)

〈그림 10-11〉 스프링저울의 거동 (Sokolovskii, 1965; 1960)

여기서 중량이 큰 분동(P)을 접시판 위에 올려놓았을 때 저울의 한계평형상태를 유지시키기 위해서 요구되는 스프링의 힘 $F(=F_{min},\ F_{max})$에 대해서는 두 가지 경우를 고려할 수 있다. 즉, $F < P$와 $F > P$로서 저울의 한계평형상태를 유지시키지 못하면 접시판은 각각〈그림 10-11〉의 (a)나 (b)와 같은 거동을 보이게 되는데, 이와 같은 현상은 기초구조물에 대해서 그림(a)의 최소응력상태는 침하, 그림(b)의 최대응력상태는 히빙에 대응되는 것이다.

(1) 평형방정식과 특성곡선

지표경사각 $\varphi=0$인 수평지반에 설치된 기초구조물이 하중인 **수직등가압력**(equivalent normal pressure) p가 작용한다면 (10-1)식의 평형방정식은 다음과 같이 나타낼 수 있다.

$$\frac{d\sigma_{yy}}{dy}=\gamma_s, \quad \frac{d\tau_{xy}}{dy}=0 \tag{10-76}$$

식에서 γ_s는 흙의 단위중량이다. 위의 두 식을 적분하여 경계조건($y=0 \rightarrow \sigma_{yy}+H=p$)을 대입하면 각각 다음 식을 얻을 수 있다.

$$\sigma_{yy}+H=p+\gamma_s y, \quad \tau_{xy}=0 \tag{10-77}$$

식에서 $H=c\cot\phi$이다. 하중경사각 $\omega=0$이므로 (10-67)식으로부터 등가응력 $\bar{p}$와 최대주응력방향 $\theta(=\lambda)$를 구할 수 있다.

$$\bar{p}=\frac{1}{2}(\sigma_{xx}+\sigma_{yy})+H=\frac{p+\gamma_s y}{1-\kappa\sin\phi}, \quad \theta=(1-\kappa)\frac{\pi}{4}+m\pi \tag{10-78}$$

식에서 $\kappa=\pm 1$이다. 응력성분 σ_{yy}와 τ_{xy}는 각각 (10-77)식과 같으며 σ_{xx}는 위의 첫째 식에 (10-77)식의 σ_{yy}에 대한 식을 대입하여 구한다.

$$\sigma_{xx}+H=(p+\gamma_s y)\frac{1+\kappa\sin\phi}{1-\kappa\sin\phi} \tag{10-79}$$

〈그림 10-12(a)〉는 지반의 응력상태에 따른 응력장을 도시한 것이다. AB구간에서 하중 $p(x)$와 도함수 $p'(x)$는 모두 연속적인 것으로 가정한다. $x-$축을 따라서 등가압력의 수직 및 접선응력성분은 각각 다음과 같다.

$$\sigma_{yy}+H=p(x), \quad \tau_{xy}=0 \tag{10-80}$$

일반적으로 변수평면인 $\xi-\eta$평면(또는 $\xi_\gamma-\eta_\gamma$평면)과 물리평면인 $x-y$평면에서, ξ와 η(또는 ξ_γ와 η_γ)는 x 및 y의 일가함수이지만 x와 y는 ξ 및 η의 다가함수이기 때문에 응력특성곡선이 도시되는 변수평면은 몇 장의 시트(sheet)로 구성되어야 하며 각각의 시트에서 x 및 y는 일가함수이다. 따라서 $\xi=\xi(x,y)$와 $\eta=\eta(x,y)$를 해석하는 것은 $x-y$평면에서 $\xi-\eta$평면으로 사상하는 것이며, 야코비 행렬식 $D\neq 0$인 $x-y$평면에서 하나의 응력장은 $\xi-\eta$평면에서는 몇 장의 시트로 사상되는 것이라고 할 수 있다. 예를 들면 $x-y$평면에서 $\xi=\xi_0$ 및 $\eta=\eta_0$인 응력장은 $\xi-\eta$평면에서 하나의 점으로 사상되고, $x-y$평면에서 $\xi=\xi_0$ 또는 $\eta=\eta_0$인 응력장은 $\xi-\eta$평면에서 $\xi=\xi_0$ 또는 $\eta=\eta_0$인 선분으로 사상된다(Kachanov, 1971; Harr, 1966; Sokolovskii, 1960; 1962; 1965).

〈그림 10-12(a)〉의 $x-y$평면에서 응력장 ABC는 그림(b)의 $\xi-\eta$평면에서는 선분(straight line) AC와 BC가 직각을 낀 두변이 되고 AB가 빗변인 직각삼각형 ABC로 사상된다. 또한 $x-y$평면에서 AC와 BC는 모두 특성곡선이므로 $\xi-\eta$평면에서는 $\xi-$축이나 $\eta-$축과 평행하게 도시되어야 하는데 이와 같은 정성적인 해석은 다음과 같이 설명할 수 있다. 즉, 그림(a)에서 응력특성곡선 BC의 $x-$축에 대한 경사각 $(\theta+\mu)$는 B에서 C까지 증가되는 것을 알 수 있으며 (10-20)식의 둘째 식으로부터 $\xi-\eta=2\theta$이므로 BC를 따라서 $\xi=\xi_0$로 일정하면 그림(b)와 같이 B에서 C까지 η는 감소해야 하므로 B가 C보다 위쪽에 위치해야 한다. 이와 함께 $x-y$평면에서 응력특성곡선 AC의 $x-$축에 대한 경사각 $(\theta-\mu)$는 A에서 C까지 증가되며 그림(b)에서 $\eta=\eta_0$로 일정하면 ξ는 증가해야 하므로 C는 A보다 우측에 위치해야 한다. 또한 AB구간에서 $\theta=\pi/2$이며 (10-20)식의 둘째 식은 $\eta=\xi-\pi$가 되므로 $\xi-\eta$평면의 선분 AB는 $\xi-$축과의 기울

기가 $\pi/4$이고, (10-20)식의 첫째 식으로부터 등가응력 $\bar{p}$가 증가하면 ξ와 η도 동시에 증가되므로 그림(b)와 같이 $\xi-\eta$평면에서 B는 A보다 위쪽에 위치하게 된다. 따라서 그림(a)의 $x-y$평면에서 응력장 ABC는 그림(b)의 $\xi-\eta$평면에서 직각삼각형 ABC로 사상되며, $x-$축에 위치하고 있는 AB구간의 어느 점에서나 $(x, y, \tilde{p}, \theta)$를 알 수 있으므로 제1경계값문제를 적용하여 (10-47~50)식과 함께 완전한 사상관계를 설정할 수 있다 (Sokolovskii, 1965; Harr, 1966). 〈그림 10-12〉의 $\xi-\eta$평면에서 흙의 단위중량을 무시하면($\gamma_s=0$) (10-19)식의 $\bar{a}$와 $\bar{b}$는 모두 0이 되므로 (10-24)식에 의해서 $\alpha-$특성곡선을 따라서 $\eta=\eta_0$으로 일정하고, $\beta-$특성곡선을 따라서 $\xi=\xi_0$으로 일정하게 된다. 따라서 흙의 단위중량을 무시한 $\xi-\eta$평면에서 $\xi-$축이나 또는 $\eta-$축과 평행한 선분은 특성곡선이며 $x-y$평면에 사상되면 $\alpha-$ 또는 $\beta-$특성곡선으로 표시된다.

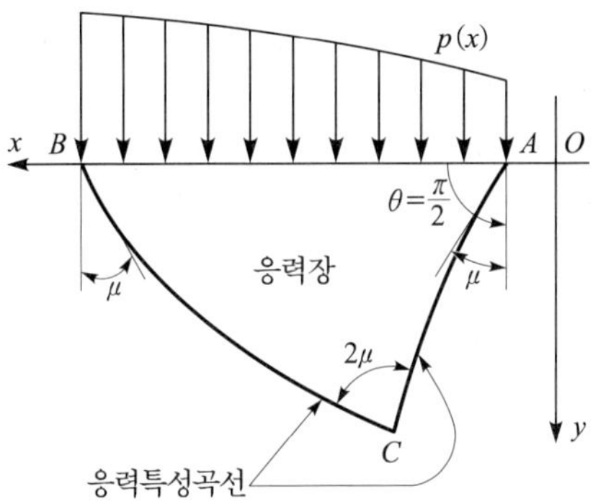

(a) $x-y$평면의 특성곡선 도형

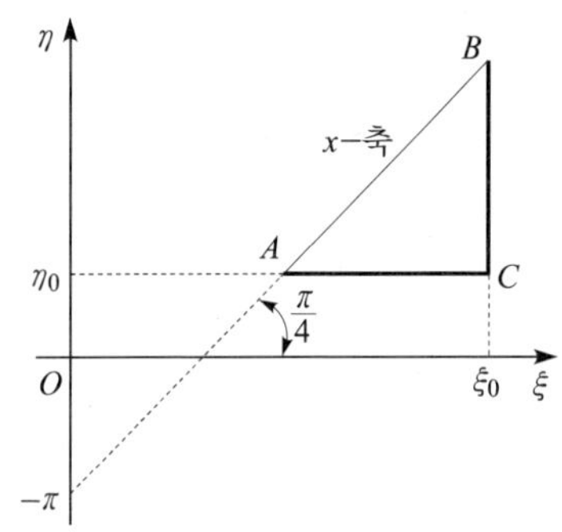

(b) $\xi-\eta$평면의 특성곡선 도형

〈그림 10-12〉 지반의 응력상태에 따른 $x-y$평면 및 $\xi-\eta$평면의 특성곡선 도형
(Sokolovskii, 1965; Harr, 1966)

Sokolovskii(1962)는 변수평면을 특성곡선평면(characteristics plane), 물리평면을 유동평면(flow plane) 또는 속도도평면(hodograph plane)이라고 표기하였지만 유동평면이나 속도도평면은 속도성분이 표기된 평면에 한하여 적용이 가능하므로 여기서는 각각 변수평면과 물리평면으로 기술하였다. 특히 변수평면인 $\xi-\eta$평면과 $\xi_\gamma-\eta_\gamma$평면에서 $\xi-$ 및 $\eta-$특성곡선은 서로 직교하는 격자망(orthogonal net)으로 나타난다. 여기서는 $\xi-\eta$평면과 $\xi_\gamma-\eta_\gamma$평면의 $\xi-$ 및 $\eta-$특성곡선과 $x-y$평면의 $\alpha-$ 및 $\beta-$특성곡선은 모두 「굵은 선」 또는 「굵은 점선」으로 표시하였다.

(2) 최소응력 한계평형상태

i) 흙의 단위중량 무시

먼저 흙의 단위중량을 무시하고 해를 구하는 방법에 대하여 설명하고자 한다. 〈그림 10-13〉와 같이 지표면인 $x-$축을 따라서 하중 $p(x)$가 작용하는 경우에 최소응력상태(=주동응력상태)의 등가응력 $\bar{p}$와 최대주응력방향 θ는 (10-67)식에 각각 $\kappa=-1$과 $m=0$을 대입하여 구한다.

$$\bar{p}=\frac{p(x)}{1+\sin\phi},\quad \theta=\frac{\pi}{2} \tag{10-81}$$

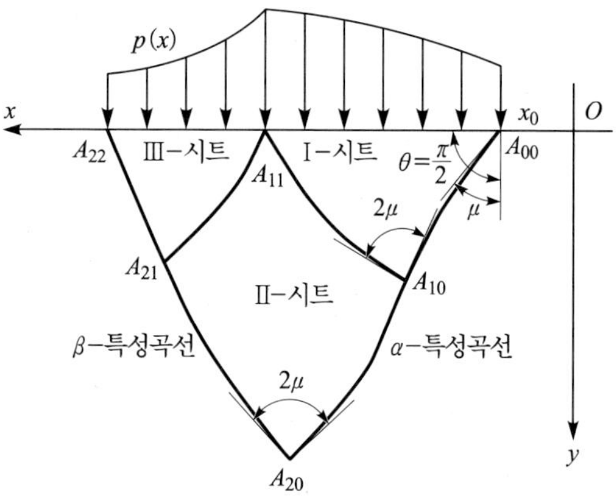

〈그림 10-13〉 지반의 최소응력 한계평형상태에 대한 $x-y$평면의 응력장($\gamma_s=0$)
(Sokolovskii, 1965; Harr, 1966)

여기서는 3장의 시트($I-\sim III-$ 시트)를 이용해야 한다. $x-$축은 $p'(x)>0$인 $A_{00}A_{11}$구간과 $p'(x)<0$인 $A_{11}A_{22}$구간으로 나누어 주고 $\xi-\eta$평면에 3장의 도형을 그린다. 〈그림 10-14〉와 같이 $I-$ 시트와 $III-$ 시트에는 비특성곡선인 $x-$축의 $A_{00}A_{11}$과 $A_{11}A_{22}$에 해당하는 직선을 그리고, 이 두 직선을 빗변으로 하여 $I-$ 시트와 $III-$ 시트에 각각 직각삼각형 $A_{00}A_{10}A_{11}$과 $A_{11}A_{21}A_{22}$, $II-$ 시트에는 직사각형 $A_{10}A_{20}A_{21}A_{11}$을 그린다. 시트 1장에 겹친 특성곡선 도형으로 나타낸 것이 그림(a)이고, 겹친 특성곡선 도형을 직사각형 $A_{10}A_{20}A_{21}A_{11}$은 $A_{10}A_{11}$, 직각삼각형 $A_{11}A_{21}A_{22}$은 $A_{11}A_{21}$에 대하여 각각 펼친 특성곡선 도형이 그림(b)이다. $I-$ 시트와 $III-$ 시트의 선분 $A_{00}A_{11}$과 $A_{11}A_{22}$는 $x-$축 선상에 위치하게 되므로 x와 y는 각각 다음과 같다.

$$x = x(\bar{p}), \quad y = 0$$

(10-30)식의 해는 제1경계값문제를 이용하여 $I-$ 시트와 $III-$ 시트의 직각삼각형 $A_{00}A_{10}A_{11}$과 $A_{11}A_{21}A_{22}$에서 얻을 수 있으며, $II-$시트의 선분 $A_{10}A_{11}$과 $A_{11}A_{21}$에 대해서도 x와 y의 값을 얻을 수 있다. 동일한 방법으로 제2경계값문제를 적용하여 직사각형 $A_{10}A_{20}A_{21}A_{11}$에 대하여 (10-30)식의 해를 구할 수 있다. 선분 $A_{10}A_{11}$과 $A_{11}A_{21}$에서 도함수 $\partial x/\partial\xi$ 및 $\partial y/\partial\xi$와 $\partial x/\partial\eta$ 및 $\partial y/\partial\eta$는 **유한불연속**(finite discontinuity) 또는 **유한비약**(finite jump)이 된다. 여기서 유한불연속이란 2개의 편측극한(one-sided limit)이 모두 유한하지만 2개의 값이 같지 않다는 의미이다. 응력장 내측으로 응력불연속선이 없다면 함수 $x = x(\xi,\eta)$와 $y = y(\xi,\eta)$에 의해서 $\xi-\eta$평면의 선분은 〈그림 10-13〉과 같이 $x-y$평면의 응력특성곡선으로 사상되는데, 만약 응력장 내측으로 응력불연속선이 있다면 사상관계는 영향영역의 경계인 응력불연속선까지만 가능하다. 〈그림 10-13〉의 $A_{00}A_{22}$구간에서 응력불연속선의 발생 여부를 확인하기 위해서는 (10-32)식의 야코비 행렬식을 이용해야 한다. 즉 $\xi = \chi + \theta$ 및 $\eta = \chi - \theta$이므로 (10-17)식은 다음과 같이 나타낼 수 있다.

$$\xi = \frac{\cot\phi}{2}\ln\frac{\bar{p}}{k} + \theta\,, \quad \eta = \frac{\cot\phi}{2}\ln\frac{\bar{p}}{k} - \theta \tag{10-82}$$

$x-$축을 따라서 $\theta = \pi/2$이므로 다음 식을 얻을 수 있다.

$$\frac{\partial x}{\partial\xi} = \frac{\partial x}{\partial\eta} = \frac{\bar{p}}{\cot\phi\left(\dfrac{\partial\bar{p}}{\partial x}\right)} = \tan\phi\frac{p(x)}{p'(x)} \tag{10-83}$$

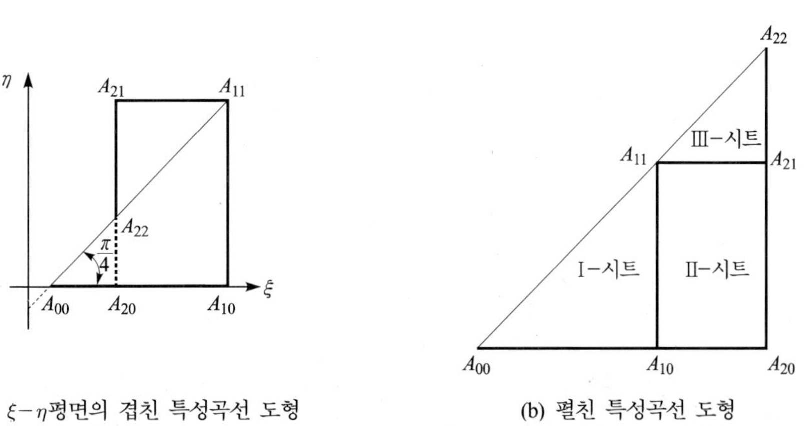

(a) $\xi-\eta$평면의 겹친 특성곡선 도형　　(b) 펼친 특성곡선 도형

〈그림 10-14〉 지반의 최소응력 한계평형상태에 대한 $\xi-\eta$평면의 특성곡선 도형($\gamma_s = 0$)
(Sokolovskii, 1965)

식에서 $p'(x)$는 $p(x)$의 도함수이다. 위의 식을 (10-32)식의 야코비 행렬식 D에 대입하면 다음과 같다.

$$D=\frac{\cos\phi}{\cos(\theta+\mu)\cos(\theta-\mu)}\frac{\partial x}{\partial\xi}\frac{\partial x}{\partial\eta}=\frac{\cos\phi}{-\sin^2\mu}\left[\frac{p(x)}{p'(x)}\right]^2\tan^2\phi$$

$$=-2\frac{\cos\phi}{1-\sin\phi}\left[\frac{p(x)}{p'(x)}\right]^2\tan^2\phi=-2\frac{1+\sin\phi}{\cos\phi}\left[\frac{p(x)}{p'(x)}\right]^2\tan^2\phi<0$$

식에서 $\mu=\pi/4-\phi/2$이다. 따라서 주어진 하중 $p(x)$에 대하여 $A_{00}A_{22}$ 구간에서는 $D\neq 0$이므로 응력불연속선이 발생하지 않으며 변환(transformation)은 회전방향이 바뀌게 되지만, 〈그림 10-13〉의 A_{00}, A_{22} 및 A_{20}에서는 응력불연속선이 발생할 수도 있다. $x-y$평면에서 응력특성곡선의 **오목방향**(direction of concavity)은 $\xi-\eta$평면에서 대응하는 선분의 형태를 보면 알 수 있다. 예로서 「$\eta=\eta_0=$일정」인 특성곡선 $A_{00}A_{10}A_{20}$에 대하여, $x-$축에 대한 경사각 $\theta+\mu=(\xi-\eta_0)/2+\mu$는 〈그림 10-14(a)〉와 같이 $I-$시트의 A_{00}부터 A_{10}까지는 ξ가 증가하지만 $II-$시트의 A_{10}부터 A_{20}까지는 ξ가 감소한다. 따라서 $\xi-\eta$평면에서 A_{20}는 A_{10}보다 좌측에 위치하게 되고 $x-y$평면에서 특성곡선 $A_{00}A_{10}A_{20}$구간의 A_{10}에서 변곡점(point of inflection)이 발생하게 된다. 또한 x가 A_{11}에서 A_{22}로 증가하면서 등가응력 $\bar{p}$는 감소하는데 $x-$축을 따라서 $\xi=\eta+\pi$이므로 A_{22}는 A_{11}보다 아래에 위치해야 한다(Harr, 1966; Sokolovskii, 1960; 1962; 1965). 주의할 것은 사상관계가 역방향으로 회전방향이 바뀌는 변곡점이 발생하면 시트를 한 장씩 추가해야 된다는 것이다.

ii) 흙의 단위중량 고려

동일한 문제에 대하여 흙의 단위중량을 고려하여 해를 구하고자 한다. 하중 $p(x)$의 도함수 $p'(x)$는 $p'(x)>0$ 또는 $p'(x)<0$로 선택된 범위 내에서 항상 증가하거나 또는 감소하는 **단조함수**(monotonic function)라는 요구조건은 없지만 연속적이어야 한다. 흙의 단위중량을 무시하는 문제의 독립변수 ξ 및 η와 차별화하기 위하여 흙의 단위중량을 고려한 독립변수 ξ_γ 및 η_γ를 도입하여 $x-y$평면의 $x-$축을 따라서 $\xi_\gamma=\eta_\gamma=x-x_0$로 취하면 〈그림 10-15〉와 같이 $x-y$평면의 $A_{00}A_{11}$과 $A_{11}A_{22}$는 $\xi_\gamma-\eta_\gamma$평면에서 원점으로부터 대각선방향으로 각각 선분 $A_{00}A_{11}$과 $A_{11}A_{22}$로 도시된다. 따라서 선분 $A_{00}A_{22}$에 대한 변수의 값은 각각 다음과 같다.

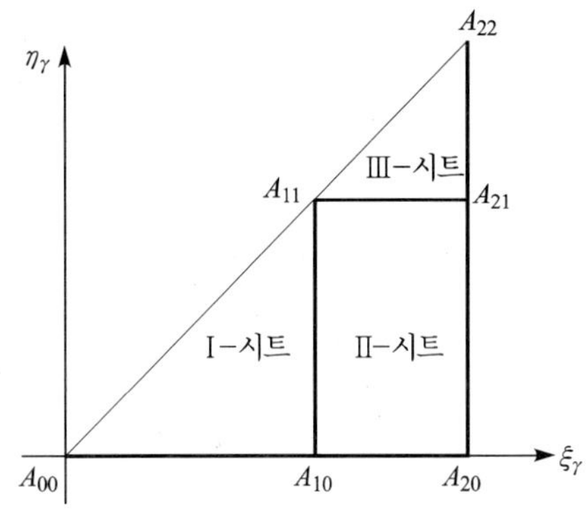

〈그림 10-15〉 **지반의 최소응력 한계평형상태에 대한 $\xi_\gamma-\eta_\gamma$평면의 특성곡선 도형**($\gamma_s \neq 0$) (Sokolovskii, 1965)

$$x = x_0 + \xi_\gamma, \quad y = 0, \quad \bar{p} = \frac{p(x)}{1+\sin\phi}, \quad \theta = \frac{\pi}{2}$$

식에서 x_0는 〈그림 10-13〉에 표시된 것과 같이 원점 O로부터 하중이 작용하기 시작하는 점까지의 거리이다. 위의 식으로부터 〈그림 10-15〉에서 직각삼각형 $A_{00}A_{10}A_{11}$과 $A_{11}A_{21}A_{22}$에서는 제1경계값문제를 적용하여 (10-30~31)식에 대한 해를 구할 수 있으며, 사각형 $A_{10}A_{20}A_{21}A_{11}$에서는 선분 $A_{10}A_{11}$과 $A_{11}A_{21}$에 제2경계값문제를 적용하여 $(x, y, \tilde{p}, \theta)$값을 결정할 수 있다. 선분 $A_{10}A_{11}$과 $A_{11}A_{21}$에서 도함수 $\partial x/\partial\xi_\gamma$, $\partial y/\partial\xi_\gamma$, $\partial\bar{p}/\partial\xi_\gamma$, $\partial\theta/\partial\xi_\gamma$와 $\partial x/\partial\eta_\gamma$, $\partial y/\partial\eta_\gamma$, $\partial\bar{p}/\partial\eta_\gamma$, $\partial\theta/\partial\eta_\gamma$는 유한불연속이 된다. $A_{00}A_{22}$구간에서는 $\xi_\gamma = \eta_\gamma = x - x_0$ 및 $\theta = \pi/2$이므로 $\partial x/\partial\xi_\gamma = \partial x/\partial\eta_\gamma = 1$이고 야코비 행렬식 D는 다음과 같다.

$$D = \frac{\cos\phi}{\cos(\theta+\mu)\cos(\theta-\mu)}\frac{\partial x}{\partial\xi_\gamma}\frac{\partial x}{\partial\eta_\gamma} = -\frac{1+\sin\phi}{2\cos\phi} \neq 0$$

따라서 $A_{00}A_{22}$구간에서는 $D \neq 0$이므로 응력불연속이 발생하지 않는다. 흙의 단위중량으로 인하여 $x-y$평면에서 응력특성곡선의 형태가 다소 틀어지기는 하지만 전체적으로는 〈그림 10-13〉과 유사하다.

(3) 퇴화와 특이점

해석과정에서 하중이 불연속적이거나 등분포하중이 작용하는 문제의 해를 구하기 위해서는 퇴화와 특이점을 이해해야 한다. 퇴화란 기하학적으로 하나의 도형이 극단적인 형태로 단순화되는 것으로서, 하나의 점은 직경이 0인 원으로 퇴화될 수 있으며 삼각형이 퇴화되면 3개의 꼭짓점이 하나의 직선상에 위치함으로서 2개의 선분이 중복된 것과 같이 되고 사각형이 퇴화되면 2개의 대변의 길이가 0인 하나의 선분이 된다. 따라서 $\xi-\eta$ 평면에서 ξ 또는 η의 값이 $\xi=\xi_0$ 또는 $\eta=\eta_0$로 일정한 값이 되면 하나의 도형은 퇴화된 형태가 되는데 이것은 사상과 같은 의미로 해석할 수 있다. 퇴화된 도형은 응력장이나 속도장해석 과정에서 실제로 많이 이용되기 때문에 아래와 같이 조건별로 분류하여 정의할 필요가 있다(Sokolovskii, 1965; Harr, 1966)

i) 퇴화 : 균일응력장 및 반균일응력장

– **퇴화조건①** : $\xi=\xi_0=$일정, $\eta\neq$ 일정

등가응력 $\bar{p}$와 최대주응력방향 θ는 (10–20)식과 (10–36)식에 의하여 다음과 같이 나타낼 수 있다.

$$\bar{p}=C_1\exp[-2\theta\tan\phi],\quad \eta=\xi_0-2\theta \tag{10-84}$$

식에서 C_1은 적분상수이다. (10–24)식으로부터 $\alpha-$특성곡선에 대한 방정식은 다음과 같다($\gamma_s=0$).

$$\frac{dy}{dx}=\tan(\theta-\mu),\quad \frac{d\eta}{dx}=0 \tag{10-85}$$

식에서 $\mu=\pi/4-\phi/2$이다. 또한 (10–84)식의 둘째 식을 x에 대하여 미분하면 다음과 같다.

$$\frac{d\eta}{dx}=-2\frac{d\theta}{dx} \tag{10-86}$$

위의 두 식으로부터 θ는 x와 관계가 없다는 것을 알 수 있으므로 (10–85)식의 첫째 식을 적분하면 $x-y$평면에서 $\alpha-$특성곡선에 대한 방정식을 얻을 수 있다.

$$y=\tan(\theta-\mu)x+f_1(\theta) \tag{10-87}$$

식에서 $f_1(\theta)$는 경계조건과 관련된 임의의 함수이다. (10–87)식이 의미하는 것은 $\xi=\xi_0$를 따라서 각각의 $\alpha-$특성곡선은 $x-y$평면에서 직선으로 사상된다는 것이다. η가 증가하면 직선의 기울기는 감소하여 〈그림 10–16(a)〉와 같이 부채꼴인 광선속의 경사각 $\tan(\theta-\mu)$가 감소된다(그림에서 $f_1(\theta)=0$으로 취함). (10–84)식의 첫째 식으로부터 $\alpha-$특성곡선을 따라서 θ가 일정하면 등가응력 $\bar{p}$도 일정한 값이 되고 η가 증가하면 $\bar{p}$도 증

가한다. η를 $x-y$평면에 사상시킨 후에는 $\alpha-$ 및 $\beta-$특성곡선의 교각이 (10-15)식에서 $2\mu=\pi/2-\phi$인 것을 이용하여 $\xi=\xi_0$의 상(image)인 $\beta-$특성곡선을 $x-y$평면에서 구할 수 있다. 특히 $\xi-\eta$평면에서 $\xi=\xi_0$로 일정하여 $\eta-$축에 평행한 선은 $x-y$평면에서는 응력특성곡선으로 사상된다는 것이다. 그림에서 $\angle BOA=d\theta$, $\angle ABC=\pi/2-2\mu=\phi$이므로 $\beta-$특성곡선인 대수나선형 특성곡선식은 다음과 같이 (10-37)식과 동일한 형태가 된다.

$$r=C_2\exp[+\theta\tan\phi] \tag{10-88}$$

식에서 C_2는 적분상수이다. 관련유동칙의 응력장의 유형에서 구분한 것과 같이 이런 유형의 응력장을 반균일응력장이라고 한다.

– **퇴화조건②** : $\eta=\eta_0=$일정, $\xi\neq$일정

퇴화조건①과 같은 반균일응력장으로서 등가응력 $\bar{p}$와 최대주응력방향 θ는 (10-20)식과 (10-36)식에 의하여 다음과 같이 나타낼 수 있다.

$$\bar{p}=C_3\exp[+2\theta\tan\phi],\quad \xi=2\theta+\eta_0 \tag{10-89}$$

식에서 C_3는 적분상수이다. $x-y$평면에서 $\beta-$특성곡선은 다음과 같이 방사상으로 사상된다.

$$y=\tan(\theta+\mu)x+f_2(\theta) \tag{10-90}$$

식에서 $f_2(\theta)$는 경계조건과 관련된 임의의 함수이다. $x-y$평면에서 $\alpha-$특성곡선은 〈그림 10-16(b)〉와 같이 대수나선형 특성곡선이 된다(그림에서 $f_2(\theta)=0$으로 취함).

$$r=C_4\exp[-\theta\tan\phi] \tag{10-91}$$

식에서 C_4는 적분상수이며 $\bar{p}$와 θ는 모두 ξ의 값에 비례하여 증가한다.

– **퇴화조건③** : $\xi=\xi_0=$일정, $\eta=\eta_0=$일정

$\xi-\eta$평면에서 $\xi=\xi_0$ 및 $\eta=\eta_0$로 모두 일정하여 균일한 응력상태가 되면 $\alpha-$ 및 $\beta-$특성곡선은 〈그림 10-16(c)〉와 같이 $x-y$평면에서 격자망 형태의 평행한 두 직선군이 교차하는 것으로 나타나며 교각은 $2\mu=\pi/2-\phi$이고 두 식은 각각 다음과 같다.

$$\begin{aligned} y&=\tan(\theta-\mu)x+C_5 \quad : \alpha-\text{특성곡선} \\ y&=\tan(\theta+\mu)x+C_6 \quad : \beta-\text{특성곡선} \end{aligned} \tag{10-92}$$

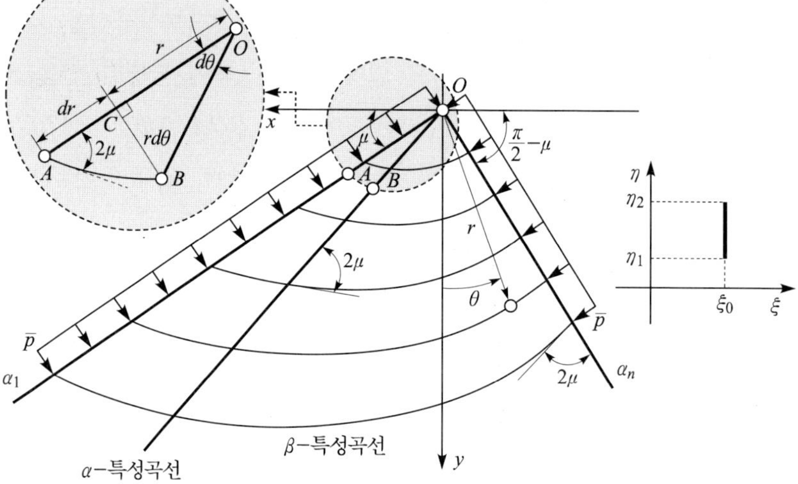

(a) $\xi=\xi_0$, $\eta\neq\eta_0$ (반균일응력장)

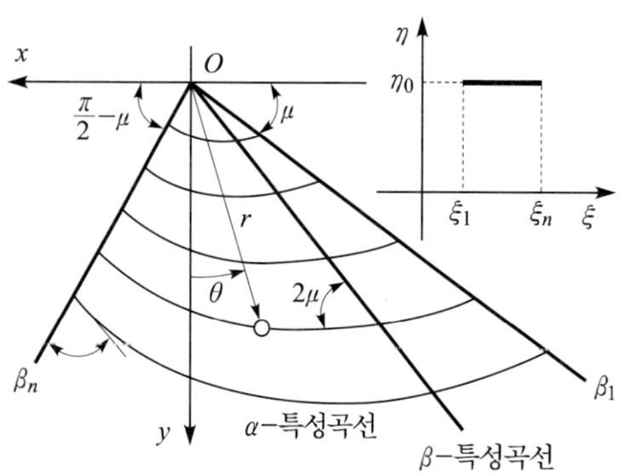

(b) $\eta=\eta_0$, $\xi\neq\xi_0$ (반균일응력장)

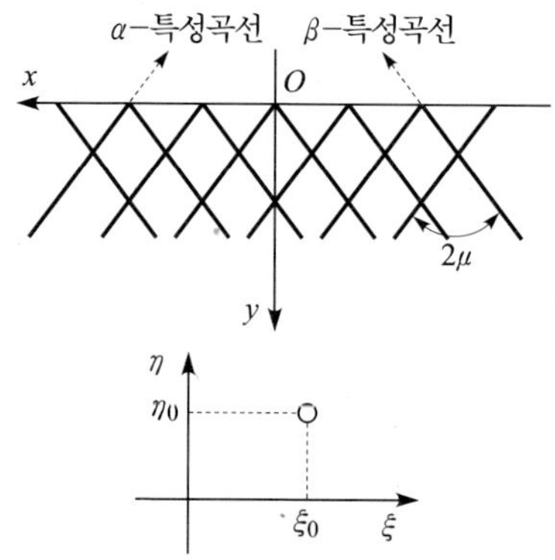

(c) $\xi=\xi_0$, $\eta=\eta_0$ (균일응력장)

〈그림 10-16〉 **균일응력장과 반균일응력장** (Harr, 1966; Sokolovskii, 1965; 1960)

식에서 C_5와 C_6는 적분상수이다. 일반적으로 $\xi=\xi_0$ 및 $\eta=\eta_0$로 일정한 응력상태에서는 $\bar{p}$와 θ는 모두 일정한 값이 되는데, 주로 흙의 단위중량을 무시하는 문제에서 발생한다. Sokolovskii는 이것을 **단순응력상태**(simple stress state)라고 하였으나 여기서는 관련 유동칙의 응력장의 유형에서 구분한 것과 같이 「균일응력장」으로 표기하였다.

ii) 특이점 : 응력의 불연속

수학적으로 「특이점」이란 하나의 주어진 수학적 대상이 무한대 또는 미분불가능 등과 같이 정의할 수 없는 점을 의미한다. 특이점은 $x-y$ 평면에서 〈그림 10-17(a)〉와 같이 하중의 불연속으로 인하여 방사상 $\alpha-$특성곡선이 교차하는 점으로서 물리적으로는 그 점 근방에서 응력이 불연속적이라는 것을 의미한다. 〈그림 10-17(a)〉에서 원점 O를 특이점으로 가정하고 원점 O를 중심으로 하는 하나의 원을 도시하여 생각하면 특이점을 이해하는데 도움이 된다. 그림에서 원의 직경이 감소하면서 원주는 하나의 $\beta-$특성곡선에 더욱 근접하게 되므로 한계상태에 이르면 $\beta-$특성곡선은 θ가 직선적으로 변하는 특이점이 된다. 따라서 $\xi-\eta$평면에서는 〈그림 10-17(b)〉와 같이 점 O_1을 원점 O의 바로 좌측에 위치하는 점이라고 하고 점 O_2는 원점 O의 바로 우측에 위치하는 점이라고 하면 특이점은 점 O_1과 O_2 사이에 있는 $\beta-$특성곡선으로 대체할 수 있다. 이와 같은 개념은 하나의 점에서 교차하는 방사상 $\beta-$특성곡선에 대해서도 동일하게 적용할 수 있다.

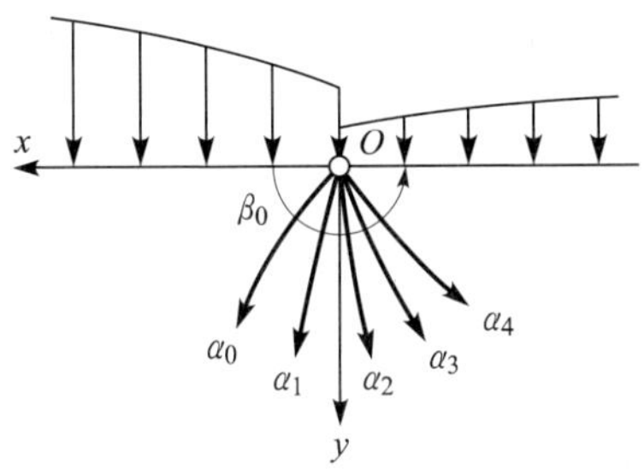

(a) $x-y$평면의 특이점

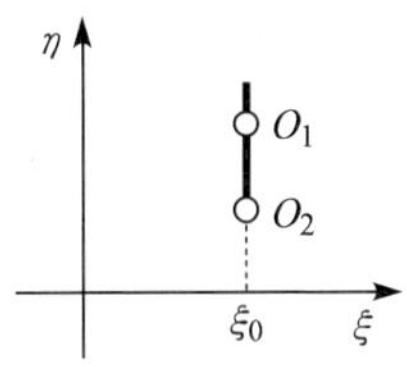

(b) $\xi-\eta$평면의 특이점

〈그림 10-17〉 **특이점의 성질** (Harr, 1966)

(4) 등분포하중이 작용하는 최소응력 한계평형상태

첫째, 등분포하중이 작용하는 문제에 대하여 흙의 단위중량을 무시하고 해를 구하고자 한다. 이 문제는 〈그림 10-13〉의 $A_{11} \le x \le A_{22}$ 구간에서 등분포하중 p_0가 작용하는 것을 제외하면 흙의 단위중량을 무시한 최소응력 한계평형상태와 동일한 방법으로 처리할 수 있다. 그러나 등분포하중이 작용하는 〈그림 10-18(b)〉에서 응력장 $A_{11}A_{22}A_{21}$과 $A_{10}A_{20}A_{21}A_{11}$은 $x-y$평면에서 별개의 응력장으로 분리하여 고려해야지만 된다. $I-$시트의 삼각형 $A_{00}A_{10}A_{11}$은 〈그림 10-13〉과 동일한 형태를 유지하지만, $A_{11}A_{22}$를 따라서는 등가응력 $\bar{p}$와 최대주응력방향 θ는 다음과 같이 각각 일정한 값이 된다.

$$\bar{p}=\frac{p_0}{1+\sin\phi}, \quad \theta=\frac{\pi}{2} \tag{10-93}$$

따라서 〈그림 10-18(b)〉의 $A_{11}A_{22}$구간에서 ξ와 η는 퇴화조건③과 같이 $\xi=\xi_0$ 및 $\eta=\eta_0$

로 일정한 상태가 된다. $x-y$평면에서 A_{21}과 A_{22}는 모두 동일한 응력특성곡선상에 위치해야 하기 때문에 $\xi-\eta$평면에서 삼각형 $A_{11}A_{22}A_{21}$은 하나의 점으로 퇴화되어야 하며 삼각형 내에서 ξ 및 η는 A_{11}의 ξ 및 η와 같아야 하므로 $x-y$평면의 응력장 $A_{11}A_{22}A_{21}$에서 $\alpha-$ 및 $\beta-$특성곡선은 교각이 2μ인 2개의 평행한 직선군으로 각각 사상된다. 또한 $x-y$평면에서 응력장 $A_{10}A_{20}A_{21}A_{11}$은 $\xi-\eta$평면에서 선분 $A_{11}A_{20}$로 퇴화되어 응력장 내에서는 퇴화조건①과 같이 $\xi=\xi_0$로 일정하므로 $\xi-\eta$평면에서 특성곡선은 〈그림 10-18(a)〉와 같이 1장의 시트에 나타낼 수 있다. $x-y$평면의 응력장 $A_{10}A_{20}A_{21}A_{11}$ 내에서 2개의 응력특성곡선은 다음과 같이 Q를 통과하는 광선속과 원점이 Q인 대수나선으로 구성된다.

$$y=\tan(\theta-\mu)x+f(\theta), \quad r=C_0\exp[\theta\tan\phi]$$

식에서 $f(\theta)$는 경계조건과 관련된 임의의 함수이고 C_0는 적분상수이다. 응력장 $A_{10}A_{20}A_{21}A_{11}$에서 등가응력 $\bar{p}$는 퇴화조건①의 (10-84)식과 (10-93)식으로부터 구한다.

$$\bar{p}=\frac{p_0}{1+\sin\phi}\exp\left[2\left(\frac{\pi}{2}-\theta\right)\tan\phi\right] \tag{10-94}$$

둘째, 등분포하중이 작용하는 문제에서 흙의 단위중량을 고려하게 되면 $x-y$평면의 응력장 $A_{11}A_{22}A_{21}$에서 등가응력 $\bar{p}$와 최대주응력방향 θ는 (10-67)식에 $\kappa=-1$과 $m=0$를 대입하여 구한다.

$$\bar{p}=\frac{p_0+\gamma_s y}{1+\sin\phi}, \quad \theta=\frac{\pi}{2} \tag{10-95}$$

$x-y$평면의 응력장 $A_{11}A_{22}A_{21}$에서 2개의 응력특성곡선군은 흙의 단위중량을 무시하는 문제와 같다. $x-y$평면에서 응력특성곡선 $A_{11}A_{21}$은 $y=(x-x_1)\cot\mu$로 나타낼 수 있으며, ξ와 η 대신에 ξ_γ와 η_γ를 도입하여 $\xi_\gamma=\eta_\gamma=x-x_0$로 취하면 $x-y$평면의 특성곡선 $A_{11}A_{21}$은 $\xi_\gamma-\eta_\gamma$평면의 선분 $A_{11}A_{21}$에 대응하게 된다. 따라서 $A_{11}A_{21}$에 대하여 다음 식을 얻을 수 있다.

$$x=x_0+\xi_\gamma, \quad y=(x-x_1)\cot\mu, \quad \theta=\frac{\pi}{2}, \quad \bar{p}=\frac{p_0+\gamma_s y}{1+\sin\phi}$$

식에서 $\mu=\pi/4-\phi/2$이고 x_0와 x_1은 〈그림 10-18(b)〉와 같다. (10-39~40)식의 해는 먼저 $\xi_\gamma-\eta_\gamma$평면에서 직각삼각형 $A_{11}A_{21}A_{22}$에서 구할 수 있으며 다음으로 선분 $A_{10}A_{11}$

과 $A_{11}A_{21}$의 정보를 이용하여 직사각형 $A_{10}A_{20}A_{21}A_{11}$에 대하여 해를 얻을 수 있다. 흙의 단위중량을 고려하는 문제에서는 흙의 단위중량을 무시하는 문제와는 달리 $x-y$평면에서 응력특성곡선은 응력장 $A_{11}A_{21}A_{22}$에서만 직선이고 나머지 2개의 응력장에서는 모두 곡선군으로 나타난다.

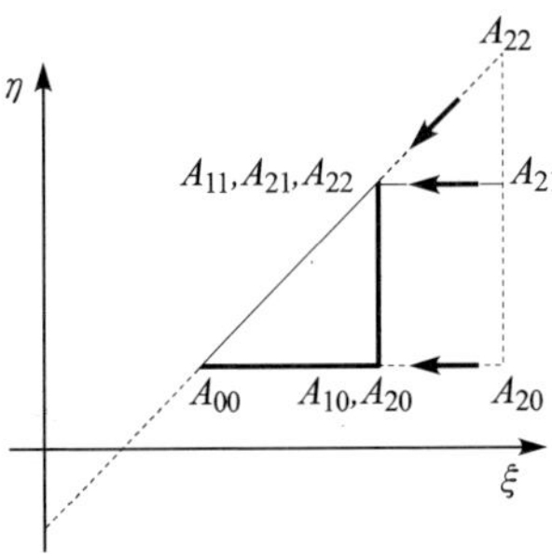

(a) $\xi-\eta$평면의 특성곡선 도형

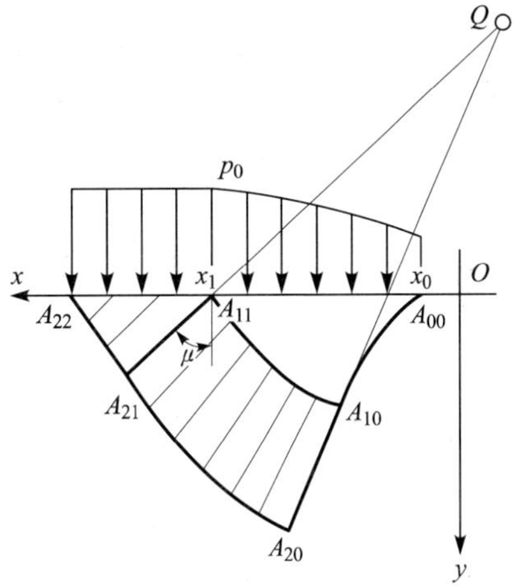

(b) $x-y$평면의 특성곡선 및 응력장

〈그림 10-18〉 등분포하중이 작용하는 지반의 최소응력 한계평형상태에 대한 응력장 및 특성곡선 도형($\gamma_s=0$) (Sokolovskii, 1965; Harr, 1966)

예제 1

수평인 지표면을 따라서 $p(x)=p_0+\gamma_s x$의 하중이 작용할 때 흙의 단위중량을 고려하여 지반의 최소응력 한계평형상태에 대한 응력특성곡선을 구하라. 단, $\phi=30°$, $\gamma_s=1$, $p_0=1$, 특성길이 $l_{ch}=p_0/\gamma_s=1$이고 $0\le x\le 1$이다(Sokolovskii, 1965; Harr, 1966).

풀이 먼저 무차원 변수는 $p_0=1$과 $\gamma_s=1$을 이용하여 결정한다. 역으로 차원을 가진 변수로 변환하기 위해서는, 〈표 10-1〉의 무차원 변수 x와 y에는 p_0/γ_s를 곱하고 무차원 변수 $\tilde{p}$에는 p_0를 곱하면 된다. 특히 「무차원 변수의 결정」에서 기술한 것과 같이 계산표에서 $(x,y,\tilde{p},\theta)$는 실제로는 무차원 값인 $(\bar{x},\bar{y},\tilde{p},\theta)$이며, θ는 라디안으로 표기한 값이다. 〈표 10-1〉은 제1경계값문제를 적용한 것이며, 계산표에서 $\xi_\gamma-\eta_\gamma$평면의 특성곡선의 교점 즉, 격자점에 해당하는 내부 사각형의 위치는 (i,j)로 표시되는데 i는 열의 번호, j는 행의 번호이다. 따라서 계산표의 세로방향과 가로방향은 각각 $\alpha-$ 및 $\beta-$특성곡선방향이고 대각선 방향 등 그 이외의 방향은 비특성곡선의 방향이 된다. 먼저 $x-$축 선상의 격자점에 해당하는 비특성곡선인 대각선 방향의 사각형인 (0,10), (1,9), ⋯, (10,0)

에서 $y=0$이며, x의 값은 0.10, 0.20, ⋯, 1.00과 같이 등간격으로 취한다. 또한 무차원 변수 $\tilde{p}$와 θ는 (10-95)식으로부터 각각 다음과 같다.

$$\tilde{p}=\frac{\bar{p}}{p_0}=\frac{1}{p_0}\times\frac{p_0+\gamma_s x}{1+\sin\phi}=\frac{1+x}{1+\sin\phi},\quad \theta=\frac{\pi}{2}$$

다음으로 내부 사각형에 대한 $(x,y,\tilde{p},\theta)$의 계산은 점화식인 (10-47~50)식을 이용하여 계산한다. 예로서, 기지점(0,10)에 대하여 $(x_1,y_1,\tilde{p}_1,\theta_1)$으로 취하고 기지점(1,9)에 대하여 $(x_2,y_2,\tilde{p}_2,\theta_2)$로 취하면 미지점(1,10)의 $(x,y,\tilde{p},\theta)$는 (10-47~50)식으로 계산하고 동일한 방법을 이용하여 순차적으로 모든 미지점에 대한 값을 얻을 수 있다. 응력특성곡선은 계산표에 함께 도시하였으며 응력장 ABC 내의 임의의 점에 대한 응력성분 σ_{xx}, σ_{yy} 및 τ_{xy}는, 계산표의 $\tilde{p}$와 θ의 값을 보간법 등으로 구하고 $\tilde{p}\times p_0$한 후에 (10-4~6)식을 이용하여 결정할 수 있다. Harr(1966)에 의하면 아래와 같이 AB구간의 분할수(number of division) $n=10$부터 $n=50$까지 증가시켜도 계산표의 그림에서 C점의 $(x_c,y_c,\tilde{p}_c,\theta_c)$에 대한 백분율(%)의 차이는 크지 않은 것으로 나타났다. 모든 계산표에는 소수점 이하 둘째 자리까지만 표기한 것이다.

분할수 (n)	10	20	30	40	50	$n=50$의 무차원 변수 [〈표 10-1〉의 (10,10)]
x_c (%)	−1.15	−0.40	−0.02	−0.005	0.00	$x_c=0.3753$
y_c (%)	+0.23	+0.09	+0.04	+0.015	0.00	$y_c=0.8707$
$\tilde{p}_c$ (%)	0.00	0.00	0.00	0.00	0.00	$\tilde{p}_c=1.55$
θ_c (%)	0.70	0.10	0.00	0.00	0.00	$\theta_c=1.747$ (100.8°)

* $\gamma_s\neq 0,\ \phi=30°$

또한 흙의 단위중량을 무시하면 AB구간의 분할수가 아래와 같이 특성곡선의 위치를 나타내는 x_c나 y_c의 값보다는 응력인 $\tilde{p}_c$에 미치는 영향이 상대적으로 더 큰 것으로 나타났다(Harr, 1966).

분할수 (n)	10	20	비 고
x_c	0.3422	0.3336	$\gamma_s=0,\ \phi=30°$
y_c	0.8704	0.8682	
$\tilde{p}_c$	0.937	0.940	
θ_c	107.2(°)	107.2(°)	

〈표 10-1〉 지반의 최소응력 한계평형상태에 대한 무차원 변수 계산표($\gamma_s \neq 0$) (Sokolovskii, 1965)

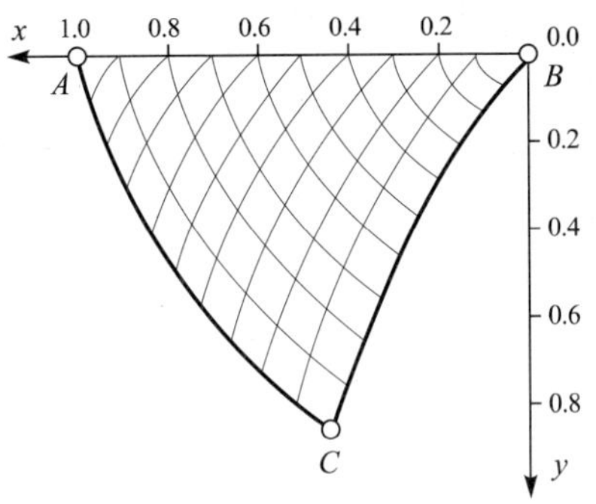

[응력장 및 응력특성곡선]

	j \ i	0	1	2	3	4	5	6	7	8	9	10
x	0											1.00
y												0.00
$\tilde{p}$												1.33
θ												1.57
x	1										0.90	0.95
y											0.00	0.09
$\tilde{p}$											1.27	1.36
θ											1.57	1.59
x	2									0.80	0.85	0.90
y										0.00	0.09	0.17
$\tilde{p}$										1.20	1.29	1.38
θ										1.57	1.59	1.61
x	3								0.70	0.75	0.79	0.84
y									0.00	0.09	0.17	0.26
$\tilde{p}$									1.13	1.23	1.32	1.41
θ									1.57	1.59	1.61	1.63
x	4							0.60	0.65	0.69	0.74	0.78
y								0.00	0.09	0.17	0.26	0.35
$\tilde{p}$								1.07	1.16	1.25	1.34	1.43
θ								1.57	1.59	1.62	1.63	1.65
x	5						0.50	0.55	0.59	0.64	0.68	0.72
y							0.00	0.09	0.17	0.26	0.35	0.43
$\tilde{p}$							1.00	1.09	1.18	1.27	1.36	1.45
θ							1.57	1.60	1.62	1.64	1.65	1.67
x	6					0.40	0.45	0.49	0.54	0.58	0.62	0.66
y						0.00	0.09	0.17	0.26	0.35	0.43	0.52
$\tilde{p}$						0.93	1.03	1.12	1.21	1.30	1.38	1.47
θ						1.57	1.60	1.62	1.64	1.66	1.67	1.68
x	7				0.30	0.35	0.39	0.44	0.48	0.52	0.55	0.59
y					0.00	0.09	0.17	0.26	0.35	0.43	0.52	0.61
$\tilde{p}$					0.87	0.96	1.05	1.14	1.23	1.32	1.41	1.49
θ					1.57	1.60	1.62	1.64	1.66	1.68	1.69	1.70
x	8			0.20	0.25	0.29	0.34	0.38	0.41	0.45	0.49	0.52
y				0.00	0.09	0.17	0.26	0.35	0.43	0.52	0.61	0.69
$\tilde{p}$				0.80	0.89	0.98	1.07	1.16	1.25	1.34	1.43	1.51
θ				1.57	1.60	1.63	1.65	1.67	1.68	1.70	1.71	1.72
x	9		0.10	0.15	0.19	0.23	0.27	0.31	0.35	0.38	0.42	0.45
y			0.00	0.09	0.17	0.26	0.35	0.43	0.52	0.61	0.69	0.78
$\tilde{p}$			0.73	0.83	0.92	1.01	1.10	1.18	1.27	1.36	1.45	1.53
θ			1.57	1.60	1.63	1.65	1.67	1.69	1.70	1.71	1.72	1.73
x	10	0.00	0.05	0.09	0.13	0.17	0.21	0.25	0.28	0.31	0.35	0.38
y		0.00	0.09	0.17	0.26	0.35	0.43	0.52	0.61	0.69	0.78	0.87
$\tilde{p}$		0.67	0.76	0.85	0.94	1.03	1.12	1.21	1.29	1.38	1.46	1.55
θ		1.57	1.61	1.64	1.66	1.68	1.69	1.71	1.72	1.73	1.74	1.75

(5) 최대응력 한계평형상태

최대응력상태에서는 한계평형상태가 유지되지 못하고 히빙이 유발된다. 지표면인 $x-$축을 따라서 하중 $p(x)$가 작용하면, 최대응력상태(=수동응력상태)는 (10-67)식에 각각 $\kappa=+1$, $m=0$을 대입하여 $\bar{p}$와 θ를 결정해야 한다.

$$\bar{p}=\frac{p(x)}{1-\sin\phi},\quad \theta=0 \tag{10-96}$$

i) 흙의 단위중량 무시

먼저 흙의 단위중량을 무시하고 해를 구하고자 한다. 최소응력상태인 〈그림 10-13〉과 같이 하중 $p(x)$의 도함수 $p'(x)$는 $A_{00}A_{11}$구간에서는 $p'(x)>0$, $A_{11}A_{22}$구간에서는 $p'(x)<0$으로 가정한다. $\xi-\eta$평면에서 2개의 삼각형과 1개의 사각형으로 구성된 3장의 시트($I-\sim III-$시트)를 〈그림 10-19(a)〉와 같이 도시한 후에, 선분 $A_{01}A_{11}$과 $A_{11}A_{12}$에 대하여 펼치면 그림(b)와 같은 도형이 생성된다. 따라서 $I-$시트와 $III-$시트의 선분 $A_{00}A_{11}$과 $A_{11}A_{22}$는 $x-$축이 되고 2개의 선분을 따라서 x와 y는 각각 다음과 같이 나타낼 수 있다.

$$x=x(\bar{p}),\quad y=0$$

또한 선분 $A_{00}A_{11}$과 $A_{11}A_{22}$에 대한 야코비 행렬식 D는 다음과 같다.

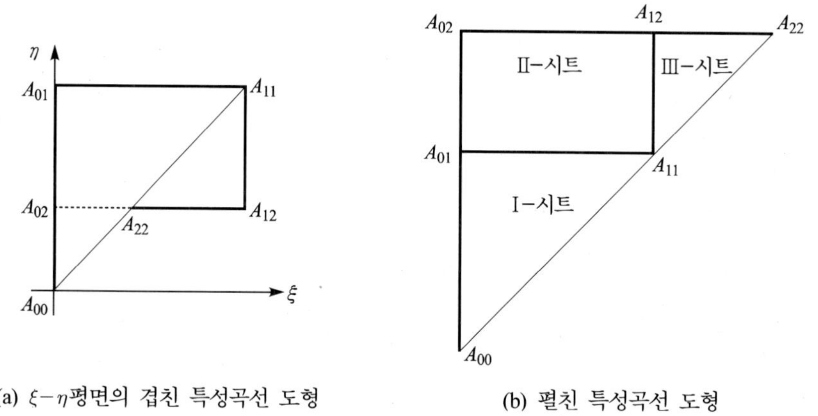

(a) $\xi-\eta$평면의 겹친 특성곡선 도형 (b) 펼친 특성곡선 도형

〈그림 10-19〉 지반의 최대응력 한계평형상태에 대한 $\xi-\eta$평면의 특성곡선 도형($\gamma_s=0$)
(Sokolovskii, 1965)

$$D = \frac{\cos\phi}{\cos(\theta+\mu)\cos(\theta-\mu)}\frac{\partial x}{\partial \xi}\frac{\partial x}{\partial \eta} = 2\frac{1-\sin\phi}{\cos\phi}\left[\frac{p(x)}{p'(x)}\right]^2 \tan^2\phi > 0$$

따라서 $x-$축 선상에 위치한 $A_{00}A_{22}$구간에서는 $D \neq 0$이므로 응력불연속선이 발생하지 않으며 변환과정에서 회전방향이 바뀌지 않는다. 나머지 과정은 최소응력 한계평형상태와 동일하다. 〈그림 10-20〉은 〈그림 10-19〉의 3장의 시트로 구성된 $\xi-\eta$평면의 특성곡선을 $x-y$평면으로 사상한 것이다.

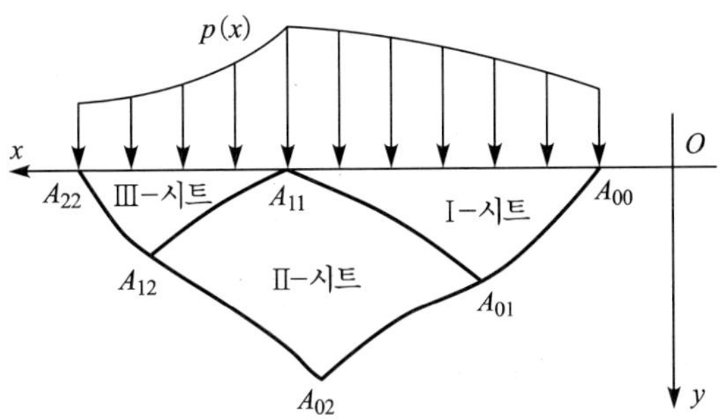

〈그림 10-20〉 지반의 최대응력 한계평형상태에 대한 $x-y$평면의 응력장($\gamma_s=0$)
(Sokolovskii, 1965; Harr, 1966)

ii) **흙의 단위중량 고려**

동일한 문제에 대하여 흙의 단위중량을 고려하여 해를 구하고자 한다. 하중 $p(x)$는 선분 $A_{00}A_{11}$과 $A_{11}A_{22}$에서 단조함수라는 가정은 폐기한다. 이와 같은 상태를 $\xi_\gamma-\eta_\gamma$평면에 특성곡선 도형으로 나타낸 것이 〈그림 10-21〉이다. 그림에서 선분 $A_{00}A_{22}$를 따라서 변수의 값은 다음과 같다.

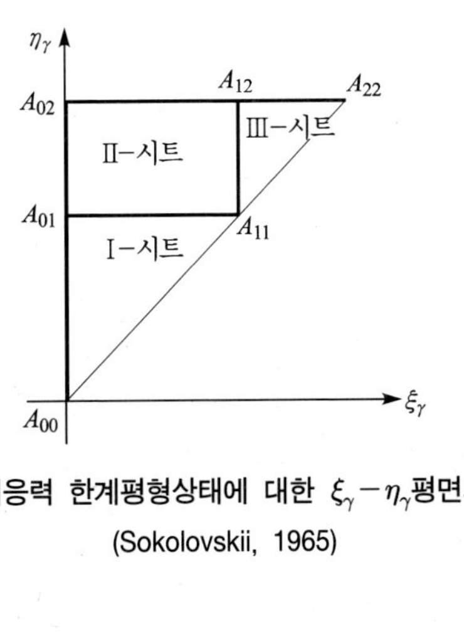

〈그림 10-21〉 지반의 최대응력 한계평형상태에 대한 $\xi_\gamma-\eta_\gamma$평면의 특성곡선 도형($\gamma_s \neq 0$)
(Sokolovskii, 1965)

$$x = x_0 + \xi_\gamma,\quad y = 0,\quad \bar{p} = \frac{p(x)}{1-\sin\phi},\quad \theta = 0$$

식에서 x_0는 원점 O로부터 하중이 작용하는 점까지의 거리이다. 또한 선분 $A_{00}A_{11}$과 $A_{11}A_{22}$에 대한 야코비 행렬식 D는 다음과 같다.

$$D = \frac{\cos\phi}{\cos(\theta+\mu)\cos(\theta-\mu)}\frac{\partial x}{\partial\xi_\gamma}\frac{\partial x}{\partial\eta_\gamma} = \frac{1-\sin\phi}{2\cos\phi} > 0$$

따라서 $x-$축 선상에 위치한 $A_{00}A_{22}$구간에서는 $D \neq 0$이므로 응력불연속선이 발생하지 않으며 변환과정에서 회전방향이 바뀌지 않는다. $x-y$평면에서 응력장의 형태는 〈그림 10-20〉과 같다.

iii) 등분포하중이 작용하는 최대응력 한계평형상태

〈그림 10-22〉와 같이 $A_{11} \le x \le A_{22}$ 구간에 등분포하중 p_0가 작용하는 최대응력 한계평형상태에 대한 문제도 최소응력 한계평형상태에 대한 문제와 동일한 방법을 적용할 수 있다. 첫째, 흙의 단위중량을 무시하면 $x-y$평면에서 응력장 $A_{11}A_{12}A_{22}$의 등가응력 $\bar{p}$와 최대주응력방향 θ는 각각 일정한 값이 된다.

$$\bar{p} = \frac{p_0}{1-\sin\phi},\quad \theta = 0$$

따라서 응력장 $A_{11}A_{12}A_{22}$에서 격자망 형태의 응력특성곡선군은 각각 2개의 평행한 등각 직선군으로 구성된다. $x-y$평면의 응력장 $A_{01}A_{02}A_{12}A_{11}$에서 $\bar{p}$는 (10-89)식의 첫째 식으로부터 구할 수 있으며 응력장 $A_{11}A_{12}A_{22}$의 $\bar{p}$와 θ를 이용하여 다음과 같이 나타낼 수 있다.

$$\bar{p} = \frac{p_0}{1-\sin\phi}\exp[2\theta\tan\phi]$$

또한 응력장 $A_{01}A_{02}A_{12}A_{11}$의 직선 및 대수나선 응력특성곡선은 각각 다음 식으로 나타낼 수 있다.

$$y = \tan(\theta+\mu)x + f(\theta),\quad r = C_0\exp[-\theta\tan\phi]$$

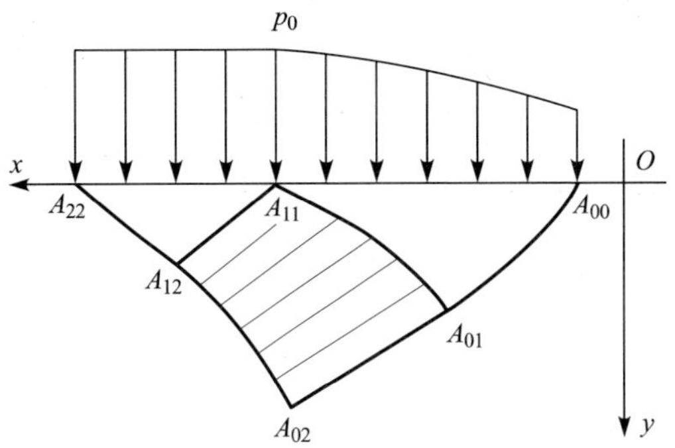

〈그림 10-22〉 등분포하중이 작용하는 지반의 최대응력 한계평형상태에 대한 $x-y$평면의 응력장과 방사상 응력특성곡선($\gamma_s=0$) (Sokolovskii, 1965)

식에서 $\mu=\pi/4-\phi/2$이고 C_0는 적분상수이다. $\xi_\gamma-\eta_\gamma$평면의 특성곡선 도형은 간단하게 1장($I-$시트)에 나타낼 수 있으며, 〈그림 10-21〉에서 직각삼각형 $A_{11}A_{12}A_{22}$는 하나의 점인 A_{11}으로 퇴화되고 직사각형 $A_{01}A_{02}A_{12}A_{11}$은 선분 $A_{01}A_{11}$으로 퇴화된다.

둘째, 동일한 문제에 대하여 흙의 단위중량을 고려하여 해를 구하고자 하면, $x-y$평면의 응력장 $A_{11}A_{12}A_{22}$에서 등가응력 $\bar{p}$와 최대주응력방향 θ는 (10-67)식에 $\kappa=+1$과 $m=0$를 대입하여 결정한다.

$$\bar{p}=\frac{p_0+\gamma_s y}{1-\sin\phi},\quad \theta=0 \tag{10-97}$$

$x-y$평면의 응력장 $A_{11}A_{12}A_{22}$에서 2개의 곡선군으로 이루어진 응력특성곡선은 흙의 단위중량을 무시하는 문제와 동일하다. $\xi_\gamma-\eta_\gamma$평면에서 도형 $A_{11}A_{12}A_{22}$는 직각삼각형은 아니지만 선분 $A_{11}A_{12}$를 따라서 다음 식을 얻을 수 있다.

$$x=x_0+\xi_\gamma,\quad y=(x-x_1)\tan\mu,\quad \bar{p}=\frac{p_0+\gamma_s y}{1-\sin\phi},\quad \theta=0$$

식에서 x_0는 원점 O부터 하중이 작용하는 시점까지의 거리이다. 그러나 흙의 단위중량을 무시하는 문제와는 달리 $x-y$평면의 응력특성곡선은 응력장 $A_{11}A_{12}A_{22}$에서만 직선이고 나머지 응력장에서는 곡선이 된다.

예제 2

수평인 지표면을 따라서 $p(x)=p_0+\gamma_s x$인 하중이 작용할 때 흙의 단위중량을 고려하여 지반의 최대응력 한계평형상태에 대한 응력특성곡선과 응력불연속선을 구하라. 단, $\phi=30°$, $\gamma_s=1$, $p_0=1$, 특성길이 $l_{ch}=p_0/\gamma_s=1$이고 $0 \le x \le 1$이다(Sokolovskii, 1965; Harr, 1966).

풀이 [예제1]의 최소응력 한계평형상태와 같이 무차원 변수는 $p_0=1$과 $\gamma_s=1$을 이용하여 구한다. 〈표 10-2〉는 제1경계값문제를 적용하여 구한 것이다. 먼저 [예제1]과 동일한 방법으로 비특성곡선인 x-축을 따라서 격자점에 해당하는 대각선 방향의 사각형인 (0,10), (1,9), ⋯, (10,0)에서 $y=0$이며, x의 값은 0.10, 0.20, ⋯, 1.00으로 10개의 값을 취한다. 또한 무차원 변수 $\tilde{p}$와 θ는 각각 다음 식으로 계산한다.

$$\tilde{p}=\frac{\overline{p}}{p_0}=\frac{1}{p_0}\times\frac{p_0+\gamma_s x}{1-\sin\phi}=\frac{1+x}{1-\sin\phi},\quad \theta=0$$

다음으로 내부 사각형에 대한 $(x, y, \tilde{p}, \theta)$의 계산은 [예제1]과 동일한 방법으로 점화식인 (10-47~50)식을 이용하여 계산한다. 응력특성곡선의 값은 계산표에 표기하였으며 그에 대응하는 응력특성곡선을 함께 도시하였다.

〈표 10-2〉 지반의 최대응력 한계평형상태에 대한 무차원 변수 계산표($\gamma_s \neq 0$) (Sokolovskii, 1965)

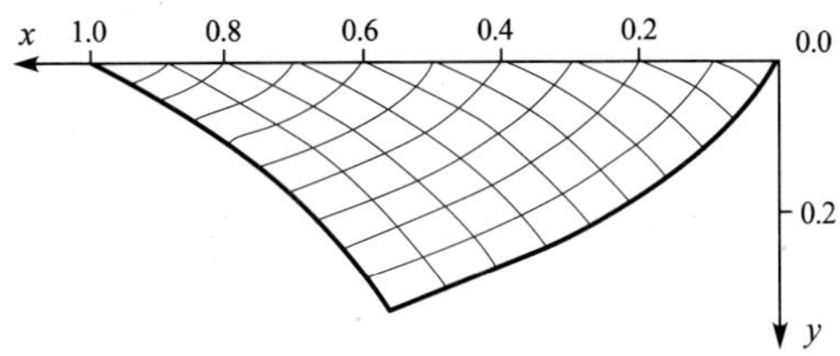

[응력장 및 응력특성곡선]

	j \ i	0	1	2	3	4	5	6	7	8	9	10
x	0											0.00
y												0.00
$\tilde{p}$												2.00
$-\theta$												0.00
x	1										0.10	0.05
y											0.00	0.03
$\tilde{p}$											2.20	2.16
$-\theta$											0.00	0.04
x	2									0.20	0.15	0.11
y										0.00	0.03	0.06
$\tilde{p}$										2.40	2.36	2.31
$-\theta$										0.00	0.04	0.07
x	3								0.30	0.25	0.21	0.17
y									0.00	0.03	0.06	0.08
$\tilde{p}$									2.60	2.56	2.51	2.46
$-\theta$									0.00	0.03	0.07	0.10
x	4							0.40	0.35	0.31	0.27	0.23
y								0.00	0.03	0.06	0.09	0.11
$\tilde{p}$								2.80	2.76	2.71	2.66	2.60
$-\theta$								0.00	0.03	0.06	0.10	0.13
x	5						0.50	0.45	0.41	0.37	0.33	0.30
y							0.00	0.03	0.06	0.09	0.11	0.14
$\tilde{p}$							3.00	2.96	2.91	2.86	2.80	2.74
$-\theta$							0.00	0.03	0.06	0.09	0.12	0.16
x	6					0.60	0.55	0.51	0.46	0.43	0.39	0.36
y						0.00	0.03	0.06	0.09	0.11	0.14	0.16
$\tilde{p}$						3.20	3.16	3.11	3.06	3.00	2.94	2.87
$-\theta$						0.00	0.03	0.06	0.08	1.11	0.14	0.18
x	7				0.70	0.65	0.61	0.56	0.53	0.49	0.46	0.43
y					0.00	0.03	0.06	0.09	0.11	0.14	0.16	0.19
$\tilde{p}$					3.40	3.36	3.31	3.26	3.21	3.15	3.08	3.01
$-\theta$					0.00	0.03	0.05	0.08	0.11	0.14	0.17	0.20
x	8			0.80	0.75	0.71	0.66	0.62	0.59	0.56	0.53	0.50
y				0.00	0.03	0.06	0.09	0.11	0.14	0.17	0.19	0.21
$\tilde{p}$				3.60	3.56	3.51	3.46	3.41	3.35	3.28	3.21	3.14
θ				0.00	0.02	0.05	0.07	0.10	0.13	0.16	0.18	0.22
x	9		0.90	0.85	0.81	0.76	0.72	0.69	0.65	0.62	0.60	0.58
y			0.00	0.03	0.06	0.09	0.11	0.14	0.17	0.19	0.21	0.23
$\tilde{p}$			3.80	3.76	3.71	3.66	3.61	3.55	3.49	3.42	3.35	3.27
$-\theta$			0.00	0.02	0.05	0.07	0.10	0.12	0.15	0.17	0.20	0.23
x	10	1.00	0.95	0.91	0.86	0.82	0.78	0.75	0.72	0.69	0.67	0.65
y		0.00	0.03	0.06	0.09	0.11	0.14	0.17	0.19	0.21	0.24	0.25
$\tilde{p}$		4.00	3.96	3.91	3.86	3.81	3.75	3.69	3.63	3.55	3.48	3.39
$-\theta$		0.00	0.02	0.04	0.07	0.09	0.11	0.14	0.16	0.19	0.22	0.25

10.2.6 연속기초의 지지력

연속기초의 지지력문제에 대한 한계평형상태는 〈그림 10-23〉과 같이 분동접시판과 로커암(rocker arm)의 거동이 가이드와 베어링의 마찰에 의하여 제한되는 평형저울을 이용하여 설명할 수 있다. 평형저울에 중량이 작은 분동을 어느 하나의 접시판에 올려놓으면 가이드와 베어링의 마찰효과 때문에 저울은 거동하지 않고 평형상태가 유지되지만, 중량이 충분히 큰 분동을 하나의 접시판에 올려놓은 경우에 저울의 평형상태를 유지시키기 위해서는 다른 한쪽의 접시판에도 적절한 중량의 분동을 올려놓아야 한다. 이때 아무리 중량이 작은 분동이라도 어느 하나의 접시판에 올려놓았을 때 저울이 거동하게 되면 평형상태가 유지되지 못하는 것으로 볼 수 있다. 또한 분동의 중량에 비하여 평형저울의 중량이 작으면 연속기초의 지지력문제에서 흙의 단위중량을 무시하는 조건으로 볼 수 있으며 분동의 중량보다 큰 평형저울이라면 단위중량을 고려하는 상태가 된다(Sokolovskii, 1965; 1960).

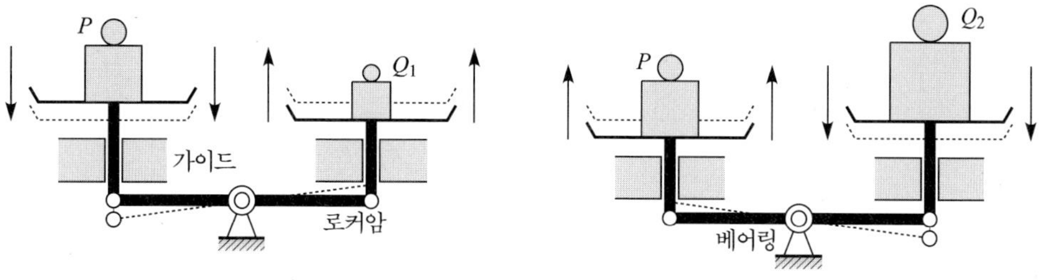

(a) $P > Q$ (침하: 구속압력) (b) $P < Q$ (히빙: 파괴압력)

〈그림 10-23〉 평형저울의 거동 (Sokolovskii, 1965; 1960)

연속기초의 지지력문제는 〈그림 10-23〉에서 중량이 충분히 큰 분동 P를 좌측 접시판에 올려놓았을 때에 저울의 평형상태를 유지시키기 위해서 우측 접시판에 올려놓아야 할 중량 Q_1 또는 Q_2를 구하는 문제에 비유할 수 있다. 저울이 평형상태를 유지하지 못하는 경우에 대해서는 그림과 같이 두 가지로 고려할 수 있는데, 우측 접시판의 중량에 따라 좌측 접시판은 지반의 침하에 해당하는 (a)나 지반의 히빙에 해당하는 (b)의 거동을 보이게 된다. 따라서 연속기초의 지지력문제는 지반의 침하나 히빙이 발생하지 않는 한계평형상태의 하중을 구하는 것이다. 즉, 그림(a)와 같이 $P > Q_1$인 경우에는 P의 하향거동을 방지하고 평형상태를 유지시키기 위해서 요구되는 최소하중 Q_1을 구하는 것이며, 또는 그림(b)와 같이 $P < Q_2$인 경우에는 P가 상향거동을 하지 않고 평형상태가 유지되면서

지지할 수 있는 최대하중 Q_2를 구하는 것이다. 하중 Q_1과 Q_2는 가이드와 베어링의 마찰효과가 더해지기 때문에 그림(a)와 같이 P보다 더 작거나 그림(b)와 같이 P보다 더 커야 된다는 것을 알 수 있다. Sokolovskii(1965; 1960)는 이와 같은 한계평형상태에서 최소하중을 **구속압력**(restraining pressure), 최대하중을 **파괴압력**(failure pressure)으로 정의하고 구속압력은 연속기초의 최소 지지력, 파괴압력은 연속기초의 최대 지지력을 나타내는 것으로서 파괴압력은 대응하는 구속압력보다 몇 배나 큰 값을 보인다고 하였다.

Sokolovskii(1965; 1960)는 〈그림 10-23〉과 같은 원리를 이용하여 $x-$축을 지표면으로 하여 지표면 위에 설치된 표면기초의 지지력문제를 해석하였다. 연속기초와 관련된 모든 지지력문제는 하중이 증가되면서 전반전단파괴가 발생하는 것으로 가정한다. 양의 $x-$축에 하중인 수직등가압력 $p=p(x)$가 작용할 때에 히빙이나 침하가 발생하지 않고 한계평형상태를 유지시키기 위해서 음의 $x-$축에 가해야 할 수직등가압력 q를 결정하는 문제이다. 수직등가압력 $p(x)$와 도함수 $p'(x)$는 모두 연속적인 것으로 가정한다. 양의 $x-$축과 음의 $x-$축에 작용하는 등가압력의 수직 및 접선응력성분은 각각 다음과 같이 나타낼 수 있다.

- 양의 $x-$축 : $\sigma_{yy}+H=p(x), \quad \tau_{xy}=0$
- 음의 $x-$축 : $\sigma_{yy}+H=q, \quad \tau_{xy}=0$

식에서 $H=c\cot\phi$이다.

(1) 구속압력 결정

〈그림 10-23(a)〉 및 〈그림 10-24(c)〉와 같이 한계평형상태가 유지되지 못하면 양의 $x-$축에서는 지반이 침하되고 음의 $x-$축에서는 히빙이 유발되는 것으로 가정하여, 지반의 침하를 방지하는데 요구되는 최소하중인 구속압력을 구하고자 한다. 이와 같은 조건에서는 양의 $x-$축으로는 최소응력상태가 되고 음의 $x-$축으로는 최대응력상태가 되므로, (10-67)식에 각각 $\kappa=-1$과 $m=0$ 및 $\kappa=+1$과 $m=1$을 대입하여 경계조건을 구한다.

- 양의 $x-$축 : $\bar{p}=\dfrac{p(x)}{1+\sin\phi}, \quad \theta=\dfrac{\pi}{2}$ (10-98)
- 음의 $x-$축 : $q=\bar{p}(1-\sin\phi), \quad \theta=\pi$ (10-99)

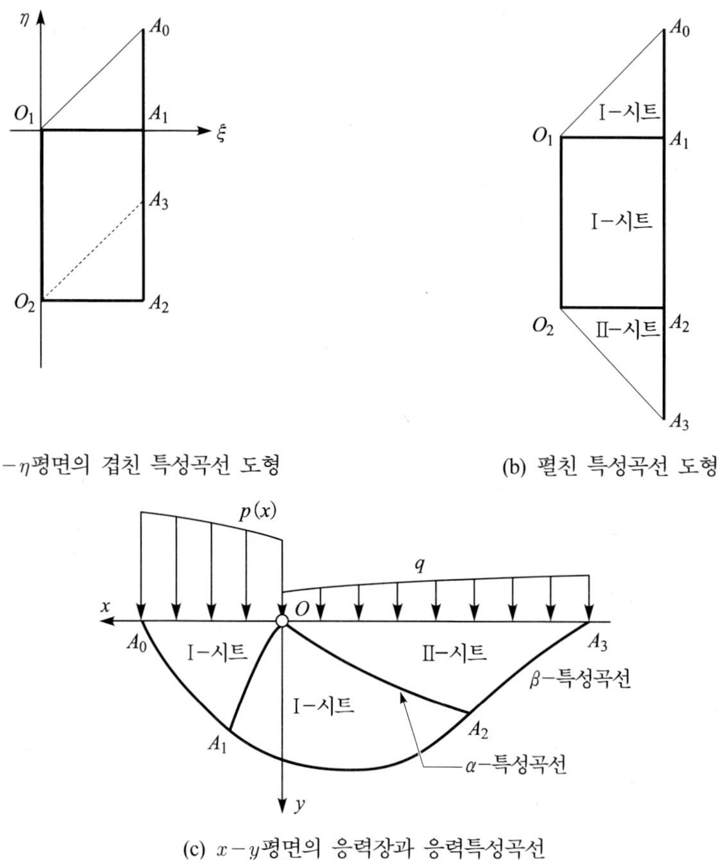

〈그림 10-24〉 연속기초 지지력의 구속압력에 대한 응력장과 특성곡선 도형($\gamma_s=0$)
(Sokolovskii, 1965; Harr, 1966)

i) 흙의 단위중량 무시

먼저 흙의 단위중량을 무시하고 해를 구하고자 한다. 하중 $p(x)$는 $p'(x)>0$ 또는 $p'(x)<0$인 단조함수로 가정한다. $\xi-\eta$평면에는 〈그림 10-24(a)〉와 같이 2장의 시트($I-$시트, $II-$시트)에 도형을 도시한다. 그림과 같이 적당한 간격으로 O_1과 O_2를 정하면 O_1은 원점 O의 바로 좌측, O_2는 원점 O의 바로 우측에 위치하는 점이 된다. $I-$시트에는 사다리꼴 $A_0O_1O_2A_2$, $II-$ 시트에는 직각삼각형 $A_2O_2A_3$를 도시해야 하는데, 사다리꼴 $A_0O_1O_2A_2$의 선분 A_0O_1의 하중과 최대주응력축은 (10-98)식으로 표시되고 직각삼각형 $A_2O_2A_3$의 선분 O_2A_3는 $x-y$평면에서 음의 $x-$축에 해당되는 직선으로서 (10-99)식으로 나타낼 수 있다.

〈그림 10-24(a)〉의 O_1과 O_2는 $\xi=\xi_0$인 특이점이며[〈그림 10-17〉 참조], (10-98~99)식과 같이 양의 $x-$축으로부터 음의 $x-$축으로 가면서 θ의 값은 $\pi/2 \rightarrow \pi$로 증가하여 (10-20)식의 둘째 식에 의하여 $\eta-$축에서 O_2의 $\eta=-2\pi$, O_1의 $\eta=-\pi$이므로 O_2는 O_1의 아래에 위치하게 된다. A_2는 A_0A_1과 동일한 $\xi-$선에 위치하고 있으며 O_2와도 같은 특성값을 가지므로 $x-y$평면의 A_1OA_2는 $\xi-\eta$평면에서 사각형 $A_1O_1O_2A_2$로 사상된다. 또한 $x-y$평면의 A_2OA_3를 사상하기 위해서는 A_3의 위치만 결정하면 된다. A_3는 $A_0A_1A_2$와 동일한 $\xi-$선에 위치하고 있으며 (10-20)식에 (10-99)식의 $\theta=\pi$를 대입하면 $\xi-\eta$평면에서 O_2A_3는 $\eta=\xi-2\pi$이므로 그림과 같이 O_2를 통과하고 기울기가 $\pi/4$인 직선이 된다. 〈그림 10-24(b)〉는 2장의 시트를 결합하여 1장의 시트로 나타낸 도형이다. $\xi-\eta$평면의 선분 A_0O_1은 $x-y$평면에서 양의 $x-$축으로 A_0O에 대응하므로 (10-98)식에 의하여 x와 y는 각각 다음과 같이 나타낼 수 있다(Sokolovskii, 1965; Harr, 1966).

$$x=x(\bar{p}),\quad y=0$$

위의 식으로부터 비특성곡선 A_0O의 $(x, y, \tilde{p}, \theta)$를 모두 알 수 있으며 제1경계값문제를 적용하면 $\xi-\eta$평면의 직각삼각형 $A_0O_1A_1$에 대하여 (10-39)식의 해를 구할 수 있으므로 선분 O_1A_1에 대한 x와 y의 값이 결정된다. 다음으로 선분 O_1O_2를 따라서는 $x=y=0$이고 $x-y$평면의 원점 O에 해당하므로 $\xi-\eta$평면의 직사각형 $A_1O_1O_2A_2$에 대한 (10-39)식의 해는 제2경계값문제를 적용하여 구할 수 있다. 마지막으로 선분 O_2A_2에 대한 x와 y의 값을 구한 다음에는 음의 $x-$축에 있는 선분 O_2A_3를 따라서 $y=0$을 대입하면 $\xi-\eta$평면의 직각삼각형 $A_2O_2A_3$에서 제3경계값문제를 적용하여 (10-39)식의 해를 구할 수 있다.

위와 같은 방법으로 $\xi-\eta$평면의 직각삼각형 $A_0O_1A_1$과 $A_2O_2A_3$ 및 직사각형 $A_1O_1O_2A_2$에 대하여 (10-39)식의 해를 구하면 연속함수 $x=x(\xi,\eta)$, $y=y(\xi,\eta)$가 결정된다. 또한 선분 O_1A_1과 O_2A_2에서 도함수 $\partial x/\partial\eta$와 $\partial y/\partial\eta$는 유한불연속이며, O_1O_2를 따라서는 $x=y=0$이고 $\partial x/\partial\eta=\partial y/\partial\eta=0$이므로 (10-32)식의 야코비 행렬식 $D=0$이다. 그러므로 $\xi-\eta$평면의 O_1O_2는 $x-y$평면에서 응력성분$(\sigma_{xx}, \sigma_{yy})$이 유한불연속인 특이점 O로 퇴화된다. 응력장 내측으로 응력의 불연속이 없다면 함수 $x=x(\xi,\eta)$, $y=y(\xi,\eta)$는 $\xi-\eta$평면에서 2장의 시트로 구성된 도형이 $x-y$평면에서는 〈그림 10-24(c)〉와 같이 1장의 시트로 된 도형으로 사상된다. $x-y$평면에서 응력특성곡선의

오목방향은 $\xi-\eta$평면에서 대응하는 선분의 변환상태에 따라서 결정할 수 있다. 즉, 〈그림 10-24(a)〉의 「$\xi=\xi_0=$일정」인 선분 $A_0A_1A_2A_3$에서 $I-$시트의 A_0부터 A_2까지는 η가 감소하지만 이어지는 $II-$시트의 A_2부터 A_3까지는 η가 증가되는 것을 알 수 있다. (10-84)식의 둘째 식으로부터 $x-y$평면에서 $\beta-$특성곡선 $A_0A_1A_2A_3$의 $x-$축에 대한 기울기는 다음 식으로 나타낼 수 있다(〈그림 10-13〉 참조).

$$\theta+\mu=\frac{1}{2}(\xi_0-\eta)+\mu$$

식에서 $\mu=\pi/4-\phi/2$이다. 위의 식에 의해서 $\beta-$특성곡선인 $A_0A_1A_2A_3$의 기울기는 A_0부터 A_2까지는 증가하고 A_2부터 A_3까지는 감소함으로서 오목방향은 A_0A_2 및 A_2A_3 구간에서 각각 그대로 유지되며 $\alpha-$특성곡선인 OA_2와의 교점에서 변곡점이 발생한다는 것을 알 수 있다. $x-y$평면의 응력장 A_1OA_2에서 모든 $\alpha-$특성곡선은 원점 O를 통과하므로 광선속이 생성된다. 원점 O에서 등가압력 $q=q_0$는 원점 O의 등가압력 $p=p_0$를 이용해서도 나타낼 수 있는데, p_0와 q_0는 각각 $\xi-\eta$평면에서 ξ가 일정한 하나의 선분에 위치하고 있는 O_1과 O_2에 해당되므로 퇴화조건①을 적용하여 (10-84)식으로부터 등가응력 $\bar{p}$는 다음과 같다.

$$\bar{p}=C_1\exp[-2\theta\tan\phi]$$

식에서 C_1은 (10-98)식의 O_1에 대한 $\bar{p}$와 θ를 대입하여 구할 수 있으므로 O_1O_2에서 등가응력 $\bar{p}$는 다음과 같이 나타낼 수 있다.

$$\bar{p}=\frac{p_0}{1+\sin\phi}\exp\left[2\left(\frac{\pi}{2}-\theta\right)\tan\phi\right] \tag{10-100}$$

또한 (10-99)식의 $\bar{p}$와 θ를 위의 식에 대입하면 O_2에서 등가압력 q_0를 결정할 수 있다.

$$q_0=p_0\frac{1-\sin\phi}{1+\sin\phi}\exp[-\pi\tan\phi] \tag{10-101}$$

위의 식을 이용하여 원점 O에서 수직등가압력의 불연속 값인 p_0-q_0를 계산할 수 있다.

ii) 흙의 단위중량 고려

동일한 문제에 대하여 흙의 단위중량을 고려하여 해를 구하고자 한다. 〈그림 10-25〉와 같이 흙의 단위중량을 무시하는 문제의 독립변수 ξ 및 η와 차별화하기 위하여 흙의 단위중량을 고려한 독립변수 ξ_γ 및 η_γ를 도입한다. 먼저 $\xi_\gamma - \eta_\gamma$평면에 사다리꼴 $A_0O_1O_2A_3$를 도시하고 〈그림 10-24(c)〉에서 $x-y$평면의 비특성곡선 A_0O가 $\xi_\gamma - \eta_\gamma$평면에서 선분 A_0O_1에 대응하도록 양의 $x-$축을 따라서 $\xi_\gamma = -\eta_\gamma = x$로 취하면, (10-98)식으로부터 A_0O_1에 대한 경계조건은 다음과 같다.

$$x = \xi_\gamma, \quad y = 0, \quad \bar{p} = \frac{p(x)}{1+\sin\phi}, \quad \theta = \frac{\pi}{2}$$

$\xi_\gamma - \eta_\gamma$평면의 직각삼각형 $A_0O_1A_1$에 위의 값과 함께 제1경계값문제를 적용하면 (10-39~40)식의 해를 구할 수 있다. 여기서 주의해야 할 것은 점 O_1에 대한 $\bar{p}$와 θ의 값은 흙의 단위중량을 무시하는 문제와 동일하다는 것이다. 즉 단위중량이 원점 O의 근방에서 응력상태에 영향을 주지 않음으로서 단위중량을 무시한 문제의 원점 O에 대응하는 $\xi-\eta$평면의 O_1O_2가 단위중량을 고려하는 문제의 특성곡선도 될 수 있다는 것이다. $\xi-\eta$평면에서 좌표가 $\xi=\xi_0$ 및 $\eta=\eta_0$인 O_1이 $\xi_\gamma - \eta_\gamma$평면에서는 $\xi_\gamma = \eta_\gamma = 0$인 O_1으로 변환되기 때문에 $\xi = \xi_0$는 $\xi_\gamma - \eta_\gamma$평면에서 $\xi_\gamma = 0$으로 변환된다. η_γ의 값은 임의로 선택할 수 있으므로 다음과 같이 취할 수 있다.

$$\eta_\gamma = \theta - \frac{\pi}{2} \quad \Rightarrow \quad \theta = \eta_\gamma + \frac{\pi}{2}$$

$x-y$평면의 원점 O는 $\xi_\gamma - \eta_\gamma$평면에서 선분 O_1O_2에 해당하며 원점에서는 $x=y=0$이므로 등가응력 $\bar{p}$는 흙의 단위중량을 무시하는 문제와 동일하게 (10-100)식을 이용할 수 있다.

$$\bar{p} = \frac{p_0}{1+\sin\phi}\exp\left[2\left(\frac{\pi}{2} - \theta\right)\tan\phi\right]$$

따라서 선분 O_1A_1의 $(x, y, \bar{p}, \theta)$ 값을 모두 알 수 있다. 또한 O_1O_2에 대해서는 다음 식을 얻을 수 있다.

$$x = y = 0, \quad \bar{p} = \frac{p_0}{1+\sin\phi}\exp\left[2\left(\frac{\pi}{2} - \theta\right)\tan\phi\right], \quad \theta = \eta_\gamma + \frac{\pi}{2}$$

선분 O_1A_1과 O_1O_2의 $(x, y, \bar{p}, \theta)$를 이용하여 제2경계값문제를 적용하면 $\xi_\gamma - \eta_\gamma$평면의 사각형 $A_1O_1O_2A_2$에서 (10-39~40)식의 해를 구할 수 있다. 다음으로 음의 $x-$축을 따라서 η_γ는 임의의 값을 선택할 수 있으므로 $\eta_\gamma = \xi_\gamma + \pi/2$로 취한다. 선분 O_2A_2에 대한 $(x, y, \bar{p}, \theta)$를 알고 선분 O_2A_3를 따라서는 $y=0$ 및 $\theta = \pi$이므로 제3경계값문제를 적용하여 $\xi_\gamma - \eta_\gamma$평면의 직각삼각형 $A_2O_2A_3$에서 (10-39~40)식의 해를 구할 수 있다.

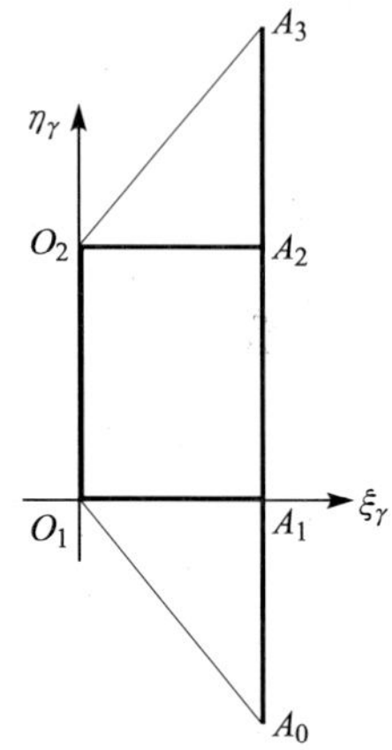

〈그림 10-25〉 연속기초 지지력의 구속압력에 대한 $\xi_\gamma-\eta_\gamma$평면의 특성곡선 도형($\gamma_s \neq 0$)
(Sokolovskii, 1965)

전개과정에서 선분 O_1A_1과 O_2A_2에서는 도함수 $\partial x/\partial\eta_\gamma$, $\partial y/\partial\eta_\gamma$, $\partial\bar{p}/\partial\eta_\gamma$, $\partial\theta/\partial\eta_\gamma$가 유한불연속이고, O_1O_2를 따라서는 $x=y=0$ 및 $\partial x/\partial\eta_\gamma=\partial y/\partial\eta_\gamma=0$이므로 야코비 행렬식 $D=0$이다. 따라서 선분 O_1O_2는 $x-y$평면의 원점 O로 사상되고 원점 O에서는 응력의 유한불연속이 발생한다. 흙의 단위중량 때문에 응력특성곡선이 다소 틀어지기는 하지만 전체적으로는 흙의 단위중량을 무시한 〈그림 10-24(c)〉의 특성곡선과 유사한 형태를 유지한다. 원점 O에서 등가압력 $q=q_0$의 값은 (10-101)식과 동일하다.

iii) 등분포하중 작용

양의 $x-$축에 작용하는 수직등가압력 p가 등분포하중이라면 간단하게 해를 구할 수 있다. 첫째, 흙의 단위중량을 무시하는 문제에 대해서는 응력특성곡선을 〈그림 10-26〉과 같이 $x-y$평면에서 3개의 응력장 A_0OA_1, A_1OA_2 및 A_2OA_3로 구분한다. $\xi-\eta$평면의 O_1과 O_2에 해당하는 $x-y$평면의 응력장 A_0OA_1과 A_2OA_3에서는 등가응력 $\bar{p}$와 최대주응력방향 θ의 값은 일정하고 각각 O_1과 O_2의 $\bar{p}$와 θ값과 같다.

$$\text{- 응력장 } A_0OA_1 : \bar{p}=\frac{p_0}{1+\sin\phi},\quad \theta=\frac{\pi}{2}$$
$$\text{- 응력장 } A_2OA_3 : \bar{p}=\frac{q}{1-\sin\phi},\quad \theta=\pi \tag{10-102}$$

위의 두 응력장에서 응력특성곡선군은 2개의 평행한 등각 직선군이 교차하여 격자망 형태로 나타난다. 응력장 A_1OA_2은 선분 O_1O_2에 해당하며 ξ의 값이 일정하므로 퇴화조건

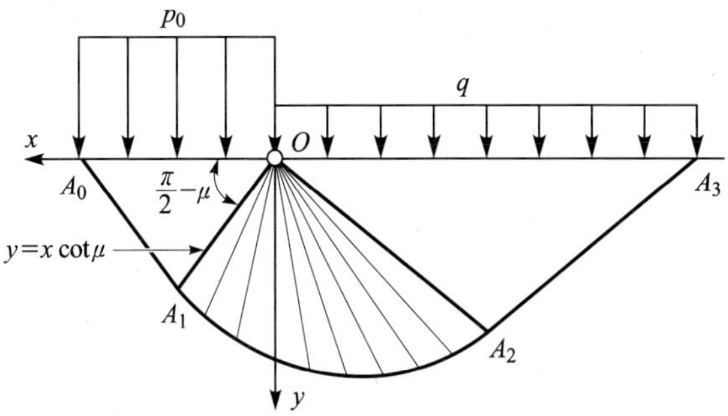

〈그림 10-26〉 등분포하중에 대한 연속기초 지지력의 구속압력에 대한
$x-y$평면의 응력장과 방사상 응력특성곡선($\gamma_s=0$) (Sokolovskii, 1965; 1960)

①을 적용한다. 따라서 (10-84)식의 등가응력 $\bar{p}$와 (10-87)식의 $\alpha-$특성곡선에 대한 관계식을 적용할 수 있다.

$$\bar{p}=C_1\exp[-2\theta\tan\phi],\quad y=\tan(\theta-\mu)x+f_1(\theta)$$

식에서 $\mu=\pi/4-\phi/2$이다. 적분상수 C_1은 (10-102)식에서 응력장 A_0OA_1의 $\bar{p}$와 θ를 대입하여 구할 수 있으며, 원점 O에서 $x=y=0$이므로 $f_1(\theta)=0$이 된다. 따라서 위의 식은 다음과 같이 나타낼 수 있다.

$$\bar{p}=\frac{p_0}{1+\sin\phi}\exp\left[2\left(\frac{\pi}{2}-\theta\right)\tan\phi\right],\quad y=\tan(\theta-\mu)x \tag{10-103}$$

위의 두 식에 의하여 생성되는 2개의 응력특성곡선군은 하나는 원점 O를 통과하는 광선속이고 다른 하나는 다음과 같은 대수나선군이다.

$$r=C_2\exp[+\theta\tan\phi]$$

식에서 C_2는 적분상수이다. (10-103)식과 (10-99)식으로부터 응력장 A_2OA_3의 $\bar{p}$를 구할 수 있으며 OA_3에 작용하는 등가압력 q는 다음과 같다.

$$q=p_0\frac{1-\sin\phi}{1+\sin\phi}\exp[-\pi\tan\phi] \tag{10-104}$$

$\xi-\eta$평면의 특성곡선 도형은 간단하게 1장의 시트에 표시되며, 직각삼각형 $A_0O_1A_1$과 $A_2O_2A_3$는 각각 O_1과 O_2로 변환되고 직사각형 $A_1O_1O_2A_2$는 선분 O_1O_2가 된다. 따라서 $x-y$평면의 응력장 A_0OA_1과 A_2OA_3는 $\xi-\eta$평면에서 각각 O_1과 O_2에 해당하고 응력장 A_1OA_2는 선분 O_1O_2가 된다.

둘째, 동일한 문제에 대하여 흙의 단위중량을 고려하는 문제라면 (10-78)식에서 $\kappa=-1$과 $m=0$을 적용하여 $x-y$평면의 응력장 A_0OA_1의 $\bar{p}$와 θ의 값을 얻을 수 있다.

$$\bar{p}=\frac{p_0+\gamma_s y}{1+\sin\phi},\quad \theta=\frac{\pi}{2}$$

응력장 A_0OA_1의 2개의 응력특성곡선군은 흙의 단위중량을 무시하는 문제와 일치한다. 〈그림 10-26〉에서 특성곡선 $y=x\cot\mu$를 따라서 $\eta_\gamma=0$을 취하면 $x-y$평면의 OA_1은 $\xi_\gamma-\eta_\gamma$평면의 선분 O_1A_1에 대응하게 된다. $\xi_\gamma-\eta_\gamma$평면의 특성곡선 도형에서 $A_0O_1A_1$은 직각삼각형이 아니며 선분 O_1A_1을 따라서 다음 식을 얻을 수 있다.

$$x=\xi_\gamma,\quad y=x\cot\mu,\quad \bar{p}=\frac{p_0+\gamma_s y}{1+\sin\phi},\quad \theta=\frac{\pi}{2}$$

(10-39~40)식에 대한 해는 먼저 $\xi_\gamma-\eta_\gamma$평면에서 선분 O_1A_1과 O_1O_2의 정보를 이용하여 사각형 $A_1O_1O_2A_2$에 대하여 해를 구한 후에, 선분 O_2A_2과 O_2A_3의 정보를 이용하여 직각삼각형 $A_2O_2A_3$에 대한 해를 구한다. $x-y$평면의 특성곡선은 응력장 A_0OA_1에서만 직선이고 나머지 응력장에서는 곡선군으로 구성된다.

(2) 파괴압력 결정

〈그림 10-23(b)〉와 같이 지반의 한계평형상태를 넘어서게 되면 양의 $x-$축으로는 지반의 히빙이 유발되고 음의 $x-$축으로는 지반의 침하가 발생하는 것으로 가정하여, 히빙이 되지 않으면서 지지할 수 있는 최대하중인 파괴압력을 구하고자 한다. 이와 같은 조건에서는 양의 $x-$축으로는 최대응력상태가 되고 음의 $x-$축으로는 최소응력상태가 되므로, (10-67)식에 각각 $\kappa=+1$과 $m=0$ 및 $\kappa=-1$과 $m=0$을 대입하여 경계조건을 결정한다.

$$-\ \text{양의 } x-\text{축}:\ \bar{p}=\frac{p(x)}{1-\sin\phi},\quad \theta=0 \tag{10-105}$$

$$-\ \text{음의 } x-\text{축}:\ q=\bar{p}(1+\sin\phi),\quad \theta=\frac{\pi}{2} \tag{10-106}$$

i) 흙의 단위중량 무시

먼저 흙의 단위중량을 무시하고 해를 구하고자 한다. 하중 $p(x)$의 도함수 $p'(x)$는 $p'(x)>0$ 또는 $p'(x)<0$인 단조함수로 가정한다. $\xi-\eta$평면에는 〈그림 10-27(a)〉와 같이 2장의 시트($I-$시트, $II-$시트)를 이용하여 도형을 도시하게 되는데, $I-$시트의 선분

A_0O_1은 (10−105)식, $II-$시트의 선분 O_2A_3는 (10−106)식에 의한 것이다. $I-$시트와 $II-$시트는 변곡점 A_1이 포함된 $\beta-$특성곡선 O_1A_1을 따라서 〈그림 10−27(b)〉와 같이 결합되고 경계를 따라서 x 또는 y의 값은 각각 다음과 같다.

- 선분 A_0O_1 : $x = x(\overline{p}),\quad y = 0$
- 선분 O_1O_2 : $x = y = 0$
- 선분 O_2A_3 : $y = 0$

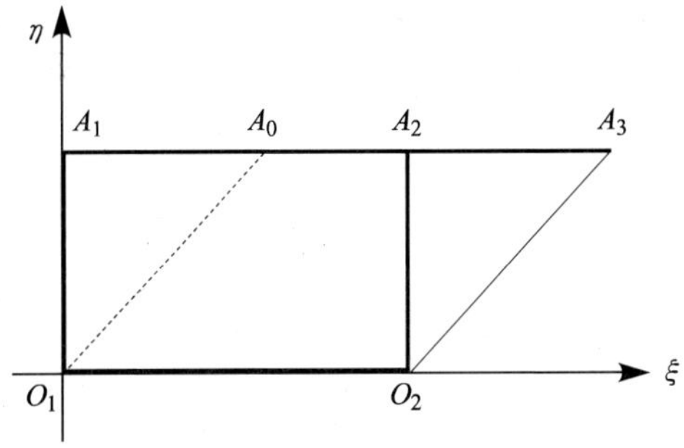

(a) $\xi-\eta$평면의 겹친 특성곡선 도형

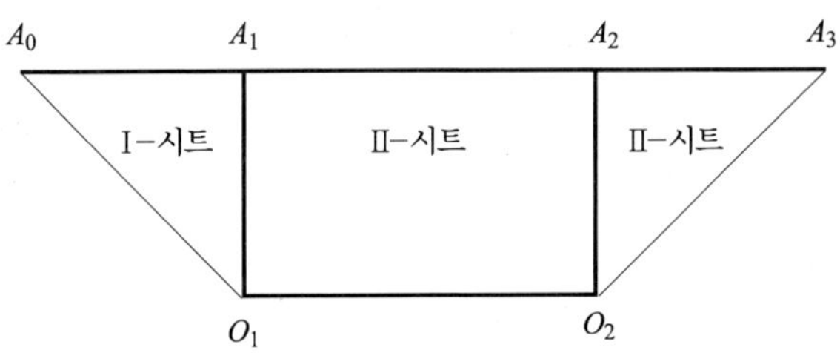

(b) 펼친 특성곡선 도형

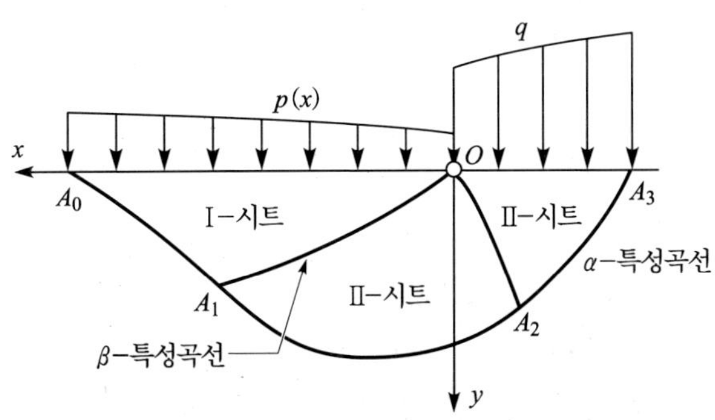

(c) $x-y$평면의 응력장과 특성곡선

〈그림 10−27〉 연속기초 지지력의 파괴압력에 대한 응력장과 특성곡선 도형($\gamma_s = 0$)
(Sokolovskii, 1965; Harr, 1966)

$\xi-\eta$평면에서 2장의 시트로 구성된 특성곡선 도형은 $x-y$평면에서는 〈그림 10-27(c)〉와 같이 1장의 시트로 된 응력장과 응력특성곡선으로 사상된다. $\xi-\eta$평면의 선분 O_1O_2는 $x-y$평면의 특이점 O로 사상되고 $x-y$평면의 전이영역인 응력장 A_1OA_2에서 모든 $\beta-$특성곡선은 원점 O를 통과하므로 광선속이 생성된다. 원점 O의 등가압력 $q=q_0$는 원점 O의 등가압력 $p(x)=p_0$를 이용해서도 나타낼 수 있는데, p_0와 q_0는 $\xi-\eta$평면에서 η가 일정한 동일 $\beta-$특성곡선에 위치하고 있는 O_1과 O_2에 해당되므로 퇴화조건②를 적용하여 (10-89)식으로부터 등가응력 $\bar{p}=C_3\exp[+2\theta\tan\phi]$가 된다. 식에서 C_3는 (10-105)식의 O_1에 대한 $\bar{p}$와 θ로부터 구할 수 있으며 선분 O_1O_2에서 등가응력 $\bar{p}$는 다음과 같다.

$$\bar{p}=\frac{p_0}{1-\sin\phi}\exp[2\theta\tan\phi]$$

구속압력을 구하는 문제와 동일한 방법으로 (10-106)식의 $\bar{p}$와 θ를 위의 식에 대입하면 O_2의 등가압력 q_0를 결정할 수 있다.

$$q_0=p_0\frac{1+\sin\phi}{1-\sin\phi}\exp[\pi\tan\phi] \tag{10-107}$$

위의 식을 이용하여 원점 O에서 수직등가압력의 불연속 값인 p_0-q_0를 계산할 수 있다.

ii) 흙의 단위중량 고려

동일한 문제에 대하여 흙의 단위중량을 고려하여 해를 구하고자 한다. 흙의 단위중량을 무시하는 문제의 독립변수 ξ 및 η와 차별화하기 위하여 흙의 단위중량을 고려한 독립변수 ξ_γ 및 η_γ를 도입한다. 〈그림 10-28〉과 같이 $\xi_\gamma-\eta_\gamma$평면에 사다리꼴 $A_0O_1O_2A_3$를 도시하면, (10-105)식으로부터 선분 A_0O_1에 대한 변수의 값을 얻을 수 있으며, 선분 O_1O_2 및 O_2A_3에 대해서도 흙의 단위중량을 무시하는 문제와 같은 방법으로 각각 다음의 식을 얻을 수 있다.

- 선분 A_0O_1 : $x=\xi_\gamma,\quad y=0,\quad \bar{p}=\dfrac{p(x)}{1-\sin\phi},\quad \theta=0$
- 선분 O_1O_2 : $x=y=0,\quad \bar{p}=\dfrac{p_0}{1-\sin\phi}\exp[2\theta\tan\phi]$
- 선분 O_2A_3 : $y=0,\quad \theta=\dfrac{\pi}{2}$

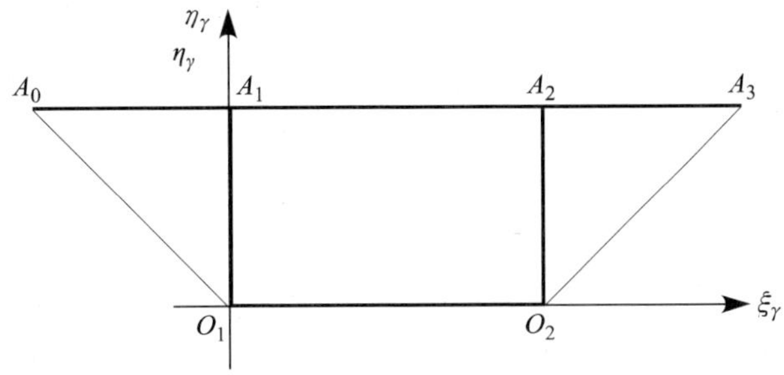

〈그림 10-28〉 연속기초 지지력의 파괴압력 문제에 대한 $\xi_\gamma - \eta_\gamma$평면의 특성곡선 도형($\gamma_s \neq 0$) (Sokolovskii, 1965)

$x-y$평면에서 일반적인 응력특성곡선의 형태는 흙의 단위중량 때문에 응력특성곡선이 다소 틀어지기는 하지만 전체적으로는 흙의 단위중량을 무시한 〈그림 10-27(c)〉의 특성곡선 형태를 유지한다. 원점 O에서 등가압력 $q=q_0$의 값은 (10-107)식과 동일하다.

iii) **등분포하중 작용**

양의 $x-$축에 작용하는 수직등가압력 p가 등분포하중이라면 간단하게 해를 구할 수 있다. 첫째, 흙의 단위중량을 무시하는 문제에 대해서는 〈그림 10-29〉와 같이 $x-y$평면에서 3개의 응력장 A_0OA_1, A_1OA_2 및 A_2OA_3로 구분한다. $\xi-\eta$평면의 O_1과 O_2에 해당하는 $x-y$평면의 균일응력장 A_0OA_1과 A_2OA_3에서는 등가응력 $\bar{p}$와 최대주응력방향 θ의 값은 일정하고 각각 O_1과 O_2의 $\bar{p}$ 및 θ값과 같다.

$$- \text{응력장 } A_0OA_1 : \bar{p} = \frac{p_0}{1-\sin\phi}, \quad \theta = 0$$
$$- \text{응력장 } A_2OA_3 : \bar{p} = \frac{q}{1+\sin\phi}, \quad \theta = \frac{\pi}{2} \qquad (10\text{-}108)$$

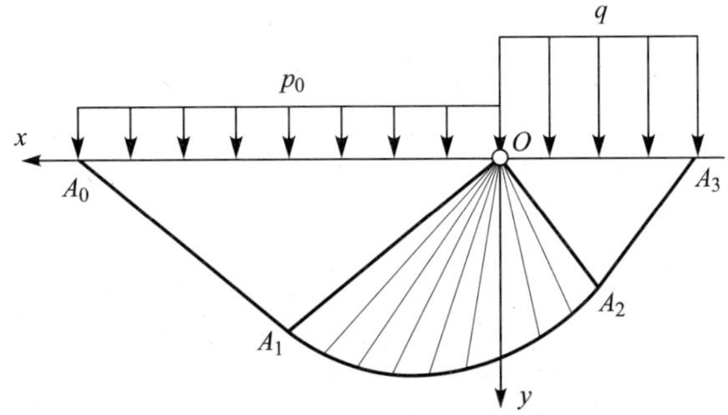

〈그림 10-29〉 등분포하중에 대한 연속기초 지지력의 파괴압력에 대한 $x-y$평면의 응력장과 방사상 응력특성곡선($\gamma_s=0$) (Sokolovskii, 1965; 1960)

$x-y$평면의 응력장 A_1OA_2는 $\xi-\eta$평면의 선분 O_1O_2에 해당하며 η의 값이 일정하므로 퇴화조건②를 적용한다. 따라서 (10-89)식의 등가응력 $\bar{p}$와 (10-90)식의 $\beta-$특성곡선에 대한 관계식을 적용할 수 있다.

$$\bar{p}=\frac{p_0}{1-\sin\phi}\exp[2\theta\tan\phi],\quad y=\tan(\theta+\mu)x \tag{10-109}$$

식에서 $\mu=\pi/4-\phi/2$이다. (10-89)식의 적분상수 C_3는 (10-108)식에서 응력장 A_0OA_1의 $\bar{p}$와 θ를 대입하여 구할 수 있으며, (10-90)식의 $f_2(\theta)$는 원점 O에서 $x=y=0$이므로 $f_2(\theta)=0$이 된다. 2개의 응력특성곡선군은 원점 O를 통과하는 광선속과 (10-91)식의 원점이 O인 대수나선군으로 구성된다.

$$r=C_4\exp[-\theta\tan\phi]$$

식에서 C_4는 적분상수이다. (10-106)식에 의하여 위의 식으로부터 응력장 A_2OA_3의 $\bar{p}$를 구할 수 있으며 OA_3의 등가압력 q는 다음과 같다.

$$q=p_0\frac{1+\sin\phi}{1-\sin\phi}\exp[\pi\tan\phi]$$

$\xi-\eta$평면의 특성곡선 도형은 구속압력을 구하는 문제와 동일한 방법으로 도시할 수 있다. 둘째, 동일한 문제에 대하여 흙의 단위중량을 고려한다면 $x-y$평면의 응력장 A_0OA_1에 대하여 (10-67)식에 $\kappa=+1$과 $m=0$를 적용하여 $\bar{p}$와 θ를 구한다.

$$\bar{p}=\frac{p_0+\gamma_s y}{1-\sin\phi},\quad \theta=0$$

$x-y$평면의 응력장 A_0OA_1에 대한 2개의 응력특성곡선군은 흙의 단위중량을 무시하는 문제와 동일하지만, $\xi_\gamma-\eta_\gamma$평면의 특성곡선 도형에서 $A_0O_1A_1$은 직각삼각형이 아니며 O_1A_1을 따라서 다음 식을 얻을 수 있다.

$$x=\xi_\gamma,\quad y=x\tan\mu,\quad \bar{p}=\frac{p_0+\gamma_s y}{1-\sin\phi},\quad \theta=0 \tag{10-110}$$

$x-y$평면에서 응력특성곡선은 균일응력장인 A_0OA_1에서만 직선이고 나머지 응력장에서는 곡선이다.

예제 3

수평인 지표면에 설치된 연속기초에 $p(x)=c\cot\phi=H$인 하중이 작용할 때 흙의 단위중량을 고려하여 응력특성곡선과 파괴압력 q를 구하라. 단, $\phi=30°$, $\gamma_s=1$, $c=1$, 특성길이 $l_{ch}=c/\gamma_s=1$이다(Sokolovskii, 1965; Harr, 1966).

풀이 무차원 변수는 $c=1$과 $\gamma_s=1$을 이용하여 구하고, 역으로 차원을 가진 변수로 변환하기 위해서는 무차원 변수인 x와 y에는 c/γ_s를 곱하고 무차원 변수인 $\tilde{p}$에는 c를 곱해야 한다. [예제1~2]와 같이 〈표 10-3〉의 계산표에서 $(x, y, \tilde{p}, \theta)$는 실제로는 무차원 값인 $(\bar{x}, \bar{y}, \tilde{p}, \theta)$이다. 〈표 10-3(a)~(b)〉는 제2 및 제3경계값문제를 적용하여 구한 $(x, y, \tilde{p}, \theta)$와 응력특성곡선을 도시한 것이다. 〈그림10-27〉의 특성곡선 OA_1에 해당하는 사각형 (0,0), (0,1), …, (0,10)에 x 및 y값과 함께 $\tilde{p}$와 θ는 (10-110)식으로부터 각각 다음과 같이 계산한다.

$$y=x\tan30°,\quad \tilde{p}=\frac{\bar{p}}{c}=\frac{1}{c}\times\frac{p(x)+\gamma_s y}{1-\sin\phi}=\frac{\cot\phi+y}{1-\sin\phi}=3.46+2y,\quad \theta=0$$

따라서 모든 값은 y의 값에 따라서 결정되며 여기서는 $0\le y\le 5$으로 가정하고 10등분하여 표와 같이 넣어준다. 다음으로 O_1O_2에 해당하는 사각형 (0,0), (1,0), …, (10,0)에서 $x=y=0$, θ는 $\theta=0$부터 $\theta=\pi/2$까지 10등분하여 나누어주고 $\tilde{p}$는 다음 식으로 계산한다.

$$\tilde{p}=\frac{\bar{p}}{c}=\frac{1}{c}\times\frac{p(x)}{1-\sin\phi}\exp[2\theta\tan\phi]=\frac{\cot\phi}{1-\sin\phi}\exp[2\theta\tan\phi]=(3.46)\times\exp[1.15\theta]$$

마지막으로 O_2A_3에 해당하는 대각선 방향의 사각형 (10,0), (11,1), …, (20,10)에서는 $y=0$, $\theta=\pi/2$이다. 대각선 방향의 사각형에 대해서는 점화식인 (10-45)식을 이용하고 나머지 사각형은 모두 (10-45~46)식을 이용하여 $(x, y, \tilde{p}, \theta)$를 구한다. 무차원 값인 $q=\tilde{p}(1+\sin\phi)$에 대해서는 대각선 방향의 사각형 (10,0), (11,1), …, (20,10)의 값으로부터 아래와 같은 값을 얻을 수 있다.

i,j	10,0	11,1	12,2	13,3	14,4	15,5	16,6	17,7	18,8	19,9	20,10
$-x$	0.00	0.48	1.06	1.70	2.39	3.11	3.85	4.61	5.39	6.18	6.99
$\tilde{p}$	21.2	29.6	38.1	46.7	55.3	64.1	72.9	81.8	90.7	99.7	108.0
q	31.9	44.4	57.2	70.0	83.0	96.2	109.0	123.0	136.0	150.0	162.0

마찰각 $\phi=30°$이고 흙의 단위중량을 고려하는 경우에 무차원 압력인 $\sigma_y=q-c\cot\phi=q-\cot\phi$는 다음과 같다.

$-x$	0.0	0.5	1.0	1.5	2.0	2.5	3.0	3.5	4.0	4.5	5.0	5.5	6.0
σ_y	30.1	43.0	53.9	64.0	73.6	82.9	91.8	101	109	118	127	135	143

〈표 10-3(a)〉 연속기초 지지력의 파괴압력에 대한 무차원 변수 계산표($\gamma_s \neq 0$) (Sokolovskii, 1965)

	j \ i	0	1	2	3	4	5	6	7	8	9	10
x	0	0.00	0.00	0.00	0.00	0.00	0.00	0.00	0.00	0.00	0.00	0.00
y		0.00	0.00	0.00	0.00	0.00	0.00	0.00	0.00	0.00	0.00	0.00
$\tilde{p}$		3.46	4.15	4.98	5.97	7.16	8.58	10.30	12.30	14.80	17.70	21.20
θ		0.00	0.16	0.31	0.47	0.63	0.78	0.94	1.10	1.26	1.41	1.57
x	1	0.87	0.73	0.59	0.46	0.33	0.21	0.11	0.01	−0.07	−0.14	−0.20
y		0.50	0.57	0.62	0.64	0.65	0.64	0.62	0.58	0.53	0.48	0.41
$\tilde{p}$		4.46	5.32	6.32	7.50	8.90	10.60	12.60	15.00	17.80	21.20	25.40
θ		0.00	0.12	0.26	0.39	0.53	0.67	0.82	0.97	1.12	1.27	1.43
x	2	1.73	1.48	1.23	0.98	0.74	0.51	0.29	0.09	−0.09	−0.24	−0.37
y		1.00	1.13	1.22	1.29	1.32	1.31	1.28	1.23	1.14	1.04	0.92
$\tilde{p}$		5.46	6.45	7.61	8.96	10.60	12.40	14.70	17.40	20.60	24.50	29.10
θ		0.00	0.10	0.22	0.34	0.46	0.60	0.73	0.88	1.02	1.17	1.32
x	3	2.60	2.26	1.91	1.56	1.21	0.87	0.54	0.24	−0.04	−0.29	−0.51
y		1.50	1.68	1.82	1.92	1.98	2.00	1.97	1.90	1.80	1.67	1.50
$\tilde{p}$		6.46	7.56	8.85	10.40	12.10	14.20	16.70	19.70	23.20	27.50	32.60
θ		0.00	0.09	0.19	0.30	0.41	0.54	0.67	0.80	0.94	1.09	1.24
x	4	3.46	3.04	2.60	2.16	1.71	1.27	0.84	0.43	0.05	−0.30	−0.61
y		2.00	2.22	2.41	2.55	2.64	2.68	2.67	2.60	2.49	2.33	2.12
$\tilde{p}$		7.46	8.66	10.10	11.70	13.60	15.90	18.60	21.90	25.70	30.30	35.90
θ		0.00	0.08	0.17	0.27	0.38	0.49	0.62	0.75	0.88	1.02	1.17
x	5	4.33	3.83	3.32	2.79	2.25	1.71	1.18	0.67	0.18	−0.26	−0.67
y		2.50	2.76	2.99	3.17	3.30	3.36	3.37	3.31	3.19	3.01	2.78
$\tilde{p}$		8.46	9.75	11.30	13.00	15.10	17.60	20.50	24.00	28.10	33.00	39.00
θ		0.00	0.07	0.15	0.24	0.34	0.46	0.57	0.70	0.83	0.97	1.11
x	6	5.20	4.64	4.05	3.44	2.82	2.18	1.56	0.94	0.36	−0.19	−0.70
y		3.00	3.30	3.57	3.78	3.94	4.04	4.07	4.02	3.90	3.71	3.45
$\tilde{p}$		9.46	10.80	12.40	14.30	16.60	19.20	22.30	26.00	30.40	35.60	42.00
θ		0.00	0.06	0.14	0.22	0.32	0.42	0.54	0.66	0.79	0.92	1.06
x	7	6.06	5.44	4.79	4.10	3.40	2.68	1.96	1.25	0.56	−0.09	−0.69
y		3.50	3.83	4.14	4.39	4.59	4.72	4.77	4.74	4.62	4.42	4.15
$\tilde{p}$		10.50	11.90	13.60	15.60	18.00	20.8	24.00	28.00	32.60	38.20	44.80
θ		0.00	0.06	0.13	0.21	0.30	0.40	0.51	0.62	0.75	0.88	1.02
x	8	6.93	6.26	5.54	4.79	4.00	3.20	2.39	1.59	0.80	0.05	−0.66
y		4.00	4.36	4.70	4.99	5.22	5.38	5.46	5.45	5.34	5.15	4.85
$\tilde{p}$		11.50	13.00	14.80	16.90	19.40	22.30	25.80	29.90	34.80	40.60	47.60
θ		0.00	0.05	0.12	0.19	0.28	0.38	0.48	0.59	0.72	0.85	0.99
x	9	7.79	7.07	6.30	5.48	4.62	3.74	2.84	1.94	1.06	0.21	−0.60
y		4.50	4.89	5.26	5.59	5.85	6.05	6.15	6.16	6.07	5.87	5.57
$\tilde{p}$		12.50	14.00	15.90	18.10	20.70	23.80	27.40	31.70	36.80	43.00	50.30
θ		0.00	0.05	0.11	0.18	0.26	0.36	0.46	0.57	0.69	0.81	0.95
x	10	8.66	7.89	7.06	6.18	5.26	4.30	3.31	2.32	1.34	0.39	−0.51
y		5.00	5.42	5.82	6.18	6.48	6.71	6.84	6.87	6.79	6.60	6.29
$\tilde{p}$		13.50	15.10	17.00	19.30	22.00	25.20	29.00	33.50	38.90	45.20	52.90
θ		0.00	0.05	0.10	0.17	0.25	0.34	0.44	0.54	0.66	0.78	0.92

〈표 10-3(b)〉 연속기초 지지력의 파괴압력에 대한 무차원 변수 계산표($\gamma_s \neq 0$) (Sokolovskii, 1965)

	j \ i	11	12	13	14	15	16	17	18	19	20
x	0										
y											
$\tilde{p}$											
θ											
x	1	−0.48									
y		0.00									
$\tilde{p}$		29.60									
θ		1.57									
x	2	−0.73	−1.06								
y		0.50	0.00								
$\tilde{p}$		33.90	38.10								
θ		1.46	1.57								
x	3	−0.95	−1.35	−1.70							
y		1.06	0.55	0.00							
$\tilde{p}$		38.00	42.70	46.70							
θ		1.38	1.48	1.57							
x	4	−1.14	−1.60	−2.01	−2.39						
y		1.67	1.15	0.59	0.00						
$\tilde{p}$		41.70	46.90	51.50	55.3						
θ		1.30	1.41	1.50	1.57						
x	5	−1.28	−1.82	−2.29	−2.72	−3.11					
y		2.30	1.78	1.22	0.62	0.00					
$\tilde{p}$		45.30	50.80	55.80	60.40	64.10					
θ		1.24	1.35	1.43	1.51	1.57					
x	6	−1.40	−2.00	−2.54	−3.02	−3.45	−3.85				
y		2.97	2.44	1.87	1.27	0.64	0.00				
$\tilde{p}$		48.70	54.60	59.90	64.80	69.30	72.90				
θ		1.19	1.30	1.38	1.45	1.51	1.57				
x	7	−1.48	−2.16	−2.75	−3.28	−3.77	−4.21	−4.61			
y		3.65	3.11	2.54	1.93	1.30	0.66	0.00			
$\tilde{p}$		51.90	58.20	63.90	69.00	73.80	78.30	81.80			
θ		1.15	1.25	1.33	1.40	1.47	1.52	1.57			
x	8	−1.54	−2.28	−2.93	−3.52	−4.05	−4.54	−4.98	−5.39		
y		4.35	3.80	3.22	2.61	1.98	1.34	0.67	0.00		
$\tilde{p}$		55.10	61.70	67.70	73.10	78.20	82.90	87.30	90.70		
θ		1.11	1.21	1.29	1.36	1.42	1.48	1.53	1.57		
x	9	−1.57	−2.38	−3.09	−3.73	−4.31	−4.84	−5.32	−5.77	−6.18	
y		5.06	4.50	3.91	3.30	2.67	2.02	1.36	0.68	0.00	
$\tilde{p}$		58.10	65.00	71.30	77.00	82.40	87.30	92.00	96.40	99.70	
θ		1.07	1.17	1.25	1.32	1.38	1.44	1.49	1.53	1.57	
x	10	−1.58	−2.46	−3.24	−3.92	−4.54	−5.12	−5.64	−6.12	−6.58	−6.99
y		5.77	5.21	4.61	4.00	3.37	2.72	2.05	1.38	0.69	0.00
$\tilde{p}$		61.10	68.30	74.80	80.80	86.40	91.60	96.50	101.00	105.00	108.00
θ		1.04	1.14	1.22	1.29	1.35	1.40	1.45	1.49	1.53	1.57

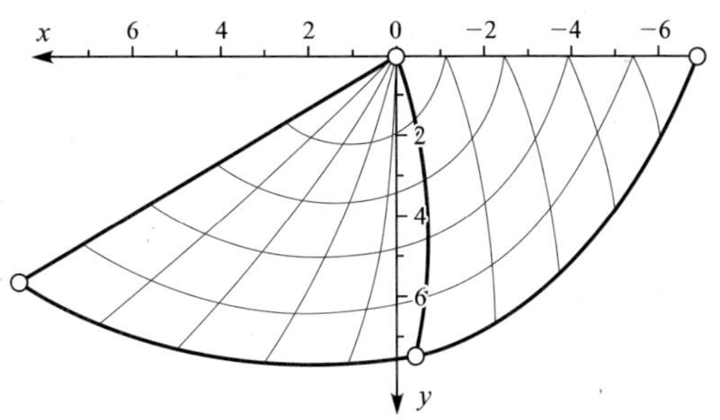

[응력장 및 응력특성곡선]

(3) 경사하중에 대한 구속압력과 파괴압력

지금까지는 지표면에 수직하중만 작용하는 것으로 제한하였지만 여기서는 $x-$축을 따라서 하중경사각이 ω인 경사하중이 작용하는 경우에 연속기초 지지력을 해석하고자 한다. 등가압력 $p(x)$의 수직 및 접선응력성분은 각각 다음과 같이 나타낼 수 있다.

$$\sigma_{yy}+H=p(x)\cos\omega,\quad \tau_{xy}=p(x)\sin\omega$$

식에서 $|\omega|\leq\phi$ 이다. 지반의 응력상태는 x와는 관계없으므로 평형방정식은 다음과 같다.

$$\frac{d\sigma_{yy}}{dy}=\gamma_s,\quad \frac{d\tau_{xy}}{dy}=0$$

위의 두 식을 적분하여 경계조건 $y=0$에서 $\sigma_{yy}=p(x)\cos\omega-H$ 및 $\tau_{xy}=p(x)\sin\omega$를 대입하면 각각 다음 식을 얻을 수 있다.

$$\sigma_{yy}+H=p(x)\cos\omega+\gamma_s y,\quad \tau_{xy}=p(x)\sin\omega \tag{10-111}$$

$x-$축과 평행한 수평선에 작용하는 등가응력은 다음 식으로 나타낼 수 있다.

$$\tan\omega_y=\frac{p(x)\sin\omega}{p\cos\omega+\gamma_s y},\quad p_y=p(x)\cos(\omega-\omega_y)+\gamma_s y\cos\omega_y \tag{10-112}$$

식에서 p_y는 합력(등가압력+단위중량), ω_y는 p_y의 $y-$축에 대한 하중경사각이다. 또한 (10-66)식으로부터 다음 식을 얻을 수 있다.

$$\bar{p}=p_y\frac{\sin\Delta_y}{\sin(\Delta_y-\kappa\omega_y)},\quad \theta=(1-\kappa)\frac{\pi}{4}+\frac{1}{2}(\kappa\Delta_y-\omega_y)+m\pi \tag{10-113}$$

식에서 $\sin\Delta_y=\sin\omega_y/\sin\phi$이며 $|\Delta_y|\leq\pi/2$ 이고 $\kappa=\pm1$이며 $\kappa=-1$과 $\kappa=+1$은 각각 최소 및 최대응력상태를 나타낸다. y의 값은 (10-112)식과 (10-62)식을 이용하여 ω_y 또는 θ로 나타낼 수 있다.

$$y=\frac{p(x)}{\gamma_s}\frac{\sin(\omega-\omega_y)}{\sin\omega_y}=\frac{p(x)}{\gamma_s}\frac{\sin\omega-\sin\phi\sin(2\theta+\omega)}{\sin\phi\sin2\theta} \tag{10-114}$$

경사하중이 작용하는 문제에 대해서는 하중경사각이 ω_1인 $p(x)$가 양의 $x-$축에 작용할 때 한계평형상태를 유지시키기 위해서 음의 $x-$축에 하중경사각이 ω_2인 q를 얼마나 가해야 하느냐는 것을 먼저 생각해야 한다. 여기서 하중 $p(x)$와 도함수 $p'(x)$는 모두 연속적이며 하중경사각 ω_1과 ω_2는 일정한 것으로 가정한다. $x-$축을 따라서 등가압력의 수직 및 접선응력성분은 각각 다음과 같다.

- 양의 $x-$축 : $\sigma_{yy}+H=p(x)\cos\omega_1$, $\tau_{xy}=p(x)\sin\omega_1$ (10-115)

- 음의 $x-$축 : $\sigma_{yy}+H=q\cos\omega_2$, $\tau_{xy}=q\sin\omega_2$ (10-116)

식에서 $H=c\cot\phi$이고 $|\omega_1|\leq\phi$ 및 $|\omega_2|\leq\phi$ 이다.

i) 경사하중에 대한 구속압력

한계평형상태가 유지되지 못하면 양의 $x-$축으로는 침하가 발생하고 음의 $x-$축으로는 히빙이 유발되는 것으로 가정하면, 양의 $x-$축으로는 최소응력상태가 되고 음의 $x-$축으로는 최대응력상태가 되므로, (10-66)식에 각각 $\kappa=-1$과 $m=0$ 및 $\kappa=+1$과 $m=+1$을 대입하면 경계조건을 결정할 수 있다.

- 양의 $x-$축 : $\bar{p}=p(x)\dfrac{\sin\Delta_1}{\sin(\Delta_1+\omega_1)}$, $\theta=\dfrac{\pi}{2}-\dfrac{1}{2}(\Delta_1+\omega_1)$ (10-117)

- 음의 $x-$축 : $q=\bar{p}\dfrac{\sin(\Delta_2-\omega_2)}{\sin\Delta_2}$, $\theta=\pi+\dfrac{1}{2}(\Delta_2-\omega_2)$ (10-118)

식에서, $\sin\Delta_1=\sin\omega_1/\sin\phi$이고 $\sin\Delta_2=\sin\omega_2/\sin\phi$이다. 첫째, 흙의 단위중량을 무시하고 해를 구하고자 한다. 하중 $p(x)$는 $p'(x)>0$ 또는 $p'(x)<0$인 단조함수로 가정한다. 기본적으로 $\xi-\eta$평면의 모든 도형은 선분 A_0O_1과 O_2A_3가 평행하게 이동하는 것을 제외하면 수직으로 작용하는 구속압력의 특성곡선 도형이 그대로 유지된다. $x-y$평면의 원점 O에서 등가압력 $q=q_0$는 O에서 $p=p_0$로도 나타낼 수 있고 $\xi-\eta$평면에서 O_1과 O_2는 하나의 직선상에 있으므로 (10-84)식에 (10-117)식의 $\bar{p}$와 θ를 대입하면 적분상수 C_1의 값을 구할 수 있으며 (10-118)식을 이용하여 q_0의 값을 구할 수 있다.

$$q_0=p_0\frac{\sin\Delta_1\sin(\Delta_2-\omega_2)}{\sin\Delta_2\sin(\Delta_1+\omega_1)}\exp[-(\pi+\Delta_1+\omega_1+\Delta_2-\omega_2)\tan\phi] \quad (10\text{-}119)$$

둘째, 동일한 문제에 대하여 흙의 단위중량을 고려한다고 해도 $x-$축의 A_0O와 OA_3에 대한 경계조건에서 $\bar{p}$와 θ의 관계식만 차이가 있을 뿐이며 그 외에는 수직으로 작용하는 구속압력을 구하는 과정과 동일하다. $x-y$평면의 응력특성곡선도 다소 틀어지기는 하지만 기본적인 형태는 그대로 유지된다.

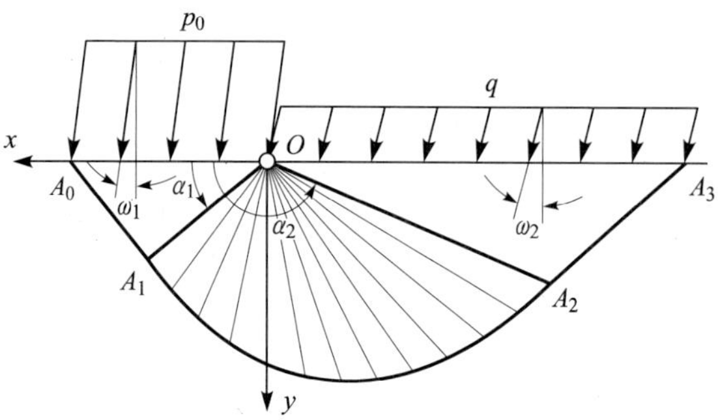

〈그림 10-30〉 **등분포 경사하중이 작용하는 경우에 연속기초 지지력의 구속압력에 대한 $x-y$평면의 응력장과 방사상 응력특성곡선($\gamma_s=0$)** (Sokolovskii, 1965; 1960)

셋째, 양의 $x-$축에 작용하는 등가압력이 p_0인 등분포하중이고 흙의 단위중량을 무시하는 문제라면 더욱 간단하게 해를 구할 수 있다. 먼저 응력특선곡선을 〈그림 10-30〉과 같이 $x-y$평면에서 3개의 응력장 A_0OA_1, A_1OA_2 및 A_2OA_3로 구분한다. 특성곡선 OA_1과 OA_2의 $x-$축과의 사잇각 α_1과 α_2는 (10-117~118)식에 의하여 각각 다음과 같다.

$$\alpha_1=\theta-\mu=\frac{\pi}{2}-\frac{1}{2}(\Delta_1+\omega_1)-\mu,\quad \alpha_2=\theta-\mu=\pi+\frac{1}{2}(\Delta_2-\omega_2)-\mu$$

균일응력장인 A_0OA_1 및 A_2OA_3에서 응력특성곡선은 2개의 평행한 직선군으로 구성되고, 응력장 A_1OA_2에서는 원점 O를 통과하는 광선속과 (10-88)식의 원점이 O인 대수나선군으로 나타난다. 음의 $x-$축으로 등가압력 q는 등분포하중으로서 다음 식으로 나타낼 수 있다.

$$q=p(x)\frac{\sin\Delta_1\sin(\Delta_2-\omega_2)}{\sin\Delta_2\sin(\Delta_1+\omega_1)}\exp[-(\pi+\Delta_1+\omega_1+\Delta_2-\omega_2)\tan\phi] \qquad (10\text{-}120)$$

넷째, 등가압력은 p_0인 등분포하중이고 흙의 단위중량을 고려하는 문제라면 양의 $x-$축에 인접한 응력장 A_0OA_1은 (10-113~114)식을 적용할 수 있으며, 최대주응력방향 θ는 $x-$축과 인접한 응력장에서는 (10-117)식을 그대로 적용할 수 있지만 심도가 깊어질수록 ω_1과 Δ_1의 영향이 감소하므로 다음과 같이 적용해야 한다.

$$-\ x-\text{축과 인접한 응력장}:\ \theta=\frac{\pi}{2}-\frac{1}{2}(\Delta_1+\omega_1)\ \Rightarrow\ \text{무한 심도}:\ \theta=\frac{\pi}{2}$$

만약 $\omega_1=\omega$, $\omega_2=-\phi$이라면 음의 $x-$축으로는 (10-118)식으로부터 $\theta=\pi-(\pi/4-\phi/2)=\pi-\mu$가 되므로 $\beta-$특성곡선(또는 $\alpha-$특성곡선)은 $x-$축과 중복된다. (10-16)식에

$\theta=\pi-\mu$와 함께 지표면이 수평($\varphi=0$)인 것을 고려하면 다음 식을 얻을 수 있다.

$$\frac{d\bar{p}}{dx}=\gamma_s \tan\phi \tag{10-121}$$

위의 식을 적분하고 (10-118)식에서 경계조건 $x=0$일 때 $\bar{p}=q_0/\cos\phi$이므로 다음 식을 얻을 수 있다.

$$\bar{p}=\frac{q_0}{\cos\phi}+\gamma_s x\tan\phi,\quad q=q_0+\gamma_s x\tan\phi$$

따라서 (10-120)식으로부터 등가압력 q는 x의 선형함수로 나타낼 수 있다.

$$q=p_0\frac{\sin\Delta\cos\phi}{\sin(\Delta+\omega)}\exp[-(\pi-2\mu+\Delta+\omega)\tan\phi]+\gamma_s x\sin\phi \tag{10-122}$$

또한 위의 식에서 하중경사각 $\omega=0$이면 등가압력 q는 다음과 같다.

$$q=p_0\tan\mu\exp[-(\pi-2\mu)\tan\phi]+\gamma_s x\sin\phi \tag{10-123}$$

ii) 경사하중에 대한 파괴압력

한계평형상태가 유지되지 못하여 양의 $x-$축으로는 히빙이 유발되고 음의 $x-$축에서는 침하가 발생한다면, 양의 $x-$축으로는 최대응력상태가 되고 음의 $x-$축으로는 최소응력상태가 되므로, (10-66)식에 각각 $\kappa=+1$과 $m=0$ 및 $\kappa=-1$과 $m=0$를 대입하여 경계조건을 결정한다.

$$-\ \text{양의 } x-\text{축}:\ \bar{p}=p(x)\frac{\sin\Delta_1}{\sin(\Delta_1-\omega_1)},\quad \theta=\frac{1}{2}(\Delta_1-\omega_1) \tag{10-124}$$

$$-\ \text{음의 } x-\text{축}:\ q=\bar{p}\frac{\sin(\Delta_2+\omega_2)}{\sin\Delta_2},\quad \theta=\frac{\pi}{2}-\frac{1}{2}(\Delta_2+\omega_2) \tag{10-125}$$

첫째, 흙의 단위중량을 무시하고 $p(x)$는 단조함수로 가정한다. $\xi-\eta$평면의 모든 도형은 선분 A_0O_1과 O_2A_3가 평행하게 이동하는 것을 제외하면 구속압력의 특성곡선 도형이 그대로 유지된다. 또한 원점 O에서 등가압력 $q=q_0$는 원점 O에서 $p=p_0$로도 나타낼 수 있으므로 구속압력을 구하는 과정과 같은 방법으로 q_0의 값을 구할 수 있다.

$$q_0=p_0\frac{\sin\Delta_1\sin(\Delta_2+\omega_2)}{\sin\Delta_2\sin(\Delta_1-\omega_1)}\exp[(\pi-\Delta_1+\omega_1-\Delta_2-\omega_2)\tan\phi] \tag{10-126}$$

둘째, 동일한 문제에 대하여 흙의 단위중량을 고려하고 $p(x)$에 대한 단조함수라는 가정은 폐기한다. $x-$축의 A_0O과 OA_3에 대한 경계조건에서 $\bar{p}$와 θ의 관계식만 차이가 있을 뿐이며 그 외에는 수직 등가압력에 대한 파괴압력을 구하는 과정과 같고, $x-y$평면의 응력특성곡선도 다소 틀어지기는 하지만 기본적인 형태가 그대로 유지된다.

셋째, 양의 $x-$축에 작용하는 등가압력이 p_0인 등분포하중이고 흙의 단위중량을 무시하는 문제라면 더욱 간단하게 해를 구할 수 있다. 응력특성곡선군을 〈그림 10-31〉과 같이 $x-y$평면에서 3개의 응력장 A_0OA_1, A_1OA_2 및 A_2OA_3로 구분한다. 응력특성곡선 OA_1과 OA_2의 $x-$축과의 사잇각 α_1과 α_2는 각각 다음과 같다.

$$\alpha_1 = \mu + \frac{1}{2}(\Delta_1 - \omega_1), \quad \alpha_2 = \frac{\pi}{2} + \mu - \frac{1}{2}(\Delta_2 + \omega_2)$$

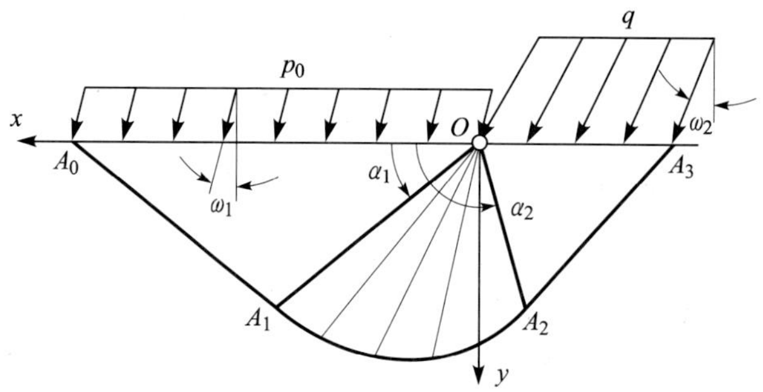

〈그림 10-31〉 등분포 경사하중이 작용하는 경우에 연속기초 지지력의 파괴압력에 대한 $x-y$평면의 응력장과 방사상 응력특성곡선($\gamma_s=0$) (Sokolovskii, 1965; 1960)

응력장 A_0OA_1, A_2OA_3 및 A_1OA_2에서 응력특성곡선은 구속압력 문제와 동일하고, 응력장 A_1OA_2의 대수나선군은 다음 식과 같다.

$$r = C_0 \exp[-\theta \tan\phi]$$

식에서 C_0는 적분상수이다. 음의 $x-$축으로 등가압력 q는 등분포하중으로서 다음 식으로 나타낼 수 있다.

$$q = p_0 \frac{\sin\Delta_1 \sin(\Delta_2 + \omega_2)}{\sin\Delta_2 \sin(\Delta_1 - \omega_1)} \exp[(\pi - \Delta_1 + \omega_1 - \Delta_2 - \omega_2)\tan\phi] \tag{10-127}$$

넷째, 등가압력 p_0가 등분포하중이고 흙의 단위중량을 고려하는 문제라면 양의 $x-$축에 인접한 응력장 A_0OA_1은 (10-113~114)식을 적용할 수 있으며, 최대주응력방향 θ는 $x-$축과 인접한 응력장에서는 (10-124)식을 그대로 적용할 수 있지만 심도가 깊어질수록 ω_1과 Δ_1의 영향이 감소하므로 다음과 같이 적용한다.

- $x-$축과 인접한 응력장 : $\theta = \frac{1}{2}(\Delta_1 - \omega_1)$ $\Rightarrow$ 무한 심도 : $\theta = 0$

만약 $\omega_1 = \omega$ 및 $\omega_2 = \phi$라면, 음의 $x-$축으로는 (10-125)식으로부터 $\theta = \pi/2 - (\pi/4 + \phi/2) = \mu$가 되고 (10-16)식에 $\theta = \mu$와 함께 지표면이 수평이므로($\varphi = 0$) 다음 식을 얻을 수 있다.

$$\frac{d\bar{p}}{dx} = -\gamma_s \tan\phi \tag{10-128}$$

위의 식을 적분하고 (10-118)식에서 경계조건 $x=0$일 때 $\bar{p} = q_0/\cos\phi$이므로 다음 식을 얻을 수 있다.

$$\bar{p} = \frac{q_0}{\cos\phi} - \gamma_s x \tan\phi, \quad q = q_0 - \gamma_s x \sin\phi$$

따라서 (10-127)식으로부터 등가압력 q는 x의 선형함수로 나타낼 수 있다.

$$q = p_0 \frac{\sin\Delta\cos\phi}{\sin(\Delta - \omega)} \exp[(2\mu - \Delta + \omega)\tan\phi] - \gamma_s x \sin\phi \tag{10-129}$$

특히 하중경사각 $\omega = 0$인 수직하중에 대하여 위의 식은 다음과 같이 나타낼 수 있다 (Harr, 1966).

$$q = p_0 \frac{1 + \sin\phi}{\cos\phi} \exp[2\mu\tan\phi] - \gamma_s x \sin\phi \tag{10-130}$$

또한 하중이 〈그림 10-32〉와 같이 작용한다면, 양의 $x-$축을 따라서 근입심도가 d인 상재하중은 등가압력 $p_0 = \gamma_s d + H$인 등분포하중이 되고 음의 $x-$축에 작용하는 하중경사각이 ω인 경사하중 $q(x)$는 그림(b)로부터 $q(x) = [q_d(x) + H]/\cos\omega$인 수직하중으로 나타낼 수 있다. 더욱이 $\omega = \phi$이면 p_0와 $q(x)$를 위의 식에 대입하여 다음과 같이 한계평형상태가 유지되는 수직하중 $q_d(x)$를 얻을 수 있다(Harr, 1966).

$$\begin{aligned} q_d(x) = {} & \gamma_s d(1 + \sin\phi)\exp[2\mu\tan\phi] \\ & + c\cot\phi\{(1 + \sin\phi)\exp[2\mu\tan\phi - 1]\} - \gamma_s x \sin\phi\cos\phi \end{aligned} \tag{10-131}$$

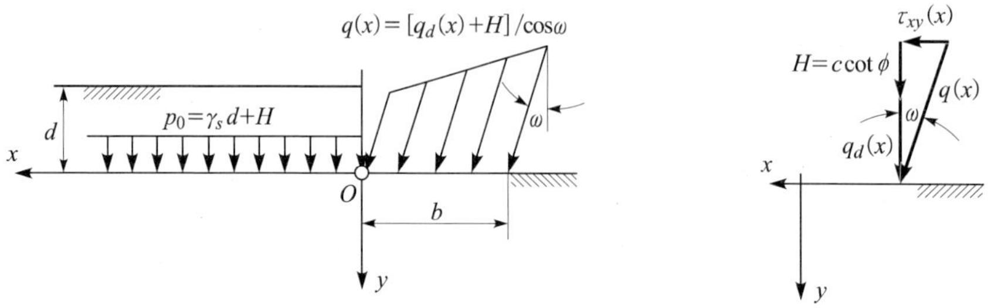

(a) 근입심도 및 경사하중 (b) 응력상태

〈그림 10-32〉 **근입심도를 고려한 한계평형상태** (Harr, 1966)

〈그림 10-32〉에서 양의 $x-$축에 수직인 모든 평면은 주평면이고 상재하중을 $\gamma_s d$로 취하기 때문에 이들 주평면에서 유발될 수 있는 전단저항이 무시된다는 것을 의미하므로 위의 식은 $d \leq b$인 얕은 기초에 대해서만 유효한 것으로 한다. 이와 같은 전개방법을 이용하면 하중, 매개변수 및 하중경사에 대한 어떤 조합에 대해서도 해를 얻을 수는 있지만, 한계평형상태를 유지하기 위한 비선형 지배방정식인 평형방정식 및 Mohr-Coulomb파괴기준에는 정규화된 변수결합(normalized coupling of variable)을 개별적으로 고려해야 하므로 선형 지배방정식인 경우에 유효한 중첩법은 적용할 수 없다(Harr, 1966; Terzaghi, 1943; Das, 1987). 일반적으로 〈그림 10-32〉와 같은 연속기초에서 히빙에 대하여 가장 취약한 부위는 원점 O의 근방이므로 히빙에 대하여 검토를 하는 경우에는 특히 원점 근방의 안정에 주의해야 한다(Sokolovskii, 1960). Prandtl(1920)은 평저펀치에 의한 금속재료의 압입문제를 해석하면서 〈그림 10-24〉와 같은 형태의 문제에 대하여 자중을 무시하고 하중은 등분포하중의 $q(x)=$ 일정$= q_0$ 및 $p(x)=$ 일정$= p_0$로 고려하여 해를 구하였다. 만약 Prandtl이 해석한 금속재료의 압입문제를 Sokolovskii의 방법으로 해석한다면, 〈그림 10-24〉의 OA_0, OA_3 및 O_1O_2를 따라서 각각 다음과 같은 값을 얻을 수 있다.

- OA_0 : $\bar{p} = \dfrac{p_0}{1-\sin\phi}, \quad \theta = 0$

- OA_3 : $q_0 = \bar{p}(1-\sin\phi), \quad \theta = \dfrac{\pi}{2}$

- O_1O_2 : $\bar{p} = \dfrac{p_0}{1-\sin\phi}\exp[2\theta\tan\phi]$

위의 세 식을 조합하고 $q_0 = q_d + H$ 및 $p_0 = \gamma_s d + H$를 대입하면 다음 식을 얻을 수 있다.

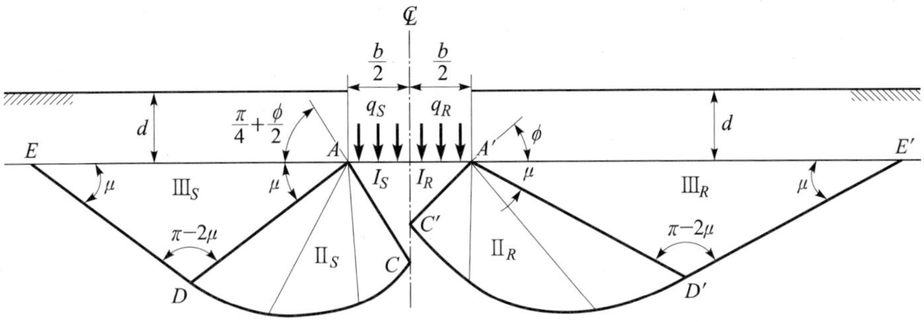

〈그림 10-33〉 연속기초 바닥의 마찰 정도에 따른 응력장 형태 (Terzaghi, 1943; Harr, 1966)

$$q_d = \gamma_s d \frac{1+\sin\phi}{1-\sin\phi} \exp[\pi \tan\phi] + H\left\{\frac{1+\sin\phi}{1-\sin\phi} \exp[\pi \tan\phi] - 1\right\} \quad (10\text{-}132)$$

식에서 $H = c\cot\phi$ 이다. 위의 식은 Prandtl과는 다른 방법으로 유도되었지만 동일한 형태를 취하고 있으며 흙의 단위중량을 무시한 연속기초의 지지력을 나타내는 것이다. 위의 식의 우변에 대하여 $\phi \to 0$ 이면 다음 식을 얻을 수 있다.

$$q_d = \gamma_s d + (2+\pi)c = \gamma_s d + 5.14c \quad (10\text{-}133)$$

또한 Terzaghi(1943)는 지지력계수 N_q와 N_c를 도입하여 (10−132)식을 다음과 같이 표시하였다.

$$q_d = \gamma_s d N_q + c N_c \quad (10\text{-}134)$$

위의 식에서 지지력계수 N_q와 N_c는 모두 마찰각 ϕ만의 함수이다. (10−131)식에서 우변의 각 항을 지지력계수 N_q, N_c 및 N_γ를 이용하여 나타낸 식이 (7−131)식이며 N_γ도 역시 ϕ만의 함수이다. Sokolovskii의 해는 경사하중에 대해서 평가가 가능하지만 Terzaghi (1943)의 해는 수직하중에 대해서만 유효하다. 그러나 Terzaghi는 〈그림 10−33〉과 같이 매끈한 무마찰접촉면과 거친 마찰접촉면을 구별하여 해를 구하였으며, 특히 〈그림 10−33〉의 I−응력장(I_S와 I_R)에 대해서는 탄성상태를 유지하면서 연속기초와 함께 거동하는 응력장으로 해석하였다. 그림에서 무마찰접촉면의 응력장이 Prandtl의 해를 나타내는 것이며, 마찰접촉면에서 탄성영역인 I_R−응력장과 방사상전단영역인 II_R−응력장의 경계선은 수평선과 ϕ만큼 각을 이루는 것으로 제안하였다. 그러나 Terzaghi는 금속재료에 대한 Prandtl의 해를 연속기초에 적용하면서 흙의 단위중량을 고려하는 것으로 수정하였지만 금속의 단위중량을 무시한 Prandtl의 해에서 직선인 특성곡선을 흙의 단위중량을 고려한 해석에서도 그대로 직선으로 채용하는 등 응력장의 형태가 단위중량과 관계없이 일정한 것으로 가정하였다(Harr, 1966; Terzaghi, 1943; Das, 1987).

10.2.7 사면의 안정

(1) 무한사면

〈그림 10-34(a)〉와 같이 수평선으로부터 사면경사각 또는 지표경사각이 φ인 $x-$축을 따라서 하중경사각이 ω인 등분포하중 즉 등분포등가압력(uniformly distributed equivalent pressure) p_0가 작용하는 무한사면의 한계평형상태를 해석하고자 한다. $x-$축을 따라서 등가압력의 수직 및 접선응력성분은 다음과 같이 나타낼 수 있다.

$$\sigma_{yy} + H = p_0 \cos\omega, \quad \tau_{xy} = p_0 \sin\omega \tag{10-135}$$

식에서 $H = c\cot\phi$이고 $|\omega| \le \phi$ 이다. 그림에서 흙의 응력상태는 x와는 관계가 없으므로 평형방정식은 다음과 같이 나타낼 수 있다.

$$\frac{d\sigma_{yy}}{dy} = \gamma_s \cos\varphi, \quad \frac{d\tau_{xy}}{dy} = \gamma_s \sin\varphi \tag{10-136}$$

식에서 γ_s는 흙의 단위중량이고 φ는 사면경사각(지표경사각)이다. 위의 두 식을 적분하고 (10-135)식의 경계조건을 대입하면 각각 다음과 같다.

$$\sigma_{yy} + H = p_0 \cos\omega + \gamma_s y \cos\varphi, \quad \tau_{xy} = p_0 \sin\omega + \gamma_s y \sin\varphi \tag{10-137}$$

따라서 $x-$축에 평행한 경사면에 작용하는 등가압력의 크기 p_y와 p_y의 하중경사각 ω_y는 각각 다음 식으로 나타낼 수 있다.

$$p_y = p_0 \cos(\omega - \omega_y) + \gamma_s y \cos(\varphi - \omega_y), \quad \tan\omega_y = \frac{p_0 \sin\omega + \gamma_s y \sin\varphi}{p_0 \cos\omega + \gamma_s y \cos\varphi} \tag{10-138}$$

식에서 ω는 등가압력 p_0의 $y-$축에 대한 하중경사각이고 ω_y는 p_y의 $y-$축에 대한 하중경사각이다. (10-66)식과 (10-63)식의 등가응력 $\bar{p}$와 최대주응력방향 θ는 각각 다음과 같이 나타낼 수 있다.

$$\bar{p} = p_0 \frac{\sin\Delta_y}{\sin(\Delta_y - \kappa\omega_y)}, \quad \theta = (1-\kappa)\frac{\pi}{4} + \frac{1}{2}(\kappa\Delta_y - \omega_y) + m\pi \tag{10-139}$$

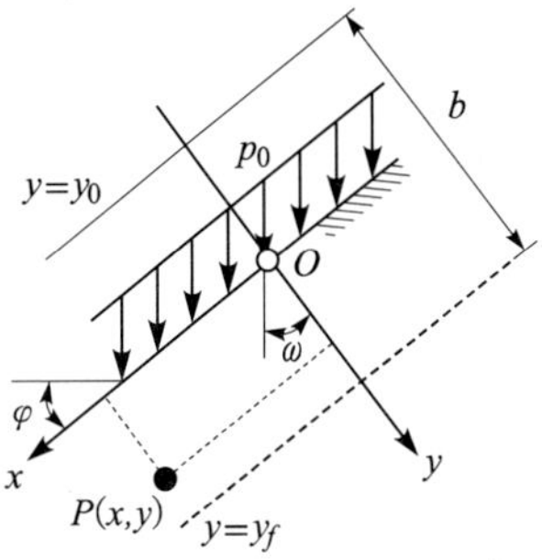

(a) 사면에 작용하는 하중

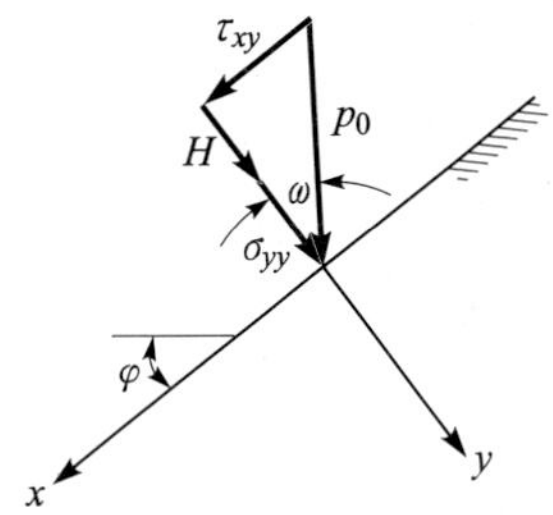

(b) 하중 p_0에 의한 응력상태

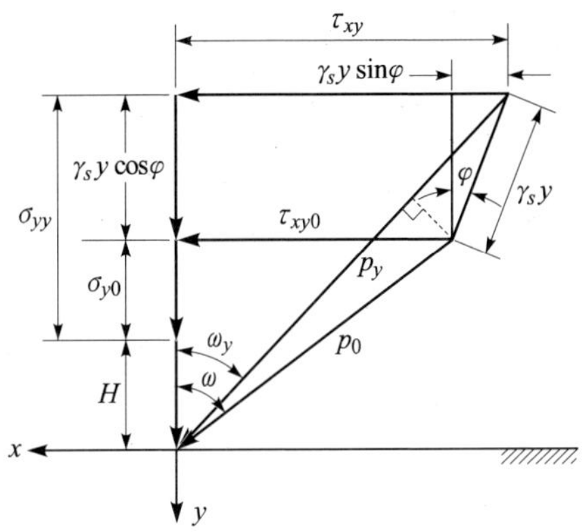

(c) 사면에 작용하는 하중 p_0에 의한 응력의 도해적 해석

〈그림 10-34〉 사면에 작용하는 하중과 응력상태 (Sokolovskii, 1965; Harr, 1966)

식에서 $\sin\Delta_y=\sin\omega_y/\sin\phi$, $|\Delta_y|\le\pi/2$ 이고 $\kappa=\pm1$이며 $\kappa=-1$과 $\kappa=+1$은 각각 최소 및 최대응력상태를 나타낸다. 또한 y는 다음과 같이 하중경사각 ω_y나 또는 최대주응력방향 θ를 이용하여 나타낼 수도 있다.

$$y=-\frac{p_0}{\gamma_s}\frac{\sin(\omega-\omega_y)}{\sin(\varphi-\omega_y)}=-\frac{p_0}{\gamma_s}\frac{\sin\omega-\sin\phi\sin(2\theta+\omega)}{\sin\varphi-\sin\phi\sin(2\theta+\varphi)} \tag{10-140}$$

전단응력이 작용하지 않는($\tau_{xy}=0$) $y=y_0$선은 〈그림 10-34(a)〉에서 $\omega_y=0$이므로 (10-138)식의 첫째 식으로부터 다음과 같이 나타낼 수 있다.

$$y_0=-\frac{p_0}{\gamma_s}\frac{\sin\omega}{\sin\varphi} \tag{10-141}$$

만약 $\varphi\le\phi$라면 부등식 $|\omega_y|\le\phi$ 이므로 $0\le y\le\infty$인 반무한 평면에서 한계평형상태가 되지만 $\varphi>\phi$이면 부등식 $|\omega_y|\le\phi$ 가 유효한 $0\le y\le y_f$인 영역에서만 한계평형상태가

발생한다. 사면 활동은 $\omega_y = \phi$에 해당하는 y_f에서 발생하며 (10-140)식에 의하여 y_f는 다음과 같다.

$$y_f = \frac{p_0}{\gamma_s}\frac{\sin(\phi-\omega)}{\sin(\varphi-\phi)} \tag{10-142}$$

또한 $y_0 \le y \le y_f$인 대상영역(帶狀領域)에서는 $0 \le \omega_y \le \phi$이며 폭 b는 (10-141~142)식으로부터 다음과 같다.

$$b = y_f - y_0 = \frac{p_0}{\gamma_s}\frac{\sin\omega\sin(\varphi-\phi)+\sin\varphi\sin(\phi-\omega)}{\sin\varphi\sin(\varphi-\phi)} = \frac{p_0}{\gamma_s}\frac{\sin\phi\sin(\varphi-\omega)}{\sin\varphi\sin(\varphi-\phi)} \tag{10-143}$$

응력특성곡선에 대한 식은 (10-25)식 또는 (10-33)식을 이용하여 구할 수 있으며 궤적이기 때문에 θ를 매개변수로 취해야 한다. (10-140)식 및 (10-143)식에 $\omega=0$을 대입하면 y는 다음과 같이 나타낼 수 있다.

$$y - y_0 = b\sin(\varphi-\phi)\frac{\sin2\theta}{\sin\varphi-\sin\phi\sin(2\theta+\varphi)} \tag{10-144}$$

위의 식을 (10-25)식 또는 (10-33)식에 대입하면 다음 식을 얻을 수 있다.

$$\frac{dx}{d\theta} = -2b\sin\varphi\sin(\varphi-\phi)\frac{\sin2\theta \mp \cos\phi}{[\sin\varphi-\sin\phi\sin(2\theta+\varphi)]^2} \tag{10-145}$$

위의 식을 적분하면 x도 θ를 이용하여 나타낼 수 있다.

$$x = -2b\sin\varphi\sin(\varphi-\phi)\int\frac{\sin2\theta \mp \cos\phi}{[\sin\varphi-\sin\phi\sin(2\theta+\varphi)]^2}d\theta + C_0 \tag{10-146}$$

식에서 C_0는 적분상수이다. 〈그림 10-35〉는 마찰각 $\phi = 30^\circ$ 및 사면경사각 $\varphi = \pi/4$에 대한 최소응력상태의 응력불연속선을 보여주는 것이다. 그림에서 사면과 평행한 $y = y_f$선은 $\alpha-$ 또는 $\beta-$특성곡선의 포락선으로서 응력불연속선이며, 이 선을 따라서는 $\theta = \mu$이므로 $\alpha-$ 또는 $\beta-$특성곡선의 기울기 $[dy/dx] = \tan(\theta-\mu)$는 0이 된다. 여기서 $x-$축에 작용하는 하중 p_0가 수직이라면 $\omega = \varphi$이므로 (10-137)식은 다음과 같이 나타낼 수 있다.

$$\sigma_{yy} + H = (p_0 + \gamma_s y)\cos\varphi, \quad \tau_{xy} = (p_0 + \gamma_s y)\sin\varphi \tag{10-147}$$

$x-$축에 평행한 경사면에 작용하는 등가압력은 (10-138)식에 의하여 다음 식과 같다.

$$p_y = p_0 + \gamma_s y, \quad \omega_y = \varphi \tag{10-148}$$

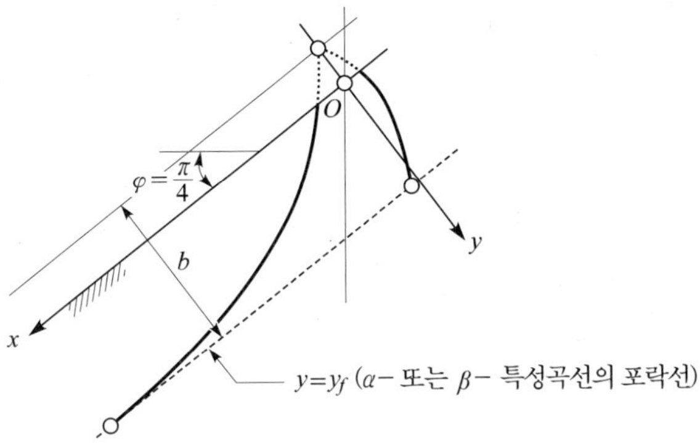

〈그림 10-35〉 **무한사면의 응력불연속선**($\phi=30°$, $\varphi=\pi/4$) (Sokolovskii, 1965; 1960)

또한 (10-66)식과 (10-63)식의 등가응력 $\bar{p}$와 최대주응력방향 θ는 각각 다음과 같다.

$$\bar{p}=(p_0+\gamma_s y)\frac{\sin\Delta_s}{\sin(\Delta_s-\kappa\varphi)},\quad \theta=(1-\kappa)\frac{\pi}{4}+\frac{1}{2}(\kappa\Delta_s-\varphi)+m\pi \qquad (10\text{-}149)$$

식에서, $\sin\Delta_s=\dfrac{\sin\varphi}{\sin\phi}$, $|\Delta_s|\le\dfrac{\pi}{2}$

따라서 무한사면에서 응력특성곡선은 2개의 평행한 등각 직선군이 된다. 특히 마찰각 $\phi=0$인 Tresca재료라면 응력불연속선은 이른바 **사이클로이드**(cycloid)가 된다(Sokolovskii, 1965; 1960). 사이클로이드형 응력불연속선에 대해서는 다음 절에 상세히 기술되어 있다. 무한사면에 대한 한계평형상태를 일반화하기 위해서는, 사면경사각이 φ이며 하중경사각이 $\omega=\omega(\varphi)$인 하중 $p(x)=p(\varphi)$가 작용하고 함수는 연속적이며 미분 가능한 것으로 가정한다. 등가압력의 수직 및 접선응력성분은 각각 다음과 같이 나타낼 수 있다.

$$\sigma_n+H=p\cos\omega,\quad \tau_n=p\sin\omega$$

따라서 (10-66)식과 (10-63)식의 등가응력 $\bar{p}$와 최대주응력방향 θ는 각각 다음과 같다.

$$\bar{p}=p_0\frac{\sin\Delta}{\sin(\Delta-\kappa\omega)},\quad \theta=\varphi+(1-\kappa)\frac{\pi}{4}+\frac{1}{2}(\kappa\Delta-\omega)+m\pi \qquad (10\text{-}150)$$

그러나 지금까지 기술한 것과는 달리 $\xi-\eta$평면에서 특성곡선 도형이 곡선으로 표시된다는 것에 주의해야 한다. 다음으로 $x-$ 및 $\underline{x}-$축을 경계로 하는 사면이 한계평형상태를 유지하는 경우에 음의 $x-$축에 작용하는 수직등가압력을 구하고자 한다. 이와 같은 조건에서 한계평형상태가 유지되지 못하면 거동은 아래쪽을 향하게 되므로 양의 $\underline{x}-$축에 인접한 응력장은 최대응력상태가 되고, 음의 $x-$축에 인접한 응력장은 최소응력상태가 된다. 〈그림

10-36〉의 A_0OA 영역에서 응력은 $\underline{x}$와는 관계가 없으므로 다음 식이 성립한다.

$$\bar{p}=\frac{H+\gamma_s \underline{y}\cos\varphi}{1-\sin\phi\cos 2(\theta-\varphi)},\quad \underline{y}=\frac{H}{\gamma_s}\frac{\sin\phi\sin 2(\theta-\varphi)}{\sin\varphi-\sin\phi\sin(2\theta-\varphi)} \tag{10-151}$$

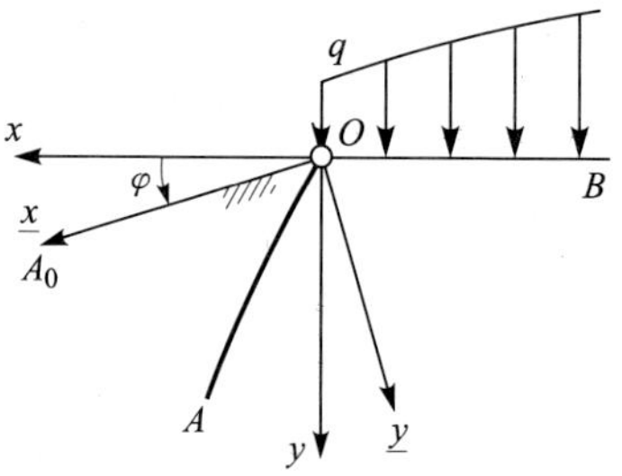

〈그림 10-36〉 무한사면의 응력상태 (Sokolovskii, 1965)

〈그림 10-36〉에서 응력특성곡선 OA는 다음의 미분방정식으로 나타낼 수 있다.

$$\frac{d\underline{x}}{d\theta}=-\frac{2H}{\gamma_s}\sin\phi\sin\varphi\frac{\sin 2(\theta-\varphi)-\cos\phi}{[\sin\varphi-\sin\phi\sin(2\theta-\varphi)]^2} \tag{10-152}$$

위의 식에서 적분상수는 $\underline{x}=0$에서 $\underline{\theta}=0$인 것을 이용하여 구한다. $\underline{x}-$ 및 $\underline{y}-$축은 $x-$ 및 $y-$축을 반시계방향으로 φ만큼 회전한 것이며 각각 다음과 같다.

$$\underline{x}=x\cos\varphi+y\sin\varphi,\quad \underline{y}=-x\sin\varphi+y\cos\varphi$$

또한 $\underline{\theta}$와 θ의 관계는 다음과 같다.

$$\underline{\theta}=\theta-\varphi$$

나머지 해석과정은 지반의 파괴압력을 구하는 방법과 동일하다. 원점 O에서 등가압력 $q=q_0$는 사면경사각 φ를 이용해서 나타낼 수 있다.

$$q_0=H\frac{1+\sin\phi}{1-\sin\phi}\exp\left[2\left(\frac{\pi}{2}-\varphi\right)\tan\phi\right] \tag{10-153}$$

$\xi_\gamma-\eta_\gamma$ 평면의 특성곡선 도형은 지반의 파괴압력에 대한 도형과 동일하지만 선분 O_1O_2를 따라서 작용하는 등가응력은 다음과 같다.

$$\bar{p}=\frac{H}{1-\sin\phi}\exp[2(\theta-\varphi)\tan\phi] \tag{10-154}$$

예제 4

사면경사각 $\varphi=20°$ 인 사면에서 한계평형상태를 유지하기 위한 $q(x)$를 구하라. 단, $\phi=30°$, $\gamma_s=1$, $c=1$, 특성길이 $l_{ch}=c/\gamma_s=1$이다(Sokolovskii, 1965; Harr, 1966).

풀이 문제의 해는 〈표 10-4(a)~(b)〉와 같이 제2 및 제3경계값문제를 적용해서 구할 수 있다. 먼저 계산표에 도시된 그림의 OA_1에 해당하는 사각형 (0,0), (0,1), ⋯, (0,10)의 무차원 변수 $\underline{x}$와 $\underline{y}$ 및 $\tilde{p}$와 θ(실제로는 $\overline{\underline{x}}$와 $\overline{\underline{y}}$ 및 $\tilde{p}$와 θ임)는 (10-151)식에 $c=\gamma_s=1$을 대입하여 구한다.

$$\tilde{p}=\frac{\overline{p}}{c}=\frac{1}{c}\times\frac{H+\gamma_s\underline{y}\cos\varphi}{1-\sin\phi\cos2(\theta-\varphi)}=\frac{\cot\phi+\underline{y}\cos\varphi}{1-\sin\phi\cos2(\theta-\varphi)}$$

$$\overline{\underline{y}}=\frac{\gamma_s}{c}\times\underline{y}=\frac{\gamma_s}{c}\times\frac{H}{\gamma_s}\frac{\sin\phi\sin2(\theta-\varphi)}{\sin\varphi-\sin\phi\sin(2\theta-\varphi)}=\frac{\cos\phi\sin2(\theta-\varphi)}{\sin\varphi-\sin\phi\sin(2\theta-\varphi)}$$

계산표에 도시된 그림의 OA_1은 (10-152)식을 이용하여 결정할 수 있다.

$$\frac{d\overline{\underline{x}}}{d\theta}=\frac{\gamma_s}{c}\times\frac{d\underline{x}}{d\theta}=-2\cos\phi\sin\varphi\frac{\sin2(\theta-\varphi)-\cos\phi}{[\sin\varphi-\sin\phi\sin(2\theta-\varphi)]^2}$$

위의 식에서 적분상수는 $\underline{x}=0$에서 $\theta=\varphi$인 것을 이용하여 구한다. 다음으로 사각형 (0,0), (1,0), ⋯, (8,0)에서 $x=y=0$이고, θ는 O_1의 $\pi/9$부터 O_2의 $\pi/2$까지 8개의 구간으로 나누어준다. $\tilde{p}$는 (10-154)식을 이용하여 다음과 같이 구한다.

$$\tilde{p}=\frac{\overline{p}}{c}=\frac{1}{c}\times\frac{H}{1-\sin\phi}\exp[2(\theta-\varphi)\tan\phi]=\frac{\cot\phi}{1-\sin\phi}\exp[2(\theta-\varphi)\tan\phi]$$

마지막으로 계산표에 도시된 응력특성곡선의 OA_3에 해당하는 대각선 방향의 사각형 (8,0), (9,1), ⋯, (20,12)에서 $y=0$, $\theta=\pi/2$이다. 대각선 방향의 사각형에 대해서는 점화식인 (10-45)식을 이용하고 나머지 사각형은 모두 (10-45~46)식에 의하여 $(x,y,\tilde{p},\theta)$의 값을 구한다. 무차원 값인 $q=\tilde{p}(1+\sin\phi)$는 대각선 방향의 사각형 (8,0), (9,1), ⋯, (20,12)의 값으로부터 아래와 같은 값을 얻을 수 있다[표에서 (19,11) 및 (20,12)는 표시되지 않음]. 〈표 10-4〉의 계산표에 응력특성곡선의 값과 함께 응력특성곡선을 도시하였다.

(i,j)	8,0	9,1	10,2	11,3	12,4	13,5	14,6	15,7	16,8	17,9	18,10
$-x$	0.00	0.53	1.11	1.71	2.35	2.98	3.67	4.30	5.01	5.65	6.39
$\tilde{p}$	14.2	17.6	20.9	24.3	27.4	30.7	33.7	37.0	39.9	43.3	46.3
q	21.3	26.5	31.4	36.4	41.1	46.0	50.6	55.6	59.9	65.0	69.4

흙의 마찰각 $\phi=30°$이고 사면경사각 $\varphi=20°$인 사면의 경우에 무차원 압력인 $\sigma_y=q-c\cot\phi=q-\cot\phi$를 $-x$의 함수로 나타내면 다음과 같다.

$-x$	0.0	0.5	1.0	1.5	2.0	2.5	3.0	3.5	4.0	4.5	5.0	5.5	6.0
σ_y	19.6	24.4	28.8	32.8	36.7	40.4	44.1	47.6	51.2	54.7	58.1	61.6	65.0

〈표 10-4(a)〉 사면의 파괴압력에 대한 무차원 변수 계산표($\gamma_s \neq 0$) (Sokolovskii, 1965)

	j \ i	0	1	2	3	4	5	6	7	8	9	10
x	0	0.00	0.00	0.00	0.00	0.00	0.00	0.00	0.00	0.00		
y		0.00	0.00	0.00	0.00	0.00	0.00	0.00	0.00	0.00		
$\tilde{p}$		3.46	4.13	4.93	5.88	7.01	8.37	9.98	11.90	14.20		
θ		0.35	0.50	0.65	0.81	0.96	1.11	1.27	1.42	1.57		
x	1	0.60	0.45	0.32	0.19	0.08	−0.02	−0.11	−0.18	−0.24	−0.53	
y		0.75	0.76	0.76	0.73	0.70	0.65	0.59	0.53	0.46	0.00	
$\tilde{p}$		4.39	5.21	6.08	7.11	8.34	9.80	11.60	13.70	16.20	17.60	
θ		0.39	0.52	0.64	0.77	0.90	1.04	1.18	1.33	1.48	1.57	
x	2	1.16	0.88	0.64	0.41	0.19	0.00	−0.18	−0.33	−0.45	−0.80	−1.11
y		1.49	1.50	1.49	1.45	1.39	1.31	1.21	1.09	0.96	0.50	0.00
$\tilde{p}$		5.30	6.23	7.15	8.25	9.57	11.10	13.00	15.20	17.90	19.50	20.90
θ		0.41	0.53	0.63	0.74	0.86	0.99	1.12	1.26	1.41	1.50	1.57
x	3	1.68	1.29	0.96	0.64	0.34	0.05	−0.21	−0.44	−0.63	−1.04	−1.39
y		2.21	2.22	2.21	2.19	2.08	1.97	1.83	1.67	1.49	1.02	0.52
$\tilde{p}$		6.20	7.22	8.19	9.36	10.70	12.40	14.40	16.80	19.60	21.30	22.90
θ		0.43	0.53	0.62	0.72	0.83	0.95	1.08	1.21	1.35	1.44	1.51
x	4	2.17	1.69	1.29	0.88	0.49	0.12	−0.22	−0.53	−0.80	−1.25	−1.65
y		2.92	2.93	2.91	2.86	2.77	2.64	2.48	2.28	2.05	1.57	1.06
$\tilde{p}$		7.09	8.18	9.20	10.40	11.90	13.60	15.70	18.20	21.20	23.00	24.70
θ		0.45	0.54	0.61	0.70	0.81	0.92	0.04	1.17	1.30	1.39	1.46
x	5	2.65	2.09	1.61	1.14	0.67	0.22	−0.21	−0.59	−0.94	−1.43	−1.88
y		3.62	3.64	3.62	3.55	3.45	3.31	3.12	2.88	2.61	2.12	1.61
$\tilde{p}$		7.98	9.14	10.20	11.50	13.00	14.80	17.00	19.60	22.70	24.70	26.40
θ		0.46	0.54	0.61	0.69	0.79	0.89	1.01	1.13	1.26	1.34	1.41
x	6	3.12	2.48	1.94	1.39	0.85	0.32	−0.18	−0.65	−1.07	−1.61	−2.09
y		4.33	4.34	4.31	4.25	4.14	3.98	3.77	3.51	3.21	2.70	2.19
$\tilde{p}$		8.86	10.10	11.20	13.50	14.10	15.90	18.20	20.90	24.20	26.20	28.00
θ		0.47	0.54	0.61	0.68	0.77	0.87	0.98	1.10	1.23	1.31	1.38
x	7	3.58	2.86	2.27	1.66	1.05	0.45	−0.13	−0.67	−1.16	−1.75	−2.28
y		5.03	5.04	5.01	4.94	4.82	4.65	4.42	4.14	3.80	3.29	2.76
$\tilde{p}$		9.74	11.00	12.10	13.50	15.10	17.10	19.40	22.20	25.60	27.80	29.70
θ		0.47	0.546	0.60	0.67	0.76	0.85	0.96	1.07	1.20	1.27	1.34
x	8	4.02	3.24	2.60	1.93	1.25	0.58	−0.07	−0.69	−1.26	−1.89	−2.46
y		5.72	5.73	5.70	5.63	5.50	5.32	5.08	4.77	4.40	3.88	3.35
$\tilde{p}$		10.60	12.00	13.10	14.50	16.20	18.20	20.60	23.50	27.00	29.20	31.20
θ		0.48	0.54	0.60	0.67	0.74	0.84	0.94	1.05	1.17	1.25	1.31
x	9	4.45	3.62	2.93	2.21	1.47	0.73	0.01	−0.68	−1.32	−2.01	−2.61
y		6.41	6.41	6.38	6.31	6.18	5.99	5.73	5.41	5.01	4.48	3.94
$\tilde{p}$		11.50	12.90	14.00	15.50	17.20	19.30	21.80	24.80	28.40	30.80	32.80
θ		0.48	0.55	0.60	0.66	0.73	0.82	0.92	1.03	1.14	1.22	1.28
x	10	4.89	4.00	3.26	2.49	1.69	0.88	0.09	−0.67	−1.39	−2.11	−2.75
y		7.10	7.10	7.07	6.99	6.86	6.67	6.40	6.06	5.64	5.10	4.56
$\tilde{p}$		12.40	13.80	15.00	16.40	18.20	20.40	22.90	26.00	29.70	32.10	34.20
θ		0.49	0.55	0.59	0.65	0.72	0.81	0.90	1.01	1.12	1.20	1.26

〈표 10-4(b)〉 사면의 파괴압력에 대한 무차원 변수 계산표($\gamma_s \neq 0$) (Sokolovskii, 1965)

	j \ i	11	12	13	14	15	16	17	18	19	20
x	0										
y											
$\tilde{p}$											
θ											
x	1										
y											
$\tilde{p}$											
θ											
x	2										
y											
$\tilde{p}$											
θ											
x	3	−1.71									
y		0.00									
$\tilde{p}$		24.30									
θ		1.57									
x	4	−2.01	−2.35								
y		0.55	0.00								
$\tilde{p}$		26.10	27.40								
θ		1.52	1.57								
x	5	−2.27	−2.65	−2.98							
y		1.10	0.54	0.00							
$\tilde{p}$		28.00	29.30	30.70							
θ		1.47	1.52	1.57							
x	6	−2.52	−2.94	−3.30	−3.67						
y		1.67	1.11	0.58	0.00						
$\tilde{p}$		29.70	31.10	32.50	33.7						
θ		1.43	1.48	1.53	1.57						
x	7	−2.74	−3.19	−3.58	−3.97	−4.30					
y		2.25	1.68	1.14	0.55	0.00					
$\tilde{p}$		31.50	33.00	34.50	35.70	37.00					
θ		1.40	1.44	1.49	1.53	1.57					
x	8	−2.95	−3.44	−3.85	−4.28	−4.64	−5.01				
y		2.83	2.27	1.73	1.15	0.60	0.00				
$\tilde{p}$		33.10	34.60	36.20	37.50	38.90	39.90				
θ		1.37	1.41	1.46	1.50	1.54	1.57				
x	9	−3.13	−3.65	−4.09	−4.54	−4.93	−5.32	−5.65			
y		3.42	2.85	2.31	1.71	1.16	0.56	0.00			
$\tilde{p}$		34.80	36.40	38.00	39.40	40.80	42.00	43.30			
θ		1.34	1.38	1.43	1.47	1.50	1.54	1.57			
x	10	−3.30	−3.68	−4.33	−4.82	−5.22	−5.65	−6.01	−6.39		
y		4.03	3.46	2.92	2.33	1.78	1.18	0.63	0.00		
$\tilde{p}$		36.30	37.90	39.60	41.10	42.60	43.80	45.20	46.03		
θ		1.31	1.36	1.40	1.44	1.48	1.51	1.54	1.57		

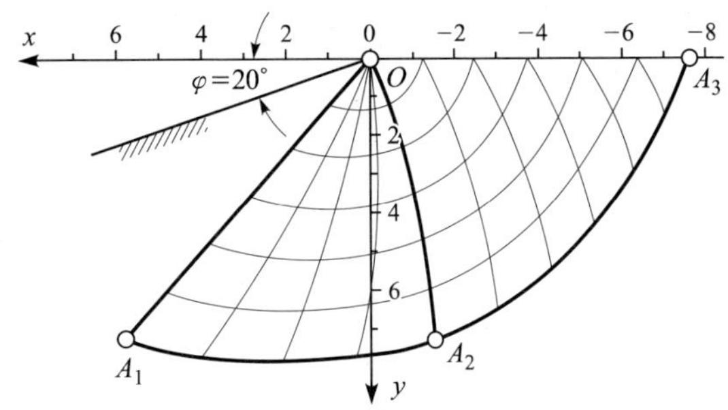

[응력장 및 응력특성곡선]

(2) 곡선사면

양의 $x-$축과 초기사면경사각이 φ_0인 **곡선사면**(curvilinear slope)에 대하여 $x-$축을 따라서 수직등가압력 $p(x)$가 작용할 때 한계평형상태를 유지할 수 있는 곡선사면의 형태를 결정하고자 한다. 한계평형상태가 유지되지 못하고 활동이 발생하는 것으로 가정하면 양의 $x-$축에 인접한 응력장은 최소응력상태가 지배적이고, 곡선사면에 인접한 응력장은 최대응력상태가 된다. 따라서 $x-$축을 따라서는 (10-67)식에 $\kappa=-1$과 $m=0$을 대입하여 아래와 같이 $\bar{p}$와 θ를 구한다.

$$\bar{p}=\frac{p(x)}{1+\sin\phi}, \quad \theta=\frac{\pi}{2} \tag{10-155}$$

또한 곡선사면에 대해서는 기울기 $[dy/dx]=\tan\varphi$, 경계조건은 $\theta=\varphi$이고 $\bar{p}$는 (10-67)식에 $p(x)=H$ 및 $\kappa=+1$을 대입하여 구한다.

$$\frac{dy}{dx}=\tan\varphi, \quad \bar{p}=\frac{H}{1-\sin\phi}, \quad \theta=\varphi \tag{10-156}$$

식에서 φ는 사면경사각이다. 최대주응력방향 $\theta=\varphi$인 것은 곡선사면과 평행하게 최대주응력이 작용하기 때문이다. 즉, 〈그림 10-37(b)〉와 같이 양의 $x-$축으로부터 반시계방향으로 경사각이 φ인 곡선사면의 임의의 점 P에서 $x-$축으로부터 회전각이 ψ인 $X-Y$평면을 설정하고, $x-y$평면에 작용하는 수직 및 전단응력성분 σ_{xx}, σ_{yy} 및 τ_{xy}를 등가응력 $\bar{p}$와 최대주응력방향 θ를 이용하여 나타내면 (10-4~6)식과 같고 〈그림 10-37(a)〉로부터 $\sigma_{yy}=p(x)$, $\tau_{xy}=0$이다. 또한 회전각이 ψ인 $X-Y$평면에서 사면에 작용하는 수직 및 전단응력성분 σ_{XX}, σ_{YY} 및 τ_{XY}는 각각 (1-37~39)식으로 나타낼 수

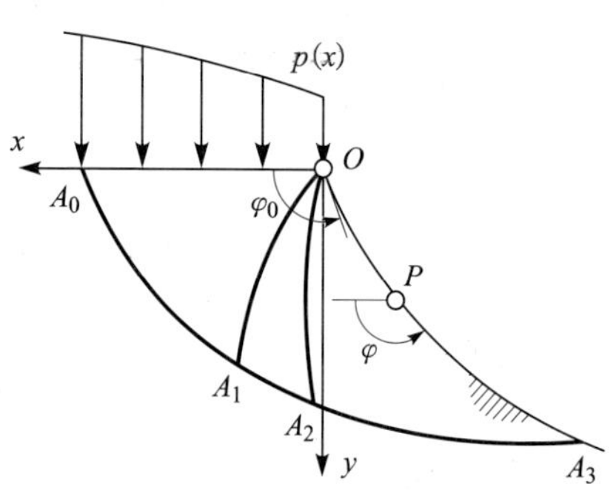

(a) $x-y$평면의 응력장

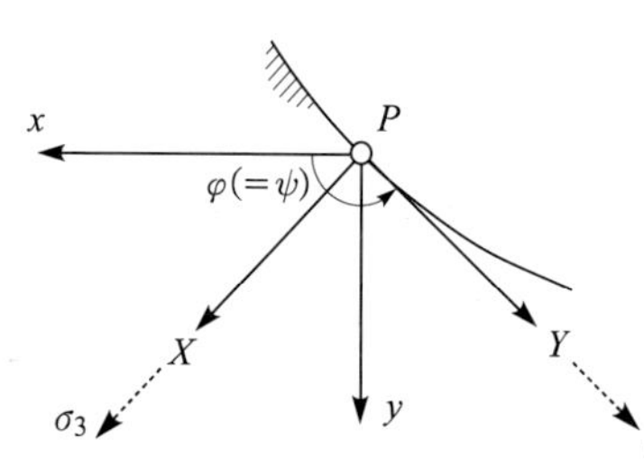

(b) 곡선사면의 주응력방향

〈그림 10-37〉 곡선사면에 대한 $x-y$평면의 응력장과 주응력방향($\gamma_s=0$) (Sokolovskii, 1965; 1960)

있으며 그림으로부터 $\sigma_{XX}=\tau_{XY}=0$이다. (10-4~6)식에 의해서 σ_{XX}, σ_{YY} 및 τ_{XY}는 각각 다음과 같이 나타낼 수 있다.

$$\sigma_{XX}=\bar{p}[1+\sin\phi\cos 2(\theta-\psi)]-H,\quad \sigma_{YY}=\bar{p}[1-\sin\phi\cos 2(\theta-\psi)]-H$$

$$\tau_{XY}=\bar{p}\sin\phi\sin 2(\theta-\psi)$$

위의 식에서 $\tau_{XY}=0$이어야 하므로 $\theta=\varphi$이다. 따라서 사면에서는 사면과 평행한 방향이 최대주응력방향이다(Harr, 1966).

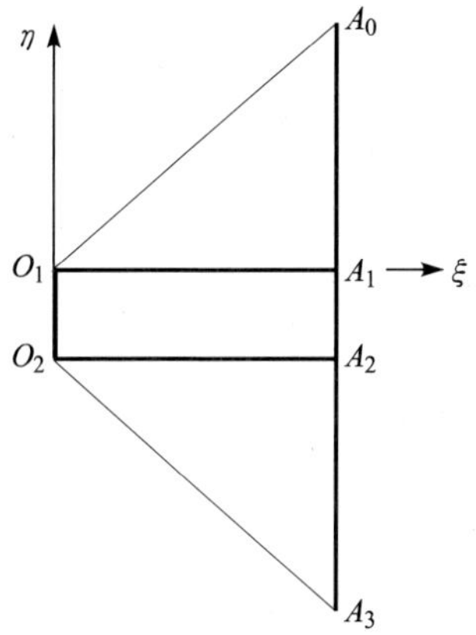

(a) O_2에서 $\theta_2 \geq \pi/2$인 경우

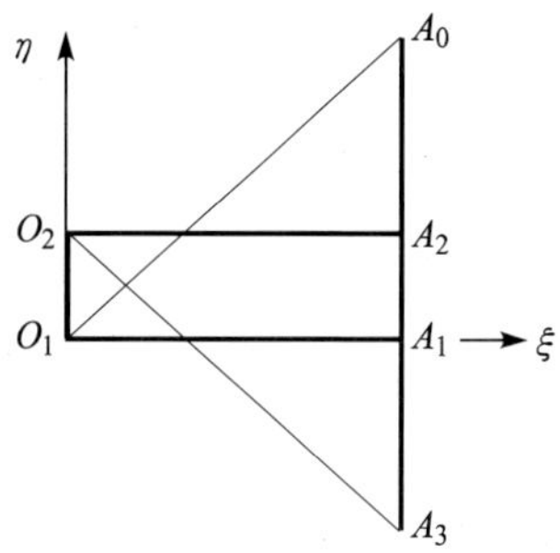

(b) O_2에서 $\theta_2 < \pi/2$인 경우

〈그림 10-38〉 곡선사면에 대한 $\xi-\eta$평면의 특성곡선 도형($\gamma_s=0$) (Sokolovskii, 1965)

첫째, 곡선사면에 대하여 흙의 단위중량을 무시하고 도함수 $p'(x)>0$인 것으로 가정하여 해를 구한다. 〈그림 10-38(a)〉와 같이 $\xi-\eta$평면에서 (10-155)식은 선분 A_0O_1, (10-156)식은 선분 O_2A_3로 표시되고, 전체적으로 1장의 시트에 사다리꼴 $A_0O_1O_2A_3$로 도시된다. 선분 A_0O_1 및 O_1O_2에 대해서는 등분포하중이 작용하는 연속기초의 지지력문제와 동일한 방법으로 처리할 수 있으며 선분 O_2A_3의 기울기는 아래와 같다.

$$\frac{dy}{dx}=\tan\theta \tag{10-157}$$

위와 같은 경계조건과 관계식을 이용해서 삼각형 $A_0O_1A_1$, 사각형 $A_1O_1O_2A_2$ 및 삼각형 $A_2O_2A_3$에 대하여 (10-30)식의 해를 차례대로 구할 수 있다. 여기서 O_1의 최대주응력방향인 $\theta=\theta_1=\pi/2$는 O_2의 최대주응력방향인 $\theta=\theta_2$보다 작거나 또는 $\theta_2\geq\pi/2$인 것으로 가정한다. 만약 O_2에서 $\theta_2 < \pi/2$라면 〈그림 10-38(b)〉와 같이 $\xi-\eta$평면에서 삼각형 $A_0O_1A_1$과 $A_2O_2A_3$는 중복된다. 따라서 부등식 $\theta_2 \geq \pi/2$는 (10-156)식에 의해서 곡선사면의 꼭짓점 O의 초기사면경사각 φ_0에 대하여 아래와 같은 제한조건을 설정해야 된다는 것을 의미한다.

$$\varphi_0 \geq \frac{\pi}{2} \tag{10-158}$$

이와 같은 곡선사면에 대한 $\xi-\eta$평면의 특성곡선 도형을 $x-y$평면의 응력장으로 변환한 것이 〈그림 10-37(a)〉이며, 〈그림 10-38(a)〉의 O_1O_2는 〈그림 10-37(a)〉의 특이점 O로 사상된다. 만약 $\varphi_0 < \pi/2$인 예각사면이라면 〈그림 10-38(b)〉와 같이 삼각형 $A_0O_1A_1$과 $A_2O_2A_3$가 겹쳐서 한계평형상태는 발생하지 않으며 응력불연속도 없게 된다. $\varphi_0 < \pi/2$인 예각사면에 대해서는 다음 항에 기술되어 있다.

$x-y$평면에서 곡선사면의 꼭짓점인 원점 O의 초기사면경사각 $\varphi=\varphi_0$는 하중 p_0로도 나타낼 수 있는데, 연속기초의 지지력문제와 동일한 방법으로 처리할 수 있지만 $\xi-\eta$평면에서 O_1과 O_2의 등가응력 $\bar{p}$와 최대주응력방향 θ는 (10-155)식과 (10-156)식으로부터 구해야 한다. O_1O_2를 따라서는 (10-100)식을 이용하여 등가응력 $\bar{p}$를 구할 수 있다.

$$\bar{p} = \frac{p_0}{1+\sin\phi}\exp\left[2\left(\frac{\pi}{2}-\theta\right)\tan\phi\right]$$

(10-156)식으로부터 $\bar{p}=H/(1-\sin\phi)$와 $\theta=\varphi$를 위의 식에 대입하면 O_2에 대한 $\theta_2 = \varphi_0$의 값을 구할 수 있다.

$$\theta_2 = \varphi_0 = \frac{\pi}{2} + \frac{\cot\phi}{2}\ln\left(\frac{p_0}{H}\frac{1-\sin\phi}{1+\sin\phi}\right) \tag{10-159}$$

그러므로 O_1O_2를 따라서 최대주응력방향 θ는 (10-155)식의 $\theta_1 = \pi/2$부터 (10-159)식의 $\theta_2 = \varphi_0$까지 직선적으로 변하게 된다. 또한 (10-158)식에 의하여 초기사면경사각 $\varphi_0 \geq \pi/2$이기 때문에 위의 식에서 우변 둘째 항은 0보다 커야 하므로 수직등가압력 $p=p_0$는 다음의 조건을 충족시켜야 한다.

$$p_0 \geq H\frac{1+\sin\phi}{1-\sin\phi} \tag{10-160}$$

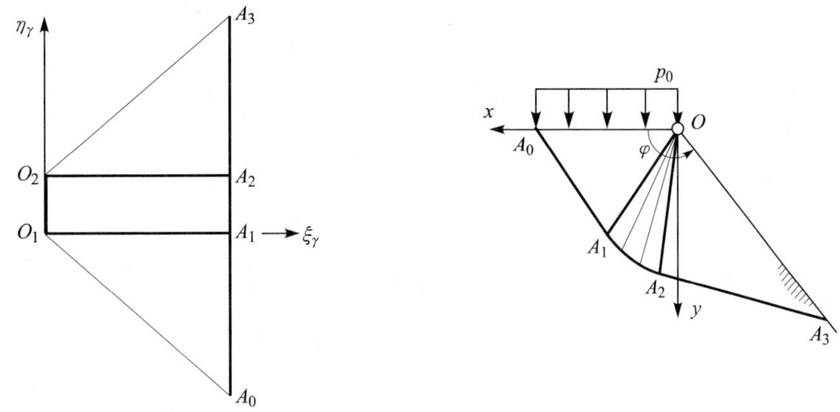

(a) 곡선사면에 대한 $\xi_\gamma-\eta_\gamma$ 평면의 특성곡선 도형

(b) 등분포하중 및 직선사면에 대한 응력장 및 응력특성곡선

〈그림 10-39〉 곡선사면에 대한 $\xi_\gamma-\eta_\gamma$ 평면의 특성곡선 도형과 등분포하중 및 직선사면에 대한 응력장과 방사상 응력특성곡선($\gamma_s \neq 0$) (Sokolovskii, 1965)

둘째, 동일한 문제에 대하여 흙의 단위중량을 고려하여 해를 구하고자 한다. 〈그림 10-39(a)〉와 같이 흙의 단위중량을 무시하는 문제와 차별화하기 위하여 독립변수 ξ 및 η 대신에 ξ_γ 및 η_γ를 도입하여 사다리꼴 $A_0O_1O_2A_3$를 도시한다. 선분 A_0O_1 및 O_1O_2에 대해서는 등분포하중이 작용하는 연속기초의 지지력문제와 동일하게 처리할 수 있지만 선분 O_2A_3의 기울기와 등가응력은 다음 식을 이용해야 한다.

$$\frac{dy}{dx}=\tan\theta, \quad \bar{p}=\frac{H}{1-\sin\phi} \tag{10-161}$$

다소 차이는 있지만 $x-y$평면에서 전체적인 곡선사면의 형태와 응력특성곡선의 분포는 〈그림 10-37〉과 유사하다. 만약 양의 x-축을 따라서 수직으로 작용하는 등가응력 $\bar{p}$가 등분포하중(p_0)이라면 문제를 간단하게 처리할 수 있다. 〈그림 10-39(b)〉와 같이 $x-y$ 평면의 A_0OA_1과 A_2OA_3는 균일응력장이 생성되고, 응력장 A_1OA_2에서 $\alpha-$ 및 $\beta-$특성곡선은 각각 원점 O를 통과하는 광선속과 대수나선군으로 구성된다. 사면의 꼭짓점인 원점 O의 초기사면경사각 $\varphi_0 \geq \pi/2$이고 사면은 직선으로서 기울기는 (10-159)식의 우변과 동일하다.

곡선사면에 대하여 흙의 단위중량을 고려하는 경우에 $x-y$평면의 응력장 A_0OA_1에서 등가응력 $\bar{p}$와 최대주응력방향 θ는 각각 다음과 같다.

$$\bar{p} = \frac{p_0 + \gamma_s y}{1 + \sin\phi}, \quad \theta = \frac{\pi}{2} \tag{10-162}$$

〈그림 10-39(a)〉에서 $\xi_\gamma - \eta_\gamma$평면의 특성곡선 도형에서는 $A_0O_1A_1$이 직각삼각형이 아니며 O_1A_1을 따라서 다음 식이 성립한다.

$$x = \xi_\gamma, \quad y = x\cot\mu, \quad \bar{p} = \frac{p_0 + \gamma_s y}{1 + \sin\phi}, \quad \theta = \frac{\pi}{2} \tag{10-163}$$

$x - y$평면에서 응력특성곡선은 응력장 A_0OA_1에서만 직선이고 나머지 응력장에서는 곡선이며 사면도 곡선이 된다. 특히 꼭짓점 O에서 사면이 수직선에 접하는($\varphi_0 = \pi/2$) 경우에는 (10-159)식의 우변 둘째 항이 0이 되어야 하므로 양의 x-축을 따라서 작용하는 하중 $(\sigma_{yy} + H)$를 p_0와 등가로 하여 σ_{yy}를 구하면 다음과 같다.

$$\sigma_{yy} = \frac{2H\sin\phi}{1 - \sin\phi} = \frac{2c\cos\phi}{1 - \cos\phi} \tag{10-164}$$

위의 식에서 σ_{yy}는 〈그림 10-40〉과 같이 양의 x-축을 따라서 하중으로 작용하는 두께가 h인 토층으로 고려할 수 있으며 토층에서 응력상태는 다음과 같다.

$$\sigma_{xx} = 0; \quad \sigma_{yy} = \gamma_s(h + y), \quad \tau_{xy} = 0 \tag{10-165}$$

양의 x-축에서 σ_{yy}는 연속조건(condition of continuity)을 충족시켜야 하므로 (10-164)식 및 (10-165)식으로부터 토층의 두께 h를 결정할 수 있다.

$$h = \frac{2H\sin\phi}{\gamma_s(1 - \sin\phi)} = \frac{2c\cos\phi}{\gamma_s(1 - \sin\phi)} = \frac{2c}{\gamma_s}\tan\left(\frac{\pi}{4} + \frac{\phi}{2}\right) \tag{10-166}$$

Sokolovskii(1965)는 위의 식에서 토층의 두께 h가 수직굴착 한계고(h_{cr})라고 제시하였지만, 후에 그것은 하중이 작용하는 $-h \le x \le 0$의 토층을 탄성상태로 가정하고 속도장이 아닌 응력장으로부터 얻은 것이므로 적절하지 않은 것으로 밝혀졌다(Harr, 1966). 따라서 파괴하중정리에 의하면 이와 같은 방법으로 얻은 값은 하계에 해당하기 때문에 상계의 약 1/2이며, 실제 한계고는 〈표 7-1〉을 이용해서 결정해야 한다. 〈그림 10-40〉에서 양의 x-축을 기준으로 상부는 한계평형상태가 아니므로 탄성상태이고 하부는 한계평형상태가 되는데 상부의 한계평형상태가 아닌 영역에서 응력성분은 다음과 같다(Harr, 1966).

$$\sigma_{xx} = 0, \quad \sigma_{yy} = \frac{2H\sin\phi}{1 - \sin\phi} + \gamma_s y, \quad \tau_{xy} = 0 \tag{10-167}$$

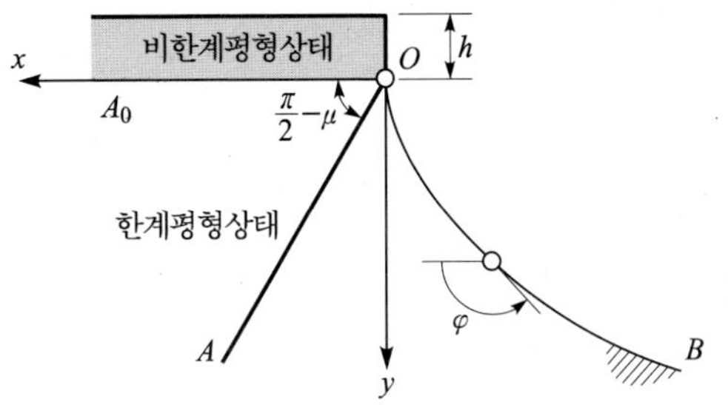

〈그림 10-40〉 초기사면경사각이 $\pi/2$인 곡선사면 (Sokolovskii, 1965)

또한 한계평형상태인 응력장 A_0OA에서 응력성분은 다음과 같다.

$$\sigma_{xx}=\gamma_s y\frac{1-\sin\phi}{1+\sin\phi},\quad \sigma_{yy}=\frac{2H\sin\phi}{1-\sin\phi}+\gamma_s y,\quad \tau_{xy}=0 \tag{10-168}$$

따라서 한계평형상태인 영역과 한계평형상태가 아닌 영역의 공유점인 원점 O를 포함하여 양의 x-축을 따라서 모든 응력성분은 연속적이다.

예제 5

초기사면경사각 $\pi/2$인 곡선사면에 대하여 마찰각 $\phi=30°$ 및 특성길이 $l_{ch}=c/\gamma_s=1$인 경우에 무차원 변수를 이용하여 응력특성곡선을 구하라(Sokolovskii, 1965).

풀이 〈표 10-5〉는 제3경계값문제를 적용하여 작성한 것이다. 계산표의 사각형 (0,0), (1,0), …, (10,0)는 〈그림 10-40〉의 OA에 해당하며 대각선 방향의 사각형 (0,0), (1,1), …, (10,10)은 곡선사면의 격자점을 나타낸다. 내부 사각형에 대한 $(x, y, \tilde{p}, \theta)$의 계산은 (10-47~50)식을 이용하여 계산하고 대각선 방향의 사각형에 대해서는 경계조건으로부터 다음의 식을 이용하여 y값을 구한다.

$y=(x-x_b)\tan\theta_b+y_b$

곡선사면의 형태를 결정하는 x와 y 및 φ의 값은 다음과 같다.

$-x$	0.00	0.05	0.22	0.50	0.92	1.47	2.18	3.04	4.07	5.30	6.74
y	0.00	0.83	1.71	2.66	3.66	4.73	5.87	7.08	8.38	9.78	11.3
φ	1.57	1.70	1.81	1.91	2.00	2.08	2.15	2.21	2.26	2.30	2.34

Sokolovskii(1965)는 동일한 곡선사면 문제에 대하여 마찰각 ϕ를 달리하여 사면의 형태를 제시하였다.

〈표 10-5〉 곡선사면의 파괴압력에 대한 무차원 변수 계산표($\gamma_s \neq 0$) (Sokolovskii, 1965)

	j \ i	0	1	2	3	4	5	6	7	8	9	10
x	0	0.00	0.23	0.46	0.69	0.92	1.15	1.39	1.62	1.85	2.08	2.31
y		0.00	0.40	0.80	1.20	1.60	2.00	2.40	2.80	3.20	3.60	4.00
$\tilde{p}$		3.46	3.73	4.00	4.26	4.53	4.80	5.06	5.33	5.60	5.86	6.13
θ		1.57	1.57	1.57	1.57	1.57	1.57	1.57	1.57	1.57	1.57	1.57
x	1		−0.05	0.14	0.34	0.54	0.75	0.96	1.16	1.37	1.58	1.80
y			0.83	1.28	1.74	2.19	2.63	3.08	3.52	3.96	4.39	4.82
$\tilde{p}$			3.46	3.78	4.09	4.39	4.70	5.01	5.30	5.60	5.89	6.19
θ			1.57	1.68	1.68	1.67	1.66	1.66	1.65	1.65	1.64	1.64
x	2			−0.22	−0.06	0.11	0.28	0.45	0.63	0.82	1.01	1.20
y				1.71	2.23	2.74	3.24	3.73	4.22	4.70	5.18	5.65
$\tilde{p}$				3.46	3.82	4.17	4.52	4.86	5.19	5.52	5.84	6.17
θ				1.81	1.79	1.77	1.76	1.74	1.73	1.72	1.72	1.71
x	3				−0.50	−0.39	−0.26	−0.11	0.04	0.19	0.35	0.52
y					2.66	3.24	3.80	4.35	4.89	5.42	5.95	6.46
$\tilde{p}$					3.46	3.87	4.27	4.65	5.02	5.39	5.75	6.10
θ					1.91	1.88	1.85	1.83	1.82	1.80	1.79	1.78
x	4					−0.92	−0.84	−0.75	−0.64	−0.52	−0.39	−0.24
y						3.66	4.31	4.93	5.53	6.12	6.70	7.26
$\tilde{p}$						3.46	3.93	4.37	4.79	5.20	5.60	5.99
θ						2.00	1.96	1.93	1.90	1.88	1.86	1.84
x	5						−1.47	−1.44	−1.38	−1.30	−1.21	−1.10
y							4.73	5.45	6.13	6.79	7.42	8.04
$\tilde{p}$							3.46	3.99	4.48	4.94	5.40	5.83
θ							2.08	2.03	1.99	1.96	1.93	1.91
x	6							−2.18	−2.20	−2.17	−2.12	−2.05
y								5.87	6.67	7.41	8.12	8.81
$\tilde{p}$								3.46	4.05	4.60	5.11	5.61
θ								2.15	2.09	2.04	2.00	1.97
x	7								−3.04	−3.10	−3.11	−3.09
y									7.08	7.96	8.77	9.54
$\tilde{p}$									3.46	4.14	4.74	5.31
θ									2.21	2.14	2.08	2.04
x	8									−4.07	−4.19	−4.23
y										8.38	9.35	10.20
$\tilde{p}$										3.46	4.22	4.89
θ										2.26	2.17	2.12
x	9										−5.30	−5.46
y											9.78	10.80
$\tilde{p}$											3.46	4.33
θ											2.30	2.21
x	10											−6.74
y												11.30
$\tilde{p}$												3.46
θ												2.34

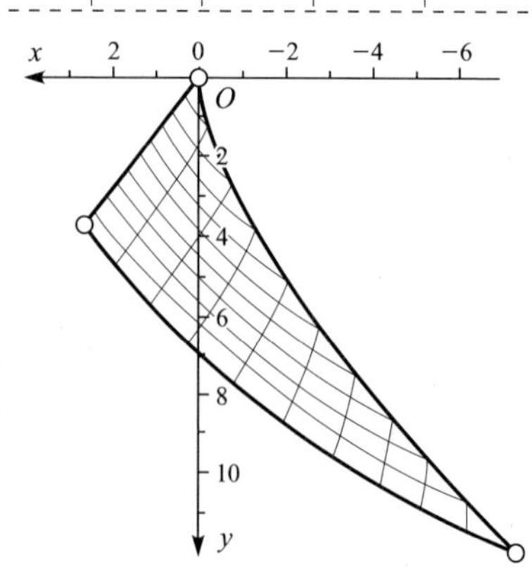

[응력장 및 응력특성곡선]

(3) Tresca재료의 무한사면과 사이클로이드

〈그림 10-41〉과 같이 사면경사각이 φ이고 양의 x-축을 따라서 등분포하중 p_0가 작용하는 Tresca재료($\phi=0$)의 무한사면에 대한 한계평형상태를 해석하고자 한다. 그림과 같이 등분포하중의 축방향응력성분을 각각 t와 n이라고 하면 x-축방향 응력성분 t는 다음과 같다.

$$t = c\sin\Delta \tag{10-169}$$

식에서 c는 점착력, $\sin\Delta = \sin\omega/\sin\phi$이고 $\Delta \le \pi/2$이다. 흙의 응력상태는 x와는 관계없으므로 평형방정식은 다음과 같이 나타낼 수 있다.

$$\frac{d\sigma_{yy}}{dy} = \gamma_s\cos\varphi, \quad \frac{d\tau_{xy}}{dy} = \gamma_s\sin\varphi \tag{10-170}$$

위의 두 식을 적분하고 $y=0$에서 $\sigma_{yy}=n$ 및 $\tau_{xy}=t$이므로 다음 식을 얻을 수 있다.

$$\sigma_{yy} = n + \gamma_s y\cos\varphi, \quad \tau_{xy} = t + \gamma_s y\sin\varphi \tag{10-171}$$

(10-72)식에서 $\tau_{xy} = c\sin\Delta$이므로 (10-169)식과 함께 위의 식의 τ_{xy}에 대입하면 다음 식을 얻을 수 있다.

$$\sin\Delta_y = \sin\Delta + \frac{\gamma_s y}{c}\sin\varphi \tag{10-172}$$

식에서 $\sin\Delta_y = \sin\omega_y/\sin\phi$이고 $|\Delta_y| \le \pi/2$ 이며 ω_y는 p_y의 y-축에 대한 하중경사각이다. 또한 (10-75)식과 (10-171)식으로부터 다음 식을 얻을 수 있다.

$$p_0 = n + \gamma_s y\cos\varphi + \kappa c\cos\Delta_y, \quad \theta = (1-\kappa)\frac{\pi}{4} + \kappa\frac{\Delta_y}{2} + m\pi \tag{10-173}$$

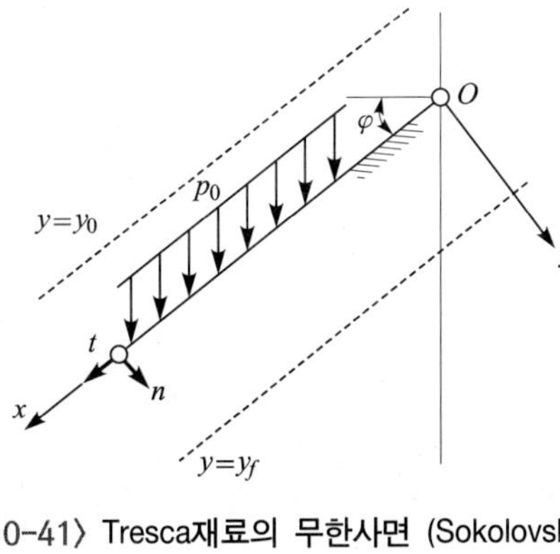

〈그림 10-41〉 Tresca재료의 무한사면 (Sokolovskii, 1965)

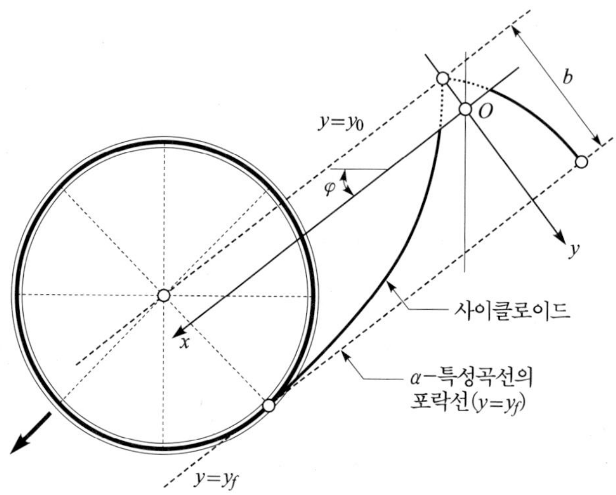

〈그림 10-42〉 Tresca재료의 무한사면에서 사이클로이드 응력불연속선($\varphi=30°$)
(Sokolovskii, 1965)

식에서 $\kappa=\pm 1$이고 $\kappa=-1$과 $\kappa=+1$은 각각 최소 및 최대응력상태를 나타낸다. (10-172)식에서 y를 Δ_y로 나타낼 수 있으며, (10-173)식에서 $\kappa=\pm 1$이면 $\sin\Delta_y=\sin 2\theta$이므로 y를 θ로 나타낼 수 있다.

$$y=\frac{c}{\gamma_s}\frac{\sin\Delta_y-\sin\Delta}{\sin\varphi}=\frac{c}{\gamma_s}\frac{\sin 2\theta-\sin\Delta}{\sin\varphi} \tag{10-174}$$

〈그림 10-42〉에서 전단응력이 작용하지 않는($\tau_{xy}=0$) $y=y_0$선을 구하기 위해서는 $\Delta_y=0$ 및 $t=c\sin\Delta$를 (10-172)식이나 (10-174)식에 대입하면 된다.

$$y_0=-\frac{t}{\gamma_s\sin\varphi} \tag{10-175}$$

만약 사면경사각 $\varphi=0$이라면 부등식 $|\Delta_y|\le\pi/2$ 를 충족시키므로 $0\le y\le\infty$인 반무한 평면에서 한계평형상태가 되지만, $\varphi>0$이라면 부등식 $|\Delta_y|\le\pi/2$ 가 유효한 $0\le y\le y_f$인 대상영역에서만 한계평형상태가 발생한다. $\Delta_y=\pi/2$에 대응하는 y_f는 (10-174)식으로부터 구할 수 있다.

$$y_f=\frac{c-t}{\gamma_s\sin\varphi} \tag{10-176}$$

식에서 t는 (10-169)식에 의한 것이다. 〈그림 10-42〉에서 $y_0\le y\le y_f$인 대상영역에서는 $0 \le \Delta_y \le \pi/2$이며 폭 $b(=y_f - y_0)$는 위의 두 식으로부터 구할 수 있다.

$$b = y_f - y_0 = \frac{c}{\gamma_s \sin\varphi} \tag{10-177}$$

응력특성곡선에 대한 식은 (10−25)식 또는 (10−33)식을 이용하여 구할 수 있는데 궤적이기 때문에 θ에 대한 매개변수방정식(parametric equation)으로 나타내야 한다. Tresca재료이므로 $\mu = \pi/4$이며 응력특선곡선의 기울기는 다음과 같다.

$$\frac{dy}{dx} = \tan\left(\theta \mp \frac{\pi}{4}\right) \tag{10-178}$$

(10−169)식, (10−174)식 및 (10−175)식으로부터 다음 식을 얻을 수 있다.

$$y - y_0 = b\sin 2\theta \tag{10-179}$$

위의 식을 (10−178)식에 대입하면 다음 식을 얻을 수 있다.

$$\frac{dx}{d\theta} = -2b(\sin 2\theta \pm 1) \tag{10-180}$$

위의 식을 적분하면 다음과 같다.

$$x = b(\cos 2\theta \mp 2\theta) + C_0 \tag{10-181}$$

식에서 C_0는 적분상수이다. (10−179)식과 (10−181)식에 의해서 Tresca재료의 무한사면에서 응력불연속선은 이른바 사이클로이드가 된다. 〈그림 10−42〉는 사면경사각 $\varphi = 30^\circ$에 대한 최소주응력상태의 사이클로이드형 응력특성곡선을 나타낸 것이다. 그림에서 직선 $y = y_f$는 $\alpha-$특성곡선의 포락선으로서 응력불연속선이다. 이 선을 따라서 $\theta = \pi/4$이기 때문에 $\alpha-$특성곡선의 기울기 $[dy/dx] = \tan(\theta - \pi/4)$는 0이다(Sokolovskii, 1965; 1960).

(4) 불연속해와 예각사면

불연속이란 수학적으로 함수 $f(x)$의 변수 $x = a$의 값이 정의되지 않거나 또는 정의된 변수의 값에서 한계값이 존재하지 않는 다는 것을 의미한다. 지금까지는 사면경사각 $\varphi_s \ge \pi/2$인 둔각사면이라면 무한사면 또는 곡선사면에 관계없이 원점 O를 제외하고는 어느 곳에서나 응력은 연속적이었다. 그러나 사면경사각 $\varphi_s < \pi/2$인 예각사면에서는 한계평형상태가 유지되지만 응력이 연속적이지 않은 불연속 응력장이 발생하게 된다. 즉 예각사면에서는 경사각이 α_s인 응력불연속선을 가로질러서 수직응력 σ_n과 전단응력 τ_n

또는 하중 $p(x)$와 하중경사각 ω'은 반드시 연속적이어야 하지만 평균 수직등가응력 (mean equivalent normal stress) $\bar{p}$는 유한불연속이 될 수도 있다는 것이며 이것을 식으로 나타내면 다음과 같다(Sokolovskii, 1965).

$$\sigma_{n+} = \sigma_{n-}, \quad \tau_{n+} = \tau_{n-}, \quad \bar{p}_+ \neq \bar{p}_-$$

식에서 아래첨자 $+/-$의 기호는 응력불연속선을 경계로 각각 어느 한 쪽의 응력장을 표시하기 위한 것이다. 또는 위의 식은 다음의 식으로 대체할 수도 있다.

$$p(x)_+ = p(x)_- \quad \omega'_+ = \omega'_-$$

이른바 **불연속조건**(condition of discontinuity)인 $\bar{p}_-$와 $\bar{p}_+$, θ_-와 θ_+ 사이의 관계는 (10-63)식과 (10-68~69)식으로부터 각각 다음과 같이 나타낼 수 있다.

$$\frac{\bar{p}_+}{\bar{p}_-} = \frac{\sin(\Delta + \omega')}{\sin(\Delta - \omega')} \tag{10-182}$$

$$\theta_- = \alpha_s + \frac{\pi}{2} - \frac{1}{2}(\Delta + \omega') + m\pi, \quad \theta_+ = \alpha_s + \frac{1}{2}(\Delta - \omega') + m\pi \tag{10-183}$$

식에서 ω'는 하중경사각, α_s는 응력불연속선의 $x-$축에 대한 경사각이고 $\sin\Delta = \sin\omega'/\sin\phi$이다. 〈그림 10-43〉과 같이 곡선사면의 경사각이 $\varphi_s(< \pi/2)$인 예각사면에 대하여 $x-$축에 등분포 수직등가압력 p_0가 작용할 때, 한계평형상태를 유지하면서 압력이 작용하지 않는 예각사면의 형태를 결정하고자 한다. 그림의 응력장 A_0OA에서 OA를 따라서 응력불연속선의 기울기 $[dy/dx]$, 응력불연속선의 경사각 α_s, 등가응력 $\bar{p}$ 및 최대주응력방향 θ는 (10-182~183)식으로부터 각각 다음과 같이 나타낼 수 있다 (Sokolovskii, 1965).

$$\frac{dy}{dx} = \tan\alpha_s, \quad \alpha_s = \frac{1}{2}(\Delta + \omega'),$$
$$\bar{p} = \frac{p_0 + \gamma_s y}{1 + \sin\phi}\,\frac{\sin(\Delta + \omega')}{\sin(\Delta - \omega')}, \quad \theta = \Delta \tag{10-184}$$

또한 곡선사면을 따라서 $[dy/dx]$, $\bar{p}$ 및 θ는 각각 다음과 같다.

$$\frac{dy}{dx} = \tan\varphi_s, \quad \bar{p} = \frac{H}{1 - \sin\phi}, \quad \theta = \varphi_s \tag{10-185}$$

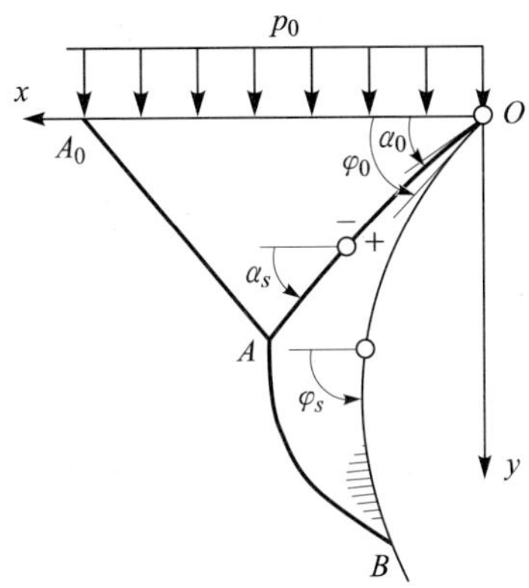

〈그림 10-43〉 **예각사면의 응력장** (Sokolovskii, 1965)

응력장 AOB에 대해서는 제4경계값문제를 적용하여 (10−184~185)식과 함께 (10−39~40)식의 해를 구할 수 있다. 꼭짓점 O에서 초기 응력불연속선의 경사각은 $\alpha_s=\alpha_0$이고 곡선사면의 초기 경사각은 $\varphi_s=\varphi_0$이며 각각 다음과 같다.

$$\alpha_0=\frac{1}{2}(\Delta+\omega'),\quad \varphi_0=\Delta \tag{10-186}$$

위의 식과 함께 수직등가압력 p_0는 (10−184~186)식으로부터($y=0$) 다음과 같이 나타낼 수 있다.

$$p_0=H\frac{1+\sin\phi}{1-\sin\phi}\frac{\sin(\Delta-\omega')}{\sin(\Delta+\omega')} \tag{10-187}$$

위의 두 식에서 α_0, φ_0 및 p_0의 값의 범위는 각각 아래와 같다.

$$0\le\alpha_0\le\frac{\pi}{2}-\mu,\quad 0\le\varphi_0\le\frac{\pi}{2},\quad H\le p_0\le H\frac{1+\sin\phi}{1-\sin\phi} \tag{10-188}$$

응력불연속선 OA와 사면 OB는 모두 곡선이며 경사각 α_s와 φ_s는 꼭짓점 O의 $\alpha_s=\alpha_0$ 및 $\varphi_s=\varphi_0$을 초깃값으로 하여 각각 $\alpha_s=\pi/2-\mu$ 및 $\varphi_s=\pi-\phi$까지 증가하고, 동일한 범위 내에서 평균 수직등가응력 $\bar{p}$의 불연속성은 점차 소멸된다. 수직등가압력 p_0에 대한 경사각 α_s 및 φ_s는 각각 다음과 같고 곡선인 응력불연속선 OA는 x−축과 $\pi/2-\mu$만큼 경사진 방향의 직선으로 퇴화된다.

$$p_0=H\frac{1+\sin\phi}{1-\sin\phi}\ \rightarrow\ \alpha_s=\frac{\pi}{2}-\mu,\quad \varphi_s=\frac{\pi}{2} \tag{10-189}$$

예제 6

곡선사면의 초기 경사각 $\varphi_0 = 45°$ 인 예각사면에 대하여 마찰각 $\phi = 30°$, 특성길이 $l_{ch} = c/\gamma_s = 1$ 인 경우에 응력특성곡선을 구하라(Sokolovskii, 1965).

풀이 〈표 10-6〉의 계산표에 제4경계값문제인 응력특성곡선의 값과 응력특성곡선을 도시하였다. 계산표에 도시된 그림의 응력불연속선 OA에 해당하는 대각선 방향의 사각형 (2,0), (4,1), ⋯, (12,5)의 값은 (10-45)식과 함께 아래의 관계식을 이용한다.

$$y = y_a + (x - x_a)\tan\alpha_s, \quad \alpha_s = \frac{1}{2}(\Delta + \omega'), \quad \bar{p} = \frac{p_0 + \gamma_s y}{1 + \sin\phi}\frac{\sin(\Delta + \omega')}{\sin(\Delta - \omega')}, \quad \theta = \Delta$$

식에서 α_s는 응력불연속선 OA의 경사각이다. 동일한 방법으로 예각사면 OB에 해당하는 대각선 방향의 사각형 (0,0), (1,1), ⋯, (12,12)에 대하여 $\tilde{p} = \cot\phi/(1 - \sin\phi)$이며, (10-46)식과 함께 아래의 관계식을 이용한다.

$$y = y_b + (x - x_b)\tan\alpha_s, \quad \theta = \varphi_s$$

나머지 사각형은 모두 (10-45~46)식에 의하여 $(x, y, \tilde{p}, \theta)$를 구한다. 응력불연속선 OA에 대한 x, y 및 α_s의 값은 다음과 같다.

x	0.08	0.18	0.30	0.43	0.60	0.79	1.01	1.25
y	0.05	0.12	0.21	0.30	0.44	0.59	0.79	1.01
α_s	0.57	0.60	0.63	0.65	0.68	0.71	0.74	0.77

또한 계산표에 도시된 그림의 돌출사면 OB에 대한 x, y 및 φ_s의 값은 다음과 같다.

x	0.00	0.14	0.27	0.40	0.54	0.70	0.86	1.05
y	0.00	0.15	0.29	0.47	0.70	0.99	1.36	2.09
φ_s	0.79	0.84	0.90	0.96	1.03	1.12	1.22	1.39

〈표 10-6〉 예각사면에 대한 무차원 변수 계산표($\gamma_s \neq 0$) (Sokolovskii, 1965)

	j \ i	0	1	2	3	4	5	6	7	8	9	10
x	0	0.09	0.13	0.18								
y		0.09	0.10	0.12								
$\tilde{p}$		3.46	3.48	3.49								
θ		0.81	0.82	0.83								
x	1		0.14	0.19	0.25	0.30						
y			0.15	0.17	0.19	0.21						
$\tilde{p}$			3.46	3.48	3.51	3.55						
θ			0.84	0.84	0.86	0.87						
x	2			0.20	0.26	0.31	0.37	0.43				
y				0.22	0.24	0.26	0.28	0.30				
$\tilde{p}$				3.46	3.50	3.53	3.55	3.57				
θ				0.86	0.87	0.88	0.89	0.90				
x	3				0.27	0.32	0.38	0.44	0.52	0.60		
y					0.29	0.32	0.34	0.37	0.40	0.44		
$\tilde{p}$					3.46	3.50	3.52	3.54	3.57	3.61		
θ					0.90	0.91	0.91	0.92	0.93	0.94		
x	4					0.33	0.39	0.45	0.53	0.61	0.70	0.79
y						0.38	0.40	0.43	0.47	0.50	0.55	0.59
$\tilde{p}$						3.46	3.49	3.51	3.54	3.58	3.61	3.65
θ						0.93	0.94	0.95	0.96	0.97	0.98	0.99
x	5						0.40	0.46	0.54	0.62	0.71	0.80
y							0.47	0.50	0.54	0.58	0.62	0.67
$\tilde{p}$							3.46	3.49	3.52	3.56	3.60	3.64
θ							0.96	0.97	0.98	0.99	1.00	1.01
x	6							0.46	0.54	0.62	0.71	0.80
y								0.56	0.60	0.65	0.69	0.74
$\tilde{p}$								3.46	3.50	3.54	3.58	3.62
θ								0.99	1.00	1.01	1.02	1.03
x	7								0.54	0.62	0.71	0.80
y									0.70	0.74	0.79	0.84
$\tilde{p}$									3.46	3.50	3.55	3.59
θ									1.03	1.04	1.06	1.07
x	8									0.62	0.71	0.79
y										0.83	0.89	0.94
$\tilde{p}$										3.46	3.51	3.56
θ										1.08	1.09	1.10
x	9										0.70	0.79
y											0.99	1.05
$\tilde{p}$											3.46	3.51
θ											1.12	1.13
x	10											0.78
y												1.16
$\tilde{p}$												3.46
θ												1.17

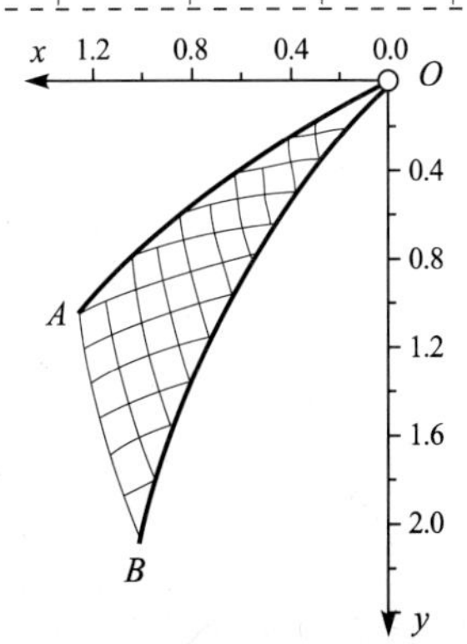

[응력장 및 응력특성곡선]

10.2.8 옹벽의 토압

옹벽에 작용하는 토압 문제도 〈그림 10-23〉과 같이 가이드와 베어링의 마찰에 저항을 받는 평형저울에 비유할 수 있다. 즉 그림의 좌측 접시판에 하중 P를 가할 때 저울의 평형상태를 유지시키기 위해서 우측 접시판에 가해야 할 하중을 구하는 문제이다. 물론 이와 같은 문제에 대해서는 연속기초의 지지력을 구할 때와 같이 두 가지의 해가 있을 수 있는데, 좌측 접시판에 가해지는 하중이 우측 접시판의 하중보다 크거나 또는 작은 경우이다.

가장 간단한 옹벽의 토압 문제로서 양의 $x-$축을 따라서 수직등가압력 $p(x)$가 작용할 때 옹벽배면에 작용하는 등가압력 q를 구하고자 한다. 등가압력 q는 옹벽배면의 법선에 대하여 하중경사각이 ω'이다. 옹벽경사각 β_w가 충분히 크고 뒤채움재료의 한계평형상태가 유지되는 경우에 옹벽배면에 대하여 다음 식이 유효하다면 응력분포는 원점 O를 제외하면 모든 응력장에서 연속적이다(〈그림 10-45(a)〉 참조).

$$|\omega'| = \delta' \le \phi \tag{10-190}$$

식에서 δ'은 벽면마찰각이다. 옹벽배면에 작용하는 등가압력의 수직 및 접선성분은 각각 다음과 같이 나타낼 수 있다.

$$\sigma_n + H = q\cos\omega', \quad \tau_n = q\sin\omega' \tag{10-191}$$

식에서 $\omega' \le \phi$이다. 옹벽 뒤채움재료의 토압은 주동토압과 수동토압이 있으며 수동토압은 대응하는 주동토압보다 몇 배나 큰 값을 보이는 것이 보통이다.

(1) 옹벽의 주동토압

옹벽 뒤채움재료의 주동토압을 결정하기 위해서 옹벽이 뒤채움재료의 하향 활동에 저항할 수 있도록 하중경사각 ω'과 벽면마찰각 δ'은 $\omega' = \delta' \ge 0$으로 가정한다. 이와 같은 조건에서는 양의 $x-$축에 인접한 응력장은 최소응력상태가 되고 옹벽배면에 인접한 응력장은 최대응력상태가 된다. 따라서 양의 $x-$축을 따라서는 (10-67)식에 $\kappa = -1$ 및 $m = 0$을 대입하여 등가응력 $\bar{p}$와 최대주응력방향 θ는 각각 다음과 같다.

$$\text{– 양의 } x-\text{축 : } \bar{p} = \frac{p(x)}{1+\sin\phi}, \quad \theta = \frac{\pi}{2} \tag{10-192}$$

옹벽배면을 따라서는 (10-66)식 및 (10-63)식에 각각 $\kappa = +1$ 및 $m = 0$을 적용하여 다음 식을 얻을 수 있다.

– 옹벽배면 : $q=\bar{p}\dfrac{\sin(\Delta_w-\delta')}{\sin\Delta_w}$, $\theta=\beta_w+\dfrac{1}{2}(\Delta_w-\delta')$ (10-193)

식에서 $\sin\Delta_w=\sin\delta'/\sin\phi$이고 $0\le\Delta_w\le\pi/2$이다. 옹벽의 토압에 대한 문제는 연속기초의 지지력문제에서 구속압력을 구하는 것과 동일한 방법을 적용할 수 있으며 옹벽경사각 $\beta_w=\pi$ 및 벽면마찰각 $\delta'=0$이면 두 문제는 일치한다.

i) 흙의 단위중량 무시

먼저 흙의 단위중량을 무시하고 해를 구하고자 한다. 하중 $p(x)$의 도함수 $p'(x)>0$으로 가정한다. $\xi-\eta$평면에는 〈그림 10-44〉와 같이 2장의 시트($I-$시트, $II-$시트)에 도형을 그린다. $I-$시트에는 사다리꼴 $A_0O_1O_2A_2$, $II-$시트에는 직각삼각형 $A_2O_2A_3$를 도시해야 하며, 사다리꼴 $A_0O_1O_2A_2$의 변 A_0O_1은 (10-192)식으로 표시되고 직각삼각형 $A_2O_2A_3$는 (10-193)식으로 나타낼 수 있다. 〈그림 10-44(a)〉는 2장의 시트를 선분 O_2A_2를 따라서 결합하여 1장의 시트로 나타낸 겹친 특성곡선 도형이며 〈그림 10-44(b)〉는 펼친 특성곡선 도형이다. 선분 O_2A_3를 따라서 x와 y의 관계는 다음과 같다.

$$y=x\tan\beta_w \tag{10-194}$$

식에서 β_w는 옹벽경사각이다. 위의 식과 함께 (10-39)식에 대한 해는 직각삼각형 $A_0O_1A_1$, 사각형 $A_1O_1O_2A_2$ 및 직각삼각형 $A_2O_2A_3$에 대하여 차례대로 얻을 수 있다. O_1의 $\theta=\theta_1=\pi/2$는 O_2의 $\theta=\theta_2$보다 작아야 하므로 $\theta_2\ge\pi/2$이며, (10-193)식에 의해서 β_w는 다음의 부등식을 충족시켜야 한다.

$$\beta_w\ge\frac{\pi}{2}-\frac{1}{2}(\Delta_w-\delta') \tag{10-195}$$

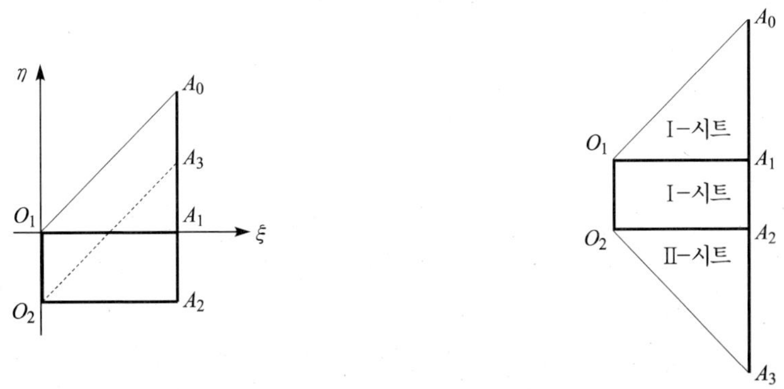

(a) $\xi-\eta$평면의 겹친 특성곡선 도형 (b) 펼친 특성곡선 도형

〈그림 10-44〉 옹벽의 주동토압에 대한 $\xi-\eta$평면의 특성곡선 도형($\gamma_s=0$) (Sokolovskii, 1965; Harr, 1966)

식에서 δ'은 벽면마찰각이다. $x-y$평면의 전체적인 응력장 형태는 〈그림 10-45(a)〉와 같으며 원점 O는 $\xi-\eta$평면의 선분 O_1O_2에 대응하는 점인데, 만약 위의 부등식을 충족시키지 못하면 응력장 A_0OA_1과 A_2OA_3는 원점 O의 근방에서 겹치게 되고 한계평형상태는 발생하지 않으며 응력의 불연속도 없다. 옹벽배면의 원점 O에서 등가압력 $q=q_0$의 값은 뒤채움재료의 동일한 원점 O의 수직등가압력 p_0를 이용하여 나타낼 수 있다. 이를 위해서는 O_1과 O_2에 대한 등가응력 $\bar{p}$와 최대주응력방향 θ를 각각 (10-192)식과 (10-193)식으로 결정하고 나머지는 연속기초의 지지력문제에서 구속압력을 구하는 것과 동일한 방법을 적용하면 된다. 선분 O_1O_2를 따라서 등가응력 $\bar{p}$는 다음과 같다.

$$\bar{p}=\frac{p_0}{1+\sin\phi}\exp\left[2\left(\frac{\pi}{2}-\theta\right)\tan\phi\right] \tag{10-196}$$

또한 위의 식과 함께 (10-193)식으로부터 등가압력 q_0는 다음과 같다.

$$q_0=\frac{p_0}{1+\sin\phi}\frac{\sin(\Delta_w-\delta')}{\sin\Delta_w}\exp\left[(\pi-2\beta_w-\Delta_w+\delta')\tan\phi\right] \tag{10-197}$$

ii) 흙의 단위중량 고려

다음으로 동일한 문제에 대하여 흙의 단위중량을 고려하여 해를 구하고자 한다. 여기서는 $p(x)$가 단조함수라는 가정은 폐기한다. 〈그림 10-45(b)〉와 같이 $\xi_\gamma-\eta_\gamma$평면에 사다리꼴$A_0O_1O_2A_3$를 도시하면 선분 A_0O_1과 O_1O_2에 대한 값은 흙의 단위중량을 무시하는 문제와 동일하며 O_2A_3를 따라서는 (10-194)식과 함께 최대주응력방향은 다음과 같다.

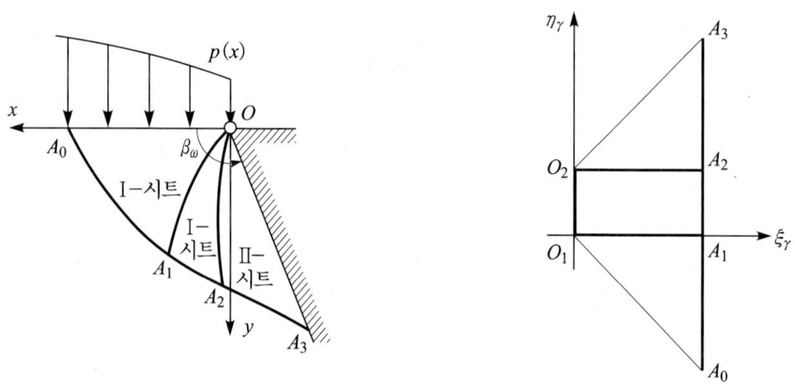

(a) $x-y$평면의 응력장 (b) $\xi_\gamma-\eta_\gamma$평면의 특성곡선 도형

〈그림 10-45〉 옹벽의 주동토압에 대한 $x-y$평면의 응력장과 $\xi_\gamma-\eta_\gamma$평면의 특성곡선 도형($\gamma_s\neq0$)
(Sokolovskii, 1965)

$$y = x\tan\beta_w, \quad \theta = \beta_w + \frac{1}{2}(\Delta_w - \delta') \tag{10-198}$$

이와 같은 방법으로 구한 응력장은 흙의 단위중량 때문에 응력특성곡선이 다소 틀어지기는 하지만 전체적으로 흙의 단위중량을 무시하는 문제인 〈그림 10-45(a)〉의 특성곡선 형태를 그대로 유지하게 된다.

iii) 등분포하중 작용

만약 양의 $x-$축에 작용하는 수직등가압력이 $p(x)=p_0$인 등분포하중이라면 간단하게 해를 구할 수 있다. 첫째, 흙의 단위중량을 무시하면 〈그림 10-46(a)〉와 같이 $x-y$평면의 균일응력장인 A_0OA_1 및 A_2OA_3에서는 응력특성곡선이 2개의 평행한 직선군으로 구성되고, 응력장 A_1OA_2에서는 원점 O를 통과하는 광선속과 O를 원점으로 하는 대수나선군으로 구성된다. $\xi-\eta$평면에서 O_1과 O_2는 각각 균일응력장 A_0OA_1 및 A_2OA_3가 되고 선분 O_1O_2는 응력장 A_1OA_2를 나타낸다. 옹벽배면에 작용하는 등가압력 q는 다음과 같은 등분포하중으로 나타낼 수 있다.

$$q = \frac{p_0}{1+\sin\phi}\frac{\sin(\Delta_w+\delta')}{\sin\Delta_w}\exp[(\pi - 2\beta_w - \Delta_w + \delta')\tan\phi] \tag{10-199}$$

둘째, 흙의 단위중량을 고려하는 문제에서는 $x-y$평면에서 응력장 A_0OA_1만 균일응력장으로서 직선인 응력특성곡선이 구축되고 나머지 응력장의 응력특성곡선은 모두 곡선이 된다. 특히 벽면마찰각 $\delta'=0$일 때 옹벽배면이 수직이라면 응력상태는 다음 식으로 구할 수 있다.

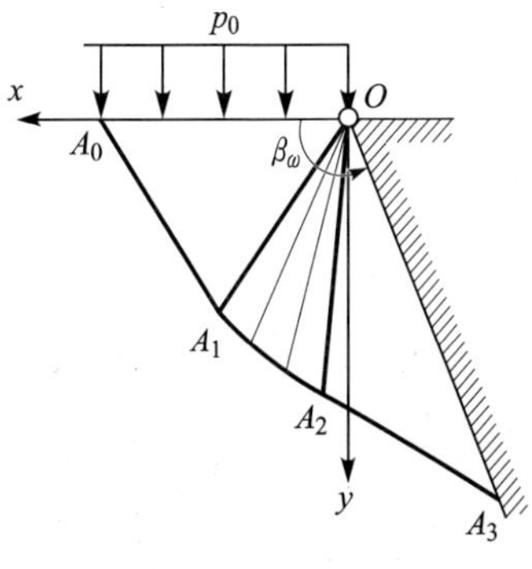

(a) 경사옹벽

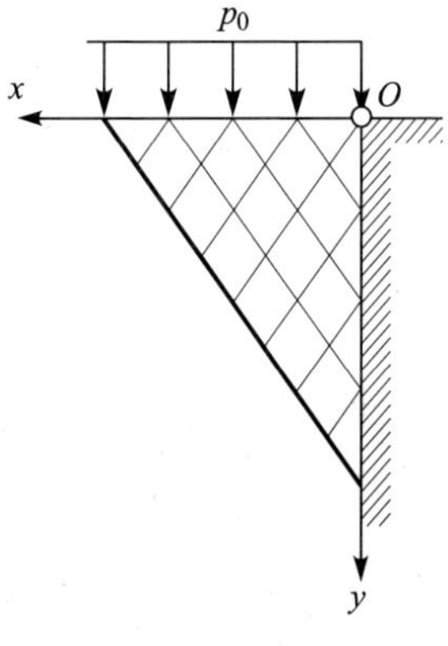

(b) 수직옹벽

〈그림 10-46〉 등분포하중이 작용하는 옹벽의 주동토압에 대한 응력장 및 응력특성곡선 (Sokolovskii, 1965)

$$\sigma_{xx} + H = (p_0 + \gamma_s y)\frac{1-\sin\phi}{1+\sin\phi}, \quad \sigma_{yy} + H = p_0 + \gamma_s y, \quad \tau_{xy} = 0 \tag{10-200}$$

응력특성곡선은 〈그림 10-46(b)〉와 같이 2개의 평행한 직선군으로 구성된다. 또한 등가압력 q는 다음과 같다.

$$q = (p_0 + \gamma_s y)\frac{1-\sin\phi}{1+\sin\phi} = (p_0 + \gamma_s y)\tan^2\left(\frac{\pi}{4} - \frac{\phi}{2}\right) \tag{10-201}$$

위의 식에서 $p_0 = 0$이면 Coulomb의 한계평형법에 의한 (7-214)식 또는 (7-219)식과 동일한 형태가 된다. 이것은 Coulomb의 활동선이 직선 응력특성곡선의 하나인 옹벽배면의 가장 낮은 점을 통과하는 응력특성곡선이기 때문이며, 배면이 수직이 아니거나 벽면마찰각 $\delta' \neq 0$이면 동일하지 않다. 또한 〈그림 10-46(b)〉의 원점 O에서 옹벽배면에 작용하는 응력은 음의 값이 아니어야 하므로 (10-200)식에 의하여 다음 식이 성립해야 한다.

$$p_0 \geq H\frac{1+\sin\phi}{1-\sin\phi} \tag{10-202}$$

위와 같이 등가압력 p_0의 값을 제한하는 조건을 이용하여, $x-y$평면에서 옹벽배면의 원점 O에 작용하는 실제압력이 0인 위치를 찾을 수 있다. 이와 같은 경우에 양의 $x-$축을 따라서 다음의 등가압력이 작용해야지만 된다.

$$\sigma_{yy} + H = H\frac{1+\sin\phi}{1-\sin\phi} \tag{10-203}$$

위의 등가압력은 〈그림 10-47〉과 같이 양의 $x-$축 위에 놓여 있는 두께가 h인 토층과 동일한 것으로 고려할 수 있으며 토층에서의 응력상태는 다음과 같다.

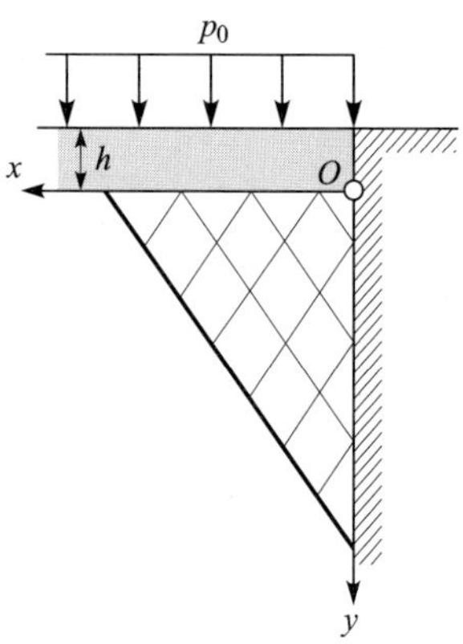

〈그림 10-47〉 옹벽배면에 토압이 작용하지 않는 한계고 (Sokolovskii, 1965)

$$\sigma_{xx} = 0, \quad \sigma_{yy} + H = p_0 + \gamma_s (h + y), \quad \tau_{xy} = 0 \tag{10-204}$$

따라서 양의 x－축에 대하여 σ_{yy}의 연속조건을 충족시켜야 하므로 (10-203~204)식으로부터 옹벽배면에 토압이 작용하지 않는 한계고 h_{cr}을 구할 수 있다.

$$h_{cr} = \frac{1}{\gamma_s}\left(H\frac{1+\sin\phi}{1-\sin\phi} - p_0\right) \tag{10-205}$$

예제 7

뒤채움재료의 마찰각 $\phi = 30°$, 벽면마찰각 $\delta' = 20°$, 옹벽경사각 $\beta_w = 110°$이고 $p(x) = p_0 + \gamma_s x$의 하중이 작용하는 옹벽에 대하여 특성길이 $l_{ch} = p_0/\gamma_s = 1$인 경우에 무차원 변수를 이용하여 응력특성곡선을 구하라. 단, $0 \le x \le 2$이다(Sokolovskii, 1965).

풀이 문제의 해는 〈표 10-7(a)~(b)〉와 같이 제2경계값문제와 제3경계값문제를 이용하여 구한다. 먼저 계산표(a)에서 양의 x－축에 해당되는 대각선 방향의 사각형 (10,0), (9,1), …, (0,10)에서는 $y = 0$이며 $x = 2.0$으로 취한다. 무차원 변수 $\tilde{p}$와 θ는 (10-192)식을 이용하여 구한다.

$$\tilde{p} = \frac{\bar{p}}{p_0} = \frac{1}{p_0} \times \frac{p_0 + \gamma_s x}{1+\sin\phi} = \frac{1+x}{1+\sin\phi}, \quad \theta = \frac{\pi}{2}$$

다음으로 원점 O에 해당하는 사각형 (0,10), (0,11), …, (0,14)에서 $x = y = 0$이며, θ는 양의 x－축에서 $\theta = \pi/2$이고 옹벽배면에서는 (10-198)식의 $\theta = \beta_w + (\Delta_w - \delta')/2$이므로 1.57 ~ 2.12의 값을 4개의 구간으로 나누어준다. $\tilde{p}$는 (10-196)식으로부터 아래와 같이 구한다.

$$\tilde{p} = \frac{\bar{p}}{p_0} = \frac{1}{p_0} \times \frac{p_0 + \gamma_s(0)}{1+\sin\phi}\exp\left[2\left(\frac{\pi}{2} - \theta\right)\tan\phi\right] = \frac{1}{1+\sin\phi}\exp\left[2\left(\frac{\pi}{2} - \theta\right)\tan\phi\right]$$

마지막으로 계산표(b)의 옹벽배면에 해당하는 대각선 방향의 사각형 (0,14), (1,15), …, (10,24)에서 θ는 (10-198)식으로 결정하고, 사각형의 무차원 변수는 (10-45~46)식을 이용하여 $(x, y, \tilde{p}, \theta)$를 구한다. 대각선 방향의 점화식에서 y는 (10-198)식을 이용한다. 무차원 값인 (10-193)식의 $q = \tilde{p}(\Delta_w - \delta')/\sin\Delta_w$는 대각선 방향의 사각형 (0,14), (1,15), …, (10,24)의 값을 이용하여 아래와 같이 계산한다.

(i,j)	0,14	1,15	2,16	3,17	4,18	5,19	6,20	7,21	8,22	9,23	10,24
y	0.00	0.34	0.68	1.00	1.32	1.63	1.93	2.24	2.54	2.84	3.14
$\tilde{p}$	0.35	0.52	0.68	0.84	1.00	1.16	1.32	1.47	1.62	1.78	1.93
q	0.20	0.30	0.39	0.49	0.57	0.67	0.76	0.84	0.93	1.02	1.11

〈표 10-7(a)〉 옹벽 뒤채움재료의 주동토압에 대한 무차원 변수 계산표($\gamma_s \neq 0$) (Sokolovskii, 1965)

	j \ i	0	1	2	3	4	5	6	7	8	9	10
x	0											2.00
$\underset{\sim}{y}$												0.00
$\underset{\sim}{p}$												2.00
θ												1.57
x	1										1.80	1.90
$\underset{\sim}{y}$											0.00	0.17
$\underset{\sim}{p}$											1.87	2.05
θ											1.57	1.60
x	2									1.60	1.70	1.79
$\underset{\sim}{y}$										0.00	0.17	0.35
$\underset{\sim}{p}$										1.73	1.92	2.10
θ										1.57	1.60	1.62
x	3								1.40	1.50	1.59	1.67
$\underset{\sim}{y}$									0.00	0.17	0.35	0.52
$\underset{\sim}{p}$									1.60	1.78	1.97	2.15
θ									1.57	1.60	1.63	1.65
x	4							1.20	1.30	1.39	1.47	1.55
$\underset{\sim}{y}$								0.00	0.17	0.35	0.52	0.69
$\underset{\sim}{p}$								1.47	1.65	1.83	2.01	2.19
θ								1.57	1.60	1.63	1.65	1.67
x	5						1.00	1.10	1.18	1.27	1.35	1.42
$\underset{\sim}{y}$							0.00	0.17	0.35	0.52	0.69	0.87
$\underset{\sim}{p}$							1.33	1.52	1.70	1.88	2.06	2.24
θ							1.57	1.61	1.64	1.66	1.68	1.69
x	6					0.80	0.90	0.98	1.06	1.14	1.22	1.29
$\underset{\sim}{y}$						0.00	0.17	0.35	0.52	0.69	0.87	1.04
$\underset{\sim}{p}$						1.20	1.39	1.57	1.75	1.93	2.10	2.28
θ						1.57	1.61	1.64	1.67	1.69	1.70	1.72
x	7				0.60	0.69	0.78	0.86	0.94	1.01	1.08	1.14
$\underset{\sim}{y}$					0.00	0.17	0.35	0.52	0.69	0.87	1.04	1.22
$\underset{\sim}{p}$					1.07	1.25	1.44	1.62	1.79	1.97	2.14	2.32
θ					1.57	1.61	1.65	1.67	1.69	1.71	1.72	1.74
x	8			0.40	0.49	0.58	0.66	0.73	0.80	0.87	0.93	1.00
$\underset{\sim}{y}$				0.00	0.17	0.35	0.52	0.69	0.87	1.04	1.22	1.39
$\underset{\sim}{p}$				0.93	1.12	1.30	1.48	1.66	1.84	2.01	2.18	2.35
θ				1.57	1.62	1.65	1.68	1.70	1.72	1.73	1.75	1.76
x	9		0.20	0.29	0.38	0.45	0.53	0.59	0.66	0.72	0.78	0.84
$\underset{\sim}{y}$			0.00	0.17	0.35	0.52	0.69	0.87	1.04	1.22	1.39	1.57
$\underset{\sim}{p}$			0.80	0.99	1.17	1.35	1.53	1.70	1.88	2.05	2.22	2.39
θ			1.57	1.62	1.66	1.69	1.71	1.73	1.74	1.76	1.77	1.78
x	10	0.00	0.09	0.17	0.25	0.32	0.38	0.45	0.51	0.57	0.62	0.68
$\underset{\sim}{y}$		0.00	0.17	0.35	0.52	0.69	0.87	1.04	1.22	1.39	1.57	1.75
$\underset{\sim}{p}$		0.67	0.86	1.04	1.22	1.40	1.57	1.74	1.92	2.09	2.26	2.43
θ		1.57	1.63	1.67	1.70	1.72	1.74	1.76	1.77	1.78	1.79	1.79

〈표 10-7(b)〉 옹벽 뒤채움재료의 주동토압에 대한 무차원 변수 계산표($\gamma_s \neq 0$) (Sokolovskii, 1965)

	j \ i	0	1	2	3	4	5	6	7	8	9	10
x	13	0.00	0.04	0.08	0.12	0.16	0.20	0.25	0.29	0.33	0.37	0.41
y		0.00	0.24	0.45	0.66	0.86	1.05	1.25	1.44	1.63	1.82	2.01
$\tilde{p}$		0.41	0.64	0.85	1.04	1.23	1.41	1.59	1.77	1.94	2.12	2.29
θ		1.98	1.91	1.90	1.89	1.88	1.88	1.88	1.88	1.88	1.88	1.88
x	14	0.00	0.02	0.05	0.08	0.12	0.15	0.19	0.23	0.27	0.31	0.34
y		0.00	2.25	0.48	0.69	0.90	1.10	1.30	1.49	1.69	1.88	2.07
$\tilde{p}$		0.35	0.60	0.81	1.01	1.20	1.38	1.56	1.74	1.92	2.10	2.27
θ		2.12	1.98	1.94	1.92	1.91	1.91	1.90	1.90	1.90	1.90	1.90
x	15		−0.12	−0.12	−0.10	−0.07	−0.04	−0.01	0.02	0.05	0.08	0.12
y			0.34	0.60	0.83	1.05	1.26	1.47	1.67	1.87	2.07	2.27
$\tilde{p}$			0.52	0.76	0.97	1.16	1.36	1.54	1.72	1.91	2.08	2.26
θ			2.12	2.03	1.99	1.97	1.95	1.95	1.94	1.93	1.93	1.93
x	16			−0.25	−0.24	−0.23	−0.21	−0.19	−0.16	−0.14	−0.11	−0.08
y				0.68	0.93	1.16	1.39	1.60	1.81	2.02	2.22	2.42
$\tilde{p}$				0.68	0.91	1.12	1.32	1.51	1.70	1.88	2.06	2.24
θ				2.12	2.10	2.02	2.00	1.98	1.97	1.96	1.96	1.95
x	17				−0.36	−0.36	−0.35	−0.34	−0.32	−0.30	−0.28	−0.25
y					1.00	1.25	1.48	1.71	1.93	2.14	2.35	2.56
$\tilde{p}$					0.84	1.07	1.27	1.47	1.66	1.85	2.04	2.22
θ					2.12	2.07	2.04	2.02	2.00	1.99	1.98	1.97
x	18					−0.48	−0.48	−0.47	−0.46	−0.44	−0.43	−0.41
y						1.32	1.56	1.80	2.02	2.24	2.46	2.67
$\tilde{p}$						1.00	1.22	1.43	1.62	1.82	2.01	2.19
θ						2.12	2.08	2.05	2.03	2.01	2.00	1.99
x	19						−0.59	−0.59	−0.59	−0.58	−0.57	−0.55
y							1.63	1.87	2.11	2.33	2.35	2.77
$\tilde{p}$							1.16	1.37	1.58	1.78	1.97	2.16
θ							2.12	2.09	2.06	2.04	2.03	2.01
x	20							−0.70	−0.71	−0.70	−0.69	−0.68
y								1.93	2.18	2.41	2.64	2.86
$\tilde{p}$								1.32	1.53	1.73	1.93	2.12
θ								2.12	2.09	2.07	2.05	2.03
x	21								−0.82	−0.82	−0.82	−0.81
y									2.24	2.48	2.71	2.94
$\tilde{p}$									1.47	1.68	1.88	2.08
θ									2.12	2.09	2.07	2.06
x	22									−0.93	−0.93	−0.93
y										2.54	2.78	3.02
$\tilde{p}$										1.62	1.83	2.03
θ										2.12	2.10	2.08
x	23										−1.03	−1.04
y											2.84	3.08
$\tilde{p}$											1.78	1.98
θ											2.12	2.10

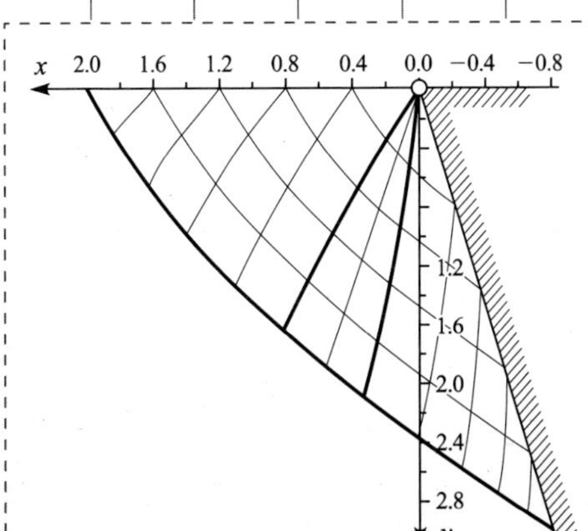

[응력장 및 응력특성곡선]

(2) 옹벽의 수동토압

옹벽 뒤채움재료의 수동토압을 구하기 위해서는 옹벽이 뒤채움재료의 히빙을 유발하는 것으로 가정하고 하중경사각 ω'과 벽면마찰각 δ'은 $\omega' = \delta' \le 0$이 되어야 한다. 따라서 양의 $x-$축에 인접한 응력장은 최대응력상태가 되고 옹벽배면에 인접한 응력장은 최소응력상태가 된다. 뒤채움재료의 경계인 양의 $x-$축을 따라서는 (10-67)식에 $\kappa=+1$ 및 $m=0$을 대입하여 등가응력 $\bar{p}$와 최대주응력방향 θ는 각각 다음과 같이 나타낼 수 있다.

$$- \text{양의 } x-\text{축} : \bar{p} = \frac{p(x)}{1-\sin\phi}, \quad \theta = 0 \tag{10-206}$$

또한 옹벽배면을 따라서는 (10-66)식 및 (10-63)식에 각각 $\kappa=-1$ 및 $m=0$을 적용하면 다음 식을 얻을 수 있다.

$$- \text{옹벽배면} : q = \bar{p}\,\frac{\sin(\Delta_w+\delta')}{\sin\Delta_w}, \quad \theta = \beta_w - \frac{\pi}{2} + \frac{1}{2}(\Delta_w+\delta') \tag{10-207}$$

식에서 $\sin\Delta_w = \sin\delta'/\sin\phi$이고 $0 \le \Delta_w \le \pi/2$이다.

i) 흙의 단위중량 무시

먼저 흙의 단위중량을 무시하고 해를 구하고자 하며 $p'(x) > 0$으로 가정한다. $\xi-\eta$평면에는 〈그림 10-48(a)〉와 같이 2장의 시트($I-$시트, $II-$시트)에 도형을 그린다. $I-$시트의 선분 A_0O_1의 값은 (10-206)식으로 주어지며, $II-$시트의 선분 O_2A_3는 (10-207)식을 따르고 x와 y의 관계는 다음과 같다.

$$y = x\tan\beta_w \tag{10-208}$$

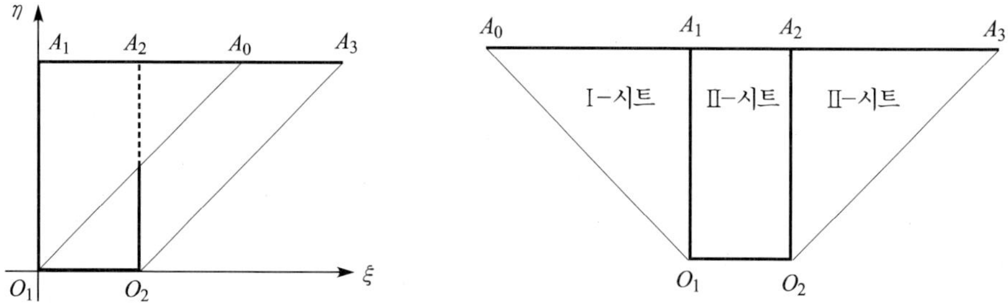

(a) $\xi-\eta$평면의 겹친 특성곡선 도형　　(b) 펼친 특성곡선 도형

〈그림 10-48〉 옹벽의 수동토압에 대한 $\xi-\eta$평면의 특성곡선 도형($\gamma_s=0$)
(Sokolovskii, 1965; Harr, 1966)

식에서 β_w는 옹벽경사각이다. O_1의 $\theta=\theta_1=0$은 O_2의 $\theta=\theta_2$보다 작아야 하므로 $\theta_2 \geq 0$이며 (10-207)식에 의해서 β_w는 다음의 부등식을 충족시켜야 한다.

$$\beta_w \geq \frac{\pi}{2}-\frac{1}{2}(\Delta_w+\delta') \tag{10-209}$$

식에서 δ'은 벽면마찰각이다. 〈그림 10-49〉는 〈그림 10-48〉의 $\xi-\eta$평면에 도시된 특성곡선 도형을 $x-y$평면의 응력장으로 나타낸 것이다. 〈그림 10-49〉에서 $x-y$평면의 원점 O는 〈그림 10-48〉에서 $\xi-\eta$평면의 선분 O_1O_2에 대응하는 점인데, 만약 위의 부등식을 충족시키지 못하면 응력장 A_0OA_1과 A_2OA_3는 원점 O의 근방에서 겹치게 되므로 한계평형상태는 발생하지 않으며 응력불연속도 없게 된다. 옹벽배면의 꼭짓점인 원점 O에서 등가압력 $q=q_0$는 다음과 같이 뒤채움재료의 O에 대한 등가압력 $p=p_0$를 이용해서 나타낼 수 있다.

$$q_0=\frac{p_0}{1-\sin\phi}\frac{\sin(\Delta_w+\delta')}{\sin\Delta_w}\exp[(2\beta_w-\pi+\Delta_w+\delta')\tan\phi] \tag{10-210}$$

식에서 $\sin\Delta_w=\sin\delta'/\sin\phi$이고 $0 \leq \Delta_w \leq \pi/2$이다.

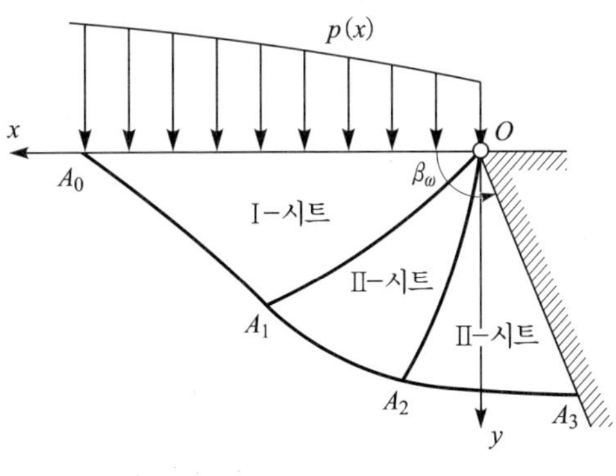

〈그림 10-49〉 옹벽의 수동토압에 대한 $x-y$평면의 응력장($\gamma_s=0$) (Sokolovskii, 1965)

ii) 흙의 단위중량 고려

동일한 문제에 대하여 흙의 단위중량을 고려하여 해를 구하고자 하며 $p(x)$는 단조함수라는 가정은 폐기한다. 〈그림 10-50〉과 같이 $\xi_\gamma-\eta_\gamma$평면의 사다리꼴 $A_0O_1O_2A_3$에 대하여 검토하기로 한다. 선분 A_0O_1과 O_1O_2에 대한 값은 흙의 단위중량을 무시하는 문제와 동일하며, 선분 O_2A_3를 따라서 x와 y의 관계 및 최대주응력방향은 (10-208)식으로부터 다음과 같다.

$$y = x\tan\beta_w, \quad \theta = \beta_w - \frac{\pi}{2} + \frac{1}{2}(\Delta_w + \delta') \tag{10-211}$$

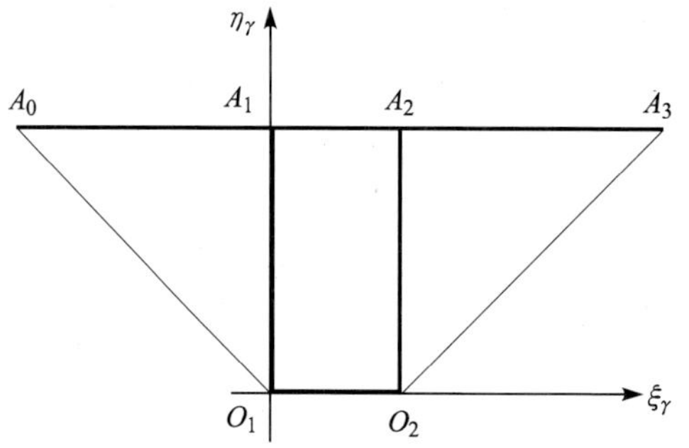

〈그림 10-50〉 옹벽의 수동토압에 대한 $\xi_\gamma - \eta_\gamma$평면의 특성곡선 도형($\gamma_s \neq 0$) (Sokolovskii, 1965)

iii) 등분포하중 작용

양의 x-축에 작용하는 수직등가압력이 $p(x) = p_0$인 등분포하중이라면 간단하게 해를 구할 수 있다. 첫째, 흙의 단위중량을 무시하면 〈그림 10-51〉과 같이 $x-y$평면의 균일응력장 A_0OA_1 및 A_2OA_3에서는 응력특성곡선이 2개의 평행한 직선군으로 나타나고, $\xi-\eta$평면의 선분 O_1O_2에 해당하는 $x-y$평면의 응력장 A_1OA_2에서는 원점 O를 통과하는 광선속과 대수나선군으로 도시된다. 옹벽배면에 작용하는 등가압력 q는 등분포 형태이며 다음과 같다.

$$q = \frac{p_0}{1-\sin\phi}\frac{\sin(\Delta_w + \delta')}{\sin\Delta_w}\exp[(2\beta_w - \pi + \Delta_w + \delta')\tan\phi] \tag{10-212}$$

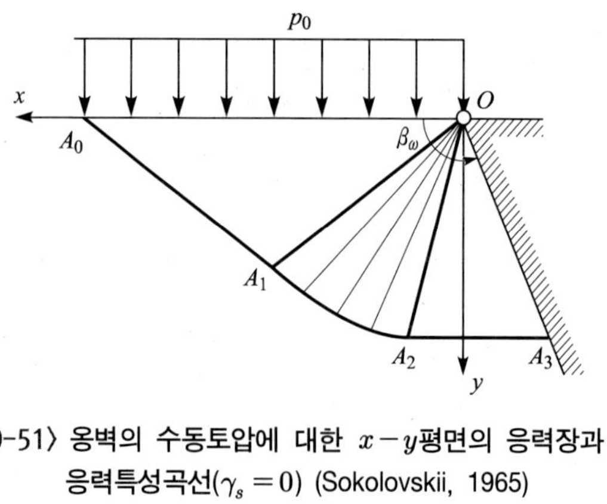

〈그림 10-51〉 옹벽의 수동토압에 대한 $x-y$평면의 응력장과 방사상 응력특성곡선($\gamma_s = 0$) (Sokolovskii, 1965)

둘째, 흙의 단위중량을 고려하면 $x-y$평면에서 균일응력장 A_0OA_1에서만 응력특성곡선이 직선이고 나머지 응력장에서는 모두 곡선이다. 특히 $\beta_w=\pi/2$인 수직옹벽이고 벽면 마찰각 $\delta'=0$이라면 응력성분은 다음의 식으로 주어진다.

$$\sigma_{xx}+H=(p_0+\gamma_s y)\frac{1+\sin\phi}{1-\sin\phi}, \quad \sigma_{yy}+H=p_0+\gamma_s y, \quad \tau_{xy}=0 \tag{10-213}$$

응력특성곡선은 〈그림 10-52〉와 같이 2개의 평행한 직선군이고 옹벽배면에 작용하는 등가압력 q는 다음과 같다.

$$q=(p_0+\gamma_s y)\frac{1+\sin\phi}{1-\sin\phi}=(p_0+\gamma_s y)\tan^2\left(\frac{\pi}{4}+\frac{\phi}{2}\right) \tag{10-214}$$

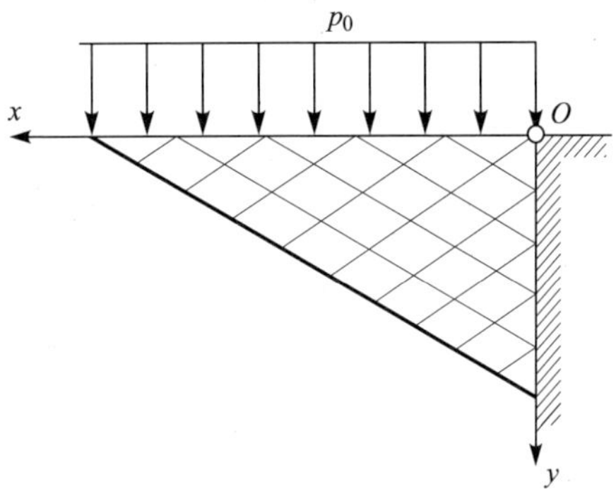

〈그림 10-52〉 등분포하중이 작용하는 수직옹벽의 수동토압에 대한 응력장 및 응력특성곡선 (Sokolovskii, 1965)

위의 식에서 $p_0=0$이라면 Coulomb의 한계평형법에 의한 식과 동일한 형태가 된다 [(7-221)식 참조]. 이것은 Coulomb의 활동선이 직선 응력특성곡선의 하나인 옹벽배면의 가장 낮은 점을 통과하는 응력특성곡선이기 때문이다.

〈그림 10-53〉은 흙의 단위중량과 강도정수가 다른 2개의 토층으로 구성된 뒤채움재료의 주동토압에 대한 응력장과 응력특성곡선을 보여주는 것이다. 수평인 토층경계선에서 응력성분 σ_{yy}와 τ_{xy} 또는 하중인 등가압력 $p(x)$와 하중경사각 ω'은 연속적이어야 하지만 등가응력 $\bar{p}$의 값에서는 유한불연속이 발생할 수 있다. 예로서 수직등가압력 $p(x)$가 작용하는 양의 $x-$축을 경계로 2개의 토층으로 구성된 뒤채움재료에 의하여 옹벽에 작용하는 주동토압을 고려하기로 한다. 〈그림 10-53(a)〉와 같이 흙의 단위중량과 강도정수는 상부 및 하부토층이 각각 γ_{s1}, ϕ_1, H_1 및 γ_{s2}, ϕ_2, H_2이다.

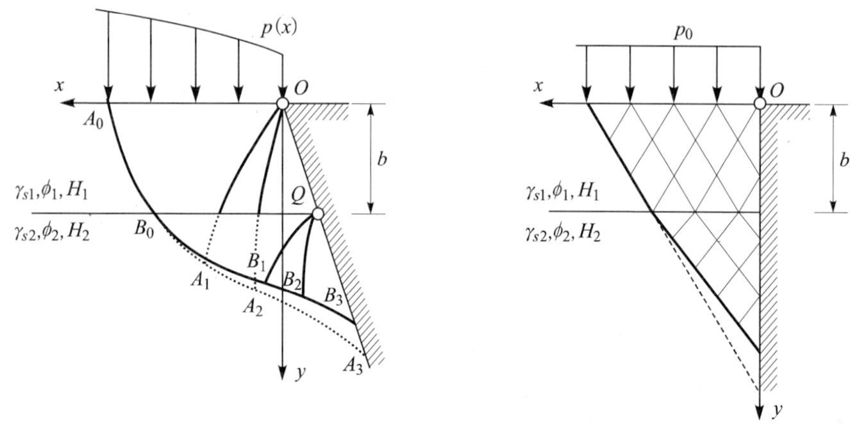

(a) 경사옹벽 (b) 수직옹벽

〈그림 10-53〉 **2개의 토층으로 구성된 뒤채움재료의 주동토압에 대한 응력장 및 응력특성곡선**
(Sokolovskii, 1965)

상부토층의 응력장 A_0OA_1, A_1OA_2 및 A_2OA_3의 응력상태는 양의 x-축과 상부토층과 접한 옹벽배면의 변수의 값을 이용하여 구할 수 있다. 또한 하부토층의 응력장 B_0QB_1, B_1QB_2 및 B_2QB_3의 응력상태도 양의 x-축으로부터 심도가 b인 토층경계선과 하부토층과 접한 옹벽배면의 변수의 값으로부터 계산할 수 있으므로, 상부 및 하부토층의 응력장으로부터 주동토압이 결정된다. 특히 〈그림 10-53(b)〉와 같이 벽면마찰각 $\delta'=0$인 수직옹벽에 수직등가압력 $p(x)$가 등분포하중이라면 x-축에 작용하는 수직등가압력 p_1과 심도가 b인 토층경계선에 작용하는 수직등가압력 p_2는 등분포하중으로서 각각 다음과 같다.

$$p_1 = p_0, \quad p_2 = p + \gamma_{s1} b + H_2 - H_1$$

옹벽배면 상부의 수직등가압력 $\sigma_n + H_1 = q_1$과 하부의 수직등가압력 $\sigma_n + H_2 = q_2$는 각각 다음과 같다.

$$q_1 = (p_1 + \gamma_{s1} y)\frac{1-\sin\phi_1}{1+\sin\phi_1}, \quad q_2 = \left[p_2 + \gamma_{s2}(y-b)\right]\frac{1-\sin\phi_2}{1+\sin\phi_2}$$

응력특성곡선은 〈그림 10-53(b)〉와 같이 상부토층은 교각 $2\mu_1 = \pi/2 - \phi_1$, 하부토층은 교각 $2\mu_2 = \pi/2 - \phi_2$인 2개의 평행한 직선군으로 구성된다. 이와 같은 해석방법은 3개 토층 이상의 뒤채움재료에 대한 주동토압 문제에도 적용할 수 있다. 먼저 최상부 토층의 응력상태와 둘째 토층과의 토층경계선을 따라서 등가압력을 구한 후, 둘째 토층의 응력상태와 셋째 토층과의 토층경계선을 따라서 등가압력을 결정할 수 있으며 동일한 절차를 반복하여 마지막 토층까지 계산하면 된다. 그러나 계산과정에서 토층경계선을 가로질러서 다음 식의 충족여부를 확인해야 한다.

$$|\tau_{xy}| \leq (\sigma_y + H)\tan\phi \quad \text{또는,} \ |\omega'| \leq \phi$$

토층경계선은 반드시 수평일 필요는 없으며 수평이 아니거나 곡선이라고 해도 계산이 가능하다.

(3) 기타 옹벽

Sokolovskii(1965; 1960)는 직선옹벽의 토압은 물론 〈그림 10-54〉와 같이 곡선옹벽, 예각옹벽, 배면이 꺾어진 절곡옹벽(broken-backed retaining wall), 트윈옹벽(twin retaining wall) 등을 포함한 다양한 옹벽의 토압에 대하여 응력장해석을 제안하였다. 일반적으로 옹벽 뒤채움재료에 대한 한계평형상태의 특징은 응력불연속선의 형태가 곡선이라는 것인데, Sokolovskii는 그림(a)의 곡선옹벽에서도 뒤채움재료에서 발생하는 곡선의 응력불연속선을 따라서 불연속조건은 여전히 유효한 것으로 가정하고 예각사면과 같이 제4경계값문제를 적용하여 해를 구하였다. 그림(b)의 예각옹벽에서는 원점 O를 포함한 어느 부위에서나 다음의 조건이 옹벽배면에서 유효하다면 응력은 연속적이라고 하였다.

$$|\omega'| \leq \delta' \leq \phi$$

식에서 ω'은 하중경사각, δ'은 벽면마찰각, ϕ는 흙의 마찰각이다. 또한 예각옹벽에서 옹벽경사각 β_w는 주동 및 수동토압에 대하여 각각 다음의 조건을 충족시켜야 한다.

- 주동토압 : $\frac{1}{2}(\Delta_w + \delta') \leq \beta_w \leq \frac{\pi}{2} - \frac{1}{2}(\Delta_w - \delta')$
- 수동토압 : $\frac{1}{2}(\Delta_w - \delta') \leq \beta_w \leq \frac{\pi}{2} - \frac{1}{2}(\Delta_w + \delta')$

식에서 $\sin\Delta_w = \sin\delta'/\sin\phi$이다. 응력불연속이 발생하는 옹벽경사각 β_w의 범위는 주동 및 수동토압에 대하여 모두 $\pi/2 - \Delta_w$이며, 이 값은 벽면마찰각 δ'이 증가하면서 반비례하여 감소하고 $\delta' = \phi$이면 0이 된다. 그림(c)의 절곡옹벽에서는 원점 O와 2개의 직선이 만나는 Q에서 각각 특이점이 발생하고, 특이점 Q를 기준으로 하층부와 상층부의 등가압력(q)이 동일하다. 그림(d)의 트윈옹벽의 경우에는 두 벽의 거리가 충분히 넓어서 옹벽배면 끝부분을 통과한 응력특성곡선이 뒤채움재료의 지표면과 교차할 수 있다면 지금까지 기술한 방법으로 토압을 결정할 수 있지만, 두 벽의 거리가 좁아서 응력특성곡선이 뒤채움재료의 지표면과 교차하지 않으면 트윈옹벽으로 처리해야 한다.

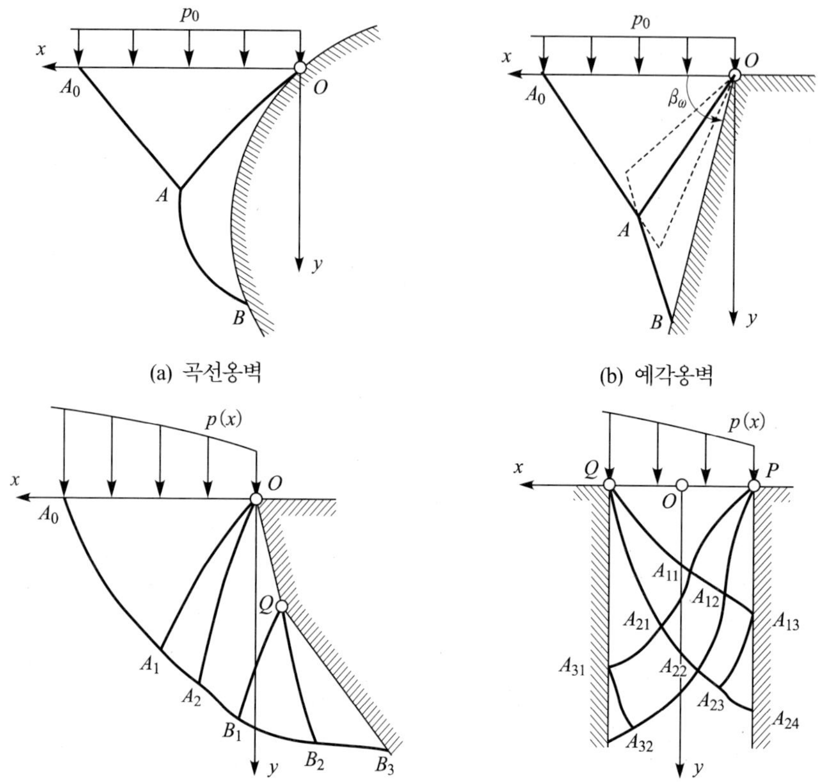

(a) 곡선옹벽 (b) 예각옹벽 (c) 절곡옹벽 (d) 트윈옹벽

〈그림 10-54〉 다양한 형태의 옹벽과 주동토압에 대한 응력장 (Sokolovskii, 1965)

10.2.9 Sokolovskii의 응력장해석 적용기법 정리

지금까지 한계평형상태를 해석하기 위하여 Sokolovskii가 제시한 응력장해석의 절차를 간단하게 요약하면 다음과 같다(Harr, 1966).

① 흙의 단위중량을 무시하고 $\xi-\eta$평면에 해석공간(solution space)을 결정한 후에 주어진 경계조건을 충족시키는 개략적인 특성곡선을 도시한다.

② 흙의 단위중량을 고려한 해석에 대해서도 위의 ①항을 밑그림으로 하여 $\xi_\gamma-\eta_\gamma$평면의 변수를 구한다.

③ 제1~제4경계값문제 중에서 적절한 경계값문제를 선정한다.

④ (10-47~50)식의 점화식을 이용하여 계산표를 작성하고 무차원 변수를 입력한다.

⑤ $x-y$평면에 동일 특성곡선의 좌표를 연결하여 $\alpha-$ 및 $\beta-$특성곡선으로 이루어진 응

력장과 응력불연속선을 도시한다.

⑥ 응력장 내측에 위치한 임의의 점에 대한 응력은 보간법 등을 이용하여 산정한다.

Sokolovskii의 응력장해석을 위한 접근방법은 크게 두 단계로 구성된다. 첫째 단계는 흙의 단위중량을 무시하여 해를 구하는 것이고, 둘째 단계는 흙의 단위중량을 고려하여 해를 구하는 것이다. 먼저 흙의 단위중량을 무시한 해석이 한계평형상태에 미치는 영향을 검토하게 되는데 보통 흙의 단위중량을 고려하는 해석결과와는 다른 해석결과를 얻는다. 다음으로는 더욱 일반적인 경우로서 흙의 단위중량을 고려한 Sokolovskii의 수치해석기법을 적용하는 절차이다. 기본적으로 이 두 단계는 모두 $\xi-\eta$평면($\gamma_s=0$) 또는 $\xi_\gamma-\eta_\gamma$평면($\gamma_s\neq 0$)에 그려진 도형을 $x-y$평면으로 사상하는 것이며, 특히 이와 같은 기법은 연속적인 상수로 표시되는 $\xi-$ 및 $\eta-$특성곡선 또는 $\xi_\gamma-$ 및 $\eta_\gamma-$특성곡선을 부분적으로 수행한다는 것이 Sokolovskii의 응력장해석의 특징이다(Harr, 1966). 일단 점화식을 이용하여 모든 격자점에 대한 $(x, y, \tilde{p}, \theta)$를 구한 후에 동일 특성곡선의 좌표를 연결하여 도시하면 응력특성곡선(또는 응력특성곡선의 포락선)과 응력불연속선을 얻을 수 있다. 이때 퇴화된 응력장은 조건별로 적절한 관련식을 적용해야 한다. 마지막으로 응력장 내측에 위치한 임의의 점에 대한 응력은 응력장해석 결과로부터 보간법 등에 의하여 (10-4~6)식을 이용하여 결정한다.

주의해야 할 것은 「부분응력장과 불완전해」에서 기술한 바와 같이 위와 같은 절차에 의하여 Sokolovskii의 응력장해석 기법을 적용하기 전에 속도 또는 변위경계조건의 타당성에 대하여 먼저 검토해야 하며, 적용이 가능하다고 하더라도 재료의 소성거동에 대한 완전해를 얻기 위해서는 Sokolovskii의 응력장해석에 의한 부분응력장을 확장응력장으로 대체하고 운동학적으로 타당한 속도장해석도 병행해야 한다는 것이다.

10.3 비관련유동칙의 속도장

10.3.1 비관련유동칙의 속도장해석

강소성재료의 파괴가 시작되면 재료내 소성영역에서는 일정한 속도분배가 이루어진다. 이때 재료는 정적경계조건(static boundary condition)인 응력경계조건 외에 동적경계조건(kinematic boundary condition)인 속도경계조건이나 또는 변위경계조건도 충족시켜야 하므로 분배된 속도성분을 구하기 위해서는 속도장해석을 해야 한다. 속도장해석은 정적경계조건과 동적경계조건이 모두 주어지는 문제는 물론이며, 정적경계조건만 명시되고 동적경계조건이 분명하게 주어지지 않은 문제라고 하더라도 운동학적으로 타당한 속도장이라는 것을 입증해야 한다. 속도장해석과 관련하여 동적경계조건을 충족시키고 운동학적으로도 타당해야 한다는 것은 유한요소법, 유한차분법 등의 수치해석기법에 의한 소성해석에 대해서도 동일하게 적용된다. 일반적으로 강소성재료에 대하여 비관련유동칙에 의한 소성해석 방법을 간단하게 요약하면, 적절한 가정을 설정하여 응력장해석과 속도장해석을 한 후에는 속도장내 어느 부위에서도 소성일(𝕎)이 음(−)의 값이 아니며 ($\mathbb{W} \geq 0$), 재료의 강체부위에서 파괴조건이 위배되지 않는다는 것을 보여줌으로서 설정된 가정이 타당하다는 것을 입증해야 한다. 속도장해석과 관련해서 이와 같은 과정을 거쳐야 비로소 운동학적으로 타당한 속도장이라고 할 수 있다(Desai & Christian, 1977).

비관련유동칙의 속도장을 지배하는 속도방정식도 응력방정식과 같이 쌍곡선형 편미분방정식이기 때문에 해를 구하기 위해서는 특성곡선법을 이용하는 것이 편리하며, 응력특성곡선을 구하는 방법과 동일한 방법으로 속도특성곡선을 구할 수 있다. 따라서 속도장해석에서도 응력장해석과 같이 평면변형률조건을 전제로 해야 하기 때문에 해석대상 평면이 $x-y$평면인 경우라면 속도성분 v_x와 v_y는 $z-$축에 대하여 독립적이며 $v_z = 0$이다. 즉 모든 거동은 $x-y$평면에서 발생하고 $x-y$평면에 수직인 방향으로의 거동은 0이다.

파괴메커니즘과 관련된 불연속선은 응력특성곡선이 아니라 속도특성곡선이며, 흙에 대한 속도특성곡선을 구하기 위한 속도방정식으로는 이면전단유동칙이 대표적이다. 그러나 흙과 같은 마찰재료에 대해서는 제한적인 가정을 설정해야 속도장해석이 가능하며, 이를 위해서 여러 가지 가정을 고려할 수 있지만, 일반적으로 응력-변형률 거동이 관련유동칙을 충족시키는 재료로 가정하거나 또는 강체거동 중에서 회전항을 미리 결정하여 고정하는 것이 가장 간단한 방법이다. 이와 같은 제한적인 가정을 설정하면 응력특성곡선과 유사한 속도특성곡선을 얻을 수는 있지만, 응력-변형률 거동이 관련유동칙을 따르는 것으로 가정하면 체적팽창, 에너지소산과 관련하여 문제점이 발생하고, 회전항을 미리 결정하여 고정하는 것으로 가정하면 실제 변위와 근사하지만 물리적으로는 적절하지 않다 (Houlsby & Wroth, 1982). 응력-변형률 거동이 관련유동칙을 따르는 표준재료에서는 속도특성곡선과 응력특성곡선이 일치하지만, 비관련유동칙을 따르는 비표준재료에서는 응력특성곡선과 속도특성곡선이 일치하지 않고 $(\phi-\nu)/2$의 각으로 교차하며 오직 $\nu=\phi$

인 조건에서만 일치할 뿐이다. Davis(1968)는 Mohr 응력원의 기하학적 특성을 이용하여 응력특성곡선에 대한 Mohr-Coulomb파괴기준의 전단응력 τ와 수직응력 σ를 다음과 같이 속도특성곡선에 작용하는 전단응력 τ_k와 수직응력 σ_k로 대체하였다(Lee, 1968).

$$\tau_k = c_k + \sigma_k \tan\phi_k \tag{10-215}$$

식에서, $c_k = c\dfrac{\cos\nu\cos\phi}{1-\sin\nu\sin\phi}$, $\tan\phi_k = \dfrac{\cos\nu\sin\phi}{1-\sin\nu\sin\phi}$

위의 식과 같이 Davis는 속도불연속선인 활동선에 대해서 이론적으로 점착력 c와 마찰각 ϕ를 각각 c_k와 ϕ_k로 대체해야 하며, 오직 $\nu=\phi$ 및 $\nu<\phi$인 조건에서만 c_k와 ϕ_k가 Mohr-Coulomb파괴기준의 c와 ϕ와 같다고 제안하였다. 특히 비팽창성($\nu=0$) 재료라면 $c_k = c\cos\phi$이고 $\tan\phi_k = \sin\phi$이다. 따라서 Davis에 의하면 재료의 응력-변형률 거동이 관련유동칙을 따른다면 속도특성곡선과 응력특성곡선은 일치하므로 속도특성곡선에 작용하는 응력성분은 (4-25)식의 Mohr-Coulomb파괴기준을 충족시키지만, 비관련유동칙을 따르는 재료라면 속도특성곡선에 작용하는 응력은 (4-25)식이 아니라 (10-215)식의 Mohr-Coulomb파괴기준으로 나타낼 수 있다는 것이다. 또한 비관련유동칙을 따르는 재료에 대하여 파괴하중을 산정할 때는 c와 ϕ를 적용해도 되지만, 속도벡터는 불연속선과 ϕ_k만큼 경사진 방향을 향하고 에너지소산도 c를 c_k로 대체하여 계산해야 된다(Lee, 1968; Michalowski, 1997; Yu, 2006).

여기서는 위와 같이 흙의 강도정수와 Mohr 응력원의 기하학적 특성을 이용한 속도장해석이 아니라 속도장의 지배방정식에 의한 속도장해석에 대하여 기술하고자 한다. 다음은 Cox(1963) 및 Davis(1968)가 제시한 흙에 대한 속도장해석 방법과 이면전단유동칙에 의한 속도방정식을 이용한 속도장해석 방법을 간단하게 요약한 것이다.

10.3.2 Cox의 속도장해석(1963)

Hill(1950)은 평면변형률조건의 강소성재료에 대한 운동학적 가정으로서 Saint Venant의 공동축조건과 비압축성조건을 제안하였으며, Cox(1963)는 동일한 조건을 채택하여 팽창각을 고려하지 않고($\nu=0$) 처음으로 비관련유동칙을 적용하여 평저편치의 압입문제에 대하여 속도장해석을 시도하였다. 그러나 Cox는 공동축조건과 비압축성조건에 의한 예측이 시험결과와 맞지 않는다고 하였으며, 그것은 시험결과는 응력특성곡선과 속도특성곡선이 일치하는데 반하여 공동축조건과 비압축성조건에 의한 예측은 속도특성곡선이 직교하기 때문이라고 지적하였다. Cox(1963)의 비관련유동칙을 적용한 속도장해석은 아래와 같다.

$x-$ 및 $y-$축방향의 속도성분을 각각 v_x와 v_y라고 하면 (5-52)식의 공동축조건과 (1-143)식의 비압축성조건으로부터 각각 다음과 같이 속도장의 지배방정식을 얻을 수 있다(Yu, 2006).

$$\sin 2\theta \frac{\partial v_x}{\partial x} - \cos 2\theta \frac{\partial v_x}{\partial y} - \cos 2\theta \frac{\partial v_y}{\partial x} - \sin 2\theta \frac{\partial v_y}{\partial y} = 0 \tag{10-216}$$

$$\dot{\epsilon}_v = \dot{\epsilon}_{xx} + \dot{\epsilon}_{yy} = \frac{\partial v_x}{\partial x} + \frac{\partial v_y}{\partial y} = 0 \tag{10-217}$$

(10-216)식, (10-217)식 및 (8-74~75)식에 대하여 계수행렬식 $\Delta_0 = 0$으로 하여 아래의 식을 얻을 수 있다.

$$\Delta_0 = \begin{bmatrix} \sin 2\theta & -\cos 2\theta & -\cos 2\theta & -\sin 2\theta \\ 1 & 0 & 0 & 1 \\ dx & dy & 0 & 0 \\ 0 & 0 & dx & dy \end{bmatrix} = 0 \tag{10-218}$$

위의 행렬식을 전개하면 다음의 2차방정식을 얻을 수 있다.

$$\left[\frac{dy}{dx}\right]^2 - 2\tan 2\theta \left[\frac{dy}{dx}\right] - 1 = 0 \tag{10-219}$$

위의 2차방정식은 2개의 실근을 가지고 $x-y$평면에서 2개의 쌍곡선군을 생성하게 되는데, 쌍곡선군은 속도특성곡선으로서 각각 α^*- 및 β^*-특성곡선이고 $x-y$평면에서 속도특성곡선의 기울기 $[dy/dx]$는 다음과 같다.

$$\frac{dy}{dx} = \frac{\sin 2\theta \mp 1}{\cos 2\theta} = \tan\left(\theta \mp \frac{\pi}{4}\right) \tag{10-220}$$

따라서 Cox의 속도장해석에 의한 α^*- 및 β^*-특성곡선군은 위의 식에 의해서 서로 직교하며 양의 $x-$축으로부터 반시계방향으로 θ만큼 경사진 최대주응력방향과 반시계방향 및 시계방향으로 각각 $\pi/4$만큼 각을 이루어 교차한다. 또한 응력특성곡선인 (8-23)식의 $\alpha-$ 및 $\beta-$특성곡선과는 교각이 각각 $\phi/2$이므로 Cox의 비관련유동칙에 의한 속도장은 응력특성곡선과 $\phi/2$만큼 교차하여 도시하면 된다. A.S. Stroganov(1977; 1983; 1985)는 Cox(1963)가 제안한 속도장해석 기법을 기초구조물에 적용한 바 있다.

10.3.3 Davis의 속도장해석(1968)

Davis(1968)는 평면변형률조건$\left(\dot{\epsilon}_2 = 0\right)$의 속도장해석을 위하여 아래와 같이 다일레이턴시를 나타내는 주변형률속도비 $N_\nu\left(=-\dot{\epsilon}_3/\dot{\epsilon}_1\right)$를 이용하였다.

$$N_\nu = -\frac{\dot{\epsilon}_3}{\dot{\epsilon}_1} = \tan^2\left(\frac{\pi}{4}+\frac{\nu}{2}\right) \tag{10-221}$$

Davis(1968)는 위의 식에서 각 ν를 마찰각 ϕ가 응력에 대하여 역할을 하는 것과 같이 변형률속도와 관련하여 기하학적 역할을 수행하는 각이라고 정의하였지만, 실제로는 다일레이턴시를 의미하므로 팽창각 ν로 표시하였다. $x-$ 및 $y-$축방향의 속도성분을 각각 v_x 및 v_y라고 하면 변형률속도성분 $\dot{\epsilon}_{xx}$, $\dot{\epsilon}_{yy}$ 및 $\dot{\gamma}_{xy}$는 각각 (1-130)식, (1-131)식 및 (1-133)식으로 나타낼 수 있으며, 주변형률속도의 방향 θ와 주변형률속도 $\dot{\epsilon}_1$ 및 $\dot{\epsilon}_3$는 각각 (1-151)식과 (1-152)식으로 주어진다. Davis는 주변형률속도의 방향 θ를 구하는 (1-151)식에 (1-130)식, (1-131)식 및 (1-133)식을 대입하여 공동축조건을 나타내는 (5-52)식을 속도장의 지배방정식으로 제시하였으며, 다른 하나의 지배방정식은 (10-221)식에 (1-152)식 및 (1-151)식을 대입하여 유도하였다.

$$\frac{\dot{\epsilon}_3}{\dot{\epsilon}_1} = -N_\nu = -\tan^2\left(\frac{\pi}{4}+\frac{\nu}{2}\right) = \frac{\left(\dot{\epsilon}_{xx}+\dot{\epsilon}_{yy}\right) - \left[\left(\dot{\epsilon}_{xx}-\dot{\epsilon}_{yy}\right)^2 + \left(\dot{\gamma}_{xy}\right)^2\right]^{1/2}}{\left(\dot{\epsilon}_{xx}+\dot{\epsilon}_{yy}\right) + \left[\left(\dot{\epsilon}_{xx}-\dot{\epsilon}_{yy}\right)^2 + \left(\dot{\gamma}_{xy}\right)^2\right]^{1/2}}$$

$$= \frac{\left(\dot{\epsilon}_{xx}+\dot{\epsilon}_{yy}\right) - \operatorname{cosec}2\theta\,\dot{\gamma}_{xy}}{\left(\dot{\epsilon}_{xx}+\dot{\epsilon}_{yy}\right) + \operatorname{cosec}2\theta\,\dot{\gamma}_{xy}}$$

위의 식을 정리하면 다음 식을 얻을 수 있다.

$$\dot{\epsilon}_{xx} + \dot{\epsilon}_{yy} = \dot{\gamma}_{xy}\sin\nu\operatorname{cosec}2\theta \tag{10-222}$$

따라서 Davis(1968)의 응력-변형률 거동이 비관련유동칙을 따르는 흙에 대한 속도장의 지배방정식은 아래와 같이 공동축조건을 나타내는 (5-52)식과, (10-222)식에 (1-130)식, (1-131)식 및 (1-133)식을 대입하여 유도한 방정식으로 구성된다.

$$\sin2\theta\frac{\partial v_x}{\partial x} - \cos2\theta\frac{\partial v_x}{\partial y} - \cos2\theta\frac{\partial v_y}{\partial x} - \sin2\theta\frac{\partial v_y}{\partial y} = 0 \tag{10-223}$$

$$\frac{\partial v_x}{\partial x} - \sin\nu\operatorname{cosec}2\theta\frac{\partial v_x}{\partial y} - \sin\nu\operatorname{cosec}2\theta\frac{\partial v_y}{\partial x} + \frac{\partial v_y}{\partial y} = 0 \tag{10-224}$$

위의 2개의 지배방정식과 함께 관련유동칙의 속도특성곡선을 구하는 방법과 같이 v_x와 v_y에 대한 2개의 편도함수를 추가하여 행렬식을 전개하면 다음과 같이 $[dy/dx]$에 대한 2차방정식을 구할 수 있다[(8-74~75)식 참조].

$$(\cos 2\theta - \sin\nu)\left[\frac{dy}{dx}\right]^2 - 2\sin 2\theta\left[\frac{dy}{dx}\right] - (\cos 2\theta + \sin\nu) = 0 \qquad (10\text{-}225)$$

위의 식은 마찰각 ϕ가 팽창각 ν로 바뀐 것 이외에는 관련유동칙의 응력특성곡선인 (8-22)식과 동일한 형태이다. 따라서 (10-225)식은 2개의 실근을 가지므로, $x-y$평면에서 α^*- 및 β^*-특성곡선군을 생성하고 속도특성곡선의 기울기 $[dy/dx]$는 다음과 같다.

$$\frac{dy}{dx} = \frac{\sin 2\theta \mp \cos\nu}{\cos 2\theta - \sin\nu} = \tan\left[\theta \mp \left(\frac{\pi}{4} + \frac{\nu}{2}\right)\right] \qquad (10\text{-}226)$$

위의 식이 의미하는 것은 속도특성곡선인 α^*- 및 β^*-특성곡선이 응력특성곡선인 $\alpha-$ 및 $\beta-$특성곡선과 같이 최대주응력방향을 대칭축으로 하여 반시계방향과 시계방향으로 각각 $\pi/4+\nu/2$만큼 각을 이루어 교차한다는 것이며 응력특성곡선과 속도특성곡선의 편차각은 $(\phi-\nu)/2$이다(〈그림 10-55〉 참조). Davis(1968)가 제시한 비관련유동칙에 의하면 마찰각과 팽창각이 같은($\phi=\nu$) 관련유동칙에 대해서만 응력특성곡선과 속도특성곡선이 일치하고, 체적변화가 없는 재료($\nu=0$)에 대해서는 α^*- 및 β^*-특성곡선이 직교한다.

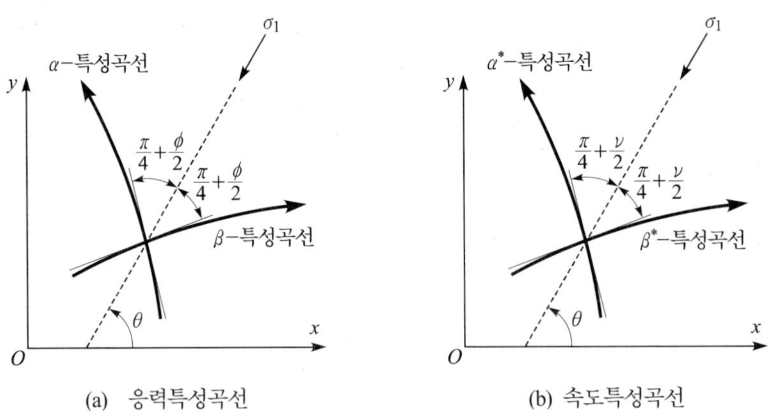

〈그림 10-55〉 Davis(1968)에 의한 비관련유동칙의 특성곡선

〈그림 10-56〉과 같이 $x-$축을 속도불연속선의 접선방향, $y-$축을 속도불연속선에 법선방향으로 취하면 상대속도성분은 $x-$축과 $y-$축의 속도성분인 접선속도 v_x와 분리속도 v_y로 나타낼 수 있다. 두께가 t인($t \neq 0$) 속도불연속선을 가로질러 접선방향속도와 법선

방향속도를 각각 dv_x와 dv_y라 하고 강체와 접한 부위의 속도를 $dv_x = dv_y = 0$, 소성영역과 접한 부위의 속도를 각각 dv_x와 dv_y하 하면, x-축방향의 속도경사 $\partial v_x/\partial x$과 $\partial v_y/\partial x$는 y-축방향의 속도경사 $\partial v_x/\partial y$나 $\partial v_y/\partial y$에 비하여 무시할 수 있을 정도로 작으므로 (5-52)식과 (10-223)식은 다음과 같이 간단하게 나타낼 수 있다(Yu, 2006).

$$dv_x \cot 2\theta - dv_y = 0 \tag{10-227}$$

$$dv_x \sin\nu \operatorname{cosec} 2\theta + dv_y = 0 \tag{10-228}$$

(10-227~228)식에 의해서 다음의 관계식을 얻을 수 있다.

$$\theta = \pm\left(\frac{\pi}{4} + \frac{\nu}{2}\right) \tag{10-229}$$

$$\frac{dv_y}{dv_x} = \mp \tan\nu \tag{10-230}$$

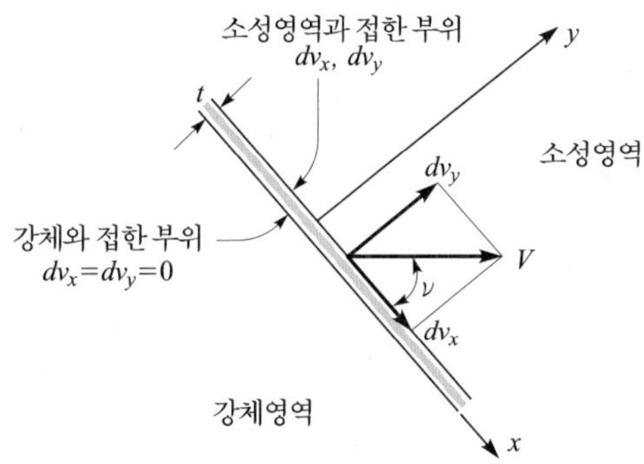

〈그림 10-56〉 비관련유동칙의 속도불연속선

위의 두 식과 (10-226)식을 비교하면 Davis(1968)가 제시한 속도불연속선은 속도특성곡선이 되어야 하고 속도비약은 〈그림 10-56〉과 같이 속도불연속선에서 팽창각 ν만큼 편차가 있다는 것을 알 수 있다. 또한 마찰각보다는 팽창각이 적으므로 비관련유동칙에 의한 체적팽창이 관련유동칙에 의한 체적팽창보다 적으며, $\nu \neq 0$이라면 소성유동과정에서 속도불연속선의 분리속도 $dv_y \neq 0$이다(Lee, 1968).

10.3.4 이면전단유동칙의 속도방정식에 의한 속도장해석

지금까지 많은 이면전단유동칙이 제안되었지만 소성거동 형태별로 이면전단유동칙을 분류하면 Spencer 또는 de Jong의 비압축성 이면전단유동칙, de Jong, Mehrabadi-Cowin

등의 체적팽창 이면전단유동칙 및 Anand의 등방경화 이면전단유동칙 등이 대표적이다. 그 중에서 극히 제한적인 용도로만 적용이 가능한 등방경화 이면전단유동칙을 제외하고 〈그림 10-57〉과 같이 활동, 회전 및 다일레이턴시/압밀 등의 세 가지 소성거동 형태만 고려하면 이면전단유동칙에 의한 속도방정식은 아래와 같이 6개의 식으로 정리할 수 있다.

$$
\begin{aligned}
&①\text{식}:\ \left(\frac{\partial v_x}{\partial x}+\frac{\partial v_y}{\partial y}\right)=0\\
&②\text{식}:\ +\left(\frac{\partial v_x}{\partial x}-\frac{\partial v_y}{\partial y}\right)\sin(2\theta+\phi)-\left(\frac{\partial v_x}{\partial y}+\frac{\partial v_y}{\partial x}\right)\cos(2\theta+\phi)=+a\sin2\phi\\
&③\text{식}:\ -\left(\frac{\partial v_x}{\partial x}-\frac{\partial v_y}{\partial y}\right)\sin(2\theta-\phi)+\left(\frac{\partial v_x}{\partial y}+\frac{\partial v_y}{\partial x}\right)\cos(2\theta-\phi)=+b\sin2\phi\\
&④\text{식}:\ \sin2\theta\left(\frac{\partial v_x}{\partial x}-\frac{\partial v_y}{\partial y}\right)-\cos2\theta\left(\frac{\partial v_x}{\partial y}+\frac{\partial v_y}{\partial x}\right)-\left[\frac{\partial v_x}{\partial y}-\frac{\partial v_y}{\partial x}+2(\Omega_\sigma+\Omega_f)\right]\sin\phi=0\\
&⑤\text{식}:\ \sin\nu\left[\cos2\theta\left(\frac{\partial v_x}{\partial x}-\frac{\partial v_y}{\partial y}\right)+\sin2\theta\left(\frac{\partial v_x}{\partial y}+\frac{\partial v_y}{\partial x}\right)\right]-\left(\frac{\partial v_x}{\partial x}+\frac{\partial v_y}{\partial y}\right)\cos(\phi-\nu)=0\\
&⑥\text{식}:\ \cos\nu\left[\sin2\theta\left(\frac{\partial v_x}{\partial x}-\frac{\partial v_y}{\partial y}\right)-\cos2\theta\left(\frac{\partial v_x}{\partial y}+\frac{\partial v_y}{\partial x}\right)\right]-\left(\frac{\partial v_x}{\partial y}-\frac{\partial v_y}{\partial x}+2\Omega\right)\sin(\phi-\nu)=0
\end{aligned}
\tag{10-231}
$$

위의 식에서 ①~④식까지 4개의 식은 de Jong의 (9-46)식, (9-48)식 및 (9-52~53)식에 의한 것인데 ①식과 ④식은 Spencer의 (9-25~26)식과 동일하다. 또한 ⑤식과 ⑥식은 Mehrabadi-Cowin(1978)의 (9-107~108)식을 옮겨놓은 것이다. ①식은 평면변형률조건의 비압축성조건을 의미하는 식이며, ②식과 ③식은 각각 단순전단에 의한 속도의 크기를 나타내고 ④식은 회전항을 포함하고 있다. ⑤식과 ⑥식은 다일레이턴시를 고려한 속도방정식이다. 흙요소에 하중이 작용하면 이면전단유동칙에 의하여 한계상태에 도달한 2개의 활동선을 따라서 활동이 발생하게 되며, 2개의 활동선은 거의 모든 이면전단유동칙에서 응력특성곡선의 방향과 일치하게 된다. 2개의 활동선은 각각 α^*- 및 β^*-특성곡선이며 활동의 크기는 ②식과 ③식의 a와 b이다. Spencer(1964)와 de Jong(1971)의 이면전단유동칙에 따르면 활동과 함께 응력이 바뀌면서 특성곡선의 공간적 배향(spatial orientation)이 Ω_σ의 각속도로 회전할 수도 있으며, 〈그림 10-57(b)〉와 같이 응력방향과 관련하여 흙요소도 Ω_f의 각속도로 회전하는 것이 가능하다. 2개의 회전속도성분 중에서 Ω_f가 바로 Spencer와 de Jong의 이면전단유동칙에서 논쟁을 일으킨 자유회전속도와 관련되는 것이며 주응력축의 회전속도를 나타내는 것이 Ω_σ이다. 여기서 Spencer와

de Jong의 유동칙에 포함된 회전속도성분 Ω는 ④식과 같이 두 회전속도의 합인 $\Omega_\sigma + \Omega_f$로 고려할 수도 있다. 회전속도 Ω_σ는 아래 식에서 임의의 점에서 θ의 변화속도로서 임의의 점을 통과하는 최대주응력축의 회전속도성분을 나타낸다(Houlsby & Wroth, 1982).

$$\Omega_\sigma = \frac{\partial\theta}{\partial t} + V_x\frac{\partial\theta}{\partial x} + V_y\frac{\partial\theta}{\partial y} \tag{10-232}$$

식에서 t는 시간, θ는 최대주응력방향이고 V_x와 V_y는 각각 $x-$ 및 $y-$축방향의 속도성분이다. 위의 식을 Spencer의 (9-15)식 및 Mehrabadi-Cowin의 (9-103)식과 비교하면 좌변 회전속도의 표기만 $\Omega \rightarrow \Omega_\sigma$로 바뀌었을 뿐이며 우변은 동일하다. ⑤식과 ⑥식의 팽창각 ν는 (1-103~105)식으로 계산할 수 있다(Houlsby & Wroth, 1982). 흙의 다일레이턴시와 변형경화를 제외한 평면변형률조건의 속도방정식은 활동과 회전만 대상이 되므로 6개의 속도방정식 중에서 ①~④식까지 4개의 방정식을 이용하면 된다. 활동과 회전 외에 다일레이턴시까지 포함한 평면변형률조건이라면 de Jong이나 Spencer가 제시한 ①~④식에 팽창각 ν가 추가된 ⑤식과 ⑥식의 속도방정식 또는 de Jong(1977; 1988)이 제안한 속도방정식 등을 이용해야 한다. 그 외에도 탄성거동을 추가하거나 축대칭거동, 3차원거동 등 여러 가지 거동에 대하여 속도방정식이 제안되어 있으므로 소성유동 형태 및 거동특성에 맞는 속도방정식을 채택할 수 있다.

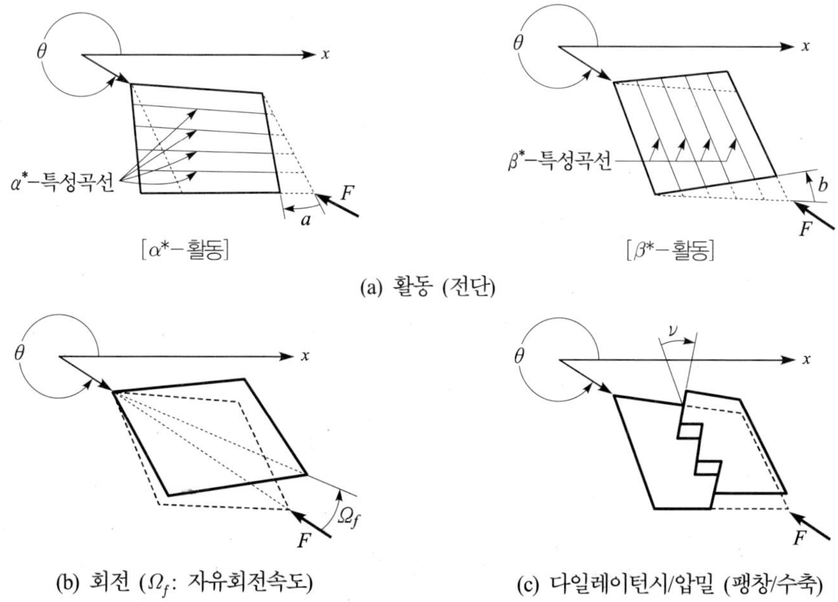

〈그림 10-57〉 소성거동 형태 (Houlsby & Wroth, 1982; Harris, 2000)

10.3.5 흙의 속도장해석을 위한 운동학적 가정

(1) 속도장해석을 위한 운동학적 가정

속도장해석을 위해서는 (10-231)식 등의 속도방정식으로부터 2개의 쌍곡선형 편미분방정식을 이용해야 하는데, 편미분방정식에는 a, b 및 Ω 등 3개의 미지수가 포함되어 있기 때문에 다음과 같은 운동학적 가정이나 또는 그 외의 적절한 운동학적 가정을 추가해야 해를 구할 수 있다(Houlsby & Wroth, 1982).

i) 가정① : 공동축조건

소성유동을 하는 재료의 속도장을 구하기 위하여 공동축조건을 채택하는 것은 ②식과 ③식에서 $a=b$인 특수한 경우로서 (10-231)식 중에서 ①~③식까지 3개의 식 중에서 2개의 쌍곡선형 편미분방정식을 얻을 수 있다. 이와 같은 해석방법은 Davis(1968)가 제안한 방법으로서, Davis는 $a=b$로 하여 공동축조건식을 구하지 않고 (10-223)식과 같이 다른 방법으로 공동축조건을 유도하였으며, (10-224)식과 같이 팽창각을 포함한 수정된 형태의 ①식과 함께 속도장을 결정하였다. 특히 이 가정을 채택할 때 공동축조건과 등방성조건은 동일한 의미가 아니라는 것에 주의해야 한다.

ii) 가정② : 일면전단조건

일면전단조건은 ②식과 ③식에 대하여 $a=0$ 또는 $b=0$으로 가정하는 것으로서, ①식과 함께 ②식 또는 ③식을 이용하면 2개의 쌍곡선형 편미분방정식을 얻을 수 있다. 비록 일면전단조건을 이용한 해석방법이 다소 제한적이기는 하지만 이 조건을 이용하여 구한 속도장에 의한 거동이 조건에 따라서는 물리적으로 타당한 형태를 보이는 경우가 있는 것으로 알려져 있다. Mandl-Luque(1970)는 이 조건과 함께 팽창효과를 고려하여 속도장을 해석하였다.

iii) 가정③ : 자유회전 제한

최대주응력축의 회전속도(Ω_σ)가 주어지는 경우에는 자유회전속도를 제한하여($\Omega_f=0$) ①식과 함께 ④식을 이용하면 2개의 쌍곡선형 편미분방정식을 얻을 수 있다. 이 해석방법은 Spencer(1964[a]; 1981)에 의하여 적용된 바 있으며 Mehrabadi-Cowin(1978)은 Spencer의 해석방법과 함께 다일레이턴시까지 포함할 수 있도록 속도방정식을 확장하였다. 비록 이와 같은 모델링이 공동축조건을 포함하고 있지는 않지만 변형률속도가 응력뿐만 아니라 최대주응력축의 회전속도 Ω_σ를 통하여 응력속도에 따라 결정되기 때문에 공동축조건은 등방성조건과 일치하게 된다. Spencer가 제시한 「응력속도」까지 포함시키면 간단한 문제를 제외하고는 대부분의 계산과정에서 오류가 발생한다.

iv) 가정④ : 자유회전 허용

자유회전속도 Ω_f를 명시하지 않고 자유회전을 허용한다면 ④식은 적용할 수 없지만, 그 대신에 ②식과 ③식을 부등식 형태로 이용할 수 있으며 열역학적으로 부등식은 $a \geq 0$ 및 $b \geq 0$가 되어야 한다. 이 2개의 부등식과 함께 ①식에 의해서 가능한 해의 범위를 얻을 수 있으며 해의 최댓값과 최솟값은 각각 2개의 일면전단 메커니즘을 나타내는 $a=0$ 및 $b=0$이고 공동축조건을 채택하는 경우에는 최댓값과 최솟값 사이의 값을 가지게 된다. 이 해석방법은 유일해를 얻을 수 없기 때문에 논쟁을 일으킬 수도 있으며 최악의 조건에 대한 극한값을 제공함으로서 과도하게 보수적인 속도장을 얻을 수도 있다.

위와 같은 운동학적 가정 중에서 어느 것을 (10-231)식의 속도방정식에 도입하더라도 특성곡선법을 적용하여 해를 구할 수 있다. 그러나 속도특성곡선의 방향은 운동학적 가정에 따라 각각 다르게 나타난다. 가정①을 채택하면 속도특성곡선은 최대주응력방향과 사잇각이 $\pm\pi/4$이며, 다일레이턴시를 포함하면 사잇각이 $\pm(\pi/4-\nu/2)$가 된다. 가정②를 채택하면 각각 2개의 응력 및 속도특성곡선 중에서, 1개의 속도특성곡선은 1개의 응력특성곡선과 방향이 일치하고 다른 1개의 속도특성곡선은 다른 1개의 속도특성곡선과 직교한다. 가정③에 의하면 속도특성곡선과 응력특성곡선이 일치하게 되는데 이것이 가정③의 가장 큰 장점이다. 가정④에 의하면 속도특성곡선은 상한선과 하한선의 사이에 위치하게 된다. 가정②를 제외한 모든 속도특성곡선은 흙요소의 변형과정에서 제로팽창곡선에 해당된다. 특성곡선을 따라서 적분을 해야 하는 특성곡선법에서는 응력과 속도가 동일한 격자점에서 계산되는 것이 아니기 때문에 위의 속도특성곡선의 방향은 매우 중요한 역할을 하게 된다. 계산과정에서 모든 변수의 값을 얻을 수 있는 격자점이라고 해도 속도성분은 응력과 다른 데이터를 이용해서 구해야 하기 때문에 주의해야 한다(Houlsby & Wroth, 1982).

(2) 수동토압이 작용하는 옹벽에 대한 운동학적 가정과 속도장 예

응력특성곡선과 속도특성곡선이 일치하지 않는 비관련유동칙을 적용하여 두 특성곡선을 동시에 도시할 경우에는 응력특성곡선을 밑그림으로 하여 속도특성곡선은 그 위에 중첩하여 그리는 것이 보통이다. 〈그림 10-58〉은 마찰이 없는 옹벽이 뒷굽판의 M을 축으로 하여 회전하면서 발생하는 뒤채움재료의 수동토압에 대한 속도장을 예시한 것이다. 뒤채움재료($\phi=30°$)는 평면변형률조건의 체적변화가 없는 것으로 가정하여 전술한 4개의 운동학적 가정 중에서 가정①과 가정②를 적용해서 구한 속도장을 예시한 것이다. 그림에서 Rankine의 수직 및 수평토압은 각각 $\sigma_y=\gamma_s y$, $\sigma_x=\gamma_s y(1+\sin\phi)/(1-\sin\phi)$이고 점선으로 표시된 응력특성곡선은 그림에서 보는 것과 같이 양의 $x-$축과 사잇각이 $\pm(\pi/4-\phi/2)$이다(Houlsby & Wroth, 1982).

뒤채움재료의 응력-변형률 거동이 관련유동칙을 충족시키는 것으로 가정하면 그림 (a)와 같이 응력특성곡선과 속도특성곡선은 완전히 일치하므로 속도장은 간단하게 나타낼 수 있지만, M을 축으로 10°를 회전한 후의 특성곡선과 지표면의 속도벡터가 일직선상에 위치하지 않고 ϕ만큼 왜곡됨으로서 실제 변위와는 차이가 있다. 그러나 뒤채움재료의 응력-변형률 거동이 비관련유동칙을 따르는 것으로 가정하면 다양한 유동칙의 적용이 가능하다. Davis나 Cox가 제안한 것과 같이 가정①의 공동축조건을 채택한 비관련유동칙을 도입하면 그림 (b)와 같이 속도특성곡선은 $x-$축과 사잇각이 $\pm(\pi/4-\nu/2)$이며 어느 하나의 속도특성곡선도 응력특성곡선의 방향과 일치하는 것이 없다. 그림에서 알 수 있듯이 M을 축으로 10°를 회전한 속도장이 응력장보다 작게 나타나서 응력계산을 위한 파괴기준을 속도장 외측의 응력장 영역(LMN)에 적용하는 것이 적절한 것이냐에 대해서는 의문이 발생하게 된다.

비관련유동칙 중에서 가정②의 $a=0$ 또는 $b=0$ 조건을 이용한 일면전단유동칙을 도입하면 그림(c)나 (d)와 같이 2개의 속도장을 얻을 수 있는데, 각각의 그림에서 하나의 속도특성곡선(실선)은 하나의 응력특성곡선과 방향이 일치하고 나머지 하나의 속도특성곡선은 다른 속도특성곡선과 직교한다. 그림에서 활동과 회전은 경계조건을 충족시킬 수 있도록 적절히 조합하였으며 회전속도 $(\Omega_\sigma+\Omega_f)=0$으로 고정하였다. 그림(c)와 (d)는 각각 자유회전 이면전단유동칙에 의한 해의 최댓값과 최솟값에 해당하는 것으로서 그림 (c)와 (d)의 속도장 사이에 그려지는 어떤 속도장도 가능하며 그림 (b)의 공동축조건을 적용한 비관련유동칙에 의한 속도장도 그 중의 하나로 볼 수 있다.

4개의 속도장 중에서는 직관적으로 그림(c)의 $b=0$에 의한 속도장이 가장 타당한 속도장으로 보이지만 그림(c)에서 회전속도 $\Omega=\Omega_\sigma+\Omega_f=0$을 적용하였다는 것에 주의할 필요가 있다. 이와 같은 옹벽 문제에서 가장 간단한 유동칙은 그림(a)의 관련유동칙이거나 또는 비관련유동칙 중에서 그림(c)의 회전속도를 0으로 고정하여 해석한 α^*-일면전단유동칙이다. 이들 두 유동칙을 적용하면 그림과 같이 응력특성곡선과 동일한 속도특성곡선을 얻을 수 있는데, 그림(a)에서 보는 것과 같이 관련유동칙을 적용하면 그림(a)~(d)의 네 가지 형태의 속도장 중에서 체적팽창이 가장 크며, α^*-일면전단유동칙에 의한 속도장이 이론적으로 입증할 방법은 없지만 실제와 가장 근사한 값을 보인다(Houlsby & Wroth, 1982). 또한 네 가지 형태의 속도장을 비교해보면 마찰각 ϕ가 동일한 경우에는 관련유동칙에 의한 해가 비관련유동칙에 의한 해의 상계가 된다는 것을 알 수 있다.

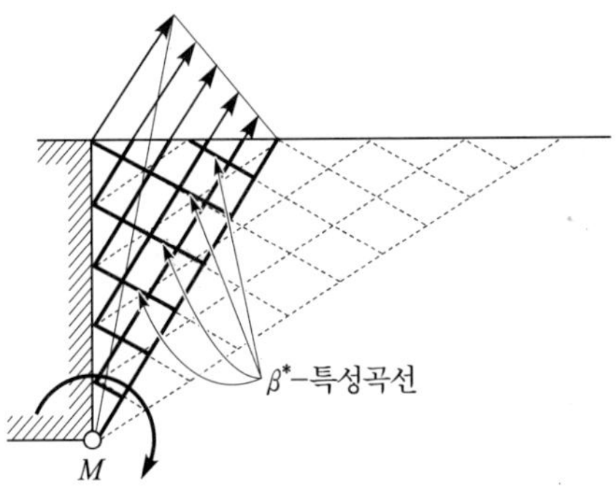

(a) 관련유동칙

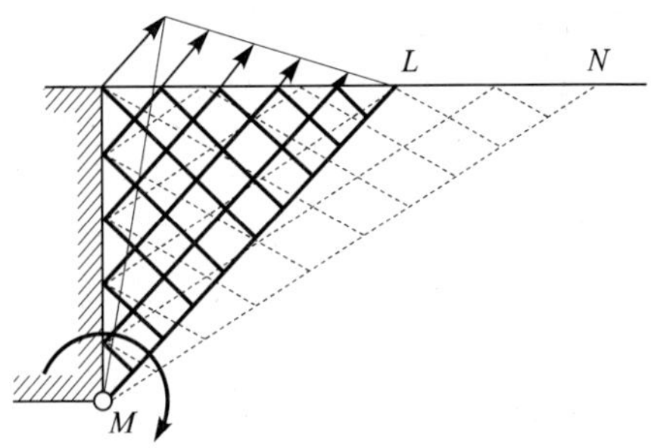

[공동축조건]

(b) 비관련유동칙+공동축조건

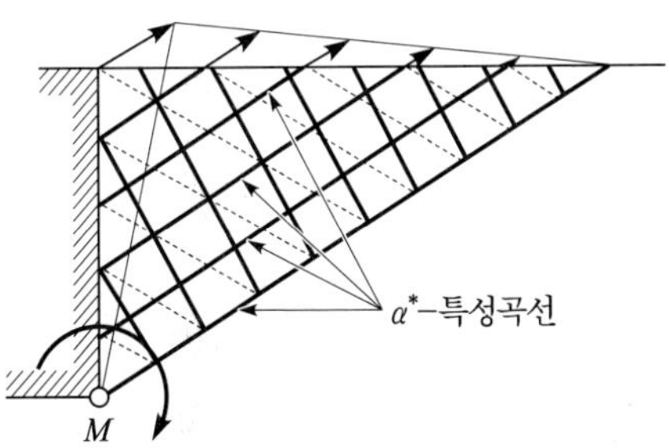

[α^*-일면전단]

(c) 비관련유동칙+비공동축조건($b=0$)

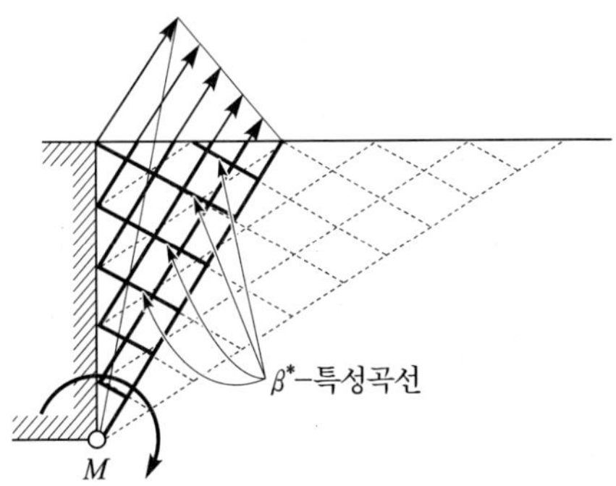

[β^*-일면전단]

(d) 비관련유동칙+비공동축조건($a=0$)

〈그림 10-58〉 수동토압을 받는 옹벽의 운동학적 가정에 따른 속도장 예(팽창각 $\nu=0$) (Houlsby & Wroth, 1982)

10.4 Roscoe의 제로팽창곡선법(1970)

10.4.1 제로팽창곡선법과 변형률장해석

Roscoe(1970)가 제안한 **제로팽창곡선법**(zero extension line method)은 복잡한 활동선장법의 속도장 대신에 주어진 변위경계조건을 이용하여 상대적으로 간단한 **변형률장**(strain field)을 구하는 기법으로서 전통적인 활동선장법의 속도장해석에 대한 일종의 간편법이라고 할 수 있다. 주로 모래 또는 비배수조건의 포화 점토지반에 설치된 기초나 옹벽 등 흙과 접한 구조물의 하중-처짐 거동예측에 활용된다. 제로팽창곡선법은 해석방법이 간단하며 변위유형별로 서로 다른 해석이 가능하다는 것이 장점이다. 예로서 Coulomb의 흙쐐기이론이나 활동선장법에 의하면 흙의 마찰각(ϕ)과 벽면마찰각(δ')이 동일한 경우에 옹벽의 상부 변위나 뒷굽판 변위 등 변위유형별로 해석할 수 없는데 반하여, 제로팽창곡선법을 적용하면 옹벽의 변위유형별로 서로 다른 해석이 가능하다. 그러나 속도와 응력이 동일한 격자점에서 계산되지 않을 뿐만 아니라 반복계산과정에서도 오차가 발생할 수 있으므로 주의해야 한다(Jahanandish, 2003; James & Bransby, 1971). 제로팽창곡선법의 응력장해석은 관련유동칙 또는 비관련유동칙과 동일하므로 응력특성곡선은 $\alpha-$ 및 $\beta-$특성곡선으로 나타낼 수 있지만, 속도장의 속도특성곡선인 α^*- 및 β^*-특성곡선에 해당하는 변형률장의 제로팽창곡선은 각각 $\alpha^\epsilon-$ 및 $\beta^\epsilon-$팽창곡선으로 표기하였다. 다음은 Roscoe(1970)가 제시한 수동토압이 작용하는 옹벽에 적용한 제로팽창곡선법을 간추려서 기술한 것이다.

〈그림 10-59(a)〉는 옹벽 AB와 함께 수동토압(P_{pn})에 의하여 뒤채움재료인 모래($c=0$)에 활동선 BEC가 발생하는 것이며 그림(b)는 뒤채움재료에 대한 응력비-전단변형률($\tau/\sigma'-\gamma$), 그림(c)는 뒤채움재료에 대한 체적변형률-전단변형률($\epsilon_v-\gamma$) 관계를 보여주는 것이다. 대부분의 옹벽해석에서는 옹벽이 뒷굽판의 B를 축으로 회전하거나 옹벽이 수평방향으로 이동하는 것을 전제로 하여, 회전과 이동은 고려하지 않으며 단순하게 B에서 지표면 C까지 활동선이 발생하는 것으로 가정하는 것이 일반적이다. 또한 그림에서 활동선 BEC의 어느 점에서나 전단변형률 γ의 값에 관계없이 그림(b)의 G에 해당하는 최대응력비 $(\tau/\sigma')_{\max}$가 작용하는 것으로 가정한다. 즉, τ/σ'값은 활동선 BEC에 있는 임의의 E를 통과하는 다른 어떤 평면상에서도 $(\tau/\sigma')_{\max}$를 초과하지 않으며 중간주응력의 영향을 받지 않는 것으로 가정한다(Roscoe, 1970). 따라서 그림(b)의 $\tau/\sigma'-\gamma$

관계에 대하여 조밀한 모래는 OD_1D_2, 느슨한 모래는 OL_1L_2로 취하여 강소성재료로 고려함으로서 활동선 BEC에서 마찰각 ϕ가 일정하고 그 크기는 모래의 초기밀도에 의하여 결정되는 것으로 가정한다.

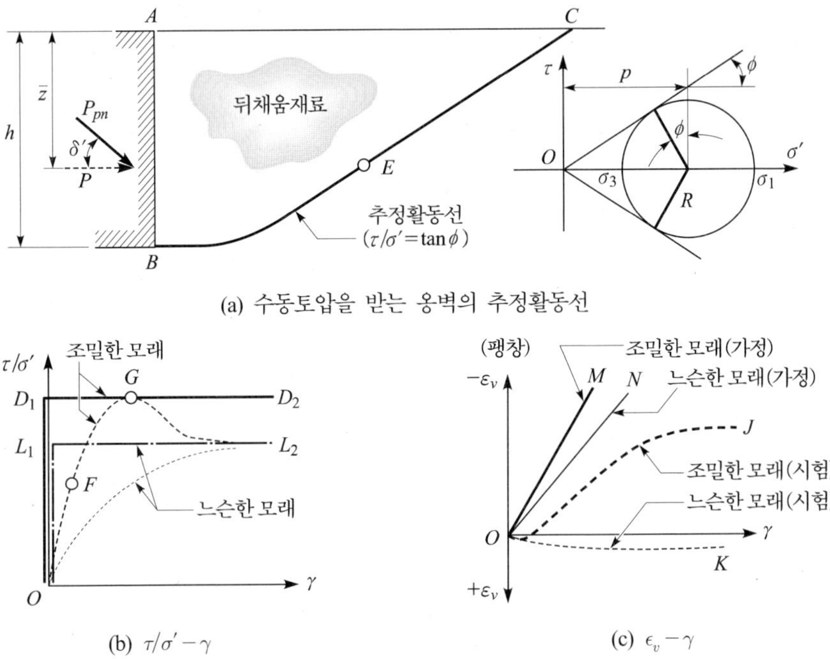

〈그림 10-59〉 옹벽에 작용하는 수동토압 및 추정활동선
(James & Bransby, 1971; Roscoe, 1970)

제로팽창곡선법에 의하여 옹벽을 해석하기 위해서 필요한 경계조건으로는 옹벽의 변위와 지표면의 응력조건이며, 기존의 해석방법과 같이 활동선의 형태를 추정해야 한다. 대부분의 옹벽 해석방법의 문제점은 추정활동선에 최대응력비 $(\tau/\sigma')_{\max}$가 작용하는 것으로 가정한다는 것이다. 제로팽창곡선법과 다른 해석방법의 근본적인 차이점은 제로팽창곡선법에서는 활동선을 최대응력비가 작용하는 선이 아니라 제로팽창곡선이라고 가정한다는 것이다. 이와 같이 함으로서 〈그림 10-59(a)〉의 활동선 BEC에서는 마찰각 ϕ가 일정하다는 가정이 아니라 팽창각 ν가 일정하다는 것으로 대체하면 된다. 〈그림 10-59(b)〉에서 알 수 있듯이 조밀한 모래에 대하여 ϕ가 일정하다는 가정은 뒤채움재료인 모래가 모두 그림의 G에 해당하는 전단변형률 γ가 발생하는 것으로 가정하는 것과 동일한 것이다. 그러나 그림에서 전단변형률 γ의 미세한 변화에 대하여 마찰각 ϕ가 크게 감소한다

는 것을 알 수 있다. 이와는 달리 그림(c)에서 팽창각 ν는 조밀한 모래의 곡선 OJ, 느슨한 모래의 곡선 OK의 기울기로 주어지며 전단변형률 γ의 변화에 대하여 곡선의 기울기는 초기의 γ값을 제외하면 어느 정도 일정한 것으로 나타난다. 따라서 ϕ가 일정하다는 가정보다는 ν가 일정하다는 가정이 더 합리적이라고 할 수 있다(James & Bransby, 1971; Roscoe, 1970).

변형률장을 구축하기 위한 제로팽창곡선법의 첫 단계는 간단한 곡선이나 직선을 이용하여 제로팽창곡선의 변형률장을 추정하는 것이다. 〈그림 10-60(a)〉는 전형적인 변형률장의 예이다. 그림에서 변형률장③에서는 제로팽창곡선인 $\alpha^{\epsilon}-$ 및 $\beta^{\epsilon}-$팽창곡선이 모두 직선이지만 변형률장②에서는 A로부터 직선인 $\beta^{\epsilon}-$팽창곡선이 방사상으로 뻗어 나와 대수나선인 $\alpha^{\epsilon}-$팽창곡선과 함께 부채꼴 형태이다. 여기서 변형률장②가 옹벽 AB(또는 OB)까지 연장된다고 하는 것은 옹벽과 뒤채움재료의 접촉경계가 제로팽창곡선($\beta^{\epsilon}-$팽창곡선)이라는 것을 의미하는 것이다. 이것은 표면이 거친 벽체와 뒤채움재료인 모래 사이의 접촉면에서 상대속도가 0으로서 활동이 없다는 것이며 시험결과와도 잘 부합된다(James & Bransby, 1971). 만약 마찰이 없는 옹벽배면에서 모래가 활동을 하게 되면 변형률장②가 축소되어 〈그림 10-60(b)〉의 Sokolovskii의 응력장에서 최소응력상태인 균일응력장①이 발생하게 된다.

옹벽배면을 $\beta^{\epsilon}-$팽창곡선으로 가정한다는 것은 $\alpha^{\epsilon}-$팽창곡선과 $\beta^{\epsilon}-$팽창곡선의 교각이 $\pi/2\pm\nu$가 되어야 하기 때문에 $\alpha^{\epsilon}-$팽창곡선의 방향 즉 옹벽에서 최대주변형률속도 $\dot{\epsilon}_1$의 방향인 ξ^{ϵ}가 고정되어야 한다는 것을 의미한다(〈그림 10-61〉 참조). 또한 제로팽창곡선이라고 해서 동시에 모두 활동선일 필요는 없으며 활동선이 발생한다면 제로팽창곡선 중에서 어느 하나와 일치하거나 인접한 2개의 제로팽창곡선 사이에 위치하면 된다. 지표면에 대한 경계조건은 최대주응력 σ_1-방향이 수평이므로 $y-$축과 이루는 각은 $\theta=\pi/2$이고, 공동축조건을 적용하면 $y-$축과 최대주변형률속도 $\dot{\epsilon}_1$이 이루는 각 ξ^{ϵ}도 수평이어야 하므로 $\xi^{\epsilon}=\theta=\pi/2$이다. 따라서 제로팽창곡선의 방향은 $\dot{\epsilon}_1$의 방향과 각각 $\pm(\pi/4-\nu/2)$의 사잇각을 유지해야 하므로 지표면 AC에서 $\alpha^{\epsilon}-$ 및 $\beta^{\epsilon}-$팽창곡선의 방향을 구할 수 있다(〈그림 10-60(a)〉 참조).

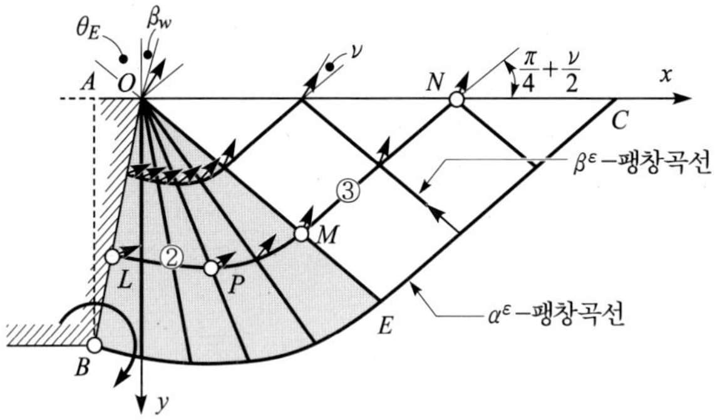

(a) 제로팽창곡선법에 의한 변형률장 (Roscoe, 1970)

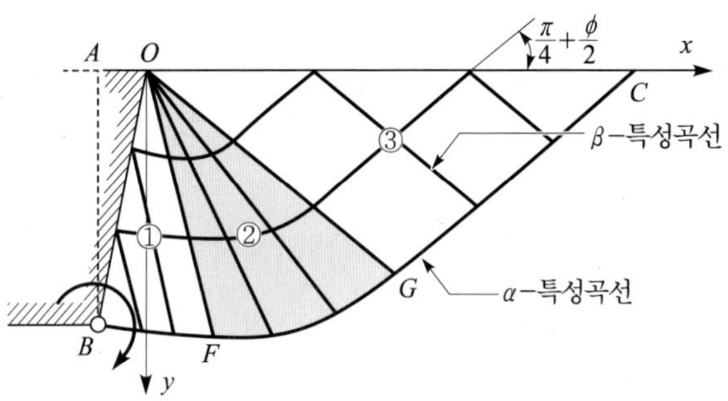

(b) 활동선장법에 의한 응력장 (Sokolovskii, 1965)

〈그림 10-60〉 Roscoe의 **변형률장과** Sokolovskii의 **응력장** (James & Bransby, 1971)

변형률장을 예측하기 위해서 위와 같이 결정된 제로팽창곡선의 영역을 이용하기 전에 검토해야 하는 것은 제로팽창곡선이 팽창각 ν인 재료의 속도특성곡선과 일치한다는 것을 보여야 한다. 관련유동칙에서 기술한 바와 같이 속도비약이 발생하는 곡선은 속도불연속선이고 속도불연속선은 속도특성곡선의 하나이므로, 한 쪽은 고정되어 있고 다른 한 쪽만 이동하여 속도비약이 발생하는 활동선은 속도특성곡선임에 틀림이 없다. 또한 활동은 오직 제로팽창곡선을 따라서 발생하므로 속도특성곡선은 제로팽창곡선과 일치하는 것으로 볼 수 있다. (8-23)식으로부터 $x-y$평면에서 팽창각이 ν인 재료의 속도특성곡선 즉 제로팽창곡선의 기울기 $[dy/dx]$는 다음과 같이 나타낼 수 있다(Roscoe, 1970).

$$\frac{dy}{dx} = \tan\left[\xi^{\epsilon} \mp \left(\frac{\pi}{4} - \frac{\nu}{2}\right)\right] \tag{10-233}$$

위의 식에 의해서 제로팽창곡선은 $x-y$평면에서 2개의 격자망 형태의 변형률 쌍곡선군으로 구성되는데, 이 쌍곡선군의 정확한 명칭은 **변위증분특성곡선**(incremental displacement characteristics) 또는 **변위속도특성곡선**(displacement rate characteristics)이 적절하지만 여기서는 편의상 속도특성곡선으로 표기하였다. 이와 같은 속도특성곡선을 구하는 주요한 목적은 속도특성곡선의 형태가 결정되면 속도특성곡선이 제로팽창곡선이라는 것을 이용하여 속도(실제로는 변위증분 또는 변위속도임)의 변화를 산정할 수 있는 관계식을 유도하기 위한 것이다. 〈그림 10-61〉은 팽창각이 ν인 모래에 대한 속도특성곡선을 나타낸 것이다. 격자점 X에서 $\alpha^{\epsilon}-$팽창곡선과 θ_V의 각으로 속도 v가 발생하고 v_α와 v_β는 v를 각각 $\alpha^{\epsilon}-$ 및 $\beta^{\epsilon}-$팽창곡선으로 투사하고, $v_{n\alpha}$와 $v_{n\beta}$는 특성곡선의 법선방향으로 투사한 것이다. X와 X_1에서 $\alpha^{\epsilon}-$팽창곡선의 접선은 $y-$축과 반시계방향으로 각각 θ_α 및 $\theta_\alpha+d\theta_\alpha$의 각을 이루고 속도는 각각 v_α 및 $v_\alpha+dv_\alpha$이며, X와 X_2에서 $\beta^{\epsilon}-$팽창곡선의 접선은 $y-$축과 반시계방향으로 각각 θ_β 및 $\theta_\beta+d\theta_\beta$의 각을 이루고 속도는 각각 v_β 및 $v_\beta+dv_\beta$이다. 그림에서 XX_1은 제로팽창곡선이므로 다음 식을 얻을 수 있다.

$$dv_\alpha - v_{n\alpha}d\theta_\alpha = 0$$

위의 식에 $v_{n\alpha}=v_\alpha\tan\nu+v_\beta\sec\nu$를 대입하면 아래와 같은 관계식을 얻을 수 있으며, XX_2에 대해서도 같은 방법으로 관계식을 얻을 수 있다(Roscoe, 1970).

$$dv_\alpha - (v_\alpha\tan\nu+v_\beta\sec\nu)d\theta_\alpha = 0 \ : \ \alpha^{\epsilon}-\text{팽창곡선} \qquad (10\text{-}234)$$

$$dv_\beta + (v_\alpha\sec\nu+v_\beta\tan\nu)d\theta_\beta = 0 \ : \ \beta^{\epsilon}-\text{팽창곡선} \qquad (10\text{-}235)$$

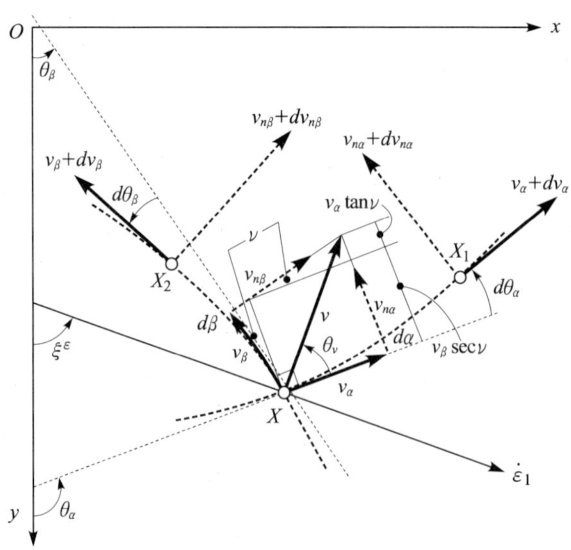

〈그림 10-61〉 변형률장에서 속도특성곡선의 속도변화 (Roscoe, 1970)

위의 식에서 뒤채움재료의 팽창각 ν가 일정하다면 $\alpha^{\epsilon}-$ 및 $\beta^{\epsilon}-$팽창곡선은 〈그림 10-61〉에서 $\dot{\epsilon}_1$의 방향에 대하여 각각 $\pi/4-\nu/2$의 사잇각을 유지하므로 $d\theta_\alpha = d\theta_\beta = d\xi^{\epsilon}$가 되는데, 대수나선의 원점인 O에서 $\beta^{\epsilon}-$팽창곡선이 직선으로 뻗어 나와 (10-234~235)식에서는 $d\theta_\alpha$나 $d\xi^{\epsilon}$보다는 $d\theta_\beta$를 이용하는 것이 편리하다. (10-234~235)식은 관련유동칙의 속도특성곡선식인 (8-84~85)식과 동일한 형태이므로 각 격자점에 대하여 속도를 결정하는 방법은 Shield(1953)가 제시한 방법을 그대로 적용할 수 있다(Roscoe, 1970). 예로서 $\alpha^{\epsilon}-$팽창곡선이 직선이라면 $\alpha^{\epsilon}-$팽창곡선을 따라서 $d\theta_\alpha = 0$이므로 (10-234)식에 의하여 $dv_\alpha = 0$이 된다. 또한 〈그림 10-62(a)〉에서 $\beta_2^{\epsilon}-$ 팽창곡선을 따라서 v_α가 일정하면 $\alpha_1^{\epsilon}-$, $\alpha_2^{\epsilon}-$ 및 $\alpha_3^{\epsilon}-$팽창곡선과의 격자점인 a, b 및 c에 대한 속도(total velocity, v)는 다를 수도 있는데, 여기서 $\beta_2^{\epsilon}-$팽창곡선을 따라서 v_α가 일정하다는 조건은 격자점인 a, b 및 c 사이의 속도의 증분이 $\beta_2^{\epsilon}-$팽창곡선과 직각이 되어야 한다는 것으로서 즉 그림과 같이 $\alpha_2^{\epsilon}-$팽창곡선과 팽창각 ν만큼 편차가 발생해야 한다는 것이다.

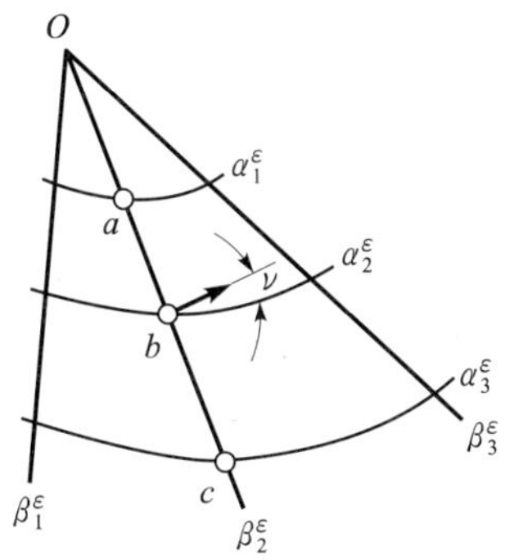

(a) 대수나선형 제로팽창곡선

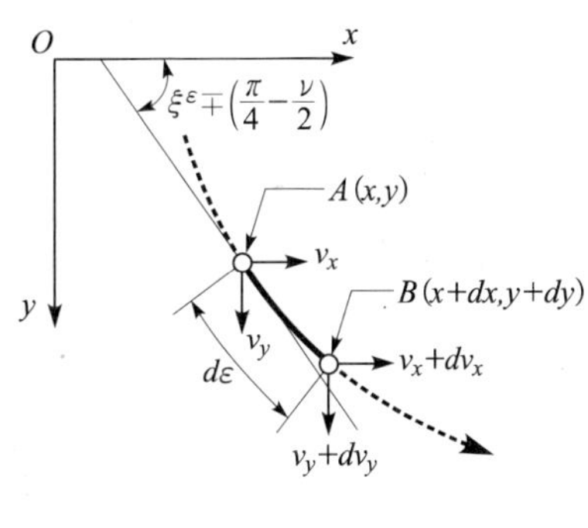

(b) 제로팽창 선재요소

〈그림 10-62〉 대수나선형 제로팽창곡선과 선재요소
(Jahanandish, 2003; James & Bransby, 1971)

(10-234~235)식에 속도에 대한 경계조건을 대입하면 〈그림 10-62(b)〉와 같은 변형률장의 제로팽창곡선에서 각각의 격자점에 대한 속도를 결정할 수 있다. 그러나 옹벽의 속도와 인접한 모래의 속도가 같다는 경계조건만으로는 〈그림 10-60(a)〉와 같은 변형률장 전체에 대한 속도를 결정하기에는 불충분하므로 추가적인 경계조건이 요구되며, 보통 〈그림 10-60(a)〉의 경계 BEC와 같이 가장 바깥쪽에 있는 제로팽창곡선 외측의 흙을 강체로 처리하여 경계조건을 추가한다. 이상과 같은 두 가지 경계조건 및 기지의 경계조건인 옹벽의 속도와 함께 (10-234~235)식을 이용하면 제로팽창곡선의 각각의 격자점에

대한 속도성분을 구하면 속도장을 결정할 수 있다. 〈그림 10-60(a)〉에서 β^{ϵ}-팽창곡선은 모두 직선이므로 β^{ϵ}-팽창곡선을 따라서 $d\theta_{\beta}=0$이고 (10-235)식에 의하여 $dv_{\beta}=0$이 되어야 한다. 그러나 경계 BEC의 격자점에서는 제로팽창곡선 외측의 흙을 강체로 가정하여 $v_{\beta}=0$이므로 모든 격자점에서 $v_{\beta}=0$이 되어야 하고 속도성분은 β^{ϵ}-팽창곡선에 직각으로 작용해야 한다. 따라서 속도 v에 대한 β^{ϵ}-팽창곡선 방향의 속도성분은 $v_{\beta}=0$이며, 모든 격자점에서 v는 β^{ϵ}-팽창곡선에 직각이어야 하므로 v_{α}는 다음과 같이 나타낼 수 있다(James & Bransby, 1971).

$$v_{\alpha}=v\cos\nu \tag{10-236}$$

모든 격자점에서 $v_{\beta}=0$이므로 위의 식을 (10-235)식에 대입하면 다음 식을 얻을 수 있다.

$$dv-(v\tan\nu)d\theta_{\beta}=0 \tag{10-237}$$

〈그림 10-60(a)〉에서 벽체의 임의의 격자점인 L에서 α^{ϵ}-팽창곡선에 대한 속도 $v=v_w$라 하면 α^{ϵ}-팽창곡선인 LMN을 따라서 방사상전단영역에서 속도 v는 (10-237)식으로부터 얻을 수 있다.

$$v=C_0\exp(\theta_{\beta}\tan\nu) \tag{10-238}$$

식에서 C_0는 적분상수이며 격자점 L에서 $v=v_w$이므로 위의 식은 다음과 같다.

$$v=v_w\exp\left[(\theta_{\beta}+\beta_w)\tan\nu\right] \tag{10-239}$$

식에서 β_w는 옹벽경사각이며 원점 O를 중심으로 y-축에 대한 옹벽의 기울기이다. 위의 식은 격자점 M에서 다음과 같은 값을 갖는다.

$$v_M=v_w\exp\left[(\theta_E+\beta_w)\tan\nu\right] \tag{10-240}$$

식에서 θ_E는 y-축과 OE의 사잇각이다(〈그림 10-60(a)〉 참조). 격자점 M의 속도성분 v_M을 알면 변형률장③에서 α^{ϵ}-팽창곡선의 직선구간 MN에 대한 속도를 구할 수 있다. 즉, α^{ϵ}-팽창곡선이 변형률장③에서 직선이므로 $d\theta_{\alpha}=d\theta_{\beta}=0$이고 MN을 따라서 (10-237)식에 의하여 $dv=0$이므로 MN의 모든 격자점에서 $v=v_M$이다. 〈그림 10-60(a)〉에서 원점 O로부터 α^{ϵ}-팽창곡선상에 있는 임의의 격자점 X까지 거리(=반경)를 r, 벽체의 격자점 L에 대한 거리를 r_w라고 하면 LM은 대수나선이므로 (10-239)식에 의하여 다음과 같이 나타낼 수 있다.

$$r = r_w \exp[(\theta_\beta + \beta_w)\tan\nu] \tag{10-241}$$

위의 식과 함께 (10-239)식에 의해서 다음과 같은 관계식이 성립한다.

$$\frac{v}{r} = \frac{v_w}{r_w} \tag{10-242}$$

따라서 α^ϵ – 팽창곡선상에 있는 임의의 격자점에 대한 속도는 원점 O로부터 반경에 비례하고 원점 O에 대하여 강체로서 회전한다는 것을 알 수 있다.

(1) 옹벽의 변위유형별 속도분포

i) 제1변위형 : 옹벽 뒷굽판(B점)에 대한 회전

벽체에 인접한 모래의 속도 v_w는 벽체에 수직방향이며 크기는 다음과 같다(James & Bransby, 1971).

$$v_w = (h - r_h)\Omega \tag{10-243}$$

식에서 h는 옹벽의 높이, Ω는 옹벽의 각속도, r_H는 원점 O로부터 벽체의 임의의 점까지의 거리이다. 〈그림 10-60(a)〉에서 방사상전단영역에 위치한 X는 원점 O로부터 거리가 r이며, 격자점 X를 통과하는 α^ϵ – 팽창곡선은 원점 O로부터 거리 r_w만큼 떨어진 벽체의 격자점 $L(v = v_w)$이고 X를 통과하는 β^ϵ – 팽창곡선은 벽체와 θ_β만큼 각을 이루고 있다. 이와 같은 조건에 대하여 X에서는 3개의 관계식이 성립하다. 첫째, 격자점 X의 속도는 (10-239)식에 의하여 v_w로 표시할 수 있으며 둘째, r_w의 값이 정해지면 (10-243)식으로부터 v_w를 구할 수 있고, 마지막으로 (10-241)식에 의하여 r_w를 r로 나타낼 수 있다. 3개의 관계식으로부터 격자점 X의 속도는 다음과 같이 나타낼 수 있다(James & Bransby, 1971).

$$v = v_w \exp[(\theta_\beta + \beta_w)\tan\nu] = (h - r_w)\Omega \exp[(\theta_\beta + \beta_w)\tan\nu] \tag{10-244}$$

$$v = h\Omega \exp[(\theta_\beta + \beta_w)\tan\nu] - r\Omega \tag{10-245}$$

(10-245)식에 의하여 방사상전단영역에서 극좌표계 (r, θ_β)를 이용하여 속도 v를 계산할 수 있다. 〈그림 10-60(a)〉에서 경계인 OE에 위치한 격자점의 속도는 다음 식으로 주어진다.

$$v_E = h\Omega \exp[(\theta_E + \beta_w)\tan\nu] - r\Omega \tag{10-246}$$

변형률장③에서는 α^{ϵ} − 팽창곡선이 모두 직선이며 $dv=0$이기 때문에 모든 격자점에 대한 속도가 일정하므로 경계인 OE에 위치한 격자점의 속도를 알면 변형률장③에 대한 속도를 결정할 수 있다.

ii) 제2변위형 : 옹벽 상단부(원점 O)에 대한 회전

벽체에 인접한 모래의 속도 v_w는 벽체에 수직방향이며 크기는 다음과 같다(James & Bransby, 1971).

$$v_w = r_w \Omega' \tag{10-247}$$

식에서 Ω'은 원점 O에 대한 옹벽의 각속도이다. 편의상 원점 O에 대한 회전에서 수직선에 대한 옹벽의 기울기를 θ_T라 하고 뒤채움재료 방향의 회전을 양(+)으로 취한다. (10−239)식과 (10−240)식을 이용하여 변형률장②에 대한 속도는 다음과 같이 나타낼 수 있다.

$$v = r_w \Omega' \exp\left[(\theta_\beta - \theta_T)\tan\nu\right] = r\Omega' \tag{10-248}$$

따라서 전체 영역은 원점 O에 대하여 강체로서 회전하므로 경계인 BE를 가로질러 속도는 불연속적이 된다. 변형률장③에서는 하나의 α^{ϵ} − 팽창곡선상에 있는 모든 격자점 속도가 일정하고 경계인 OE에 위치한 격자점의 속도는 다음과 같다.

$$v_B = r\Omega' \tag{10-249}$$

iii) 제3변위형 : 옹벽의 수평이동

벽체에 인접한 모래의 속도 v_w는 다음 식으로 주어진다(James & Bransby, 1971).

$$v_w = \dot{x} \tag{10-250}$$

식에서 $\dot{x}$는 옹벽의 수평이동 속도이다. 방사상전단영역의 속도는 다음 식으로 결정할 수 있다.

$$v = \dot{x}\exp\left[(\theta_\beta)\tan\nu\right] \tag{10-251}$$

속도 v는 r과 관계가 없으며 OE에 위치한 격자점의 속도는 일정하므로 변형률장③의 속도는 β^{ϵ} − 팽창곡선에 수직이며 다음과 같다.

$$v_B = \dot{x}\exp\left[(\theta_E)\tan\nu\right] \tag{10-252}$$

위의 식이 의미하는 것은 BEC를 가로질러 속도가 불연속적이라는 것이며, 옹벽에서는

$\dot{x}$인 속도가 변형률장③에서는 $\dot{x}\exp[(\theta_E)\tan\nu]$까지 변하므로 BEC를 따라서 전이층이 있다는 것이다.

(2) 옹벽의 변형률장

옹벽의 변위유형별로 속도가 결정되면 변형률속도(또는 변형률증분)는 속도에 대한 도함수를 취하여 간단하게 계산할 수 있다. 여기서는 앞에서 구한 세 가지 변위유형별 속도분포에 대응하는 세 가지 변형률장 중에서 옹벽 뒷굽판에 대한 회전에 대해서만 기술하고자 한다.

i) 방사상전단영역의 변형률장

방사상전단영역인 변형률장②에 대한 해석에서는 극좌표계 (r, θ_β)를 이용하고 $r-$ 및 $\theta_\beta-$방향의 속도를 각각 v_r과 v_θ로 표시한다. 옹벽의 뒷굽판 B에 대한 회전에 의해서 속도성분 v_r과 v_θ는 (10-245)식으로부터 각각 다음과 같이 나타낼 수 있다(James & Bransby, 1971).

$$v_r = 0, \quad v_\theta = h\Omega\exp[(\theta_\beta + \beta_w)\tan\nu] - r\Omega \tag{10-253}$$

변형률속도는 $r-$방향의 변위 u_r과 $\theta-$방향의 변위 u_θ 등, 변위성분을 속도성분인 v_r과 v_θ로 각각 바꾸어주면 된다(압축: +).

$$\begin{aligned}
\dot{\epsilon}_{rr} &= -\frac{\partial v_r}{\partial r} = 0 \\
\dot{\epsilon}_{\theta\theta} &= -\frac{\partial v_r}{\partial r} = -\frac{u}{r} - \frac{1}{r}\frac{\partial v_\theta}{\partial \theta} = -\frac{1}{r}h\Omega\tan\nu\exp[(\theta_\beta + \beta_w)\tan\nu] \\
\dot{\gamma}_{r\theta} &= -\frac{1}{r}\frac{\partial v_r}{\partial \theta} - \frac{\partial v_\theta}{\partial r} + \frac{v_\theta}{r} = \frac{1}{r}h\Omega\exp[(\theta_\beta + \beta_w)\tan\nu]
\end{aligned} \tag{10-254}$$

체적변형률속도 $\dot{\epsilon}_v$와 전단변형률속도 $\dot{\gamma}$은 각각 다음과 같다.

$$\begin{aligned}
\dot{\epsilon}_v &= -\frac{1}{r}h\Omega\tan\nu\exp[(\theta_\beta + \beta_w)\tan\nu] \\
\dot{\gamma} &= \frac{1}{r}h\Omega\sec\nu\exp[(\theta_\beta + \beta_w)\tan\nu]
\end{aligned} \tag{10-255}$$

따라서 방사상전단영역인 변형률장②에서 $\dot{\epsilon}_{rr}$을 제외한 모든 변형률속도성분은 방사상선인 β^{ϵ}－팽창곡선을 따라서 반경 r에 반비례한다.

ii) 변형률장③의 속도분포

변형률장③에 대한 변형률속도를 간단하게 계산하는 방법은 〈그림 10-63〉과 같이 새로운 좌표축인 $O'x$ 및 $O'y$를 도입하여 $O'x$－축을 α^{ϵ}－팽창곡선에 일치시키는 것이다. 변형률장③에서 각각의 α^{ϵ}－팽창곡선에 대한 속도는 (10-246)식에 의하여 일정한 값을 갖는다. 만약 d를 OO'선을 따라서 O'으로부터 임의의 점까지 거리라고 하면 OO'의 거리는 $h\exp[(\theta_E+\beta_w)\tan\nu]$이므로 (10-246)식은 다음과 같이 나타낼 수 있다(James & Bransby, 1971).

$$v_E = d\Omega \tag{10-256}$$

변형률장③에서 새로운 좌표축인 x－ 및 y－축방향에 대한 속도 v_x와 v_y는 각각 다음과 같다.

$$v_x = d\Omega\cos\nu = y\Omega, \quad v_y = d\Omega\sin\nu = y\Omega\tan\nu \tag{10-257}$$

변형률속도성분은 변형률장③에서 일정하고 각각 다음과 같다.

$$\dot{\epsilon}_{xx} = 0, \quad \dot{\epsilon}_{yy} = -\Omega\tan\nu, \quad \dot{\gamma}_{xy} = -\Omega \tag{10-258}$$

체적변형률속도 $\dot{\epsilon}_v$과 전단변형률속도 $\dot{\gamma}$은 다음과 같다.

$$\dot{\epsilon}_v = -\Omega\tan\nu, \quad \dot{\gamma} = \Omega\sec\nu \tag{10-259}$$

옹벽이 뒷굽판 B점을 축으로 회전하는 경우에는 속도불연속이 없으며 BEC선 아래에 위치한 모래와 위에 있는 모래 사이에 전이층이 발생하지 않는다(James & Bransby, 1971).

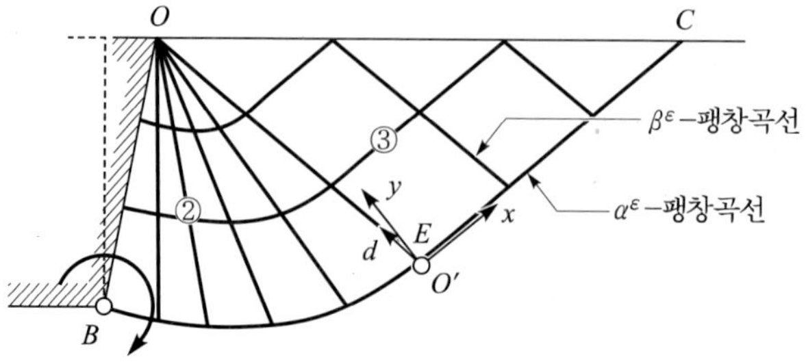

〈그림 10-63〉 변형률장③의 속도해석을 위한 좌표계

10.4.2 제로팽창곡선법의 응력장해석

제로팽창곡선법의 응력장해석은 관련유동칙의 응력장해석 또는 비관련유동칙의 응력장해석과 동일하다. 토질역학에서 응력특성곡선은 Mohr-Coulomb파괴기준과 함께 이상적인 강소성재료에 대해서만 적용하는 것으로 제한되는데, 이것을 옹벽의 뒤채움재료에 대해서 적용하면 「변형 중에 단위중량이 일정하게 유지되고 뒤채움재료의 어느 부위에서나 동시에 최대마찰각 $\phi_{\max}$이 발생하는 것으로 가정한다」는 것을 의미한다. 응력특성곡선에 대한 기본방정식은 (8-23)식에서 θ를 수직인 $y-$축을 기준으로 하여 다음과 같이 나타낼 수 있다(Roscoe, 1970).

$$\frac{dy}{dx}=\tan\left[\theta \mp \left(\frac{\pi}{4}-\frac{\phi}{2}\right)\right] \qquad (10\text{-}260)$$

위의 식은 2개의 곡선군으로 이루어진 응력특성곡선을 나타내며 각각의 응력특성곡선은 $y-$축으로부터 반시계방향으로 θ만큼 경사진 최대주응력축을 대칭축으로 하여 시계방향과 반시계방향으로 사잇각이 각각 $(\pi/4-\phi/2)$인 곡선이다. 만약 뒤채움재료의 임의의 부위에서 흙이 팽창각 ν로 팽창하고 마찰각 ϕ에 대응하는 응력비 τ/σ'을 받는다면 공동축조건인 경우에 (10-233)식과 (10-260)식에 의하여 $\theta=\xi^{\epsilon}$이고 응력특성곡선과 속도특성곡선의 교각은 항상 $(\phi-\nu)/2$가 된다. 응력특성곡선을 따라서 응력의 변화를 나타내는 또 하나의 관계식으로는 평형방정식과 Mohr-Coulomb파괴기준으로부터 얻을 수 있으며, Sokolovskii가 제시한 (10-26)식에 의해서 지표면이 수평이라면 지표경사각 $\varphi=0$이므로 다음과 같이 나타낼 수 있다(Roscoe, 1970).

$$d\bar{p} \mp 2\bar{p}\tan\phi\, d\theta=\frac{\gamma_s}{\cos\phi}[\sin\phi dx+\cos\phi dy] : \alpha- \text{ 및 } \beta-\text{특성곡선} \qquad (10\text{-}261)$$

식에서 $\bar{p}$는 등가응력이고 $d\theta$는 최대주응력방향의 변화 또는 응력특성곡선 방향의 변화를 나타낸다. 또한 응력에 대해서는 2개의 방정식에 2개의 미지수(관련유동칙의 응력장 : p와 θ, Sokolovskii의 응력장 : $\bar{p}$와 θ)가 있는 반면, 변형률에 대해서는 2개의 방정식에 3개의 미지수($v_\alpha, v_\beta, \xi^\epsilon$)가 있다. 이와 같은 응력 및 변형률에 대한 방정식이 의미하는 것은 다음과 같이 설명할 수 있다 즉, 〈그림 10-60(b)〉에서 옹벽 AB의 일부 격자점에 대해서 $\bar{p}$와 θ를 알면, 경계선 내측의 일정 영역에 대해서는 응력특성곡선의 방향을 결정할 수 있으며, AF까지 적어도 하나 이상의 $\alpha-$특성곡선(또는 $\beta-$특성곡선)과 BF까지 적어도 하나 이상의 $\beta-$특성곡선(또는 $\alpha-$특성곡선)을 구할 수 있다. 또한 격자점 F의 위치는 격자점 A와 B에서 (10-261)식에 $\bar{p}$와 θ를 대입하여 결정하고, AF와 BF를 따라서 $\bar{p}$와 θ도 구할 수 있다. 따라서 경계 AB의 모든 격자점에 대한 $\bar{p}$와 θ가 주어지면 응력장 ABF 내측에 있는 모든 격자점의 $\bar{p}$와 θ를 결정할 수 있다. 그러나 응력과는 달리 제로팽창곡선을 추정하지 않고 경계를 이루는 제로팽창곡선 중에서 하나의 제로팽창곡선에 대한 속도가 주어지지 않으면, 옹벽 AB의 모든 격자점에 대하여 v_α, v_β 및 ξ^ϵ의 값이 주어진다고 해도 경계 근방의 격자점에 대해서는 v_α, v_β 및 ξ^ϵ의 값을 구할 수가 없다. 결과적으로 제로팽창곡선법에서 제로팽창곡선을 도시하기 위해서는 응력특성곡선과 제로팽창곡선의 교각이 항상 $(\phi-\nu)/2$라는 것을 이용해야 하므로 응력특성곡선의 결정이 선행되어야 한다(Roscoe, 1970).

Sokolovskii의 응력장해석을 옹벽에 적용하는 방법은 다음과 같다. 〈그림 10-60(b)〉에서 사질토($\phi=$일정)인 지표면 AC에 매우 작은 하중이 작용하는 것을 경계조건으로 하여 응력장해석을 시작한다. 이 경계조건과 흙의 단위중량 및 마찰각을 이용하면 응력과 응력특성곡선의 방향을 AG까지 계산할 수 있다. 다음 단계는 응력장 ABF를 결정하는 것으로서 곡선 AF의 위치는 옹벽의 격자점 A의 벽면마찰각(δ')을 이용하여 구할 수 있으므로 AG와 AF 사이의 방사상전단영역을 확정할 수 있다. 이때 격자점 A의 근방에서는 매우 짧은 거리에 대하여 방사상 특성곡선은 직선으로 가정해야 한다. 직선 AG에 대한 응력의 크기와 방향은 이미 알고 있으므로, 격자점 A로부터 시작하여 응력장 AGF 내에 있는 모든 격자점에 대하여 응력 정보를 계산할 수 있다. 또한 곡선 AF에 대한 응력의 크기와 방향을 알면 옹벽 AB에 대한 벽면마찰각 δ'의 분포를 이용해서 응력장 ABF 내에 있는 모든 격자점에 대한 응력의 크기와 방향을 결정할 수 있으며, 특히 옹벽에 작용하는 수직응력과 전단응력을 구할 수 있다(Roscoe, 1970).

10.5 비관련유동칙의 적용 예

10.5.1 축대칭조건의 활동선장해석

(1) 축대칭조건과 활동선장해석

관련유동칙에서 기술한 바와 같이 활동선장해석을 위해서는 제한조건의 하나로서 평면변형률조건을 전제로 하기 때문에 Sokolovskii의 응력장해석에서는 물론 그 외에도 활동선장해석에서는 평면변형률조건에 대한 문제만을 다룬 것이 대부분이다. 그러나 축대칭조건을 원통좌표계(r, Ψ, z)로 표시하게 되면 평면변형률조건과 동일한 활동선장해석을 축대칭조건에 대해서도 적용할 수 있으며, 이를 위해서 **Haar-Karman의 가설**(Haar and Karman hypothesis)을 이용하는 것이 하나의 방법이다. Hill(1950)은 Haar-Karman의 가설에 대하여 인위적이고 비현실적인 항복기준이며 알 수 없는 크기의 오차가 유발된다고 부정적이었지만, Shield(1955)의 Tresca재료($\phi = 0$)에 대한 원형펀치 압입문제를 비롯하여 Cox 외(1962)의 Mohr-Coulomb재료에 대한 축대칭 소성변형, Stroganov(1977; 1983; 1985)의 원형기초(circular foundation)의 활동선장해석(〈그림 10-2〉 참조) 등, Haar-Karman의 가설과 함께 활동선장해석에 의한 축대칭조건의 경계값문제를 처리한 예는 어렵지 않게 접할 수 있다.

예로서 삼축압축시험의 원주형 공시체에 대하여 축대칭조건의 활동선장해석에 의하면 〈그림 10-64(a)〉와 같은 거동을 얻을 수 있다. 그림(b)의 삼축압축시험에서 구속압력이 일정하게 유지되면 축하중의 증가와 더불어 공시체의 축방향 길이는 감소되고 반경방향으로 팽창하게 되는데 시료 끝부분은 구속효과로 인하여 가운데 부분만 팽창되는 것을 알 수 있으며, 공시체의 형태와 하중이 모두 축대칭이기 때문에 모든 거동이 축대칭으로 발생되는 것은 자명하다. 삼축압축시험에서 공시체에 축대칭이 아닌 비대칭 전단면이 발생되는 것은 공시체가 균질하지 않기 때문이다(윤지선, 1992). 여기서는 Stroganov(1985)가 Sokolovskii의 응력장해석 및 Cox의 속도장해석 기법을 적용하여 수행한 원형기초에 대한 활동선장해석과 함께 비관련유동칙을 적용하는 기법에 대하여 예시하고자 한다.

(a) 활동선장해석에 의한 공시체의 초기거동 (Haythornthwaite, 1960; Shield, 1955)

(b) 공시체의 실제 거동

〈그림 10-64〉 활동선장해석에 의한 삼축압축시험의 축대칭 거동

(2) 축대칭조건의 활동선장해석을 위한 이론적 배경

축대칭조건의 활동선장해석을 위해서는 세 가지 방법을 이용할 수 있다. 첫째 방법은 Haar-Karman의 가설을 이용하여 중간주응력인 원주응력을 최대 또는 최소주응력으로 대체하여 축대칭조건의 한계평형상태를 평면변형률조건의 한계평형상태와 동일하게 해석하는 것이다. 둘째 방법은 자오평면을 이용해서 평면변형률조건의 한계평형상태와 동일하게 해석하는 것이다. Hencky(1923)는 자오평면을 이용해서 처음으로 금속재료의 펀치에 의한 압입문제를 해석하였으며, Berezantsev(1948)는 자오평면을 이용해서 균질인 흙에 대하여 축대칭조건의 활동선장해석을 위한 응력장이론을 제시한 바 있다. 셋째 방법은 Haar-Karman의 가설과 관련된 또 하나의 방법으로서 평면변형률조건의 활동선장해석과 같이 평형방정식과 파괴조건으로부터 준선형 한계평형방정식(quasi-linear equation of limit equilibrium)을 유도하여 해석하는 것이다(Sobotka, 1961; Sokolovskii, 1960). 여기서는 첫째 방법인 Haar-Karman의 가설을 적용하여 축대칭조건의 응력장해석을 하고자 한다.

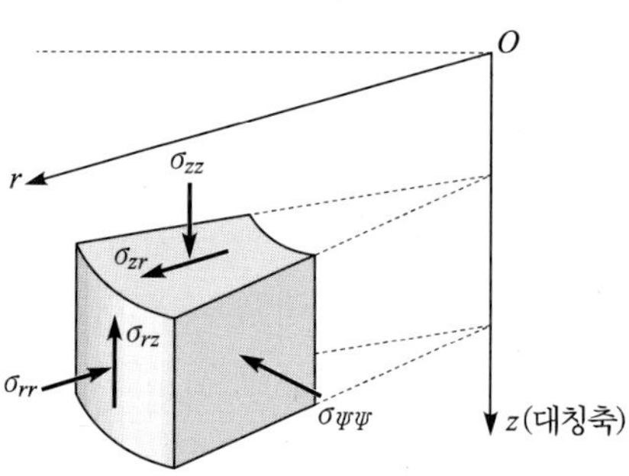

〈그림 10-65〉 축대칭조건에서 미소요소에 작용하는 응력성분 (Yu, 2006)

원통좌표계(r, Ψ, z)에서 축대칭조건의 응력상태에서는 〈그림 10-65〉와 같이 응력분포가 회전축인 z-축에 대하여 대칭이므로 원주응력 $\sigma_{\Psi\Psi}$도 주응력이며 0이 아닌 응력성분은 σ_{rr}, $\sigma_{\Psi\Psi}$, σ_{zz} 및 τ_{rz} 등 4개이고 중간주응력 $\sigma_2 = \sigma_{\Psi\Psi}$로 취한다(Hill, 1950; Cox 외, 1962). 축대칭조건의 문제를 해석하기 위해서는 중간주응력인 원주응력 $\sigma_{\Psi\Psi}$에 대하여 적절한 가정을 도입해야 한다. 이것은 〈그림 10-65〉의 축대칭조건에서 미소요소의 좌우 측면의 $\sigma_{\Psi\Psi}$가 서로 평행하게 작용하는 응력성분이 아니므로 평형조건식에 포함되어야 하기 때문이다. Haar-Karman의 가설에 의하면 축대칭조건의 응력상태에서는 3개의 주응력$(\sigma_1,\ \sigma_2 = \sigma_{\Psi\Psi},\ \sigma_3;\ \sigma_1 \geq \sigma_2 = \sigma_{\Psi\Psi} \geq \sigma_3)$ 중에서 2개의 주응력이 한계값에 도달하면 응력공간에서 한계상태에 이른다. 즉 〈그림 10-65〉에서 $\sigma_{\Psi\Psi}$가 최대주응력인 σ_1과 같거나 또는 최소주응력인 σ_3와 같으면 변형이 발생하게 된다는 것이다. 따라서 주응력공간에서 만약 소성거동이 대칭축인 $z-$축방향으로 진행된다면 한계평형상태에서 $\sigma_{\Psi\Psi}$는 최소주응력과 같고($\sigma_{\Psi\Psi}=\sigma_3$) 변형이 반대방향이라면 $\sigma_{\Psi\Psi}$는 최대주응력과 같게($\sigma_{\Psi\Psi}=\sigma_1$) 된다(Haythornthwaite, 1960; Sobotka, 1961).

또한 Haar-Karman의 가설은 Tresca항복기준과 같이 모서리나 꼭짓점을 가진 소성퍼텐셜함수로부터 직접 유도된 가설이다. 따라서 반경방향변위가 0이 아닌 경우에 Tresca항복기준과 함께 관련유동칙을 적용하면 Haar-Karman의 가설을 충족시켜야 하며(Salencon, 1977; Haddow & Danyluk, 1964), Mohr-Coulomb파괴기준도 Tresca항복기준에 마찰력까지 포함시킬 수 있도록 확장된 파괴기준이기 때문에 Tresca항복기준과 같이 Haar-Karman의 가설과 전적으로 부합되어야 한다.

수직방향으로 흙의 단위중량을 고려한 축대칭조건의 평형방정식은 (1-30)식으로부터 다음과 같다(Stroganov, 1985; Yu, 2006).

$$\begin{aligned}&\frac{\partial\sigma_{rr}}{\partial r}+\frac{\partial\tau_{rz}}{\partial z}+\frac{\sigma_{rr}-\sigma_{\Psi\Psi}}{r}=0\\&\frac{\partial\tau_{rz}}{\partial r}+\frac{\partial\sigma_{zz}}{\partial z}+\frac{\tau_{rz}}{r}=\gamma_s\end{aligned}\tag{10-262}$$

주응력은 $\sigma_1\geq\sigma_3$, 변형률속도는 $\dot{\epsilon}_1\geq\dot{\epsilon}_3$이며 모두 양의 값으로 가정하고 θ는 양의 $r-$축과 최대주응력방향의 사잇각이다(반시계방향: +). 축대칭조건에서 응력성분의 변환관계식은 다음과 같다(Cox 외, 1962).

$$\begin{aligned}&\sigma_1=\frac{1}{2}(\sigma_{rr}+\sigma_{zz})+\left[\frac{1}{4}(\sigma_{rr}-\sigma_{zz})^2+\tau_{rz}^2\right]^{1/2}\\&\sigma_3=\frac{1}{2}(\sigma_{rr}+\sigma_{zz})-\left[\frac{1}{4}(\sigma_{rr}-\sigma_{zz})^2+\tau_{rz}^2\right]^{1/2}\end{aligned}\tag{10-263}$$

또는 역으로 다음과 같이 나타낼 수도 있다.

$$\begin{aligned}&\sigma_{rr}=\frac{1}{2}(\sigma_1+\sigma_2)+\frac{1}{2}(\sigma_1-\sigma_2)\cos 2\theta\\&\sigma_{zz}=\frac{1}{2}(\sigma_1+\sigma_2)-\frac{1}{2}(\sigma_1-\sigma_2)\cos 2\theta\\&\tau_{rz}=\frac{1}{2}(\sigma_1-\sigma_2)\sin 2\theta\end{aligned}\tag{10-264}$$

(1-144)식의 축대칭조건의 변형률속도성분에 대해서도 아래와 같은 변환관계식이 성립한다.

$$\dot{\epsilon}_1 = \frac{1}{2}\left(\dot{\epsilon}_{rr} + \dot{\epsilon}_{zz}\right) + \frac{1}{2}\left[\left(\dot{\epsilon}_{rr} - \dot{\epsilon}_{zz}\right)^2 + \dot{\gamma}_{rz}^2\right]^{1/2}$$

$$\dot{\epsilon}_2 = \dot{\epsilon}_{\Psi\Psi} \tag{10-265}$$

$$\dot{\epsilon}_3 = \frac{1}{2}\left(\dot{\epsilon}_{rr} + \dot{\epsilon}_{zz}\right) - \frac{1}{2}\left[\left(\dot{\epsilon}_{rr} - \dot{\epsilon}_{zz}\right)^2 + \dot{\gamma}_{rz}^2\right]^{1/2}$$

또는 역으로 다음과 같이 나타낼 수도 있다.

$$\dot{\epsilon}_{rr} = \frac{1}{2}\left(\dot{\epsilon}_1 + \dot{\epsilon}_3\right) + \frac{1}{2}\left(\dot{\epsilon}_1 - \dot{\epsilon}_3\right)\cos 2\theta$$

$$\dot{\epsilon}_{zz} = \frac{1}{2}\left(\dot{\epsilon}_1 + \dot{\epsilon}_3\right) - \frac{1}{2}\left(\dot{\epsilon}_1 - \dot{\epsilon}_3\right)\cos 2\theta \tag{10-266}$$

$$\dot{\gamma}_{rz} = \frac{1}{2}\left(\dot{\epsilon}_1 - \dot{\epsilon}_3\right)\sin 2\theta$$

위의 식과 함께 (5-53)식, (1-151)식 등으로부터 다음의 공동축조건을 얻을 수 있다.

$$\dot{\epsilon}_{rr} - \dot{\epsilon}_{zz} = 2\dot{\gamma}_{rz}\cot 2\theta \tag{10-267}$$

Shield(1956)와 Cox 외(1962)는 위의 식을 등방성조건이라고 표기하였으나 공동축조건에서 기술한 바와 같이 등방성조건과 공동축조건은 구분해서 적용해야 하므로 여기서는 공동축조건으로 표기하였다. 주응력성분 σ_1, $\sigma_2 = \sigma_{\Psi\Psi}$, $\sigma_3(\sigma_1 \ge \sigma_2 = \sigma_{\Psi\Psi} \ge \sigma_3)$으로 표시한 Mohr-Coulomb파괴기준은 (4-28)식과 같다. 〈그림 10-66〉은 Mohr-Coulomb파괴기준의 불규칙 육각뿔을 주응력공간에 도시한 것이다(인장: +). 그림에서 응력점이 육각뿔인 $VABCDEF$의 내측에 있으면 응력조합이 항복응력에 도달하지 않은 상태이며 육각뿔 표면에 위치하면 항복상태가 된다. 따라서 육각뿔의 면이나 모서리 또는 꼭짓점에 위치한 응력점은 (4-28)식으로 주어지는 모든 가능한 소성응력상태를 나타내게 된다. 또한 〈그림 10-66〉의 Mohr-Coulomb파괴기준에서 응력점이 불규칙 육각형 $ABCDEF$의 변에 위치하느냐 또는 꼭짓점과 일치하느냐에 따라서 두 가지 형태의 소성유동을 예상할 수 있다. 즉 $\sigma_1 \ge \sigma_3$이므로 축대칭조건에서 σ_2를 원주응력 $\sigma_{\Psi\Psi}$로 취하면($\sigma_2 = \sigma_{\Psi\Psi}$) Mohr-Coulomb파괴곡면은 VEB평면에 대하여 대칭이기 때문에 응력점이 $EFAB$ 선상의 정칙성 소성영역(regular face plastic regime)인 변(AB, EF, FA)과 특이성 소성영역(singular edge plastic regime)인 꼭짓점(B, E, A, F)에 위치하는 경우에 대한 소성유동만 검토하면 된다. 따라서 두 가지 형태의 소성유동은 응력점의 위치를 고려하여

〈표 10-8〉과 같이 서로 다른 4개의 소성영역 그룹으로 분류할 수 있다(Cox 외, 1962; Shield, 1956).

이와 같이 Cox 외(1962)는 Mohr-Coulomb파괴기준을 항복함수로 채택하고 관련유동칙을 적용하여 그룹별로 응력상태, 유동칙, 지배방정식의 구조(structure of field equation) 등을 제시하였다. 그림의 육각뿔은 $\sigma_i = c\cot\phi > 0$인 꼭짓점 V와 함께 불규칙 육각형의 6개의 꼭짓점 $A_0(a_0, 0, 0)$, $B_0(a_0, 0, a_0)$, $C_0(0, 0, a_0)$, $D_0(-b_0, 0, 0)$, $E_0(-b_0, 0, -b_0)$, $F_0(0, 0, -b_0)$로 이루어져 있으며, 변 DE, EF, FA, AB 및 BC에 대한 항복함수는 각각 다음과 같이 나타낼 수 있다.

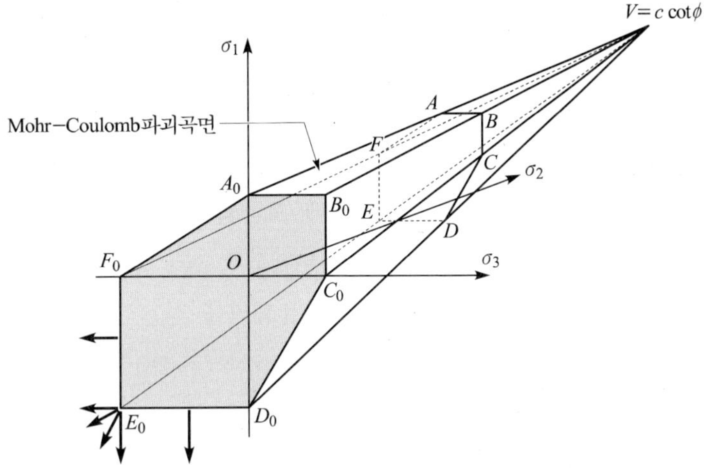

〈그림 10-66〉 주응력공간의 Mohr-Coulomb파괴기준 (Cox 외, 1962)

〈표 10-8〉 소성영역 그룹별 응력상태, 항복조건 및 유동칙 (Cox 외, 1962)

그룹	소성영역	응력상태	항복조건	유동칙 [관련유동칙, (3-9)식]			μ
				$\dot{\epsilon}_1/\dot{\lambda}$	$\dot{\epsilon}_2/\dot{\lambda}$	$\dot{\epsilon}_3/\dot{\lambda}$	
I	B	$\sigma_1 = \sigma_3 > \sigma_2$	$\sigma_1 = \sigma_3 = a_0 + \sigma_2/N$	$(1-\mu)/a_0$	$-1/b_0$	μ/a_0	$0 \le \mu \le 1/2$
	E	$\sigma_2 > \sigma_1 = \sigma_3$	$\sigma_1 = \sigma_3 = -b_0 + N\sigma_2$	$-(1-\mu)/b_0$	$1/a_0$	$-\mu/b_0$	$1/2 \le \mu \le 1$
II	AB	$\sigma_1 \ge \sigma_3 \ge \sigma_2$	$\sigma_1 = a_0 + \sigma_2/N$	$1/a_0$	$-1/b_0$	0	–
	EF	$\sigma_2 \ge \sigma_1 \ge \sigma_3$	$\sigma_3 = -b_0 + N\sigma_2$	0	$1/a_0$	$-1/b_0$	–
III	A	$\sigma_1 > \sigma_3 = \sigma_2$	$\sigma_3 = \sigma_2 = N(\sigma_1 - a_0)$	$1/a_0$	$-\mu/b_0$	$-(1-\mu)/b_0$	$0 \le \mu \le 1$
	F	$\sigma_1 = \sigma_2 > \sigma_3$	$\sigma_1 = \sigma_2 = (\sigma_3 + b_0)/N$	μ/a_0	$(1-\mu)/a_0$	$-1/b_0$	$0 \le \mu \le 1$
IV	FA	$\sigma_1 \ge \sigma_2 \ge \sigma_3$	$\sigma_1/a_0 - \sigma_3/b_0 = 1$	$1/a_0$	0	$-1/b_0$	–

※ $N = \tan^2\left(\frac{\pi}{4} + \frac{\phi}{2}\right) \ge 1$

$$f_{DE}=-\frac{\sigma_1}{b_0}+\frac{\sigma_2}{a_0}-1,\ f_{EF}=-\frac{\sigma_3}{a_0}+\frac{\sigma_2}{b_0}-1,\ f_{FA}=\frac{\sigma_1}{a_0}-\frac{\sigma_3}{b_0}-1$$
$$f_{AB}=\frac{\sigma_1}{a_0}-\frac{\sigma_2}{b_0}-1,\ f_{BC}=\frac{\sigma_3}{a_0}-\frac{\sigma_2}{b_0}-1 \tag{10-268}$$

주응력 σ_1-, σ_2- 및 σ_3-방향으로 작용하는 주변형률속도성분을 각각 $\dot{\epsilon}_1$, $\dot{\epsilon}_2$ 및 $\dot{\epsilon}_3$ 라고 하면 소성변형률속도는 주응력공간에서 방향코사인으로 표시할 수 있으며 육각뿔의 표면에 위치한 하나의 점으로 표시되는 응력상태 하에서 발생하는 소성유동을 나타낸다. 그림에서 변 E_0F_0와 D_0E_0 사이의 꼭짓점 E_0와 같이 특이성 소성영역인 꼭짓점 B, E, A 및 F에 대해서는 스칼라 $\mu(0 \le \mu \le 1)$를 도입하여, 육각형 $ABCDEF$를 반시계방향으로 회전하면서 증가시키면 정칙성 소성영역인 2개의 변 사이에서 위치 및 시간의 전이영역으로 나타낼 수 있다. 표의 유동칙은 (10-268)식과 함께 관련유동칙을 적용하여 구한 것이며, 특히 표에서 $\dot{\epsilon}_i=0$ 은 항복함수 $f<0$ 또는 $f=0$이고 $\dot{f}<0$인 경우에 해당된다. 표에서 소성변형률속도를 나타내는 항에 포함되어 있는 a_0, b_0 및 μ는 음의 값이 아닌 스칼라로서, 만약 음의 값이 되면 소성변형률속도는 응력상태와 관계없을 뿐 아니라 소성일이 음(−)의 값이 될 수도 있다. 관련유동칙을 적용하는 경우에 〈표 10-8〉의 소성영역별 유동칙의 합($\dot{\epsilon}_1+\dot{\epsilon}_2+\dot{\epsilon}_3$)은 모두 동일하며 (4-28)식에 의하여 다음과 같다 (Cox 외, 1962; Shield, 1956).

$$\dot{\epsilon}_1+\dot{\epsilon}_2+\dot{\epsilon}_3=\left(\frac{1}{a_0}-\frac{1}{b_0}\right)\dot{\lambda}=\frac{\dot{\lambda}}{c}\tan\phi \ge 0 \tag{10-269}$$

〈그림 10-66〉 및 〈표 10-8〉을 기반으로 응력-변형률 거동이 관련유동칙을 충족시키는 재료에 대하여 Cox 외(1962), Shield(1956) 등이 제시한 그룹별 소성영역의 응력장 및 속도장에 대한 일반적인 지배방정식의 구조는 다음과 같다(Cox 외, 1962; Shield, 1956).

i) I-그룹 (B, E)

〈표 10-8〉의 응력상태에서 알 수 있듯이 주어진 $\sigma_{\psi\psi}$에 대하여 주응력의 평균값 $(\sigma_1+\sigma_3)/2$은 소성영역 B가 소성영역 E보다 크고 $\sigma_1=\sigma_3$이다. 따라서 응력성분은 (10-264)식에 의해서 다음과 같이 나타낼 수 있다.

$$\sigma_1=\sigma_3=\sigma_r=\sigma_z,\quad \tau_{rz}=0 \tag{10-270}$$

위의 식과 함께 〈표 10-8〉의 항복조건을 나타내면 다음과 같다.

$$\sigma_r = \sigma_z = \frac{(Y + \sigma_{\Psi\Psi})}{\vartheta} \tag{10-271}$$

식에서, $\vartheta = \dfrac{1 \pm \sin\phi}{1 \mp \sin\phi}$, $Y = \dfrac{\pm 2c\cos\phi}{1 \mp \sin\phi}$

식에서 위의 부호는 소성영역 B, 아래 부호는 소성영역 E에 대한 것이며 복부호동순이다. (10-270~271)식을 (10-262)식에 대입하면 다음 식을 얻을 수 있다.

$$\frac{\partial\sigma_{rr}}{\partial r} + (1-\vartheta)\frac{\sigma_{rr}}{r} + \frac{Y}{r} = 0, \quad \frac{\partial}{\partial z}(\sigma_{rr} + \gamma_s z) = 0 \tag{10-272}$$

위의 식은 $\phi > 0$에 대해서 $\gamma_s z = 0$이 아니라면 해를 구할 수 없다. 표의 관련유동칙에서 $\dot{\lambda}$와 μ를 소거하면 주변형률속도 사이의 관계식을 얻을 수 있지만, 주응력방향이 유일하지 않기 때문에 주변형률속도 사이의 관계식을 얻을 수가 없다. 따라서 $I-$그룹의 소성영역 B와 E에서는 응력장의 응력방정식에 대한 해를 구할 수 없으며 속도장에 대해서도 부정 속도방정식이 생성된다. 또한 $I-$그룹의 속도장에 대한 제한조건은 비압축성조건을 충족시켜야 하며 〈표 10-8〉의 관련유동칙에 의한 주변형률속도성분은 각각 다음의 조건을 충족시켜야 한다.

$$\begin{aligned} &- \text{소성영역 } B : \dot{\epsilon}_1 \ge 0, \quad -\dot{\epsilon}_2 \ge 0, \quad \dot{\epsilon}_3 \ge 0 \\ &- \text{소성영역 } E : -\dot{\epsilon}_1 \ge 0, \quad \dot{\epsilon}_2 \ge 0, \quad -\dot{\epsilon}_3 \ge 0 \end{aligned} \tag{10-273}$$

ii) *II*-그룹 (*AB*, *EF*)

$II-$그룹의 소성영역 AB와 EF의 특징은 〈표 10-8〉의 유동칙과 같이 주변형률속도인 $\dot{\epsilon}_1$이나 또는 $\dot{\epsilon}_3$가 0이라는 것이다. 표의 관련유동칙에서 $\dot{\lambda}$를 소거하면 주변형률속도 사이의 관계식을 구할 수 있다. (10-265)식과 〈표 10-8〉로부터 다음의 속도방정식을 얻을 수 있다.

$$-\vartheta\frac{v_r}{r} = \frac{\partial v_r}{\partial r} + \frac{\partial v_z}{\partial z} = \pm\left[\left(\frac{\partial v_r}{\partial r} - \frac{\partial v_z}{\partial z}\right)^2 + \left(\frac{\partial v_r}{\partial z} + \frac{\partial v_z}{\partial r}\right)^2\right]^{1/2} \tag{10-274}$$

식에서 복부호의 양의 부호는 소성영역 AB, 음의 부호는 소성영역 EF에 대한 것이며 ϑ는 (10-271)식과 같다. 위의 식에서 복부호는 $-v_r$의 부호와 일치하기 때문에 반경방향속도성분은 소성영역 AB와 EF에서 각각 일정하게 음의 값이거나 또는 양의 값이 되므로 속도장은 $r-z$평면에서 오목하거나 볼록한(waisting or barrelling) 형태가 된다. Cox 외(1962)는 위의 식으로부터 속도에 대한 비선형 편미분방정식을 유도하여 속도장의 쌍곡선형 속도특성곡선의 방향을 결정하는 방법을 제시하였지만 경우에 따라서는 속도에 대한 미분계수를 결정할 수 없다고 지적하였다.

다음으로 속도장해석에 의해서 이미 구한 최대주응력방향 θ를 기반으로 하여 (10-267)식의 공동축조건과 (10-262)식의 평형방정식 및 〈표 10-8〉의 항복조건을 이용하면 응력성분 σ_{rr}, $\sigma_{\Psi\Psi}$, σ_{zz} 및 τ_{rz}을 결정할 수 있는 선형 편미분방정식을 얻을 수 있다. 따라서 $II-$ 그룹의 소성영역 AB와 EF에 대해서는 속도 및 응력방정식의 특성곡선은 모두 쌍곡선형이며 관련유동칙을 적용하였으므로 두 곡선은 일치한다.

iii) ***III*-그룹 (*A*, *F*)**

$III-$ 그룹의 소성영역 A와 F는 특이성 소성영역으로서 주어진 $\sigma_{\Psi\Psi}$에 대하여 A의 주응력의 평균값이 F보다 크다. 〈표 10-8〉의 항복조건에서 알 수 있듯이 두 소성영역의 특징은 근본적으로 2개의 주응력 중에서 어느 하나가 원주응력과 같다는 것이다. 즉 대칭축을 향한 소성거동인 소성영역 A와 거동이 반대방향인 소성영역 F에 대하여 각각 $\sigma_{\Psi\Psi}=\sigma_3$와 $\sigma_{\Psi\Psi}=\sigma_1$이며, Haar-Karman의 가설에 부합된다는 것이다. 따라서 (10-262)식의 2개의 평형방정식과 〈표 10-8〉의 항복조건을 이용하면 응력성분 σ_{rr}, $\sigma_{\Psi\Psi}$, σ_{zz} 및 τ_{rz}을 구할 수 있으므로 응력장을 결정할 수 있다. Haar-Karman의 가설을 적용한 소성영역 F에 대한 응력장해석에 대해서는 다음 절에 상세히 기술되어 있다.

속도장의 속도방정식도 응력장해석에 의해서 이미 구한 최대주응력방향 θ를 기반으로 하여 관련유동칙인 경우에는 공동축조건 및 〈표 10-8〉의 관련유동칙에서 $\dot{\lambda}$와 μ를 소거하여 얻은 주변형률속도 사이의 관계식을 이용하여 구할 수 있다. 비관련유동칙을 적용한 소성영역 F에 대한 속도장해석에 대해서는 다음 절에 상세히 기술되어 있다.

iv) ***IV*-그룹 (*FA*)**

〈표 10-8〉의 유동칙에서 $\sigma_2=\sigma_{\Psi\Psi}=0$이므로 $v_{rr}=0$이며, 0이 아닌 변형률속도성분은 $\dot{\epsilon}_{zz}=\partial v_z/\partial z$와 $\dot{\gamma}_{rz}=(1/2)\partial v_z/\partial r$이다. 〈표 10-8〉의 관련유동칙에서 $\dot{\lambda}$를 소거하면 다음의 v_z에 대한 관계식을 얻을 수 있다.

$$\frac{\partial v_z}{\partial z} = \sin\phi\left[\left(\frac{\partial v_z}{\partial r}\right)^2 + \left(\frac{\partial v_z}{\partial z}\right)^2\right]^{1/2} \geq 0 \tag{10-275}$$

따라서 v_z는 다음 식을 충족시켜야 한다.

$$\pm\sin\phi\frac{\partial v_z}{\partial r} + \cos\phi\frac{\partial v_z}{\partial z} = 0 \tag{10-276}$$

식에서 복부호는 $(-\partial v_z/\partial r)$의 부호와 일치한다. 응력장에 대해서도 (10-267)식의 공동축조건과 (10-262)식의 평형방정식 및 〈표 10-8〉의 항복조건을 이용하면 응력성분 σ_{rr}, $\sigma_{\Psi\Psi}$, σ_{zz} 및 τ_{rz}을 결정할 수 있다. 이와 같은 방법으로 속도장과 응력장을 결정할 수 있지만 주변형률속도의 방향이 고정됨으로서 속도장과 응력장이 비연동적(uncoupled)이다.

10.5.2 축대칭조건의 응력장해석

(1) 축대칭조건의 응력방정식과 응력특성곡선의 기울기

Cox 외(1962), Shield(1956) 등에 의하면 〈표 10-8〉의 $I-$그룹 소성영역은 특별한 조건을 제외하면 응력장과 속도장의 해를 구할 수 없으며 $IV-$그룹의 소성영역은 반경방향속도성분 $v_{rr}=0$이기 때문에 극히 제한적인 용법으로만 적용이 가능하다. 또한 $II-$그룹과 $III-$그룹의 소성영역에서는 모두 쌍곡선형의 응력장과 속도장이 생성되지만 $III-$그룹의 소성영역 A와 F가 $II-$그룹의 소성영역 AB와 EF보다 해석기법이 간단하다. 응력장해석은 관련유동칙이나 비관련유동칙에서 모두 동일하므로 여기서는 Haar-Karman의 가설을 적용할 수 있는 $III-$그룹의 해석기법을 따라서 응력장을 결정하기로 한다.

〈그림 10-67〉의 Mohr-Coulomb파괴기준으로부터 4개의 축대칭조건의 응력성분은 각각 다음과 같이 나타낼 수 있다(Stroganov, 1985; Sobotka, 1961).

$$\begin{aligned} &\sigma_{rr} = \bar{p}(1+\sin\phi\cos 2\theta) - H, \qquad \sigma_{zz} = \bar{p}(1-\sin\phi\cos 2\theta) - H \\ &\tau_{rz} = \bar{p}\sin\phi\sin 2\theta, \qquad \sigma_{\Psi\Psi} = \sigma_1 = \bar{p}(1-\sin\phi) - H \end{aligned} \tag{10-277}$$

식에서 등가응력 $\bar{p} = (\sigma_1 - \sigma_3)/(2\sin\phi)$, 특성환산응력 $H = c\cot\phi$이다(반시계방향: +). 원주방향응력성분인 $\sigma_{\Psi\Psi}$의 $\sin\phi$의 부호는 대칭축인 $z-$축방향으로부터 외측으로 향하는 소성유동만 고려하여 음$(-)$의 부호를 취한다.

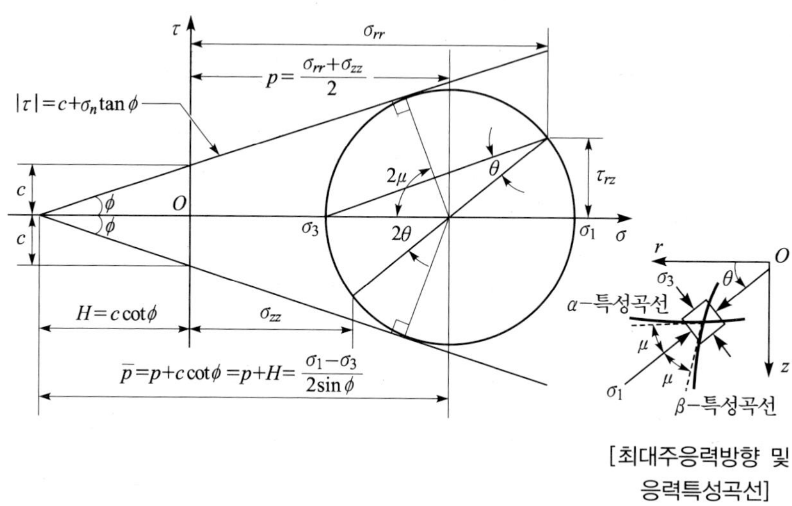

〈그림 10-67〉 $r-z$평면의 Mohr-Coulomb파괴기준

(10−277)식의 응력성분을 (10−262)식의 평형방정식에 대입하면 다음과 같은 축대칭조건의 응력방정식을 얻을 수 있다.

$$\begin{aligned}&(1+\sin\phi\cos 2\theta)\frac{\partial\bar{p}}{\partial r}+\sin\phi\sin 2\theta\frac{\partial\bar{p}}{\partial z}\\&\quad-2\bar{p}\sin\phi\left[\sin 2\theta\frac{\partial\theta}{\partial r}-\cos 2\theta\frac{\partial\theta}{\partial z}\right]=-\frac{\bar{p}}{r}\sin\phi(1+\cos 2\theta)\end{aligned} \tag{10-278}$$

$$\begin{aligned}&\sin\phi\sin 2\theta\frac{\partial\bar{p}}{\partial r}+(1-\sin\phi\cos 2\theta)\frac{\partial\bar{p}}{\partial z}\\&\quad+2\bar{p}\sin 2\theta\left[\cos 2\theta\frac{\partial\theta}{\partial r}+\sin 2\theta\frac{\partial\theta}{\partial z}\right]=\gamma_s-\frac{\bar{p}}{r}\sin\phi\sin 2\theta\end{aligned} \tag{10-279}$$

위의 두 식이 등가응력 $\bar{p}$와 최대주응력방향 θ를 통하여 축대칭조건의 응력장에서 응력상태의 변화를 지배하는 편미분방정식이다. 따라서 두 식을 이용하면 응력경계조건이 주어지는 축대칭 거동에서 미지수인 $(\bar{p},\theta)$를 구할 수 있으며, $(\bar{p},\theta)$를 결정한 후에 (10−277)식의 응력성분(σ_{rr}, σ_{zz}, τ_{rz})을 구할 수 있다(Yu, 2006). 위의 두 식을 관련유동칙의 (8−17~18)식 및 Sokolovskii의 응력방정식인 (10−11~12)식과 비교하면 그 차이를 쉽게 알 수 있으며, 위의 식에서 $r\to\infty$이면 평면변형률조건의 응력방정식이 된다. 또한 평면변형률조건의 응력방정식을 구할 때와 같이 $r-z$평면에서 응력특성곡선의 기울기인 $[dz/dr]$방향으로 등가응력 $\bar{p}$ 및 최대주응력방향 θ의 변화에 대한 편도함수는 각각 다음과 같이 나타낼 수 있다.

$$d\bar{p}=\frac{\partial\bar{p}}{\partial r}dr+\frac{\partial\bar{p}}{\partial z}dz \tag{10-280}$$

$$d\theta=\frac{\partial\theta}{\partial r}dr+\frac{\partial\theta}{\partial z}dz \tag{10-281}$$

(10-278~279)식으로 구성된 4개의 연립방정식에 대하여 계수행렬식 $\Delta_0=0$으로 하여 다음 식을 얻을 수 있다.

$$\Delta_0=\begin{bmatrix} 1+\sin\phi\cos2\theta & \sin\phi\sin2\theta & -2\bar{p}\sin\phi\sin2\theta & 2\bar{p}\sin\phi\cos2\theta \\ \sin\phi\sin2\theta & 1-\sin\phi\cos2\theta & 2\bar{p}\sin\phi\cos2\theta & 2\bar{p}\sin\phi\sin2\theta \\ dr & dz & 0 & 0 \\ 0 & 0 & dr & dz \end{bmatrix}=0 \tag{10-282}$$

위의 행렬식을 전개하면 다음과 같다.

$$(\cos2\theta+\sin\phi)\left[\frac{dz}{dr}\right]^2-2\sin2\theta\left[\frac{dz}{dr}\right]-(\cos2\theta-\sin\phi)=0$$

위의 이차방정식은 2개의 실근을 가지므로 $r-z$평면에서 응력특성곡선인 $\alpha-$ 및 $\beta-$특성곡선을 생성하게 되고 응력특성곡선의 기울기 $[dz/dr]$는 다음과 같다.

$$\frac{dz}{dr}=\frac{\sin2\theta\mp\cos\phi}{\cos2\theta+\sin\phi}=\tan\left[\theta\mp\left(\frac{\pi}{4}-\frac{\phi}{2}\right)\right]=\tan(\theta\mp\mu) \tag{10-283}$$

식에서 음의 부호는 $\alpha-$특성곡선, 양의 부호는 $\beta-$특성곡선에 대한 것이며 $\mu=\pi/4-\phi/2$이다. 또한 $\alpha-$ 및 $\beta-$특성곡선은 최대주응력방향을 대칭축으로 하여 반시계방향과 시계방향으로 각각 $(\pi/4-\phi/2)$만큼의 사잇각을 이루는 곡선이고 두 특성곡선의 교각은 $(\pi/2-\phi)$이다(〈그림 10-67〉 참조). 따라서 평면변형률조건인 (10-25)식과 축대칭조건인 위의 식에 의해서 응력특성곡선의 방향은 최대주응력방향을 축으로 하여 반시계방향과 시계방향으로 각각 $\mu=\pi/4-\phi/2$만큼 기울어진 방향을 향하므로 동일하다는 것을 알 수 있으며 관련유동칙의 (8-23)식과도 동일한 방향을 나타낸다.

(2) 응력특성곡선을 따라서 $\bar{p}$와 θ의 변화

응력특성곡선을 따라서 Sokolovskii 변수인 $\bar{p}$와 θ의 변화는 (10-278~281)식에 대하여

계수행렬식(Δ_1, Δ_2, Δ_3, Δ_4)을 이용하여 구할 수 있으며 그 중에서 계수행렬식 $\Delta_1 = 0$으로 하여 다음 식을 얻을 수 있다.

$$\Delta_1 = \begin{vmatrix} -\frac{\bar{p}}{r}\sin\phi(1-\cos2\theta) & \sin\phi\sin2\theta & -2\bar{p}\sin\phi\sin2\theta & 2\bar{p}\sin\phi\cos2\theta \\ \gamma_s - \frac{\bar{p}}{r}\sin\phi\sin2\theta & 1-\sin\phi\cos2\theta & 2\bar{p}\sin\phi\cos2\theta & 2\bar{p}\sin\phi\sin2\theta \\ d\bar{p} & dz & 0 & 0 \\ d\theta & 0 & dr & dz \end{vmatrix} = 0 \quad (10\text{-}284)$$

위의 행렬식과 (10-283)식을 이용하면 다음과 같이 $\bar{p}$와 θ의 변화에 대한 관계식을 구할 수 있다. 나머지 계수행렬식 Δ_2, Δ_3 및 Δ_4를 이용해도 결과는 동일하다(Stroganov, 1985; 1983).

$$\begin{aligned}\Delta_1 = d\bar{p} - 2\bar{p}(\mp\tan\phi)d\theta + \left[\frac{\bar{p}}{r}\sin2\theta + \frac{\gamma_s}{\sin\phi}\cos2\theta\right](\mp\tan\phi)dr \\ -\left[\frac{\bar{p}}{r}(1+\cos2\theta) - \frac{\gamma_s}{\sin\phi}\sin2\theta\right](\mp\tan\phi)dz = 0\end{aligned} \quad (10\text{-}285)$$

식에서 음의 부호는 $\alpha-$특성곡선, 양의 부호는 $\beta-$특성곡선에 대한 것이다. 평면변형률조건인 Sokolovskii의 (10-26)식과 비교하면 축대칭조건에서는 위의 식과 같이 반경방향인 $r-$축의 좌표값이 $\bar{p}$와 θ의 변화에 직접적으로 관련이 있다는 것이 다르다. 그러나 Stroganov(1985)가 제시한 위의 식에서 $r\to\infty$이면 당연히 평면변형률조건의 관계식인 (10-26)식과 동일한 형태가 되어야 하지만 차이가 있으므로 더욱 정도가 높은 해를 구하기 위해서는 Cox 외(1961), Yu(2006) 등이 제시한 축대칭조건의 관련식과 비교하여 검토하는 것이 좋다.

(3) 무차원 변수와 점화식

(10-283)식과 (10-285)식으로부터 해를 구하기 위해서는 점화식을 이용해야 하며 점화식에는 다음의 무차원 변수 $\bar{r}$, $\bar{z}$ 및 $\tilde{p}$를 도입해야 한다.

$$\bar{r} = \frac{r}{l_{ch}}, \quad \bar{z} = \frac{z}{l_{ch}}, \quad \tilde{p} = \frac{\bar{p}}{\gamma_s l_{ch}} \quad (10\text{-}286)$$

식에서 l_{ch}은 특성길이고 γ_s는 흙의 단위중량이다. 특성길이는 문제와 관련된 실제 길이

성분이라면 어느 것이나 가능하다. 〈그림 10-68〉과 같이 기지점①의 $(\bar{r}_1, \bar{z}_1, \tilde{p}_1, \theta_1)$ 및 기지점②의 $(\bar{r}_2, \bar{z}_2, \tilde{p}_2, \theta_2)$로부터 미지점③의 $(\bar{r}, \bar{z}, \tilde{p}, \theta)$를 계산하기 위한 (10-283)식과 (10-285)식의 $d\bar{z}$와 $d\tilde{p}$에 대한 유한등가관계식을 이용하여[(10-45~46)식 참조] 무차원 변수를 구하는 관계식을 구하면 각각 다음과 같다(Stroganov, 1985).

$$\bar{r} = \frac{\bar{r}_1 \tan(\theta_1 - \mu) - \bar{r}_2 \tan(\theta_2 + \mu) - \bar{z}_1 + \bar{z}_2}{\tan(\theta_1 - \mu) - \tan(\theta_2 + \mu)} \tag{10-287}$$

$$\begin{aligned} \bar{z} &= (\bar{r} - \bar{r}_1)\tan(\theta_1 - \mu) + \bar{z}_1 \quad &: \alpha-\text{특성곡선} \\ \bar{z} &= (\bar{r} - \bar{r}_2)\tan(\theta_2 + \mu) + \bar{z}_2 \quad &: \beta-\text{특성곡선} \end{aligned} \tag{10-288}$$

$$\tilde{p} = 2(\tilde{p}_2 \bar{S}_1 + \tilde{p}_1 \bar{S}_2)\tan\phi \tag{10-289}$$

$$\theta = \bar{S}_2 - \bar{S}_1 \tag{10-290}$$

식에서,

$$\begin{aligned} \bar{S}_1 &= \frac{\tilde{p}_1\left(\dfrac{1}{\tan\phi} - 2\theta_1\right) - M_1 \dfrac{\bar{r} - \bar{r}_1}{\bar{r}_1} + N_1 \dfrac{\bar{z} - \bar{z}_1}{\bar{r}_1}}{2(\tilde{p}_1 + \tilde{p}_2)} \\ \bar{S}_2 &= \frac{\tilde{p}_2\left(\dfrac{1}{\tan\phi} - 2\theta_2\right) - M_2 \dfrac{\bar{r} - \bar{r}_2}{\bar{r}_2} + N_2 \dfrac{\bar{z} - \bar{z}_2}{\bar{r}_2}}{2(\tilde{p}_1 + \tilde{p}_2)} \end{aligned} \tag{10-291}$$

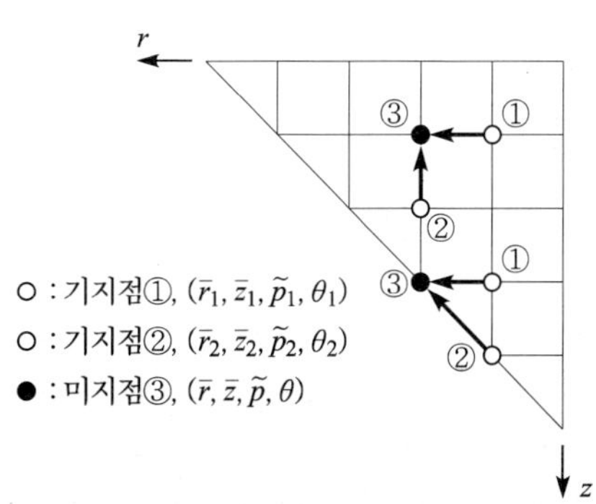

〈그림 10-68〉 축대칭조건의 응력장에서 무차원 변수 산정 방법

또한 계수 M_1, M_2, N_1 및 N_2는 각각 다음과 같다.

$$M_1 = -\left[-\tilde{p}_1 \sin 2\theta_1 - \frac{\bar{r}_1}{\sin\phi}\cos 2\theta_1\right]$$
$$N_1 = +\left[\tilde{p}_1(1+\cos 2\theta_1) - \frac{\bar{r}_1}{\sin\phi}\sin 2\theta_1\right]$$
$$M_2 = +\left[-\tilde{p}_2 \sin 2\theta_2 - \frac{\bar{r}_2}{\sin\phi}\cos 2\theta_2\right] \qquad (10\text{-}292)$$
$$N_2 = -\left[\tilde{p}_2(1+\cos 2\theta_2) - \frac{\bar{r}_2}{\sin\phi}\sin 2\theta_2\right]$$

위의 식에서 $\mu = (\pi/4 - \phi/2)$이고 흙의 단위중량 $\gamma_s = 1$로 취해야 한다. $\bar{z}$에 대해서는 (10-283)식으로부터 α-특성곡선 또는 β-특성곡선에 대하여 2개의 점화식을 얻을 수 있다. 2개의 점화식을 모두 이용해서 $\bar{z}$의 평균값을 구하는 것이 계산의 정확도를 높이는 방법이 될 수도 있지만, 경계선상에 위치한 미지점의 해를 구하는 경우에는 미지점이 어떤 특성곡선상에 위치하느냐에 따라서 계산을 진행하는 방향에 맞추어 1개의 점화식만 이용이 가능할 수도 있기 때문에 주의해야 한다. (10-287~292)식은 제1경계값문제 및 제2경계값문제의 첫 번째 근삿값을 구하기 위해서는 그대로 이용할 수 있지만 제3경계값문제와 두 번째 근삿값을 얻기 위해서는 (10-287~292)식의 변형된 버전을 이용하거나 적절한 무차원 변수를 대입해야 한다.

10.5.3 축대칭조건의 속도장해석

(1) 운동학적 가정과 속도방정식

Cox 외(1962), Shield(1956) 등에 의한 〈표 10-8〉의 *III*-그룹 소성영역에 대한 속도장해석은 관련유동칙을 적용한 것이다. 응력장을 구축한 후에 비관련유동칙에 의한 속도장해석을 위해서는 「비관련유동칙의 속도장해석」에서 기술한 바와 같이 Cox의 속도장해석(1963)을 비롯하여 Davis의 속도장해석(1968), 이면전단유동칙의 속도방정식을 이용한 속도장해석 등 여러 가지 해석기법을 고려할 수 있다. 또한 속도장해석을 위해서는 (10-231)식 등과 함께 「속도장해석을 위한 운동학적 가정」에서 제시한 4개의 운동학적 가정을 포함한 적절한 운동학적 가정을 설정해야 한다. 여기서는 Stroganov(1985; 1983)가 원형기초의 속도장해석에 적용한 것과 같이 간단하게 Cox(1963)의 속도장해석기법을 적용하기로 한다. Cox(1963)는 Hill(1950)이 제안한 것과 같이 공동축조건과 비압축성조건을 운동학적 가정으로 설정하여 비관련유동칙에 의한 속도장을 제시하였다. 즉 속도장해석을 위한 운동학적 가정 중에서 가정①의 공동축조건 외에 비압축성조건을 추가하여 속도장을 결정하였다. Cox 외(1962)와 Shield(1956)가 〈표 10-8〉의 III-그룹 소성영역에 대한 속도장해석에서도 공동축조건을 전제로 속도장해석을 하였지만 관련유동칙의 적용에 따른 당연한 조건일 뿐이며 추가적으로 설정할 수 있는 조건이 아니라는 것이 다르다. 이와 같은 두 속도장의 차이는 〈그림 10-58〉의 (a)와 (b)에 잘 나타나 있으며 구하고자 하는 응력장과 속도장은 (b)와 유사한 형태를 보일 것으로 예상할 수 있다. 그러나 공동축조건과 비압축성조건은 흙의 거동을 극단적으로 단순화 또는 이상화한 것이므로 실제 흙의 거동과는 차이가 있다는 것에 주의해야 하며, 여기서는 비관련유동칙을 적용하는 방법을 예시하기 위하여 채택한 것일 뿐이다.

i) 속도방정식

축대칭 거동인 경우에 원통좌표계(r, Ψ, z)의 반경방향으로 $r \to \infty$이면 원주방향 변형률속도 $\dot{\epsilon}_{\Psi\Psi} = 0$이 되므로 축대칭 거동의 속도방정식은 평면변형률조건의 속도방정식으로 전환되어야 하는데, 이것은 축대칭 거동에서는 원주방향의 변형률속도가 유한하고 연속적인데 비하여 평면변형률조건에서는 0이기 때문이다(Hill, 1950). 축대칭 변형에 대한 운동학적 가정으로서 공동축조건과 비압축성조건을 채택하면 (5-53)식과 (1-145)식으로부터 각각 다음의 편미분방정식을 얻을 수 있다(Spencer, 1964[b]; Stroganov, 1985).

– 공동축조건 : $$\tan 2\theta \frac{\partial v_r}{\partial r} - \frac{\partial v_r}{\partial z} - \frac{\partial v_z}{\partial r} - \tan 2\theta \frac{\partial v_z}{\partial z} = 0 \tag{10-293}$$

– 비압축성조건 : $$\frac{\partial v_r}{\partial r} + \frac{\partial v_z}{\partial z} = -\frac{v_r}{r} \tag{10-294}$$

식에서 v_r과 v_z는 각각 반경방향 및 대칭축방향의 속도성분이다. 축대칭 변형에서 접선속도성분 $v_\Psi = 0$이며 θ는 양의 r-축과 최대주응력축의 사잇각이다(반시계방향: +). 위의 두 식이 공동축조건과 비압축성조건을 운동학적 가정으로 채택한 축대칭조건의 속도방정식이다. 특히 위의 식에서 최대주응력방향 θ는 응력장해석을 통하여 이미 알고 있는 값이라는 것에 주의해야 한다. 다음으로 응력장해석과 동일하게 $r-z$평면에서 속도특성곡선의 기울기인 $[dz/dr]$의 방향으로 속도성분의 변화 dv_r과 dv_z는 각각 다음과 같이 나타낼 수 있다.

$$dv_r = \frac{\partial v_r}{\partial r}dr + \frac{\partial v_r}{\partial z}dz \tag{10-295}$$

$$dv_z = \frac{\partial v_z}{\partial r}dr + \frac{\partial v_z}{\partial z}dz \tag{10-296}$$

(10-293~296)식으로 구성된 4개의 연립방정식에 대하여 계수행렬식 $\Delta_0 = 0$으로 하여 다음 식을 얻을 수 있다.

$$\Delta_0 = \begin{bmatrix} \tan 2\theta & -1 & -1 & -\tan 2\theta \\ 1 & 0 & 0 & 1 \\ dr & dz & 0 & 0 \\ 0 & 0 & dr & dz \end{bmatrix} = 0 \tag{10-297}$$

위의 행렬식을 전개하면 다음과 같다.

$$\left[\frac{dz}{dr}\right]^2 - 2\tan 2\theta\left[\frac{dz}{dr}\right] - 1 = 0 \tag{10-298}$$

위의 이차방정식은 서로 다른 2개의 실근을 가지므로 $r-z$평면에서 기울기가 $[dz/dr]$인 α^*- 및 β^*-특성곡선을 생성하게 된다. 위의 식으로부터 속도특성곡선의 기울기를 구하면 다음과 같다(Spencer, 1964[b]; Stroganov, 1985).

$$\frac{dz}{dr} = \frac{\sin 2\theta \mp 1}{\cos 2\theta} = \tan\left(\theta \mp \frac{\pi}{4}\right) \tag{10-299}$$

식에서 음의 부호는 α^*-특성곡선, 양의 부호는 β^*-특성곡선에 대한 것이다. 위의 식으로부터 속도특성곡선인 α^*- 및 β^*-특성곡선은 응력특성곡선인 (10-283)식의 $\alpha-$ 및 $\beta-$특성곡선과 일치하지 않으며 〈그림 10-69〉와 같이 응력 및 속도특성곡선은 교각이 각각 $\phi/2$가 된다는 것을 알 수 있다. 또한 α^*- 및 β^*-특성곡선은 서로 직교하고 최대주응력방향과 사잇각이 각각 $\pm\pi/4$가 된다(Stroganov, 1983; 1985). 속도특성곡선은 응력특성곡선을 도시한 후에 〈그림 10-69〉와 같이 $\phi/2$만큼 교차시켜서 쉽게 도시할 수 있다(〈그림 10-2〉 참조).

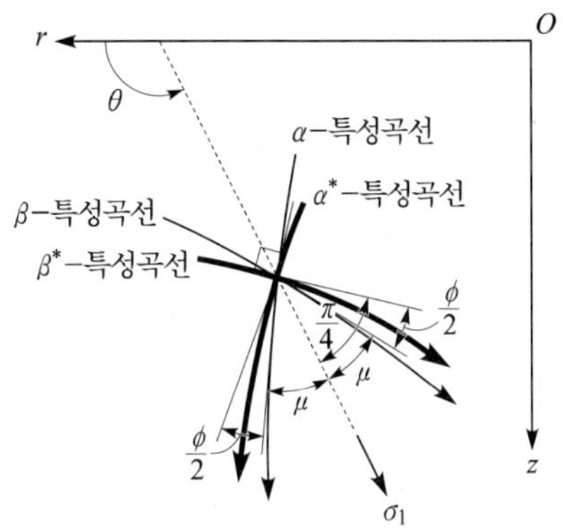

〈그림 10-69〉 응력특성곡선과 속도특성곡선의 관계

ii) 속도특성곡선의 속도성분 변화

응력특성곡선과 같은 방법으로 속도특성곡선에서 종속변수인 $r-$ 및 $z-$축방향으로 속도성분의 변화 dv_r과 dv_z는 (10−293~296)식의 계수행렬식(Δ_1, Δ_2, Δ_3, Δ_4)을 이용하여 구할 수 있으며 그 중에서 계수행렬식 $\Delta_1 = 0$으로 하여 다음 식을 얻을 수 있다.

$$\Delta_1 = \begin{bmatrix} 0 & -1 & -1 & -\tan 2\theta \\ -\dfrac{v_r}{r} & 0 & 0 & 1 \\ dv_r & dz & 0 & 0 \\ dv_z & 0 & dr & dz \end{bmatrix} = 0 \tag{10-300}$$

위의 행렬식을 전개하면 다음과 같다.

$$dv_r \frac{dr}{dz} + dv_z - (\tan 2\theta \, dr - dz)\frac{v_r}{r} = 0 \tag{10-301}$$

나머지 계수행렬식 Δ_2, Δ_3 및 Δ_4를 이용해도 결과는 동일하다. 위의 식에서 $r-$ 및 $z-$축방향의 속도성분인 v_r과 v_z를 α^*- 및 β^*-특성곡선의 속도성분인 v_α와 v_β로 투사하기 위해서는 먼저 〈그림 10−70〉으로부터 각각 다음 식을 이용해야 한다.

$$v_r = v_\alpha \cos\left(\theta - \frac{\pi}{4}\right) - v_\beta \sin\left(\theta - \frac{\pi}{4}\right), \quad v_z = v_\alpha \sin\left(\theta - \frac{\pi}{4}\right) + v_\beta \cos\left(\theta - \frac{\pi}{4}\right) \tag{10-302}$$

위의 식을 미분하면 각각 다음과 같다.

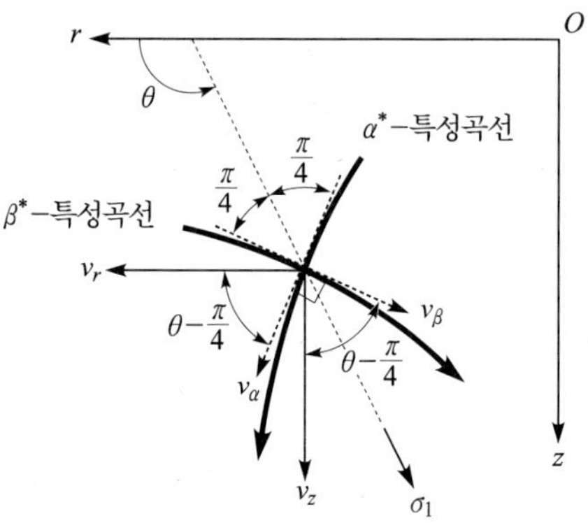

〈그림 10-70〉 속도특성곡선의 속도성분 v_α와 v_β

$$
\begin{aligned}
dv_r &= dv_\alpha \cos\left(\theta - \frac{\pi}{4}\right) - v_\alpha d\theta \sin\left(\theta - \frac{\pi}{4}\right) - dv_\beta \sin\left(\theta - \frac{\pi}{4}\right) - v_\beta d\theta \cos\left(\theta - \frac{\pi}{4}\right) \\
dv_z &= dv_\alpha \sin\left(\theta - \frac{\pi}{4}\right) + v_\alpha d\theta \cos\left(\theta - \frac{\pi}{4}\right) + dv_\beta \cos\left(\theta - \frac{\pi}{4}\right) - v_\beta d\theta \sin\left(\theta - \frac{\pi}{4}\right)
\end{aligned}
\tag{10-303}
$$

(10−301)식에 (10−302~303)식을 대입하면 다음과 같이 α^*- 및 β^*-특성곡선을 따라서 속도성분의 변화 dv_α와 dv_β를 구할 수 있는 관계식을 얻을 수 있다.

$$dv_\alpha - v_\beta d\theta + \left[v_\alpha - v_\beta \tan\left(\theta - \frac{\pi}{4}\right)\right]\frac{dr}{2r} = 0 \quad : \alpha^*-\text{특성곡선} \tag{10-304}$$

$$dv_\beta + v_\alpha d\theta + \left[v_\alpha \tan\left(\theta + \frac{\pi}{4}\right) + v_\beta\right]\frac{dr}{2r} = 0 \quad : \beta^*-\text{특성곡선} \tag{10-305}$$

위의 두 식이 원형기초 주변의 축대칭조건의 속도장에서 공동축조건과 비압축성조건을 운동학적 가정으로 채택하는 경우에 속도특성곡선의 속도성분의 변화를 나타내는 관계식이다. 위의 식에서 $r \to \infty$이면 두 식의 좌변 마지막 항이 모두 0이 되므로 (8−86)식으로 표시되는 평면변형률조건에 대한 Geiringer의 방정식과 동일하고, Hill(1950)이 Lévy-Mises의 응력−변형률 관계식과 공간도함수(space derivative)를 이용하여 구한 금속재료($\phi = 0$)에 대한 속도장 관계식과는 θ가 $\theta + \pi/4$로 대체된 것을 제외하면 동일한 형태가 된다. 위의 식과 (10−285)식을 비교하면 (10−285)식에는 2개의 방정식에 미지수가 $(\bar{p}, \theta)$뿐이므로 해를 구할 수 있지만, (10−304~305)식에서는 속도성분 v_α와 v_β 외에도 θ가 포함되어 있어서 미지수가 3개이기 때문에 직접 해를 구할 수가 없으므로 속도특성곡선은 응력특성곡선을 구한 후에 응력특성곡선과 속도특성곡선의 교각이 $\pm\phi/2$라는 것을 이용해서 속도특성곡선의 방향을 결정해야 한다. 그러나 속도장해석에서 속도장 경계의 속도는 실제속도가 아닌 가상의 속도성분으로서, 일반적으로 속도장의 속도분포는 특정 경계부위에 대하여 단위속도로 가정하고 나머지 부위에 대해서는 단위속도에 대응하는 상대적인 속도분포만 얻을 수 있을 뿐이다. 속도장의 속도가 실제 속도성분이 아니라는 것에 착안하여 Shield(1953), Cox 외(1962) 등은 최대주응력방향인 θ만을 고려하여 응력장 위에 속도특성곡선과 속도장을 도시하였다.

(2) 속도특성곡선의 점화식

속도장 내에서 기지점A와 B의 무차원 변수를 각각 (r^A, z^A, θ^A) 및 (r^B, z^B, θ^B)라 하고 미지점 P의 무차원 변수를 (r^P, z^P, θ^P)라 하면, (10-299)식으로부터 미지점 P의 r^P와 z^P는 다음의 점화식을 이용하여 구할 수 있다.

$$r^P = \frac{r^A \tan\left(\theta^A - \frac{\pi}{4}\right) - r^B \tan\left(\theta^B + \frac{\pi}{4}\right) - z^A + z^B}{\tan\left(\theta^A - \frac{\pi}{4}\right) - \tan\left(\theta^B + \frac{\pi}{4}\right)} \qquad (10\text{-}306)$$

$$z^P = \left(r^P - r^A\right)\tan\left(\theta^A - \frac{\pi}{4}\right) + z^A \ \text{ 또는 } \ z^P = \left(r^P - r^B\right)\tan\left(\theta^B + \frac{\pi}{4}\right) + z^B \qquad (10\text{-}307)$$

위의 식에서 θ^A 및 θ^B는 응력장해석을 통하여 결정된 값이다. 속도특성곡선의 속도성분을 구하기 위해서는 계산과정에서 α^*- 및 β^*-특성곡선의 진행방향에 맞추어 속도성분의 부호를 결정해야 한다. (10-304~305)식을 이용하여 기지점 A의 $\left(v_\alpha^A,\ v_\beta^A\right)$와 기지점 B의 $\left(v_\alpha^B,\ v_\beta^B\right)$로부터 미지점 P에 대한 $\left(v_\alpha^P,\ v_\beta^P\right)$를 구하는 경우에 첫 번째 근삿값인 (10-304)식의 α^*-특성곡선에 대한 $v_{\alpha 1}^P$과 (10-305)식의 β^*-특성곡선에 대한 $v_{\beta 1}^P$은 각각 다음 식으로 계산한다.

$$v_{\alpha 1}^P = v_\alpha^A + v_\beta^A\left(\theta^P - \theta^A\right) - \left[v_\alpha^A - v_\beta^A \tan\left(\theta^A - \frac{\pi}{4}\right)\right]\frac{r^A - r^P}{r^A + r^P} \quad : \alpha^*-\text{특성곡선} \qquad (10\text{-}308)$$

$$v_{\beta 1}^P = v_\beta^B - v_\alpha^B\left(\theta^P - \theta^B\right) - \left[v_\alpha^B \tan\left(\theta^B + \frac{\pi}{4}\right) + v_\beta^B\right]\frac{r^P - r^B}{r^P + r^B} \quad : \beta^*-\text{특성곡선} \qquad (10\text{-}309)$$

(10-308~309)식에 의하여 첫 번째 근삿값을 구한 후에 정도가 높은 두 번째 근삿값을 구하기 위해서는, 미지점 P에 대한 속도성분의 두 번째 근삿값의 v_α^P와 v_β^P는 (10-308~ 309)식

에 $v_\alpha^A \to \left(v_{\alpha1}^P + v_\alpha^A\right)/2$ 및 $v_\beta^A \to \left(v_{\beta1}^P + v_\beta^A\right)/2$, $v_\alpha^B \to \left(v_{\alpha1}^P + v_\alpha^B\right)/2$ 및 $v_\beta^B \to \left(v_{\beta1}^P + v_\beta^B\right)/2$를 각각 대입하여 다음의 점화식을 이용한다.

$$\begin{aligned} & v_\alpha^P - v_\alpha^A + \frac{1}{2}\left(v_{\beta1}^P + v_\beta^A\right)\left(\theta^P - \theta^A\right) \qquad : \alpha^* - \text{특성곡선} \\ & = -\frac{1}{2}\left[v_{\alpha1}^P + v_\alpha^A - v_{\beta1}^P \tan\left(\theta^P - \frac{\pi}{4}\right) - v_\beta^A \tan\left(\theta^A - \frac{\pi}{4}\right)\right]\frac{r^A - r^P}{r^A + r^P} \end{aligned} \tag{10-310}$$

$$\begin{aligned} & v_\beta^P - v_\beta^B + \frac{1}{2}\left(v_{\alpha1}^P + v_\alpha^B\right)\left(\theta^P - \theta^B\right) \qquad : \beta^* - \text{특성곡선} \\ & = -\frac{1}{2}\left[v_{\alpha1}^P \tan\left(\theta^P + \frac{\pi}{4}\right) + v_\alpha^B \tan\left(\theta^B + \frac{\pi}{4}\right) + v_{\beta1}^P + v_\beta^B\right]\frac{r^P - r^B}{r^P + r^B} \end{aligned} \tag{10-311}$$

미지점 P에 대하여 정도가 더 높은 속도성분의 근삿값을 얻기 위해서는 두 번째 근삿값을 구하는 방법과 동일한 과정을 충분히 반복해야 한다. 만약 속도특성곡선이 직선이라면 θ가 일정하기 때문에 $d\theta = 0$이고 (10-308~311)식의 $\left(\theta^P - \theta^A\right)$ 및 $\left(\theta^P - \theta^B\right)$가 모두 0이 되므로 점화식을 간단하게 줄일 수 있다.

(3) 축대칭조건의 속도장 검증

적절한 가정과 함께 응력장과 속도장을 결정한 후에는 속도장내 어느 부위에서도 소성일(𝕎)이 음(−)의 값이 아님으로서 운동학적으로 타당하다는 것을 보여주어야 한다. 응력−변형률 거동이 관련유동칙을 충족시키는 표준재료($\phi = \nu$)나 비관련유동칙을 따르는 비표준재료($\phi \neq \nu$)에 대한 속도장 검증기법은 동일하며(Salencon, 1977) $0 \le \nu \le \phi$이므로 관련유동칙 검증기법을 그대로 적용할 수 있다. 〈표 10-8〉의 III−그룹 소성영역 F의 유동칙으로부터 속도장의 주변형률속도성분은 각각 다음의 조건을 충족시켜야 한다(Cox 외, 1962; Shield, 1956).

$$- \text{소성영역 } F: \dot{\epsilon}_1 \ge 0, \quad \dot{\epsilon}_{\Psi\Psi} = \dot{\epsilon}_2 \ge 0, \quad -\dot{\epsilon}_3 \ge 0 \tag{10-312}$$

위의 부등식에 대한 필요충분조건은 비압축성조건인 (10-294)식과 함께 다음과 같이 나타낼 수 있다(Shield, 1956).

$$\left(\frac{\partial v_r}{\partial r} - \frac{\partial v_z}{\partial z}\right)^2 + \left(\frac{\partial v_r}{\partial z} + \frac{\partial v_z}{\partial r}\right)^2 \ge \frac{v_r^2}{r^2}, \quad \dot{\epsilon}_{\Psi\Psi} = \frac{v_r}{r} \ge 0 \tag{10-313}$$

식에서 v_r과 v_z는 각각 반경방향 및 대칭축방향의 변형률속도성분이다. 최대전단변형률속도는 최대주변형률속도 $\dot{\epsilon}_1$과 최소주변형률속도 $\dot{\epsilon}_3$의 차이므로 (10-265)식으로부터 $\dot{\epsilon}_1 - \dot{\epsilon}_3$이며, 최대전단변형률속도를 Γ라고 하면 $r-z$평면에서 다음과 같이 나타낼 수 있다.

$$\Gamma = \left[\left(\dot{\epsilon}_{rr} - \dot{\epsilon}_{zz}\right)^2 + \dot{\gamma}_{rz}^2\right]^{1/2} = \left[\left(\frac{\partial v_r}{\partial r} - \frac{\partial v_z}{\partial z}\right)^2 + \left(\frac{\partial v_r}{\partial z} + \frac{\partial v_z}{\partial r}\right)^2\right]^{1/2} \tag{10-314}$$

(10-302)식으로부터 α^*- 및 β^*-특성곡선방향으로 속도성분 v_α와 v_β를 축방향속도성분인 v_r과 v_z로 나타내면 각각 다음과 같다.

$$\begin{aligned} v_\alpha &= v_r \cos\left(\theta - \frac{\pi}{4}\right) + v_z \sin\left(\theta - \frac{\pi}{4}\right) \\ v_\beta &= - v_r \sin\left(\theta - \frac{\pi}{4}\right) + v_z \cos\left(\theta - \frac{\pi}{4}\right) \end{aligned} \tag{10-315}$$

(10-314)식의 v_r과 v_z를 위의 식의 v_α와 v_β로 나타내면 (10-313)식은 다음과 같이 간단하게 나타낼 수 있다(Cox 외, 1962; Shield, 1956).

$$\Gamma \geq \frac{v_r}{r} \geq 0 \tag{10-316}$$

위의 식이 비관련유동칙의 축대칭조건에 대하여 속도장 검증을 위한 부등식이다.

10.5.4 축대칭 원형기초의 활동선장해석 예

(1) 활동선장해석과 흙의 전단강도 적용

흙과 같이 토립자뿐만 아니라 공기와 물이 혼재되어 있는 입상체에서 물은 역학적 거동에 매우 중요한 변수로 작용하여 큰 영향을 미치게 되는데 물(=간극수압)에 의한 영향은 유효응력 개념을 도입하면 어느 정도 해결이 가능하다. 활동선장해석을 위한 흙의 전단강도는 간극수압을 고려하느냐 또는 고려하지 않느냐에 따라서 각각 유효응력 전단강도나 전응력 전단강도를 적용해야 한다. 전술한 (10-262)식의 평형방정식, (10-287~290)식의 점화식 등 모든 관련식은 간극수압을 고려하지 않은 비배수조건의 전응력해석을 위한 식이므로 점착력 c와 마찰각 ϕ는 비배수 강도정수 즉 전응력 전단강도인 비압밀비배수 삼축압축시험($UU-$test)의 c_u와 ϕ_u 또는 압밀비배수 삼축압축시험($CU-$test)의 c_{cu}와 ϕ_{cu}, 흙의 단위중량은 전체단위중량(=습윤단위중량)으로 표시한 것이다(포화

점토지반: $\phi_u = 0$). 또한 건조상태나 습윤상태의 흙뿐만 아니라 지하수위 이하에 위치한 배수조건인 흙에 대해서도 관련식을 그대로 적용할 수 있다. 지하수위 아래에 위치한 흙에 대해서는 지하수위로 인하여 유발된 간극수압이 일정하게 유지되기 때문에 소성이론은 유효응력으로 전개되어야 하므로 모든 관련식에는 수중단위중량과 함께 유효응력 전단강도인 압밀배수 삼축압축시험($CD-$test)의 c_d와 ϕ_d 또는 압밀비배수 삼축압축시험($\overline{CU}-$test)의 c'와 ϕ'을 적용해야 한다(보통 $c_d \approx c'$ 및 $\phi_d \approx \phi'$임). 그러나 흙속에 정상 침투류(steady seepage)가 발생하면 전단강도의 적용을 달리해야 한다. 이와 같은 경우에는 (10-262)식에는 전응력 전단강도인 c_u와 ϕ_u 또는 c_{cu}와 ϕ_{cu}, 흙의 단위중량은 전체단위중량을 적용해야 하며, Mohr-Coulomb파괴기준과 응력성분인 (10-277)식에 대해서는 유효응력을 취해야 한다. 흙속의 간극수압을 $\overline{u}$라고 하면 수직응력에 대한 전응력성분 σ와 유효응력성분 σ'의 관계는 $\sigma = \sigma' + \overline{u}$이다. 따라서 응력방정식인 (10-278~279)식의 등가응력 $\overline{p}$는 유효응력과 간극수압의 항으로 구분되어 표시됨으로서 새로운 버전의 응력방정식을 얻을 수 있다. 유효응력으로 표시된 응력방정식도 쌍곡선형이며 응력특성곡선도 최대주응력방향에 대하여 전응력으로 표시된 응력방정식과 동일한 기울기를 나타내고, 침투해석에 의한 간극수압과 함께 응력특성곡선을 따라서 $\overline{p}$와 θ의 변화를 나타내는 (10-285)식은 새로운 버전으로 바뀌게 된다(Lee, 1968; Beck, 1984).

(2) 부분응력장 및 속도장해석

i) 부분응력장해석

축대칭 원형기초의 파괴압력을 구하는 활동선장해석은 Sokolovskii(1965)의 응력장해석에서 연속기초에 대한 파괴압력을 구하는 문제와 동일한 기법으로 처리할 수 있다. 즉 원형기초의 주변토층에 히빙이 유발되지 않으면서 지지할 수 있는 최대하중인 파괴압력을 구하는 것이다. 원형기초에 하중이 작용하면 〈그림 10-71(a)〉의 응력장 AO_1B는 최대응력상태, COO_1은 최소응력상태이며 응력장 BO_1C는 전이영역이 된다. 원형기초의 주변으로 등분포하중 $p = p_0$가 작용한다면 (10-105~106)식과 동일한 방법으로 (10-67)식에 $\kappa = +1$과 $m = 0$ 및 $\kappa = -1$과 $m = 0$를 대입하여 응력장 경계조건으로서 무차원 변수 $\tilde{p}$, $\overline{q}$ 및 θ는 각각 다음과 같은 값을 얻을 수 있다.

$$- \text{응력장 } AO_1B : \tilde{p} = \frac{\overline{H} + \overline{p}}{1 - \sin\phi}, \quad \theta = 0 \tag{10-317}$$

– 응력장 COO_1 : $\bar{q} = \tilde{p}(1+\sin\phi), \quad \theta = \frac{\pi}{2}$ (10-318)

식에서 $H(=c\cot\phi)$는 특성환산응력, $p = p_0$는 등분포하중, $(\overline{H}+\bar{p}) = (H+p_0)/\gamma_s R$이며 특성길이는 원형기초의 반지름 R로 취하였다. 전이영역인 응력장 BO_1C의 특이점 O_1에 대해서는 (10-109)식과 동일한 형태이므로 다음 식으로 응력상태를 나타낼 수 있다.

$$\tilde{p} = \frac{\overline{H}+\bar{p}}{1-\sin\phi}\exp[2\theta\tan\phi] \tag{10-319}$$

식에서 θ는 (10-317~318)식으로부터 $0 \le \theta \le \pi/2$이다. 응력장 AO_1B 및 BO_1C의 응력상태는 (10-287~290)식을 이용해서 구할 수 있다. 무차원 길이성분인 AO_1은 응력장 AO_1B와 함께 모든 응력장에 대하여 해를 구한 후에 결정해야 하는데, 응력특성곡선인 $ABCO$에 대한 반복계산을 통하여 O에 근접시켜야 정확한 값을 얻을 수 있다. 계산의 정확도를 높이기 위해서는 (10-287~290)식을 이용하여 얻은 첫 번째 무차원 변수의 θ_1과 θ_2를 격자점 사이의 평균값인 $(\theta+\theta_1)/2$ 및 $(\theta+\theta_2)/2$로 각각 대체하여 (10-287~288)식의 $\bar{r}$와 $\bar{z}$를 조정하고(θ: 경계값 또는 기지점의 값), 조정된 좌표값을 (10-291)식에 대입하여 $\overline{S}_1$와 $\overline{S}_2$를 구한 후에 두 번째 무차원 변수를 결정해야 하며 정확도가 높은 값을 얻을 때까지 동일한 과정을 충분히 반복해야 한다. 응력장 COO_1의 응력상태도 수치해석을 통하여 결정해야 하지만 제2경계값문제와 제3경계값문제를 선행한 후에야 가능하다. 이와 같은 경우에 접촉면인 OO_1에 위치한 격자점의 $(\bar{r}, \bar{z}, \tilde{p}, \theta)$는 경계조건인 $\bar{z} = 0$ 및 $\theta = \pi/2$와 함께 $\bar{r}$와 $\tilde{p}$는 각각 (10-283)식 및 (10-285)식으로부터 유도된 다음의 점화식을 이용하여 구한다(Stroganov, 1985; Wu, 1982).

$$\bar{r} = \bar{r}_1 - \frac{\bar{z}_1}{\tan\left(\frac{\theta_1 + \frac{\pi}{2}}{2} - \mu\right)} \tag{10-320}$$

$$\tilde{p} = \left\{\tilde{p}_1\left[\frac{1}{\tan\phi} + 2\left(\frac{\pi}{2} - \theta_1\right)\right] - M_1\frac{\bar{r} - \bar{r}_1}{\bar{r}_1} - N_1\frac{\bar{z}_1}{\bar{r}_1}\right\}\tan\phi \tag{10-321}$$

식에서 M_1과 N_1은 (10-292)식과 같다. 접촉면 OO_1에 위치한 격자점의 무차원 압력인 $\bar{\sigma}_{zz}(=\bar{q} - \bar{c}\cot\phi)$는 (10-277)식 및 (10-318)식으로부터 결정할 수 있다. 〈그림 10-71(a)〉

는 마찰각 $\phi=30°$, 점착력 $c=0$ 및 $\tilde{p}=\bar{p}/\gamma_s l_{ch}=0.25$인 경우에 응력특성곡선과 무차원 등가압력 $\tilde{p}$를 도시한 것이다. 그림(a)와 같이 원형기초 바닥과 지반의 접촉면에 마찰이 없는 경우에 무차원 평균등가압력인 $\bar{q}_{avg}=14.41$은 접촉면에 대한 곡선인 한계상태 압력곡선(limiting contact pressure curve)으로부터 평균값을 취한 것이다. 그림(a)에는 (10-299)식에 의한 속도장을 표시하지 않았다.

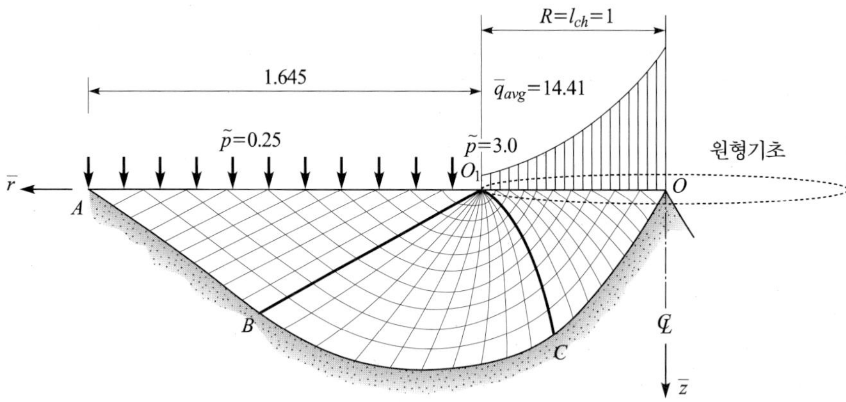

(a) 접촉경계가 무마찰인 원형기초의 부분응력장 해석

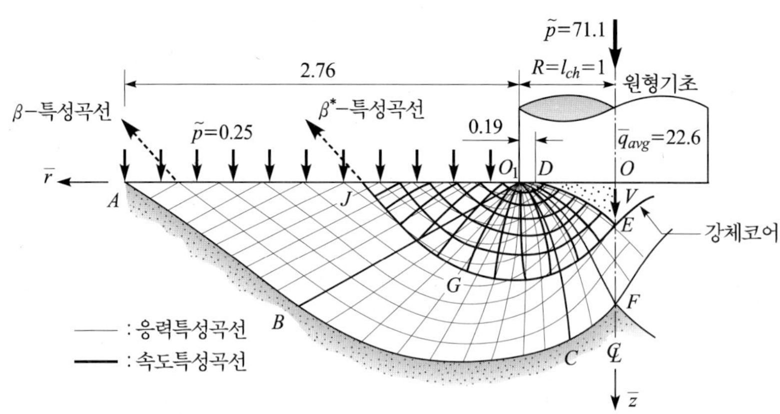

(b) 접촉경계에 마찰이 있는 원형기초의 부분응력장 및 속도장해석

〈그림 10-71〉 **비관련유동칙을 적용한 원형기초의 활동선장해석 예[no scale]** (Stroganov, 1985; 1983)

그림(b)와 같이 원형기초 바닥과 지반의 접촉면에 마찰이 있는 경우에도 기초의 수직 압입에 의해서 생성되는 응력장 AO_1B는 그림(a)와 차이가 없다. Stroganov(1985)는 응력장 BO_1C의 응력상태도 그림(a)와 같이 전이영역이며 특이점 O_1의 응력은 (10-319)식에 의해서 결정하였지만 최대주응력방향 θ의 값은 $0 \le \theta \le 3\pi/4$로 제안하였다. 이것은 원형기초 바닥과 지반의 접촉경계에서 「미끄러짐(slippage)」 현상이 발생하는 것을 반영한 것으로서, 이와 같은 미끄러짐은 최대전단변형률속도를 갖는 활동선이 원형기초 바닥과 지반의 접촉경계를 따라서 발생하는 것으로 해석하였기 때문이다. 모든 응력장의 응력상태는 (10-287~290)식을 이용해서 구할 수 있지만 제3경계값문제인 응력장 COO_1의 미끄러짐이 발생하는 O_1D구간에 대해서는 경계조건인 $\bar{z}=0$ 및 $\theta=3\pi/4$와 함께 $\bar{r}$와 $\tilde{p}$는 (10-320~321)식으로부터 각각 다음의 점화식을 이용하였다(Stroganov, 1985).

$$\bar{r}=\bar{r}_1-\frac{\bar{z}_1}{\tan\left(\frac{\theta_1+\frac{3\pi}{4}}{2}-\mu\right)} \tag{10-322}$$

$$\tilde{p}=\left\{\tilde{p}_1\left[\frac{1}{\tan\phi}+2\left(\frac{3\pi}{4}-\theta_1\right)\right]-M_1\frac{\bar{r}-\bar{r}_1}{\bar{r}_1}-N_1\frac{\bar{z}_1}{\bar{r}_1}\right\}\tan\phi \tag{10-323}$$

수치해석은 특성곡선인 CF 및 DF가 도시될 것으로 예상되는 범위를 포함해야 하며 두 특성곡선의 위치와 응력상태는 격자점 F의 대칭조건인 $\theta=\pi/2$를 충족시켜야 한다. 이를 위해서는 먼저 F의 근방에서 선형 보간법으로 F의 $\bar{z}-$좌표값과 응력상태를 결정해야 한다. 격자점 F와 특성곡선 DF 및 $ABCF$와 가장 가까운 특성곡선의 무차원 변수를 이용함으로서 이들 특성곡선의 최종 위치와 응력상태는 (10-287~290)식에 의해서 구할 수 있지만 격자점 D의 $\bar{r}-$좌표값과 응력상태는 $\bar{z}=0$과 함께 다음과 같은 제3경계값문제의 점화식을 이용해야 한다(Stroganov, 1985).

$$\bar{r}=\bar{r}_2-\frac{\bar{z}_2}{\tan\left(\frac{\theta_2+\frac{3\pi}{4}}{2}+\mu\right)} \tag{10-324}$$

$$\tilde{p}=\left\{\tilde{p}_2\left[\frac{1}{\tan\phi}-2\left(\frac{3\pi}{4}-\theta_2\right)\right]-M_2\frac{\bar{r}-\bar{r}_2}{\bar{r}_2}-N_2\frac{\bar{z}_2}{\bar{r}_2}\right\}\tan\phi \tag{10-325}$$

이와 같이 결정된 미끄러짐이 발생하는 O_1D구간의 응력상태는 전체적으로 응력의 연속성이 유지되어야 한다. 원형기초 바닥 하부에 발생하는 흙덩이 강체코어(rigid core 또는 elastic core)의 형태는 강체코어의 경계가 속도의 단절(disruption)이 발생되는 활동선이 되어야 한다는 조건을 이용해서 구할 수 있다. 활동선의 연속성을 유지시키기 위해서는 미끄러짐이 발생하는 O_1D구간의 종점인 D가 원점이 되어야 하며, 활동선을 구하기 위해서는 대칭조건을 확인할 수 있도록 응력장을 특성곡선인 DF를 넘어서 외측까지 연장해야 한다. 제3경계값문제인 응력장의 확장은 $\bar{r}=0$와 함께 다음의 점화식을 이용한다(Stroganov, 1985).

$$\bar{z}=\bar{z}_1-\bar{r}_1\tan\left(\frac{\theta_1+\frac{\pi}{2}}{2}-\mu\right) \tag{10-326}$$

$$\tilde{p}=\left\{\tilde{p}_1\left[\frac{1}{\tan\phi}-2\left(\frac{\pi}{2}-\theta_1\right)\right]+M_1-N_1\tan\left(\frac{\theta_1+\frac{\pi}{2}}{2}-\mu\right)\right\}\tan\phi \tag{10-327}$$

위의 두 식은 대칭영역($\theta=\pi/2$, $\bar{r}=0$)에 대해서는 (10-283)식과 (10-285)식, 나머지 영역에 대해서는 (10-287~290)식으로부터 유도된 것이다. 대칭축에 위치한 격자점의 무차원 변수를 구하는 경우에는 대칭조건을 충족시키기 위해서 $\theta_2=\pi/2$가 되어야 하므로 (10-291)식의 $\bar{S}_2$는 다음과 같이 간단하게 나타낼 수 있다.

$$\bar{S}_2=\frac{\tilde{p}_2\left(\frac{1}{\tan\phi}+\pi\right)-\frac{\bar{r}}{\sin\phi}}{2\left(\tilde{p}_1+\tilde{p}_2\right)} \tag{10-328}$$

위와 같은 방법을 통하여 완성된 소성영역에 대하여 연속성을 확인한 후에는 다음과 같이 속도특성곡선인 (10-299)식 또는 (10-307)식의 β^*-특성곡선과 응력특성곡선인 (10-283)식 또는 (10-288)식의 $\alpha-$특성곡선에 대한 두 점화식을 연립하여 강체코어의 경계인 DF를 결정할 수 있다(Stroganov, 1985).

$$\begin{aligned} &\bar{z}=\left(\bar{r}-\bar{r}_2\right)\tan\left(\theta_2+\frac{\pi}{4}\right)+\bar{z}_2 \quad : \beta^*-\text{특성곡선} \\ &\bar{z}=\left(\bar{r}-\bar{r}_1\right)\tan\left(\theta_1-\mu\right)+\bar{z}_1 \quad : \alpha-\text{특성곡선} \end{aligned} \tag{10-329}$$

식에서 모든 변수는 무차원 값이며 $\mu=\pi/4-\phi/2$이다. 아래첨자는 〈그림 10-68〉의 표기방법을 따른 것이며 격자점 D가 초기점(initial point)이 되어야 한다. 계산의 정확도를 높이기 위해서는 임의의 두 격자점 사이에서 θ는 평균값을 취하는 것이 좋다. 강체 코어의 경계에 대한 $\tilde{p}$와 θ는 확장된 소성영역으로부터 얻은 변수의 선형 보간법에 의해서 결정할 수 있으며 응력성분은 (10-277)식을 이용하면 된다. 기초지반의 지지력은 미끄러짐이 발생하는 구간과 함께 강체코어에 대한 $\bar{\sigma}_{zz}$와 $\bar{\tau}_{rz}$와 강체코어의 무차원 단위중량, 특성환산응력(H) 등을 가감하여 결정할 수 있다. 〈그림 10-71(b)〉의 무차원 평균 등가압력은 $\bar{q}_{avg} = 22.6$으로서 그림(a)와 같이 원형기초 바닥과 지반의 접촉면에 마찰이 없는 문제보다 57%가 높은 것으로 나타났다.

ii) 속도장해석

Stroganov(1985)의 속도장해석은 〈그림 10-71(b)〉에서 보는 것과 같이 응력장의 응력특성곡선과 속도장의 속도특성곡선이 일치하지 않으므로 재료의 응력-변형률 거동이 상호 유기적인 관계를 유지해야 한다는 기본적인 물리법칙에 위배될 뿐 아니라 항복기준은 응력특성곡선을 충족시키는 것에 반하여 실제 거동은 속도특성곡선을 따름으로서 물리적으로 불합리하다. 다만 여기서는 비관련유동칙을 적용하여 속도장을 구하는 방법을 소개하기 위한 것일 뿐이므로 다음과 같은 Stroganov(1985)의 속도장해석도 비관련유동칙을 적용하여 속도장해석을 수행하는 하나의 방법으로서 이해하는 것이 좋다.

Stroganov(1985)에 의하면 응력특성곡선인 $ABCF$ 아래에 위치한 영역은 한계상태가 아니고 소성영역도 아니며, 소성영역과 강체영역의 경계인 DE를 결정하는 방법과 동일한 방법으로 소성영역인 $O_1ABCFED$로 둘러싸인 영역도 속도특성곡선으로 채울 수는 있다는 것이다. 또한 속도장의 경계인 활동선 EGJ의 외측에 위치한 영역은 정지상태의 영역(rigid and immobile region)이기 때문에 활동선 EGJ가 강체영역과 소성영역의 경계인 $ABCF$로 접근하면서 모든 영역이 소성유동상태가 되는 것은 아니며 EGJ와 $ABCF$ 사이에는 비활성 격자망(rigid invariable lattice)이 생성된다는 것이다. 이와 같은 기본적인 속도장 개념을 바탕으로 Stroganov(1985)가 제시한 속도장해석은 다음과 같다.

〈그림 10-71(b)〉에서 활동선 EGJ를 β^*-특성곡선이라고 하면 EGJ를 가로질러서 α^*-특성곡선은 연속적이어야 하는데, EGJ 아래에 위치한 영역에서 $v_\alpha = 0$이므로 EGJ로 둘러싸인 영역과 EGJ 선상에서 $v_\alpha = 0$이 되어야 하며 따라서 전체 소성영역에서 $v_\alpha = 0$이다. 소성영역과 강체영역의 경계인 DE를 따라서 활동선의 접선속도는 활동선의 비압

축성 때문에 분리속도를 수반할 수 없으므로 교란될 수밖에 없으며 강체코어의 경계를 따라서 β^*－특성곡선의 속도 v_β는 그림(b)의 주어진 속도인 V와 유사한 기능을 하게 된다. 더욱이 경계인 EGJ에서 v_β는 일정하지만 $v_\alpha = 0$이므로 EGJ는 하나의 유동선(flow line)이 되어야 한다. 따라서 속도장을 결정하기 위한 모든 경계조건이 주어졌으므로 O_1JGED로 둘러싸인 영역의 속도분포는 (10－306~311)식을 이용하여 결정할 수 있다. 강체코어 내에서 유동선은 수직방향이며 나머지 영역에서는 β^*－특성곡선과 대략 일치하고, 강체코어 경계의 유동선은 접선속도의 교란 때문에 불연속성을 보이게 된다(Stroganov, 1985; Wu, 1982). 이와 같이 Stroganov(1985)는 최대전단변형률속도를 가진 활동선을 속도장의 속도특성곡선으로 규정하고 〈그림 10－71(b)〉에 도시한 것과 같이 전체 소성영역보다 훨씬 적은 속도장을 비관련유동칙의 속도장으로 제시하였다.

Stroganov(1985)의 원형기초에 대한 활동선장해석에서는 응력장 및 속도장해석에 대해서만 기술하고 속도장에 대한 검증은 수행하지 않았지만, 속도장 내측의 모든 격자점에서 (10－316)식의 부등식을 충족시킴으로서 운동학적으로 타당하다는 것을 보여주어야 한다.

연습문제

문제1 (a) (10–19)식과, (b) (10–22)식을 유도하라.

► **풀이**

(a) (10−18)식을 (10−16)식에 대입하고 $\xi=\chi+\theta$ 및 $\eta=\chi-\theta$를 관계식에 대입한 후, 양변을 $\tan\phi\cos(\theta+\mu)$ 또는 $\tan\phi\cos(\theta-\mu)$로 나누어준다.

(b) 예로서 $\partial\xi/\partial x$의 경우에는 (10−19)식과 (10−21)식의 4개의 연립방정식에 대하여 Cramer공식을 적용한다.

$$\frac{\partial\xi}{\partial x}=\frac{\begin{bmatrix} a & \tan(\theta+\mu) & 0 & 0 \\ d\xi & dy & 0 & 0 \\ b & 0 & 1 & \tan(\theta-\mu) \\ d\eta & 0 & dx & dy \end{bmatrix}}{\begin{bmatrix} 1 & \tan(\theta+\mu) & 0 & 0 \\ dx & dy & 0 & 0 \\ 0 & 0 & 1 & \tan(\theta-\mu) \\ 0 & 0 & dx & dy \end{bmatrix}}=\frac{ady-\tan(\theta+\mu)d\xi}{dy-\tan(\theta+\mu)dx}$$

문제2 (a) (10–123)식과, (b) (10–140)식을 유도하라.

► **풀이**

(a) (10−122)식에 $\delta=0$ 및 $\Delta=\sin^{-1}(\sin\delta/\sin\phi)=0$을 대입한다.

$$q=p_0\frac{\sin\Delta\cos\phi}{\sin(\Delta+\delta)}\exp[-(\pi-2\mu)\tan\phi]+\gamma_s x\sin\phi$$

$$=p_0\frac{\cos\phi}{1+\sin\phi}\exp[-(\pi-2\mu)\tan\phi]+\gamma_s x\sin\phi$$

$$=p_0\tan\mu\exp[-(\pi-2\mu)\tan\phi]+\gamma_s x\sin\phi$$

(b) 둘째 식은 〈그림 10−34(c)〉에서 점선을 두 삼각형의 높이로 하여 구한다.

$p\sin(\delta-\delta_y)=\gamma_s y\sin(\delta_y-\alpha)$

셋째 식은 (10−5~6)식의 σ_{yy}와 τ_{xy} 및 (10−137)식의 σ_{yy}와 τ_{xy}식을 이용한다.

$$\frac{\sigma_{yy}+H}{\tau_{xy}}=\frac{1-\sin\phi\cos2\theta}{\sin\phi\sin2\theta}=\frac{p\cos\delta+\gamma_s y\cos\varphi}{p\sin\delta+\gamma_s y\sin\varphi}$$

문제3 소성 유동형태를 고려한 6개의 속도방정식 중에서 $a=b$인 특수한 조건에 대하여 ②식과 ③식을 이용하여 공동축조건식인 (5-52)식을 유도하라.

► **힌트**

삼각함수의 덧셈공식을 이용함

문제4 아래 그림에서 $\sin\Delta=\sin\omega/\sin\phi$임을 증명하라.

► **풀이**

$\Delta=2\lambda-\omega$이므로 sine정리를 이용하면, $\sin\Delta=\sin(2\lambda-\omega)=\dfrac{p\sin\omega}{\tau_{\max}}=\dfrac{\sin\omega}{\sin\phi}$

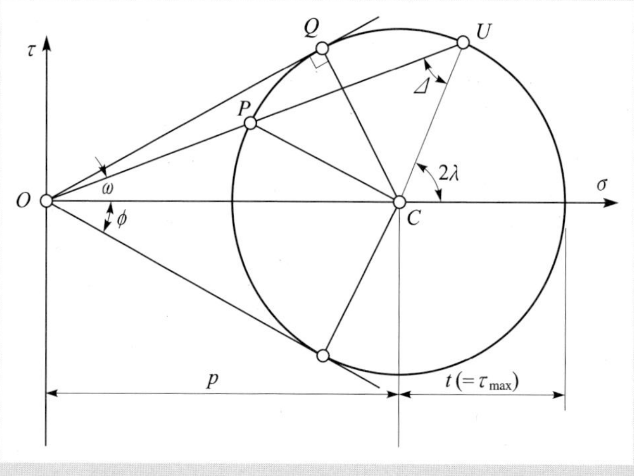

[$\sin\Delta=\sin\omega/\sin\phi$**의 증명** (Nadai, 1963)]

문제5 (10-117)식의 최대주응력방향 θ를 (10-57)식, (10-59)식 및 (10-6)식을 이용하여 유도하라(단, $\lambda=\theta$이다).

► **풀이**

(10-57)식에서 $\sigma_n+H=\bar{p}(1-\sin\phi\cos 2\theta)$를 (10-59)식에 대입하여 τ_n을 구한 후, 임의의 선재요소에 작용하는 τ_n이 수평이기 때문에 (10-6)식의 τ_{xy}와 같아야 하므로 $(1+\sin\phi\cos 2\theta)\tan\delta_1=\sin\phi\sin 2\theta$으로부터 θ를 결정한다.

문제6 (10–285)식을 유도하라.

▸ **풀이**

(10–278~279)식의 계수를 각각 A_1, A_2, B_1, ⋯, E_2라고 하면 Δ_1은 다음과 같이 나타낼 수 있다.

$$\Delta_1 = d\sigma \begin{vmatrix} B_1 & C_1 & D_1 \\ B_2 & C_2 & D_2 \\ 0 & dr & dz \end{vmatrix} - dz \begin{vmatrix} E_1 & C_1 & D_1 \\ E_2 & C_2 & D_2 \\ d\theta & dr & dz \end{vmatrix}$$

$$= d\sigma\left[-dr(B_1D_2 - B_2D_1) + dz(B_1C_2 - B_2C_1)\right]$$

$$-dz\left[d\theta(C_1D_2 - C_2D_1) - dr(D_2E_1 - D_1E_2) + dz(C_2E_1 - C_1E_2)\right] = 0$$

또한 (10–283)식으로부터 dr/dz은 다음과 같다.

$$\frac{dr}{dz} = \frac{1}{dz/dr} = \frac{\cos 2\theta + \sin\phi}{\sin 2\theta \mp \cos\phi}$$

위의 두 식을 $\cos\phi$항 앞의 부호가 음(−)인 경우와 양(+)인 경우를 각각 나누어서 구하고, $S = \theta + \phi/2$, $T = \theta - \phi/2$라 하면 $S + T = 2\theta$, $S - T = \phi$이므로 S와 T를 대입하여 정리한다.

문제7 Sokolovskii(1965)의 응력장해석에서 〈그림 10–24〉의 원점 O에 대한 수학적 의미를 설명하라.

▸ **풀이**

$x-y$평면의 원점 O는 $\xi-\eta$평면에서 O_1 및 O_2로 표시되며 $x=y=0$ 및 $\partial x/\partial\xi$와 $\partial y/\partial\xi$이 모두 0이기 때문에 야코비 행렬식 $D=0$이므로 특성곡선 O_1O_2는 응력불연속선이며 $x-y$평면에서는 특이점 O로 퇴화되어 응력성분 σ_x와 σ_y는 유한불연속이 된다.

제11장

소성과 토질역학

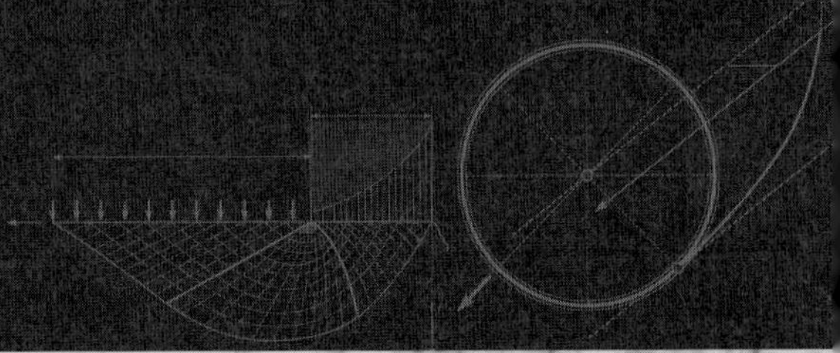

제11장 소성과 토질역학

11.1 소성이론의 현황과 과제

토질역학에서 다루고 있는 대부분의 기본적인 소성이론은 1943년 Terzaghi가 토질역학 책자를 발간하여 토질역학의 기반을 확립한 직후인 1945년부터 1970년 사이에 도입된 것이다. 따라서 토질역학의 소성이론은 항복까지는 선형 탄성거동을 보이고 항복 후에는 체적이 일정하게 유지되면서 소성거동을 보이는 이상적인 금속재료의 연속체역학과 관련된 소성이론을 바탕으로 수립되었다고 할 수 있다. 금속재료의 비압축성 또는 비팽창성 소성거동은 흙에서는 비배수조건의 포화 점토에서만 기대할 수 있는 거동이며(Salencon, 1974) 그 외의 다양한 종류의 흙과 배수조건에 대하여 소성이론을 적용하기 위해서는 추가적인 가정을 설정하거나 복잡한 전개과정을 거쳐야 하기 때문에 많은 어려움이 따른다. 특히 선행압밀도가 높은 균열 점토(fissured clay)와 연암은 파괴와 함께 분해되고 느슨한 사질토와 예민 점토(quick clay)는 파괴과정에서 흙의 조직이 붕괴되는 경향이 있으므로 소성이론을 적용하기가 곤란하다(Wu, 1982; Lee, 1968).

응력-변형률 거동이 관련유동칙을 충족시키는 재료에 대한 소성해석에는 많은 이점이 따른다. 「Drucker의 가설」에서 기술한 것과 같이, 강소성재료에 관련유동칙을 적용하면 유일한 파괴하중이 존재하며 하계정리와 상계정리에 의해서 파괴하중의 최대 및 최소 범위가 결정된다는 것을 증명할 수 있다. 또한 관련유동칙을 적용한 수치해석에서는 재료의 강성행렬이 대칭이 되며 강성행렬이 대칭이면 수치 알고리즘의 효율성과 안정성을 확보할 수 있다. 금속재료에서는 관련유동칙을 적용하여 실제 거동에 가까운 근삿값을 얻을 수 있지만, 흙에서는 Drucker-Prager파괴기준이나 Mohr-Coulomb파괴기준과 함께 관련유동칙을 적용하면 과도한 체적팽창이 수반된다. 체적팽창을 줄이기 위해서는 기존의 소성이론 개념을 항복함수와 소성퍼텐셜함수로 각각 분리하여 정의하는 비관련유동칙을 도입할 수밖에 없지만, 비관련유동칙을 적용하게 되면 파괴하중정리와 유일성정리의 유효성이 상실됨으로서 파괴하중의 극한값을 얻을 수 없다는 것이 걸림돌이 되고 있다. 지금까지 파괴하중정리를 수정하고 유일성정리를 적용하기 위하여 많은 노력을 기울여

왔지만 좋은 결과를 얻지는 못하고 있으며 따라서 비관련유동칙에 대하여 더욱 심도 있는 연구가 필요한 실정이다(Houlsby & Puzrin, 2006; Chen & Baladi, 1985).

Drucker 외(1957)가 도입한 변형경화이론의 경화캡과 경화매개변수는 토질역학분야의 소성이론의 발전에 크게 기여하였다. 변형경화이론을 통하여 수많은 흙의 응력-변형률 거동모델이 탄생하였으며, 그 중에서 가장 눈에 띄는 모델이 영국 Cambridge대학의 한계상태이론이다. 한계상태이론에 의한 거동모델은 추가적인 시험과 관련 자료를 통하여 점차 복잡한 형태로 발전하였으며, 이와 같은 확장이 토질역학분야에서 소성이론의 발전에 크게 이바지한 것으로 평가되고 있다(Chen & Baladi, 1985).

활동선장해석은 정상전단유동과 같은 대변형에 대해서만 적용이 가능하지만, 소성변형이 발생하는 재료의 응력장과 속도장을 결정할 수 있는 유력한 방법인 것만은 틀림이 없다(Houlsby & Wroth, 1982). 그러나 지난 수십 년간 많은 이면전단유동칙이 제안되었지만 Mohr-Coulomb파괴기준을 기반으로 하는 소성이론은 수학적으로 해가 불안정하며 소성거동 과정에서도 특이성을 보일 뿐만 아니라 시험결과와도 잘 맞지 않는 것으로 밝혀졌다. 따라서 연속체역학의 소성이론을 이용하여 입상체인 흙의 거동을 해석하는 방법이 완전하게 성공한 것으로 보기에는 미흡한 점이 많이 있다. 비록 부분적으로는 연속체역학에 준하여 수립된 유동칙이 흙의 거동특성을 잘 반영하는 것처럼 보일 수도 있지만 지금까지 어떤 이면전단유동칙도 일반성을 확보하지는 못하였다. 이것은 흙은 본질적으로 단절성을 가진 재료로서 흙덩이에 대한 토립자의 크기와 연속체에 대한 분자의 크기를 비교하면 차이가 너무 커서 연속체를 위한 소성이론이 입상체인 흙의 거동을 잘 나타낼 수가 없기 때문이다. 또한 흙덩이는 토립자 사이의 간극이 물이나 공기로 채워진 비교적 느슨한 집합체로서 하중이 작용하면 흙덩이를 둘러싸고 있는 주변 여건의 영향을 크게 받기 때문에 다양한 거동특성을 보일 수밖에 없다(Harris, 1995[b]; Kamrin & Martin, 2007).

Spencer(1964)는 처음으로 흙에 대하여 비압축성 이면전단유동칙을 제안하였지만 그로부터 20여년이 지난 후에도 흙에 대하여 이면전단유동칙을 올바르게 정식화하는 것이 연속체역학분야의 시급한 현안사항중의 하나라고 아쉬워하였으며, 2013년에는 유동칙 분야에서 활발하게 연구를 선도하고 있는 영국의 D. Harris도 동일한 문제에 대하여 오늘날까지 연속체역학분야의 미해결문제라고 지적한 바 있다. 이와 같이 흙의 이면전단유동칙 분야는 오랫동안 많은 노력에도 불구하고 명확한 답을 얻지 못하고 있는 난제중의 하나로 남아있다.

11.2 토질역학을 위한 소성이론의 발전방향

역학은 힘과 운동의 상호작용을 다루는 과학이다. 연속체와는 달리 입상체는 연속적이지 않으며 입자 사이가 단절되어 있다. 일반적으로 금속재료와 같은 연속체는 큰 점착력과 함께 높은 인장강도를 가지고 있는데 반하여 흙과 같은 입상체는 인장강도가 낮다. 입상체를 구성하는 입자 중에는 육안으로 식별이 불가능한 작은 입자도 많이 있지만, 전단대나 경계면에서는 단지 몇 개의 작은 입자 사이에서도 큰 속도차가 발생할 수도 있다(Kamrin & Martin, 2007). 입상체의 단절성은 재료의 변형과정에서 매우 중요한 변수로 작용하지만 연속체역학에서는 단절성은 고려되지 않으며 단절에 의한 이산적 특성(discrete nature)은 무시되고 역학적 거동의 거시적 특성만 대상으로 하여 재료를 공간상에 균등하게 분포된 것으로 처리한다.

연속체역학을 기반으로 하는 흙의 소성이론은 많은 노력에도 불구하고 여전히 여러 가지 문제점을 안고 있는 것이 사실이다. 이를 극복하기 위해서 입상체역학과 같은 새로운 역학체계를 수립하는 것도 하나의 대안이 될 수도 있겠지만 어떤 역학체계를 채택하더라도 연속체역학을 기반으로 하여 수립된 기존의 소성이론을 완전히 배제한 새로운 역학체계는 있을 수 없다. Spencer(1980)는 역학문제를 처리하는 과정에서 연속체로 고려하는 거시적 접근법과 입상체로 처리하는 미시적 접근법의 차이점에 대하여 아래와 같이 지적하였다.

> 미시적인 관점에서 보면 물리적으로 모든 물질은 분자, 원자 또는 더 작은 입자로 구성되어 있는 불연속적인 재료이지만 공학적으로는 이들 입자보다 훨씬 큰 물질의 일부를 대상으로 하며, 이런 문제는 역학의 공학적 또는 물리적인 응용분야에서 일상적으로 발생하고 있다. 이와 같은 경우에 공학적 또는 물리적으로는 분자, 원자 등 작은 입자의 개별적인 운동은 고려하지 않으며 입자들의 평균적인 거동만을 대상으로 한다. 원칙적으로는 물질의 미시적인 거동을 확실하게 알고 있다면 적절한 통계학적 방법에 의해서 거시적인 거동을 예측할 수 있다. 그러나 실제로는 통계학적 방법으로 해를 구하는 것이 매우 어려울 뿐만 아니라 해를 구할 수 있다고 해도 가장 간단한 문제에 한해서만 가능하며, 가장 간단한 문제라고 하더라도 해를 얻기 위해서는 많은 근삿값이 포함되어야만 한다.

Spencer(1980)의 미시적 및 거시적 접근법에 대한 견해로 미루어 볼 때, 연속체역학은 오랫동안 흙의 거동을 모델링하기 위한 이론적인 틀로서 역할을 해왔으며 앞으로도 그 역할은 계속되겠지만, 흙의 실제 거동을 모델링하기 위한 도전은 다양한 형태의 시험과 연구가 거듭되면서 수학적 또는 물리적으로 모델링의 정교함이 날이 갈수록 더해지고 있다. 최근에는 토질역학분야에서 미시적 접근법인 입상체역학에 대한 연구가 점차 활발해지고 있으며, 이와 같은 추세는 입상체의 거동을 모델링하기 위하여 Cundal-Strack (1979) 등이 개발한 개별요소법(discrete element method)으로부터 촉발된 것이다. 개별요소법은 연속체모델 및 유한요소해석을 위한 입상체의 마이크로역학(micro-mechanics)을 연구하기 위한 도구로서 개발된 것으로서 비록 목표달성을 위한 발걸음이 느리기는 하지만 개별요소법에 의한 모델을 통하여 입상체를 구성하는 입자의 거동에 대하여 많은 정보를 얻고 있다. 따라서 기존의 연속체역학을 기반으로 하는 소성이론의 토대위에 가능하다면 마이크로역학적 해석이나 개별요소법에 의한 모델링 등의 미시적 정보(microscopic information) 또는 통계 및 확률론적 접근법을 추가하면 토질역학의 발전에 대해서 밝은 미래를 기대할 수 있을 것으로 확신한다(Yu, 2006; Kamrin & Martin, 2007; Drucker, 1966).

참고문헌

1. 김동원, 소성학, 청문각, 2009
2. 김영석, 연속체역학, 반도출판사, 1997
3. 윤지선, 흙 강도와 지반파괴 입문, 구미서관, 1992
4. 최덕기, 핵심 연속체역학, 도서출판 Young, 2011
5. 한국지반공학회, 입상체역학, 씨아이알, 2010
6. Alexandrov, S. & Harris D., Comparison of solution behaviour for three models of pressure dependent plasticity: a simple analytical example, Elsevier, 2006
7. Anandarajah, A., Computational methods in elasticity and plasticity, Springer, 2010
8. Andersen, lars, Material Modelling, exercises and solution, lecture note 19, Aalborg university, 2008
9. Atkinson, J.H., The mechanics of soils and foundations, Routledge, 2007
10. Atkinson, J.H. & Bransby P.L., The mechanics of soils, McGraw-hill, 1978
11. Bardet, J.P., Orientation of shear bands in frictional soils, Journal of engineering mechanics, Vol.117, No.7, 1991
12. Beck, B.F., Sinkhole terminology, Proc., First multidisciplinary conference on sinkholes, Orlando, 1984
13. Berg, C.A., A note on construction of the equivalent plastic strain increment, Journal of research of the national bureau of standards, Vol.76C, 1972
14. Borwein, J.M., & Lewis, A.S., Convex analysis and linear optimization(2nd Edition), Dalhousie university, 2005
15. Britto, A.M., Kusakabe, O., Stability of axisymmetric excavations in clays, ASCE Geotech. Eng., 109(5), 1983
16. Chakrabarty, J., Theory of plasticity, McGraw-Hill, 1987
17. Chakrabarty, J., Applied plasticity, Springer, 2000
18. Chen, W.F., On the Coulomb yield surface and rate of dissipation of energy, Fritz laboratory reports, 68-24, 1968
19. Chen, W.F. & Scawthorn, C.R., Limit analysis and limit equilibrium solutions in soil mechanics, Fritz engineering laboratory report No.355.3, 1968
20. Chen, W.F., Limit analysis and soil plasticity, Elsevier, 1975
21. Chen, W.F., Plasticity in reinforced concrete, J.Ross publishing, 2007
22. Chen, W.F. & Baladi, G.Y., Soil plasticity: theory and implementation, Elsevier, 1985
23. Chen, W.F. & Han, D.J., Plasticity for structural engineers, J. ross publishing edition, 1988
24. Chen, W.F. & Liu, X.L., Limit analysis in soil mechanics, Elsevier, 1990
25. Chen, W.F. & Mizuno, E., Non-linear analysis in soil mechanics, theory and implementation,

Elsevier, 1990
26. Chen, W.F. & Saleeb A.F., Constitutive equations for engineering materials, Elsevier, 1994
27. Cheng, Y.M. & Lau, C.K., Slope stability analysis and stabilization, CRC, 2014
28. Childs, T.H.C., Maekawa, K., Obikawa, T., Yamane, Y., Metal Machining, Elsevier, 2000
29. Chowdhury, R.N., Slope Analysis, Elsevier scientific publishing company, 1978
30. Chowdhury, R.N., Flentje, P.N. Bhattacharya, G., Geotechnical slope analysis, CRC press, 2010
31. Collins, I.F. & Muhunthan, B., On the relationship between stress-dilatancy, anisotropy, and plastic dissipation for granular materials, Geotechnique, Vol.53, 2003
32. Collins, J.A., Failure of materials in mechanical design, John wiley & sons, 1993
33. Collins, I.F., Qu Bai and Wang S., Modeling the granular nature of soils, IACMAG, 2008
34. Cox, A.D., Eason, G., Hopkins, H.G., Axially symmetric plastic deformation in soils, Philosophical transactions of the royal society of London, Vol.53, 1962
35. Cox, A.D., Axially symmetric plastic deformation in soils(II), International journal of Mechanical science, Vol.4, 1962
36. Das, B.M., Theoretical foundation engineering, Elsevier, 1987
37. Davis, R.O. & Selvadurai, A.P.S., Plasticity and geomechanics, Cambridge university press, 2002
38. de Jong, G. de Josselin, The indefiniteness in kinematics for friction materials, Proc. conf. Earth pressure problems, Vol.I, Brussels, 1958
39. de Jong, G. de Josselin, Statics and kinematics in the failable zone of a granular material, Uitgeverij, Delft, 1959
40. de Jong, G. de Josselin, The double sliding, free rotating model for granular assemblies, Geotechnique, Vol.21, 1971
41. de Jong, G. de Josselin, Elasto-plastic version of the double sliding model in undrained simple shear tests, Geotechnique Vol.38, 1988
42. Desai, C.S. & Christian, J.T., Numerical methods in geotechnical engineering, McGraw-hill, 1977
43. Desai, C.S. & Siriwardane, H.J., Constitutive laws for engineering materials, Prentice-Hall, 1984
44. Dienes, J.K., On the analysis of rotation and stress rate in deforming bodies, Acta mechanika 32, 1979
45. Drescher, A., An experimental investigation of flow rules for granular materials using optically sensitive glass particles, Geotechnique 26, Vol.4, 1976
46. Drucker, D.C., Some implicatioms of work-hardening and ideal plasticity, Quarterly of applied mathematics, Vol.4, 1950
47. Drucker, D.C., A more fundamental approach to plastic stress-strain relations, Procedings 1st U.S. national congress, Appl. mech. ASME, New York, 1952
48. Drucker, D.C., Coulomb friction, plasticity, and limit loads, Journal of applied mechanics, Vol.21, 1954
49. Drucker, D.C., Variational principles in the mathematical theory of plasticity(TR.13), Office of naval research, 1956

50. Drucker, D.C., Concept of path independence and material stability for soils, Rheology and soil mechanics, Grenoble, 1966
51. Drucker, D.C. & Prager, W., Soil mechanics and plastic analysis or limit design, Quarterly of applied mathematics, Vol.X, 1952
52. Drucker, D.C., Gibson, R.E. & Henkel, D.J., Soil mechanics and work hardening theories of plasticity, Trans. ASCE, Vol.122, 1957
53. Druyanov, B.A. & Nepershin, R.I., Problems of technological Plasticity, Elsevier, 1994
54. Dunne, F. & Petrinic, N., Introduction to computational plasticity, Oxford university press, 2005
55. Dykhovichnyi, Yu.A. & Maksimenko, V.A., Design and construction on territories subjected to karst piping process in Moscow, Soil mechanics and foundation engineering, Vol.16 No.3, Consultants Bureau, 1979
56. Eringen, Nonlinear theory of continuous media, 1962
57. Fleck, N.A., Muller, G.M., Ashby, M.F., Hutchinson, J.W., Strain gradient plasticity : theory and experiment, Acta metallurgica Vol.42(No.2), Pergamon, 1994
58. Fung, Y.C. & Tong Pin, Classical and computational solid mechanics, World scientific, 2001
59. Haddow, J.B. & Danyluk, H.T., Indentation of a rigid plastic semi-infinite medium by a smooth rigid cone fitted in a prepared cavity, Intl. J. of mech. sci. Vol.6, 1964
60. Haakon Fossen, Structural geology, Cambridge university press, 2010
61. Harr, M.E., Foundations of theoretical soil mechanics, McGraw-Hill, 1966
62. Harris, D., On the numerical integration of the stress equilibrium equations governing the ideal plastic plane deformation of a granular materials, Acta Mechanica 55, 1985
63. Harris, D., Equations governing plane plastic deformation in anisotropic materials, IUTAM symposium, Kluwer academic publishers, 1995[a]
64. Harris, D., A unified formulation for plasticity models of granular and other materials, Proceedings of royal society of London Vol.450, 1995[b]
65. Harris, D., Ill- and well-posed models of granular flow, Acta mechanica 146, Springer-Verlag, 2001[a]
66. Harris, D., A model for the flow of granular materials and its application to initial/boundary value problems, Materials physics and mechanics 3, UMIST, 2001[b]
67. Harris, D., Double slip and spin : dilatant shear in a reduced Cosserat model, Springer proceedings in physics, Vol.106, 2006
68. Harris, D., Characteristic relations for a model for the flow of granular materials, Proceedings of mathematical, physical and engineering sciences, Vol.457, 2006
69. Harris, D., The plastic potential, double slip, double spin and viscoplasticity, CP1227, IUTAM-ISIMM, 2010
70. Harris, D., A hyperbolic augmented elasto-plastic model for pressure dependent yield, University of Manchester (Report), 2012
71. Harris, D. & Grekova, E., A hyperbolic well-posed model for the flow of granular materials,

Journal of engineering mathematics, Vol.52, 2005

72. Hartley, P., Pillinger, I., Sturgess, C.E.N., Numerical modelling of material deformation process, Springer-Verlag, 1992
73. Haythornthwaite, R. M., Mechanics of the triaxial test for soils, Proceedings of ASCE, Vol.86, No.SM5, 1960
74. Herrmann, H.J., Hovi, J.P., Luding, S., Physics of dry granular media, Springer science+business media, 1998
75. Hill, J.M., The mathematical theory of plasticity, Oxford university press, 1950
76. Hill, J.M., The double shearing velocity equations for dilatant shear index granular materials, IUTAM symposium, 1996
77. Hill, J.M. & Zheng, X.M., Dilatant double shearing theory applied to granular chute flow, Acta mechanica, Vol.118, 1996
78. Hill, J.M., Spencer, A.J.M., Scott, W., Application of a continuum theory to vertical vibrations of a layer of granular material, International journal of engineering science(preprint), 2009
79. Hill, J.M. & Selvadurai, A.P.S., Mathematics and mechanics of granular materials, Journal of engineering mathematics, Vol.52, 2005
80. Hjiaj, M., Lyamin, A.V., Sloan, S.W., Numerical limit analysis solutions for the bearing capacity factor Nc, International journal of solids and structures 42, Elsevier, 2005
81. Hopkins, H.G. & Sewell, M.J., Mechanics of solids, The Rodney Hill 60th anniversary volume, 1982
82. Houlsby, G.T., How the dilatancy of soils affects their behaviour, Soil mechanics report number 121/91, University of Oxford, 1991
83. Houlsby, G.T. & Puzrin, A.M., Principles of hyper-plasticity : An approach to plasticity theory based on thermodynamic principles, Springer, 2006
84. Houlsby, G.T. & Wroth, C.P., Direct solution of plasticity problems in soils by the method of characteristics, 4th international conference on numerical method in geomechanics, Edmonton, Canada, 1982
85. Hwang, K.C., Jiang, H., Huang, Y., Gao, H., Hu, N., A finite deformation theory of strain gradient plasticity, Journal of the mechanics and physics of solids, Vol.50, 2002
86. Ivan, A.P., Microstructure and Properties of High-Temperature Superconductors, Springer, 2007
87. Iwan, W.D., On a class of models for the yielding behavior of continuous composite systems, Journal of Applied Mechanics, 89, 1967
88. Jahanandish, M., Development of a zero extension line method for axially symmetric problems in soil mechanics, Scientia Iranica, Vol.10, no.2, 2003
89. James, R.G. & Bransby, P.L., A velocity field for some passive earth pressure problems, Geotechnique, Vol.21, 1971
90. Jones, R.M., Deformation theory of plasticity, Bull ridge publishing, 2009
91. Joseph, D.D. & Saut, J.C,, Short wave instabilities and ill-posed initial value problems,

Theoretical and computational fluid dynamics, Springer-verlag, 1990

92. Joseph, D.D. & Shaeffer, D.G,, Two phase flows and waves, Springer-verlag, 1990
93. Kachanov, L.M., Foundations of the theory of plasticity, North-Holland, 1971
94. Kachanov, L.M., Fundamentals of the theory of plasticity, Dover publication, 2004
95. Kamrin, K. & Martin Z. Bazant, Stochastic flow rule for granular materials, Physical review E75, 2007
96. Khan, A.K. & Huang S., Continuum theory of plasticity, John wiley & sons, 1995
97. Kim, J.G., Salgado, R., Lee, J.H., Stability analysis of complex soil slopes using limit analysis, Journal of Geotechnical and Geoenvironmental Engineering, Vol.128, 2002
98. Kisch, N., Ohno, T., Konno, H., Batti, A.Q., Dynamic response analysis for a large scale RC girder under falling weight impact loading, Advances in engineering structures, mechanics & construction, Springer, 2006
99. Ko, H.Y. & Sture, S., State of the art: data reduction and application for analytical modelling, Laboratory shear strength of soil, ASTM STP 740, ASTM, 1981
100. Koichi Hashiguchi, Elastoplasticity theory, Springer, 2009
101. Krenk, S., Characteristic state plasticity for granular materials(part I: basic theory), International journal of solids and structures 37, 2000
102. Krutyka, T., Zyczkoski, M., Evolution equations for distortional plastic hardening, International journal of plasticity, Vol.12 No.2, 1996
103. Kruyt, N.P., An analysis of the generalized double sliding models for cohesionless granular materials, Journal of the mechanics and physics of solids, Vol.50, 1990
104. Lade, P.V., Three parameter failure criterion for concrete, J. eng. mech. div. ASCE, 108(5), 1983
105. Lade, P.V., Overview of constitutive models for soils, Soil constitutive models (Geotechnical special publication no.128) ASCE, 2005
106. Lee, I.K., Soil mechanics (selected topics), American elsevier publishing company, 1968, pp.341~380
107. Lee, I.K. & Herington, J.R., A theoretical study of the pressures acting on a rigid wall by a sloping earth or rock fill, Geotechnique, Vol.22 No.1, 1972
108. Lemaitre, J. & Chaboche, J.L., Mechanics of solid materials, Cambridge university press, 2002
109. Li, X.S. & Dafallias, Y.F., A constitutive framework for anisotropic sand including non-proportional loading, Geotechnique 54, No.1, 2004
110. Liam Finn, A.M., Application of limit plasticity in soil mechanics, ASCE Vol.93 SM5, 1967
111. Lubliner J., Some simple models of generalized plasticity, Advances of plasticity: Proceedings of plasticity 1989, 1989
112. Lubliner J., Plasticity theory, University of California at Berkeley, 2006
113. Lubarda A.A., Mastilovic, S., Knap, J., Some comments on plasticity postulates and non-associative flow rules, International journal of mechanical science, Vol.38, Pergamon, 1996

114. Mandl, G. & Luque R.F., Fully developed plastic shear flow of granular materials, Geotechnique, Vol.20, 1970
115. Marone, C, A note on the stress-dilatancy relation for simulated fault gouge, Pure and applied geophysics, Vol.137, 1991
116. McGinty, B., Finite deformation continuum mechanics, On-line edition, 2013
117. Mehrabadi, M.M. & Cowin, S.C., Initial planar deformation of dilatant granular materials, Journal of the mechanics and physics of solids, Vol.26, 1978
118. Michalowski, R.L., Slope stability analysis : a kinematical approach, Geotechnique 45, No.2, 1995
119. Michalowski, R.L., An estimate of the influence of the soil weight on bearing capacity using limit analysis, Soils and foundations Vol.37 No.4, 1997
120. Morley, C., When plasticity?, Morley symposium on concrete plasticity and its application, University of Cambridge, 2007
121. Mroz, Z., Non-associated flow laws in plasticity, Journal de Mechanique 2, 1963
122. Muhlhaus, H.B., Shi, Jingyu, Olsen-Kettle, Louise, Moresi, Louis, A double slip non-coaxial flow rule for viscous-plastic Cosserat materials, Acta mechanica [E], Vol.6, 2011
123. Nadai, A., Theory of flow and fracture of solids, McGraw-hill, 1963
124. Naghdabadi, R., Yeganeh, M., Saidi, A.R., Application of corotational rates of the logarithmic strain in constitutive modeling of hardening materials at finite deformations, International journal of plasticity 21, 2005
125. Negi, L.S., Strength of Materials, Tata McGraw-hill, 2008
126. Niels, S.O. & Matti, R., The mechanics of constitutive modeling, Elsevier, 2005
127. Oda, M. & Iwashita, K., Mechanics of granular materials, EA.A. Balkema, 1999
128. Ottosen, N.S., Nonlinear kinematic hardening under non-proportional loading, Riso national laboratory, 1979
129. Ottosen, N.S. & Ristinmaa, M., The mechanics of constitutive modelling, Elsevier science, 2005
130. Pamin, J. & De Borst, R., A gradient plasticity approach to finite element predictions of soil instability, Archives of mechanics, 1995
131. Pariseau, W.G., Gravity flows of ideally plastic materials through slots, Transaction of ASME, 1969
132. Pitman, E.B. & Schaeffer, D.G., Instability and ill-posedness in granular flow, IMA Preprint #511, 1989
133. Prakash, M.D. & Uday, S.D., Modeling of metal forming and machining processes, Springer, 2008
134. Prevost, J.H., A simple plasticity theory for frictional cohesionless soils, Soil dynamics and earthquake engineering, Vol.4, 1985
135. Prevost, J.H. & Hoeg, G., Soil mechanics and plasticity analysis of strain softening, Geotechnique, Vol.25, 1975

136. Puzrin, A.M., Constitutive modelling in geomechanics, Springer-verlag, 2012
137. Qian, J.H., Bardet, J.P., Huang, M., Spectral classification of non-coaxiality for two dimensional incremental stress strain response, Mathematical problems in engineering, 2010
138. Robin Chowdhury, Geotechnical slope analysis, CRC, 2010
139. Roscoe, K.H., The influence of strains in soil mechanics, Geotechnique, Vol.20, 1970
140. Roscoe, K.H., Schofield, A.N.. & Thurairajah, A., Yielding of clays in atates wetter than critical, Geotechnique, Vol.13(3), 1963
141. Roscoe, K.H., Bassett, R.H. & Cole, E.R., Principal axes observed during simple shear of a sand, Proceeding conference, 1967
142. Rudnicki, J.W. & Rice, J.R., Conditions for the localization of deformation in pressure sensitive dilatant materials, Journal of the mechanics and physics of solids, Vol.23, 1975
143. Rudnicki, J.W., A class of elastic-plastic constitutive laws for brittle rock, Journal of reology 28(6), 1984
144. Salencon, J., Applications of the theory of plasticity in soil mechanics, 1977 (in English)
145. Salgado, R., The engineering of foundations, McGraw-Hill, 2007
146. Sarma, S.K. & Tan, D., Determination of critical slip surface in slope analysis, Geotechnique 56, No.8, 2006
147. Savage, J.C. & Lockner, D.A., A test of the double-shearing model of flow for granular materials, Journal of geophysical research, V.102(B6), 1997
148. Schofield, A.N. & Wroth, Critical state soil mechanics, McGraw-hill, 1968
149. Schofield, A.N., Original cam clay(CUED/D-Soils/TR259), Keynote lecture, 1993
150. Shanley, F.R., Strength of materials, McGraw-Hill, 1957
151. Shield, R.T., Stress and velocity fields in soil mechanics(Technical report no.81), Brown university, 1952
152. Shield, R.T., Mixed boundary value problems in soil mechanics, Quarterly applied mathematics, Vol.11, 1953
153. Shield, R.T., On the plastic flow of metals under conditions of axial symmetry, Proceedings of the royal society of London, Vol.233, 1956
154. Snitbhan, N. & Chen, W.F., On slip surface and slope stability analysis, Fritz engineering laboratory Report No.355.17, 1973
155. Sobotka, Z., The slip lines and slip surfaces in the theory of plasticity and soil mechanics, Applied mechanics reviews, Vol.14, No.10, pp.753~759, 1961
156. Sokolovskii, V.V., Statics of soil media, Butterworths scientific publications, 1960(in English)
157. Sokolovskii, V.V., Complete plane problems of plastic flow, Journal of the mechanics and physics of solids, Vol.10, 1962
158. Sokolovskii, V.V., Limit equilibrium of granular medium with variable weight, Journal of the mechanics and physics of solids, Vol.11, 1963
159. Sokolovskii, V.V., Statics of granular media, Pergamon press, 1965(in English)

160. Spencer, A.J.M., A theory of the kinematics of ideal soils under plane strain conditions, Journal of mechanical physics and solids, Vol.12, 1964[a]
161. Spencer, A.J.M., The approximate solution of certain problem of axially symmetric plastic flow, Journal of the mechanics and physics of solids, Vol.12, 1964[b]
162. Spencer, A.J.M., Discussion : Fully developed plastic shear flow of granular materials by Mandl, G. & Luque R.F., Geotechnique, Vol.20, 1970
163. Spencer, A.J.M., Continuum mechanics, Longman, 1980
164. Spencer, A.J.M., Mechanics of solids: The Rodney Hill 60th anniversary volume, Hopkins, H.G., 1982
165. Spencer, A.J.M., Instability of steady shear flow of granular materials, Acta Mechanica 64, 1986
166. Spencer, A.J.M., Compression and shear of a layer of granular material, Journal of engineering mathematics, Vol.52, 2004
167. Spencer, A.J.M. & Kingston, M.R., Plane mechanics and kinematics of compressible ideal granular material, Reologica acta 12, 1973
168. Stallebrass, S.E., The effect of recent stress history on the deformation of over-consolidated soils, PhD thesis, City university, 1990
169. Stroganov, A.S., Bearing capacity of a saturated clay foundation bed in an unsaturated state under a circular foundation, SMFEAF 14(5), Consultants bureau, 1977(in English)
170. Stroganov, A.S., Strength of foundation beds beneath structures, SMFEAF 20(3), Consultants bureau, 1983(in English)
171. Stroganov, A.S., Axisymmetric problem of the theory of plasticity of soils and the bearing capacity of beds in the stabilized state, SMFEAF 22(3), Consultants bureau, 1985(in English)
172. Stroganov, A.S., Gaidai, M.S., Tits, A.Z., Snarskii, A.S., Vronskii, A.V., Approximate analytical method for computing the bearing capacity of foundation beds and its experimental evaluation, SMFEAF 20(1), Consultants bureau, 1983(in English)
173. Taylor, D.W., Fundamentals of soil mechanics, John wiley & sons, 1948
174. Terzaghi, K., Theoretical soil mechanics, John wiley & sons, 1943
175. Tordesillas, A. & Shi, J., Frictional indentation of dilatant granular materials, The royal society, Vol.455, 1999
176. Vardoulakis, I. & Graf, B., Calibration of constitutive models for granular materials using data from biaxial experiments, Geotechnique, Vol.35, pp.299~317, 1985
177. Vermeer, P.A. & de Borst, R., Non-associated plasticity for soils, concrete and rock, Heron, Vol.29 No.3, 1984
178. Wood, D.M., Soil behaviour and critical soil mechanics, Cambridge university press, 1990
179. Wood, D.M., The role of models in civil engineering(Constitutive modelling of granular materials : D. Kolymbas), Springer, 2000
180. Woodward-clyde consultants, Subsurface characterization and geohydrologic site evaluation

(report), US Department of energy, 1984

181. Wu, H.C., Continuum mechanics and plasticity, Chapman & Hall/CRC, 2005
182. Wu, T.H., Soil mechanics, Allyn and bacon, 1982
183. Wu, W. & Yu, Hai-sui, Modern Trends in geomechanics, Springer, 2006
184. Yang, Yunming & Yu, Hai-sui, Numerical aspects of non-coaxial model implementations, Computers and geotechnics 37, 2010
185. Yang, Yunming & Yu, Hai-sui, Numerical aspects of non-coaxial model implementations, Computers and geotechnics 37, 2010
186. Yang Y., Ooi J., Rotter M., Wang Y., Numerical analysis of silo behavior using non-coaxial models, Chemical engineering science No.66, 2011
187. Yu, Hai-sui, Plasticity and geotechnics, Springer, 2006
188. Yu, Hai-sui & Yuan, X., On a class of non-coaxial plasticity models for granular soils, Proceedings of royal society 462, 2006
189. Yu, Hai-sui, Non-coaxial theories of plasticity for granular materials, International association for computer methods and advances in geomechanics, 2008
190. Zhou, X. & Tamma, K.K,, On the applicability and stress update formulations for corotational stress rate hypo-elasticity constitutive models, Finite elements in analysis and design 39, 2003

부 록

부 록

A 행렬과 텐서

A1. 행렬

소성이론 전개과정에서 행렬과 관련된 가장 중요한 문제 중의 하나가 바로 특성값(characteristic value)이다. 특성값을 이해하기 위해서 n차의 정방행렬 $[A]$에 다음과 같이 벡터 x를 곱한 방정식을 충족시키는 스칼라 λ와 벡터 x를 구하는 문제를 고려해야 한다.

$$[A]x = \lambda x$$

영벡터 $x = 0$은 임의의 λ에 대하여 위의 식에 대한 해가 분명하지만 의미가 없으므로, $x \neq 0$인 해를 갖기 위한 λ값을 행렬 $[A]$의 고유치 또는 특성값이라고 하며 $x \neq 0$인 해를 고유치 λ에 대한 행렬 $[A]$의 고유벡터 또는 특성벡터라고 한다. 고유벡터는 선형변환(회전, 확대 및 축소) 후에도 방향이 변하지 않는 벡터이며 고유치는 선형변환 후의 확대 또는 축소비율이다. 따라서 소성이론에서 특성값 문제는 수학적으로 행렬 $[A]$로 벡터 x를 선형변환하는 경우에 원래의 벡터 x의 방향을 가리키는 가중치 λ와 벡터 x를 구하는 문제에 적용된다. 소성이론에서 정방행렬 $[A]$는 보통 3차 즉, 3×3 행렬이므로 여기서는 3×3 행렬만 다루기로 한다. 위의 식은 다음의 형태로 나타낼 수 있다(Spencer, 1980).

$$(A - \lambda I)x = 0 \tag{A-1}$$

식에서 I는 3×3 단위행렬이다. 위의 식은 우변의 상수항이 0인 3차 동차연립방정식을 나타내며 이 방정식을 충족시키는 해를 얻기 위해서는 행렬식 $(A - \lambda I)$의 부분을 확장한 행렬식이 0이 된다는 것이 필요하다.

$$D(\lambda) = \begin{bmatrix} (a_{11} - \lambda) & a_{12} & a_{13} \\ a_{21} & (a_{22} - \lambda) & a_{23} \\ a_{31} & a_{32} & (a_{33} - \lambda) \end{bmatrix} = 0 \tag{A-2}$$

(A−2)식을 정방행렬 $[A]$에 대한 특성방정식이라고 하며 정방행렬 $[A]$의 특성값은 특성방정식 (A−2)식의 근이다. 특성방정식은 선형이며 동차인 미분방정식의 해를 구하기 위하여 이용된다. (A−2)식을 전개하면 λ에 대하여 3개의 근$(\lambda_1, \lambda_2, \lambda_3)$을 가진 3차 다항식을 얻을 수 있으며 이것을 $[A]$에 대한 특성다항식이라고 한다.

$$\lambda^3 - I_A\lambda^2 + II_A\lambda - III_A = 0 \tag{A-3}$$

식에서, $I_A \;= a_{11} + a_{22} + a_{33}$

$$II_A = \begin{bmatrix} a_{22} & a_{23} \\ a_{32} & a_{33} \end{bmatrix} + \begin{bmatrix} a_{11} & a_{13} \\ a_{31} & a_{33} \end{bmatrix} + \begin{bmatrix} a_{11} & a_{12} \\ a_{21} & a_{22} \end{bmatrix}$$

$$III_A = \begin{bmatrix} a_{11} & a_{12} & a_{13} \\ a_{21} & a_{22} & a_{23} \\ a_{31} & a_{32} & a_{33} \end{bmatrix}$$

식에서 I_A는 행렬의 대각합(trace)으로서 정방행렬의 주대각선 원소의 합으로 정의되고 기호는 tr이며 행렬 $[A]$의 대각합은 $tr(A)$로 나타낸다. II_A는 주대각선 원소의 소행렬의 합으로서, 소행렬이란 $n \times n$ 정방행렬 $[A]$의 임의의 원소 a_{ij}에 대하여 i행과 j열을 제거해서 얻어지는 $(n-1)$차 행렬의 행렬을 원소 a_{ij}의 소행렬이라고 한다. III_A는 계수 행렬의 행렬식이며 $\det A$로 표시하고 연립방정식에서 유일해의 존재 여부를 결정하는 판별식이다.

A2. 텐서

연속체가 3차원 공간인 (x_1, x_2, x_3)에서 (v_1, v_2, v_3)의 속도로 운동하고 있는 경우에 연속체의 속도 v를 표시하는 방법은 다양하다. 첫째, $v = (v_1, v_2, v_3)$로 표시하는 방법을 생각할 수 있으며 연속체의 속도를 그대로 표시한 것으로서 표기는 간단하지만 수식화가 곤란하다. 둘째, 벡터를 이용하여 $v = v_1e_1 + v_2e_2 + v_3e_3$($e_1$, e_2 및 e_3를 각각 x_1-, x_2- 및 x_3-방향의 단위벡터)로 나타내면 첫째 방법보다 좌표와 관련된 정보를 확실하게 알 수 있으며 연산이 편리하다. 마지막으로 첨자를 사용하여 텐서 v_i로 표시하는 것으로서 첨자 i는 차원에 따라 다르며 3차원이라면 1, 2 및 3의 값을 가진다. 즉 v_i는 (v_1, v_2, v_3)로서 벡터를 의미하며 $x-y-z$축이라면 (v_x, v_y, v_z)가 되고 원통좌표계라면 (v_r, v_Ψ, v_z)가 된다.

이와 같이 텐서는 벡터의 개념을 확장한 기하학적인 양을 나타내는 용어로서 자연현상을 묘사하기에 가장 적합하며 고차원으로 확대가 가능하고 여러 개의 법칙을 일관성 있게 나타낼 수 있어 역학분야에서 널리 이용되고 있다. 텐서의 중요한 성질중의 하나는 특정한 좌표계와 관계없이 첨자는 사용자가 설정한 좌표계에서 하나의 축을 나타내는데 사용된다는 것으로서 텐서의 성질과 물리량의 성질이 변하지 않는다는 것이다. 공학적으로 다루는 광의의 텐서는 스칼라, 벡터 및 텐서로 구분할 수 있다. 스칼라와 벡터는 텐서의 특별한 경우로서 스칼라는 $3^0=1$개의 성분을 가진 0계 텐서이고 벡터는 $3^1=3$개의 성분을 가진 1계 텐서이다. 4개 이상의 성분을 가진 텐서는 그대로 텐서라고 하며, 예로서 탄성재료상수인 접선강성행렬 D_{ijkl}는 $3^4=81$개의 성분을 가진 4계 텐서이다. 이와 같이 텐서는 계수에 따라 구분되며 계수는 성분을 표시하는 첨자의 개수로 결정된다. 텐서가 일정한 공간에 위치의 함수로 주어지면 이것을 텐서장이라고 하는데 소성분야에서 많이 응용되는 응력장이나 속도장은 텐서장이며 벡터장과 같이 텐서장은 미분방정식으로 해석할 수 있다. 텐서는 행렬은 아니지만 각각의 성분은 행렬식 표기를 이용하여 나타내며 응력텐서 σ_{ij}는 $3^2=9$개의 성분을 가진 2계 텐서로서 다음과 같이 표시할 수 있다.

$$\sigma_{ij}=\begin{bmatrix}\sigma_{11} & \sigma_{12} & \sigma_{13}\\ \sigma_{21} & \sigma_{22} & \sigma_{23}\\ \sigma_{31} & \sigma_{32} & \sigma_{33}\end{bmatrix} \tag{A-4}$$

텐서 A_{ij}의 전치(transpose)는 A_{ij}^T로 표기하고 행렬로 표기하면 다음과 같다.

$$A_{ij}^T=\begin{bmatrix}A_{11} & A_{21} & A_{31}\\ A_{12} & A_{22} & A_{32}\\ A_{13} & A_{23} & A_{33}\end{bmatrix}=A_{ji} \tag{A-5}$$

텐서 A_{ij}가 $A_{ij}=A_{ij}^T$의 관계일 때 이를 대칭텐서라 하고 $A_{ij}=-A_{ij}^T$이면 반대칭텐서(antisymmetric tensor)라고 하며 텐서 A_{ij}는 다음과 같이 대칭텐서와 비대칭텐서의 합으로 나타낼 수 있다.

$$A_{ij}=\frac{1}{2}\left(A_{ij}+A_{ij}^T\right)+\frac{1}{2}\left(A_{ij}-A_{ij}^T\right) \tag{A-6}$$

응력텐서는 대칭이고 변형률텐서는 변위경사텐서의 대칭부분에 해당하며 대칭텐서는 Mohr 응력원 표시가 가능하다. 크로네커 델타 δ_{ij}는 아래와 같은 특성을 가진 텐서이다.

$$\delta_{ij} = \begin{bmatrix} 1 & 0 & 0 \\ 0 & 1 & 0 \\ 0 & 0 & 1 \end{bmatrix} \tag{A-7}$$

따라서 $\delta_{ij} = \delta_{ji}$이므로 대칭텐서이다. δ_{ij}의 가장 중요한 특성은 텐서연산에서 중복되는 첨자를 다른 첨자로 바꾸어 주는 치환기능이다. 즉 $v_i\delta_{ij} = v_j$, $\delta_{ij}a_{jk} = a_{ik}$, $\delta_{ij}a_{kj} = a_{ki}$, $\sigma_{ij}\delta_{ij} = \sigma_{ii} = \sigma_{jj}$ 등과 같이 계산된다. ε_{ijk}는 교대텐서로서 아래와 같이 i,j,k가 우치환이면 $+1$, 기치환이면 -1, 치환할 수 없으면 0의 값을 갖는다.

$$\begin{aligned} &\varepsilon_{123} = \varepsilon_{231} = \varepsilon_{312} = 1 \\ &\varepsilon_{213} = \varepsilon_{132} = \varepsilon_{321} = -1 \\ &\varepsilon_{112} = \varepsilon_{221} = \varepsilon_{331} = \varepsilon_{121} = \varepsilon_{212} = \varepsilon_{313} = 0 \end{aligned} \tag{A-8}$$

A3. 야코비 행렬식

합성함수 $\eta = \eta(x, y)$에서 x와 y가 1개의 독립변수 s의 함수 즉, $x = x(s)$ 및 $y = y(s)$라고 하면 합성함수의 미분법에 의하여 다음과 같이 편도함수로 나타낼 수 있다(Harr, 1966).

$$\frac{d\eta}{ds} = \frac{\partial\eta}{\partial x}\frac{\partial x}{\partial s} + \frac{\partial\eta}{\partial y}\frac{\partial y}{\partial s} \tag{A-9}$$

$s = x$인 경우에 위의 식은 다음과 같다.

$$\frac{d\eta}{dx} = \frac{\partial\eta}{\partial x} + \frac{\partial\eta}{\partial y}\frac{\partial y}{\partial x} \tag{A-10}$$

또한 x와 y가 2개의 독립변수 s와 r의 함수라면 다음과 같이 2개의 식을 얻을 수 있다.

$$\frac{d\eta}{ds} = \frac{\partial\eta}{\partial x}\frac{\partial x}{\partial s} + \frac{\partial\eta}{\partial y}\frac{\partial y}{\partial s}, \qquad \frac{d\eta}{dr} = \frac{\partial\eta}{\partial x}\frac{\partial x}{\partial r} + \frac{\partial\eta}{\partial y}\frac{\partial y}{\partial r} \tag{A-11}$$

특히 $s = \eta$로 취하면 위의 첫째 식은 다음과 같이 나타낼 수 있다.

$$1 = \frac{\partial\eta}{\partial x}\frac{\partial x}{\partial\eta} + \frac{\partial\eta}{\partial y}\frac{\partial y}{\partial\eta} \tag{A-12}$$

한 쌍의 독립함수 $\eta = \eta(x, y)$ 및 $\xi = \xi(x, y)$에 대해서는 위의 (A-11~12)식으로부터 다음과 같은 4개의 식을 얻을 수 있다.

$$\frac{d\eta}{d\eta}=\frac{\partial\eta}{\partial x}\frac{\partial x}{\partial\eta}+\frac{\partial\eta}{\partial y}\frac{\partial y}{\partial\eta}=1,\quad \frac{d\eta}{d\xi}=\frac{\partial\eta}{\partial x}\frac{\partial x}{\partial\xi}+\frac{\partial\eta}{\partial y}\frac{\partial y}{\partial\xi}=0$$
$$\frac{d\xi}{d\xi}=\frac{\partial\xi}{\partial x}\frac{\partial x}{\partial\xi}+\frac{\partial\xi}{\partial y}\frac{\partial y}{\partial\xi}=1,\quad \frac{d\xi}{d\eta}=\frac{\partial\xi}{\partial x}\frac{\partial x}{\partial\eta}+\frac{\partial\xi}{\partial y}\frac{\partial y}{\partial\eta}=0 \qquad \text{(A-13)}$$

위의 식을 도함수 $\partial\eta/\partial x$, $\partial\eta/\partial y$, $\partial\xi/\partial x$ 및 $\partial\xi/\partial y$에 대하여 정리하면(Cramer 공식) 다음 식을 얻을 수 있다.

$$\frac{d\eta}{dx}=\frac{\partial y}{\partial\xi}\left(\frac{1}{D}\right),\quad -\frac{d\eta}{dy}=\frac{\partial x}{\partial\xi}\left(\frac{1}{D}\right),\quad \frac{d\xi}{dx}=\frac{\partial y}{\partial\eta}\left(\frac{1}{D}\right),\quad -\frac{d\xi}{dy}=\frac{\partial x}{\partial\eta}\left(\frac{1}{D}\right) \qquad \text{(A-14)}$$

식에서, $$D=\begin{vmatrix}\dfrac{\partial x}{\partial\eta} & \dfrac{\partial y}{\partial\eta}\\ \dfrac{\partial x}{\partial\xi} & \dfrac{\partial y}{\partial\xi}\end{vmatrix}=\frac{\partial x}{\partial\eta}\frac{\partial y}{\partial\xi}-\frac{\partial x}{\partial\xi}\frac{\partial y}{\partial\eta} \qquad \text{(A-15)}$$

(A-15)식의 D를 (η,ξ)에 대한 (x,y)의 야코비 행렬식이라고 하며 다음과 같이 약식기호로 표시한다.

$$D=\frac{\partial(x,y)}{\partial(\eta,\xi)} \qquad \text{(A-16)}$$

야코비 행렬식에 대한 연쇄법칙은 다음과 같다.

$$\frac{\partial(x,y)}{\partial(\eta,\xi)}\frac{\partial(\eta,\xi)}{\partial(u,v)}=\frac{\partial(x,y)}{\partial(u,v)} \qquad \text{(A-17)}$$

$x=u$ 및 $y=v$이면 위의 식은 다음과 같이 나타낼 수 있다.

$$\frac{\partial(x,y)}{\partial(\eta,\xi)}\frac{\partial(\eta,\xi)}{\partial(x,y)}=1 \qquad \text{(A-18)}$$

위의 식으로부터 야코비 행렬식의 역은 다음과 같다.

$$\frac{\partial(x,y)}{\partial(\eta,\xi)}=\left[\frac{\partial(\eta,\xi)}{\partial(x,y)}\right]^{-1}=\frac{1}{\dfrac{\partial\eta}{\partial x}\dfrac{\partial\xi}{\partial y}-\dfrac{\partial\eta}{\partial y}\dfrac{\partial\xi}{\partial x}} \qquad \text{(A-19)}$$

A4. 야코비 행렬식과 응력불연속선

(10-20)식에서 ξ와 η(또는 ξ와 η)가 연속적이라면 등가응력 $\bar{p}$도 역시 연속적이며 또한 (10-4~6)식으로부터 응력성분 σ_{xx}, σ_{yy} 및 τ_{xy}는 등가응력 $\bar{p}$에 비례하여 변하므로 ξ

또는 η의 불연속성은 응력성분의 불연속성을 의미한다는 것을 알 수 있다. ξ 또는 η의 불연속성 즉 응력성분의 불연속성을 유발하는 조건은 (A-14)식으로 주어진다. 따라서 만약 ξ와 η에 대한 x와 y의 모든 도함수의 범위가 구속된다는 것을 입증할 수 있다면 야코비 행렬식 $D=0$이라는 것은 그와 같은 응력성분의 불연속성이 존재해야 된다는 것을 요구하며 응력특성곡선도 동일한 조건을 요구하는데, 응력특성곡선의 불연속성 조건은 아래 식으로 나타낼 수 있다(Harr, 1966).

$$\frac{dy}{d\eta}=\tan(\theta-\mu)\frac{\partial x}{\partial \eta}, \qquad \frac{dy}{d\xi}=\tan(\theta+\mu)\frac{\partial x}{\partial \xi} \tag{A-20}$$

그러므로 지반에서 생성되는 응력불연속선의 궤적을 구하는 방법은 간단하게 야코비 행렬식 $D=0$인 점들을 연결하는 것이다. 결과적으로 응력특성곡선에 대한 해석공간은 $D\neq 0$이라는 조건으로서 정의할 수 있으며 이와 같은 내용은 (10-22)식에 의해서도 추론이 가능하다. (A-20)식을 이용하여 야코비 행렬식 D는 다음과 같이 나타낼 수 있다.

$$D=\frac{\partial(x,y)}{\partial(\xi,\eta)}=\frac{\cos\phi}{\cos(\theta+\mu)\cos(\theta-\mu)}\frac{\partial x}{\partial \xi}\frac{\partial x}{\partial \eta} \tag{A-21}$$

A5. 이계편미분방정식

준선형 이계편미분방정식(quasi-linear second order partial differential equation)은 다음과 같다(Harr, 1966).

$$A\frac{\partial^2 u}{\partial x^2}+2B\frac{\partial^2 u}{\partial x \partial y}+C\frac{\partial^2 u}{\partial y^2}+F\left(x, y, u, \frac{\partial u}{\partial x}, \frac{\partial u}{\partial y}\right)=0 \tag{A-22}$$

식에서 A, B 및 C는 연속적으로 미분가능한 x와 y의 함수이지만 u의 함수는 아니다. 먼저 아래와 같이 2차방정식의 판별식과 동일한 형태의 식을 정의한다.

- $B^2-AC>0$인 경우 : 쌍곡선형
- $B^2-AC=0$인 경우 : 포물선형 (A-23)
- $B^2-AC<0$인 경우 : 타원형

또한 한 쌍의 독립함수(independent function) $\eta=\eta(x,y)$와 $\xi=\xi(x,y)$를 정의하고, 종속변수 u에 대하여 $x-y$평면으로부터 $\xi-\eta$평면으로의 변환을 검토해야 하는데 (A-15)식에 의해서 다음 식을 충족시켜야 한다.

$$\frac{\partial(\xi,\eta)}{\partial(x,y)}=\begin{vmatrix}\dfrac{\partial\xi}{\partial x} & \dfrac{\partial\xi}{\partial y}\\ \dfrac{\partial\eta}{\partial x} & \dfrac{\partial\eta}{\partial y}\end{vmatrix}\neq 0 \tag{A-24}$$

변환된 관계식은 다음과 같은 형태가 된다.

$$\overline{A}\frac{\partial^2 u}{\partial\xi^2}+2\overline{B}\frac{\partial^2 u}{\partial\xi\partial\eta}+\overline{C}\frac{\partial^2 u}{\partial\eta^2}+\overline{F}\left(\xi,\eta,u,\frac{\partial u}{\partial\xi},\frac{\partial u}{\partial\eta}\right)=0 \tag{A-25}$$

식에서, $\overline{A}(\xi,\eta)=A\left(\frac{\partial\xi}{\partial x}\right)^2+2B\frac{\partial\xi}{\partial x}\frac{\partial\xi}{\partial y}+C\left(\frac{\partial\xi}{\partial y}\right)^2$

$$\overline{B}(\xi,\eta)=A\frac{\partial\xi}{\partial x}\frac{\partial\eta}{\partial x}+B\left(\frac{\partial\xi}{\partial x}\frac{\partial\eta}{\partial y}+\frac{\partial\xi}{\partial y}\frac{\partial\eta}{\partial x}\right)+C\frac{\partial\xi}{\partial y}\frac{\partial\eta}{\partial y} \tag{A-26}$$

$$\overline{C}(\xi,\eta)=A\left(\frac{\partial\eta}{\partial x}\right)^2+2B\frac{\partial\eta}{\partial x}\frac{\partial\eta}{\partial y}+C\left(\frac{\partial\eta}{\partial y}\right)^2$$

위의 식으로부터 다음의 관계식을 얻을 수 있다.

$$\overline{B}^2-\overline{A}\,\overline{C}=(B^2-AC)\left(\frac{\partial\xi}{\partial x}\frac{\partial\eta}{\partial y}-\frac{\partial\xi}{\partial y}\frac{\partial\eta}{\partial x}\right)^2 \tag{A-27}$$

위의 식은 변환된 관계식에 대한 판별식이 (A-23)식과 같은 형태라는 것을 나타내고 있다. 위의 식을 근거로 하여 다음과 같이 ① $\overline{A}=0$, $\overline{C}=0$; ② $\overline{A}=0$, $\overline{B}=0$; 및 ③ $\overline{A}=\overline{C}$, $\overline{B}=0$으로 나누어서 고려할 수 있다.

① $B^2-AC>0$인 경우

이와 같은 경우 및 위의 ①에 대하여 (A-26)식의 $\overline{A}(\xi,\eta)$ 및 $\overline{C}(\xi,\eta)$식은 다음과 같은 형태를 취한다.

$$A\left(\frac{\partial\Phi}{\partial x}\right)^2+2B\left(\frac{\partial\Phi}{\partial x}\frac{\partial\Phi}{\partial y}\right)+C\left(\frac{\partial\Phi}{\partial y}\right)^2=0 \tag{A-28}$$

식에서 $\Phi=\Phi(x,y)$이다. 위의 식에 대한 해는 다음과 같다.

$$\left[A\frac{\partial\Phi}{\partial x}+\left(B+\sqrt{B^2-AC}\right)\frac{\partial\Phi}{\partial z}\right]\left[A\frac{\partial\Phi}{\partial x}+\left(B-\sqrt{B^2-AC}\right)\frac{\partial\Phi}{\partial z}\right]=0$$

위의 식으로부터 다음과 같은 2개의 식을 얻을 수 있다.

$$A\frac{\partial \Phi}{\partial x}+\left(B+\sqrt{B^2-AC}\right)\frac{\partial \Phi}{\partial z}=0, \quad A\frac{\partial \Phi}{\partial x}+\left(B-\sqrt{B^2-AC}\right)\frac{\partial \Phi}{\partial z}=0 \qquad \text{(A-29)}$$

만약 「$\Phi(x, y)=$ 일정」이라면 다음과 같다.

$$\frac{\partial \Phi}{\partial x}+\frac{\partial \Phi}{\partial y}\frac{dy}{dx}=0 \qquad \text{(A-30)}$$

위의 식으로부터 다음의 관계식을 얻을 수 있다[(A-29)식과 비교].

$$Adz-\left(B+\sqrt{B^2-AC}\right)dx=0, \quad Adz-\left(B-\sqrt{B^2-AC}\right)dx=0 \qquad \text{(A-31)}$$

따라서 「$\Phi_1(x, y)=$ 일정」 및 「$\Phi_2(x, y)=$ 일정」인 2개의 곡선군이 생성되는데, 곡선을 따라서 이계편미분방정식의 해는 2개의 일계상미분방정식의 해가 되며 이 2개의 곡선군이 바로 쌍곡선형 특성곡선이다. 또한 Φ_1과 Φ_2는 단순한 더미변수(dummy variable)이므로 다음과 같이 특성곡선으로서 함수를 정의할 수 있다.

$$\xi(x, y)=\Phi_1(x, y), \quad \eta(x, y)=\Phi_2(x, y) \qquad \text{(A-32)}$$

결과적으로 (A-29)식의 해는 다음과 같은 2개의 방정식의 해를 구하는 것으로 전환된다.

$$A\frac{\partial \xi}{\partial x}+\left(B+\sqrt{B^2-AC}\right)\frac{\partial \xi}{\partial z}=0, \quad A\frac{\partial \eta}{\partial x}+\left(B-\sqrt{B^2-AC}\right)\frac{\partial \eta}{\partial z}=0 \qquad \text{(A-33)}$$

여기서 첫째 식은 「$\xi=\xi(x, y)=$ 일정」인 특성곡선의 기울기이고 둘째 식은 「$\eta=\eta(x, y)=$ 일정」인 특성곡선의 기울기이다.

② $B^2-AC=0$인 경우

이와 같은 경우 및 위의 ②에 대하여 (A-29)식은 다음과 같이 1개의 식으로 퇴화된다(degenerate equation).

$$A\frac{\partial \Phi}{\partial x}+B\frac{\partial \Phi}{\partial z}=0 \qquad \text{(A-34)}$$

포물선형 편미분방정식에서는 「 $\xi=\xi(x, y)=$ 일정」인 하나의 특성곡선이 생성된다.

③ $B^2-AC<0$인 경우

이와 같은 경우에는 (A-33)식은 허근을 가지며 타원형에 대해서는 특성방정식이 없다. 관련유동칙 및 비관련유동칙 해석을 위해서는 쌍곡선형 편미분방정식만 고려하기 때문에 포물선형 및 타원형 편미분방정식에 대한 내용은 생략한다.

B 좌표계와 좌표변환

공학적으로 경계값문제의 해석은 재료의 기하학적 구조를 효과적으로 나타낼 수 있는 좌표계를 선택하는 것이 문제해결의 열쇠가 되기도 하며 재료의 대칭성이나 재하형태도 문제해결을 위한 중요한 요소가 될 수도 있다. 예를 들면 집중하중이 작용하는 평면변형률조건의 문제에는 평면극좌표계가 적합하고 등분포하중이 작용하는 평면변형률조건의 문제는 직교좌표계를 이용하는 것이 다른 좌표계보다 유리하다. 또한 동일한 터널이라도 대심도 터널은 평면극좌표계가 편리하지만 천심도 터널은 쌍극좌표계(bi-polar coordinate)가 수식화하기에 용이하다(Davis & Selvadurai, 2002). 텐서로 표기된 좌표계와 관련하여 x_i−축은 x_1−, x_2− 및 x_3−축 또는 x−, y− 및 z−축을 의미한다. 좌표계는 보통 직교좌표계와 극좌표계로 대별할 수 있으며 극좌표계는 구면좌표계와 원통좌표계로 구분된다. 서로 직교하는 $x-y-z$(또는 $x_1-x_2-x_3$)를 축으로 하는 3차원 직교좌표계와 $r-\Psi-z$로 표시되는 원통좌표계는 〈그림B-1(a)〉와 같이 공간에 표시할 수 있으며 $x-y$(또는 x_1-x_2)평면에서는 다음과 같은 관계가 있다.

$$x = r\cos\Psi \ ; \ y = r\sin\Psi \ : \ r^2 = x^2 + y^2$$

직교좌표계에서 변위성분은 x−, y− 및 z−축방향으로 각각 u_x, u_y 및 u_z이며 이에 대응하는 원통좌표계의 변위성분은 r−, Ψ− 및 z−축방향으로 각각 u_r, u_Ψ 및 u_z이다. 좌표변환은 물체는 고정되어 있고 〈그림B-1(b)〉와 같이 좌표계가 회전하는 것을 나타낸다. 1계 텐서인 A_i가 좌표계 또는 x_i−좌표축을 나타낸다고 하면 좌표변환은 다음의 변환법칙을 따른다.

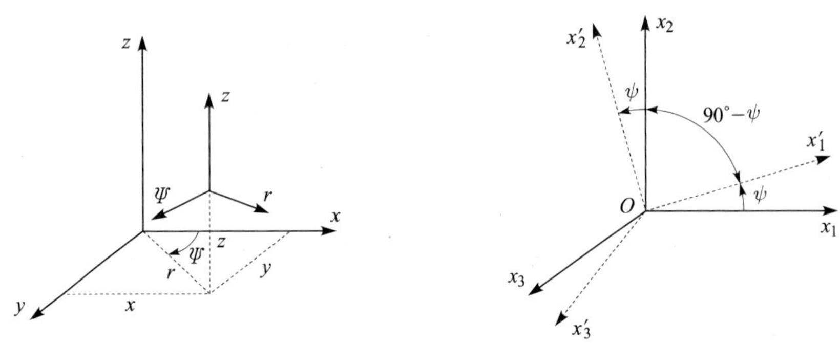

(a) 직교좌표계와 원통좌표계 (b) 좌표변환

〈그림 B-1〉 좌표계와 좌표변환

$$A_i' = a_{ij} A_j \tag{B-1}$$

위에서 A_i'는 x_i' – 좌표축에 대한 것이며 a_{ij}는 다음의 변환행렬로 주어진다.

$$a_{ij} = \begin{bmatrix} a_{11} & a_{12} & a_{13} \\ a_{21} & a_{22} & a_{23} \\ a_{31} & a_{32} & a_{33} \end{bmatrix} = \cos(x_i', x_j) \tag{B-2}$$

a_{ij}는 방향코사인으로서 $a_{11} = \cos(x_1', x_1)$, $a_{12} = \cos(x_1', x_2)$ 등이다. 어떤 벡터성분이라도 (B-1)식과 동일한 변환법칙에 따라서 변환한다. 따라서 σ_{ij}'를 x_i' – 좌표계의 응력텐서라고 하면, 텐서특성에 의하여 다음의 변환법칙이 성립한다.

$$\sigma_{ij}' = a_{ik} a_{jl} \sigma_{kl} \tag{B-3}$$

위의 식을 행렬식으로 표기하면 다음과 같다.

$$[\sigma_{ij}'] = [Q][\sigma_{ij}][Q^T] \tag{B-4}$$

식에서 $[Q]$는 좌표변환행렬이고 $[Q^T]$는 전치행렬이며 2차원이라면 $[Q]$는 다음과 같다.

$$[Q] = \begin{bmatrix} \cos(x_1', x_1) & \cos(x_1', x_2) \\ \cos(x_2', x_1) & \cos(x_2', x_2) \end{bmatrix} = \begin{bmatrix} \cos\psi & \sin\psi \\ -\sin\psi & \cos\psi \end{bmatrix} \tag{B-5}$$

식에서 ψ는 x_i – 축에서 반시계방향으로 x_i' – 축까지 회전한 각이다. (B-5)식을 2차원에 대한 벡터형태로 표기하면 다음과 같다.

$$\begin{aligned} \sigma_x' &= \sigma_x \cos\psi + \sigma_y \sin\psi \\ \sigma_y' &= -\sigma_x \sin\psi + \sigma_y \cos\psi \end{aligned} \tag{B-6}$$

고정된 좌표계에서 재료만 회전하는 강체회전의 회전행렬 $[M_R]$은 좌표변환행렬 $[Q]$의 전치행렬로 주어진다. 2차원이라면 $[M_R]$은 다음과 같다.

$$[M_R] = \begin{bmatrix} \cos\psi & -\sin\psi \\ \sin\psi & \cos\psi \end{bmatrix} \tag{B-7}$$

C 유용한 삼각함수 공식

i) 덧셈공식

$$\sin(\alpha+\beta)=\sin\alpha\cos\beta+\cos\alpha\sin\beta \qquad \sin(\alpha-\beta)=\sin\alpha\cos\beta-\cos\alpha\sin\beta$$

$$\cos(\alpha+\beta)=\cos\alpha\cos\beta-\sin\alpha\sin\beta \qquad \cos(\alpha-\beta)=\cos\alpha\cos\beta+\sin\alpha\sin\beta$$

$$\tan(\alpha+\beta)=\frac{\tan\alpha+\tan\beta}{1-\tan\alpha\tan\beta} \qquad \tan(\alpha-\beta)=\frac{\tan\alpha-\tan\beta}{1+\tan\alpha\tan\beta}$$

ii) 반각공식

$$\sin^2\frac{\alpha}{2}=\frac{1-\cos\alpha}{2} \qquad \cos^2\frac{\alpha}{2}=\frac{1+\cos\alpha}{2}$$

$$\tan^2\frac{\alpha}{2}=\frac{1-\cos\alpha}{1+\cos\alpha}$$

iii) 배각공식

$$\sin 2\alpha=2\sin\alpha\cos\alpha$$

$$\cos 2\alpha=\cos^2\alpha-\sin^2\alpha=2\cos^2\alpha-1=1-\sin^2\alpha$$

$$\tan 2\alpha=\frac{2\tan\alpha}{1-\tan^2\alpha}$$

iv) 3배각공식

$$\cos 3\alpha=4\cos^3\alpha-3\cos\alpha$$

$$\sin 3\alpha=3\sin\alpha-4\sin^3\alpha$$

$$\tan 3\alpha=\frac{\sin 3\alpha}{\cos 3\alpha}=\frac{3\sin\alpha-4\sin^3\alpha}{4\cos^3\alpha-3\cos\alpha}$$

v) 삼각함수의 합성

$$p\sin\alpha+q\cos\alpha=\sqrt{p^2+q^2}\sin\left(\alpha+\frac{q}{|q|}\tan^{-1}\left|\frac{q}{p}\right|\right) \qquad \text{단, } p>0,\ q\neq 0$$

$$p\sin\alpha+q\cos\alpha=\sqrt{p^2+q^2}\cos\left(\alpha-\frac{q}{|q|}\tan^{-1}\left|\frac{p}{q}\right|\right) \qquad \text{단, } p>0,\ q\neq 0$$

vi) 기타 공식

$$\sin^2\alpha+\cos^2\alpha=1$$

$$\sin\alpha+\sin\beta=2\sin\frac{\alpha+\beta}{2}\cos\frac{\alpha-\beta}{2}$$

$$\sin\alpha-\sin\beta=2\cos\frac{\alpha+\beta}{2}\sin\frac{\alpha-\beta}{2}$$

$$\cos\alpha+\cos\beta=2\cos\frac{\alpha+\beta}{2}\cos\frac{\alpha-\beta}{2}$$

$$\cos\alpha-\cos\beta=-2\sin\frac{\alpha+\beta}{2}\sin\frac{\alpha-\beta}{2}$$

$$\sin(\alpha\pm\pi)=-\sin\alpha \qquad \sin(\pi-\alpha)=\sin\alpha$$

$$\sin(2\pi-\alpha)=-\sin\alpha \qquad \sin\left(\frac{\pi}{2}\pm\alpha\right)=\cos\alpha$$

$$\cos(\pi\pm\alpha)=-\cos\alpha \qquad \cos(2\pi-\alpha)=\cos\alpha$$

$$\cos\left(\frac{\pi}{2}\pm\alpha\right)=\mp\sin\alpha \qquad \tan\left(\frac{\pi}{2}\pm\alpha\right)=\mp\frac{1}{\tan\alpha}$$

$$\sin\alpha=\cos\left(\alpha-\frac{\pi}{2}\right)=-\sin(\alpha-\pi)=-\cos\left(\alpha+\frac{\pi}{2}\right)=\sin(\alpha+2\pi)$$

$$\tan\left(\frac{\pi}{2}-\alpha\right)=\cot\alpha$$

$$\tan\left(\frac{\pi}{4}+\frac{\alpha}{2}\right)=\frac{\cos\alpha}{1-\sin\alpha}=\frac{1+\sin\alpha}{\cos\alpha}$$

$$\tan^2\left(\frac{\pi}{4}+\frac{\alpha}{2}\right)=\frac{1+\sin\alpha}{1-\sin\alpha}$$

$$\tan\left(\frac{\pi}{4}-\frac{\alpha}{2}\right)=\frac{\cos\alpha}{1+\sin\alpha}=\frac{1-\sin\alpha}{\cos\alpha}$$

$$\tan^2\left(\frac{\pi}{4}-\frac{\alpha}{2}\right)=\frac{1-\sin\alpha}{1+\sin\alpha}$$

$$\left(\sin^2\alpha-\sin^2\beta\right)^{1/2}=\cos\alpha\cos\beta\left(\tan^2\alpha-\tan^2\beta\right)^{1/2}$$

$$\cos(\sin^{-1}\alpha)=\sqrt{1-\alpha^2}$$

$$\sin\alpha\sin\beta=\frac{1}{2}[\cos(\alpha-\beta)-\cos(\alpha+\beta)]$$

$$\sec\alpha+\tan\alpha=\tan\left(\frac{\pi}{4}+\frac{\alpha}{2}\right)$$

찾아보기

ㅂ

ㅅ

영문

숫자 및 기타

저자 소개

윤창진 공학박사/토질및기초기술사
(편 저) 건국대학교 농대 농업토목 전공
미국 Tennessee주립대 공대 대학원 공학석사
홍익대학교 공대 대학원 공학박사
한국농어촌공사 근무 (1983년~2013년)
다산컨설턴트 부사장
현재 : (주)유신 부사장

김홍택 한양대학교 토목과
(감 수) 미국 Notre Dame 공대 대학원 공학석사
미국 South Dakota School of Mines & Technology
대학원 공학박사
건설교통부 중앙건설심의위원, 서울시 건설심의위원
홍익대학교 부총장 역임
한국지반공학회 회장 역임
현재 : 홍익대학교 교수, 대한토목학회 회장

소성과 토질역학 **정가 39,000원**

편저 : 윤창진
감수 : 김홍택

인 지

발행인 : 임해진
발행처 : 도서출판 구미서관

인쇄 : 2018년 8월 10일
발행 : 2018년 8월 17일

등록 : 1979년 6월 29일 No.9-6호
주소 : 서울시 마포구 신촌로 2길 5-15 구미빌딩
전화 : 02-333-1101
팩스 : 02-335-2201
http://www.goomibook.com

ISBN 979-11-6257-032-6 (93530)